国外优秀科技著作出版专项基金

FUND FOR FOREIGN BOOKS OF EXCELLENCE ON SCIENCE AND TECHNOLOGY (FFBEST)

国外优秀科技著作出版专项基金资助

电化学方法
原理和应用

第二版

[美] 阿伦.J.巴德　拉里.R.福克纳　著
邵元华　朱果逸　董献堆　张柏林　译

化学工业出版社
·北京·

本书修订版既保持了第一版的写作宗旨与方式，全面涵盖了现在广泛应用的电化学方法原理，同时也增补了本书初版20年来电化学快速发展的新领域和新课题，如超微电极的应用、完整表面上的电化学现象、修饰电极、现代电子转移理论、扫描探针方法、液相色谱电化学联用方法、阻抗谱学、现代形式的脉冲伏安法和各种谱学电化学技术。本书内容丰富，数据和理论新颖，结构严谨。书中包括大量的习题和化学实例，并附有最新的参考文献，非常便于学习。

本书可作为大学化学系高年级及研究生教材，同时也是从事电化学和电分析化学领域研究和应用人员的必备基础书。

(京) 新登字 039 号

图书在版编目 (CIP) 数据

电化学方法——原理和应用．第二版/[美]巴德(Bard A. J.)，[美]福克纳(Faulkner L. R.)著；邵元华等译．—北京：化学工业出版社，2005. 3(2025. 5重印)

书名原文：Electrochemical Methods Fundamentals and Applications

ISBN 978-7-5025-6704-0

Ⅰ. 电… Ⅱ. ①巴…②福…③邵… Ⅲ. 电化学 Ⅳ. O646

中国版本图书馆 CIP 数据核字(2005)第 014545 号

Electrochemical Methods Fundamentals and Applications, 2nd Edition/by Bard A. J., Faulkner L. R.

ISBN 0-471-04372-9

北京市版权局著作权合同登记号：01-2003-4832

责任编辑：杜进祥　　文字编辑：刘志茹

责任校对：陈　静　　装帧设计：关　飞

出版发行：化学工业出版社（北京市东城区青年湖南街 13 号　邮政编码 100011）

印　　装：北京科印技术咨询服务有限公司数码印刷分部

787mm×1092mm　1/16　印张 37½　字数 1143 千字　2025 年 5 月北京第 2 版第 23 次印刷

购书咨询：010-64518888　　售后服务：010-64518899

网　　址：http://www.cip.com.cn

凡购买本书，如有缺损质量问题，本社销售中心负责调换。

定　　价：98.00 元

译　　序

由国际著名电化学家 A. J. Bard 和 L. R. Faulkner 合著的"ELECTROCHEMICAL METHODS Fundamentals and Applications"一书于1980年问世，引起了全世界电化学和电分析化学界热烈反响，大家普遍认为这是一本非常好的教科书和参考书。它既适于大学化学系高年级学生和研究生作为教材，同时也是从事电化学与电分析化学领域研究和应用的必备基础书。世界各大学相应专业均指定为教科书和参考书。我国相关大学和研究所也不例外，普遍选用该书为研究生相应专业的教材。很快天津大学谷林锳先生（已去世）等翻译为中文，在化学工业出版社出版。

该书的修订版较第一版有了很大扩展，对电化学和电分析化学原理、方法和应用进行了很有深度和广度的精辟阐述。把修订版翻译为中文是非常急迫和需要的。中国科学院长春应用化学研究所电分析化学国家重点实验室（原为中科院开放室）自该书第一版问世后，即将其指定为研究生的电化学和电分析化学课程的教科书，每年对该专业的研究生进行每周4小时的授课。经 A. J. Bard 教授（美国科学院院士，曾任美国化学会志 JACS 主编20年）等同意，化学工业出版社从 John Wiley & Sons 公司购买了该书的版权。我所组织了以邵元华研究员（现北京大学教授）负责，朱果逸研究员、董献堆研究员和张柏林研究员参与共同编译该书。这四位研究员均长时间以此书为主要教材对研究生"电化学和电分析化学的基础和应用"授课。在研究和教学方面都取得很好的成绩，也都有在国外留学和工作的经历。无疑他们能够胜任该书的翻译工作。他们辛勤不懈的劳动，持之以恒，终于完成了该书的翻译出版。这将是对我国电化学与电分析化学界基础和应用教育的重要贡献，也是我国电化学和电分析化学界的大事，必将推动我国相关领域的发展。热烈祝贺该书的出版。

第三世界科学院和中国科学院院士
汪尔康 2005年1月于长春
中国科学院长春应用化学研究所

译者的话

2001年初，当A. J. Bard和L. R. Faulkner的“ELECTROCHEMICAL METHODS Fundamentals and Applications”（第二版）出版不久，我们通过美国的朋友就买到了该书，大家阅后深感第二版较第一版有较大扩展。该书对电化学和电分析化学原理和方法阐述的深度和广度是大多数相关的丛书或专著无法比拟的，对于国内电化学和电分析化学领域的研究人员以及相关的研究生是非常急需的，翻译成中文是非常必要的。加之第一版主要的翻译者天津大学的谷林锳先生已经去世，在征得著者之一A. J. Bard教授同意后，我们决定组织人员进行翻译，化学工业出版社从John Wiley & Sons公司购买了版权，并与我们签署了翻译协议。由于该书篇幅大（英文800多页）、涉及的内容多、难度大，因而由北京大学邵元华教授（原中科院长春应用化学研究所电分析化学国家重点实验室研究员）负责，朱果逸研究员、董献堆研究员、张柏林研究员（中科院长春应用化学研究所电分析化学国家重点实验室）参与共同翻译。

本书的两位作者A. J. Bard教授和L. R. Faulkner教授是国际著名的电化学和电分析化学专家。其中A. J. Bard教授是美国科学院院士和2002年度美国化学会最高奖Priestley Medal得主，曾任美国化学会志（Journal of American Chemical Society，JACS）主编20年。两位作者在电化学与电分析化学的诸多领域均有开拓性的建树。

本书的学术水平一流，是两位作者花费大量心血完成的。本书的主要特点是系统地论述了电化学的基本原理和各种电化学技术方法原理，读者只要具备基本的物理和化学基础，均可自学。本书第一版于1980年出版后，得到全世界电化学及电分析化学界广泛好评。本书适用于大学化学系高年级学生、研究生作为教材，同时也适用于非化学专业人员，例如涉及到采用各种电化学技术进行研究的材料科学、环境科学和生命科学等领域科技人员，是从事电化学及电分析化学领域研究和应用的当然必备书。我们希望该书第二版中文版的出版正如第一版一样，能够推动我国在相关领域的发展。

本书在翻译的过程中得到了汪尔康院士、陈洪渊院士、查全性院士以及董绍俊先生的大力支持和关怀，特别是汪先生在百忙中为本书写序，对我们是极大地鼓励和鞭策。在本书的策划和翻译过程中，本书责任编辑做出了很大的努力和花费了大量的时间，我们对于他认真的态度和一丝不苟的工作精神表示敬佩和感谢。我们在翻译的过程中也参考了第一版的中译本，并从中学习了许多东西，在此对天津大学的谷林锳先生等表示感谢。我们也感谢在翻译过程中给予我们帮助的同事和学生，如高鑍、詹东平、张美芹、陈忠、何莎莉、梁中伟、静平等，他们在翻译初稿出来后，进行了仔细阅读并提出了宝贵的意见。我们也感谢在翻译过程中家人所给予的理解和支持。

邵元华主要翻译了本书1～4章、12章、17章、18章以及附录C、D，并对全书进行了校对和统一符号用法。朱果逸和邵元华翻译了9～11章和15章。董献堆翻译了5～8章以及附录A、B。张柏林翻译了13章、14章和16章，并参与了部分校对。同时我们将封面和封底上的基本公式、量纲换算、重要关系式、物理常数、25℃时导出的常数等整理成为附录D。索引我们没有按照原文进行翻译，而是按照中文的常规做法整理的。由于我们的水平有限，可能存在许多翻译不准确、甚至不正确的地方，欢迎读者随时提出宝贵的意见。

邵元华（北京大学化学与分子工程学院）
朱果逸（中科院长春应用化学研究所）
董献堆（中科院长春应用化学研究所）
张柏林（中科院长春应用化学研究所）

2005年1月

前　　言

在本书第一版出版后的20年内，电化学和电分析化学领域已有充分的发展。对各种现象的更深层理解，对在当时已有的实验工具的进一步发展和引入新的方法等都是该进展的重要体现。在1980年版的序中，我们指出电化学研究的重点看来已从发展方法学转移到应用这些方法来研究化学行为，历史的发展大体上证实了这个观点。我们在那时对于方法学的总结已过时了，在实际应用中这些方法也有重要变化。在此新版中，我们是本着这样一个思路来进行修订的，即将此书的内容进行扩展，使之能作为一本通用的介绍电化学方法的书。

我们保持了第一版的写作宗旨和方式，即全面涵盖了现在广泛应用的电化学方法的原理。本书试图使其作为教科书，包括了大量的习题和化学实例。为了使概念阐释清楚，采用了大量的图表，通篇格式适用于教学。这本书可用于大学高年级学生和研究生开始阶段的正规教程，同时我们也力图使写作方式适用于感兴趣的读者自修之用。虽然要求读者具有基本的物理化学知识，但是通常的讨论方式是从基础入手并逐渐加深。我们试图使这本书从最基本的化学和物理原理出发来阐述几乎所有的与电化学有关的重要概念。因为我们强调基本原理和应用的范围，此版继续突出所述方法的数学理论；但是关键思想始终避开繁冗的数学基础。特定的数学基础知识因需要而介绍。每一章后的习题作为教学手段而设计，它们经常扩展了在正文中所介绍的概念，或者显示实验结果如何被转化为基本的结论。本书还引用了大量的文献，但主要包括具有创新性的论文和综述，不可能覆盖本领域中数量巨大的原始文献，因而我们也没有试图朝这个方向努力。

我们的方式首先是给出一个电极过程的全貌（第1章），介绍电化学实验中所有的基本内容集成起来的方法。然后再对热力学和电势，电子转移动力学和物质传递等进行讨论（第2～4章）。第5～11章是将上述基本概念集成起来论述各种电化学方法。第12章单独处理均相化学动力学的影响，以便对不同电化学方法的响应进行对比。第13～14章讨论界面结构、吸附和修饰电极；接下来是对电化学仪器的简介（第15章），第16～18章详细介绍了电化学和其他研究工具相结合的实验方法。附录A介绍了相关数学背景知识；附录B简介了数值模拟的方法；附录C包含了一些有用数据表。

此版的结构总体上和第一版相同，但进行了一些重要的增补，主要包括这段时期快速发展的新领域和新课题。它们是超微电极的应用、完整表面上的电化学现象、修饰电极、现代电子转移理论、扫描探针方法、液相色谱电化学联用方法（LCEC)、阻抗谱学、现代形式的脉冲伏安法和各种谱学电化学技术。第一版中的第5章“控制电势的微电极技术——电势阶跃方法”现已分成了新的第5章“基本的电势阶跃方法”和新的第7章“极谱学和脉冲伏安法”。第一版中的第12章“双电层结构和电极过程的吸附中间体”现在变成了两章：第13章“双电层结构和吸附”和第14章“电活性层和修饰电极”。原版中仅有一章是介绍其他的表征方法和电化学体系的联用（第14章“光谱和光化学实验”)。在新版中，专设“扫描探针技术”（第16章)，并增设了“光谱电化学和其他联用表征方法”（第17章)，“光电化学和电致化学发光”（第18章)。虽说在新版中有相当大的修订，但其他章节和附录仍与原版相对应。

全书中数学符号用法是统一的，最大限度地不用重复符号。主要的符号表和缩写表均提供了定义、量纲和引用章节。通常我们遵循国际纯粹和应用化学联合会（IUPAC）电化学委员会推荐使用的符号［R. Parsons et al.，*Pure Appl. Chem.*，**37**，503 (1974)］。有些例外是因为沿袭习惯用法或为使符号不致混淆而不得不用的。

本书在深度、广度和篇幅之间不可避免地要进行妥协。一些“经典”的电化学内容，如电解池的热力学、电导、电势法没有涵盖。同样道理，对于许多有用但在实践中没有广泛应用的技术，在本书中也没有介绍。实验程序的具体细节，如电解池的设计、电极的制备和试剂的提纯均超出了本书的范围。在新版中，我们删去和简化了一些内容。通常，我们新版中注明这些内容在旧版中对应的章节，以便感兴趣的读者仍然可以在旧版找到相关的内容。

与第一版一样，我们应该感谢许多对此工作给予帮助的人们。我们特别感谢 Rose McCord 和 Susan Faulkner，在本书的准备和出版过程中辛勤劳动。S. Amemiya，F. C. Anson，D. A. Buttry，R. M. Crooks，P. He，W. R. Heineman，R. A. Marcus，A. C. Michael，R. W. Murray，A. J. Nozik，R. A. Osteryoung，J.-M. Savéant，W. Schmickler，M. P. Soriaga，M. J. Weaver，H. S. White，R. M. Wightman 和 C. G. Zoski 等对此书提出了有建设性的意见。我们感谢他们和许多电化学界的同仁，在多年的工作中给予我们的启迪。最后，我们也感谢我们的家人对于这个相当艰苦工作所给予的无私支持。

Allen J. Bard
Larry R. Faulkner

主 要 符 号

下面列出的是在各章中或某一章中使用较多的符号。类似的符号在具体章节中可能会有不同的意义。在大部分情况下，这些符号的用法都遵循国际纯粹和应用化学联合会（IUPAC）电化学委员会的建议［R. Parsons et al.，*Pure Appl. Chem.*，**37**，503（1974）］；但也有例外。

用于浓度或电流的上划［如 $\overline{C}_O(x,s)$］表示变量的 Laplace 变换，但当 $\overline{i}$ 表示极谱法中的平均电流时例外。

标 准 下 标

a	阳极的	dl	双电层	O	特指 $O+ne \rightleftharpoons R$ 中的 O
c	(a) 阴极的	eq	平衡	p	峰
	(b) 荷电的	f	(a) 正向的	R	(a) 特指 $O+ne \rightleftharpoons R$ 中的 R
D	圆盘		(b) 法拉第的		(b) 圆环
d	扩散	l	极限的	r	反向的

罗 马 符 号

符号	意　义	常用单位	涉及章节
A	(a)面积	cm^2	1.3.2
	(b)多孔电极的横截面积	cm^2	11.6.2
	(c)速率表达式中的频率因子	取决于级数	3.1.2
	(d)放大器开环增益	无	15.1.1
$\mathscr{A}$	吸光度	无	17.1.1
a	(a)多孔电极内表面	cm^2	11.6.2
	(b)扫描电化学显微镜的探头半径	μm	16.4.1
a_j^α	α 相中物质 j 的活度	无	2.1.5
b	$\alpha Fv/RT$	s^{-1}	6.3.1
b_j	$\beta_j \Gamma_{j,s}$	mol/cm^2	13.5.3
C	电容	F	1.2.2,10.1.2
C_B	电解池的串联等效电容	F	10.4
C_d	双电层的微分电容	F,F/cm^2	1.2.2,13.2.2
C_i	双电层的积分电容	F,F/cm^2	13.2.2
C_j	物质 j 的浓度	$mol \cdot L^{-1}$,mol/cm^3	
C_j^*	物质 j 的本体浓度	$mol \cdot L^{-1}$,mol/cm^3	1.4.2,4.4.3
$C_j(x)$	物质 j 在离电极表面为 x 处的浓度	$mol \cdot L^{-1}$,mol/cm^3	1.4
$C_j(x=0)$	物质 j 在电极表面的浓度	$mol \cdot L^{-1}$,mol/cm^3	1.4.2

符号	意　义	常用单位	涉及章节
$C_j(x,t)$	物质 j 在离电极表面为 x、时间为 t 时的浓度	$mol \cdot L^{-1}$, mol/cm^3	4.4
$C_j(0,t)$	物质 j 在时间为 t 时电极表面的浓度	$mol \cdot L^{-1}$, mol/cm^3	4.4.3
$C_j(y)$	物质 j 在旋转电极下方距离为 y 处的浓度	$mol \cdot L^{-1}$, mol/cm^3	9.3.3
$C_j(y=0)$	旋转电极上物质 j 的表面浓度	$mol \cdot L^{-1}$, mol/cm^3	9.3.4
C_{SC}	空间电荷电容	F/cm^2	18.2.2
C_s	假电容	F	10.1.3
c	光在真空中的速度	cm/s	17.1.2
D_E	修饰电极薄膜内电子的扩散系数	cm^2/s	14.4.2
D_j	物质 j 的扩散系数	cm^2/s	1.4.1, 4.4
$D_j(\lambda,\mathbf{E})$	物质 j 的浓度态密度	$cm^3 \cdot eV^{-1}$	3.6.3
D_M	模拟中的模型扩散系数	无	B.1.3, B.1.8
D_S	修饰电极薄膜内主要反应物的扩散系数	cm^2/s	14.4.2
d	扫描电化学显微镜探头到基底的距离	μm, nm	16.4.1
d_j	j 相的密度	g/cm^3	
E	(a)相对于参比电极的电极电势	V	1.1, 2.1
	(b)反应电动势	V	2.1
	(c)交流电压的振幅	V	10.1.2
ΔE	(a)示差脉冲伏安法中的脉冲高度	mV	7.3.4
	(b)断续和阶梯伏安中阶跃高度	mV	7.3.1
	(c)交流伏安法中交流激励的幅值(1/2 $p \sim p$)	mV	10.5.1
$\mathbf{E}$	电子的能量	eV	2.2.5, 3.6.3
$\boldsymbol{\mathscr{E}}$	电场强度矢量	V/cm	2.2.1
$\mathscr{E}$	电场强度	V/cm	2.2.1
$\dot{E}$	电压或电势的相量	V	10.1.2
$E^{\ominus}$	(a)电极或电对的标准电势	V	2.1.4
	(b)半反应的标准电动势	V	2.1.4
$\Delta E^{\ominus}$	两个电对的标准电势差	V	6.6
$\mathbf{E}^{\ominus}$	相对于电对标准电势的电子能量	eV	3.6.3
$E^{\ominus\prime}$	电极的形式电势	V	2.1.6
E_A	反应的活化能	kJ/mol	3.1.2
E_{ac}	电势的交流组分	mV	10.1.1
E_b	NPV 和 RPV 中的基本电势	V	7.3.2, 7.3.3
E_{dc}	电势的直流组分	V	10.1.1
E_{eq}	电极的平衡电势	V	1.3.2, 3.4.1
$\mathbf{E}_F$	费米能级	eV	2.2.5, 3.6.3
E_{fb}	平带电势	V	18.2.2
$\mathbf{E}_g$	半导体的禁带隙	eV	18.2.2
E_i	初始电势	V	6.2.1
E_j	接界电势	mV	2.3.4
E_m	膜电势	mV	2.4
E_p	峰电势	V	6.2.2
ΔE_p	(a)循环伏安法中的 $\lvert E_{pa}-E_{pc} \rvert$	V	6.5
	(b)方波伏安法中的脉冲高度	mV	7.3.5

符号	意　义	常用单位	涉及章节
$E_{p/2}$	线性扫描伏安法 $i=i_p/2$ 处的电势	V	6.2.2
E_{pa}	阳极峰电势	V	6.5
E_{pc}	阴极峰电势	V	6.5
ΔE_s	方波伏安法中的阶梯阶跃高度	mV	7.3.5
E_z	零电荷电势	V	13.2.2
E_λ	循环伏安法的换向电势	V	6.5
$E_{\tau/4}$	计时电势法的 1/4 波电势	V	8.3.1
$E_{1/2}$	(a)伏安法测量或预测的半波电势	V	1.4.2,5.4,5.5
	(b)导出的可逆半波电势 $E^{\ominus\prime}+\left(\frac{RT}{nF}\right)\ln\left(\frac{D_R}{D_O}\right)^{1/2}$	V	5.4
$E_{1/4}$	$i/i_d=1/4$ 时的电势	V	5.4.1
$E_{3/4}$	$i/i_d=3/4$ 时的电势	V	5.4.1
e	(a)电子的电量	C	
	(b)电路的电压	V	10.1.1,15.1
e_i	输入电压	V	15.2
e_o	输出电压	V	15.1.1
e_s	放大器的输入端电压	μV	15.1.1
$\mathrm{erf}(x)$	x 的误差函数	无	A.3
$\mathrm{erfc}(x)$	x 的余误差函数	无	A.3
F	法拉第常数;1mol 电子所带的电量	C	
f	(a)F/RT	V^{-1}	
	(b)旋转的频率	r/s	9.3
	(c)正弦振动的频率	s^{-1}	10.1.2
	(d)方波伏安法的频率	s^{-1}	7.3.5
	(e)滴定分数	无	11.5.2
$f(\boldsymbol{E})$	费米函数	无	3.6.3
$f_i(j,k)$	物质 i 在盒子 j 中模拟迭代 k 次后的部分浓度	无	B.1.3
G	吉布斯自由能	kJ,kJ/mol	2.2.4
ΔG	化学过程的吉布斯自由能变化	kJ,kJ/mol	2.1.2, 2.1.3
$\overline{G}$	电化学自由能	kJ,kJ/mol	2.2.4
$G^{\ominus}$	标准吉布斯自由能	kJ,kJ/mol	3.1.2
$\Delta G^{\ominus}$	化学过程的标准吉布斯自由能变化	kJ,kJ/mol	2.1.2, 2.1.3
$\Delta G^{\neq}$	标准活化的吉布斯自由能	kJ/mol	3.1.2
$\Delta G^{\ominus\alpha\to\beta}_{\mathrm{transfer},j}$	物质 j 从 α 相转移到 β 相的标准自由能	kJ/mol	2.3.6
g	(a)重力加速度	cm/s^2	
	(b)吸附等温线的相互作用参数	$J\cdot cm^2/mol^2$	13.5.2
H	(a)焓	kJ,kJ/mol	2.1.2
	(b)$\frac{k_f}{D_O^{1/2}}+\frac{k_d}{D_R^{1/2}}$	$s^{-1/2}$	5.5.1
ΔH	化学过程中焓的变化	kJ,kJ/mol	2.1.2
$\Delta H^{\ominus}$	化学过程中标准焓变化	kJ,kJ/mol	2.1.2
$\Delta H^{\neq}$	标准活化焓	kJ,kJ/mol	3.1.2
h	普朗克常数	J·s	
h_{corr}	滴汞电极的校正汞柱高度	cm	7.1.4

符号	意　义	常用单位	涉及章节
I	交流电流幅值	A	10.1.2
$I(t)$	电流的卷积变换；电流的半积分	$C/s^{1/2}$	6.7.1
$\dot{I}$	电流相移	A	
$\bar{I}$	平均电流的扩散电流常数	$\mu A \cdot s^{1/2}/(mg^{2/3} \cdot mM)$	7.1.3
$(I)_{max}$	最大电流的扩散电流常数	$\mu A \cdot s^{1/2}/(mg^{2/3} \cdot mM)$	7.1.3
I_p	交流电流幅值的峰值	A	10.5.1
i	电流	A	1.3.2
Δi	方波伏安法的微分电流$=i_f-i_r$	A	7.3.5
δi	示差脉冲伏安法的微分电流$=i(\tau)-i(\tau')$	A	7.3.4
$i(0)$	本体电解的初始电流	A	11.3.1
i_A	描述旋转圆盘修饰电极主要反应物流量的特征电流	A	14.4.2
i_a	阳极分电流	A	3.2
i_c	(a)充电电流	A	6.2.4
	(b)阴极分电流	A	3.2
i_d	(a)扩散流量的电流	A	4.1
	(b)扩散极限电流	A	5.2.1
$\overline{i_d}$	通过整个汞滴寿命的平均扩散极限电流	A	7.1.2
$(i_d)_{max}$	滴汞电极在t_{max}时的扩散极限电流（最大电流）	A	7.1.2
i_E	描述修饰电极表面电子扩散的特征电流	A	14.4.2
i_f	(a)法拉第电流	A	
	(b)正向电流	A	5.7
i_K	动力学极限电流	A	9.3.4
i_k	描述修饰电极薄膜内反应的特征电流	A	14.4.2
i_l	极限电流	A	1.4.2
$i_{l,a}$	阳极极限电流	A	1.4.2
$i_{l,c}$	阴极极限电流	A	1.4.2
i_m	迁移电流	A	4.1
i_P	描述主要反应物渗透进入修饰电极薄膜的特征电流	A	14.4.2
i_p	峰电流	A	6.2.2
i_{pa}	阳极峰电流	A	6.5.1
i_{pc}	阴极峰电流	A	6.5.1
i_r	反向阶跃电流	A	5.7
i_S	(a)描述主要反应物扩散通过修饰电极薄层的特征电流	A	14.4.2
	(b)扫描电化学显微镜的基底电流	A	16.4.4
i_{ss}	稳态电流	A	5.3
i_T	扫描电化学显微镜的探头电流	A	16.4.2
$i_{T,\infty}$	扫描电化学显微镜远离基底时的探头电流	A	16.4.1
i_0	交换电流	A	3.4.1，3.5.4
$i_{0,t}$	真实交换电流	A	13.7.1
$\mathrm{Im}(w)$	复变函数w的虚部		A.5

符号	意　　义	常用单位	涉及章节
$J_j(x,t)$	物质 j 在 x 处 t 时间下的流量	$mol \cdot cm^{-2} \cdot s^{-1}$	1.4.1,4.1
j	(a)电流密度	A/cm^2	1.3.2
	(b)模拟的盒子指数	无	B.1.2
	(c)$\sqrt{-1}$	无	A.5
j_0	交换电流密度	A/cm^2	3.4.1,3.5.4
K	平衡常数	无	
$K_{P,j}$	反应物 j 的前置平衡常数	取决于具体情况	3.6.1
k	(a)均相反应速率常数	取决于级数	
	(b)模拟迭代数	无	B.1
	(c)吸光系数	无	17.1.2
$\mathscr{k}$	玻尔兹曼常数	J/K	
k^0	标准异相速率常数	cm/s	3.3,3.4
k_b	(a)氧化的异相速率常数	cm/s	3.2
	(b)"逆"反应均相速率常数	取决于级数	3.1
k_f	(a)还原的非均相速率常数	cm/s	3.2
	(b)"正"反应均相速率常数	取决于级数	3.1
$k_{i,j}^{pot}$	物质 j 干扰物质 i 电势法测量的选择性系数	无	2.4
k_t^0	真实标准异相速率常数	cm/s	13.7.1
L	多孔电极的长度	cm	11.6.2
$L\{f(t)\}$	$f(t)=\overline{f}(s)$的拉普拉斯变换		A.1
$L^{-1}\{\overline{f}(s)\}$	$\overline{f}(s)$的拉普拉斯逆变换		A.1
l	薄层电池溶液的厚度	cm	11.7.2
ℓ	模拟中相应 t_k 的迭代数	无	B.1.4
m	滴汞电极的汞流速度	mg/s	7.1.2
$m(t)$	电流的卷积变换;电流的半积分	$C/s^{1/2}$	6.7.1
m_j	物质 j 的物质传递系数	cm/s	1.4.2
N	旋转环盘电极的收集效率	无	9.4.2
N_A	(a)受主密度	cm^{-3}	18.2.2
	(b)阿伏加德罗常数	mol^{-1}	
N_D	施主密度	cm^{-3}	18.2.2
N_j	物质 j 在体系中的摩尔总数	mol	11.3.1
n	(a)电极反应中所涉及的电子数	无	1.3.2
	(b)半导体的电子密度	cm^{-3}	18.2.2
	(c)折射率	无	17.1.2
$\hat{n}$	复合折射率	无	17.1.2
n^0	$z:z$ 电解质中每种离子的浓度	cm^{-3}	13.3.2
n_i	本征半导体的电子密度	cm^{-3}	18.2.2
n_j	(a)物质 j 在一相中的摩尔数	mol	2.2.4,13.1.1
	(b)电解液中离子 j 的浓度	cm^{-3}	13.3.2
n_j^0	离子 j 在本体电解液中的浓度	cm^{-3}	13.3.2
O	标准体系 $O+ne \rightleftharpoons R$ 的氧化形式;通常用来表示相应于物质 O 的下标		
P	压力	Pa,atm	
p	(a)半导体的空穴密度	cm^{-3}	18.2.2
	(b)m_jA/V	s^{-1}	11.3.1

符号	意　义	常用单位	涉及章节
p_i	本征半导体的空穴密度	cm^{-3}	18.3.2
Q	电解时通过的电量	C	1.3.2,5.8.1,11.3.1
Q^0	根据法拉第定律,一组分完全电解所需的电量	C	11.3.4
Q_d	扩散组分的计时库仑电量	C	5.8.1
Q_{dl}	用于双电层电容的电量	C	5.8
q^j	j 相的过剩电荷	C,μC	1.2,2.2
R	标准体系 $O+ne \rightleftharpoons R$ 的还原形式;通常用作表示相应于 R 的下标		
R	(a)气体常数	$J \cdot mol^{-1} \cdot K^{-1}$	
	(b)电阻	Ω	10.1.2
	(c)多孔电极中电解物质的分数	无	11.6.2
	(d)反射率	无	17.1.2
R_B	电池的串联等效电阻	Ω	10.4
R_{ct}	电荷传递电阻	Ω	1.3.3,3.4.3
R_f	反馈电阻	Ω	15.2
R_{mt}	物质传递(转移)电阻	Ω	1.4.2,3.4.6
R_s	(a)溶液电阻	Ω	1.3.4
	(b)等效电路中的串联电阻	Ω	1.2.4,10.1.3
R_u	未补偿电阻	Ω	1.3.4,15.6
R_Ω	溶液欧姆电阻	Ω	10.1.3
r	距电极中心的径向距离	cm	5.2.2,5.3,9.3.1
r_c	毛细管半径	cm	7.1.3
r_0	电极半径	cm	5.2.2,5.3
r_1	旋转圆盘电极或旋转环盘电极的半径	cm	9.3.5
r_2	圆环电极的内径	cm	9.4.1
r_3	圆环电极的外径	cm	9.4.1
Re	雷诺数	无	9.2.1
$\mathrm{Re}(w)$	复变函数 w 的实部		A.5
ΔS	化学过程的熵变	$kJ/K, kJ \cdot mol^{-1} \cdot K^{-1}$	2.1.2
$\Delta S^\ominus$	化学过程的标准熵变	$kJ/K, kJ \cdot mol^{-1} \cdot K^{-1}$	2.1.2
$\Delta S^\neq$	标准活化熵	$kJ \cdot mol^{-1} \cdot K^{-1}$	3.1.2
$S_\tau(t)$	$t=\tau$ 时上升的单位阶跃函数	无	A.1.7
s	(a)拉普拉斯平面变量,通常对 t 互补		A.1
	(b)多孔电极的比表面	cm^{-1}	11.6.2
T	绝对温度	K	
t	时间	s	
t_j	物质 j 的传递数	无	2.3.3,4.2
t_k	模拟的已知特征时间	s	B.1.4
t_{max}	滴汞电极的滴落时间	s	7.1.2
t_p	方波伏安法的脉冲宽度	s	7.3.5
u_j	离子 j(或电荷载体)的淌度	$cm^2 \cdot V^{-1} \cdot s^{-1}$	2.3.3,4.2
V	体积	cm^3	
v	(a)线性电势的扫描速度	V/s	6.1
	(b)均相反应速率	$mol \cdot cm^{-3} \cdot s^{-1}$	1.3.2,3.1

符号	意义	常用单位	涉及章节
	(c)异相反应速率	$mol \cdot cm^{-2} \cdot s^{-1}$	1.3.2,3.2
	(d)溶液流动的线速度，通常是位置的函数	cm/s	1.4.1,9.2
v_b	(a)"反向"均相反应速率	$mol \cdot cm^{-3} \cdot s^{-1}$	3.1
	(b)阳极异相反应速率	$mol \cdot cm^{-2} \cdot s^{-1}$	3.2
v_j	j方向的速度分量	cm/s	9.2.1
v_{mt}	向表面的物质传递速率	$mol \cdot cm^{-2} \cdot s^{-1}$	1.4.1
$W_j(\lambda,\boldsymbol{E})$	物质j的密度函数概率	eV^{-1}	3.6.3
w	带状电极的宽度	cm	5.3
w_j	电子转移反应中物质j的功项	eV	3.6.2
X_C	容抗	Ω	10.1.2
X_j	物质j的摩尔分数	无	13.1.2
x	距离，通常指距一个平板电极	cm	
x_1	内海姆荷茨平面距离电极表面的距离	cm	1.2.3,13.3.3
x_2	外海姆荷茨平面距离电极表面的距离	cm	1.2.3,13.3.3
Y	导纳	Ω^{-1}	10.1.2
$\mathbf{Y}$	导纳向量	Ω^{-1}	10.1.2
y	旋转圆盘电极或旋转环盘电极下方的距离	cm	9.3.1
Z	(a)阻抗	Ω	10.1.2
	(b)模拟的无量纲电流参数	无	B.1.6
$\mathbf{Z}$	阻抗矢量	Ω	10.1.2
Z_f	法拉第阻抗	Ω	10.1.3
Z_{Im}	阻抗的虚部	Ω	10.1.2
Z_{Re}	阻抗的实部	Ω	10.1.2
Z_w	Warburg 阻抗	Ω	10.1.3
z	(a)到圆盘电极或圆柱电极表面的垂直距离	cm	5.3
	(b)$z:z$电解液中每个离子的电荷	无	13.3.2
z_j	以电子电荷为量纲的物质j的电荷	无	2.3

希腊符号

符号	意义	常用单位	涉及章节
α	(a)传递(转移)系数	无	3.3
	(b)吸收系数	cm^{-1}	17.1.2
β	(a)扩展的电荷转移的距离因子	$(10^{-10}m)^{-1}$	3.6.4
	(b)旋转环盘电极的几何参数	无	9.4.1
	(c)$1-\alpha$	无	10.5.2
β_j	(a)$\partial E/\partial C_j(0,t)$	$V \cdot cm^3/mol$	10.2.2
	(b)物质j吸附等温线的平衡参数	无	13.5.2
Γ_j	平衡时物质j的表面过剩	mol/cm^2	13.1.2
$\Gamma_{j(r)}$	物质j对于组分r的相对表面过剩	mol/cm^2	13.1.2

符号	意　义	常用单位	涉及章节
$\Gamma_{j,s}$	饱和时物质 j 的表面过剩	mol/cm^2	13.5.2
γ	(a)表面张力	dyn/cm	
	(b)用于定义在球形电极上的阶跃实验的频率(时间)域的无量纲参数	无	5.4.2,5.5.2
γ_j	物质 j 的活度系数	无	2.1.5
Δ	椭圆参数	无	17.1.2
δ	$r_0(s/D_O)^{1/2}$,用于定义球形电极表面扩散	无	5.5.2
δ_j	电极上由对流传递提供的“扩散层”厚度	cm	1.4.2,9.3.2
ε	(a)介电常数	无	13.3.1
	(b)光频率介电常数	无	17.1.2
	(c)孔率	无	11.6.2
$\hat{\varepsilon}$	复光频率介电常数	无	17.1.2
ε_j	物质 j 的摩尔吸光率	L · mol^{-1} · cm^{-1}	17.1.1
ε_0	真空的介电常数	C^2 · N^{-1} · m^{-2}	13.3.1
ζ	Zeta 电势	mV	9.8.1
η	过电势,$E-E_{eq}$	V	1.3.2,3.4.2
η_{ct}	电荷转移过电势	V	1.3.3,3.4.6
η_j	流体 j 的黏度	g · cm^{-1} · s^{-1}	9.2.2
η_{mt}	物质传递(转移)过电势	V	1.3.3,3.4.6
θ	(a)$\exp\left[\left(\frac{nF}{RT}\right)(E-E^{\ominus\prime})\right]$	无	5.4.1
	(b)$\tau^{1/2}+(t-\tau)^{1/2}-t^{1/2}$	s$^{1/2}$	5.8.2
θ_j	物质 j 对界面的覆盖度分数	无	13.5.2
κ	(a)溶液的电导率	S/cm=Ω^{-1} · cm^{-1}	2.3.3,4.2
	(b)反应的传递系数	无	3.1.3
	(c)r_0k_f/D_O,用于定义球形电极的动力学区域	无	3.5.2
	(d)双层厚度参数	cm^{-1}	13.3.2
	(e)修饰电极体系主要反应物的分配系数	无	14.4.2
κ_{el}	电子转移系数	无	3.6
Λ	溶液的当量电导	cm^2 · Ω^{-1} · equiv^{-1}	2.3.3
λ	(a)电子转移的重组能	eV	3.6
	(b)$\frac{k_f\tau^{1/2}(1+\xi\theta)}{D_O^{1/2}}$	无	5.5.1
	(c)无量纲均相动力学参数	无	12.3
	(d)循环伏安法的换向时间	s	6.5
	(e)真空中光的波长	nm	17.1.2
λ_i	重组能的内组分	eV	3.6.2
λ_j	离子 j 的当量离子电导	cm^2 · Ω^{-1} · equiv^{-1}	2.3.3
λ_{0j}	外推到无限稀释时离子 j 的当量电导	cm^2 · Ω^{-1} · equiv^{-1}	2.3.3
λ_o	重组能的外组分	eV	3.6.2
μ	(a)反应层厚度	cm	1.5.2,12.4.2
	(b)磁导率	无	17.1.2
$\bar{\mu}_e^\alpha$	电子在 α 相的电化学势	kJ/mol	2.2.4,2.2.5
$\bar{\mu}_j^\alpha$	物质 j 在 α 相的电化学势	kJ/mol	2.2.4
μ_j^α	物质 j 在 α 相的化学势	kJ/mol	2.2.4
$\mu_j^{0\alpha}$	物质 j 在 α 相的标准化学势	kJ/mol	2.2.4

符号	意　义	常用单位	涉及章节
ν	(a)动力黏度	cm^2/s	9.2.2
	(b)光的频率	s^{-1}	
ν_j	物质 j 在化学过程中的当量系数	无	2.1.5
ν_n	核频率因子	s^{-1}	3.6
ξ	$\left(\frac{D_O}{D_R}\right)^{1/2}$	无	5.4.1
ρ	(a)电阻率	$\Omega \cdot m$	4.2
	(b)粗糙因子	无	5.2.3
$\rho(\boldsymbol{E})$	电子态密度	$cm^2 \cdot eV^{-1}$	3.6.3
σ	(a)$\frac{nFv}{RT}$	s^{-1}	6.2.1
	(b)$\left(\frac{1}{nFA\sqrt{2}}\right)\left[\frac{\beta_O}{D_O^{1/2}}-\frac{\beta_R}{D_R^{1/2}}\right]$	$\Omega \cdot s^{-1}$	10.2.3
σ^j	j 相的过剩电荷密度	C/cm^2	1.2.2.2
σ_j	描述取决于吸附能的电势参数	无	13.3.4
τ	(a)计时电势法的过渡时间	s	8.2.2
	(b)采样电流伏安法的采样时间	s	5.1,7.3
	(c)双阶跃实验的正向阶跃宽度	s	5.7.1
	(d)通常由实验性质定义的特征时间	s	
	(e)在处理超微电极时,$4D_Ot/r_0^2$	无	5.3
τ'	常规和示差脉冲伏安法的电势脉冲的开始	s	7.3
τ_L	溶剂的纵向弛豫时间	s	3.6.2
Φ	一个相的功函	eV	3.6.4
ϕ	(a)静电势	V	2.2.1
	(b)两个正弦信号之间的相角	度数,弧度	10.1.2
	(c)$\dot{I}_{ac}$和 $\dot{E}_{ac}$之间的相角	度数,弧度	10.1.2
	(d)修饰电极的修饰膜厚度	cm	14.4.2
$\Delta\phi$	(a)两点或两相间的静电势差	V	2.2
	(b)半导体空间电荷区的电势降	V	18.2.2
ϕ^j	j 相的绝对静电势	V	2.2.1
$\Delta_\beta^\alpha\phi$	液/液界面的接界电势	V	6.8
$\Delta_\beta^\alpha\phi_j^{\ominus}$	物质 j 的离子从 α 相转移到 β 相的标准 Galvani 电势	V	6.8
ϕ_0	双电层溶液一侧总的电势降	mV	13.3.2
ϕ_2	外海姆荷茨平面相对本体溶液的电势	V	1.2.3,13.3.3
χ	$\left(\frac{12}{7}\right)^{1/2}\frac{k_f\tau^{1/2}}{D_O^{1/2}}$	无	7.2.2
$\chi(j)$	模拟中盒子 j 的无量纲距离	无	B.1.5
$\chi(bt)$	线性扫描伏安法和循环伏安法中完全不可逆体系的归一化电流	无	6.3.1
$\chi(\sigma t)$	可逆体系扫描实验的归一化电流	无	6.2.1
χ_f	修饰电极主要反应物渗透进入薄膜的速率常数	cm/s	14.4.2
Ψ	(a)椭圆参数	无	17.1.2
	(b)循环伏安法的无量纲速率参数	无	6.5.2
ω	(a)旋转的角频率,$2\pi\times$转速	s^{-1}	9.3
	(b)正弦振荡的角频率;$2\pi f$	s^{-1}	10.1.2

标准缩写

符号	意　　义	涉及章节
ADC	模-数转换器	15.8
AES	俄歇电子能谱	17.3.3
AFM	原子力显微镜	16.3
ASV	阳极溶出伏安法	11.8
BV	Bulter-Volmer	3.3
CB	导带	18.2.2
CE	前置异相电子转移的均相化学过程①	12.1.1
CV	循环伏安法	6.1,6.5
CZE	毛细管区带电泳	11.6.4
DAC	数-模转换器	15.8
DME	(a)滴汞电极	7.1.1
	(b)二甲氧基乙烷	
DMF	*N*,*N*-二甲基甲酰胺	
DMSO	二甲亚砜	
DPP	示差脉冲极谱	7.3.4
DPV	示差脉冲伏安法	7.3.4
EC	随后均相化学反应的异相电子转移①	12.1.1
EC′	在随后均相反应中的电活性物质的催化重生①	12.1.1
ECE	依次为异相电子转移、均相化学反应和异相电子转移①	12.1.1
ECL	电致化学发光	18.1
ECM	电毛细极大	13.2.2
EE	完成两电子的还原或氧化的逐级异相电子转移①	12.1.1
EIS	电化学阻抗谱学	10.1.1
emf	电动势	2.1.3
EMIRS	电化学调制红外反射光谱	17.2.1
ESR	电子自旋共振	17.4.1
ESTM	电化学扫描隧道显微镜	16.2
EXAFS	扩展 X 射线吸收精细结构	17.6.1
FFT	快速傅里叶变换	A.6
GCS	古依-恰帕曼-斯特恩	13.3.3
GDP	恒电流双脉冲	8.6
HCP	六方密堆积	13.4.2
HMDE	悬汞电极	5.2.2
HOPG	高定向的热解石墨	13.4.2
IHP	内海姆荷茨平面	1.2.3,13.3.3
IPE	理想极化电极	1.2.1
IRRAS	红外反射吸收光谱	17.2.1
IR-SEC	红外光谱电化学	17.2.1
ISE	离子选择电极	2.4
ITIES	两互不相溶电解质溶液界面	6.8
ITO	铟-锡氧化物薄膜	18.2.5
LB	Langmuir-Blodgett	14.2.1
LCEC	液相色谱电化学检测	11.6.4

符号	意　　义	涉及章节
LEED	低能电子衍射	17.3.3
LSV	线性扫描伏安法	6.1
MFE	汞膜电极	11.8
NHE	标准氢电极	1.1.1
NCE	标准甘汞电极，$Hg/Hg_2Cl_2/KCl(1.0mol \cdot L^{-1})$	
NPP	常规脉冲极谱	7.3.2
NPV	常规脉冲伏安法	7.3.2
OHP	外海姆荷茨平面	1.2.3,13.3.3
OTE	光学透明电极	17.1.1
OTTLE	光学透明薄层电极	17.1.1
PAD	脉冲电流(安培)检测器	11.6.4
PC	碳酸丙烯酯	
PDIRS	电势差红外检测器	17.2.1
PZC	零电荷电势	13.2.2
QCM	石英晶体微天平	17.5
QRE	准参比电极	2.1.7
RDE	旋转圆盘电极	9.3
RDS	决速步骤	3.5
RPP	反向脉冲极谱	7.3.4
RPV	反向脉冲伏安法	7.3.4
RRDE	旋转环盘电极	9.4.2
SAM	自组装单层膜	14.2.2
SCE	饱和甘汞电极	1.1.1
SECM	扫描电化学显微镜	16.4
SERS	表面增强拉曼光谱	17.2.2
SHE	标准氢电极(＝NHE)	1.1.1
SHG	二次谐波	17.1.5
SMDE	静态滴汞电极	7.1.1
SNIFTIRS	差减归一化界面傅里叶转换红外光谱	17.2.1
SPE	固体聚合物电解质	14.2.6
SPR	表面等离子体共振	17.1.3
SSCE	钠饱和甘汞电极 $Hg/Hg_2Cl_2/NaCl$(饱和)	
STM	扫描隧道显微镜	16.2
SWV	方波伏安法	7.3.5
$TBABF_4$	四丁基铵氟硼酸	
TBAI	碘化四丁基铵	
TBAP	四丁基铵高氯酸	
TEAP	四乙基铵高氯酸	
THF	四氢呋喃	
UHV	超高真空	17.3
UME	超微电极	5.3
UPD	欠电势沉积	11.2.1
XPS	X射线光电子能谱	17.3.2
VB	价带	18.2.3

① 这些字母可标注 i，q 或 r，表示不可逆、准可逆或可逆反应。

目　录

第1章　电极过程导论及综述

1.1　导论

电化学是研究电的作用和化学作用相互关系的化学分支。此领域大部分工作涉及通过电流导致的化学变化以及通过化学反应来产生电能方面的研究。事实上，电化学领域包括大量的不同现象（例如，电泳和腐蚀）、各类器件（电致变色显示器、电分析传感器、各种电池和燃料电池）和各种技术（金属电镀、大规模生产铝和氯气）等。尽管本书所讨论的电化学原理均适用于上述各方面，但本书的重点是电化学方法在各种化学体系研究方面的应用。

基于种种原因，科学家们要对某些化学体系进行电化学测量。他们的兴趣可能是得到一个反应的热力学数据；或产生一种不稳定的中间体（诸如自由基离子），并研究它的衰变速率或光谱性质；也可能是寻求分析溶液中痕量金属离子或有机物。在这些例子中，与常用的光谱方法一样，电化学方法被用作研究化学体系的工具。另外一些研究则侧重于体系自身的电化学特性，例如，设计一种新的能源或电合成某些产品。现在已经发展出许多电化学方法。应用这些方法，就需要了解电极反应的基本原理和电极-溶液界面的电性质。

本章将介绍描述电极反应的一些术语和概念。此外，在对电极过程的研究方法及其数学表达式的解析进行详细探讨之前，先讨论几种不同类型的电极反应的近似处理方法，以阐明它们的主要特征。这里所叙述的一些概念及方法，将在以后的章节中以更完善和更严格的方式加以讨论。

1.1.1　电化学池和电化学反应

在电化学体系中，关心的是影响电荷在化学相界面之间，例如电子导体（电极，an electrode）和离子导体（电解质，an electrolyte）之间迁移的过程和因素。贯穿本书的是电极/电解质界面的性质以及施加电势和电流通过时该界面上所发生的情况。电极上的电荷转移是通过电子（或空穴）运动实现的。典型的电极材料包括固体金属（例如，铂、金）、液体金属（汞、汞齐）、碳（石墨）和半导体（铟-锡氧化物、硅）。在电解液相中，电荷转移是通过离子运动来进行的。最常用的电解质溶液是含有如 H^+、Na^+ 和 Cl^- 等离子物种水溶剂或非水溶剂的液态溶液。就电化学池而言，所研究的电化学实验体系，电解质溶液必须有较低的电阻（即有足够高的导电性）。不常用的电解液包括熔融盐（例如，NaCl-KCl 的低共溶混合物）和离子型导电聚合物（例如，Nafion，聚环氧乙烷-$LiClO_4$）。还有固体电解质（例如，β-氧化铝钠，其电荷传导是由氧化铝层间钠离子的运动而引起的）。

考虑在单个界面上发生的事情是很自然的，但这种孤立的界面在实验上是无法处理的。实际上，必须研究称为电化学池（electrochemical cell）的多个界面集合体的性质。这样的体系最普遍的定义是两个电极被至少一个电解质相所隔开。

一般来讲，在电化学池中电极之间的电势差可被测量。典型的办法是采用一个高阻抗的伏特计来完成。电池电势（cell potential）的单位为伏特［V，1V＝1 焦耳/库仑（J/C）］(简称为伏，译者注)，它是表征电极之间外部可驱动电荷能量的尺度。电池电势是电池中所有各相之间电势的代数和。读者在第 2 章中将会发现，电势从一个导电相到另一个导电相的转变，通常几乎全都发生在相界面上。急剧的变化表明在界面上存在一个很强的电场，可以预料它对于界面区域内电荷载体（电子或离子）的行为有极大的影响。界面电势差的大小，也影响着两相中载体的相对能量；因此，它控制着电荷转移的方向和速率。所以，电池电势的测量和控制是实验电化学中最重要的方面之一。

在讨论这些操作是如何完成之前，确定一个用以表示电池结构的简明符号用法。例如，图1.1.1(a) 所示的电池，可以简单地写成

$$Zn/Zn^{2+}, Cl^-/AgCl/Ag \tag{1.1.1}$$

式 (1.1.1) 中，斜线代表一个相界面，同一相中的两个组分用逗号分开。这里没有用到的双斜线代表这样的相界面，其电势对电池总电势的贡献是可以忽略的。当涉及气相时，应写出与其相邻的相应导电组分。例如，图 1.1.1(b) 中的电池，可图解式地写为

$$Pt/H_2/H^+, Cl^-/AgCl/Ag \tag{1.1.2}$$

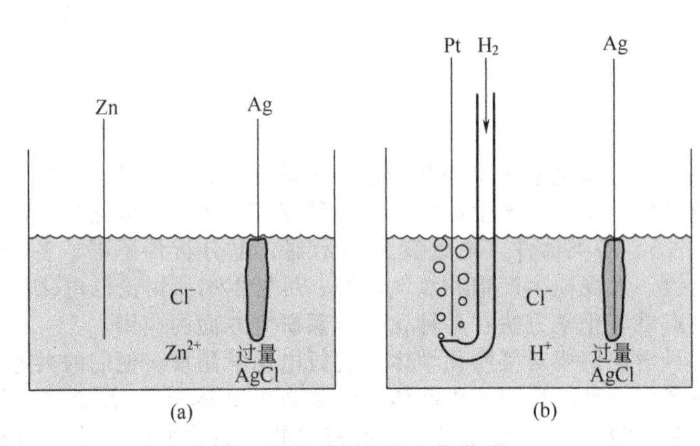

图 1.1.1 典型的电化学池

(a) 浸在 $ZnCl_2$ 溶液中的金属 Zn 和被 AgCl 覆盖的 Ag 丝；(b) 在 H_2 气流中的 Pt 丝和浸在 HCl 溶液中被 AgCl 覆盖的 Ag 丝

电池中所发生的总化学反应，是由两个独立的半反应（half-reaction）构成的，它们描述两个电极上真实的化学变化。每一个半反应（及电极附近体系的化学组成）与相应电极上的界面电势差相对应。大多数情况下，人们所感兴趣的仅仅是这些反应中的一个，该反应发生的电极称为工作（或指示）电极（working electrode，or indicator electrode）。为了集中研究工作电极，就要使电池的另一半标准化，办法是使用由一个组分恒定的相构成的电极（称为参比电极，reference electrode）。

国际上认可的首选参比电极是标准氢电极（standard hydrogen electrode，SHE），或称为常规标准氢电极（normal hydrogen electrode，NHE），其所有组分的活度均为 1。

$$Pt/H_2(a=1)/H^+(a=1,\text{水相}) \tag{1.1.3}$$

从实验的角度来看，NHE 不是很方便，实际工作中常用其他的参比电极来测量和标出电势。一个常用的参比电极是饱和甘汞电极（saturated calomel electrode，SCE），可表示为

$$Hg/Hg_2Cl_2/KCl(\text{饱和水溶液}) \tag{1.1.4}$$

它的电势相对于 NHE 是 0.242 V。另外一个常用的参比电极是银-氯化银电极（silver-silver chloride electrode），可表示为

$$Ag/AgCl/KCl(\text{饱和水溶液}) \tag{1.1.5}$$

它的电势相对于 NHE 是 0.197V。当采用该电极作为参比电极时，文献中常以"vs. Ag/AgCl"来标明电势。

由于参比电极的组成固定不变，因而它的电势是恒定的。这样，电池中的电势变化都归结于工作电极。当讲观测或控制工作电极相对于参比电极的电势时，也就等于说观测或控制工作电极内电子的能量[1,2]。当电极达到更负的电势时（例如，将工作电极与一个电池或电源的负端接在一起），电子的能量就升高。当此能量高到一定程度时，电子就从电极转移到电解液中物种的空电子轨道上。在这种情况下，就发生了电子从电极到溶液的流动（还原电流）[见图 1.1.2(a)]。同理，通过外加正电势使电子的能量降低，当达到一定的程度时，电解液中溶质上的电子将会发

现在电极上有一个更合适的能级存在，就会转移到那里。电子从溶液到电极的流动，是氧化电流［见图1.1.2(b)］。这些过程发生的临界电势与体系中特定的化学物质的标准电势$E^{\ominus}$（standard potentials）有关。

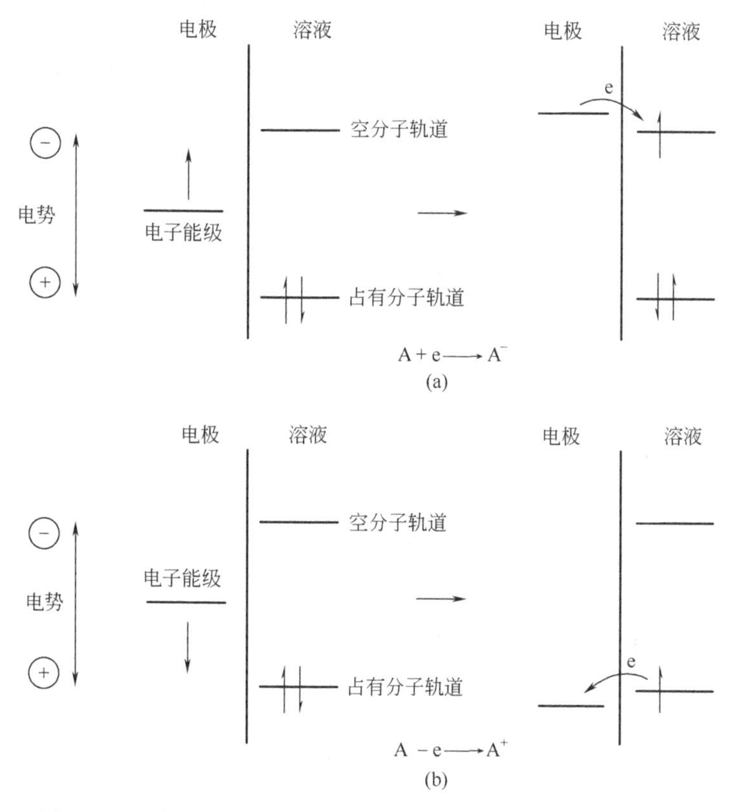

图1.1.2　溶液中物质A的还原（a）和氧化（b）过程的表示法

所示的分子轨道（MO）为物质A的最高占有和最低空的MO。它们分别近似地对应于A/A^-和A^+/A电对的$E_s^{\ominus}$。图例体系代表在质子惰性溶剂（例如乙腈）中铂电极上的芳香族烃（例如9,10-二苯基蒽）

在此考察一个典型的电化学实验，其中工作电极和参比电极浸入到溶液中，电极之间的电势差通过一个外加电源来调节（见图1.1.3）。这种电势E的变化，能够在外电路上产生电流流动，这是由于氧化还原反应的发生，电子穿过电极/溶液界面所致。回想一下，穿过界面的电子数在化学计量方面与化学反应的程度有关（即与反应物的消耗和产物的生成量有关）。电子数是由通过电路中总的电量Q来测量的。电量的单位是库仑（C），1库仑等于6.24×10^{18}个电子所带的电量。电量和所生成产物的量之间的关系遵循法拉第定律（Faraday's law）；即通过96485.4C的电量可以引起一个当量反应（即对于一个1电子反应，消耗1mol的反应物或生成1mol的产物）。电流i是库仑（或电子）流动的速度，1安培（A）电流等于1C/s。当电流作为电势的函数作图时，可得到电流-电势曲线（current-potential curve，i vs. E）。该曲线可提供相关溶液和电极的性质，以及在界面上所发生反应的非常有用的信息。本书随后的许多章节将描述如何得到和解释这种曲线。

现在考察如图1.1.3所示的特定电池，对从中可能得到的电流-电势曲线进行定性探讨。在本章的1.4节和以后的章节中，将给出更多的定量讨论。首先只考虑能够采用一个高阻抗伏特计（即一个内阻很高，测量时没有明显电流流过的伏特计）与电池连接来测定的电势。所测定的电势值称为这个电池的开路电势（open-circuit potential）[1]。

[1] 在电化学文献中，开路电势也称为零电流电势（zero-current potential）或静止电势（rest potential）。

对某些电化学电池，如图 1.1.1 所示的情况，有可能通过热力学数据，即通过能斯特公式（Nernst equation，见第 2 章）给出的两个电极上的半反应的标准电势，来求算其开路电势。关键是应建立一个真正的平衡，因为每个电极上都存在与给定的半反应对应的一对氧化还原物种（即一个氧化还原电对，a redox couple）。例如，在图 1.1.1(b) 中，一个电极上是 H^+ 和 H_2，而在另外一个电极上有 Ag 和 AgCl❶。

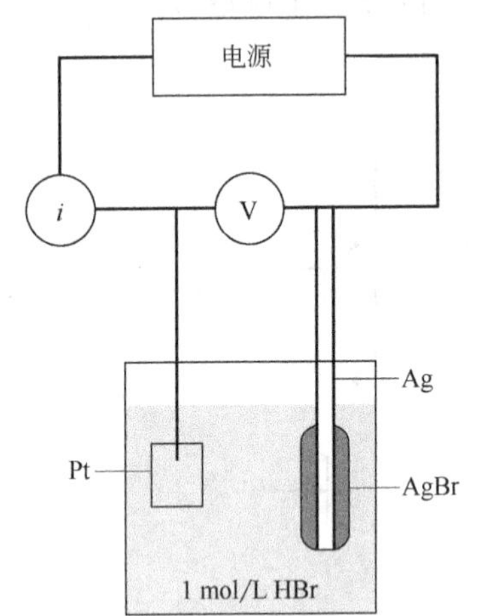

图 1.1.3　电化学池 Pt/HBr (1mol/L)/AgBr/Ag 与电源和伏特计连接测量电流-电势曲线（i-E）的示意

由于不能建立一个总体的平衡，所以图 1.1.3 中所示的电池是不同的。在 Ag/AgBr 电极上存在一电对，其半反应为

$$AgBr + e \rightleftharpoons Ag + Br^- \quad E^\ominus = 0.0713V(相对于 NHE) \tag{1.1.6}$$

由于 AgBr 和 Ag 均为固体，所以它们的活度是 1。Br^- 的活度可由溶液中的浓度得到，因此这个电极的电势（相对于 NHE）可以通过 Nernst 公式求得，这个电极处于平衡状态。但是不能计算 Pt/H^+，Br^- 电极的热力学电势，因为不能确定与所给定的半反应对应的一对化学物质。控制电对显然不是 H_2/H^+ 电对，因为电池中没有引入氢气。同理，也不是 O_2/H_2O 电对，因为通过去掉电池表达式中氧气则表示电池中溶液已经除氧。这样，Pt 电极和此电池作为一个整体不处于平衡状态，平衡电势就不存在。尽管该电池的开路电势无法通过热力学数据获得，仍可按如下所示在一定的电势范围内估计它。

现在分析当一个电源（例如，一个蓄电池）和一个毫安计与该电池相连接，以及 Pt 电极电势相对于 Ag/AgBr 参比电极较负时的情况。在 Pt 电极上首先要发生的反应是质子的还原，

$$2H^+ + 2e \longrightarrow H_2 \tag{1.1.7}$$

如图 1.1.2(a) 所示的那样，电子流动的方向是从电极到溶液中的质子，即有还原（阴极）电流流动。本书的习惯用法是将阴极电流作为正，将负电势标注在右边❷。如图 1.1.4 所示，当 Pt 电极的电势在 H^+/H_2 反应的 $E^\ominus$（0V，vs. NHE 或 −0.07V，vs. Ag/AgBr 电极）附近时，电流流动开始发生。在此反应发生的同时，溶液中存在 Br^- 情况下，Ag/AgBr 电极（在此作为参比电极）上发生的是 Ag 的氧化反应并形成 AgBr。在该电极表面附近溶液中 Br^- 的浓度相对于最初的浓度（1mol/L）没有明显的变化，因而 Ag/AgBr 电极的电势与其在开路时的几乎相同。电荷的守恒要求在 Ag 电极上的氧化反应速率与在 Pt 电极上的还原反应速率相等。

当 Pt 电极上的电势相对于参比电极的电势足够正时，电子从溶液相进入电极，发生 Br^- 氧化为 Br_2（和 Br_3^-）的反应。在电势接近如下半反应的 $E^\ominus$ 时，一个氧化电流或阳极电流开始流动，

$$Br_2 + 2e \rightleftharpoons 2Br^- \tag{1.1.8}$$

此半反应的 $E^\ominus$ 是 +1.09V（相对于 NHE）或 +1.02V（相对于 Ag/AgBr）。当此反应在 Pt 电极上发生时（从右到左），参比电极中的 AgBr 被还原成 Ag，而 Br^- 被释放到溶液中。另外，当有一定的电流通过时，Ag/AgBr/Br^- 界面的组成（即 AgBr、Ag 和 Br^- 的活度）几乎没有变化，此参比电极的电势保持不变。的确，一个参比电极的基本特征是当有小电流通过时，它的电势实际上保持恒定。当在 Pt 和 Ag/AgBr 电极之间加一个电势时，几乎所有的电势变化均发生在 Pt/溶液界面上。

---

❶ 每个电极上存在一个氧化还原电对和没有液接界电势（将被讨论）时，开路电势即为平衡电势（equilibrium potential）。这是图 1.1.1 中所示的每个电池的情形。

❷ 将阴极电流作为正的习惯用法来源于早期的极谱研究，在极谱中通常研究还原反应。尽管现在同样广泛地研究氧化反应，这种习惯用法仍被许多分析化学家和电化学家沿用。其他的一些电化学家更愿意将阳极电流看作为正。当查看文献中公式推导或考察一个发表的 i-E 曲线时，首先弄清采用哪一种习惯用法是很重要的（即哪个方向是向上的?）。

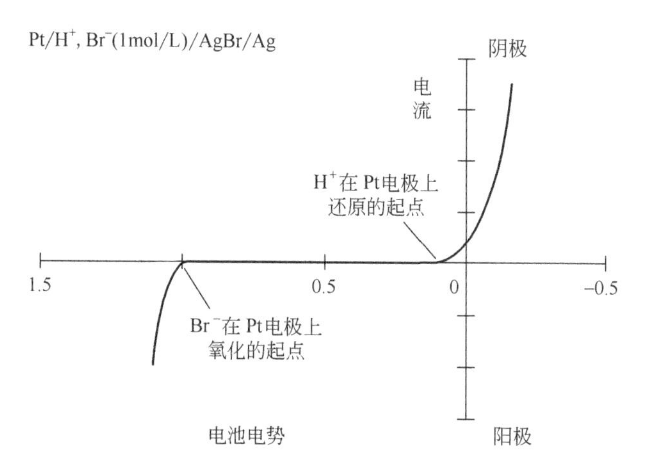

图 1.1.4 电池 Pt/H^+，Br^-(1mol/L)/AgBr/Ag 的电流-电势曲线示意

图中显示了受到限制的质子还原和溴阴离子氧化的过程。所给出的电池电势是铂电极相对于银电极，它等价于 E_{Pt}(V，vs. Ag/AgBr)。由于 $E_{Ag/AgBr}=0.07V$(vs. NHE)，电势坐标通过对每个电势值增加 0.07V 而转变 E_{Pt}(V，vs. NHE)

背景极限（background limits，也称为电势窗，potential window，译者注）是工作电极浸入到仅含有一种使溶液电阻降低的电解质（支持电解质，a supporting electrolyte）时，在工作电极上阴极和阳极电流开始流动的电势范围。将电势移动超出背景极限（例如，在上述例子中，相对于 H_2 析出的极限范围更负或生成 Br_2 更正时），在没有另外的电极反应发生时，只会引起电流的急剧增加，这是因为反应物（支持电解质）的浓度很高。这些讨论暗示对于一个给定的电极-溶液界面，根据体系的热力学性质（即相应半反应的标准电势），常常可以估计其背景极限。在后面的例子中将会看到，这种情况大多数是对的，但并不是总是对的。

从图 1.1.4 可以看出，在所讨论的体系中，开路电势并不是严格定义的。仅仅可以说开路电势在背景极限内的某个位置。实验所得到的数值与溶液中痕量杂质（例如氧气）和 Pt 电极的预处理情况有关。

现在考察同一个电池，但用汞电极取代 Pt 电极，则

$$Hg/H^+, Br^-(1mol/L)/AgBr/Ag \qquad (1.1.9)$$

仍然不能计算其开路电势，因为对于汞电极不能定义为一个氧化还原电对。在用外加电势来考察该电池行为时，将会发现电极反应和观察到的电流-电势行为和前例非常不同。当汞电极的电势较负时，在热力学上预期有氢气析出的区间，并没有电流流动。如图 1.1.5 所示，的确必须将电势移到非常负的值时，此反应才能发生。由于式（1.1.7）所表示的半反应的平衡电势与金属电极无关（见 2.2.4 节），因而其热力学并没有变化。然而，当汞作为氢气析出的反应场所时，速率（用一个异相速率常数来表征）比在 Pt 上要小得多。在这些条件下，此反应并不像热力学预期的那样发生。为了使此反应在一个可测量的速率下发生，必须施加相当高的电子能量（更负的电势）。与均相反应（在给定温度下，其速率常数是一定的）不同的是，异相电子转移反应的速率常数是外加电势的函数。为使一个反应在一定的速率下发生所多加的电势（超出热力学预期的值）称为过（超）电势（overpotential）。因此，可以这样讲，“汞电极上的氢气析出反应具有高的过电势”。

当电势较正时，汞电极上发生阳极反应、电流流动时的电势也与 Pt 电极时的情况大相径庭。在电势 0.14V（相对于 NHE，或 0.07V 相对于 Ag/AgBr）附近汞被氧化成 Hg_2Br_2，阳极背景极限在此电势附近，特征半反应为

$$Hg_2Br_2 + 2e \rightleftharpoons 2Hg + 2Br^- \qquad (1.1.10)$$

一般来讲，背景极限与电极的材料和电化学池中的溶液性质有关。

最后，考察在上述电池的溶液中加入少量 Cd^{2+} 时的情况，

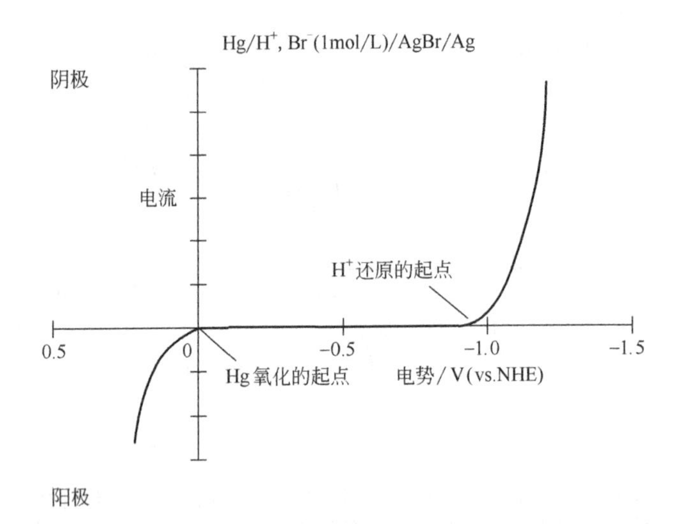

图 1.1.5 汞电极在电池 Hg/H^+，Br^-(1mol/L)/AgBr/Ag 中的电流-电势曲线的示意

图中所示的极限过程是在较大的负的过电势时质子的还原和汞的氧化。电势坐标与图 1.1.4 的定义类似

$$Hg/H^+,\ Br^-(1mol/L),\ Cd^{2+}(10^{-3}mol/L)/AgBr/Ag \qquad (1.1.11)$$

该电解池定性的电流-电势曲线见图 1.1.6。应注意到在大约−0.4V（相对于 NHE）处出现一个还原波（reduction wave），这是由于如下的还原反应

$$CdBr_4^{2-}+2e \xrightarrow{Hg} Cd(Hg)+4Br^- \qquad (1.1.12)$$

这里 Cd(Hg) 代表镉汞齐。此波的大小和形状将在 1.4.2 节中讨论。如果将 Cd^{2+} 加入到图 1.1.3 所示的电解池中，所得到的电流-电势曲线与图 1.1.4 没有 Cd^{2+} 存在时类似。在 Pt 电极上，质子的还原电势比 Cd^{2+} 的还原电势正，所以在 1mol/L HBr 溶液中，阴极的背景极限发生在可以观察到镉离子还原波之前。

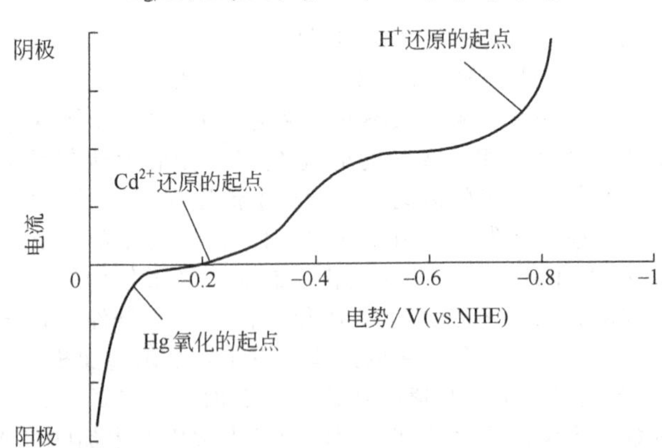

图 1.1.6 汞电极在电池 Hg/H^+，Br^-(1mol/L)，Cd^{2+}(1mmol/L)/AgBr/Ag 中的电流-电势曲线的示意

所示的为 Cd^{2+} 的还原波

总之，当一个电极的电势从它的开路电势值移向较负时，首先被还原的物种是具有最不负（或最正）$E^\ominus$ 的电对的氧化态（假设所有可能的电极反应都很快）。例如，对于一个浸入到含有 Fe^{3+}、Sn^{4+} 和 Ni^{2+} 均为 0.01mol/L 的 1mol/L HCl 溶液中的 Pt 电极，由于 Fe^{3+} 的 $E^\ominus$ 在这些物种中最正 [见图 1.1.7(a)]，首先被还原的是 Fe^{3+}。当电极电势从零电流值移向较正时，首先被

氧化的物种是具有最不正（或最负）$E^{\ominus}$的电对的还原态。于是，对于一个浸入到分别含有0.01mol/L Sn^{2+}和Fe^{2+}的1mol/L HI溶液中的金电极而言，由于Sn^{2+}的$E^{\ominus}$在这些物种中最负[见图1.1.7(b)]，首先被氧化的是Sn^{2+}。另一方面，应该注意这些预测是基于热力学的考虑(即反应唯能论，reaction energetics)，动力学上慢速可能使原本根据$E^{\ominus}$判断在一个电势区域内可能发生的反应，实际上却不能以可观的速率发生。这样，对于一个插入到含有Cr^{3+}和Zn^{2+}均为0.01mol/L的1mol/L HCl溶液中的汞电极，按热力学预测首先发生的还原过程应是氢气从含H^+溶液析出[见图1.1.7(c)]。正如前面讨论的那样，此反应在汞上的反应速率很慢，实际上观察到的第一个过程是Cr^{3+}的还原。

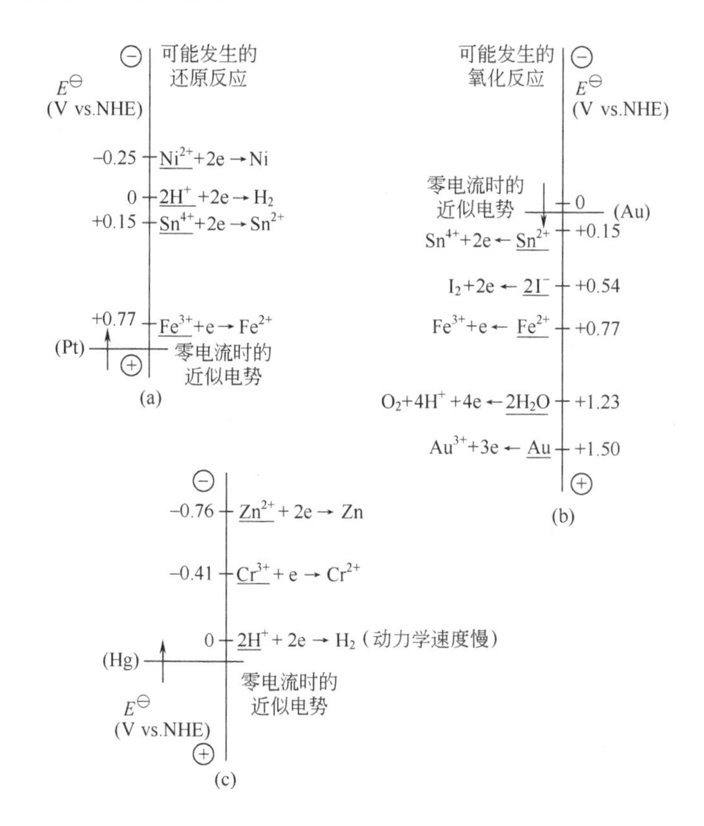

图1.1.7

(a) 在含有均为0.01mol/L Fe^{3+}、Sn^{4+}和Ni^{2+}的1mol/L HCl溶液中，初始电势约为1V(相对于NHE)的铂电极上它们可能的还原电势；(b) 在含有均为0.01mol/L Sn^{2+}和Fe^{2+}的1mol/L HI溶液中，初始约为0.1V(相对于NHE)的金电极上可能的氧化反应电势；(c) 在含有0.01mol/L Cr^{3+}和Zn^{2+}的1mol/L HCl溶液中汞电极上可能还原的电势。箭头表示所讨论的电势变化方向

1.1.2　法拉第过程和非法拉第过程

在电极上有两种过程发生。一种包括像刚刚讨论的反应那样，在这些反应中，电荷（例如电子）在金属-溶液界面上转移。电子转移引起氧化或还原反应发生。由于这些反应遵守法拉第定律（即因电流通过引起的化学反应的量与所通过的电量成正比），所以它们称为法拉第过程（Faradaic processes）。发生法拉第过程的电极有时称为电荷转移电极（charge transfer electrode）。在某些条件下，对于一个给定的电极-溶液界面，在一定的电势范围内，由于热力学或动力学方面的不利因素，没有电荷-转移反应发生[例如，在图1.1.5中从0～−0.8V的区域(相对于NHE)]。然而，像吸附和脱附这样的过程可以发生，电极-溶液界面的结构可以随电势或溶液组成的变化而改变。这些过程称为非法拉第过程（nonfaradaic processes）。虽然电荷并不

通过界面，但电势、电极面积和溶液组成改变时，外部电流可以流动（至少瞬间地）。当电极反应发生时，法拉第和非法拉第过程两者均发生。虽然在研究一个电极反应时，通常主要的兴趣是法拉第过程（研究电极-溶液界面本身性质时除外），在应用电化学数据获得有关电荷转移及相关反应的信息时，必须考虑非法拉第过程的影响。因此，下一节将讨论在一个体系中仅有非法拉第过程发生的简单情况。

1.2　非法拉第过程和电极-溶液界面的本质

1.2.1　理想极化电极（ideal polarized electrode，IPE）

无论外部所加电势如何，都没有发生跨越金属-溶液界面的电荷转移的电极，称为理想极化（或理想可极化）电极。没有真正的电极能在溶液可提供的整个电势范围内表现为 IPE，一些电极-溶液体系在一定的电势范围内，可以接近理想极化，例如，汞电极与除氧的氯化钾溶液界面在 2V 宽的电势范围内，就接近于一个 IPE 的行为。在较正的电势时，汞可被氧化，其半反应如下：

$$Hg + Cl^- \longrightarrow \frac{1}{2}Hg_2Cl_2 + e \qquad (约+0.25V，相对于 NHE) \tag{1.2.1}$$

当电势非常负时，K^+ 可被还原：

$$K^+ + e \xrightarrow{Hg} K(Hg) \qquad (约-2.1V，相对于 NHE) \tag{1.2.2}$$

在上述过程发生的电势范围区间，电荷-转移反应不明显。水的还原为

$$H_2O + e \longrightarrow \frac{1}{2}H_2 + OH^- \tag{1.2.3}$$

在热力学上是可能的，但在汞电极表面上除非达到很负的电势，否则此过程以很低的速率进行。这样，在此电势范围内仅有的法拉第电流流动是因为微量杂质的电荷转移反应（例如，金属离子、氧气和有机物质），对于纯净的体系此电流是相当小的。另外一种具有 IPE 行为的电极是吸附有烷基硫醇自组装单层的金表面（见 14.5.2 节）。

1.2.2　电极的电容和电荷

当电势变化时电荷不能穿过 IPE 界面，此时电极-溶液界面的行为与一个电容器的行为类似。电容器是由介电物质隔开的两个金属片所组成的电路元件［见图 1.2.1(a)］。它的行为遵守如下公式

$$\frac{q}{E} = C \tag{1.2.4}$$

式中，q 为电容器上存储的电荷，单位是库仑，C；E 为跨越电容器的电势（单位是伏，V）；C 为电容（单位是法拉第，F）。当电容器被施加电势时，电荷将在它的两个金属极板上聚集，直到电荷 q 满足式（1.2.4）。在此充电过程中，有电流产生（称为充电电流，charging current）。电容器上电荷由两个极中一个电子过剩和一个电子缺乏构成［见图 1.2.1(b)］。例如，在一个 10μF 的电容器上加上一个 2V 的电池，电流流动一直到 20μC 聚集在电容器的金属板上为止。电流的大小与电路的电阻有关（也见 1.2.4 节）。

实验证明电极-溶液界面行为类似一个电容器，于是可以给出与一个电容器类似的界面区域模型。在给定的电势下，在金属电极表面上将带有电荷 q^M，在溶液一侧有电荷 q^S（见图 1.2.2）。相对于溶液，金属上的电荷是正或负，与跨界面的电势和溶液的组成有关。无论如何，$q^M = -q^S$（在实际的实验中有两个金属电极，因而不得不考虑有两个界面；我们仅集中在一个上，忽略另外一个上所发生的问题）。金属上的电荷 q^M 代表电子的过量或缺乏，仅存在于金属表面很薄的一层中（$<$0.01nm）。溶液中的电荷 q^S，由在电极表面附近的过量的阳离子或阴离子构成。电荷 q^M 和 q^S 与电极面积比值，称为电荷密度（charge densities），$\sigma^M = q^M/A$，通常单位是 $\mu C/cm^2$。在金属-溶液界面上的荷电物质和偶极子的定向排列称为双电层（electrical double layer，正如将在 1.2.3 节中看到的那样，它的结构仅仅非常粗略地与两个荷电层相类似）。在给定

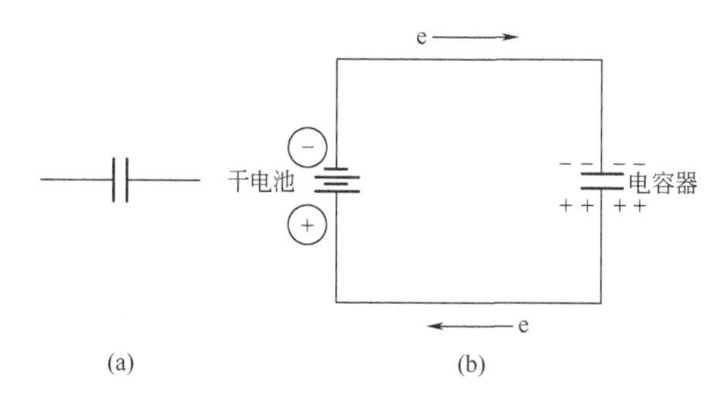

图 1.2.1 (a) 一个电容器和 (b) 由干电池给电容器充电

的电势下，电极-溶液界面可用双电层电容 C_d 来表征，一般在 $10 \sim 40\mu F/cm^2$ 之间。然而，与真实的电容器不同的是，C_d 通常是电势的函数，而电容器的电容与外加电势无关[1]。

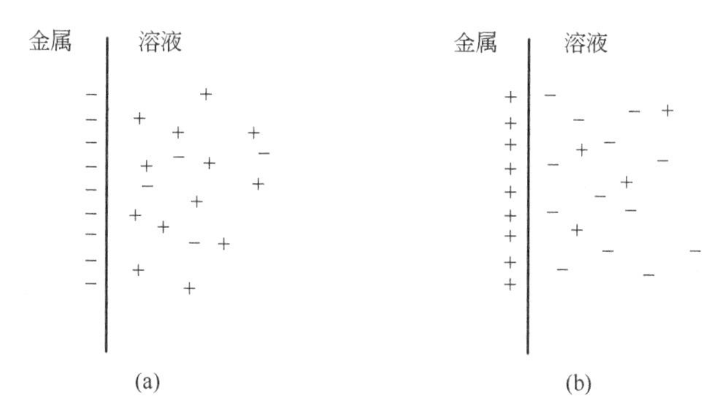

图 1.2.2 类似电容器的金属-溶液界面，金属上所带电荷为 q^M
(a) 负电；(b) 正电

1.2.3 双电层的简要描述

双电层的溶液一侧，被认为是由若干“层”所组成。最靠近电极的一层为内层（inner layer），它包含溶剂分子以及一些有时称为特性吸附的其他物质（离子或分子）(见图 1.2.3)。这种内层也称为紧密（compact）层、海姆荷茨（Helmholtz）层或斯特恩（Stern）层。特性吸附离子电中心的位置叫做内海姆荷茨面（inner Helmholtz plane，IHP），它处在距离电极为 χ_1 处。在此内层中，特性吸附离子的总电荷密度是 $\sigma^i(\mu C/cm^2)$。溶剂化的离子只能接近到距离金属为 χ_2 的距离处；这些最近的溶剂化离子中心的位置称为外海姆荷茨面（outer Helmholtz plane，OHP)。溶剂化离子与荷电金属的相互作用仅涉及长程静电力，它们的作用从本质上讲与离子的化学性质无关，这些离子因此被称为非特性吸附离子。由于溶液中的热扰动，非特性吸附离子分布在一个称为分散层（diffuse layer）的三维区间内，它的范围从 OHP 到本体溶液。分散层中的过剩电荷密度是 σ^d，因此，双电层的溶液一侧总的过剩电荷密度 σ^S 可由下式给出

$$\boxed{\sigma^S = \delta^i + \sigma^d = -\sigma^M} \tag{1.2.5}$$

分散层的厚度与溶液中总离子浓度有关；当浓度大于 10^{-2} mol/L 时，其厚度小于 10nm。图 1.2.4 是双层区内的电势分布。

双电层的结构能够影响电极过程的速率。考虑一个没有特性吸附的电活性物质，它只能靠近电极到 OHP，它所感受到的总电势比电极和溶液之间的电势小 $\phi_2 - \phi^S$ 值，该值是分散层上的电势降。例如，在 0.1mol/L NaF 中，在 $E = -0.55$V（相对于 SCE）时，$\phi_2 - \phi^S$ 为 -0.021V，在

[1] 在文献和本书的各种公式中，C_d 代表单位面积电容，单位是 $\mu F/cm^2$，或代表整个界面上的电容，单位是 μF。对于一个给定的情况其用法很容易从文中或量纲分析知道。

更负和更正的电势下，$\phi_2-\phi^S$值要稍大些。在讨论电极反应动力学时，有时可以忽略双电层的影响，而在有些情况下，双电层的作用就必须加以考虑。吸附和双电层结构的重要性将在第 13 章中详细讨论。

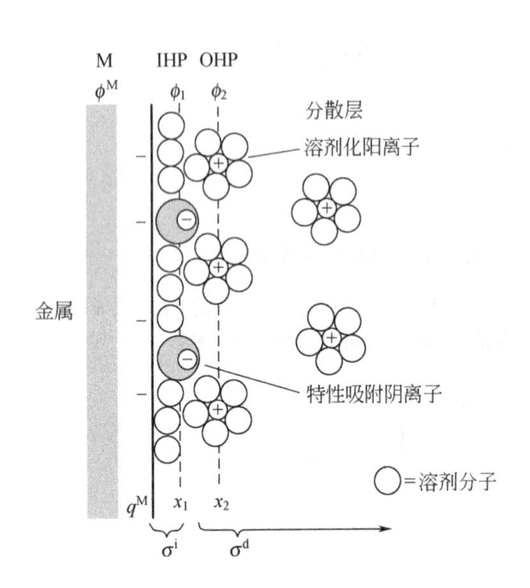

图 1.2.3　在阴离子特性吸附条件下所提出的双电层模型

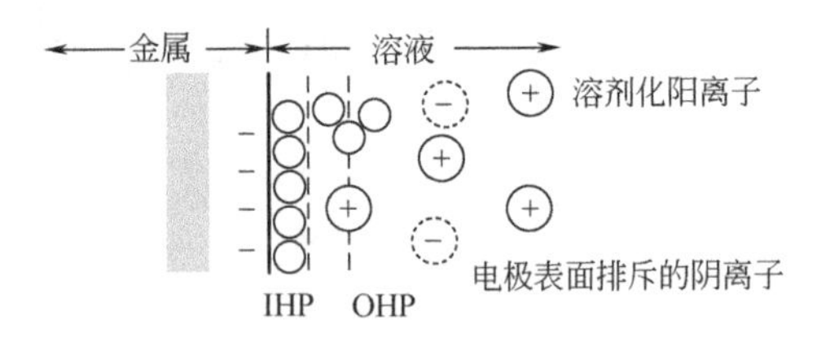

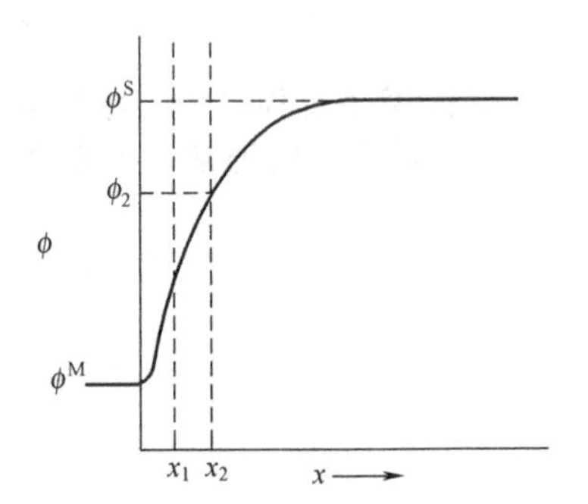

图 1.2.4　无特性吸附离子存在下双层区域的电势分布图

变量 ϕ 称为内电势（inner potential），将在 2.2 节中详细讨论。此分布图进一步定量的表示见图 13.3.6[1]

在电化学实验中，通常不能忽略双电层电容或充电电流的存在。实际上，在电活性物质浓度很低的电极反应中，充电电流要比还原或氧化反应的法拉第电流大得多。由于这种原因，下面将简要讨论几种电化学实验中 IPE 上充电电流的性质。

1.2.4　双电层电容和电化学测量中的充电电流

一个由 IPE 电极和一个理想可逆电极组成的电池，它近似于一个在 KCl 溶液中的汞电极和一个与此 KCl 溶液相连接的 SCE。该电池可用 Hg/K^+，Cl^-/SCE 表示，也可用代表溶液电阻的 R_s与代表 Hg/K^+，Cl^- 界面双电层电容的 C_d组成的等效电路来近似（见图 1.2.5）[2]。由于 C_d通常是电势的函数，严格地讲通过等效电路所提出的模型仅仅对于整个电池电势变化不大的实验才是准确的。对于变化大的情况，近似的结果可用整个电势范围内的“平均”C_d来得到。

有关电化学体系的信息通常是通过对体系施加一个电扰动并观测所产生的体系特征的变化来获得。在本章的后面部分和本书的后面章节中，将会不断地遇到这样的实验。在此值得考虑的是 IPE 体系（用线路元件 R_s和 C_d串联代表）对几种常见的电扰动的响应。

(1) 电压（电势）阶跃　理想极化电极的电势阶跃结果类似于 RC 电路问题（见图 1.2.6）。当施加一个数值为 E 的电势阶跃时，电流 i 与时间 t 的关系为

$$\boxed{i=\frac{E}{R_s}e^{-t/R_sC_d}} \tag{1.2.6}$$

这个方程是由电容器上的电荷 q 与施加的电压 E_C之间函数的一般公式导出的：

$$q=C_dE_C \tag{1.2.7}$$

在任意时间，电阻上的电压 E_R和电容器上的电压 E_C之和必然等于所施加的总电压，因此

---

[1] 原文为图 12.3.6。

[2] 实际上，SCE 的电容 C_{SCE}也应包括在内。但 C_d和 C_{SCE}的串联电容是 $C_T=C_dC_{SCE}/[C_d+C_{SCE}]$，通常 $C_{SCE}\gg C_d$，所以 $C_T\approx C_d$。所以在此线路中可忽略 C_{SCE}。

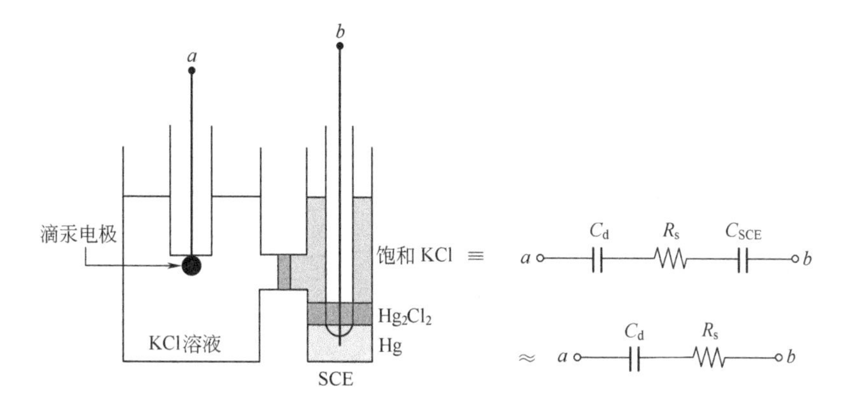

图 1.2.5 左图为由一个理想极化的滴汞电极和一个 SCE 组成的两电极电池；右图为由线性电路元件组成的电池表示法

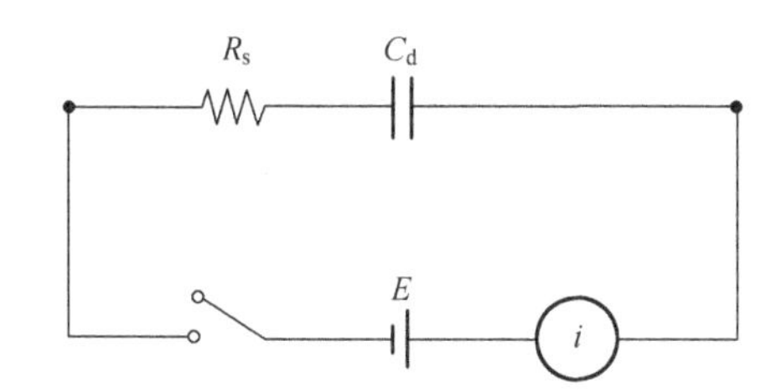

图 1.2.6 电势阶跃实验的 RC 电路

$$E=E_R+E_C=iR_s+q/C_d \tag{1.2.8}$$

注意到 $i=dq/dt$，整理得

$$\frac{dq}{dt}=\frac{-q}{R_s C_d}+\frac{E}{R_s} \tag{1.2.9}$$

若假设电容器开始并不荷电（即 $t=0$ 时，$q=0$），则式（1.2.9）的解为

$$q=EC_d[1-e^{-t/R_sC_d}] \tag{1.2.10}$$

对式（1.2.10）进行微分可得到式（1.2.6）。因此，施加一个电势阶跃，电流随时间呈指数衰减（见图 1.2.7），其时间常数为 $\tau=R_sC_d$。双电层电容的充电电流在 $t=\tau$ 时，下降至初始值的 37%，在 $t=3\tau$ 时，下降至初始值的 5%。例如，如果 $R_s=1\Omega$，$C_d=20\mu F$，则 $\tau=20\mu s$，那么在 $60\mu s$ 内，双电层充电完成 95%。

（2）电流阶跃 当 R_sC_d 电路通过一恒定的电流时（见图 1.2.8），仍然可采用方程式（1.2.8）。由于 $q=\int i dt$ 且 i 是一个常数，

$$E=iR_s+\frac{i}{C_d}\int_0^t dt \tag{1.2.11}$$

或

$$\boxed{E=i(R_s+t/C_d)} \tag{1.2.12}$$

因此对于电流阶跃（见图 1.2.9），电势随时间线性增加。

（3）电压扫描（或电势扫描） 电压扫描或线性电势扫描（voltage ramp or linear potential sweep）是电势从给定的初始值开始（在此假设为零）以扫描速度 $v(V\cdot s^{-1})$ 随时间线性增加［见图 1.2.10(a)］。

$$E=vt \tag{1.2.13}$$

如果在 R_sC_d 电路加上一个这样的斜线上升电势时，公式（1.2.8）仍然适用，因此

$$vt=R_s(dq/dt)+q/C_d \tag{1.2.14}$$

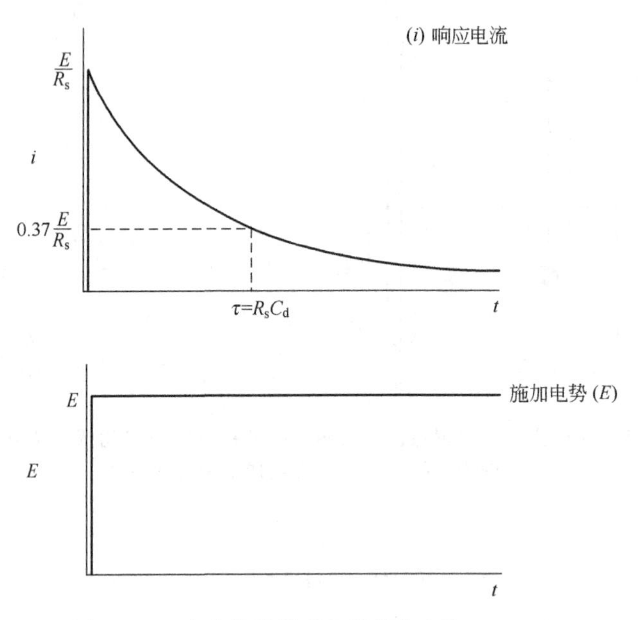

图 1.2.7 由电势阶跃引起的暂态电流（i vs. t）

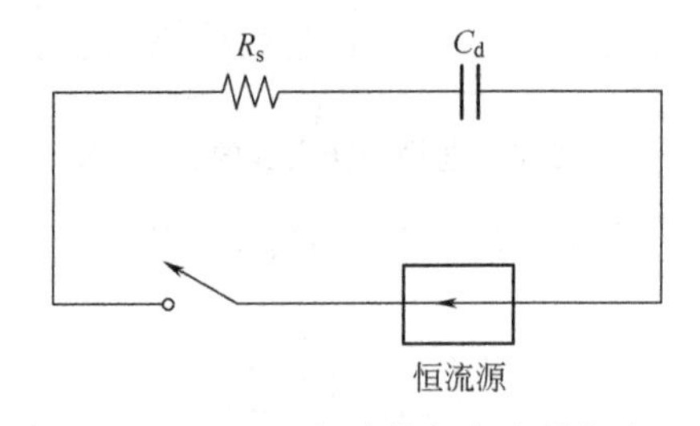

图 1.2.8 RC 电路的电流阶跃实验

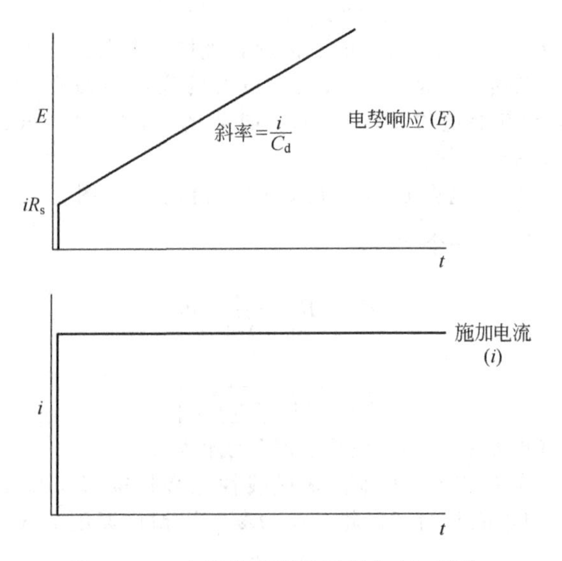

图 1.2.9 电流阶跃实验引起的 E-t 行为

如果在 $t=0$ 时，$q=0$，

$$i=vC_d[1-\exp(-t/R_sC_d)] \tag{1.2.15}$$

随着电势扫描的进行电流从零达到一个稳态值 vC_d [图 1.2.10(b)]。由此稳态电流可估算 C_d 值。如果时间常数 R_sC_d 与 v 相比较小，暂态电流作为 E 的函数可用于测量 C_d。

如果所加电势是一个三角波（triangular wave）(即在某一电势 E_λ 处，线性电势扫描速度从 v 变到 $-v$)，那么稳态电流将由正向（E 增加）扫描的 vC_d 变化到逆向（E 减小）扫描的 $-vC_d$。图 1.2.11 显示了 C_d 为常数的体系的结果。

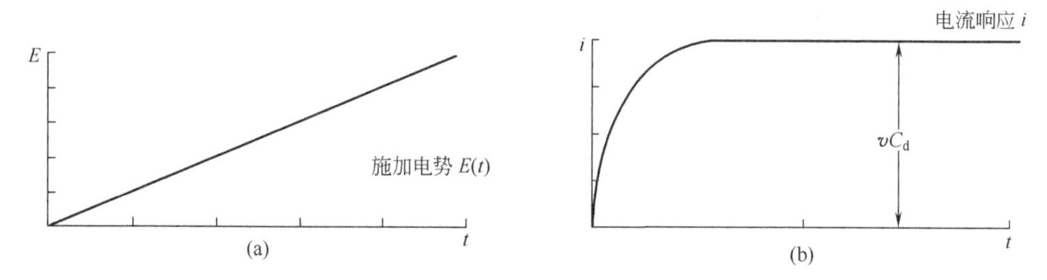

图 1.2.10　施加线性电势扫描时 RC 电路的电流-时间行为

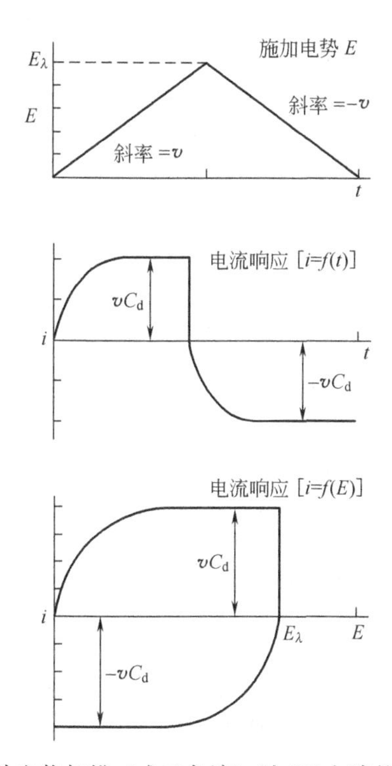

图 1.2.11　施加循环线性电势扫描（或三角波）时 RC 电路的电流-时间和电流-电势图

1.3　法拉第过程和影响电极反应速率的因素

1.3.1　电化学池——类型和定义

有法拉第电流流过的电化学池可分为原电池（galvanic cell）和电解池（electrolytic cell）两种。原电池是这样一种电池，当与外部导体接通时，电极上的反应会自发地进行 [见图 1.3.1(a)]。这类电池常用于将化学能转换成电能。商业上重要的原电池包括一次电池（不可再充电的电池，如 Leclanché Zn-MnO_2 电池），二次电池（可再充电的电池，如充电的 Pb-PbO_2 蓄电池）和燃料电池（如 H_2-O_2 电池）。电解池是这样一种电池，其反应是由于外加电势比电池的开路电势大而强制发生的［见图 1.3.1(b)］。电解池常常用于借助电能来完成所期望的化学反应。涉及电解池的商业过程包括电解合成（例如氯气和铝的生产）、电解精炼（如铜）和电镀（如银和金）。铅酸蓄电池充电时就是一个电解池。

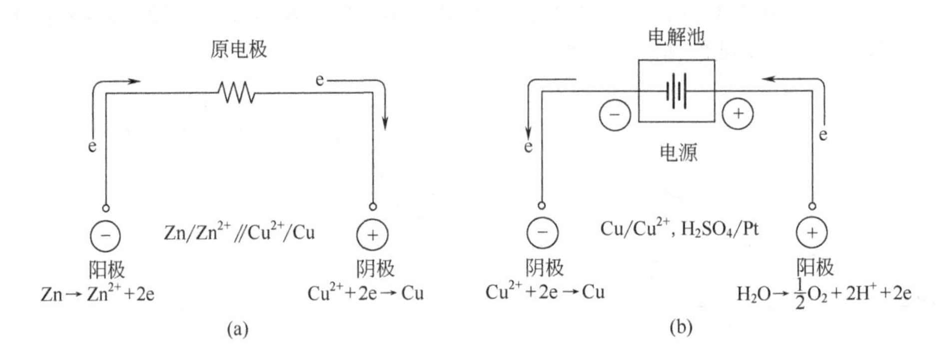

图 1.3.1 (a) 原电池和 (b) 电解池

虽然区分原电池和电解池很方便，但人们经常最关心的是在其中一个电极上所发生的反应。这样把注意力在一个时候集中在电池的一半上，就会使处理简化。如果需要，可通过将单独半电池特性组合起来之后探索电池整体的行为。单个电极的行为及其反应性质与它作为一个原电池或电解池的一部分无关。例如，考察图 1.3.1 中所示的电池，如下反应的本质在两种电池中是相同的：$Cu^{2+}+2e \longrightarrow Cu$。如果需要镀铜，可以在一个原电池（采用一个具有较 Cu/Cu^{2+} 电势负的半电池来组成一个原电池）中或者一个电解池（采用任何一个半电池并通过外加电源给铜电极提供电子构成电解池）中来实现。因此，电解（electrolysis）是定义的一个较广泛的术语，包括伴有电解液中电极上法拉第反应的化学变化。对电池而言，人们称发生还原反应的电极为阴极(cathode)，发生氧化反应的为阳极（anode）。电子穿过界面从电极到溶液中一种物质上所产生的电流称为阴极电流（cathodic current)，电子从溶液中物质注入电极所产生的电流称为阳极电流(anodic current)。在一个电解池中，阴极相对于阳极较负，但在一个原电池中，阴极相对于阳极较正❶。

1.3.2 电化学实验及电化学池的变量

电化学行为的研究，包括维持电化学池的某些变量恒定并观察其他变量（通常指电流、电势或浓度）如何随受控变量的变化而变化。电化学池中的重要参数见图 1.3.2。例如，在电势法实验中，当 $i=0$ 时，E 可作为浓度 C 的函数来测量。因为在此实验中无电流流过，无净的法拉第反应发生，故电势经常（但不总是）由体系的热力学性质决定。许多变量（电极面积、物质传递、电极的几何形状）并不直接影响电势。

进行电化学实验的另外一种方法是使研究的体系对一个扰动发生响应。把电化学池看作是一个“黑匣子”，对这个“黑匣子”施加某个激发函数（例如一个电势阶跃），在体系的所有其他变量维持恒定的情况下，测量其特定的响应函数（例如电流随时间的变化)（见图 1.3.3)。实验的目的是通过观察激发函数和响应函数以及所了解的有关体系的恰当的模型，获得相关信息（热力学的、动力学的、分析的等)。这一点与许多其他类型的实验所采用的基本思想相同，例如电路测试或分光光谱分析。在分光光谱测定中，激发函数是不同波长的光；响应函数是该波长下体系的吸光度；体系的模型是比尔（Beer）定律或某种分子模型；信息的内容包含吸光物质的浓度，它们的吸光率或它们的跃迁能。

在建立电化学体系的简单模型之前，应仔细地讨论一下电化学池的电流和电势的实质。

---

❶ 由于发生阴极电流和阴极反应的电极，相对于另一电极（例如辅助电极或参比电极，见 1.3.4 节）即可是正极也可为负极，所以把阴极或阳极这些名词与电势的具体正负号联系起来的用法是不好的用法。例如，当意思是指“电势向负方向移动”时，就不能说“电势向阴极方向移动”。阳极和阴极这些术语是指电子流动或电流的方向，而不是指电势。

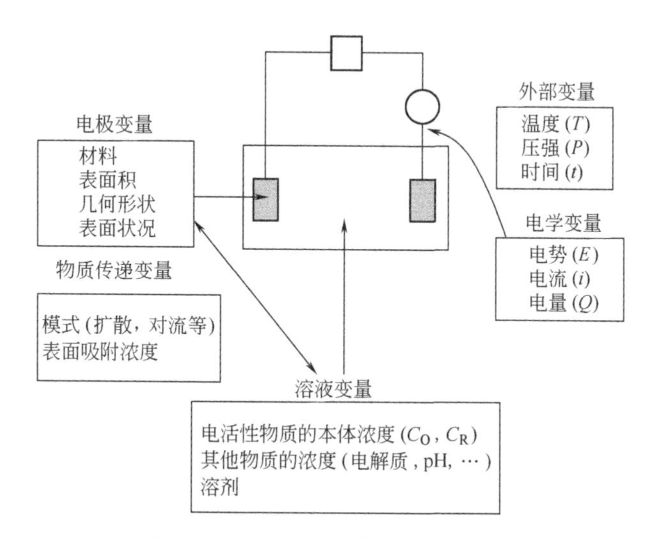

图 1.3.2　影响电极反应速率的变量

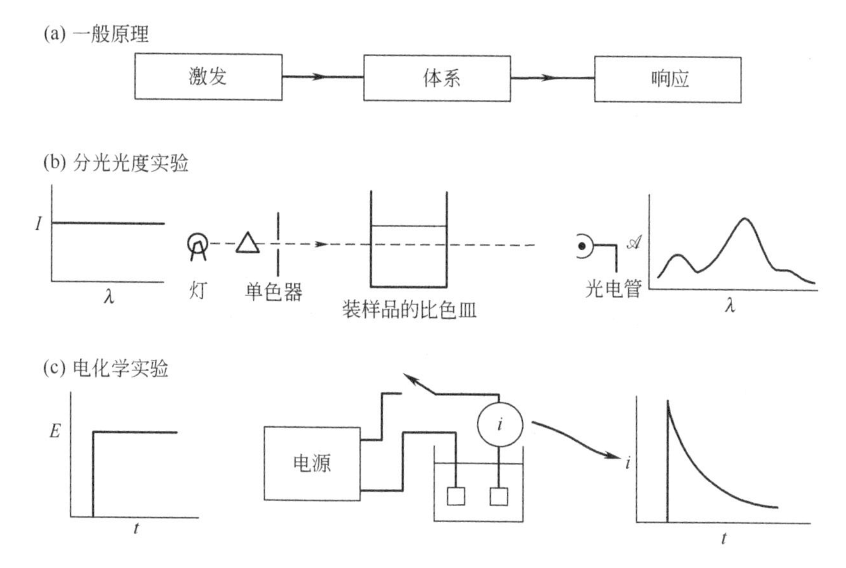

图 1.3.3　(a) 通过施加激发（或扰动）信号并观察响应来研究体系性质的一般原理；(b) 在分光光度实验中，激发信号是不同波长（λ）的光，响应信号是吸光率（𝒜）曲线；(c) 在电化学（电势阶跃）实验中，激发信号是所加的电势阶跃，响应信号是观察到的 i-t 曲线

所探讨的体系是插在 1mol/L $Cd(NO_3)_2$ 溶液中的镉电极与 SCE 所组成的电化学池（见图 1.3.4）。其开路电势为 0.64V，连接镉电极的铜丝比连接汞电极的铜丝负[1]。当外电源所加电压 E_{appl} 是 0.64V 时，电流 $i=0$。当 E_{appl} 较大时（即 $E_{appl}>0.64$V，这样镉电极相对于 SCE 更负），此电化学池就变成了一个电解池，有电流流过。在镉电极上发生 $Cd^{2+}+2e\longrightarrow Cd$，同时在 SCE 上汞被氧化成 Hg_2Cl_2。一个大家可能感兴趣的问题是：如果 $E_{appl}=0.74$V（即假如使镉电极的电势相对于 SCE 为 -0.74V），将有多少电流流过？因为 i 表示每秒钟内同 Cd^{2+} 反应的电子数，或者每秒钟内流过的电量的库仑数，所以"i 是多少？"的问题，从本质上就是"$Cd^{2+}+2e\longrightarrow Cd$ 的反应速率是多少？"的问题。下面的关系式说明法拉第电流与电解速度的

[1] 此值可由图 1.3.4 中的信息计算得到。实验值也包括活度系数和液接界电势的影响，它们在此被忽略。见第 2 章。

正比关系：

$$i(\mathrm{A})=\frac{\mathrm{d}Q}{\mathrm{d}t}(\mathrm{C/s}) \tag{1.3.1}$$

$$\frac{Q}{nF}\times\frac{\mathrm{C}}{\mathrm{C/mol}}=N(\text{电解的摩尔数}) \tag{1.3.2}$$

式中，n 为参与电极反应的电子的化学计量数（例如，对于还原 Cd^{2+} 为 2）。

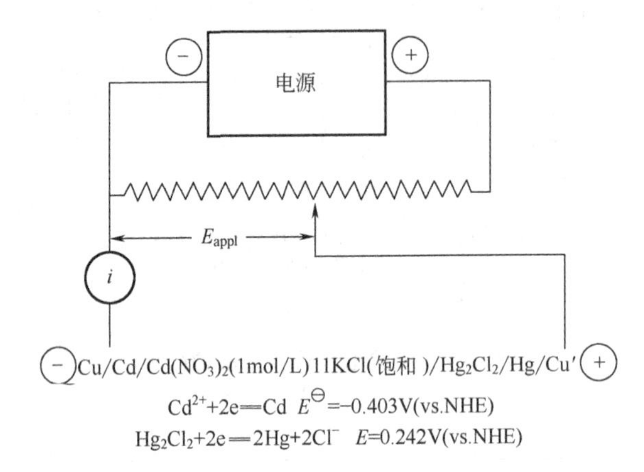

图 1.3.4　与一个外电源相连的电池示意
双斜线表明 KCl 溶液和 $Cd(NO_3)_2$ 溶液之间没有可检测到的液接界电势。
常采用一个“盐桥”（见 2.3.5 节）来达到此目的

$$\boxed{\text{速率}(\mathrm{mol/s})=\frac{\mathrm{d}N}{\mathrm{d}t}=\frac{i}{nF}} \tag{1.3.3}$$

阐明一个电极反应速率往往比认识一个在溶液中或气相中的反应更复杂，后者称为均相反应（homogeneous reaction），因为均相反应在介质中的任何地方反应均以相同的速率进行。相反，电极过程是一个仅发生在电极-电解质界面的异相反应（heterogeneous reaction）。它的速率除受通常的动力学变量的影响之外，还与物质传递到电极的速率以及各种表面效应有关。由于电极反应是异相的，它们的反应速率通常以摩尔/秒・单位面积来表示；即

$$\boxed{\text{速率}(\mathrm{mol\cdot s^{-1}\cdot cm^{-2}})=\frac{i}{nFA}=\frac{j}{nF}} \tag{1.3.4}$$

式中，j 为电流密度，A/cm^2。

一个电极反应的信息通常是通过测量电流作为电势函数（i-E 曲线）而获得的。某些术语有时与曲线的特征有关❶。如果一个电化学池有一个确定的平衡电势（见 1.1.1 节），那么它是该体系的一个重要参考点。由于法拉第电流通过体系而使电极电势（或电化学池电势）偏离平衡电势的现象，称为极化（polarization）。极化的大小由过电势 η 来表示

$$\eta=E-E_{eq} \tag{1.3.5}$$

电流-电势曲线，特别是那些在稳态条件下得到的曲线，有时称为极化曲线（polarization curve）。我们已经看到当一个无限小的电流流过时，一个理想极化电极的电势将有很大的变化范围（见 1.2.1 节）；这样理想极化性可由 i-E 曲线的一个水平区域来表征［见图 1.3.5(a)］。一种物质靠其被氧化或还原可使电极的电势较接近它的平衡值，这种物质称为去极剂（depolarizer）❷。一个理想非极化电极（ideal nonpolarizable electrode）（或理想去极化电极，ideal depolarized electrode）是这

---

❶ 这些术语是由早期的电化学研究和模型沿袭下来的，并非最好的术语。然而，鉴于它们在电化学术语中的使用是如此根深蒂固，保留并尽可能地准确定义它们，看来是比较明智的。

❷ 去极剂这一术语，还经常用于这样的物质，即优先被氧化或还原而防止不希望的电极反应发生的物质。有时它是电活性物质的简称。

样一种电极，它的电势不随通过的电流而变化，即它的电势是固定的。非极化性由一个 i-E 曲线上的垂直区域来表征［见图 1.3.5(b)］。在小电流情况下，由一个大的汞池与一个 SCE 所构成的电池应当接近理想非极化性。

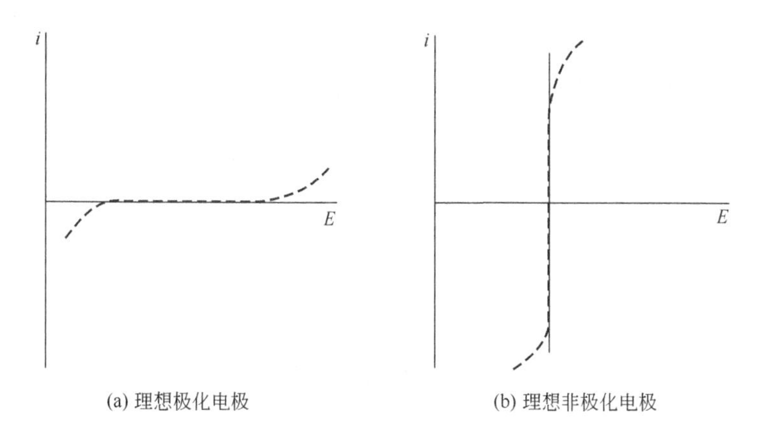

图 1.3.5　理想极化电极（a）和理想非极化电极（b）电流-电势曲线

虚线表示实际电极在有限的电流或电势区间接近于理想电极的行为

1.3.3　影响电极反应速率和电流的因素

考察一个总电极反应 $O+ne \rightleftharpoons R$，它包含一系列影响溶液中溶解的氧化物 O 转化为还原态形式 R 的步骤（见图 1.3.6）。一般来讲，电流（或电极反应速率）是由如下序列过程的速率所决定的，诸如：

① 物质传递（例如 O 从本体溶液到电极表面）。

② 电极表面上的电子转移。

③ 电子转移步骤的前置或后续化学反应。这些可以是均相过程（例如质子化或二聚作用）或电极表面的异相过程（例如催化分解）。

④ 其他的表面反应，如吸附、脱附或结晶（电沉积）。

其中有些过程（例如电极表面的电子转移或吸附过程）的速率常数与电势有关。

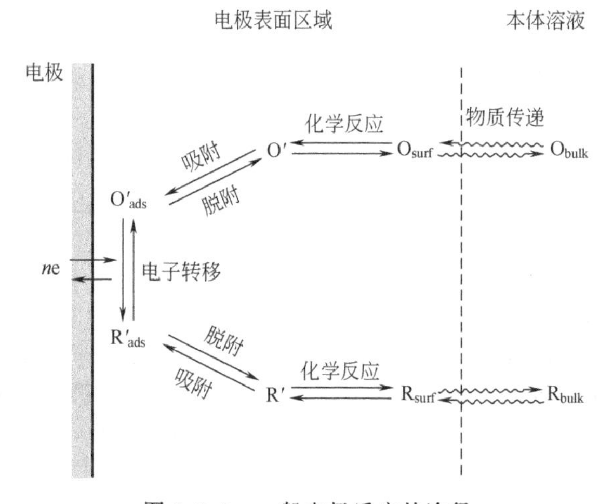

图 1.3.6　一般电极反应的途径

最简单的反应仅包括反应物向电极的物质传递、非吸附物质参与的异相电子转移和产物向溶液本体的物质传递。这类反应的一个例子是在非质子溶剂（例如，N,N-二甲基甲酰胺，DMF）中还原 9,10-二苯蒽（DPA）成自由基阴离子（$DPA^{\cdot-}$）。更加复杂的反应常常涉及一系列的电子转移和质子化、副反应机理、并行过程和电极表面的修饰。当得到一个稳态电流时，在此系列中所有的反应步骤的速率相同。这个电流的大小通常是由一个或多个慢的反应所限制的，它们称为速率决定步骤（rate-determining steps）。更多的反应由于其产物分解或生成反应物速率控制步骤的缓慢而无法达到最大反应速率。

每一个电流密度值 j 都是由一定的过电势 η 所驱动的。该过电势可认为是与各反应步骤相关的过电势值的总和：η_{mt}（物质传递过电势），η_{ct}（电荷转移过电势）和 η_{rxn}（与前置反应相关的过电势）等。这样电极反应可用电阻 R 来表示，它包括代表不同步骤的一系列电阻（更准确地讲，是阻抗）：R_{mt}，R_{ct}等（见图 1.3.7）。一个快速的反应可用一个低电阻（或阻抗）来表示，而一个慢反应可用一个高电阻来代表。然而，除了外加很小的电流或电势的情况外，这些阻抗与真实的电子元件不同，它们是 E（或 i）的函数。

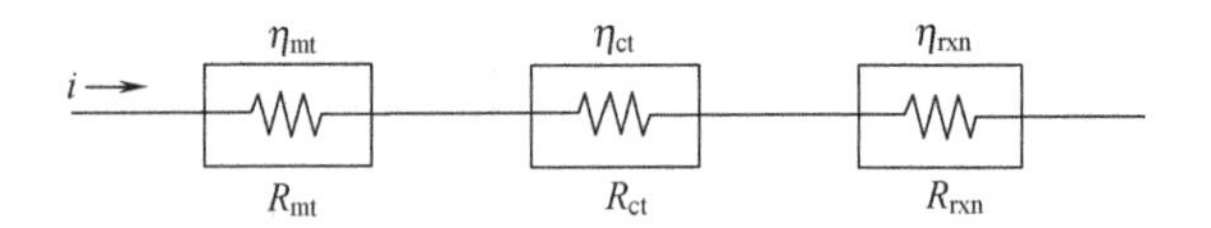

图 1.3.7 以电阻表示的电极反应过程

1.3.4 电化学池及其电阻

考虑由两个理想非极化电极所组成的一个电池，例如，两个 SCE 电极插入到氯化钾溶液中，SCE/KCl/SCE。这个电池的 i-E 曲线特征如图 1.3.8 所示，看起来应该像一个纯电阻，因为电流流动仅取决于溶液的电阻。实际上，这些条件（即一对非极化电极）是测量溶液电导率所需要的。对于任何实际用的电极（例如 SCE），在足够高的电流密度时，物质传递过电势和电荷传递过电势也就变得重要了。

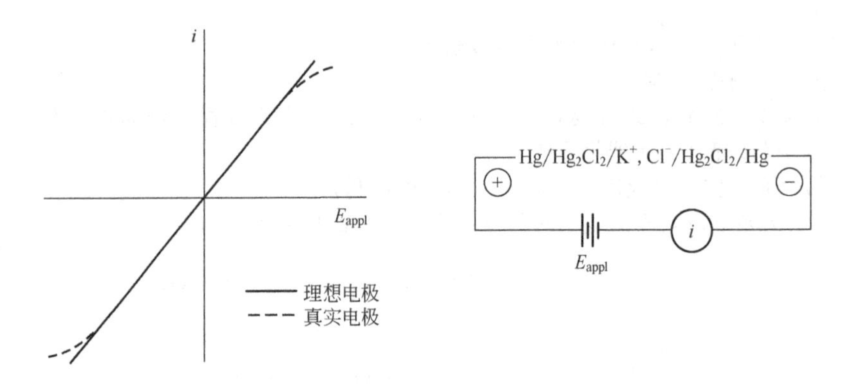

图 1.3.8 由两个近似理想非极化电极组成的电池的电流-电势曲线

当有电流通过时，相对于一个非极化参比电极来讲当测量一个电极的电势时，在测量值中总是包括一个等于 iR_s 的电压降。这里，R_s 是电极之间的溶液的电阻，它与在描述电极反应中物质传递和活化能的阻抗不同，在相当大的条件范围下与真实电阻元件相同。例如，再次考虑图 1.3.4 所示的电池。在开路时（$i=0$），镉电极的电势是其平衡值 $E_{eq,Cd}$（相对于 SCE 大约为 -0.64V）。在 $E_{appl}=-0.64$V(Cd vs. SCE)，前面没有看到在安培计上有电流流过。当所加电势增加到 -0.80V时，有电流流动。额外所加的电压可分为两部分：第一，镉电极的电势 E_{Cd}，必须移到一个新值，也许是 -0.7V（相对于 SCE），才能使电流流动；剩下的部分（在此例子中为 -0.10V）代表由于电流在溶液中流动所产生的欧姆降。假设在一定的外加电流下，SCE 本质上是非极化的，它的电势不改变。这样通常有如下公式：

$$\boxed{E_{appl}(\text{vs. SCE})=E_{Cd}(\text{vs. SCE})-iR_s=E_{eq,Cd}(\text{vs. SCE})+\eta-iR_s} \tag{1.3.6}$$

此公式的后两项与电流流动有关。当有阴极电流通过镉电极时，两者均为负。相反，对于阳极电流则均为正。对于阴极极化而言，E_{appl} 必须保持这样的（负）过电势（$E_{Cd}-E_{eq,Cd}$）来维持相应于电流的电化学反应速率（在上述的例子中，$\eta=-0.06$V）。另外 E_{appl} 中必须包括欧姆降，用于驱动溶液中的离子电流（相应于由镉电极到 SCE 通过的负电荷）[1]。溶液中欧姆降不应该看作是一种过电势，因为它所反映的是本体溶液的性质，而不是电极反应的性质。它对实验测量的电极电势的贡献可以通过适当的电池设计和仪器方法来减小。

大多数情况下，人们仅对一个电极上所发生的反应感兴趣。实验用的电化学池包括一个人们感兴趣的电极体系，称为工作（指示）电极；和一个已知电势的电极，它的行为近似于理想非极化电极（如一个 SCE 和一个大面积的汞池），称为参比电极。如果所通过的电流不影响参比电极的电势，工作电极的 E 可由公式（1.3.6）给出。在 iR_s 很小的情况下（如小于 1～2mV），图 1.3.9 所示的两电极系统可用于测量 i-E 曲线，电势可认为与所加电势（E_{appl}）相同或扣除了小的 iR_s。例如，在水相中进行经典的极谱实验时，经常采用两电极系统。在这些体系中，满足如下的条件：$i<10\mu A$ 和 $R_s<100\Omega$ 时，$iR_s<(10^{-5}A)(100\Omega)$ 或 $iR_s<1mV$，这在大多数的情况下是可忽略不计的。对于一些高阻抗的溶液，例如许多非水溶剂，如果采用两电极系统而又不导致严重溶液 iR_s 的影响，就必须采用一个非常小的电极（一个超微电极，an ultramicroelectrode，见 5.3 节）。采用这样的电极，电流通常在 1nA 左右；R_s 值即使在 MΩ 级的范围也是可以接受的。

在实验中，当 iR_s 较大时（例如，采用大尺寸的电解池或原电池，或实验中涉及低电导率的非水溶剂），推荐采用三电极池（系统）(three-electrode cell)（见图 1.3.10）。在此系统中，电流在工作电极和对（或辅助）电极（counter or auxillary electrode）之间流动。辅助电极可以是任何一种电极，因为它的电化学性质并不影响工作电极的行为。通常选择电解时不产生可到达工作电极表面并影响界面反应的物种的电极作为对电极。经常是将它与工作电极放置在用烧结的玻璃片或其他分离器分开的不同的室中。工作电极的电势由一个分开的参比电极来控制的，参比电极尖端放置在工作电极附近。测量工作电极和参比电极之间电势差的装置输入阻抗很高，这样通过参比电极的电流就可忽略不计。所以，它的电势将保持不变，等于其开路电势值。在大多数电化学实验中都采用这样的三电极系统。图 1.3.11 是几种常用的电池。

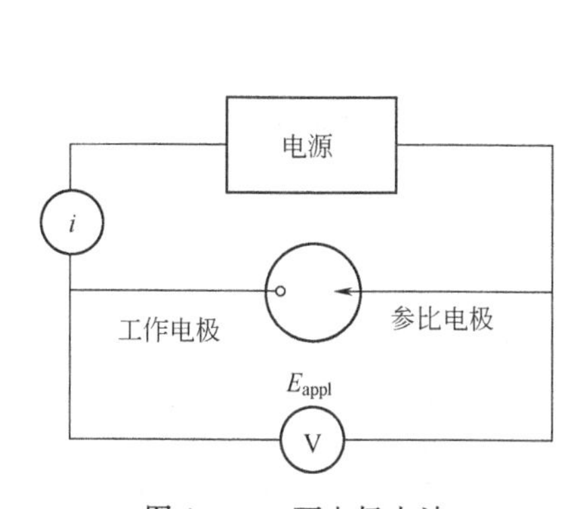

图 1.3.9　两电极电池

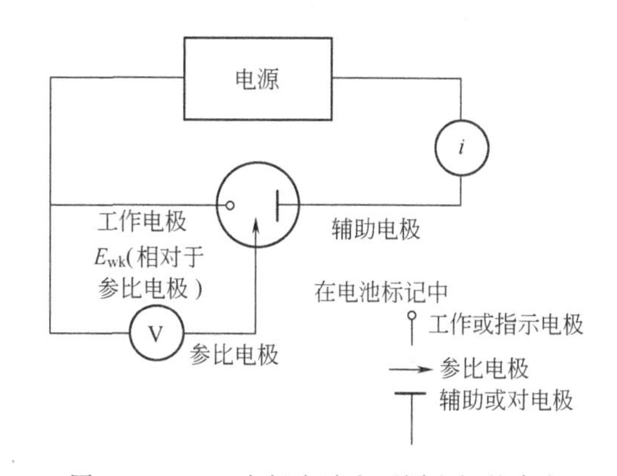

图 1.3.10　三电极电池和不同电极的命名

即使在这种系统中，通过电势测量装置所得到的数据也不能排除所有的 iR_s 降。考虑如图 1.3.12 所示的工作电极和辅助电极间溶液中的电势分布（在一个实际应用的电解池中电势分布与电极形状、几何构造、溶液的电导率等有关），电极之间的溶液可当作一个电势计（但并非必须是线性的）。除非参比电极放在工作电极表面上，在任何地方所测量的电势中总是包括一部分 iR_s 降（称为 iR_u 降，这里 R_u 是未补偿的电阻）。即使参比电极的尖端通过设计成一个所谓的 Luggin-Haber 毛细管与工作电极非常靠近时，一些未补偿的电阻通常仍存在。这些未补偿的电势降有时可以随后扣除，例如通过稳态测量的 R_u 来逐点扣除，但现代的电化学仪器通常包括 iR_u 项的电子补偿线路（见第 15 章）。

屏蔽阻碍了溶液到达电极表面的流动，从而引起电极表面的电流密度分布不均匀。如果参比毛细管的直径为 d，它可以放置在离工作电极 $2d$ 处而不致引起显著的屏蔽误差。对于一个表面

[1] 作为这里采用电流符号习惯（阴极电流作为正）的结果，式（1.3.6）中欧姆降之前的符号应为负。

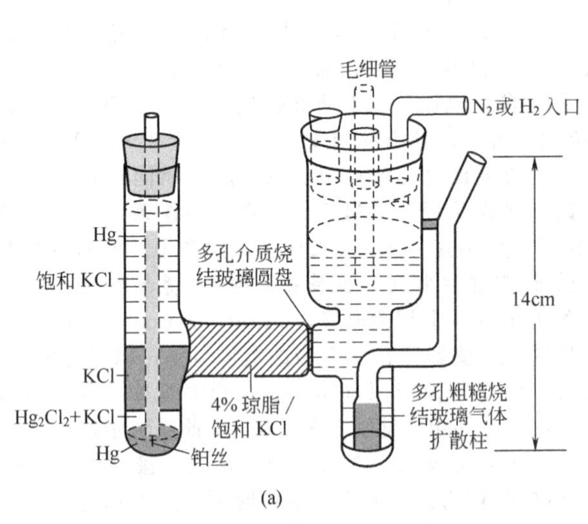

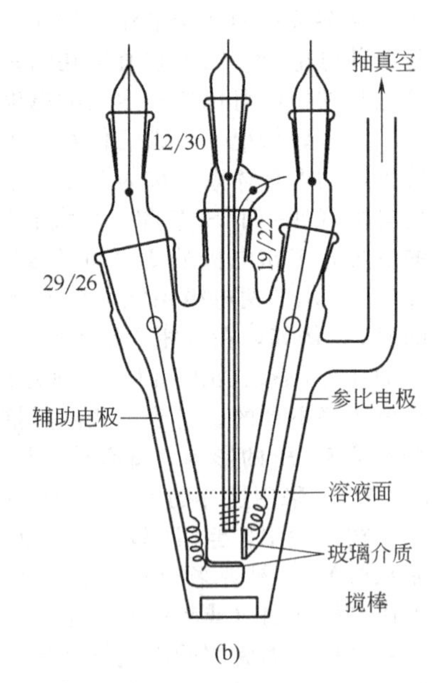

图 1.3.11　电化学实验中使用的典型的二电极和三电极电池

(a) 极谱中采用的二电极电池，工作电极为滴汞电极（毛细管），N_2输入管是为了通氮以除去溶液中的氧［引自 L. Meites，Polarographic Techniques，2nd ed.，Wiley-Interscience，New York，1965］；(b) 在铂圆盘工作电极上，为研究非水溶液而设计的三电极电池，带有抽真空的接口［引自 A. Demortier and A. J. Bard，*J. Am. Chem. Soc.*，**95**，3495 (1973)］。整体电解使用的三电极电池见图 11.2.2

电流密度分布均匀的平板电极，

$$R_u = x/\kappa A \qquad (1.3.7)$$

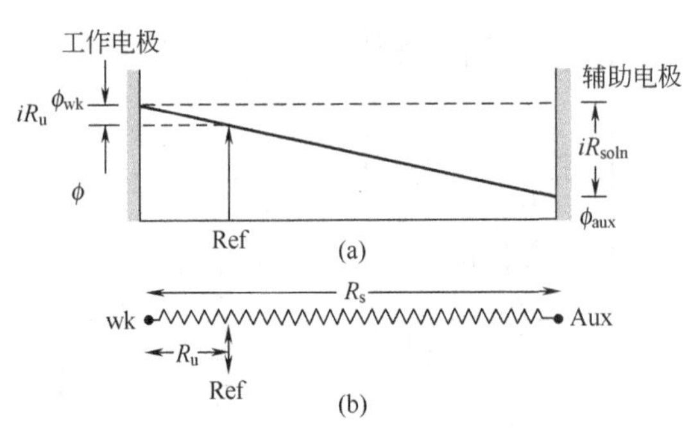

图 1.3.12　(a) 溶液中工作电极和辅助电极之间的电势降和在参比电极处测量的 iR_u；(b) 以电势计表示的电池

式中，x 为毛细管尖端到电极的距离；A 为电极的面积；κ 为溶液的电导率。对于像悬汞电极或滴汞电极这样的球形微电极，iR_u 降的影响特别严重。对于一个半径为 r_0 的球形电极，

$$R_u = \frac{1}{4\pi\kappa r_0}\left(\frac{x}{x+r_0}\right) \qquad (1.3.8)$$

在这种情况下，电阻降主要发生在离电极很近的地方。对于参比电极的尖端放置在离工作电极仅一个电极半径远的地方（$x=r_0$）时，R_u值已经等于它放置于离电极无限远处时的一半。任何来自于工作电极自身（例如，制备超微电极的细丝，半导体电极，电极表面上的电阻膜）的电阻也将反映在 R_u上。

1.4　物质传递控制的反应介绍

1.4.1　物质传递的模式

现在更加定量地考察电流-电势曲线的大小和形状。如公式 (1.3.4) 所示，如果想理解 i，必须能够描述电极表面的电极反应速率 v。最简单的电极反应是那些所有相关的化学反应速率与物质传递过程相比都非常快的反应。在这些条件下，化学反应通常可以用特别简单的方式来处理。例如，如果一个电极过程仅仅涉及快速异相电荷转移动力学和迁移，以及可逆的均相反应，可以定义如下的两个条件：(a) 均相反应处于平衡态；(b) 与法拉第过程相关物种的表面浓度与

电极电势关系符合 Nernst 方程。电极反应的净速率 v_{rxn}完全由电活性物质从溶液到电极表面的物质传递速率 v_{mt}来决定的。因此由公式（1.3.4）可得到如下关系式，

$$v_{rxn}=v_{mt}=i/nFA \tag{1.4.1}$$

由于在电极表面，主要的物种遵守热力学关系，这样的电极反应通常被称为可逆反应或 Nernst 反应，既然物质传递在电化学动力学中扮演重要作用，在此讨论它的三种模式及其数学处理方法。

物质传递，即物质在溶液中从一个地方迁移到另一个地方，是由两处电化学势或化学势的不同，或者一定体积的溶液扩散所引起的。物质传递的模式有如下三种：

(1) 迁移（migration）　荷电物质在电场（电势梯度）作用下的运动。

(2) 扩散（diffusion）　一个物种在化学势梯度（即浓度梯度）作用下的运动。

(3) 对流（convection）　搅拌或流体传输。一般流体流动是由于自然对流（由于密度梯度所引起的对流）和强制对流而发生的，在空间上可分为静止区、层流区和湍流区。

电极附近的物质传递可由 Nernst-Planck 公式来描述，沿着 x 方向的一维物质传递方程可表示为

$$\boxed{J_i(x)=-D_i\frac{\partial C_i(x)}{\partial x}-\frac{z_iF}{RT}D_iC_i\frac{\partial\phi(x)}{\partial x}+C_iv(x)} \tag{1.4.2}$$

式中，$J_i(x)$ 为在距电极表面 x 处的物质 i 的流量，$mol\cdot s^{-1}\cdot cm^{-2}$；$D_i$为扩散系数，$cm^2/s$；$\partial C_i(x)/\partial x$ 为距离 x 处的浓度梯度；$\partial\phi(x)/\partial x$ 是电势梯度；z_i和 C_i分别为物质 i 的电荷（无量纲）和浓度；$v(x)$ 为溶液中一定体积单元在 x 方向移动的流速，cm/s。此公式将在第 4 章中进行更详细地推导和讨论。公式右边的三项分别代表扩散、迁移和对流对流量的贡献。

在后面的章节中将给出该公式的特定解，但给出三种物质传递都起作用时的通用的解析解是不容易的。因而电化学体系经常是这样设计的，即使一种或几种物质传递可忽略不计，例如，电迁移的影响可通过加入较电活性物质浓度大得多的惰性电解质（支持电解质）来减小（见 4.3.2 节）。对流可通过不搅拌溶液或不振荡电解池来避免。在此章中，将提供一个对于稳态物质传递的近似处理方法，它对以后章节中所遇到的过程是一个有用的指南。同时，不因烦琐的数学处理而妨碍对电化学反应的认识。

1.4.2　稳态物质传递的半经验处理

考虑一个物种 O 在阴极上的还原：$O+ne \rightleftharpoons R$。在实际情况下，氧化态 O 可能是 $Fe(CN)_6^{3-}$，而还原态可能是 $Fe(CN)_6^{4-}$，最初在 0.1mol/L K_2SO_4 溶液中仅有毫摩尔级的 $Fe(CN)_6^{3-}$ 存在。设想在一个三电极池中有一个铂阴极、一个铂阳极和 SCE 作为参比电极。另外，采用一个搅拌器对溶液进行搅拌。可重复这些实验条件的一个专门的方法是将铂阴极做成固定在绝缘体中的圆盘，并在一定的速度下进行旋转，这就是所谓的旋转圆盘电极（rotating disk electrode，RDE），在 9.3 节中将对此进行讨论。

一旦 O 电解开始后，它在电极表面的浓度 $C_O(x=0)$ 将小于其本体浓度 C_O^*（远离电极）。假设在电极表面处搅拌无效，在 $x=0$ 时速率项就可以不考虑。这种简化的处理是基于这样的想法，在电极表面存在一个厚度为 δ_O 的静止层（Nernst 扩散层），搅拌可以使在 $x=\delta_O$ 以外的浓度均为 C_O^*（见图 1.4.1）。也假设有过量的支持电解质存在，电迁移项可以忽略，物质传递的速率与电极表面的浓度梯度成正比，正如公式（1.4.2）所示的第一（扩散）项：

$$v_{mt}\propto(dC_O/dx)_{x=0}=D_O(dC_O/dx)_{x=0} \tag{1.4.3}$$

如果进一步假设在扩散层内浓度梯度是线性的，

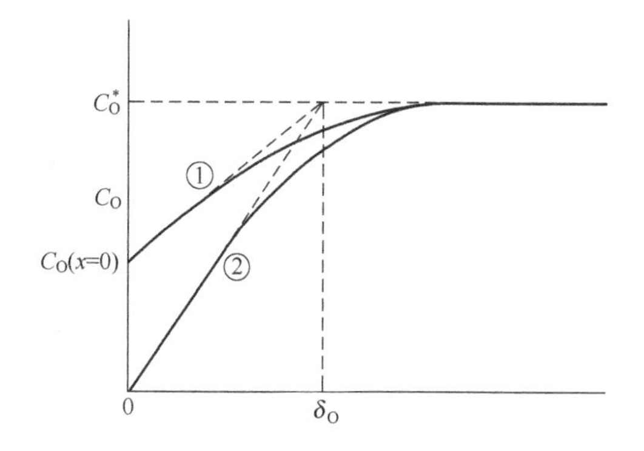

图 1.4.1　浓度分布图（实线）和扩散层的近似（虚线）

$x=0$ 相应于电极表面，δ_O是扩散层的厚度。浓度分布图是在两种不同电极电势下的情况：①此处 $C_O(x=0)$ 大约为 $C_O^*/2$。②此处 $C_O(x=0)\approx0$ 和 $i=i_l$

由式（1.4.3）可得到

$$v_{mt}=D_O[C_O^*-C_O(x=0)]/\delta_O \tag{1.4.4}$$

由于δ_O通常是未知的，为方便起见，将它与扩散系数结合起来组成另外一个常数，$m_O=D_O/\delta_O$，这样式（1.4.4）变为

$$v_{mt}=m_O[C_O^*-C_O(x=0)] \tag{1.4.5}$$

式中，常数m_O称为物质传递系数（mass-transfer coefficient），单位是 cm/s（这是一级异相反应速率常数的单位，见第 3 章）。这些单位可从v和C_O而来，也可认为是单位面积上的体积流速（$cm^3\cdot s^{-1}\cdot cm^{-2}$）❶。这样，若以还原电流为正［即当$C_O^*>C_O(x=0)$时，电流为正］，由式（1.4.1）和式（1.4.5）可得

$$\boxed{\frac{i}{nFA}=m_O[C_O^*-C_O(x=0)]} \tag{1.4.6}$$

若只有净的阴极反应，在电极表面生成 R，这样，$C_R(x=0)>C_R^*$（C_R^*是 R 的本体浓度），因而有

$$\boxed{\frac{i}{nFA}=m_R[C_R(x=0)-C_R^*]} \tag{1.4.7}$$

或者对于特定的情况，$C_R^*=0$（本体中没有 R），则

$$\boxed{\frac{i}{nFA}=m_RC_R(x=0)} \tag{1.4.8}$$

$C_O(x=0)$和$C_R(x=0)$的值是电极电势E的函数。当$C_O(x=0)=0$时，氧化态 O 的物质传递速率最大［更准确地讲，是$C_O(x=0)\ll C_O^*$，这样，$C_O^*-C_O(x=0)\approx C_O^*$］。在这些条件下的电流值称为极限电流$i_l$(limiting current)，它为

$$i_l=nFAm_OC_O^* \tag{1.4.9}$$

当达到极限电流时，电极过程是以在给定物质传递的条件下，以最大可能的速率进行的，因为 O 被带到电极表面后就被还原。从公式（1.4.6）和式（1.4.9）可得到$C_O(x=0)$的表达式为

$$\boxed{\frac{C_O(x=0)}{C_O^*}=1-\frac{i}{i_l}} \tag{1.4.10}$$

$$C_O(x=0)=\frac{i_l-i}{nFAm_O} \tag{1.4.11}$$

这样，O 在电极表面的浓度与电流成线性关系，从C_O^*（$i=0$时）变化到一个可忽略的值（$i=i_l$时）。

如果电子转移的动力学很快，O 和 R 在电极表面的浓度可被认为是处在与电极电势相应的平衡状态，可由该半反应的能斯特公式给出❷

$$E=E^{\ominus\prime}+\frac{RT}{nF}\ln\frac{C_O(x=0)}{C_R(x=0)} \tag{1.4.12}$$

这样的过程称为能斯特反应（nernstian reaction）。对于 Nernst 反应，可推导出在几种不同的条件下的稳态i-E曲线。

（1）初始时 R 不存在的情况　当$C_R^*=0$，由式（1.4.8）可得到$C_R(x=0)$为

$$C_R(x=0)=i/nFAm_R \tag{1.4.13}$$

这样，结合式（1.4.11）～式（1.4.13），可以得到

$$E=E^{\ominus\prime}-\frac{RT}{nF}\ln\frac{m_O}{m_R}+\frac{RT}{nF}\ln\left(\frac{i_l-i}{i}\right) \tag{1.4.14}$$

---

❶ m_O在此被认为是一个表观参数，在更准确的处理中有时m_O可用可测量的量来表示。例如，对于旋转圆盘电极，$m_O=0.62D_O^{2/3}\omega^{1/2}\nu^{-1/6}$，这里$\omega$是圆盘的角速率（即$2\pi f$，$f$是频率）；$\nu$是运动学黏度（即黏度/密度，单位是 cm^2/s）（见 9.3.2 节）。稳态电流也可通过一个称为超微电极（UME，5.3 节）的非常小的电极（例如一个半径r_0在μm范围的铂圆盘电极）来得到。在此电极上，$m_O=4D/\pi r_0$。

❷ 公式（1.4.12）是通过称为形式电势$E^{\ominus\prime}$而非标准电势$E^{\ominus}$来表示的。形式电势是标准电势的一个变化形式，考虑了活度系数和介质的一些化学影响。在 2.1.6 节中将进行更详细的讨论。现在没有必要去区别$E^{\ominus\prime}$和$E^{\ominus}$。

图 1.4.2(a) 显示了这种情况下的 i-E 曲线。注意到当 $i=i_l/2$ 时

$$\boxed{E=E_{1/2}=E^{\ominus\prime}-\frac{RT}{nF}\ln\frac{m_O}{m_R}} \tag{1.4.15}$$

这里 $E_{1/2}$ 与物质的浓度无关，因而是 O/R 体系的特征参数，这样

$$\boxed{E=E_{1/2}+\frac{RT}{nF}\ln\left(\frac{i_l-i}{i}\right)} \tag{1.4.16}$$

当一个体系遵守此公式时，E 对 $\lg[(i_l-i)/i]$ 作图是一条直线，斜率为 $2.3RT/nF$（在 25℃时为 $59.1/n$ mV）。另一种方式是 $\lg[(i_l-i)/i]$ 对 E 作图，得到一条斜率为 $nF/2.3RT$（在 25℃时为 $n/59.1\text{mV}^{-1}$）的直线，截距为 $E_{1/2}$ [见图 1.4.2(b)]。当 m_O 与 m_R 有相似的值时，$E_{1/2}\approx E^{\ominus\prime}$。

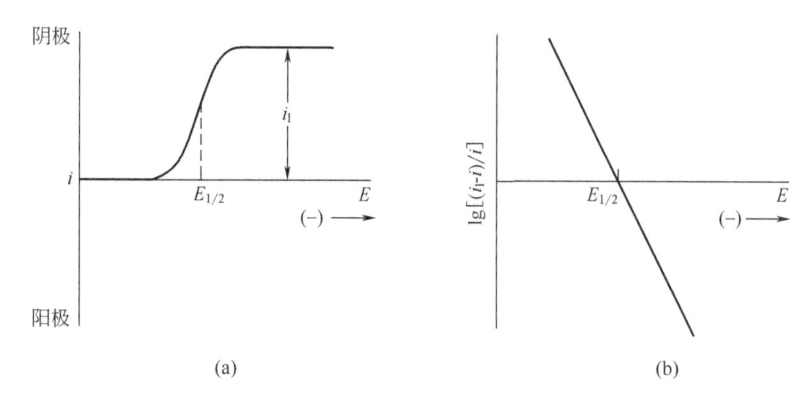

图 1.4.2　(a) 含有两种可溶性物质且最初只有氧化态存在的能斯特反应的电流-电势曲线；(b) 该体系的 $\lg[(i_l-i)/i]$ 对 E 作图

(2) 初始时 O 与 R 均存在的情况　当氧化还原电对的两种形式均在本体溶液中存在时，必须区别当 $C_O(x=0)\approx0$ 时的阴极极限电流 $i_{l,c}$ 和当 $C_R(x=0)\approx0$ 时的阳极极限电流 $i_{l,a}$。仍有由式 (1.4.11) 给出的 $C_O(x=0)$，但现在 i_l 特定为 $i_{l,c}$。阳极极限电流自然反映了 R 传递到电极表面转化为 O 的最大速率。由式 (1.4.7) 可以得到：

$$i_{l,a}=-nFAm_RC_R^* \tag{1.4.17}$$

(引入负号是因为习惯以阴极电流为正，而以阳极电流为负)，这样，$C_R(x=0)$ 可由如下公式给出：

$$C_R(x=0)=\frac{i-i_{l,a}}{nFAm_R} \tag{1.4.18}$$

$$\boxed{\frac{C_R(x=0)}{C_R^*}=1-\frac{i}{i_{l,a}}} \tag{1.4.19}$$

其 i-E 关系可表示为

$$\boxed{E=E^{\ominus\prime}-\frac{RT}{nF}\ln\frac{m_O}{m_R}+\frac{RT}{nF}\ln\left(\frac{i_{l,c}-i}{i-i_{l,a}}\right)} \tag{1.4.20}$$

图 1.4.3 是由此公式所表示的 i-E 曲线。当 $i=0$ 时 $E=E_{eq}$，体系处于平衡状态，表面浓度值与本体相同。当有电流流动时，电势偏离 E_{eq}，其偏离的程度即为浓度过电势（当然，当 $C_R^*=0$ 时平衡电势无法定义）。

(3) R 不溶解的情况　假设 R 是一种金属，当电极反应在金属本体 R 上发生时，其活度应为 1[❶]。当 $a_R=1$ 时，其能斯特方程为

$$E=E^{\ominus\prime}+\frac{RT}{nF}\ln C_O(x=0) \tag{1.4.21}$$

---

❶　对于 R 以亚单层量电镀到一个惰性基底（如基底电极为 Pt，R 为 Cu）情况则完全不同。此条件下，a_R 可能远远小于 1。

或者采用由式（1.4.11）所得到的 $C_O(x=0)$ 值，

$$\boxed{E=E^{\ominus\prime}-\frac{RT}{nF}\ln C_O^*+\frac{RT}{nF}\ln\left(\frac{i_l-i}{i_l}\right)} \tag{1.4.22}$$

当 $i=0$ 时，$E=E_{eq}=E^{\ominus\prime}+(RT/nF)\ln C_O^*$（见图 1.4.4）。如果，定义浓度过电势 η_{conc}（或物质传递过电势 η_{mt}）为

$$\eta_{conc}=E-E_{eq} \tag{1.4.23}$$

那么，

$$\eta_{conc}=\frac{RT}{nF}\ln\left(\frac{i_l-i}{i_l}\right) \tag{1.4.24}$$

当 $i=i_l$ 时，$\eta_{conc}\to\infty$。既然 η 是对极化的一种度量，这种情况有时称为完全浓度极化（complete concentration polarization）。

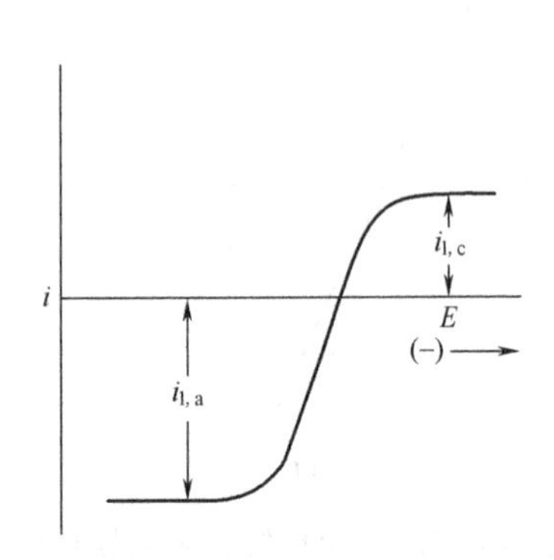

图 1.4.3 含有两种可溶性物质开始均存在的 Nernst 体系的电流-电势曲线

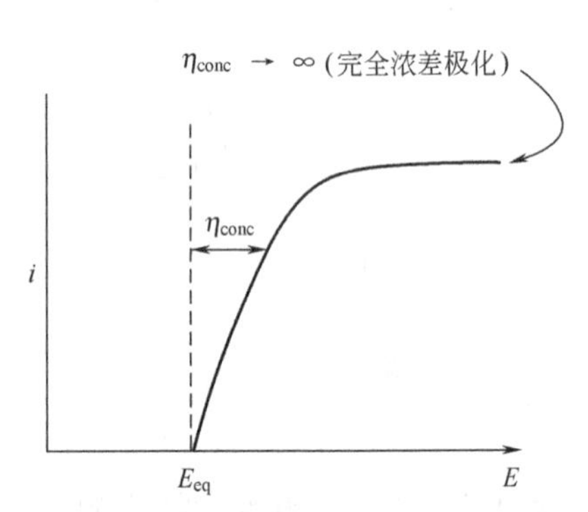

图 1.4.4 还原态为不溶物的 Nernst 体系的电流-电势曲线

公式（1.4.24）可被写作指数形式：

$$1-\frac{i}{i_l}=\exp\left(\frac{nF\eta_{conc}}{RT}\right) \tag{1.4.25}$$

把指数作幂级数展开，在自变量较小的情况下，高次幂项可忽略，即

$$e^x=1+x+\frac{x^2}{2}+\cdots\approx 1+x \quad (\text{当 } x \text{ 较小时}) \tag{1.4.26}$$

这样在电势偏离 E_{eq} 较小的条件下，$i-\eta_{conc}$ 呈线性关系：

$$\eta_{conc}=\frac{-RTi}{nFi_l} \tag{1.4.27}$$

由于 $-\eta/i$ 具有电阻的量纲（欧姆），可定义一个“小信号”物质传递电阻 R_{mt} 为

$$\boxed{R_{mt}=\frac{RT}{nF|i_l|}} \tag{1.4.28}$$

在此看到仅在较小的过电势时，物质传递所控制的电极反应特性才与一个实际的电阻元件类似。

1.4.3 暂态响应的半经验处理

1.4.2 节中的处理方法也可用于与时间相关的（暂态）现象的一种近似方法，例如扩散层的建立不论是在一个搅拌的溶液中（在达到稳态之前），还是在一个静止溶液中，扩散层均随时间而增加。公式（1.4.4）仍适用，但在这种情况下，认为扩散层的厚度是与时间相关的，所以

$$i/nFA=v_{mt}=D_O[C_O^*-C_O(x=0)]/\delta_O(t) \tag{1.4.29}$$

考虑在含有物种 O 的溶液中的电极上施加一个大小为 E 的电势跃迁时会发生什么情况。如果反应遵守 Nernst 方程，在 $x=0$ 时 O 和 R 浓度会迅速调节到由能斯特公式所给出的值。近似的线性扩散层的厚度 $\delta_O(t)$ 会随时间而增加（见图 1.4.5）。在任一时刻，扩散层的体积为 $A\delta_O(t)$。电流的流动引起 O 的浓度减小，被电解的 O 的量为

$$\text{扩散层中被电解的 O 的摩尔数} \approx [C_O^* - C_O(x=0)]\frac{A\delta(t)}{2} = \int_0^t \frac{i\mathrm{d}t}{nF} \tag{1.4.30}$$

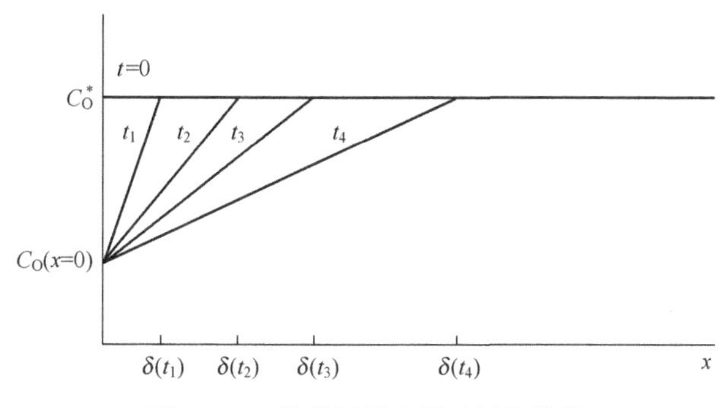

图 1.4.5　扩散层厚度随时间的增长

对式（1.4.30）微分并联立式（1.4.29）得到

$$\frac{[C_O^* - C_O(x=0)]}{2}\frac{A\delta(t)}{\mathrm{d}t} = \frac{i}{nF} = \frac{D_O A}{\delta(t)}[C_O^* - C_O(x=0)] \tag{1.4.31}$$

或

$$\frac{\mathrm{d}\delta(t)}{\mathrm{d}t} = \frac{2D_O}{\delta(t)} \tag{1.4.32}$$

由于在 $t=0$ 时，$\delta(t)=0$，式（1.4.32）的解为

$$\delta(t) = 2\sqrt{D_O t} \tag{1.4.33}$$

那么，

$$\frac{i}{nFA} = \frac{D_O^{1/2}}{2t^{1/2}}[C_O^* - C_O(x=0)] \tag{1.4.34}$$

这种近似处理预测扩散层随 $t^{1/2}$ 而增加，而电流随 $t^{-1/2}$ 而衰减。在没有对流存在时，电流继续衰减，但在一个对流体系中，电极最终趋于稳态值，$\delta(t)=\delta_O$（见图 1.4.6）。即使经过这样的简化，其结果仍与真实体系非常接近；对一个 Nernst 体系施加一个电势阶跃时的电流响应的严格描述，与公式（1.4.34）仅差一个 $2/\pi^{1/2}$ 系数（见 5.2.1 节）。

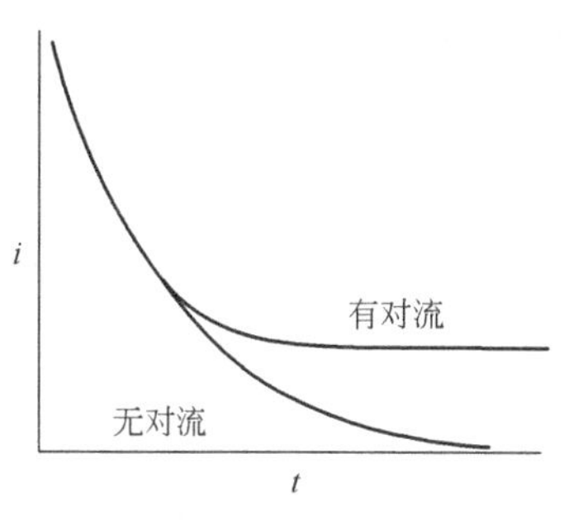

图 1.4.6　在静止电极（无对流）和搅拌溶液并达到稳态电流的电极（有对流）上施加电势阶跃时的电流-时间暂态曲线

1.5　偶合有化学反应的能斯特反应的半经验处理

迄今为止所讨论的电流-电势曲线可用于测量浓度、物质传递系数和标准电势。在界面上电子转移是决速步骤的情况下，它们也可用于测量异相动力学参数（见第 3 章和第 9 章）。然而，人们经常对应用电化学方法去探索与电子转移步骤偶合的均相反应的平衡常数和速率常数感兴趣。本节将对这些应用给出一个简单的介绍。

1.5.1　偶合可逆反应

如果一个反应速率快到可被认为总是处于热力学平衡态（可逆过程）的均相过程与 Nernst 电子转移反应偶合，则可以利用稍加展开的稳态处理方法来得到 i-E 曲线。例如，考虑一种物质 O 涉及前置平衡过程的电子转移反应[1]

$$\mathrm{A} \rightleftharpoons \mathrm{O} + q\mathrm{Y} \tag{1.5.1}$$

$$\mathrm{O} + n\mathrm{e} \rightleftharpoons \mathrm{R} \tag{1.5.2}$$

[1] 为了简化符号，所有物质上的电荷均被省略。

例如 A 可以是一个金属配合物 MY_q^{n+}；O 是自由金属离子 M^{n+}；Y 是游离的中性配体（见 5.4.4 节）。对于反应式（1.5.2），在电极表面 Nernst 公式仍成立

$$E=E^{\ominus\prime}+\frac{RT}{nF}\ln\frac{C_O(x=0)}{C_R(x=0)} \tag{1.5.3}$$

假设式（1.5.1）总是处于平衡状态：

$$\frac{C_O C_Y^q}{C_A}=K \quad （所有的 x） \tag{1.5.4}$$

因此

$$E=E^{\ominus\prime}+\frac{RT}{nF}\ln\left[\frac{KC_A(x=0)}{C_Y^q(x=0)C_R(x=0)}\right] \tag{1.5.5}$$

假设①在 $t=0$ 时，$C_A=C_A^*$，$C_Y=C_Y^*$，$C_R=0$（对于所有的 x）；②$C_Y^*\gg C_A^*$，在任一时刻，$C_Y(x=0)=C_Y^*$；③$K\ll 1$；当达到稳态时

$$\frac{i}{nFA}=m_A[C_A^*-C_A(x=0)] \tag{1.5.6}$$

$$\frac{i_l}{nFA}=m_A C_A^* \tag{1.5.7}$$

$$\frac{i}{nFA}=m_R C_R(x=0) \tag{1.5.8}$$

然后，像前面的推导一样

$$C_A(x=0)=\frac{(i_l-i)}{nFAm_A} \quad C_R(x=0)=\frac{i}{nFAm_R} \tag{1.5.9}$$

$$\boxed{E=E^{\ominus\prime}+\frac{RT}{nF}\ln K+\frac{RT}{nF}\ln\left(\frac{m_R}{m_A}\right)-\frac{RT}{nF}q\ln C_Y^*+\frac{RT}{nF}\ln\left(\frac{i_l-i}{i}\right)} \tag{1.5.10}$$

$$E=E_{1/2}+(0.059/n)\lg\left(\frac{i_l-i}{i}\right)(T=25℃) \tag{1.5.11}$$

其中

$$E_{1/2}=E^{\ominus\prime}+\frac{0.059}{n}\lg\left(\frac{m_R}{m_A}\right)+\frac{0.059}{n}\lg K-\frac{0.059}{n}q\lg C_Y^* \tag{1.5.12}$$

这样，如式（1.5.11）所示的电流-电势曲线，有一个正常的 Nernst 式的形状，但与式（1.5.2）所示的无均相平衡偶合过程的电势位置比较，$E_{1/2}$将负移（因为 $K\ll 1$）。从 $E_{1/2}$位移与 $\lg C_Y$ 的关系，同时可以求出 $q[=-(n/0.059)(dE_{1/2}/d\lg C_Y^*)]$ 和 K 值。虽然热力学参数和化学计量数可以求出，但当两者均为可逆反应时，动力学和相关机理的信息却无法求得。

1.5.2　与不可逆化学反应偶合的情况

当一个不可逆化学反应与一个 Nernst 电子转移反应偶合时，电流-电势曲线可给出溶液中反应的动力学信息。考虑一个 Nernst 电荷转移反应之后跟随着一个一级反应：

$$O+ne \rightleftharpoons R \tag{1.5.13}$$

$$R\xrightarrow{k}T \tag{1.5.14}$$

式中，k 为 R 分解的速率常数（单位为 s^{-1}）(注意 k 可能是准一级反应常数，比如当 R 与质子在缓冲溶液作用和 $k=k'C_{H^+}$ 时）。在酸性溶液中对氨基苯酚氧化可作为此类反应的一个例子。

$$HO-C_6H_4-NH_2 \rightleftharpoons O=C_6H_4=NH+2H^++2e \tag{1.5.15}$$

$$HN=C_6H_4=O+H_2O\longrightarrow O=C_6H_4=O+NH_3 \tag{1.5.16}$$

反应式（1.5.16）并不影响 O 物质的传递和还原，公式（1.4.6）和公式（1.4.9）仍适用（假设在所有的 x 和 $t=0$ 的情况下，$C_O=C_O^*$ 和 $C_R=0$）。然而，此反应会引起 R 在电极表面以相当高的速率消失，这种差别将影响电流-电势曲线。

在没有后续反应时，可以想像 R 的浓度分布从电极表面的值 $C_R(x=0)$ 到能斯特扩散层的外端 δ 处 $C_R=0$ 的值之间，为线性减小。偶合反应增加了一个 R 消失的渠道，因此该反应存在时，R 在溶液中的分布不会延伸超过距电极表面 δ 处。这样，附加的偶合反应使浓度分布变陡，增加了 R 离开电极表面的物质传递的速率。对于稳态行为，如在一个旋转圆盘电极上，假设 R 从电极表面消失的速率为没有偶合此反应时的扩散速率 [$m_RC_R(x=0)$；见式（1.4.8）] 加上一个与偶合反应速率成正比的增量 [$\mu kC_R(x=0)$]。由于式（1.4.6）给出的形成 R 的速率与总的 R 消失速率相等，因此有

$$\frac{i}{nFA}=m_O[C_O^*-C_O(x=0)]=m_RC_R(x=0)+\mu kC_R(x=0) \tag{1.5.17}$$

式中，μ 为一个比例常数，单位是 cm。因此正如所需要的那样，μk 的单位为 cm/s。在文献 [3] 中，μ 称为反应层厚度（reaction layer thickness）。对于我们目的而言，最好是把 μ 当作一个可调节的参数。由式（1.5.17）得到：

$$C_O(x=0)=\frac{i_l-i}{nFAm_O} \tag{1.5.18}$$

$$C_R(x=0)=\frac{i}{nFA(m_R+\mu k)} \tag{1.5.19}$$

将这些值带入式（1.5.13）所示半反应的 Nernst 公式，可得

$$\boxed{E=E^{\ominus\prime}+\frac{RT}{nF}\ln\left(\frac{m_R+\mu k}{m_O}\right)+\frac{RT}{nF}\ln\left(\frac{i_l-i}{i}\right)} \tag{1.5.20}$$

或

$$E=E'_{1/2}+\frac{0.059}{n}\lg\left(\frac{i_l-i}{i}\right)\quad T=25℃ \tag{1.5.21}$$

其中

$$E'_{1/2}=E^{\ominus\prime}+\frac{0.059}{n}\lg\left(\frac{m_R+\mu k}{m_O}\right) \tag{1.5.22}$$

或

$$E'_{1/2}=E_{1/2}+\frac{0.059}{n}\lg\left(1+\frac{\mu k}{m_R}\right) \tag{1.5.23}$$

式中，$E_{1/2}$ 为没有动力学干扰时反应的半波电势。

可以定义两种极限情况：①当 $\mu k/m_R\ll1$，即 $\mu k/\ll m_R$ 时，后续反应（1.5.14）的影响可忽略不计，这样的结果是一个无动力学干扰的电流-电势曲线；②当 $\mu k/m_R\gg1$ 时，后续反应决定其行为，并且

$$E'_{1/2}=E_{1/2}+\frac{0.059}{n}\lg\left(\frac{\mu k}{m_R}\right) \tag{1.5.24}$$

其影响是还原波正移，但其形状不变。对于旋转圆盘电极，$m_R=0.62D_R^{2/3}\omega^{1/2}v^{-1/6}$，假设 $\mu\neq f(\omega)$，式（1.5.24）变为

$$E'_{1/2}=E_{1/2}+\frac{0.059}{n}\lg\left(\frac{\mu k}{0.62D_R^{2/3}v^{-1/6}}\right)-\frac{0.059}{2n}\lg\omega \tag{1.5.25}$$

旋转速度 ω 的增加，将引起波形负移（见图 1.5.1，趋近于无干扰的波）。ω 增加 10 倍可引起 $0.03/n$V 的移动。

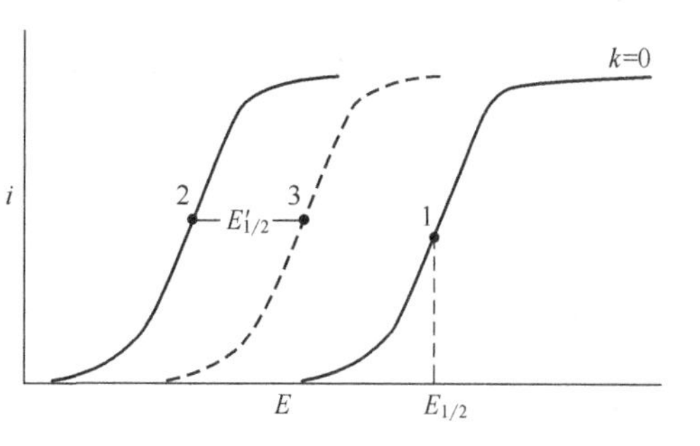

图 1.5.1　旋转圆盘电极上不可逆后续均相化学反应对能斯特 i-E 曲线的影响

1—无干扰情况下的曲线；2,3—在两种旋转速度下，有后续反应的曲线；3 的旋转速度大于 2

对于其他与电荷转移反应偶合的化学反应可用类似的处理方法[4]。这种方法在用定性或半定量

解释电流-电势曲线经常是有用的。然而，应该注意到，除非在特定条件下可以给出 m_R 和 μ 的严格表达式，确切的 k 值是不能得到。在第 12 章中，将对电极反应与均相化学反应偶合的情况进行严格的讨论。

1.6 电化学文献

现在对电极反应的基本原理及其研究方法进行更详细和严格的讨论。在开始时，列出通用的专著和综述丛书，许多相关的问题在这些专著和综述丛书中都有非常深入的探讨。所列出来的并不包罗万象，但代表了有关电化学这个主题最近的英文资料。对于一些较老的文献可以在这些专著和综述丛书以及第一版中找到。在相关的章节中列出了对一些特定问题的专著和综述，同时也列出了定期出版的与电化学方法相关论文的杂志。

1.6.1 书和专著

（1）普通电化学

Albery，W. J.，“Electrode Kinetics，” Clarendon，Oxford，1975

Bockris，J. O'M.，and A. K. N. Reddy，“Modern Electrochemistry，” Plenum，New York，1970（2 volumes）；2nd ed.，（vol. 1）1998

Christensen，P. A.，and A. Hamnett，“Techniques and Mechanisms in Electrochemistry，” Blackie Academic and Professional，New York，1994

Conway，B. E.，“Theory and Principles of Electrode Processes，” Ronald，New York，1965

Gileadi，E.，“Electrode Kinetics for Chemists，Chemical Engineers，and Material Scientists，” VCH，New York，1993

Goodisman，J.，“Electrochemistry：Theoretical Foundations，Quantum and Statistical Mechanics，Thermodynamics，the Solid State，” Wiley，New York，1987

Hamann，C. H.，A. Hamnett，and W. Vielstich，“Electrochemistry，” Wiley-VCH，Weinheim，Germany，1997

Koryta，J.，J. Dvorak，and L. Kavan，“Principles of Electrochemistry，” 2nd ed，Wiley，New York，1993

MacInnes，D. A.，“The Principles of Electrochemistry，” Dover，New York，1961（Corrected version of 1947 edition）

Newman，J. S.，“Electrochemical Systems，” 2nd ed，Prentice-Hall，Englewood Cliffs，NJ，1991

Oldham，K. B.，and J. C. Myland，“Fundamentals of Electrochemical Science，” Academic，New York，1994

Rieger，P. H.，“Electrochemistry，” 2nd ed，Chapman and Hall，New York，1994

Rubinstein，I.，Ed.，“Physical Electrochemistry：Priciples，Methods，and Applications，” Marcel Dekker，New York，1995

Schmickler，W. “Interfacial Electrochemistry，” Oxford University Press，New York，1996

（2）电化学方法学

Adams，R. N.，“Electrochemistry at Solid Electrodes，” Marcel Dekker，New York，1969

Delahay，P.，“New Instrumental Methods in Electrochemistry，” Interscience，New York，1954

Galus，Z.，“Fundamentals of Electrochemical Analysis，” 2nd ed，Wiley，New York，1994

Gileadi，E.，E. Kirowa-Eisner，and J. Penciner，“Interfacial Electrochemistry-An experimental Approach，” Addison-Wesley，Reading，MA，1975

Kissinger P. T.，and W. R. Heineman，Eds.，“Laboratory Techniques in Electroanalytical Chemistry，” 2nd ed，Marcel Dekker，New York，1996

Lingane, J. J., "Electroanalytical Chemistry," 2nd ed, Interscience, New York, 1958

Macdonald, D. D., "Transient Techniques in Electrochemistry," Plenum, New York, 1977

Sawyer, D. T., A. Sobkowiak, and J. L. Roberts, Jr., "Electrochemistry for Chemists," 2nd ed, Wiley, New York, 1995

Southampton Electrochemistry Group, "Instrumental Methods in Electrochemistry," Ellis Horwood, Chichester, UK, 1985

Vanýsek, P., Ed., "Modern Techniques in Electroanalysis," Wiley, New York, 1996

(3) 叙述性的电化学

Bard, A. J., and H. Lund, Eds., "Encyclopedia of the Electrochemistry of the Elements," Marcel Dekker, New York, 1973～1986 (16 volumes)

Lund, H., and M. M. Baizer, "Organic Electrochemistry: an Introduction and Guide," 3rd ed, Marcel Dekker, New York, 1991

Mann, C. K., and K. K. Barnes, "Electrochemical Reactions in Nonaqueous Systems," Marcel Dekker, New York, 1970

(4) 电化学数据汇编

Bard, A. J., R. Parsons, and J. Jordan, Eds., "Standard Potentials in Aqueous Solutions," Marcel Dekker, New York, 1985

Conway, B. E., "Electrochemical Data," Elsevier, Amsterdam, 1952

Horvath, A. L., "Handbook of Aqueous Electrolyte Solutions: Physical Properties, Estimation, and Correlation Methods," Ellis Horwood, Chichester, UK, 1985

Janz, G. J., and R. P. T. Tomkins, "Nonaqueous Electrolytes Handbook," Academic, New York, 1972 (2 volumes)

Meites, L., and P. Zuman, "Electrochemical data," Wiley, New York, 1974

Meites, L., and P. Zuman et al., "CRC Handbook Series in Organic Electrochemistry," (6 volumes) CRC, Boca Raton, FL, 1977～1988

Parsons, R., "Handbook of Electrochemical Data," Butterworths, London, 1959

Zemaitis, J. F., D. M. Clark, M. Rafal, and N. C. Scrivner, "Handbook of Aqueous Electrolyte Thermodynamics: Theory and Applications," Design Institute for Physical Property Data (for the American Institute of Chemical Engineers), New York, 1986

1.6.2 综述丛书

有一系列的与电化学及相关领域有关的综述丛书。每年或几年出几卷，有关的章节是由不同方面的权威专家撰写[1]。

Bard, A. J., Ed., (from Vol. 19 with I. Rubinstein), "Electroanalytical Chemistry,", Marcel Dekker, New York, 1966～1998 (20 volumes)

Bockris, J. O'M., and B. E. Conway, et al., Eds., "Modern Aspects of Electrochemistry," Plenum, New York, 1954～1997 (31 volumes)

Delahay, P., and C. W. Tobias (from Vol. 10, H. Gerischer and C. W. Tobias), Eds., "Advances in Electrochemistry and Electrochemical Engineering," Wiley, New York, 1961～1984 (13 volumes)

Gerischer, H., C. W. Tobias, et al., Eds., "Advances in Electrochemical Science and Engineering," Wiley-VCH, Weinheim, Germany, 1990～1997 (5 volumes)

Specialist Periodical Reports, "Electrochemistry," G. J. Hills (Vols. 1～3), H. R. Thirsk (Vols. 4～7), and D. Pletcher (Vols. 8～10) Senior Reporters, The Chemical Society, London,

[1] 下面前三种丛书中的文章在本书和其他的文献中经常以学术期刊的方式进行引用，它们分别缩写为 *Electroanal. Chem.*, *Mod. Asp. Electrochem.*, 及 *Adv. Electrochem. Electrochem. Engr.*。应注意到第一个不应该与 *J. Electroanal. Chem.* 混淆。

1971～1985 (10 volumes)

Steckhan, E., Ed., "Electrochemistry (Topics in Current Chemistry)," Springer, New York, 1987～1997 (6 volumes)

Yeager, E., J. O'M. Bockris, B. E. Conway, et al., Eds., "Comprehensive Treatise of Electrochemistry," Plenum, New York, 1984 (10 volumes)

Yeager, E., and A. J. Salkind, Eds., "Techniques of Electrochemistry," Wiley-Interscience, New York, 1972～1978 (3 volumes)

与电化学主题相关的综述也经常出现在下列的期刊中：

Account of Chemical Research, The American Chemical Society, Washington

Analytical Chemistry (Annual Reviews), The American Chemical Society, Washington

Annual Reviews of Physical Chemistry, Annual Reviews, Inc., Palo Alto, CA, from 1950

Chemical Reviews, The American Chemical Society, Washington

1.6.3 杂志

如下的杂志是电化学的主要杂志：

Electroanalysis (1989～).

Electrochimica Acta (1959～).

Electrochemical and Solid State Letters (1998～).

Electrochemistry Communications (1999～).

Journal of Applied Electrochemistry (1971～).

Journal of Electroanalytical Chemistry (1959～).

Journal of Electrochemical Society (1902～).

Journal of Solid State Electrochemistry (1997～).

1.6.4 网上信息

大量网页含有与电化学主题有关的书籍和文章、电化学领域中的模拟程序、电化学协会和会议信息的目录。上述网页或读者感兴趣的与本书相关的信息可通过如下地址链接：http://www.wiley.com/college/bard.

1.7 参考文献

1 L. R. Faulkner, *J. Chem. Educ.*, **60**, 262 (1983)

2 L. R. Faulkner in "Physical Methods in Modern Chemical Analysis," Vol. 3, T. Kuwana, Ed., Academic, New York, 1983, 137～248

3 P. Delahay, "New Instrumental Methods in Electrochemistry," Interscience, New York, 1954, pp. 92ff

4 See, for example, G. J. Hoytink, J. Van Schooten, E. de Boer, and W. Aalbersberg, *Rec. Trav. Chim.*, **73**, 355 (1954), for an application of this type of method to the study of reactions coupled to the reduction of aromatic hydrocarbons

1.8 习题

1.1 对于如下的每个电极-溶液界面，请写出当电势移动时，首先发生的电极反应的方程式：(1) 电势从开路电势负移；(2) 电势从开路电势正移。在每个反应后面，请写出该反应相对于 SCE 的近似电势 (V) (假设反应是可逆的)。

(a) Pt/Cu^{2+} (0.01mol/L), Cd^{2+} (0.01mol/L), H_2SO_4 (1mol/L)；

(b) Pt/Sn^{2+} (0.01mol/L), Sn^{4+} (0.01mol/L), HCl(1mol/L)；

(c) Hg/Cd^{2+} (0.01mol/L), Zn^{2+} (0.01mol/L), HCl(1mol/L)。

1.2 对于一个旋转圆盘电极，采用稳态处理物质传递控制电极反应，其中物质传递系数是 $m_O = 0.62D_O^{2/3}\omega^{1/2}\nu^{-1/6}$。式中，$D_O$为扩散系数，cm²/s；$\omega$ 为圆盘的角速度，s^{-1}，$\omega = 2\pi f$，是每秒旋转的频率；ν

为运动黏度（$\nu=\eta/d$，η=黏度，d 为密度，对于水溶液 v 约为 0.010cm^2/s）。一个面积为 0.30cm^2 的旋转圆盘电极用于在 1mol/L H_2SO_4 中还原 0.010mol/L Fe^{3+} 到 Fe^{2+}。给定 Fe^{3+} 的扩散系数为$5.2\times10^{-6}cm^2/s$，计算在圆盘旋转速度为 10r/s 时的还原极限电流，在计算过程中考虑各变量的单位，并在答案中给出电流的单位。

1.3　体积为 50cm^3 的 1mol/L HCl 溶液中含有 2.0×10^{-3}mol/L Fe^{3+} 和 1.0×10^{-3}mol/L Sn^{4+}。此溶液用一个面积为 0.30cm^2 的铂旋转圆盘电极进行伏安实验。在所采用的旋转速度下，Fe^{3+} 和 Sn^{4+} 的物质传递系数 m 为 10^{-2}cm/s。(a) 计算在这些条件下还原 Fe^{3+} 的极限电流。(b) 从+1.3～−0.40V（相对于 NHE）进行电流-电势扫描。定量地标出所得的 i-E 曲线。假设在此扫描中 Fe^{3+} 和 Sn^{4+} 的本体浓度没有变化，所有的电极反应均为能斯特反应。

1.4　0.1mol/L KCl 溶液在 25℃时的电导率是 $0.013\Omega^{-1}cm^{-1}$。(a) 计算在此溶液中，面积为 0.1cm^2 相距 3cm 的两个铂平板电极之间的电阻。(b) 带有 Luggin 毛细管的参比电极离一个铂平板电极（$A=0.1cm^2$）的距离如下：0.05cm，0.1cm，0.5cm，1.0cm，计算每种情况下的 R_u？(c) 对于一个具有相同面积的球形工作电极，重复在 (b) 中的计算 [在 (b) 和 (c) 部分中，假设采用了一个大的对电极]。

1.5　在 R_s 分别为 1Ω、10Ω 或 100Ω 的条件下，对于一个电极面积为 0.1cm^2，$C_d=20\mu F/cm^2$ 的电极进行电势阶跃实验。在每种情况下的时间常数以及双电层充电完成 95%所需的时间是多少？

1.6　对于习题 1.5 中的电极，当以 0.02V/s、1V/s 和 20V/s 进行线性扫描时，流过的非法拉第电流是多少？（忽略任何的暂态值）。

1.7　考虑如下的 Nernst 半反应：

$A^{3+}+2e \rightleftharpoons A^{+}\quad E^{\ominus\prime}_{A^{3+}/A^{+}}=-0.500V$ (vs. NHE)

25℃时，在过量支持电解质存在下，含有 2.00mmol/L A^{3+} 和 1.00mmol/L A^{+} 的溶液 i-E 曲线显示 $i_{l,c}=4.00\mu A$ 和 $i_{l,a}=-2.40\mu A$。(a) $E_{1/2}$（V vs. NHE）是多少？(b) 画出该体系预期的 i-E 曲线草图。(c) 画出该体系的“对数曲线”草图 [见图 1.4.2(b)]。

1.8　考虑在习题 1.7 的体系中加入一个配合剂 L^-，它与 A^{3+} 有如下的反应

$$A^{3+}+4L^{-} \rightleftharpoons AL_4^{-}\quad K=10^{16}$$

25℃时，在过量惰性支持电解质存在下，对于仅含有 2.0mmol/L A^{3+} 和 0.1mol/L L^- 的溶液，请回答习题 1.7 中的问题 (a)，(b) 和 (c)(假设 A^{3+} 和 AL_4^- 的 m_O 相同)。

1.9　在 1.4.2 节的条件下，一个体系中初始 R 浓度为 C_R^*，$C_O^*=0$，请推导出电流-电势关系。认为 O 和 R 均可溶，画出预期的 i-E 曲线。

1.10　设想将面积为 1cm^2 的汞池浸入到 0.1mol/L 的高氯酸钠溶液中，需要多少电荷（数量级）才能使其电势改变 1mV？当电解质的浓度变为 10^{-2}mol/L 时，其影响如何？为什么？

1.11　整理公式 (1.4.16) 可得到下面计算能斯特反应的 i-E 曲线的简便表达式：

$$i/i_l=\{1+\exp[(nF/RT)(E-E_{1/2})]\}^{-1}$$

(a) 推导此表达式。(b) 考虑半反应：$Ru(NH_3)_6^{3+}+e \rightleftharpoons Ru(NH_3)_6^{2+}$，其 $E^{\ominus}$ 可由附录 C 中查到。在含有 10mmol/L $Ru(NH_3)_6^{3+}$ 和 1mol/L KCl 作为支持电解质的溶液中，可得到一个稳态的 i-E 曲线。在两种 Ru 化合物 $m=10^{-3}$cm/s 条件下，采用面积为 0.1cm^2 的铂电极进行实验，利用程序进行计算并画出预期的 i-E 曲线。

1.12　(a) 类似于习题 1.11，采用式 (1.4.15) 对于 $E_{1/2}$ 的定义，从公式 (1.4.20) 推导出可用于溶液含有氧化还原两种组分情况下的电流作为电势函数的表达式；(b) 考虑与习题 1.11 相同的体系，但溶液中含有 10mmol/L $Ru(NH_3)_6^{3+}$、5mmol/L $Ru(NH_3)_6^{2+}$ 和 1mol/L KCl，应用一个程序进行计算并画出其 i-E 曲线。(c) 在阴极电流密度为 0.48mA/cm^2 的情况下，η_{conc} 是多少？(d) 估算 R_{mt}。

第 2 章　电势和电池热力学

第 1 章中，曾试图获得关于电势作为一个电化学变量的感性认识，这里将更详细地探讨其物理意义，目的是要理解电势差是如何建立的，以及由此可以获得的化学信息。首先将通过热力学方法来处理这些问题。在一个电化学体系中，电势差与该体系自由能的变化有关，这一发现将为通过电化学测量来测定各种化学信息开辟了道路。在本章末，将探讨电势差产生的机理。当考察电化学体系在电势调制下的相关性质时，这些讨论将会是特别有益的。

2.1　电化学热力学基础

2.1.1　可逆性

由于热力学只严格地适用于平衡体系，所以应用热力学方法处理一些实际过程时，可逆性（reversibility）这个概念很重要。归根结底，平衡的概念涉及这样的思想，即一个过程能够从平衡位置向两个相反方向中的任一方向移动。因此形容词“可逆的”（reversible）是该思想的本质。遗憾的是在电化学文献中，它有几种相关但不同的含义，现在需要区分如下三种。

（1）化学可逆性（chemical reversibility）　考虑如图 1.1.1(b) 所示的电化学池：

$$Pt/H_2/H^+,\ Cl^-/AgCl/Ag \tag{2.1.1}$$

当所有的物质都处于标准状态时，实验测得银丝和铂丝之间的电势差是 0.222 V。而且，铂丝作为阴极，当两个电极连接在一起时发生如下的反应：

$$H_2+2AgCl \longrightarrow 2Ag+2H^+ +2Cl^- \tag{2.1.2}$$

如果用一个电池或者其他直流电源，来抵消这个电化学池的电压，那么通过此电化学池的电流将反向，新的电池反应为

$$2Ag+2H^+ +2Cl^- \longrightarrow H_2+2AgCl \tag{2.1.3}$$

改变电池电流方向仅仅改变了电池反应的方向，并没有新的反应发生，因此该电池就称为“化学上可逆的”（chemically reversible）。

另一方面，如下的体系不是化学可逆的：

$$Zn/H^+,\ SO_4^{2-}/Pt \tag{2.1.4}$$

锌电极相对于铂电极是负极，电池放电时在锌电极发生如下的反应

$$Zn \longrightarrow Zn^{2+} +2e \tag{2.1.5}$$

在铂电极上有氢气析出：

$$2H^+ +2e \longrightarrow H_2 \tag{2.1.6}$$

因此净的电池反应是[1]

$$Zn+2H^+ \longrightarrow H_2+Zn^{2+} \tag{2.1.7}$$

当外加一个大于电池电压的反向电压时，就有反向电流流过，而所观测到的反应是

$$2H^+ +2e \longrightarrow H_2 \quad (锌电极上) \tag{2.1.8}$$

$$2H_2O \longrightarrow O_2+4H^+ +4e \quad (铂电极上) \tag{2.1.9}$$

---

[1] 净反应在外电路中没有电子流动的情况下也能发生，因为溶液中的 H^+ 会浸蚀锌。这一“副反应”与电化学过程是相同的，如果溶液是稀酸，其反应速率较慢。

$$2H_2O \longrightarrow 2H_2 + O_2 \quad (净反应) \tag{2.1.10}$$

当电流反向后，不仅有不同的电极反应发生，而且有不同的净反应过程，这种电池称为“化学上不可逆的”(chemically irreversible)。

可以通过化学可逆性来类似地表征半反应。在无氧、干燥的乙腈溶液中还原硝基苯时，产生一个稳定的阴离子自由基，它是一个化学上可逆的单电子过程：

$$PhNO_2 + e \rightleftharpoons PhNO_2^{\bullet} \tag{2.1.11}$$

在相似的条件下还原卤代苯 ArX，通常是一个化学不可逆过程，因为电子转移反应生成的阴离子自由基会迅速分解：

$$ArX + e \longrightarrow + Ar^{\cdot} + X^- \tag{2.1.12}$$

半反应是否化学可逆与溶液条件和实验的时间范畴有关。例如，若硝基苯的反应在酸性乙腈溶液中进行，该反应将成为化学不可逆的，因为在该条件下，$PhNO_2^{\bullet}$ 将与质子发生反应。另外，如果采用一种技术能够在很短的时间范畴内研究 ArX 的还原反应，那么在此时间范畴间，反应是化学可逆的：

$$ArX + e \rightleftharpoons ArX^{\bullet} \tag{2.1.13}$$

(2) 热力学可逆性 (thermodynamic reversibility) 当外加一个无限小的反向驱动力时，就可以使一个过程反向进行，该过程即为热力学可逆的。显然除非体系在任何时间仅能感受到一个无限小的驱动力，否则，它是不会发生的；因而从本质上讲，此过程总是处于平衡状态。因而一个体系中两个状态之间的可逆途径是一系列连续的平衡态，穿越它需要无限长的时间。

化学不可逆电池不可能具有热力学意义的可逆行为。一个化学可逆的电池不一定以趋于热力学可逆性的方式工作。

(3) 实际可逆性 (practical reversibility) 由于所有的实际过程都是以一定的速率进行的，它们不具有严格的热力学可逆性。然而，实际上一个过程可能以这样的方式进行，即在要求的精度内，热力学公式仍然适用。在这些情况下，人们可以称此过程为可逆的。实际可逆性并不是一个绝对的术语；它包含着观察者对于该过程的确切的态度和期望。

一个有用的类比是从一个弹簧秤上拿去一个重物。为使该过程严格可逆地进行，需要经历系列连续的平衡态；通常适用的“热力学”公式是

$$kx = mg \tag{2.1.14}$$

式中，k 为力常数；x 为当加上质量为 m 的重物时弹簧被拉长的距离；g 为地球的重力加速度。在此可逆过程中，弹簧以无限小的距离回缩，因为重物以无限小的质量渐次移走。

如果一次性将重物拿去，而达到同样的最后的状态，公式 (2.1.14) 在此过程中任何时间都无法适用，该过程将严重地失衡，而且是很不可逆的。

另一方面，重物可被一块块地移走。当重物被分割成足够多的小块时，热力学公式 (2.1.14) 可在大多数时间内适用。事实上，人们不大可能将真实（但略有一点不可逆）的过程和严格的可逆过程区分开。这样将此真实的转化过程标记为“实际上可逆的”是合理的。

在电化学中，经常根据 Nernst 公式来提供电极电势 E 和电极过程参与者的浓度之间的关系：

$$E = E^{\ominus\prime} + \frac{RT}{nF}\ln\frac{C_O}{C_R} \tag{2.1.15}$$

$$O + ne \rightleftharpoons R \tag{2.1.16}$$

如果一个体系遵守 Nernst 公式或由其推导而来的公式，此电极反应常被称为热力学或电化学可逆的（或 Nernst 反应）。

一个过程是否可逆取决于人们测定失衡信号的能力。这种能力依次与测量时间范畴、所观察的过程驱动力变化的速率和体系重新建立平衡的速率有关。如果施加于体系的扰动足够小，或者与测量时间相比该体系重新平衡的速率足够快，热力学关系仍可适用。如果实验条件范围很宽，一个给定体系在一个实验中可以是可逆的，而在另外一个实验中可以是不可逆的。本书中将会反复遇到这个问题。

2.1.2 可逆性与吉布斯 (Gibbs) 自由能

考虑采用三种不同的方法进行如下的反应[1]：$Zn + 2AgCl \longrightarrow Zn^{2+} + 2Ag + 2Cl^-$：

① 假设在恒定的大气压和25℃时，锌和氯化银在量热器中直接混合，并且实验中由于反应的程度很小，以至于所有物质的活度都保持不变。可以发现，当所有组分都处于标准态时，反应所释放的热量是锌的溶解产生的，为233kJ/mol。因此，$\Delta H^{\ominus}=-233\text{kJ}$❶。

② 假设我们现在构造一个如图1.1.1(a)所示的电池，即，

$$\text{Zn/Zn}^{2+}(a=1),\ \text{Cl}^-(a=1)/\text{AgCl/Ag} \tag{2.1.17}$$

并且通过一个电阻R进行放电。同样假设反应程度足够小，所有组分基本不变。在此放电过程中，热量可以从电阻和电池上释放出来，可以将整个装置放在一个量热器中，测量其总热量的变化。会发现每摩尔锌所释放的热量是233kJ，与电阻R无关。即$\Delta H^{\ominus}=-233\text{kJ}$，与电池放电的速率无关。

③ 将电池和电阻放在不同的量热器中，重复这个实验。假设连接电池和电阻的导线没有电阻，并且在两个量热器之间不传热。如果将电池的热量变化看作为Q_C，电阻的热量变化为Q_R，将会发现$Q_C+Q_R=-233\text{kJ/mol}$，是锌反应所产生的，与$R$无关。然而，这些量之间的平衡确与放电的速率相关。随着R的增加，$|Q_C|$减小而$|Q_R|$增加。在R趋于无限大时，每摩尔锌的Q_C接近-43kJ，而Q_R趋近于-190kJ。

在这个例子中，能量Q_R以热的形式释放出来，但它是由电能而得到的，也可被转化为光或机械功。与此相反，Q_C必然是一个与热相关的能量变化。既然通过$R\to\infty$来放电相应于一个热力学可逆过程，那么在经过一个可逆途径时，以热的形式出现的能量，Q_{rev}与$\lim\limits_{R\to\infty}Q_C$一致。熵的变化$\Delta S$定义为$Q_{rev}/T$[2]，因此对于我们的例子，当所有的组分都在标准态时，

$$T\Delta S^{\ominus}=\lim_{R\to\infty}Q_C=-43\text{kJ} \tag{2.1.18}$$

因为$\Delta G^{\ominus}=\Delta H^{\ominus}-T\Delta S^{\ominus}$，

$$\Delta G^{\ominus}=-190\text{kJ}=\lim_{R\to\infty}Q_R \tag{2.1.19}$$

注意到现在已证明可从电池获得的最大的净功（net work）为$-\Delta G$，这里的净功定义为非体积功（非PV功）[2]。对于任何有限的电阻R，$|Q_R|$（和净功）比极限值小。同时应注意到电池放电时可以吸收或者释放热量。对于前者，$|\Delta G^{\ominus}|>|\Delta H^{\ominus}|$。

2.1.3 自由能和电池的电动势（emf）

上一节中已说明，如果采用一个无限大的电阻使电化学池（2.1.17）放电，放电过程将是可逆的。因而电势差总是其平衡值（开路电势值）。由于假设反应程度足够小，所有组分的活度都保持不变，所以电势也应该保持不变。这样，耗散在R上的能量可由下式给出

$$|\Delta G|=\text{通过的电量}\times\text{可逆电势差} \tag{2.1.20}$$

$$|\Delta G|=nF|E| \tag{2.1.21}$$

式中，n为每个锌原子反应时所通过电路的电子数（或每摩尔锌反应时电子的摩尔数）；F为摩尔电子的电量，约为96500C。然而，我们也认识到自由能的变化与电池净反应方向有关，应该有正负号。我们可以通过改变反应的方向来改变其正负号。另一方面，电池电势的一个无限小的变化就可使反应反向，因此E基本恒定且与（可逆的）转化的方向无关。现在遇到一个问题，即我们需要把一个对方向敏感的量（ΔG）与一个方向不敏感的可观测量（E）联系起来。这种需要是引起目前电化学中所存在的符号引用惯例混乱的全部根源。另外，－号和＋号的确切含意对于自由能和电势而言是不同的。对于自由能，－号和＋号分别是体系失去和得到能量，这样的惯例可追溯到早期的热力学。对于电势，－号和＋号表示负电荷的过剩和缺乏，是由本杰明·富兰克林（Benjamin Franklin）早在发现电子之前所提出来的静电学惯例。在许多科学讨论中，这种差别并不重要，因为热力学相对静电学的前后关系是清楚的。但是当人们需要同时应用热力学和静电学的概念去考虑电化学池时，明确区分这两种惯例是必要的。

当对电化学体系的热力学性质感兴趣时，可以引入一个所谓的电池反应电动势（emf）的热力学概念来克服这一困难。这个量被赋予反应（而非实体池），因此它有方向的概念。书面上也将一个给定的化学反应和一个图示的电池关联起来。如式（2.1.17）所表示的电池，其反应为

---

❶ 我们采用热力学惯例，以吸热为正值。

$$Zn + 2AgCl \longrightarrow Zn^{2+} + 2Ag + 2Cl^- \tag{2.1.22}$$

右边电极相应于电池反应中暗含的还原半反应，左边电极则是氧化半反应。这样，若反应(2.1.22)反向进行，相应的电池图示为

$$Ag/AgCl/Cl^-(a=1), Zn^{2+}(a=1)/Zn \tag{2.1.23}$$

电池反应的电动势 E_{rxn}，可定义为图示电池中右边电极相对于左边的静电势。

例如，在式(2.1.17)所示的电池中，测量的电势差是0.985V，锌电极为负；这样，反应(2.1.22)电动势为+0.985V，是自发反应。同理，反应(2.1.22)的逆反应和电池(2.1.23)的电动势为−0.985V。采用这种惯例，我们就可以将一个（可观测的）与电池工作的方向无关的静电量（电池电势差），与一个（确定的）与方向相关的热力学量（Gibbs 自由能）联系起来。如果理解了这种静电测量和热力学概念之间形式上的关系，人们就可以完全避免由电池电势符号惯例所带来的常见的混乱[3,4]。

由于这种惯例暗指当反应为自发反应时电池电动势为正值，所以

$$\boxed{\Delta G = -nFE_{rxn}} \tag{2.1.24}$$

或如上所述，当所有的组分活度为1时，

$$\boxed{\Delta G^{\ominus} = -nFE_{rxn}^{\ominus}} \tag{2.1.25}$$

式中，$E_{rxn}^{\ominus}$ 称为电池反应的标准电动势。

现在已将电池的电势差与自由能联系起来，其他的热力学量便可由电化学测量而导出。例如，电池反应的熵变可由 ΔG 与温度之间的关系而得到：

$$\Delta S = -\left(\frac{\partial \Delta G}{\partial T}\right)_P \tag{2.1.26}$$

因此，

$$\Delta S = nF\left(\frac{\partial E_{rxn}}{\partial T}\right)_P \tag{2.1.27}$$

并且

$$\boxed{\Delta H = \Delta G + T\Delta S = nF\left[T\left(\frac{\partial E_{rxn}}{\partial T}\right)_P - E_{rxn}\right]} \tag{2.1.28}$$

反应的平衡常数由下式给出

$$\boxed{RT\ln K_{rxn} = -\Delta G^{\ominus} = nFE_{rxn}^{\ominus}} \tag{2.1.29}$$

应注意到这些关系式对于从热力学数据预测电化学性质也是有用的。本章的几个习题也可帮助解释这些方法的用处。现已有大量的热力学数据存在[5~8]。

2.1.4 半反应和还原电势

正如一个电池反应由两个独立的半反应所组成，可以认为将电池电势分成两个独立电极电势是合理的。实验上支持这种观点，已设计出了一系列的相互一致的半反应电动势和半电池电势。

根据定义建立任何导电相的绝对电势，必须导出将一个没有质量的单位正电荷从无限远处移到导电相内部所做的功。虽然从严格的热力学意义上讲，这个量是不能测量的，如果放宽热力学的精度，它可通过一系列非电化学测量和理论计算来估算。即使我们能够测量这些绝对相电势，它们的用途也是有限的，因为绝对相电势与相所处的外加场的强度有关（见2.2节）。测量电极和电解液之间绝对电势的差值会更有意义，因为该差值是决定电化学平衡态的主要因素。遗憾的是，将会发现这种绝对电势差值也不能精确地测量。实验上，我们仅能得到两个电子导体之间的绝对电势的差。即便如此，当用一个具有标准半电池反应的标准参比电极来表示电极电势和半反应的电动势时，仍会得到一种有用的标度。

按惯例，所选择的主要参比是常规氢电极（NHE），也称为标准氢电极（SHE）：

$$Pt/H_2(a=1)/H^+(a=1) \tag{2.1.30}$$

它的电势（静电学标准）在所有的温度下被认为是零。同理，如下半反应的标准电动势值在所有的温度下也被指定为零（热力学标准）：

$$2H^{+}+2e \rightleftharpoons H_2 \tag{2.1.31}$$

通过测量在整个电池中电极相对于NHE的电势，以记录半电池电势❶。例如，在如下的体系中，

$$Pt/H_2(a=1)/H^{+}(a=1)//Ag^{+}(a=1)/Ag \tag{2.1.32}$$

电池电势为0.799V，银电极为正。因而，可以认为Ag^{+}/Ag电对的标准电势相对于NHE为+0.799V。而且，Ag^{+}还原的标准电动势相对于NHE也为+0.799V，而Ag氧化的标准电动势相对于NHE则为−0.799V。另一种正确的表述是Ag^{+}/Ag的标准电极电势相对于NHE是+0.799V。概括起来写作❷：

$$Ag^{+}+e \rightleftharpoons Ag \quad E^{\ominus}_{Ag^{+}/Ag}=+0.799V(\text{相对于 NHE}) \tag{2.1.33}$$

对于如式（2.1.16）所示的通用体系，R/O电对的静电势（相对于NHE）总是和O还原的电动势一致。因而，可以将静电学和热力学信息浓缩为列表中的一项，即电极电势，将半反应写为还原类。附表C提供了一些常见的电势值。文献［5］是一本对于水相体系权威的通用书。

这类表格是非常有用的，因为它们将许多化学的信息和电信息浓缩到很小的空间。少数电极电势可表征相当多的电池和反应。由于电势实际上是自由能的标志，所以它们也是计算平衡常数、配合常数和溶度积的方便手段。它们也可以线性组合的方式提供有关其他半反应的电化学信息。人们只需粗略地看一眼一个排列整齐的电势表，就可以知道一个给定的氧化还原反应能否自发地进行。

认识到静电势（而不是emf）可通过实验来控制和测量是很重要的。若一个半反应化学上可逆，无论发生氧化过程或还原过程，相应的电极电势通常有相同的符号［见文献［9］和1.3.4和1.4.2节］。

一个电池或半反应的标准电势是当所有组分都处在标准态时得到的[10]。对于固体，如在式（2.1.32）所示的电池或式（2.1.33）反应中的Ag，标准态是纯晶体（本体）金属。考虑构成“本体金属”所需的原子数和颗粒尺寸，以及面对的对象是金属簇时标准电势是否与颗粒尺寸有关将是非常有趣的。这些问题已被探讨过[11~13]；对于由n个原子组成的簇（这里$n<20$），$E^{\ominus}_{n}$的确与本体金属（$n\gg20$）的值不同。以Ag_n簇为例，对于一个银原子（$n=1$），通过引入Ag电离势以及Ag和Ag^{+}水合能的热力学循环，可将$E^{\ominus}_{1}$与本体金属的$E^{\ominus}$联系起来。该过程为

$$Ag^{+}(\text{水相})+e \rightleftharpoons Ag_1(\text{水相}) \quad E^{\ominus}_{1}=-1.8V(\text{相对于 NHE}) \tag{2.1.34}$$

它比本体银负2.6V。这个结果表明，从能量上讲，由一个孤立单个银原子上移走一个电子要比从银晶格上的银原子移走一个电子容易得多。实验结果表明，当采用较大的银原子簇时，随着原子簇尺寸的增加，$E^{\ominus}_{n}$值越接近于本体金属的值。例如，对于$n=2$的情况

$$Ag^{+}(\text{水相})+Ag_1(\text{水相})+e \rightleftharpoons Ag_2(\text{水相}) \quad E^{\ominus}_{2}\text{约为}0V(\text{相对于 NHE}) \tag{2.1.35}$$

标准电势的这种差别可以解释为，小的原子簇与本体金属相比有较大的表面能，这与小颗粒生长成为大颗粒的趋势是一致的（例如，$2Ag_1$聚合为Ag_2或者Ostwald熟化效应使胶体颗粒形成沉淀）。与晶体内原子相比表面原子结合的原子较少，那么细分金属增加的金属表面积就需要额外的表面自由能。相反地，一个体系的总能量可以通过减少表面积而得以最小化，如采取球形或将多个小颗粒熔合成大的颗粒。从微观上讲，人们可以观察到表面重构的（见13.4.2节）以及表面不同的位点处不同的腐蚀速率倾向，表明即使是金属离子还原成“本体金属”的标准电势值，实际上也是在不同位点还原的$E^{\ominus}$的平均值[14]。

2.1.5 电动势和浓度

考虑一个普通的电池，其右边电极的半反应是

$$\nu_O O+ne \rightleftharpoons \nu_R R \tag{2.1.36}$$

式中，ν是化学计量数。对于如下的电池反应

$$\nu H_2+\nu_O O \longrightarrow \nu_R R+\nu H^{+} \tag{2.1.37}$$

其自由能可由基本的热力学公式给出[2]

---

❶ 注意，NHE是一个不能制造的理想装置。但真实的氢电极与它很近似，它的性质可用外推法确定。

❷ 在一些早期的文献中，还原和氧化的标准emf分别称为“还原电势”和“氧化电势”。这些名称极易引起混乱，应避免采用，因为它们使反应方向的化学概念与电势的物理概念相混淆。

$$\Delta G=\Delta G^{\ominus}+RT\ln\frac{a_{\mathrm{R}}^{\nu_{\mathrm{R}}}a_{\mathrm{H}^+}^{\nu_{\mathrm{H}^+}}}{a_{\mathrm{O}}^{\nu_{\mathrm{O}}}a_{\mathrm{H}_2}^{\nu_{\mathrm{H}_2}}} \tag{2.1.38}$$

式中，a_i是组分 i 的活度❶。因为 $\Delta G=-nFE$ 并且 $\Delta G^{\ominus}=-nFE^{\ominus}$，所以

$$E=E^{\ominus}+\frac{RT}{nF}\ln\frac{a_{\mathrm{R}}^{\nu_{\mathrm{R}}}a_{\mathrm{H}^+}^{\nu_{\mathrm{H}^+}}}{a_{\mathrm{O}}^{\nu_{\mathrm{O}}}a_{\mathrm{H}_2}^{\nu_{\mathrm{H}_2}}} \tag{2.1.39}$$

既然 $a_{\mathrm{H}^+}=a_{\mathrm{H}_2}=1$，则

$$\boxed{E=E^{\ominus}+\frac{RT}{nF}\ln\frac{a_{\mathrm{O}}^{\nu_{\mathrm{O}}}}{a_{\mathrm{R}}^{\nu_{\mathrm{R}}}}} \tag{2.1.40}$$

这个关系就是 Nernst 公式，它提供了 O/R 的电极电势（相对于 NHE）与 O 和 R 的活度之间的关系。另外，它定义了式（2.1.36）反应的电动势和活度的依赖关系。

现在已经明了，任何电池反应的电动势均为两个半反应的电极电势的差，

$$E_{\mathrm{rxn}}=E_{\mathrm{right}}-E_{\mathrm{left}} \tag{2.1.41}$$

式中，E_{right}和 E_{left}相应于图示的电池，均可由适当的 Nernst 公式给出。电池的电势即等于这个差值。

2.1.6　形式电势

通常，在计算半电池电势时采用活度是很不方便的，因为活度系数一般是未知的。避免这个问题的方法是采用形式电势 $E^{\ominus\prime}$（formal potential）。形式电势是在①物质 O 和 R 的浓度比 $C_{\mathrm{O}}^{\nu_{\mathrm{O}}}/C_{\mathrm{R}}^{\nu_{\mathrm{R}}}$ 为 1 和②其他特定的物质，如介质中各种组分的浓度均为定值时，测得的半电池电势（相对于 NHE）。形式电势至少包含标准电势和某些活度系数 γ_i。例如，对于如下的反应

$$\mathrm{Fe}^{3+}+\mathrm{e}\rightleftharpoons\mathrm{Fe}^{2+} \tag{2.1.42}$$

它的 Nernst 关系很简单，

$$E=E^{\ominus}+\frac{RT}{nF}\ln\frac{a_{\mathrm{Fe}^{3+}}}{a_{\mathrm{Fe}^{2+}}}=E^{\ominus}+\frac{RT}{nF}\ln\frac{\gamma_{\mathrm{Fe}^{3+}}[\mathrm{Fe}^{3+}]}{\gamma_{\mathrm{Fe}^{2+}}[\mathrm{Fe}^{2+}]} \tag{2.1.43}$$

即

$$E=E^{\ominus\prime}+\frac{RT}{nF}\ln\frac{[\mathrm{Fe}^{3+}]}{[\mathrm{Fe}^{2+}]} \tag{2.1.44}$$

其中

$$E^{\ominus\prime}=E^{\ominus}+\frac{RT}{nF}\ln\frac{\gamma_{\mathrm{Fe}^{3+}}}{\gamma_{\mathrm{Fe}^{2+}}} \tag{2.1.45}$$

因为离子强度影响活度系数，对于不同的介质其 $E^{\ominus\prime}$是不同的。表 C.2 包括了该电对在 1mol/L HCl，10mol/L HCl，1mol/L $HClO_4$，1mol/L H_2SO_4和 2mol/L H_3PO_4中的 $E^{\ominus\prime}$值。测量不同离子强度下形式电势，然后外推得到离子强度为零（此时活度系数趋近于 1）处的形式电势值，即可得到半反应或电池的标准电势值。

$E^{\ominus\prime}$也与配位反应和离子对效应有关，实际上 Fe(Ⅲ)/Fe(Ⅱ) 电对在 HCl、H_2SO_4和 H_3PO_4溶液中的确如此。两种价态的铁离子在这些介质中均有配位反应；因此，式（2.1.42）并未准确地描述该半电池反应。然而，人们可以采用经验形式电势来回避对配位竞争平衡的详尽阐释。在这些情况下，$E^{\ominus\prime}$包含着平衡常数和平衡中所涉及物质的浓度项。

2.1.7　参比电极

为了在水溶液和非水溶液中进行各种电化学研究，除了 NHE 和 SCE 之外，还研制出了许多其他类型的参比电极。一些作者就这方面的问题进行了探讨[16~18]。

通常根据实验要求选择参比电极。例如，对于如下的体系

---

❶ 对于一个溶质 i，其活度为 $a_i=\gamma_i(C_i/C^0)$，这里 C_i是溶质的浓度，C^0是标准浓度（通常为 1mol/L），γ_i是一个无量纲的量，称为活度系数。对于气体，$a_i=\gamma_i(p_i/p^0)$，p_i是 i 的分压，p^0是标准压力，γ_i是活度系数，也无量纲。对于大多数已发表的文献，包括 20 世纪 80 年代后期之前所有的文献，标准压力是一个大气压（101325Pa）。国际纯粹与应用化学联合会所推荐的新的标准压力是 10^5 Pa。结果造成新的 NHE 电势与过去使用的不同。“新的 NHE”相对于“旧的 NHE”(基于一个标准大气压）为＋0.169mV。这种差别并不重要，本书也这样认为。表中所列出的电势，包括在表 C.1 中的值，仍是相对于旧的 NHE（见文献［15］)。

$$Ag/AgCl/KCl\text{（饱和水溶液）} \tag{2.1.46}$$

与 SCE 相比该电极具有较小的温度系数，并且可制作得更加紧凑。当实验体系中不允许氯化物存在时，可采用硫酸亚汞电极：

$$Hg/Hg_2SO_4/K_2SO_4\text{（饱和水溶液）} \tag{2.1.47}$$

对于非水溶剂，会涉及水溶液参比电极漏水的问题，因此采用如下体系的电极会更合适。

$$Ag/Ag^+\text{（0.01mol/L，在乙腈中）} \tag{2.1.48}$$

因为对于非水溶剂，选择一个对测试溶液没有污染的参比电极很困难，所以常采用准参比电极（quasireference electrode，QRE）❶。它通常是一根银丝或铂丝，若在实验中本体溶液组分基本上保持不变，尽管此金属丝的电势未知，但在一系列的测量中并不变化。在报告相对于 QRE 的电势之前，必须采用一个真正的参比电极对准参比电极的实际电势进行校正。通常，此校正可容易地进行，即在同样的条件下，通过测量一个已知标准电势或形式电势的电对（相对于真正参比电极）相对于 QRE 的标准电势或形式电势来达到（例如，伏安法）。推荐二茂铁/二茂铁离子（Fc/Fc^+）电对作为校正的氧化还原电对，因为两种形态在许多溶剂中可溶解并稳定存在，而且通常具有 Nernst 行为[19]。通过记录二茂铁氧化的伏安图，可以确立 $E^{\ominus\prime}_{Fc/Fc^+}$ 相对于 QRE 的值，这样其他反应的电势就可相对于 $E^{\ominus\prime}_{Fc/Fc^+}$ 值来报告。报告相对于一个未校准的参比电极的电势是不能被接受的。另外，在有些实验，如整体电解中，由于因为本体溶液组分的变化会引起 QRE 电势的变化，所以 QRE 是不适用的。另外一种方法是采用一个参比电极[20]，将浓度比已知的 Fc 和 Fc^+ 固定在电极表面上的高分子层中（见第 14 章）。

既然一个参比电极相对于 NHE 或 SCE 的电势在实验报道中通常是确定的，标度之间的相互转换比较容易实现。图 2.1.1 为 SCE 和 NHE 之间关系的示意。附录 D 给出了最常用参比电极的电势表。

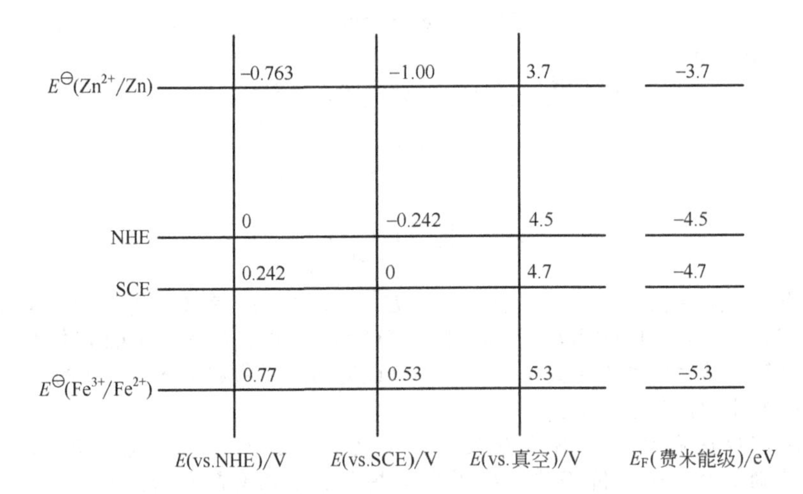

图 2.1.1 NHE、SCE 和“绝对”电势标度之间的关系

绝对标度的电势是指将单位正试验电荷从体系外真空中某点移到电极导电相内所需要做的电功（见 2.2.5 节）。右方是每个所标明的电势对应的 Fermi 能级。Fermi 能级是指电极上电子的电化学势（见 2.2.4 节）

2.2 界面电势差详述

2.2.1 相电势物理学

在上节热力学描述中，并没有提出有关在某种相边界产生可观测的电势差的机理。然而，脱

---

❶ “准”意指它“几乎”或“基本上”是一个参比电极。有时这样的电极也称为 pseudoreference electrode（拟参比电极，pseudo 是假的意思）；该术语似乎不十分恰当。

离机理模型来进行化学思维是困难的，发现机理模型对于探讨产生界面电势差的各种相间相互作用是有益的。首先，考虑两个更重要的问题：①可以认为在某一相中电势是均匀的吗？②如果这样，它的值由什么来决定？

当然可以提及某一相中任何一点的电势。该点电势 $\phi(x,y,z)$ 可定义为，在没有物质之间相互作用时，将单位正电荷从无限远处移到点 (x,y,z) 所需要的功。由静电学知识能确认 $\phi(x,y,z)$ 与试验电荷所经过的路径无关[21]。所做的功用来克服库仑场的作用；因此，通常把电势表示为

$$\phi(x,y,z)=\int_{\infty}^{x,y,z}-\mathscr{E}\cdot \mathrm{d}\boldsymbol{l} \tag{2.2.1}$$

式中，$\mathscr{E}$ 为电场强度矢量（即在任一点处作用于单位电荷上的力）；$\mathrm{d}\boldsymbol{l}$ 为电荷运动轨迹方向上无限小的长度元。从无限远处到 (x,y,z) 点的任何途径上进行积分。那么点 (x',y',z') 和点 (x,y,z) 之间的电势差为

$$\phi(x',y',z')-\phi(x,y,z)=\int_{x,y,z}^{x',y',z'}-\mathscr{E}\cdot \mathrm{d}\boldsymbol{l} \tag{2.2.2}$$

一般情况下，两点之间任意一处的电场强度都不为零，其积分不能抵消，因而通常存在一电势差。

导电相有某些重要的特性。这样的相为均有可移动电荷载体的相，如金属、半导体或电解质溶液。当没有电流通过导电相时，就没有电荷载体的净运动，因此相内所有点的电场均须为零。否则，电荷载体必定要在电场的作用下运动来抵消此电场。从公式（2.2.2）可知，在这些条件下，相内任意两点之间的电势差也必然为零；这样，整个相是一个等电势体（equipotential volume）。用 ϕ 来表示它的电势，ϕ 被称为该相的内电势（inner potential)（或伽伐尼电势，Galvani potential）。

为什么内电势有这样的值？一个非常重要的因素是相本身带有过剩电荷，因为试验电荷必须克服其库仑场而做功。电势的其他成分是由试样外部荷电体产生的各种场而引起的。在整个体系电荷分布不变的时候，相电势将保持恒定，但相内或相外电荷分布的变化将会改变相电势。这样，得出的第一个论点是：相间化学相互作用所产生的电势差某种程度上源于电荷分离。

一个有趣的问题是关于导电相中任意过剩电荷的位置问题。初等静电学中的高斯（Gauss）定律在此是非常有用的[22]。Gauss 定律指出：如果用一个假想面（Gauss 面）闭合一个空间，该 Gauss 面内的净电荷 q 可由电场对整个表面的积分求得

$$q=\varepsilon_0\oint\mathscr{E}\cdot \mathrm{d}\boldsymbol{S} \tag{2.2.3}$$

式中，ε_0 为一个比例常数❶；$\mathrm{d}\boldsymbol{S}$ 为垂直于表面向外一个无穷小的矢量。现在考虑位于导体内的一个 Gauss 表面，该导体内部是均匀的（即实心导体或均相导体）。如果没有电流通过，则 Gauss 面上所有的点 $\mathscr{E}$ 为零，因此在这个边界内的净电荷为零。如图 2.2.1 所示。这个结论适用于任何 Gauss 面，甚至于紧靠相边界内侧的 Gauss 面；这样，必然得出过剩电荷实际上分布在导电相表面的结论❷。

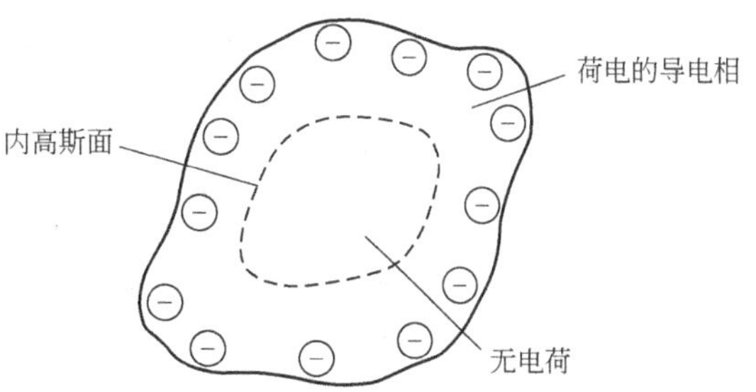

图 2.2.1　含有一个高斯闭合区体的三维导电相的截面图

本图说明过剩电荷分布于相表面

至此相电势建立方式的概念正在开始浮现出来。

---

❶ 参数 ε_0 称为真空介电常数或电常数，其值为 $8.85419\times10^{-12}\mathrm{C}^2\cdot\mathrm{N}^{-1}\cdot\mathrm{m}^{-1}$。本书中所采用的静电学习惯的更全面的解释，可参见第 13.3.1 节的脚注。

❷ 这个表面层有一定的厚度。临界尺寸是相对于本体载流子浓度的过剩电荷的尺寸。如果此电荷因从一个大的体积中引出载流子而建立的话，则热过程将阻碍过剩电荷在此表面上紧密堆聚，那么此荷电区由于其三维特性被称为空间荷电区。在电解质溶液和半导体中，其厚度可从几埃到几千埃不等。在金属中其厚度则可忽略不计。这方面的更详细讨论可参考第 13 章和第 18 章。

① 导电相电势的变化可由改变相表面或周边电荷分布来达到。

② 如果相的过剩电荷发生变化，其电荷载体将进行调整以使全部过剩电荷分布在整个相边界上。

③ 在无电流通过的条件下，电荷的表面分布将使相内电场强度为零。

④ 相内有一恒定的电势 ϕ。

电化学意义上很大的导体电势改变所需的过剩电荷通常不是很大。例如，对于一个半径为 0.5mm 的悬在空气或真空中的球形汞滴，其电势改变 1V，仅需大约 5×10^{-14}C 的电量（大约 300000 电子/V)[21]。

2.2.2　导电相之间的相互作用

两个导体，例如一个金属和一个电解质溶液放在一起相互接触，两相之间的库仑相互作用使情况变得更加复杂。使一相带电来改变其电势也必然会改变邻相的电势。这一点可通过理想化的图 2.2.2 来解释，它描述了这样一种情况，一个放大的荷电金属球，可能是直径 1mm 的汞滴，被几个毫米厚的不带电的电解质溶液所包围。这样的集合体悬在真空中，知道金属的电荷 q^M 存在于金属表面上。这种未平衡的电荷（在图中为负）使电极附近溶液中产生过剩浓度正离子。对于溶液中这种明显的不平衡的电荷量及其分布，应该如何解释呢？❶

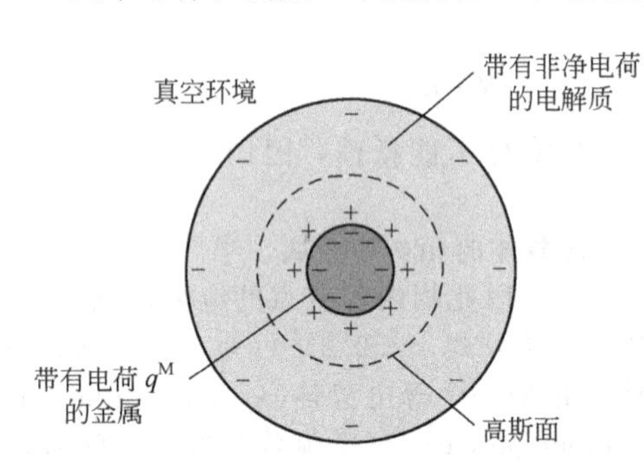

图 2.2.2　金属球与它周围的电解质溶液层之间相互作用❶的截面图。高斯封闭体是一个包含金属相和部分电解质溶液的球体

讨论一下公式（2.2.3）在图 2.2.2 所示的 Gauss 面上的积分。由于此表面位于一个没有电流通过的导体相中，在任何一点的$\mathscr{E}$为零，包含的净电荷也为零。如果将此 Gauss 面放在紧靠金属与溶液界面的外面，将得到同样的结论。这样，现在知道溶液中过量的正电荷 q^S 分布在金属-溶液界面，并完全补偿了金属的过剩电荷。即

$$\boxed{q^S=-q^M} \tag{2.2.4}$$

这个事实对于处理界面电荷排列是非常有用的，前已述及，这种电荷排列被称为双电层（见第 1 章和第 13 章）❷。

另一种方法是将 Gauss 面移到紧邻电解质溶液外边界以内的位置。所包含的电荷仍必须是零，仍可知道整个体系的净电荷是 q^M。因此与 q^M 相等的负电荷必须分布在电解质溶液的外表面。

图 2.2.3 显示了电势与距离（从此集合体中心开始）的关系，即将一个单位正试验电荷从无限远处移动到离中心一定距离所做的功。随着试验电荷从此图中右端向左移动，它受到电解质溶液外表面电荷的吸引；这样，在周围的真空中向电解质表面的任何运动都需要做负功，在该方向上电势逐步降低。在电解质溶液内部，任何一点的$\mathscr{E}$为零，移动试验电荷不需做功，电势为恒定值 ϕ^S。由于双电层的存在于金属-溶液界面，存在一个较强的电场，双电层上的电荷排列使正试验电荷穿过此界面需要做负功。因此，在双电层距离坐标内，电势有一个从 ϕ^S 到 ϕ^M 的急剧变化❸。由于金属是一个等势体，其内部电势恒定。如果要增加金属上的负电荷，可以降低 ϕ^M，但是也降低了 ϕ^S，因为溶液外边界的过剩电荷也将增加，在通过真空中的每一点时，试验电荷将受到电解质溶液层更强烈的吸引。

$\phi^M-\phi^S$ 的差值，称为界面电势差（interfacial potential difference)，与界面上的电荷不平衡性

---

❶ 这里我们是在一个宏观的尺度上考虑问题，将 q^S 看作严格分布在金属-溶液界面上是准确的。在尺度为 1μm 或更小的情况下，图形更详尽。将会发现 q^S 仍在金属-溶液界面附近，但它分布在厚度可为 100nm 的一个或多个区域中（见 13.3 节）。

❷ 此处原著排版错误。

❸ 此图是以宏观的尺度画出的，这样从 ϕ^S 到 ϕ^M 的转变显示为垂直。双电层理论（13.3 节）表明大部分的变化发生在一到几个溶剂单分子层的距离内，仅较小部分发生在溶液的扩散层中。

和界面的物理尺寸有关。即它依赖于界面电荷密度（C/cm^2）。改变界面电势差需要一定量的电荷密度的变化。对于上面所考虑的球形汞滴（$A=0.03cm^2$），若被 0.1mol/L 的强电解质溶液所包围，界面电势差变化 1V，需要大约 10^{-6}C 电量（或 6×10^{12}个电子）。这些数量较无电解质溶液存在时多 10^7 倍。这种差别的出现是因为任何表面电荷的库仑场均需要邻近电解质溶液的一个非常大的极化与之平衡。

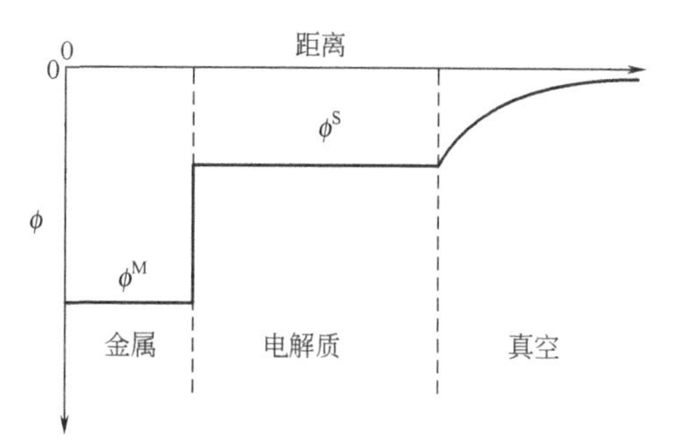

图 2.2.3　图 2.2.2 中所示体系的电势分布图，距离为距金属球中心的径向距离

在实际的电化学中，金属电极部分暴露在电解质溶液中，部分被绝缘起来。例如，可用一个面积为 0.1 cm^2的铂圆盘电极，接在一根几乎完全密封在玻璃中的铂导线上。研究用来改变这样一个相电势的过量电荷的分布是有意义的。当然，电荷必须在整个表面上分布，包括绝缘的和电化学活性的区域。然而，已经看到电解质溶液的库仑作用是如此强烈，以致在任何电势下几乎所有的过剩电荷均分布在靠近溶液一侧的金属界面处，除非与电解质接触的金属相的面积所占百分比确实很小❶。

要对一个相充电，究竟有什么实用手段呢？一个重要的手段是简单地施加某种能量将电子泵入或泵出金属或半导体。事实上，将大量地应用这种方法作为控制电极动力学的基础。另外，也有一些化学手段。例如，由经验知道，将一个铂丝放入含有铁氰化物和亚铁氰化物的溶液中，其电势将移到一个由 Nernst 公式给定的可预知的平衡值。这个过程的发生是因为电子在两相中的亲和力最初是不同的；因此电子可从金属转移到溶液或发生相反的过程。铁氰化物被还原或亚铁氰化物被氧化。电荷将继续转移直到电势的变化达到平衡点，此时溶液和金属的电子亲和力相等。在一个典型的体系中，与铁氰化物和亚铁氰化物得失的总电荷相比，在铂电极上建立平衡所需的电荷是非常少的；因此，净化学效应对溶液的影响可忽略不计。依据此机理，金属要和溶液相适应并反映其组成的变化。

电化学存在大量这样的情况，在此情况下荷电的物质（电子或离子）穿过界面区域。这些过程通常产生一个净电荷转移，以建立所观察到的平衡或稳态电势差。然而，对它们进行更深层次的研究，必须引入另外一些概念（见 2.3 节和第 3 章）。

实际上，界面电势差在两相无过剩电荷时也可产生。考虑电解质溶液与一个电极相接触的情况。由于电解质溶液与金属表面相互作用（例如，湿润），与金属相接触的水偶极子通常有某种优先的取向。从库仑作用的观点看，这种情况与穿过界面的电荷分离相当，因为水偶极子不是随时间无序分布的。由于让一个试验电荷通过界面需要做功，界面电势差不为零[23～26]❷。

2.2.3　电势差的测量

已经指出，相互接触的两相的内电势差 $\Delta\phi$，是影响发生在此两相界面上的电化学过程的一个最重要的因素。它的一部分影响来源于反映边界区域电势巨大变化的局部电场。这些电场的电势梯度可以高达 10^7V/cm。它们是足够大的，可使反应物扭曲以改变其反应活性，并且能够影响界面电荷转移的动力学。另外，内电势差直接影响界面两侧的荷电物质的相对能量。通过这种方式，$\Delta\phi$ 控制两相的相对电子亲和性，从而控制反应的方向。

遗憾的是，单个界面的 $\Delta\phi$ 是不可测量的，因为在引入少于两个界面的情况下，人们无法得到溶液的电性质。测量电势差的装置（例如，电势计、伏特计或静电计）特征是只能通过记录相同组分两相间的电势差来进行校正，如在大多数仪器中有两个金属可用于连接。考虑 Zn/Zn^{2+}，Cl^- 界面上的 $\Delta\phi$，图 2.2.4(a) 所示为可用于测量 $\Delta\phi$ 的最简单方法，电势计用铜作为引线。很清楚，在两个铜引线间可测量的电势差，除 $\Delta\phi$ 以外，还包括在 Zn/Cu 和 Cu/电解质界面上的电势差。可以通过采用锌引线的伏特计来将此问题简化，如图 2.2.4(b) 所示，但所测量的电压仍

---

❶ 正如一个超微电极的情况（见 5.3 节）。

❷ 有时将内电势分成称为外（伏打）电势 Ψ 和表面电势 χ 是有用的。这样，$\phi=\Psi+\chi$。关于界面电势差及其构成部分的确立、意义和测量有大量详细的文献报道，可见参考文献［23～26］。

包含两个独立界面上的电势差。

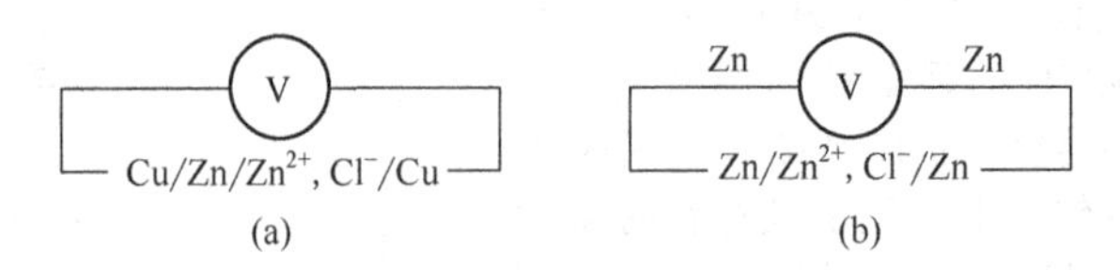

图 2.2.4　两种用于测量含有 Zn/Zn^{2+} 界面电池电势的装置

现在可认识到所测量的电池电势是几个不能独立测量的界面电势差的总和。例如，可以根据如图 2.2.5 所示的 Vetter 图表示下列电池的电势分布❶

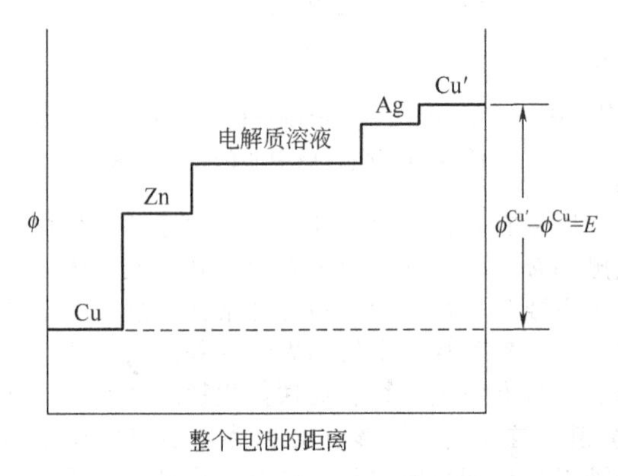

图 2.2.5　平衡时整个电池的电势分布图

$$Cu/Zn/Zn^{2+}, Cl^-/AgCl/Ag/Cu' \tag{2.2.5}$$

即使对于这些复杂的情况，仍然可能集中研究单个界面的电势差，比如式（2.2.5）中的锌和电解质之间的界面。如果保持电池中所有其他的接界的界面电势不变，那么任何 E 的变化都必须归结为锌和电解质溶液之间的界面 $\Delta\phi$ 的变化。保持其他的接界的界面电势差恒定并不是一件难事，金属-金属接界在没有特殊的情况下，其界面电势差在恒温时恒定，至于银/电解质溶液界面，若参与半反应的物种的活度一定，其界面电势差也保持恒定。当领悟了这个概念，则所有有关半反应的基本原理和如何选择参比电极就会变得更加明确。

2.2.4　电化学势

再来考察 Zn/Zn^{2+}，Cl^-（水溶液）界面，并且重点放在金属锌和溶液中锌离子上。在金属中，Zn^{2+} 固定在带正电荷的锌离子的晶格上，自由电子遍布整个金属结构中。溶液中的锌离子被水合，并且可能与 Cl^- 相互作用。任意位置的锌离子能态显然与化学环境相关，它主要是通过电性质的短程力表现出来。另外，即使不考虑化学影响，仅将正 2 价锌带到正在讨论的位置也需要能量。显然，此能量与所在位置的 ϕ 成正比；因此，这个能量受环境的影响比其自身性质的影响要大得多。虽然对于单个物种人们无法在实验上分离这两个能量组分，但离子与周围环境关系范畴上的差别使得人们可以在数学上将其分离开来[23~26]。Butler[27] 和 Guggenheim[28] 从概念上提出了将其分开的方法，并引入了电化学势的概念，对于 α 相中带有电荷 z_i 的物种 i，其电化学势（electrochemical potential）为 $\bar{\mu}_i^\alpha$：

$$\boxed{\bar{\mu}_i^\alpha = \mu_i^\alpha + z_i F \phi^\alpha} \tag{2.2.6}$$

式中，μ_i^α 为熟知的化学势

$$\mu_i^\alpha = \left(\frac{\partial G}{\partial n_i}\right)_{T,P,n_{j\neq i}} \tag{2.2.7}$$

式中，n_i 为在 α 相中 i 的摩尔数。这样，电化学势应为

$$\bar{\mu}_i^\alpha = \left(\frac{\partial \bar{G}}{\partial n_i}\right)_{T,P,n_{j\neq i}} \tag{2.2.8}$$

式中，电化学自由能 $\bar{G}$ 与化学自由能 G 的区别在于 $\bar{G}$ 包括来自荷电环境的长程相互作用的影响。

（1）电化学势的性质

① 对于不带电荷的物质：$\bar{\mu}_i^\alpha = \mu_i^\alpha$。

② 对于任何物质：$\mu_i^\alpha = \mu_i^{\ominus\alpha} + RT\ln a_i^\alpha$，式中 $\mu_i^{\ominus\alpha}$ 为标准化学势；a_i^α 为 α 相中物质 i 的活度。

---

❶　尽管氯化银是一个独立相，但对电池电势并无贡献，因为它并未将银与电解液实际分开。事实上它甚至并不需要存在，而仅仅需要氯化银饱和溶液来测量同一电池电势。

③ 对于活度为 1 的纯相（例如，固体 Zn、AgC、Ag 或逸度为 1 的 H_2）：$\bar{\mu}_i^\alpha=\mu_i^{\ominus\alpha}$。

④ 对于金属中的电子（$z=-1$）：$\bar{\mu}_e^\alpha=\mu_e^\alpha-F\phi^\alpha$。由于电子浓度不会明显改变，因此活度影响可以忽略。

⑤ 对于物质 i 在 α 和 β 两相之间的平衡：$\bar{\mu}_i^\alpha=\bar{\mu}_i^\beta$。

(2) 单相中的反应　对于一个单独的导电相，其任何地方 ϕ 都是常数，对化学平衡不产生影响。可以将 ϕ 这一项从电化学势的关系式中去掉，而仅保留化学势。例如，考虑酸-碱平衡：

$$HOAc \rightleftharpoons H^+ + OAc^- \tag{2.2.9}$$

即有

$$\bar{\mu}_{HOAc}=\bar{\mu}_{H^+}+\bar{\mu}_{OAc^-} \tag{2.2.10}$$

$$\mu_{HOAc}=\mu_{H^+}+F\phi+\mu_{OAc^-}-F\phi \tag{2.2.11}$$

$$\mu_{HOAc}=\mu_{H^+}+\mu_{OAc^-} \tag{2.2.12}$$

(3) 无电荷转移的两相反应　现在考察如下的溶解平衡：

$$AgCl(晶体,c) \rightleftharpoons Ag^+ + Cl^-(溶液,s) \tag{2.2.13}$$

可用两种方法对此进行处理。第一种，我们可以认为固液两相中 Ag^+ 和 Cl^- 分别处于平衡态，即

$$\bar{\mu}_{Ag^+}^{AgCl}=\bar{\mu}_{Ag^+}^{s} \tag{2.2.14}$$

$$\bar{\mu}_{Cl^-}^{AgCl}=\bar{\mu}_{Cl^-}^{s} \tag{2.2.15}$$

考虑到

$$\bar{\mu}_{AgCl}^{AgCl}=\bar{\mu}_{Ag^+}^{AgCl}+\bar{\mu}_{Cl^-}^{AgCl} \tag{2.2.16}$$

从式 (2.2.14) 和式 (2.2.15) 之和可得

$$\mu_{AgCl}^{\ominus AgCl}=\bar{\mu}_{Ag^+}^{s}+\bar{\mu}_{Cl^-}^{s} \tag{2.2.17}$$

展开上式可得到

$$\mu_{AgCl}^{\ominus AgCl}=\mu_{Ag^+}^{\ominus s}+RT\ln a_{Ag^+}^{s}+F\phi^s+\mu_{Cl^-}^{\ominus s}+RT\ln a_{Cl^-}^{s}-F\phi^s \tag{2.2.18}$$

重新排列给出

$$\mu_{AgCl}^{\ominus AgCl}-\mu_{Ag^+}^{\ominus s}-\mu_{Cl^-}^{\ominus s}=RT\ln(a_{Ag^+}^{s}a_{Cl^-}^{s})=RT\ln K_{sp} \tag{2.2.19}$$

式中，K_{sp} 为溶度积。得到此著名结果的较快的方法是直接从化学方程式 (2.2.13) 写出式 (2.2.17)。

注意到在式 (2.2.18) 中 ϕ^S 项已被消除，在式 (2.2.16) 中实际上潜在地消去了 ϕ^{AgCl} 项。由于最后的结果是仅与化学势有关，平衡不受界面电势差的影响。这是界面反应中没有电荷（离子或电子）转移的一个普遍特征。当电荷转移确有发生时，ϕ 项不能被消除，界面电势差将强烈地影响该化学过程。我们可用电势差去探测或改变平衡位置。

(4) 电池电势的公式　现在考察式 (2.2.5) 所示的电池，其电池反应可被写为：

$$Zn+2AgCl+2e(Cu') \rightleftharpoons Zn^{2+}+2Ag+2Cl^-+2e(Cu) \tag{2.2.20}$$

在平衡时，

$$\bar{\mu}_{Zn}^{Zn}+2\bar{\mu}_{AgCl}^{AgCl}+2\bar{\mu}_e^{Cu'}=\bar{\mu}_{Zn^{2+}}^{s}+2\bar{\mu}_{Ag}^{Ag}+2\bar{\mu}_{Cl^-}^{s}+2\bar{\mu}_e^{Cu} \tag{2.2.21}$$

$$2(\bar{\mu}_e^{Cu'}-\bar{\mu}_e^{Cu})=\bar{\mu}_{Zn^{2+}}^{s}+2\bar{\mu}_{Ag}^{Ag}+2\bar{\mu}_{Cl^-}^{s}-\bar{\mu}_{Zn}^{Zn}-2\bar{\mu}_{AgCl}^{AgCl} \tag{2.2.22}$$

但是，

$$2(\bar{\mu}_e^{Cu'}-\bar{\mu}_e^{Cu})=-2F(\phi^{Cu'}-\phi^{Cu})=-2FE \tag{2.2.23}$$

展开式 (2.2.22) 可得到

$$-2FE=\mu_{Zn^{2+}}^{\ominus s}+RT\ln a_{Zn^{2+}}^{s}+2F\phi^s+2\mu_{Ag}^{\ominus Ag}+2\mu_{Cl^-}^{\ominus s}+2RT\ln a_{Cl^-}^{s}-2F\phi^s-\mu_{Zn}^{\ominus Zn}-2\mu_{AgCl}^{\ominus AgCl} \tag{2.2.24}$$

$$-2FE=\Delta G^{\ominus}+RT\ln a_{Zn^{2+}}^{s}(\ln a_{Cl^-}^{s})^2 \tag{2.2.25}$$

这里

$$\Delta G^{\ominus}=\mu_{Zn^{2+}}^{\ominus s}+2\mu_{Cl^-}^{\ominus s}+2\mu_{Ag}^{\ominus Ag}-\mu_{Zn}^{\ominus Zn}-2\mu_{AgCl}^{\ominus AgCl}=-2FE^{\ominus} \tag{2.2.26}$$

这样得到

$$E=E^{\ominus}-\frac{RT}{nF}\ln(a_{Zn^{2+}}^{s})(a_{Cl^-}^{s})^2 \tag{2.2.27}$$

它是该电池的 Nernst 方程。这个经过证实了早期的结论，表明了电化学势在研究具有电荷转移的界面反应时是普遍有效的，它们是很有用的工具。例如，它们可以方便地用来研究如下两个电池是否有相同的电池电势：

$$Cu/Pt/Fe^{2+}, Fe^{3+}, Cl^{-}/AgCl/Ag/Cu' \tag{2.2.28}$$

$$Cu/Au/Fe^{2+}, Fe^{3+}, Cl^{-}/AgCl/Ag/Cu' \tag{2.2.29}$$

这一点留给读者在习题 2.8 来探讨。

2.2.5 费米能级和绝对电势（Fermi level and absolute potential）

在 α 相中电子的电化学势 $\bar{\mu}_e^{\alpha}$ 称为 Fermi 能级或 Fermi 能量，并且它相应于一个电子能级 E_F^{α}（而不是一个电势值）。Fermi 能级是指在 α 相中有效电子的平均能量，它与电子在此相中的化学势 μ_e^{α} 以及 α 相的内电势有关❶。一种金属或半导体的 Fermi 能级取决于此物质的功函（见第 18.2.2 节）。对于一个溶液相，它是溶液中溶解的氧化还原物种电化学势的函数。例如，对于一个含有 Fe^{3+} 和 Fe^{2+} 的溶液

$$\bar{\mu}_e^{s}=\bar{\mu}_{Fe^{2+}}^{s}-\bar{\mu}_{Fe^{3+}}^{s} \tag{2.2.30}$$

对于一个与溶液相接触的惰性金属，电（或电子）平衡的条件是两相的 Fermi 能级相等，即

$$\boldsymbol{E}_F^{s}=\boldsymbol{E}_F^{M} \tag{2.2.31}$$

这个条件就等价于在两相中电子的电化学势相等，或者说有效电子（即可转移的）的平均能量在两相中是一样的。当初始不带电荷的金属与初始不带电荷的溶液相接触时，Fermi 能级通常是不同的。正如在第 2.2.2 节中所讨论的那样，等势点是通过两相之间的电子转移来达到的，电子从 Fermi 能级高的相（较高的 $\bar{\mu}_e$ 或能量较高的电子）流向 Fermi 能级较低的相。这种电子流动引起相间电势差（电极电势）的移动。

对于大多数电化学工作而言，人为地采用 NHE 来标定电极电势（和半电池电动势）就足够了，但有时也对估算绝对的或单电极电势（即相对于真空中自由电子的电势）感兴趣。比如，这种兴趣源于人们希望通过金属或半导体的功函来估算它们的相对电势。根据某种热力学之外的假设，如质子从气体导入溶液中需要的能量[10,29]，NHE 的绝对电势可估算为 (4.5±0.1)V。这样，将一个电子从 $Pt/H_2/H^+(a=1)$ 移到真空中所需的能量大约为 4.5eV 或 434kJ❷。有了此值后，其他电对和参比电极的标准电势均可在绝对电势标度上给出（见图 2.1.1）。

2.3 液接界电势

2.3.1 电解液-电解液界面的电势差

目前为止，仅考察了处于平衡状态的体系，已知热力学能够准确地处理平衡电化学体系的电势差。然而，许多现实的电池无法达到平衡，因为其两个电极各自具有不同的支持电解质。在两种溶液间的某处有一界面存在，在此界面处物质传递过程使溶质混合。除非初始时是相同的溶液，否则液接界将不处于平衡态，因为发生连续净的物质流动通过它。

这类电池如下：

$$\underset{\qquad\qquad\alpha\qquad\beta}{Cu/Zn/Zn^{2+}/Cu^{2+}/Cu'} \tag{2.3.1}$$

对此可以给出如图 2.3.1 所示的平衡过程。整个电池在没有电流时的电势为

$$E=(\phi^{Cu'}-\phi^{\beta})-(\phi^{Cu}-\phi^{\alpha})+(\phi^{\beta}-\phi^{\alpha}) \tag{2.3.2}$$

显然，E 的前两项是铜和锌电极的界面电势差。第三项表明所测量的电池电势也与两种电解液之

---

❶ 更准确地讲，它是在各个电子能级分布中电子占有概率为 0.5 时的能量（费米-狄拉克分布）。有关 E_F 更详细的讨论见 3.6.3 节和 18.2.2 节。

❷ 一个电极的电势和费米能级有不同的符号，因为电势是基于引入一个正试验电荷的能量的变化，而费米能级与一个负电子有关。

间的电势差相关，即液接界电势。液接界电势的发现对电极电势体系是一个真正的威胁，因为该电极电势体系是基于这样一个概念，对于 E 的全部贡献可被明确地归因于一个电极和另一个电极。怎样才能恰当地规定出液接界电势呢？所以必须评估这些现象的重要性。

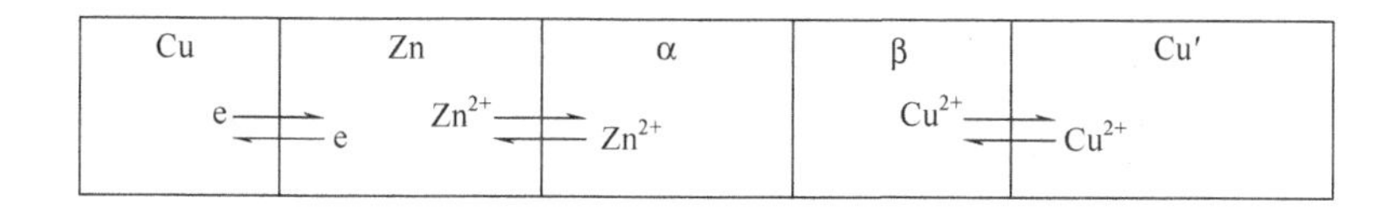

图 2.3.1　电池（2.3.1）中的各相示意。对于所示的一些特定的电荷载体，可以建立平衡，但在两种电解质相 α 和 β 的接触处，平衡没有建立

2.3.2　液接界的类型

通过对图 2.3.2(a) 所示边界的研究，可以容易地理解液接界电势的存在。在液体接界处，H^+ 和 Cl^- 有急剧的浓度梯度，因此，两种离子势必从右到左扩散。由于氢离子较氯离子的淌度大得多，所以它最初以较高的速度进入浓度较稀的相。这个过程使浓度较稀的相得到正电荷而浓度较大的相得到负电荷，其结果就产生了界面电势差。而后相应的电场阻碍 H^+ 的运动并加快 Cl^- 的通过，直到两者穿过此界面的速率相等。这样，就有一个可以检测的稳态电势，它不是由于一个平衡过程所产生的[3,24,30,31]。根据它产生的根源，有时此界面电势被称为扩散电势（diffusion potential）。

Lingane[3] 把液接界分为三种类型。

① 电解质相同但浓度不同的两种溶液，如图 2.3.2(a) 所示。

② 相同浓度的两种不同电解质溶液，有一个共同离子，如图 2.3.2(b) 所示。

③ 不满足上述①或②两种情况的两种溶液，如图 2.3.2(c) 所示。

将会发现这种分类方法在以后处理液接界电势时是有用的。

尽管边界区域不处于平衡状态，但经过较长时间后，界面处的组分实际上是恒定的，因此可以研究该界面电的可逆迁移行为。

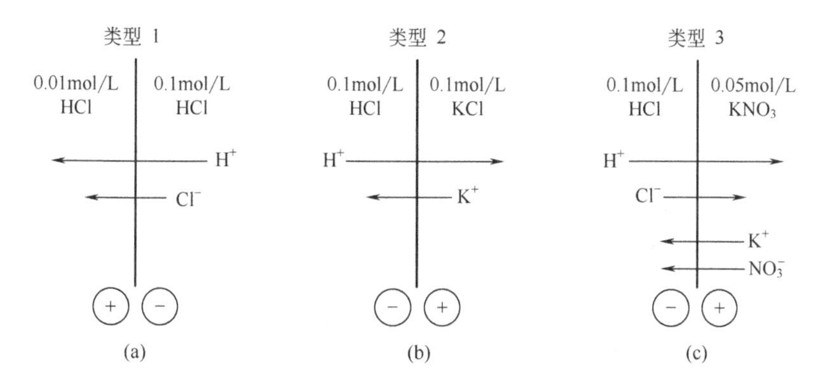

图 2.3.2　液接界的类型

箭头所指方向是每种离子的净传递方向，箭头的长度表示离子的相对淌度。对于每种情况下的液接电势的极性由圆圈的符号表示。[引自 J. J. Lingane,"Electroanalytical Chemistry," 2nd ed., Wiley-Interscience, New York, 1958, p. 60]

2.3.3　电导、迁移数和淌度

当电流通过一个电化学池时，溶液中的电流是通过离子运动来传导的。例如，以如下电池作为例子：

$$\ominus \mathrm{Pt/H_2(1atm)}/\underset{(a_1)}{\overset{\alpha}{\mathrm{H^+,Cl^-}}}/\underset{(a_2)}{\overset{\beta}{\mathrm{H^+,Cl^-}}}/\mathrm{H_2(1atm)Pt'}\oplus \tag{2.3.3}$$

这里 $a_2>a_1$[1]。当电池以原电池的方式运作时，在左边电极上发生氧化

$$H_2 \longrightarrow 2H^+(\alpha)+2e(Pt) \tag{2.3.4}$$

右边电极上发生还原

$$2H^+(\beta)+2e(Pt') \longrightarrow H_2 \tag{2.3.5}$$

因此，存在一个使 α 相荷正电而使 β 相荷负电的趋势。这种趋势受到离子运动的制约：H^+ 向右及 Cl^- 向左。每通过 1mol 的电子，在 α 相产生 1mol H^+，在 β 相中消耗 1mol H^+。通过 α 和 β 相界面的总的 H^+ 和 Cl^- 量必须等于 1mol。

由 H^+ 和 Cl^- 所运载的电流分数称为它们的迁移数或传输数（transference numbers or transport numbers）。如果以 t_+ 表示 H^+ 的迁移数，以 t_- 表示 Cl^- 的迁移数，显然有

$$t_+ + t_- = 1 \tag{2.3.6}$$

通常，对于一个含有多种离子 i 的电解质溶液

$$\boxed{\sum_i t_i = 1} \tag{2.3.7}$$

可用图 2.3.3 来描述此过程。在电池的右边最初有较高活度的盐酸（+为 H^+，−为 Cl^-）[见图 2.3.3(a)]；因此自发放电时在左边产生 H^+，在右边消耗 H^+。如图 2.3.3(b) 所示，假设 5 个氢离子参与反应。对于盐酸，$t_+ \approx 0.8$ 和 $t_- \approx 0.2$；因此，为了保持电中性，4 个氢离子必须迁移到右边，1 个 Cl^- 到左边。此过程见图 2.3.3(c)，溶液的最终状态见图 2.3.3(d)。

在图 2.3.3(b) 所示的电荷不平衡情况在实际中是不会发生的，因为会产生一个很大的电场来消除不平衡。从宏观上考虑，整个溶液总是保持电中性。如图 2.3.3(c) 所示的迁移与电子转移反应同时发生。

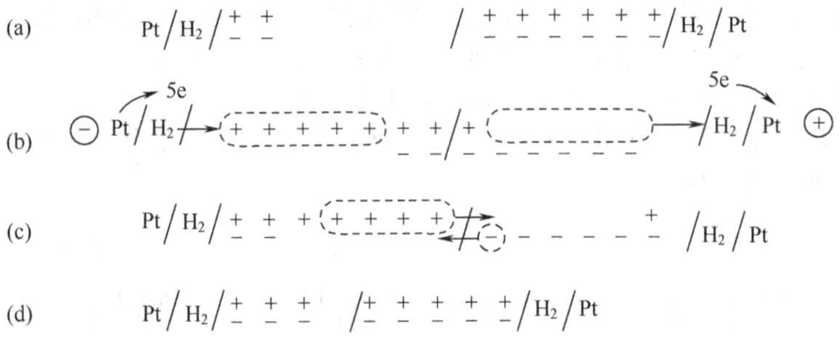

图 2.3.3　一个右边 HCl 浓度高左边低的体系电解时电荷再分配的示意

迁移数是通过详细地测量离子电导而得到，主要是通过测量溶液中有电流通过时的电阻或电阻的倒数，电导 L[31,32]。电场中溶液的电导值与电场矢量相垂直的截面积成正比，与平行于电场矢量的溶液部分的长度成反比。该比例常数为电导率 κ，它是溶液的固有性质：

$$L=\kappa A/l \tag{2.3.8}$$

电导 L 的单位为西门子（$S=\Omega^{-1}$），κ 的单位是 $S \cdot cm^{-1}$ 或 $\Omega^{-1} \cdot cm^{-1}$。

由于通过溶液的电流是由不同离子的独立运动所完成的，所以 κ 是所有离子物种 i 贡献的总和。直观上讲每一种组分的 κ 与离子的浓度、所带电荷数 $|z_i|$ 及其迁移速率的某种指标成正比。

这个指标称为淌度 u_i(mobility)，它是单位电场强度下离子运动的极限速度。淌度通常的单位是 $cm^2 \cdot V^{-1} \cdot s^{-1}$。当一个强度为 $\mathscr{E}$ 的电场施加到一种离子上，离子将在此电场力的作用下加速运动，直到摩擦阻力与电场力平衡。然后该离子将以此极限速度运动。图 2.3.4 示出了此平衡作用。

电场所施加的力的大小为 $|z_i| e \mathscr{E}$，这里 e 是电子的电量。摩擦阻力可由 Stokes 定律近似为

[1] 一个如式 (2.3.3) 所示的电池，两边具有相同的电极，但一种或两种氧化还原形式的活度不同，称为浓度电池 (concentration cell)。

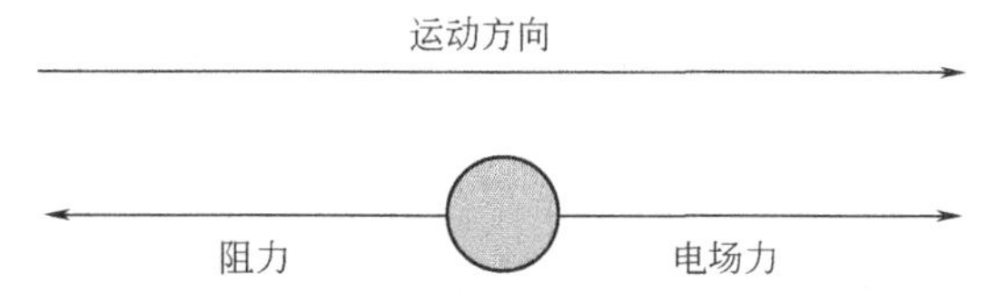

图 2.3.4　在电场作用下溶液中运动的荷电粒子上的力。在极限速度时这些力达到平衡

$6\pi\eta rv$，这里 η 是介质的黏度，r 是离子的半径，v 是速度。当达到极限速度时，有

$$u_i=\frac{v}{\mathscr{E}}=\frac{|z_i|e}{6\pi\eta r} \tag{2.3.9}$$

联系各种离子电导率与电荷、淌度和浓度之间关系的比例系数就是法拉第常数；这样

$$\boxed{\kappa = F\sum_i |z_i|u_iC_i} \tag{2.3.10}$$

对于物种 i 的迁移数仅仅是它对电导率的贡献除以总的电导率：

$$\boxed{t_i = \frac{|z_i|u_iC_i}{\sum_j |z_j|u_jC_j}} \tag{2.3.11}$$

对于简单的纯电解质溶液（例如，一个正和一个负的离子），如 KCl、$CaCl_2$ 和 HNO_3，其电导通常用当量电导率 Λ(equivalent conductivity) 来描述，其定义为

$$\boxed{\Lambda=\frac{\kappa}{C_{eq}}} \tag{2.3.12}$$

式中，C_{eq}为正（或负）电荷的浓度。这样，Λ 表达的是电荷单位浓度的电导率。对于这些体系中的任意一种离子，由于 $C|z|=C_{eq}$，从式（2.3.10）和式（2.3.12）中可知

$$\Lambda=F(u_+ +u_-) \tag{2.3.13}$$

式中，u_+ 为正离子的淌度而 u_- 为负离子的淌度。由此关系可知 Λ 是每种离子当量电导率的总和

$$\Lambda=\lambda_+ +\lambda_- \tag{2.3.14}$$

因此有

$$\lambda_i=Fu_i \tag{2.3.15}$$

在这些简单的溶液中，迁移数 t_i可由下式给出

$$t_i=\lambda_i/\Lambda \tag{2.3.16}$$

或者

$$t_i=\frac{u_i}{u_+ +u_-} \tag{2.3.17}$$

迁移数可通过几种方法进行测量[31,32]，在文献中有大量的关于纯溶液的数据。通常，迁移数由电解时所引起的浓度变化来测量，如图 2.3.3（见习题 2.11）所示的实验。表 2.3.1 给出了在 25℃时水溶液的一些值。从这些结果中，人们可以导出单个离子的电导率 λ_i。λ_i和 t_i的值与纯电解质的浓度有关，因为离子之间的相互作用可以改变其淌度[31~33]。在表 2.3.2 中所列出的 λ 值，通常是 λ_{0i}值，它是由外推到无限稀释时而得到的。在查不到迁移数时，可以方便地采用这些值和公式（2.3.16）去估算纯溶液的 t_i值，对于混合电解质溶液，可采用与式（2.3.11）类似的方法计算 t_i：

$$t_i = \frac{|z_i|C_i\lambda_i}{\sum_j |z_j|C_j\lambda_j} \tag{2.3.18}$$

除了已经考虑的液体电解质外，有时在电化学池中用到固体电解质，如 β-氧化铝钠、卤化银和高分子如聚环氧乙烷/$LiClO_4$[34,35]。在这些物质中，离子即使在无溶剂时也可在电场作用下运动。例如，单晶 β-氧化铝钠在室温下的电导率是 0.035S/cm，这个值与水溶液中的类似。固体电解质在制造电池和电化学器件时是很重要的。固体电解质中的有些物质，其中有些固体电解质

(如 α-Ag_2S 和 AgBr) 与所有液体电解质有着本质上的不同，它们既有电子导电又有离子导电。可以通过在电池上施加一个不足以引起电化学反应的很小的电势，观察所引起的电流（非法拉第电流）大小来确定固体电解质的电子电导的相对贡献。另外，可通过电解独立确定法拉第电流的贡献（见习题 2.12）。

表 2.3.1 25℃时水溶液中的阳离子迁移数[①]

电解质	浓度(C_{eq})[②]			
	0.01	0.05	0.1	0.2
HCl	0.8251	0.8292	0.8314	0.8337
NaCl	0.3918	0.3876	0.3854	0.3821
KCl	0.4902	0.4899	0.4898	0.4894
NH_4Cl	0.4907	0.4905	0.4907	0.4911
KNO_3	0.5084	0.5093	0.5103	0.5120
Na_2SO_4	0.3848	0.3829	0.3828	0.3828
K_2SO_4	0.4829	0.4870	0.4890	0.4910

① 引自 D. A. MacInnes，"The Principles of Electrochemistry，" Dover，New York，1961，p. 85 及所引的文献。
② 正（或负）电荷的摩尔浓度。

表 2.3.2 25℃时无限稀释的水溶液的离子特性

离子	$\lambda_0/cm^2\cdot\Omega^{-1}\cdot equiv^{-1}$①	$u/cm^2\cdot s^{-1}\cdot V^{-1}$②	离子	$\lambda_0/cm^2\cdot\Omega^{-1}\cdot equiv^{-1}$①	$u/cm^2\cdot s^{-1}\cdot V^{-1}$②
H^+	349.82	3.625×10^{-3}	I^-	76.85	7.96×10^{-4}
K^+	73.52	7.619×10^{-4}	NO_3^-	71.44	7.404×10^{-4}
Na^+	50.11	5.193×10^{-4}	OAc^-	40.9	4.24×10^{-4}
Li^+	38.69	4.010×10^{-4}	ClO_4^-	68.0	7.05×10^{-4}
NH_4^+	73.4	7.61×10^{-4}	$\frac{1}{2}SO_4^{2-}$	79.8	8.27×10^{-4}
$\frac{1}{2}Ca^{2+}$	59.50	6.166×10^{-4}	HCO_3^-	44.48	4.610×10^{-4}
OH^-	198	2.05×10^{-3}	$\frac{1}{3}Fe(CN)_6^{3-}$	101.0	1.047×10^{-3}
Cl^-	76.34	7.912×10^{-4}			
Br^-	78.4	8.13×10^{-4}	$\frac{1}{4}Fe(CN)_6^{4-}$	110.5	1.145×10^{-3}

① 引自 D. A. MacInnes，"The Principles of Electrochemistry，" Dover，New York，1961，p. 342。
② 由 λ_0 计算而得。

2.3.4 液接界电势的计算

假设如图 2.3.5 所示浓度电池（2.3.3）与一个电源相接。电源所加电压与电池的电压相反，可以用实验的方法使这两个电压正好抵消，这样在检流计 G 上就没有电流流过。如果所加的反向电压稍微减少一些，电池反应将像前面所描述的那样自发地进行，在外电路中电子从 Pt 流向 Pt′。在液接区所发生的过程是从右到左有等量的负电荷通过。如果所加的反向电压是从零点开始增大，包括电解质界面的电荷转移在内的整个过程将反过来。驱动力有很小的变化就可以改变电荷流通方向的事实说明整个过程的电化学自由能的变化为零。

这些现象可分为在金属-溶液界面上发生的化学变化：

$$\frac{1}{2}H_2 \rightleftharpoons H^+(\alpha)+e(Pt) \tag{2.3.19}$$

$$H^+(\beta)+e(Pt') \rightleftharpoons \frac{1}{2}H_2 \tag{2.3.20}$$

以及图 2.3.6 所示的在液接界区的电荷转移：

$$t_+ H^+(\alpha)+t_- Cl^-(\beta) \rightleftharpoons t_+ H^+(\beta)+t_- Cl^-(\alpha) \tag{2.3.21}$$

注意到式（2.3.19）和式（2.3.20）在零电流条件下是严格平衡的；因此每个反应各自的电化学自由能的变化为零。当然，这一点对于它们的总和也是正确的。

$$H^+(\beta)+e(Pt') \rightleftharpoons H^+(\alpha)+e(Pt) \tag{2.3.22}$$

它描述了体系的化学变化。此式加上描述电荷转移的关系式（2.3.21）阐述了电池中发生的整个过程。然而，已经知道对于整个过程和式（2.3.22）的电化学自由能的变化均为零，因此可以得出结论：对于式（2.3.21），其电化学自由能的变化也为零。换言之，尽管电荷在液接界面上的转移不能认为是一个平衡过程，但是该过程的发生方式却使体系的电化学自由能变化为零。这个重要结论提供了计算液接界电势的一种方法。

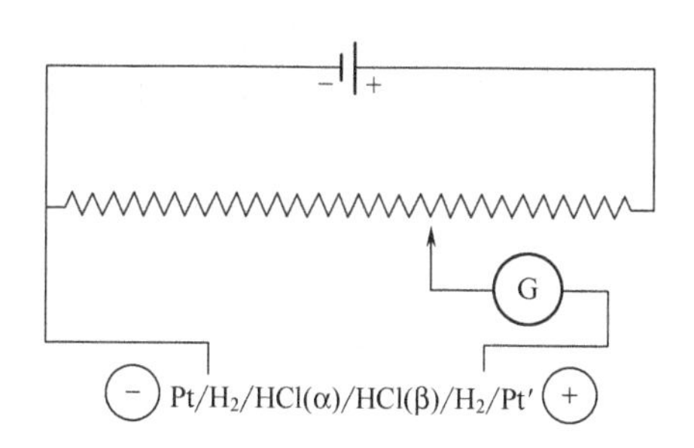

图 2.3.5　说明电荷在一个有液接界电池中可逆流动的实验体系

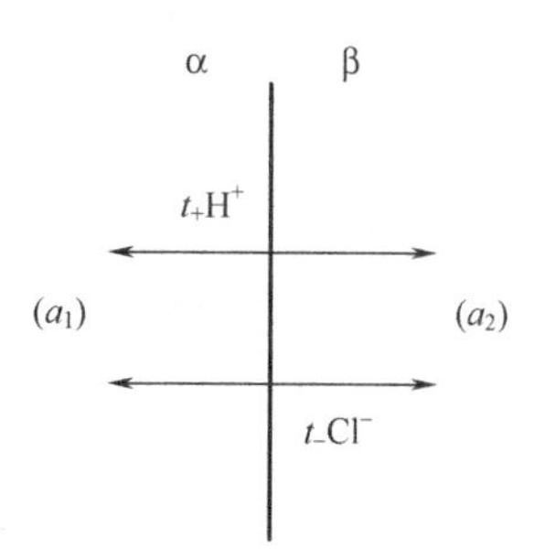

图 2.3.6　通过图 2.3.5 中所示液接界的可逆电荷转移示意

首先把注意力集中在净化学反应式（2.3.22）上。由于电化学自由能的变化为零，那么

$$\bar{\mu}_{H^+}^{\beta}+\bar{\mu}_{e}^{Pt'}=\bar{\mu}_{H^+}^{\alpha}+\bar{\mu}_{e}^{Pt} \tag{2.3.23}$$

$$FE=F(\phi^{Pt'}-\phi^{Pt})=\bar{\mu}_{H^+}^{\beta}-\bar{\mu}_{H^+}^{\alpha} \tag{2.3.24}$$

$$E=\frac{RT}{F}\ln\frac{a_2}{a_1}+(\phi^{\beta}-\phi^{\alpha}) \tag{2.3.25}$$

在式（2.3.25）中 E 的第一部分仅是与可逆化学变化相关的能斯特关系，而 $\phi^{\beta}-\phi^{\alpha}$ 为液接界电势。通常，对于零电流条件下的一个可逆化学体系，

$$E_{cell}=E_{Nernst}+E_j \tag{2.3.26}$$

因此，液接界电势对 Nernst 响应来讲总是一个附加干扰。

为了求出 E_j 值，考虑式（2.3.21）

$$t_+\bar{\mu}_{H^+}^{\alpha}+t_-\bar{\mu}_{Cl^-}^{\beta}=t_+\bar{\mu}_{H^+}^{\beta}+t_-\bar{\mu}_{Cl^-}^{\alpha} \tag{2.3.27}$$

因此，

$$t_+(\bar{\mu}_{H^+}^{\alpha}-\bar{\mu}_{H^+}^{\beta})+t_-(\bar{\mu}_{Cl^-}^{\beta}-\bar{\mu}_{Cl^-}^{\alpha})=0 \tag{2.3.28}$$

$$t_+\left[RT\ln\left(\frac{a_{H^+}^{\alpha}}{a_{H^+}^{\beta}}\right)+F(\phi^{\alpha}-\phi^{\beta})\right]+t_-\left[RT\ln\left(\frac{a_{Cl^-}^{\beta}}{a_{Cl^-}^{\alpha}}\right)-F(\phi^{\beta}-\phi^{\alpha})\right]=0 \tag{2.3.29}$$

单个离子的活度系数在热力学严格定义上是不能测量的[30,36~38]；因此通常用可测量的平均离子活度系数（mean ionic activity coefficient）来代替。在此计算过程中，$a_{H^+}^{\alpha}=a_{Cl^-}^{\alpha}=a_1$，$a_{H^+}^{\beta}=a_{Cl^-}^{\beta}=a_2$。由于 $t_++t_-=1$，对于类型 1 电解质为 1∶1 时，有

$$\boxed{E_j=(\phi^{\beta}-\phi^{\alpha})=(t_+-t_-)\frac{RT}{F}\ln\left(\frac{a_1}{a_2}\right)} \tag{2.3.30}$$

例如，考虑 $a_1=0.01$ 和 $a_2=0.1$ 的 HCl 溶液，从表 2.3.1 可知 $t_+=0.83$，$t_-=0.17$；因此在 25℃时为

$$E_j=(0.83-0.17)\times 59.1\lg\left(\frac{0.01}{0.1}\right)=-39.1\text{mV} \tag{2.3.31}$$

对于整个电池，

$$E=59.1\lg\left(\frac{a_2}{a_1}\right)+E_j=59.1-39.1=20.0\text{mV} \tag{2.3.32}$$

可见，液接界电势是所测得的电池电势的一个重要组成部分。

在上述推导过程中，假设整个体系中迁移数恒定不变。对于液接界电势类型 1，这是一个非常好的近似，因此式（2.3.30）并不是过于折中的方法。对于类型 2 和类型 3 的体系，显然式

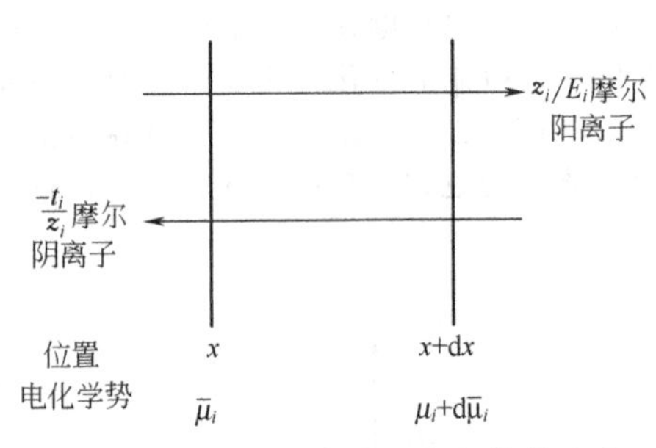

图 2.3.7 净正电荷从左向右传递通过液接区的一个无穷小的部分

每通过 1mol 总电量时每种离子必须贡献 t_i摩尔电荷，因此，必然有 $t_i/|z_i|$摩尔离子转移

(2.3.30) 不适用。在考虑这些情况时，必须将液接界区分割成无数个单位体积元，其组成逐渐从纯 α 相组成到纯 β 相组成过渡。穿过每一单位体积元的迁移电荷与组分中的每一个离子物种有关，每通过 1mol 电荷必须有 $t_i/|z_i|$摩尔物种 i 的移动。这样，从 α 到 β 相正电荷的传输可见图 2.3.7 所示。可以看出电化学自由能的变化与任何可运动物种的关系是 $(t_i/z_i)\mathrm{d}\bar{\mu}_i$（$z_i$ 是与符号有关的量）；因此，自由能的微分是

$$\mathrm{d}\overline{G}=\sum_i \frac{t_i}{z_i}\mathrm{d}\bar{\mu}_i \tag{2.3.33}$$

从 α 到 β 相进行积分，可得到

$$\int_\alpha^\beta \mathrm{d}\overline{G}=0=\sum_i\int_\alpha^\beta \frac{t_i}{z_i}\mathrm{d}\bar{\mu}_i \tag{2.3.34}$$

如果 $\mu_i^{\ominus}$ 对于 α 和 β 相（比如，如果均为水溶液）相等，则有

$$\sum_i\int_\alpha^\beta \frac{t_i}{z_i}RT\,\mathrm{d}\ln a_i+\left(\sum_i t_i\right)F\int_\alpha^\beta \mathrm{d}\phi=0 \tag{2.3.35}$$

由于 $\sum t_i=1$，

$$\boxed{E_\mathrm{j}=\phi^\beta-\phi^\alpha=\frac{-RT}{F}\sum_i\int_\alpha^\beta \frac{t_i}{z_i}\mathrm{d}\ln a_i} \tag{2.3.36}$$

这是液接界电势的一般表达式。

显而易见，式 (2.3.30) 是 t_i为常数、1∶1 型电解质溶液间的类型 1 液接界的特例。应当注意，E_j与 t_+ 和 t_- 有密切关系，如果 $t_+=t_-$，E_j实际上等于零。在 25℃时，对于 1∶1 型的电解质，当 $a_1/a_2=10$ 时，E_j值与 t_+ 的函数关系为

$$E_\mathrm{j}=59.1(2t_+-1)\mathrm{mV} \tag{2.3.37}$$

例如，对于如下的电池，$t_+=0.49$，因此 $E_\mathrm{j}=-1.2\mathrm{mV}$。

$$\mathrm{Ag/AgCl/KCl(0.1mol/L)/KCl(0.01mol/L)/AgCl/Ag} \tag{2.3.38}$$

类型 1 液接界可在一定的严格条件下进行处理，与形成此接界的方法无关，但类型 2 和类型 3 液接界的电势却与它们形成的方式有关（例如，静止的或流动的），并且它们仅能通过近似的方法处理。显然不同的形成液接界的方式导致通过液接区的 t_i的剖面不同面，这样导致有不同的式 (2.3.36) 积分。E_j的近似值可通过如下的假设来得到：①离子在液接界区任何地方的浓度与活度相等；②每一种离子的浓度在两相之间线性变化。这样，式 (2.3.36) 可被积分，给出 Henderson 公式[24,30]：

$$\boxed{E_\mathrm{j}=\frac{\sum_i \frac{|z_i|u_i}{z_i}[C_i(\beta)-C_i(\alpha)]}{\sum_i |z_i|u_i[C_i(\beta)-C_i(\alpha)]}\frac{RT}{F}\ln\frac{\sum_i |z_i|u_iC_i(\alpha)}{\sum_i |z_i|u_iC_i(\beta)}} \tag{2.3.39}$$

式中，u_i为物种 i 的淌度；C_i为它的摩尔浓度。对于类型 2 液接界，电解质溶液 1∶1 的情况，这个公式称为 Lewis-Sargent 关系式：

$$\boxed{E_\mathrm{j}=\pm\frac{RT}{F}\ln\left(\frac{\Lambda_\beta}{\Lambda_\alpha}\right)} \tag{2.3.40}$$

这里正号相应于两相中有一阳离子作为共同离子，负号相应于两相中有一阴离子作为共同离子。下面的电池可作为一个例子：

$$\mathrm{Ag/AgCl/HCl(0.1mol/L)/KCl(0.01mol/L)/AgCl/Ag} \tag{2.3.41}$$

其 E_cell本质上为 E_j。在 25℃时测量值为 (28±1)mV，与形成此液接界的技术有关[30]，由式 (2.3.40) 和表 2.3.2 的数据其估算值为 26.8mV。

2.3.5 减少液接界电势

在大多数电化学实验中，液接界电势是一个附加的影响因素，因而总是经常要想方设法予以

消除。或者希望它很小或至少保持不变。减少 E_j 的常用方法是用一个具有高浓度体系的盐桥(salt bridge) 来取代液接部分，而盐桥的溶液中正、负离子具有几乎相等的淌度，例如对于

$$HCl(C_1)/NaCl(C_2) \tag{2.3.42}$$

可用如下体系来取代

$$HCl(C_1)/KCl(C)/NaCl(C_2) \tag{2.3.43}$$

对于如下的电池，表 2.3.3 列出了一些测量的液接界电势，

$$Hg/Hg_2Cl_2/HCl(0.1mol/L)/KCl(0.1mol/L)/Hg_2Cl_2/Hg \tag{2.3.44}$$

随着 C 的增加，E_j 显著降低，因为在两个液接界部位的离子迁移越来越由高浓度的 KCl 来完成。这一系列液接电势大小相近但极性相反，因此它们趋于相互抵消。在水性盐桥中通常包含有 KCl ($t_+=0.49$，$t_-=0.51$)，或者在 Cl^- 有干扰时，采用 KNO_3($t_+=0.51$，$t_-=0.49$)。其他的已被推荐用于盐桥、具有相等迁移数的浓溶液包括 CsCl($t_+=0.5025$)、RbBr ($t_+=0.4958$) 和 NH_4I($t_+=0.4906$)[39]。在许多测量中，如测量 pH 值时，如果液接界电势在校正 (例如，采用一个标准缓冲溶液) 和测量时保持恒定就足够了。然而，E_j 仍有 1～2mV 的变化，这在解释电势数据时都应该考虑到。

表 2.3.3 盐桥对所测量的液接界电势的影响①

KCl 的浓度(C)M	E_j/mV	KCl 的浓度(C)M	E_j/mV
0.1	27	2.5	3.4
0.2	20	3.5	1.1
0.5	13	4.2(饱和溶液)	<1
1.0	8.4		

① 引见 J. J. Lingane，“Electroanalytical Chemistry，” Wiley-Interscience，New York，1958，p. 65。原始数据来自 H. A. Fales and W. C. Vosburgh，*J. Am. Chem. Soc*，**40**，1291 (1918)；E. A. Guggenheim，*ibid.*，**52**，1315 (1930)；and A. L. Ferguson，K. Van Lente，and R. Hitchens，*ibid.*，**54**，1285 (1932)。

2.3.6 两互不相溶液体的液接界电势

另外一种有趣的液接界是在两互不相溶电解质溶液之间的情况[40～44]。这种类型的典型例子是

$$\underset{\alpha\text{相}}{K^+Cl^-(H_2O)}/\underset{\beta\text{相}}{TBA^+ClO_4^-(\text{硝基苯})} \tag{2.3.45}$$

式中，$TBA^+ClO_4^-$ 为四丁基铵高氯酸盐。诸如如下的体系，它是在两个水溶液相之间有两互不相溶液体的电池，它们与离子选择性电极 (2.4.3 节) 的研究有关并且可作为生物膜的模型，

$$Ag/AgCl/KCl(\text{水相})/TBA^+ClO_4^-(\text{硝基苯})/KCl(\text{水相})/Ag/AgCl \tag{2.3.46}$$

式中，中间的液体层其行为像一种膜。对于穿过如式 (2.3.45) 的液接界电势的处理与此节前面所给出的方法类似，仅物种 i 在两相中的标准自由能 $u_i^{\ominus\alpha}$ 和 $u_i^{\ominus\beta}$ 此时不再相等。液接界电势为[40,41]

$$\phi^\beta-\phi^\alpha=-\frac{1}{z_iF}\left[\Delta G^{\ominus\alpha\rightarrow\beta}_{\text{transfer},i}+RT\ln\left(\frac{a_j^\beta}{a_i^\alpha}\right)\right] \tag{2.3.47}$$

这里 $\Delta G^{\ominus\alpha\rightarrow\beta}_{\text{transfer},i}$ 是电荷为 z_i 的物种 i 在两相之间转移所需的标准自由能，定义为

$$\Delta G^{\ominus\alpha\rightarrow\beta}_{\text{transfer},i}=\mu_i^{\ominus\beta}-\mu_i^{\ominus\alpha} \tag{2.3.48}$$

标准自由能的值可以估算，例如，由溶解度数据来估算，但仅限于某种非热力学假设。例如对于四苯砷四苯硼 ($TPAs^+TPB^-$)，广泛采用的假设是认为 $TPAs^+$ 的溶剂化自由能 ($\Delta G^{\ominus}_{\text{solvn}}$) 与 TPB^- 的相等，因为两者均为较大离子，几乎所有的电荷均埋在周围苯基环内[45]。因此，单个离子的溶剂化能等于此盐的一半，盐的溶剂化能可由在给定溶剂中的溶度积来测量，即

$$\Delta G^{\ominus}_{\text{solvn}}(TPAs^+)=\Delta G^{\ominus}_{\text{solvn}}(TPB^-)=\frac{1}{2}\Delta G^{\ominus}_{\text{solvn}}(TPAs^+TPB^-) \tag{2.3.49}$$

$$\Delta G^{\ominus\alpha\rightarrow\beta}_{\text{transfer},TPAs^+}=\Delta G^{\ominus}_{\text{solvn}}(TPAs^+,\beta)-\Delta G^{\ominus}_{\text{solvn}}(TPAs^+,\alpha) \tag{2.3.50}$$

转移自由能也可由盐在两相中的分配来得到。对于每一种离子，如果 α 相和 β 相两相之间的互溶性

很小的话，采用此方法所得到的值应与由式（2.3.50）计算所得到的相同。

离子在两互不相溶液体界面上的转移速率也是很有意义的，速率常数可以通过电化学测量而得到（见 6.8 节）。

2.4 选择性电极[46～55]

2.4.1 选择性界面

假设可以在两电解质溶液相之间产生一个界面，仅一种离子可穿过。一个选择性的可透过膜可能作为一个分离器来完成此目的。公式（2.3.34）仍适用，但如果认识到可透过离子的迁移数为 1 而其他的离子的迁移数为零，可简化此式。如果两种电解质溶在相同的溶剂中，通过积分可得到下式：

$$\frac{RT}{z_i}\ln\frac{a_i^{\beta}}{a_i^{\alpha}}+F(\phi^{\beta}-\phi^{\alpha})=0 \tag{2.4.1}$$

这里离子 i 是可透过的离子。对上式重排可得到

$$E_{\mathrm{m}}=-\frac{RT}{z_iF}\ln\frac{a_i^{\beta}}{a_i^{\alpha}} \tag{2.4.2}$$

如果物质 i 活度在一相中保持恒定，则两相间的电势差（常称为膜电势，membrane potential，E_{m}）与另一相中离子活度的关系符合 Nernst 形式。

这种思想是离子选择性电极的本质。采用这些装置进行测量本质上是测量膜电势，其本身包括电解质溶液相之间的液接界电势。任何一个单一体系的性质在很大程度上取决于感兴趣的离子在膜部分电荷转移中占主导地位的程度。下面将看到真实装置是相当复杂的，电荷通过膜迁移的选择性很难达到，且实际上不需要。

许多离子选择性界面已被研究过，一些不同类型的电极已被商品化。将通过它们中的几种来考察导入选择性的基本策略。玻璃膜是讨论的出发点，因为它提供了一个相当完整的考察基本概念和实际装置中常见的复杂问题的视角。

2.4.2 玻璃电极

在 20 世纪早期人们已经认识到玻璃/电解质溶液界面的离子选择性行为，从那时起，玻璃电极已被应用于 pH 值和碱金属离子活度的测量[24,37,46～55]。图 2.4.1 给出了构建典型装置的示意。进行测量时，薄膜整个浸在被测试溶液中，记录相对于一个如 SCE 的参比电极的电极电势。这样，电池就变成了

$$\underbrace{\mathrm{Hg/Hg_2Cl_2/KCl}(\text{饱和})}_{\text{SCE}}/\text{被测溶液}/\underbrace{\text{玻璃膜}/\underbrace{\mathrm{HCl(0.1mol/L)/AgCl/Ag}}_{\text{玻璃电极的内参比电极}}}_{\text{玻璃电极}} \tag{2.4.3}$$

被测溶液的性质在两个方面影响电池的总电势差。一是 SCE 电极和被测溶液之间的液接界问题。由 2.3.5 节的讨论可以希望此电势差很小并且恒定。另一个则来自于被测溶液对玻璃膜电势差的影响。既然电池中其他的界面均有恒定的组成，电池电势的变化可全部归结为玻璃膜和被测溶液之间的液接界变化。如果此界面仅对单个物种 i 有选择性，电池电势是

$$E=\text{常数}+\frac{RT}{z_iF}\ln a_i^{\mathrm{soln}} \tag{2.4.4}$$

式中，常数项是其他的界面上电势差的总和❶。此项可通过“标准化”电极而得到，即用已知 i 活度的标准溶液取代电池中被测试溶液，从而测量 E 值❷。

---

❶ 公式（2.4.4）是由式（2.4.2）推导来的，将测试溶液作为 α 相，电极的内充溶液作为 β 相。也见图 2.3.5 和图 2.3.6。

❷ “物质 i 的活度”是指 i 的浓度乘以平均离子活度系数。请参看 2.3.4 节有关单一离子活度概念的注释和参考文献。

实际上，玻璃相的行为是相当复杂的[24,37,46~48,51]。膜的本体厚度大约为 50μm，它是干燥的玻璃，通过内部存在的阳离子专一地进行电荷转移。通常，玻璃内部存在的阳离子为碱金属离子，如 Na^+ 或 Li^+。溶液中的氢离子对该区域的导电并不做出贡献。与溶液相接触的膜的表面与本体不同，因为玻璃的硅酸盐结构是水合的。如图 2.4.2 所示，水合层很薄。仅在该水合层中发生的玻璃和邻近溶液之间的相互作用，可因偶合水解过程的溶胀而在动力学上被加速。

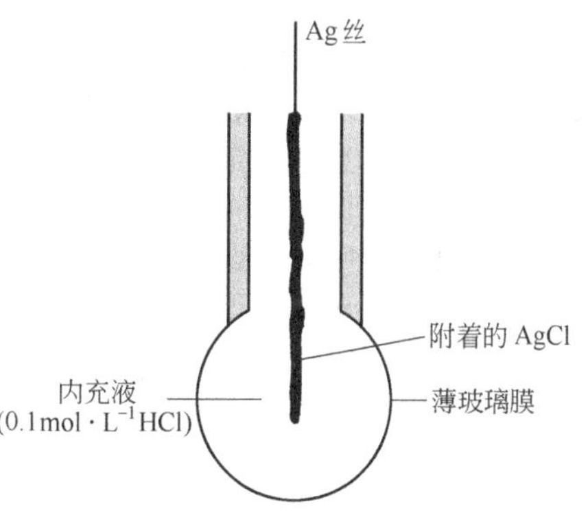

图 2.4.1　典型的玻璃电极示意

膜电势的出现是因为硅酸盐网络对特定阳离子有亲和力，它们被吸附在此结构上（可能在固定的阴离子位点）。这种作用产生电荷分离从而改变界面电势差。此电势差反过来将改变吸附和脱附的速率。这样，与前面所讨论的关于建立液接界电势的机理类似，速率将逐渐达到平衡。

显然，玻璃膜与一个选择性可透过膜那样的简化思想相悖。事实上，对于最感兴趣的一些离子，如质子，它可能根本没有穿透玻璃膜。那么，这种离子迁移数在整个膜中就并非是 1，准确地讲在特定区域内可能为零。这时仍能理解所观察到的选择性响应吗？如果所感兴趣的离子主导了膜界面区域的电荷转移，答案是肯定的。

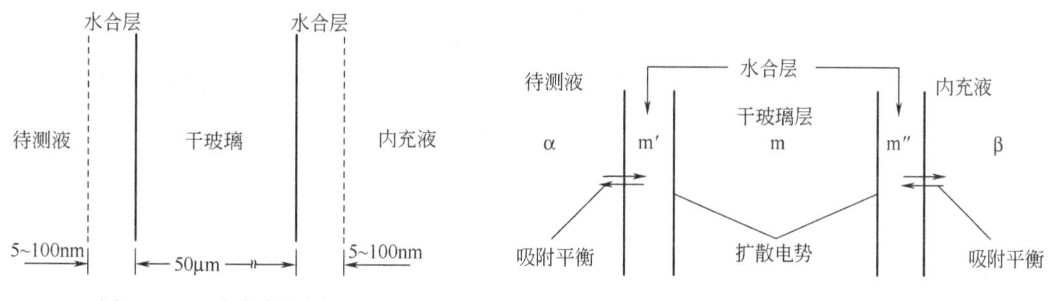

图 2.4.2　玻璃膜的剖面　　图 2.4.3　研究玻璃隔膜膜电势的模型

考虑如图 2.4.3 所示的一个关于玻璃膜的模型。玻璃将被认为由三部分组成，在界面区域 m′和 m″与溶液中成分很快达到平衡，这样每一个吸附的阳离子有一个活度，它反映了邻近溶液中对应的活度。玻璃的本体由 m 代表，假设传导由单个物种进行，为了讨论的方便，假设为 Na^+。因此整个体系由五个相组成，穿过膜的总的电势差是由本体区域的四部分液接界构成：

$$E_m = (\phi^\beta - \phi^{m''}) + (\phi^{m''} - \phi^m) + (\phi^m - \phi^{m'}) + (\phi^{m'} - \phi^\alpha) \tag{2.4.5}$$

第一项和最后一项是由该界面上选择性电荷交换平衡所产生的界面电势差。这种情况被称为 Donnan 平衡（Donnan equilibrium）。由此而产生的电势差的值可由电化学电势而得到。假设我们有 Na^+ 和 H^+ 作为界面活性离子，这样在界面 α/m′上

$$\bar{\mu}_{H^+}^{\alpha} = \bar{\mu}_{H^+}^{m'} \tag{2.4.6}$$

$$\bar{\mu}_{Na^+}^{\alpha} = \bar{\mu}_{Na^+}^{m'} \tag{2.4.7}$$

将式（2.4.6）扩展，有

$$\mu_{H^+}^{\ominus\alpha} + RT\ln a_{H^+}^{\alpha} + F\phi^\alpha = \mu_{H^+}^{\ominus m'} + RT\ln a_{H^+}^{m'} + F\phi^{m'} \tag{2.4.8}$$

重排可给出

$$(\phi^{m'} - \phi^\alpha) = \frac{\mu_{H^+}^{\ominus\alpha} - \mu_{H^+}^{\ominus m'}}{F} + \frac{RT}{F}\ln\left(\frac{a_{H^+}^{\alpha}}{a_{H^+}^{m'}}\right) \tag{2.4.9}$$

用同样的方法处理 β 和 m″界面给出

$$(\phi^\beta - \phi^{m''}) = \frac{\mu_{H^+}^{\ominus m''} - \mu_{H^+}^{\ominus\beta}}{F} + \frac{RT}{F}\ln\left(\frac{a_{H^+}^{m''}}{a_{H^+}^{\beta}}\right) \tag{2.4.10}$$

由于α和β相均为水溶液，$\mu_{H^+}^{\ominus\alpha}=\mu_{H^+}^{\ominus\beta}$。同理，$\mu_{H^+}^{\ominus m'}=\mu_{H^+}^{\ominus m''}$。在后面的处理中加上式（2.4.9）和式（2.4.10）的话，包含$\mu^{\ominus}$的项将被消掉。

式（2.4.5）中的第二和第三部分是玻璃膜内的液接界电势。在特定的文献中，它们称为扩散电势（diffusion potential），因为它们是由2.3.2节中所讨论的微分离子扩散的方式所引起的。这些体系相应于上述所定义的类型3液接界电势。

可以采用前面2.3.4节中所引入的Henderson公式（2.3.39）的另一种形式来处理它们。如果忽略活度的影响并假设界面区域离子浓度是线性分布的，该公式的常用形式可由式（2.3.36）导出。这里，仅对一价正电荷载体感兴趣，因而对于m和m′的界面，式（2.3.39）可写为

$$(\phi^{m}-\phi^{m'})=\frac{RT}{F}\ln\left(\frac{u_{H^+}a_{H^+}^{m'}+u_{Na^+}a_{Na^+}^{m'}}{u_{Na^+}a_{Na^+}^{m}}\right) \tag{2.4.11}$$

这里浓度被活度取代。另外，对于m和m″的界面有

$$(\phi^{m''}-\phi^{m})=\frac{RT}{F}\ln\left(\frac{u_{Na^+}a_{Na^+}^{m}}{u_{H^+}a_{H^+}^{m''}+u_{Na^+}a_{Na^+}^{m''}}\right) \tag{2.4.12}$$

正如式（2.4.5）所示，现在合并从式（2.4.9）～式（2.4.12）所示的各个界面的电势差，得到透过膜的总电势差[1]：

$$E_m=\frac{RT}{F}\ln\left(\frac{a_{H^+}^{\alpha}a_{H^+}^{m''}}{a_{H^+}^{\beta}a_{H^+}^{m'}}\right)\quad\text{(Donnan 项)}$$

$$+\frac{RT}{F}\ln\left[\frac{(u_{Na^+}/u_{H^+})a_{Na^+}^{m'}+a_{H^+}^{m'}}{(u_{Na^+}/u_{H^+})a_{Na^+}^{m''}+a_{H^+}^{m''}}\right]\text{(扩散项)} \tag{2.4.13}$$

对此结果可作一些重要的简化。首先，可将式（2.4.13）中的两项重新整理给出：

$$E_m=\frac{RT}{F}\ln\left[\frac{(u_{Na^+}/u_{H^+})(a_{H^+}^{\alpha}a_{Na^+}^{m'}/a_{H^+}^{m'})+a_{H^+}^{\alpha}}{(u_{Na^+}/u_{H^+})(a_{H^+}^{\beta}a_{Na^+}^{m''}/a_{H^+}^{m''})+a_{H^+}^{\beta}}\right] \tag{2.4.14}$$

现在考虑式（2.4.6）和式（2.4.7），它们的加和也一定是正确的：

$$\bar{\mu}_{Na^+}^{\alpha}+\bar{\mu}_{H^+}^{m'}=\bar{\mu}_{H^+}^{\alpha}+\bar{\mu}_{Na^+}^{m'} \tag{2.4.15}$$

此公式是如下离子交换反应的自由能平衡式：

$$Na^+(\alpha)+H^+(m')\rightleftharpoons H^+(\alpha)+Na^+(m') \tag{2.4.16}$$

由于没有引入净电荷转移，它对界面电势差不敏感［见2.2.4(3)节］，所以有如下式给出的一平衡常数：

$$K_{H^+,Na^+}=\frac{a_{H^+}^{\alpha}a_{Na^+}^{m'}}{a_{H^+}^{m'}a_{Na^+}^{\alpha}} \tag{2.4.17}$$

引入相同的K_{H^+,Na^+}数值，同样的表达式可适用于β和m″相界面。带入式（2.4.14）后，可给出

$$E_m=\frac{RT}{F}\ln\left[\frac{(u_{Na^+}/u_{H^+})K_{H^+,Na^+}a_{Na^+}^{\alpha}+a_{H^+}^{\alpha}}{(u_{Na^+}/u_{H^+})K_{H^+,Na^+}a_{Na^+}^{\beta}+a_{H^+}^{\beta}}\right] \tag{2.4.18}$$

由于K_{H^+,Na^+}和u_{Na^+}/u_{H^+}是实验常数，它们的积可以方便地定义为电势法选择性系数（potentiometric selectivity coefficient），k_{H^+,Na^+}^{pot}：

$$E_m=\frac{RT}{F}\ln\left(\frac{a_{H^+}^{\alpha}+k_{H^+,Na^+}^{pot}a_{Na^+}^{\alpha}}{a_{H^+}^{\beta}+k_{H^+,Na^+}^{pot}a_{Na^+}^{\beta}}\right) \tag{2.4.19}$$

若β相是内充溶液（组成一定），α相是被测溶液，则电池总的电势是

$$\boxed{E=\text{常数}+\frac{RT}{F}\ln(a_{H^+}^{\alpha}+k_{H^+,Na^+}^{pot}a_{Na^+}^{\alpha})} \tag{2.4.20}$$

由此表达式可知，电池的电势与测试溶液中的Na^+和H^+的活度有关，对这些离子的选择性定义为k_{H^+,Na^+}^{pot}。如果$k_{H^+,Na^+}^{pot}a_{Na^+}^{\alpha}$比$a_{H^+}^{\alpha}$小得多，那么此膜本质上将仅对$H^+$具有选择性响应。在此条件下，在α和m′相之间的电荷交换由H^+主导。

---

[1] 应注意，如果不把m看作是一个独立相的话，这里的扩散项就与考虑m′和m″组分时Henderson公式所预示的一样。有关此问题的许多处理都遵守此方法。相对于以Henderson公式为基础的假设来讲，膜的三相模型更为现实，因此加上了m相。

在仅考虑 Na^{+} 和 H^{+} 作为活性物质的情况下，已系统地阐明了此问题。玻璃膜也对其他的离子有响应，如 Li^{+}、K^{+}、Ag^{+} 和 NH_4^{+}。相关的响应可以通过相应的电势法选择性系数来表述（对于一些典型的离子见习题 2.16），玻璃组分对此有较大的影响。基于不同组分的玻璃的不同类型的电极已商品化。它们广义上可分为：①具有选择性顺序为 $H^{+} \gg Na^{+} > K^{+}$、Rb^{+}、$Cs^{+} \gg Ca^{2+}$ 的 pH 电极；②具有选择性顺序为 $Ag^{+} > H^{+} > Na^{+} \gg K^{+}$、$Li^{+} \gg Ca^{2+}$ 的钠离子选择性电极；③具有较窄选择性范围，选择性顺序为 $H^{+} > K^{+} > Na^{+} > NH_4^{+}$，$Li^{+} \gg Ca^{2+}$ 的通用阳离子选择性电极。

有许多关于玻璃电极设计、性能和理论的文献［37，46～55］。感兴趣的读者可以参考它们而得到更深的理解。

2.4.3 其他类型的离子选择性电极

刚才所阐述的原理也适用于其他类型的选择性膜[48,50～59]。它们通常可分为如下两类。

(1) 固态膜 与玻璃膜类似（玻璃膜是固态膜的一种），其他常见的固态膜是这样的电解质，在其表面对确定的离子有特性吸附。

例如，单晶 LaF_3 膜，掺杂 EuF_2 可使产生氟离子传导的空穴。除 OH^{-} 以外，它的表面仅选择性地富积 F^{-}。

其他的装置是由不溶盐的沉淀物所制备的，如 AgCl、AgBr、AgI、Ag_2S、CuS、CdS 和 PbS。这些沉淀物通常被压制成片或分散在高聚物基底中。银盐是由银离子传导的，但重金属的硫化物通常要与 Ag_2S 混合，因为它们的导电性不好。这些膜的表面通常对盐所含的离子灵敏，也对可以和盐组分中的离子趋于形成沉淀物的离子敏感。例如，Ag_2S 膜对 Ag^{+}、S^{2-} 和 Hg^{2+} 有响应。同理，AgCl 膜对于 Ag^{+}、Cl^{-}、Br^{-}、I^{-}、CN^{-} 和 OH^{-} 敏感。

(2) 液体和高分子膜 另外一种可供选择的结构是利用疏水的液体膜作为传感元件。在内充水溶液和测试溶液之间该液膜在物理上是稳定的，并且它可以渗透一个多孔的亲油隔膜。与此隔膜外部相接触的容器装有这种液体。这种液体中溶入了对所研究的离子具有选择性的螯合剂，它们提供电荷跨越膜边界的选择性机理。

基于这些原理的装置之一是钙离子选择性电极。疏水溶剂可以是磷酸二辛基苯酯，螯合剂可以是烷基磷酸酯钠盐 $(RO)_2PO_2^{-}Na^{+}$，这里 R 是一个有 8～18 个碳的脂肪族链。此膜对于 Ca^{2+}、Zn^{2+}、Fe^{2+}、Pb^{2+}、Cu^{2+}、四烷基铵离子敏感，对其他的物质也有较微的敏感性。“水硬度”电极基于类似的试剂，但被设计为本质上对 Ca^{2+} 和 Mg^{2+} 有同等的响应。

其他的有液体离子交换剂特征的体系对于阴离子亦适用，例如，NO_3^{-}、ClO_4^{-} 和 Cl^{-}。硝酸根和高氯酸根可分别由含有烷基化的 1,10-邻菲啰啉与 Ni^{2+} 和 Fe^{2+} 的螯合物膜来传感。上述三种阴离子均对其他的含有季铵盐的膜敏感。

在商品化的电极中，液体离子交换剂是以这样的形式存在的，将螯合剂固定在疏水高分子膜如聚氯乙烯中（见图 2.4.4）。基于这种设计的电极（称为高分子或塑料膜离子选择性电极，polymer or plastic membrane，ISEs）更加耐用，通常具有更好的性能。

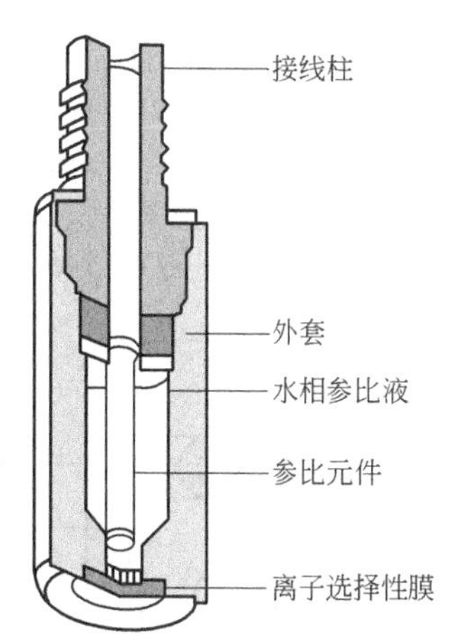

图 2.4.4 一种典型的塑料膜离子选择性电极
（由 Orion Research，Inc. 提供）

液体离子交换剂都含有荷电螯合剂，在操作中各种离子交换平衡发挥重要作用。一种与此类型相关的装置也具有固定的液膜特征，采用不带电荷的螯合剂，通过与确定离子选择性螯合而达到电荷的转移。这些试剂有时称为中性载体（neutral carriers）。基于这些中性载体的体系通常在膜中也存在某种阴离子位点，或本身具备，或以憎水性离子的形式加入，离子交换过程与这些阴离子位点有关[56～58]。也有人提出基于中性载体的电极是通过相界面过程（例如吸附）实现的，而不是载体机理[59]。

例如，钾离子选择性电极可由溶于二苯醚中的中性大环缬氨霉素作为中性载体制备而成。此膜对于 K^{+} 的选择性较 Na^{+}、Li^{+}、Mg^{2+}、Ca^{2+} 或 H^{+} 大得多，但对于 Rb^{+} 和 Cs^{+} 几乎有和 K^{+} 相同的选择性。选择性似乎主要依赖于目标离子与载体螯合位点之间的分子识别。

(3) 商品化的装置 表 2.4.1 列出了一些典型的商品化离子选择性电极，可适用的 pH 值和浓度范围以及典型的干扰离子等。它们中的许多电极的选择性系数是已知的[55,57]。

表 2.4.1 典型的已商品化的离子选择性电极

种 类	类型①	浓度范围/(mol/L)	pH 范围	干扰离子
铵离子(NH_4^+)	L	10^{-1}～10^{-6}	5～8	K^+,Na^+,Mg^{2+}
钡离子(Ba^{2+})	L	10^{-1}～10^{-5}	5～9	K^+,Na^+,Ca^{2+}
溴离子(Br^-)	S	1～10^{-5}	2～12	I^-,S^{2-},SN^-
镉离子(Cd^{2+})	S	10^{-1}～10^{-7}	3～7	Ag^+,Hg^{2+},Cu^{2+},Pb^{2+},Fe^{3+}
钙离子(Ca^{2+})	L	1～10^{-7}	4～9	Ba^{2+},Mg^{2+},Na^+,Pb^{2+}
氯离子(Cl^-)	S	1～5×10^{-5}	2～11	I^-,S^{2-},CN^-,Br^-
铜离子(Cu^{2+})	S	10^{-1}～10^{-7}	0～7	Ag^+,Hg^{2+},S^{2-},Cl^-,Br^-
氰离子(CN^-)	S	10^{-2}～10^{-6}	10～14	S^{2-}
氟离子(F^-)	S	1～10^{-7}	5～8	OH^-
碘离子(I^-)	S	1～10^{-7}	3～12	S^{2-}
铅离子(Pb^{2+})	S	10^{-1}～10^{-6}	0～9	Ag^+,Hg^{2+},S^{2-},Cd^{2+},Cu^{2+},Fe^{3+}
硝酸根(NO_3^-)	L	1～5×10^{-6}	3～10	Cl^-,Br^-,NO_2^-,F^-,SO_4^{2-}
亚硝酸根(NO_2^-)	L	1～10^{-6}	3～10	Cl^-,Br^-,NO_3^-,F^-,SO_4^{2-}
钾离子(K^+)	L	1～10^{-6}	4～9	Na^+,Ca^{2+},Mg^{2+}
银离子(Ag^+)	S	1～10^{-7}	2～9	S^{2-},Hg^{2+}
钠离子(Na^+)	G	饱和溶液～10^{-6}	9～12	Li^+,K^+,NH_4^+
硫离子(S^{2-})	S	1～10^{-7}	12～14	Ag^+,Hg^{2+}

① G 为玻璃；L 为液膜；S 为固态。典型的温度范围对于液膜电极为 0～50℃，对于固态电极为 0～80℃。

（4）检测限 正如表 2.4.1 所示的那样，ISE 的测量下限通常为 10^{-6}～10^{-7} mol/L。该极限主要由离子从内部溶液到样品溶液的渗漏所决定的[60]。渗漏可通过降低被测离子在内部电解质中的浓度来减缓，从而在膜中建立浓度梯度使离子从样品向内部电解质流动。此低浓度可采用离子缓冲液来保持，即一个金属离子与过量的强螯合剂的混合溶液。另外，可在内部溶液中加入第二个决定电势的高浓度离子。在这些条件下，测量下限可以得到较大的改进。例如，对于一个常规的液膜 Pb^{2+} 电极，内部溶液为 5×10^{-4} mol/L Pb^{2+} 和 5×10^{-2} mol/L Mg^{2+}，对 Pb^{2+} 的测量极限为 4×10^{-6} mol/L。当内部溶液变为 10^{-3} mol/L Pb^{2+} 和 5×10^{-2} mol/L Na_2EDTA（游离 Pb^{2+} 的浓度为 $[Pb^{2+}]=10^{-12}$ mol/L），测量极限降为 5×10^{-12} mol/L[61]。在内部溶液中，决定电势的离子主要是 0.1mol/L 的 Na^+。

2.4.4 气敏电极

图 2.4.5 给出了一个典型的电势法气敏电极的结构[62]。通常，这样的装置是由一个高分子隔膜保护与测试溶液隔开的玻璃 pH 电极组成。在玻璃膜和隔膜之间有小体积的电解质溶液。诸如 SO_2、NH_3 和 CO_2 这样的小分子可穿透此隔膜与两膜之间的电解质溶液发生反应，从而使 pH 值发生变化。玻璃电极则对酸性的变化产生响应。

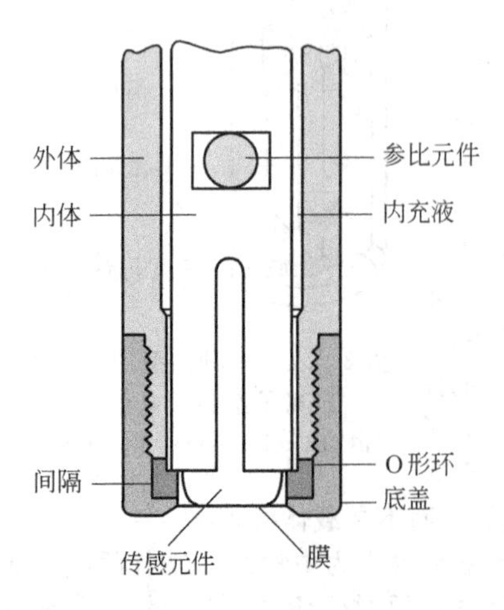

图 2.4.5 一种气敏电极的结构
（由 Orion Research，Inc. 提供）

采用氧化钇掺杂的二氧化锆（钇锆氧化物）作为固体电解质的电化学池，可以在高温下测量气体中氧的含量。事实上，这种类型的传感器被广泛地应用于监测汽车发动机所产生的尾气，这样，通过控制空气与燃料的混合比来减少所排放的污染物如 CO 和 NO_x。这种固体电解质仅在高温下（500～1000℃）有好的导电性，导电过程是由于氧化物离子的迁移。一个典型的传感器是由内外壁均涂有 Pt 的管状氧化锆组成的。外壁 Pt 电极与已知氧分压 p_a 的空气相接触并作为参比电极。管内壁与较低氧分压（p_{eg}）的热尾气相接触，电池的构成如下：

$$Pt/O_2(\text{尾气}, p_{eg})/ZrO_2 + Y_2O_3/O_2(\text{空气}, p_a)/Pt \qquad (2.4.21)$$

这个氧浓度池的电势可用于测量 p_{eg}（见习题 2.19）。

在此指出广泛应用的克拉克氧电极（Clark oxygen electrode）从原理上讲与这些装置不同[18,63]。克拉克装置在结构上与图 2.4.5 类似，其高分子膜将电解质固定并与传感表面接触。然而，克拉克传感器是一个铂电极，分析信号是还原分子氧所产生的稳态法拉第电流。

2.4.5　酶偶合装置

酶催化反应的天然特性可被作为选择性检测分析物的基础[49,64~68]。一个有成效的方法类似于图 2.4.5 所示的电势法传感器，不同点是在离子选择性电极和高分子隔膜之间填充有固定化酶的基质。

例如，脲酶可与缓冲电解质溶液一起被固定在交联的聚丙烯酰胺凝胶中。当此电极插入到测试溶液中，尿素将通过隔膜扩散到凝胶，从而产生对于尿素的选择性响应。该响应源于脲酶催化的如下反应：

$$NH_2{-}\overset{O}{\overset{\|}{C}}{-}NH_2 + H^+ + 2H_2O \xrightarrow{\text{脲酶}} 2NH_4^+ + HCO_3^- \qquad (2.4.22)$$

所产生的铵离子可通过一个阳离子敏感的玻璃膜来检测。另外，可以采用 NH_3 气体敏感电极取代玻璃电极来减少 H^+、Na^+ 和 K^+ 的干扰。

在研究文献中有许多基于此策略的例子。不同的酶选择性地检测某种物质，如葡萄糖（用葡萄糖氧化酶）、或一组物质如 L-氨基酸（用氨基酸氧化酶）。可以参考近期的综述[66~68]来更全面地了解此领域。

电流型酶电极将在 14.2.5 节和 14.4.2（c）节中讨论。

2.5　参考文献

1 The arguments presented here follow those given earlier by D. A. MacInnes（"The Principles of Electrochemistry," Dover, New York, 1961, pp. 110-113）and by J. J. Lingane（"Electroanalytical Chemistry," 2nd ed., Wiley-Interscience, New York, 1958, pp. 40-45）. Experiments like those described here were actually carried out by H. Jahn（*Z. Physik. Chem.*, **18**, 399（1895）

2 I. M. Klotz and R. M. Rosenberg, "Chemical Thermodynamics," 4th ed., Benjamin/Cummings, Menlo Park, CA, 1986

3 J. J. Lingane, "Electroanalytical Chemistry," 2nd ed., Wiley-Interscience, New York, 1958, Chap. 3

4 F. C. Anson, *J. Chem. Edu.*, **36**, 394（1959）

5 A. J. Bard, R. Parsons, and J. Jordan, Eds., "Standard Potentials in Aqueous Solutions," Marcel Dekker, New York, 1985

6 *http://webbook.nist.govl*, National Institute of Standards and Technology

7 A. J. Bard and H. Lund, Eds., "Encyclopedia of Electrochemistry of the Elements," Marcel Dekker, New York, 1973-1980

8 M. W. Chase. Jr., "NIST-JANAF Thermochemical Tables," 4th ed., American Chemical Society, Washington, and American Institute of Physics, New York, for the National Institute of Standards and Technology, 1998

9 L. R. Faulkner, *J. Chem. Edu.*, 60, 262（1983）

10 R. Parsons in A. J. Bard, R. Parsons, and J. Jordan, Eds., *op. cit.*, Chap. 1

11 A. Henglein, *Ber. Bunsenges. Phys. Chem.*, **94**, 600（1990）

12 A. Henglein, *Top. Curr. Chem.*, 1988, 113

13 A. Henglein, *Acct. Chem. Res.*, **9**, 1861（1989）

14 D. W. Suggs and A. J. Bard, *J. Am. Chem. Soc.*, **116**, 10725（1994）

15 R. Parsons, *op. cit.*, p. 5

16 D. J. G. Ives and G. J. Janz, Eds., "Reference Electrodes," Academic, New York, 1961

17 J. N. Butler, *Adv. Electrochem. Electrochem. Engr.*, **7**, 77（1970）

18 D. T. Sawyer, A. Sobkowiak, and J. L. Roberts, Jr., "Electrochemistry for Chemists," 2nd ed., Wiley, New York, 1995

19 G. Gritzner and J. Kuta, *Pure Appl. Chem.*, **56**, 461（1984）

20（a）P. Peerce and A. J. Bard, *J. Electroanal. Chem.*, **108**, 121（1980）;（b）R. M. Kannuck, J. M. Bellama, E. A.

Blubaugh, and R. A. Durst, *Anal. Chem.*, **59**, 1473 (1987)
21 D. Halliday and R. Resnick, "Physics," 3rd ed., Wiley, New York, 1978, Chap. 29
22 *Ibid.*, Chap. 28
23 J. O'M. Bockris and A. K. Reddy, "Modern Electrochemistry," Vol. 2, Plenum, New York, 1970, Chap. 7
24 K. J. Vetter, "Electrochemical Kinetics," Academic, New York, 1967
25 B. E. Conway, "Theory and Principles of Electrode Processes," Ronald, New York, 1965, Chap. 13
26 R. Parsons, *Mod. Asp. Electrochem.*, **1**, 103 (1954)
27 J. A. V. Butler, *Proc. Roy. Soc.*, *London*, **112A**, 129 (1926)
28 E. A. Guggenheim, *J. Phys. Chem.*, **33**, 842 (1929); **34**, 1540 (1930)
29 S. Trasatti, *Pure Appl. Chem.*, **58**, 955 (1986)
30 D. A. MacInnes, "Principles of Electrochemistry," Dover, New York, 1961, Chap. 13
31 J. O'M. Bockris and A. K. Reddy, *op. cit.*, Vol. 1, Chap. 4
32 D. A. MacInnes, *op. cit.*, Chap. 4
33 *Ibid.*, Chap. 18
34 D. O. Raleigh, *Electroanal. Chem.*, **6**, 87 (1973)
35 G. Holzapfel, "Solid State Electrochemistry: in *Encycl. Phys. Sci. Technol.*, R. A. Meyers, Ed., Academic, New York, 1992, Vol. 15, p. 471
36 J. O'M. Bockris and A. K. Reddy, *op. cit.*, Vol. 1, Chap. 3
37 R. G. Bates, "Determination of pH," 2nd ed., Wiley-Interscience, New York, 1973
38 R. M. Garrels in "Glass Electrodes for Hydrogen and Other Cations," G. Eisenman, Ed., Marcel Dekker, New York, 1967, Chap. 13
39 P. R. Mussini, S. Rondinini, A. Cipolli, R. Maneti and M. Mauretti, *Ber. Bunsenges. Phys. Chem.*, **15**, 1 (1989)
40 H. H. J. Girault and D. J. Schiffrin, *Electroanal. Chem.*, **15**, 1 (1989)
41 H. H. J. Girault, *Mod. Asp. Electrochem.*, **25**, 1 (1993)
42 P. Vanýsek, "Electrochemistry on Liquid/Liquid Interfaces," Springer, Berlin, 1985
43 A. G. Volkov and D. W. Deamer, Eds., "Liquid-Liquid Interfaces," CRC, Boca Raton, FL, 1996
44 A. G. Volkov, D. W. Deamer, D. L. Tanelian, and V. S. Markin, "Liquid Interfaces in Chemistry and Biology," Wiley-Interscience, New York, 1997
45 E. Grunwald, G. Baughman, and G. Kohnstam, *J. Am. Chem. Soc.*, **82**, 5801 (1960)
46 M. Dole, "The Glass Electrodes," Wiley, New York, 1941
47 G. Eisenman, Ed., "Glass Electrodes for Hydrogen and Other Cations," Marcel Dekker, New York, 1967
48 R. A. Durst, Ed., "Ion Selective Electrodes," Nat. Bur. Stand. Spec. Pub. 314, U. S. Government Printing Office, Washington, 1969
49 N. Lakshminarayanaiah in "Electrochemistry," (A Specialist Periodical Report), Vols. 2, 4, 5 and 7; G. J. Hills (Vol. 2); and H. R. Thirsk (Vols. 4, 5, and 7); Sensor Reporters, Chemical Society, London, 1972, 1974, 1975, and 1980
50 H. Freiser, "Ion-Selective Electrodes in Analytical Chemistry," Plenum, New York, Vol. 1, 1979; Vol. 2, 1980
51 J. Koryta and K. Štulík, "Ion-Selective Electrodes," 2nd ed., Cambridge University Press, Cambridge, 1983
52 A. Evans, "Potentiometry and Ion Selective Electrodes," Wiley, New York, 1987
53 D. Ammann, "Ion-Selective Microelectrodes: Principles, Design and Applications," Springer, Berlin, 1986
54 E. Limdner, K. Toth, and E. Pungor, "Dynamic Characteristics of Ion-Sensitive Electrodes," CRC, Boca Raton, FL, 1988
55 Y. Umezawa, Ed., "CRC Handbook of Ion-Selective Electrodes," CRC, Boca Raton, FL, 1990
56 E. Bakker, P. Buhlmann, and E. Pretsch, *Chem. Rev.*, **97**, 3083 (1997)
57 P. Huhlmann, E. Pretsch, and E. Bakker, *Chem. Rev.*, **98**, 1593 (1998)
58 R. P. Buck and E. Lindner, *Accts. Chem. Res.*, **31**, 257 (1998)
59 E. Pungor, *Pure Appl. Chem.*, **64**, 503 (1992)
60 S. Mathison and E. Bakker, *Anal. Chem.*, **70**, 303 (1998)
61 T. Sokalski, A. Ceresa, T. Zwicki, and E. Pretsch, *J. Am. Chem. Soc.*, **119**, 11347 (1997)
62 J. W. Ross, J. H. Riseman, and J. A. Krueger, *Pure Appl. Chem.*, **36**, 473 (1973)
63 L. C. Clark, Jr., *Trans. Am. Soc. Artif. Intern. Organs*, **2**, 41 (1956)
64 G. G. Guijbault, *Pure Appl. Chem.*, **25**, 727 (1971)
65 G. A. Rechnitz, *Chem. Engr. News*, **53** (4), 29 (1975)
66 E. A. H. Hall, "Biosensors," Prenyice Hall, Englewood Cliffs, NJ, 1991, Chap. 9
67 A. J. Cuuningham, "Introduction to Bioanalytical Sensors," Wiley, New York, 1998, Chap. 4
68 H. S. Yim, C. E. Kibbey, S. C. Ma, D. M. Kliza, D. Liu, S. B. Park, C. E. Torre, and M. E. Meyerhoff, *Biosens. Bioelectron.*, **8**, 1 (1993)

2.6 习题

2.1 设计电化学池使如下的反应能够发生。如果需要液接界，请在式中适当地表示出来，但可忽略它们的影响。

(a) $H_2O \rightleftharpoons H^+ + OH^-$

(b) $2H_2 + O_2 \rightleftharpoons H_2O$

(c) $2PbSO_4 + 2H_2O \rightleftharpoons PbO_2 + Pb + 4H^+ + 2SO_4^{2-}$

(d) $An^{\overline{\cdot}} + TMPD^{\overset{+}{\cdot}} \rightleftharpoons An + TMPD$（在乙腈溶液中，这里 An 和 $An^{\overline{\cdot}}$ 分别是蒽和它的阴离子自由基，TMPD 和 $TMPD^{\overset{+}{\cdot}}$ 分别是 N,N,N',N'-四甲基对苯二胺和它的阳离子自由基。采用附录 C.3 中给出的蒽在 DMF 中的电势）。

(e) $2Ce^{3+} + 2H^+ + BQ \rightleftharpoons 2Ce^{4+} + H_2Q$（在水溶液中，这里 BQ 是对苯醌，$H_2Q$ 是对氢醌）

(f) $Ag^+ + I^- \rightleftharpoons AgI$（水溶液中）

(g) $Fe^{3+} + Fe(CN)_6^{4-} \rightleftharpoons Fe^{2+} + Fe(CN)_6^{3-}$（水溶液中）

(h) $Cu^{2+} + Pb \rightleftharpoons Pb^{2+} + Cu$（水溶液中）

(i) $An^{\overline{\cdot}} + BQ \rightleftharpoons BQ^{\overline{\cdot}} + An$（在 N,N-二甲基甲酰胺溶液中，这里 BQ、An 和 $An^{\overline{\cdot}}$ 意义同上，而 $BQ^{\overline{\cdot}}$ 是对苯醌阴离子自由基。采用附录 C.3 中给出的对苯醌在乙腈中的电势）

在每个电池中电极上所发生的半反应是什么？在每种情况下电池的标准电势是什么？哪个电极是负的？在进行一个从左到右的净反应时，电池是以电解池式还是原电池式的方式进行的？确定你的结论与化学直觉一致。

2.2 已经研究了可能用于燃料电池的燃料：一些碳氢化合物和一氧化碳。从参考文献 [5～8] 和 [16] 中的热力学数据，导出下列反应在 25℃时的 $E^{\ominus}$ 值。

(a) $CO(g) + H_2O(l) \longrightarrow CO_2(g) + 2H^+ + 2e$

(b) $CH_4(g) + 2H_2O(l) \longrightarrow CO_2(g) + 8H^+ + 8e$

(c) $C_2H_6(g) + 4H_2O(l) \longrightarrow 2CO_2(g) + 14H^+ + 14e$

(d) $C_2H_2(g) + 4H_2O(l) \longrightarrow 2CO_2(g) + 10H^+ + 10e$

即使不能建立一个可逆的 emf（为什么不能?），哪一个半电池与标准氧半电池在酸性溶液中组成一个电池理论上具有最高的电池电势？上述哪一种燃料可以产生最高的摩尔净功？哪一种燃料可以给出最高的质量净功（每克)?

2.3 设计一个电池代表下列整个电池过程（$T=298K$）：

$$2Na^+ + 2Cl^- \longrightarrow 2Na(Hg) + Cl_2(\text{水相})$$

这里 Na(Hg) 代表其汞齐。此反应能否自发地进行？标准自由能的变化是多少？形成汞齐 Na(Hg) 的标准自由能是－85kJ/mol，从热力学的观点讲，另外一个反应更容易在此电池的阴极发生，它是什么样的反应？已观察到上述反应可以在高的电流效率下进行，为什么？此电池有商业应用价值吗？

2.4 下列体系电池反应和 emfs 是什么？这些反应能自发地进行吗？假设所有的体系均在水相。

(a) $Ag/AgCl/K^+$，Cl^-(1mol/L)/Hg_2Cl_2/Hg

(b) Pt/Fe^{3+}(0.01mol/L)，Fe^{2+}(0.1mol/L)，HCl(1mol/L)//Cu^{2+}(0.1mol/L)，HCl(1mol/L)/Cu

(c) Pt/H_2(1atm)/H，Cl^-(0.1mol/L)//H^+，Cl^-(0.1mol/L)/O_2(0.2atm)/Pt

(d) Pt/H_2(1atm)/Na^+，OH^-(0.1mol/L)//Na^+，OH^-(0.1mol/L)/O_2(0.2atm)/Pt

(e) $Ag/AgCl/K^+$，Cl^-(1mol/L)//K^+，Cl^-(0.1mol/L)/AgCl/Ag

(f) Pt/Ce^{3+}(0.01mol/L)，Ce^{4+}(0.1mol/L)，H_2SO_4(1mol/L)//Fe^{2+}(0.01mol/L)，Fe^{3+}(0.1mol/L)，HCl(1mol/L)/Pt

2.5 考虑习题 2.4 中的 (f)，在 galvanic 放电达到平衡时，体系的组分是什么？电池的电势是多少？在考虑两边的体积相等时，每个电极相对于 NHE 或 SCE 的电势分别是多少？

2.6 设计一个可导出 $PbSO_4$ 溶度积的电池。从相关的 $E^{\ominus}$ 值（$T=298K$）计算其溶度积。

2.7 从习题 2.1 的 (a) 所示的电池反应参数中导出水的离解常数。

2.8 考虑下列的电池

$$Cu/M/Fe^{2+},\ Fe^{3+},\ H^+//Cl^-/AgCl/Ag/Cu'$$

如果 M 是化学惰性的话，电池电势与 M 的本质（例如，石墨、金、铂）无关吗？应用电化学势证明你的观点。

2.9 对于给出的标准氢电极的半电池反应

$$Pt/H_2(a=1)/H^+(a=1)(溶液)$$
$$H_2 \rightleftharpoons 2H(溶液)+2e(Pt)$$

证明虽然此半电池反应的 emf 被看作为零，但铂和溶液之间的电势差，即，$\phi^{Pt}-\phi^{S}$不为零。

2.10 试提出采用与其他的半反应进行线性组合，以获取一个新的半反应的标准电位时的热力学上充分的根据。以下面两个为例，试计算 $E^{\ominus}$ 值，$T=298K$。

(a) $CuI+e \rightleftharpoons Cu+I^-$

(b) $O_2+2H^++2e \rightleftharpoons H_2O_2$

已知如下的半反应和 $E^{\ominus}$ (V vs. NHE)

$Cu^{2+}+2e \rightleftharpoons Cu$ 0.340

$Cu^{2+}+I^-+e \rightleftharpoons CuI$ 0.86

$O_2+4H^++4e \rightleftharpoons 2H_2O$ 1.229

$H_2O_2+2H^++2e \rightleftharpoons 2H_2O$ 1.763

2.11 迁移数通常是由本习题所解释的 Hittorf 法进行测量的。考虑如下由三部分所组成的电池

L C R

$$\ominus Ag/AgNO_3(0.100mol/L)//AgNO_3(0.100mol/L)//AgNO_3(0.100mol/L)Ag\oplus$$

这里双斜线（//）表示烧结玻璃圆盘，它将这三部分分开，防止其相互混合，但不阻碍离子运动。在每个部分中 $AgNO_3$溶液的体积是 25.00mL。当外接电源按图示的极性连接，加电流使 96.5C 的电量通过，可引起银在左边银电极上沉积，右边银电极溶解。

(a) 在左边银电极上沉积多少克银？沉积银的 mmol 数是多少？

(b) 如果 Ag^+ 的迁移数是 1.00（即 $t_{Ag^+}=1.00$，$t_{NO_3^-}=0.00$），电解后在三部分中的 Ag^+ 浓度分别是多少？

(c) 假设 Ag^+ 的迁移数是 0.00（即 $t_{Ag^+}=0.00$，$t_{NO_3^-}=1.00$），电解后在三部分中 Ag^+ 的浓度分别是多少？

(d) 在一个实际的这类实验中发现在阳极部分（R）中 Ag^+ 的浓度增加到 0.121mol/L，计算 t_{Ag^+} 和 $t_{NO_3^-}$。

2.12 假设要测定一种掺杂的 AgBr 固体电解质的电子（而非离子）电导率。实验电池可通过在两个银电极之间夹一层 AgBr 膜来制备，每个银电极的质量为 1.00g，即$\ominus$Ag/AgBr/Ag$\oplus$。通过 200mA 电流 10min 后拆开电池，发现阴极为 1.12g，如果银的沉积是在阴极上惟一的法拉第过程，在通过电池的电流中代表 AgBr 中电子电导的比例是多少？

2.13 对于表 2.3.3 中所示的前两种浓度，在 $T=298K$ 时，计算式（2.3.44）中盐桥两侧的液接界电势。在每种情况下，两个电势的总和是多少？与表中相应的值比较结果如何？

2.14 估算下列情况下的液接界电势（$T=298K$）：

(a) HCl(0.1mol/L)/NaCl(0.1mol/L)

(b) HCl(0.1mol/L)/NaCl(0.01mol/L)

(c) KNO_3(0.01mol/L)/NaOH(0.1mol/L)

(d) $NaNO_3$(0.01mol/L)/NaOH (0.1mol/L)

2.15 通常可以看到，用 pH 计可直接读到 0.001pH。在比较不同试验溶液 pH 值时，试评价这些读数的准确度，并说明测量同一种溶液的 pH 值的微小变化（如在滴定过程中）时的这些读数的意义。

2.16 下列关于 $k_{Na^+,i}^{pot}$ 的数据对于钠离子选择性玻璃电极上的干扰物 i 来讲是有代表性的：K^+，0.001；NH_4^+，10^{-5}；Ag^+，300；H^+，100。当电势法测得钠离子的活度为 10^{-3}mol/L 时，计算引起 10% 误差的每种干扰物活度。

2.17 对于一个液膜电极来讲，Na_2H_2EDTA 是一个好的离子交换剂吗？对于 Na_2H_2EDTA-R，其中 R 是含有 20 个碳的烷基取代基，情况如何？解释为什么？

2.18 试说明发展直接电势法测定不带电荷物质的选择性电极的可行性。

2.19 对于一个基于氧浓度池（2.4.21）的尾气分析仪，高温下在两个 $Pt/ZrO_2+Y_2O_3$ 界面上电极反应为

$$O_2+4e \rightleftharpoons 2O^{2-}$$

写出电池电势与压力（p_{eg}和 p_a）之间的关系式。当尾气中氧的分压为 0.01 个大气压（1013Pa）时，电池的电势是多少？

第 3 章　电极反应动力学

在第 1 章中，建立了电流与电极反应净速率 v 之间的正比关系为 $v=i/nFA$。也已知对于一个给定的电极过程，在某些电势区没有电流产生，而在其他的电势区有不同程度的电流流过。反应速率强烈地依赖于电势，因此，为了精确地描述界面电荷转移动力学，需要确立与电势相关的速率常数。

本章的目标是建立这样的理论，它能够定量地解释所观察到的电极动力学行为与电势和浓度的关系。一旦建立了这样的理论，它将有助于理解新情况下的动力学效应。首先，简要地回顾一下均相动力学的某些概念，因为这些概念既可提供熟悉的起始依据，又可提供通过类推方法建立电化学动力学理论的基础。

3.1　均相动力学的回顾

3.1.1　动态平衡

假设两种物质 A 和 B 之间进行着简单的单分子基元反应[1]

$$A \underset{k_b}{\overset{k_f}{\rightleftharpoons}} B \tag{3.1.1}$$

两个基元反应始终都在进行，正反应的速率 v_f($mol \cdot L^{-1} \cdot s^{-1}$) 为

$$v_f = k_f C_A \tag{3.1.2}$$

而逆反应的速率是

$$v_b = k_b C_B \tag{3.1.3}$$

速率常数 k_f和 k_b的量纲是 s^{-1}，很容易证明它们分别是 A 和 B 平均寿命的倒数（见习题 3.8）。从 A 转化为 B 的净速率是

$$v_{net} = k_f C_A - k_b C_B \tag{3.1.4}$$

在平衡时净转化速率为零，所以

$$\frac{k_f}{k_b} = K = \frac{C_B}{C_A} \tag{3.1.5}$$

因此在体系达到平衡时，动力学理论和热力学一样，可预测出恒定的浓度比值。

任何动力学理论都要求这种一致性。在平衡的极限处，动力学公式必须转变成热力学形式的关系式；否则动力学的描述就不准确。动力学描述了贯穿整个体系的物质流动的变化情况，包括平衡状态的达到和平衡状态的动态保持这两个方面。热力学仅描述平衡态，除非动力学的观点和热力学的观点对于平衡态性质的描述是一致的，否则对一个体系的理解仅处在较粗糙的水平。

另一方面，热力学不能提供保持平衡态所需的机理的信息，而动力学可以定量地描述复杂的平衡过程。在上述例子中，平衡时从 A 转化为 B 的速率（反之亦然）并非为零，而是相等的。有时将它们称为反应的交换速率 v_0：

$$v_0 = k_f (C_A)_{eq} = k_b (C_B)_{eq} \tag{3.1.6}$$

---

[1] 一个基元反应描述一个真实的、独立的化学过程。一般写出来的化学反应并非是基元反应，因为产物转变为反应物的过程包含了几个可区分开的步骤，而每个步骤才是基元反应，这些基元反应构成了总反应的机理。

将在下面看到交换速率的思想在处理电极动力学方面发挥重要作用。

3.1.2　Arrhenius 公式和势能面[1,2]

实验事实表明，在溶液相中的大多数反应，其速率常数随温度变化有一共同的模式，即 $\ln k$ 与 $1/T$ 几乎都成线性关系。Arrhenius 首先认识到这种行为的普遍性，提出速率常数可表达为

$$\boxed{k=Ae^{-E_A/RT}} \tag{3.1.7}$$

式中，E_A具有能量的单位。由于指数因子暗示着利用热能去克服一个高度为 E_A的能垒的可能性，所以此参数被称为活化能（activation energy）。如果指数项表述克服能垒的可能性，那么 A 必须与企图达到此可能性的频率有关，这样 A 一般称为频率因子（frequency factor）。通常，这些思想是过分简化了，但它们反映了事实的本质，并且对于人们在头脑中建立起一个反应途径的概念是有益的。

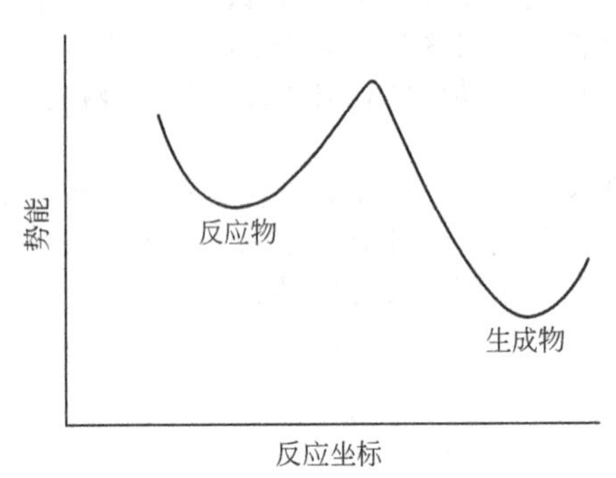

图 3.1.1　反应过程中势能变化简图

活化能的概念可导出势能沿着反应坐标（reaction coordinate）变化的反应途径。图 3.1.1 给出了一个例子。对于一个简单的单分子过程，如 1,2-二苯乙烯的顺-反异构化，反应坐标可能是一个很容易识别的分子参数，即此分子中沿着中心双键扭曲的角度。一般地讲，反应坐标是指在一个多维曲面上过程优先发生的途径，该曲面描述的是体系中所有独立位置坐标上的势能函数。该表面的一个区域相应于我们称为“反应物”的构型，另一个区域相应于“产物”的构型。两者必须占据势能面的最低处，因为它们是仅有的具有长寿命的排列。虽然其他的构型是可能的，它们必须在较高的能量处，缺乏稳定构型所需的最低能量。随着反应的进行，坐标从反应物的坐标变化到产物。由于沿着反应坐标的途径连接两个最低点，它必须先升高，通过一个最高点，然后再降低到产物区。经常是将谷底到最高点的高度作为活化能，$E_{A,f}$和 $E_{A,b}$分别对应于正向和逆向的反应。

采用另一种符号，可将 E_A理解为从一个最低点到最高点的标准内能的变化，称为过渡态（transition state）或活化配合物（activated complex）。也可指定它作为标准活化内能，$\Delta E^{\ddagger}$。标准活化焓 $\Delta H^{\ddagger}$将是$\Delta E^{\ddagger}+\Delta(PV)^{\ddagger}$，但$\Delta(PV)^{\ddagger}$通常在一个凝聚相反应中可忽略不计，这样 $\Delta H^{\ddagger}\approx\Delta E^{\ddagger}$。Arrhenius 公式可重写为

$$k=Ae^{-\Delta H^{\ddagger}/RT} \tag{3.1.8}$$

因为在指数项中引入了一个无量纲常数，标准活化熵 $\Delta S^{\ddagger}$，也可将系数 A 写作 $A'\exp(\Delta S^{\ddagger}/R)$。这样，

$$k=A'e^{-(\Delta H^{\ddagger}-T\Delta S^{\ddagger})/RT} \tag{3.1.9}$$

或

$$\boxed{k=A'e^{-\Delta G^{\ddagger}/RT}} \tag{3.1.10}$$

这里 $\Delta G^{\ddagger}$是标准活化自由能（standard free energy of activation）❶。此式与式（3.1.8）一样，是 Arrhenius 公式（3.1.7）的等价陈述，式（3.1.7）本身是一个对事实的经验式的总结。公式（3.1.8）和式（3.1.10）是从式（3.1.7）导出的，但仅仅阐述了经验常数 E_A。到目前为止，还没有阐述任何特定的动力学理论。

3.1.3　过渡态理论[1~4]

已经发展了多个动力学理论以阐释控制反应速率的因素，这些理论的主要目的是根据特定的

---

❶ 在此采用标准热力学量，因为一种物质的自由能和焓与浓度有关。在稀溶液体系中速率常数与浓度无关；这样此争论导致式（3.1.10）需要在一个标准浓度态下而得到。标准态的选择对于此讨论并非很关键。它简单地影响常数在速率表达式中的被分配的方式。为简化起见，我们省去了 $\Delta E^{\ddagger}$，$\Delta H^{\ddagger}$，$\Delta S^{\ddagger}$和 $\Delta G^{\ddagger}$的上标“0”，但应记住在本书中它们均指在标准浓度态的情况。

化学体系从定量的分子性质来预测 A 和 E_A 的值。对于电极动力学被采用的一个重要的通用理论是过渡态理论（transition state theory），它也称为绝对速率理论（absolute rate theory）或活化配合物理论（activated complex theory）。

此方法的中心思想是反应通过一个相当明确的过渡态或活化配合物来进行的，如图 3.1.2 所示。从反应物到活化配合物的标准自由能的变化为 $\Delta G_f^{\ddagger}$，而从产物升到活化配合物的标准自由能的变化为 $\Delta G_b^{\ddagger}$。

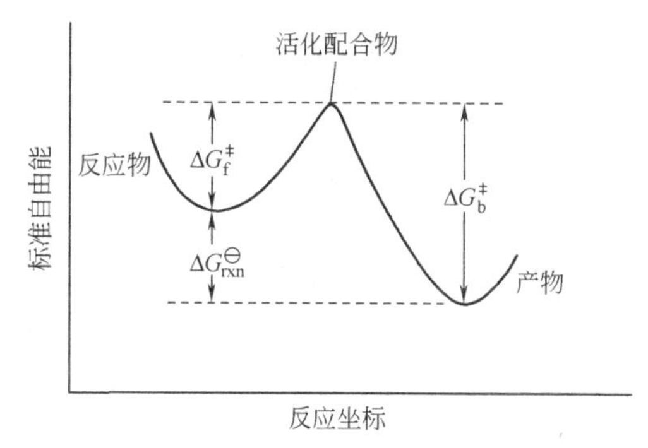

图 3.1.2　反应过程中自由能的变化
活化配合物（或过渡态）是具有最大自由能的构型

先考虑式（3.1.1）所示的体系，A 和 B 两种物质通过单分子反应联系起来。首先集中考虑一个特定的条件，整个体系（A，B 以及所有其他的构型）均在热平衡下。对于此情况，活化配合物的浓度可根据由任意一个平衡常数导出的标准活化自由能计算出：

$$\frac{[\text{配合物}]}{[\text{A}]}=\frac{\gamma_A/C^{\ominus}}{\gamma_{\ddagger}/C^{\ominus}}K_f=\frac{\gamma_A}{\gamma_{\ddagger}}\exp(-\Delta G_f^{\ddagger}/RT) \tag{3.1.11}$$

$$\frac{[\text{配合物}]}{[\text{B}]}=\frac{\gamma_B}{\gamma_{\ddagger}}K_b=\frac{\gamma_B}{\gamma_{\ddagger}}\exp(-\Delta G_b^{\ddagger}/RT) \tag{3.1.12}$$

式中，$C^{\ominus}$ 为标准态的浓度（见 2.1.5 节）；γ_A，γ_B 和 $\gamma_{\ddagger}$ 分别为无量纲的活度系数。通常假设该体系是理想的体系，这样活度系数趋于 1 并可从式（3.1.11）和式（3.1.12）中消去。

活化配合物以一个组合的速率常数 k' 衰减为 A 或 B，它们可被分为四个部分：①由 A 产生再回到 A，f_{AA}；②来自 A 的衰减到 B，f_{AB}；③来自 B 再衰减到 A，f_{BA}；④来自 B 的再回到 B，f_{BB}。这样由 A 转化到 B 的速率是

$$k_f[\text{A}]=f_{AB}k'[\text{活化配合物}] \tag{3.1.13}$$

由 B 转化到 A 的速率是

$$k_b[\text{B}]=f_{BA}k'[\text{活化配合物}] \tag{3.1.14}$$

既然在平衡时 $k_f[\text{A}]=k_b[\text{B}]$，$f_{AB}$ 和 f_{BA} 必须相等。在此理论最简化的形式下，两者可看作 1/2。这种假设暗示 $f_{AA}=f_{BB}\approx 0$，这样，活化配合物并不被认为回到原始状态。事实上，任何达到活化构型的体系，都以单位效率转变与原始状态相对的产物。在一个更加灵活的方式中，f_{AB} 和 f_{BA} 可等于 $\kappa/2$，这里 κ 为传输系数（transmission coefficient），其值可从 0 到 1。

分别将从式（3.1.11）和式（3.1.12）得到的活化配合物浓度代入式（3.1.13）和式（3.1.14）中，可得到速率常数为

$$k_f=\frac{\kappa k'}{2}e^{-\Delta G_f^{\ddagger}/RT} \tag{3.1.15}$$

$$k_b=\frac{\kappa k'}{2}e^{-\Delta G_b^{\ddagger}/RT} \tag{3.1.16}$$

统计力学可用于预测 $\kappa k'/2$ 值。通常，此值依赖于在活化配合物区域中势能面的形状，对于简单的情况，k' 可被看作为 $2\text{k}T/h$，其中 k 和 h 是玻尔兹曼（Boltzmann）常数和普朗克（Planck）常数。这样两者的速率常数均可表示为

$$\boxed{k=\kappa\frac{\text{k}T}{h}e^{-\Delta G^{\ddagger}/RT}} \tag{3.1.17}$$

这是采用过渡态理论计算速率常数最常见的公式。

为了得到式（3.1.17），仅需考虑一个处在平衡时的体系。如下的事实很重要，即一个基元过程的速率常数在给定的温度和压力下是一定的，而与反应物和产物的浓度无关。公式（3.1.17）是一个通用的表达式。如果它适用于平衡态，它应该也适用于非平衡状态。平衡的假

设虽在推导过程中有用，但并不限定该公式的应用范围[1]。

3.2　电极反应的本质[6~14]

在上面注意到，任何动态过程的精确动力学图像在平衡极限下必须产生一个热力学形式的方程。对于一个电极反应，平衡是由 Nernst 公式来表征的，它将电极电势与反应物种的本体浓度联系起来。对于一般的情况：

$$O+ne \underset{k_b}{\overset{k_f}{\rightleftharpoons}} R \tag{3.2.1}$$

该 Nernst 公式为

$$E=E^{\ominus}+\frac{RT}{nF}\ln\frac{C_O^*}{C_R^*} \tag{3.2.2}$$

式中，C_O^* 和 C_R^* 为本体浓度；$E^{\ominus\prime}$为表观（式）电势。任何正确的电极动力学理论必须在相应的条件下预测出此结果。

同时要求该理论能够解释在各种环境下所观察到的电流与电势的依赖关系。在第 1 章中，电流经常全部或部分是由电反应物传输到电极表面的速率所决定的。这种限制不影响界面动力学理论。对于低电流和有效搅拌的情况，物质传递并不是决定电流的因素。事实上，它是由界面动力学控制的。早期对于这种体系的研究表明电流通常与过电势之间存在指数关系，即

$$i=a'e^{\eta/b'} \tag{3.2.3}$$

或者如 Tafel 在 1905 年所给出的那样，

$$\boxed{\eta=a+b\lg i} \tag{3.2.4}$$

一个成功的电极动力学的模型必须解释公式（3.2.4）的正确性，此式被称为 Tafel 公式（Tafel equation）。

开始考虑反应（3.2.1），如式所示其有正向和逆向的反应途径。正向的反应以速率 v_f进行，它必须与 O 的表面浓度成正比。将距离表面 x 处和在时间 t 时的浓度表达为$C_O(x,t)$，因此表面浓度为 $C_O(0,t)$。联系正向反应的速率和浓度 $C_O(0,t)$ 的正比常数是速率常数 k_f。

$$v_f=k_fC_O(0,t)=\frac{i_c}{nFA} \tag{3.2.5}$$

由于正向反应是一个还原反应，应有正比于 v_f的阴极电流 i_c。同理，对于逆向反应我们有

$$v_b=k_bC_R(0,t)=\frac{i_a}{nFA} \tag{3.2.6}$$

这里 i_a是总体电流中的阳极部分。这样，净反应速率为

$$v_{net}=v_f-v_b=k_fC_O(0,t)-k_bC_R(0,t)=\frac{i}{nFA} \tag{3.2.7}$$

对于整个反应有

$$i=i_c-i_a=nFA[k_fC_O(0,t)-k_bC_R(0,t)] \tag{3.2.8}$$

应注意到异相反应的描述方法与均相是不同的。例如，异相体系的反应速率与单位界面面积有关，因此它们有 mol·s^{-1}·cm^{-2}这样的单位。如果浓度的单位是 mol/cm^3，那么异相速率常数的单位是 cm/s。由于界面仅受它所直接接触的环境的响应，在速率表达式中的浓度总是表面

---

[1] 注意$\kappa T/h$ 的单位是 s^{-1}，指数项无单位，这样在式（3.1.17）中的表达式在量纲上相应于一级速率常数。对于二级反应，相应于式（3.1.11）中的平衡，在左边的分母上应该有两个反应物的浓度，在右边的分子上应有每个物质的活度系数与标准态浓度 $C^{\ominus}$的商。这样 $C^{\ominus}$在最后的表达式中将不会被消掉，而以一次方的形式存在于表达式的分母上。由于它通常有一个单位值（通常 1L·mol^{-1}），它的存在并不影响其数值，但影响其单位。总的结果是产生一个前置因子，其数值等于$\kappa T/h$，但单位为 L·mol^{-1}·s^{-1}。这是采用过渡态理论处理较单分子衰减更为复杂的过程时常被忽略的一点。见 2.1.5 节和文献［5］。

浓度，它可能与本体浓度不同。

3.3　电极动力学的 Butler-Volmer 模型[9,11,12,15,16]

经验表明电极电势强烈地影响发生在其表面上的反应的动力学。在一定电势下，氢析出反应的速率很快，但在其他电势区域并不如此。在一确定的电势范围内，铜从金属样品上溶解，但此金属在该电势范围外稳定，所有的法拉第过程均如此。由于界面电势差可被用于控制反应性质，我们期望能够准确地预测 k_f 和 k_b 与电势的关系。在本节中，将纯粹地基于经典的概念发展为一个可预测的模型。虽然它有很大的局限性，但它在电化学文献中被广泛地采用，在此领域的每一个学生都必须理解它。3.6 节将会给出基于电子转移微观特性的更现代的模型。

3.3.1　电势对能垒的影响

在 3.1 节中已经看到，反应在势能面上沿着反应坐标从反应物构型到产物构型变化的进程可用图表示出来。这种思想也适用于电极反应，但其能量面的形状是电极电势的函数。

通过考虑下列反应可以容易地看到此影响

$$Na^+ + e \xrightleftharpoons{Hg} Na(Hg) \qquad (3.3.1)$$

这里 Na^+ 溶解在乙腈或二甲基甲酰胺溶液中。以钠核到界面的距离为反应坐标，这样自由能沿着反应坐标的剖面图如图 3.3.1(a) 所示。右边是 $Na^+ + e$。此构型的能量与核在溶液中的位置无关，除非电极非常接近离子使其部分或全部去溶剂化。左边的构型相对于钠原子溶解在汞中。在汞相中，能量仅与位置稍有关联，但如果钠原子离开汞液内部，随着有利的汞-钠相互作用的失去，其能量将上升。相应于这些反应物和产物构型的曲线在过渡态处交叉，氧化和还原的能垒的高度决定它们相对的速率。如图 3.3.1(a) 所示，当两者速率相等时，体系处于平衡态，电势是 E_{eq}。

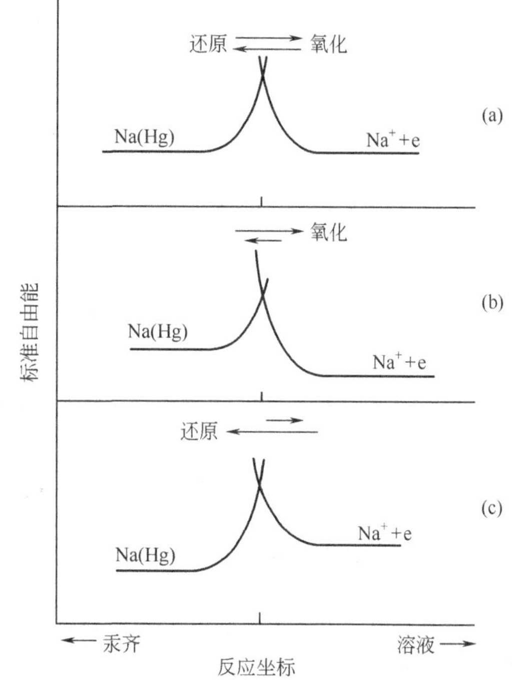

图 3.3.1　法拉第过程中自由能变化的简单示意图
(a) 在平衡电势时；(b) 在比平衡电势更正的电势时；
(c) 在比平衡电势更负的电势时

现在假设电势向正方向移动。主要的影响是降低“反应物”电子的能量，因此与 $Na^+ + e$ 有关的曲线相对于 Na(Hg) 降低，此情况如图 3.3.1(b) 所示。由于还原的能垒升高，氧化的能垒降低，净转变是由 Na(Hg) 到 $Na^+ + e$。将电势移到较 E_{eq} 更负的值，电子的能量升高，如图 3.3.1(c) 所示，对应于 $Na^+ + e$ 的曲线将移到较高的能量处。由于还原的能垒降低，氧化的能垒升高，相对于在 E_{eq} 的条件，有一净阴极电流流过。这些讨论定性地显示电势影响电极反应的净速率和方向的过程。通过对于此模型更详细地考虑，可以建立一个定量关系。

3.3.2　单步骤单电子过程

现在考虑可能的最简单的电极过程，在此 O 和 R 仅参与界面上的单电子转移反应，而没有其他任何化学步骤

$$O + ne \underset{k_b}{\overset{k_f}{\rightleftharpoons}} R \qquad (3.3.2)$$

还假设标准自由能沿着反应坐标的剖面图具有抛物线形状，如图 3.3.2 所示。上图画出了从反应物到产物的全路径，下图是在过渡态附近区域的放大图。至于这些剖面图的形状的细节，知道与否对于此处的讨论并不重要。

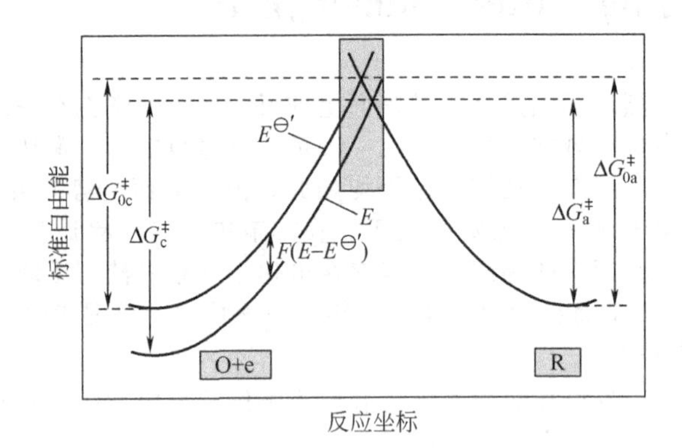

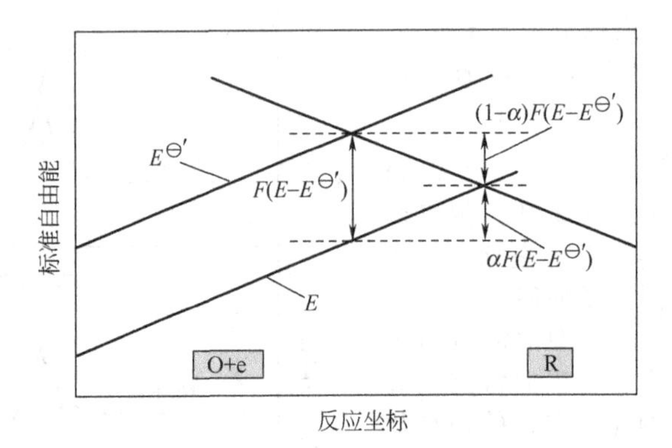

图 3.3.2 电势的变化对于氧化和还原的标准活化自由能的影响
下图是上图中阴影部分的放大图

在发展一种电极动力学理论时，可以很方便地选择体系中有重要化学意义的某点作为电势的参考点，而不是一个绝对的外参比如 SCE。有两个自然的参考点，即体系的平衡电势和在所考虑条件下的电对的标准（形式）电势。实际上在上节的讨论中曾采用平衡电势作为参比点，在本节中将再次采用它。然而，仅在电对的两种物质均存在和平衡可定义时，才能够这样做。更加通用的参考点是 $E^{\ominus\prime}$。假设当电极电势等于 $E^{\ominus\prime}$时，图 3.3.2 的上部曲线适用于 O+e。这样，阴极和阳极的活化能分别是 $\Delta G_{0c}^{\neq}$ 和 $\Delta G_{0a}^{\neq}$。

如果电势变化 ΔE 到一个新值 E，在电极上的电子的相对能量变化为 $-F\Delta E=-F(E-E^{\ominus\prime})$；因此 O+e 的曲线将上移或下移这一数值。图 3.3.2 的左边的下部曲线显示了一个正 ΔE 的影响情况。显然氧化的能垒值 $\Delta G_{a}^{\neq}$ 较 $\Delta G_{0a}^{\neq}$ 比总能量变化小一个分数。把此分数称为 $1-\alpha$，这里 α 称为传递系数（transfer coefficient），其值可从 0 到 1，与交叉区域形状有关。所以，

$$\Delta G_{a}^{\neq}=\Delta G_{0a}^{\neq}-(1-\alpha)F(E-E^{\ominus\prime}) \tag{3.3.3}$$

此图也揭示在电势 E 处的阴极能垒 $\Delta G_{c}^{\neq}$ 应较 $\Delta G_{0c}^{\neq}$ 高出 $\alpha F(E-E^{\ominus\prime})$，因此

$$\Delta G_{c}^{\neq}=\Delta G_{0c}^{\neq}+\alpha F(E-E^{\ominus\prime}) \tag{3.3.4}$$

现在假设速率常数 k_f 和 k_b 有 Arrhenius 的形式，可表示为

$$k_f=A_f\exp(-\Delta G_{0c}^{\neq}/RT) \tag{3.3.5}$$

$$k_b=A_b\exp(-\Delta G_{0a}^{\neq}/RT) \tag{3.3.6}$$

将式（3.3.3）和式（3.3.4）所表示的活化能代入，得到

$$k_f=A_f\exp(-\Delta G_{0c}^{\neq}/RT)\exp[-\alpha f(E-E^{\ominus\prime})] \tag{3.3.7}$$

$$k_b=A_b\exp(-\Delta G_{0a}^{\neq}/RT)\exp[(1-\alpha)f(E-E^{\ominus\prime})] \tag{3.3.8}$$

这里 $f=F/RT$。在每个表达式中的前两项产生一个与电势无关的积，等于在 $E=E^{\ominus\prime}$ 时的速率常数❶。

现在考察一个特殊的情况，界面处于平衡状态，溶液中 $C_O^*=C_R^*$。在此情况下，$E=E^{\ominus\prime}$ 和 $k_f C_O^*=k_b C_R^*$，所以 $k_f=k_b$。这样，$E^{\ominus\prime}$ 是处于正向和逆向速率常数相等时的电势。该处的速率常数值称为标准速率常数 k^0（standard rate constant）❷。在其他电势值的速率常数可简单地通过 k^0 来表示：

$$\boxed{k_f=k^0\exp[-\alpha f(E-E^{\ominus\prime})]} \tag{3.3.9}$$

$$\boxed{k_b=k^0\exp[(1-\alpha)f(E-E^{\ominus\prime})]} \tag{3.3.10}$$

将这些关系式代入式（3.2.8）可得到完全的电流-电势特征关系式：

$$\boxed{i=FAk^0[C_O(0,t)e^{-\alpha f(E-E^{\ominus\prime})}-C_R(0,t)e^{(1-\alpha)f(E-E^{\ominus\prime})}]} \tag{3.3.11}$$

该公式非常重要，它或通过它所导出的关系式可用于处理几乎每一个需要解释的异相动力学问题。3.4 节将介绍这些细节。这些结果和由此所得出的推论通称为 Butler-Volmer 电极动力学公式，以纪念此领域的两位开创者[17,18]。

采用基于电化学势的另外一种方法，也可以推导出 Butler-Volmer 动力学表达式[8,10,12,19～21]。这种方法对于更加复杂的情况较为方便，例如对于需要考虑双电层影响或者具有连续反应机理的情况。在本书第一版中对此有详细的介绍❸。

3.3.3 标准速率常数

k^0 的物理阐释是很直观的，它可以简单地理解为氧化还原电对对动力学难易程度的量度。一个具有较大 k^0 值的体系将在较短的时间内达到平衡，而 k^0 值较小的体系达到平衡将很慢。最大可测量的标准速率常数在 1～10cm/s 范围内，它们与特定的简单电子转移过程有关。例如，对于许多芳香族碳氢化合物（如取代的蒽、芘和苝）的氧化还原成相应的阴或阳离子自由基的标准速率常数在此范围[22～24]。这些过程仅涉及电子转移和去溶剂化，分子形式没有大的变化。与此类似，一些涉及形成汞齐的电极过程［例如，$Na^+/Na(Hg)$，$Cd^{2+}/Cd(Hg)$ 和 Hg_2^{2+}/Hg］相当快[25,26]。涉及与电子转移相关的分子重排的复杂反应，例如将分子氧还原成过氧化氢或水，或将质子还原成分子氢，可能会很慢[25～27]。许多这类体系牵涉多步骤机理，将在 3.5 节中进行更详细的讨论。已有报道 k^0 值较 10^{-9} cm/s 还要小[28～31]，因此电化学涉及十个数量级的动力学反应活性。

应注意到即使 k^0 值小，当施加相对于 $E^{\ominus\prime}$ 足够大的过电势时，k_f 和 k_b 能够相当大。实际上，可通过电的方法改变活化能以驱动反应发生。在 3.4 节中，将对此思想有详尽的讨论。

3.3.4 传递系数

传递系数 α 是能垒的对称性的度量。这种想法可通过考察如图 3.3.3 所示的交叉区域的几何图形而加强。如果曲线在交叉区域是线性的，其角度 θ 和 ϕ 可定义为

$$\tan\theta=\alpha FE/x \tag{3.3.12}$$

$$\tan\phi=(1-\alpha)FE/x \tag{3.3.13}$$

因此

$$\alpha=\frac{\tan\theta}{\tan\phi+\tan\theta} \tag{3.3.14}$$

如果是交叉对称的，则 $\phi=\theta$，且 $\alpha=1/2$。对于其他情况，$0\leqslant\alpha<1/2$ 或 $1/2<\alpha\leqslant1$ 则如图 3.3.4 所示。对于大多数体系，α 值在 0.3～0.7 之间，在没有确切的测量时通常将之近似为 0.5。

自由能曲线不大可能在反应坐标大范围内保持线性，因而当反应物与产物的势能曲线的交叉

---

❶ 在其他的电化学文献中，k_f 和 k_b 有用 k_a 和 k_c 或 k_{ox} 和 k_{red} 表示的。有时动力学公式用一个互余的传递系数 $\beta=1-\alpha$ 来表示。

❷ 在电化学文献中标准速率常数也有用 $k_{s,h}$ 和 k_s 表示的。有时它也被称为固有速率常数。

❸ 参见第一版 3.4 节。

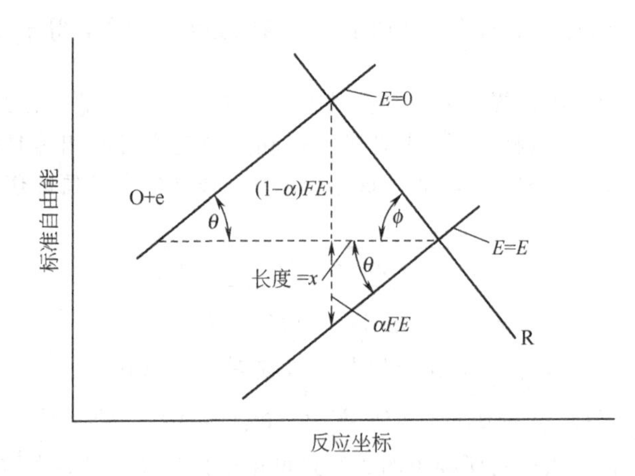

图 3.3.3　传递系数与自由能曲线相交角的关系

区域随电势移动时，θ 和 ϕ 会发生变化。因此，α 一般认为是与电势相关的因子（见 6.7.3 节）。然而，在大多数实验中，α 是恒定的，因为可以得到动力学数据的电势范围相当窄。在一个典型的化学体系中，活化自由能的范围只有几个电子伏特，但可测量动力学的整个范围相应于活化能的变化而言仅为 50～200meV，或总活化能的百分之几。这样，交叉点仅在很小的区域变化，例如图 3.3.2 所标示的矩形区域，剖面图的弯曲部分很难看清。因为电子转移的速率常数随电势呈指数变化，在大多数体系中动力学可操作的电势范围是很窄的。当外加电势偏离一个可检测的电流发生的电势不大的值时，物质传递变成了决速步骤，电子转移动力学不再是控制步骤。这些论点在本书的后面部分有更加详尽的探讨。在一些体系中，物质传递不是问题，动力学可在很宽的范围内进行测量。图 14.5.8 提供了一个例子，显示在引入表面键合电活性物质的情况下，α 随电势有很大的变化。

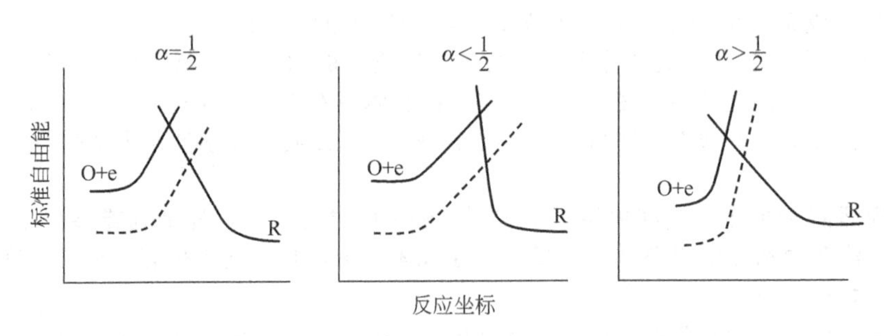

图 3.3.4　传递系数作为反应能垒对称性的标志

虚线显示对于 O+e 随着电势变正，能量曲线的移动

3.4　Butler-Volmer 模型在单步骤单电子过程中的应用

在本节中，将建立一系列对于阐释电化学实验有用的关系式。此节中每个关系式都是在假设电极反应是单步骤单电子过程的条件下，根据前面已经得到的主要公式推导出的，这些结论对于多步骤过程的适用性将在 3.5 节中专门讨论。

3.4.1　平衡条件及交换电流[8～14]

在平衡时净电流为零，电极电势与 O 和 R 的本体浓度的关系遵守 Nernst 公式。现在看一看该动力学模型能否得出一个热力学的特定关系。在电流为零时，对于公式（3.3.11）有

$$FAk^0C_O(0,t)e^{-\alpha f(E_{eq}-E^{\ominus\prime})}=FAk^0C_R(0,t)e^{(1-\alpha)f(E_{eq}-E^{\ominus\prime})} \tag{3.4.1}$$

由于是在平衡态，O 和 R 的本体浓度与表面浓度相等；所以

$$e^{f(E_{eq}-E^{\ominus\prime})}=\frac{C_O^*}{C_R^*} \tag{3.4.2}$$

它是如下 Nernst 公式的指数表达形式：

$$\boxed{E_{eq}=E^{\ominus\prime}+\frac{RT}{F}\ln\frac{C_O^*}{C_R^*}} \tag{3.4.3}$$

这样，动力学理论通过了其与现实适用性的第一次测试。

即使在平衡时净电流为零，仍能够想像其平衡的法拉第活性，它可通过交换电流 i_0（exchange current）来表示，其大小等于 i_c 或 i_a，即

$$i_0=FAk^0C_O^*\,e^{-\alpha f/(E_{eq}-E^{\ominus\prime})} \tag{3.4.4}$$

将式（3.4.2）两边同时乘 $-\alpha$ 幂次方，得到

$$e^{-\alpha f(E_{eq}-E^{\ominus\prime})}=\left(\frac{C_O^*}{C_R^*}\right)^{-\alpha} \tag{3.4.5}$$

将式（3.4.5）代入式（3.4.4），给出❶

$$\boxed{i_0=FAk^0C_O^{*(1-\alpha)}C_R^{*\alpha}} \tag{3.4.6}$$

因而交换电流与 k^0 成正比，在动力学公式中经常可用交换电流代替 k^0。对于 $C_O^*=C_R^*=C$ 的特定情况，

$$i_0=FAk^0C \tag{3.4.7}$$

交换电流经常被标准化为单位面积上的电流，从而得到交换电流密度（exchange current density），$j_0=i_0/A$。

3.4.2　电流-过电势公式

采用 i_0 而不是 k^0 的优点是电流可以通过偏离平衡电势即过电势 η，而不是形式电势 $E^{\ominus\prime}$ 来表述。用式（3.3.11）除以式（3.4.6）得到

$$\frac{i}{i_0}=\frac{C_O(0,t)e^{-\alpha f(E-E^{\ominus\prime})}}{C_O^{*(1-\alpha)}C_R^{*\alpha}}-\frac{C_R(0,t)e^{(1-\alpha)f(E-E^{\ominus\prime})}}{C_O^{*(1-\alpha)}C_R^{*\alpha}} \tag{3.4.8}$$

或

$$\frac{i}{i_0}=\frac{C_O(0,t)}{C_O^*}e^{-\alpha f(E-E^{\ominus\prime})}\left(\frac{C_O^*}{C_R^*}\right)^{\alpha}-\frac{C_R(0,t)}{C_R^*}e^{(1-\alpha)f(E-E^{\ominus\prime})}\left(\frac{C_O^*}{C_R^*}\right)^{-(1-\alpha)} \tag{3.4.9}$$

$(C_O^*/C_R^*)^{\alpha}$ 和 $(C_O^*/C_R^*)^{-(1-\alpha)}$ 的比值可容易地从式（3.4.2）和式（3.4.5）中导出，代入上式可得到

$$i=i_0\left[\frac{C_O(0,t)}{C_O^*}e^{-\alpha f\eta}-\frac{C_R(0,t)}{C_R^*}e^{(1-\alpha)f\eta}\right] \tag{3.4.10}$$

这里 $\eta=E-E_{eq}$。此公式称为电流-过电势公式（current-overpotential equation），将在以后的讨论中经常用到。注意到该式中第一、二项描述的分别是在任何电势下阴极电流和阳极电流的贡献❷。

图 3.4.1 描绘了式（3.4.10）所预测的行为。实线显示的是实际的总电流，它是 i_c 和 i_a 的总和，虚线显示的是 i_c 或 i_a。对于较大的负过电势，阳极部分可忽略，因而总的电流曲线在此与 i_c 重合。对于较大的正过电势，阴极部分可忽略，总的电流基本上与 i_a 一样。电势从 E_{eq} 向正负两个方向移动时，电流值迅速增大，这是因为指数因子占主导地位，但对于极端的 η 值，电流趋于稳定。在这些稳定区域，电流不是由异相动力学，而是由物质传递过程所决定的。式（3.4.10）中的指数项的影响由于 $C_O(0,t)/C_O^*$ 和 $C_R(0,t)/C_R^*$ 而减弱，二者反映了反应物的

---

❶ 在 $E=E_{eq}$ 时交换电流可从阳极电流部分 i_a 推导出相同的公式。

❷ 由于在此处理中没有包括双电层的影响，所以在 Delahay 的命名法中[8]，k^0 和 i_0 称为体系的表观常数。两者均与双电层的结构有一定的关系，是相对于溶液本体的在外 Helmholtz 面上电势 ϕ_2 的函数。这一点将在 13.7 节中更加详细地讨论。

供给情况。

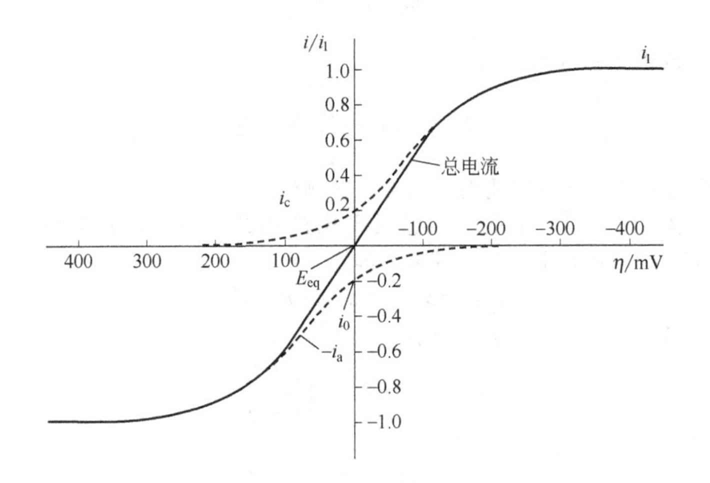

图 3.4.1 体系 O+e ⇌ R 的电流-过电势曲线

条件：$\alpha=0.5$，$T=298$K，$i_{l,c}=-i_{l,a}=i_l$和$i_0/i_l=0.2$。虚线表明电流i_c和i_a的部分

3.4.3 i-η 公式的近似形式

（1）没有物质传递影响的情况 如果溶液被充分地搅拌，或电流维持在很小值时，其表面浓度与本体浓度没有较大的差别，那么式（3.4.10）为

$$i=i_0\left[e^{-\alpha f\eta}-e^{(1-\alpha)f\eta}\right] \tag{3.4.11}$$

此式通称为 Butler-Volmer 公式（Butler-Volmer equation）。当 i 小于极限电流 $i_{l,c}$或 $i_{l,a}$的 10%时，它是式（3.4.10）的很好的近似。公式（1.4.10）和公式（1.4.19）显示 $C_O(0,t)/C_O^*$ 和 $C_R(0,t)/C_R^*$ 将在 0.9～1.1 之间。

图 3.4.2 显示了不同交换电流密度时式（3.4.11）的行为（在一般情况下 $\alpha=0.5$）。图 3.4.3 以类似的方式显示了 α 的影响，对于每条曲线，交换电流密度为 10^{-6} A/cm^2。图 3.4.2 的一个显著的特点是反映了在 E_{eq}处电流-过电势曲线的变形程度与交换电流密度关系。

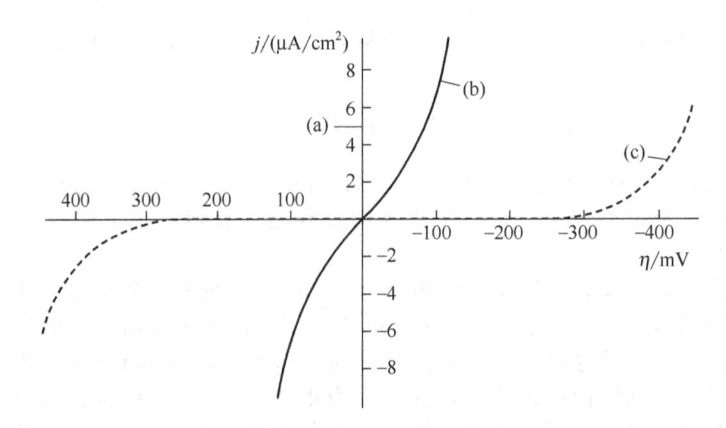

图 3.4.2 交换电流密度对引发净电流密度所需的活化过电势的影响

(a) $j_0=10^{-3}$ A/cm^2（此曲线与电流坐标重叠）；(b) $j_0=10^{-6}$ A/cm^2；(c) $j_0=10^{-9}$ A/cm^2。

上述情况均是针对反应 O+e ⇌ R 而言，且 $\alpha=0.5$ 和 $T=298$K

由于这里没有考虑物质传递的影响，任意给定电流下的过电势仅用于提供异相反应过程以该电流所表征的速率进行所需的活化能。交换电流越小，动力学越迟缓，因此特定净电流下的反应活化过电势越大。

如图3.4.2中（a）的情况，如果交换电流很大，在很小的活化过电势下，体系仍能够提供大的电流，甚至是传质极限电流。在这种情况下，任何所观察到的过电势均与O和R表面浓度的变化有关。它称为浓度过电势（concentration overpotential），可看作为支持此电流的物质传递速率所需的活化能。如果O和R的浓度相差不多的话，E_{eq}将接近$E^{\ominus\prime}$，在$E^{\ominus\prime}$附近几十毫伏内就可达到阳极和阴极部分的极限电流。

另一方面，人们要考虑如图3.4.2中（c）的情况，因为k^0值很低，所以交换电流非常小。在这种情况下，除非施加很大的活化过电势，否则没有显著的电流流动。在足够大的过电势下，异相反应过程可以足够快以至于物质传递控制电流，从而可达到一个极限平台电流。当物质传递的影响开始出现时，浓度过电势将也将产生，但主要的过电势仍是激活电荷传递。在这样的体系中，还原波发生在较$E^{\ominus\prime}$负得多的电势，氧化波发生在较$E^{\ominus\prime}$正得多的电势。

交换电流可认为是一种电荷在界面交换的"无功电流"。如果想勾勒出一个仅是这种双向无功电流很小一部分的净电流的话，仅需要很小的过电势。即使在平衡时，体系仍以比我们要求的大得多的速率进行界面电荷转移。施加一微小的过电势的作用，是在很小的程度上破坏双向反应速率间的平衡，从而使其中一个占主导地位。另一方面，如果需要一个超过交换电流的净电流的话，将是一个困难得多的任务。所以不得不驱动体系以所需要的速率释放电荷，仅能够通过施加很大的过电势来达到此目的。由此可见，交换电流是在活化过程中没有大量能量损失的情况下，体系释放净电流能力的量度。

实际体系的交换电流密度反映了相当宽的k^0值的范围，它们可超过10A/cm²或小于pA/cm²[8～14,28～31]。

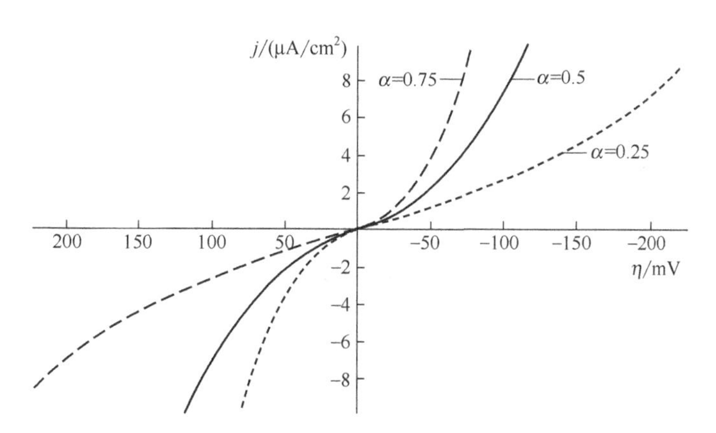

图3.4.3　对于O+e⇌R在T=298K和$j_0=10^{-6}$A/cm²时，传递系数对于电流-过电势曲线对称性的影响

（2）在小η值时的线性特征　对于小的x值，指数e^x可近似为$1+x$，所以对于足够小的η，公式（3.4.11）可表示为

$$\boxed{i=-i_0 f\eta} \tag{3.4.12}$$

它表明在E_{eq}附近较窄的电势范围内，净电流与过电势有线性关系。$-\eta/i$有电阻的量纲，常被称为电荷转移电阻R_{ct}（charge-transfer resistance）

$$\boxed{R_{ct}=\frac{RT}{Fi_0}} \tag{3.4.13}$$

该参数是i-η曲线在原点（$\eta=0$，$i=0$）处斜率的负倒数。作为动力学难易程度的一个很方便的指数，它可从一些实验中直接得到。对于非常大的k^0，它接近于零（见图3.4.2）。

（3）在大的η值时的Tafel行为　对于较大的η值时（负或正），式（3.4.11）括号中的某项可忽略。例如，在很负过电势时，$\exp(-\alpha f\eta)\gg\exp[(1-\alpha)f\eta]$，公式（3.4.11）变为

$$i=i_0 e^{-\alpha f\eta} \tag{3.4.14}$$

或

$$\boxed{\eta=\frac{RT}{\alpha F}\ln i_0-\frac{RT}{\alpha F}\ln i} \tag{3.4.15}$$

因而，发现上述的动力学处理的确给出一个 Tafel 形式的关系式，与在适当条件下所观察到现象一致。Tafel 经验常数［见公式（3.2.4）］现在可从理论上证实为❶

$$a=\frac{2.3RT}{\alpha F}\lg i_0 \quad b=\frac{-2.3RT}{\alpha F} \tag{3.4.16}$$

当逆向反应（例如，一个净还原反应的阳极过程，反之亦然）的贡献小于电流的1%时，Tafel 形式是正确的，或

$$\frac{e^{(1-\alpha)f\eta}}{e^{-\alpha f\eta}}=e^{f\eta}\leqslant 0.01 \tag{3.4.17}$$

它暗示在25℃时，$|\eta|>118\text{mV}$。如果电极动力学相当快，当施加这样的极端过电势时，体系将达到物质传递极限电流。在这样的情况下，观察不到 Tafel 关系式，因为必须排除物质传递过程对电流的影响。当电极动力学较慢而需要较大的活化过电势时，可得到很好的 Tafel 关系。此点强调了这样的事实，即 Tafel 行为是一个完全不可逆动力学的标记。此类体系，除非在很高的过电势下，一般仅允许小电流流动，其法拉第过程是单向的，因此，化学上是不可逆的。

（4）Tafel 图[8~11,32]　$\lg i$ 对于 η 作图称为 Tafel 图（Tafel plot），它是一个有效的导出动力学参数的方法。一般来讲，对于阳极分支有斜率为 $(1-\alpha)F/2.3RT$，阴极分支有斜率为 $-\alpha F/2.3RT$。如图 3.4.4 所示，两者的线性部分外推可得一个截距 $\lg i_0$。当 η 接近零时，由于逆向反应不能再被忽略，两者均严重偏离线性行为。显然传递系数 α 和交换电流 i_0 均可较容易地从这些作图中得到。

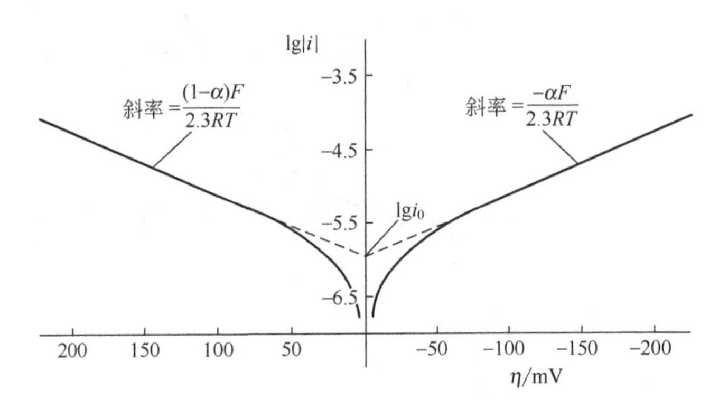

图 3.4.4　$O+e \rightleftharpoons R$ 在 $\alpha=0.5$，$T=298\text{K}$ 和 $j_0=10^{-6}\text{A/cm}^2$ 时，电流-过电势曲线的阳极和阴极分支的 Tafel 图

体系 Mn(Ⅳ)/Mn(Ⅲ) 在浓酸中的一些实际的 Tafel 图如图 3.4.5 所示。在非常大的过电势时的线性负偏差是由于物质传递的限制。在非常小的过电势区域，由于前面述及的原因会急剧下降。

Allen 和 Hickling[34] 曾提出利用在小过电势下所得到的数据另外一种方法。公式可重新写为

$$i=i_0 e^{-\alpha f\eta}(1-e^{f\eta}) \tag{3.4.18}$$

或

$$\lg\left(\frac{i}{1-e^{f\eta}}\right)=\lg i_0-\frac{\alpha F\eta}{2.3RT} \tag{3.4.19}$$

这样 $\lg[i/(1-e^{f\eta})]$ 对 η 作图可得截距 $\lg i_0$ 和斜率 $-\alpha F/2.3RT$。该方法的优点是可用于那些并非完全不可逆的电极反应，即阳极和阴极过程均在过电势区内对所测电流有重要贡献，且物质传递影响并不重要的那些反应。这样的体系通常称为准可逆体系（quasireversible），因为必须考虑

❶ 注意到对于 $\alpha=0.5$，$b=0.118\text{V}$，此值有时被称为“典型的”Tafel 斜率。

相反的电荷转移反应，仍然需要一个显著的活化过电势以使一个给定的净电流通过界面。

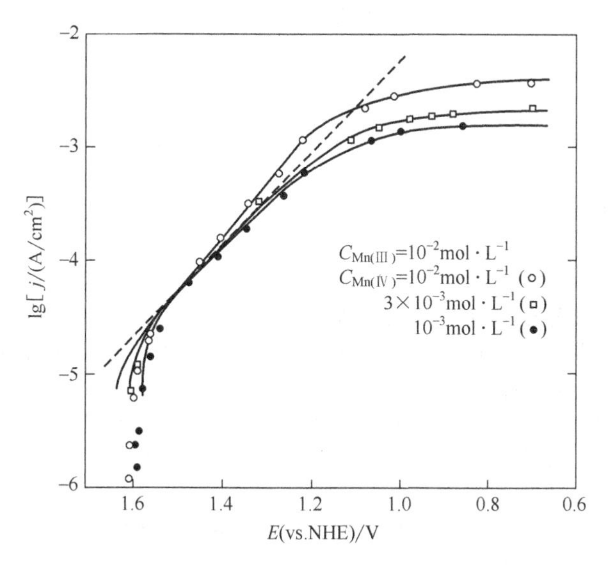

图 3.4.5 在 298K 时 7.5mol・L^{-1} H_2SO_4溶液中，将 Mn(Ⅳ) 在铂电极上还原为 Mn(Ⅲ) 的 Tafel 图
虚线对应于 $\alpha=0.24$ [引自 K. J. Vetter and G. Manecke, *Z. Physik. Chem.* (*Leipzig*), **195**, 337 (1950)]

3.4.4 交换电流图[8~14]

从式 (3.4.4) 认识到交换电流可被表示为

$$\lg i_0=\lg(FAk^0)+\lg C_O^*+\frac{\alpha F}{2.3RT}E^{\ominus\prime}-\frac{\alpha F}{2.3RT}E_{eq} \tag{3.4.20}$$

在浓度 C_O^* 恒定时，$\lg i_0$ 与 E_{eq} 作图应有一直线，其斜率为 $-\alpha F/2.3RT$。在 O 的浓度不变时，在实验上可通过改变 R 的本体浓度改变平衡电势 E_{eq}。当 i_0 可以直接测得时 (例如，见第 8 章和第 10 章)，这种作图法对于从实验中获得 α 是有用的。

另外一种测量 α 的方法是将式 (3.4.6) 重写为

$$\lg i_0=\lg(FAk^0)+(1-\alpha)\lg C_O^*+\alpha\lg C_R^* \tag{3.4.21}$$

这样

$$\left(\frac{\partial\lg i_0}{\partial\lg C_O^*}\right)_{C_R^*}=1-\alpha \quad 和 \quad \left(\frac{\partial\lg i_0}{\partial\lg C_R^*}\right)_{C_O^*}=\alpha \tag{3.4.22}$$

另一公式，不需要将 C_O^* 或 C_R^* 保持恒定是

$$\frac{d\lg(i_0/C_O^*)}{d\lg(C_R^*/C_O^*)}=\alpha \tag{3.4.23}$$

它可方便地从式 (3.4.6) 导出。

3.4.5 非常快的动力学和可逆行为

对此问题，仅详细讨论了体系上施加有显著的活化过电势的情况。另外一个重要的限制情况是这类电极动力学仅需要一个可忽略的驱动力。正如前面所注意到的那样，这种情况相应于一个非常大的交换电流，或一个大的标准速率常数 k^0。电流-过电势公式 (3.4.10) 重写如下：

$$\frac{i}{i_0}=\frac{C_O(0,t)}{C_O^*}e^{-\alpha f\eta}-\frac{C_R(0,t)}{C_R^*}e^{(1-\alpha)f\eta} \tag{3.4.24}$$

当 i_0 比任何所感兴趣的电流都大得多时，i/i_0 的比值趋于零，对于这种极限情况上式可简化为

$$\frac{C_O(0,t)}{C_R(0,t)}=\frac{C_O^*}{C_R^*}e^{f(E-E_{eq})} \tag{3.4.25}$$

将式 (3.4.2) 所示的能斯特公式代入，得到

$$\frac{C_O(0,t)}{C_R(0,t)}=e^{f(E_{eq}-E^{\ominus\prime})}e^{f(E-E_{eq})} \tag{3.4.26}$$

或

$$\frac{C_O(0,t)}{C_R(0,t)}=e^{f(E-E^{\ominus\prime})} \tag{3.4.27}$$

该公式可重新排列后得到非常重要的结果：

$$\boxed{E=E^{\ominus\prime}+\frac{RT}{F}\ln\left[\frac{C_O(0,t)}{C_R(0,t)}\right]} \tag{3.4.28}$$

这样，发现无论电流流动与否，电极电势与 O 和 R 的表面浓度都可通过一个 Nernst 形式的公式联系起来。

式 (3.4.28) 中没有动力学参数，因为动力学过程如此快，以至于在实验上没有体现。事实上，电势和表面浓度总是通过快速电荷转移而保持平衡，作为平衡特征的热力学公式 (3.4.28) 总是成立。净电流流动是因为表面浓度和本体浓度不存在平衡，物质传递连续将其运到表面，在此通过电化学变化使其与电势保持一致。

已经明确一个总是处于平衡态的体系，称为可逆体系，因而从逻辑上讲，一个电化学体系，其界面电荷转移总是在平衡态，称为可逆（或者 Nernst 型）体系。这些术语简单地指那些体系，其界面氧化还原非常快，以致不能看到活化作用的影响。在电化学中存在许多这样的体系，将在不同的实验条件下经常考虑该类体系。根据对于电荷转移动力学研究的需要，也将看到对于任何给定的体系可能呈现为可逆、准可逆和完全不可逆三种情况。

3.4.6 物质传递的影响

将由式 (1.4.10) 和式 (1.4.19) 所表示的 $C_O(0,t)/C_O^*$ 和 $C_R(0,t)/C_R^*$ 代入式 (3.4.10) 可以得到一个更完全的 i-η 关系式：

$$\frac{i}{i_0}=\left(1-\frac{i}{i_{l,c}}\right)e^{-\alpha f\eta}-\left(1-\frac{i}{i_{l,a}}\right)e^{(1-\alpha)f\eta} \tag{3.4.29}$$

该公式可容易地通过简单重排后给出在全部 η 的范围内，i 作为 η 的显函数。图 3.4.6 给出了几种 i_0/i_l 比时的 i-η 曲线，这里，$i_l=i_{l,c}=-i_{l,a}$。

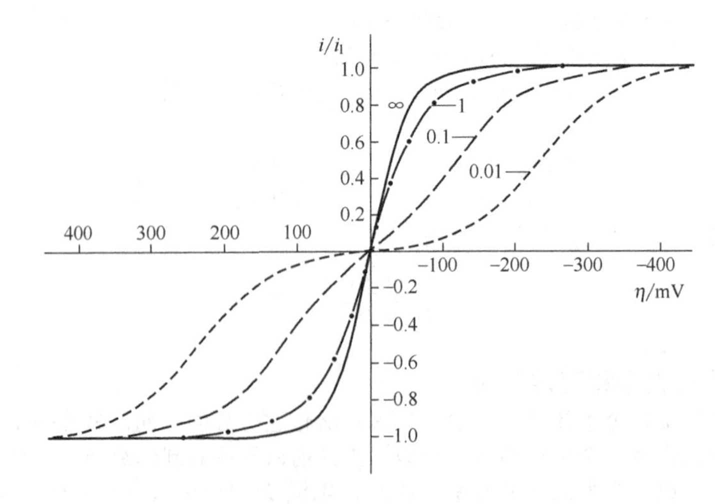

图 3.4.6 在不同交换电流时，活化过电势与净电流的关系

反应为 $O+e \rightleftharpoons R$ 且 $\alpha=0.5$，$T=298K$ 和 $i_{l,c}=-i_{l,a}=i_l$，i_0/i_l 值注明在曲线上

对于过电势较小的情况，可以采用线性化的关系。当 $\alpha f\eta \ll 1$ 时，式 (3.4.24) 的 Taylor 级数展开式为

$$\boxed{\frac{i}{i_0}=\frac{C_O(0,t)}{C_O^*}-\frac{C_R(0,t)}{C_R^*}-\frac{F\eta}{RT}} \tag{3.4.30}$$

整理上式可得到

$$\eta=i\frac{RT}{F}\left(\frac{1}{i_0}+\frac{1}{i_{l,c}}+\frac{1}{i_{l,a}}\right) \tag{3.4.31}$$

根据公式（1.4.28）和公式（3.4.13）所定义的电荷转移和物质传递准电阻，此公式可写为

$$\boxed{\eta=-i(R_{ct}+R_{mt,c}+R_{mt,a})} \tag{3.4.32}$$

在此清楚地看到当 i_0 远大于极限电流时，$R_{ct} \ll R_{mt,c}+R_{mt,a}$，过电势即使在 E_{eq} 附近，也是一个浓度过电势。另一方面，i_0 远小于极限电流时，当 $R_{mt,c}+R_{mt,a} \ll R_{ct}$ 时，在 E_{eq} 附近的过电势是由于电荷转移的活化。这种观点是理解 3.4.3(a) 节中的论点另一种简单的方式。

在 Tafel 区域，可得到公式（3.4.29）的其他的有用形式。对于阴极部分 η 值较大处，阳极的贡献不重要，式（3.4.29）变为

$$\frac{i}{i_0}=\left(1-\frac{i}{i_{l,c}}\right)e^{-\alpha f\eta} \tag{3.4.33}$$

或

$$\eta=\frac{RT}{\alpha F}\ln\frac{i_0}{i_{l,c}}+\frac{RT}{\alpha F}\ln\frac{(i_{l,c}-i)}{i} \tag{3.4.34}$$

当体系的 Tafel 图因传质影响变得复杂时，该公式对求算其动力学参数是有用的。

3.5 多步骤机理[11,13,14,25,26,35]

过去的几节中集中讨论了简单的单步骤单电子反应的正向和逆向速率常数与电势之间的依赖关系上。就此而论，已经定性和定量地理解了电极动力学的重要特征。同时也发展了一系列的公式，并期望它们能够应用于一些实际化学体系，例如

$$Fe(CN)_6^{3-}+e \rightleftharpoons Fe(CN)_6^{4-} \tag{3.5.1}$$

$$Tl^{+}+e \overset{Hg}{\rightleftharpoons} Tl(Hg) \tag{3.5.2}$$

$$\text{Anthracene}+e \rightleftharpoons \text{Anthracene}^{\cdot-} \tag{3.5.3}$$

但是现在必须认识到许多电极过程的机理是多步骤的。例如，如下重要的反应

$$2H^{+}+2e \rightleftharpoons H_2 \tag{3.5.4}$$

显然必须引入几个基元反应。氢核以氧化态形式独立存在，必须通过还原使其结合起来。在还原过程中，必须有一对电荷转移，并以某些化学方式使两个氢核联结起来。也考虑如下的还原反应

$$Sn^{4+}+2e \rightleftharpoons Sn^{2+} \tag{3.5.5}$$

两个电子同时隧穿界面是现实的吗？或者应该考虑经历了还原和氧化次序的两个单电子过程，其间生成了一个 Sn^{3+} 中间体。另外一个看似简单的情况是从硝酸钾中沉积银：

$$Ag^{+}+e \rightleftharpoons Ag \tag{3.5.6}$$

然而已有证据表明该还原过程至少引入了一个电荷转移步骤，产生一个吸附的银原子（adatom，吸附原子）和一个结晶步骤。在结晶过程中，吸附原子在银的表面迁移直到它找到一个空的晶位点。电极过程也可能涉及初始反应物、中间体和产物的吸附和脱附的动力学。

因此，电极反应通常很复杂，对于机理的每一步，都可以得到电流和电势间的明确的理论关系。除了考虑初始反应物和产物的浓度外，此关系式应考虑所有步骤的电势关系与所有中间体的表面浓度。

人们在研究复杂电极反应机理方面已经付出了很大的努力。一个通用的方法是基于稳态电流-电势曲线。理论响应是基于各种机理推导出的，然后比较其预计的行为，例如交换电流随反应物浓度的变化，与实验得到的行为进行比较。在文献中有大量的关于此方法非常好的评论[8～14,25,26,35]。除了在习题 3.7 和习题 3.10 以外，在此章中将不深入探讨特例。对于复杂行为的研究，更常用的是暂态响应，如不同扫速下的循环伏安法。采用这类技术从实验上研究多步骤反应见第 12 章。

3.5.1 决速电子转移

在化学动力学的研究中，由于认识到机理中某一步骤较其他步骤慢得多，从而决定着整个反

应的速率，人们常对反应行为的预测和分析进行简化。如果反应机理是一个电极过程，其决速步骤（rate-determining step，RDS）可能为一个异相电子转移反应。

在电化学中一个被广泛接受的概念是一个真实的基元电子转移反应总是只涉及一个电子交换，这样，若整个过程中涉及 n 个电子的变化，则必须引入 n 个确切的电子转移步骤。当然，它也可能涉及其他的基元反应，如吸附、脱附或远离界面的化学反应。以此观点，一个决速电子转移总是一个单电子过程，虽然通常必须理解为中间体的浓度，而不是初始物或最终产物的浓度，前面所推导的有关单步骤单电子过程的结论能够适用于描述 RDS 的性质。

例如，考虑 O 经过多电子步骤还原为 R 的情况

$$\mathrm{O}+ne \rightleftharpoons \mathrm{R} \tag{3.5.7}$$

其机理具有如下的特点：

$$\mathrm{O}+n'\mathrm{e} \rightleftharpoons \mathrm{O}'\text{（RDS 之前步骤的净结果）} \tag{3.5.8}$$

$$\mathrm{O}'+\mathrm{e} \underset{k_b}{\overset{k_f}{\rightleftharpoons}} \mathrm{R}'\text{（RDS）} \tag{3.5.9}$$

$$\mathrm{R}'+n''\mathrm{e} \rightleftharpoons \mathrm{R}\text{（RDS 之后步骤的净结果）} \tag{3.5.10}$$

显然 $n'+n''+1=n$[1]。

电流-电势的特征可写为

$$i=nFAk^0_{\mathrm{rds}}\left[C_{\mathrm{O}'}(0,t)\mathrm{e}^{-\alpha f(E-E^{\ominus\prime}_{\mathrm{rds}})}-C_{\mathrm{R}'}(0,t)\mathrm{e}^{(1-\alpha)f(E-E^{\ominus\prime}_{\mathrm{rds}})}\right] \tag{3.5.11}$$

这里 k^0_{rds}、α 和 $E^{\ominus\prime}_{\mathrm{rds}}$ 适用于 RDS。上式用以扫描 RDS 的电流-电势特征，由公式（3.3.11）乘以 n 得出，因为每转换一个 O′到 R′结果是有 n 个电子流动通过界面而不是一个电子。浓度 $C_{\mathrm{O}'}(0,t)$ 和 $C_{\mathrm{R}'}(0,t)$ 不仅由物质传递和异相电子反应动力学相互作用所控制，如 3.4 节所述，也与前置和随后反应的特性有关。这种情况相当复杂，因此并不试图讨论该通用问题。然而，它存在几种重要而简单的情况，将在此进行扼要的推导[2]。

3.5.2 平衡时的多步骤过程

如果整个过程存在一个真实的平衡，那么机理中的所有步骤均各自处于平衡。这样，表面浓度 O′和 R′分别与 O 和 R 的本体浓度相对应，指定它们为 $(C_{\mathrm{O}'})_{\mathrm{eq}}$ 和 $(C_{\mathrm{R}'})_{\mathrm{eq}}$。认识到 $i=0$，可以采用推导出公式（3.4.2）的方法得到类似的关系式

$$\mathrm{e}^{f(E_{\mathrm{eq}}-E^{\ominus\prime}_{\mathrm{rds}})}=\frac{(C_{\mathrm{O}'})_{\mathrm{eq}}}{(C_{\mathrm{R}'})_{\mathrm{eq}}} \tag{3.5.12}$$

对于从式（3.5.8）～式（3.5.10）所示的机理，前置和随后的反应遵循 Nernst 关系式定义的平衡，它们可被写为如下的形式：

$$\mathrm{e}^{n'f(E_{\mathrm{eq}}-E^{\ominus\prime}_{\mathrm{pre}})}=\frac{C^*_{\mathrm{O}}}{(C_{\mathrm{O}'})_{\mathrm{eq}}} \qquad \mathrm{e}^{n''f(E_{\mathrm{eq}}-E^{\ominus\prime}_{\mathrm{post}})}=\frac{C^*_{\mathrm{R}}}{(C_{\mathrm{R}'})_{\mathrm{eq}}} \tag{3.5.13}$$

式中，$E^{\ominus\prime}_{\mathrm{pre}}$ 和 $E^{\ominus\prime}_{\mathrm{post}}$ 分别适用于式（3.5.8）和式（3.5.10）。替换在式（3.5.12）中 O′和 R′的平衡浓度可得

$$\mathrm{e}^{f(E_{\mathrm{eq}}-E^{\ominus\prime}_{\mathrm{rde}})}\mathrm{e}^{n'f(E_{\mathrm{eq}}-E^{\ominus\prime}_{\mathrm{pre}})}\mathrm{e}^{n''f(E_{\mathrm{eq}}-E^{\ominus\prime}_{\mathrm{post}})}=\frac{C^*_{\mathrm{O}}}{C^*_{\mathrm{R}}} \tag{3.5.14}$$

由于 $n=n'+n''+1$，整个过程的标准平衡电势 $E^{\ominus\prime}$（见习题 2.10）为

$$E^{\ominus\prime}=\frac{E^{\ominus\prime}_{\mathrm{rds}}+n'E^{\ominus\prime}_{\mathrm{pre}}+n''E^{\ominus\prime}_{\mathrm{post}}}{n} \tag{3.5.15}$$

将式（3.5.14）简化为

$$\mathrm{e}^{nf(E_{\mathrm{eq}}-E^{\ominus\prime})}=\frac{C^*_{\mathrm{O}}}{C^*_{\mathrm{R}}} \tag{3.5.16}$$

---

[1] 如果 n' 和 n'' 中的一个或两者为零，随后的讨论仍成立。

[2] 在第一版和许多文献中，以 n_a 作为决速步骤的 n，结果是 n_a 出现在许多动力学表达式中。由于 n_a 可能总是等于 1，它是一个多余的符号，因此在此版中被删去。对于一个多步骤的过程其电流-电势关系常被表示为 $i=nFAk^0[C_{\mathrm{O}}(0,t)\mathrm{e}^{-\alpha n_a f(E-E^{\ominus\prime})}-C_{\mathrm{R}}(0,t)\mathrm{e}^{(1-\alpha)n_a f(E-E^{\ominus\prime})}]$，它对于多步骤机理的 i-E 关系并不是一个精确的形式。

它是总反应的指数形式 Nernst 公式。

$$E_{eq}=E^{\ominus\prime}+\frac{RT}{nF}\ln\left(\frac{C_O^*}{C_R^*}\right) \tag{3.5.17}$$

当然，如果需要证实动力学模型的正确性，这就是所需要的结果，重要的是，无论是对于 $i=0$ 的极限情况，通过 BV 模型都可以得到 Nernst 关系式。此处的推导是对于前置和随后反应均涉及净电荷转移的机理而言，然而，对于任何反应次序，只要它化学上可逆并可建立一个真正的平衡，采用类似的方法都可得到同样的结果。

3.5.3 Nernst 形式的多步骤过程

如果机理中所有步骤的速率都很快，那么所有步骤的交换速率与净反应速率相比都要大，即使有净电流流动，所有参与反应的物质的浓度在该区域本质上总是处于平衡状态。在这种 Nernst（可逆）条件下，对于 RDS 的结论已经得到，正如式（3.4.27）所示，现在将此写成指数形式：

$$\frac{C_{O'}(0,t)}{C_{R'}(0,t)}=e^{f(E-E_{rds}^{\ominus\prime})} \tag{3.5.18}$$

前置和随后反应的平衡表达式将 O′和 R′的表面浓度与 O 和 R 的表面浓度联系起来。在如从式(3.5.8)～式（3.5.10）所示的机理中，如果这些过程涉及界面电荷转移，其表达式有能斯特形式

$$e^{n'f(E-E_{pre}^{\ominus\prime})}=\frac{C_O(0,t)}{C_{O'}(0,t)} \quad e^{n''f(E-E_{post}^{\ominus\prime})}=\frac{C_{R'}(0,t)}{C_R(0,t)} \tag{3.5.19}$$

通过类似于从式（3.5.12）推导式（3.5.16）的步骤，对于可逆体系有

$$e^{nf(E_{eq}-E^{\ominus\prime})}=\frac{C_O(0,t)}{C_R(0,t)} \tag{3.5.20}$$

它可重排为

$$\boxed{E_{eq}=E^{\ominus\prime}+\frac{RT}{nF}\ln\left[\frac{C_O(0,t)}{C_R(0,t)}\right]} \tag{3.5.21}$$

此关系式是一个非常重要的通用结果。它说明对于动力学上较快的体系，无论有无电流流动，也无论联系这些物质的机理细节如何，在所有时间内电极电势与初始反应物和最终产物的表面浓度在该区域内都处于 Nernst 平衡状态。式（3.5.17）和式（3.5.21）是在前置和随后反应涉及净电荷转移的情况下推导出来的，然而人们可以容易地将此推导通用化，并适用于其他的类型。必要条件是所有的步骤应该在化学上可逆且动力学上是快速的❶。

许多实际的体系满足这些条件，采用电化学方法研究它们可以得出丰富的化学信息（见 5.4.4 节）。一个很好的例子是汞电极上乙二胺（en）与 Cd(Ⅱ）的配合物的还原反应：

$$Cd(en)_3^{2+}+2e \xrightleftharpoons{Hg} Cd(Hg)+3en \tag{3.5.22}$$

3.5.4 准可逆和不可逆的多步骤过程

如果一个多步骤过程既不是 Nernst 形式的，也不处在平衡态，动力学将影响其在电化学实验中的行为，人们可以应用这些结果判断机理和得到动力学参数。正如研究均相动力学的那样，人们可以提出一个关于机理的假设，以此假设为基础预计实验行为，将预计的结果与实验结果进行对比。在电化学领域，预测反应特征的一个重要部分是根据可控制的参数发展电流-电势特征，如控制参与物的浓度。

如果 RDS 是一个异相电子转移步骤，那么电流-电势关系有式（3.5.11）的形式。对于大多数机理，该公式直接的用途是有限的，因为 O′和 R′是中间体，其浓度不能直接控制。公式(3.5.11）仍然可作为更实际的电流-电势关系式的基础，因为人们可以采用假定的机理根据更容易控制的物质浓度，如 O 和 R 的浓度来表示 $C_{O'}(0,t)$和 $C_{R'}(0,t)$。

---

❶ 在可逆的极限情况下，不再适宜谈一个 RDS，因为动力学不是速率控制步骤。保留此术语是因为要考察当动力学变得很快时，一个含有 RDS 的机理的电流-电势行为。

不幸的是，在实际应用中，结果容易复杂化。例如，考虑从式（3.5.8）～式（3.5.10）所示的简单机理，这里前置和随后的反应都假设为动力学上足够快，可以保持该区域的平衡。总的能斯特关系式（3.5.19）将O和R的表面浓度与O′和R′的表面浓度联系起来。这样，电流-电势的关系式（3.5.11）可通过初始反应物O和最终产物R的表面浓度表达为

$$i=nFAk_{\rm rds}^{0}C_{\rm O}(0,t)\mathrm{e}^{-n'f(E-E_{\rm pre}^{\ominus\prime})}\mathrm{e}^{-\alpha f(E-E_{\rm rds}^{\ominus\prime})}-nFAk_{\rm rds}^{0}C_{\rm R}(0,t)\mathrm{e}^{-n''f(E-E_{\rm post}^{\ominus\prime})}\mathrm{e}^{(1-\alpha)f(E-E_{\rm rds}^{\ominus\prime})} \tag{3.5.23}$$

该式可重写为

$$i=nFA[k_{\rm f}C_{\rm O}(0,t)-k_{\rm b}C_{\rm R}(0,t)] \tag{3.5.24}$$

这里

$$k_{\rm f}=k_{\rm rds}^{0}\mathrm{e}^{f[n'E_{\rm pre}^{\ominus\prime}+\alpha E_{\rm rds}^{\ominus\prime}]}\mathrm{e}^{-(n'+\alpha)fE} \tag{3.5.25}$$

$$k_{\rm b}=k_{\rm rds}^{0}\mathrm{e}^{-f[n''E_{\rm post}^{\ominus\prime}+(1-\alpha)E_{\rm rds}^{\ominus\prime}]}\mathrm{e}^{(n''+1-\alpha)fE} \tag{3.5.26}$$

这些结果的要点是解释在处理隐含一个RDS的多步骤机理时的一些困难。电势与速率常数的关系可不再用两个参数表示，其中一个可解释为内在动力学难易程度的量度。取而代之的是k^0由于式（3.5.25）和式（3.5.26）中的第一个指数因子而变得模糊了，两者表示的是机理中的热力学关系。人们必须设法先求出n'，n''，$E_{\rm pre}^{\ominus\prime}$，$E_{\rm post}^{\ominus\prime}$和$E_{\rm rds}^{\ominus\prime}$值，然后才能完全定量地求出RDS的动力学参数。这通常是一个难题。

对一些更加简单的情况，可以得到切实有效的结果。

（1）仅与化学平衡偶合的单电子过程　前面述及的问题的复杂化是由于前置和随后反应均牵涉异相电子转移，因此平衡与E相关。考虑这样的一个替代机理，除了决定速率的界面电子转移以外，仅引入化学平衡反应：

$$\mathrm{O}+\mathrm{Y}\rightleftharpoons\mathrm{O}'\text{(RDS之前步骤的净结果)} \tag{3.5.27}$$

$$\mathrm{O}'+\mathrm{e}\underset{k_{\rm b}}{\overset{k_{\rm f}}{\rightleftharpoons}}\mathrm{R}'\text{(RDS)} \tag{3.5.28}$$

$$\mathrm{R}'\rightleftharpoons\mathrm{R}+\mathrm{Z}\text{(RDS之后步骤的净结果)} \tag{3.5.29}$$

式中，Y和Z为其他物质（例如，质子或配位体）。如果式（3.5.27）和式（3.5.29）反应速率很快，以致它们总是处于平衡的话，那么在式（3.5.11）中的$C_{\rm O'}(0,t)$和$C_{\rm R'}(0,t)$可由相应的平衡常数计算出来，该平衡常数可由独立的实验得到。

（2）初始步骤完全不可逆　假设RDS在机理中是第一步，且是一个完全不可逆的异相电子转移：

$$\mathrm{O}+\mathrm{e}\xrightarrow{k_{\rm f}}\mathrm{R}'\text{(RDS)} \tag{3.5.30}$$

$$\mathrm{R}'+n''\mathrm{e}\longrightarrow\mathrm{R}\text{(RDS之后步骤的净结果)} \tag{3.5.31}$$

除了每个参与反应的O加上n个电子外，式（3.5.30）后续的化学反应与电化学响应无关。这样，电流比式（3.5.30）的结果大n（$=n''+1$）倍。总的结果可由式（3.3.11）的第一项给出，此处$C_{\rm O'}(0,t)=C_{\rm O}(0,t)$

$$i=nFAk^{0}C_{\rm O}(0,t)\mathrm{e}^{-\alpha f(E-E_{\rm rds}^{\ominus\prime})} \tag{3.5.32}$$

文献中有许多具有这类行为的例子，例如在0.1mol/L NaOH溶液中铬酸盐的极谱法还原：

$$\mathrm{CrO_4^{2-}}+4\mathrm{H_2O}+3\mathrm{e}\longrightarrow\mathrm{Cr(OH)_4^-}+4\mathrm{OH^-} \tag{3.5.33}$$

显然该体系的机理是复杂的，但其行为似乎以一个不可逆电子转移过程为第一步。

（3）均相化学反应控制速率　一个完全的电极反应可能涉及均相化学，其中一步可能是RDS。虽然均相反应的速率常数不依赖于电势，但它们可以通过改变界面上活性物质的表面浓度来影响总的电流-电势特征。电分析技术的一些最感兴趣的应用在于阐释有活性物质后续电化学产物的均相化学反应的性质，如自由基的均相化学。第12章将讨论这些问题。

（4）在平衡附近的化学可逆过程　大量的实验方法，如阻抗谱（见第10章），是基于对平衡体系施加小的扰动信号。只要体系是可逆的，这些方法常可相对直接地得到交换电流。值得考虑的是一个多步骤过程在平衡时的交换特性，下面将要考察的例子其总过程为$\mathrm{O}+n\mathrm{e}\rightleftharpoons\mathrm{R}$，受式（3.5.8）～式（3.5.10）所示机理的影响且标准电势是$E^{\ominus\prime}$。

在平衡时，机理中的所有步骤都各自处于平衡，每步骤有一个交换速率。电子转移反应的交

换速率可采用已经看到的交换电流来表示。对于总过程也有一个可用交换电流表示的交换速率。正如现在所考虑的，在一系列机理中有惟一的 RDS，总的交换速率是由 RDS 的交换速率所限制的。根据式（3.4.4）我们可将 RDS 的交换电流写作

$$i_{0,\mathrm{rds}} = FAk^0_{\mathrm{rds}}(C_{O'})_{\mathrm{eq}}\mathrm{e}^{-\alpha f(E_{\mathrm{eq}}-E^{\ominus\prime}_{\mathrm{rds}})} \tag{3.5.34}$$

因为在 RDS 中每交换一个电子，前置和随后反应贡献 $n'+n''$ 个电子，总的交换电流是 n 倍于 RDS 的电流，这样

$$i_0 = nFAk^0_{\mathrm{rds}}(C_{O'})_{\mathrm{eq}}\mathrm{e}^{-\alpha f(E_{\mathrm{eq}}-E^{\ominus\prime}_{\mathrm{rds}})} \tag{3.5.35}$$

可以应用这样的事实，即前置反应处于平衡，$(C_{O'})_{\mathrm{eq}}$ 可用 C^*_O 来表示，将式（3.5.13）代入得

$$i_0 = nFAk^0_{\mathrm{rds}}C^*_O\,\mathrm{e}^{-n'f(E_{\mathrm{eq}}-E^{\ominus\prime}_{\mathrm{pre}})}\,\mathrm{e}^{-\alpha f(E_{\mathrm{eq}}-E^{\ominus\prime}_{\mathrm{rds}})} \tag{3.5.36}$$

乘以 $\mathrm{e}^{(n'+\alpha)f(E^{\ominus\prime}-E^{\ominus\prime})}$，重排后为

$$i_0 = nFAk^0_{\mathrm{rds}}\mathrm{e}^{n'f(E^{\ominus\prime}_{\mathrm{pre}}-E^{\ominus\prime})}\,\mathrm{e}^{\alpha f(E^{\ominus\prime}_{\mathrm{rds}}-E^{\ominus\prime})}\,C^*_O\,\mathrm{e}^{-(n'+\alpha)f(E_{\mathrm{eq}}-E^{\ominus\prime})} \tag{3.5.37}$$

由于建立了平衡，对于总过程 Nernst 公式仍适用。采用式（3.5.16）的形式，两边同时乘以幂 $-\dfrac{n'+\alpha}{n}$，有

$$i_0 = nFAk^0_{\mathrm{rds}}\mathrm{e}^{n'f(E^{\ominus\prime}_{\mathrm{pre}}-E^{\ominus\prime})}\,\mathrm{e}^{\alpha f(E^{\ominus\prime}_{\mathrm{rds}}-E^{\ominus\prime})}\,C^{*[1-(n'+\alpha)/n]}_O\,C^{*[(n'+\alpha)/n]}_R \tag{3.5.38}$$

体系在给定的温度和压力下，这两个指数项是恒定的。为方便起见，将两者合并起来，称为总过程的表观标准速率常数 k^0_{app}（apparent standard rate constant），其定义为

$$k^0_{\mathrm{app}} = k^0_{\mathrm{rds}}\mathrm{e}^{n'f(E^{\ominus\prime}_{\mathrm{pre}}-E^{\ominus\prime})}\,\mathrm{e}^{\alpha f(E^{\ominus\prime}_{\mathrm{rds}}-E^{\ominus\prime})} \tag{3.5.39}$$

于是最后的结果为

$$\boxed{i_0 = nFAk^0_{\mathrm{app}}C^{*[1-(n'+\alpha)/n]}_O\,C^{*[(n'+\alpha)/n]}_R} \tag{3.5.40}$$

该公式一般来讲适用于从式（3.5.8）～式（3.5.10）所示类型的机理，但对于其他反应，如涉及纯粹的均相前置和随后反应，正向和逆向反应的决速步骤不同时不适用。即便如此，若所有步骤在化学上可逆且处于平衡时，在此所用的原理，对于其他类型的体系，仍可导出与式（3.5.40）类似的表达式。总体来讲，可以用表观标准速率常数和各种反应参与物的本体浓度来表示总交换电流。对于一个给定的过程，如果其交换电流可以正确地测量，所推导的关系式可洞察机理的细节。

例如，交换电流随 O 和 R 浓度的变化可给出式（3.5.8）～式（3.5.10）所示的连续机理的 $(n'+\alpha)/n$ 值。采用类似于 3.4.4 节的方法，从式（3.5.40）中可得到

$$\left(\frac{\partial \lg i_0}{\partial \lg C^*_O}\right)_{C^*_R} = 1-\frac{n'+\alpha}{n} \tag{3.5.41}$$

$$\left(\frac{\partial \lg i_0}{\partial \lg C^*_R}\right)_{C^*_O} = \frac{n'+\alpha}{n} \tag{3.5.42}$$

由于 n 常常可以独立地由库仑法或从反应物和产物的化学知识获得，经常计算的是（$n'+\alpha$）。从此值，有可能估算 n' 和 α 值，反过来有可能获得 RDS 的参与物的化学信息。习题 3.7 和习题 3.10 提供了这方面的练习。

正如在此所看到的那样，对于一个多步骤的过程，表观标准速率常数 k^0_{app} 通常并不是一个简单的动力学参数。解释其物理意义可能需要详细地理解机理，包括各基元步骤标准电势或平衡常数等知识。

对这个问题进行更深入的探讨，可以建立具有由式（3.5.8）～式（3.5.10）所示的准可逆过程的电流-过电势关系，自式（3.5.24）～式（3.5.26）开始将第一项乘以 $\exp[-(n'+\alpha)f(E-E_{\mathrm{eq}})]$ 和将第二项乘以 $\exp[-(n'+\alpha)f(E-E_{\mathrm{eq}})]$ 可得

$$\begin{aligned} i = {} & nFAk^0_{\mathrm{rds}}C_O(0,t)\mathrm{e}^{-(n'+\alpha)fE_{\mathrm{eq}}}\,\mathrm{e}^{f[n'E^{\ominus\prime}_{\mathrm{pre}}+\alpha E^{\ominus\prime}_{\mathrm{rds}}]}\,\mathrm{e}^{-(n'+\alpha)f(E-E_{\mathrm{eq}})} - {} \\ & nFAk^0_{\mathrm{rds}}C_R(0,t)\mathrm{e}^{(n''+1-\alpha)fE_{\mathrm{eq}}}\,\mathrm{e}^{f[n''E^{\ominus\prime}_{\mathrm{post}}+(1-\alpha)E^{\ominus\prime}_{\mathrm{rds}}]}\,\mathrm{e}^{(n''+1-\alpha)f(E-E_{\mathrm{eq}})} \end{aligned} \tag{3.5.43}$$

将第一项乘以 $\exp[-(n'+\alpha)f(E^{\ominus\prime}-E^{\ominus\prime})]$，将第二项乘以 $\exp[(n''+1-\alpha)f(E^{\ominus\prime}-E^{\ominus\prime})]$ 可得

$$\begin{aligned} i = {} & nFAk^0_{\mathrm{rds}}C_O(0,t)\mathrm{e}^{-(n'+\alpha)f(E_{\mathrm{eq}}-E^{\ominus\prime})}\,\mathrm{e}^{f[n'E^{\ominus\prime}_{\mathrm{pre}}+\alpha E^{\ominus\prime}_{\mathrm{rds}}-(n'+\alpha)E^{\ominus\prime}]}\,\mathrm{e}^{-(n'+\alpha)f\eta} - {} \\ & nFAk^0_{\mathrm{rds}}C_R(0,t)\mathrm{e}^{(n''+1-\alpha)f(E_{\mathrm{eq}}-E^{\ominus\prime})}\,\mathrm{e}^{-f[n''E^{\ominus\prime}_{\mathrm{post}}+(1-\alpha)E^{\ominus\prime}_{\mathrm{rds}}-(n''+1-\alpha)E^{\ominus\prime}]}\,\mathrm{e}^{(n''+1-\alpha)f\eta} \end{aligned} \tag{3.5.44}$$

这里 $(E-E_{eq})$ 为 η。每一项中的第一指数项可按照式（3.5.16）重新写为本体浓度的函数，结果为

$$i=nFAk_{rds}^0C_O(0,t)C_O^{*[(n'+\alpha)/n]}C_R^{*[(n'+\alpha)/n]}e^{f[n'E_{pre}^{\ominus'}+\alpha E_{rds}^{\ominus'}-(n'+\alpha)E^{\ominus'}]}e^{-(n'+\alpha)f\eta}-$$
$$nFAk_{rds}^0C_R(0,t)C_O^{*[(n''+1-\alpha)/n]}C_R^{*-[(n''+1-\alpha)/n]}e^{-f[n''E_{post}^{\ominus'}+(1-\alpha)E_{rds}^{\ominus'}-(n''+1-\alpha)E^{\ominus'}]}e^{(n''+1-\alpha)f\eta} \tag{3.5.45}$$

除以式（3.5.40）所给出的交换电流，合并本体浓度得到

$$\frac{i}{i_0}=\frac{k_{rds}^0}{k_{app}^0}\frac{C_O(0,t)}{C_O^*}e^{f[n'E_{pre}^{\ominus'}+\alpha E_{rds}^{\ominus'}-(n'+\alpha)E^{\ominus'}]}e^{-(n'+\alpha)f\eta}-$$
$$\frac{k_{rds}^0}{k_{app}^0}\frac{C_R(0,t)}{C_R^*}e^{-f[n''E_{post}^{\ominus'}+(1-\alpha)E_{rds}^{\ominus'}-(n''+1-\alpha)E^{\ominus'}]}e^{(n''+1-\alpha)f\eta} \tag{3.5.46}$$

这里，已知 $n'+n''+1=n$。代入由式（3.5.39）所得 k_{app}^0，合并指数项，最后的结果为

$$\boxed{\frac{i}{i_0}=\frac{C_O(0,t)}{C_O^*}e^{-(n'+\alpha)f\eta}-\frac{C_R(0,t)}{C_R^*}e^{(n''+1-\alpha)f\eta}} \tag{3.5.47}$$

它类似于公式（3.4.10）。

当电流较小或物质传递很有效时，表面浓度与本体浓度没有大的差别，这样

$$\boxed{i=i_0\left[e^{-(n'+\alpha)f\eta}-e^{(n''+1-\alpha)f\eta}\right]} \tag{3.5.48}$$

它与公式（3.4.10）类似。在小的过电势下，此关系式可通过 $e^x=1+x$ 近似为线性，

$$\boxed{i=-i_0nf\eta} \tag{3.5.49}$$

它相应于公式（3.4.12）。对于此多步骤体系的电荷转移电阻为

$$\boxed{R_{ct}=\frac{RT}{nFi_0}} \tag{3.5.50}$$

它是公式（3.4.13）的通用式。

讨论所得到的式（3.5.47）～式（3.5.50）特定于式（3.5.8）～式（3.5.10）所假设的机理，但对于任何准可逆机理采用同样的技术可得到类似的结果。事实上，公式（3.5.49）～式（3.5.50）对于准可逆多步骤过程是通用的，它们是通过诸如阻抗谱（基于对平衡体系的微扰动技术）这样的方法实验测量 i_0 的基础。

3.6 电荷转移的微观理论

在上述几节中，探讨了基于宏观概念的异相电子转移动力学的一般理论，其中反应的速率可通过唯象参数 k^0 和 α 来表示。这种方法对于帮助组织实验研究的结果和提供有关反应机理的信息是有用的，但不能够用于预测动力学是如何受反应物质、溶剂、电极材料和电极吸附层的性质及结构等因素的影响。为了得到这些信息，人们需要一个微观的理论去描述分子结构和环境是如何影响电子转移过程的。

在过去的 45 年中，为发展微观理论已进行了大量的工作。其目的是使预测的结果能够被实验证实，以便人们可以理解引起反应在动力学上或快或慢的基本结构和环境因素。在此理解的基础上，将会有更加坚实的基础去设计许多有科学和技术应用价值的优越新体系。在此领域 Marcus[37,38]，Hush[39,40]，Levich[41]，Dogonadze[42] 和其他人做出了主要的贡献。已有许多全面的综述[43~50]，论述了有关在均相溶液和生物体系中与电子转移反应相关的领域的详细的处理[51~53]。在本节中所采用的方法主要是基于 Marcus 模型，它在电化学研究中已有广泛的应用，并已被证明通过最少量的计算，它便有能力进行关于结构对动力学影响的有用的预测。Marcus 因此贡献而获得 1992 年度诺贝尔化学奖。

首先，区分在电极上发生的内层（inner-sphere）和外层（outer-sphere）电子转移反应是有益的（图 3.6.1）。这些术语是借用描述配合物电子转移反应所采用的术语[54]。“外层”表示在两个粒子之间的反应，在活化配合物中两者保持各自初始的配合层［“电子从一个初始键体系转

移到另外一个体系”[54]]。相反地，“内层”反应是发生在一个活化配合物中，发生反应的离子共享一个配合剂［“在一个初始键体系中电子转移”[54]]。

均相电子转移

外层

$Co(NH_3)_6^{3+} + Cr(bpy)_3^{2+} \longrightarrow Co(NH_3)_6^{2+} + Cr(bpy)_3^{3+}$

内层

$Co(NH_3)_5Cl^{2+} + Cr(H_2O)_6^{2+} \longrightarrow (NH_3)_5COClCr(H_2O)_5^{4+}$

异相电子转移

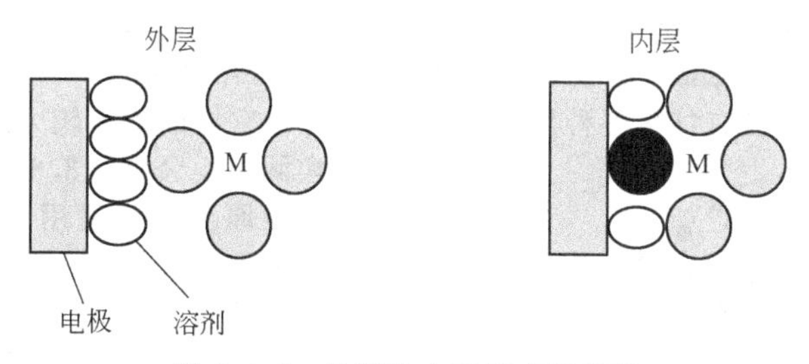

图 3.6.1　外层和内层反应的示意

内层的均相反应在失去一个水分子后，产生一个配位体桥联的配合物（见图），它能分解为 $CrCl(H_2O)_5^{2+}$ 和 $Co(NH_3)_5(H_2O)^{2+}$。在异相反应中，图中显示了一个金属离子（M）被配位体所包围。在内层反应情况下，可用较黑的颜色来表示一个配合剂吸附到电极上并实现电极与金属的桥联。后面的一个实例是在 Cl^- 或 Br^- 存在时，在汞电极上 $Cr(H_2O)_5^{2+}$ 的氧化

同样，在一个外层电极反应（outer-sphere reaction）中，反应物和产物与电极表面之间没有很强的相互作用，它们通常在距电极至少有一个溶剂层。一个典型的例子是异相还原 $Ru(NH_3)_6^{3+}$，在电极表面的反应物本质上与在本体溶液中的一样。在一个内层电极反应中，反应物、中间体或产物与电极均有较强的相互作用，即这类反应在电极反应中涉及物质的特性吸附。水溶液中 Pt 电极上氧还原和氢氧化便是内层反应。另外一类内层反应以特性吸附阴离子作为金属离子的配位桥梁[55]。显然外层反应不如内层反应那么依赖于电极材料的性质❶。

外层电子转移反应与内层过程相比，可用更加一般的方式进行处理，而在内层过程中特性化学和相互作用是重要的。因此，外层电子转移反应的理论得到了更加深入地发展，下面的讨论适用于这类反应。然而，如在燃料电池和电池等的实际应用中，更复杂的内层反应亦很重要。这样的理论，正如第 13 章中所要描述的那样，需要考虑特性吸附的影响以及在异相催化反应中的诸多重要因素等[56]。

3.6.1　Marcus 微观模型

考虑一个外层反应，一个电子从电极转移到物质 O，形成产物 R。此异相过程与采用一个恰当的还原剂 R′，将 O 还原到 R 的均相反应紧密相关

$$O + R' \longrightarrow R + O' \tag{3.6.1}$$

将发现在同一理论范畴中考虑这两种情况是方便的。电子转移反应，无论是均相或异相的，都是反应粒子的无辐射电子重排。因此，在电子转移理论和激发态分子的无辐射去活化的处理之间存在许多共同的因素[57]。由于转移是无辐射的，电子必须从一个初始态（在电极上或在还原剂 R′上）移到具有同等能量的接受态（在物质 O 或电极上）。这种对等能电子转移（isoenergetic electron transfer）的要求是一个具有深远意义的基本观点。

对于大多数电子转移的微观理论，第二个重要观点是假设在实际转移过程中反应物和产物的构型并不变化。这种思想本质上是基于 Frank-Condon 原理（Franck-Condon principle），该原理认为，在电子过渡的时间范围内，核动量和位置不发生变化。这样，反应物 O 和产物 R 在转移的时刻有相同的核构型。

再一次考虑粒子 O 和 R 的标准自由能❷与反应坐标之间的关系（见图 3.3.2），但现在更加仔

---

❶ 即使与电极之间没有强的相互作用，外层反应也与电极材料有关，因为①双层的影响（见 13.7 节）；②金属对 Helmholtz 层结构的影响；③电极上电子能量和能态分布的影响。

❷ 见 3.1.2 节中与采用标准热力学量相关的脚注。

细地考察反应坐标的性质和标准自由能的计算。目标是得到标准自由活化能 $\Delta G^{\neq}$ 与反应物结构参数之间的函数表达式，这样公式（3.1.17）（或紧密相关的形式）可用于计算速率常数。在早期的理论工作中，速率常数的指前因子表示为碰撞数[37,38,58,59]，但现在所用的形式导出如下表达式：

$$k_f = K_{P,O}\nu_n\kappa_{el}\exp(-\Delta G_f^{\neq}/RT) \tag{3.6.2}$$

式中，$\Delta G_f^{\neq}$ 为 O 还原的活化能；$K_{P,O}$为前置平衡常数（precursor equilibrium constant），它代表了在电极上反应位置的反应物浓度（前置态）与本体溶液中的浓度之比；ν_n为核频率因子（nuclear frequency factor），s^{-1}，它代表了粒子翻越能垒的频率（通常与化学键振动和溶剂运动有关）；κ_{el}为电子传输系数（electronic transmission coefficient）（见 3.6.4 节，与电子隧穿的概率有关）。若一个反应其反应物很靠近电极，反应物和电极之间有很强的偶合作用，这时 κ_{el}通常看作 1（见 3.6.4 节）❶。显然已有估算各种因子的方法[48]，但它们的值有较大的不确定性。

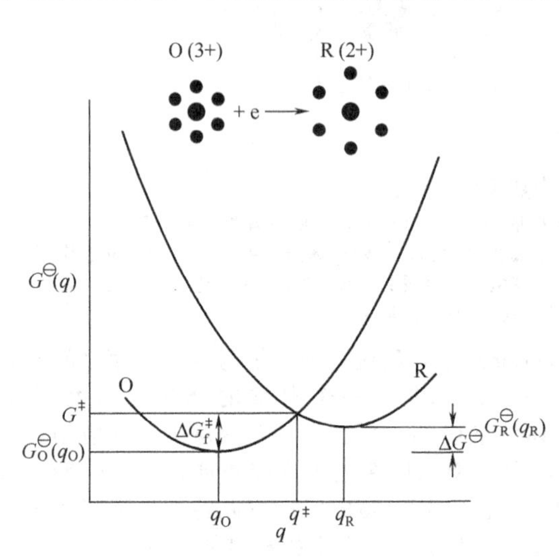

图 3.6.2　对于如 $Ru(NH_3)_6^{3+} + e \longrightarrow Ru(NH_3)_6^{2+}$ 的电子转移反应，标准自由能 $G^{\ominus}$ 与反应坐标 q 的函数关系

此图适用于 O 和 R 在电极上发生的异相反应或如式（3.6.1）所示的均相反应，其中 O 和 R 与另外的氧化还原电对间反应。对于异相反应，曲线 O 是电势 E 对应的 Fermi 能级上粒子 O 与电极上电子的能量总和。这样，$\Delta G^{\ominus} = F(E-E^{\ominus})$。对于均相反应，曲线 O 是 O 和反应物伴生物 R′的能量的总和，曲线 R 是 R 和 O′的总和，这样 $\Delta G^{\ominus}$ 是反应的标准自由能的变化。图的上方是伴随着电子转移可能发生的结构变化的通用表示法。周围六个点的空间变化代表例如电活性物质键长的变化或外围溶剂层的重构

实际上，公式（3.6.2）既适用于在电极上的异相还原反应也适用于均相溶液中一个反应物将 O 还原为 R 的电子转移反应。对于一个异相电子转移反应，前置态可以认为是一个反应物移动到电子转移可能发生的电极表面附近。这样，$K_{P,O} = C_{O,surf}/C_O^*$，这里 $C_{O,surf}$ 是表面浓度，其单位是 mol/cm²。因此 $K_{P,O}$的单位是 cm，k_f的单位是 cm/s。对于一个在 O 和 R′之间发生的均相电子转移，前置态可被认为是一个反应单元，OR′两者距离很近以致允许一个电子发生转移。所以 $K_{P,O} = [OR']/[O][R']$，如果浓度采用常规的单位，$K_{P,O}$ 单位为 $L \cdot mol^{-1}$。正如所需要的那样，该结果给出的速率常数 k_f 的单位为 $L \cdot mol^{-1}$。

对于两者中的任一情况，认为反应发生在一个多维表面上，该表面定义为体系相对于反应物、产物和溶剂的核坐标（原子的相对位置）的标准自由能。核坐标的变化来源于 O 和 R 的振动和转动，以及溶剂分子位置和方向的波动。像往常一样，将注意力集中在反应物和产物之间在能量上有利的途径，通过反应坐标 q 测量其进程。两个一般的假设是①反应物 O 集中分布在距电极的某个固定的位置（或者在一个双分子均相反应中，反应物之间的距离是固定的）；②O 和 R 的标准自由能，$G_O^{\ominus}$ 和 $G_R^{\ominus}$ 与反应坐标是平方的关系[49]：

$$G_O^{\ominus}(q) = (k/2)(q-q_O)^2 \tag{3.6.3}$$

$$G_R^{\ominus}(q) = (k/2)(q-q_R)^2 + \Delta G^{\ominus} \tag{3.6.4}$$

式中，q_O和 q_R为相对于 O 和 R 的平衡原子构型的坐标值；k 为正比常数（例如，对于键长变化的一个力常数）。对所考虑的情况，$\Delta G^{\ominus}$ 既可是一个均相电子转移的反应自由能，也可为一个电极反应的自由能 $F(E-E^{\ominus})$。

先考虑一个特别简单的情况，以给出一个我们这里所暗示的物理图像。假设反应物是一个双原子分子 A-B，产物是 A-B⁻。在一级近似的情况下，核坐标可以是 A-B(q_O) 和 A-B⁻(q_R) 键长，自由能的方程代表在常规谐振子近似范畴内的键的伸缩能量。当溶剂分子也对活化自由能有

❶ 指数项有时也包括核隧穿因子 Γ_n。它来源于量子力学处理那些电子转移的核构型能量低于过渡态的情况[48,60]。

贡献（有时是主要的），此图像就过于简化了。在下面的讨论中，假定溶剂偶极子对活化自由能的贡献呈平方关系。

图 3.6.2 显示了基于式（3.6.3）和式（3.6.4）的典型的自由能曲线。图的上部所显示的分子代表反应物的稳定构型，例如 $Ru(NH_3)_6^{3+}$ 和 $Ru(NH_3)_6^{2+}$ 作为 O 和 R，它也提供了还原过程中核构型的图像变化。过渡态在 O 和 R 具有相同构型的位置，在反应坐标上用 $q^{\neq}$ 表示。为了与 Frank-Condon 原理一致，电子转移仅在该位置发生。

过渡态的自由能可由下式给出

$$G_O^{\ominus}(q^{\neq})=(k/2)(q^{\neq}-q_O)^2 \tag{3.6.5}$$

$$G_R^{\ominus}(q^{\neq})=(k/2)(q^{\neq}-q_R)^2+\Delta G^{\ominus} \tag{3.6.6}$$

由于 $G_O^{\ominus}(q^{\neq})=G_R^{\ominus}(q^{\neq})$，解式（3.6.5）和式（3.6.6）得到 $q^{\neq}$ 的值

$$q^{\neq}=\frac{(q_R+q_O)}{2}+\frac{\Delta G^{\ominus}}{k(q_R-q_O)} \tag{3.6.7}$$

O 还原的活化自由能由下式给出

$$\Delta G_f^{\neq}=G_O^{\ominus}(q^{\neq})-G_O^{\ominus}(q_O)=G_O^{\ominus}(q^{\neq}) \tag{3.6.8}$$

这里注意到正如式（3.6.3）所定义的，$G_O^{\ominus}(q_O)=0$。将式（3.6.7）代入式（3.6.5）得到

$$\Delta G_f^{\neq}=\frac{k(q_R-q_O)^2}{8}\left[1+\frac{2\Delta G^{\ominus}}{k(q_R-q_O)^2}\right]^2 \tag{3.6.9}$$

定义 $\lambda=(k/2)(q_R-q_O)^2$，我们有

$$\boxed{\Delta G_f^{\neq}=\frac{\lambda}{4}\left(1+\frac{\Delta G^{\ominus}}{\lambda}\right)^2} \tag{3.6.10a}$$

或者对于一个电极反应

$$\boxed{\Delta G_f^{\neq}=\frac{\lambda}{4}\left[1+\frac{F(E-E^{\ominus})}{\lambda}\right]^2} \tag{3.6.10b}$$

可能存在超越在上述推导中所考虑的自由能的贡献。一般来讲，它们涉及将反应物和产物从介质中的平均环境带到电子转移发生的特定环境的能量变化，其中包括离子对的能量和反应物及产物到达反应位置所需的静电功（例如，将一个荷正电的反应物带到一个带正电荷的电极附近某个位置）。这些影响通常由通过引入功项（work terms）w_O 和 w_R 来处理，它们是对 $\Delta G^{\ominus}$ 或 $F(E-E^{\ominus})$ 的调整。为了简便起见，它们在上面的公式中被省略。包括功项的完全公式是[1]

$$\boxed{\Delta G_f^{\neq}=\frac{\lambda}{4}\left(1+\frac{\Delta G^{\ominus}-w_O+w_R}{\lambda}\right)^2} \tag{3.6.11a}$$

$$\boxed{\Delta G_f^{\neq}=\frac{\lambda}{4}\left[1+\frac{F(E-E^{\ominus})-w_O+w_R}{\lambda}\right]^2} \tag{3.6.11b}$$

关键的参数是重组能 λ（reorganization energy），它代表将反应物和溶剂的核构型转变为产物核构型所需要的能量。通常它被分为内重组能 λ_i 和外重组能 λ_o 两个部分。

$$\lambda=\lambda_i+\lambda_o \tag{3.6.12}$$

式中，λ_i 代表物质 O 重组的贡献；λ_o 为溶剂重组的贡献[2]。

在某种程度上反应物的常规模式在所需要的失真范围内保持谐振，原理上讲，人们可将反应物的常规振动模式总和起来计算 λ_i，即

$$\lambda_i=\sum_j\frac{1}{2}k_j(q_{O,j}-q_{R,j})^2 \tag{3.6.13}$$

---

[1] 习惯上将 w_O 和 w_R 定义为从反应物和产物在介质中的平均环境到建立反应位置所需要做的功。式（3.6.11a）和式（3.6.11b）中的符号和此一致。在许多情况下，功项也指前驱平衡的自由能的变化。对此情况，$w_O=-RT\ln K_{P,O}$ 和 $w_R=-RT\ln K_{P,R}$。

[2] 人们不应混淆 λ 的内组分和外组分与内、外层反应的概念。此时，处理的是一个外层反应，λ_i 和 λ_o 是简单地将能量各自简单地分割成键长的变化（例如一个金属-配体键）和溶剂化的变化。

式中，k 为力常数；q 为常规模式坐标的位移。

典型的 λ_o 是通过假设溶剂是一个介电连续区，反应物是一个半径为 a_O 的球形而计算。对于一个电极反应

$$\boxed{\lambda_o=\frac{e^2}{8\pi\varepsilon_0}\left(\frac{1}{a_O}-\frac{1}{R}\right)\left(\frac{1}{\varepsilon_{op}}-\frac{1}{\varepsilon_s}\right)} \tag{3.6.14a}$$

式中，ε_{op} 和 ε_s 分别为光学和静电介电常数；R 是分子的中心到电极的距离的两倍（即 $2x_0$，它是反应物和它在电极上的镜像电荷之间的距离）❶。对于一个均相电子转移反应

$$\boxed{\lambda_o=\frac{e^2}{4\pi\varepsilon_0}\left(\frac{1}{2a_1}+\frac{1}{2a_2}-\frac{1}{d}\right)\left(\frac{1}{\varepsilon_{op}}-\frac{1}{\varepsilon_s}\right)} \tag{3.6.14b}$$

式中，a_1 和 a_2 为反应物的半径［在式（3.6.1）中为 O 和 R 的］，$d=a_1+a_2$。λ 的典型值是0.5～1eV。

3.6.2 Marcus 理论的推论

从原理上讲，通过计算前置因子项和 λ 值，有可能估算一个电极反应的速率常数，但在实际中很少这样做。此理论更大的价值是它提供的化学和物理洞察力，这来自于它预测和通用化电子转移反应的能力。

例如，人们可从式（3.6.10b）得到预测的 α 值：

$$\alpha=\frac{1}{F}\times\frac{\partial G_f^{\ddagger}}{\partial E}=\frac{1}{2}+\frac{F(E-E^{\ominus})}{2\lambda} \tag{3.6.15a}$$

或包括功项为

$$\alpha=\frac{1}{2}+\frac{F(E-E^{\ominus})-(w_O-w_R)^2}{2\lambda} \tag{3.6.15b}$$

这样，该理论不仅预测 $\alpha\approx0.5$，它可预测 α 与电势间特定的依赖关系。正如在 3.3.4 节所提到的那样，Butler-Volmer（BV）理论能够提供一个电势的 α 的关系，但是以经典的方式，BV 理论将 α 看作为一个常数。而且，在 BV 理论中没有预测其依赖于电势的基础。另一方面，在式（3.6.15a）和式（3.6.15b）中的电势相关项与 λ 的大小有关，但通常并不是很大的，所以在实验上很难观察到一个显著的电势与 α 的依赖关系。当电活性中心与电极键合时，这种影响要更加显著（见 14.5.2 节）。

Marcus 理论也能够对相同反应物的均相和异相反应的速率常数之间的关系作出预测。考虑下面的自交换反应的速率常数

$$O+R\xrightarrow{k_{ex}}R+O \tag{3.6.16}$$

与相关的电极反应，$O+e\longrightarrow R$ 的 k^0 相比较。可通过将 O 进行同位素标记，测量同位素以 R 出现的速率来测量 k_{ex}，或有时通过其他的方法如 ESR 或 NMR 得到 k_{ex}。比较式（3.6.14a）和式（3.6.14b），这里 $a_O=a_1=a_2=a$ 和 $R=d=2a$，得到

$$\lambda_{el}=\lambda_{ex}/2 \tag{3.6.17}$$

式中，λ_{el} 和 λ_{ex} 分别为对于电极反应和自交换反应的 λ_o。对于自交换反应，$\Delta G^{\ominus}=0$，在重组能中只要 λ_o 较 λ_i 大得多，这样式（3.6.10a）给出 $\Delta G_f^{\ddagger}=\lambda_{ex}/4$。对于电极反应，$k^0$ 值相应于 $E=E^{\ominus}$ 的速率常数，如果再一次忽略 λ_i，式（3.6.10b）给出 $\Delta G_f^{\ddagger}=\lambda_{el}/4$。根据式（3.6.17），对于均相和异相反应，人们可用相同的项表示 $\Delta G_f^{\ddagger}$，发现 k_{ex} 与 k^0 的关系可用下式表示

$$(k_{ex}/A_{ex})^{1/2}=k^0/A_{el} \tag{3.6.18}$$

式中，A_{ex} 和 A_{el} 为自交换和电极反应的前指因子（粗略地讲，A_{el} 为 10^4～10^5 cm/s，A_{ex} 为 10^{11}～10^{12} $L\cdot mol^{-1}\cdot s^{-1}$）❷。

此理论也能有效地对反应动力学进行定性预测。例如，公式（3.6.10b）在 $E^{\ominus}$ 处可给出

---

❶ 在电子转移反应的处理中，假定反应物的电荷大部分为溶液中的对离子所屏蔽，以至于在电极表面并没有形成镜像电荷。在这种情况下，R 指反应分子中心与电极间的距离。

❷ 当包括 λ_i 项时，此公式仍可采用（但功项可忽略），因为在均相自交换反应中，对于 λ_i 总的贡献是两个反应物之和，但对于电极反应仅为一个。

$\Delta G^{\ddagger}=\lambda/4$，此时 $k_f=k_b=k^0$。这样，当内部重组能较小时，即在反应中 O 和 R 有类似的结构，k^0将较大。结构变化较大的电子转移反应将变得较慢。溶剂化通过其对 λ 的贡献也影响 k^0。与较小分子相比大分子（大 a_0）趋向于有低的溶剂化能，反应中溶剂化程度变化小。基于此道理，人们期望小分子的电子转移，如在质子惰性介质中的两电子还原 O_2 到$O_2^{-\cdot}$，将比还原 Ar 到 $Ar^{-\cdot}$要慢，这里 Ar 是一个大的芳香族分子，如蒽。

对于一个电子转移反应，溶剂的影响远大于简单地考虑其对 λ_o的能量方面的贡献。有证据表明溶剂重排的动力学，经常用溶剂的纵向弛豫 τ_L来表示，对公式（3.6.2）中的前指因子有贡献[47,62~65]，例如 $\nu_n\propto\tau_L{}^{-1}$。由于 τ_L粗略地与黏度成正比，一个反比关系暗示异相速率常数将随溶液黏度的增加（即随着反应物扩散系数的降低）而降低。此行为已经得到证实，如在水溶液中加入蔗糖以增大黏度，可以观察到 k^0 值的降低（假设 λ_o没有显著变化）[66,67]。其他的研究，如 Co(Ⅲ/Ⅱ) tris（bipyridline)，通过在配合剂上接上聚乙烯或聚乙烯氧化物链，从而使其在未经稀释的高黏度的离子熔化物中的扩散系数有很大的变化，这种效应尤其显著[68]。

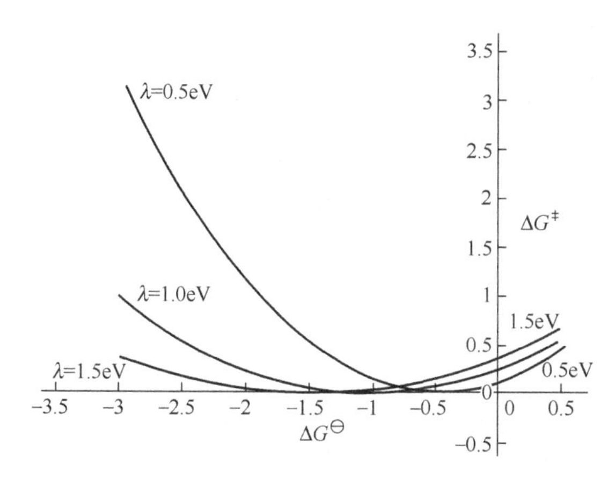

图 3.6.3 在几个不同 λ 值时，一个均相电子转移反应的 $\Delta G^{\ominus}$ 对 $\Delta G_f^{\ddagger}$ 的影响

根据理论得到的一个特别有趣的预测是均相电子转移反应存在一个“翻转区”（inverted region)。图 3.6.3 显示了公式（3.6.10a）如何预测 $\Delta G_f^{\ddagger}$ 随电子转移的热力学驱动力 $\Delta G^{\ominus}$ 而变化的。尽管所示的曲线是针对不同的 λ 值，但所有的曲线的基本行为模式是相同的，即标准自由活化能存在一个最小值。在最小值的右边有一常规区域（normal region），随着 $\Delta G^{\ominus}$ 的增大（即变得更负），$\Delta G_f^{\ddagger}$ 减少，因此速率常数增大。当 $\Delta G^{\ominus}=-\lambda$，$\Delta G_f^{\ddagger}$ 为零，所预测的速率常数最大。在更负的 $\Delta G^{\ominus}$ 值时，即反应的驱动力非常强，活化能变大，速率常数降低。这就是翻转区，在此区域随着热力学驱动力的增加，电子转移速率减小。此效应物理学上有两个原因。首先，一个反应自由能很负意味着产物的振动模式允许其非常快地接受所释放的能量，当 $-\Delta G^{\ominus}$ 超过 λ 时进行此过程的概率要下降（见第 18 章)。第二，在翻转区可以发生一种情况使能量面不再允许绝热电子转移（见 3.6.4 节)。翻转区的存在可以解释电致化学发光现象（第 18 章)，通过其他的方法对溶液中发生的电子转移反应也已经观察到了翻转现象。

尽管公式（3.6.10b）也有一个最小点，对于金属电极上发生的电极反应，翻转区效应将不会发生。原因是公式（3.6.10b）在推导过程中含蓄地指出电子总是处于电极相对于 Fermi 能级很窄的能态范围内（见图 3.6.2 中的说明)。即使在此能级的反应速率在非常负的过电势被预测反向，金属中总是存在比 Fermi 能级低的被占有能态，它们不需要反向就可将一个电子转移到 O。在金属中通过异相反应所产生的低能空轨道将最大限度地由来自于 Fermi 能级的电子所填充，能量的差别将以热量的形式耗散掉，这样总的能量变化正如热力学所预计的那样。类似的观点对于金属上的氧化反应也适用，金属上总有未被占据的能态。此讨论在下节中将会更加详尽的探讨。

在两互不相溶电解质溶液界面上发生的电子转移，观察到了一个翻转区，氧化剂 O 在一相，还原剂 R′在另外一相[69]。这方面的实验研究仅在最近才被报道[70]。

3.6.3 基于能态分布的模型

对于异相动力学，另外一个理论分析方法是基于电极的电子态与溶液中反应物的电子态之间的重叠[41,42,46,47,71,72]。图 3.6.4 显示了此概念，在本节中将详尽探讨。此模型源自 Gerischer 的贡献[71,72]，对于处理在半导体电极上的电子转移尤其有用（见 18.2.3 节），半导体电极的电子结构十分重要。基本观点是一个电子转移反应能够在任何已占有的能态和与其能量 $\boldsymbol{E}$ 匹配的一个未占有接受态之间发生。如果该过程是一个还原反应，已占有态是在电极上而接受态在电活性物质 O 上。对于一个氧化反应，已占有态在溶液中物质 R 上而接受态在电极上。一般地，能态有一个有效的能量范围，总的速率是各能级处速率的积分。

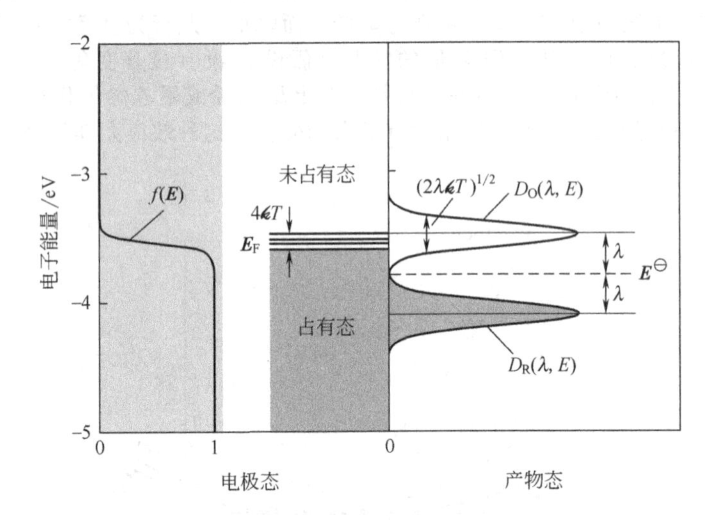

图 3.6.4 当溶液中 O 和 R 的浓度相等时，金属/溶液界面上各种电子态的关系

纵坐标是基于绝对标度的电子能量 $\boldsymbol{E}$。在电极一侧所表明的是一个宽度为 $4\kappa\boldsymbol{T}$，中心在费米能级 $\boldsymbol{E}_F$ 上的区域，这里 $f(\boldsymbol{E})$ 是电子占有率从 1[$f(\boldsymbol{E})$以下区域] 到 0[$f(\boldsymbol{E})$以上区域] 的过渡区。见左边固体阴暗区 $f(\boldsymbol{E})$ 的图形。在溶液一边，所示为 O 和 R 的能态密度分布。它们是高斯分布和概率密度函数，$W_O(\lambda, \boldsymbol{E})$ 和 $W_R(\lambda, \boldsymbol{E})$，具有相同的形状。相应于标准电势 $\boldsymbol{E}^\ominus$ 的电子能量是 -3.8eV 和 $\lambda=0.3$eV。这里的费米能级相应的电极电势是 -250mV（vs. $E^\ominus$）。界面两边的填充态由深阴暗表示。由于电极的填充态与 O 态重叠，故还原过程可以发生。由于 R 态（填充）仅与电极的填充态重叠，氧化被阻碍

在电极上，能量 $\boldsymbol{E}$ 和 $\boldsymbol{E}+\mathrm{d}\boldsymbol{E}$ 之间的电子态的数量是 $A\rho(\boldsymbol{E})\mathrm{d}\boldsymbol{E}$，这里 A 是与溶液接触的面积，$\rho(\boldsymbol{E})$ 是态密度（density of states）[单位是（面积-能量）$^{-1}$，如 $\mathrm{cm^{-2}\cdot eV^{-1}}$]。当然，在一个宽的能量范围内电子态的总数是 $A\rho(\boldsymbol{E})$ 在此范围内的积分。如果电极是一种金属，态密度很大而且是连续的，但如果电极是一种半导体，则有可观的能量区域，称为带隙（band gap），此处的态密度很小（对于物质电子性质的全面讨论见 18.2 节）。

电子以能量从低到高的顺序填充电极的能态，直到所有的电子被接纳为止。任何物质均有多于电子所需要的能态，这样在填充态之上总有空能态。如果物质处在绝对零度，那么最高的填充态所对应的能级是 Fermi 能级（或 Fermi 能量）$\boldsymbol{E}_F$，所有高于 Fermi 能级的能态将是空的。在任意高于绝对零度的温度下，热能使一些电子占据高于 $\boldsymbol{E}_F$ 的能态并产生低于 $\boldsymbol{E}_F$ 的空位。在热平衡时能态的填充状况可用 Fermi 函数（Fermi function）$f(\boldsymbol{E})$ 来描述

$$f(\boldsymbol{E})=\{1+\exp[(\boldsymbol{E}-\boldsymbol{E}_F)/\kappa T]\}^{-1} \tag{3.6.19}$$

它是一个电子占有能态 $\boldsymbol{E}$ 的概率。容易看到，对于较 Fermi 能级低得多的能态，占有率实际上是 1，对于较 Fermi 能级大得多的能态，占有率实际上是零（见图 3.6.4）。$\boldsymbol{E}_F$ 上下几个 κT 范围内的能态具有过渡的占有率，随着能量的升高其值从 1 到 0。在 $\boldsymbol{E}_F$ 处的占有率为 0.5。图 3.6.4 所示的过渡区域具有带宽 $4\kappa T$（在 25℃时大约为 100meV）。

在能量范围 $\boldsymbol{E}\sim(\boldsymbol{E}+\mathrm{d}\boldsymbol{E})$ 之间的电子数即为占有态的数目，$AN_{occ}(\boldsymbol{E})\mathrm{d}\boldsymbol{E}$，这里 $N_{occ}(\boldsymbol{E})$ 是密度函数

$$N_{occ}(\boldsymbol{E})=f(\boldsymbol{E})\rho(\boldsymbol{E}) \tag{3.6.20}$$

像$\rho(\boldsymbol{E})$一样，$N_{occ}(\boldsymbol{E})$单位是（面积-能量）$^{-1}$，典型的$cm^{-2}\cdot eV^{-1}$，而$f(\boldsymbol{E})$无量纲。同理，我们可以定义未占有态的密度为

$$N_{unocc}(\boldsymbol{E})=[1-f(\boldsymbol{E})]\rho(\boldsymbol{E}) \tag{3.6.21}$$

随着电势的变化，Fermi能级移动，在更负的电势下Fermi能级移到更高的能量，反之亦然。在一个金属电极上，这些变化的发生不是通过填充或空出许多附加的能态，在大多数情况下是通过对金属充电，这样所有的能态随着电势的影响而移动（见2.2节）。充电的确引起了在金属上总电子数的变化，但此变化仅占总的电子数很小的一部分（见2.2.2节）。因此，在所有电势下的Fermi能级附近存在同样的态序。由于此原因，可以更加适当地认为$\rho(\boldsymbol{E})$是$\boldsymbol{E}$-$\boldsymbol{E}_F$的调和函数，几乎与$\boldsymbol{E}_F$值无关。既然$f(\boldsymbol{E})$性质相同，所以$N_{occ}(\boldsymbol{E})$和$N_{unocc}(\boldsymbol{E})$一样。正如在18.2节所讨论的那样，对于一个半导体其图像更复杂。

溶液中的能态可采用类似的概念描述，只是占有态和空能态相应于不同的化学物质，即分别相应于一个氧化还原电对的两种组分R和O。这些能态与区域化的金属能态不同。若事先没有接近电极，R和O组分不能与电极进行电子转移。由于R和O可在溶液中非均相存在以及电极表面附近的混合态，最好是用浓度来表示态密度，而不是粒子总数。在任意时刻，电极附近[❶]溶液中R上的可移动的电子根据一个浓度密度函数$D_R(\lambda,\boldsymbol{E})$，单位是[（体积-能量）$^{-1}$，$cm^{-3}\cdot eV^{-1}$]分布在一个能量区。这样，在$\boldsymbol{E}$到$\boldsymbol{E}+d\boldsymbol{E}$范围内电极附近R的数浓度（number concentration）是$D_R(\lambda,\boldsymbol{E})d\boldsymbol{E}$。因为这一小部分R与R的总表面浓度，$C_R(0,t)$成正比，能够将$D_R(\lambda,\boldsymbol{E})$表示为

$$D_R(\lambda,\boldsymbol{E})=N_A C_R(0,t)W_R(\lambda,\boldsymbol{E}) \tag{3.6.22}$$

式中，N_A为Avogadro常数；$W_R(\lambda,\boldsymbol{E})$是一个概率密度函数，单位是（能量）$^{-1}$。由于在整个能量域的$D_R(\lambda,\boldsymbol{E})$积分必然得到所有态的总数浓度，$N_A C_R(0,t)$，得到$W_R(\lambda,\boldsymbol{E})$是一个归一化的函数

$$\int_{-\infty}^{\infty} W_R(\lambda,\boldsymbol{E})d\boldsymbol{E}=1 \tag{3.6.23}$$

同理，粒子O的空能态的分布是

$$D_O(\lambda,\boldsymbol{E})=N_A C_O(0,t)W_O(\lambda,\boldsymbol{E}) \tag{3.6.24}$$

正如式（3.6.23）所示的那样，这里$W_O(\lambda,\boldsymbol{E})$也是归一化的。在图3.6.4中O和R的能态分布被表示为高斯型的，其原因将在下面讨论。

现在考虑电极上的占有态在能量范围$\boldsymbol{E}$和$\boldsymbol{E}+d\boldsymbol{E}$之间O的还原速率。它仅为总的还原速率的一部分，因此称它为对于能量$\boldsymbol{E}$的区域速率（local rate）。在一个时间间隔Δt内，电子从电极上的占有态能够发射到具有同样能量范围的O上，还原速率是发射的电子数除以Δt。此速率是瞬间速率，如果Δt足够短①此还原过程并能不显著地改变溶液一侧未占有能态的数；②单个O分子由于其分子内振动和转动并不显著地改变其未占有能态的能级。这样Δt是在低于振动的时间范围。区域还原速率可被写为

$$\text{区域速率}(\boldsymbol{E})=\frac{P_{red}(\boldsymbol{E})AN_{occ}(\boldsymbol{E})d\boldsymbol{E}}{\Delta t} \tag{3.6.25}$$

式中，$AN_{occ}d\boldsymbol{E}$为能够发射的电子数；$P_{red}(\boldsymbol{E})$为电子发射到O的未占有态的概率。直观上$P_{red}(\boldsymbol{E})$与能态密度$D_O(\lambda,\boldsymbol{E})$成正比。定义$\varepsilon_{red}(\boldsymbol{E})$作为一个正比函数，有

$$\text{区域速率}(\boldsymbol{E})=\frac{\varepsilon_{red}(\boldsymbol{E})D_O(\lambda,\boldsymbol{E})AN_{occ}(\boldsymbol{E})d\boldsymbol{E}}{\Delta t} \tag{3.6.26}$$

式中，$\varepsilon_{red}(\boldsymbol{E})$的量纲是体积-能量（即$cm^3eV$）。总的还原速率是所有无限小能量区域的区域速率之和，可由如下积分得到

---

❶ 在此讨论中，“电极附近区域的浓度”和“电极附近的浓度”可交换使用，本书中大多数物质传递和异相速率公式中它们表示的浓度是$C(0,t)$。然而，与在电极上的反应位置的浓度（即前驱态）不同，$C(0,t)$是扩散层外的浓度。在此所考虑的情况较本书中大部分地方提到的尺度要更精细，而这种区别是必要的。在13.7节中强调了这一点。

$$速率 = \nu\int_{-\infty}^{\infty}\varepsilon_{red}(\boldsymbol{E})D_O(\lambda,\boldsymbol{E})AN_{occ}(\boldsymbol{E})d\boldsymbol{E} \tag{3.6.27}$$

根据常规式中 Δt 可用频率来表示，$\nu=1/\Delta t$。积分的范围覆盖所有的能量，但被积的函数仅在电极的被占有态与溶液中 O 的能态重叠区域才有显著的值。在图 3.6.4 中，相关区域大约在 $-4.0\sim-3.5$eV 的能量范围。

将式（3.6.20）和式（3.6.24）代入上式，得到

$$速率 = \nu AN_AC_O(0,t)\int_{-\infty}^{\infty}\varepsilon_{red}(\boldsymbol{E})W_O(\lambda,\boldsymbol{E})f(\boldsymbol{E})\rho(\boldsymbol{E})d\boldsymbol{E} \tag{3.6.28}$$

此速率是通过每秒多少分子或电子表示的。除以 AN_A 将给出更方便的速率的量纲，mol·cm^{-2}·s^{-1}，进一步除以 $C_O(0,t)$ 得到速率常数为

$$\boxed{k_f = \nu\int_{-\infty}^{\infty}\varepsilon_{red}(\boldsymbol{E})W_O(\lambda,\boldsymbol{E})f(\boldsymbol{E})\rho(\boldsymbol{E})d\boldsymbol{E}} \tag{3.6.29}$$

采用类似的方法，可以容易地导出对于 R 氧化反应的速率常数。在电极一侧，空能态是电子的受体，因此 $N_{unocc}(\boldsymbol{E})$ 是感兴趣的分布。溶液一侧的填充态的密度是 $D_R(\lambda,\boldsymbol{E})$，在时间间隔 Δt 内电子转移的概率是 $P_{ox}(\boldsymbol{E})=\varepsilon_{ox}(\boldsymbol{E})D_R(\lambda,\boldsymbol{E})$。正如推导式（3.6.29）所采用的相同的方式，可得到

$$\boxed{k_b = \nu\int_{-\infty}^{\infty}\varepsilon_{ox}(\boldsymbol{E})W_R(\lambda,\boldsymbol{E})[1-f(\boldsymbol{E})]\rho(\boldsymbol{E})d\boldsymbol{E}} \tag{3.6.30}$$

在图 3.6.4 中，R 的能态分布不与电极上未占有态的区域重叠，所以式（3.6.30）中的被积函数在每处实际上为零，与 k_f 相比，k_b 可忽略。电极相对于 O/R 电对是处于还原状态。若将电极电势变为更正的值，Fermi 能级将下移并能够达到这样的位置，即 R 的能态开始与电极上的未占有能态重叠，这样式（3.6.30）中的积分变得显著起来，k_b 将会增大。

文献中有许多类似于式（3.6.29）和式（3.6.30）的形式的公式，采用不同的符号和引入各种变量来阐释前指因子和正比函数 $\varepsilon_{red}(\boldsymbol{E})$ 及 $\varepsilon_{ox}(\boldsymbol{E})$。例如，经常见到从 ε 函数中导出的隧穿概率，κ_{el}，或前驱态平衡常数，$K_{P,O}$ 或 $K_{P,R}$ 放置在指前因子中。通常频率 ν 等同于式（3.6.2）中的 ν_n。有时指前因子含有频率以外的东西，但仍用一个简单的符号表示。这些变量所代表的意义反映出这样的事实，该理论的基本思想仍在发展中。这里所提供的处理是通用的，能够适用于任何扩展的观点，即关于体系的基本性质是如何决定 ν、$\varepsilon_{red}(\boldsymbol{E})$ 和 $\varepsilon_{ox}(\boldsymbol{E})$ 的。

根据式（3.6.29）和式（3.6.30），采用一个适当的电极材料的态密度，$\rho(\boldsymbol{E})$ 显然可能解释电极的电子结构对于动力学的影响，这方面的工作已有报道。然而，必须警惕这样的可能性，即 $\varepsilon_{red}(\boldsymbol{E})$ 和 $\varepsilon_{ox}(\boldsymbol{E})$ 也依赖于 $\rho(\boldsymbol{E})$[1]。

Marcus 理论可用于定义密度概率 $W_O(\lambda,\boldsymbol{E})$ 和 $W_R(\lambda,\boldsymbol{E})$。关键是要认识到式（3.6.10b）的推导是含蓄地基于这样的思想，即电子转移全部发生于 Fermi 能级。现在所考虑的是，式（3.6.10b）中活化能所对应的速率常数与 Fermi 能级上区域速率成正比，而 Fermi 能级可能处于相对于 O 和 R 分布的任意位置。采用电子能量，式（3.6.10b）可重写为

$$\Delta G_f^{\neq}=\frac{\lambda}{4}\left(1-\frac{\boldsymbol{E}-\boldsymbol{E}^{\ominus}}{\lambda}\right)^2 \tag{3.6.31}$$

---

[1] 例如，考虑一个简单模型，它基于这样的思想，即在时间区域 Δt 内，在能量 $\boldsymbol{E}$ 和 $\boldsymbol{E}+d\boldsymbol{E}$ 区间所有的电子在所有的能态以相同的概率重新分布。一种精心的安排使物种 O 上的能态与电极上的能态以不同的分量参与反应成为可能。如果电极上的能态分量是一个单位，溶液中的分量设定为 $\kappa_{red}(\boldsymbol{E})$，那么

$$P_{red}(\boldsymbol{E})=\frac{\kappa_{red}(\boldsymbol{E})D_O(\lambda,\boldsymbol{E})\delta}{\rho(\boldsymbol{E})+\kappa_{red}(\boldsymbol{E})D_O(\lambda,\boldsymbol{E})\delta}=\varepsilon_{red}(\boldsymbol{E})D_O(\lambda,\boldsymbol{E})$$

式中，δ 为电子转移跨越的平均距离，而 $\kappa_{red}(\boldsymbol{E})$ 是一个无量纲因子，可被定义为隧穿概率，κ_{el} 是 k_f 另一种形式。若电极是一个金属，$\rho(\boldsymbol{E})$ 的数量级远远大于 $\kappa_{red}(\boldsymbol{E})D_O(\lambda,\boldsymbol{E})\delta$；因而，速率常数为

$$k_f = v\int_{-\infty}^{\infty}\kappa_{red}(\boldsymbol{E})\delta W_O(\lambda,\boldsymbol{E})f(\boldsymbol{E})d\boldsymbol{E}$$

它与电极的电子结构无关。

式中，$\boldsymbol{E}^{\ominus}$ 为相应于 O/R 电对标准电势的能量。在 $\boldsymbol{E}=\boldsymbol{E}^{\ominus}+\lambda$ 时，可以很容易地发现在 $\boldsymbol{E}=\boldsymbol{E}^{\ominus}+\lambda$ 处 $\Delta G_f^{\ddagger}$ 达到最小值，此处 $\Delta G_f^{\ddagger}$ 为零。因而，当 $\boldsymbol{E}_F=\boldsymbol{E}^{\ominus}+\lambda$ 时，Fermi 能级上的区域还原速率最大。当 Fermi 能级在任何其他的能量 $\boldsymbol{E}$ 时，根据式（3.6.2）、式（3.6.26）和式（3.6.31），Fermi 能级上的区域还原速率可以表示为

$$\frac{\text{区域速率}(\boldsymbol{E}_F=\boldsymbol{E})}{\text{区域速率}(\boldsymbol{E}_F=\boldsymbol{E}^{\ominus}+\lambda)}=\frac{\nu_n\kappa_{el}\exp\left[\frac{\lambda}{4kT}\left(1-\frac{\boldsymbol{E}-\boldsymbol{E}^{\ominus}}{\lambda}\right)^2\right]}{\nu_n\kappa_{el}}$$

$$=\frac{\varepsilon_{red}(\boldsymbol{E})D_O(\lambda,\boldsymbol{E})f(\boldsymbol{E}_F)\rho(\boldsymbol{E}_F)}{\varepsilon_{red}(\boldsymbol{E}^{\ominus}+\lambda)D_O(\lambda,\boldsymbol{E}^{\ominus}+\lambda)f(\boldsymbol{E}_F)\rho(\boldsymbol{E}_F)} \qquad (3.6.32)$$

假设 ε_{red} 不依赖于 $\boldsymbol{E}_F$ 的位置，将上式简化为

$$\frac{D_O(\lambda,\boldsymbol{E})}{D_O(\lambda,\boldsymbol{E}^{\ominus}+\lambda)}=\exp\left[-\frac{(\boldsymbol{E}-\boldsymbol{E}^{\ominus}-\lambda)^2}{4\lambda kT}\right] \qquad (3.6.33)$$

正如图 3.6.4 所示（参见 A.3 节），这是其平均值在 $\boldsymbol{E}=\boldsymbol{E}^{\ominus}+\lambda$ 处一个高斯分布，标准偏差为 $(2\lambda kT)^{1/2}$。由式（3.6.24）可知，$D_O(\lambda,\boldsymbol{E})/D_O(\lambda,\boldsymbol{E}^{\ominus}+\lambda)=W_O(\lambda,\boldsymbol{E})/W_O(\lambda,\boldsymbol{E}^{\ominus}+\lambda)$。另外，由于 $W_O(\lambda,\boldsymbol{E})$ 被归一化了，前指因子 $W_O(\lambda,\boldsymbol{E}^{\ominus}+\lambda)$，可看作标准偏差的倒数的 $(2\pi)^{-1/2}$ 倍（见 A.3 节），因此

$$\boxed{W_O(\lambda,\boldsymbol{E})=(4\pi\lambda kT)^{-1/2}\exp\left[-\frac{(\boldsymbol{E}-\boldsymbol{E}^{\ominus}-\lambda)^2}{4\lambda kT}\right]} \qquad (3.6.34)$$

同理，可以得到如下的公式

$$\boxed{W_R(\lambda,\boldsymbol{E})=(4\pi\lambda kT)^{-1/2}\exp\left[-\frac{(\boldsymbol{E}-\boldsymbol{E}^{\ominus}+\lambda)^2}{4\lambda kT}\right]} \qquad (3.6.35)$$

这样 R 的能态分布和 O 具有相同的形状，如图 3.6.4 所示，其中心在 $\boldsymbol{E}^{\ominus}-\lambda$。

任何电极动力学的模型均需要满足如下条件

$$\frac{k_b}{k_f}=e^{f(E-E^{\ominus})}=e^{-(E-E^{\ominus})/kT} \qquad (3.6.36)$$

它可因平衡时体系应收敛到 Nernst 公式的需要而推导出（习题 3.16）。由 Gerischer 的模型发展得到公式（3.6.29）和公式（3.6.30）是通用的，人们可以想像这两个公式中的各种组分函数可结合起来以不同的方式满足此要求。此后将不包括功项的 Marcus 理论结合起来，我们能够定义分布函数 $W_O(\lambda,\boldsymbol{E})$ 和 $W_R(\lambda,\boldsymbol{E})$。此简易的 Gerischer-Marcus 模型的另一特点是 ε_{ox}（$\boldsymbol{E}$）和 ε_{red}（$\boldsymbol{E}$）是等同的，不需要再区分。然而，对于包括功项和一个前驱体平衡的相关模型，这些结论不一定正确。

如图 3.6.5 所示，重组能 λ 对于预期电流-电势响应有较大的影响。上图解释了 $\lambda=0.3$eV 时的情况，该 λ 值接近实验上所发现的下限值。对于此重组能，-300mV 的过电势的情况（a）将 Fermi 能级置于 O 的能态分布的最大值处，因此将观察到快速的还原过程。同样地，一个 $+300$mV的过电势。(b) 将 Fermi 能级置于 R 的能态分布的最大值处，使体系发生快速的氧化。一个 -1000mV 的过电势。(c) 将使 $W_O(\lambda,\boldsymbol{E})$ 与电极占有态完全重叠，对于 $\eta=+1000$mV（d），$W_R(\lambda,\boldsymbol{E})$ 仅与电极上空能态重叠。后两种情况分别对应于非常强的可被还原和氧化状态。

图 3.6.5 的下图是重组能相当大，为 1.5eV 时的非常不同的情况。在此条件下，一个 -300mV的过电势不足以提升 Fermi 能级使电极上填充能态与 $W_O(\lambda,\boldsymbol{E})$ 重叠，一个 $+300$mV 的过电势不足以降低 Fermi 能级使电极上未填充能态与 $W_R(\lambda,\boldsymbol{E})$ 重叠。它需要 $\eta\approx-1000$mV 使还原反应有效地发生，同样地对于氧化反应，$\eta\approx+1000$mV。对此重组能，i-E 曲线的阳极和阴极部分会分离得很宽，很像图 3.4.2(c) 所示的情况。

由于以重叠态分布来表示此异相动力学公式直接与基本的 Marcus 理论相联系，发现它的许多预测与前两节是一致的情况并不奇怪。主要的区别在于此公式能够清楚地解释远离 Fermi 能级的能态的贡献，它对于半导体电极上发生的反应（见 18.2 节）或涉及金属电极上键合单层的情况（见 14.5.2 节）是很重要的。

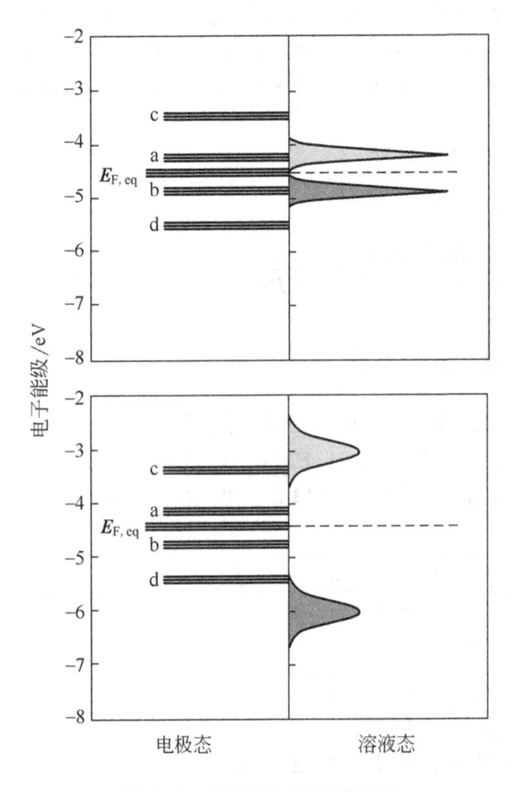

图 3.6.5 在 Gerischer-Marcus 动力学描述中 λ 的影响
上图：$\lambda=0.3$eV，下图：$\lambda=1.5$eV。在两个图中物种 O 和 R 的浓度相等，这样 Fermi 能级对应于平衡电势，$E_{F,eq}$，等于在标准电势 $E^{\ominus}$ 时（虚线）的电子能量。在两个图中，$E^{\ominus}=-4.5$eV。在每个图中也显示了 Fermi 能级随电极电势移动的方式。不同的 Fermi 能级对于 a—$\eta=-300$mV；b—$\eta=+300$mV；c—$\eta=-1000$mV；d—$\eta=+1000$mV。在溶液一侧，$W_O(\lambda,E)$ 和 $W_R(\lambda,E)$ 分别用浅和深的阴影区域显示

3.6.4 隧穿和扩展的电荷转移

在上面论述中，假设反应物被固定在一个离电极较短的距离处，设为 x_0。考察溶液中的物质在离电极不同距离时是否进行电子转移，电子转移速率与距离和介质的特性之间关系，也是很有趣的。电子转移的行为通常被看作电极上的能态与反应物的能态之间电子的隧穿。电子隧穿通常遵守如下的关系：

$$隧穿概率\propto\exp(-\beta x) \tag{3.6.37}$$

式中，x 为电子隧穿所经过的距离；β 为这样的一个因子，它与能态之间能垒的高度和介质的特性有关。例如，两金属片在真空中隧穿[73]

$$\beta\approx4\pi(2m\Phi)^{1/2}/h\approx0.102\text{nm}^{-1}\text{eV}^{-1/2}\times\Phi^{1/2} \tag{3.6.38}$$

式中，m 为电子的质量，9.1×10^{-28}g；Φ 为金属的功函数，其量纲通常是 eV。因而，对于金属 Pt，$\Phi=5.7$ eV，β 大约是 24nm^{-1}。在电子转移理论中，隧穿效应通常被整合到电子发射系数中，在式（3.6.2）中的 κ_{el} 为

$$\kappa_{el}(x)=\kappa_{el}^0\exp(-\beta x) \tag{3.6.39}$$

当反应物和电极之间的距离 x 处的相互作用很强，以致反应以绝热的方式发射时[48,49]，$\kappa_{el}(x)\rightarrow1$。

在电子转移理论中，相互作用的程度或两个反应物之间的（或反应物和电极之间的）电子偶合通常用绝热性（adiabaticity）来描述。如果相互作用很强，在能量曲线的交叉点有一个大于 kT 的断裂［见图 3.6.6(a)］。它导致下面的曲线（或表面）从 O 到 R 连续地进行，较高的能量曲线（或表面）代表一个激发态。在这种强偶合作用下，一个体系将几乎总是停留在较低能量的表面，进行从 O 到 R 的转化，这样的反应称为绝热反应。对于一个绝热反应，该途径的反应概率接近于 1。

如果相互作用较弱（即当反应物相距较远），在交叉点的势能曲线的断裂小于 kT［见图 3.6.6(b)］。在此情况下，体系进行从 O 到 R 的反应可能性较小。这种反应称为非绝热反应，因为体系趋于停留在初始的“反应物”表面（或确切地讲，从基态表面到激发态表面穿过）。通过交叉区域的反应概率为 $\kappa_{el}<1$[47,48]。例如，κ_{el} 可能为 10^{-5}，意味着每发生一个成功的反应，平

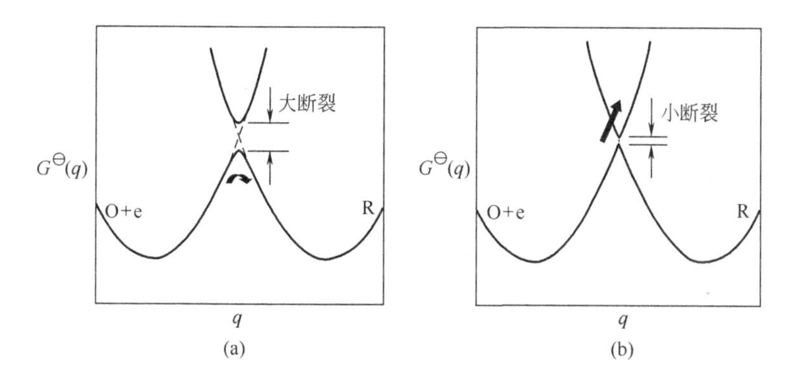

图 3.6.6　在交叉区域能量曲线（能量面）的分裂

(a) 在 O 和电极之间有强烈地相互作用导致一个定义完好、连续地连接 O+e 和 R 的曲线（面）。如果反应体系达到过渡态，它将进行到如弯曲箭头所示的相应与 R 的谷的概率很高。(b) 弱相互作用导致一个小于 kT 的分裂。当反应体系从左边接近过渡态时，它有如直线箭头所示的保持在 O+e 曲线上的趋势。穿过到达 R 曲线的概率很小。这些曲线是为一个电极反应所绘制，但对于一个均相反应其原理是相同的，这里反应物和产物可能分别是 O+R′和 R+O′

均来讲反应物将通过交叉区域（即达到过渡态）十万次。

在考虑溶解的反应物参与一个异相反应时，可认为此反应是在一定距离范围内发生的，速率常数与距离是指数衰减。其结果[48,74]是电子转移是在距电极一定的距离范围内发生的，如外 Helmholtz 面，并非仅在一个位置。然而，仅在相当严格的条件下（即 $D<10^{-10}\,cm^2/s$），溶解的反应物的影响才能在实验上观察到，所以它通常是不重要的。

另一方面，有可能研究电活性物质在距电极表面一个固定距离（1～3nm）时所发生的电子转移反应，其方法是处于一个合适的空间隔离体（见 14.5.2 节）[75,76]。一种方法是采用一个阻碍单层，如一个烷基硫醇的自组装单层或一个绝缘的氧化物膜，去确定一个溶解的反应物到电极的最接近的距离。这种策略需要知道阻碍层精确厚度并确保没有针孔和缺陷，溶液中物质可通过它们穿透进去（见 14.5 节）。另外，吸附的单层可能本身含有电活性基团。这类单层典型的例子是一个烷基硫醇（RSH）的一端有一个二茂铁基团（—Fc），即 $HS(CH_2)_nOOCFc$（经常写为 HSC_nOOCFc，典型的 $n=8\sim18$）(见图 3.6.7)[75]。这些分子常被类似的非电活性分子（例如，HSC_nCH)稀释到单层膜中。测量速率常数作为烷基链长度的函数，并通过 $\ln k$ 与 n 或 x 作图的斜率来测定 β。

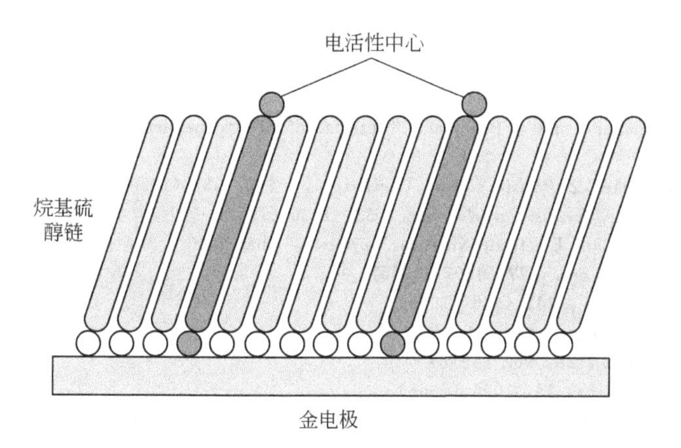

图 3.6.7　烷基硫醇吸附单层的示意

烷基硫醇膜中含有类似的电活性物质，其与电极的距离是一定的

对于饱和链，典型的 β 值在 $0.1\sim0.12\,nm^{-1}$ 范围。该键合（through-bond）的 β 值和真空中（通过空间，through-space）的 β 值的差别约为 $0.2\,nm^{-1}$，反映了分子键对于隧穿的贡献。采用

π-共轭分子作为空间隔离体［例如，$\leftarrow$Ph—C≡C$\rightarrow_n$］，已观察到更小的 β 值（0.04～0.06nm^{-1}）[77,78]。在这些电化学研究中所得到的 β 值的可信度由于如下的事实而得到加强，即它们总体上与长程分子内电子转移（如在蛋白质中）所得结果一致。

3.7 参考文献

1 W. C. Gardiner，Jr.，“Rate and Mechanisms of Chemical Reactions，” Benjamin，New York，1969
2 H. S. Johnston，“Gas Phase Reaction Rate Theory，” Ronald，New York，1966
3 S. Glasstone，K. J. Laidler，and H. Eyring，“Theory of Rate Processes，” McGraw-Hill，New York，1941
4 H. Eyring，S. H. Lin，and S. M. Lin，“Basic Chemical Kinetics，” Wiley，New York，1980，Chap. 4
5 R. S. Berry，S. A. rice，J. Ross，“Physical Chemistry，” Wiley，New York，1980，pp. 931-932
6 J. Tafel，*Z. Physik. Chem.*，**50A**，641（1905）
7 P. Delahay，“New Instrumental Methods in Electrochemistry，” Wiley-Interscience，New York，1954，Chap. 2
8 P. Delahay，“Double Layer and Electrode Kinetics，” Wiley-Interscience，New York，1965，Chap. 7
9 B. E. Conway，“Theory and Principles of Electrode Processes，” Ronald，New York，1965，Chap. 6
10 K. J. Vetter，“Electrochemical Kinetics，” Academic，New York，1967，Chap. 2
11 J. O'M. Bockris and A. K. N. Reddy，“Modern Electrochemistry，” Vol. 2，Plenum，New York，1970，Chap. 8
12 T. Erdey-Gruz，“Kinetics of Electrode Processes，” Wiley-Interscience，New York，1972，Chap. 1
13 H. R. Thirsk，“A Guide to the Study of Electrode Kinetics，” Academic，New York，1972，Chap. 1
14 W. J. Albert，“Electrode Kinetics，” Clarendon，Oxford，1975
15 J. E. B. Randles，*Trans. Faraday Soc.*，**48**，828（1952）
16 C. N. Reilley in “Treatise on Analytical Chemistry，” Part I，Vol. 4，I. M. Kolthoff and P. J. Elving，Eds.，Wiley-Interscience，1963，Chap. 42
17 J. A. V. Butler，*Trans. Faraday Soc.*，**19**，729，734（1924）
18 T. Erdey-Gruz and M. Volmer，*Z. Physik. Chem.*，**150A**，203（1930）
19 R. Parsons，*Trans. Faraday Soc.*，**47**，1332（1951）
20 J. O'M. Bockris，*Mod. Asp. Electrochem.*，**1**，180（1954）
21 D. M. Mohilner and P. Delahay，*J. Phys. Chem.*，**67**，588（1963）
22 M. E. Peover，*Electroanal. Chem.*，**2**，1（1967）
23 N. Koizumi and S. Aoyagui，*J. Electroanal. Chem.*，**55**，452（1974）
24 H. Kojima and A. J. Bard，*J. Am. Chem. Soc.*，**97**，6317（1975）
25 K. J. Vetter，*op. cit.*，Chap. 4
26 T. Erdey-Gruz，*op. cit.*，Chap. 4
27 P. Delahay，“Double Layer and Electrode Kinetics，” *op. cit.*，Chap. 10
28 N. Tanaka and R. Tamamushi，*Electrochim. Acta*，**9**，963（1964）
29 B. E. Conway，“Electrochemical data，” Elsevier，Amsterdam，1952
30 R. Parsons，“Handbook of Electrochemical Data，” Butterworths，London，1959
31 A. J. Bard and H. Lund，“Encyclopedia of the Electrochemistry of the Elements，” Marcel Dekker，New York，1973-1986
32 E. Gileadi，E. Kirowa-Eisner，and J. Penciner，“Interfacial Electrochemistry，” Addison-Wesley，Reading，MA，1975，pp. 60-75
33 K. J. Vetter and G. Manecke，*Z. Physik. Chem.*（*Leipzig*）.，**195**，337（1950）
34 P. A. Allen and A. Hickling，*Trans. Faraday Soc.*，**53**，1626（1957）
35 P. Delahay，“Double Layer and Electrode Kinetics，” *op. cit.*，Chap. 8-10
36 K. B. Oldham，*J. Am. Chem. Soc.*，**77**，4697（1955）
37 R. A. Marcus，*J. Chem. Phys.*，**24**，4966（1956）
38 R. A. Marcus，*Electrochim. Acta*，**13**，955（1968）
39 N. S. Hush，*J. Chem. Phys.*，**28**，962（1956）
40 N. S. Hush，*Electrochim. Acta*，**13**，1005（1968）
41 V. G. Levich，*Adv. Electrochem. Electrochem. Engr.*，**4**，249（1966）and references cited therein
42 R. R. Dogonadze in “Reactions of Molecules at Electrodes，” N. S. Hush，Ed.，Wiley-Interscience，New York，1971，Chap. 3 and references cited therein
43 J. O'M. Bockris，*Mod. Asp. Electrochem.*，**1**，180（1954）
44 P. P. Schmidt in “Electrochemistry，” A Specialist Periodical Report，Vols. 5 and 6，H. R. Thirsk，Senior Reporter，The Chemical Society，London，1977 and 1978
45 A. M. Kuznetsov，*Mod. Asp. Electrochem.*，**20**，95（1989）

46 W. Schmickler, "Interfacial Electrochemistry," Oxford University Press, New York, 1996
47 C. J. Miller in "Physical Electrochemistry. Principles, Methods, and Application," I. Rubinstein, Ed., Marcel Dekker, New York, 1995, Chap. 2
48 M. J. Weaver in "Comprehensive Chemical Kinetica," R. G. Compton, Ed., Elsevier, Amsterdam, Vol. 27, 1987, Chap. 1
49 R. A. Marcus and P. Siddarth, "Photoprocesses in Transition Metal Complexes, Biosystems and Other Molecules," E. Kochanski, Ed., Kluwer, Amsterdam, 1992
50 N. S. Hush, *J. Electroanal. Chem.*, **470**, 170 (1999)
51 L. Eberson, "Electron Transfer Reactions in Organic Chemistry," Springer-Verlag, Berlin, 1987
52 N. Sutin, *Accts. Chem. Res.*, **15**, 275 (1982)
53 R. A. Marcus and N. Sutin, *Biochim. Biophys. Acta*, **811**, 265 (1985)
54 H. Taube, "Electron Transfer Reactions of Complex Ions in Solution," Academic, New York, 1970, p. 27
55 J. J. Ulrich and F. C. Anson, *Inorg. Chem.*, **8**, 195 (1969)
56 G. A. Somorijai, "Introduction to Surface Chemistry and catalysis," Wiley, New York, 1994
57 S. F. Fischer and R. P. Van Duyne, *Chem. Phys.*, **26**, 9 (1977)
58 R. A. Marcus, *J. Chem. Phys.*, **43**, 679 (1965)
59 R. A. Marcus, *Annu. Rev. Phys. Chem.*, **15**, 155 (1964)
60 B. S. Brunschwig, J. Logan, M. D. Newton, and N. Sutin, *J. Am. Chem. Soc.*, **102**, 5798 (1980)
61 R. A. Marcus, *J. Phys. Chem.*, **67**, 853 (1963)
62 D. F. Calef and P. G. Wolynes, *J. Phys. Chem.*, **87**, 3387 (1983)
63 J. T. Hynes in "Theory of Chemical Reaction Dynamics," M. Baer, Ed., CRC, Boca Raton, FL, 1985, Chap. 4
64 H. Sumi and R. A. Marcus, *J. Chem. Phys.*, **84**, 4894 (1986)
65 M. J. Weaver, *Chem.. Rev.*, **92**, 463 (1992)
66 X. Zhang, J. Leddy, and A. J. Bard, *J. Am. Chem. Soc.*, **107**, 3719 (1985)
67 X. Zhang, H. Yang, and A. J. Bard, *J. Am. Chem. Soc.*, **109**, 1916 (1987)
68 M. E. Williams, J. C. Crooker, R. Pyati, L. J. Lyons, and R. W. Murray, *J. Am. Chem. Soc.*, **119**, 10249 (1997)
69 R. A. Marcus, *J. Phys. Chem.*, **94**, 1050 (1990); **95**, 2010 (1991)
70 M. Tsionsky, A. J. Bard, and M. V. Mirkin, *J. Am. Chem. Soc.*, **119**, 10785 (1997)
71 H. Gerischer, *Adv. Electrochem. Electrochem. Eng.*, **1**, 139 (1961)
72 H. Gerischer in "Physical Chemistry; An Advanced Treatise," Vol. 9A, H. Eyring, D. Henderson, and W. Jost, Eds., Academic, New York, 1970
73 C. J. Chen, "Introduction to Scanning Tunneling Microscopy," Oxford University Press, New York, 1993, p. 5
74 S. W. Feldberg, *J. Electroanal. Chem.*, **198**, 1 (1986)
75 H. O. Finklea, *Electroanal. Chem.*, **19**, 109 (1996)
76 J. F. Smalley, S. W. Feldberg, C. E. D. Chidsey, M. R. Linford, M. D. Newton, and Y.-P. Liu, *J. Phys. Chem.*, **99**, 13141 (1995)
77 S. B. Sachs, S. P. Dudek, R. P. Hsung, L. R. Sita, J. F. Smalley, M. D. Newton, S. W. Feldberg, and C. E. D. Chidsey, *J. Am. Chem. Soc.*, **119**, 10563 (1997)
78 S. Creager, S. J. Yu, D. Bamdad, S. O'Conner, T. MacLean, E. Lam, Y. Chong, G. T. Olsen, J. Luo, M. Gozin, and J. F. Kayyem, *J. Am. Chem. Soc.*, **121**, 1059 (1999)

3.8 习题

3.1 考虑电极反应：$O+ne \rightleftharpoons R$，在如下的条件时：$C_R^* = C_O^* = 1\text{mmol}\cdot\text{L}^{-1}$，$k^0=10^{-7}\text{cm/s}$，$\alpha=0.3$ 和 $n=1$。

(a) 计算交换电流密度，$j_0=i_0/A$，单位用 $\mu\text{A/cm}^2$。

(b) 当阳极和阴极电流密度可达 $600\mu\text{A/cm}^2$，绘出该反应的电流密度-过电势曲线。忽略物质传递的影响。

(c) 在（b）所示的电流范围内，绘出 $\lg|j|$-η 曲线（Tafel 图）。

3.2 电流作为过电势的函数的一般表达式，包括物质传递的影响，可由式（3.4.29）得到：

$$i=\frac{\exp(-\alpha f\eta)-\exp[(1-\alpha)f\eta]}{\dfrac{1}{i_0}+\dfrac{\exp[-\alpha f\eta]}{i_{l,c}}-\dfrac{\exp[(1-\alpha)f\eta]}{i_{l,a}}}$$

(a) 推导出该表达式。

(b) 假设 $m_O=m_R=10^{-3}\text{cm/s}$，采用一个编程的方法重新计算习题 3.1 中问题（b）和（c），包括物质传递的影响。

3.3 采用编程的方法计算和绘出在习题 3.2 中所给出的 i-η 通用公式的电流-电势和 ln（电流）-电势曲线。

(a) 在如下所给参数条件下，将结果列表［电势、电流、ln（电流）、过电势］并绘出 i-η 图和 $\ln|i|$-η 图。$A=1\text{cm}^2$；$C_O^*=1.0\times10^{-3}\text{mol/cm}^3$；$C_R^*=1.0\times10^{-5}\text{mol/cm}^3$；$n=1$；$\alpha=0.5$；$k^0=1.0\times10^{-4}\text{cm/s}$；$m_O=0.01\text{cm/s}$；$m_R=0.01\text{cm/s}$；$E^{\ominus}=-0.5\text{V(vs. NHE)}$。

(b) 显示当其他参数与在（a）相同时，在确定 k^0 范围内，i-E 的各种曲线。在什么样的 k^0 值时，曲线与能斯特反应曲线无法区分？

(c) 显示当其他参数与在（a）相同，对于一系列 α 值其 i-E 的曲线。

3.4 在大多数情况下，单个过程的电流是可累加的，即总的电流 i_t 是不同电极反应的电流（i_1，i_2，i_3，…）总和。考虑如下的情况，一个铂电极作为工作电极浸入到含有 1mmol/L $K_3Fe(CN)_6$ 的 1.0mol/L HBr 溶液中，各种交换电流密度如下：

H^+/H_2	$j_0=10^{-3}\text{A/cm}^2$
Br_2/Br^-	$j_0=10^{-2}\text{A/cm}^2$
$Fe(CN)_6^{3-}/Fe(CN)_6^{4-}$	$j_0=4\times10^{-5}\text{A/cm}^2$

采用编程的方法计算和绘出此体系从阳极背景极限到阴极背景极限的电流-电势曲线。利用表 C.1 中的标准电势和习题 3.3 中的其他参数（m_O，α，…）。

3.5 考虑 $\alpha=0.50$ 和 $\alpha=0.10$ 的单电子电极反应，计算在应用下列条件和公式时其电流相对误差：

(a) 对于过电势为 10mV，20mV 和 50mV 时，采用线性 i-η 公式。

(b) 对于过电势为 50mV，100mV 和 200mV 时，采用 Tafel（完全不可逆）关系式。

3.6 根据 G. Scherer 和 F. Willig［*J. Electroanal. Chem.*，**85**，77（1977）］，如下体系在 25℃时其交换电流密度 j_0 是 2.0mA/cm^2：Pt/$Fe(CN)_6^{3-}$（$2.0\text{mmol}\cdot\text{L}^{-1}$），$Fe(CN)_6^{4-}$（$2.0\text{mmol}\cdot\text{L}^{-1}$），NaCl（$1.0\text{mol}\cdot\text{L}^{-1}$），此体系的传递系数大约是 0.50。计算（a）$k^0$ 值；（b）两个配合物的浓度均为 $1\text{mol}\cdot\text{L}^{-1}$ 时，其 j_0 值；（c）在铁氰化钾和亚铁氰化钾浓度均为 $10^{-4}\text{mol}\cdot\text{L}^{-1}$ 时，面积为 0.1cm^2 的电极，其电荷转移电阻是多少？

3.7 Berzins 和 Delahay［*J. Am. Chem. Soc.*，**77**，6448（1955）］研究下列的反应：

$$Cd^{2+}+2e\xrightleftharpoons{Hg}Cd(Hg)$$

当 $C_{Cd(Hg)}=0.40\text{mol}\cdot\text{L}^{-1}$ 时得到如下的数据：

$C_{Cd^{2+}}$（$\text{mmol}\cdot\text{L}^{-1}$）	1.0	0.50	0.25	0.10
j_0（mA/cm^2）	30.0	17.3	10.1	4.94

(a) 假设在式（3.5.8）～式（3.5.10）所示的通用机理在此适用，计算 $n'+\alpha$ 的值并建议 n'，n'' 和 α 各自的值。写出一个此过程的特定化学机理。

(b) 计算 k_{app}^0。

(c) 与他们在原始论文中的分析结果进行比较。

3.8 (a) 说明对于一级均相反应

$$A\xrightarrow{k_f}B$$

A 的平均寿命是 $1/k_f$。

(b) 当物质 O 进行如下的异相反应时，请推导出其平均寿命的表达式：

$$O+e\xrightarrow{k_f}R$$

注意当此物种与表面的距离小于 d 时才能反应。考虑一个假设的体系，溶液相仅从表面扩展距离 d（大约 1nm）。

(c) 寿命为 1ms 时 k_f 值应有多大？寿命可能短到 1ns 吗？

3.9 试讨论将一个铂电极浸入到含有 Fe(Ⅱ) 和 Fe(Ⅲ) 的 $1\text{mol}\cdot\text{L}^{-1}$ HCl 溶液中，使电势达到平衡的机理。为使电极电势移动 100mV，大约需要多少电荷？为什么当 Fe(Ⅱ) 和 Fe(Ⅲ) 的浓度很低时，即使它们的浓度比被保持在接近于 1，电势值也变得不稳定了呢？这个实验事实反映了热力学原则吗？你认为此答案应用到离子选择电极电势的建立上合适吗？

3.10 在氨溶液中（$[NH_3]$ 约 $0.05\text{mol}\cdot\text{L}^{-1}$），Zn(Ⅱ) 主要是以配位离子 $Zn(NH_3)_3(OH)^+$ 存在［以后均以 Zn(Ⅱ) 表示］。在研究此配合物在汞电极上电还原为锌汞齐时，Gerischer［Z. Physik. Chem.，202，302（1953）］发现

$$\frac{\partial \lg i_0}{\partial \lg[\text{Zn(Ⅱ)}]}=0.41\pm0.03 \qquad \frac{\partial \lg i_0}{\partial \lg[NH_3]}=0.65\pm0.03$$

$$\frac{\partial \lg i_0}{\partial \lg[OH^-]}=-0.28\pm0.02 \qquad \frac{\partial \lg i_0}{\partial \lg[Zn]}=0.57\pm0.03$$

这里［Zn］代表在汞齐中的浓度。

(a) 给出总反应式。

(b) 假设过程是按下列机理进行的：

$Zn(II)+e \overset{Hg}{\rightleftharpoons} Zn(I)+\nu_{1,NH_3} NH_3+\nu_{1,OH^-} OH^-$（快速的前置反应）

$Zn(I)+e \overset{Hg}{\rightleftharpoons} Zn(Hg)+\nu_{2,NH_3} NH_3+\nu_{2,OH^-} OH^-$（决速步骤）

这里 Zn(Ⅰ）代表一种锌的未知组分，其氧化态为+1，ν 是化学计量参数。推导出与式（3.5.40）类似的交换电流的表达式，并给出该反应的对数表达式。

(c) 计算 α 和所有的化学计量参数。

(d) 辨别出 Zn(Ⅰ）并写出与所给数据一致的机理。

(e) 考虑另外一个与上述机理类似的机理，但第一步是决速步骤，这样的机理与实验观察一致吗？

3.11　下列数据是由在一个搅拌溶液中，面积为 0.1cm^2 的电极上还原 R 为 R^- 所得到的；溶液中含有 0.01mol·L^{-1} R 和 0.01mol·L^{-1} R^-。

η(mV)	−100	−120	−150	−500	−600
i(μA)	45.9	62.6	100	965	965

请计算 i_0，k^0，α，R_{ct}，i_l，m_O 和 R_{mt}。

3.12　当 10^{-2}mol·L^{-1} Mn(Ⅲ）和 10^{-2}mol·L^{-1} Mn(Ⅱ）时，根据图 3.4.5 中的数据估算 j_0 和 k^0。当 Mn(Ⅲ）和 Mn(Ⅱ）的浓度均为 1mol·L^{-1}时，所预测的 j_0 是多少？

3.13　对于大多数溶剂，溶剂项（$1/\varepsilon_{op}$-$1/\varepsilon_s$）的值大约为 0.5，计算当一个分子半径是 0.40nm，与电极表面的距离是 0.7nm 时，仅由于溶剂化引起的 λ_0 和活化自由能（以 eV 为单位）的值。

3.14　请推导出式（3.6.30）。

3.15　对于一个平衡能量为 $\boldsymbol{E}_{eq}$ 的体系，如何从表示 $D_O(E,\lambda)$ 和 $D_R(E,\lambda)$ 的公式出发，导出本体浓度 C_O^* 和 C_R^* 与 $\boldsymbol{E}^{\ominus}$ 之间类似于 Nernst 公式的表达式。该表达式与以 E_{eq} 和 $\boldsymbol{E}^{\ominus}$ 表示的 Nernst 公式有何不同？如何解释此差异？

3.16　对于反应 $O+e \rightleftharpoons R$，其本体浓度为 C_O^* 和 C_R^*，在体系处于平衡时，推导出公式（3.6.36）。

第4章　迁移和扩散引起的物质传递

4.1　一般物质传递公式的推导

在本节中，讨论支配物质传递的通用偏微分方程，它们将在随后的几章中推导适用于不同的电化学技术时的方程中经常用到。正如在1.4节中所讨论的那样，溶液中的物质传递通过扩散、迁移和对流来完成。扩散和迁移是由于一个电化学势$\bar{\mu}$的梯度所引起的。对流是由作用于溶液的不平衡力所引起的。

考虑连接溶液中的r和s两点的一个无穷小的溶液单元（见图4.1.1），对于确定的物种j，$\bar{\mu}_j(r)\neq\bar{\mu}_j(s)$。在该距离上$\bar{\mu}_j$有此差异（一个电化学势梯度）是由于对于物质$j$有浓度（活度）差（一种浓度梯度），或因为存在一个$\phi$值差（一个电场或电势梯度）。通常，物质$j$的流动会消除该差值。流量$\mathbf{J}_j$（$\text{mol}\cdot\text{s}^{-1}\cdot\text{cm}^{-2}$）与$\bar{\mu}_j$的梯度成正比：

$$\mathbf{J}_j\propto\mathbf{grad}\bar{\mu}_j\quad\text{或}\quad\mathbf{J}_j\propto\boldsymbol{\nabla}\bar{\boldsymbol{\mu}}_j\tag{4.1.1}$$

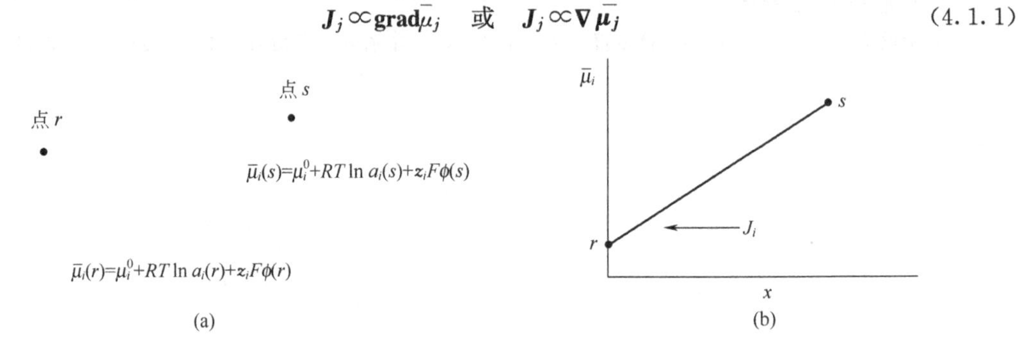

图4.1.1　电化学位的梯度示意

这里grad或$\boldsymbol{\nabla}$是一个矢量算符。对于线性（一维）物质传递，$\boldsymbol{\nabla}=\boldsymbol{i}(\partial/\partial x)$，其中$\boldsymbol{i}$是沿轴向的单位矢量，$x$是距离。对于在三维笛卡儿空间的物质传递有

$$\boldsymbol{\nabla}=\boldsymbol{i}\frac{\partial}{\partial x}+\boldsymbol{j}\frac{\partial}{\partial y}+\boldsymbol{k}\frac{\partial}{\partial z}\tag{4.1.2}$$

在式（4.1.1）中的比例常数是$-C_jD_j/RT$，因此有

$$\mathbf{J}_j=-\left(\frac{C_jD_j}{RT}\right)\boldsymbol{\nabla}\bar{\mu}_j\tag{4.1.3}$$

对于线性的物质传递公式为

$$j_j(x)=-\left(\frac{C_jD_j}{RT}\right)\frac{\partial\bar{\mu}_j}{\partial x}\tag{4.1.4}$$

这些公式中的负号是因为流量的方向与$\bar{\mu}_j$增加的方向相反。

如果除了该$\bar{\mu}_j$梯度外，溶液也在运动，这样溶液的一个单元体［浓度为$C_j(s)$］从s点以速度$\boldsymbol{v}$运动，那么在流量公式中就得附加一项：

$$\mathbf{J}_j=-\left(\frac{C_jD_j}{RT}\right)\boldsymbol{\nabla}\bar{\mu}_j+C_j\boldsymbol{v}\tag{4.1.5}$$

对于线性的物质传递公式为

$$J_j(x)=-\left(\frac{C_jD_j}{RT}\right)\left(\frac{\partial\bar{\mu}_j}{\partial x}\right)+C_jv(x) \tag{4.1.6}$$

当 $a_j\approx C_j$ 时，得到能斯特-普朗克（Nernst-Planck）方程，可写为

$$J_j(x)=-\left(\frac{C_jD_j}{RT}\right)\left[\frac{\partial}{\partial x}(RT\ln C_j)+\frac{\partial}{\partial x}(z_jF\phi)\right]+C_jv(x) \tag{4.1.7}$$

$$\boxed{J_j(x)=-D_j\frac{\partial C_j(x)}{\partial x}-\frac{z_jF}{RT}D_jC_j\frac{\partial\phi(x)}{\partial x}+C_jv(x)} \tag{4.1.8}$$

或一般的写法为

$$\boxed{\boldsymbol{J}_j=-D_j\nabla C_j-\frac{z_jF}{RT}D_jC_j\nabla\phi+C_j\boldsymbol{v}} \tag{4.1.9}$$

在本章中，考察的是不存在对流的体系。对流物质传递将在第 9 章中进行讨论。在静止条件下，即在不搅拌或没有密度梯度的静止溶液中，溶液的对流速度 $\boldsymbol{v}$ 是零。流量的通用公式（4.1.9）变为

$$\boldsymbol{J}_j=-D_j\nabla C_j-\frac{z_jF}{RT}D_jC_j\nabla\phi \tag{4.1.10}$$

对于线性物质传递有

$$J_j(x)=-D_j\left[\frac{\partial C_j(x)}{\partial x}\right]-\frac{z_jF}{RT}D_jC_j\left[\frac{\partial\phi(x)}{\partial x}\right] \tag{4.1.11}$$

这里右边各项分别代表扩散和迁移对于总物质传递的贡献。

如果物质 j 带电荷，流量 J_j 等价于电流密度。考察物质流动方向垂直，横截面积为 A 的线性体系。这样，J_j 等于$-i_j/z_jFA[\mathrm{C\cdot mol^{-1}\cdot cm^2}]$，这里 i_j 是由于物质 j 的流动在任何 x 处的电流。公式（4.1.11）可写为

$$-J_j=\frac{i_j}{z_jFA}=\frac{i_{\mathrm{d},j}}{z_jFA}+\frac{i_{\mathrm{m},j}}{z_jFA} \tag{4.1.12}$$

且

$$\frac{i_{\mathrm{d},j}}{z_jFA}=D_j\frac{\partial C_j}{\partial x} \tag{4.1.13}$$

$$\frac{i_{\mathrm{m},j}}{z_jFA}=\frac{z_jFD_j}{RT}C_j\frac{\partial\phi}{\partial x} \tag{4.1.14}$$

式中，$i_{\mathrm{d},j}$ 和 $i_{\mathrm{m},j}$ 分别为物质 j 的扩散和迁移电流。

在电解过程中，在溶液中的任何位置，总电流 i 是由所有物质的贡献所组成的，即

$$i=\sum_j i_j \tag{4.1.15}$$

或

$$i=\frac{F^2A}{RT}\times\frac{\partial\phi}{\partial x}\sum_j z_j^2D_jC_j+FA\sum_j z_jD_j\frac{\partial C_j}{\partial x} \tag{4.1.16}$$

式中，每种物质在其位置的电流都是由迁移部分（第一项）和扩散部分（第二项）所组成的。

现在将详细地讨论电化学体系中的迁移和扩散问题。下面所推导出的概念和公式至少可追溯到 Planck 的工作[1]。更详尽的有关电化学体系中的物质传递的普遍问题可在一系列的综述中查到[2~6]。

4.2　迁移

在本体溶液中（离电极较远处），浓度梯度一般来讲较小，总的电流主要是由迁移来完成的。所有的荷电物质都做贡献。对于物质 j，在一个横截面积为 A 的线性物质传递体系的本体区域，$i_j=i_{\mathrm{m},j}$ 或

$$i_j = \frac{z_j^2 F^2 A D_j C_j}{RT} \times \frac{\partial \phi}{\partial x} \tag{4.2.1}$$

在2.3.3节中定义的物质j的淌度，与扩散系数的关系可由Einstein-Smoluchowski公式联系起来：

$$\boxed{u_j = \frac{|z_j| F D_j}{RT}} \tag{4.2.2}$$

因此可将i_j表达为

$$i_j = |z_j| F A u_j C_j \frac{\partial \phi}{\partial x} \tag{4.2.3}$$

对于一个线性电场，

$$\frac{\partial \phi}{\partial x} = \frac{\Delta E}{l} \tag{4.2.4}$$

式中，$\Delta E/l$为电场在距离l上电势的变化为ΔE时所引起的梯度，V/cm，这样

$$i_j = \frac{|z_j| F A u_j C_j \Delta E}{l} \tag{4.2.5}$$

本体溶液中总电流由下式给出

$$i = \sum_j i_j = \frac{F A \Delta E}{l} \sum_j |z_j| u_j C_j \tag{4.2.6}$$

它是式(4.1.16)在此特殊情况下的表达式。溶液的电导$L(\Omega^{-1})$是电阻$R(\Omega)$的倒数，由欧姆定律给出，

$$L = \frac{1}{R} = \frac{i}{\Delta E} = \frac{FA}{l} \sum_j |z_j| u_j C_j = \frac{A}{l} \kappa \tag{4.2.7}$$

这里κ是电导率（$\Omega^{-1} \cdot cm^{-1}$；见2.3.3节）由下式表示

$$\kappa = F \sum_j |z_j| u_j C_j \tag{4.2.8}$$

同理，可写出用电阻率$\rho(\Omega \cdot cm)$，$\rho = 1/\kappa$，表示的溶液电阻：

$$R = \frac{\rho l}{A} \tag{4.2.9}$$

一个指定离子j运载的电流在总电流中所占的分数是j的迁移数t_j，由下式给出

$$\boxed{t_j = \frac{i_j}{i} = \frac{|z_j| u_j C_j}{\sum_k |z_k| u_k C_k} = \frac{|z_j| C_j \lambda_j}{\sum_k |z_k| C_k \lambda_k}} \tag{4.2.10}$$

参见公式(2.3.11)和公式(2.3.18)。

4.3　在活性电极附近的混合迁移和扩散

扩散和迁移对一种物质的流量（和此物质流量对于总电流）的相对贡献在给定的时刻随其在溶液中位置的不同而不同。一般来讲，在电极附近，一个电活性物质的传递是由两者共同完成的。电极表面电活性物质的流量控制着反应的速率，因而控制着外电路上的法拉第电流（见1.3.2节）。该电流可分为扩散电流和迁移电流，分别反映电活性物质在电极表面流量的扩散和迁移部分：

$$i = i_d + i_m \tag{4.3.1}$$

注意i_m和i_d可能有相同或相反的方向，取决于电场的方向和电活性物质的电荷。图4.3.1显示了三种还原过程的例子（物质荷正电、荷负电和不荷电）。对于阳离子在阴极和阴离子在阳极反应的迁移部分总是与i_d方向相同。当阴离子在阴极还原和阳离子在阳极氧化时，其迁移部分总是与i_d方向相反。

对于许多电化学体系，如果迁移部分对电活性物质的流量的贡献可忽略的话，数学处理可大

大简化。在本节中，讨论此条件近似成立时的情况。对于此专题的更深入探讨可见文献[7～10]。

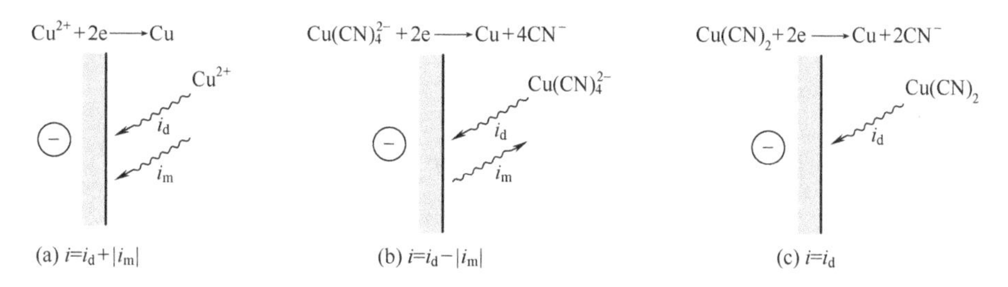

图 4.3.1 还原过程中不同电迁移电流贡献的例子

(a) 反应物荷正电，(b) 反应物荷负电，(c) 反应物不带电荷

4.3.1 电解过程中的物质传递的平衡图表

虽然电解时在本体溶液中是由迁移来传导电流，但在电极附近，也会发生扩散传输，因为电极附近存在电活性物质的浓度梯度。的确，在某些情况下，电活性物质到电极的流量几乎完全是由扩散所完成的。下面采用“平衡图表”的方法来讨论如下的几个实例[11]。

实例 4.1

考虑盐酸溶液在铂电极上的电解过程［见图 4.3.2(a)］。由于 H^+ 的当量电导 λ_+ 和 Cl^- 的当量电导 λ_- 存在如下的关系：$\lambda_+ \approx 4\lambda_-$，那么从式（4.2.10）可知 $t_+ = 0.8$ 和 $t_- = 0.2$。假设单位时间内总计有 10 个电子流过电池，在阴极上生成 5 个 H_2 分子，在阳极上生成 5 个 Cl_2（实际上，在阳极上也可能生成一些 O_2，为简便起见，忽略此反应）。在本体溶液中总电流是由 $8H^+$ 向阴极和 $2Cl^-$ 向阳极运动来进行的［见图 4.3.2(b)］。为了保持一个稳定的电流，单位时间内需向阴极供给 $10H^+$，因此，两个额外的 H^+ 必须扩散到电极，为了保持电中性，同时带来了 2 个 Cl^-。同样在阳极上，单位时间内要提供 10 个 Cl^-，8 个 Cl^- 和 8 个 H^+ 需由扩散到达电极。这样，不同的电流［单位时间（s）内，任选 e 为单位］是：对于 H^+，$i_d = 2$，$i_m = 8$；对于 Cl^-，$i_d = 8$，$i_m = 2$。总电流是 10。在迁移与扩散方向相同的情况下，公式（4.3.1）成立。

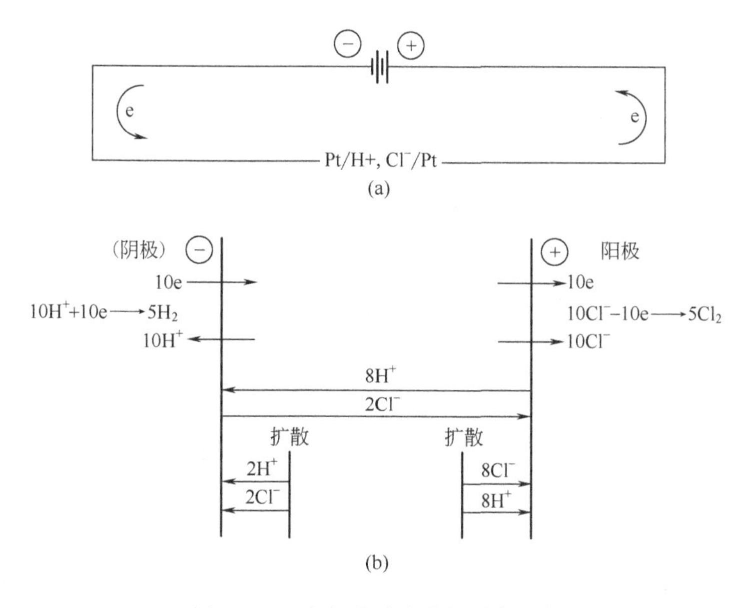

图 4.3.2 电解盐酸溶液的平衡图表

(a) 电解池的示意；(b) 单位时间内外电路通过 10 个电子时各种离子对于电流的贡献

对于荷电物质的混合物，由第 j 种物质传导的电流的分数是 t_j；在总电流为 i 时，由第 j 种物质传导的电流大小是 $t_j i$。每秒钟迁移的第 j 种物质的摩尔数是 $t_j i / z_j F$。若第 j 种物质参加电

解，每秒钟被电解的摩尔数是$|t_j i|/n\mathrm{F}$，而每秒钟由于迁移到达电极的摩尔数是$\pm i_{\mathrm{m}}/nF$，其中正号用于j的还原，负号用于j的氧化。因而

$$\pm\frac{i_{\mathrm{m}}}{nF}=\frac{t_j i}{z_j F} \tag{4.3.2}$$

或

$$i_{\mathrm{m}}=\pm\frac{n}{z_j}t_j i \tag{4.3.3}$$

由公式（4.3.1）知

$$i_{\mathrm{d}}=i-i_{\mathrm{m}} \tag{4.3.4}$$

$$i_{\mathrm{d}}=i\left(1\mp\frac{nt_j}{z_j}\right) \tag{4.3.5}$$

式中，负号用于阴极电流，正号用于阳极电流。应注意i和z_j是有正负号的。

在此简化的处理中，假设迁移数在本体溶液中和在电极附近扩散层中本质上是相同的。当溶液中离子浓度很高时，这种情况是真实的，因此由电解产生或移走的离子而引起的区域浓度的变化很小。在大多数实验中此条件可满足。如果电解严重地引起扩散层中的离子浓度相对于本体浓度的变化，如公式（4.2.10）所示的那样[12]，t_j值也将发生显著变化。

实例 4.2

考虑在两个汞电极上电解含有10^{-3} mol·L^{-1} $Cu(NH_3)_4^{2+}$、10^{-3} mol·L^{-1} $Cu(NH_3)_2^{+}$和3×10^{-3} mol·L^{-1} Cl^-的0.1 mol·L^{-1} NH_3溶液［见图4.3.3(a)］。假设所有离子的极限当量电导相等，即

$$\lambda_{\mathrm{Cu(II)}}=\lambda_{\mathrm{Cu(I)}}=\lambda_{\mathrm{Cl^-}}=\lambda \tag{4.3.6}$$

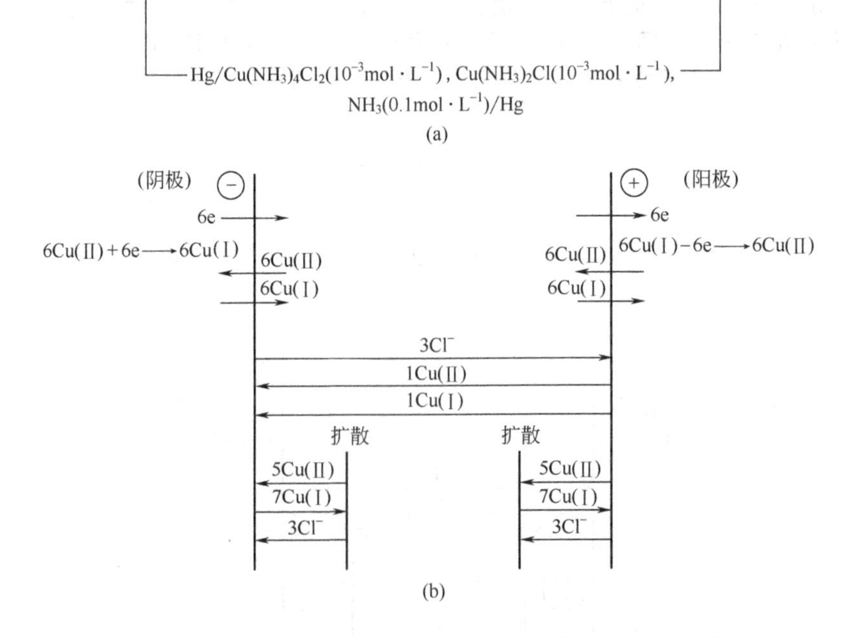

图 4.3.3　电解 Cu(Ⅱ)，Cu(Ⅰ)，NH_3体系的平衡图表

(a) 电解池的示意；(b) 单位时间内外电路通过 6 个电子时各种离子对于电流的贡献；$i=6$，$n=1$。对于阴极的 Cu(Ⅱ)，$|i_{\mathrm{m}}|=(1/2)\times(1/3)\times(6)=1$[公式(4.3.3)]，$i_{\mathrm{d}}=6-1=5$[公式(4.3.4)]。对于阳极的 Cu(Ⅰ)，$|i_{\mathrm{m}}|=(1/1)\times(1/6)\times(6)=1$，$i_{\mathrm{d}}=6+1=7$

由式（4.2.10）得到如下的迁移数：$t_{\mathrm{Cu(II)}}=1/3$、$t_{\mathrm{Cu(I)}}=1/6$和$t_{\mathrm{Cl^-}}=1/2$。设单位时间内通过6e的电流，本体溶液中的迁移电流是由1个Cu(Ⅱ)和1个Cu(Ⅰ)朝阴极的运动，3个Cl^-朝

阳极的运动来实现。该体系的平衡图表见图4.3.3(b)。在阴极，电解Cu(Ⅱ)的电流的1/6是由迁移完成，5/6是由扩散完成。氨分子不带电荷，对电流的传输没有贡献，它仅起稳定+1价和+2价铜离子的作用。由于溶液中离子总浓度很小，所以此电解池的电阻相对较大。

4.3.2　加入过量支持电解质的影响

实例4.3

考虑与实例4.2中相同的电池，但溶液中含有0.10 mol·L^{-1}的$NaClO_4$作为过量的电解质[见图4.3.4(a)]。假设$\lambda_{Na^+}=\lambda_{ClO_4^-}=\lambda$，得到如下的传递数：$t_{Na^+}=t_{ClO_4^-}=0.485$，$t_{Cu(Ⅱ)}=0.0097$，$t_{Cu(Ⅰ)}=0.00485$，$t_{Cl^-}=0.0146$。钠离子和高氯酸根离子并不参与电子转移反应，但由于它们的浓度很高，它们承担了本体溶液所传送电流的97%。该电池的平衡图表[见图4.3.4(b)]显示此时绝大多数Cu(Ⅱ)到达阴极是由于扩散，迁移的贡献仅占总流量的0.5%。

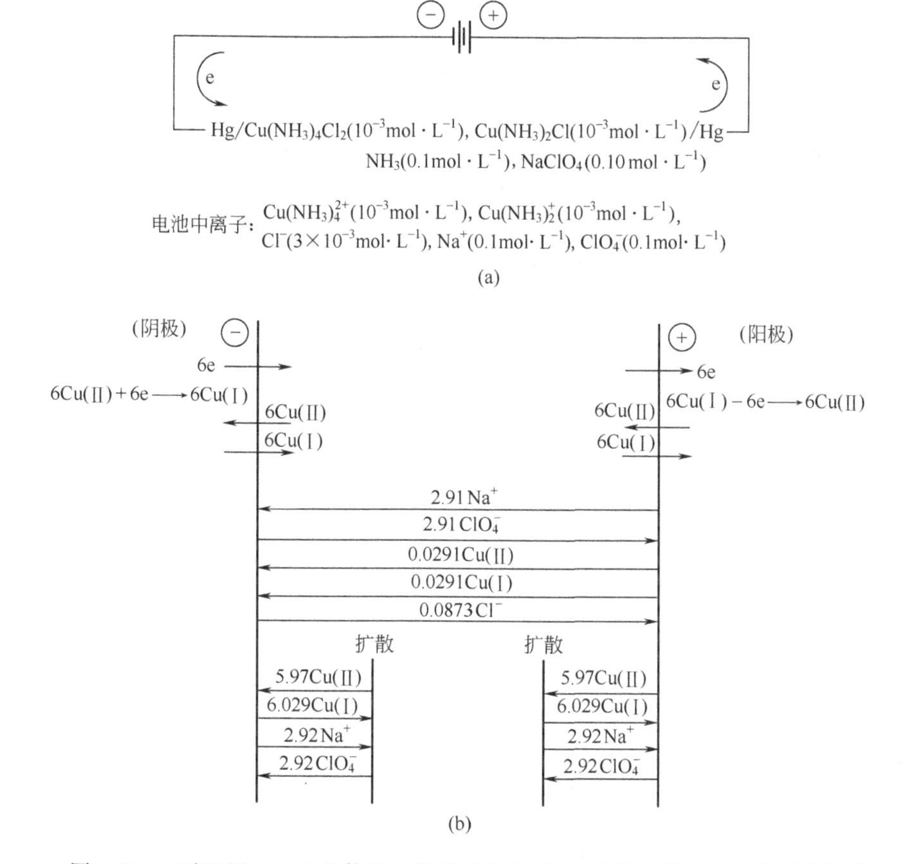

图4.3.4　对于图4.3.3的体系，但有过量$NaClO_4$作为支持电解质的平衡图表

(a)电解池的示意；(b)单位时间内外电路通过6个电子时各种离子对于电流的贡献($i=6$，$n=1$)。$t_{Cu(Ⅱ)}=[(2\times10^{-3})\lambda/(2\times10^{-3}+3\times10^{-3}+0.2)\lambda]=0.0097$。对于阴极的Cu(Ⅱ)，$|i_m|=(1/2)\times(0.0097)\times(6)=0.03$，$i_d=6-0.03=5.97$

这样，一种过量的非电活性离子（一种支持电解质）的加入几乎消除了迁移对于电活性物质传递的影响。总之，它通过消除物质传递公式中的$\nabla\phi$项或$\partial\phi/\partial x$项，简化了电化学体系的数学处理[例如，式(4.1.10)和式(4.1.11)]。

除了降低迁移的贡献，支持电解质还有其他的重要功能。高浓度离子的存在降低了溶液电阻，因此降低了在工作电极和参比电极之间的未补偿电阻降（见1.3.4节）。所以，支持电解质可提高对工作电极电势的控制和测量的精度（见第15章）。本体溶液电导的提高也可降低在电池中电能的消耗，从而大大简化了测量仪器（见第11和第5章）。除了这些物理上的益处外就是支持电解质的化学贡献，它经常由于建立溶液组分（pH值、离子强度、配合剂的浓度）以控制反

应的条件（第 5，7，11 章和第 12 章）。在分析应用中，由于高浓度电解质的存在经常作为缓冲溶液，可降低或消除样品的基底效应。最后，支持电解质可确保双电层的厚度相对于扩散层相很薄（见第 13 章），即使在电极上有离子的产生或消耗，仍可使整体溶液中保持均一的离子强度。

支持电解质也带来一些问题。由于所用浓度很大，它们的杂质能够带来严重的干扰。例如，它们自身有法拉第响应，可与电极过程的产物发生反应，或吸附在电极表面并改变动力学行为。另外，支持电解质可显著地改变电池中介质的性质，使其与纯溶剂不同。这种差别使得电化学实验所得到的结果（例如，热力学数据）与采用纯溶剂的其他的实验所得数据的比较变得复杂化。

大多数电化学研究是在根据溶剂和感兴趣的电极过程而选择的支持电解质存在下进行的。对于水溶液，许多酸、碱和盐是可采用的。对于具有高介电常数的有机溶剂，如乙腈、DMF，经常采用四烷基铵盐，如 Bu_4NBF_4 和 Et_4NClO_4（Bu 为正丁基，Et 为乙基）为支持电解质。在低介电常数的溶剂（如苯）中，不可避免地涉及高阻抗的溶液，因为大多数离子盐在它们中的溶解度很低。一些盐的确能溶解在非极性介质，如 Hx_4NClO_4（Hx 为正己烷基），但溶液中存在离子对。

在阻抗很大的溶液中进行研究需要采用超微电极，通常通过的电流很小，所以引起的电阻降并不明显（见 5.9.2 节）。支持电解质浓度对于超微电极上的稳态极限电流的影响已被研究过[12~14]。典型的结果如图 4.3.5 所示，表明了在一个汞膜电极上还原 Tl^+ 为铊汞齐的极限电流是随 $LiClO_4$ 浓度的增加而减少[15]。在没有或 $LiClO_4$ 浓度很低时的电流较在高浓度时大得多，是因为荷正电荷的 Tl^+ 迁移到阴极可使电流增强。在高 $LiClO_4$ 浓度时，Li^+ 的迁移取代了 Tl^+ 的迁移，所观察到的电流本质上是纯扩散电流。在本书第一版中，给出过一个类似的例子，即 Pb（Ⅱ）在以 KNO_3 作为支持电解质的溶液中的极谱研究❶。

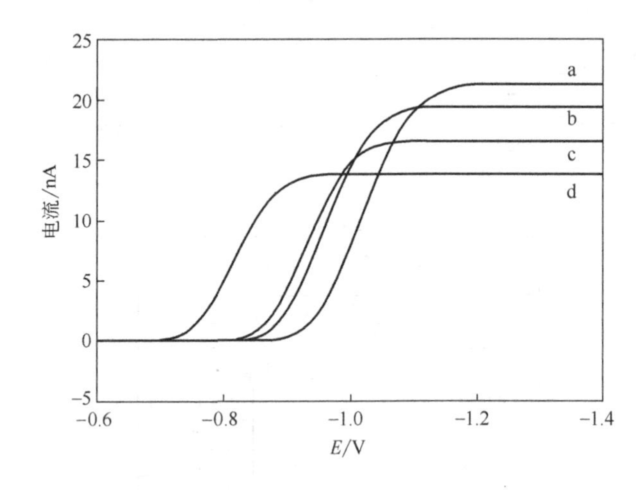

图 4.3.5　在半径为 15μm 的镀有汞膜的银超微电极上，0.65mmol·L⁻¹ Tl_2SO_4 还原的伏安图

支持电解质的浓度为：a—0mmol·L^{-1}，b—0.1mmol·L^{-1}，c—1mmol·L^{-1} 和 d—100mmol·L^{-1} $LiClO_4$。电势相对于铂丝准参比电极，其电势与溶液组分有关。这是还原波的位置在电势坐标上发生移动的原因

［引自 M. Ciszkowska and J. G. Osteryoung，*Anal. Chem.*，**67**，1125(1995)］

4.4　扩散

正如刚刚所讨论的那样，采用支持电解质并在静止的溶液中，有可能将一个电活性物质在电极附近的物质传递仅限制为扩散模式。大多数电化学方法是建立在这些条件成立的假设上；因此扩散是一个重要的中心环节。现在对于扩散现象和描述它的数学模型进行更深入细致的探讨[16~19]。

❶ 见第一版，第 127 页。

4.4.1 微观观点-非连续源模型

扩散，通常导致一个混合物的均一化，是由于“随机散步”（random walk）所致。通过讨论一维的随机散步，可得到一个简单图像。考虑一个被限定在线性轨道上的分子，受到溶剂分子的碰撞而建立布朗运动，每单位时间 τ，其运动的步长为 l。试问“经历时间 t 后，分子将在什么地方?”对此只能回答出分子处于某个不同的位置的概率。或者说，可以想像在 $t=0$ 时，大量的分子集中在一条线上，在时间 t 时分子将是如何分布的。此问题有时称为“喝醉酒的水手问题”，想像一个从酒吧出来的喝得大醉的水手（见图 4.4.1)，他随意的左右摇晃（每摇晃一步的距离为 l，每 τ 秒走一步）。在一定时间 t 后，这个水手倒在街上某一距离的概率是多少?

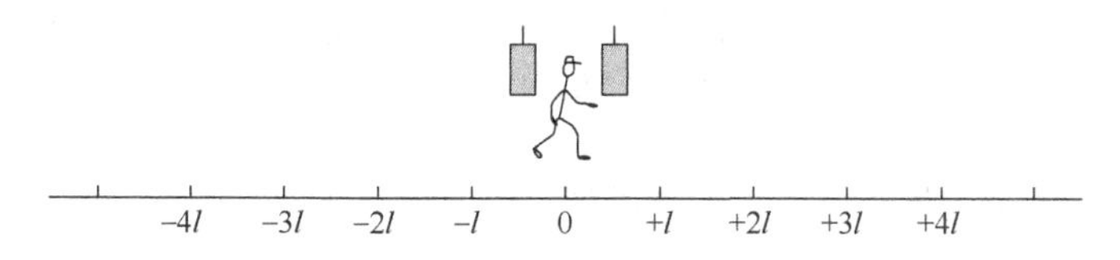

图 4.4.1 一维随机散步和“喝醉酒的水手问题”

在随机散步中，在任何耗去的周期内可能经过的所有途径近乎是相等的；因此分子到达的任何特定点的概率简单地说就是到达该点的途径数除以到达所有可能点的总途径数。这种想法见图 4.4.2。在时间 τ，分子到达 $+l$ 和 $-l$ 处的概率几乎相等；在 $+2l$，0 和 $-2l$ 处的相对概率分别是 1，2 和 1。

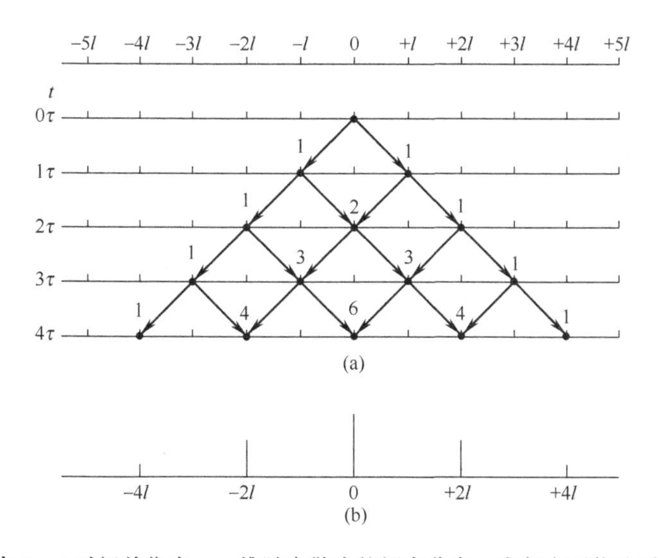

图 4.4.2 (a) 在 0～4 时间单位内，一维随意散步的概率分布，在每个可能达到点上显示的数字是该点的途径数；(b) 在 $t=4\tau$ 时的分布示意。在此时刻，$x=0$ 处的概率是 6/16，$x=\pm 2l$ 处是 4/16，$x=\pm 4l$ 处是 1/16

概率的公式，即在 m 时间单位（$m=t/\tau$）之后，分子在给定位置上的概率 $P(m, r)$ 由二项式系数给出

$$P(m,r)=\frac{m!}{r!\,(m-r)!}\left(\frac{1}{2}\right)^m \tag{4.4.1}$$

这里位置簇的定义为 $x=(-m+2r)l$，$r=0$，1，…，m。分子的均方位移，$\overline{\boldsymbol{\Delta}^2}$，可通过把所有位移的平方和除以概率总数（$2^m$）来计算。位移的平方类似于统计学中所得到的标准偏差，因为运动可能是正或负两种方向，并且位移的总和经常为零。这种步骤示于图 4.4.1 中。通常，$\overline{\boldsymbol{\Delta}^2}$由下式给出

$$\overline{\boldsymbol{\Delta}^2}=ml^2=\frac{t}{\tau}l^2=2Dt \tag{4.4.2}$$

式中，D 为扩散系数，等同于 $l^2/2\tau$，是一个与步长和步频率有关的常数❶。其量纲为（长度）^{2}/时间，通常为 cm^2/s。这样在时间 t 时，均方根位移是

$$\boxed{\bar{\Delta}=\sqrt{2Dt}} \tag{4.4.3}$$

此公式提供了一种估算扩散层厚度的简捷的经验法则（例如，在给定的时间内，平均来讲产物分子离开电极多远）。在水溶液中，D 的典型数值为 $5\times10^{-6}cm^2/s$，因此在 1ms 内建立的扩散层厚度是 10^{-4}cm，在 0.1s 内建立的扩散层厚度是 10^{-3}cm，在 10s 内建立的扩散层厚度是 10^{-2}cm（也见 5.2.1 节）。

随着 m 变大，能够给出公式（4.4.1）的连续形式。在 $t=0$ 时在原点处的 N_0 个分子，在某个时间后的分布可用高斯曲线描述。在以位置 x 为中心 Δx 宽的一小段区域内，分子数是[20]

$$\frac{N(x,t)}{N_0}=\frac{\Delta x}{2\sqrt{\pi Dt}}\exp\left(\frac{-x^2}{4Dt}\right) \tag{4.4.4}$$

对于二维和三维的随意散步问题，可采用类似的处理方法，对两种情况下的均方根位移分别是 $(4Dt)^{1/2}$ 和 $(6Dt)^{1/2}$（见表 4.4.1）。

表 4.4.1　随意散步过程的分布①

t	n②	Δ③	$\Sigma\Delta^2$	$\overline{\Delta^2}=\frac{1}{n}\Sigma\Delta^2$
0τ	$1(=2^0)$	0	0	0
1τ	$2(=2^1)$	$\pm l(1)$	$2l^2$	l^2
2τ	$4(=2^2)$	$0(2),\pm 2l(1)$	$8l^2$	$2l^2$
3τ	$8(=2^3)$	$\pm l(3),\pm 3l(1)$	$24l^2$	$3l^2$
4τ	$16(=2^4)$	$0(6),\pm 2l(4),\pm 4l(1)$	$64l^2$	$4l^2$
$m\tau$	2^m		$mnl^2(=m2^ml^2)$	ml^2

① l=步长，$1/\tau$=步频率，$t=m\tau$=时间间隔。

② n=概率的总数。

③ Δ=可能的位置；括号内为相对概率。

通过考虑分子和扩散速率的概念来发展液体中一个更加清晰的分子图像可能具有指导意义[21]。在一个马克斯维尔气体中，一个质量为 m，一维平均速度为 v_x 的粒子的平均动力学能量为 $1/2mv_x^2$。此能量可表示为 $kT/2$[22,23]；所以平均分子速度是 $v_x=(kT/m)^{1/2}$。对于在 300K 时的氧气分子（$m=5\times10^{-23}$g），可发现 $v_x=3\times10^4$cm/s。在一个液体溶液中，类似于马克斯维尔气体的速率分布仍可适用；然而，一个溶解的氧气分子仅在它与溶剂分子碰撞前一小段距离上，在给定的方向以此高速度运动，然后改变方向。由重复碰撞所产生的随意散步而引起的通过溶液的纯运动较 v_x 慢得多，它是由上述碰撞过程所控制的。从公式（4.4.3）可得出一种"扩散速率" v_d 为

$$v_d=\bar{\Delta}/t=(2D/t)^{1/2} \tag{4.4.5}$$

因为随意散步在起始点更倾向于以较小的位移进行，此速率与时间有关。

迁移和扩散的相对重要性可通过比较 v_d 与在电场中淌度为 u_i（2.3.3 节）的离子的稳态迁移速率 v 来量度。由定义，$v=u_i\mathscr{E}$，式中 $\mathscr{E}$ 是离子感受到的电场强度。由 Einstein-Smoluchowski 公式得

$$v=|z_i|FD_i\mathscr{E}/RT \tag{4.4.6}$$

当 $v\ll v_d$，在给定位置和时间内，物质的扩散相对于迁移占主导地位。由式（4.4.5）和式（4.4.6），发现当下式成立时，此条件成立。

$$\frac{D_i\mathscr{E}}{RT/|z_i|F}\ll\left(\frac{2D_i}{t}\right)^{1/2} \tag{4.4.7}$$

❶ D 的概念是由 Einstein 在 1905 年采用另外的方法推导出的。有时 D 由 $fl^2/2$ 给出，式中 f 是每单位时间内位移的数（$=1/\tau$）。

重排得

$$(2D_i t)^{1/2}\mathscr{E} \ll 2\,\frac{RT}{|z_i|F} \tag{4.4.8}$$

式中左边是扩散长度乘以电场强度，它也是在扩散长度范围内溶液中的电压降。为了确保迁移与扩散相比可忽略，该电压降必须小于 $2RT/|z_i|F$，它在 25℃时是 $51.4/|z_i|$ mV。这就是说，扩散离子的电势能在扩散长度范围内的差值必须小于几个 ℓT。

4.4.2　菲克（Fick）扩散定律

Fick 定律是描述物质的流量和浓度与时间和位置间函数关系的微分方程。考虑线性（一维）扩散的情况。在时间 t 及给定位置 x 处物质的流量写为 $\boldsymbol{J}_\mathrm{O}(x,t)$，它是 O 的净物质传递速率，可表示为单位时间，单位面积上物质的量（例如 $\mathrm{mol \cdot s^{-1} \cdot cm^{-2}}$）。因此，$\boldsymbol{J}_\mathrm{O}(x,t)$ 代表在每秒内，在某一垂直于扩散轴的每平方厘米的截面积上通过的 O 的物质的量。

菲克第一定律（Fick's first law）阐明流量与浓度梯度成正比的关系：

$$\boxed{-\boldsymbol{J}_\mathrm{O}(x,t) = D_\mathrm{O}\,\frac{\partial C_\mathrm{O}(x,t)}{\partial x}} \tag{4.4.9}$$

此公式可从下述的微观模型导出。考虑在位置 x 处，并假设在时间 t 时，$N_0(x)$ 分子瞬间移动到 x 的左侧，$N_0(x+\Delta x)$ 分子瞬间移动到 x 的右侧（见图 4.4.3）。所有的分子都在距位置 x 一个步长 Δx 范围内。在时间增量期间 Δt，在随意散步过程，这些分子的一半在两个方向均移动 Δx，因此，在 x 处通过一截面积 A 的净流量是从左边移动到右边和从右边移动到左边的分子数差值：

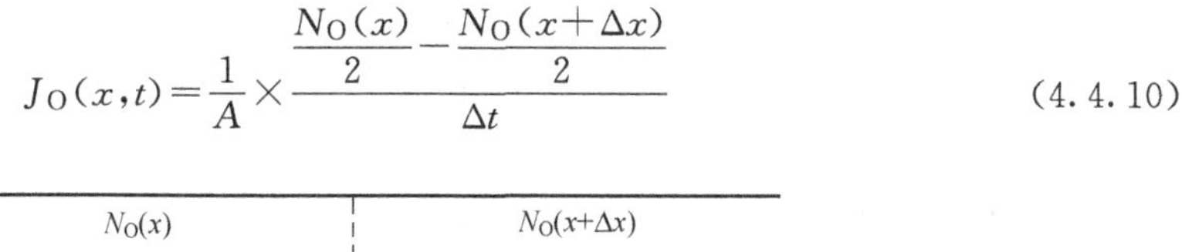

$$J_\mathrm{O}(x,t) = \frac{1}{A} \times \frac{\dfrac{N_\mathrm{O}(x)}{2} - \dfrac{N_\mathrm{O}(x+\Delta x)}{2}}{\Delta t} \tag{4.4.10}$$

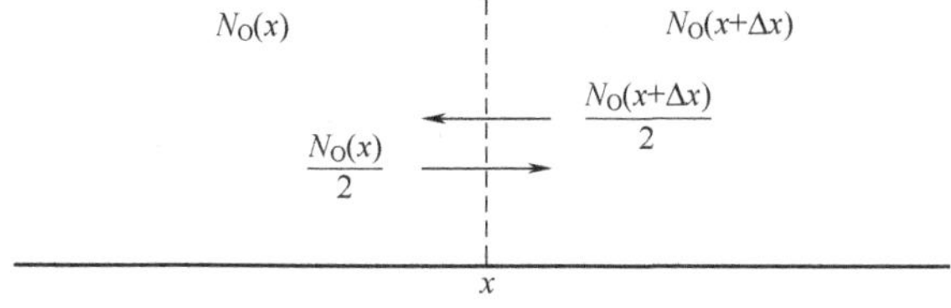

图 4.4.3　溶液中 x 面的流量

通过乘以 $\Delta x^2/\Delta x^2$，注意到 O 的浓度是 $C_\mathrm{O} = N_\mathrm{O}/A\Delta x$，我们导出

$$-J_\mathrm{O}(x,t) = \frac{\Delta x^2}{2\Delta t} \times \frac{C_\mathrm{O}(x+\Delta x) - C_\mathrm{O}(x)}{\Delta x} \tag{4.4.11}$$

由式（4.4.2）中扩散系数的定义，$D_\mathrm{O} = \Delta x^2/2\Delta t$，当 Δx 和 Δt 趋于零时，我们得到式（4.4.9）。

菲克第二定律（Fick's second law）是关于 O 的浓度随时间变化的定律：

$$\boxed{\frac{\partial C_\mathrm{O}(x,t)}{\partial t} = D_\mathrm{O}\left[\frac{\partial^2 C_\mathrm{O}(x,t)}{\partial x^2}\right]} \tag{4.4.12}$$

该公式可从 Fick 第一定律按如下的方式导出。在位置 x 的浓度变化由宽度是 $\mathrm{d}x$ 的单元体（见图 4.4.4）流入和流出的流量的差值（见图 4.4.4）

$$\frac{\partial C_\mathrm{O}(x,t)}{\partial t} = \frac{J(x,t) - J(x+\mathrm{d}x,t)}{\mathrm{d}x} \tag{4.4.13}$$

注意到 $J/\mathrm{d}x$ 的量纲是 $(\mathrm{mol \cdot s^{-1} \cdot cm^{-2}})/\mathrm{cm}$ 或根据需要取每单位时间内浓度的变化。在 $x+\mathrm{d}x$ 处的流量可按在 x 处的通用公式给出

$$J(x+\mathrm{d}x,t) = J(x,t) + \frac{\partial J(x,t)}{\partial x}\mathrm{d}x \tag{4.4.14}$$

从公式（4.4.9）我们得到

$$-\frac{\partial J(x,t)}{\partial x} = \frac{\partial}{\partial x} D_\mathrm{O}\,\frac{\partial C_\mathrm{O}(x,t)}{\partial x} \tag{4.4.15}$$

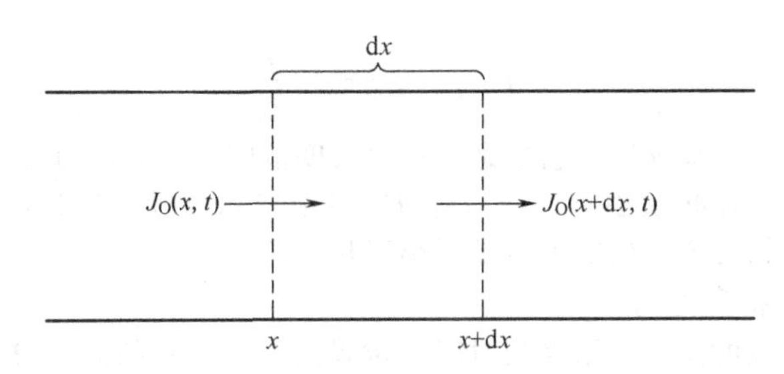

图 4.4.4 在 x 处的单元体输入和输出的流量

把公式（4.4.13）～式（4.4.15）结合起来得

$$\frac{\partial C_O(x,t)}{\partial t}=\left(\frac{\partial}{\partial t}\right)\left[D_O\left(\frac{\partial C_O(x,t)}{\partial x}\right)\right] \tag{4.4.16}$$

当 D_O 不是 x 的函数时，得到式（4.4.12）。

在大多数电化学体系中，由电解引起的溶液组分的变化是足够小的，因而扩散系数随 x 的变化可忽略。然而，当电活性组分浓度很高时，溶液的性质，如区域黏度，在电解时会发生很大的变化。对于这些体系，式（4.4.12）不再适用，需要有更复杂的处理[24,25]。在这些条件下，迁移的影响也很重要。

在随后的章节中，将会在各种边界条件下求解式（4.4.12）。此公式的解得出浓度分布 $C_O(x,t)$(concentration profiles)。

对于任意的几何图形，Fick 第二定律的一般式是

$$\boxed{\frac{\partial C_O}{\partial t}=D_O\nabla^2 C_O} \tag{4.4.17}$$

式中，∇^2 为拉普拉斯算符。表 4.4.2 给出了各种几何形状的 ∇^2 的形式。因此，有关平板电极的问题［见图 4.4.5(a)］，线性扩散公式（4.4.12）是适用的。有关球形电极的问题［见图 4.4.5(b)］，如悬汞滴电极（HMDE），必须使用扩散公式的球坐标形式：

$$\boxed{\frac{\partial C_O(r,t)}{\partial t}=D_O\left[\frac{\partial^2 C_O(r,t)}{\partial r^2}+\frac{2}{r}\frac{\partial C_O(r,t)}{\partial r}\right]} \tag{4.4.18}$$

线性和球形公式之间的差异是因为随着 r 的增加，球形扩散通过不断增大的面积来进行的。

表 4.4.2 不同几何形状的拉普拉斯算符的形式①

类　型	变　量	∇^2	例
线性	x	$\partial^2/\partial x^2$	平板盘电极
球形	r	$\partial^2/\partial r^2+(2/r)(\partial/\partial r)$	悬汞电极
圆柱形(轴向)	r	$\partial^2/\partial r^2+(1/r)(\partial/\partial r)$	丝状电极
Disk	r,z	$\partial^2/\partial r^2+(1/r)(\partial/\partial r)+\partial^2/\partial z^2$	镶嵌圆盘超微电极②
Band	x,z	$\partial^2/\partial x^2+\partial^2/\partial z^2$	镶嵌带电极③

① 引自 J. Crank，“The Mathematics of Diffusion，” Clarendon，Oxford，1976。

② r＝从圆盘中心所测的径向距离；z＝到圆盘表面的法向距离。

③ x＝带平面上的距离；z＝到带表面的法向距离。

考虑这样的情况，电活性物质 O 到电极的传递纯粹是由扩散来完成的，它进行的电极反应是

$$\mathrm{O}+ne \rightleftharpoons \mathrm{R} \tag{4.4.19}$$

如果没有其他的电极反应发生，那么电流与电极表面（$x=0$）物质 O 的流量 $J_O(0,t)$ 的关系为

$$\boxed{-J_O(0,t)=\frac{i}{nFA}=D_O\left[\frac{\partial C_O(x,t)}{\partial x}\right]_{x=0}} \tag{4.4.20}$$

因为单位时间内转移的电子总数，必须与该时间内到达电极的 O 的量成正比。在电化学中它是

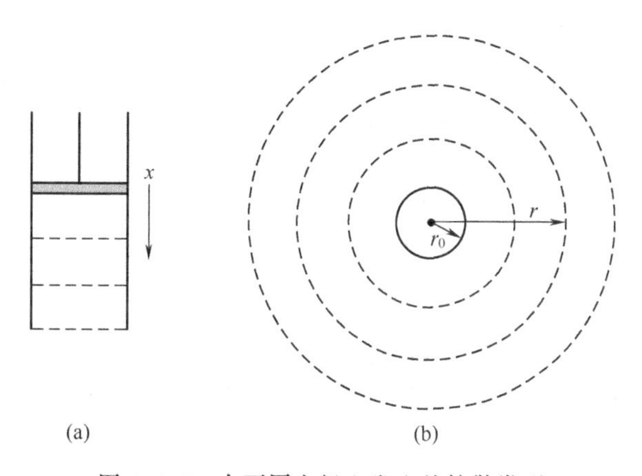

图 4.4.5　在不同电极上发生的扩散类型

(a) 平板电极的线形扩散；(b) 悬汞电极的球形扩散

一个非常重要的关系，因为它是连接电极附近电活性物质浓度分布和电化学实验中所测电流的桥梁。在随后的章节中将多次用到它。

如果在溶液中存在几种电活性物质，电流与它们在电极表面的流量的总和相关。因此，对于 q 种可还原的物质，有

$$\frac{i}{FA}=-\sum_{k=1}^{q}n_kJ_k(0,t)=\sum_{k=1}^{q}n_kD_k\left[\frac{\partial C_k(x,t)}{\partial x}\right]_{x=0} \tag{4.4.21}$$

4.4.3　电化学问题的边界条件

在求解电化学问题中的物质传递部分时，要写出每种溶解的物质（O,R,…）的扩散方程式（或一般为物质传递方程）。这些方程的解，也就是说，要得到作为 x 和 t 的函数的 C_O，C_R，…的公式，对于每种扩散的物质都需要一个初始条件（在 $t=0$ 时的浓度分布）和两个边界条件（在某一定 x 时的可通用的函数）。典型的初始和边界条件包括如下几项。

(1) 初始条件　通常的形式是

$$C_O(x,0)=f(x) \tag{4.4.22}$$

例如，如果实验开始时，O 的本体浓度为 C_O^*，且在本体溶液中是均匀分布的，则初始条件为

$$C_O(x,0)=C_O^* \tag{4.4.23}$$

如果最初溶液中没有 R，那么

$$C_R(x,0)=0 \tag{4.4.24}$$

(2) 半无限边界条件　电解池与扩散层相比通常要大得多；因此，电解池壁附近的溶液不因电极过程而改变（见 5.2.1 节）。通常可假设在距离电极较远处（$x\rightarrow\infty$），浓度为一恒定值，因此典型的初始浓度有如下示例：

$$\lim_{x\to\infty}C_O(x,t)=C_O^* \tag{4.4.25}$$

$$\lim_{x\to\infty}C_R(x,t)=0 \tag{4.4.26}$$

对于薄层电化学池（见 11.7 节），池壁距离为 l，与扩散层在同一数量级，必须用 $x=l$ 处边界条件代替 $x\rightarrow\infty$ 处的边界条件。

(3) 电极表面边界条件　另外的边界条件通常与电极表面浓度或浓度梯度有关。例如，如果在一个控制电势的实验中，可能有

$$C_O(0,t)=f(E) \tag{4.4.27}$$

$$\frac{C_O(0,t)}{C_R(0,t)}=f(E) \tag{4.4.28}$$

式中，$f(E)$ 为某种电极电势的函数，它可从一般的电流-电势特性曲线推导出，或是它的一种特殊的情况（例如，Nernst 公式）。

如果电流是一个被控制的量，边界条件可通过在 $x=0$ 处的流量来表示；例如

$$-J_O(0,t)=\frac{i}{nFA}=D_O\left[\frac{\partial C_O(x,t)}{\partial x}\right]_{x=0}=f(t) \tag{4.4.29}$$

在一个电极反应中，物质守恒也很重要。例如，当 O 在电极上被转化为 R，并且 O 和 R 均溶解在溶液中，那么，对于在电极上进行电子转移的每个 O，相应地必须有一个 R 产生。因此，$J_O(0,t)=-J_R(0,t)$ 和

$$D_O\left[\frac{\partial C_O(x,t)}{\partial x}\right]_{x=0}+D_R\left[\frac{\partial C_R(x,t)}{\partial x}\right]_{x=0}=0 \tag{4.4.30}$$

4.4.4 扩散方程的解

在随后的章节中，将考察在各种条件下扩散方程的解。解决这些问题的数学方法，在附录 A 中有简要的叙述。数值方法，包括数值模拟法（附录 B）也常用到。

有时人们仅对于稳态解感兴趣（例如，对于旋转圆盘电极或超微电极）。由于在这种情况下，$\partial C_O/\partial t=0$，扩散方程简化为

$$\nabla^2 C_O=0 \tag{4.4.31}$$

有时可通过查找文献中类似的问题而得到解。例如，热传导的公式与扩散方程有相同的形式[26,27]：

$$\partial T/\partial t=\alpha_i \nabla^2 T \tag{4.4.32}$$

式中，T 为温度；$\alpha_i=\kappa/\rho s$(κ 为热传导率，ρ 为密度，s 为比热)。人们发现所感兴趣的问题的解如果能够以温度分布 $T(x,t)$ 或热流量表示的话，可容易地将这些结果转化并得到浓度分布和电流的解。

电学方面也有类似的问题存在。例如，稳态扩散方程式（4.4.31），与一个未被荷电体所占据的空间的电势分布问题（Laplace 方程）有相同的形式

$$\nabla^2 \phi=0 \tag{4.4.33}$$

如果能得到此电学问题以电流密度表示的解，这里

$$-j=\kappa\nabla\phi \tag{4.4.34}$$

式中，κ 为电导率，这样可写出类似的扩散问题的解（为浓度 C_O 的函数），并且从式（4.4.20）或更通用的形式得到流量：

$$-J=D_O\nabla C_O \tag{4.4.35}$$

例如此方法已经被应用于测量超微电极上的稳态未补偿电阻[28]，以及在扫描电化学显微镜研究中，一个离子选择性电极探头和一个表面之间的溶液电阻[29,30]。有时也可以通过电子元件网络来模拟一个电化学体系的物质传递和动力学问题[31,32]。由于有相当数量的计算机程序（如 SPICE）用来分析电子线路，这种方法对于某些电化学问题是十分方便的。

4.5 参考文献

1 M. Planck，*Ann. Physik*，**39**，161；**40**，561（1890）
2 J. Newman，*Electroanal. Chem.*，**6**，187（1973）
3 J. Newman，*Adv. Electrochem. Electrochem. Engr.*，**5**，87（1967）
4 C. W. Tobias，M. Eisenberg，and C. R. Wilke，*J. Electrochem. Soc.*，**99**，359C（1952）
5 W. Vielstich，*Z. Elektrochem.*，**57**，646（1953）
6 N. Ibl，*Chem. Ing. Tech.*，**35**，353（1963）
7 G. Charlot，J. Badoz-Lambling，and B. Tremillion，"Electrochemical Reactions，" Elsevier，Amsterdam，1062，pp. 18-21，27-28
8 I. M. Kolthoff and J. J. Lingane，"Polarography，" 2nd.，Interscience，New York，1952，Vol. 1，Chap. 7
9 K. Vetter，"Electrochemical Kinetics，" Academic，New York，1967
10 J. Koryta，J. Dvorak，and V. Bohackova，"Electrochemistry，" Methuen，London，1970，pp. 88-112
11 J. Coursier，as quoted in reference 7
12 C. Amatore，B. Fosset，J. Bartelt，M. R. Deakin，and R. M. Wightman，*J. Electroanal. Chem.*，**256**，255（1988）
13 J. C. Myland and K. B. Oldham，*J. Electroanal. Chem.*，**347**，49（1993）

14　C. P. Smith and H. S. White, *Anal. Chem.*, **65**, 3343 (1993)
15　M. Ciszkowska and J. G. Osteryoung, *Anal. Chem.*, **67**, 1125 (1995)
16　W. Jost, *Angew. Chem.*, *Intl. Ed. Engl.*, **3**, 713 (1964)
17　J. Crank, "The Mathematics of Diffusion," Clarendon, Oxford, 1979
18　W. Jost, "Diffusion in Solids, Liquids, and Gases," Academic, New York, 1960
19　S. Chandrasekhar, *Rev. Mod. Phys.*, **15**, 1 (1943)
20　L. B. Anderson and C. N. Reilley, *J. Chem. Educ.*, **44**, 9 (1967)
21　H. C. Berg, "Random Walks in Biology," Princeton University, Press, Princeton, NJ, 1983
22　N. Davidson, "Statistical Mechanics," McGraw-Hill, New York, 1962, pp. 155-158
23　R. S. Berry, S. A. Rice, and J. Ross, "Physical Chemistry," Wiley, New York, 1980, pp. 1056-1060
24　R. B. Morris, K. F. Fischer, and H. S. White, *J. Phys. Chem.*, **92**, 5306 (1988)
25　S. C. Paulson, N. D. Okerlund, and H. S. White, *Anal. Chem.*, **68**, 581 (1996)
26　H. S. Carslaw and J. C. Jaeger, "Conduction of Heat in Solids," Clarendon, Oxford, 1959
27　M. N. Ozisk, "Heat Conduction," Wiley, New York, 1980
28　K. B. Oldham in "Microelectrodes, Theory and Applications," M. I. Montenegro, M. A. Queiros, and J. L. Daschbach, Eds., Kluwer, Amsterdam, 1991, p. 87
29　B. R. Horrocks, D. Schmidtke, A. Heller, and A. J. Bard, *Anal. Chem.*, **65**, 3605 (1993)
30　C. Wei, A. J. Bard, G. Nagy, and K. Toth, *Anal. Chem.*, **67**, 1346 (1995)
31　J. Horno, M. T. Garcia-Hernandez, and C. F. Gonzalez-Fernandez, *J. Electroanal. Chem.*, **352**, 83 (1993)
32　A. A. Moya, J. Castilla, and J. Horno, *J. Phys. Chem.*, **99**, 1292 (1995)

4.6　习题

4.1　考虑在铂电极上电解 0.01mol・L^{-1} NaOH 溶液，反应式为

$$\text{(阳极)}\ 2OH^- \longrightarrow \frac{1}{2}O_2 + H_2O + 2e$$

$$\text{(阴极)}\ 2H_2O + 2e \longrightarrow H_2 + 2OH^-$$

请给出此体系在稳态操作条件下的平衡图表。假设在每单位时间内，在外电路通过 20 个电子，并可采用表 2.3.2 中的 λ_O 值估算迁移数。

4.2　考虑在铂电极上电解含有 10^{-1}mol・L^{-1} $Fe(ClO_4)_3$ 和 10^{-1}mol・L^{-1} $Fe(ClO_4)_2$ 的溶液，反应式为

$$\text{(阳极)}\ Fe^{2+} \longrightarrow Fe^{3+} + e$$

$$\text{(阴极)}\ Fe^{3+} + e \longrightarrow Fe^{2+}$$

假设两种盐均完全溶解，Fe^{3+}、Fe^{2+} 和 ClO_4^- 的 λ 值相等，每单位时间在外电路有 10 个电子通过。请给出此体系在稳态操作条件下的平衡图表。

4.3　对于一个给定的可用半无限边界条件的方程描述的电化学体系，电池的壁必须至少离电极 5 倍于"扩散层厚度"远。对于一种物质其 $D=10^{-5}cm^2/s$，对于一个耗时 100s 的实验，电池壁距电极的距离是什么？

4.4　淌度，u_j 与扩散系数，D_j 的关系可由式 4.2.2 给出。(a) 从表 2.3.2 中有关淌度的数据，估算 H^+，I^- 和 Li^+ 在 25℃时的扩散系数。(b) 试写出由 λ 值估算 D 的公式。

4.5　采用 4.4.2 节的程序，推导出球形扩散的 Fick 第二定律（式 4.4.18）[提示：因为发生在 r 和 $r+dr$ 处的扩散有不同的面积，所以通过考虑每秒扩散的摩尔数，而不是流量来得到在 dr 处的浓度变化，可能更为方便]。

第5章　基本的电势阶跃法

在随后的3章中所讨论的方法均是电极电势强制地依附于已知的程序。电势可能控制在恒定值或者随时间的变化方式是预先确定的方式，测量电流作为时间或电势的函数。本章将要讨论的体系其电活性物质的传输仅由扩散进行，所涉及的方法局限于其工作电极电势只是阶跃型函数。阶跃方法是电化学技术中种类最多的一类，其中一些还是电化学中最强大的实验技术。

对本章乃至随后两章所涉及的实验方法，均假定满足小 A/V 比值条件，即小的面积体积比。也就是说，电极面积足够小，电解质溶液体积足够大，以保证实验中流过电解池的电流不改变溶液中电活性物质的本体浓度。一般可以认为在10mL以上的溶液中，使用几毫米左右大小的电极进行持续几秒到几分钟的实验，不显著消耗电活性物质（习题5.2）。几十年前，Laitinen 和 Kolthoff[1,2] 发明了"微电极"（microelectrode）一词来描述这种情况下电极的作用❶。这种电极的作用只是探测体系性质而不改变体系组分。大 A/V 条件的情况将在第11章研究，在那里电极被用于改变体系组成。

5.1　阶跃实验的概述

5.1.1　技术分类

图5.1.1是基本实验系统的示意。其中称为恒电势仪（potentiostat）的仪器负责控制加在工作电极和对电极上的电压，保证实验中工作电极与参比电极间的电势差（通过高阻抗反馈回路测量）与预设定的程序一致，预设的程序由函数信号发生器设定。恒电势仪的作用是随时注入电流以保证工作电极电势满足要求。由于电流与电势相关，因而对应电势的电流是单值的。从化学角度看，电流是电子的流量，用于保证在指定的电势下以一定的速率进行电化学反应。事实上，电流就是恒电势仪对指定电极电势（即工作电极与参比电极间的电势差）的响应，是可观察测量的。恒电势仪的设计将在第15章介绍。

电势阶跃实验基本波形示于图5.1.2(a)。下面通过一个例子，来分析在固体电极与不搅拌含有电活性物质（例如蒽，An）的电解质溶液间界面上施加单电势阶跃的情况。对于除氧的二甲基甲酰胺（DMF）中蒽的还原反应，于非法拉第区取 E_1，在物质传递极限控制（mass-transfer-limited）区取较负的 E_2，使得还原反应速度足够快以至于蒽表面浓度几乎达到0。对这样的电势阶跃扰动，体系如何响应呢？

电极表面附近的蒽首先被还原为稳定的阴离子自由基：

$$\mathrm{An} + e \longrightarrow \mathrm{An}^{\overline{\cdot}} \tag{5.1.1}$$

由于该过程在阶跃瞬间立即发生，需要很大的电流。随后流过的电流用于保持电极表面蒽被完全还原的条件。初始的还原在电极表面和本体溶液间造成浓度梯度（即浓差），本体的蒽就因而开始不断地向表面扩散，扩散到电极表面的蒽立即被完全还原。扩散流量，也就是电流，正比于电

---

❶ 最近几年来，大小在微米甚至纳米范围的很小工作电极发展很快，它们拥有一些很有用的特性。在许多文献和日常交流中，也常称它们为"微电极"以示它们的尺寸。它们一般总是在小 A/V 条件下使用，满足这里的定义，当然，满足此条件的大尺寸电极也是微电极。虽然微电极一词的新用法有取代原用法的趋势，在本书中，还是保持微电极一词的含义，而把小尺寸电极称为超微电极（ultramicroelectrode）(见5.3节)。

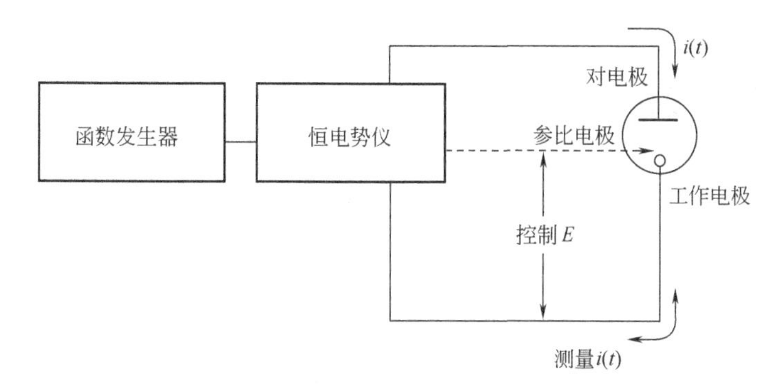

图 5.1.1　用于控制电势的实验装置示意

极表面的浓度梯度。然而注意到，随着反应进行，本体溶液中的蒽向电极表面不断扩散，使浓度梯度区向本体溶液逐渐延伸变厚，表面浓度梯度逐渐变小（贫化），电流也逐渐变小。浓度分布和电流随时间的变化示于图 5.1.2(b) 和图 5.1.2(c)。因为电流以时间的函数记录，所以该方法称为计时电流法或计时安培法（chronoamperometry）。

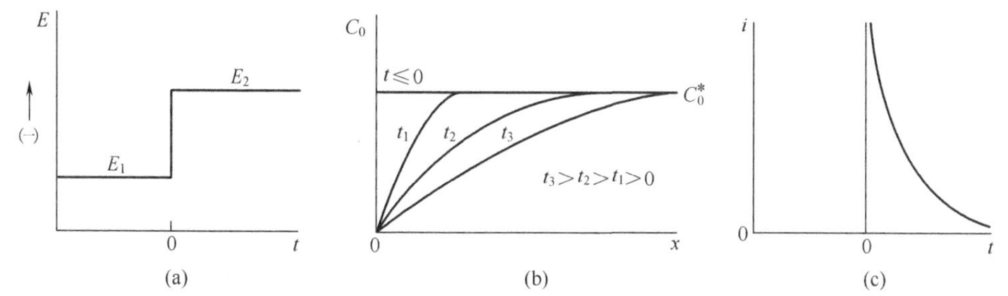

图 5.1.2　(a) 阶跃实验波形，反应物 O 在电势 E_1 不反应，在 E_2 以扩散极限速度被还原；(b) 各不同时刻的浓度分布；(c) 电流与时间的关系曲线

假设现在讨论在上述蒽溶液中一系列的阶跃实验。每个单电势阶跃实验之间，都对溶液进行搅拌，因而总是有相同的初始条件。同理，初始电势（阶跃之前）在无法拉第过程发生区域选定。实验之间的变化是如图 5.1.3(a) 所示的电势。实验 1 阶跃到尚不足以使蒽活化还原的电势，实验 2 和实验 3 阶跃到蒽可以还原但还不足以使表面浓度达到零，而选择实验 4 和实验 5 的阶跃电势在物质传递极限控制区。显然，实验 1 没有法拉第电流，实验 4 和实验 5 得到和上述相同的电流行为。在实验 4 和实验 5 中，反应物表面浓度降到了零，本体中的蒽将尽可能快地向表面扩散，电流的大小受限于此扩散速度。一旦电极电势使得扩散达到这种极限扩散条件，再增加电势也不会影响电流的大小。实验 2 和实验 3 的情况则有所不同，还原不够强烈，电极表面仍有部分蒽存在，表面浓度虽低于本体浓度，但和实验 4 和实验 5 的物质传递极限情况相比，浓差较小，单位时间内向电极表面的扩散流量也较小，相应的反应电流也较小。当然，仍然会有贫化效应（浓度梯度区逐渐向本体延伸），电流仍然随时间衰减。

对每一阶跃实验，若在阶跃后某同一时刻 τ 对电流采样［见图 5.1.3(b)］，将此电流对相应的阶跃电势作图，就得到图 5.1.3(c) 所示的电流-电势曲线。该曲线与 1.4.2 节研究过的对流条件下的稳态伏安曲线波形非常相似。这样的一类方法统称为取样电流伏安法（sampled-current voltammetry），它在实际应用中有很多种形式。这里描述的就是其中最简单的一种，称为常规脉冲伏安法（normal pulse voltammetry）。对取样电流伏安法的一般性研究在本章进行，其目的在于建立可用于各类特定方法的基本概念。在第 7 章再详述基于阶跃的许多技术的细节，包括常规脉冲伏安及其来龙去脉等。

现在研究图 5.1.4(a) 所示的电势阶跃的影响。前一步是在时刻 $t=0$ 从 $E_1 \sim E_2$ 的阶跃，完全与前述的计时电流实验相同。在电势 E_2 持续时间 τ 内，还原产物（如蒽的阴离子自由基）在

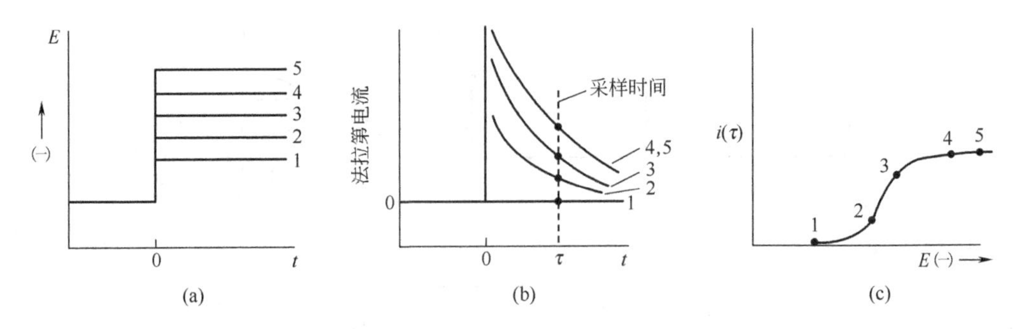

图 5.1.3 取样电流伏安法

(a) 系列实验中使用的电势阶跃波形；(b) 对应各阶跃观测到的电流-时间曲线；(c) 取样电流伏安图

电极表面生成，积累在电极附近。然而，在实验第二步，从时刻 $t=\tau$ 开始，电势跃回 E_1。在电势 E_1 下，只有氧化态（蒽）是稳定的，还原态不能共存，所以当阴离子自由基被氧化回原反应物，开始时有较大的阳极电流流过，接着，电流大小随表面阴离子自由基的贫化而衰减［见图 5.1.4(b)］。

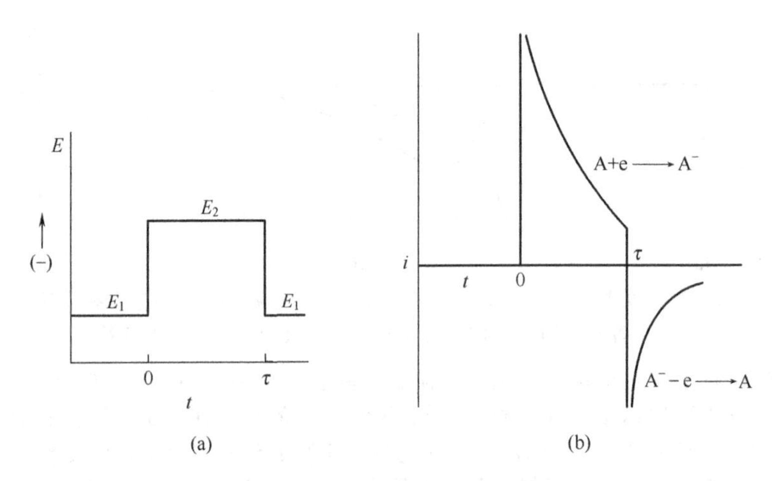

图 5.1.4 双电势阶跃计时电流法

(a) 电势波形；(b) 电流响应

这种技术称为双电势阶跃计时电流（安培）法（double potential step chronamperomery），是本书介绍的第一种反向技术（reversal technique）。反向技术有多种形式，均是以双电势阶跃为基础，其特点是某种产物在初始步骤生成，然后在某种反向技术中进行直接电化学检测。反向技术是研究复杂电极反应的强有力工具，后面还会作进一步介绍。

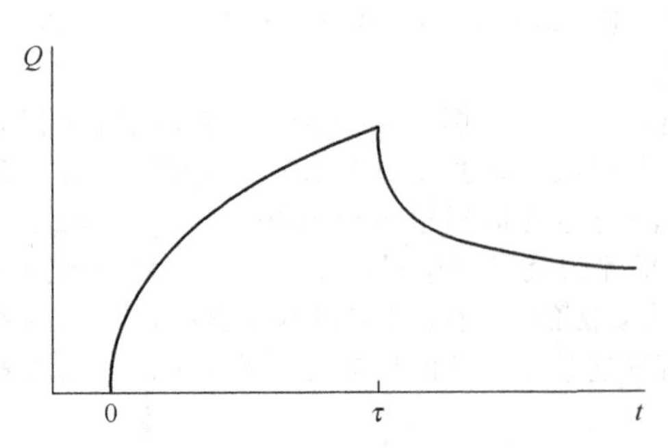

图 5.1.5 双电势阶跃计时库仑法的响应曲线

电势阶跃波形与图 5.1.4(a) 同

5.1.2 检测

在控制电势实验中，一般观测电流对时间或电势的关系。但有时，记录电流对时间的积分是很有用的。由于该积分表示通过的电量，故这些方法称为库仑（coulometric）(或电量）方法。库仑方法中，最基本的是计时库仑法（chronocoulometry）（计时电量法）和双电势阶跃计时库仑法（double potential step chronocoulometry）(双电势阶跃计时电量法)，它们事实上就是相应计时电流法的积分量。图 5.1.5 是对应图 5.1.4(a) 双电势阶跃信号的库仑响应。通过积分，可以很容易看出图 5.1.5

与图 5.1.4(b) 间的关系。双电势阶跃的前一步还原时注入电荷，在反向氧化时抽取电荷。

当然，也可以记录电流微分随时间或电势的变化。不过微分操作必然增强信号的噪声，所以很少使用微分技术 (derivative technique)(见第 15 章)。

其他几种较复杂的测量模式，如电流的卷积 (半积分)、半微分等某种转换形式，也有使用。这些方法建立在相当巧妙的数学基础上，到 6.7 节再讨论它们。

5.1.3　电流-电势行为特征

基于 5.1.1 节对实验的仅有的定性理解，可以预计响应曲线的基本形状。然而，要从电流-时间曲线或电流-电势曲线获得电极过程的定量信息，就需要建立有关理论，来定量表示响应函数与实验参数如时间、电势、浓度、物质传递系数以及动力学参数的关系。一般来说，对于如下电极反应的控制电势实验

$$\mathrm{O}+\mathrm{e} \underset{k_b}{\overset{k_f}{\rightleftharpoons}} \mathrm{R} \tag{5.1.2}$$

可使用通用电流-电势方程

$$i=FAk^0\left[C_{\mathrm{O}}(0,t)\mathrm{e}^{-\alpha f(E-E^{\ominus})}-C_{\mathrm{R}}(0,t)\mathrm{e}^{(1-\alpha)f(E-E^{\ominus})}\right] \tag{5.1.3}$$

并结合 Fick 定律来处理。Fick 定律给出表面浓度 $C_{\mathrm{O}}(0,t)$ 和 $C_{\mathrm{R}}(0,t)$ 与时间的关系。然而微分方程的求解总是不容易，有时也得不到精确的解析解，经常不得不使用数值方法或做近似处理。如果涉及多步骤反应机理 (见 3.5 节)，微分方程的求解会更加困难。

对于这类复杂问题，科学中通常采用的方法是通过恰当的实验设计来简化理论及推导。如下几种特殊的情况就是这样。

(1) 大幅度电势阶跃　如果让电势阶跃到传质控制区，电极表面电活性物质的浓度几乎为零，电极反应动力学不再影响电流，就不再需要通用的电流-电势方程。此时，电流 i 与电势 E 无关，仅取决于物质传递过程，或取决于远离电极的溶液中的其他反应。这种情况将在 5.2 和 5.3 节讨论。

(2) 小幅度电势扰动　如果电势扰动较小，并且存在氧化还原电对 (即平衡电势存在)，电流电势关系就可简化为线性关系。对式 (5.1.2) 这样的单电子单步骤反应，结果就和式 (3.4.12) 一样：

$$i=-i_0F\eta \tag{5.1.4}$$

(3) 可逆 (能斯特) 电极过程　对很快的电极反应，i-E 关系通常变为 Nernst 方程的一种形式 (见 3.4.5 和 3.5.3 节)：

$$E=E^{\ominus}+\frac{RT}{nF}\ln\left[\frac{C_{\mathrm{O}}(0,t)}{C_{\mathrm{R}}(0,t)}\right] \tag{5.1.5}$$

该式不包含动力学参数 k^0 和传递系数 α，数学处理可以大大简化。

(4) 完全不可逆电子转移　当电极反应动力学非常慢时 (即 k^0 很小)，式 (5.1.3) 中的阳极反应和阴极反应不会同时占优。也就是说，若有明显的净阴极电流流过，式 (5.1.3) 的第二项就可忽略不计，反之亦然。这种情况下，要施加过电势，强烈活化正向过程，反向反应就会被完全抑制，才能观测到净电流，即总是在 Tafel 区观测，因而式 (5.1.3) 中有一项可以忽略 (见 3.4.3 和 3.5.4 节)。

(5) 准可逆体系　不幸的是，当电极过程不是很快或很慢时，就必须考虑复杂的 i-E 关系，这就是准可逆或者说是准 Nernst 情况，它的特点是净电流中包含正反两个方向电荷转移的贡献。

在以上描述中，重点考虑的是化学上可逆的电极过程。然而，电极过程的机理也经常包含不可逆的化学变化，如电极反应产物被跟随均相反应消耗。前面分析的 DMF 中的蒽就是一个很好的例子。如果溶液中存在水那样的质子给体，蒽阴离子自由基会被不可逆地质子化，再经过几个步骤，最后生成 9,10-二羟基蒽。处理这种偶合不可逆化学步骤的异相电子转移，比处理只有异相电子转移过程要复杂得多。利用精心的实验设计，(a)～(d) 简化后的情况可以处理电子转移步骤，但蒽这样的复杂情况需要加上均相动力学处理。即便没有偶合溶液中的反应，化学上可逆的电极过程还会因多步骤的异相电子转移而复杂化。如 Sn^{4+} 到 Sn^{2+} 的两电子还原是由单电子转

移的序列反应构成的。在第 12 章给出这些复杂反应的处理。

5.2 扩散控制下的电势阶跃

5.2.1 平板电极

以蒽的还原为例，前面分析了从非电活性区向传质控制区的电势阶跃实验，定性地理解了实验的电流-时间行为。现在对这类阶跃实验进行定量理论分析。假设使用平板电极（如铂圆盘电极），溶液不搅拌，考虑一般反应 $O+ne \longrightarrow R$。无论电极动力学是快还是慢，总是能用足够负的电势活化反应，使得 O 的表面浓度为零（除非溶剂或支持电解质先还原）。在任意极端的电势下可满足该条件。假设可以瞬间阶跃到这种状态。

（1）扩散方程的解　要得到极限扩散电流 i_d 和浓度分布 $C_O(x,t)$，需对线性扩散方程：

$$\frac{\partial D_O(x,t)}{\partial t}=D_O\frac{\partial^2 C_O(x,t)}{\partial x^2} \tag{5.2.1}$$

在下列边界条件下求解：

$$C_O(x,0)=C_O^* \tag{5.2.2}$$

$$\lim_{x\to\infty}C_O(x,t)=C_O^* \tag{5.2.3}$$

$$C_O(0,t)=0 \qquad (t>0) \tag{5.2.4}$$

初始条件式（5.2.2）表示实验开始前 $t=0$ 时刻，溶液是均匀的；式（5.2.3）中的半无限条件（semi-infinite condition）保证整个实验过程中，远离电极的本体相不变；式（5.2.4）表示电势阶跃后电极表面的条件。这就是我们要研究的电势阶跃实验。

附录 A.1.6 证明式（5.2.1）经 Laplace 变换后，应用条件式（5.2.2）和式（5.2.3），给出

$$\overline{C}_O(x,s)=\frac{C_O^*}{s}+A(s)e^{-(s/D_O)^{1/2}x} \tag{5.2.5}$$

应用式（5.2.4)(第 3 个条件)，可得到 $A(s)$，进而通过反变换得到 O 的浓度分布。变换式（5.2.4）得到

$$\overline{C}_O(0,s)=0 \tag{5.2.6}$$

该式意味着

$$\overline{C}_O(x,s)=\frac{C_O^*}{s}-\frac{C_O^*}{s}e^{-(s/D_O)^{1/2}x} \tag{5.2.7}$$

在第 4 章已经知道电极表面的流量正比于电流

$$-J_O(0,t)=\frac{i(t)}{nFA}=D_O\left[\frac{\partial C_O(x,t)}{\partial x}\right]_{x=0} \tag{5.2.8}$$

变换为

$$\frac{\bar{i}(s)}{nFA}=D_O\left[\frac{\partial \overline{C}_O(x,s)}{\partial x}\right]_{x=0} \tag{5.2.9}$$

式（5.2.9）中的微分可从式（5.2.7）导出。代入后得到

$$\bar{i}(s)=\frac{nFAD_O^{1/2}C_O^*}{s^{1/2}} \tag{5.2.10}$$

反变换后就得到电流-时间关系

$$\boxed{i(t)=i_d(t)=\frac{nFAD_O^{1/2}C_O^*}{\pi^{1/2}t^{1/2}}} \tag{5.2.11}$$

该式称为康泰尔方程（Cottrell equation）[3]。Kolthoff 和 Laitinen 完成的经典实验已证实了它的正确性，他们测量或控制了所有的参数[1,2]。注意，表面附近电活性物质的贫化效应造成电流与 $t^{1/2}$ 的倒数关系。这种时间依赖关系也会在其他类型的实验中经常遇到，是电解速度受扩散控制的一个标志。

对这种条件下 i-t 行为的实际观测，一定要注意仪器和实验上的限制。

① 恒电势仪的限制。方程（5.2.11）预示实验开始时会有很大的电流，但实际的最大电流决定于恒电势仪的电流和电压输出能力（见第 15 章）。

② 记录设备的限制。在电流的起始部分、示波器、暂态记录仪或其他记录设备可能过载，只有过载恢复后的记录才是准确的。

③ R_u和 C_d的限制。如 1.2.4 节所言，电势阶跃时，还有非法拉第电流流过。这种电流随电解池时间常数 R_uC_d作指数衰减（R_u是未补偿电阻，C_d是双电层电容）。即使经过时间常数的 5 倍时间后，充电电流对总电流仍有可观的贡献，从中很难精确地分离出法拉第电流。实际上，双电层充电是实现电势改变所必需的，所以电解池时间常数也决定了电极电势改变需要的最短时间。阶跃后采集数据的时间必须远长于时间常数的值，才能真正达到 $t=0$ 时表面浓度发生瞬时变化的实际状态（见 1.2.4 节和 5.9.1 节，译者注：在实际工作中，关键是 $t=0$ 时刻的确定和从何时刻起数据有效。它们的确定是有误差的，必要时可自己重新处理原始数据）。

④ 对流的限制。在长时间的实验中，浓度梯度和偶尔的振动会对扩散层造成对流扰动，表现为电流大于 Cottrell 方程计算值。对流的影响依赖于电极的取向、电极是否有保护罩及其他因素[1,2]。在水或其他流体溶剂中，基于扩散的测量很难超过 300s，甚至长于 20s 就可能受到对流的影响。

（2）浓度分布　反变换式（5.2.7）得到

$$C_O(x,t)=C_O^*\left\{1-\operatorname{erfc}\left[\frac{x}{2(D_Ot)^{1/2}}\right]\right\} \tag{5.2.12}$$

或

$$\boxed{C_O(x,t)=C_O^*\operatorname{erf}\left[\frac{x}{2(D_Ot)^{1/2}}\right]} \tag{5.2.13}$$

图 5.2.1 显示了式（5.2.13）对应不同时刻时的浓度分布。很容易可以看出，电极附近的氧化态被耗尽，电极表面的浓度梯度随时间变小，使得式（5.2.11）的 i_d 随时间单调降低。

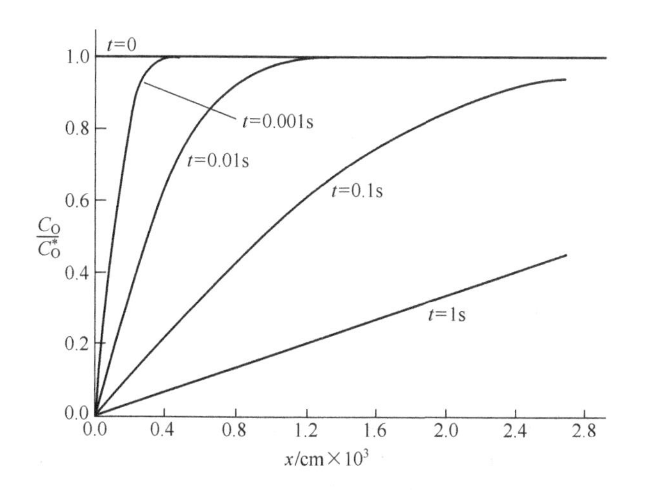

图 5.2.1　阶跃实验不同时刻时的浓度分布（$D_O=1\times10^{-5}\text{cm}^2/\text{s}$）

从图 5.2.1 还可看出，扩散层是电极附近与本体浓度不同的区域，其厚度随时间而变，是不固定的。浓度分布逐渐趋近本体浓度值。可以把式中的项 $(D_Ot)^{1/2}$ 看作扩散层厚度，$(D_Ot)^{1/2}$ 具有长度单位，相当于组分 O 在 t 时间内能扩散的距离。式（5.2.13）中误差函数的参数相当于以 $2(D_Ot)^{1/2}$ 为单位表示的距离。误差函数随其参数的变化很快地接近其渐近极限值 1（见附录 A.3）。当其参数为 1、2、3 时［即 x 值分别为 $(D_Ot)^{1/2}$ 的 2、4、6 倍］，误差函数的值分别为 0.84、0.995、0.99998。因而可以认为扩散层是在距电极 $6(D_Ot)^{1/2}$ 的距离内。对大部分需要，可以认为扩散层更薄些。由于需要说明电极过程伸入溶液中的程度，人们经常谈到扩散层厚度。

在离电极表面距离远大于扩散层厚度的溶液中，电极对溶液浓度没有影响，那里的反应物不参与电极过程。而在距离电极表面远小于扩散层厚度的溶液中，电极的影响占优，溶液受到显著改变。二者之间没有一致公认的区分定义，人们一般取 $(D_O t)^{1/2}$ 的 1、$2^{1/2}$、$\pi^{1/2}$ 或 2 倍作为扩散层厚度。这些值都可以使用。在 1.4.3 和 4.4.1 节已经看到过以不同方式定义的扩散层厚度。

如图 5.2.1 所示，扩散层厚度与实验时间密切相关。对扩散系数为 $1\times10^{-5}\text{cm}^2/\text{s}$ 的物质，$(D_O t)^{1/2}$ 在 1s 时大约是 30μm，在 1ms 时仅 1μm，1μs 时只有 30nm。

5.2.2 半无限球形扩散

对球形电极（如悬汞电极），必须考虑球形扩散场，这时的 Fick 第二定律为

$$\frac{\partial C_O(r,t)}{\partial t}=D_O\left[\frac{\partial^2 C_O(r,t)}{\partial r^2}+\frac{2}{r}\times\frac{\partial C_O(r,t)}{\partial r}\right] \tag{5.2.14}$$

式中，r 为距电极球心的径向距离。此时的边界条件为（r_0是电极半径）

$$C_O(r,0)=C_O^* \qquad (r>r_0) \tag{5.2.15}$$

$$\lim_{r\to\infty}C_O(r,t)=C_O^* \tag{5.2.16}$$

$$C_O(r_0,t)=0 \qquad (t>0) \tag{5.2.17}$$

（1）扩散方程的解　作变量代换 $v(r,t)=rC_O(r,t)$，可把式（5.2.14）转换为线性形式（推导过程留给读者，习题 5.1）。求解得到扩散电流为

$$\boxed{i_d(t)=nFAD_OC_O^*\left[\frac{1}{(\pi D_O t)^{1/2}}+\frac{1}{r_0}\right]} \tag{5.2.18}$$

可写为

$$i_d(\text{球形})=i_d(\text{线形})+\frac{nFAD_OC_O^*}{r_0} \tag{5.2.19}$$

所以球形扩散电流就是平面时的电流加上一常数项。对平面电极有极限

$$\lim_{t\to\infty}i_d=0 \tag{5.2.20}$$

但对球形情况

$$\lim_{t\to\infty}i_d=\frac{nFAD_OC_O^*}{r_0} \tag{5.2.21}$$

球形扩散存在非零极限电流的原因是，球形扩散场可以从连续不断扩大的外表面获得反应物，扩散层的增长不影响改变电极表面的浓度梯度。用几毫米或更大一点的工作电极进行实际的长时间实验时，浓度梯度或振动引起的对流会增强物质传递，因而很难观察到稳态扩散。然而，使用半径 25μm 或更小的超微电极，可以很容易地实现稳态扩散。这种能够研究稳态的能力是超微电极的基本优点之一（见 5.3 节）。

（2）浓度分布　也可由求解扩散方程得到电极附近电活性物质的浓度分布为

$$C_O(r,t)=C_O^*\left[1-\frac{r_0}{r}\text{erfc}\left(\frac{r-r_0}{2(D_O t)^{1/2}}\right)\right] \tag{5.2.22}$$

式中，$r-r_0$ 为从电极表面算起的距离。此式所示的浓度分布与式（5.2.12）的线性情况非常相似，差别只是式中的系数 r_0/r。如果扩散层和电极半径相比很薄，球形电极行为就和平面电极行为并无差别，就像日常生活中人们感觉不到地球是球形一样。

另一方面，当扩散层厚度远大于电极半径时（如超微电极的情况），电极表面附近的浓度分布就变得与时间无关，仅与 $1/r$ 成线性关系。从式（5.2.22）可以看出，当 $(r-r_0)\ll2(D_O t)^{1/2}$，误差函数趋近于 1 时，于是

$$C_O(r,t)=C_O^*(1-r_0/r) \tag{5.2.23}$$

电极表面处的斜率为 C_O^*/r_0。由此，根据电流和流量之间的关系

$$\frac{i}{nFA}=D_O\left[\frac{\partial C_O(r,t)}{\partial r}\right]_{r=r_0} \tag{5.2.24}$$

也可给出稳态电流式（5.2.21）。

(3) 线性近似的适用性　上述分析表明，时间足够短，电极半径足够大时，线性扩散完全可以用于处理球形扩散。更准确地说，只要式 (5.2.18) 中的第二项（常数项）和第一项（Cottrell 项）相比足够小，就可以当作线性扩散处理。若要求 $\alpha\%$ 内准确度，就有

$$\frac{nFAD_{\mathrm{O}}C_{\mathrm{O}}^{*}}{r_0}\leqslant\frac{\alpha}{100}\times\frac{nFAD_{\mathrm{O}}^{1/2}C_{\mathrm{O}}^{*}}{(\pi t)^{1/2}} \tag{5.2.25}$$

或

$$\frac{\pi^{1/2}D_{\mathrm{O}}^{1/2}t^{1/2}}{r_0}\leqslant\frac{\alpha}{100} \tag{5.2.26}$$

若 $\alpha=10\%$，$D_{\mathrm{O}}=10^{-5}\mathrm{cm}^2/\mathrm{s}$，则 $t^{1/2}/r_0\leqslant18\mathrm{s}^{1/2}/\mathrm{cm}$。对于典型半径为 0.1cm 的汞滴电极，那么 3s 左右的球形扩散可按线性处理，准确度在 10%之内。

式 (5.2.26) 左边项的分子就是扩散层厚度，可以看出球形扩散稳态行为的占优程度取决于这个扩散层厚度与电极半径的比值。当扩散层厚度增长到和 r_0 相比不够小时，线性方程就不再适用，电流将主要由稳态电流构成。

5.2.3　微观面积和几何面积

如果电极表面是严格的平面并有规则的边界，如装在玻璃罩中的有原子级平滑表面的金属圆盘，就很容易理解 Cottrell 方程中它的面积 A。但实际上，真实电极的表面没有那么光滑，面积的概念需要加以限定。图 5.2.2 帮助定义电极面积的两种测量表示。一种是微观面积 (microscopic area)，这是原子级计量的面积，包括了对原子级表面上的起伏、裂隙等粗糙情况的考虑。另一种是较容易得到的几何面积 (geometric area，又叫投影面积 projected area)。从数学上看，几何面积是对电极边界做正投影得到的截面面积。微观面积 A_{m} 当然总是大于几何面积 A_{g}，二者之比定义为粗糙度 ρ(roughness factor)：

$$\rho=A_{\mathrm{m}}/A_{\mathrm{g}} \tag{5.2.27}$$

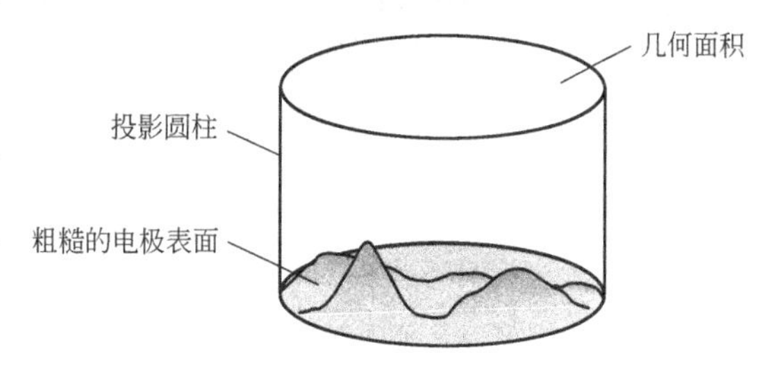

图 5.2.2　电极面积和电极表面的正投影
投影圆柱的截面是电极的几何面积

一般情况下，抛光过的金属表面的粗糙度约为 2～3，高质量的单晶表面的粗糙度可达 1.5，液体金属电极如汞的表面可认为是原子级光滑的。微观面积的测量一般通过两种方法判断，一是通过测量双电层电容（见 13.4 节），二是通过测量在电极表面形成或剥离单分子层需要的电量。例如在指定条件下，铂或金电极的真实面积经常通过测量吸附层脱附时通过电极的电量来确定。对于铂电极，吸附氢脱附需要的电量为 $210\mu\mathrm{C/cm}^2$，对于金电极，吸附氧的还原需要的电量是 $386\mu\mathrm{C/cm}^2$[4]。这种测量方法的误差来源于两个方面，一是双层充电和其他法拉第过程的影响不易扣除，一是吸脱附电量与金属的晶面有关（见图 13.4.4）。

在 Cottrell 方程及其他类似描述电流的方程中，所使用的电极面积与测量的时间尺度有关。在 5.2.1 节推导 Cottrell 方程时，电流定义为物质扩散通过 $x=0$ 面的流量。以每秒摩尔为单位的总反应速率，对应以安培为单位的总电流，是扩散流量与扩散场截面积 (cross-sectional area of the diffusion field) 的乘积。这个扩散场截面积才是电流计算真正需要的面积。

对于大多数计时电流实验，时间尺度在 0.001～10s，扩散层厚度在几微米到几百微米之间，这个数值远大于良好抛光电极的粗糙程度（一般是零点几微米以下）。所以对于扩散层来说，可以认为电极是平坦的，扩散层的等浓度面是平行于电极面的，扩散场的截面等于电极几何面积。满足这些条件时，就可以在 Cottrell 方程中使用几何面积 [如图 5.2.3(a) 所示]。

现在来分析相反的情况，对于很短的时间尺度如 100ns，扩散层厚度只有 10nm，这时电极的粗糙尺度大于扩散层厚度 [见图 5.2.3(b)]，扩散等浓度面的面积取决于电极表面的特征，大于电极的几何面积，接近于微观面积。当然这个面积还是小于微观面积，因为在扩散场中，小于扩散层厚度的粗糙被平均化了。

对于面积大而仅部分区域有活性的电极，要理解它的计时电流行为也需做类似分析。如图 5.2.4 所示，用微电子技术制备的阵列电极，或是用如石墨这样的导电颗粒分散在如高分子之类

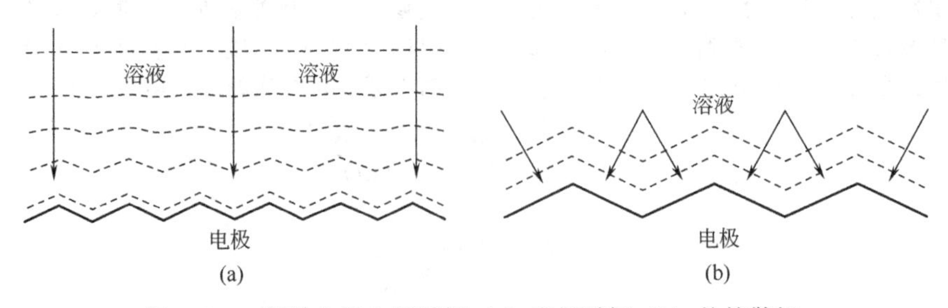

图 5.2.3 粗糙电极上长时间 (a) 和短时间 (b) 的扩散场

这里假设电极表面的粗糙源于理想的锯齿状。图中虚线表示扩散层中的等浓度面，箭头所示向量表示浓度梯度

的绝缘相中形成的复合材料电极。另一类是用有针孔的阻挡层覆盖或修饰的电极，在这类电极上，电活性物质只能通过针孔到达电极表面（见 14.5.1 节）。在短时间范围内，扩散层厚度小于活性点的尺度时，每个活性点产生各自的扩散场 [见图 5.2.4(a)]，扩散场总面积是活性点面积的总和。随着时间的增长，各独立扩散场将向外延伸出活性点边界，线性扩散逐渐演变为放射状扩散 [见图 5.2.4(b)]。随时间进一步增长，扩散层厚度达到相邻活性点的间距尺度时，分隔的扩散场就开始融合为一个场，重新表现出线性扩散的特征，电极面积是整个电极包括绝缘区的总几何面积 [见图 5.2.4(c)]。这时已无法分辨出各个独立活性区，电极表现出均一的行为。这时，从溶液很远（和活性区的间距相比）地方来的分子，扩散向不同活性位区的距离差别和时间差别可以忽略。对规则的阵列电极[5]或是活性点大小分布均匀的电极上的情况，可以进行解析分析，对于更一般情况则需要数值模拟。

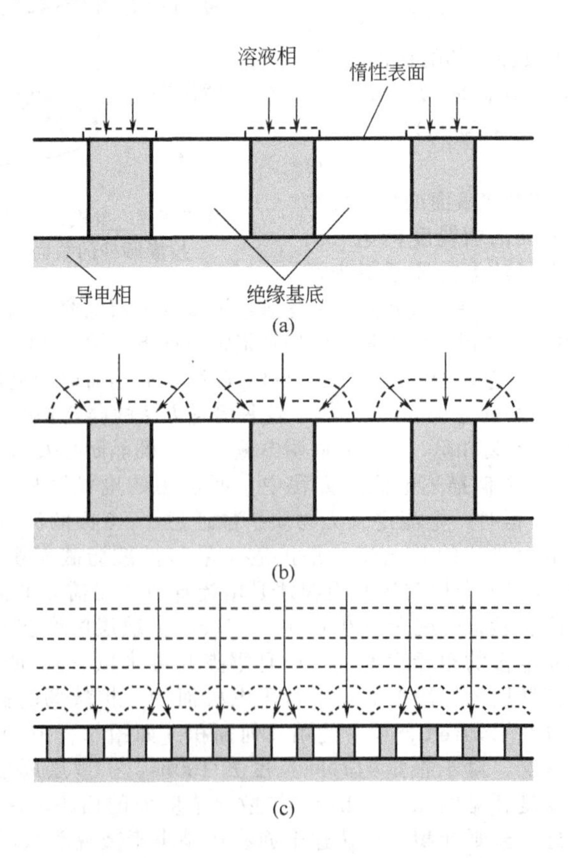

图 5.2.4 计时电流实验中，表面有活性区和惰性区的电极的扩散场

图中所示电极虽然是活性区大小形状分布规则的阵列电极，但其基本结论也同样适用于不规则电极。

(a) 短电解时间；(b) 中电解时间；(c) 长电解时间。指向电极的箭头表示扩散场方向电容电流源于电极表面附近极短距离内的变化，它总是反映微观面积（见第13章）。在抛光的多晶金属电极上，这种非法拉第电流可能远大于扩散电流。而对于稀疏分散小电极构成的阵列电极，则可能相反。

5.3 超微电极上的扩散电流

在本章开始，曾简介了尺寸很小的电极的不寻常的优点。现在详细分析它们的性质、有关的实验技术和应用。自本书第一版以来，没有什么能比超微电极给电化学科学带来如此巨大的变化。这种变化大约开始于1980年Wightman和Fleischmann及他们的合作者们的独立工作[6,7]。今天，无论是在空间、时间、化学介质还是方法学上，超微电极已经大大扩展了电化学技术[6~13]。在本书的其余部分，也会遇到许多基于超微电极的工作。

随应用不同，常规电极的尺寸可以是米、厘米、毫米级，显然超微电极的大小比它们小得多。目前对超微电极，还没有一个可被广泛接受的定义。但一般来讲，超微电极小于扩散层的厚度是一个基本的共识。虽然不是所有应用都要建立这样的电极与扩散层的关系，但许多情况下是这样。必须进行理论分析，识别这类体系的特征，才能弄清它们的行为规律。在其他一些方面，超微电极的应用则是建立在小时间常数和低欧姆降等小电极的这些性质上（见5.9节）。

在本书中定义的超微电极，是那种至少在一个维度上（如圆盘的半径或是带的宽度）小于25μm的电极。这一尺度称为临界尺度（critical dimension）。现在已能制备临界尺度小至0.1μm的电极，甚至小至几纳米的电极也有报道。当电极临界尺度达到可以和双电层厚度、分子大小可比时，需要重新考虑理论和实验问题。为方便分析超微电极，这里把临界尺度下限定在10nm[12,14,15]，小于这个限度的电极在某些文献中被称为纳极（nanodes），该叫法与功能的关系仍需要确定。

5.3.1 超微电极的分类

要具备超微电极的性质，电极只需在一个维度上足够小就可以了，所以电极可以是各种形状，在物理尺度上仍有很大的回旋余地。

最常见的是圆盘电极，制备方法是把细金属丝封在绝缘体如玻璃或某种塑料树脂中，然后抛光露出金属丝的截面。临界尺度是金属丝的半径r_0，必须小于25μm。已有半径5μm的铂丝商品供应。r_0小于0.1μm的圆盘电极可以制备，暴露面积仅达几纳米的圆盘电极也可以用其他方法制得。圆盘电极的几何面积与半径的平方成正比，可以很小。如$r_0=1\mu$m，面积大约是3×10^{-8}cm^2，比半径1mm的电极的面积小了6个数量级。对某些有空间大小要求的应用来讲，电极的尺度是关键因素，同时小电极也意味着通过的电流很小，常在nA、pA，甚至fA级。在5.9节和第15章，会看到小电流既给实现某些实验提供了机会也给实验带来了困难。

球形电极可以用金制备[16]，其他材料很难做成球形电极。半球形电极可以在微圆盘电极上镀汞制备。这两类电极的临界尺度是曲率半径r_0，其行为在许多方面与圆盘电极很相似，不过它们的几何处理要简单些。

和上述几种电极相当不同的是带状电极，其临界尺度是带宽度w要在25μm内，而它的长度l可以大至厘米数量级。把金属箔或镀膜密封在玻璃或塑料片之间，然后抛光露出截面，就可以制备带状超微电极。通过微电子工业的常用技术在绝缘体上做金属线也可以制备带状超微电极。这些方法可以制备出带宽在25～0.1μm间的电极。带状电极与盘电极的不同是带的几何面积与临界尺度与带宽呈线性正比，而盘电极的面积与临界尺度r_0的平方成正比。虽然带状电极宽度w很小，面积却可以很大，所以电流也可以很大。如宽度1μm、长度1cm的带电极，面积可达10^{-4}cm^2，几乎比半径1μm的圆盘电极面积高出4个数量级。

通过简单地暴露一段长为l半径为r_0的金属丝可以制备圆柱状电极。和带状电极一样，长度可以是宏观的，一般是毫米级，临界尺度是r_0。圆柱电极和带状电极很相似，传质问题比带状电极还简单些。

5.3.2 对大电势阶跃的响应

假定在只有氧化物质O的电解质溶液中，超微电极初始电势在O不被还原的电势，在$t=0$

时刻施加电势阶跃，使得O在扩散控制下还原到R。在这类似Cottrell条件的情况下，超微电极服从什么规律呢？

（1）球形或半球形超微电极　在5.2.2节，对球形电极，已经得到电流-时间式（5.2.18）是

$$i=\frac{nFAD_O^{1/2}C_O^*}{\pi^{1/2}t^{1/2}}+\frac{nFAD_OC_O^*}{r_0} \tag{5.3.1}$$

式中，第一项在短时间域占优，这时扩散层厚度和r_0相比较小；第二项在长时间域，扩散层厚度已增长到大于r_0的程度时占优。第一项就是Cottrell电流，可以在同样面积的平面电极上观察到；第二项则描述了实验后期达到的稳态电流。在超微电极上，只要扩散层厚度达到100μm甚至更小就可以满足稳态条件，很容易地达到，所以超微电极的很多应用都是基于稳态的。

对于球形电极

$$\boxed{i_{SS}=\frac{nFAD_OC_O^*}{r_0}} \tag{5.3.2a}$$

或

$$i_{SS}=4\pi nFD_OC_O^*r_0 \tag{5.3.2b}$$

对平面覆盖的半球形超微电极，其扩散场只有同半径球形超微电极一半，其电流也相应只有球形超微电极电流的一半，可使用式（5.3.2a）计算，式（5.3.2b）仅适用于球形超微电极。

（2）圆盘超微电极　圆盘电极是最重要最常用的电极，其扩散行为的理论处理比较复杂[17,18]，涉及两个维度：盘的径向（r）和垂直于盘面的法向（z），这种电极上扩散的特点是电流密度在盘面各处分布不均匀（见图5.3.1），盘边沿给周围溶液中的电活性物质提供了最近的扩散途径，所以边沿处的电流密度最大。用类似5.2节处理一维扩散的方法，可以对物种O写出如下的扩散方程（见表4.4.2）：

$$\frac{\partial C_O(r,z,t)}{\partial t}=D\left[\frac{\partial^2 C_O(r,z,t)}{\partial r^2}+\frac{1}{r}\times\frac{\partial C_O(r,z,t)}{\partial r}+\frac{\partial^2 C(r,z,t)}{\partial z^2}\right] \tag{5.3.3}$$

式中，r为径向坐标，盘对称轴通过$r=0$地轴线；z为法向坐标，盘面处$z=0$。

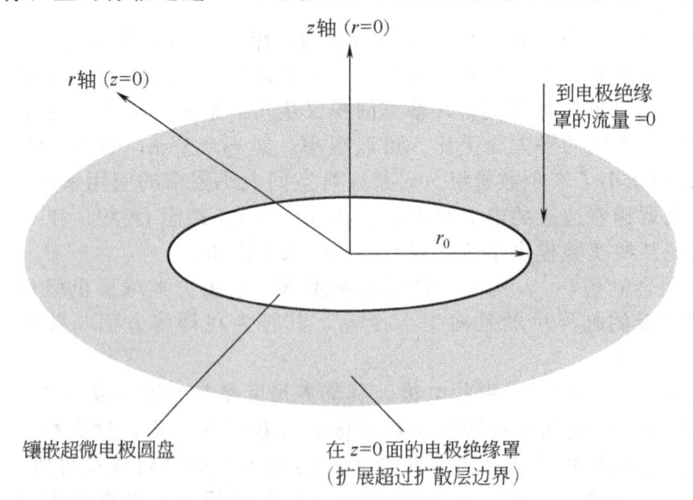

图5.3.1　超微圆盘电极上的扩散坐标

求解此方程需要5个边界条件，其中一个初始条件、两个半无限条件是：

$$C_O(r,z,0)=C_O^* \tag{5.3.4}$$

$$\lim_{r\to\infty}C_O(r,z,t)=C_O^* \qquad \lim_{z\to\infty}C_O(r,z,t)=C_O^* \tag{5.3.5}$$

第四个条件是在电极外的区域（$r>r_0$）没有反应发生：

$$\left.\frac{\partial C_O(r,z,t)}{\partial z}\right|_{z=0}=0 \quad (r>r_0) \tag{5.3.6}$$

只要实验开始前溶液是均匀的，并且在扩散层外，这一条件总是可行的。最后一个条件由实验扰动信号决定。对这里要研究的情况，就是大电势阶跃，从 $t=0$ 时刻起，它使得电极表面的氧化态浓度为 0。

$$C_O(r,0,t)=0 \quad (r \leqslant r_0, t>0) \tag{5.3.7}$$

本问题的求解并不容易，一般需要使用数值方法来模拟[19,20]，解析解只能在特定条件下得到。Aoki 和 Osteryoung[21]引入无量纲参数 τ，推导了一种简洁的形式。$\tau=4D_Ot/r_0^2$，它是扩散厚度和盘半径的比值的平方。对于确定的实验体系，τ 可看作时间 t 的另一种表示。推导的电流时间方程是

$$i=\frac{4nFAD_OC_O^*}{\pi r_0}f(\tau) \tag{5.3.8}$$

对不同的 τ 值域，可使用不同的近似公式来计算[21~23]函数 $f(\tau)$，对短时间区，即 $\tau<1$ 时

$$f(\tau)=\frac{\pi^{1/2}}{2\tau^{1/2}}+\frac{\pi}{4}+0.094\tau^{1/2} \tag{5.3.9a}$$

或将 π 值代入得到

$$f(\tau)=0.88623\tau^{-1/2}+0.78540+0.094\tau^{1/2} \tag{5.3.9b}$$

对长时间区，即 $\tau>1$ 时❶

$$f(\tau)=1+0.71835\tau^{-1/2}+0.05626\tau^{-3/2}-0.00646\tau^{-5/2}\cdots \tag{5.3.9c}$$

对全部范围的 τ，Shoup 和 Szabo 使用一个公式来计算，偏离在 0.6%之内[22]：

$$f(\tau)=0.7854+0.8862\tau^{-1/2}+0.2146e^{-0.7823\tau^{-1/2}} \tag{5.3.10}$$

如图 5.3.2 所示，分 3 个时区分析超微圆盘电极的电流时间关系。对短时区［图 5.3.2(a)］，扩散层厚度和 r_0 相比还很薄，径向扩散不占优，扩散呈半无限线性扩散的特征。这时的电流就是 Cottrell 电流［见式(5.2.11)］，如图 5.3.2(a) 所示，两种计算结果一样。从式（5.3.8）和式（5.3.9a）也可以看出这是 τ 趋近 0 的极限情况。若 $r_0=5\mu m$，$D_O=10^{-5}cm^{-2}/s$，图 5.3.2(a) 中的短时区大约是 60ns～60μs，对应扩散层厚度［以 $2(D_Ot)^{1/2}$ 计算］从 0.016μm 增至 0.5μm。

当实验进入中时间区［图 5.3.2(b)］，扩散层厚度和 r_0 数量级相近，径向扩散开始占优。电流比纯线性扩散电流大，出现边缘效应（edge effect）[17]。若 r_0 和 D_O 分别为 5μm 和 $10^{-5}cm^{-2}/s$，这一时区大约是 60μs 到 60ms，对应扩散层厚度从 0.5μm 增至 16μm。

时间更长时，扩散层厚度大于 r_0，与半球行为类似，电流趋向稳态。使用同样的 r_0 和 D_O，图 5.3.2(c) 这一时区对应 60ms～60s，扩散层厚度从 16μm 增至 500μm❷。

这里讨论的电极参数、扩散系数和实验时间范围，在标准的商品电化学仪器上很容易实现。能在各种传质区工作就是超微电极的独特优点，实际工作上，一般使用超微电极来进行稳态研究。

当 τ 很大时，式（5.3.8）和式（5.3.9c）达到稳态极限，圆盘电极的稳态电流为

$$\boxed{i_{SS}=\frac{4nFAD_OC_O^*}{\pi r_0}=4nFD_OC_O^*r_0} \tag{5.3.11}$$

此式和球形半球形电极的电流函数形式类似，圆盘电极电流只是比同样半径的半球电极电流小一个 $2/\pi$ 的系数，这一差别正反映了两种电极表面浓度分布形状的不同❸。

---

❶ Aoki 和 Osteryoung[23]证明，计算 $f(\tau)$ 的两个公式，在 $0.82<\tau<1.44$ 区间重叠，所以可以用 $\tau=1$ 为分区标志。

❷ 实际上用不了 60s，对流就会起作用，这里扩散层厚度达到 500μm 是很困难的。

❸ 和球形体系的严格结果比较，圆盘电极电流也可用 Cottrell 和稳态项的线性组合来估计：

$$i=\frac{nFAD_O^{1/2}C_O^*}{\pi^{1/2}t^{1/2}}+4nFD_OC_O^*r_0$$

Aoki 和 Osteryoung 的算法对于短时区和长时区是精确的，对图 5.3.2(b) 的范围有百分之几的误差，可以看出最大误差在 $\tau=1$ 处，约+7%。

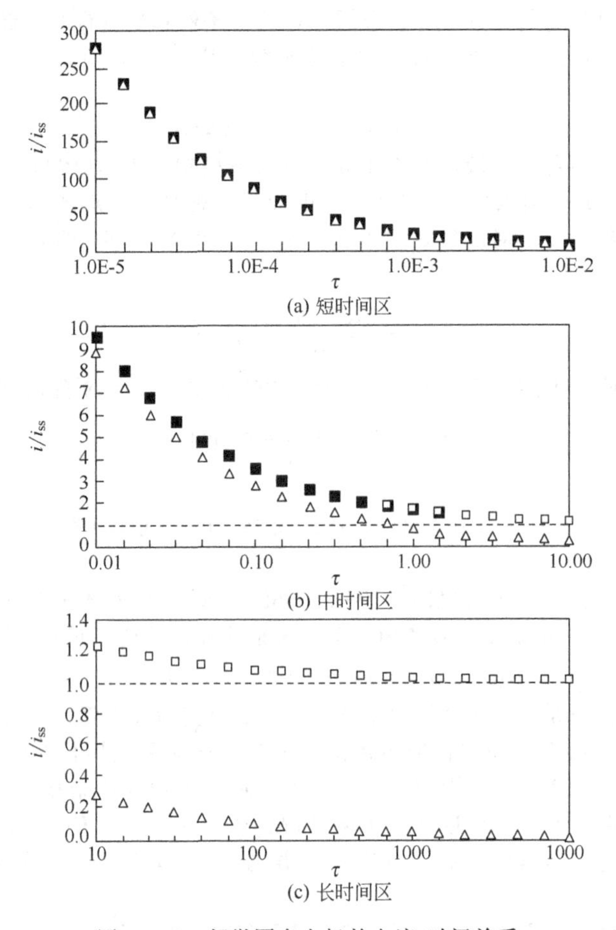

图 5.3.2　超微圆盘电极的电流-时间关系

电流以 i/i_{ss} 表示，时间用正比于时间 t 的 τ 表示。图中三角符号是 Cottrell 方程计算结果，实心方块是式（5.3.8）和式（5.3.9a）的结果，空心方块是式（5.3.8）和式（5.3.9c）的结果。虚线为 $i/i_{ss}=1$ 的稳态

在中时区及其以后，由于边沿效应，超微圆盘电极的电流密度本质上是不均匀的[17]。这一不均匀性影响解释局部电流密度有关的现象，如异相电子转移动力学、扩散层内涉及电活性物种的二次反应动力学等。

（3）柱状超微电极　柱状电极的分析较简单，只需考虑一个扩散方向。其 Fick 第二扩散定律表示为（见表 4.4.2）

$$\frac{\partial C_O(r,t)}{\partial t}=D\left[\frac{\partial^2 C_O(r,t)}{\partial r^2}+\frac{1}{r}\times\frac{\partial C_O(r,t)}{\partial r}+\frac{\partial^2 C_O(r,t)}{\partial z^2}\right] \tag{5.3.12}$$

式中，r 为径向位置坐标；z 为柱长度方向坐标。因为长度方向是均匀的，所以 $\partial C/\partial z=\partial^2 C/\partial z^2=0$，因而 z 坐标可以舍去。边界条件和 5.2.2 节球形问题时使用的相同，详细分析见文献 [10]。

Szabo 等[24]报道了一个偏离在 1.3%内的近似公式

$$i=\frac{nFAD_O C_O^*}{r_0}\left[\frac{2\exp(-0.05\pi^{1/2}\tau^{1/2})}{\pi^{1/2}\tau^{1/2}}+\frac{1}{\ln(5.2945+0.7493\tau^{1/2})}\right] \tag{5.3.13}$$

式中，$\tau=4D_O t/r_0^2$。在短时区，τ 很小，式（5.3.13）中只有第一项是重要的，指数项近似为 1。式（5.3.13）还原为 Cottrell 方程（5.2.11），这是扩散场厚度小于电极柱曲率半径时的情况。τ 达到 0.01，扩散场厚度达到 r_0 的 10%时，事实上 Contrell 方程的结果对柱扩散电流的偏离不到 4%。

长时区，τ 很大时，式（5.3.13）中第一项可舍去，对数项可近似为 $\ln\tau^{1/2}$。所以

$$i_{qss}=\frac{2nFAD_O C_O^*}{r_0\ln\tau} \tag{5.3.14}$$

式中有 τ，电流是与时间相关的，因而不会类似球电极和盘电极那样有个稳态极限。然而由于时间以其对数的倒数形式出现，在长时区电流衰减得很慢，所以可以近似认为是一种稳态。文献中把这称为准稳态（quasi-steady state）。

（4）带状超微电极 正如二维扩散的圆盘电极类似简单一维扩散的半球电极一样，二维扩散的带状电极行为类似简单的半柱电极。带电极上扩散坐标模型示于图 5.3.3。短时区内，类似 Cottrell 方程（5.2.11），对于长时区，时间-电流关系趋近极限形式，

$$i_{qss}=\frac{2\pi nFAD_O C_O^*}{w\ln(64D_O t/w^2)} \tag{5.3.15}$$

因此，带状超微电极在长时区也不会达到真正的稳态。

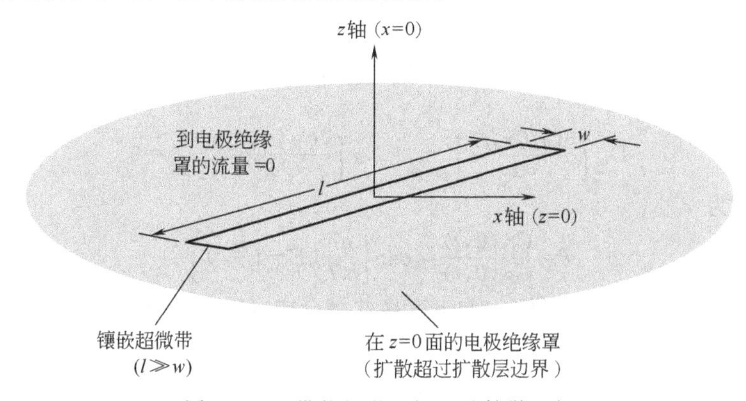

图 5.3.3 带状超微电极上的扩散坐标

一般电极长度远大于宽度，电极端部的扩散可以忽略，只考虑 x、z 轴方向的扩散

5.3.3 超微电极行为小结

尽管不同形状的超微电极有些重要的区别，总结一下超微电极对大幅度电势阶跃响应的共性还是很有用的。

首先，短时间区，扩散层厚度比临界尺度小时，任何超微电极的电流都服从 Cottrell 方程（5.2.11），半无限线性扩散适用。

其次，长时间区，扩散层厚度大于临界尺度时，任何超微电极的电流都趋向稳态或准稳态极限情况。仿照 1.4.2 节的经验公式，该极限电流可写为

$$i_{ss}=nFAm_O C_O^* \tag{5.3.16}$$

式中，m_O 为传质系数，其具体形式与电极形状有关，列于表 5.3.1。

表 5.3.1 不同形状超微电极的传质系数 m_O 的形式

带①	柱①	盘	半球	球
$\frac{2\pi D_O}{w\ln(64D_O t/w^2)}$	$\frac{2D_O}{r_0\ln\tau}$	$\frac{4D_O}{\pi r_0}$	$\frac{D_O}{r_0}$	$\frac{D_O}{r_0}$

① 长时间区极限是趋向准稳态。

一般在实际实验工作中，控制实验条件，使电极要么工作在短时区（暂态区，early transient regime 或后文称为半无限线性扩散区，regime of semi-infinite linear diffusion），要么工作在长时区（稳态区，steady-state regime）。两者之间的过渡区涉及复杂的理论处理，实验上没什么优势，不再深入讨论。

5.4 可逆电极反应的取样电流伏安法

在 5.1.1 节特别是图 5.1.3 描述了取样电流的基本实验方法。在上两节 5.2 和 5.3 中研究了大电势阶跃的扩散控制响应后，现在已经明白取样电流实验的结果依赖于在那个时区采样——是暂态区还是稳态区。相应这两种模式分别见 5.4.1 和 5.4.2 节分析可逆伏安反应，有关应用在 5.4.4 节介绍。

5.4.1 平面电极上基于线性扩散的伏安法

(1) 任意电势单阶跃 仍然考虑反应 $O+ne \rightleftharpoons R$，在半无限线性扩散下的 Cottrell 型实验[1]，且电势可以阶跃到任意值。选初始电势在没有电流的电势，在 $t=0$ 时刻电势 E 瞬间改变到还原波上的某一点。假设电荷转移动力学非常快，总满足下式

$$E=E^{\ominus\prime}+\frac{RT}{nF}\ln\left[\frac{C_O(0,t)}{C_R(0,t)}\right] \tag{5.4.1}$$

该情况的扩散方程是[2]

$$\frac{\partial C_O(x,t)}{\partial t}=D\frac{\partial^2 C_O(x,t)}{\partial x^2} \qquad \frac{\partial C_R(x,t)}{\partial t}=D\frac{\partial^2 C_R(x,t)}{\partial x^2} \tag{5.4.2}$$

$$C_O(x,0)=C_O^* \qquad C_R(x,0)=0 \tag{5.4.3}$$

$$\lim_{x\to\infty}C_O(x,t)=C_O^* \qquad \lim_{x\to\infty}C_R(x,t)=0 \tag{5.4.4}$$

流量平衡是

$$D_O\left[\frac{\partial C_O(x,t)}{\partial x}\right]_{x=0}+D_R\left[\frac{\partial C_R(x,t)}{\partial x}\right]_{x=0}=0 \tag{5.4.5}$$

式 (5.4.1) 改写为

$$\theta=\frac{C_O(0,t)}{C_R(0,t)}=\exp\left[\frac{nF}{RT}(E-E^{\ominus\prime})\right] \tag{5.4.6}$$

和 5.2.1 节类似，对式 (5.4.2) 做 Laplace 变换并结合式 (5.4.3) 和式 (5.4.4) 给出

$$\bar{C}_O(x,s)=\frac{C_O^*}{s}+A(s)e^{-(s/D_O)^{1/2}x} \tag{5.4.7}$$

$$\bar{C}_R(x,s)=B(s)e^{-(s/D_R)^{1/2}x} \tag{5.4.8}$$

变换式 (5.4.5) 得到

$$D_O\left[\frac{\partial \bar{C}_O(x,s)}{\partial x}\right]_{x=0}+D_R\left[\frac{\partial \bar{C}_R(x,s)}{\partial x}\right]_{x=0}=0 \tag{5.4.9}$$

微分式 (5.4.7) 和式 (5.4.8)，代入式 (5.4.9)

$$-A(s)D_O^{1/2}s^{1/2}-B(s)D_R^{1/2}s^{1/2}=0 \tag{5.4.10}$$

式中，$B(s)=-A(s)\xi$，$\xi=(D_O/D_R)^{1/2}$。至此尚未使用 Nernst 关系式 (5.4.1)，所以下两式

$$\bar{C}_O(x,s)=\frac{C_O^*}{s}+A(s)e^{-(s/D_O)^{-1/2}}x \tag{5.4.11}$$

$$\bar{C}_R(x,s)=-A(s)\xi e^{-(s/D_O)^{-1/2}}x \tag{5.4.12}$$

适用于任何 i-E 关系。在 5.5 节还会使用它们。

现在引入可逆假设来导出 $A(s)$。从式 (5.4.6) 可知 $\bar{C}_O(0,s)=\theta\bar{C}_R(0,s)$，于是

$$\frac{C_O^*}{s}+A(s)=-\xi\theta A(s) \tag{5.4.13}$$

所以 $A(s)=-C_O^*/s(1+\xi\theta)$。变换的浓度分布为

$$\bar{C}_O(x,s)=\frac{C_O^*}{s}-\frac{C_O^*e^{-(s/D_O)^{1/2}}x}{s(1+\xi\theta)} \tag{5.4.14}$$

$$\bar{C}_R(x,s)=\frac{\xi C_O^*e^{-(s/D_R)^{1/2}}x}{s(1+\xi\theta)} \tag{5.4.15}$$

式 (5.4.14) 与式 (5.2.7) 的差别只是后者有因子 $1/(1+\xi\theta)$。由于 $1/(1+\xi\theta)$ 与 x 和 t 无

---

[1] 虽然常选平面电极为例，但要注意，电极形状并不是关键，只要满足扩散层厚度小于电极曲率半径这个条件既可。正如 5.2.2 和 5.3 节所示。

[2] 显然，式 (5.4.3) 意味着初始时 R 并不存在。对于初始时有 R 存在的情况，$C_R(x,0)=C_R^*$，方法类似，具体分析留做习题 5.10。

关，和以前处理 Cottrell 实验一样，可以导出 $\bar{i}(s)$，然后反变换得到

$$\boxed{i(t)=\frac{nFAD_{\mathrm{O}}^{1/2}C_{\mathrm{O}}^{*}}{\pi^{1/2}t^{1/2}(1+\xi\theta)}} \tag{5.4.16}$$

这就是可逆体系对电势阶跃的一般响应公式。Cottrell 方程（5.2.11）不过是本式在极限扩散时的形式，即 $E-E^{\ominus\prime}$很负以至于 $\theta\to0$ 时的形式。使用 Cottrell 电流作为 $i_{\mathrm{d}}(t)$，式（5.4.16）可改写为

$$\boxed{i(t)=\frac{i_{\mathrm{d}}(t)}{1+\xi\theta}} \tag{5.4.17}$$

从这里可以看出，对可逆体系，所有电流-时间曲线具有相同的形状，只是电流大小按阶跃电势决定的因子 $1/(1+\xi\theta)$ 变化。若电势相对于 $E^{\ominus\prime}$很正，此因子将趋近于 0。如图 5.1.3 所示，随电势 E 不同，$i(t)$ 将在 $0\sim i_{\mathrm{d}}(t)$ 之间变化。

(2) 电流-电势曲线的形状　在取样电流伏安法中，目的是通过三步得到 $i(\tau)$-E 关系：①进行一系列阶跃到不同电势的实验；②在每个阶跃后一固定时刻 τ 对电流采样，然后③对 E 画出 $i(\tau)$。现在看看可逆体系中 $i(\tau)$-E 的形状和从中得到的信息。

方程（5.4.17）事实上已经回答了这个问题，对一固定取样时刻 τ

$$i(\tau)=\frac{i_{\mathrm{d}}(\tau)}{1+\xi\theta} \tag{5.4.18}$$

改写为

$$\xi\theta=\frac{i_{\mathrm{d}}(\tau)-i(\tau)}{i(\tau)} \tag{5.4.19}$$

进一步展开为

$$E=E^{\ominus\prime}+\frac{RT}{nF}\ln\frac{D_{\mathrm{R}}^{1/2}}{D_{\mathrm{O}}^{1/2}}+\frac{RT}{nF}\ln\left[\frac{i_{\mathrm{d}}(\tau)-i(\tau)}{i(\tau)}\right] \tag{5.4.20}$$

当 $i(\tau)=i_{\mathrm{d}}(\tau)/2$ 时，上式中最后一项消失，于是可定义半波电势（half-wave potential）

$$\boxed{E_{1/2}=E^{\ominus\prime}+\frac{RT}{nF}\ln\left(\frac{D_{\mathrm{R}}^{1/2}}{D_{\mathrm{O}}^{1/2}}\right)} \tag{5.4.21}$$

式（5.4.20）可写为

$$\boxed{E=E_{1/2}+\frac{RT}{nF}\ln\left[\frac{i_{\mathrm{d}}(\tau)-i(\tau)}{i(\tau)}\right]} \tag{5.4.22}$$

这些公式描述了半无限线性扩散条件下，可逆体系的伏安特征。比较式（5.4.20）、式（5.4.22）和 1.4.2a 节的稳态伏安波形方程，可以看出它们有一致的形式。

如图 5.4.1 所示，电流从基线上升到扩散控制极限区，约对应以 $E_{1/2}$ 为中心的很窄电势范围（约 200mV）。大部分情况下，式（5.4.21）中的扩散系数之比几乎是 1，所以对可逆体系，$E_{1/2}$ 可以作为 $E^{\ominus\prime}$的近似值。

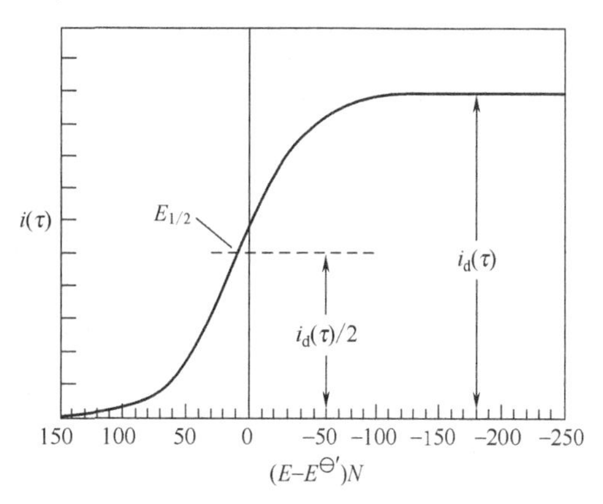

图 5.4.1　取样电流可逆波形特征

其中 $n=1$，$T=298\mathrm{K}$，$D_{\mathrm{O}}=D_{\mathrm{R}}/2$，由于 $D_{\mathrm{O}}\neq D_{\mathrm{R}}$，$E_{1/2}$略偏离 $E^{\ominus\prime}$，在本例中约偏离 9mV。若 $n>1$，曲线要更陡峭些（见图 5.4.2）

还应该注意到，E 对 $\lg[(i_{\mathrm{d}}-i)/i]$ 呈现性关系，其斜率是 $2.303RT/nF$，或 $59.1/n$（在 25℃）。常常从实验数据计算这一波斜率（wave slope）来判断可逆性。可逆性的另一种判断方法是 Tomeš 判据 $|E_{3/4}-E_{1/4}|=56.4/n\mathrm{mV}$[25]。其中电势 $E_{3/4}$ 和 $E_{1/4}$分别是 $i=3i_{\mathrm{d}}/4$ 和 $i=i_{\mathrm{d}}/4$ 时对应的电势。如果从实验数据得到的波形斜率或 Tomeš 判据显著偏离预期值，体系就不是可逆的（见 5.5.4 节）。

(3) 浓度分布　反变换式（5.4.14）和式（5.4.15）得到浓度分布

$$C_O(x,t)=C_O^*-\frac{C_O^*}{1+\xi\theta}\text{erfc}\left[\frac{x}{2(D_Ot)^{1/2}}\right] \tag{5.4.23}$$

$$C_R(x,t)=\frac{\xi C_O^*}{1+\xi\theta}\text{erfc}\left[\frac{x}{2(D_Rt)^{1/2}}\right] \tag{5.4.24}$$

通过以下方法可以得到与浓度有关的其他方程。从式（5.4.7）和式（5.4.8）求出 $A(s)$ 和 $B(s)$，代入式（5.4.10）中

$$D_O^{1/2}\left[\bar{C}_O(0,s)-\frac{C_O^*}{s}\right]+D_R^{1/2}\bar{C}_R(0,s)=0 \tag{5.4.25}$$

反变换得到

$$D_O^{1/2}C_O(0,t)+D_R^{1/2}C_R(0,t)=D_O^{1/2}C_O^* \tag{5.4.26}$$

若初始时有 R 存在，则有更一般的形式

$$D_O^{1/2}C_O(0,t)+D_R^{1/2}C_R(0,t)=C_O^*D_O^{1/2}+C_R^*D_R^{1/2} \tag{5.4.27}$$

若 $D_O=D_R$，则

$$C_O(0,t)+C_R(0,t)=C_O^*+C_R^* \tag{5.4.28}$$

方程（5.4.26）～式(5.4.28) 没有使用扩散问题的第六个边界条件，所以它们不与特定的电化学扰动相关，可以用于任何电化学方法，只要满足半无限线性扩散、O 和 R 都是可溶性的稳定物种这些条件即可❶。

现在回到这里研究的阶跃实验，从式（5.4.23）和式（5.4.23）可解出表面浓度

$$C_O(0,t)=C_O^*\left(1-\frac{1}{1+\xi\theta}\right)=C_O^*\left(\frac{\xi\theta}{1+\xi\theta}\right) \tag{5.4.29}$$

$$C_R(0,t)=C_O^*\left(\frac{\xi}{1+\xi\theta}\right) \tag{5.4.30}$$

从式（5.4.17）知 $i(t)/i_d(t)=1/(1+\xi\theta)$，所以

$$\boxed{C_O(0,t)=C_O^*\left[1-\frac{i(t)}{i_d(t)}\right]} \tag{5.4.31}$$

$$\boxed{C_R(0,t)=\xi C_O^*\frac{i(t)}{i_d(t)}} \tag{5.4.32}$$

在 5.4.3 节再使用这里导出的结论去分析各种情况下可逆的取样电流伏安，性急的读者可以先跳到那里。当然对可逆波的全面理解，需要下节对取样稳态电流行为的分析。

5.4.2　超微电极上稳态伏安法

(1) 球形电极上的任意单电势阶跃　仍然分析反应 $O+ne \rightleftharpoons R$ 的阶跃实验，不再有半无限线性扩散条件限制。首先假设电极是半径为 r_0 的球形或半球形电极，溶液中初始只有 O 存在，没有 R。初始电势在没有电流的电势，在 $t=0$ 时刻电势 E 改变到还原波上的某一点。

扩散方程是

$$\frac{\partial C_O(r,t)}{\partial t}=D_O\left[\frac{\partial^2 C_O(r,t)}{\partial r^2}+\frac{2}{r}\times\frac{\partial C_O(r,t)}{\partial r}\right] \tag{5.4.33}$$

$$\frac{\partial C_R(r,t)}{\partial t}=D_R\left[\frac{\partial^2 C_R(r,t)}{\partial r^2}+\frac{2}{r}\times\frac{\partial C_R(r,t)}{\partial r}\right] \tag{5.4.34}$$

$$C_O(r,0)=C_O^* \qquad C_R(r,0)=0 \tag{5.4.35}$$

$$\lim_{r\to\infty}C_O(r,t)=C_O^* \qquad \lim_{r\to\infty}C_R(r,t)=0 \tag{5.4.36}$$

$$D_O\left[\frac{\partial C_O(r,t)}{\partial r}\right]_{r=r_0}+D_R\left[\frac{\partial C_R(r,t)}{\partial r}\right]_{r=r_0}=0 \tag{5.4.37}$$

---

❶ 注意，对这里讨论的阶跃实验，若 $D_O=D_R$，式（5.4.23）和式（5.4.24）还表明在浓度分布的任意一点 $C_O(x,t)+C_R(x,t)=C_O^*$。

$$\theta=\frac{C_O(r_0,t)}{C_R(r_0,t)}=\exp\left[\frac{nF}{RT}(E-E^{\ominus\prime})\right] \tag{5.4.38}$$

使用习题5.1同样的方法，从上面式（5.4.33）～式（5.4.36）可导出一般解为

$$\bar{C}_O(r,s)=\frac{C_O^*}{s}+\frac{A(s)}{r}e^{-(s/D_O)^{1/2}r} \tag{5.4.39}$$

$$\bar{C}_R(r,s)=\frac{B(s)}{r}e^{-(s/D_O)^{1/2}r} \tag{5.4.40}$$

和上节类似，结合式（5.4.37）可得到

$$\bar{C}_O(r,s)=\frac{C_O^*}{s}+\frac{A(s)}{r}e^{-(s/D_O)^{1/2}r} \tag{5.4.41}$$

$$\bar{C}_R(r,s)=-\frac{A(s)\xi^2\gamma}{r}e^{-(s/D_O)^{1/2}r_0}e^{-(s/D_R)^{1/2}(r-r_0)} \tag{5.4.42}$$

式中 $\xi=(D_O/D_R)^{1/2}$，

$$\gamma=\frac{1+r_0(s/D_O)^{1/2}}{1+r_0(s/D_R)^{1/2}} \tag{5.4.43}$$

至此也并未使用Nernst关系，所以式（5.4.41）和式（5.4.42）适用于任何 i-E 关系。

假设体系可逆，使用Nernst关系式（5.4.38），用上节类似方法导出 $A(s)$

$$A(s)=-\left(\frac{1}{1+\xi^2\gamma\theta}\right)\frac{r_0C_O^*}{s}e^{(s/D_O)^{1/2}r_0} \tag{5.4.44}$$

于是变换的浓度分布为

$$\bar{C}_O(r,s)=\frac{C_O^*}{s}-\left(\frac{1}{1+\xi^2\gamma\theta}\right)\frac{r_0C_O^*}{rs}e^{-(s/D_O)^{1/2}(r-r_0)} \tag{5.4.45}$$

$$\bar{C}_R(r,s)=\left(\frac{\xi^2\gamma}{1+\xi^2\gamma\theta}\right)\frac{r_0C_O^*}{rs}e^{-(s/D_R)^{1/2}(r-r_0)} \tag{5.4.46}$$

电流可以从电极表面浓度分布的斜率得到

$$i(t)=nFAD_O\left[\frac{\partial C_O(r,t)}{\partial r}\right]_{r=r_0} \tag{5.4.47}$$

对 t 变换

$$\bar{i}(s)=nFAD_O\left[\frac{\partial \bar{C}_O(r,s)}{\partial r}\right]_{r=r_0} \tag{5.4.48}$$

用式（5.4.45）微分后代入，得到

$$\bar{i}(s)=\frac{nFAD_OC_O^*}{1+\xi^2\gamma\theta}\left(\frac{1}{s^{1/2}D_O^{1/2}}+\frac{1}{r_0s}\right) \tag{5.4.49}$$

改写为

$$\bar{i}(s)=\frac{nFAD_OC_O^*}{1+\xi^2\gamma\theta}\left[\frac{1+r_0(s/D_O)^{1/2}}{r_0s}\right] \tag{5.4.50}$$

此式适用于球形电极的从暂态到稳态的所有时间域。然而 γ 是 s 的复杂函数，因而上式无法简单地进行反变换，只能针对一些极限情况进行简化。这里通过分析式（5.4.43）和式（5.4.50）中 $r_0(s/D_O)^{1/2}$ 的意义来区分早期暂态和稳态极限。事实上 s 变量是时间的一种变换表示，单位是类似 s^{-1} 的频率，所以 $(D_O/s)^{1/2}$ 有长度的单位，$r_0(s/D_O)^{1/2}$ 关联了电极曲率半径和扩散层厚度。

当 $r_0(s/D_O)^{1/2}\gg 1$ 时，扩散层和 r_0 相比较薄，体系处于暂态区，线性扩散适用。式（5.4.50）中的括号部分简化为 $s^{-1/2}D_O{}^{-1/2}$，且 $\gamma\rightarrow 1/\xi$，于是

$$\bar{i}(s)=\frac{nFAD_O^{1/2}C_O^*}{(1+\xi\theta)s^{1/2}} \tag{5.4.51}$$

在5.4.1节，该式已反变换为式（5.4.16）。

当 $r_0(s/D_O)^{1/2}\ll 1$ 时，扩散层远大于 r_0，体系处于稳态区。式（5.4.50）中的括号部分简

化为 $1/r_0 s$，且 $\gamma \to 1$，于是

$$\bar{i}(s)=\frac{nFAD_O C_O^*}{(1+\xi^2\theta)r_0 s} \tag{5.4.52}$$

类似此式可逆变换为

$$\boxed{i=\frac{nFAD_O C_O^*}{(1+\xi^2\theta)r_0}} \tag{5.4.53}$$

这是可逆体系阶跃实验的一般响应函数，适用于稳态区的电流采样。稳态极限电流式(5.2.21)或式(5.3.2)是本式在极限扩散条件下(即 $\theta \to 0$)的特例。用 i_d 表示极限扩散电流，式(5.4.53)可重写为

$$\boxed{i=\frac{i_d}{1+\xi^2\theta}} \tag{5.4.54}$$

此式和式(5.4.17)类似有相同的含义。比较式(5.4.53)、式(5.4.54)和式(5.4.16)、式(5.4.17)，主要的差别是这里的结果与扩散系数的一次方相关，而前面则是依赖于扩散系数的平方根(比较式子中的 ξ 参数)。$1/(1+\xi^2\theta)$ 的值在 0(相对 $E^{\ominus\prime}$ 很正的电势)和 1(相对 $E^{\ominus\prime}$ 很负的电势)之间，所以 i 在 $0\sim i_d(t)$ 之间，与图 5.1.3 所示非常相似。

(2) 得到稳态伏安图的条件　从概念上说，取样电流伏安法是进行一系列不同电势阶跃实验，在每一阶跃后某固定时刻 τ 对电流取样，得到的一系列 $i(\tau)$ 对阶跃电势 E 作图，获到 $i(\tau)$-E 曲线。在稳态区，电流可达极限值，与时间无关，所有稳态区的实验可以放宽对时刻 τ 的要求，以及不必严格要求时间精度。如果体系是化学可逆的，可以不必考虑稳态如何达到，也不必每次阶跃后重新初始化整个体系，只要实验之间的时间足以使体系建立新的稳态，电势阶跃就可以一个接一个地连续进行。

实际上，甚至可以不使用阶跃方法，只要电势变化的速度慢于对应的一个稳态到另一个稳态的调整速度，就可以很方便地使用线性变化的电势，连续记录电流。6.2.3 节将定量讨论有关的细节。实际实验时，只要满足前面讨论的常规取样电流伏安的有关条件，可以用线性扫描获得超微电极的“取样电流伏安法”的同样结果。差别只是扫描法的充电电流比较大[见 6.2.4 和 7.3.2(c)节]。

(3) 电流-电势曲线的形状　重组式(5.4.54)，得到

$$\boxed{E=E^{\ominus\prime}+\frac{RT}{nF}\ln\left(\frac{D_R}{D_O}\right)+\frac{RT}{nF}\ln\left(\frac{i_d-i}{i}\right)} \tag{5.4.55}$$

该方程和式(5.4.22)类似，差别只是半波电势的定义不同，在式(5.4.21)中扩散系数以平方根的形式出现，这里出现的则是扩散系数的一次方。

$$\boxed{E_{1/2}=E^{\ominus\prime}+\frac{RT}{nF}\ln\left(\frac{D_R}{D_O}\right)} \tag{5.4.56}$$

所以，可逆稳态取样电流伏安曲线和图 5.4.1 的可逆暂态取样电流伏安曲线形状相同，5.4.1(b)节得到的关于波形的结论在这里同样适用。惟一的差别只是 $E_{1/2}$ 不同和两种波形在电势轴位置上有微小差异[偏离了 $(RT/2nF)\ln(D_R/D_O)$]。除非两个扩散系数差别很大，两者不会有明显差别。

(4) 浓度分布　式(5.4.45)和式(5.4.46)含有 s 的复杂函数 γ，无法逆变换得到能用于所有时间区的通式，所以只能和前面求 i-E 关系那样，针对暂态和稳态极限情况，简化后再进行逆变换。

当 $r_0(s/D_O)^{1/2} \gg 1$ 时，扩散层和 r_0 相比较薄，$\gamma \to 1/\xi$，并用 $r/r_0 \approx 1$ 简化，暂态行为就和式(5.4.14)、式(5.4.15)类似(式中 x 用 $r-r_0$ 代替)，逆变换后得到的浓度分布就和式(5.4.23)、式(5.4.24)一样。

当 $r_0(s/D_O)^{1/2} \ll 1$ 时，γ 趋近 1，于是

$$\bar{C}_O(r,s)=\frac{C_O^*}{s}-\left(\frac{1}{1+\xi^2\theta}\right)\frac{r_0 C_O^*}{rs}\mathrm{e}^{-(s/D_O)^{1/2}(r-r_0)} \tag{5.4.57}$$

$$\bar{C}_R(r,s)=\left(\frac{\xi^2\gamma}{1+\xi^2\theta}\right)\frac{r_0 C_O^*}{rs}\mathrm{e}^{-(s/D_R)^{1/2}(r-r_0)} \tag{5.4.58}$$

逆变换得到

$$C_O(r,t)=C_O^*\left[1-\left(\frac{1}{1+\xi^2\theta}\right)\frac{r_0}{r}\mathrm{erfc}\left(\frac{r-r_0}{2(D_Ot)^{1/2}}\right)\right] \tag{5.4.59}$$

$$C_R(r,t)=C_O^*\left(\frac{\xi^2}{1+\xi^2\theta}\right)\frac{r_0}{r}\mathrm{erfc}\left(\frac{r-r_0}{2(D_Rt)^{1/2}}\right) \tag{5.4.60}$$

于是表面浓度为

$$C_O(r_0,t)=C_O^*\left[1-\left(\frac{1}{1+\xi^2\theta}\right)\right] \tag{5.4.61}$$

$$C_R(r_0,t)=C_O^*\left(\frac{\xi^2}{1+\xi^2\theta}\right) \tag{5.4.62}$$

从式（5.4.54）知，$1/(1+\xi^2\theta)=i/i_d$，所以

$$C_O(r_0,t)=C_O^*\left(1-\frac{i}{i_d}\right) \tag{5.4.63}$$

$$C_R(r_0,t)=\xi^2C_O^*\left(\frac{i}{i_d}\right) \tag{5.4.64}$$

（5）圆盘超微电极的稳态伏安行为　本节的结果基于球电极导出，其结果仅严格地适用于球形或半球形电极。但圆盘微电极使用很广，探讨一下上述球形电极体系的结果如何扩展用于圆盘电极很有用处。如5.3节所述，圆盘电极上扩散是二维的，较为复杂，前人的研究结果已经表明[26,27]，对圆盘电极上可逆体系的稳态行为，式（5.4.55）、式（5.4.56）、式（5.4.63）和式（5.4.64）可以应用，极限电流可使用式（5.3.11）计算。

5.4.3 简化的电流-浓度关系

分暂态区和稳态区来处理，可以简化表面浓度和电流间的关系。对暂态区，重排式（5.4.31）、式（5.4.32），并用Cottrell关系式代替 i_d 代入得到

$$i(t)=\frac{nFAD_O^{1/2}}{\pi^{1/2}t^{1/2}}[C_O^*-C_O(0,t)] \tag{5.4.65}$$

$$i(t)=\frac{nFAD_R^{1/2}}{\pi^{1/2}t^{1/2}}C_R(0,t) \tag{5.4.66}$$

这些关系式适用于阶跃实验电流衰减的任一时刻，对取样伏安法可以使用取样时间 τ 代替 t。同样对于球形电极上的稳态，方程（5.4.63）和方程（5.4.64）可重写为

$$i=\frac{nFAD_O}{r_0}[C_O^*-C_O(0,t)] \tag{5.4.67}$$

$$i=\frac{nFAD_R}{r_0}C_R(0,t) \tag{5.4.68}$$

为便于和式（5.4.65）、式（5.4.66）以及本书中其他有关方程对比，原式中的距离位置变量 r 改用 $r-r_0$ 代替。

无论哪个区，这些严格导出的公式与1.4节对物质传递经验处理方法中假定的结果在形式上完全相同。对暂态区，用 $D_O^{1/2}/\pi^{1/2}t^{1/2}$ 代替 m_O，用 $D_R^{1/2}/\pi^{1/2}t^{1/2}$ 代替 m_R 就可以在两种形式间转换。对球形或半球形电极上的稳态条件下的取样电流伏安，则用 D_O/r_0 代替 m_O，用 D_R/r_0 代替 m_R。对圆盘超微电极上的稳态行为，则分别用 $(4/\pi)D_O/r_0$ 代替 m_O，用 $(4/\pi)D_R/r_0$ 代替 m_R（见表5.3.1）。比较两种导出 i-E 关系曲线的方法如下。

经验方法

假设能斯特行为，和
$i=nFAm_O[C_O^*-C_O(0,t)]$
$i=nFAm_R[C_R(0,t)-C_R^*]$
——简单的数学⟹
i-E 关系曲线

严格方法

假设能斯特行为，
扩散方程，
边界条件
——复杂的数学分析⟹
与经验方法结果类似的 i-E 关系曲线，和
$i=nFAm_O[C_O^*-C_O(0,t)]$
$i=nFAm_R[C_R(0,t)-C_R^*]$

严格的数学分析证明了过去常用的 i-E 关系，说明使用简单方法处理其他体系也是可信的。

这些方程具有普适性的本质原因是，对于可逆体系，电极电势直接控制表面浓度，并保证了工作电极表面各处浓度均匀，因而，扩散场的几何特征，不论是稳态还是半无限线性扩散适用时，都不依赖于电极电势，扩散场中的梯度仅仅正比于表面浓度和本体浓度的差别。

5.4.4 可逆 i-E 曲线的应用

（1）从波高中获得的信息　简单可逆波的平台电流受传质控制，可以用来确定影响电极表面电活性反应物极限流量的一个体系参数。已知的参数一般是电极反应的 n 值（反应电子数）、电极面积、扩散系数和电活性物种的本体浓度，所以无论暂态波还是稳态波，波高度的最普通用途是测量浓度，典型的应用就是用于校正或测量标准添加物的浓度。取样电流伏安法的典型分析应用在 7.1.3 和 7.3.6 节讨论。

一个新制备的超微电极的尺寸一般是不知道的，稳态伏安的平台电流也能提供电极临界尺度的信息（如球或圆盘的 r_0）。使用已知扩散系数和浓度的某种电化学物质的溶液［如 $Ru(NH_3)_6^{3+}$，$D=5.3\times10^{-6}cm^2/s$，0.09mol·L^{-1} pH＝7.4 的磷酸盐缓冲液[8]］，测量一次伏安图就可以很容易地从平台电流得到超微电极的尺寸信息。

（2）从波形中获得的信息　对于异相电子转移过程，可逆（Nernst 型）体系总是处于平衡态，其动力学非常容易以至于界面完全受热力学控制。所以毫不奇怪，可逆波的形状和位置，反映了电极反应的能量依赖性。就像电势测量一样，从波的形状和位置中也可以明确地导出有关的热力学性质，如标准电势、反应自由能、平衡常数等。当然另一方面，动力学效应就如同是不存在一样，所以动力学信息是得不到的。

常用波斜率来分析波形。对可逆体系波斜率是 $2.303RT/nF$（如在 25℃时是 $59.1/n$ mV）。在非 Nernst 异相动力学或整体上的化学不可逆反应中［见 5.5.4(2) 节］，常会出现大的斜率，所以这个斜率常可以用来判断可逆性。如果已知体系是可逆的，波斜率可以用于初选 n 值。接近 60 的波斜率常常是 n 值为 1 的可逆反应的标志。如果电极反应很简单，如简单的吸附问题（见第 14 章），从波斜率就可以确认这个结论。然而如果电极反应很复杂，就需要用那种能从两个方向研究电极反应的方法如第六章的循环伏安法去判断可逆性，并与取样电流伏安法的结果比较检验。

（3）从波形位置中获得的信息　因为可逆波的半波电势与 $E^{\ominus\prime}$ 很接近，取样电流伏安法可以很方便地用来估计尚未定性的化学体系的电势。当然反应必须是可逆的，不然的话 $E_{1/2}$ 与 $E^{\ominus\prime}$ 相差较大（见 1.5.2，5.5 节和第 12 章）。

形式电势的定义是单位浓度的氧化还原电对共存平衡时的电势，氧化态和还原态可以以多种化学形式存在（如偶合的酸碱对）。形式电势总是包含活度系数的贡献，也常反映如配位、酸碱平衡等化学效应。因此形式电势会因介质的变化而有规律地变化，相应取样电流伏安波形的半波电势也会偏移，这种现象为获得有用的化学信息提供了有效的途径。

下面以一个配位离子［$Zn(NH_3)_4^{2+}$，在氨缓冲水溶液中，滴汞电极❶上］的可逆还原为例，来分析从取样电流伏安图中可得到的信息。

$$Zn(NH_3)_4^{2+}+2e+Hg \rightleftharpoons Zn(Hg)+4NH_3 \tag{5.4.69}$$

如上节所证明，这里就使用简化的方法来导出 i-E 曲线。这类过程通常可表示为

$$MX_p+ne+Hg \rightleftharpoons M(Hg)+pX \tag{5.4.70}$$

为简化起见，金属 M 和配位体 X 上的电荷省略不写。对 $M+ne+Hg \rightleftharpoons M(Hg)$，

$$E=E_M^{\ominus\prime}+\frac{RT}{nF}\ln\left[\frac{C_M(0,t)}{C_{M(Hg)}(0,t)}\right] \tag{5.4.71}$$

对 $M+pX \rightleftharpoons MX_p$

$$K_C=\frac{C_{MX_p}}{C_M C_X^p} \tag{5.4.72}$$

可逆假设意味着这两个过程同时处于平衡。将式（5.4.72）代入式（5.4.71）得

❶ 由于电势阶跃中，锌能在汞电极上沉积，所以在每个取样电流伏安实验后，需要恢复初始实验条件。方法是利用体系的可逆性，在每次阶跃实验前，保持在初始电势一段时间进行反向电解，保证每次实验有同样的初始状态。

$$E=E_{\mathrm{M}}^{\ominus'}-\frac{RT}{nF}\ln K_{\mathrm{C}}-\frac{pRT}{nF}\ln C_{\mathrm{X}}(0,t)+\frac{RT}{nF}\ln\left[\frac{CV_{\mathrm{MX}_p}(0,t)}{C_{\mathrm{M(Hg)}}(0,t)}\right] \tag{5.4.73}$$

加上以下条件（a）初始条件 $C_{\mathrm{M(Hg)}}=0$，$C_{\mathrm{MX}_p}=C_{\mathrm{MX}_p}^*$，$C_{\mathrm{X}}=C_{\mathrm{X}}^*$，（b）$C_{\mathrm{X}}^*\gg C_{\mathrm{MX}_p}^*$。对于这里的锌氨配合物，后一条件肯定满足，因为缓冲溶液中氨的典型浓度是 $100\mathrm{mmol\cdot L^{-1}}\sim 1\mathrm{mol\cdot L^{-1}}$，远高于配合物离子的浓度（一般是 $1\mathrm{mmol\cdot L^{-1}}$ 或更小）。即便考虑反应消耗，电极过程也不会显著改变表面浓度 C_{X} 值，因而可以认为 $C_{\mathrm{X}}(0,t)\approx C_{\mathrm{X}}^*$。下列关系成立

$$i(t)=nFAm_{\mathrm{C}}[C_{\mathrm{MX}_p}^*-C_{\mathrm{MX}_p}(0,t)] \tag{5.4.74}$$

$$i(t)=nFAm_{\mathrm{A}}C_{\mathrm{M(Hg)}}(0,t) \tag{5.4.75}$$

$$i_{\mathrm{d}}(t)=nFAm_{\mathrm{C}}C_{\mathrm{MX}_p}^* \tag{5.4.76}$$

或

$$C_{\mathrm{MX}_p}(0,t)=\frac{i_{\mathrm{d}}(t)-i(t)}{nFAm_{\mathrm{C}}} \tag{5.4.77}$$

$$C_{\mathrm{M(Hg)}}(0,t)=\frac{i(t)}{nFAm_{\mathrm{A}}} \tag{5.4.78}$$

把式（5.4.77）和式（5.4.78）代入式（5.4.73），得到

$$\boxed{E=E_{1/2}^{\mathrm{C}}+\frac{RT}{nF}\ln\left[\frac{i_{\mathrm{d}}(t)-i(t)}{i(t)}\right]} \tag{5.4.79}$$

式中

$$\boxed{E_{1/2}^{\mathrm{C}}=E_{\mathrm{M}}^{\ominus'}-\frac{RT}{nF}\ln K_{\mathrm{C}}-\frac{pRT}{nF}\ln C_{\mathrm{X}}^*+\frac{RT}{nF}\ln\left(\frac{m_{\mathrm{A}}}{m_{\mathrm{C}}}\right)} \tag{5.4.80}$$

可以清楚地看出波斜率与简单的反应 $\mathrm{O}+ne\rightleftharpoons\mathrm{R}$ 相同，但电势坐标上波的位置除了与金属/汞齐氧化还原对的形式电势有关外，还依赖于 K_{C} 与 C_{X}^*。若 K_{C} 一定，配位剂浓度的提高会使波向远端移动。对于这里讨论的例子，氨的配位作用使锌离子更为稳定，降低了标准自由能，结果使得还原锌离子 Zn(Ⅱ）为锌汞齐 Zn(Hg）所需要的自由能变化增大。为此需要电极提供更多的电能，因而波移向更负的电势（见图 5.4.2）。配合键越强（即 K_{C} 越小），距自由金属 $E_{\mathrm{M}}^{\ominus'}$ 的偏移就越大。从这个电势偏移可以求出 K_{C}

$$E_{1/2}^{\mathrm{C}}-E_{\mathrm{M}}^{\ominus'}=-\frac{RT}{nF}\ln K_{\mathrm{C}}-\frac{RT}{nF}p\ln C_{\mathrm{X}}^*+\frac{RT}{nF}\ln\left(\frac{m_{\mathrm{A}}}{m_{\mathrm{C}}}\right) \tag{5.4.81}$$

实际工作中，$E_{\mathrm{M}}^{\ominus'}$ 一般是从不含 X 的溶液中金属电极伏安曲线的半波电势得到，所以

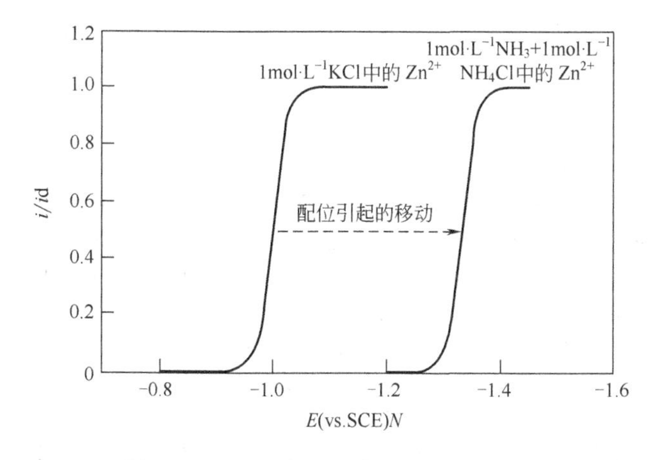

图 5.4.2　反应物的配位引起的可逆波偏移

左边是 Zn^{2+} 在 $1\mathrm{mol\cdot L^{-1}}$ KCl 溶液中，使用汞电极得到的还原波 [$E_{1/2}=-1.00\mathrm{V}$(vs. SCE)]。右边是 Zn^{2+} 在 $1\mathrm{mol\cdot L^{-1}}$ NH_3 + $1\mathrm{mol\cdot L^{-1}}$ NH_4Cl 溶液中，使用汞电极得到的还原波 [$E_{1/2}=-1.33\mathrm{V}$(vs. SCE)]。氨的配位降低了氧化态的自由能，在同样的电势范围内不再能把锌离子还原为汞齐，必须施加更负的电势，Zn(Ⅱ）的自由能加上电极上的电子才能和 Zn(Hg）的自由能相配，Zn(Ⅱ）和 Zn(Hg）间的内转换才可能发生

$$E_{1/2}^{C}-E_{1/2}^{M}=-\frac{RT}{nF}\ln K_{C}-\frac{RT}{nF}p\ln C_{X}^{*}+\frac{RT}{nF}\ln\left(\frac{m_{M}}{m_{C}}\right) \tag{5.4.82}$$

公式（5.4.80）表明 $E_{1/2}^{C}$对 $\ln C_{X}^{*}$ 的关系是线性，斜率为 $-pRT/nF$，从中可以求出化学计量比 p。许多金属配合物的化学计量比和稳定常数就是用这个方法获得的。

在这个例子中，重要的特征是因氧化还原态之一被选择性的化学稳定化引起的波位置移动。对于可逆体系，电势坐标是自由能坐标，波移动的程度与稳定化引起的自由能变化直接相关。这些概念有普适性，可以用于理解许多化学作用对电化学行为的影响。氧化还原物种参与的平衡可以帮助判定波位置，平衡中涉及的次级组分（如上例中的氨）的浓度变化会引起额外的半波电势偏移。这些看起来很混乱，但其主要原理并不复杂。

① 如果氧化还原对的还原态在某平衡中被化学结合，和没被配位相比，还原态的自由能降低。相应使得氧化态的还原过程更容易，还原态的氧化过程更困难。因而，伏安波向正移，移动幅度与化学结合过程的平衡常数（即标准自由能的变化）以及结合剂的浓度有关。

② 如果氧化态在某平衡中被化学结合，那么氧化态被稳定化。使得还原态的氧化过程容易，氧化态的还原过程困难。相应伏安波向负移，移动幅度与化学结合过程的平衡常数（即标准自由能的变化）以及结合剂的浓度有关。前面讨论的 $Zn(NH_3)_4^{2+}$ 就是这种情况（见图 5.4.2）。

③ 增加结合剂的浓度，使更多的物种被结合，相应的效应得到加强，偏移更严重。在上面的例子中（图 5.4.2 中的箭头所示），随氨浓度的升高，Zn(Ⅱ）的还原波逐渐负移。

④ 按照同样的原理，也可以解释次级平衡对波形位置的影响。如前面例子，缓冲溶液中的氨受 pH 值的影响。如果添加 HCl 改变溶液的 pH 值，自由氨的浓度将降低，络合离子的比例降低，进一步将使得波从 pH 值改变前的位置向正移，尽管 H^+ 和 Cl^- 并没有直接参与电极过程。

⑤ 当氧化态和还原态都参与了其他化学平衡时，两者都被稳定化，两种效应的作用是相反的。如果基本电子传递过程两边受到的影响完全相同，表观上就没有变化，波形不移动。如果氧化态的稳定化更强些，波形将负移。

前面是以金属配合物做例子，后面会遇到形成金属汞齐使得波正移的例子，在极谱分析中这种正移有利于分析目的（见 7.1.3 节）。酸碱平衡是最常见的偶合反应，经常与生物体系中的无机或有机氧化还原物种相关。对大部分的偶合结合都可以用类似的方法理解和分析，包括二聚合、离子对、表面吸附、与聚电解质的静电作用以及和酶、抗体、DNA 等的作用等。

在上面锌氨配离子中使用的处理方法同样可扩展用于处理其他类型的电极反应，如

$$O+mH^{+}+ne \rightleftharpoons R+H_2O \qquad \text{（习题 5.7）}$$

$$O+ne \rightleftharpoons R\text{(吸附态)} \qquad \text{（14 章）}$$

对于没有偶合反应，与简单的 $O+ne \rightleftharpoons R$ 又不太一样的反应，只要它是可逆的，也可以用相似的方法处理。如

$$3O+ne \rightleftharpoons R \qquad \text{（习题 5.13）}$$

$$O+ne \rightleftharpoons R\text{(不溶)} \qquad \text{（习题 5.5）}$$

有关细节可参考极谱和伏安法方面的文献[28～30]。

可逆体系的特点是所有化学物质都处于平衡，通过一系列平衡关系与参与氧化还原的物种相关。控制整个体系行为的是初态和终态间的自由能变化，详细机理步骤对实验来说不是可见的，因而是否按照精确的动力学步骤处理并不重要。如在上面锌氨配离子的例子中，假定配离子先分解成 Zn(Ⅱ)，然后还原成汞齐，这个顺序步骤虽然可能不是电极上发生的真实过程，但它提供了方便的热力学循环途径来进行分析计算，需要的有关参数可以很容易地测量或从文献中得到。

在实际的化学分析工作中，可利用半波电势去区分不同的物种，但要小心，下面会证明即使对同一物种如 Zn(Ⅱ)，在不同的条件下可能有不同的波形位置。所以，控制如 pH 值、缓冲容量、配位能力等分析条件是很重要的。取样电流伏安法的分析应用将在 7.1.3 和 7.3.6 节详细讨论。

（4）从扩散电流的变化获得的信息　对于许多过程，MX_p 和 M 的扩散系数 D 差别不大，如图 5.4.2 所示，一般情况下配位前后的扩散电流 i_d 基本相同［见式(5.4.76)］。然而如果配合剂 X 分子很大，如 DNA、蛋白质、高分子等，M 配合前后的大小变化很大，D 和 i_d 就会有显著的降低。这时改变 X 的量，测量引起的 i_d 变化，可以来获得 K_C 和 p 值。一个典型的例子是

$Co(phen)_3^{3+}$和双链DNA的相互作用[31]，phen是1,10-菲咯啉。$Co(phen)_3^{3+}$和DNA结合前后的扩散系数从$3.7\times10^{-6}cm^2/s$降到$2.6\times10^{-7}cm^2/s$。

5.5　准可逆与不可逆电极反应的取样电流伏安法

在本节，处理单步骤、单电子反应$O+e \rightleftharpoons R$的一般（准可逆）i-E关系。与前面的可逆反应相比，它的界面电子转移动力学不是那么快，动力学参数k_f、k_b、k^0和α影响电势阶跃的响应，因而从响应曲线中可以求出这些参数。本节的重点就是从包括取样电流伏安法在内的阶跃实验中测定这些动力学参数。和前面处理可逆体系的方法类似，先分析暂态，然后分析稳态。

5.5.1　基于平板电极线性扩散的响应

(1) 电流-时间行为　对于传质和电荷转移动力学共同控制的半无限线性扩散，关于O和R的扩散方程、初始条件、半无限条件、流量平衡条件和5.4.1节一样，变换后得到

$$\bar{C}_O(x,s)=\frac{C_O^*}{s}+A(s)e^{-(s/D_O)^{1/2}x} \tag{5.5.1}$$

$$\bar{C}_R(x,s)=-\xi A(s)e^{-(s/D_R)^{1/2}x} \tag{5.5.2}$$

式中$\xi=(D_O/D_R)^{1/2}$。

对准可逆单步骤单电子反应，使用下面的条件导出$A(s)$：

$$\frac{i}{FA}=D_O\left[\frac{\partial C_O(x,t)}{\partial x}\right]_{x=0}=k_fC_O(0,t)-k_bC_R(0,t) \tag{5.5.3}$$

式中

$$k_f=k^{0\prime}e^{-\alpha f(E-E^{\ominus\prime})} \tag{5.5.4}$$

$$k_b=k^{0\prime}e^{(1-\alpha)f(E-E^{\ominus\prime})} \tag{5.5.5}$$

其中$f=F/RT$。

变换式(5.5.3)

$$D_O\left[\frac{\partial\bar{C}_O(x,s)}{\partial x}\right]_{x=0}=k_f\bar{C}_O(0,s)-k_b\bar{C}_R(0,s) \tag{5.5.6}$$

然后用式(5.5.1)和式(5.5.2)代入就可导出

$$A(s)=-\frac{k_f}{D_O^{1/2}}\times\frac{C_O^*}{s(H+s^{1/2})} \tag{5.5.7}$$

式中

$$H=\frac{k_f}{D_O^{1/2}}+\frac{k_b}{D_R^{1/2}} \tag{5.5.8}$$

进而

$$\bar{C}_O(x,s)=\frac{C_O^*}{s}-\frac{k_fC_O^*e^{-(s/D_O)^{1/2}x}}{D_O^{1/2}s(H+s^{1/2})} \tag{5.5.9}$$

于是从式(5.5.3)就可得到

$$\bar{i}(s)=FAD_O\left[\frac{\partial\bar{C}_O(x,s)}{\partial x}\right]_{x=0}=\frac{FAk_fC_O^*}{s^{1/2}(H+s^{1/2})} \tag{5.5.10}$$

逆变换后

$$\boxed{i(t)=FAk_fC_O^*\exp(H^2t)\mathrm{erfc}(Ht^{1/2})} \tag{5.5.11}$$

若初始时有R存在，且浓度为C_R^*，上式可改为

$$\boxed{i(t)=FA(k_fC_O^*-k_bC_R^*)\exp(H^2t)\mathrm{erfc}(Ht^{1/2})} \tag{5.5.12}$$

对确定的阶跃电势，k_f、k_b和H是确定的常数。函数乘积$\exp(x^2)\mathrm{erfc}(x)$在$x=0$时是1，随

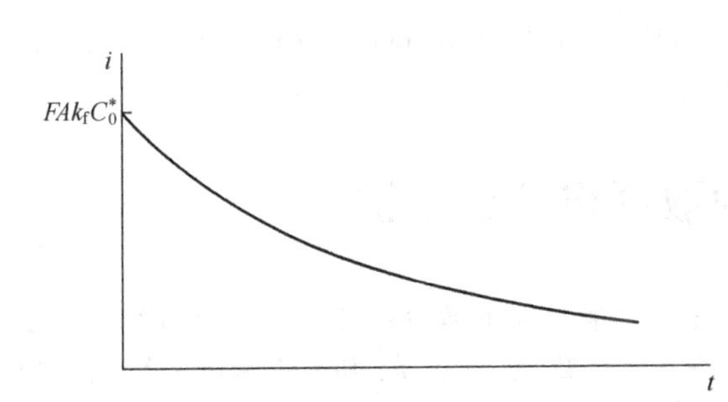

图 5.5.1 施加阶跃电势，通过准可逆动力学，O 被还原时的电流衰减曲线

x 增大，其值单调减小趋于 0，所以电流-时间曲线具有图 5.5.1 所示的形状。注意到动力学限制使得 $t=0$ 时的电流是一个正比于 k_f（若初始时 R 不存在）的有限值，从原理上说，这样可以从这个 $t=0$ 时的法拉第电流求出 k_f。但是施加阶跃时总是有充电电流存在，所以实际上，不得不把充电电流衰减后的数据外推回 $t=0$ 来得到那时的法拉第电流（见 1.4.2 和 7.2.3 节）。

（2）基于过电势 η 的表示　如果本体相中 O 和 R 都存在，有平衡电势存在，电流-时间曲线中的电势可以用过电势表示。式（5.5.12）可改写为

$$k_f C_O^* - k_b C_R^* = k^{\ominus\prime}[C_O^* e^{-\alpha f(E-E^{\ominus\prime})} - C_R^* e^{(1-\alpha)f(E-E^{\ominus\prime})}] \tag{5.5.13}$$

$k^{\ominus}$ 可以用式（3.4.11）的 i_0 代替得到

$$k_f C_O^* - k_b C_R^* = \frac{i_0}{FA}[e^{-\alpha f\eta} - e^{(1-\alpha)f\eta}] \tag{5.5.14}$$

进一步式（5.5.12）可写成

$$i = i_0[e^{-\alpha f\eta} - e^{(1-\alpha)f\eta}]\exp(H^2 t)\mathrm{erfc}(Ht^{1/2}) \tag{5.5.15}$$

同样 H 可改写为

$$H = \frac{i_0}{FA}\left[\frac{e^{-\alpha f\eta}}{C_O^* D_O^{1/2}} - \frac{e^{(1-\alpha)f\eta}}{C_R^* D_R^{1/2}}\right] \tag{5.5.16}$$

应该注意到式（5.5.12）、式（5.5.15）的含义是两项的乘积

$$i = [\text{没有传质作用的电流 } i] \times [f(H,t)]$$

式中，$f(H,t)$ 表示了传质的作用。

（3）线性近似的电流-时间曲线　$Ht^{1/2}$ 的值较小时，$\exp(H^2 t)\mathrm{erfc}(Ht^{1/2})$ 项可作线性近似

$$e^{x^2}\mathrm{erfc}(x) \approx 1 - \frac{2x}{\pi^{1/2}} \tag{5.5.17}$$

此时，式（5.5.11）可表示为

$$i = FAk_f C_O^*\left(1 - \frac{2Ht^{1/2}}{\pi^{1/2}}\right) \tag{5.5.18}$$

若体系初始没有 R 存在，使用小幅度阶跃（阶跃电势选在波脚那里，这时 k_f 小，因而 H 也小），用 i 对 $t^{1/2}$ 作图，线性外推到 $t=0$，从截距就可以求出 k_f。

式（5.5.15）也可类似地线性化为

$$i = i_0[e^{-\alpha f\eta} - e^{(1-\alpha)f\eta}]\left(1 - \frac{2Ht^{1/2}}{\pi^{1/2}}\right) \tag{5.5.19}$$

该公式仅适用于初始时 O 和 R 都存在的体系，这时 E_{eq} 有明确定义，从 E_{eq}（E_{eq} 处 $i=0$）阶跃到另一电势，对应一个过电势 η，从 i-$t^{1/2}$ 直线外推得到的截距是没有传质影响的动力学控制电流，使用得到的一系列截距 $i_{t=0}$ 对超电势 η 作图，就可以求出 i_0 值。

从式（3.4.12）知，η 值很小时，i-η 近似为线性，式（5.5.15）也可进一步写成

$$i = -\frac{Fi_0\eta}{RT}\exp(H^2 t)\mathrm{erfc}(Ht^{1/2}) \tag{5.5.20}$$

所以对于小的 η 和小的 $Ht^{1/2}$，存在“完全线性”的形式

$$i = -\frac{Fi_0\eta}{RT}\left(1 - \frac{2Ht^{1/2}}{\pi^{1/2}}\right) \tag{5.5.21}$$

（4）取样电流伏安法　推导取样电流伏安曲线形状之前，先来看本体相只有 O 存在的式（5.5.11），考虑到 $k_b/k_f = \theta = \exp[f(E-E^{\ominus\prime})]$，所以 H 是

$$H=\frac{k_f}{D_O^{1/2}}(1+\xi\theta) \tag{5.5.22}$$

式（5.5.11）可重写为

$$i=\frac{FAD_O^{1/2}C_O^*}{\pi^{1/2}t^{1/2}(1+\xi\theta)}[\pi^{1/2}Ht^{1/2}\exp(H^2t)\mathrm{erfc}(Ht^{1/2})] \tag{5.5.23}$$

因为是半无限线性扩散，扩散控制电流是Cottrell电流，上式中显然包含有它，上式进一步可简化为

$$\boxed{i=\frac{i_d}{(1+\xi\theta)}F_1(\lambda)} \tag{5.5.24}$$

式中

$$F_1(\lambda)=\pi^{1/2}\lambda\exp(\lambda^2)\mathrm{erfc}(\lambda) \tag{5.5.25}$$

$$\lambda=Ht^{1/2}=\frac{k_f t^{1/2}}{D_O^{1/2}}(1+\xi\theta) \tag{5.5.26}$$

公式（5.5.24）简洁地表示了阶跃实验电流与电势、时间之间的关系，不论是可逆、准可逆、不可逆的所有动力学情况都适用。使用无量纲参数 λ 的函数 $F_1(\lambda)$ 可以很方便地比较分析指定电势阶跃下，动力学最大电流 $FAk_fC_O^*$ 和扩散控制的最大电流 $[i_d/(1+\xi\theta)]$。很小的 λ 意味着动力学对电流起控制作用，而大的 λ 值对应动力学容易、电流相应受扩散控制的情况。对应 λ 从0逐渐增大，函数 $F_1(\lambda)$ 从0开始单调上升趋向于1（见图5.5.2）。

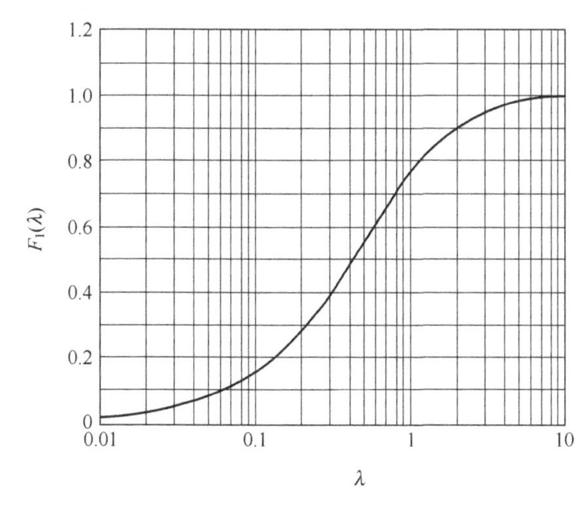

图5.5.2　计时电流和取样电流伏安法的普适动力学函数 $F_1(\lambda)$

可逆和不可逆的情况均可使用式（5.5.24）的简化形式。如描述可逆体系任意电势阶跃电流时间曲线的式（5.4.17）。对应可逆动力学，λ 很大，函数 $F_1(\lambda)$ 因而是1，进而由式（5.5.24）就可以导出式（5.4.17）。完全不可逆的情况在下面的5.5.1(5)部分讨论。

使用式（5.5.24）可以很方便地描述电势阶跃的电流-时间响应。实际上，它也可以用来说明取样电流伏安法的电流-电势曲线，就和用式（5.4.17）理解可逆体系时的方式一样。对确定的取样时刻 τ，λ 变为 $(k_f\tau^{1/2}/D_O^{1/2})(1+\xi\theta)$，这时它只是电势变量的函数。在相对于 $E^{\ominus\prime}$ 很正的电势，θ 很大，所有 $i=0$。而在很负的电势，$\theta\rightarrow0$，k_f 很大，$F_1(\lambda)$ 趋近1，所有 $i\approx i_d$。从这一点简单的讨论可以看出，和前面的可逆体系类似，取样电流伏安图同样是S形。图5.5.3比较了不同可逆情况下的伏安曲线。

k^0 较大、动力学非常快的体系，表现为可逆波，其半波电势接近 $E^{\ominus\prime}$（图5.5.3中 $D_O=D_R$，$E_{1/2}=E^{\ominus\prime}$）。$k^0$ 较小时，需要更高的过电势来驱动，波形被拉向远端（对还原反应是移向负电势端，对氧化反应是移向正电势方向）。同时，因动力学效应而波形变宽（见图5.5.3）。增加的过电势正比于动力学的活化，对小的 k^0，过电势可达几百毫伏甚至1V。k_f 是受电势的指数因子

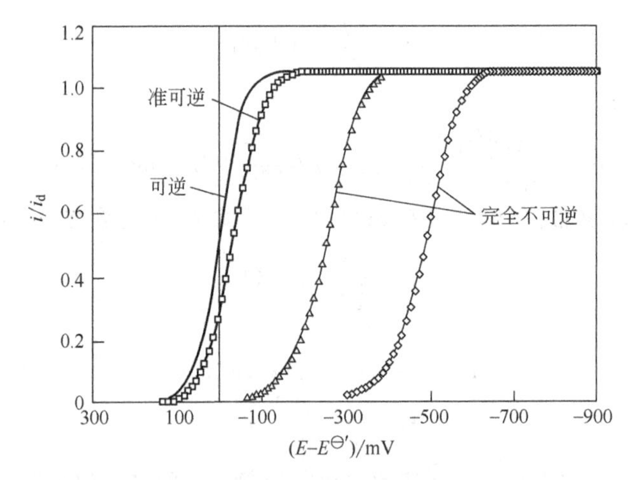

图 5.5.3 不同动力学条件下的取样电流伏安图

图中曲线按 Butler-Volmer 动力学假定，用式（5.5.24）计算，$\alpha=0.5$，$\tau=1$s，$D_O=D_R=1\times10^{-5}cm^2/s$。从左到右对应的 k^0 是 10cm/s、1×10^{-3}cm/s、1×10^{-5}cm/s 和 1×10^{-7}cm/s

控制的，所以最终 k_f 仍会被活化到足够大，除非体系有其他背景限制（如溶剂开始被氧化还原），极限扩散供给的电活性物质仍都能反应，可以达到扩散控制的平台电流 i_d。

（5）完全不可逆反应　改变电势，活化 k_f 的同时抑制了 k_b，电极反应的反向成分变得更不重要。如果 k^0 很小，要看到显著的电流需要对 k_f 的强烈活化，反向的 k_b 就会被抑制到可忽略的地步。在整个伏安波形范围，不可逆反应符合条件 $k_b/k_f\approx0$(即 $\theta\approx0$)，于是式（5.5.11）变为

$$i=FAk_fC_O^*\exp\left(\frac{k_f^2t}{D_O}\right)\mathrm{erfc}\left(\frac{k_ft^{1/2}}{D_O^{1/2}}\right) \tag{5.5.27}$$

相应的公式（5.5.24）变为

$$\boxed{\frac{i}{i_d}=F_1(\lambda)=\pi^{1/2}\lambda\exp(\lambda^2)\mathrm{erfc}(\lambda)} \tag{5.5.28}$$

式中，λ 为 $k_ft^{1/2}/D_O^{1/2}$。

不可逆波的半波电势在 $F_1(\lambda)=0.5$ 处，对应 $\lambda=0.433$。把 k_f 改用常规的指数形式表达，并且 $t=\tau$，就有

$$\frac{k^0\tau^{1/2}}{D_O^{1/2}}\exp[-\alpha f(E_{1/2}-E^{\ominus\prime})]=0.433 \tag{5.5.29}$$

重排得到

$$E_{1/2}=E^{\ominus\prime}+\frac{RT}{\alpha F}\ln\left(\frac{2.31k^0\tau^{1/2}}{D_O^{1/2}}\right) \tag{5.5.30}$$

式中第二项就是在 $E_{1/2}$ 处活化动力学需要的电势变化。如果 α 能从其他途径获得，用该式就可简单求出 k^0。

（6）动力学判据　分析 $E^{\ominus\prime}$ 处的 λ 值可以清楚地区分三种动力学情况。把电势 $E^{\ominus\prime}$ 处的 λ 值记作 λ^0。在 $E^{\ominus\prime}$ 处，$k_f=k_b=k^0$，$\theta=1$，所以 $\lambda^0=(1+\xi)k^0\tau^{1/2}/D_O^{1/2}$。为方便起见，这里用 $2k^0\tau^{1/2}/D_O^{1/2}$，可把它理解为动力学和扩散提供电流的本征能力的比值。任意电势下的最大正向反应速度是 $k_fC_O^*$，对应电极表面没有贫化效应时的情况。在 $E=E^{\ominus\prime}$，是 $k^0C_O^*$，相应的电流是 $FAk^0C_O^*$。在取样时刻 τ，最大的扩散电流当然是 Cottrell 电流。所以两个电流比是 $\pi^{1/2}k^0\tau^{1/2}/D_O^{1/2}$，即 $(\pi^{1/2}/2)\lambda^0$。

如果一个体系接近可逆，λ^0 一定足够大，在 $E^{\ominus\prime}$ 附近 $F_1(\lambda)$ 几乎等于 1。若 $\lambda^0>2$（或者说 $k^0\tau^{1/2}/D_O^{1/2}>1$），$F_1(\lambda^0)$ 大于 0.9，这类体系在实际实验中足以表现出可逆行为。更小的 λ^0 将表现出可观测的动力学效应，因而可以把 $\lambda^0=2$ 作为可逆与准可逆的区分标志。当然这不是一个突然的转折点，具体使用时取决于实验测量的精度。

对于完全不可逆反应，高于基线的可测量电流对应的所有电势下，$k_b/k_f \approx 0$（即 $\theta \approx 0$）。因为 θ 就是 $\exp[f(E-E^{\ominus\prime})]$，所以这个条件意味着电流波形上升部分远离 $E^{\ominus\prime}$。如果 $E_{1/2}-E^{\ominus\prime}$ 比 $-4.6RT/F$ 还小，$E_{1/2}$ 处的 k_b/k_f 将不大于 0.01，标志着满足完全不可逆条件。从式（5.5.30）可以导出此时 $\lg\lambda^0 < -2\alpha + \lg(2/2.31)$。忽略后一项，得到完全不可逆条件是 $\lg\lambda^0 < -2\alpha$，若 $\alpha = 0.5$，λ^0 就小于 0.1。

在中间区，$10^{-2\alpha} \leqslant \lambda^0 \leqslant 2$，体系是准可逆的，描述电流衰减和伏安波形的式（5.5.24）无法简化。

确定 λ^0，判断识别动力学是很重要的，它不仅取决于电极反应的本征动力学性质，与实验条件也有关。对一确定体系，时间参数也是影响动力学区域的重要变量。假设现有一电极反应，其参数是 $k^0 = 10^{-2}\,\mathrm{cm/s}$，$\alpha = 0.5$，$D_O = D_R = 1 \times 10^{-5}\,\mathrm{cm^2/s}$，若在 1s 后取样，$\lambda^0 > 2$，伏安图是可逆的。若在 1s 和 250μm 之间取样，$2 \geqslant \lambda^0 \geqslant 0.1$，则会得到准可逆行为。而在小于 250μs 内采样，伏安图则表现出完全不可逆的特征。

5.5.2　球形电极上的一般电流-时间行为

在分析准可逆与不可逆体系的稳态伏安行为之前，先研究一下球形电极上电势阶跃的电流响应。在 5.4.2(a) 节已经做过初步分析，下列关系是通用的

$$\bar{C}_O(r,s) = \frac{C_O^*}{s} + \frac{A(s)}{s} e^{-(s/D_O)^{1/2} r} \tag{5.5.31}$$

$$\bar{C}_R(r,s) = -\frac{A(s)\xi^2\gamma}{r} e^{-(s/D_O)^{1/2} r_0} e^{-(s/D_R)^{1/2}(r-r_0)} \tag{5.5.32}$$

式中 $\xi = (D_O/D_R)^{1/2}$，

$$\gamma = \frac{1 + r_0(s/D_O)^{1/2}}{1 + r_0(s/D_R)^{1/2}} \tag{5.5.33}$$

这里的目的是用 k_f 和 k_b 描述电子转移动力学，导出任意电势阶跃的 $A(s)$ 函数，进而就可以得到任意动力学情况下，不管是可逆、准可逆、不可逆都适用的电流时间公式。方法和前面式（5.5.3）～式（5.5.9）类似。对球形电极，结果是

$$\bar{C}_O(r,s) = \frac{C_O^*}{s} - \frac{C_O^* r_0}{rs}\left[\frac{\dfrac{k_f r_0}{D_O}}{r_0\left(\dfrac{s}{D_O}\right)^{1/2} + 1 + \dfrac{k_f r_0}{D_O} + \dfrac{k_b r_0 \xi^2 \gamma}{D_O}}\right] e^{-(s/D_R)^{1/2}(r-r_0)} \tag{5.5.34}$$

$$\bar{C}_R(r,s) = \frac{C_O^* r_0 \xi^2 \gamma}{rs}\left[\frac{\dfrac{k_f r_0}{D_O}}{r_0\left(\dfrac{s}{D_O}\right)^{1/2} + 1 + \dfrac{k_f r_0}{D_O} + \dfrac{k_b r_0 \xi^2 \gamma}{D_O}}\right] e^{-(s/D_R)^{1/2}(r-r_0)} \tag{5.5.35}$$

电流总是正比于正向和反向反应速率之差。在变换空间有

$$\frac{\bar{i}(s)}{FA} = k_f \bar{C}_O(r_0, s) - k_b \bar{C}_R(r_0, s) \tag{5.5.36}$$

将式（5.5.34）和式（5.5.35）代入，整理得到变换电流的一般表达式

$$\boxed{\bar{i}(s) = \frac{FAD_O C_O^*}{r_0 s}\left[\frac{\delta + 1}{\left(\dfrac{\delta+1}{\kappa}\right) + (1 + \xi^2\gamma\theta)}\right]} \tag{5.5.37}$$

式中，δ 和 κ 为两个重要的无量纲参数

$$\delta = r_0\left(\frac{s}{D_O}\right)^{1/2} \tag{5.5.38}$$

$$\kappa = \frac{r_0 k_f}{D_O} \tag{5.5.39}$$

从式（5.5.34）～式（5.5.36）到式（5.5.37）的推导留做习题 5.8(a)。注意 $\theta = \exp[f(E-E^{\ominus\prime})] = k_b/k_f$。式（5.5.33）可重写为

$$\gamma = \frac{\delta + 1}{\xi\delta + 1} \tag{5.5.40}$$

无论是对于线性扩散还是球形扩散，公式（5.5.37）完整地表示了任何电极上，任何电极反应动力学对任何电势阶跃的电流响应，主要的限制只是要求 R 初始不存在。使用通用的方法，对于初始时 O 和 R 都存在的体系，可导出［习题 5.8(b)］：

$$\bar{i}(s)=\frac{nFAD_O(C_O^*-\theta C_R^*)}{r_0 s}\left[\frac{\delta+1}{\left(\frac{\delta+1}{\kappa}\right)+(1+\xi^2\gamma\theta)}\right] \tag{5.5.41}$$

显然式（5.5.37）不过是式（5.5.41）在 $C_R^*=0$ 时的特例。

可以说，至今本章得到的所有电流-时间关系都是式（5.5.41）逆变换形式的特例。转换变量 s 隐含在 δ 和 γ 中，对式（5.5.37）和式（5.5.41）做详细的转换分析超出了本书的限度。重要的是把式（5.5.37）和式（5.5.41）作为出发点，和前面一样，用因子 δ、κ 和 θ 做为区分重要实验分区的标志，导出具有重要实用意义的特例。

在 5.4.2(a) 节，使用 δ 表示电极曲率半径和扩散层厚度的比值，并得出结论，当 $\delta\gg1$ 时，扩散层比 r_0 小，处于暂态区，半无限线性扩散条件适用；当 $\delta\ll1$ 时，扩散层远大于 r_0，处于稳态区。

现在把 κ 作为 k_f 和稳态传质系数 $m_O=D_O/r_0$ 之比，当 $\kappa\ll1$ 时，还原反应的界面反应速度常数远小于有效传质速度常数，扩散不是电流的限制因素；当 $\kappa\gg1$ 时，界面电子迁移速度常数远大于有效传质速度常数，但是尚需要进一步判断 k_b 是不是也很大[1]。

现在以极限扩散控制作为从式（5.5.37）导出的第一个特例。极限扩散控制时，k_f 很大，$\kappa\to\infty$，$\theta=k_b/k_f\to0$，于是有

$$\bar{i}_d(s)=\frac{FAD_OC_O^*}{r_0 s}(\delta+1) \tag{5.5.42}$$

对暂态区，$\delta\gg1$［见 5.4.2(a) 节］，上式（5.5.42）变为式（5.2.10），进而可逆变换为 Cottrell 方程（5.2.11）。对稳态区，$\delta\ll1$，式（5.5.42）退化，可以很容易地逆变换为稳态控制电流式（5.3.2）。实际上，式（5.5.42）可以直接逆变换成球形电极扩散控制电流时间关系式（5.2.18）。这些结果同样适用于半径为 r_0 的半球电极，和球形电极的差别仅仅是面积不同而已。

与之类似，从式（5.5.41）可以导出前面的其他结果，包括可逆体系的暂态和稳态响应式（5.4.17）和式（5.4.54），准可逆和不可逆体系的暂态响应式（5.5.11）、式（5.5.12）、式（5.5.28）等。详细推导留做习题 5.8(c)。

5.5.3　超微电极的稳态伏安法

现在分析电子转移动力学上准可逆和不可逆体系的稳态响应。使用条件 $\delta\ll1$，它同时意味着 $\gamma\to1$，从式（5.5.37）得到

$$\bar{i}(s)=\frac{FAD_OC_O^*}{r_0 s}\left[\frac{1}{\left(\frac{1}{\kappa}\right)+(1+\xi^2\theta)}\right] \tag{5.5.43}$$

括号中各项与 s 无关，上式可逆变换为

$$i=\frac{FAD_OC_O^*}{r_0}\left[\frac{\kappa}{1+\kappa(1+\xi^2\theta)}\right] \tag{5.5.44}$$

这就是球形或半球形电极上任何动力学条件下的稳态电流。

在相对 $E^{\ominus\prime}$ 很负的电势，θ 接近 0，κ 很大，可以给出极限电流为

$$i_d=\frac{FAD_OC_O^*}{r_0} \tag{5.5.45}$$

正如前面导出的一样。式（5.5.44）和式（5.5.45）相除得到

$$\frac{i}{i_d}=\frac{\kappa}{1+\kappa(1+\xi^2\theta)} \tag{5.5.46}$$

---

[1] 注意 κ 也是动力学最大电流和扩散最大电流的比值，类似于半无限扩散体系中用于表征动力学效应的参数 λ。

该式简洁地表示了球形电极上的所有稳态伏安波。

从此式可以看出，当电势从远比 $E^{\ominus\prime}$ 正的电势变化到远比 $E^{\ominus\prime}$ 负的电势，对应 i/i_d 从 0 变到 1，稳态伏安曲线的一般形状是 S 形。图 5.5.4 显示了相应 3 种动力学情况的伏安曲线。在可逆情况下，对所有电势 $\kappa\rightarrow\infty$，式（5.5.46）简化为式（5.4.54），对应图中最左边的曲线。更小的 k^0 使得波形变宽并向远端拉偏，与暂态取样电流波形类似。

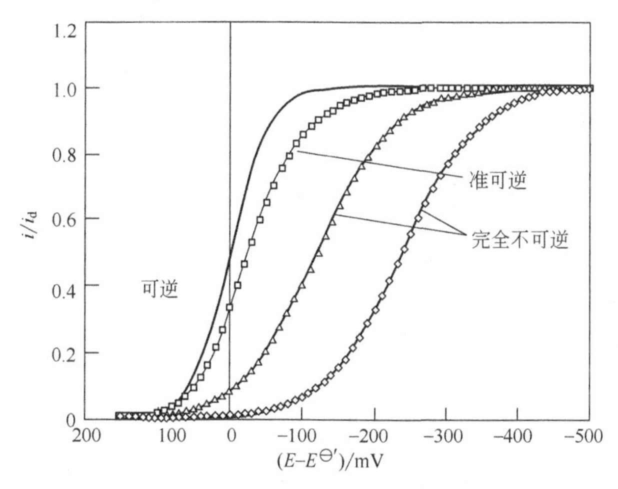

图 5.5.4　球形电极或半球形电极上，各种动力学条件下的稳态伏安图

图中曲线按 Butler-Volmer 动力学，从式（5.5.46）计算，$\alpha=0.5$，$r_0=5\mu m$，$D_O=D_R=1\times10^{-5}cm^2/s$

从左到右对应的 k^0 是 2cm/s、2×10^{-2}cm/s、2×10^{-3}cm/s 和 2×10^{-4}cm/s

（1）完全不可逆　由 5.5.1(5) 节已经知道完全不可逆条件是，在对应的所有点，有高于基线的可测量电流，$\theta\approx0$，因而式（5.5.46）此时为

$$\boxed{\frac{i}{i_d}=\frac{\kappa}{1+\kappa}} \tag{5.5.47}$$

代入 k_f，重排为

$$E=E^{\ominus\prime}+\frac{RT}{\alpha F}\ln\left(\frac{r_0k^0}{D_O}\right)+\frac{RT}{\alpha F}\ln\left(\frac{i_d-i}{i}\right) \tag{5.5.48}$$

其半波电势为

$$E_{1/2}=E^{\ominus\prime}+\frac{RT}{\alpha F}\ln\left(\frac{r_0k^0}{D_O}\right) \tag{5.5.49}$$

于是 E-lg[$(i_d-i)/i$] 图是线性的，斜率是 $2.303RT/\alpha F$（在 25℃ 是 $59.1/\alpha$），截距是 $E_{1/2}$，从斜率和截距可以很容易地得到 α 和 k^0。

（2）动力学判据　按照 5.5.1(6) 节的方式可以判断稳态伏安的动力学行为，不过这里用 $E^{\ominus\prime}$ 处的 κ 值来分析。定义 $\kappa^0=r_0k^0/D_O$，它在稳态伏安中的含义和 λ^0 在半无限线性扩散伏安中的含义相同。尽管超微电极上的电流可能很小，但传质速度很高，电流密度很高，这一特点使得可以把超微电极用于研究快速异相反应。

对一个可逆体系，$E^{\ominus\prime}$ 附近的 κ 必须足够大，式（5.5.46）才能简化为式（5.4.54），这大约对应 $\kappa^0>10$。

如 5.5.1(6) 节所证明，整个波形下 $\theta\approx0$ 时，反应完全不可逆。若把 $E_{1/2}-E^{\ominus\prime}$ 负于 $-4.6RT/F$ 作为判据，那么式（5.5.46）的最后一项就须负于 $-4.6RT/F$，对应 $\lg\kappa^0<-2\alpha$。

所以准可逆波就在二者之间，判据是 $10^{-2\alpha}\leqslant\kappa^0\leqslant10$。

（3）其他电极形状　前面的讨论对球形和半球形电极是严格的，在这类电极上传质是均匀的（uniformly accessible，可均匀接近）。对于其他形状电极上的准可逆和完全不可逆体系，稳态伏安受到电极表面传质不均匀性的影响。例如，圆盘状超微电极上边沿处传质速度远高于电极中心处，所以边沿处的动力学会受到更强的活化，而记录得到的伏安图是整体平均行为，来自电极表面各处的贡献。

注意这里和 5.4.2(5) 节不同，在那里，基于球形电极可逆体系得到的结论可以推广用于其他形状的电极，对于可逆体系可以这样推广，因为可逆体系中电势控制电极表面的电活性物质浓度，保证了整个电极表面上浓度分布、浓差传质以及电流分布的均匀。而对准可逆和完全不可逆情况，电势控制的是电极表面上速度常数的均匀性，而不是表面浓度的均匀。表面浓度是通过界面电子传递速度和传质速度的局部平衡间接控制的，当电极表面不是均匀可接近时，这种平衡与电极的几何形状有关。这些复杂情况可以用数值模拟做普遍处理（对任意电极形状），对有对称性的盘状超微电极，可以简化处理。文献［12］中给出有关伏安图的定量结果。

5.5.4 不可逆 *i-E* 曲线的应用

（1）从波高中可得到的信息　不可逆和准可逆波的极限电流平台也是完全受扩散控制的，这和可逆情况下类似，可以用它求出任何对 i_d 有贡献的参数。最常用的是求出 C^*，有时也用来求 n、A、D、r_0。5.4.4(1) 节中的分析，同样也适用于不可逆波和准可逆波。

（2）从波形和位置中可得到的信息　不可逆波的半波电势偏离形式电势，因而不能像 5.4.4(2) 节中那样来求解热力学参数。对完全不可逆的情况，波形和位置只能提供动力学信息，有时准可逆波可以用来得到 $E^{\ominus\prime}$ 的近似值。波形状和位置信息及其解释与动力学判据有关，做出正确的判断是很重要的。

特别是在 n 值已知时，波的形状是很有用的判断标志。可逆性可以用 $E\text{-}\lg[(i_d-i)/i]$ 的斜率或 Tomeš 判据 $|E_{3/4}-E_{1/4}|$ 来判定。三种动力学情况下，暂态、稳态区取样伏安图的波形特征列于表 5.5.1。对于可逆情况，在室温下，这两个判据都在 $60/n$ mV 左右。更大的值往往标志着不可逆的程度。例如，对单步骤单电子反应，α 在 0.3～0.7 之间时，完全不可逆体系的 $|E_{3/4}-E_{1/4}|$ 为 65～150mV。除非 α 值非常偏离上述值，这样的 $|E_{3/4}-E_{1/4}|$ 值一般意味着对可逆的偏离。也可用波斜率做类似判断。但要注意，暂态时，从准可逆和完全不可逆伏安图得到的用于求波斜率的线有些非线性，难以用来进行精确分析。最好使用 $|E_{3/4}-E_{1/4}|$ 来判断。

表 5.5.1　25℃时取样电流伏安图的波形特征

动力学区	线性扩散		稳态	
	波斜率/mV	$\|E_{3/4}-E_{1/4}\|$/mV	波斜率/mV	$\|E_{3/4}-E_{1/4}\|$/mV
可逆($n\geqslant1$)	线性，$59.1/n$	$56.4/n$	线性，$59.1/n$	$56.4/n$
准可逆($n=1$)	非线性	$56.4/\alpha$～$45.0/\alpha$	非线性	$56.4/\alpha$～$45.0/\alpha$
不可逆($n=1$)	非线性	$45.0/\alpha$	线性，$59.1/n$	$56.4/\alpha$

如果电极过程比单步骤单电子模型复杂（如 $n>1$，并且速度控制步骤是异相电子转移），波形就很难分析，一个例外是 3.5.4(2) 节的情况，那里的初始步骤就是电子转移控制步骤，只是电流要乘 n 倍，就可应用这里对不可逆体系的讨论结果。较大的波斜率是不可逆的明显标志，但不表明电极过程是受电子转移动力学控制的。电极过程经常受到远离电极表面的纯化学过程的影响。含有化学复杂性的体系的波形也有可能和简单的不可逆电子转移体系相同。例如，硝基苯在水溶液中被还原为苯羟胺，与溶液的 pH 值有关[32]：

$$PhNO_2+4H^++4e\longrightarrow Ph\overset{H}{N}OH+H_2O \qquad (5.5.50)$$

实际上，根据非水溶剂中的测量（如在 DMF 中）[32]，第一个电子转移步骤是相当快的。

$$PhNO_2+e\longrightarrow PhNO_2^- \qquad (5.5.51)$$

在水溶液中表现出来的不可逆，源于这一步随后的质子化和电子转移等步骤上。如果使用完全不可逆电子转移模型去处理它，虽然可以得到动力学参数，但这样的参数没什么意义。对如此复杂的体系的处理需要对电极反应机理有充分的认识。复杂体系将在第 12 章中讨论。

使用波形参数去判断动力学性质时，必须对电极过程有一个基本的化学认识。使用如循环伏安法（参见第 6 章）能够直接观察正反向反应的技术，可以很容易做到这一点。

一个只有界面电子转移动力学的体系，如果表现出不可逆行为，它的动力学参数可以通过以下几种途径获得。

① k_f 的点对点求解。在起波处，对每一电势都可以测量得到 i/i_d，然后按下列步骤得到对应的 k_f 值：a. 如果是线性扩散，可以用图 5.5.2 那样的 $F_1(\lambda)$ 图，对每一个 i/i_d 求出对应的 λ。如果 τ 和 D_O 已知，从每一个 λ 可以得到对应 k_f。b. 对稳态伏安，可以使用 i/i_d 和式（5.5.47）求出对应的 κ，如果 D_O/r_0 已知，就可以求出相应得 k_f。这个方法没有假定什么特定的动力学模型。如果是使用了什么动力学模型，可以从 k_f 进一步分析其他参数。最常见的是假设 Butler-Volmer 模型，那么 $\lg k_f$ 对 $E-E^{\ominus\prime}$ 作图，从斜率可以得到 α，从截距可以得到 k^0。当然 $E^{\ominus\prime}$ 无法从这里得到，需要事先用其他如电势测量方法得到 $E^{\ominus\prime}$。

② 波斜率图。按照式（5.5.48），完全不可逆稳态伏安给出线性的 E-$\lg[(i_d-i)/i]$ 关系，从斜率可以得到 α，如果 D_O/r_0 已知，从 $E^{\ominus\prime}$ 处的截距可以得到 k^0。这个方法需要 Butler-Volmer 动力学适用。对于完全不可逆的暂态伏安，波斜率图弯曲，没有什么定量的价值。

③ Tomeš 判据和半波电势。如表 5.5.1 所示，完全不可逆体系的 α 可以从 $|E_{3/4}-E_{1/4}|$ 直接得到。进而对暂态使用式（5.5.30），对稳态使用式（5.5.49）得到 k^0。当然同样需 Butler-Volmer 动力学适用且 $E^{\ominus\prime}$ 已知。

④ 曲线拟合。最通用的方法是用非线性最小二乘算法对整个波形进行拟合，求出最佳符合实验结果的参数。对于完全不可逆波，暂态伏安使用式（5.5.28），稳态伏安使用式（5.5.47）做拟合函数，结合描述 k_f 与电势关系的动力学模型，确定可调参数，进行计算。若使用 Butler-Volmer 动力学模型，就是式（5.5.4），可调参数是 α 和 k^0（k^0 也包含在 λ^0 或 κ^0 中）。

如果伏安图是准可逆的，就不能使用简化公式，必须按照式（5.5.24）或式（5.5.44）那样的通用方程去分析结果。最有用的方法如下。

① Mirkin 和 Bard 的方法[33]。如果伏安图基于稳态电流，可以很方便地使用 $|E_{1/4}-E_{1/2}|$ 和 $|E_{3/4}-E_{1/2}|$ 两项电势差。Mirkin 和 Bard 发表了这些差值和相应的 α 和 k^0 的对照表格，可以用于球形、半球形和盘状超微电极。

② 曲线拟合。和前面对完全不可逆反应拟合类似，按照式（5.5.24）或式（5.5.44），可以对准可逆的暂态伏安和稳态伏安进行拟合。

准可逆波的 $E_{1/2}$ 距 $E^{\ominus\prime}$ 不远，有时可以用来粗略地估计形式电势。动力学参数求出后，再作出更好的估计。Mirkin 和 Bard 在文献［33］也提供了 α、k^0 和 $n(E_{1/2}-E^{\ominus\prime})$ 的对应表格。

分析动力学参数时，要特别注意，动力学特征是部分取决于实验条件的，实验条件改变了，动力学特征有可能改变。基于线性扩散的伏安法中，最重要的实验变量是取样时刻 τ。对稳态伏安则是电极半径 r_0。细节参见 5.5.1(6) 和 5.5.3(2) 节的详细讨论。电极的形状也是很重要的，如制备亚微米级的小电极时，金属盘有时会凹进绝缘封套里，仅能通过一个小孔与溶液相通（见习题 5.17），这样的电极会表现出由小孔半径限定的电流特征，而其异相动力学却受内陷的圆盘的半径控制[34,35]。

5.6　多组分体系和多步骤电荷转移

考虑溶液中有两种还原组分（O 和 O′）的情况，$O+ne \longrightarrow R$，$O'+ne \longrightarrow R'$ 两个还原反应顺序发生。假如第二个反应直到第一个反应达到极限扩散后发生，研究 O 的还原不会受 O′的干扰，但 O′的还原电流叠加在 O 的还原极限扩散电流上。一个实际的例子就是在 KCl 溶液中 Cd(Ⅱ)和 Zn(Ⅱ) 的还原，Cd(Ⅱ) 还原波的 $E_{1/2}$ 在 0.6V（相对于 SCE）附近，Zn(Ⅱ) 直到电势负于 0.9V 才开始还原。

在两个过程都处于极限扩散速度下的电势区［即 $C_O(0,t)=C_{O'}(0,t)=0$］，总电流就是两个独立极限扩散电流的简单加和。对于基于线性扩散的计时电流和取样电流伏安，有下式

$$(i_d)_{total}=\frac{FA}{\pi t}(nD_O^{1/2}C_O^*+n'D_{O'}^{1/2}C_{O'}^*) \qquad (5.6.1)$$

式中，t 为取样时刻或电势阶跃实验的时间变量。对超微电极稳态下的取样电流伏安。则为

$$(i_d)_{total}=FA(nm_OC_O^*+n'm_{O'}C_{O'}^*) \qquad (5.6.2)$$

式中，m_O 和 $m_{O'}$ 列于表 5.3.1，由超微电极的形状决定。

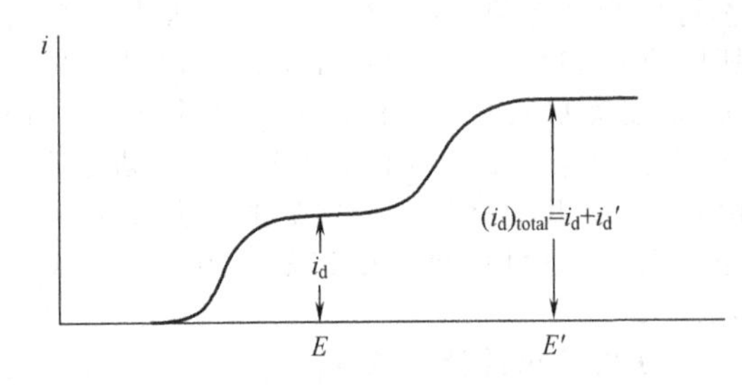

图 5.6.1　两组分体系的取样电流伏安

在取样电流伏安测量中，会得到如图 5.6.1 所示的结果。第二个反应的独立电流可以通过从总电流中减去第一个波的极限扩散电流来得到。即

$$i_d'=(i_d)_{total}-i_d \tag{5.6.3}$$

式中，i_d 和 i_d'分别为 O 和 O′各自贡献的电流。

以上的讨论基于 O 和 O′的反应相互独立的假设，反应产物也不相互干扰。然而实际情况中，各种反应经常会相互干扰影响，这时式(5.6.3) 就无法成立[36]。一个普通的例子就是非缓冲溶液中，汞电极上，镉离子和碘酸根离子的还原，Cd^{2+} 相当于 O，IO_3^- 相当于 O′。第一个反应是 $Cd^{2+}+2e \longrightarrow Cd(Hg)$，第二个反应是 $IO_3^-+3H_2O+6e \longrightarrow I^-+6OH^-$。第二个反应生成的氢氧根扩散离开电极表面，会与从溶液中向电极表面扩散来的镉离子反应，产生 $Cd(OH)_2$ 的沉积，这无疑会降低第一个反应（镉离子还原为汞齐）贡献的电流。结果第二个电流平台远低于两个反应独立或有缓冲溶液时的电流。

对单物种 O，顺序多步还原，每步在不同的电势下进行还原成多种产物的体系，处理方法类似，如

$$O+n_1e \longrightarrow R_1 \tag{5.6.4}$$

$$O+n_2e \longrightarrow R_2 \tag{5.6.5}$$

其中第二步发生在更负的电势。一个简单的例子是中性溶液中分子氧的两步还原。图 5.6.2 是这个体系取样电流伏安的极谱图（极谱将在第 7 章详细分析）。第一个步骤发生在－0.1V(相对于 SCE) 附近，氧通过两电子步骤还原为过氧化氢。第二个步骤是过氧化氢还原为水，在－0.5V以前不易察觉，此时只能看到第一个步骤的两电子过程、扩散控制的单一波。在更负的电势，第二个步骤才开始发生，到超过－1.2V，氧以极限扩散速度完全还原为水。

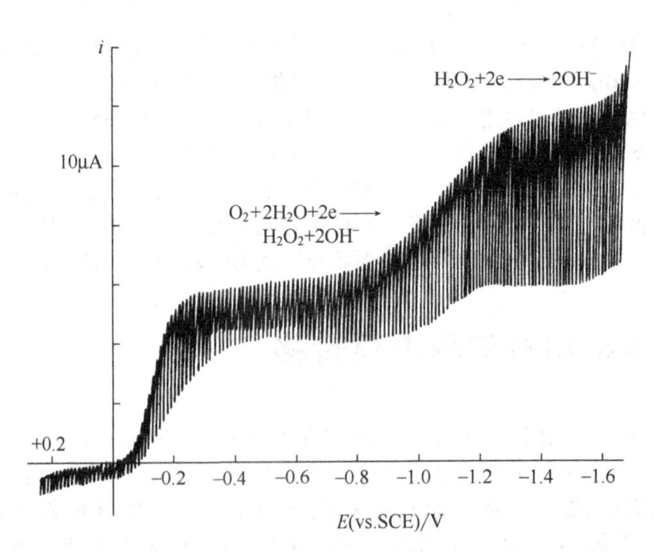

图 5.6.2　空气饱和的 0.1mol·L^{-1} KNO_3 溶液的取样电流伏安的极谱图

使用三硝基甲苯（Triton）X-100 做去极剂，滴汞电极为工作电极。滴汞的生长和敲击下落产生电流振荡，记录仪的响应速度要适当选择，既要能跟随记下滴汞生长后期的电流变化，又不要记录滴汞下落后几乎下降为 0 的电流。图中电流包迹的上沿（深色）可看作是取样电流伏安

对于式（5.6.4）和式（5.6.5）所表示的整个反应过程，在 O 扩散控制还原为 R_2 的电势下，对电势阶跃的暂态电流响应是

$$i_d=\frac{FAD_O^{1/2}C_O^*}{\pi^{1/2}t^{1/2}}(n_1+n_2) \tag{5.6.6}$$

而超微电极的稳态电流是

$$i_d = FAm_O C_O^* (n_1 + n_2) \tag{5.6.7}$$

式中，m_O 由表 5.3.1 根据电极形状和性质给出。取样电流伏安实验的电流方程可类似写出。这里关心的是多化学物种、多步骤电子转移的极限电流。第 12 章再详细讨论涉及序列电子转移的许多有趣的动力学和机理问题。

5.7　计时电流反向技术

从实验上讲，单步阶跃之后，可以继续施加新的阶跃，甚至设计使用更复杂的阶跃序列。最常见的是双阶跃技术，其中第一个阶跃生成想研究的物种，第二个阶跃来检测它。虽然第二个阶跃可以阶跃到任意电势，但通常它与第一个阶跃的作用相反。图 5.7.1 就是一个例子。如溶液中只有一个物种 O，它在形式电势 $E^{\ominus\prime}$发生可逆还原。若电极施加一个远正于 $E^{\ominus\prime}$的初始电势 E_i，此时没有反应发生。在 $t=0$ 时刻，电势突变到比远负于 $E^{\ominus\prime}$的电势 E_f，物种 R 在 τ 时间内被 O 电解还原生成。然后，第二个阶跃将电极电势跃回较正的电势 E_r（常选用 $E_r=E_i$），这时，还原态 R 就无法再在电极上存在，会被重氧化回 O。和其他反向技术一样，这个方法设计用来直接检测电生成的 R，常用于判断在 τ 时间内 R 可能参与化学反应的情况。

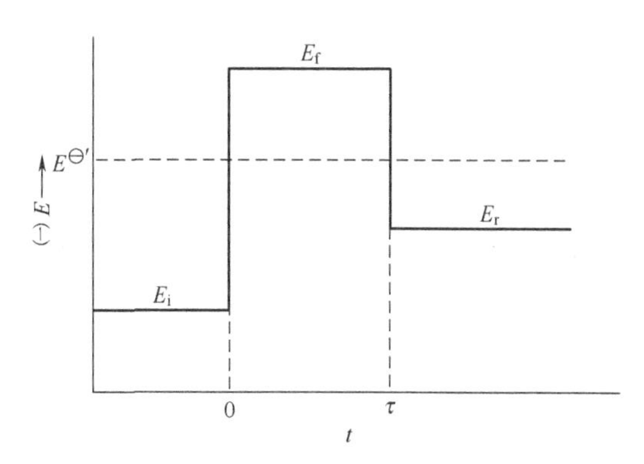

图 5.7.1　双电势阶跃的一般波形

稳态情况下，反向阶跃电流主要反映的将是体相中 R 的浓度，而不是上步即时生成的，因而一般不用这类实验做稳态研究。下面只在半无限扩散条件下分析这种实验技术。

5.7.1　问题求解

为了定量分析这类实验，需要先求出第一步阶跃的结果，然后用得到的 τ 时浓度分布，作为求解后一步反向阶跃扩散方程的初始条件。前面（5.4.1 节）已经清楚地分析了第一步阶跃的作用，可以直接使用那里的结论。然而如果这样来分析第二步，理论研究发现，反向实验的浓度分布非常复杂。换一个角度，基于叠加原理（principle of superpostion）去认识这个问题可以简单些[37,38]。下面就用叠加原理来分析这个问题。

可以把双电势阶跃看作是两个信号的叠加：一个是在所有 $t>0$ 时间有效的恒定电势分量 E_f，一个是在 $t>\tau$ 时叠加上去的阶跃扰动分量 E_r-E_f。图 5.7.2 图示了这个概念，数学上表示为

$$E(t) = E_f + S_\tau(t)(E_r - E_f) \qquad (t>0) \tag{5.7.1}$$

式中，阶跃函数 $S_\tau(t)$ 在 $t\leqslant\tau$ 是 0，在 $t>\tau$ 是 1。同样，类似电势分量，也可把 O 和 R 的浓度表示为两种浓度的叠加

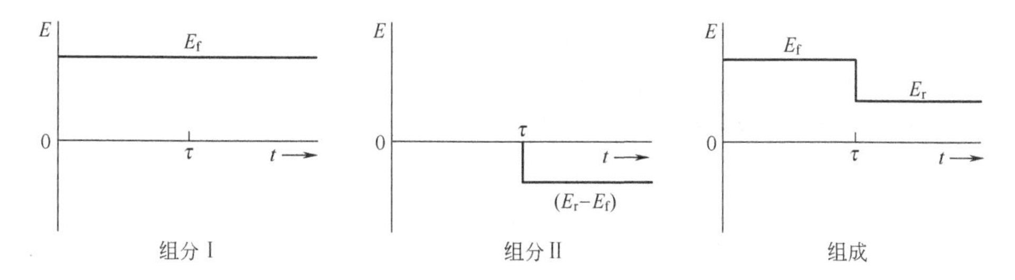

图 5.7.2　两个组分叠加作为双阶跃波形

$$C_O(x,t)=C_O^{\mathrm{I}}(x,t)+S_\tau(t)C_O^{\mathrm{II}}(x,t-\tau) \tag{5.7.2}$$

$$C_R(x,t)=C_R^{\mathrm{I}}(x,t)+S_\tau(t)C_R^{\mathrm{II}}(x,t-\tau) \tag{5.7.3}$$

当然边界条件和初始条件是针对实际浓度 $C_O(x,t)$ 和 $C_R(x,t)$ 建立的。初始条件为

$$C_O(x,0)=C_O^* \qquad C_R(x,0)=0 \tag{5.7.4}$$

对前一个阶跃，有

$$C_O(0,t)=C_O' \qquad C_R(0,t)=C_R' \tag{5.7.5}$$

这里只处理 O/R 氧化还原对符合 Nernst 条件的情况

$$C_O'=\theta' C_R' \tag{5.7.6}$$

式中

$$\theta'=\exp[nf(E_f-E^{\ominus\prime})] \tag{5.7.7}$$

对反向阶跃，有

$$C_O(0,t)=C_O'' \qquad C_R(0,t)=C_R'' \tag{5.7.8}$$

和

$$C_O''=\theta'' C_R'' \tag{5.7.9}$$

式中

$$\theta''=\exp[nf(E_r-E^{\ominus\prime})] \tag{5.7.10}$$

通过式（5.7.9）和式（5.7.10），对后一阶跃也使用了 Nernst 条件。在所有时间内，半无限条件是

$$\lim_{x\to\infty}C_O(x,t)=C_O^* \qquad \lim_{x\to\infty}C_R(x,t)=0 \tag{5.7.11}$$

流量平衡条件是

$$J_O(0,t)=-J_R(0,t) \tag{5.7.12}$$

注意，这里所有的条件以及 O 和 R 的扩散方程都是线性的，所以从数学上说，浓度分量 C_O^{I}、CV_O^{II}、C_R^{I}、C_R^{II} 各自是独立的，可以分别求解。然后实际的浓度分布用式（5.7.2）和式（5.7.3）组合得到，进而导出电流时间关系。详细的推导在本书的第一版的 178～180 页给出，这里留为习题 5.12。

线性条件下，如浓度这样的变量可分离为分量，成功地使用叠加方法。可惜，许多电化学情况不满足这些要求，这时就只好使用其他如数值模拟的方法了。

对于化学稳定的 O 和 R 初始都存在的准可逆体系，文献 [39] 分析了一个特例，文献 [40] 进一步做了普适处理，得到了一系列结果。利用那里的结果，可以在各种各样的条件下，从实验数据得到有关动力学参数。

5.7.2 电流-时间响应

5.4.1 节已经分析了 $0<t\leqslant\tau$ 间的实验，给出的结果是式（5.4.16）。为上下文需要，这里把它重写为

$$\boxed{i_f(t)=\frac{nFAD_O^{1/2}C_O^*}{\pi^{1/2}t^{1/2}(1+\xi\theta')}} \tag{5.7.13}$$

用前一节描述的方法，可以得到反向阶跃过程中的电流是

$$-i_r(t)=\frac{nFAD_O^{1/2}C_O^*}{\pi^{1/2}}\left\{\left(\frac{1}{1+\xi\theta'}-\frac{1}{1+\xi\theta''}\right)\left[\frac{1}{(t-\tau)^{1/2}}\right]-\frac{1}{(1+\xi\theta')t^{1/2}}\right\} \tag{5.7.14}$$

最感兴趣的是前一阶跃跳到还原波极限扩散平台的对应电势（$\theta'\approx0$，$C_O'\approx0$），反向阶跃跳回到氧化极限扩散平台的对应电势（$\theta''\to\infty$，$C_R''\approx0$）。式（5.7.14）就可以简化为下式，此式最初由 Kambara 导出[37]

$$\boxed{-i_r(t)=\frac{nFAD_O^{1/2}C_O^*}{\pi^{1/2}}\left[\frac{1}{(t-\tau)^{1/2}}-\frac{1}{t^{1/2}}\right]} \tag{5.7.15}$$

注意，在 $C_O'=0$，$C_R''=0$ 条件下，不需要能斯特行为，也可以导出此式，因而只要电势阶跃足够

大，此式也适用于不可逆体系。

图 5.7.3 显示了由式（5.7.13）和式（5.7.14）表示的电流响应。因为电流和 $AD_O^{1/2}$ 成正比，而 $AD_O^{1/2}$ 常常难以确定，不方便直接比较实验和公式的电流，为此常使用两个阶跃中某两个电流的比值。若对应两个时间 t_f 和 t_r 的电流分别为 i_f 和 $-i_r$，则极限扩散下，从式（5.7.15）得到

$$\frac{-i_r}{i_f}=\left[\frac{t_f}{(t_r-\tau)}\right]^{1/2}-\left(\frac{t_f}{t_r}\right)^{1/2} \tag{5.7.16}$$

若选 t_f 和 t_r 使得 $t_r-\tau=t_f$ 成立，则

$$\boxed{\frac{-i_r}{i_f}=1-\left(1-\frac{\tau}{t_r}\right)^{1/2}} \tag{5.7.17}$$

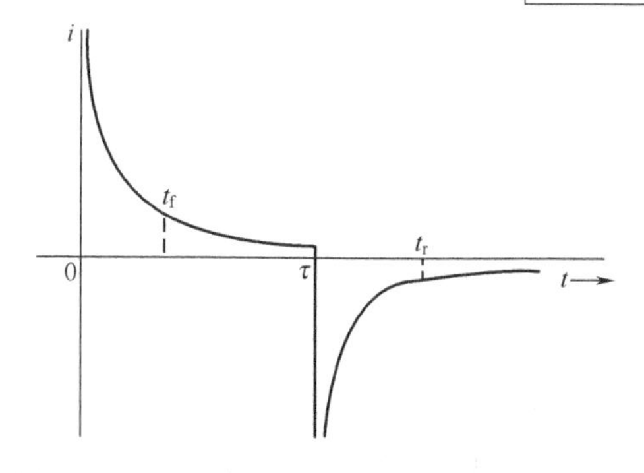

图 5.7.3　双电势阶跃计时电流法的电流响应

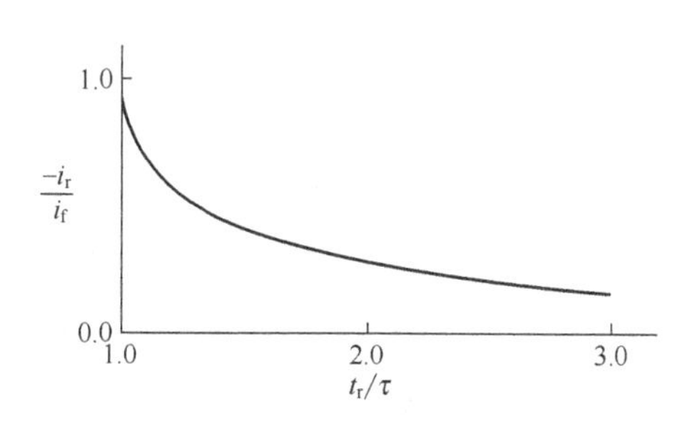

图 5.7.4　当 $t_r=t_f+\tau$ 时，$-i_r(t_r)/i_f(t_f)$ 的工作曲线对体系 $O+ne \rightleftharpoons R$，且在实验期间 O 和 R 都是稳定的，两个方向的阶跃都是极限扩散

选择 t_f 和 t_r，得到一系列这样的值，结果应该符合图 5.7.4 所示的工作曲线。对一个稳定的体系，可以用 $-i_r(2\tau)/i_f(\tau)=0.293$ 作为方便快速的参考点。偏离这条工作曲线，意味着存在复杂的电极过程动力学。例如，如果 R 衰变为非电活性物种，$|i_r|$ 将比式（5.7.15）预计得小。在图 5.7.4 中，$-i_r/i_f$ 将向小的方向偏离。那些复杂电极过程的判断和定量，将进一步在第 12 章详细分析。

5.8　计时电量（库仑）法

至今，本章讨论了电势阶跃激励的电流-时间暂态曲线和从那些曲线采样重构的伏安图。Anson及同事提出了电势阶跃实验的另一分析模式——计时电量法[41]，它记录电流的积分，即电量对时间的关系 $Q(t)$。这种方法有一些实验上的突出优点，广泛用于替代计时电流法。这些优点包括：①和计时电流法相反，要测量的信号常是随时间增长的。因此和早期相比，暂态后期受阶跃瞬间非理想电势变化的影响较轻微，容易得到实验数据，信噪比也更好。②积分对暂态电流中的随机噪声有平滑作用，计时电量法天生就更清晰。③双电层充电、吸附物质的电极反应对电量的贡献，可以和扩散反应物法拉第反应对电量的贡献区分开来。这后一优点对表面过程的研究特别有益。而在计时电流法中，一般不容易区分开各种成分的贡献。

5.8.1　大幅度电势阶跃

最简单的计时电量实验是 5.2.1 节讨论过的 Cottrell 情况。在静止均相溶液中有物种 O，使用平板电极，初始电势为没电解发生的电势 E_i。在 $t=0$ 时刻，电势阶跃到足以使 O 以极限扩散电流还原的负电势 E_f。电流响应由 Cottrell 公式（5.2.11）描述，从 $t=0$ 开始对其积分，得到 O 扩散还原需要的电量为

$$Q_d=\frac{2nFAD_O^{1/2}C_O^*t^{1/2}}{\pi^{1/2}} \tag{5.8.1}$$

如图 5.8.1 所示，Q_d 随时间增长，对 $t^{1/2}$ 呈线性关系。已知其他参数时，可以求出 n、A、D_O、

C_O^* 中之一。

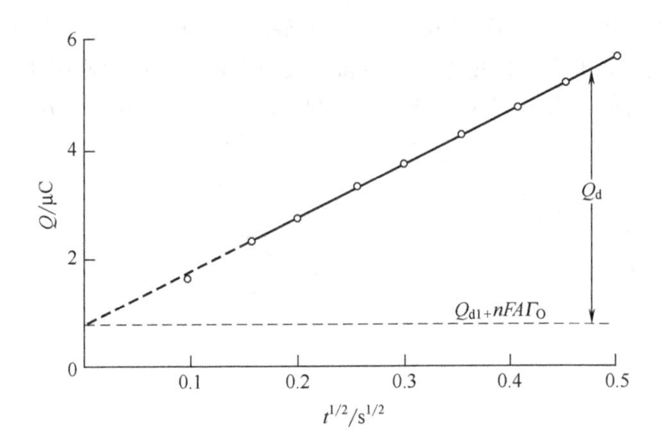

图 5.8.1 平板铂电极上计时电量响应的线性关系图

体系是 0.95mmol・L^{-1}的 1,4-二氰基苯（DCB），在 0.1mol・L^{-1}氟硼酸四正丁基胺的苯甲腈溶液中。相对 Pt QRE，初始电势为 0.0V，阶跃电势是－1.892V，T=25℃，A=0.018cm²。DCB+e⇌DCB$^{\overline{\cdot}}$ 的 $E^{\ominus\prime}$ 是－1.63V。本图是图 5.8.2 计时电量图的 $t<250$ms 部分［数据经 R. S. Glass 允许］

公式（5.8.1）表明，$t=0$ 时扩散对电量的贡献为 0。然而，实际的电量 Q 中还有来自双层充电和还原吸附的某种氧化态的电量，Q 对 $t^{1/2}$ 的直线一般不通过原点。这些电量与随时间慢慢累积的扩散贡献电量不一样，它们只在瞬间出现，因此可以把他们作为与时间无关的两个附加项写在公式中

$$Q=\frac{2nFAD_O^{1/2}C_O^*t^{1/2}}{\pi^{1/2}}+Q_{dl}+nFA\Gamma_O \tag{5.8.2}$$

式中，Q_{dl}为电容电量；$nFA\Gamma_O$ 为表面吸附 O 还原的法拉第分量（Γ_O 是表面过剩浓度或表面余量，surface excess，mol/cm²）。

计时电量法常用于获得电活性物质的表面余量。为此需要其他一些实验（如下节所述），以把 Q 对 $t^{1/2}$ 直线截距 $Q_{dl}+nFA\Gamma_O$ 中的两部分分开。即用无 O 基底溶液做计时电量，用得到的 Q-$t^{1/2}$ 直线截距近似双层 Q_{dl}，然后和截距 $Q_{dl}+nFA\Gamma_O$ 进行比较，可估计求出 $nFA\Gamma_O$。但要注意，界面电容受吸附影响（见第 13 章），所以用底液的 Q_{dl}是很粗略的估计。

5.8.2 扩散控制下的反向实验

几乎总是把计时电量实验的阶跃幅度设置得足够大，以保证电活性物质以最大速度扩散向电极。与前面类似，典型的实验模式是，在 $t=0$，电势从 E_i 阶跃到 O 在极限扩散条件下的还原电势 E_f。在电势 E_f 持续一段时间 τ，再跃回 E_i。在 E_i 电势，R 以极限扩散速度氧化回 O。这是 5.7 节讨论的一般反向实验的一种特例。$t<\tau$ 时的电流和以前的处理相同。对 $t>\tau$ 的计时电流响应，使用式（5.7.15）描述。即

$$i_r=\frac{-nFAD_O^{1/2}C_O^*}{\pi^{1/2}}\left[\frac{1}{(t-\tau)^{1/2}}-\frac{1}{t^{1/2}}\right] \tag{5.8.3}$$

所以 $t>\tau$ 时，扩散引起并继续累积的电量与时间的关系是

$$Q_d(t>\tau)=\frac{2nFAD_O^{1/2}C_O^*\tau^{1/2}}{\pi^{1/2}}+\int_\tau^t i_r\,dt \tag{5.8.4}$$

或

$$Q_d(t>\tau)=\frac{2nFAD_O^{1/2}C_O^*}{\pi^{1/2}}[t^{1/2}-(t-\tau)^{1/2}] \tag{5.8.5}$$

两个阶跃方向相反，所以 $t>\tau$ 时，Q_d 随 t 增加而降低。整个实验如图 5.8.2 所示，可以预计 $Q(t>\tau)$ 对［$t^{1/2}-(t-\tau)^{1/2}$］是线性的。虽然 Q_{dl}在正向阶跃时注入、反向时释放，但净电势变化为 0，因而在 τ 时间后的总电量中并没有净的电容电量。

如图5.8.2所示，反向时移去的电量 $Q_r(t>\tau)$ 是 $Q(\tau)-Q_d(t>\tau)$

$$Q_r(t>\tau)=Q_{dl}+\frac{2nFAD_O^{1/2}C_O^*}{\pi^{1/2}}[\tau^{1/2}+(t-\tau)^{1/2}-t^{1/2}] \tag{5.8.6}$$

式中括号部分常用 θ 表示。为简化起见，假设R不吸附。Q_r 对 θ 图是线性，斜率与上一个图相同，但截距是 Q_{dl}。

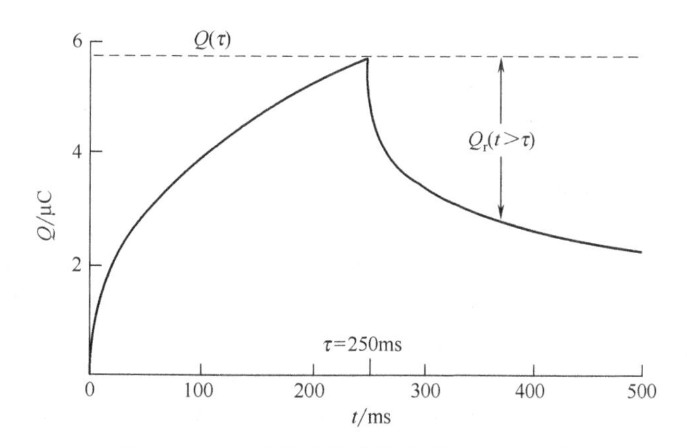

图5.8.2 双电势阶跃实验的计时电量响应

体系参数与图5.8.1相同。反向阶跃到0.0V［数据经R. S. Glass允许］

图5.8.3中，$Q(t<\tau)$ 对 $t^{1/2}$ 和 $Q(t>\tau)$ 对 θ 这一对图被称为Anson图，对研究吸附物质的电极反应非常有用。在这里讨论的例子中，O吸附而R不吸附，图中两个截距之差就是 $nFA\Gamma_O$。差减消去了 Q_{dl}，得到纯粹源于吸附的法拉第电量，一般情况下，此差值是 $nFA(\Gamma_O-\Gamma_R)$。有关这方面各种情况的详细分析参看14.3.6节和文献［41～43］。

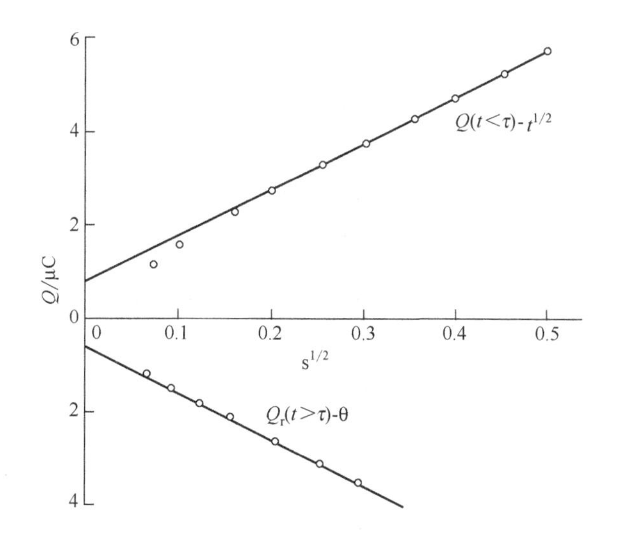

图5.8.3 图5.8.2数据的计时电量线性关系图

体系数据列于图5.8.1。$Q(t<\tau)$ 对 $t^{1/2}$ 的斜率是9.89μC/s$^{1/2}$，截距是0.79μC，$Q(t>\tau)$ 对 θ 的斜率是9.45μC/s$^{1/2}$，截距是0.66μC［数据经R. S. Glass允许］

注意，式(5.8.3)、式(5.8.5)和式(5.8.6)都假设第二阶跃开始时的浓度分布基于简单的Cottrell实验。也就是说，这个浓度分布是稳定的，不因那些可能吸脱附的扩散物质的添加或减少而改变。显然，这个前提条件很难严格满足。严格处理由Christie等给出，说明了如何校正计时电量数据[42]。

反向计时电量法也可用于表征O和R的均相化学反应。扩散法拉第电量分量 $Q_d(t)$ 对液相反应很敏感[43,44]，和前面所述的一样，从总电量 $Q(t)$ 中可以很容易地把它分出来。

如果 O 和 R 都是稳定不吸附的，$Q_d(t)$ 就如式（5.8.1）和式（5.8.5）所示。分别用第一阶跃 $Q_d(t)$ 和第二阶跃 $Q_d(t)$ 除以总扩散电量（即第一步的总扩散电量 Cottrell 电量），可以得到

$$\frac{Q_d(t \leqslant \tau)}{Q_d(\tau)}=\left(\frac{t}{\tau}\right)^{1/2} \tag{5.8.7}$$

$$\boxed{\frac{Q_d(t>\tau)}{Q_d(\tau)}=\left(\frac{t}{\tau}\right)^{1/2}-\left[\left(\frac{t}{\tau}\right)-1\right]^{1/2}} \tag{5.8.8}$$

此式与具体的实验参数 n、C_O^*、D_O、A 无关。如果给定 t/τ，此比率甚至与 τ 也无关。这两个方程清楚地描述了稳定体系计时电量响应的本质特征。如果实际实验结果与此函数不符，说明存在某种复杂化学行为。用电量比 $Q_d(2\tau)/Q_d(\tau)$ 或 $[Q_d(\tau)-Q_d(2\tau)]/Q_d(\tau)$ 可快速判断化学稳定性。从公式（5.8.8）知道，若是稳定体系，这两个值分别是 0.414 和 0.586。

相反，考虑 Nernst 型 O/R 氧化还原电对，R 会在溶液中迅速分解为 X，第一步阶跃时 O 以极限扩散速度还原，服从式（5.8.7）。然而由于 R 的衰减，R 不会在第二步被全部氧化回去。和稳定体系相比，$Q_d(t>\tau)/Q_d(\tau)$ 会降低得更快。若 R 完全衰变为 X，就根本看不到 R 的再氧化，那么在第二步的所有时间 $t>\tau$，都有 $Q_d(t>\tau)/Q_d(\tau)=1$。

还可以观察到偏离公式（5.8.7）及式（5.8.8）的其他类型。有关重要均相反应的机理的诊断讨论可见第 12 章。由于在基本假设方面没有区别，对于偶合反应的体系的大部分计时电流法理论可直接应用于描述计时电量实验。仅有的差别是在计时电量法中是积分响应，并且在计时电量实验中更加明显地看出双电层电容和吸附物的电极过程的贡献。

5.8.3　异相动力学的影响

前面分析的只是极限扩散情况，通过施加极端电势来实现极限扩散条件，因而在实验上得不到异相速度参数。若想得到速度参数，需要选用较小的阶跃幅度，控制实验期间达不到极限扩散电解的要求，即完全或部分地在界面电荷传递动力学控制下进行计时电量实验。换句话说，必须在取样电流伏安曲线的上升区选择阶跃电势，并且时间也必须足够短以保证电流受电极动力学控制。

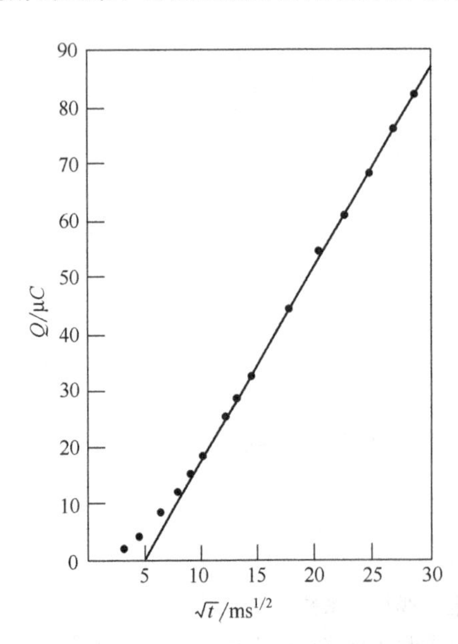

图 5.8.4　1mol·L^{-1} Na_2SO_4 溶液中，10mmol·L^{-1} Cd^{2+} 的计时电量响应

工作电极是面积为 2.3×10^{-2}cm^2 的悬汞电极。初始电势 −0.470V (vs. SCE)，阶跃电势 −0.620V。图中斜率 3.52μC/ms$^{1/2}$，$t_i^{1/2}=5.1$ms$^{1/2}$ [引自 J. H. Christie, G. Lauer and R. A. Osteryoung, *J. Electroanal. Chem.*, **7**, 60 (1964)]

合适的实验条件是，在 $t=0$ 时电势从不发生电解的电势跃至发生电解的电势。这里分析一个例子[45,46]，初始时 O 以浓度 C_O^* 存在而 R 不存在。在 5.5.1 节，已经得到准可逆电极动力学的暂态电流式（5.5.11）。积分得到

$$Q(t)=\frac{nFAk_fC_O^*}{H^2}\left[\exp(H^2t)\operatorname{erfc}(Ht^{1/2})+\frac{2Ht^{1/2}}{\pi^{1/2}}-1\right] \tag{5.8.9}$$

式中，$H=(k_f/D_O^{1/2})+(k_b/D_R^{1/2})$。对 $Ht^{1/2}=5$，括号内第一项可忽略，得到极限形式

$$Q(t)=nFAk_fC_O^*\left(\frac{2t^{1/2}}{H\pi^{1/2}}-\frac{1}{H^2}\right) \tag{5.8.10}$$

于是法拉第电量对 $t^{1/2}$ 的图是线性的，电量坐标上的截距是负值，$t^{1/2}$ 坐标上的截距是正的。如图 5.8.4 所示，需要外推得到 $t^{1/2}$ 轴上较精确的截距。记此截距为 $t_i^{1/2}$，可得到

$$H=\frac{\pi^{1/2}}{2t_i^{1/2}} \tag{5.8.11}$$

有了 H，通过斜率 $2nFAk_fC_O^*/(H\pi^{1/2})$ 就可以得到 k_f。注意当 E 很负时，H 接近 $k_f/D_O^{1/2}$，斜率接

近 Cottrell 斜率 $2nFAD_O^{1/2}C_O^*/\pi^{1/2}$，这时，$H$ 很大，截距接近原点，5.8.1 节处理的就是这种极限情况。

式（5.8.9）和式（5.8.10）不包括吸附和双电层充电的贡献，精确处理时必须加以校正，或设法控制使它们和扩散的贡献相比小到可忽略的程度。

实际上，使用此方法做动力学研究相当困难，因而用途不广。这个方法的基本价值是分析计时电量法负截距（Q 轴上）的起因，特别是在修饰电极（第 14 章）方面，负截距相当常见。上述结果说明，动力学限制的电量实验得到一个较小的截距，这个斜率小于 5.8.1 和 5.8.2 节预计的值。负截距是动力学限制的明确标志。这可能来自上面讨论的缓慢的界面动力学，也可能来自其他原因，如未补偿电阻使得电势建立缓慢。当然使用很大的电势阶跃可以减轻这种现象，但那样就不是研究准可逆反应了。

5.9　超微电极的特殊用途

超微电极的独特能力大大扩展了电化学方法的应用范围，将电化学方法扩展到以前难以处理的时间、介质和空间区域。这就是，在时间尺度上，可以研究以前难以研究的化学体系的快速反应，可以在以前难以使用电化学方法的介质如非水介质中使用，在空间尺度上，可以在微环境中研究对分子间相互作用有重要意义的空间位置因素。

5.9.1　电解池时间常数与快速电化学

在 2.2 节知道，通过调节双电层上的电荷量可以控制和建立工作电极的电势。在 1.2.4 和 5.2.1 节中，知道双电层电荷的变化和电势的变化，都涉及电解池时间常数 R_uC_d（cell time constant），R_u 是未补偿电阻，C_d 是双层电容。试图在比电解池时间常数还短的时间内完成电势阶跃变化是不可能的。事实上，新电势的完全建立需要的时间大约是 $5R_uC_d$ 左右，而且获得数据也需要时间，因而阶跃电势至少需要保持 $10R_uC_d$，甚至多于 $100R_uC_d$。在很大程度上，是电极面积决定了电解池时间常数，进而决定了实验的时间下限。

工作在通常的电解质溶液中的金属圆盘电极，它的单位面积界面电容 C_d^0 典型值是 10～50μF/cm^2，所以界面电容是

$$C_d = \pi r_0^2 C_d^0 \tag{5.9.1}$$

若 r_0 是 1mm，C_d 就是 0.3～1.5μF。而若 $r_0=1\mu$m，C_d 就降低 6 个数量级，只有 0.3～1.5pF。

虽然不太明显，未补偿电阻也依赖于电极尺寸。电流是在工作电极和对电极之间流动的，因而可以粗略地认为，电流通过的通道长度与两个电极面间的距离相等。显然，电流通道只包含部分而不是全部电解质溶液。通道是两个电极面做端面和一个环绕曲面围成的空间，用最短距离连接两电极面周长上的所有点构成环绕曲面（见图 5.9.1）。一般情况下，对电极远大于工作电极，所以电流通道向对电极端变宽，向工作电极端收窄。未补偿电阻 R_u 的精确值取决于参比电极尖所处的位置，这个位置会影响电流通道。图 5.9.1 显示的是工作电极半径是对电极半径的 1/10 的情况，若工作电极是超微电极，其半径很容易达到对电极半径的千分之一甚至百万分之一。这样的话，工作电极附近一段电流通道的截面会非常小，而正是这一段决定了未补偿电阻 R_u。

对于均匀电流，一段溶液体积的电阻是 $l/(\kappa A)$，其中 l 是这段电流通道（溶液体积）的厚度，A 是截面积，κ 是电导。那么盘状工作电极附近，厚度为 $r_0/4$、截面积和盘一样的一段溶液，它的电阻是 $1/(4\pi\kappa r_0)$。对对电极也可做出同样计算，只是对电极的半径比 r_0 高出 10^3～10^6 倍。很明显可以看出，对电极端很大体积溶液的电阻和工作电极端很小体积溶液的电阻相比是可忽略的。

球形电极的情况下，和对电极相比，工作电极可近似看作点来处理，这时未补偿电阻是[47]

$$R_u = \frac{1}{4\pi\kappa r_0}\left(\frac{x}{x+r_0}\right) \tag{5.9.2}$$

式中，x 为从工作电极到参比电极尖的距离。对超微电极的情况，一般 x 不可能与 r_0 相当，上式中括号部分可以近似为 1，所以 R_u 为 $1/(4\pi\kappa r_0)$。

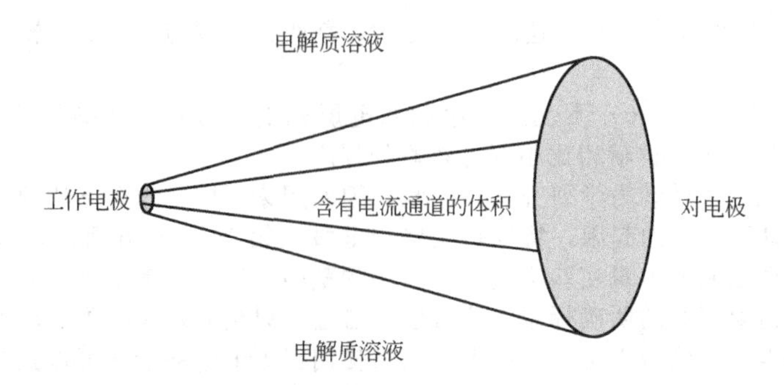

图 5.9.1 圆盘状工作电极和对电极间电流通道示意
电流通道主要（虽不是全部）局限于通过最短距离连接两电极周长围起来的那部分溶液体积

注意 R_u 与电极半径 r_0 成反比，即电极越小 R_u 越大。r_0 变小时，主要决定 R_u 的溶液体积也变小。厚度与 r_0 成正比，而截面积与 r_0^2 成正比，因而对于时间常数，截面积变小的影响高过厚度变小的影响。

从式（5.9.1）和式（5.9.2）的极限形式，可得到电解池的时间常数为

$$\boxed{R_u C_d = \frac{r_0 C_d^0}{4\kappa}} \tag{5.9.3}$$

R_u 随电极半径 r_0 变小反比变大，而 C_d 随 r_0^2 变小正比变小，结果时间常数 R_uC_d 与电极半径成正比变小。这个重要结论说明，小电极可以用于更短时间域的研究。在 $C_d^0=20\mu F/cm^2$，$\kappa=0.013\Omega^{-1}\cdot cm^{-1}$（即室温下 0.1mol·$L^{-1}$ KCl 溶液）体系中，估计一下电极尺寸的效果。若 $r_0=1mm$，时间常数是 30μs，按 $10R_uC_d$ 定义电势阶跃实验的时间下限就是 0.3ms。此结果符合我们的一般经验，对于常规尺寸电极，实验只能研究毫秒级及更长的时间域。然而若 $r_0=5\mu m$，时间常数是 170ns，相应的实验时间下限降到 1.7μs。在出现超微电极以前，电化学很难进行微级时间域的研究。而有了超微电极之后，不仅是电势阶跃方法，就是本书后面涉及的其他实验方法，也可以很方便地进行微级时间域的研究。

使用超微电极甚至可能进行纳秒级时间域的研究，虽然不太容易。要做到这一点，电极尺寸必须更小，电解质溶液的电导必须更高。比如在 1mol·L^{-1} H_2SO_4 中，使用 $r_0=5\mu m$ 的超微电极，时间常数可以降低到 1ns，实验时间下限可小至 10ns。当然由于一些仪器问题和扩散层厚度与分子尺度相当时出现的一些基本问题，实验工作会复杂化[12,14,15,48]。持续 10ns 的阶跃，$(Dt)^{1/2}$ 只有 3nm，如果分子是通过扩散进行反应，那就只有几个足够靠近电极表面的分子能进行反应。在本书写作的时候，用扩散体系做过的实验最快在 500ns 的时间尺度。更快的阶跃在 100ns 的实验，用电极表面固定电化学物质的体系做过，而这种体系不需扩散途径[49,50]。有关这方面的例子将在第 14 章中讨论。

5.9.2 低电导介质中的伏安法

在任何恒电势实验中，未补偿电阻都会造成控制误差，所以真正的电极电势与表观施加的电势偏离了 iR_u（见 1.3.4 和 15.6 节）。有阴极电流时，真正电极电势比表观值偏正；有阳极电流时，真正电极电势比表观值偏负。在普通的恒电势仪上，伏安图是按电流对表观电势记录的，波形中包含 iR_u 的作用。iR_u 的作用与准可逆作用的表现类似，即伏安图拉偏向远端电势，并沿电势坐标变宽。若这种偏离很严重，就会引起对实验数据的误解。所以弄清如何减轻和校正它们是很重要的，有关内容在后面的章节特别是 15.6 节中讨论。

如果在高电导的溶液中，如浓度为 0.1mol·L^{-1}或更浓的电解质水溶液中，使用常规尺寸的电极，R_u 一般只有几个欧姆。这时除非电流大于 1mA，iR_u 一般只有几毫伏。在本章讨论的实验中，大于 1mA 的电流是很少见的。

另一方面，在非水或黏性介质中，特别是中极性或弱极性的介质中，R_u 有可能真的带来误差。如在含 0.1mol·L^{-1} $TBABF_4$ 的二氯甲烷溶液中，数 kΩ 的 R_u 是很常见的。若电流大于

$1\mu A$，iR_u 就会大于几毫伏，而常规电极上电流大于 $1\mu A$ 是很常见的。对甲苯那样很弱极性的溶液，即使增加支持电解质，但电解质并不电离，R_u 仍会很高。这样常规电极的电势控制误差会很大，波形甚至会变宽、拉偏到看不到的地步。

采用超微电极就不一样。因为超微电极上的电流非常小，实验中电势控制误差比使用常规电极小得多。比如在取样电流伏安实验中，用半径为 r_0 的超微圆盘电极，若要求未补偿电阻引起的半波电势偏差小于 5mV，应该满足什么条件呢？

这就是说，在 $i=i_l/2$ 处，要求 $iR_u<5\text{mV}$，假如取样电流伏安符合半无限线性扩散（即暂态行为），那么若取样时刻是 τ，电流就是相应 Cottrell 电流的一半，所以

$$\frac{nFD_O^{1/2}C_O^*r_0}{8\pi^{1/2}\kappa\tau^{1/2}}<5\times10^{-3}\text{V} \tag{5.9.4}$$

说明电势误差随 r_0 降低，使用小电极可以提高伏安实验的精度。

如果伏安图基于稳态电流，i 就是极限扩散稳态电流的一半，即 $2nFD_OC_O^*r_0$，所以

$$\frac{nFD_OC_O^*}{2\pi\kappa}<5\times10^{-3}\text{V} \tag{5.9.5}$$

此时电势误差与盘电极大小无关，但是一般只有在超微电极上才能很容易地实现稳态电流。对于 $n=1$，$D_O=10^{-5}\text{cm}^2/\text{s}$，$C_O^*=1\text{mmol}\cdot\text{L}^{-1}$，电导必须大于 $3\times10^{-5}\Omega^{-1}\cdot\text{cm}^{-1}$，这相当于 $10^{-4}\text{mol}\cdot\text{L}^{-1}$ HCl 溶液，电解质浓度大于此值的所有水溶液和含有弱电离电解质的大部分常用低极性溶剂的体系，都满足这一要求。

甚至在不满足这些要求的介质中，也可以使用超微电极，这对伏安实验很有帮助。如在没有支持电解质的溶剂中或黏度很高的高分子中，已经使用过。图 4.3.5 曾示出前一种情况的例子。那种体系中，电迁移是传质的主要贡献者，电极表面生成和消耗的带电物质显著影响局部电导的情况[51]，所以不符合 5.4 和 5.5 节中处理伏安图的假设。这些情况下公式（5.9.2）和公式（5.9.5）不适用。有关 Nernst 体系的理论请参考文献 [12，15，48，52]。

使用超微电极，因为 i 很小，iR_u 一般是可忽略的，这也简化了仪器设计。实验中，甚至不需要对参比电极和工作电极间的位置做什么特殊考虑，也可以把参比电极同时做对电极来使用而没什么危险。特别在高速实验中经常使用二电极方式（见第 15 章）。

5.9.3 基于空间分辨的应用

超微电极本身的物理尺寸很小，可以在小空间中使用。在电生理研究中，经常使用单个超微电极，如测量神经突触附近神经递质浓度的时间变化等[6]。单个电极也是扫描电化学显微镜的基础（SECM，见第 16 章）。一系列的微电极可以以各种有趣的方式用于研究某些体系的空间敏感特性。

超微电极阵列及其组合一般用微电子技术、微印刷技术制备，这类电极一般由平行的带状构成。如果这些带状电极并联使用，其行为就类似我们在 5.2.3 节描述过的那种多活性区电极。如果各个带独立作用，就可以当作多个工作电极，用于表征样品的不同区域，如高分子涂层[53]那样的样品。

也可以使用阵列电极上的单元电极去检测发生在邻近单元电极的化学反应。最简单的例子就是以产生-收集模式（generator-collector mode）使用双带电极。如图 5.9.2 所示，两个带距离很近，以至于它们的扩散场相互交叠，这样电极上发生的反应可以互相影响。其中一个电极做发生器，用于驱动实验，通常是通过缓慢扫描电势的方式得到稳态伏安图。现在两个电极组合使用，在只含氧化态的溶液中，对可逆反应 $O+ne \rightleftharpoons R$，并且 R 是化学稳定的。如果没有第二个电极的影响，每个独立的电极都可以记录到单电极的准稳态伏安特性。但是在产生-收集模式，第二个电极的电势设定在 O 还原波的底部电势区，一旦有 R 扩散到达就立即被氧化回 O。当然只有在产生电极正在生成 R 时，这个收集电极才会有电流流过，收集电极电流对发生电极电势作图得到和发生电极形状相同、符号相反的电流电势曲线。因为收集电极不可能全部收集生成的 R，所以收集电极电流值小于产生电极上相应的电流值。这是以空间排布实现反向实验的一个例子，类似的例子还有旋转环-盘电极（见第 9 章），扫描电化学显微镜中的发生收集实验等。和其他反向实验一样，双带电极上的发生与收集对 R 的化学稳定性是敏感的。如果 R 不足以保持活性并

扩散到收集电极，就看不到收集电流。如果只有部分保持活性的 R 扩散到收集电极，就只能观察到较小的电流。在这种方式下，可以定性和定量地研究液相反应动力学。

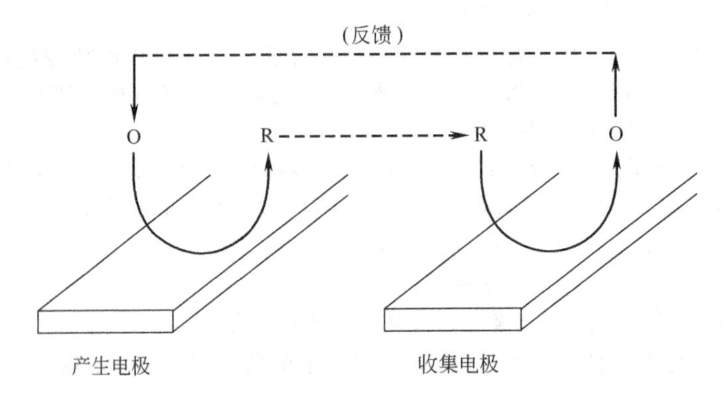

图 5.9.2 在产生/收集模式下操作的两个微带状电极的示意

超微电极阵列上产生-收集实验有一个有趣的现象，发生电流会被收集电极通过反馈（feedback）机理增强。没有使用收集电极时，发生电极上生成的所有 R 都将扩散到溶液中，对发生电极上的实验没有任何进一步的作用。如果收集电极把部分 R 转化回 O，部分再生的 O 会扩散回（反馈）发生电极，结果就增加了从 O 扩散向发生电极的流量。于是发生电极的电流和没有激活收集电极时相比增大。反馈效应对定性定量研究涉及 O 和 R 的化学反应也很有用。

超微电极阵列也可用于产生-收集实验。一种方式就是使用平行的三带电极，其中中间的带状电极用做发生，两边的两个带用于收集。一个精心设计的方法是使用叉指式阵列电极（interdigitated array)，叉指式阵列电极有一系列平行的带，让产生和收集用的带交替排列。

对于这类电极体系，其动态行为依赖于带宽和带间宽度。有关理论和应用见 Amatore 的详细综述[12]。

5.10 参考文献

1 H. A. Laitinen and I. M. Kolthoff, *J. Am. Chem. Soc.*, **61**, 3344 (1939)
2 H. A. Laitinen, *Trans. Electrochem. Soc.*, **82**, 289 (1942)
3 F. G. Cottrell, *Z. Physik. Chem.*, **42**, 385 (1902)
4 R. Woods, *Electroanal. Chem.*, **9**, 1 (1976)
5 T. Gueshi, K. Tokuda, and H. Matsuda, *J. Electroanal. Chem.*, **89**, 247 (1978)
6 R. M. Wightman, *Anal. Chem.*, **53**, 1125A (1981)
7 M. Fleischmann, S. Pons, D. R. Rolison, and P. P. Schmidt, Eds., "Ultramicroelectrodes", Datetech System, Monrganton, NC, 1987
8 R. M. Wightman and D. O. Wipf, *Electroanal. Chem.*, **15**, 267 (1989)
9 M. I. Montenegro, M. A. Queiros, and J. L. Daschbach, Eds., "Microelectrodes: Theory and Applications", NATO ASI Series, Vol. 197, Kluwer, Dordrecht, 1991
10 J. Heinze, *Angew. Chen. Int. Ed. Engl.*, **32**, 1286 (1993)
11 R. J. Forster, *Chem. Soc. Rev.*, 1994, 289
12 C. Amatore in "Physical Electrochemistry", I. Rubingstein, Ed., Marcel Dekker, New York, 1995, Chap. 4
13 C. G. Zosiki in "Modern Techniques in Electroanalysis", P. Vanysek, Eds., Wiley-Intersience, New York, 1996, Chap. 6
14 R. Morris, D. J. Franta, and H. S. White, J. Phys. Chem., **91**, 3559 (1987)
15 J. D. Norton, H. S. White, and S. W. Feldberg, *J. Phys. Chem.*, **94**, 6772 (1990)
16 C. Senaille, M. Brust, M. Tsionsky, and A. J. Bard, *Anal. Chem.*, **69**, 2323 (1997)
17 Y. Saito, *Rev. Polarog.* (*Japan*), **15**, 177 (1968)
18 K. B. Oldham, *J. Electroanal. Chem.*, **122**, 1, (1981)
19 M. Kakihana, H. Ikeuchi, G. P. Sato, and K. Tokuda, *J. Electroanal. Chem.*, **117**, 201 (1981)

20 J. Heinze, *J. Electroanal. Chem.*, **124**, 73 (1981)
21 K. Aoki and J. Osteryoung, *J. Electroanal. Chem.*, **122**, 19 (1981)
22 D. Shoup and A. Azabo, *J. Electroanal. Chem.*, **140**, 237 (1982)
23 K. Aoki and J. Osteryoung, *J. Electroanal. Chem.*, **160**, 335 (1984)
24 A. Szabo, D. K. Cope, D. E. Tallman. P. M. Kovach, and R. M. Wightman, *J. Electroanal. Chem.*, **217**, 417 (1987)
25 J. Tomeš, *Coll. Czech. Chem. Commun.*, **9**, 12, 81, 150 (1937)
26 A. M. Bond, K. B. Oldham, and C. G. Zoski, *J. Electroanal. Chem.*, **245**, 71 (1988)
27 K. B. Oldham and C. G. Zoski, *J. Electroanal. Chem.*, **256**, 11 (1988)
28 I. M. Kolthoff and J. J. Lingane, "Polarography", 2nd ed., Wiley-Intescience, New York, 1952
29 L. Meites, "Polarographic Techniques", 2nd ed., Wiley-Intescience, New York, 1958
30 A. Bond, "Modern Polarographic Methods in Analytical Chemistry", Marcel Dekker, New York, 1980
31 M. T. Cater, M. Rodriguez, and A. J. Bard, *J. Am. Chem. Soc.*, **111**, 8901 (1989)
32 C. K. Mann and K. K. Barnes, "Electrochemical Reactions in Nonaqueous Solvents", Marcel Dekker, New York, 1970, Chap. 11
33 M. V. Mirkin and A. J. Bard, *Anal. Chem.*, **64**, 2293 (1992)
34 S. Baranski, *J. Electroanal. Chem.*, **307**, 287 (1991)
35 K. B. Oldham, *Anal. Chem.*, **64**, 646 (1992)
36 I. M. Kolthoff and J. J. Lingane, *op. cit.*, Chap. 6
37 T. Kambara, *Bull. Chem. Soc. Jpn.*, **27**, 523 (1954)
38 D. D. Macdonald, "Transient Techniques in Electrochemidtry", Plenum, New York, 1977
39 W. M. Smit and M. D. Wijnen, *Rec. Trav. Chim.*, **79**, 5 (1960)
40 D. H. Evens and M. J. Kelly, *Anal. Chem.*, **54**, 1727 (1982)
41 F. C. Anson, *Anal. Chem.*, **38**, 54 (1966)
42 J. H. Christie, R. A. Osteryoung, and F. C. Anson, *J. Electroanal. Chem.*, **13**, 236 (1967)
43 J. H. Chritie, *J. Electroanal. Chem.*, **13**, 79 (1967)
44 M. K. Hanafey, R. L. Scott, T. H. Ridgway, and C. N. Reilley, *Anal. Chem.*, **50**, 116 (1978)
45 J. H. Christie, G. Lauer, R. A. Osteryoung, and F. A. Anson, *Anal. Chem.*, **35**, 1979 (1963)
46 J. H. Christie, G. Lauer, and R. A. Osteryoung, *J. Electroanal. Chem.*, **7**, 60 (1964)
47 L. Nemec, *J. Electroanal. Chem.*, **8**, 166 (1964)
48 C. P. Smith and H. S. White, *Anal. Chem.*, **65**, 3343 (1993)
49 C. Xu, Ph. D. Thesis, University of Illinois at Urbana-Champaign, 1992
50 R. J. Foster and L. R. Faulkner, *J. Am. Chem. Soc.*, **116**, 5444, 5453, (1994)
51 K. B. Oldham, *J. Electroanal. Chem.*, **250**, 1 (1988)
52 C. Amatore, B. Fosset, J. Bartelt, M. R. Deakin, and R. M. Wightman, *J. Electroanal. Chem.*, **256**, 255 (1988)
53 I. Fristsch-Faules and L. R. Faulkner, *Anal. Chem.*, **64**, 1118, 1127 (1992)

5.11 习题

5.1 对半径为 r_0 的球形电极，Fick 定律为

$$\frac{\partial C(r,t)}{\partial t}=D\left[\frac{\partial^2 C(r,t)}{\partial r^2}+\frac{2}{r}\times\frac{\partial C(r,t)}{\partial r}\right]$$

在下列条件下求解方程得到 $C(r,t)$

$$C(r,0)=C^*\text{，}C(r_0,t)=0\quad(t>0)\quad\text{和}\quad\lim_{r\to\infty}C(r,t)=C^*$$

证明电流服从下式

$$i=nFDC^*\left[\frac{1}{r_0}+\frac{1}{(\pi Dt)^{1/2}}\right]$$

[提示：将 $v(r,t)=rC(r,t)$ 代入 Fick 定律和边界条件中，问题就可变成线性扩散形式]

5.2 在条件 $n=1$，$C^*=1.00\text{mmol}\cdot\text{L}^{-1}$，$A=0.02\text{cm}^2$，$D=10^{-5}\text{cm}^2/\text{s}$ 下，计算 $t=0.1$s，0.5s，1s，2s，3s，5s，10s 和 $t\to\infty$ 时，(a) 平板电极和 (b) 球状电极（见习题 5.1）在扩散控制下的电解电流，并在同一图中绘制 i-t 曲线。要电解多长时间，球形电极上的电流才超出平板电极电流 10%？积分 Cottrell 方程导出电解中的电量与时间的关系，并计算 $t=10$s 时的总电量，用法拉第定律计算此时反应的物质摩尔数。如果溶液体积是 10mL，问电解改变了多少分数的样品？

5.3 分析刚好突出在玻璃环罩的半球汞电极上的扩散控制电解。汞表面的半径是 5μm，玻璃环罩直径是 5mm。电活性物质是 0.1mol・L^{-1} 氟硼酸四正丁基胺乙腈溶液中的 1mmol/L^{-1} thianthrene，电解产物是阳离子自由基。其扩散系数是 2.7×10^{-5} cm^2/s。计算 $t=0.1$ms，0.2ms，0.5ms，1ms，2ms，3ms，5ms，10ms 和 $t=0.1$s，0.2s，0.5s，1s，2s，3s，5s，10s 时的电流。在线性扩散近似下做同样计算。分别成对绘出短时区和长时区的 i-t 曲线。误差要求小于 10%，在多长时间可以使用线性近似？

5.4 已知某物质电极反应，$n=1$，浓度 1mmol・L^{-1}，扩散系数 1.2×10^{-5} cm^2/s，用圆盘状超微电极给出稳态伏安的平台电流 2.32nA。求电极半径？

5.5 简单金属离子还原成金属沉积在电极上，电极反应为

$$M^{n+}+ne \rightleftharpoons M(\text{固})$$

假设反应可逆，固体 M 的为常数 1，推导取样电流伏安关系。$E_{1/2}$ 如何随 i_d、M^{n+} 浓度变化？

5.6 25℃下，金属配位离子还原成金属汞齐的可逆反应（$n=2$），从其取样电流伏安实验获得如下数据

配位盐浓度（NaX)/mol・L^{-1}	$E_{1/2}$(vs. SCE)/V
0.10	−0.448
0.50	−0.531
1.00	−0.566

(a) 计算配合物中，与金属离子 M^{2+} 结合的配体 X^- 的数目。

(b) 假设配离子和简单金属离子的扩散系数 D 相等，所有的活度系数均为 1。如果相应简单金属离子可逆还原的 $E_{1/2}$ 是 +0.081V(vs. SCE)，求配合物的稳定常数。

5.7 (a) 许多有机物的还原有氢离子参加，推导下面可逆反应的稳态伏安方程

$$O+pH^{+}+ne \rightleftharpoons R$$

式中 O 和 R 都是可溶物质，初始只有 O 存在，浓度为 C_O^*。

(b) 测得 p 值需要用什么实验步骤？

5.8 (a) 对球形扩散，使用合适的边界条件，从 Fick 定律推导式（5.5.37）的导数。

(b) 用式（5.5.37）的推导方法推导式（5.5.41）。

(c) 证明式（5.5.41）在下列情况下的特例：

(1) 本体中只有 O 存在时，可逆体系暂态公式（5.4.17）

(2) 本体中只有 O 存在时，可逆体系稳态电流公式（5.4.54）

(3) 本体只有 O 存在时，准可逆体系暂态公式（5.5.11）

(4) 本体中 O 和 R 都存在时，准可逆体系暂态公式（5.5.12）

(5) 本体只有 O 存在时，完全不可逆体系暂态公式（5.5.28）

5.9 从（5.5.41）式推导，本体中 O 和 R 都存在时，可逆体系、半球电极的稳态伏安方程，并与 1.4.2 (2) 节的类似结果进行比较。

5.10 初始 O 和 R 都存在的可逆反应 $O+ne \rightleftharpoons R$

(a) 假设平板电极、半无限线性扩散条件，对从平衡电势阶跃到任意电势 E 的阶跃实验，从 Fick 定律出发，推导电流-时间曲线。对于用这种阶跃方法完成的取样电流实验，推导电流-电势曲线的形状参数。$E_{1/2}$ 的值是什么？它与浓度有关吗？

(b) 证明 (a) 的结果是式（5.5.41）的特例。

5.11 推导下列三种情况的 Tomeš 判据。(a) 半无限线性扩散、可逆反应的取样电流伏安，(b) 半无限线性扩散、完全不可逆反应的取样电流伏安，(c) 完全不可逆反应稳态伏安。

5.12 从式（5.7.1）～式（5.7.12）推导式（5.7.14）和式（5.7.15）。

5.13 对可逆氧化还原电对

$$I_3^-+2e \rightleftharpoons 3I^-$$

溶液中初始只有 I^-，使用静止的铂超微电极，推导取样电流伏安的形状参数。半波电势是什么？它与 I^- 的浓度有关吗？这种情况和 $O+ne \rightleftharpoons R$ 等价吗？

5.14 用图 5.8.4 的数据计算 Cd^{2+} 还原为汞齐的 k_f。

5.15 设计计时电量实验，测定 Tl 在汞中的扩散系数。

5.16 讨论图 5.8.1～图 5.8.3 的数据，计算二氰基苯（DCB）的扩散系数。如何证实图 5.8.3 中两条直线的斜率符合完全稳定的可逆体系的预期值？对非水介质中的固体平板电极，这些数据很有代表性。对图 5.8.3 中两条直线的斜率和截距的微小差异，提出至少两种可能的解释。

5.17　如图 5.11.1 所示的“陷入”盘状超微电极。假设小孔口直径 d_0 是 1μm，铂半球直径是 10μm，陷入距离 l=20μm，在陷入的空间中电极尖端浸在和本体一样的溶液中［如 0.01mol·L^{-1} $Ru(NH_3)_6^{3+}$ 的 0.1mol·L^{-1} KCl 溶液］。

(a) 稳态（长时间）扩散电流 i_d是多大？

(b) 如果用这种电极的稳态波形曲线，去研究异相电子转移反应，其表观 r_0 会是多少？

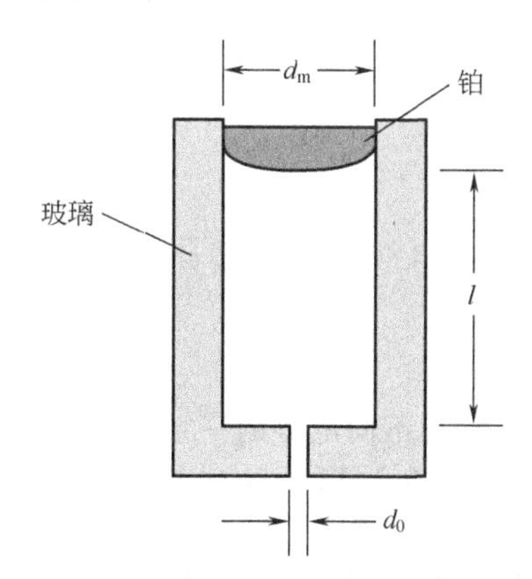

图 5.11.1　通过小孔和溶液沟通的内陷工作电极

5.18　在半径 r_0=5.0μm 的半球超微电极上，进行物质 O 的单电子还原。含有 10mmol·L^{-1}物质 O 和支持电解质的溶液中的稳态伏安给出，$\Delta E_{3/4}=E_{1/2}-E_{3/4}=35.0$mV，$\Delta E_{1/4}=E_{1/4}-E_{1/2}=31.5$mV，$i_d$=15nA。假设 $D_O=D_R$，T=298K。

(a) 求 D_O。

(b) 用文献［33］的方法计算 k^0 和 α。

5.19　G. Denault，M. Mirkin 和 A. J. Bard[*J. Electroanal. Chem.*，**308**，27（1991）] 提出，不需要电极反应的电子数 n、本体反应物浓度 C^*，只用超微电极在短时间得到的扩散控制的暂态电流，用稳态电流 i_{ss}归一化，就可以求出扩散系数。

(a) 推导圆盘状超微电极的 i/i_{SS}方程。

(b) 为什么这个方法不适用于大电极？

(c) 用半径 13.1μm 的微圆盘电极，研究高分子膜内 $Ru(bpy)_3^{2+}$ 的单电子氧化，得到 i/i_{ss}对 $t^{-1/2}$关系直线的斜率是 0.238s$^{1/2}$（截距是 0.780），计算 $Ru(bpy)_3^{2+}$ 的 D。

(d) 若（c）实验得到 i_{ss}=16.0nA，那么膜中 $Ru(bpy)_3^{2+}$ 的浓度是多少？

第 6 章　电势扫描法

6.1　引言

如 5.4 和 5.5 节所述，通过阶跃到不同电势的一系列阶跃实验，记录电流-时间关系，可以给出一个三维的 i-t-E 关系曲面［见图 6.1.1(a)］，从而获得一个体系的完整的电化学行为。但是，为了获得好的电势分辨，需要很小的电势阶跃间隔（如小至 1mV）。若使用静止电极通过阶跃方法来进行，不但耗时乏味，而且从 i-t 曲线也不易观察识别不同物种。如果能够随时间扫描电势，直接记录 i-E 曲线，一次实验就可以获得更多的信息。定性的看，这种 i-E 曲线相当于对 i-t-E 域进行剖切［见图 6.1.1(b)］。通常，控制电势随时间做线性变化（施加信号是电压斜波）。常规电极上扫描速度一般从 10mV/s 到 1000V/s，超微电极上可高达 10^6 V/s。实验中，一般把电流作为电势的函数来记录，这等价于记录电流随时间的变化。这种技术的正式名称是线性电势扫描计时电流法（linear potential sweep chronoamperometry），但是大多数人把它叫做线性扫描伏安法（linear sweep voltammetry，LSV）[1]。

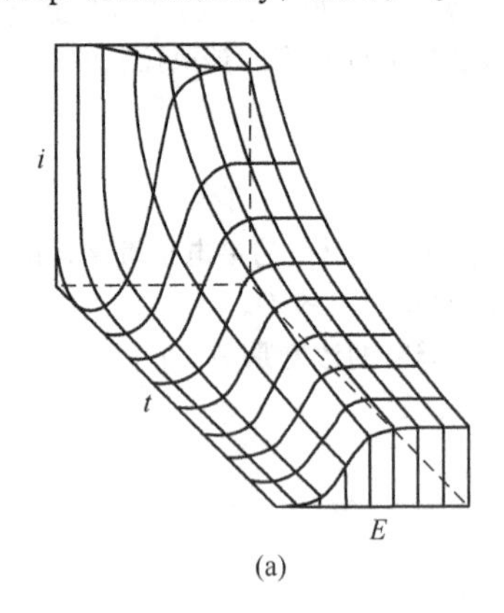

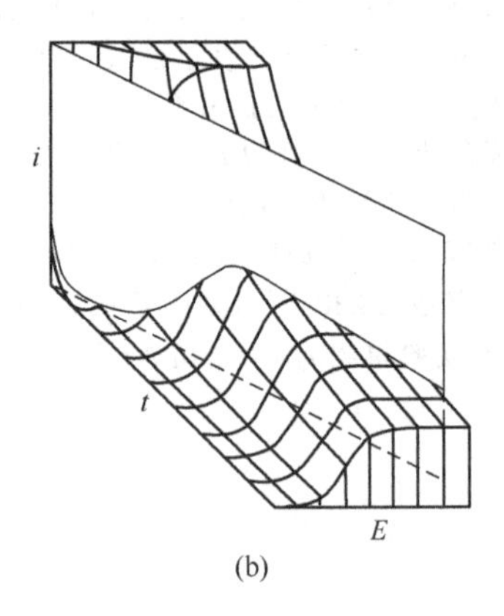

图 6.1.1　(a) Nernst 反应的部分 i-t-E 曲面。电势坐标以 $60/n$ mV 为单位。
(b) 剖切该曲面的线性电势扫描［引自 W. H. Reinmuth，*Anal. Chem.*，**32**，1509（1960）］

对 5.1 节讨论过的蒽那样的体系，其典型的 LSV 响应曲线如图 6.1.2(b) 所示。扫描开始时，电势远正于还原电势 $E^{\ominus\prime}$，此时只有非法拉第电流通过。当电势达到 $E^{\ominus\prime}$附近时，还原开始并有法拉第阴极电流流过。随电势越来越负，蒽的表面浓度降低，指向电极表面的流量（即电流）增加。当电势越过 $E^{\ominus\prime}$，表面的反应物浓度下降到接近零，蒽向表面的物质传递速度达到最大，然后随贫化效应的出现而降低，于是观察到如图所示的峰状电流-电势曲线。

此时，电极附近的浓度分布如图 6.1.2(c) 所示。然后考虑电势扫描反向时的情况。当电势突然反向扫描时，电极附近有高浓度的可氧化的蒽阴离子自由基，随着电势接近 $E^{\ominus\prime}$、进而越过

---

[1] 这个方法也曾叫做静止电极极谱法。但一般保留极谱一词用于 DME 上的伏安测量。

$E^{\ominus\prime}$，表面的电化学平衡将向有利于生成中性蒽的方向移动。蒽阴离子自由基被氧化，有阳极电流流过。由于同样的原因，反向电流峰的形状和正向电流峰相似。

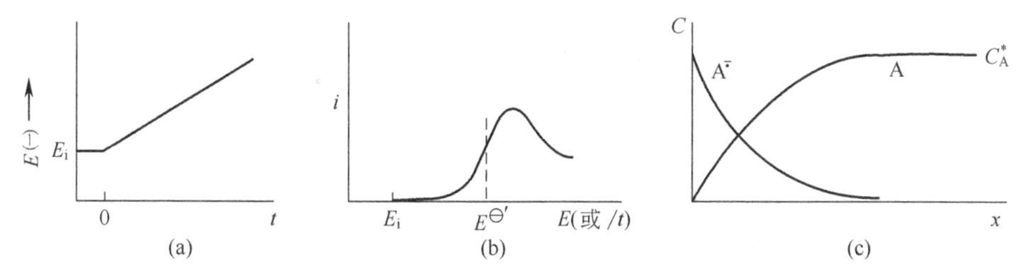

图 6.1.2　(a) 从 E_i 开始的线性电势扫描或电势斜坡。电势坐标以 $60/n$ mV 为单位。(b) 对应 i-E 关系曲线。(c) 到达峰电势后，反应物 A 和产物 $A^{\bar{\cdot}}$ 的浓度分布

这种实验技术称为循环伏安法（cyclic voltammetry，CV），和 5.7 节的双电势阶跃计时电流法类似，也是一种可反向的电势扫描技术（见图 6.1.3）。循环伏安法特别广泛应用于新体系的初始电化学研究，也可用于获得复杂电极反应的有用信息（将在第 12 章讨论）。

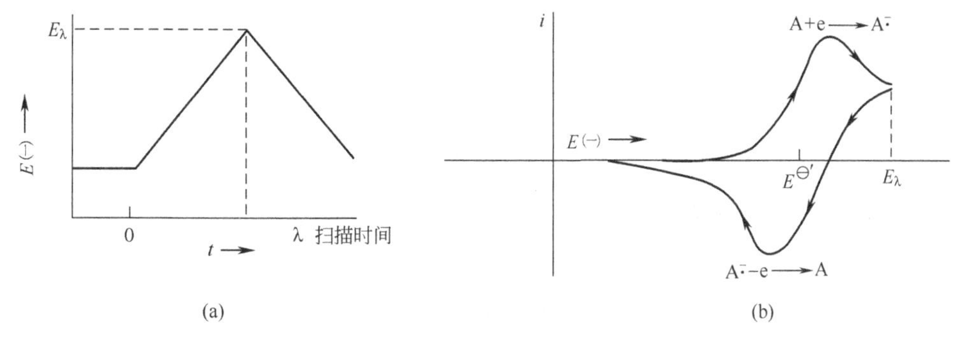

图 6.1.3　(a) 循环电势扫描；(b) 产生的循环伏安图

下面，分别对不同异相反应速率的电极反应，使用适当边界条件来求解扩散方程，并讨论结果。基于积分方程的解析解法来求解微分方程的方法，曾广泛用于这类问题的分析，其结果能够直接地说明如扫描速度、浓度等实验变量如何影响电流。但在许多时候，特别是总反应较复杂时（如将在第 12 章讨论的偶合均相反应），需要使用数值模拟方法（见附录 B）来计算分析伏安行为。

6.2　能斯特（可逆）体系

6.2.1　边界值问题的解

与 5.4.1 节类似，开始时溶液中只含氧化态物种 O，初始电极电势保持在不发生电极反应的电势 E_i，并使用半无限扩散条件，讨论简单反应 $O+ne \rightleftharpoons R$。电势以速度 v(V/s) 进行线性扫描，任意时刻 t 时的电势为

$$E(t)=E_i-vt \tag{6.2.1}$$

假设电极表面的电子转移速率非常快，任意时刻物种 O 和 R 的浓度关系遵循 Nernst 方程，所以 5.4 节的公式 (5.4.2)～式 (5.4.6) 仍有效。重组公式 (5.4.6) 为时间的函数

$$\frac{C_O(0,t)}{C_R(0,t)}=f(t)=\exp\left[\frac{nF}{RT}(E_i-vt-E^{\ominus\prime})\right] \tag{6.2.2}$$

由于与时间相关，不能像导出式 (5.4.13) 那样对式 (6.2.2) 进行 Laplace 转换[1]，因而电势扫

[1] 只有当 θ 不是时间的函数时，方程 $C_O(0,t)=\theta C_R(0,t)$ 的 Laplace 变换才是 $\bar{C}_O(0,s)=\theta\bar{C}_R(0,s)$，这时 θ 参数才可以从 Laplace 积分中消去。

描问题的数学处理大大复杂化。Randles[1]和 Sevcik[2]最早分析了这个问题，这里我们按照 Nicholson 和 Shain 的方法进行分析[3]。边界条件式（6.2.2）可写作

$$\frac{C_O(0,t)}{C_R(0,t)}=\theta e^{-\sigma t}=\theta S(t) \tag{6.2.3}$$

式中，$S(t)=e^{-\sigma t}$，$\theta=\exp[(nF/RT)(E_i-E^{\ominus\prime})]$，$\sigma=(nF/RT)v$。和以前推导类似（见 5.4.1 节），对扩散方程进行 Laplace 转换，并结合初始条件和半无限条件可导出［见式（5.4.7)］

$$\bar{C}_O(x,s)=\frac{C_O^*}{s}+A(s)\exp\left[-\left(\frac{s}{D_O}\right)^{1/2}x\right] \tag{6.2.4}$$

电流的变换为［见式(5.2.9)］

$$\bar{i}(s)=nFAD_O\left[\frac{\partial\bar{C}_O(x,s)}{\partial x}\right]_{x=0} \tag{6.2.5}$$

结合式（6.2.4）并逆变换，运用卷积定理（见附录 A），可得到❶

$$\boxed{C_O(0,t)=C_O^*-[nFA(\pi D_O)^{1/2}]^{-1}\int_0^t i(\tau)(t-\tau)^{-1/2}\mathrm{d}\tau} \tag{6.2.6}$$

引入

$$f(\tau)=\frac{i(\tau)}{nFA} \tag{6.2.7}$$

式（6.2.6）改写为

$$\boxed{C_O(0,t)=C_O^*-(\pi D_O)^{-1/2}\int_0^t f(\tau)(t-\tau)^{-1/2}\mathrm{d}\tau} \tag{6.2.8}$$

类似以上推导，假定反应开始时 R 不存在，从式（5.4.12）可导出

$$C_R(0,t)=(\pi D_R)^{-1/2}\int_0^t f(\tau)(t-\tau)^{-1/2}\mathrm{d}\tau \tag{6.2.9}$$

式（6.2.8）和式（6.2.9）的推导仅使用了线性扩散方程、初始条件、半无限扩散和流量平衡条件，不涉及电极动力学和实验技术，因此是通用的。从它们出发，结合 LSV 的边界条件式(6.2.3)，就可得到

$$\int_0^t f(\tau)(t-\tau)^{-1/2}\mathrm{d}\tau=\frac{C_O^*}{\theta S(t)(\pi D_R)^{-1/2}+(\pi D_O)^{-1/2}} \tag{6.2.10}$$

$$\int_0^t i(\tau)(t-\tau)^{-1/2}\mathrm{d}\tau=\frac{nFA\pi^{1/2}D_O^{1/2}C_O^*}{\theta S(t)\xi+1} \tag{6.2.11}$$

与前面一样，$\xi=(D_O/D_R)^{1/2}$。这一积分方程的解就是函数 $i(t)$，即电流-时间曲线，因为电势与时间成线性关系，也就得到了电流-电势方程。但是方程（6.2.11）的精确解是得不到的，只能使用数值方法求解。为方便起见，在数值法求解式（6.2.11）之前，对方程先做两点处理：①把电流从时间的函数转换为电势的函数，通常我们就是这样考虑数据的；②将方程改写为无量纲形式，得到的数值解就可应用于任何实验条件。定义

$$\sigma t=\frac{nF}{RT}vt=\frac{nF}{RT}(E_i-E) \tag{6.2.12}$$

令 $f(\tau)=g(\sigma\tau)$，$z=\sigma\tau$，于是 $\tau=z/\sigma$，$\mathrm{d}\tau=\mathrm{d}z/\sigma$，在 $\tau=0$ 时 $z=0$，$\tau=t$ 时 $z=\sigma t$，所以得到

$$\int_0^t f(\tau)(t-\tau)^{-1/2}\mathrm{d}\tau=\int_0^{\sigma t}g(z)\left(t-\frac{z}{\sigma}\right)^{-1/2}\frac{\mathrm{d}z}{\sigma} \tag{6.2.13}$$

进而式（6.2.11）可改写为

$$\int_0^{\sigma t}g(z)(\sigma t-z)^{-1/2}\sigma^{-1/2}\mathrm{d}z=\frac{C_O^*(\pi D_O)^{1/2}}{1+\xi\theta S(\sigma t)} \tag{6.2.14}$$

最后除以 $C_O^*(\pi D_O)^{1/2}$，得到

---

❶ 式（6.2.6）的推导作为习题 6.1 留给读者练习。在处理涉及半无限线性扩散的其他电化学问题时，常以此式为起点。式中 τ 是个哑变量，求出定积分后就消去了。

$$\int_0^{\sigma t} \frac{\chi(z)\mathrm{d}z}{(\sigma t - z)^{1/2}} = \frac{1}{1+\xi\theta S(\sigma t)} \tag{6.2.15}$$

式中

$$\chi(z) = \frac{g(z)}{C_O^* (\pi D_O \sigma)^{1/2}} = \frac{i(\sigma t)}{nFAC_O^* (\pi D_O \sigma)^{1/2}} \tag{6.2.16}$$

式（6.2.15）就是所期望的以无量纲变量 $\chi(z)$，ξ，θ，$S(\sigma t)$ 和 σt 表示的方程。$S(\sigma t)$ 是电势 E 的函数，对任意 $S(\sigma t)$ 值，用式（6.2.15）可解出 $\chi(z)$，进而重组式（6.2.16）求出电流

$$\boxed{i = nFAC_O^* (\pi D_O \sigma)^{1/2} \chi(\sigma t)} \tag{6.2.17}$$

在任一给定点，$\chi(\sigma t)$ 是一纯数，这样式（6.2.17）就给出 LSV 曲线上任一点的电流和其他变量间的函数关系。特别是结论，电流 i 正比于反应物浓度 C_O^* 和扫描速度的开方 $v^{1/2}$。式（6.2.15）可用多种数值方法求出［Nicholson 和 Shain[3]，数值法；Sevcik[2]，Reinmuth[4]，级数法；Matsuda 和 Ayabe[5]，Gokhshtein[6]，数值积分；其他相关方法[7,8]］。一般用一系列 $\chi(\sigma t)$ 值，作为 σt 或 $n(E-E_{1/2})$ 的函数❶，来表示式（6.2.15）的解（见表 6.2.1 和图 6.2.1）。

表 6.2.1 可逆电荷转移的电流函数[3]①②

$\frac{n(E-E_{1/2})}{RT/F}$	$n(E-E_{1/2})$ mV(25℃)	$\pi^{1/2}\chi(\sigma t)$	$\phi(\sigma t)$	$\frac{n(E-E_{1/2})}{RT/F}$	$n(E-E_{1/2})$ mV(25℃)	$\pi^{1/2}\chi(\sigma t)$	$\phi(\sigma t)$
4.67	120	0.009	0.008	−0.19	−5	0.400	0.548
3.89	100	0.020	0.019	−0.39	−10	0.418	0.596
3.11	80	0.042	0.041	−0.58	−15	0.432	0.641
2.34	60	0.084	0.087	−0.78	−20	0.441	0.685
1.95	50	0.117	0.124	−0.97	−25	0.445	0.725
1.75	45	0.138	0.146	−1.109	−28.50	0.4463	0.7516
1.56	40	0.160	0.173	−1.17	−30	0.446	0.763
1.36	35	0.185	0.208	−1.36	−35	0.443	0.796
1.17	30	0.211	0.236	−1.56	−40	0.438	0.826
0.97	25	0.240	0.273	−1.95	−50	0.421	0.875
0.78	20	0.269	0.314	−2.34	−60	0.399	0.912
0.58	15	0.298	0.357	−3.11	−80	0.353	0.957
0.39	10	0.328	0.403	−3.89	−100	0.312	0.980
0.19	5	0.355	0.451	−4.67	−120	0.280	0.991
0.00	0	0.380	0.499	−5.84	−150	0.245	0.997

① 电流计算

a. $i = i(\text{平板}) + i(\text{球形校正})$；

b. $i = nFAD_O^{1/2}C_O^*\sigma^{1/2}\pi^{1/2}\chi(\sigma t) + nFAD_O C_O^*(1/r_0)\phi(\sigma t)$；

c. $i = 602n^{3/2}AD_O^{1/2}C_O^* v^{1/2}\ \{\pi^{1/2}\chi(\sigma t) + 0.160[D_O^{1/2}/(r_0 n^{1/2} v^{1/2})]\phi(\sigma t)\}$；

第 c. 式是 25℃的结果，单位是：i，A；A，cm^2；D_O，cm^2/s；v，V/s；C_O^*，mol/L；r_0，cm。

② $E_{1/2} = E^{\ominus\prime} + (RT/nF)\ln(D_R/D_O)^{1/2}$。

6.2.2 峰电流和电势

函数 $\pi^{1/2}\chi(\sigma t)$ 存在一个极大值 $\pi^{1/2}\chi(\sigma t) = 0.4463$。对应从式（6.2.17）得到峰电流 i_p

$$i_p = 0.4463\left(\frac{F^3}{RT}\right)^{1/2} n^{3/2} A D_O^{1/2} C_O^* v^{1/2} \tag{6.2.18}$$

25℃时

$$\boxed{i_p = (2.69\times10^5) n^{3/2} A D_O^{1/2} C_O^* v^{1/2}} \tag{6.2.19}$$

峰电势 E_p

❶ 注意 $\ln[\xi\theta S(\sigma t)] = nF(E-E_{1/2})$，$E_{1/2} \equiv E^{\ominus\prime} + (RT/nF)\ln(D_O/D_R)^{1/2}$。

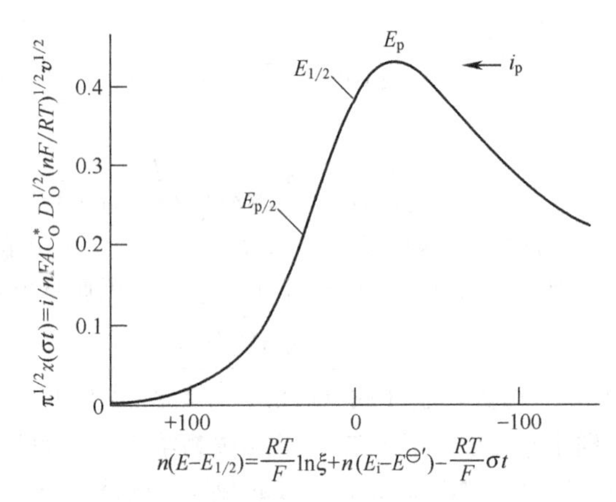

图 6.2.1 采用无量纲电流函数表示的详细电势扫描伏安图

电势坐标值是在 25℃下得到的

$$\boxed{E_p=E_{1/2}-1.109\frac{RT}{nF}=E_{1/2}-28.5/n \quad \text{mV} \quad 25℃} \tag{6.2.20}$$

由于峰的变宽，峰电势可能不易确定，有时使用 $i_{p/2}$处的半峰电势会更方便些。

$$\boxed{E_{p/2}=E_{1/2}+1.09\frac{RT}{nF}=E_{1/2}+28.0/n \quad \text{mV} \quad 25℃} \tag{6.2.21}$$

注意 $E_{1/2}$位于 E_p 和 $E_{p/2}$之间。对 Nernst 可逆波，一个方便的判据是

$$\boxed{|E_p-E_{p/2}|=2.20\frac{RT}{nF}=56.5/n \quad \text{mV} \quad 25℃} \tag{6.2.22}$$

对可逆波，E_p 与扫描速度无关，而 i_p 及任一点的电流则正比于 $v^{1/2}$。后一性质类似于计时电流法中，极限电流 i_d 与 $t^{-1/2}$ 的关系。在 LSV 方法中，$i_p/v^{1/2}C_O^*$（称为电流函数）取决于 $n^{3/2}$ 和 $D_O^{1/2}$。若已知 D_O，就可以确定电极反应的电子数 n。D_O 一般可以从其他分子大小相同、结构类似物质的已知 n 值的 LSV 中得到。

6.2.3 球形电极和超微电极

对球形电极（如悬汞电极）的 LSV，可做类似处理[4]。结果为

$$i=i(\text{平板})+\frac{nFAD_O C_O^* \phi(\sigma t)}{r_0} \tag{6.2.23}$$

式中，r_0 为电极半径；$\phi(\sigma t)$ 为表 6.2.1 中的函数。常规尺寸的电极，扫速较高时，式中的 i（平板）项远大于球形修正项，可看作平板电极处理。

一般情况下，在高速扫描时，上述结论也可用于半球形电极和超微电极。但是对半径很小的超微电极，在慢速扫描时第二项占优，从式（6.2.23）可导出其条件

$$v \ll RTD_O/nFr_0^2 \tag{6.2.24}$$

于是伏安曲线表现为与扫描速度无关的稳态响应❶。若 $r_0=5\mu m$，$D=10^{-5}\ cm^2/s$，$T=298K$，式（6.2.24）的右边是 1000mV/s，所以扫描速度在 100mV/s 以下时可以获得稳态电流行为。这个扫描速度值与半径的平方成正比，所以要获得较大电极的稳态行为是不现实的。相反，对非常小的超微电极，需要很高的扫速才能观察到非稳态行为。例如对半径 0.5μm 的电极，稳态行为可保持到 10V/s。

快速扫速下线性扩散的峰状伏安行为和慢速扫描下的稳态伏安行为示于图 6.2.2。稳态时，伏安曲线是 S 形，服从 1.4.2 节和 5.4.2 节的处理。超微电极总是用于研究这些极限情况，即大 $v^{1/2}/r_0$ 时的线性行为和小 $v^{1/2}/r_0$ 时的稳态行为。中间状态的数学处理很复杂，很难获得有用信息。

---

❶ 式（6.2.24）也包含了扩散长度和电极半径的比较（5.2.2 节讨论过）。扩散长度 $[D_O/(nFv)]^{1/2}$ 对应时间 $1/(nFv)$，这个时间是沿电势坐标扫过 kT 能量（25℃时是 25.7/n mV）所需的时间，常被称作 LSV 或 CV 方法的特征时间。

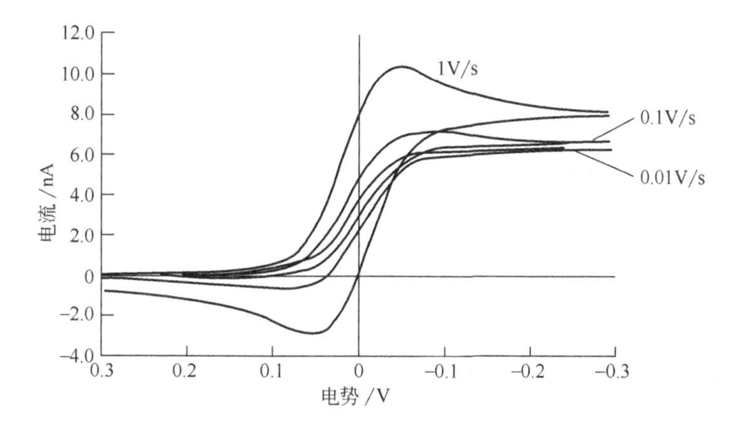

图 6.2.2　10μm 超微电极上不同扫速下的循环伏安图（半球形扩散）

用以下条件模拟 Nernst 反应：$n=1$，$E^{\ominus\prime}=0.0\text{V}$，$D_O=D_R=10^{-5}\text{cm}^2/\text{s}$，$C_O^*=1.0\text{mmol}\cdot\text{L}^{-1}$，$T=25℃$。扫速为 1V/s 时，结果响应开始时表现出线性扩散的峰形，但是较小的峰电流比值和扫描反向时的高电流，表明稳态行为仍然占优

6.2.4　双电层电容和未补偿电阻的影响

使用静止的面积固定的电极，在电势阶跃实验中，其充电电流在几倍时间常数（R_uC_d）的时间后消失。但是电势扫描实验的电势是连续不断地变化，充电电流总存在［见式(1.2.15)］

$$|i_c|=AC_dv \tag{6.2.25}$$

所以必须用充电电流作基线来测量法拉第电流（见图 6.2.3）。对线性扩散，i_p 与 $v^{1/2}$ 成正比，而 i_c 与 v 成正比，所以在高速扫描下，i_c 更显著。从式(6.2.19)和式(6.2.25)得到

$$\frac{|i_c|}{i_p}=\frac{C_dv^{1/2}(10^{-5})}{2.69n^{3/2}D_O^{1/2}C_O^*} \tag{6.2.26}$$

或者对于 $D_O=10^{-5}\text{cm}^2/\text{s}$，$C_d=20\mu\text{F}/\text{cm}^2$ 时

$$\frac{|i_c|}{i_p}\approx\frac{(2.4\times10^{-8})v^{1/2}}{n^{3/2}C_O^*} \tag{6.2.27}$$

显然在高 v、低 C_O^* 时，扫描曲线受到的干扰最大。这一点常常限制了可用的最大扫速和最小浓度。

实际上，恒电势仪控制的是 $E+iR_u$，而不是真正的工作电极电势（见 1.3.4 节和 15.6.1 节）。电势扫描中的电流随时间不断变化，因而控制电势的误差相应也变化的。若 i_pR_u 和测量精度（如几毫伏）相当，扫描将不会是线性的，也不再满足式(6.2.1)的条件。另一方面，充电电流达到式(6.2.25)的大小也需要时间，这个时间依赖于电极时间常数［式(1.2.15)］。R_u 的影响使波形变平坦，还原峰负移。电流是随 $v^{1/2}$ 增加，因而扫速越高，E_p 偏移越大，所以大的 R_u 使 E_p 成为扫速的函数。这在表观上与异相动力学行为相近，会引人误解。

由于超微电极的电流很小，i_pR_u 不像大电极上那样严重地干扰电势控制和电流响应，所以在超微

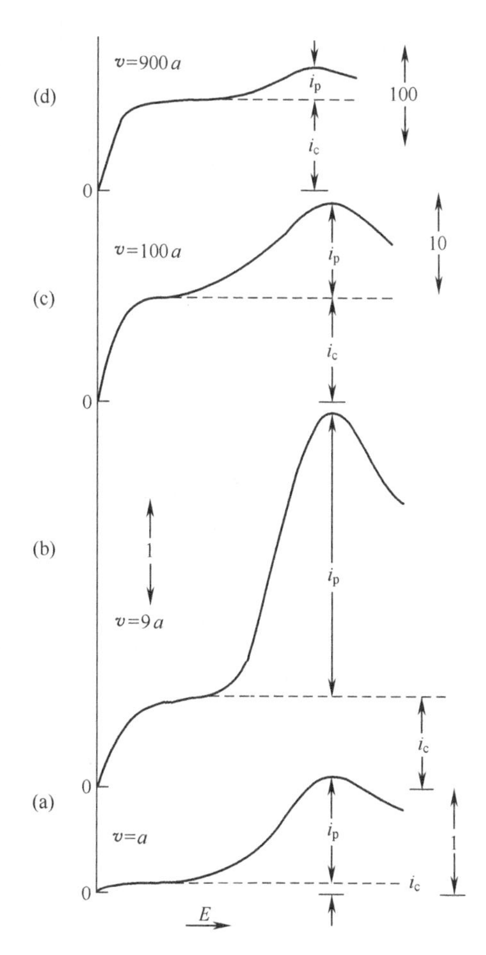

图 6.2.3　线性扫描伏安图中，不同扫速下，双电层充电的影响

假设 C_d 与 E 无关。充电电流 i_c，法拉第电流峰电流 i_p。注意 (c) 和 (d) 中电流标度分别是 (a) 和 (b) 中的 10 倍和 100 倍

电极上可以使用高达 10^6 V/s 的扫速。超微电极的 R_uC_d 较小，对伏安图的干扰也较小。当然，即使使用超微电极，法拉第电流也是叠加在充电电流上的，要得到有用的信息，可以模拟计算电流响应[9]，从中扣除 C_d 和 R_u 的干扰[10]。此外，用快响应的正反馈电路也可以补偿 R_u 的不良作用[11]。

实际工作中，除了仪器硬件和 C_d 及 R_u 方面的考虑[11]，限制快速伏安法的另一个因素，是少量电活性物质的吸附或电极表面的法拉第改变（如表面氧化层的形成）。正如 1.4.3 节证明，双电层充电这样的表面过程，其电流响应直接与扫速成正比，所以，这些在慢速扫描下不显著的过程在高速扫描时会有很大的影响。

6.3　完全不可逆体系

6.3.1　边界值问题

对于完全不可逆的单步骤单电子反应 $O+e\xrightarrow{k_f}R$，上节中的 Nernst 条件式（6.2.2）可换用下式表示（见 5.5 节）

$$\frac{i}{FA}=D_O\left[\frac{\partial C_O(x,t)}{\partial x}\right]=k_f(t)C_O(0,t) \tag{6.3.1}$$

式中

$$k_f(t)=k^0\exp\{-\alpha f[E(t)-E^{\ominus\prime}]\} \tag{6.3.2}$$

将 $E(t)$ 从式（6.2.1）代入上式得到

$$k_f(t)C_O(0,t)=k_{fi}(t)C_O(0,t)e^{bt} \tag{6.3.3}$$

式中 $b=\alpha fv$，

$$k_{fi}(t)=k^0\exp[-\alpha f(E_i-E^{\ominus\prime})] \tag{6.3.4}$$

求解方法和 6.2.1 节类似，也需要数值法求解积分方程[3,5]。给出的电流是

$$i=FAC_O^*(\pi D_Ob)^{1/2}\chi(bt) \tag{6.3.5}$$

$$i=FAC_O^*D_O^{1/2}v^{1/2}\left(\frac{\alpha F}{RT}\right)^{1/2}\pi^{1/2}\chi(bt) \tag{6.3.6}$$

式中，$\chi(bt)$ 是列于表 6.3.1 的函数 [与 $\chi(\sigma t)$ 不同]。i 仍然与 $v^{1/2}$ 和 C_O^* 成正比变化。

球形电极的推导过程，和这里对平板电极的处理类似。表 6.3.1 也列出了球形校正因子 $\phi(bt)$，对于球形电极使用下式

$$i=i(\text{平板})+\frac{FAD_OC_O^*\phi(bt)}{r_0} \tag{6.3.7}$$

表 6.3.1　不可逆电荷转移的电流函数[3]①②

无量纲电势②	电势③ mV(25℃)	$\pi^{1/2}\chi(bt)$	$\phi(bt)$	无量纲电势②	电势③ mV(25℃)	$\pi^{1/2}\chi(bt)$	$\phi(bt)$
6.23	160	0.003		1.56	40	0.264	0.083
5.45	140	0.008		1.36	35	0.300	0.115
4.67	120	0.016		1.17	30	0.337	0.154
4.28	110	0.024		0.97	25	0.372	0.199
3.89	100	0.035		0.78	20	0.406	0.253
3.50	90	0.050		0.58	15	0.437	0.323
3.11	80	0.073	0.004	0.39	10	0.462	0.396
2.72	70	0.104	0.010	0.19	5	0.480	0.482
2.34	60	0.145	0.021	0.00	0	0.492	0.600
1.95	50	0.199	0.042	−0.19	−5	0.496	0.685

续表

无量纲电势②	电势③ mV(25℃)	$\pi^{1/2}\chi(bt)$	$\phi(bt)$	无量纲电势②	电势③ mV(25℃)	$\pi^{1/2}\chi(bt)$	$\phi(bt)$
−0.21	−5.34	0.4958	0.694	−1.17	−30	0.441	0.992
−0.39	−10	0.493	0.755	−1.36	−35	0.423	1.000
−0.58	−15	0.485	0.823	−1.56	−40	0.406	
−0.78	−20	0.472	0.895	−1.95	−50	0.374	
−0.97	−25	0.457	0.952	−2.72	−70	0.323	

① 电流计算

a. $i=i$(平板)$+i$(球形校正)；

b. $i=FAD_O^{1/2}C_O^* b^{1/2}\pi^{1/2}\chi(bt)+FAD_O^* C_O^*(1/r_0)\phi(bt)$；

c. $i=602AD_O^{1/2}C_O^*\alpha^{1/2}v^{1/2}\{\pi^{1/2}\chi(bt)+0.160[D_O^{1/2}/(r_0\alpha^{1/2}v^{1/2})]\phi(bt)\}$。单位与表6.2.1中相同。

② 无量纲电势 $E_{1/2}=(\alpha F/RT)(E-E^{\ominus\prime})+\ln[(\pi D_O b)^{1/2}/k^0]$。

③ 25℃电势单位是mV，$\alpha(E-E^{\ominus\prime})+59.1\ln[(\pi D_O b)^{1/2}/k^0]$。

6.3.2 峰电流和电势

函数 $\chi(bt)$ 在 $\pi^{1/2}\chi(bt)=0.4958$ 时有最大值，将此值代入式（6.3.6）得到峰电流为

$$\boxed{i_p=(2.99\times10^5)\alpha^{1/2}AC_O^* D_O^{1/2}v^{1/2}} \tag{6.3.8}$$

有关单位与式（6.2.19）相同。参考表6.3.1，对应的峰电势 E_p 在25℃时是

$$\alpha(E_p-E^{\ominus\prime})+\frac{RT}{F}\ln\left[\frac{(\pi D_O b)^{1/2}}{k^0}\right]=-0.21\frac{RT}{F}=-5.34\text{mV} \tag{6.3.9}$$

或

$$\boxed{E_p=E^{\ominus\prime}-\frac{RT}{\alpha F}\left[0.780+\ln\left(\frac{D_O^{1/2}}{k^0}\right)+\ln\left(\frac{\alpha F v}{RT}\right)^{1/2}\right]} \tag{6.3.10}$$

$$\boxed{|E_p-E_{p/2}|=\frac{1.857RT}{\alpha F}=\frac{47.7}{\alpha}\quad \text{mV 在 25℃时}} \tag{6.3.11}$$

$E_{p/2}$是电流等于一半峰电流处的电势。对完全不可逆波，E_p 是扫描速度的函数，扫速增加10倍，E_p 向负方向（对还原反应）移动 $1.15RT/\alpha F$(25℃时是 $30/\alpha$)。由于需要与 k^0 相关的过电势来活化反应，E_p 在 $E^{\ominus\prime}$之后（对还原反应就是更负）。结合式（6.3.10）和式（6.3.7）可得 i_p 和 E_p 的关系，式中含有 $\chi(bt)$。求出有关常数，整理后得到

$$i_p=0.227FAC_O^* k^0\exp[-\alpha f(E_p-E^{\ominus\prime})] \tag{6.3.12}$$

如果已知 $E^{\ominus\prime}$，用一系列扫描速度下得到的 $\ln i_p$ 对 E_p-$E^{\ominus\prime}$作图，就会有等于-αf 的斜率和正比于 k^0 的截距。

如果是比单步骤单电子复杂的不可逆过程，一般不易得到明确的电流-电势关系方程。有效的普适做法是用实验和数值模拟结果（见第12章和附录B）进行比较。解析方程只在几种简单情况下可以得到（见3.5.4节）。对一个整体上的 n 电子过程，若速率控制步骤是单电子不可逆异相反应时，只需在方程右边乘上总电子数 n，本节得到的关于电流的式（6.3.5）～式（6.3.8）以及式（6.3.12）和表6.3.1就可以使用。关于电势的公式（6.3.9）～式（6.3.11）不需修改就可使用。

6.4 准可逆体系

Matsuda 和 Ayabe[5]提出了“准可逆”（quasireversible）这个名词来描述需要考虑逆反应、电子转移动力学控制的体系，并对这类体系作了首次分析。对单步骤单电子反应

$$\text{O}+\text{e}\underset{k_b}{\overset{k_f}{\rightleftharpoons}}R \tag{6.4.1}$$

边界条件是［来自式(5.5.3)］

$$D_O\left(\frac{\partial C_O(x,t)}{\partial x}\right)_{x=0}=k^0 e^{-\alpha f[E(t)-E^{\ominus\prime}]}\{C_O(0,t)-C_R(0,t)e^{f[E(t)-E^{\ominus\prime}]}\} \tag{6.4.2}$$

电流峰的形状及其有关参数可表示为 α 和参数 Λ 的函数，参数 Λ 定义为

$$\boxed{\Lambda=\frac{k^0}{(D_O^{1-\alpha}D_R^{\alpha}fv)^{1/2}}} \tag{6.4.3}$$

若 $D_O=D_R=D$，则

$$\boxed{\Lambda=\frac{k^0}{(Dfv)^{1/2}}} \tag{6.4.4}$$

电流由下式给出

$$i=FAD_O^{1/2}C_O^*f^{1/2}v^{1/2}\Psi(E) \tag{6.4.5}$$

其中 $\Psi(E)$ 示于图 6.4.1。当 $\Lambda>10$ 时，接近可逆体系的行为。

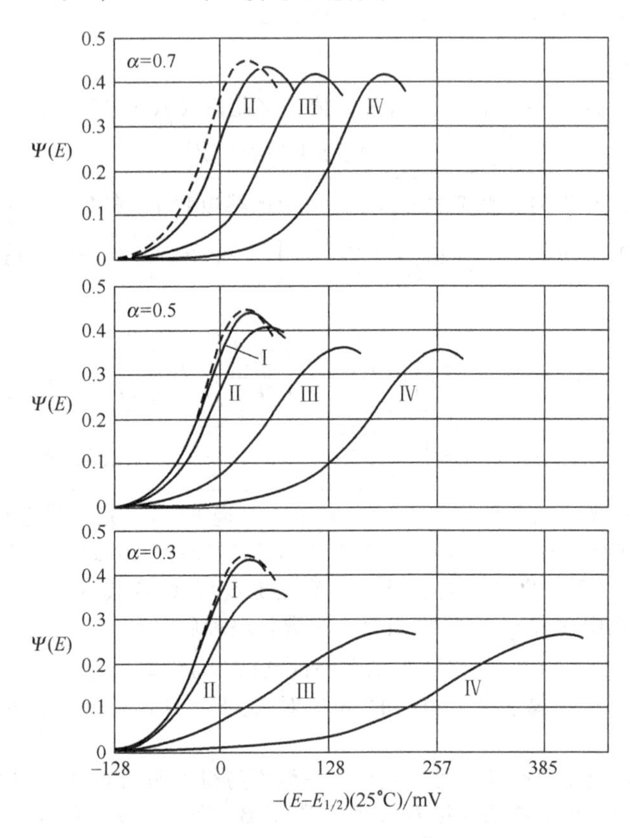

图 6.4.1　不同 α（其值如曲线标注）和如下 Λ 值时准可逆电流函数 $\Psi(E)$ 的变化：（Ⅰ）$\Lambda=10$；（Ⅱ）$\Lambda=1$；（Ⅲ）$\Lambda=0.1$；（Ⅳ）$\Lambda=10^{-2}$；虚线是可逆反应。对于 $D_O=D_R=D$，$\Psi(E)=i/FAC_O^*D_O^{1/2}(nF/RT)^{1/2}v^{1/2}$，并且 $\Lambda=k^0/[D^{1/2}(F/RT)^{1/2}v^{1/2}]$[引自 H. Matsuda and Y. Ayabe，*Z. Electrochem.*，**59**，494（1955），横坐标的标注来自于本书]

i_p、E_p 和 $E_{p/2}$ 与 Λ 和 α 有关。峰电流可表示为

$$i_p=i_p(\text{rev})K(\Lambda,\alpha) \tag{6.4.6}$$

式中，$i_p(\text{rev})$ 为可逆体系的 i_p[式(6.2.18)]，函数 $K(\Lambda,\alpha)$ 示于图 6.4.2。注意对于准可逆反应，i_p 与 $v^{1/2}$ 不成正比。

峰电势是

$$E_p-E_{1/2}=-\Xi(\Lambda,\alpha)\left(\frac{RT}{F}\right)=-26\Xi(\Lambda,\alpha)\text{mV}\quad 在 25℃时 \tag{6.4.7}$$

式中，$\Xi(\Lambda,\alpha)$ 函数示于图 6.4.3。半波电势是

$$E_{p/2}-E_p=\Delta(\Lambda,\alpha)\left(\frac{RT}{F}\right)=26\Delta(\Lambda,\alpha)\,\text{mV}\quad \text{在 25℃时} \tag{6.4.8}$$

式中，$\Delta(\Lambda,\alpha)$ 函数示于图 6.4.4。

Λ 改变，参数 $K(\Lambda,\alpha)$、$\Xi(\Lambda,\alpha)$、$\Delta(\Lambda,\alpha)$ 可以达到表征可逆或不可逆过程的极限值。例如对 $\Delta(\Lambda,\alpha)$，$\Lambda\geqslant10$，$\Delta(\Lambda,\alpha)\approx2.2$，就得到可逆波的 $E_p-E_{p/2}$ 特征值［见式(6.2.22)］。若 $\Lambda<10^{-2}$，$\alpha=0.5$，$\Delta(\Lambda,\alpha)\approx3.7$，就是完全不可逆波［式(6.3.11)］。于是随 Λ 不同，实验上就是对应扫描速度不同，体系可表现出 Nernst 型、准可逆或完全不可逆的行为。动力学效应如何呈现取决于实验的时间窗，即完成 LSV 波需要的时间（见第 12 章）。扫描速度 v 慢（长时间）时，体系可表现为可逆波，而扫描速度 v 快（短时间）时，则可观察到不可逆行为。在 5.5 节，基于电势阶跃实验也得到过相同的结论。对 LSV，Matsuda 和 Ayabe[5] 建议的可逆性分区❶标志如下：

可逆（Nernst 型）　$\Lambda\geqslant15$；$k^0\geqslant0.3v^{1/2}$ cm/s

准可逆　$15\geqslant\Lambda\geqslant10^{-2(1+\alpha)}$；$0.3v^{1/2}\geqslant k^0\geqslant2\times10^{-5}v^{1/2}$ cm/s

完全不可逆　$\Lambda\leqslant10^{-2(1+\alpha)}$；$k^0\leqslant2\times10^{-5}v^{1/2}$ cm/s

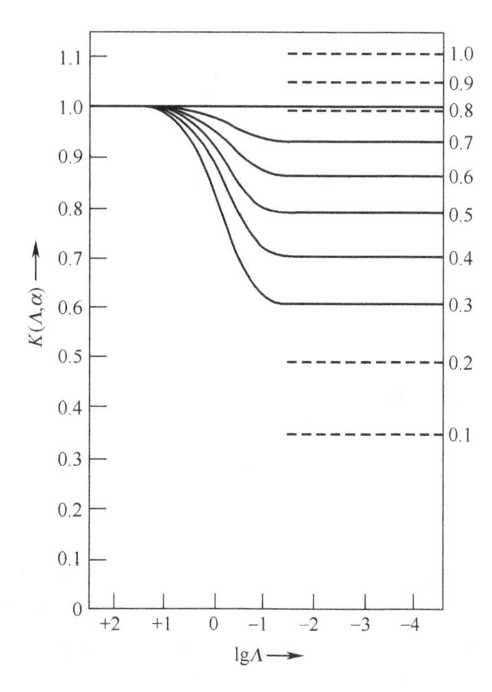

图 6.4.2　不同 α 下 $K(\Lambda,\alpha)$ 与 Λ 的关系
图中虚线是完全不可逆反应的情况
［引自 H. Matsuda and Y. Ayabe，*Z. Elektrochem.*，**59**，494 (1955)］

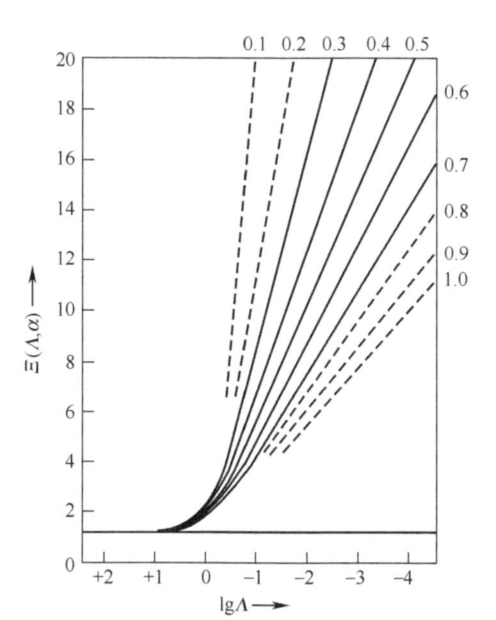

图 6.4.3　不同 α 下 $\Xi(\Lambda,\alpha)$ 与 Λ 的关系
图中虚线是完全不可逆反应的情况
$\Xi(\Lambda,\alpha)=-(E_p-E_{1/2})F/RT$
［引自 H. Matsuda and Y. Ayabe，*Z. Elektrochem.*，**59**，494 (1955)］

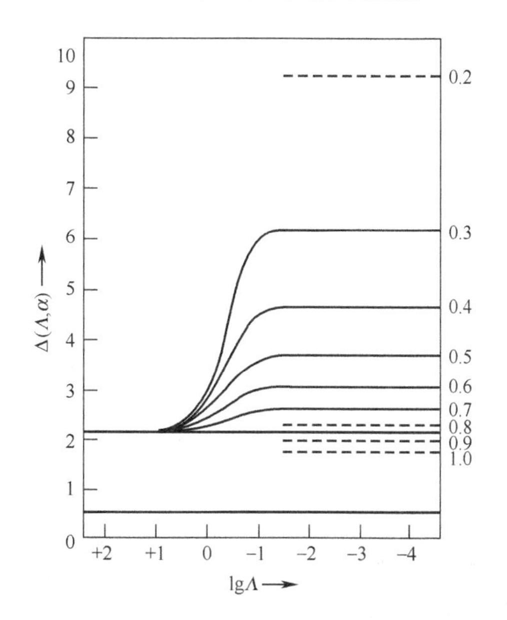

图 6.4.4　不同 α 下 $\Delta(\Lambda,\alpha)$ 与 Λ 的关系
图中虚线是完全不可逆反应的情况。
$\Delta(\Lambda,\alpha)=(E_{p/2}-E_p)F/RT$
［引自 H. Matsuda and Y. Ayabe，*Z. Elektrochem.*，**59**，494 (1955)］

---

❶ k^0 取值基于 $n=1$，$\alpha=0.5$，$T=25$℃，$D=1\times10^{-5}\text{cm}^2/\text{s}$。$v$ 以 V/s 为单位，$\Lambda\approx k^0/(39Dv)^{1/2}$。

6.5　循环伏安法

在某一时间 $t=\lambda$（或在换向电势 E_λ，switching potential），改变扫描方向，就可以进行线性扫描伏安的反向实验。这时，任一时间的电势可表示为

$$(0<t\leqslant\lambda)\quad E=E_i-vt \tag{6.5.1}$$

$$(t>\lambda)\quad E=E_i-2v\lambda+vt \tag{6.5.2}$$

在反向时可以使用与正向不同的扫描速度[12]，但很少这样做。这里也仅讨论对称的三角波。理论处理与 6.2 节类似，只是在 $t>\lambda$ 时，用式（6.5.2）代替式（6.2.1）用于浓度-电势方程。扫描反向方法又称循环伏安法（CV），它是所有电化学方法中最强大也应用最广的方法。

6.5.1　能斯特体系

应用式（6.5.2）到 Nernst 体系的方程式（5.4.6），得到式（6.2.3），其中的 $S(t)$ 现在表示为

$$(t>\lambda)\quad S(t)=e^{at-2a\lambda} \tag{6.5.3}$$

随后的其他推导与 6.2 节相同。反向扫描曲线形状取决于换向电势 E_λ，或者说取决于反向前扫描越过阴极峰多远。一般来说，只要 E_λ 越过阴极峰不少于 $35/n$ mV❶，反向峰就都有同样的形状，反向曲线形状和正向 i-E 曲线基本相似，只是以阴极曲线的下降电流为基线，绘制在电流坐标的另一方向。图 6.5.1 示出用不同换向电势得到的典型 i-t 曲线，这是基于时间的记录。常用的基于电势记录的 i-E 曲线示于图 6.5.2。

循环伏安法 i-E 曲线的两个有用的参数，是峰电流比 i_{pa}/i_{pc} 和峰电势差 $E_{pa}-E_{pc}$。对稳定产物的 Nernst 波，峰电流比 $i_{pa}/i_{pc}=1$，与扫描速度、扩散系数、E_λ 无关（只要 $|E_\lambda-E_{pc}|>35/n$ mV）。当然 i_{pa} 需要以下降的阴极电流为基线来测量（见图 6.5.1 和图 6.5.2），基线的确定方法参见 6.6 节。

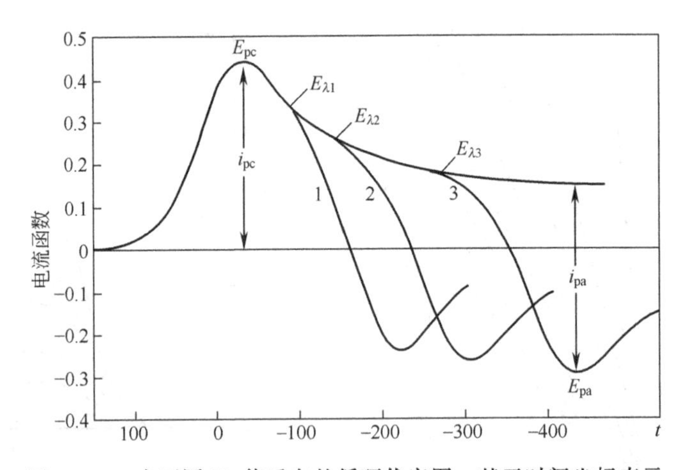

图 6.5.1　在不同 E_λ 值反向的循环伏安图，基于时间坐标表示

如果阴极扫描停止，使电流衰退到 0（见图 6.5.2 曲线 4），然后反向扫描，得到的 i-E 曲线与阴极曲线形状完全相同，只是绘在 I 坐标和 E 坐标的相反方向。这是因为阴极电流衰退到 0，意味着扩散层中 O 完全贫化，而 R 则富集到接近 C_O^* 的浓度，反向的阳极扫描实际上与只含 R 溶液的初次扫描结果完全相同。

比值 i_{pa}/i_{pc} 偏离 1，预示着电极过程中涉及均相动力学或存在其他复杂性[13]，详细分析见第 12 章。

Nicholson[14] 提出，若难以确定测量 i_{pa} 的基线，可以用基于零电流基线的①未校正阳极峰电流 $(i_{pa})_0$（见 6.5.2 图曲线 3）和②换向电势 E_λ 处的电流 $(i_{sp})_0$ 用下式来算出

❶　该条件基于如下假设：恒电势仪的响应是理想的，R_u 的影响可忽略（见 1.2.3）。非理想的实际情况中，E_λ 与峰电势的距离要远一些。

$$\boxed{\frac{i_{pa}}{i_{pc}}=\frac{(i_{pa})_0}{i_{pc}}+\frac{0.485(i_{sp})_0}{i_{pc}}+0.086} \tag{6.5.4}$$

在实际循环伏安图中，法拉第响应叠加在近似为常数的充电电流上，必须对 i_{pc}、i_{pa} 做出相应的校正。6.2.4 节已经讨论过正向扫描的情况。对反向扫描，dE/dt 只是符号改变，大小不变，所以充电电流也只是改变符号，充电电流对正反向扫描基线的影响相同。

充电电流的校正一般不太容易准确，因而CV的峰电流测量不太容易精确。对反向峰，由正向过程折回的法拉第响应（见图 6.5.2 中的曲线 1′、2′、3′）一般不容易确定，电流测量会进一步更不精确。所以若用峰高来求出如电活性物种浓度或偶合均相反应的速度常数等体系参数，CV 不是一种理想的定量方法。CV 方法的强大用途在于它的定性半定量判断能力。一旦理解了体系的机理，常常使用更精确的其他方法测定体系参数。

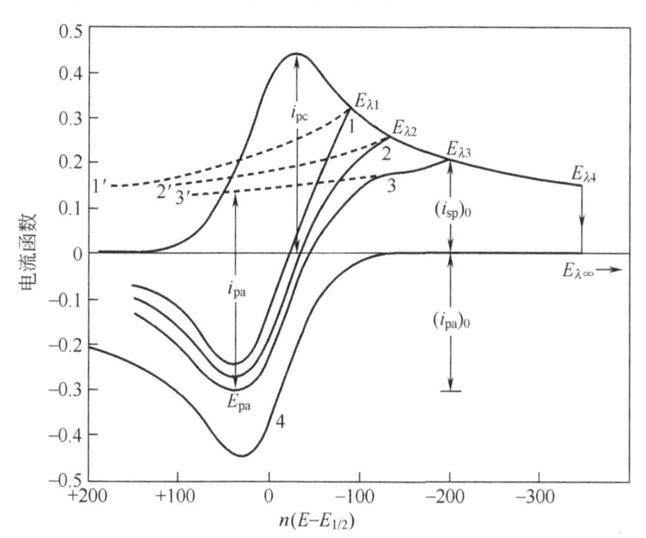

图 6.5.2 与图 6.5.1 条件相同的循环伏安图，基于电势坐标表示 i-E 曲线

E_λ 分别为 (1) $E_{1/2}-90/n$；(2) $E_{1/2}-130/n$；(3) $E_{1/2}-200/n$ mV；(4) 电势保持在 $E_{\lambda4}$ 直到阴极电流衰退到 0 [曲线 4 是阴极 i-E 曲线对电势轴和过 $n(E-E_{1/2})=0$ 点的垂线的镜像。曲线 1、2、3 用曲线 4 叠加阴极 i-E 曲线的衰减电流曲线 1′、2′、3′得到]

峰电势 E_{pa} 和 E_{pc} 差值常表示为 ΔE_p，它是检测 Nernst 反应的有用判据。ΔE_p 与 E_λ 略微相关，但一般总是接近 $2.3RT/nF$(25℃时是 59mV)。准确的 ΔE_p 值与 E_λ 有关，列于表 6.5.1。连续循环实验时，阴极电流峰会略降，阳极电流峰则略升，直到达到稳态。25℃稳态时 $\Delta E_p=58/n$ mV[5]。

表 6.5.1 25℃时 Nernst 体系，ΔE_p 与 E_λ 的关系[3]

$n(E_{pc}-E_\lambda)$/mV	$n(E_{pa}-E_{pc})$/mV	$n(E_{pc}-E_\lambda)$/mV	$n(E_{pa}-E_{pc})$/mV
71.5	60.5	271.5	57.8
121.5	59.2	∞	57.0
171.5	58.3		

6.5.2 准可逆反应

使用式 (6.5.1) 和式 (6.5.2) 定义的电势程序，从 6.4 节的线性扫描方程，可导出准可逆单步骤单电子过程的 i-E 曲线。这种情况的波形和 ΔE_p 是 v、k^0、α 以及 E_λ 的函数。和前面类似，若 E_λ 越过阴极峰不小于 $90/n$ mV，E_λ 的影响就很小。这时的曲线是无量纲参数 α 和 Λ（见 6.4.3 节）或 Λ 等价参数 ψ 的函数，ψ 定义为❶

❶ 注意式 (6.5.5) 的 ψ 不是式 (6.4.5) 的 $\psi(E)$。

$$\psi=\Lambda\pi^{-1/2}=\frac{\left(\frac{D_O}{D_R}\right)^{\alpha/2}k^0}{(\pi D_O fv)^{1/2}} \tag{6.5.5}$$

典型行为示于图 6.5.3。

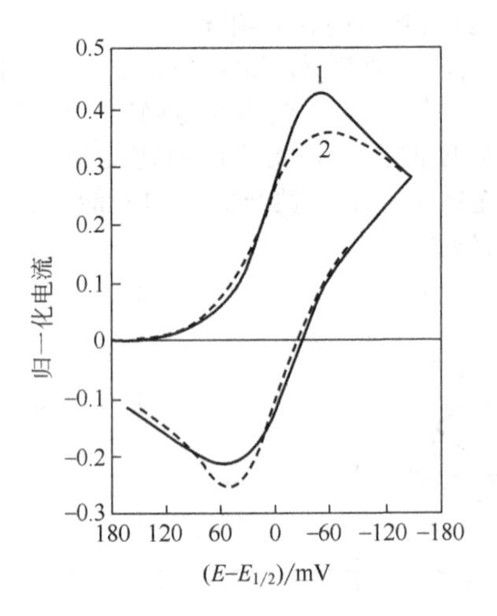

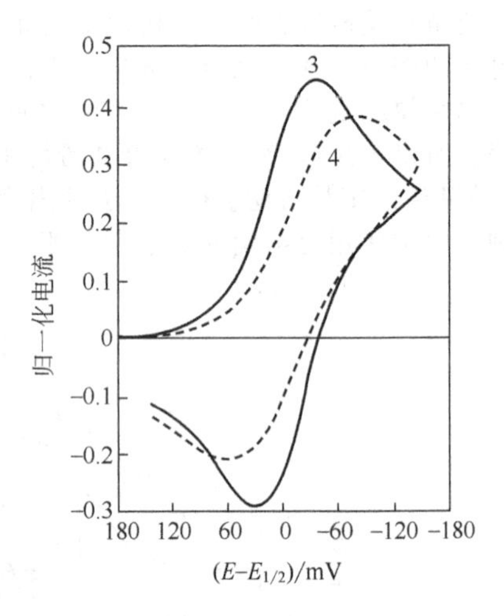

图 6.5.3 单步骤单电子反应，ψ 和 α 对波形影响的理论循环伏安图

曲线 1：$\psi=0.5$，$\alpha=0.7$；曲线 2：$\psi=0.5$，$\alpha=0.3$；曲线 3：$\psi=7.0$，$\alpha=0.5$；曲线 4：$\psi=0.25$，$\alpha=0.5$ [引自 R. S. Nicholson，*Anal. Chem.*，**37**，1351 (1965)]

对于 $0.3<\alpha<0.7$ 时，ΔE_p 几乎与 α 无关，仅由 ψ 决定。表 6.5.2 列出这个范围内关联 ψ 与 k^0 的数据[14]，它们是估算准可逆体系 k^0 的常用方法（称为 Nicholson 方法）的基础。通过实验测定 ΔE_p 随 v 的变化，由此表查出 ψ，就可估算准可逆体系的 k^0。这个方法与 6.4 节用 E_p 随 v 的移动确定电子转移动力学的方法有密切关系。

表 6.5.2 25℃ 时 Nernst 体系，ΔE_p 与 ψ 的关系[14]①

ψ	$(E_{pa}-E_{pc})$/mV	ψ	$(E_{pa}-E_{pc})$/mV	ψ	$(E_{pa}-E_{pc})$/mV
20	61	3	68	0.35	121
7	63	2	72	0.25	141
6	64	1	84	0.10	212
5	65	0.75	92		
4	66	0.50	105		

① 单步骤单电子过程，$E_\lambda=E_p-112.5/n$ mV，$\alpha=0.5$。

使用这两种方法时，必须保证未补偿电阻 R_u 足够小，即 R_u 引起的电压降（i_pR_u 数量级）和动力学效应引起的 ΔE_p 相比，可以忽略。实际上，Nicholson[14]也曾证明，未补偿电阻和 ψ 对 ΔE_p-v 关系的影响几乎相同，从 ΔE_p-v 图上不易区分电阻效应。在电流很大，k^0 接近可逆值时（这时 ΔE_p 仅略不同于可逆情况的值），R_u 的影响最严重。在非水溶剂（如乙腈或四氢呋喃）中，即便是使用正反馈电路（见第 15 章），有几欧姆未补偿电阻也还是很常见的。过去在这样条件下进行的许多研究中，都受到了这个问题的困扰。

6.6 多元体系和多步骤电荷转移

在电势扫描实验中，两种物质 O 和 O′顺序还原的情况，比 5.6 节处理的电势阶跃（取样电流伏安）实验中的情况复杂[15,16]。和以前一样，这里讨论反应 $O+ne \longrightarrow R$ 和 $O'+n'e \longrightarrow R'$。如果 O 和 O′的扩散是独立的，它们的流量就是可加和的，混合物的 i-E 曲线是 O 和 O′的独立 i-

E 曲线的加和（见图 6.6.1）。当然 i'_p 的测量必须用第一波的衰退电流做基线。假设越过峰电势后，和大电势阶跃实验的电流衰减规律一样，电流也按 $t^{1/2}$ 衰退，就可以得到电流基线。Polcyn 和 Shain 曾提出一个两参数方程可以很好地拟合的电流衰退[16]，但拟合程序与反应可逆性有关，比较麻烦，所以很少使用。

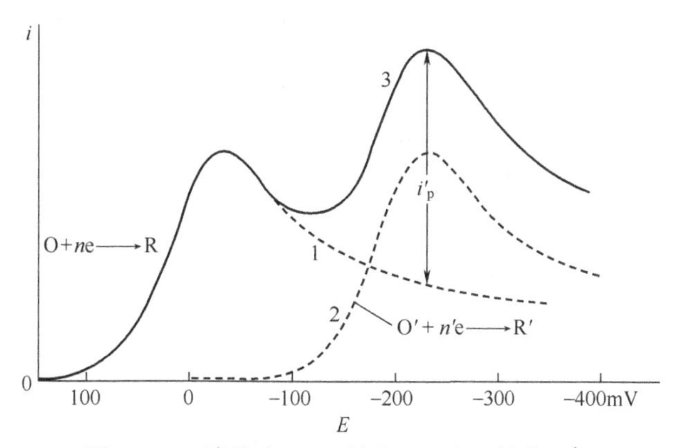

图 6.6.1　溶液中（1）只有 O；（2）只有 O′；（3）O 和 O′的混合物的伏安图，且 $n=n'$，$C_O^*=C_{O'}^*$，$D_O=D_{O'}$

Reinmuth 提出一个获得基线的实验近似方法（未发表）。电势越过 E_p 后，由于电极表面的 O 浓度完全降到 0，电流也就不再依赖于电势，于是如果单组分体系的伏安图沿时间轴记录（而不是按 X-Y 方式记录），那么在电势扫描越过 E_p 约 $60/n$ mV 后，改为恒电势保持继续记录，得到的电流-时间曲线应该与电势连续扫描一样（除非出现新波或底液还原）。对两组分体系，使用这种方法，在第二波的波脚前停止扫描，电势保持并继续记录 i-t 曲线，就可得到用于第二波的基线。得到基线后，使用相同扫描速度从头重复扫描实验（要搅拌溶液恢复重建原初始条件），这次扫描一直到越过第二波之后（见图 6.6.2）。

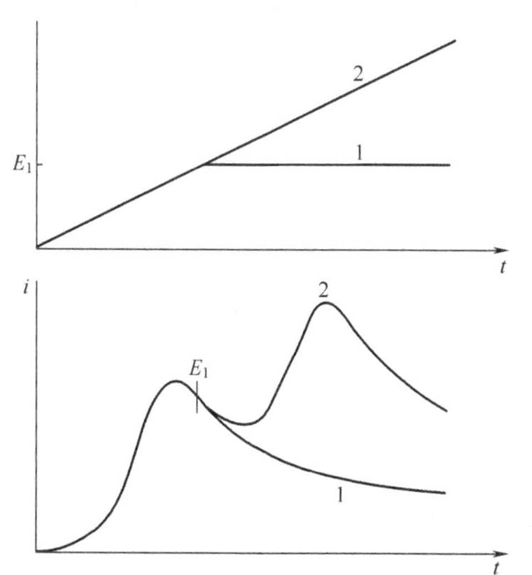

图 6.6.2　测量第二波 i'_p 所需基线的获得办法
上图：电势程序。下图：扫描到电势 E_1 开始保持得到的伏安曲线 1，和电势连续扫描得到的伏安曲线 2。体系与图 6.6.1 相同

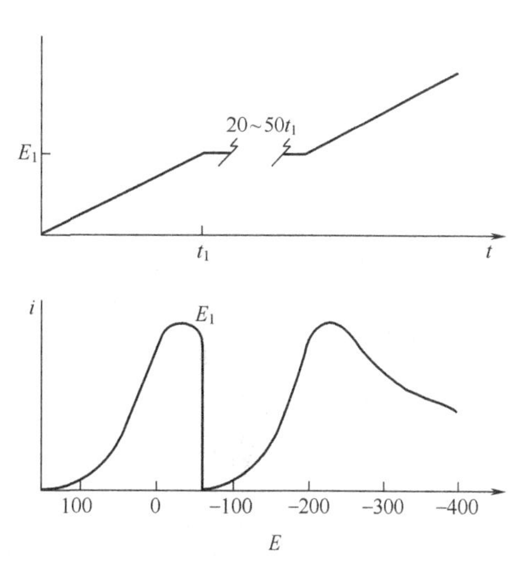

图 6.6.3　扫描第二波前等待第一波衰退的方法
上图：电势程序。下图：伏安图结果。
体系与图 6.6.1 相同

另一种方法与之类似，越过 E_p 后停止扫描，使电流衰减到很小的值（这样 O 在电极附近贫化或电极附近 O 的浓度梯度近似为 0），然后再沿电势轴继续扫描，以电势轴为基线测量 i'_p（见图 6.6.3）。由于需要足够长的、约为通过峰时间的 20～50 倍来等待电流衰退，所以这个方法要求

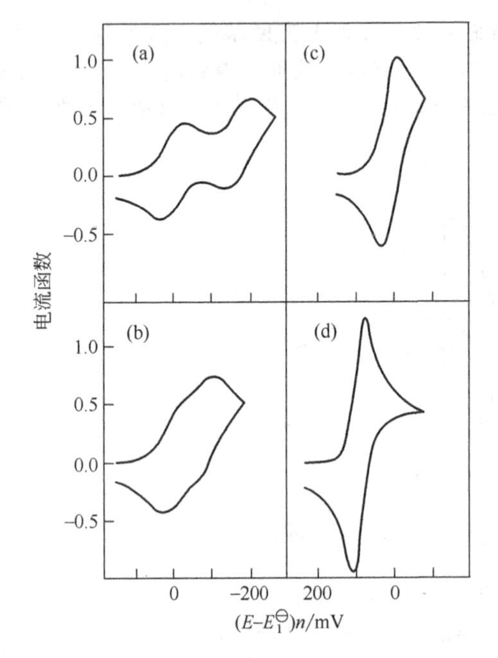

图 6.6.4 25℃时两不可逆体系的循环伏安图
电流函数与式（6.2.16）的 $\chi(z)$ 类似。$n_2/n_1=1$。(a) $\Delta E^{\ominus}=-180$mV；(b) $\Delta E^{\ominus}=-90$mV；(c) $\Delta E^{\ominus}=0$mV；(d) $\Delta E^{\ominus}=180$mV[引自 D. S. Polcyn and I. Shain, *Anal. Chem.*, **38**, 370 (1966)]

无对流存在（溶液平静无振动，并针对防止浓度梯度引起的对流，屏蔽电极；见 8.3.5 节）。

对单组分 O 的分步还原，$O+n_1e \longrightarrow R_1$ ($E_2^{\ominus}$)，$R_1+n_2e \longrightarrow R_2$ ($E_2^{\ominus}$)，情况类似，但更加复杂些。如果 $E_1^{\ominus}$ 与 $E_2^{\ominus}$ 相离较远且 $E_1^{\ominus}>E_2^{\ominus}$（即 O 在 R_1 前还原)，就可观察到两个分离的波。第一个波对应 O 以 n_1 电子反应还原为 R_1，同时 R_1 向溶液扩散。在第二个波，O 在电极上直接或分步连续的通过总电子数为（n_1+n_2）的反应还原为 R_2，R_1 也会扩散回电极通过 n_2 电子反应还原成 R_2。这时的伏安图类似于图 6.6.1。

一般来讲，i-E 曲线的性质取决于 $\Delta E^{\ominus}$（$=E_2^{\ominus}-E_1^{\ominus}$)、各步的可逆性、$n_1$ 和 n_2 等。不同 $\Delta E^{\ominus}$ 值的两步骤单电子体系的循环伏安的计算结果示于图 6.6.4。当 $\Delta E^{\ominus}$ 在 0～100mV 之间时，独立波合并为一个宽波且 E_p 与扫描速度无关。当 $\Delta E^{\ominus}=0$，得到一个峰电流介于单步骤的一电子和二电子反应之间的单峰，且 $E_p-E_{p/2}=21$mV。若 $\Delta E^{\ominus}>180$mV(即第二步比第一步容易）时，会观察到一个二电子可逆还原的单峰（$O+2e \rightleftharpoons R_2$，$\Delta E_p=2.3RT/nF$)。

值得注意的是 25℃时，$\Delta E^{\ominus}=-(RT/nF)\ln 2=-35.6$mV 的情况，这时 O 的两种还原态没有相互作用，得到第二个电子的困难纯粹来自统计（熵）因素[17]。这种情况下，虽然实际上是合并的两步骤单电子传递，但观察到的完全是单电子转移的波形特征。同样的概念可以推广用于含有等价的、无相互作用的 k 个可还原中心的分子（比如

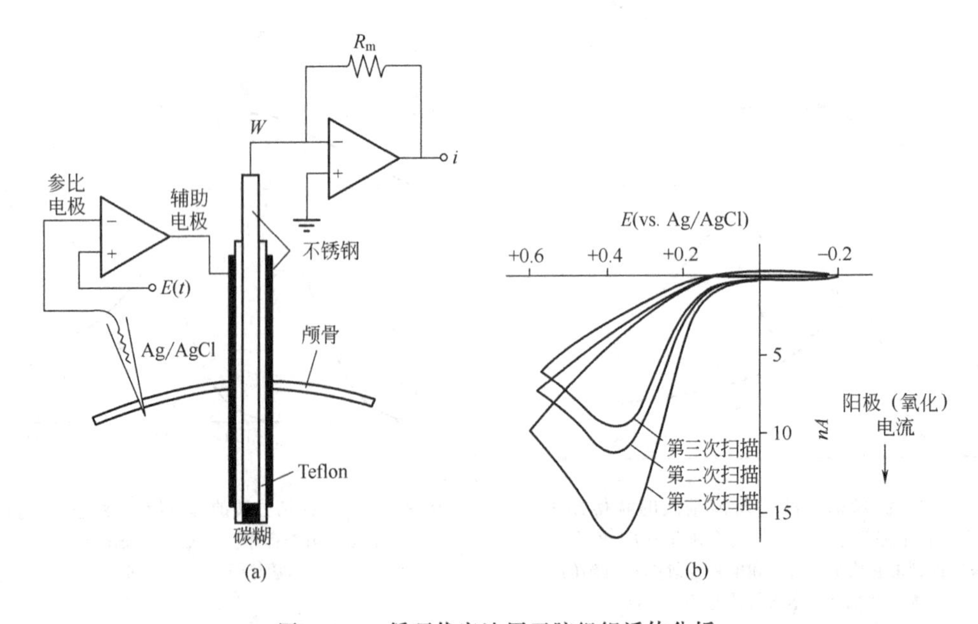

图 6.6.5 循环伏安法用于脑组织活体分析
(a) 碳糊工作电极，不锈钢辅助电极（18 号标准管)，Ag/AgCl 参比电极和其他伏安测量设备；(b) 放在麻醉鼠脑微核处的碳糊电极上抗坏血酸氧化的循环伏安图 [引自 P. T. Kissinger, J. B. Hart and R. N. Adams, *Brain Res.*, **55**, 20(1973)]

是可还原高分子）的还原，这种情况下，第一个和第 k 个电子转移之间的 $\Delta E^{\ominus}$ 为

$$E_{k}^{\ominus}-E_{1}^{\ominus}=-\left(\frac{2RT}{F}\right)\ln k \tag{6.6.1}$$

此时还原波包含 k 个波的合并，但波形看上去是单电子波的特征，电流峰高度则对应 k 电子过程[18]。由此可以得出结论，对两步单电子反应，$\Delta E^{\ominus}$ 比 $-(RT/nF)\ln 2$ 正时，表示正相互作用（就是说第二步电子转移受第一步促进），$\Delta E^{\ominus}$ 比 $-(RT/nF)\ln 2$ 负时，表示负相互作用。多步电子转移（EE 反应）的详细讨论见 12.3.6 和 12.3.7 节和 Polcyn 和 I. Shain 的文献[16]。

线性扫描和循环伏安方法，广泛用于大量电化学体系的基础研究和分析。例如，这种技术可以用于肾或脑中物质的活体检测[19]。一个典型的例子如图 6.6.5 所示，使用微型碳糊电极研究鼠脑中的抗坏血酸。在电化学反应机理（见第 12 章）和吸附物质（见第 14 章）的研究中，这些技术也是非常有用的工具。

6.7　卷积和半积分技术

6.7.1　原理和定义

对线性电势扫描数据进行恰当的处理，可将伏安 i-E（或 i-t）曲线变换为便于进一步处理的、类似稳态伏安曲线的形式。借助于计算机进行数据采集和处理，已经很容易实现这种运用卷积原理（convolution principle，A.1.21）的变换。任何电化学技术，对于初始浓度为 C_{O}^{*} 的物质 O，求解半无限线性扩散条件下的扩散方程给出［见式（6.2.4）～式（6.2.6）］

$$C_{\mathrm{O}}(0,t)=C_{\mathrm{O}}^{*}-\frac{1}{nFAD_{\mathrm{O}}^{1/2}}\left[\frac{1}{\pi^{1/2}}\int_{0}^{t}\frac{i(u)}{(t-u)^{1/2}}\mathrm{d}u\right] \tag{6.7.1}$$

把代表实验数据 $i(t)$ 的卷积的括号项定义为 $I(t)$，则式（6.7.1）改写为[20]

$$C_{\mathrm{O}}(0,t)=C_{\mathrm{O}}^{*}-\frac{I(t)}{nFAD_{\mathrm{O}}^{1/2}} \tag{6.7.2}$$

式中

$$\boxed{I(t)=\frac{1}{\pi^{1/2}}\int_{0}^{t}\frac{i(u)}{(t-u)^{1/2}}\mathrm{d}u} \tag{6.7.3}$$

按照 Riemann-Liouville 算符的一般定义，这个积分可看做是 $i(t)$ 的半积分（semi-integral），用算符 $\mathrm{d}^{-1/2}/\mathrm{d}t^{-1/2}$ 来表示，于是[21,22]

$$\frac{\mathrm{d}^{-1/2}}{\mathrm{d}t^{-1/2}}i(t)=m(t)=I(t) \tag{6.7.4}$$

$m(t)$ 和 $I(t)$ 都曾表示式（6.7.3）来描述这种转换技术，显然卷积[20]和半积分[21,22]方法是等价的。

转换后的电流数据可以直接代入式（6.7.2）求出 C_{O} 在 $C_{\mathrm{O}}(0,t)=0$ 时（即极限扩散条件下），$I(t)$ 达到极限值 I_{l}［或使用半积分符号，$m(t)_{\max}$］

$$I_{\mathrm{l}}=nFAD_{\mathrm{O}}^{1/2}C_{\mathrm{O}}^{*} \tag{6.7.5}$$

或

$$C_{\mathrm{O}}(0,t)=\frac{[I_{\mathrm{l}}-I(t)]}{nFAD_{\mathrm{O}}^{1/2}} \tag{6.7.6}$$

可以看出，以变换电流表示的这个式子和以真实电流表示稳态浓度的式（1.4.11）很相似。同样对初始不存在的 R，从式（6.2.9）可得到相应的变换电流表示为

$$C_{\mathrm{R}}(0,t)=\frac{I(t)}{nFAD_{\mathrm{R}}^{1/2}} \tag{6.7.7}$$

只要半无限扩散是传质控制电流的惟一因素，这些方程就可用于任何电化学实验的任何激励信号，没有关于电荷转移反应可逆性的假设，也没有 $C_{\mathrm{O}}(0,t)$、$C_{\mathrm{R}}(0,t)$ 与 E 关系的要求。这样，使用使 $C_{\mathrm{O}}(0,t)$ 最终为 0 的任何激励信号，转换电流 $I(t)$ 都会达到一个极限值，通过式

(6.7.5) 就能测定 C_O^* [22]。

如果电子转移反应是 Nernst 型的，使用方程 (6.7.6) 和方程 (6.7.7) 可得到

$$E=E_{1/2}+\frac{RT}{nF}\ln\left[\frac{I_l-I(t)}{I(t)}\right] \tag{6.7.8}$$

式中，$E_{1/2}=E^{\ominus\prime}+(RT/nF)\ln(D_O/D_R)^{1/2}$，此式与稳态或取样电流 i-E 曲线 [式 (1.4.16) 和式 (5.4.22)] 形式相同。对线性电势扫描 i-E 响应的峰形曲线进行转换会得到类似极谱图的 S 形 (见图 6.7.1)。

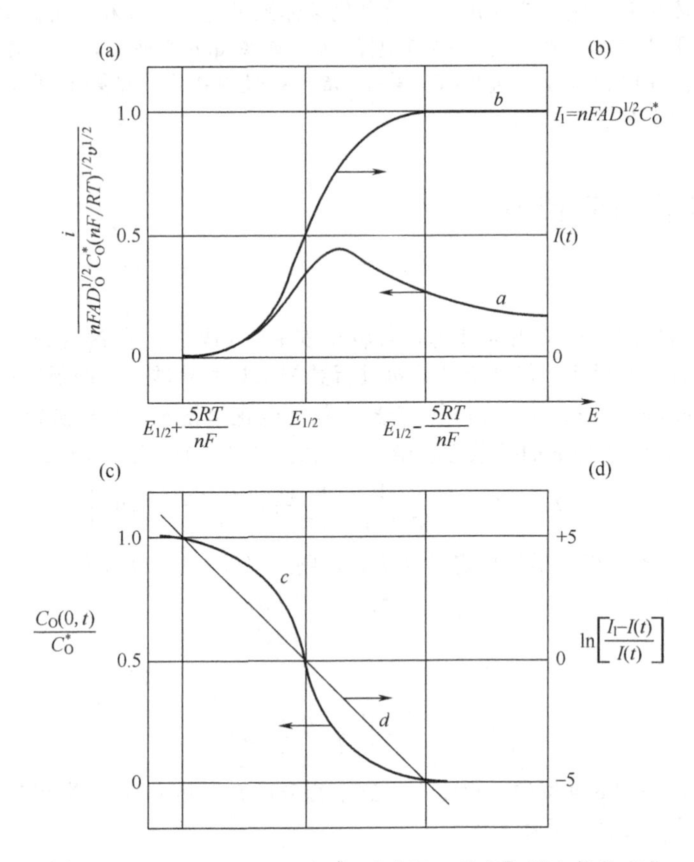

图 6.7.1 i、I、$C_O(0,t)/C_O^*$、$\ln[(I_l-I)/I]$ 随电势的变化

[引自 J. C. Imbeaux and J.-M. Savéant, *J. Electroanal. Chem.*, **44**, 169(1973)]

6.7.2 电流变换-$I(t)$ 的计算

虽然提出过用来近似 $I(t)$ 的模拟电路[23]，但这个函数一般是通过计算机用数值积分技术计算的，并曾提出过几种算法[24,25]。一般如图 6.7.2 所示，把 $t=0$ 到 $t=t_f$ 之间的 i-t 数据按等时间间隔 N 等分，用 j 作顺序号，$I(t)$ 就变为 $I(k\Delta t)$，其中 $\Delta t=t_f/N$。对于 $t=0$ 到 $t=t_f$，k 从 0～N 变化。从 $I(t)$ 的定义可得到一种方便的算法[24]

$$I(t)=I(k\Delta t)=\frac{1}{\pi^{1/2}}\sum_{j=1}^{j=k}\frac{i\left(j\Delta t-\frac{1}{2}\Delta t\right)\Delta t}{\sqrt{k\Delta t-j\Delta t+\frac{1}{2}\Delta t}} \tag{6.7.9}$$

此式从式 (6.7.3) 导出，使用 $t=k\Delta t$，$u=j\Delta t$，并在每个间隔的中点取 i。上式可进一步简化为

$$I(k\Delta t)=\frac{1}{\pi^{1/2}}\sum_{j=1}^{j=k}\frac{i\left(j\Delta t-\frac{1}{2}\Delta t\right)\Delta t^{1/2}}{\sqrt{k-j+\frac{1}{2}}} \tag{6.7.10}$$

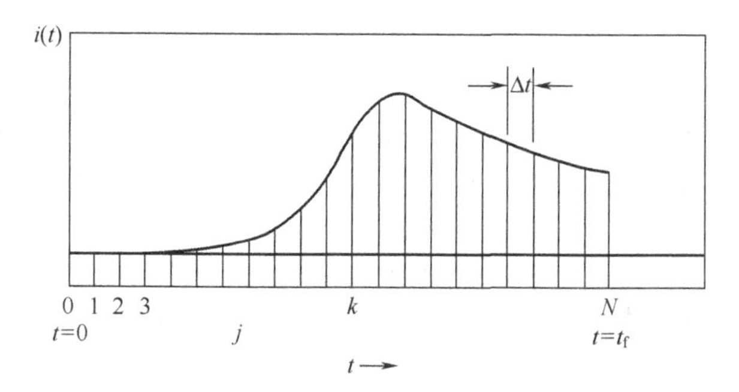

图 6.7.2 数值法计算 $i(t)$ 时，对 $i(t)$-t[或对 $E(t)$] 曲线的等分间隔

另一个特别适合数值计算的算法是

$$I(k\Delta t)=\frac{1}{\pi^{1/2}}\sum_{j=1}^{j=k}\frac{\Gamma\left(k-j+\dfrac{1}{2}\right)}{(k-j)!}\Delta t^{1/2}i(j\Delta t) \tag{6.7.11}$$

式中，$\Gamma(x)$ 为 x 的 Gamma 函数，$\Gamma(1/2)=\pi^{1/2}$，$\Gamma(3/2)=\frac{1}{2}\pi^{1/2}$，$\Gamma(5/2)=(3/2)(1/2)\pi^{1/2}$等。也曾用过以定积分标准数值方法为基础的其他算法[20~22,25,26]。

6.7.3 不可逆和准可逆反应

单步骤单电子完全不可逆反应的卷积表达式，直接从不考虑逆反应的 i-E 关系式 [见式(3.3.11)] 得到。

$$i=FAk^0C_O(0,t)\mathrm{e}^{-\alpha f(E-E^{\ominus\prime})} \tag{6.7.12}$$

使用公式 (6.7.6) 表示 $C_O(0,t)$，于是[20]

$$i(t)=k^0D_O^{-1/2}[I_l-I(t)]\mathrm{e}^{-\alpha f(E-E^{\ominus\prime})} \tag{6.7.13}$$

或

$$E=E^{\ominus\prime}+\frac{RT}{\alpha F}\ln\frac{k^0}{D_O^{1/2}}+\frac{RT}{\alpha F}\ln\left[\frac{I_l-I(t)}{i(t)}\right] \tag{6.7.14}$$

单步骤单电子准可逆反应的卷积表达式，需要使用完整的 i-E 关系式 [方程 (3.3.11)]，结合式 (6.7.6) 和式 (6.7.7) 得到

$$i(t)=k^0\{D_O^{-1/2}[I_l-I(t)]\mathrm{e}^{-\alpha f(E-E^{\ominus\prime})}-D_R^{-1/2}[I(t)]\mathrm{e}^{(1-\alpha)f(E-E^{\ominus\prime})}\} \tag{6.7.15}$$

$$i(t)=k^0D_O^{-1/2}\mathrm{e}^{-\alpha f(E-E^{\ominus\prime})}\{I_l-I(t)[1+\xi\theta]\} \tag{6.7.16}$$

$$E=E^{\ominus\prime}+\frac{RT}{\alpha F}\ln\frac{k^0}{D_O^{1/2}}+\frac{RT}{\alpha F}\ln\left[\frac{I_l-I(t)(1+\xi\theta)}{i(t)}\right] \tag{6.7.17}$$

式中，$\xi=(D_O/D_R)^{1/2}$，$\theta=\exp[f(E-E^{\ominus\prime})]$。

在推导式 (6.7.14) 和式 (6.7.17) 时，假设了式 (3.3.11) 表示的 Butler-Volmer 动力学 i-E 关系适用。的确，推导大多数电化学方法的公式都需要这个假设（或者其他模型)。但对于卷积技术，不需这个假设，使用普遍形式的速率定律[27]

$$i=FAk_f(E)[C_O(0,t)-\theta C_R(0,t)] \tag{6.7.18}$$

式中，$k_f(E)$ 为电势有关的正向反应速率常数，$\theta=k_b/k_f$。使用式 (6.7.6) 和式 (6.7.7)，得到

$$\ln k_f(E)=\ln D_O^{1/2}-\ln\left[\frac{I_l-I(t)(1+\xi\theta)}{i(t)}\right] \tag{6.7.19}$$

基于式 (6.7.19)，或单步骤单电子完全不可逆反应的等价表达式 ($\xi\theta\ll1$)，分析线性扫描实验，就可给出不同扫描速度下 E 的函数 $\ln k_f(E)$

$$\ln k_f(E)=\ln D_O^{1/2}-\ln\frac{[I_l-I(t)]}{i(t)} \tag{6.7.20}$$

如果 Butler-Volmer 动力学适用，$\ln k_f(E)$-E 图应该是线性的，且斜率为 $-\alpha F/RT$。基于此，Savéant 和 Tesser[27]分析非质子溶剂中叔硝基丁烷的电化学还原实验数据，发现结果明显偏离线

性（经必要的双电层效应校正后），从而证明了 α 值是与电势有关的，正如电子转移反应的微观理论（3.6 节）所预示。

6.7.4 应用

用卷积技术处理线性扫描实验数据有许多优点（对其他电化学技术可能也一样）。如可逆反应的循环伏安，正向扫描和反向扫描的 $I(t)$-E 曲线是重叠的，且在足够正的电势 $[C_R(0,t)=0]$ 处 $I(t)$ 回到 0。实验已证实了这一特征[20,25,28] [见图 6.7.3(a)]。

但准可逆反应的正反向 $I(t)$ 曲线并不重叠 [见图 6.7.3(b)]。可以把这归因于 E_{pa}、E_{pc} 偏离可逆值的结果。对这样的体系，图 6.7.3(b)[27]示出了如何求出“可逆的” $E_{1/2}$。

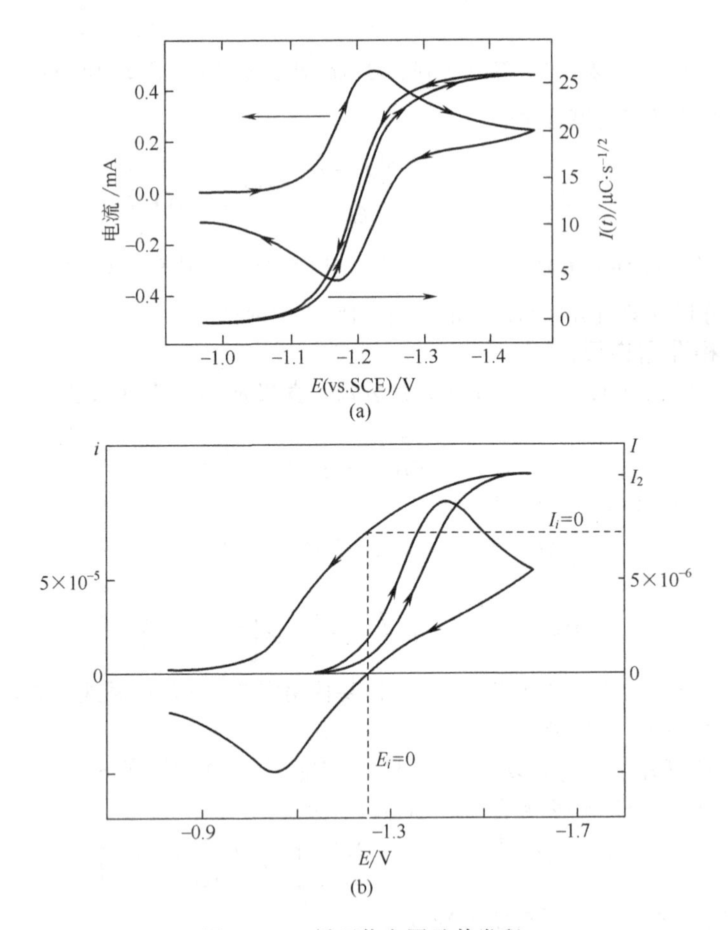

图 6.7.3　循环伏安图及其卷积

(a) HMDE 电极上，含 0.2mol·L^{-1} TEAP 的 1.84mmol·L^{-1} 叔硝基丁烷的乙腈溶液，$v=50$V/s。[引自 P. E. Whitson, H. W. Vanden Born, and D. H. Evans, *Anal. Chem.*, **45**, 1298 (1973)]。(b) 含 0.1mol·L^{-1} TBAI 的 0.5mmol·L^{-1} 叔硝基丁烷的 DMF 溶液，$v=17.9$V/s。准可逆体系的 $E_{1/2}=E(i=0)-(RT/F)\ln[(I_l-I_{i=0})/I_{i=0}]$ [引自 J.-M. Saveant and D. Tesser, *J. Electroanal. Chem.*, **65**, 57 (1975)]

因为 R_u 只是影响电极上扫描电势的线性度（见 6.2.4 节），所以和 $i(t)$-E 曲线的校正相比，$I(t)$-E 上未补偿电阻 R_u 的校正更直接简单。对 $I(t)$-E 曲线，简单地用 $E'=E+iR_u$ 代替 E 就可校正了[20,25,28]。

文献 [28] 还给出了 $I(t)$ 曲线校正充电电流的办法。没有电活性物质时空白实验的充电电流 i_c^b 是

$$i_c^b=\frac{-C_d\,dE'}{dt} \tag{6.7.21}$$

式中，C_d为电势相关的电容，μF；E'为校正过 R_u 的电势：

$$E'=E+i_c^bR_u=E_i-vt+i_c^bR_u \quad (6.7.22)$$

于是对于任一给定 E'，

$$C_d=\frac{i_c^b}{v-R_u(di_c^b/dt)} \quad (6.7.23)$$

若 R_u已知，从测量得到的 i_c^b 和 di_c^b/dt，就可求出对应 E'的 C_d。溶液中存在 O 时，总电流为

$$i_t=i_f+i_c \quad (6.7.24)$$

O 存在时的 i_c可能与 i_c^b不同。但下式仍然成立

$$i_c=\frac{-C_d dE'}{dt} \quad (6.7.25)$$

$$E'=E-vt+i_tR_u \quad (6.7.26)$$

最后有

$$i_f=i_t-C_dv+C_dR_u\left(\frac{di_t}{dt}\right) \quad (6.7.27)$$

这里假设 C_d与电势的关系与空白溶液中的相同。用式（6.7.27）就可对 i_t校正 C_d得到 i_f，然后再做卷积。

卷积方法在一定程度上简化了偶合化学反应的电极过程的数据处理[20]，并可以有效地用于分析中[27]。

尽管现代电分析仪器一般都是用数字法采集数据，在计算机上进行卷积也是很容易的，但这种方法还是没有得到广泛应用。大部分人似乎宁愿用伏安结果与数值模拟直接比较。

6.8 液-液界面上的循环伏安法

2.3.6 节分析过互不相溶电解质溶液界面（ITIES）上的离子转移，离子转移的差别能引起电势差（见表 6.8.1）。施加外部电势可以驱动离子跨界面迁移，相应的电流表示离子转移的速率。和研究电极表面的电子转移一样，使用伏安方法也可以研究 ITIES[29~32]。

表 6.8.1 在水和硝基苯之间离子转移的 Gibbs 能和标准界面电势差[29]①

物质	$\Delta G^{\ominus\alpha\to\beta}_{transfer,i}$/kJ·mol^{-1}	$\Delta_\alpha^\beta\phi_i^0$/mV	物质	$\Delta G^{\ominus\alpha\to\beta}_{transfer,i}$/kJ·mol^{-1}	$\Delta_\alpha^\beta\phi_i^0$/mV
Li^+	38.2	−396	TPB^-	−35.9	−372
Cl^-	43.9	455	TMA^+	4.0	−41
$TBuA^+$	−24.7	256			

① 注意一个正的 Gibbs 能意味着将物种从水相转移到硝基苯相所做的功。对于阳离子，$\Delta_\alpha^\beta\phi_i^0$ 越负意味着离子更容易存在于水相中。相反，$\Delta_\alpha^\beta\phi_i^0$ 越正，阴离子更容易存在于水相中。

如式（2.3.47）一样，α 相和 β 相的接界电势由下式给出

$$\phi^\beta-\phi^\alpha=\Delta_\alpha^\beta\phi=(-1/z_iF)[\Delta G^{\ominus\alpha\to\beta}_{transfer,i}+RT\ln(a_i^\beta/a_i^\alpha)] \quad (6.8.1)$$

若定义电荷为 z_i的物质 i 在两相间转移的标准自由能为 $\Delta G^{\ominus\alpha\to\beta}_{transfer,i}$，则物种 i 从 α 相向 β 相做离子转移的标准伽戈尼电势（standard Galvani potential of ion transfer），即标准电势差 $\Delta_\alpha^\beta\phi_i^0$ 就是

$$\Delta_\alpha^\beta\phi_i^\ominus=(-1/z_iF)\Delta G^{\ominus\alpha\to\beta}_{transfer,i} \quad (6.8.2)$$

于是式（6.8.1）可写作 Nernst 方程的形式：

$$\boxed{\Delta_\alpha^\beta\phi=\Delta_\alpha^\beta\phi_i^\ominus+(RT/z_iF)\ln(a_i^\beta/a_i^\alpha)} \quad (6.8.3)$$

如 2.3.6 节所述，$\Delta G^{\ominus\alpha\to\beta}_{transfer,i}$，因而即 $\Delta_\alpha^\beta\phi^\ominus$ 可从热化学、溶解性或电势测量（在其他热力学假设下）得到。当扫描跨 ITIES 的电势差时，会改变两相中物种的活度，伴随离子跨越界面，有电流流过。

如图 6.8.1 所示的体系，可表示为

$$\text{Ref}\beta/(\text{硝基苯})\text{TBuATPB}/\sigma/(\text{水})\text{LiCl}/\text{Ref}\alpha \quad (6.8.4)$$

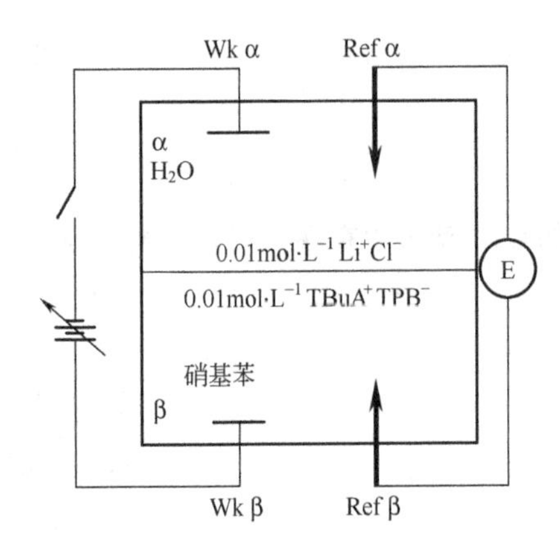

图 6.8.1 水和硝基苯间 ITIES 上，循环伏安实验装置示意图
Refα 和 Refβ 是参比电极，Wkα 和 Wkβ 是金属工作电极

式中，$TBuA^+$ 是四正丁基铵离子；TPB^- 是四苯基硼酸根离子；Refα 和 Refβ 为参比电极；σ 代表界面。本体系中，各组分的离子转移自由能和标准电势差列于表 6.8.1[29]。四种离子的浓度分布由表中数据和式 (6.8.3) 计算，示于图 6.8.2(a)。注意，开路时两相中没有共同离子，界面是不平衡的。若不对界面施加电势，氯化锂盐是强亲水的，几乎完全在水相，而 TBuATPB 是强疏水的，只存在于硝基苯相。如图 6.8.2 所示，$-250\text{mV}<\Delta_\alpha^\beta\phi^\ominus<150\text{mV}$ 之间，就保持这种状态。这种情况与含有不等量氧化还原对的溶液中的铂电极是类似的。

如图 6.8.1 所示，在两个工作电极上施加电压时，跨界面电势差将改变，离子将移动越过液/液界面。对水相电极施加正电势（即负的 $\Delta_\alpha^\beta\phi$），Li^+ 将趋向进入硝基苯相，TPB^- 将进入水相。而施加负电势（使得 $\Delta_\alpha^\beta\phi$ 更正），将驱使 Cl^- 进入硝基苯相，$TBuA^+$ 进入水相。达到平衡时，任何跨界面电势（通过两个参比电极测量）下，界面上离子的相对活度可用式 (6.8.3) 计算（习题 6.11)。在 $-0.2\sim0.15$V 的电势范围，比值 (a_i^α/a_i^β) 变化不大，进入硝基苯相的 Li^+ 和 Cl^- 量、进入水相的 $TBuA^+$ 和 TPB^- 量均可忽略，没有明显的离子转移。当电势扫描超出这个范围，离子转移发生。$\Delta_\alpha^\beta\phi$ 变正时，$TBuA^+$ 进入水相而 Cl^- 进入硝基苯相。$\Delta_\alpha^\beta\phi$ 变负时，则是 TPB^- 进入水相而 Li^+ 进入硝基苯相。离子转移表明有净电荷越过界面，因而外电路将有电流通过。电流-电势曲线示于图 6.8.3*A*。以 $TBuA^+$ 进入水相为标志的极限 $\Delta_\alpha^\beta\phi$ 大约是 100mV，以 TPB^- 进入水相为标志的极限 $\Delta_\alpha^\beta\phi$ 大约是 -200mV。曲线形状类似在金属-溶液界面扫描的法拉第背景电流曲线。一般来说，在这个电势窗口内，ITIES 的行为类似理想极化界面，窗口的范围取决于水相和有机相中有关离子的 $\Delta_\alpha^\beta\phi_i^\ominus$。按照典型的 $\Delta G_{\text{transfer},i}^{\ominus\alpha\to\beta}$ 最大值计，窗口范围一般小于 0.6～0.7V[29]。

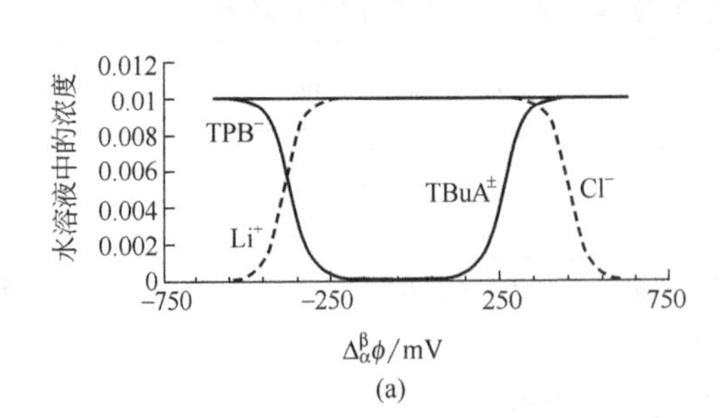

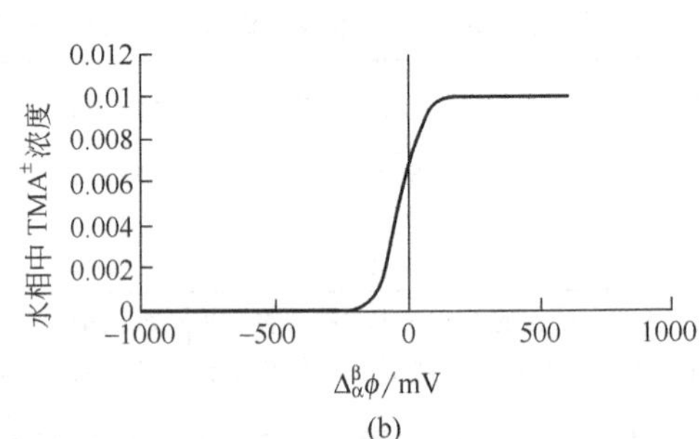

图 6.8.2 (a) 图 6.8.1 体系中，离子浓度对界面伽戈尼电势差 $\Delta_\alpha^\beta\phi$ 的分布图。在中间电势区，LiCl 主要在水相，TBuATPB 主要在硝基苯相。(b) 同样体系中，$0.01\text{mol}\cdot\text{L}^{-1}$ TMA^+ 的分布

如果在其中一相引入更小 Gibbs 转移自由能的离子，在其他离子决定的电势窗口内，它将在较小的 $\Delta_\alpha^\beta\phi$ 时发生相转移。例如，加入水相的四甲基铵离子 ($TMeA^+$)，和 $TBuA^+$ 相比，它的 $\Delta_\alpha^\beta\phi_i^\ominus$ 使得它更容易在水相和硝基苯相间转移 [见图 6.8.2(b)]。当这种离子的浓度较小时（一般是 $0.1\sim1\text{mmol}\cdot\text{L}^{-1}$)，跨界面转移速率一般受此离子向界面的传质速率控制。这时，电流对跨界面电势降的图和典型的循环伏安图类似（见图 6.8.3*B*)。

伏安图表现出金属-溶液界面能斯特法拉第波的同样特征，如峰电势与 v 无关，峰电流正比于 $v^{1/2}$，峰电势差也是 $59/|z_i|$mV，峰电流与浓度成正比等。但这样的测量，经常因有机相的较高未补偿电阻效应而复杂化。绝大部分情况下，离子相转移速率都很快，即是可逆的，所以这样

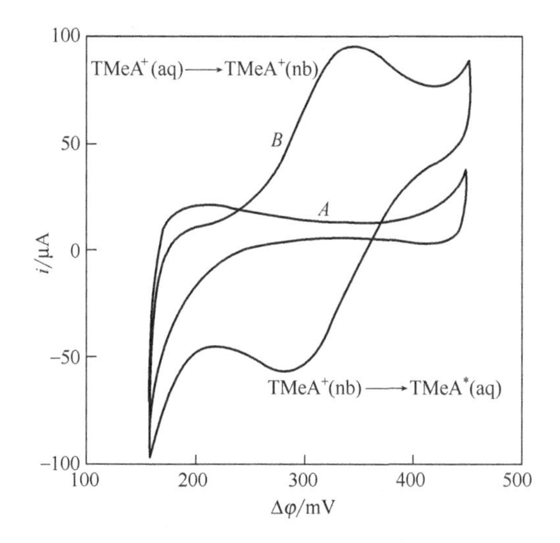

图 6.8.3　式（6.8.4）所示的电解池的伏安图

A—0.1mol・L^{-1} LiCl 水相，0.1mol・L^{-1} TBuATPB 硝基苯相的电流-电势图；*B*—水相加入 0.47mmol・L^{-1} $TMeA^+$后的电流-电势图。扫描速度 20mV/s。本图中 $\Delta\varphi$ 是水相参比电极相对硝基苯相参比电极的电势，包括两参比电极的液接电势，所以 $\Delta\varphi \approx 300-\Delta_\alpha^\beta\phi^\ominus$。因而向右扫描表示水相电势变正，正电流表示 $TMeA^+$ 从水相向硝基苯相转移［引自 P. Vanysek，*Electrochim. Acta*，**40**，2841（1995)］

的实验可以用来获得吉布斯转移自由能、扩散系数、溶液浓度等。ITIES 研究中使用的电极应该是待研究离子没有法拉第活性的，例如研究锂离子的电极，应该基于锂离子在水和含有加速特定离子转移的冠醚（对硝基苯基苯醚)[33]的油相间的转移来制备。

6.9　参考文献

1　J. E. B. Randles，*Trans. Faraday Soc.*，**44**，327（1948)
2　A Sevcik，*Coll. Czech. Chem. Commun.*，**13**，349（1948)
3　R. S. Nicholson and I. Shain，*Anal. Chem.*，**36**，706（1964)
4　W. H. Reinmuth，*J. Am. Chem. Soc.*，**79**，6358（1957)
5　H. Matsuda and Y. Ayabe，*Z. Elektrochem.*，**59**，494（1955)
6　Y. P. Gokhshtein，*Dokl. Akad. Nauk SSSR*，**126**，598（1959)
7　J. C. Myland and K. B. Oldham，*J. Electroanal. Chem.*，**153**，43（1983)
8　A. C. Ramamurthy and S. K. Rangarajan，*Electrochim. Acta*，**26**，111（1981)
9　E. O. Wipf and R. M. Wightman，*Anal. Chem.*，**60**，460（1988)
10　C. P. Andrieux，D. Garreau，P. Hapiot，J. Pinson，and J. -M. Savéant，*J. Electroanal. Chem.*，**243**，321（1988)
11　C. Amatore in "Physical Electrochemistry-Principles，Methods，and Applications，" I. Rubinstein，Ed.，Marcel dekker，New York，1995，p. 191
12　J. -M. Savéant，*Electrochim. Acta*，**12**，999（1967)
13　W. M. Schwarz and I. Shain，*J. Phys. Chem.*，**70**，845（1966)
14　R. S. Nicholson，*Anal. Chem.*，**37**，1351（1965)
15　Y. P. Gokhshtein and A. Y. Gokhshtein，in "Advances in Polarography" I. S. Longmuir，Ed.，Vol. 2，Pergamon Press，New York，1960，p. 465；Dokl. Akad. Nauk SSSR，**128**，985（1959)
16　D. S. Polcyn and I. Shain，*Anal. Chem.*，**38**，370（1966)
17　F. Ammar and J. -M. Savéant，*J. Electroanal. Chem.*，**47**，215（1973)
18　J. B. Flanagan，S. Margel，A. J. Bard，and F. C. Anson，*J. Am. Chem. Soc.*，**100**，4248（1978)
19　P. T. Kissinger，J. B. Hart and R. N. Adams，*Brain Res.*，**55**，20（1973)
20　J. C. Imbeaux and J. -M. Savéant，*J. Electroanal. Chem.*，**44**，1969（1973)
21　K. B. Oldham and J. Spanier，*J. Electroanal. Chem.*，**26**，331（1970)
22　K. B. Oldham，*Anal. Chem.*，**44**，196（1972)

23 K. B. Oldham, *Anal. Chem.*, **45**, 39 (1973)
24 R. J. Lawson and J. T. Maloy, *Anal. Chem.*, **46**, 559 (1974)
25 P. E. Whitson, H. W. Vanden Born, and D. H. Evans, *Anal. Chem.*, **45**, 1298 (1973)
26 J. H. Carney and H. C. Miller, *Anal. Chem.*, **45**, 2175 (1973)
27 J. -M. Savéant and D. Tesser, *J. Electroanal. Chem.*, **65**, 57 (1975)
28 L. Nadjo, J. -M. Savéant, and D. Tessier, *J. Electroanal. Chem.*, **52**, 403 (1974)
29 H. H. J. Girault and D. J. Schiffrin, *Electroanal. Chem.*, **15**, 1 (1989)
30 C. Gavach and F. Henry, *Compt. Rend. Acad. Sci.*, **C274**, 1545 (1972)
31 Z. Samec, V. Marecek, J. Koryta, and M. W. Khalil, *J. Electroanal. Chem.*, **83**, 393 (1977)
32 P. Vanýsek, *Electrochim. Acta*, **40**, 2841 (1995)
33 S. Sawada, T. Osakai, and M. Senda, *Anal. Sci.*, **11**, 733 (1995)

6.10 习题

6.1 从式（6.2.4）和式（6.2.5）推导式（6.2.6）。

6.2 证明从方程（6.2.8）和式（6.2.9）可直接导出式（5.4.26）。

6.3 用表 6.3.1 的数据绘出线性电势扫描伏安图，即某些 k^0 值下，单步骤单电子过程 $\pi^{1/2}\chi(bt)$ 对电势的图，其中 $\alpha=0.5$，$T=25℃$，$v=100\text{mV/s}$，$D_O=10^{-5}\text{cm}^2/\text{s}$。把此结果和图 6.2.1 所示的 Nernst 反应结果进行比较。

6.4 T. R. Mueller 和 R. N. Adams（见 R. N. Adams，"Electrochemistry at Solid Electrodes"，Marcel Dekker，New York，1969，p. 128）提出，通过测量 Nernst 线性电势扫描伏安曲线，得到 $i_p/v^{1/2}$，用同一电极在同一溶液中做阶跃实验，得到 $it^{1/2}$ 的极限值，这样不需要 A、C_O^* 和 D_O 就可以求出电极反应的 n 值。试证明这一点，并说明这种方法对不可逆反应不适用。

6.5 邻联二茴香胺（*o*-dianisidine，*o*-DIA）的氧化是能斯特反应。2.27mmol・L^{-1} 邻联二茴香胺的 2mol・L^{-1} H_2SO_4 溶液，用面积 2.73mm^2 的碳糊电极，在扫速 0.500V/s 时得到的 i_p 是 8.19μA。计算 *o*-DIA 的扩散系数 D。预计 $v=100\text{mV/s}$ 时的 i_p 是多少？8.2mmol・L^{-1} 的 *o*-DIA 在 $v=50\text{mV/s}$ 时的 i_p 是多少？

6.6 图 6.10.1 示出了二苯甲酮（benzophenone，BP）和三对甲苯基胺（tri-*p*-tolylamine，TPTA）均为 1mmol・L^{-1} 的乙腈溶液中的循环伏安图。在乙腈的工作范围内，BP 可被还原而不能被氧化，TPTA 可被氧化而不能被还原。扫描从 0.0V(vs. QRE) 开始先向正扫。据伏安图说明：

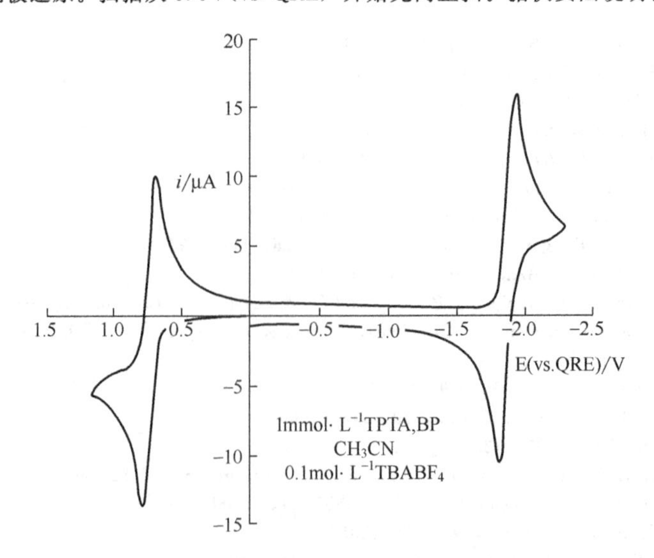

图 6.10.1 二苯甲酮（benzophenone，BP）和三对甲苯基胺（tri-*p*-tolylamine，TPTA）乙腈溶液的循环伏安图
［引自 P. R. Michael，Ph. D Thesis，University of Illinois at Urbana-Champaign，1977］

(a) 电势在 0.5～1.0V 之间和 −1.5～−2.0 之间的伏安峰，分别对应什么电极反应？解释与这些电

极反应有关的异相和均相动力学。

(b) 在0.7～1.0V之间的电流为什么下降？

(c) 在−1.0V的阳极电流和阴极电流由什么构成？

6.7 0.1mol·L^{-1}高氯酸四乙胺（TEAP）的二甲亚砜（DMSO）溶液中，K. M. Kadish，L. A. Bottomley，and J. S. Cheng研究了铁酞菁［Fe(Ⅱ) phthalocyanine，FePc］和各种氮基碱如咪唑（imidazole，Im）间的互相作用。部分结果示于图6.10.2。图6.10.2(a)中，氧化还原对Ⅰ和Ⅱ，都表现出与扫描速度无关的峰电势和电流函数。解释加入Im前后体系的伏安特性。

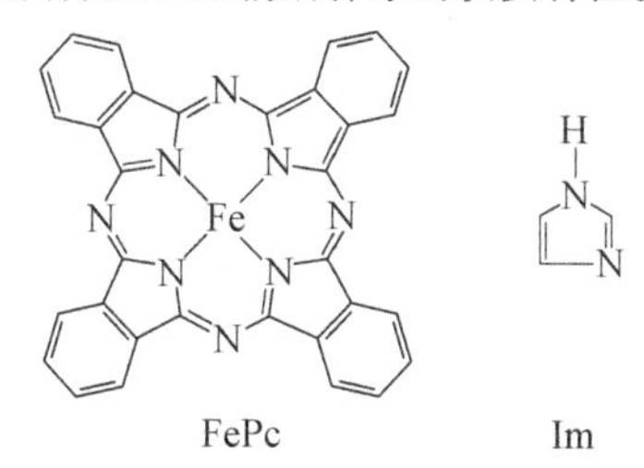

6.8 在质子惰性溶剂，如吡啶或乙腈中，分子氧电化学还原的循环伏安图通常与图6.10.3类似。在汞电极（见7.2节的极谱DME）上4s时间尺度内，它的取样电流伏安实验，给出斜率为63mV的线性E-lg[$(i_d-i)/i$]关系。在−1.0V(vs. SCE)电势下，它的还原产物能给出ESR信号。如果加入少量甲醇，循环伏安图向正电势方向移动，且正向峰值升高，反向峰消失。随甲醇浓度增加，这种变化趋势逐渐增强，直到达到−0.4V(vs. SCE)的还原极限。在这种极端条件下，极谱峰高度大约是无甲醇时的两倍，且波斜率为78mV。

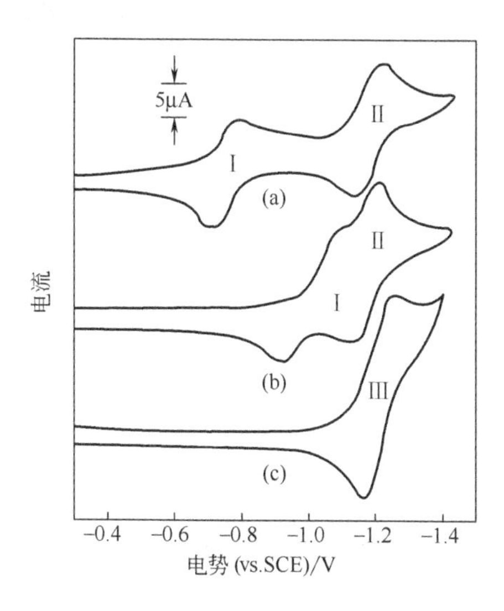

图6.10.2 1.18mmol·L^{-1}铁酞菁在含0.1mol·L^{-1}高氯酸四乙胺（TEAP）的二甲亚砜（DMSO）/咪唑混合溶液中的循环伏安图。扫描速度0.100V/s。咪唑浓度（a）0.00mol·L^{-1}；（b）0.01mol·L^{-1}；（c）0.95mol·L^{-1}［引自 K. M. Kadish，L. A. Bottomley，and J. S. Cheng，*J. Am. Chem. Soc.*，**100**，2731 (1978)］

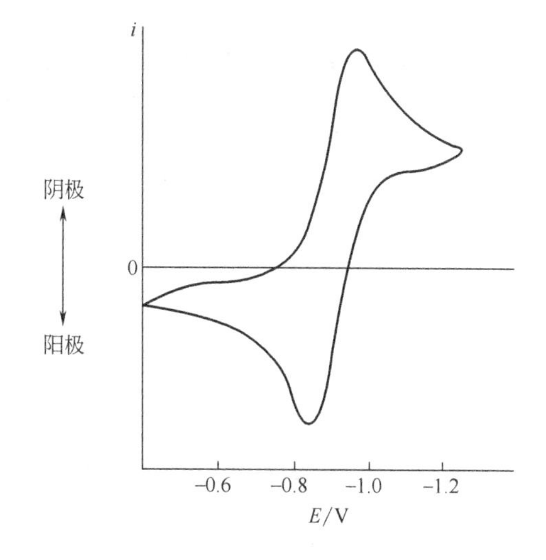

图6.10.3 0.2mol·L^{-1}高氯酸四正丁基胺（TBAP）吡啶溶液中，HDME上分子氧的循环伏安图。频率0.1Hz［引自 M. E. Peover and B. S. White，*Electrochim. Acta*，**11**，1061 (1966)］

(a) 判断无甲醇的溶液中的还原产物。

(b) 判断有甲醇时，极端条件下的还原产物。

(c) 说明无甲醇时的电荷转移动力学。

(d) 解释伏安响应。

6.9 25℃，0.10mol·L^{-1}高氯酸四正丁胺TBAP和0.68mmol·L^{-1}偶氮甲苯的DMF溶液，面积1.54mm²的铂圆盘电极，SCE参比电极，其典型循环伏安示于图6.10.4，其他数据列于表中。电量法结果表明第一个还原步骤是单电子的。处理这些数据，得到有关反应可逆性、产物稳定性、扩散系数等方面的信息并讨论（这是一组实际数据，不要指望它们与理论处理完全符合）。

H_3C—⟨苯环⟩—N=N—⟨苯环⟩—CH_3

偶氮甲苯Azotoluene

扫描速度 /(mV/s)	第一波①				第二波		
	$-i_{pc}/\mu A$	$-i_{pa}/\mu A$	$-E_{pc}/V$	$-E_{pa}/V$	$-i_{pc}/\mu A$	$-E_{pc}/V$	$-E_{p/2}/V$
430	8.0	8.0	1.42	1.36	7.0	2.10	2.00
298	6.7	6.7	1.42	1.36	6.5	2.09	2.00
203	5.2	5.2	1.42	1.36	4.7	2.08	2.00
91	3.4	3.4	1.42	1.36	3.0	2.07	1.99
73	2.9	2.9	1.42	1.36	2.8	2.06	1.98

① 扫描在过 E_{pc}100mV 后反向。

6.10　用 0.1mol・L^{-1}高氯酸四正丁胺 TBAP 的乙腈溶液中，R. W. Johnson 研究了 1,3,5-三叔丁基戊二烯（Ⅰ）的电化学，其极谱和循环伏安实验得到下列结果。

(Ⅰ)

极谱：$E_{1/2}=-1.46V$(vs. SCE) 的单波，波斜率 59mV（见 7.1 和 7.2 节，极谱是滴汞电极上的取样电流伏安，时间尺度一般 1～4s)。

循环伏安：示于图 6.10.5，扫描从 0.0V 开始先向正扫。

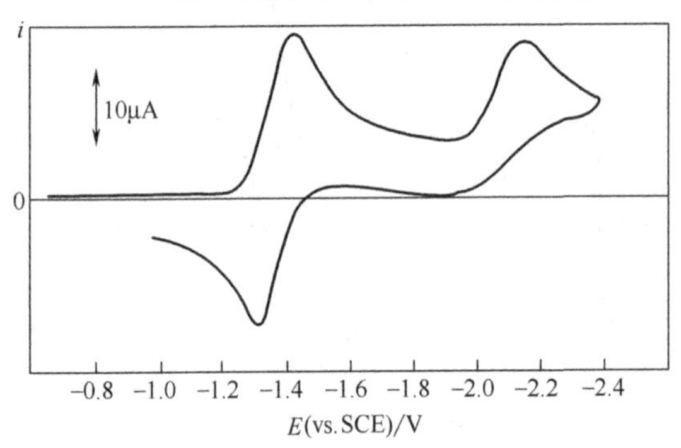

图 6.10.4　DMF 溶液中，偶氮甲苯的循环伏安图
[引自 J. L. Sadler and A. J. Bard，*J. Am. Chem. Soc.*，**90**，1979 (1968)]

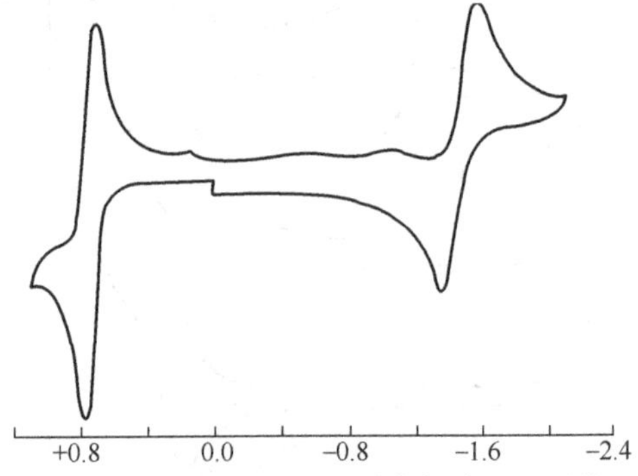

图 6.10.5　0.1mol・L^{-1}高氯酸四正丁胺 TBAP 的甲腈溶液中，铂电极上 1,3,5-三叔丁基戊二烯（Ⅰ）的循环伏安图
扫速 500mV/s，电势相对于 SCE[引自 R. W. Johnson，*J. Am. Chem. Soc.*，**99**，1461 (1977)]

在+1.0V 的整体电解得到一绿色溶液，并有分辨良好的 ESR 谱。在−1.6V 整体电解得到一深红色溶液，也有分辨良好的 ESR 谱。这两种整体电解都是在 CH_2Cl_2溶液中进行。

(a) 描述体系的化学性质。

(b) 说明伏安曲线的形状，识别所有的峰。

(c) 联系循环伏安图，解释极谱图。

(d) 预计极谱图中的扩散电流常数是多少？(以常用单位表示，取 $D_I=2\times10^{-5}cm^2/s$)。

(e) 对绿色溶液和深红色溶液中的氧化还原对，做简图预计它们的正向峰电流和 ΔE_p对 v 的变化关系。

6.11　使用下列 $\Delta G^{\ominus\alpha\to\beta}_{transfer,i}$ 值 (kJ/mol)：Li^+，48.2；Cl^-，46.4；$TPAs^+$，−35.1；TPB^-，−35.1，绘出四种离子 Li^+、Cl^-、$TPAs^+$、TPB^- 在水/1,2-DCE 体系中的分布简图（即离子在水相浓度/总浓度比值对电势 E 的图)，并根据此图预计如图 6.8.3A 那样的电流-电势行为。

6.12　(a) 对乙腈溶液（含 0.5mol・L^{-1} $TBABF_4$）中的二茂铁氧化，异相电子转移动力学研究结果给出[M. V. Mirkin，T. C. Richards，and A. J. Bard，*J. Phys. Chem.*，**97**，7672 (1993)]：$k^0=3.7cm/s$，

$D_R = 1.70 \times 10^{-5}\ cm^2/s$。假设 $D_O = D_R$，计算 25℃ 扫描速度分别为 3V/s、30V/s、100V/s、200V/s、300V/s、600V/s 时，二茂铁循环伏安的 ψ 和 ΔE_p。

(b) 0.1mol · L^{-1} $TBABF_4$ 的乙腈溶液中，用 25μm 直径的金电极研究 2mmol · L^{-1} 二茂铁的氧化反应［I. Noviandri et. al.，*J. Phys. Chem.*，**103**，6713 (1999)］，得到不同 v 下的 ΔE_p 列于下表，试基于 (a) 的结论解释表中数据。

v/(V/s)	3.2	32	102	204	297	320	640
ΔE_p/mV	77	94	96	120	134	158	300

第7章　极谱法和脉冲伏安法

第5章重点讨论了应用广泛的取样电流伏安法，对控制电势方法特别是电势阶跃方法，获得了基本的理解和认识。第6章对电势扫描方法，特别是具有重要应用价值的循环伏安法，进行了全面分析。现在讨论基于电势阶跃的另一类伏安方法。历史上最初称这类方法为直流极谱法(dc polarography)。根据电势施加方式和电流采样方式不同，从这类基于滴汞电极的方法，发展出了许多各种各样的分支方法。除了直流极谱法，也常用脉冲伏安法这个名字来表示这类技术。前面遇到过取样电流伏安法最基本的形式——常规脉冲伏安法（normal pulse voltammetry，NPV），滴汞电极上的NPV就叫常规脉冲极谱法（normal pulse polarography，NPP）。

由于这些方法具有根深蒂固的极谱传统，即使现在它们仍经常与极谱类电极一起使用，所以以讨论滴汞电极上的现象开始，然后通过常规极谱法深入到各种脉冲伏安法中。

7.1　极谱电极行为

7.1.1　滴汞和静态滴汞电极

滴汞电极（dropping mercury electrode，DME）是电分析化学历史上一种非常重要的设备，它是海洛夫斯基（Heyrovský）为测量表面张力而发明的（见13.2.1节）[1]。采用DME他创建了一种他命名为“极谱学”的伏安法形式，这是本书中许多技术的基础。Heyrovský因该成就而获得1959年诺贝尔化学奖。从此“极谱法”一词成为滴汞电极上伏安法的通用名词。延续历史的惯例，本书称其为直流极谱或常规极谱（conventional polarograph）。

图7.1.1给出典型的滴汞电极装置。有关这种电极制作和操作的论述见参考文献［2～6］。具体操作是让汞通过一根内径约5×10^{-3}cm、高约20～100cm的毛细管流出，在毛细管口形成一个逐渐增大的近似球形的汞滴，最后成熟汞滴的直径大约1mm左右，在表面张力无法支持汞滴的重量时就落下。若汞滴生长期间有电解反应发生，就有随时间变化的电流，电流变化反映了球形电极的扩张和电解的贫化效应。汞滴落下时，会搅拌溶液，大大（但没有完全❶）消除贫化效应，每一汞滴都是在新鲜的溶液中产生。如果在汞滴生长寿命（2～6s）期间，电势不变，实验行为就和阶跃实验的一样，即每个汞滴的生长过程，就像一次阶跃实验。

经典的DME有两个主要的缺点：第一是汞滴面积在不断变化，使扩散处理变得复杂，双电层充电还产生不断变化的背景电流；第二，时间尺度受限于汞滴的寿命，一般在0.5～10s之间，在此范围外工作是很难的。

1980年，Princeton Applied Research公司提供了DME的替代商品，后来其他公司也开发了类似产品。这种替代商品就是没有上述缺点的静态汞滴电极（static mercury drop electrode，SMDE，见图7.1.2），它是一种自动控制设备。用它生成汞滴时，打开一个电控阀门，在100 ms内向一个大孔毛细管注入汞形成汞滴，然后阀门关闭，汞滴保持稳定。不再需要汞滴时，一个新的电信号触发螺线管驱动的滴落敲击器（drop knocker）将汞滴振落。SMDE可以提供悬汞滴电

❶ DME电极行为的详细分析参考本书第一版的5.3节。

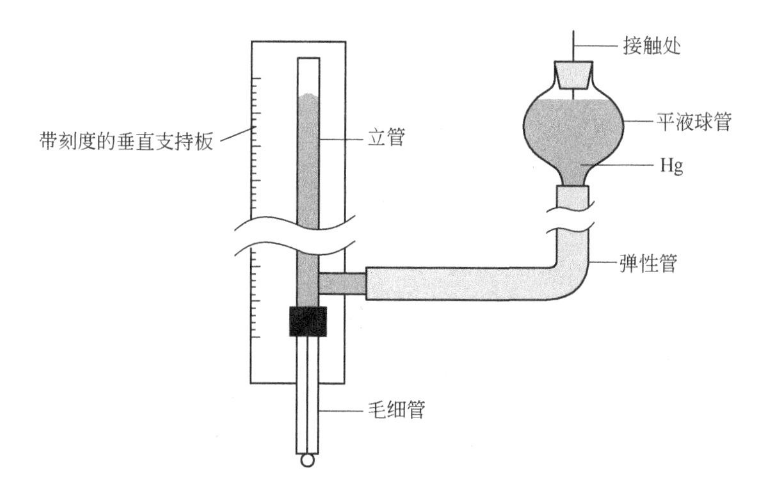

图 7.1.1　滴汞电极

极（hanging mercury drop electrode，HMDE），也可以工作在连续重复模式以替代 DME。用作 DME 时，保留了 DME 的主要优点，且测量时面积不随时间变化，避免了面积变化带来的麻烦。现代的大部分极谱工作是在 SMDE 上进行的。

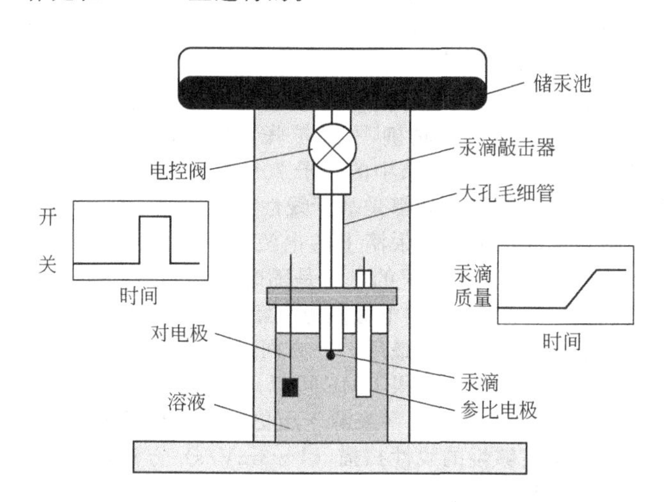

图 7.1.2　静态滴汞电极示意

整个装置包括标准电解池、搅拌器、通气装置等。各个部分包括汞滴的形成、敲落以及与电势施加程序的配合等都由自动恒电势仪控制。当需要新汞滴时，指令敲击器振落旧汞滴，然后控制阀门打开 30～100ms（参见左边小图），汞滴在这段时间形成（右小图），然后汞滴用做工作电极，保持大小不变

下面基于 DME 先讨论极谱法的基本概念，然后分析 SMDE。

7.1.2　DME 和 SMDE 的扩散极限响应

（1）依可维奇（Ilkovič）方程　类似 5.2 节对静止的平板电极或球形电极的研究，在单次寿命期间，控制 DME 电势在传质控制区，来求扩散控制电流。最初由 Koutecký 解出这个问题[9,10]。因为需要考虑汞滴生长期间电极与溶液间的对流运动，有关数学分析相当复杂，对直观理解问题的特征帮助不大。这里用最初由 Lingane 和 Loveridge 提出的简单方式来分析[11]，不追求推导的严格性，重点是理解 DME 和静止电极间的差别[3,11～14]。

汞滴寿命和下落前直径的典型值，保证了 DME 问题可以用线性扩散近似［见 5.2.2(3) 节］，所以这里只考虑扩散控制下的电解，直接使用 Cottrell 关系式（5.2.11）。汞滴的面积是时间的函数，所以必须明确确定面积函数 $A(t)$。若汞从毛细管中流出的速度（单位为质量/时间）为 m，汞的密度是 d_{Hg}，则汞滴在 t 时的重量是

$$m_t = \frac{4}{3}\pi r_0^3 d_{\mathrm{Hg}} \tag{7.1.1}$$

汞滴的半径和面积分别是

$$r_0 = \left(\frac{3m_t}{4\pi d_{\mathrm{Hg}}}\right)^{1/3} \tag{7.1.2}$$

$$A = 4\pi\left(\frac{3m_t}{4\pi d_{\mathrm{Hg}}}\right)^{2/3} \tag{7.1.3}$$

代入 Cottrell 方程得到

$$i_{\mathrm{d}} = \left[4\pi^{1/2}F\left(\frac{3}{4\pi d_{\mathrm{Hg}}}\right)^{2/3}\right]nD_{\mathrm{O}}^{1/2}C_{\mathrm{O}}^{*}m^{2/3}t^{1/6} \tag{7.1.4}$$

汞滴形成时，不仅面积在变化，同时扩散场扩大。在某一时间 t，汞滴的生长使得扩散层像膨胀的气球一样在动态扩张，而不仅是静态球扩散层的延伸，这种效应称为“扩张效应”(stretching effect)。它薄化扩散层，增大浓度梯度，使更大的电流流过。总的效果相当于扩散系数增大 7/3 倍，所以式 (7.1.4) 需要乘以 $(7/3)^{1/2}$

$$i_{\mathrm{d}} = \left[4\left(\frac{7\pi}{3}\right)^{1/2}F\left(\frac{3}{4\pi d_{\mathrm{Hg}}}\right)^{2/3}\right]nD_{\mathrm{O}}^{1/2}C_{\mathrm{O}}^{*}m^{2/3}t^{1/6} \tag{7.1.5}$$

求出上式括号中的常数得到

$$i_{\mathrm{d}} = 708nD_{\mathrm{O}}^{1/2}C_{\mathrm{O}}^{*}m^{2/3}t^{1/6} \tag{7.1.6}$$

式中，i_{d}单位是 A；D_{O}单位为 $\mathrm{cm^2/s}$；C_{O}^{*} 单位为 $\mathrm{mol/cm^3}$；m 单位为 mg/s；t 单位为 s。如果 C_{O}^{*} 单位是 $\mu\mathrm{mol \cdot L^{-1}}$，$i_{\mathrm{d}}$单位就是 μA。

Ilkovič首次导出式 (7.1.6)，因此就以他的名字命名[12~16]。他的方法比几年后 MacGillavry 和 Rideal 提出的另一种推导方法更严格精确[17]。扩张系数 $(7/3)^{1/2}$就是比较式 (7.1.4) 中的括号和 Ilkovic、MacGillavry、Ridea 的结果中的因子 708 得到的，所以 Lingane-Loveridge 的方法与那些严格方法也有关。所有这三种处理都是基于线性扩散。

基于 Ilkovič方程，图 7.1.3 示出几个汞滴上的电流-时间曲线的示意。显然，和静止平板电极上随时间衰减的 Cottrell 电流相反，这里的电流是随时间单调上升的。这意味着汞滴的扩张作用（面积增大和扩散层扩张），强于相反的电极附近电活性物质贫化效应。上升的电流-时间曲线给出两个重要的结论，就是在汞滴寿命的最后，一方面是电流值达到最大，另一方面是电流变化速度最小。后面将会看到，正是这两点使得 DME 可以用于取样电流伏安实验。

直流极谱图 (dc polarograms) 这个名字来源于历史，它记录了 DME 上电流的流动随电势扫描的变化。那时，电极电势用足够慢的线性扫描 (1～3mV/s) 方法控制，在单个汞滴寿命期间，电势基本不变，因而使用“直流”作名字。在现在的技术中，电势使用阶梯函数控制。在每一汞滴生产开始，有一个小的电势阶跃（一般 1～10mV)，然后在汞滴寿命期间，保持电势不变。如果连续记录电流，随汞滴的生长和下落，电流升升降降地表现为震荡形式（见图 7.1.4)。基于线性近似，一般只测量汞滴下落前的电流

$$(i_{\mathrm{d}})_{\max} = 708nD_{\mathrm{O}}^{1/2}C_{\mathrm{O}}^{*}m^{2/3}t_{\max}^{1/6} \tag{7.1.7}$$

式中，$t_{\max}$是汞滴寿命，一般称为滴落时间 (drop time)，常直接用 t 表示❶❷。

---

❶ 许多早期的极谱文献中，使用汞滴寿命期间的平均电流$\bar{i}_{\mathrm{d}}$。使用阻尼检流计记录的就是这种平均电流。从 Ilkovič方程可以导出，平均电流是最大电流的 6/7

$$\bar{i}_{\mathrm{d}} = 607nD_{\mathrm{O}}^{1/2}C_{\mathrm{O}}^{*}m^{2/3}t_{\max}^{1/6}$$

有关详细讨论，包括 Koutecký 对球形效应的处理等，参见第一版 (p150～152)。

❷ 极谱电流-电势曲线上，有时会出现比扩散电流还大的称为“极谱极大”的峰，它来源于汞滴周围的对流效应。对流涉及两方面因素：(a) 汞滴上的电流密度分布不均（如汞滴的上部和底部)，引起表面张力不同；(b) 流动的汞引起的表面紊流。使用表面活性剂如明胶或三硝基甲苯 (Triton) X-100X 这些极大抑制剂 (maximum suppressor) 可减轻它们。只要不是专门研究极大现象的，一般都加入少量的这类物质来减弱它们。SMDE 电极上的极谱，对流引起的极大不显著。

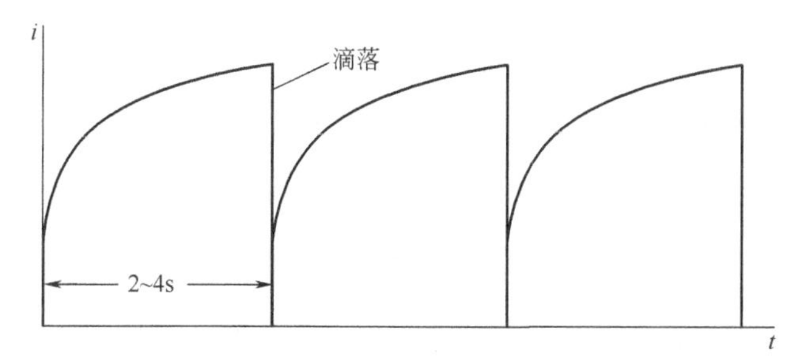

图 7.1.3　DME 中，几个完整汞滴滴落过程的电流变化

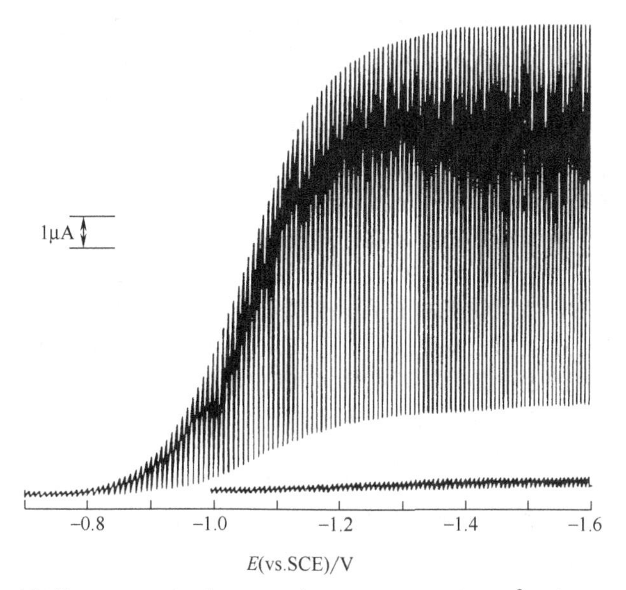

图 7.1.4　除过氧的 0.1mol·L^{-1} NaOH 中，1mmol·L^{-1} CrO_4^{2-} 在 DME 上的极谱图

Ilkovič方程的电流就是对应于−1.3V 电势的平台电流。图中下部的残余电流是在没有 CrO_4^{2-} 时观察的。要恰当地选择记录仪的响应速度，既要能跟随记录滴汞过程的电流震荡变化，又不要记录滴汞下落后几乎下降为 0 的电流。可以看出图中没有记录 0 电流

(2) SMDE 上的暂态行为　在 SMDE 上，汞滴并不是一直不断生长，因而在许多方面，SMDE 比经典 DME 的情况简单。与上面 DME 上扩散控制电流的讨论类似，现在分析传质控制时恒电势 SMDE 的情况。在汞滴寿命的早期（一般约 50ms），阀打开控制汞滴生成，这时有对流，传质和电流都难以简单描述。阀关闭后，汞滴停止生长，电流仅受电活性物质的球形扩散控制。

因涉及实验早期汞滴的生成和对流效应，这种体系的处理与 5.2.2 节类似，但不完全一样。在汞滴稳定后，电流将依一渐近线衰减，和 DME 上源于汞滴不断扩张导致电流随时间的增长完全不同。如果在汞滴生成后 τ 时刻采样，那么得到的电流样大致由式 (5.2.18) 给出

$$i_d(\tau)=nFD_OC_O^*\left[\frac{1}{(\pi D_O\tau)^{1/2}}+\frac{1}{r_0}\right]\qquad(7.1.8)$$

式中，r_0 为汞滴半径。汞滴生成的早期不能使用这个方程，如果生成时间仅占整个汞滴寿命的一小部分时，汞滴寿命的后期可以用这个方程较好地描述。

实际上，主要就是因为汞滴形成期的传质控制很难描述，不利于测量随后的随时间衰减的电流，很少把 SMDE 用在直流极谱模式中。在 SMDE 上，最佳测量条件是通过设计恰当的电势控制程序来获得的。在汞滴生成期和下落期，控制电势在没有电活性的电势，汞滴稳定后，改变到测量电流用的电势。若这个改变是电势阶跃到传质控制区，实验就和 5.2.2 节的分析完全一样，跟汞滴的生长无关。如果从阶跃计时（不是从汞滴生长开始计时）τ 时刻后采样，得到的电流就严格符合式 (7.1.8)。这种实验称为常规脉冲极谱，细节将在 7.3.2 节描述。常规脉冲极谱图 (normal pulse polarogram) 是在一序列汞滴上，依次施加每次增大一点的阶跃电势，使用测量的

电流对阶跃电势作图，其结果与图 5.1.3 完全类似。

一般选较小的 τ 值，保证扩散层厚度小于 r_0，这样式（7.1.8）中球形贡献的第二项就可以忽略。采样得到的电流是基于线性扩散的，可由 Cottrell 方程给出

$$i_d(\tau)=\frac{nFD_O^{1/2}C_O^*}{\pi^{1/2}\tau^{1/2}} \tag{7.1.9}$$

该式就如同是 SMDE 的 Ilkovič方程。因为电流随采样时间增加而衰减，所以最好选用较小的时间值。一般采样时间（脉冲宽度）是 50ms。

常规脉冲极谱也可在 DME 上使用，有关内容在 7.3.2 节讨论。

7.1.3 极谱分析

在实际的电分析工作中[3,6,18,19]，DME 和 SMDE 有许多共同的优点，如汞滴是可重现形成的，电极表面总是新鲜的，可以进行高精度的测量[5]。后一个优点还使得电极表面不会被常碰到的吸附和沉积反应长久改变。DME 上，汞滴寿命终点正好对应最大电流、最小电流变化速度，非常适合进行取样电流伏安实验。SMDE 上虽然没这个优点，却有较短的汞滴形成时间、较短的取样时间和较高的电流等优点。由于电流平台是从每个波的传质控制区得到，而且多个波有共同的平坦或线性的基线（见 5.6 和 7.1.5 节），所以两种电极的取样电流伏安都很适合于多组分分析。汞滴电极是重现的，汞滴滴下还可以搅拌溶液，因而电势阶跃实验可以连续进行，也可以在电极上施加慢速变化的斜坡电势。对 DME，通过观测电流-电势曲线上最大电流的位置可以简单地对电流采样。对 SMDE，必须使用电子手段控制采样，当然这并不难。

在许多介质中，氢放电是阴极基底反应。而在汞表面，氢放电的过电势很高，这是 DME 和 SMDE 的另一个优点。高的过电势意味着在更负的电势下，基底反应才影响测量，这样一些在很负电势才发生的电极反应也可以被观测到。如在碱性水溶液中，钠离子还原成钠汞齐的反应，在基底反应明显出现前，可以清楚地观察到它的波。钠与水的反应是剧烈的放热反应，说明热力学上 H^+ 还原比 Na^+ 还原的活化自由能更小。但在汞电极上，H^+ 还原反应的迟缓动力学，使得诸如 Na^+ 还原那样的热力学不利的高能过程也有可能被观察到。

实际上，DME 或 SMDE 上汞齐的生成也有利于这一过程。钠汞齐的生成是自发反应

$$Na+Hg \longrightarrow Na(Hg) \qquad \Delta G^{\ominus}<0 \tag{7.1.10}$$

在自由能坐标上，钠汞齐比金属钠的位置更低，因此 Na^+ 还原成钠汞齐的自由能比还原为金属钠的少，相应的标准电势较正些。这是还原成汞齐的电极反应的共同特征，它和高的氢过电势一起，使得许多过程可以在 DME 和 SMDE 上研究。

汞的氧化大约在 0.0V（相对 SCE，此值与介质有关）附近发生，这个阳极限制是汞电极极谱方法的主要缺点。

基于扩散电流和电活性物质体相浓度间的线性关系可进行极谱定量分析。通常，借助标准溶液绘制的标准曲线，可精确测量浓度，一般可达到±1%的精度[3,6,18,19]，细致的工作可以达到±0.1%的精度[5]。Lingane 证明，误差大部分来源于一些温度效应，其中最主要的是传质的温度依赖性。温度增加一度，扩散系数要增大 1%～2%，所以即使在 1%的精度，也要使用恒温装置。测量的细节请参考文献［3,16,18,19］。

精度在百分之几的标准加入法（standard addition）和内标法（internal standard），使用简单，也可以用于这里的浓度测量。

Lingane 曾提出一种浓度测量的“绝对”方法[20]，用于 DME 上的直流极谱分析。重排最大电流的 Ilkovič方程，把实验变量（i_d、m、t_{max}和 C_O^*）移到方程一边，得到

$$(I)_{max}=\frac{(i_d)_{max}}{m^{2/3}t_{max}^{1/6}C_O^*}=708nD_O^{1/2} \tag{7.1.11}$$

式中，$(I)_{max}$称为扩散电流常数（diffusion current constant），它与实验的 i_d、m、t_{max}和 C_O^* 无关，仅取决于 n 和 D_O，只是电活性物质和溶液介质的函数，与光学分析中的摩尔吸光度 ε 很相像。如已知一个体系的 $(I)_{max}$，从测得的 i_d、m、t_{max}就可以很容易地求出 C_O^*，不需要任何标准物质。很多工作者已报道了许多扩散电流常数，提供了大量表格数据供使用[21～25]。

DME的使用已日渐减少，新文献中很少再报道扩散电流常数。当然对于表征电极过程，特别是用于判断 n 值和扩散系数值，旧文献中的数据❶仍很有用。对于黏度（约1mPa·s）类似水的溶液介质，一电子、二电子、三电子反应对应的扩散电流常数分别在1.5～2.5、3.0～4.5、4.5～7.0之间。这些数据可以通过Walden规则（Walden's Rule）推广用于其他介质[14]。根据Walden规则，对大部分物质，其扩散系数和黏度的乘积在不同介质中近似相等

$$D_1\eta_1 \approx D_2\eta_2 \tag{7.1.12}$$

于是有

$$\frac{(I_1)_{\max}}{(I_2)_{\max}}=\frac{\overline{I}_1}{\overline{I}_2}\approx\left(\frac{\eta_2}{\eta_1}\right)^{1/2} \tag{7.1.13}$$

所有这些的基础是大多数离子和小分子在单一介质中的扩散系数相近。但水中的 H^+ 和 OH^-，还有氧、高分子、大的生物分子等例外。Ilkovič方程本身是有局限性的，所以尽管用扩散电流常数 $\overline{I}$ 或 $(I)_{\max}$ 来估计 D 很方便，还是要谨慎使用。

7.1.4 DME汞柱高度的影响

对滴汞电极，毛细管尖端以上的汞柱高度，决定了汞流出形成汞滴的压力，是 m 的关键决定因素[13,14]。进而，因为表面张力能支持的最大汞滴质量是一常数，m 也决定了最大滴汞时间 $t_{\max}$。由下式表示

$$mt_{\max}g=2\pi r_c\gamma \tag{7.1.14}$$

式中，g 为重力加速度；r_c 为毛细管半径；γ 为汞水界面的表面张力。

本书第一版对这个问题有更详细的分析❷，包括对 m 正比于校正柱高 h_{corr} 关系的证明。校正柱高 h_{corr} 通过对实际汞柱高度做两个小校正得到。

Ilkovič方程表明，扩散控制电流正比于 $m^{2/3}t_{\max}^{1/6}$，所以正比于 $h_{\text{corr}}^{2/3}h_{\text{corr}}^{-1/6}=h_{\text{corr}}^{1/2}$。电流对校正汞柱高度的平方根的依赖关系是过程受扩散控制的特征，可以用作扩散控制和其他电流控制因素的区分判据。其他电流控制因素，如电流可能受控于汞滴电极表面可用来吸附法拉第产物的空间，或受控于前置均相化学反应生成电活性产物的速度等。

因为电流取样时，汞并不流动，在SMDE中汞柱高度不是实验参数。SMDE上扩散控制的判断，是改变采样时间，检查电流是否与采样时间平方根成反比变化。与DME上电流与汞柱高度平方根的关系类似，SMDE上的关系也是源于扩散层厚度的时间依赖性（见5.2.1节）。

7.1.5 残余电流

没有电活性物质时，在达到介质的阴阳极化极限之前，有残余电流（residual current）流过[3,6,14,26]，它一般源于双电层充电和体系中其他组分的氧化还原。来自氧化还原反应的法拉第电流涉及：①痕量杂质，如重金属、电活性有机物、氧等；②电极材料，电极材料自身常有慢变化的、与电势有关的法拉第反应；③溶剂和支持电解质，它们会在很宽的电势范围内产生小电流，在极端电势下，它们的反应会大大加速，并决定了体系的极限使用条件。

高纯化的体系中，残余法拉第电流很小。由于DME汞滴总在变化扩张中，新鲜表面一直在生成出现，必须不断对电极充电以保持电势，所以总有充电电流 i_c，这种非法拉第充电电流或电容电流可能相当大。

可这样推导得到充电电流 i_c。双层上的电量为

$$q=-C_iA(E-E_z) \tag{7.1.15}$$

式中，C_i 为双电层积分电容（见13.2.2节）；A 为电极面积；$E-E_z$ 差值是相对于零电荷电势的

---

❶ 早期的工作常常使用平均电流，报道的许多扩散电流常数是基于平均电流的Ilkovič方程的。这种扩散电流常数是

$$\overline{I}=\frac{\overline{i}_d}{m^{2/3}t_{\max}^{1/6}C_O^*}=607nD_O^{1/2}$$

所以 $\overline{I}=(6/7)(I)_{\max}$。

❷ 第一版p155。

电势；E_z称作零电荷电势（potential of zero charge，PZC，见 13.2.2 节）。DME 的面积扩张可以看作是在无电荷状态 PZC 生成新表面，然后充电到工作电势。对式（7.1.15）微分得到

$$i_c = \frac{dq}{dt} = C_i A(E_z - E)\frac{dA}{dt} \tag{7.1.16}$$

在汞滴寿命期间 C_i和 E 是常数，从式（7.1.3）得到 dA/dt，进而求出

$$i_c = 0.00567 C_i (E_z - E) m^{2/3} t^{-1/3} \tag{7.1.17}$$

如果 C_i单位是 $\mu F/cm^2$；i_c单位就是 μA。典型的 C_i值在 $10 \sim 20 \mu F/cm^2$。从式（7.1.17）可得到以下几个重要结论。

① 汞滴寿命期间的平均充电电流与浓度约 $10^{-5} mol \cdot L^{-1}$，电活性物质的平均法拉第电流在同一数量级，这就是为什么在这个浓度区，极限电流与残余电流的比值太小。正是充电电流，决定了 DME 直流极谱的测量极限在 $5 \times 10^{-6} mol \cdot L^{-1}$左右（见 7.3.1 节）。

② 如果 C_i和 t_{max}不是电势的强变化函数，那么 i_c与 E 基本呈线性关系。如图 7.1.5 所示，在很宽的电势范围内，实验中的残余电流曲线几乎是直线，这就可以从基线外推得到其他电势下的残余电流，校正测量极谱波的 i_d（见图 7.1.6）。注意，在零电荷电势，电容充电电流为 0，充电电流在这一点改变符号（见图 7.3.3）。

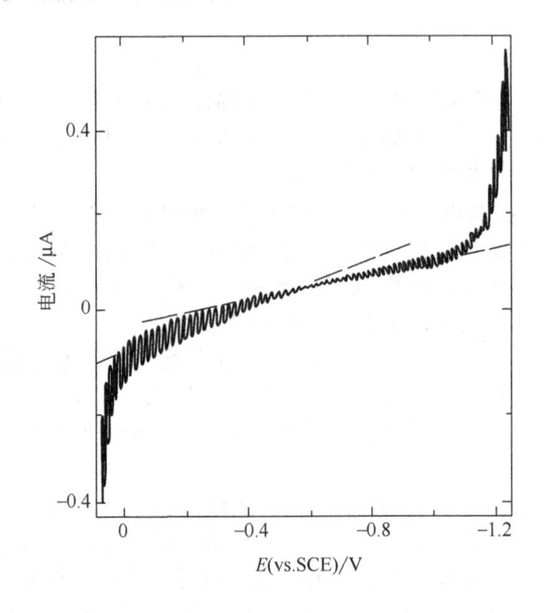

图 7.1.5　0.1mol·L^{-1} HCl 溶液的残余电流

两端正于 0V 和负于−1.1V 电势处，很快的电流升高分别来自汞的氧化和氢离子的还原。0～1.1V 之间的电流主要是电容性的。PZC 大约在−0.6V（vs. SCE）（引自 L. Meites，“Polarographic Techniques”，2nd ed.，Wiley-Interscience，New York，1965，p 101）

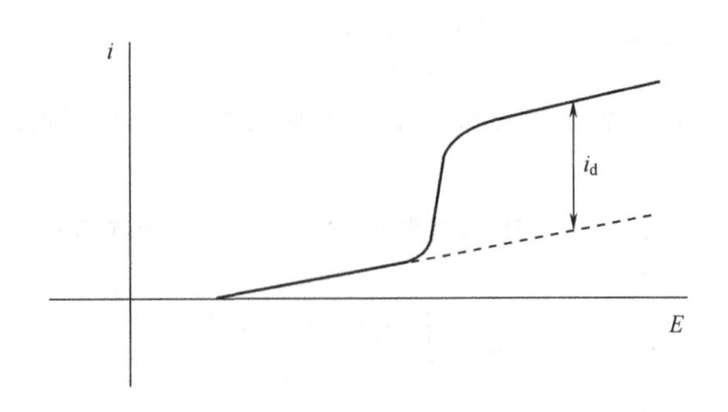

图 7.1.6　从叠加在残余电流倾斜基线上的波获得 i_d的方法

③ i_c和i_d的另一个重要的不同是它们跟时间的关系。i_d单调上升并在t_{max}达到最大值。因为面积的增加速度是减慢的，所以i_c随$t^{-1/3}$单调衰减 [见式 (7.1.17)]。这就可以设计一些方法抑制i_c而利于测量i_d，提高极谱的灵敏度。有关具体方法在 7.3 节讨论。

SMDE 上电流采样时，电极面积是固定的，所以 $dA/dt=0$，没有汞滴扩张引起的电流，式 (7.1.17) 不适用于 SMDE 的电流。大部分情况下，SMDE 上的残余电流几乎完全是法拉第电流，受溶剂和支持电解质的纯度控制（见 7.3.2 节）。

7.2　极谱波

7.2.1　可逆体系

在 7.1.2 节已经知道，采用一级近似，可以对 DME 上的电流作线性扩散处理。面积的时间依赖性归结到 $m^{2/3}t^{-1/6}$项，乘上的因子 $(7/3)^{1/2}$是扩散层扩张引起的传质增强的贡献。对于波上升区的电势，式 (5.4.17) 表示的电流 $i(t)$ 也可以使用这些概念。因为 DME 事实上就是取样电流伏安实验 [参考 5.4.2(2) 节]，所以只要电势变化速度足够慢，就可以认为汞滴寿命期间，E 基本上不变[27,28]，式 (5.4.22) 对波形的分析就可以用于 DME 极谱。

同样，描述表面浓度的式 (5.4.29) 和式 (5.4.30)，以及式 (5.4.31) 和式 (5.4.32) 对 DME 也是适用的。当然最大扩散电流是由式 (7.1.17) 给出的，对应式 (5.4.65) 和式 (5.4.66) 的是

$$(i)_{max}=708nD_O^{1/2}m^{2/3}t_{max}^{1/6}[C_O^*-C_O(0,t)] \tag{7.2.1}$$

$$(i)_{max}=708nD_R^{1/2}m^{2/3}t_{max}^{1/6}C_R(0,t) \tag{7.2.2}$$

显然这些关系仍然符合下列形式

$$(i)_{max}=nFAm_O[C_O^*-C_O(0,t)] \tag{7.2.3}$$

$$(i)_{max}=nFAm_R[C_R(0,t)-C_R^*] \tag{7.2.4}$$

这里 m_O代表 $[(7/3)\ D_O/\pi t_{max}]^{1/2}$，$m_R$也类似定义。

在 SMDE 上，若采样时间 t 足够小，线性扩散就适用，符合 5.4.1 节和 5.4.3 节的要求的那些结果当然也适用。

5.4.4 节对可逆取样电流伏安的分析一样可以用于 DME 的直流极谱和 SMDE 的常规脉冲极谱。

7.2.2　不可逆体系

本节分析 DME 上不可逆波的特殊特征[28~30]。SMDE 的极谱符合 5.5.1 节的结果，服从线性扩散。

Koutecký 处理了 DME 上的完全不可逆体系，结果是[29,30]

$$\frac{i}{i_d}=F_2(\chi) \tag{7.2.5}$$

式中，$\chi=(12/7)^{1/2}k_f t_{max}^{1/2}/D_O^{1/2}$，$F_2(\chi)$ 为用幂级数形式的数值函数。表 7.2.1 给出了部分结果值。从波形图得到各点的 i/i_d，进而从 Koutecký 函数找到对应的 χ，然后可求出 k_f。如果反应机理已知（如单步骤单电子反应，或 n 电子过程的初始步骤是速度控制的、不可逆的电子传递步骤，见 3.5.4 节)，就可以从 k_f与 E 的关系得到 k^0和 α。

Meites 和 Israel 提出了处理完全不可逆极谱的简单方法[28,30]，从 χ 和 k_f的定义得到

$$\chi=\left(\frac{12}{7}\right)^{1/2}\frac{k_f^0 t_{max}^{1/2}}{D_O^{1/2}}e^{-\alpha fE} \tag{7.2.6}$$

式中，k_f^0是在 $E=0$ 处的 k_f，它的值是 $k^0\exp(\alpha fE^{\ominus\prime})$。对式 (7.2.6) 取对数重排后得到

表 7.2.1 完全不可逆波的波形函数①

χ	i/i_d	χ	i/i_d	χ	i/i_d
0.05	0.0428	0.8	0.4440	2.5	0.7391
0.1	0.0828	0.9	0.4761	3.0	0.774
0.2	0.1551	1.0	0.5050	4.0	0.825
0.3	0.2189	1.2	0.5552	5.0	0.8577
0.4	0.2749	1.4	0.5970	10.0	0.9268
0.5	0.3245	1.6	0.6326	20.0	0.9629
0.6	0.3688	1.8	0.6623	50.0	0.9851
0.7	0.4086	2.0	0.6879	∞	1

① 原始数据见文献[29，30]。

$$E=\frac{2.303RT}{\alpha F}\lg\frac{k_f^0 t_{max}^{1/2}}{D_O^{1/2}}-\frac{2.303RT}{\alpha F}\lg\left(\frac{7}{12}\right)^{1/2}\chi \tag{7.2.7}$$

从 Koutecký 的 $F_2(\chi)$ 函数的值，Meites 和 Israel 发现在 $0.1<(i/i_d)<0.94$ 之间存在方程

$$\lg\left(\frac{7}{12}\right)^{1/2}\chi\approx-0.130+0.9163\lg\left(\frac{i}{i_d-i}\right) \tag{7.2.8}$$

代回式（7.2.7）得到，25℃时

$$\boxed{E=E_{1/2}+\frac{0.0542}{\alpha}\lg\left(\frac{i_d-i}{i}\right)} \tag{7.2.9}$$

式中

$$E_{1/2}=\frac{0.059}{\alpha}\lg\left(1.349\frac{k_f^0 t_{max}^{1/2}}{D_O^{1/2}}\right)=E^{\ominus\prime}+\frac{0.059}{\alpha}\lg\left(1.349\frac{k^0 t_{max}^{1/2}}{D_O^{1/2}}\right) \tag{7.2.10}$$

对不可逆体系，E 对 lg $[(i_d-i)/i]$ 图是线性的，25℃时其斜率是 $54.2/\alpha$ mV，$|E_{3/4}-E_{1/4}|$ 是 $51.7/\alpha$ mV❶。

α 一般在 0.3～0.7，所以不可逆体系的波斜率和 Tomeš 判据一般都远大于可逆体系的值。有时这样判断有点不准确，如 $\alpha=0.85$ 时波斜率是 63.8mV，在一般的测量精度内，既可以认为这个体系是可逆的，也可以认为这个体系是不可逆的。检查可逆性的更好办法是使用循环伏安那样可以在两个方向上观察电极反应的方法。

图 7.2.1 是 Meites 和 Israel 报道的关于铬酸盐还原极谱的实际数据[31]，从结果看，这个反应的表现是以初始电子转移为速度控制步骤的。

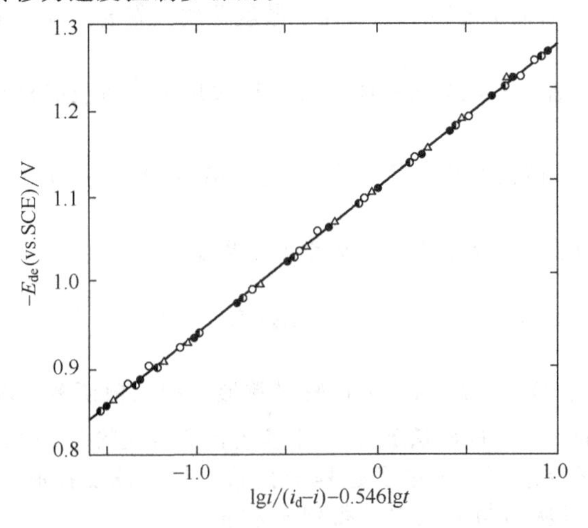

图 7.2.1 0.1mol·L⁻¹ NaOH 中，1.0mmol·L⁻¹ CrO_4^- 还原极谱的波斜率图

不同的符号对应不同的汞滴滴落时间，实验在电势-0.80V(vs. SCE) 完成。t_{max}=7.5s(空心圆)，5.5s(三角)，4.1s(半空心圆)，3.4s(实心圆)。对应的实际极谱图见图 7.1.4[引自 L. Meites，Y. Israel，*J. Am. Chem. Soc.*，**83**，4903(1961)]

❶ 原始文献［28,32］中还有球形电极的校正方法。

不可逆波的形状和位置只能提供动力学信息，可以从中得到 k_f、k_b、k^0 和 α，而得不到 $E^{\ominus\prime}$、自由能这样的热力学信息[28,33,34]。区分规则大致是，D 在 $10^{-5}\,cm^2/s$ 数量级时，对于几秒这样的极谱典型时间尺度，$k^0>2\times10^{-2}\,cm/s$ 的体系表现为可逆。同样条件下，$k^0<3\times10^{-5}\,cm/s$ 这样的异相电子转移过程表现出完全不可逆的行为，可以从上面的推导中求出速度参数。k^0 位于这两者之间的体系是准可逆的，采用 Randles 的方法可以得到部分动力学信息[33,34]，当接近可逆情况时，用这种方法获得的动力学信息就不太准确了。关于不可逆波的更多信息参考 5.5.4 节。

7.3　脉冲伏安法

脉冲伏安法涉及一整套方法，并且自本书第一版以来，已经有了很大发展。这类方法起源于经典极谱技术，最初是为抑制 DME 汞滴连续扩张引起的充电电流而设计的。从 1980 年，SMDE 成为极谱工作的常用电极以来，这些方法在静止电极上的应用也越来越普遍，并逐渐和 DME 分离开来。

这里分析其中 5 种方法：断续极谱法（tast polarography）和阶梯伏安法（staircase voltammetry）、常规脉冲伏安法、反向脉冲伏安法（reverse pulse voltammetry）、示差脉冲伏安法（differential pulse voltammetry）和方波伏安法（square wave voltammetry）。历史上，断续极谱、常规脉冲伏安法、示差脉冲伏安法是依次从 DME 极谱中发展出来的，所以下面在极谱法的基础上，依次介绍这些 DME 和 SMDE 都可以使用的技术，然后转向脉冲方法在其他电极上的广泛应用。反向脉冲伏安法和方波伏安法是后来的创新，在极谱法之外讨论。

7.3.1　断续极谱法和阶梯伏安法

这里首先介绍断续方法，不是因为它曾广泛应用，也不是因为它只用于 DME，和其他更先进的脉冲方法相比它也没什么优点，而是因为这个方法是理解脉冲伏安采样设计策略的一个很好出发点。

从前面对 DME 电流的分析中，我们知道在汞滴寿命期间，充电电流逐渐降低（见 5.1.5 节），法拉第电流则是单调上升，并可以用 Ilkovič方程近似描述（7.1.2 节）。图 7.3.1 示出了这些结论。显然，若刚好在汞滴落下前采样，就可以得到最佳的法拉第电流与充电电流之比，即提高灵敏度。

断续极谱就是精确地在这种方式下工作。在汞滴生长时刻 τ，对电流采样，直到下一滴上采

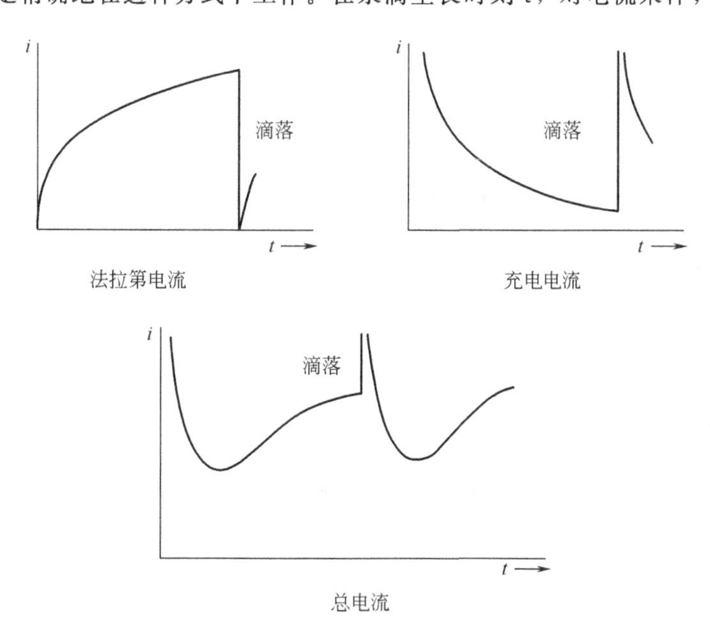

图 7.3.1　DME 上电容电流和法拉第电流的叠加

到新的样之前，在记录系统（如计算机、记录示波器或记录仪）一直保持这个电流值不变。当然恒电势仪总是在工作的，和在常规极谱一样，电势按阶梯程序（见图 7.3.2）每滴每步改变一个小台阶。典型的 τ 是 2～6s，ΔE 是几毫伏❶。实验记录采样得到电流对电势的图（电势是与时间等价的）。图 7.3.3(b) 显示了 0.01mol·L^{-1} HCl 中 10^{-5}mol·L^{-1} Cd^{2+} 的断续极谱。在刚好采样后，敲击振落汞滴，可以保证汞滴寿命为一个固定值，在整个电势范围，保证使用同样的汞滴时间。图 7.3.4 是有关的实验装置简图。

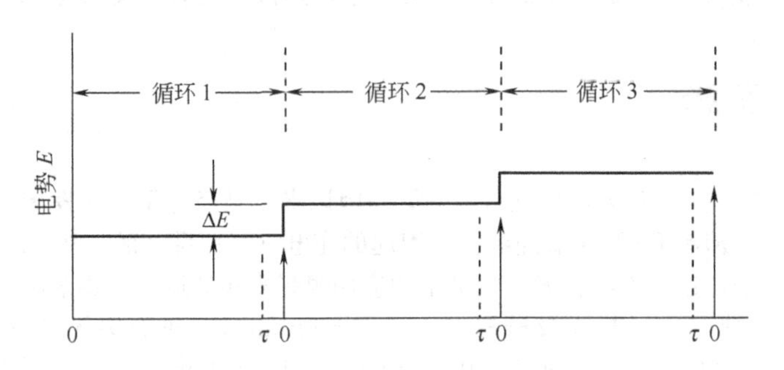

图 7.3.2　断续极谱和阶梯伏安的阶梯电势波形和采样方案

实验由一系列小步骤循环构成，每一步施加一电势并保持恒定，在每一步开始后 τ 时间进行电流采样，然后电势改变 ΔE 值，开始下一步。在断续极谱中，汞滴在每一步结束时击落，如图中箭头处。在断续伏安中，没有汞滴，当然省略这一步。电流采样、击落汞滴和改变电势顺序执行，可以忽略相互之间的很小时间间隔（图中有些夸大）。每步的周期和 τ 一样

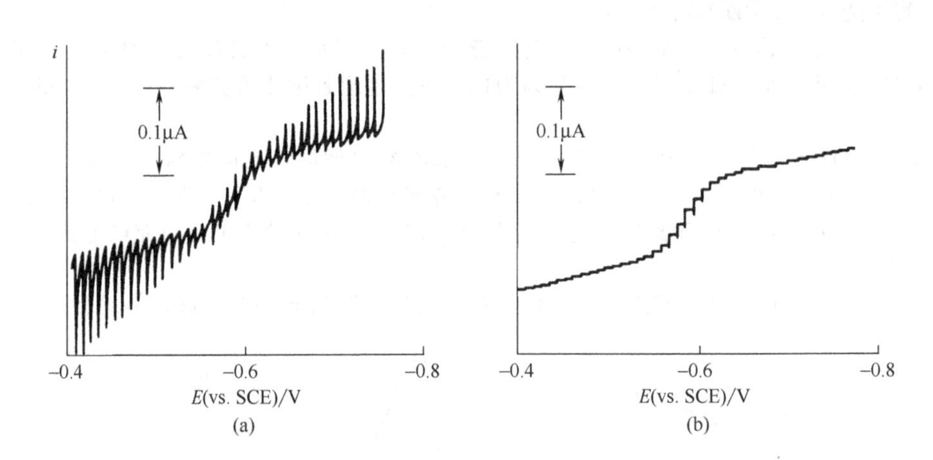

图 7.3.3　0.01mol·L^{-1} HCl 中，10^{-5}mol·L^{-1} Cd^{2+} 的极谱图

(a) 常规直流模式；(b) 断续模式。注意，断续方法中避免了汞滴下落时出现的非法拉第尖峰。本实验的 PZC 在 −0.5V，可看到充电电流尖峰在较正电势下是“阳极的”，在较负电势下是“阴极的”

因为恒电势仪总是在工作，电势在汞滴寿命期间保持恒定，所以电极上的实际电流和使用相同汞滴寿命的常规极谱上的电流一样，断续极谱和常规极谱的差别，只是记录系统仅仅记录采样电流而已。电流中的法拉第组分是

$$i_d(\tau)=708nD_O^{1/2}C_O^*m^{2/3}\tau^{1/6} \tag{7.3.1}$$

相应的充电电流是

$$i_c(\tau)=0.00567C_i(E_z-E)m^{2/3}\tau^{-1/3} \tag{7.3.2}$$

这种方法将检测限达到 10^{-6}mol·L^{-1}左右，略优于常规极谱。断续极谱测量结果，只是常规极谱电流的取样电流表示，所以，前面关于波形的分析和最大电流的判断测量方法，同样适用于断续极谱技术。

---

❶ 也可以使用斜坡电势，这时在汞滴寿命期间，电势变化大约是 3～10mV。

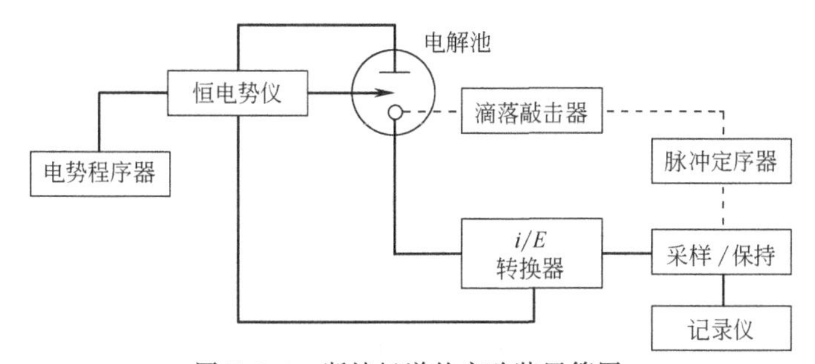

图 7.3.4　断续极谱的实验装置简图
阶梯伏安法与之类似，只是阶梯伏安法使用静止电极，不需要敲击器

在 SMDE 上也可以使用断续极谱，但价值不大。因为 SMDE 上的电流是 Cottrell 衰减电流，所以在汞滴寿命结束时电流最小。若为了得到大的信号和更短的极谱实验总时间，需要使用最短的汞滴时间，这样一来，加快汞滴形成，却会引起对流干扰，电流时间关系不再精确符合球形扩散理论，就不能像前面对 DME 的分析那样解释极限电流。在 SMDE 电极上，采样时电极面积不变，充电电流被自动抑制，阶梯波不会引起显著的充电电流。有关细节见 7.3.2 节。

断续方法是为周期更新的电极设计的，并不用于铂盘或悬汞那样的静止电极。但与之相似的阶梯伏安可以用于这些电极[35]。实验程序如图 7.3.2 所示，没有汞滴的生长和下落限制，可以在很宽的范围设定取样时间和循环周期，时间甚至可短至微秒级，ΔE 也可根据需要任意设置。ΔE 参数定义了沿电势轴的电流取样密度，决定了伏安图的"分辨率"。τ 则决定了动力学时间尺度。如果 τ 同时就是循环（步进）周期，$\Delta E/\tau$ 就是扫描速度 v，也表示在指定电势范围内实验采集数据的速度。

阶梯伏安法中，电极不是周期更新的，每步台阶循环的初始条件就是前一步的结果，所以每一步的响应受实验的历史影响。最明显的证据是，在伏安图的扩散控制区，连续多步采样不会像极谱那样得到一个电流平台，而是由于电极附近电活性物质的累积消耗而导致电流逐渐减小，结果简单体系的阶梯伏安响应是峰状，不是平台状。

在很多方面，阶梯伏安法与第 6 章介绍的电势扫描方法类似。仔细观察每周期采样时的电流变化[39,40]，可以发现，大部分体系对较高分辨（$\Delta E<5$mV）阶梯伏安的响应，与同样扫描速度的线性扫描实验结果非常相似。事实上，也经常基于线性扫描伏安法和循环伏安法的各种理论去分析阶梯伏安法的结果❶。

从原理上说，使用阶梯伏安法代替线性扫描，可以抑制充电电流背景。如果对扫描速度或分辨率没什么要求，可以这么做。为避免充电电流干扰采样，阶梯伏安法的 τ 必须至少是电解池时间常数的好几倍（原因下节讨论）。速度和分辨率是相反的要求，因而这个 τ 时间条件并不总能满足。例如，在 100mV/s 的扫描速度下使用 5mV 的分辨率是没问题的，因为这时的 τ 是 50ms，远大于大部分体系的电解池时间常数。相反，若 1V/s 的扫描速度使用 1mV 的分辨率，需要 $\tau=$ 1ms，大部分实际情况中，充电电流不会在这样短的时间完全衰减。充电电流对总电流有贡献，阶梯伏安法的优点就没有了。相对线性扫描方法，这一问题和信噪比方面的两个缺点（采到的样是最小的法拉第响应，窄时间窗时采样噪声效应较强）也限制了阶梯伏安法的适用性。

7.3.2　常规脉冲伏安法

（1）极谱背景　断续测量仅在汞滴寿命最后的很短时间内记录电流，采样时间之前的电流没有什么用途。事实上，采样时间之前的电流，使得电极附近的被测物质贫化，降低了测量时向表面的扩散流量，这实际上有损灵敏度。常规脉冲极谱（NPP），就是设计在测量前禁止这种无用的电解[6,35,41～44]。图 7.3.5 就是 DME 或 SMDE 上使用的 NPP 实验程序示意。

在汞滴寿命的大部分时间里，电极保持在基底电势 E_b，此时电解几乎可以忽略。从汞滴开

---

❶　事实上，现在许多仪器是就用小台阶 ΔE（<0.2mV）的阶梯函数来发生"线性"扫描波形的，因为用数字控制系统这样做很简单。当 ΔE 小到低于波形噪声时，阶梯波形和线性扫描波形就没什么差别了。

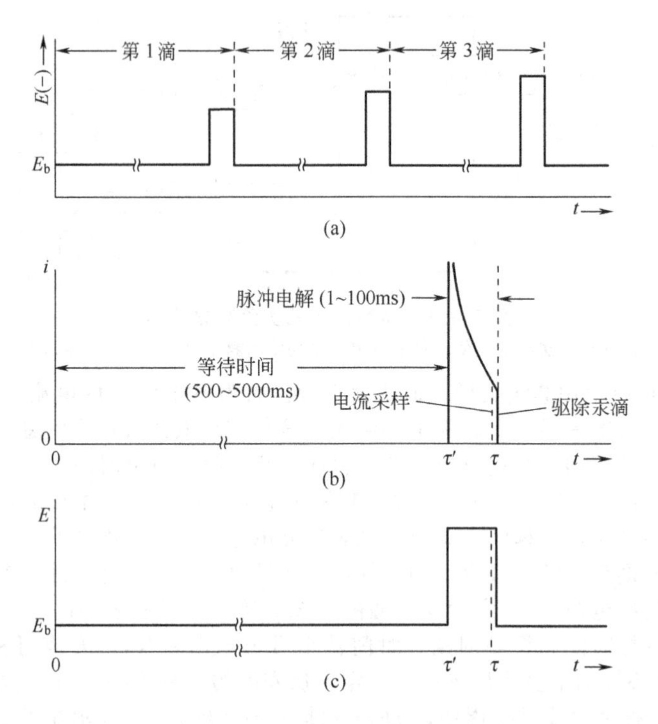

图 7.3.5　常规脉冲极谱的实验程序

(a) 电势程序；(b) 电流和 (c) 单汞滴寿命期间的电势波形

始生成算起，等待一固定时间 τ'，电势突然阶跃改变到 E 保持约 50ms，然后再阶跃回基底电势 E_b。在 50ms 脉冲结束前的时刻 τ 对电流采样，采样结果送往记录系统，直到下次采样完成前这个电流值一直保持在记录系统。汞滴在脉冲刚结束时击落，开始下一滴汞滴生成，就这样周而复始的循环。只是每循环一次，阶跃脉冲电势 E 就朝同一个方向改变几毫伏。实验结果是采样电流对阶跃脉冲电势 E 的图，它的形式如图 7.3.6(a) 所示。仪器装置示意于图 7.3.7。

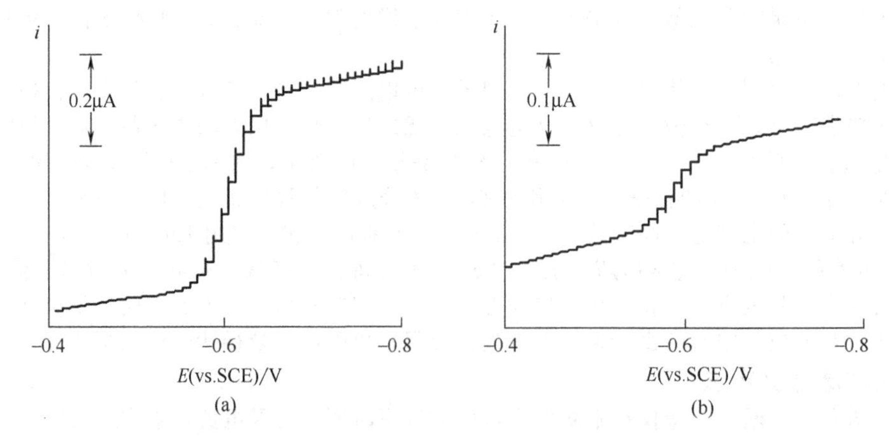

图 7.3.6　0.01mol・L^{-1} HCl 中，10^{-5}mol・L^{-1} Cd^{2+} 的极谱图

(a) 常规脉冲模式；(b) 断续模式

这样的实验由 Barker 和 Gardner 首先实现[41]，显然它完全是基于 5.1、5.4、5.5 节所述模型的取样电流伏安法。常规脉冲伏安法是它的常用名称，这种方法也可以用于 7.3.2(4) 节讨论的非极谱型电极。

在基底电势等待时的电解是可忽略的，所以电极附近溶液中的初始浓度分布一直保持到施加脉冲的时候。而且虽然电极是球形的，但在短短的脉冲电解时间内表现为平面型扩散的（见

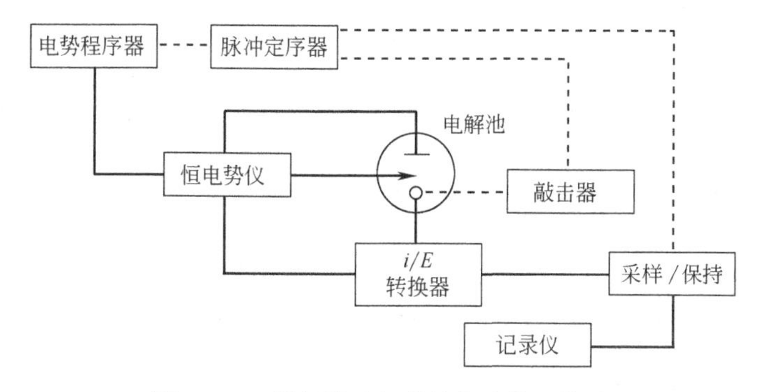

图 7.3.7　常规脉冲极谱的实验装置简图

5.2.2 节)，所以法拉第平台电流是

$$i_d=\frac{nFAD_O^{1/2}C_O^*}{\pi^{1/2}(\tau-\tau')^{1/2}} \tag{7.3.3}$$

式中，$(\tau-\tau')$ 就是阶跃脉冲宽度。

(2) DME 上的行为　将此电流与 DME 上断续极谱测量结果比较，把 7.1.2 节关于断续极谱电流的式 (7.3.1) 重写为

$$(i_d)_{tast}=\frac{nFA(7/3)^{1/2}D_O^{1/2}C_O^*}{\pi^{1/2}\tau^{1/2}} \tag{7.3.4}$$

于是[42]

$$\frac{(i_d)_{plus}}{(i_d)_{tast}}=\left(\frac{3}{7}\right)^{1/2}\left(\frac{\tau}{\tau-\tau'}\right)^{1/2} \tag{7.3.5}$$

一般 $\tau=4s$，$(\tau-\tau')=50ms$，对这种时间参数相同的断续极谱和脉冲极谱实验，可算出这个电流比值大约是 6。显然，脉冲模式下，法拉第电流有实质上的增长。图 7.3.6 对比了 DME 上，0.01mol·L^{-1} HCl 溶液中，10^{-5}mol·L^{-1} Cd^{2+} 的常规脉冲极谱和断续极谱，可以很清晰地看出脉冲方法的电流要大得多。

在电势 E 时，充电电流对采样总电流的贡献几乎完全来自电极面积的连续扩张（原因在后面讨论）。在同一测量电势下，对 τ 和 m 相同的两种方法，充电电流的贡献是一样的 [方程 (7.3.2)]。比较从断续极谱或常规极谱的结果可以看出，常规脉冲方法不但保持了断续极谱法那样通过抑制充电电流带来的灵敏度改进，而且还通过增强法拉第电流进一步提高了灵敏度。常规脉冲极谱测量极限达到 10^{-6}～10^{-7}mol·L^{-1}之间。

作为分析工具，常规脉冲极谱广泛用于痕量重金属和有机物的测定，特别是环境样品的分析[6,35,43～45]。7.3.6 节专门介绍它的实际应用。

(3) SMDE 上的行为　DME 上有连续的充电电流，而在 SMDE 上没有，因而在静止滴汞电极上常规脉冲方法不是那么重要。

电化学测量中，充电电流来源于随时间变化的电极面积、电极电势或界面电容。一般来说，界面结构要么是稳定的，要么是随电势变化一样快的变化，电容本身的时变性很少有显著的充电电流贡献。分析图 7.3.5，除了在电势阶跃边沿，其他地方的 dE/dt 均为 0，所以充电电流只是对阶跃时电势变化的响应，并随电解池时间常数 R_uC_d 指数衰减（见 1.2.4 节）。经过几个电解池时间常数的时间后，充电过程的 99% 以上已经完成，这时的充电电流一般是可忽略的。所以只要 $\tau-\tau'$大于 $5R_uC_d$，来自 dE/dt 的充电电流贡献就不显著。在许多介质中，DME 或 SMDE 的电解池时间常数一般只有几十微秒或几毫秒（见 5.9.1 节），常用的 NPP 实验条件很容易满足这个 $5R_uC_d$时间条件。因而 NPP 方法的充电电流主要源于电极面积的变化，正比于 dA/dt。在 DME 上，dA/dt 永远不为 0，充电电流按式 (7.3.2) 计算。而 SMDE 上，除了生成汞滴需要的那最初几十毫秒，dA/dt 总是为 0。

在 SMDE 上电流采样时，来自各个方面的充电电流已经是次要成分，基底背景电流主要来

自其他法拉第过程，一般源于电极本身、溶剂、支持电解质或溶液中的杂质如氧等。

由于脉冲宽度很窄，SMDE并不表现为球形扩散行为，其法拉第电流服从式（7.3.3）给出的Cottrell衰减。SMDE上，NPP的采样电流大小完全和同样半径的成熟DME上的电流相同。

和DME相比，在SMDE上使用NPP有三个重要优点：①完全排除了充电电流，降低了背景电流，改善了测量极限；②充电电流的消除还降低了背景电流的斜率，因而可以更好地测量波高，提高了精度；③SMDE上更容易使用较短的滴汞时间（1s或更短），和DME相比，可以节省75%以上的时间。

（4）非极谱电极的行为　常规脉冲伏安法设计思想的核心是扩散层的循环复原。对于DME和SMDE，复原是通过汞滴下落时对溶液的搅拌和新鲜汞滴的生成来实现的，而在其他电极上，扩散层的复原可能不容易实现。

从操作上看，若在非极谱电极如铂盘上做NPV实验，使用图7.3.5所示的同样波形和采样程序，没有击落汞滴步骤，经过多次脉冲和采样循环，电极表面和扩散层中，电化学物质就会逐渐贫化，产物逐渐累积。这会引起NPV响应的退化。扩散层复原可以通过三种途径实现。

① 化学可逆体系。如果脉冲期间进行的电极过程，能在基电势E_b反向进行，复原可以通过脉冲后回到基电势的再电解来实现。电极在E_b的保持比脉冲时间长得多时间，一般可以完全收集脉冲时的产物，完全恢复脉冲前的初始状态。这并不要求电极动力学快到所谓“可逆”的地步，只要恢复基电势的化学状态（如表面状态、浓度分布、扩散层等）就行了。

② 对流复原。在对流体系，如旋转盘上，做常规脉冲实验时，可以通过在电势E_b的搅拌来复原扩散层。即使遇到产物衰变为非活性物质而无法通过反向电解恢复的化学体系，也可以用搅拌来恢复。对流还影响每个脉冲的电流取样，所以基于扩散理论的理论分析不太适用。但是有关误差常常要么根本不必考虑（如用于分析用途时，实际上是可以校正的），要么很小可以忽略（因为脉冲时间很短，扩散层主要限于电极表面相对不流动的溶液层）。

③ 缓慢复原。即使没有对流或反向电解，在基电势E_b等待足够长的时间，通过来自溶液本体的扩散来恢复消耗的电反应物，也可以简单地复原扩散层。

如果扩散层可以复原，就可得到与前面SMDE上的NPP完全一样的结果，但测量极限一般比不上SMDE，因为大部分固体电极上，电极表面自身的慢速法拉第过程产生的背景电流会干扰测定[❶]。如果扩散层不能有效复原，伏安波形就不是平台状，而是峰状。在更极端的电势时，出现电化学物质的累积贫化效应，电流就会下降。曲线的趋向就和线性扫描伏安类似，原因也完全相同（见6.1节）。

（5）波形　历史上，常规脉冲极谱常用作分析工具而不是判断手段，一般不关心波形分析。但因为NPP实质上是一种取样电流伏安法，5.4和5.5节的理论可以应用。当然，毫秒级的时间特征，比常规极谱的约3s时间尺度短得多，因此，常规极谱实验中表现可逆的化学体系，在常规脉冲中可能是准可逆或不可逆的。许多动力学迟缓的体系都是这样。注意，相反的行为也可能看到。如果一个体系有快速的动力学，电极反应产物在1s的时间尺度上分解，那么因为测量过程中分解的产物少，常规脉冲实验将表现出可逆性，而常规极谱则表现出电荷转移步骤后有均相则反应的特征（见第12章）。在非极谱电极上，波形的判断依赖于扩散层是否有效复原，难以复原时，分析NPV波形是不现实的。

7.3.3 反向脉冲伏安法

通常的常规脉冲实验，是在要研究的电化学物质不反应的区域选择基电势E_b，脉冲电势逐渐改变，靠近$E^{\ominus\prime}$，进而最终到达极限扩散控制区，完成电势扫描。如果考虑可逆反应$O+ne \rightleftharpoons R$，本体初始只有O存在的情况，$E_b$大约取在比$E^{\ominus\prime}$正200mV的电势，阶跃脉冲电势逐

❶ 电极表面经常有法拉第性质的转变，如金属电极上氧化物的形成或还原、石墨电极上边沿处的含氧功能团的电化学转化等，许多类似过程在很宽的电势范围缓慢地发生，在电势或介质变化后，它们引起的背景电流会持续很长时间。如果电解质溶液中，电极上发生与电势相关的低浓度物质吸附，也会有缓慢衰减的非法拉第背景电流。这些背景电流常常是源于“表面过程”。固体电极上的这些电流一般比汞电极上的要大得多，除非在不变的介质中将固体电极保持在固定电势很长时间（几分钟甚至一小时）。

渐向负方向改变 [图 7.3.8(a) 左]，并保证每次脉冲施加前，法拉第电流可忽略，从体相到表面的浓度分布均匀。

反向脉冲伏安或反向脉冲极谱[47]，电势波形和采样程序与图 7.3.5 所示的常规脉冲方法类似。其中的差别（图 7.3.8）是：①基电势选在体相电化学物质电解的极限扩散区；②阶跃脉冲电势则“倒着”变化，通过 $E^{\ominus\prime}$，退向电化学物质不电解的电势。对于上段提到的例子，基电势 E_b 选在比 $E^{\ominus\prime}$ 负 200mV 的电势，而阶跃脉冲电势逐渐向正方向改变。在较长的时间 τ'，电势是 E_b，O 以扩散控制极限速度被还原，其电极表面浓度是 0，同时 R 在电极表面生成并向体相扩散。在这种不均匀浓度分布下施加脉冲，重点是测量电极附近存在的 R，而不是 O。随脉冲电势逐渐向正变化，在施加脉冲时，基电势下生成的 R 逐渐能被氧化，在时间 τ 可以采集到阳极电流。当脉冲电势达到比 $E^{\ominus\prime}$ 还正 200mV 以上时，R 的电解达到极限扩散速度，不再随阶跃电势变化，出现阳极平台电流 [图 7.3.8(b) 下]。显然，这种方法是一种反向技术，其目的是针对前一步初始电解产物的行为进行测定。

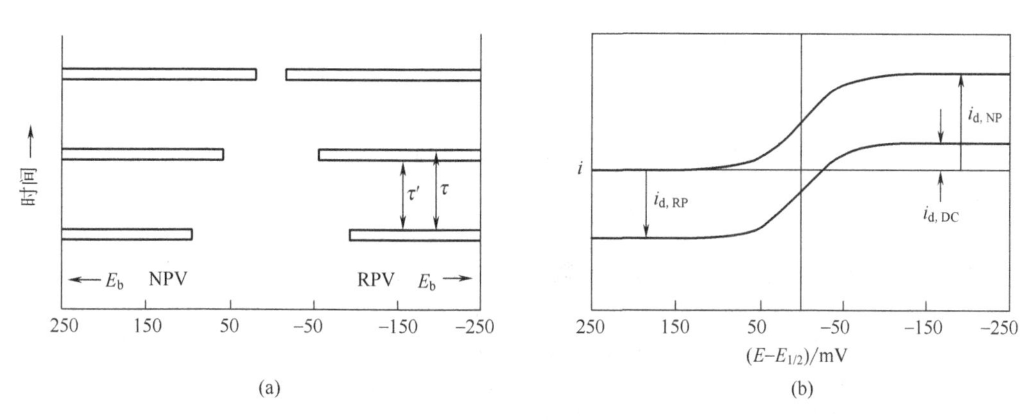

图 7.3.8　简单的单电子可逆体系，反向脉冲伏安和常规脉冲伏安的对比

(a) 电势波形和基电势的位置。这些方法的极谱方式包括在每个脉冲结束时击落汞滴并开始生成新汞滴。(b) $i(\tau)$ 对脉冲电势的伏安图：NPV（左），RPV（右）

常规脉冲实验中，直到脉冲电势接近 $E^{\ominus\prime}$，O 才会在电极上反应，所以常规脉冲 E_b 附近的阶跃电势下，法拉第电流也完全是 0。RPV 的情况有所不同，在基电势附近，O 是以扩散控制速度还原的，可以采到显著的阴极电流。开始，靠近 E_b 的一些脉冲幅度尚小，还没接近 $E^{\ominus\prime}$ 电势，不会改变 O 的电解速度，因而在这些脉冲下采到的电流和 E_b 时的一样。这与在脉冲的电势下进行、在时间 τ 取样的断续实验很相像。如果半无限线性扩散适用，阴极平台电流（RPV 波的“基底”）$i_{d,DC}$ 可由 Cottrell 方程给出（图 7.3.8）

$$i_{d,DC}=\frac{nFAD_O^{1/2}C_O^*}{\pi^{1/2}\tau^{1/2}} \tag{7.3.6}$$

5.7.2 节曾分析过先以极限扩散正向电解，接着在反向步骤对产物极限扩散收集的过程，从那里可以预计阳极平台电流 $i_{d,RP}$。当步进扫描到阳极平台时，就是 RPV 的情况，电流服从方程 (5.7.15)，用 RPV 的时间参数重新表示为

$$-i_{d,RP}=\frac{nFAD_O^{1/2}C_O^*}{\pi^{1/2}}\left[\frac{1}{(\tau-\tau')^{1/2}}-\frac{1}{\tau^{1/2}}\right] \tag{7.3.7}$$

和式 (7.3.3) 比较，可以看出，式中第一项就是 NPV 实验的极限扩散电流 $i_{d,NP}$，第二项就是式 (7.3.6) 的 $i_{d,DC}$，于是可得到

$$\boxed{i_{d,DC}-i_{d,RP}=i_{d,NP}} \tag{7.3.8}$$

式 (7.3.8) 的左边就是整个反向脉冲伏安波的总高度，它和有同样时间参数的常规脉冲伏安的高度相等。

无论什么电极，只要半无限线性扩散条件可用，每步循环的浓度分布能恢复，这些结论就有

效。对静止平面电极，这些关系显然正确。对 SMDE，只要 τ 期间的电流 $i_{d,DC}$ 是 Cottrell 电流，并且没被汞滴生成时的对流所干扰，就可以使用这些关系。对 DME，由于电极面积的不断扩张而复杂化，然而研究结果表明[47,48]，如果 $i_{d,DC}$ 可以用时间 τ 时的 Ilkovič电流表示［式（7.3.1）或式（7.3.4)］，并且脉冲宽度和预电解时间相比很短［即 $(\tau-\tau')/\tau'<0.05$］，式（7.3.8）仍是很好的近似。

对可逆体系，RPV 波的形状可以从一般的双阶跃响应式（5.7.14）导出。若预电解总是服从极限扩散条件，即 $\theta=\exp[nf(E_b-E^{\ominus\prime})]\approx 0$，那么在反向脉冲到任意电势 E 的取样电流是

$$-i_{RP}=\frac{nFAD_O^{1/2}C_O^*}{\pi^{1/2}}\left\{\left(1-\frac{1}{1+\xi\theta'}\right)\left[\frac{1}{(\tau-\tau')^{1/2}}\right]-\frac{1}{\tau^{1/2}}\right\} \tag{7.3.9}$$

式中 $\theta'=\exp[nf(E-E^{\ominus\prime})]$。在式（7.3.9）的三项中，第一项和第三项合起来就是式（7.3.7）定义的 $i_{d,RP}$，第二项是 $-i_{d,NP}/(1+\xi\theta')$，于是有

$$i_{RP}=i_{d,RP}+\frac{i_{d,NP}}{1+\xi\theta'} \tag{7.3.10}$$

用式（7.3.8）取代 $i_{d,NP}$，重排得到

$$\xi\theta'=\frac{i_{d,DC}-i_{RP}}{i_{RP}-i_{d,RP}} \tag{7.3.11}$$

取对数并定义 $E_{1/2}=E^{\ominus\prime}+(RT/nF)\ln(D_R^{1/2}/D_O^{1/2})$，得到

$$\boxed{E=E_{1/2}+\frac{RT}{nF}\ln\left(\frac{i_{d,DC}-i_{RP}}{i_{RP}-i_{d,RP}}\right)} \tag{7.3.12}$$

这和 1.4.2(2) 节得到的可逆合成波波形函数一样。现在可以得到结论，和从图 7.3.8(b) 看出的一样，RPV 的半波电势、总电流高度和波斜率与相应的 NPV 完全一样。当然这里的结果是基于简单的半无限线性扩散导出的，Osteryoung 和 Kirowa-Esner 证明这也可以用于 DME[47]。

RPV 的基本用途是表征电极反应的产物，特别是产物的稳定性。显然，如果在时间周期内，特别是脉冲时间尺度内，R 显著衰变，脉冲期间它就不会被完全氧化，阳极平台电流肯定比式（7.3.7）预计的幅度要小。如果衰变很快，R 将完全消失，阳极平台电流将为 0。RPV 和 NPV 的平台高度比定量表征了产物的稳定性，借助有关理论，可以从中导出后续化学反应的速率常数。有关的许多机理和方法在第 12 章讨论。

如上所述，RPV 的核心主要在波的高度，而不是波形和位置。RPV 的特征基于计时电流理论，可以把它看作是双阶跃计时电流数据在电势坐标上的一种表示方法，就如本节前面推导的那样，因而双阶跃计时电流法的研究结果肯定可以用于分析各种化学情形下的 RPV 数据。

7.3.4 示差脉冲伏安法

（1）极谱背景　使用图 7.3.9 和图 7.3.10 所示的小幅度脉冲程序，可以实现比常规脉冲伏安更高的灵敏度，这就是示差脉冲伏安（DPV）[6,35,41~45]。虽然图中显示的是示差脉冲极谱（DPP）的情况，但波形和测量策略具有一般意义。DPP 和常规脉冲极谱类似，但在下列几个方面不同：①在汞滴寿命期间的大部分时间，施加的基电势对不同汞滴是不同的，以一个小的增量

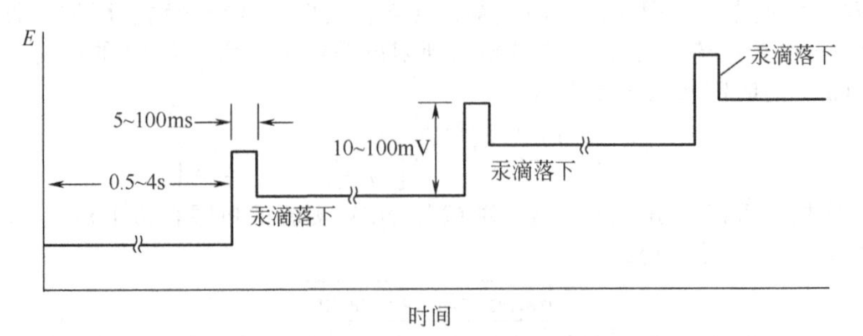

图 7.3.9　示差脉冲极谱实验中，几个汞滴上的电势程序

在汞滴寿命后期施加的 10～100mV 电势变化就是脉冲高度 ΔE

步进改变；②相对对应的基电势，脉冲高度保持恒定值，在 10～100mV 之间；③每个汞滴寿命期间对电流采样两次。一次在时间 τ'，刚好在阶跃脉冲施加前，第二次在时间 τ，脉冲后期、汞滴击落之前；④实验结果记录的是两个采样电流之差，$\delta i=i(\tau)-i(\tau')$，对基电势的图。其名称来自测量得到的电流差值。示差脉冲极谱的脉冲宽度（约 50ms）和用于汞滴生长的等待时间（0.5～4s）都与常规脉冲方法类似。

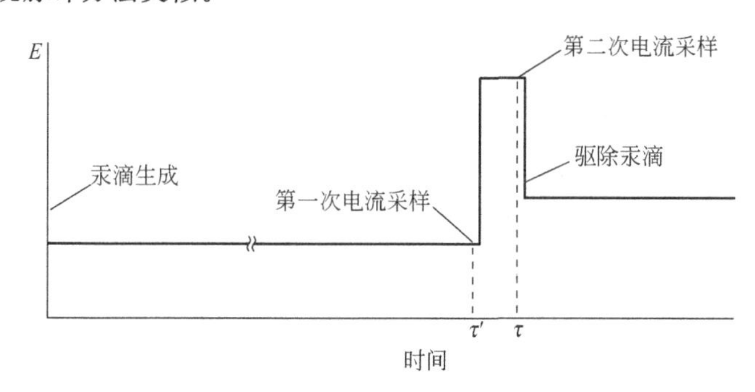

图 7.3.10　示差脉冲极谱实验中，单个汞滴上的过程

图 7.3.11 是它的实验装置方框图。图 7.3.12(a) 是 0.01mol · L^{-1} HCl 溶液中，10^{-5} mol · L^{-1} Cd^{2+} 的实际示差脉冲极谱图，同样体系的常规脉冲极谱图示于图 7.3.23(b)，以便对比。

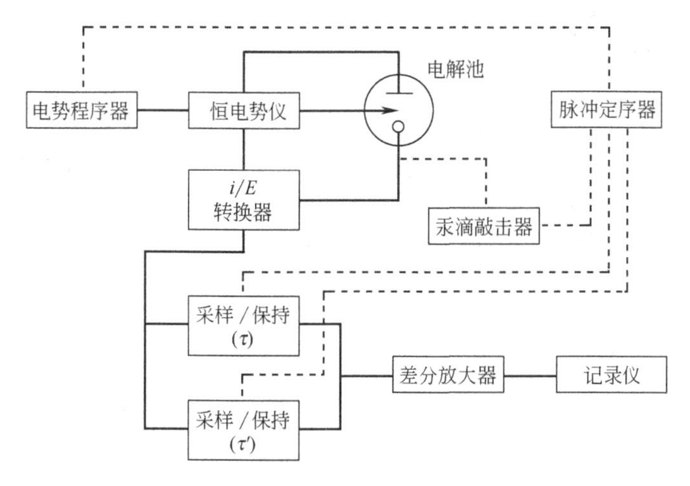

图 7.3.11　示差脉冲极谱的实验装置示意框图

为清楚起见，也包括了应该在独立 DPP 单元实现的电子装置。在现代仪器中，计算机可以担任这里的许多功能角色，包括序列控制、数据记录、差减信号计算和结果显示等

注意，差减测量得到的是峰状结果，而不是前面已经熟悉的波状响应，其原因很容易理解。在实验初期，基电势远正于 Cd^{+} 的 $E^{\ominus}{}'$，脉冲前没有法拉第电流流过，脉冲时电势的变化也太小，不足以激发法拉第过程，所以 $i(\tau)-i(\tau')$ 实际上是 0，至少法拉第成分是这样。而在实验后期，基电势移到极限扩散电流区，在等待时间 Cd^{2+} 以最大可能速度还原，施加脉冲也不能进一步再增加电流，$i(\tau)-i(\tau')$差值又很小。只有在 $E^{\ominus}{}'$附近（对可逆体系而言）才会观察到显著的差减电流。因为表面浓度 $C_O(0,t)$ 不为 0，在那时的基电势下，Cd^{2+} 以低于最大值的速度还原。然后施加脉冲使得 $C_O(0,t)$ 变得更低，所以向表面的 O 流量和法拉第电流增强。也就是说，只有在小的电势变化能引起大的电流变化的电势区，示差脉冲技术才表现出高响应。

响应函数的形状和峰高，可以很直接地定量处理。注意，每一汞滴寿命期间，实际包含了一个电势双阶跃实验，从汞滴开始生长的 $t=0$ 保持基电势 E，到 $t=\tau'$施加脉冲。在汞滴寿命的剩余时间，电势是 $E+\Delta E$，ΔE 是脉冲高度。每一滴汞滴都在由体相组成的溶液中开始生成，然后在 τ'时间前经历基电势电解，在这前期电解造成的浓度分布下施加脉冲。这种情况与 5.7 节的情

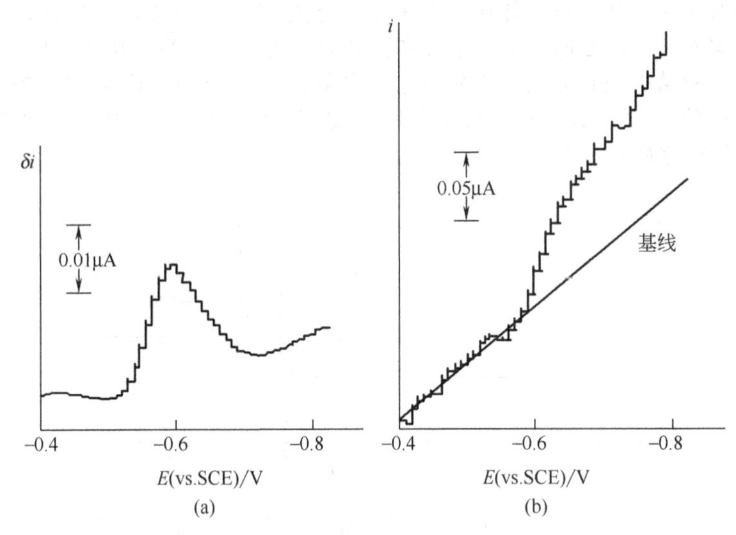

图 7.3.12　0.01mol・L^{-1} HCl 溶液中，10^{-5}mol・L^{-1} Cd^{2+} 的极谱图

(a) 示差脉冲，$\Delta E=-50$mV；(b) 常规脉冲

况类似，可以用那里的方法处理。但问题的简化处理过程晦涩难懂，这里不使用那些方法。

一般预电解时间 τ' 大约是脉冲时间 $\tau-\tau'$ 的 20～100 倍，所以预电解将建立一个厚扩散层，脉冲的影响只能改变其中的一小部分。事实上，用下列假定可以对实验做近似处理。这就是，对于脉冲来说，下面两种情况是一样的、无法区分的：①由施加 t 时间的电势 E 建立的作为脉冲初始状态的实际浓度分布，其表面浓度为 $C_O(0,t)$ 和 $C_R(0,t)$；②体相浓度值为 $C_O(0,t)$ 和 $C_R(0,t)$ 的半无限均匀溶液。所以前期电解的作用就只是建立"表观本体浓度"，这个浓度随基电势的扫描，汞滴的一滴滴更替，逐渐从只有 O 变成只有 R（或相反）。对一个给定的汞滴，可以把差减法拉第电流当作 E 到 $E+\Delta E$ 的电势阶跃后时间 $\tau-\tau'$ 流过的电流。

现在分析 R 初始不存在的 Nernst 体系。从 5.4.1 节的结果知道，电势 E 下前期电解中的表面浓度是

$$C_O(0,t)=C_O^*\left(\frac{\xi\theta}{1+\xi\theta}\right)\qquad C_R(0,t)=C_O^*\left(\frac{\xi}{1+\xi\theta}\right)\tag{7.3.13}$$

式中 $\theta=\exp[nf(E-E^{\ominus\prime})]$。可把这些浓度作为脉冲时的表观本体浓度 $(C_O^*)_{app}$ 和 $(C_R^*)_{app}$。因为体系是 Nernst 体系，它们是与 E 平衡的。现在问题就简化为，在本体浓度为 $(C_O^*)_{app}$ 和 $(C_R^*)_{app}$ 的均匀介质中，求解从平衡时的电势 E 阶跃到 $E+\Delta E$ 后，流过的法拉第电流。

遵循 5.4.1 节的方法（见习题 5.10），可直接求出电流为

$$i=\frac{nFAD_O^{1/2}}{\pi^{1/2}t^{1/2}}\frac{[(C_O^*)_{app}-\theta'(C_R^*)_{app}]}{(1+\xi\theta')}\tag{7.3.14}$$

式中 $\theta=\exp[nf(E+\Delta E-E^{\ominus\prime})]$。将式 (7.3.13) 代入得到

$$i=\frac{nFAD_O^{1/2}C_O^*}{\pi^{1/2}t^{1/2}}\frac{(\xi\theta-\xi\theta')}{(1+\xi\theta)(1+\xi\theta')}\tag{7.3.15}$$

类似文献一样引入参数 P_A 和 σ[42]

$$P_A=\xi\exp\left[\frac{nF}{RT}\left(E+\frac{\Delta E}{2}-E^{\ominus\prime}\right)\right]\tag{7.3.16}$$

$$\sigma=\exp\left(\frac{nF}{RT}\frac{\Delta E}{2}\right)\tag{7.3.17}$$

因而，$\xi\theta=P_A/\sigma$，$\xi\theta=P_A\sigma$，于是

$$i=\frac{nFAD_O^{1/2}C_O^*}{\pi^{1/2}t^{1/2}}\left[\frac{P_A(1-\sigma^2)}{(\sigma+P_A)(1+P_A\sigma)}\right]\tag{7.3.18}$$

进而得到差减法拉第电流 $\delta i=i(\tau)-i(\tau')$ 为

$$\delta i=\frac{nFAD_O^{1/2}C_O^*}{\pi^{1/2}(\tau-\tau')^{1/2}}\left[\frac{P_A(1-\sigma)^2}{(\sigma+P_A)(1+P_A\sigma)}\right] \tag{7.3.19}$$

括号中的因子表明 δi 是电势的函数。当 E 远正于 $E^{\ominus\prime}$ 时，P_A 很大，δi 实际上为0。当 E 远负于 $E^{\ominus\prime}$ 时，P_A 接近0，δi 也接近0。从微分 $d(\delta i)/dP_A$ 可很容易地得知，δi 在 $P_A=1$ 时有最大值[42]，所以有

$$E_{max}=E^{\ominus\prime}+\frac{RT}{nF}\ln\left(\frac{D_R}{D_O}\right)^{1/2}-\frac{\Delta E}{2}=E_{1/2}-\frac{\Delta E}{2} \tag{7.3.20}$$

ΔE 很小，所以最大电流时的电势接近 $E_{1/2}$。在这个实验中 ΔE 是负值，可以看到 E_{max} 领先于 $E_{1/2}$。

峰高为

$$\boxed{(\delta i)_{max}=\frac{nFAD_O^{1/2}C_O^*}{\pi^{1/2}(\tau-\tau')^{1/2}}\left(\frac{1-\sigma}{1+\sigma}\right)} \tag{7.3.21}$$

式中，系数 $(1-\sigma)/(1+\sigma)$ 随 ΔE 减小而单调变小，$\Delta E=0$ 时，它也为0。当 ΔE 为负值时，δi 是正的（阴极的），反之依然。使用大幅度脉冲时，此系数趋近极大值1。这时，$(\delta i)_{max}$ 等于同样时间条件下，常规脉冲伏安波平台的法拉第电流，就是式（7.3.3）所示的 $nFAD_O^{1/2}C_O^*/\pi^{1/2}(\tau-\tau')^{1/2}$。一般情况下，$\Delta E$ 不能大到可实现 $(\delta i)_{max}$。表7.3.1列出了 ΔE 对 $(1-\sigma)/(1+\sigma)$ 的影响，$(1-\sigma)/(1+\sigma)$ 也是峰高和极限峰高的比值。实际分析中，一般典型的 ΔE 值是50mV，随 n 值不同，峰电流是极限值的45%～90%。

表7.3.1 脉冲幅度对峰高的影响①

ΔE/mV	$(1-\sigma)/(1+\sigma)$			ΔE/mV	$(1-\sigma)/(1+\sigma)$		
	$n=1$	$n=2$	$n=3$		$n=1$	$n=2$	$n=3$
−10	0.0971	0.193	0.285	−150	0.899	0.995	
−50	0.453	0.750	0.899	−200	0.960		
−100	0.750	0.960	0.995				

① 摘自 E. P. Parry and R. A. Oateryoung, *Anal. Chem.*, **37**, 1634(1965)。

脉冲高度增加时，能观察到差减电流的基电势范围增大，峰的半高宽 $W_{1/2}$ 增大，这会使分辨率大为降低。一般 $|\Delta E|$ 不宜超过100mV。半高宽 $W_{1/2}$ 与 ΔE 的关系很复杂，没有实用价值。然而值得指出 ΔE 接近0时的极限半高宽，使用简单的代数就可导出[42]

$$W_{1/2}=3.52RT/nF \tag{7.3.22}$$

25℃时，对 $n=1$、2、3的极限半高宽分别是90.4mV、45.2mV、30.1mV。实际的峰较宽，特别是脉冲幅度和这些极限半高宽值相当或更大时。

示差脉冲极谱测量的法拉第电流，永远不会大于相应常规脉冲极谱的法拉第波高，所以示差方法的高灵敏度不是因为增强了法拉第响应，而是源于降低了背景电流。只要第一个电流样和第二个电流样中，来自界面电容和竞争法拉第过程的背景电流成分没什么变化，求 δi 的差减计算就可以将背景电流扣除。

（2）DME上的行为　对于DME，dA/dt 总不等于0，需要考虑电容电流对背景的贡献。假设 $i(\tau)$ 和 $i(\tau')$ 是在恒定电势下得到的电流，就可以把充电电流完全归于来自 dA/dt 的贡献。通过式（7.1.17），可以把这些电流表示为

$$i_c(\tau)=0.00567C_i(E_z-E-\Delta E)m^{2/3}\tau^{-1/3} \tag{7.3.23}$$

$$i_c(\tau')=0.00567C_i(E_z-E)m^{2/3}\tau'^{-1/3} \tag{7.3.24}$$

对差减电流的贡献是

$$\delta i_c=i_c(\tau)-i_c(\tau')=0.00567C_im^{2/3}\tau^{-1/3}\left[(E_z-E-\Delta E)-\left(\frac{\tau}{\tau'}\right)^{1/3}(E_z-E)\right] \tag{7.3.25}$$

式中，在 E 到 $E+\Delta E$ 范围内，把 C_i 看作常数。一般情况下，$(\tau/\tau')^{1/3}$ 很接近1，括号中的因子

可近似为 $-\Delta E$，于是

$$\boxed{\delta i_c \approx -0.00567 C_i \Delta E m^{2/3} \tau^{-1/3}} \tag{7.3.26}$$

负扫描时 δi 为正，反之，正扫描时 δi 为负。比较式（7.3.2）和式（7.3.26）可以看出，电容对示差脉冲测量的贡献与断续极谱、常规脉冲极谱中的不同，二者相差一个因子 $\Delta E/(E_z-E)$。在大部分的极谱实验中，ΔE 比（E_z-E）小一个数量级或更多。注意，在有关的电势范围，C_i 是常数，所以示差脉冲极谱的电容电流基底是平的。相反，由于对（E_z-E）的依赖关系，断续极谱和常规脉冲极谱的电容电流基底是斜的。从图 7.3.12 可以看出这一差别，示差法拉第电流峰的参数显然更容易求出。

DME 的背景电流，还有来自溶液中的杂质电解（经常是来自 O_2，经过除氧的溶液也还有）或主成分的慢速法拉第反应（如 H^+）。对一步测量（一个汞滴中的两次）来说，电势从 E 到 $E+\Delta E$，时间从 τ' 到 τ，这些过程的速度是不会有多大变化的。虽然难以完全消除它们（见 7.3.6 节），两个电流样的差减还是有助于降低背景法拉第电流的。在 DME 上的实际 DPP 分析中，背景法拉第电流常常是限制灵敏度的主要因素。

示差方法的灵敏度比常规脉冲极谱的提高了一个数量级。小心地选择合适的介质，可以达到 10^{-8} mol・L^{-1} 的检测限。细节参见 7.3.6 节。

(3) SMDE 上的行为　常见的实验条件下，取样时，SMDE 的 dE/dt 和 dA/dt 总是 0，没有明显的充电电流贡献，法拉第电流与同等大小 DME 上的一样，由式（7.3.19）给出。SMDE 上的法拉第过程，一般不受汞滴的生成历史影响，所以背景中的法拉第贡献也与同等大小 DME 上的一样。SMDE 在保持 DME 的灵敏度的同时，消除了充电电流背景成分，因而在任何使用 DME 有明显充电电流的场合，都可使用 SMDE 来提高测量的灵敏度。除了灵敏度，SMDE 和 DME 优劣相当。

SMDE 的另一个重要优点是汞滴的快速形成和稳定，这使得可以使用短至 500ms 的预电解时间。这个时间也决定了整个扫描的时间。使用短的预电解时间，可以大大节省实验时间。和 DME 上 DPP 相比，常常可以节约 80% 的扫描时间。

(4) 非极谱电极上的行为　在 Pt 盘、HMDE 等这些不能随测量循环对电极附近溶液进行物理恢复更新的电极上，DPV 也能成功地应用。如上所述，DPV 的基础，是通过预电解建立“表观”本体浓度，然后用脉冲来分析。尽管前期循环对扩散层的影响并没有消除，但如果体系是动力学可逆的，预电解就可以建立类似的条件。事实上，由于循环到循环之间的电势变化很小，多次循环的累积效果是逐渐增厚扩散层，而这增厚的扩散层正是 7.3.4(1) 节处理峰形和峰高时的假设条件。

几乎在所有的固体电极上，背景电流主要源于涉及电极材料、溶剂、支持电解质的法拉第过程，而不是充电电流。虽然 DPV 中通过电流差减降低了背景的贡献，但固体电极上的残余背景电流还是高于汞电极，一般达不到 DPP 的灵敏度。

另一方面，静止电极和 SMDE 及 DME 电极不同，不需要等待汞滴的形成，可以自由设置预电解时间和脉冲宽度。这给方波伏安的使用带来了很多优点（7.3.5 节）。

(5) 峰形　在 7.3.4(1) 导出 DPP 的峰高时，也导出了可逆体系小 ΔE 极限时的峰形，还讨论了大 ΔE 的影响。那些结论适用于任何电极上、半无限线性扩散下的可逆反应。

这里不处理示差测量在不可逆体系的应用，仅提醒注意，$|\Delta E|$ 趋近 0 时，任何示差响应都趋向常规脉冲伏安的导数。对于可逆体系很容易证明这一点（见习题 7.7）。若是慢速异相动力学引起的不可逆，仍然可以得到示差响应，只是由于需要活化超电势，峰位从 $E^{\ominus\prime}$ 移向更远端电势（对阴极过程就是向负移，对阳极过程就是向正移），而且因为不可逆波的上升部分伸向更大的电势范围，峰宽也大于可逆体系的。上升部分的最大斜率小于相应可逆体系的，$(\delta i)_{max}$ 也小于式（7.3.21）预期的值。如果不可逆性来源于后置化学反应，峰也会又宽又低，但峰位偏离 $E^{\ominus\prime}$ 不很远（见第 12 章）。

示差脉冲实验的时间尺度和常规脉冲的一样，所以同一个体系在两种方法中表现出的可逆程度是一样的，但在脉冲方法和常规极谱中表现出的可逆程度不同（见 7.3.2 节）。

7.3.5 方波伏安法

方波伏安法（SWV）技术有很广泛的适用性。它最初由 Ramaley 和 Krause 提出[49]，后由 Osteryoungs 和他们的合作者发展[35,45,50]。可以看出它结合了多种脉冲伏安方法的优点，包括示差脉冲伏安的灵敏度和背景抑制、常规脉冲伏安的定性判断用途、反向脉冲伏安对产物的直接分析等，使用的时间范围也更宽。下面是方波伏安的介绍，细节请参考 Osteryoung 和 O'Dea 的综述[50]。

(1) 实验基础　方波伏安一般在 HMDE 的静止电极上使用，施加的电势波形和采样程序示于图 7.3.13。与其他脉冲方法类似，在电极上进行一系列测量循环，但在循环之间没有扩散层的恢复更新。和 NPV、RPV、DPV 不同，方波伏安没有对应的极谱模式❶。施加的电势波形可看作是 DPV（见图 7.3.9）的特例，只是预电解周期和脉冲宽度相等，脉冲和扫描方向相对。然而，为方便理解实验结果，一般把波形看作是由阶梯扫描和每个台阶叠加一个对称的双脉冲构成，双脉冲一个正向一个反向。总的来看，波形是双极脉冲叠加在阶梯上构成的，这就是方波伏安法名称的来源❷。

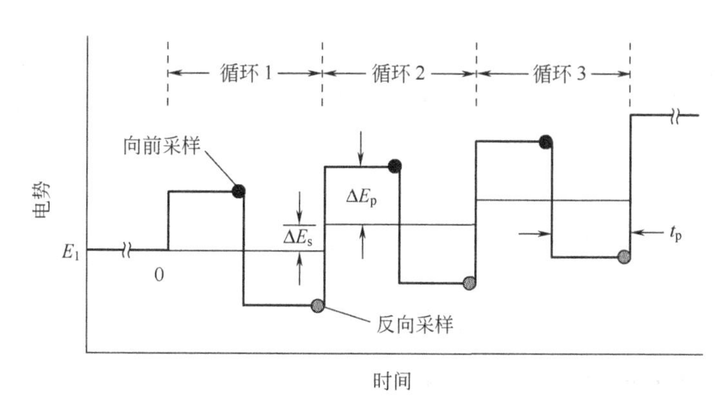

图 7.3.13　方波伏安的波形和测量程序

图中深黑线是工作电极上施加的实际电势波形。中部的淡细线是相当于用于生成电势波形叠加用的阶梯波。在每一循环，正向电流在黑点标志的时间处采集，反向电流在淡点处采集

图 7.3.13 定义了方波伏安法的基本参数，这些特征参数是相对于阶梯电势的脉冲高度 ΔE_p 和脉冲宽度 t_p。脉冲宽度也可表示为方波频率 $f=1/2t_p$。每一循环的阶梯波步进变化为 ΔE_s，因而电势扫描速度可表示为 $v=\Delta E_s/2t_p=f\Delta E_s$。扫描从初始电势 E_i 开始，体系的初始化通过在电势 E_i 恒定一任意时间来实现。

电流在每个脉冲结束前采样，每个循环有两次脉冲，共采样两次。其中正向电流 i_f 采自每个循环的第一个脉冲，反向电流 i_r 采自第二个脉冲。电流差 Δi 为 i_f-i_r。正反向电流分别保存，用于定性判断。这样，每次 SWV 实验结果有三个伏安图，它们分别是正向电流、反向电流、示差电流对阶梯电势的曲线。

方波伏安法总是使用计算机控制的恒电位仪实现的，其构成与图 7.3.11 所示一样。计算机负责用户交互、波形合成、采样定时、数据记录、示差电流计算、用图示或其他方法处理报告结果等。在许多系统中，特别是使用 SMDE 时，计算机也负责控制电极。

一般来讲，t_p 决定了实验的时间尺度，ΔE_s 决定沿电势坐标的数据点间隔，它们共同决定了整个电势扫描需要的时间。实际工作中，ΔE_s 一般远小于 ΔE_p，ΔE_p 决定了每步循环涉及的电势

---

❶ 方波极谱有时是指 DME 单个慢生长汞滴上的 SWV，这和通常的极谱概念不同。通常极谱的基础是实验中汞滴的成长落下和电极的周期恢复更新。

❷ 多年以前，Barker 发明了一种称为“方波极谱”的方法[51,52]。和这里不同，那是另一种不同的技术，是在极谱中使用慢变化的斜坡或阶梯电势，再叠加小幅度，高频率方波，采集的电流是每个汞滴对许多方波循环的平均响应。这种方法基于稳态下，对额外高频电势微扰的电流响应，它的分析类似于交流极谱（见第 10 章）。除了滴汞电极，它也常用于其他电极，也被称为“方波伏安法”。为避免混乱，有时称它为静态方波伏安法（steady-state square wave voltrammery 或 Barker square wave voltrammery，BSWV），而这里讨论的方法称做暂态方波伏安法（transient square wave voltrammery 或 Osteryoung 方波伏安法 Osteryoung square wave voltrammery，OSWV）。OSWV 功能更强，应用更广。暂态一词指 OSWV 中达不到稳态，因为方波是叠加于静止电极的变化的中心电势上。

范围和电势分辨率。只有 t_p 可以在很宽的范围内变化，典型值是 1～500ms。Osteryoung 和 O'Dea[50] 建议一般使用 $\Delta E_s=10/n$ mV，$\Delta E_p=50/n$ mV。如 $\Delta E_s=5$mV，$t_p=1\sim500$ms，对应扫描速度是 5～10mV/s，可以看出，方波伏安实验一般比大部分脉冲方法快，与典型的循环伏安方法（见第 6 章）相当。

（2）理论分析　在每次测量循环开始，扩散层不会更新恢复，所以不可能单独处理单个循环。和其他脉冲方法相比，方波伏安法的处理本质上就很复杂。每个循环的初始条件是前面所有脉冲造成的复杂扩散层，它不但是电势波形的函数，也是电极过程机理和动力学的函数。简单情况下，叠加原理也可以用于 SWV 的阶跃波形，和 5.7 节用于双电势阶跃的处理方法类似。

现在分析最简单的基本情况，电极反应 $O+ne \rightleftharpoons R$，可逆动力学，本体中初始只有 O 没有 R，溶液均匀，初始电势 E_i 远正于 $E^{\ominus\prime}$，在 SWV 开始实验前，浓度分布是均匀的。假定实验足够快，半无限线性扩散适用。这意味着对 O 和 R 都可使用 Fick 第二定律，初始条件、半无限条件和电极表面的流量平衡如式（5.4.2）～式（5.4.5）所示。求解此问题的边界条件由电势波形确定，电极表面的能斯特平衡决定浓度和电势的关系。把电势波形看作一系列用序数 m 编号的半个循环构成，第一个正向脉冲的 $m=1$，电势波形可表示为

$$E_m=E_i-\left[\mathrm{Int}\left(\frac{m+1}{2}\right)-1\right]\Delta E_s+(-1)^m\Delta E_p\ (m\geqslant1) \tag{7.3.27}$$

式中，$\mathrm{Int}[(m+1)/2]$ 表示对 $(m+1)/2$ 比值取整。对每半个循环，表面的 Nernst 平衡可以如式（5.4.6）一样表示为

$$\theta_m=\frac{C_O(0,t)}{C_R(0,t)}=\exp[nf(E_m-E^{\ominus\prime})] \tag{7.3.28}$$

可以得到第 m 个半循环的采样电流的解析解[49,50,53]

$$i_m=\frac{nFAD_O^{1/2}C_O^*}{\pi^{1/2}t_p^{1/2}}\sum_{i=1}^{m}\frac{Q_{i-1}-Q_i}{(m-i+1)^{1/2}} \tag{7.3.29}$$

式中

$$Q_i=\frac{\xi\theta_i}{1+\xi\theta_i}\qquad(i>1)\qquad Q_0=0 \tag{7.3.30}$$

其中 $\xi=(D_O/D_R)^{1/2}$。式（7.3.29）中的加和项包括了当前半循环和其前面的所有半循环，表示电解的历史影响。奇数 m 对应正向电流取样，偶数 m 对应反向电流取样。

理论分析用式（7.3.29）中加和项的前置因子归一化，以无量纲电流表示电流。这个因子显然就是时间 t_p 时的 Cottrell 电流，就是脉冲宽度为 t_p 的 NPV 中的平台电流［参见式（7.3.3）］。把此电流计做 i_d，可定义第 m 个半循环的无量纲电流 ψ_m 为

$$\psi_m=\frac{i_m}{i_d}=\sum_{i=1}^{m}\frac{Q_{i-1}-Q_i}{(m-i+1)^{1/2}} \tag{7.3.31}$$

使用一对对应半循环，用奇数 ψ_m 减去偶数 ψ_{m+1}，得到无量纲示差电流

$$\Delta\psi_m=\frac{\Delta i_m}{i_d}=\psi_m-\psi_{m+1} \tag{7.3.32}$$

式中，m 仅指奇数值。

图 7.3.14 给出 SWV 方法的无量纲电流暂态行为和电流取样方式。在初期的循环中，阶梯电势远正于 $E^{\ominus\prime}$，正向脉冲逐渐进入电解区，电流尚小。在图的中部，阶梯电势靠近 $E^{\ominus\prime}$，电解速度是电势的强函数，正向脉冲显著增强 O 的还原速度，反向脉冲使还原过程反向，有阳极电流通过。图的右部对应于阶梯电势远负于 $E^{\ominus\prime}$时的那些循环，这时无论电势值的大小，电解都以极限扩散速度发生，无论正向脉冲还是反向脉冲，对电流的影响都不大，电流样变小。由于前期多次循环电解的累积效果使得扩散层耗尽，O 向电极表面的扩散速度减慢，所以正向脉冲的采样电流比中部的小。由于同样的原因，图最右边的电流继续下降。显然，示差电流在 $E^{\ominus\prime}$附近达到峰值，在两边较小。

图 7.3.15 是从图 7.3.14 的实验中得到的无量纲伏安图。正向和反向电流组合成类似循环伏

安的形状，具有一些定性判断价值，示差电流和DPV类似，有相似的灵敏度。

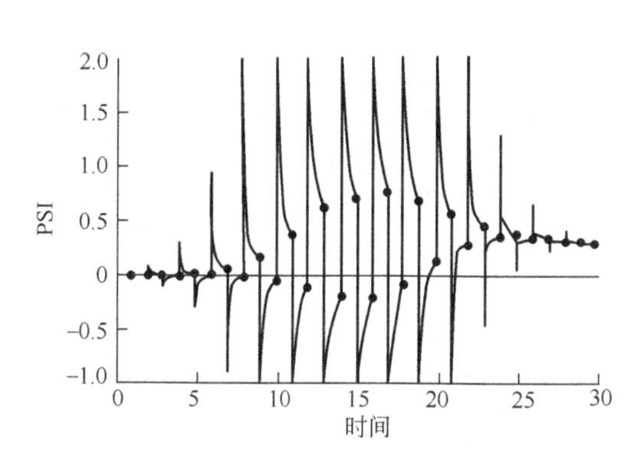

图7.3.14　SWV实验的无量纲电流响应

可逆O/R体系，本体初始无R，扫描从远正于$E^{\ominus\prime}$的电势开始，阴极电流向上。时间轴以半循环序数m表示，阶梯电势在$m=15$附近达到$E^{\ominus\prime}$，图中电流采样用黑点表示。$n\Delta E_p=50\text{mV}$，$n\Delta E_s=30\text{mV}$ [引自J. Osteryoung and J. J. O'Dea, *Electroanal. Chem.*, **14**, 209(1986)]

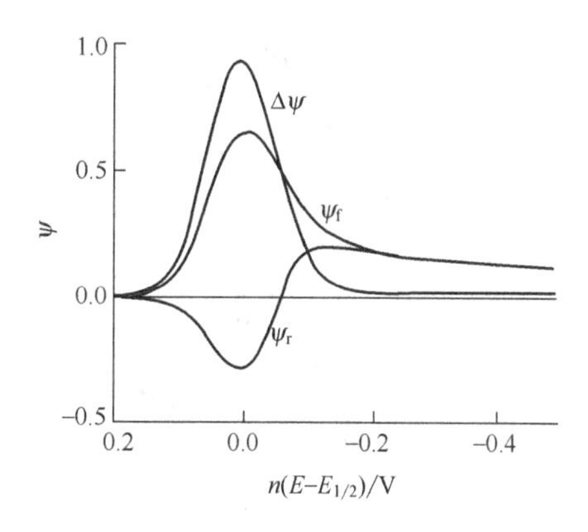

图7.3.15　无量纲方波伏安图

可逆O/R体系，本体初始无R，$n\Delta E_p=50\text{mV}$，$n\Delta E_s=10\text{mV}$。正向电流（ψ_f）、反向电流（ψ_r）、示差电流（$\Delta\psi$）对电势作图，电势相对于"可逆"半波电势$E_{1/2}=E^{\ominus\prime}+(RT/nF)\ln(D_O/D_R)^{1/2}$。注意$(E_m-E_{1/2})=(RT/F)\ln(\xi\theta)$[引自J. Osteryoung and J. J. O'Dea, *Electroanal. Chem.*, **14**, 209(1986)]

在半波电势$E_{1/2}=E^{\ominus\prime}+(RT/nF)\ln(D_O/D_R)^{1/2}$处，示差电流伏安图达到峰值，峰值电流$\Delta\psi_p$和$n$、$\Delta E_p$、$\Delta E_s$的关系列于表7.3.2。实际的示差峰电流为

$$\boxed{\Delta i_p=\frac{nFAD_O^{1/2}C_O^*}{\pi^{1/2}t_p^{1/2}}\Delta\psi_p} \tag{7.3.33}$$

表7.3.2　SWV无量纲峰电流（$\Delta\psi_p$）与实验参数的关系①

$n\Delta E_p$/mV	$n\Delta E_s$/mV			
	1	5	10	20
0②	0.0053	0.0238	0.0437	0.0774
10	0.2376	0.2549	0.2726	0.2998
20	0.4531	0.4686	0.4845	0.5077
50	0.9098	0.9186	0.9281	0.9432
100	1.1619	1.1634	1.1675	1.1745

① 数据来自文献[50]。

② $\Delta E_p=0$时就是阶梯伏安。

Cottrell项是同样脉冲宽度的NPV的平台电流，和NPV中式（7.3.21）的比值$(1-\sigma)/(1+\sigma)$一样，$\Delta\psi_p$定义了SWV相对于NPV极限电流的相对峰高。在常规的实验条件下，$n\Delta E_p=50\text{mV}$，$n\Delta E_s=10\text{mV}$，SWV的峰高大约是NPV电流平台高度的93%。而同样条件下DPV是45%。所以SWV方法的灵敏度略高于DPV的。这是因为$E^{\ominus\prime}$附近的反向脉冲产生阳极电流，因而增强了Δi。

对于涉及慢速异相动力学、偶合均相反应或平衡（例如第12章的情况）、有更复杂传质形式（例如5.3节那样的超微电极）的复杂体系，使用数值方法处理更为方便。SWV在更多复杂情况中的应用，见Osteryoung和O'Dea的讨论[50]。

图7.3.16给出小铂圆盘电极上，$Fe(CN)_6^{4-}$氧化过程的向正电势扫描的结果，理论结果也一并显示。理论处理假设在所有频率下反应可逆，最佳拟合通过调整盘半径r_0和半波电势[$E_{1/2}=E^{\ominus\prime}+(RT/nF)\ln(D_O/D_R)^{1/2}$]来获得。如5.3节所述，电流行为与频率的关系源于超

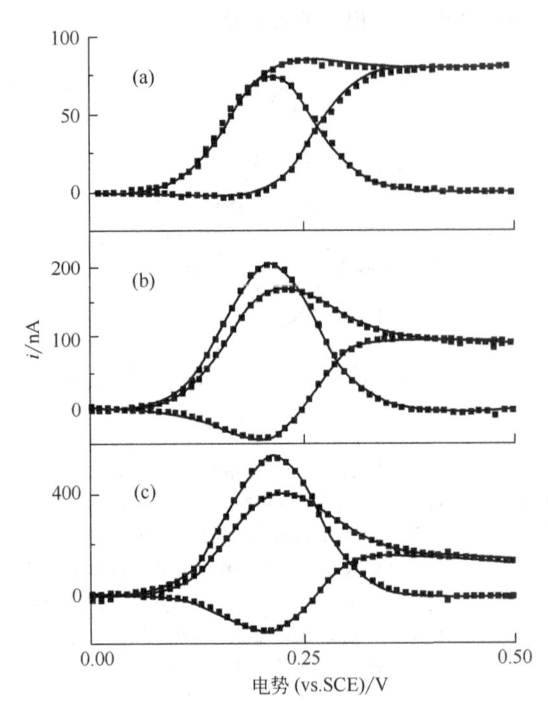

图 7.3.16 2mol・L^{-1} HNO_3溶液中，铂盘超微电极上 20mmol・L^{-1} $Fe(CN)_6^{4-}$ 的方波伏安

每个实验的电势扫描范围都是 0.0～0.50V，$\Delta E_p=50mV$，$\Delta E_s=10mV$，方波频率（a）5Hz，（b）60Hz，（c）500Hz。图中点为实验数据，线是理论模拟结果。理论模拟所用参数 r_0和 $E_{1/2}$分别为（a）11.9μm，0.2142V，（b）12.4μm，0.2137V，（c）12.2μm，0.2147V［引自 J. J. O'Dea，J. Osteryoung and K. Aoki，*J. Electroanal. Chem.*，**202**，23(1986)］

微电极的扩散是半无限线性扩散。在不同频率下，这些参数与实验的一致性和拟合的质量，证实了模型的合理性。这个例子显示了 SWV 实验结果和理论计算比较的典型方式。

（3）背景电流 SWV 中对背景电流的分析与 DPV 中完全相同。只要 t_p大于 5 倍的电解池时间常数，无论单向电流还是电流差减，都没有明显的充电电流。但背景法拉第过程仍然存在并决定了 SWV 方法的测量极限。在固体电极上或接近背景极限时，背景对正反向电流的影响相当大，但在示差电流中，背景一般可以得到有效地抑制。

（4）应用 Osteryoung 和 O'Dea 已经提出了许多用于 SWV 的判据[50]，这些判据和循环伏安中使用的类似（见第 7 章和第 12 章）。SWV 既有正向电流又有反向电流，含有丰富的信息，电势范围宽，时间尺度合适，具备研究电极过程的很强能力。和 CV 相比，SWV 一般可以检测更低的浓度，而且背景干扰较小，可以以更高精度拟合数据，和理论模型进行比较。当然 SWV 也有不如 CV 的方面：首先，实际使用中，CV 的分析更直观和更易于理解；其次，CV 可以在更大电势范围内使用，更易于揭示电势距离较远的过程间的关系；最后，CV 一般可以提供更宽的时间尺度范围。

SWV 既有 DPV 对背景的有效抑制、比 DPV 更高的灵敏度，还有更快的扫描时间、可用于更广泛的电极材料和体系，所以实际分析工作，SWV 是所有脉冲方法的最佳选择。汞电极一般有良好的重现性，可达到很低的检测限，所以 SMDE 以 HMDE 方式使用 SWV 也很有效。下一节来讨论整个脉冲方法组在实际分析中的应用。

7.3.6 脉冲伏安法的分析应用

示差脉冲和方波技术，属于直接测量浓度的最灵敏方法，在痕量分析中有广泛的用途，常常比分子或原子吸收光谱、大部分色谱方法要灵敏得多。它们还可以提供有关分析物化学形态的信息，可以确定氧化态、检测配合作用、表征酸碱化学等。在其他竞争方法中，这些信息常常看不到。脉冲分析的主要不足也即电化学技术的共同缺点，就是解析复杂体系的能力不足。另外就是分析时间可能较长，特别是需要除氧的时候。

脉冲测量非常灵敏，必须特别注意溶剂和支持电解质的杂质量。把支持电解质的浓度从通常的 0.1～1mol・L^{-1}降低到 0.01mol・L^{-1}甚至 0.001mol・L^{-1}，可以降低它带来的污染。如果不考虑如配位作用，或 pH 值测定中支持电解质的作用等化学因素，测量下限由可允许的最大电解池电阻决定。为了方便及兼容样品制备，大部分分析中使用水做介质。当然，一些新应用中，使用其他溶剂可以提供更好地工作范围，更好地满足要求。如图 7.3.17 所示，残余法拉第电流在不算大的电势下会变得很高，因而，在任何介质中进行痕量分析时，示差脉冲极谱或方波伏安的工作范围都要比常规极谱窄得多。

在一些情况下，脉冲技术可能产生对于样品成分的误解。注意，常规脉冲极谱分析的基础是，在每一脉冲开始时，工作电极附近的溶液组成和本体相同。这一假定，只有在 τ'前的等待期间，工作电极上的电解可忽略时才满足。因而，基底电势必须要么是平衡电势，要么在所用电势

区，电极是 IPE（理想极化电极[46]）。否则脉冲开始前的电解会改变电极附近的溶液组成。

图 7.3.18 是 0.1mol・L^{-1} HCl 溶液中，1mmol・L^{-1} Fe^{3+} 和 10^{-4}mol・L^{-1} Cd^{2+} 的常规极谱和脉冲极谱。虽然在工作范围的正电势段可以记录到 Fe^{3+} 的极限扩散还原电流，但因为 Fe^{3+}/Fe^{2+} 的 $E^{\ominus\prime}$ 比 DME 的阳极极限正，所以看不到这个氧化还原对的波。在常规极谱图中［见图 7.3.18(a)］，Fe^{3+} 的极限扩散电流大约是 Cd^{2+} 的 5 倍，与它们的浓度比和 n 值相符。而在 $E_b = -0.2$V（相对 SCE）的常规脉冲极谱中［图 7.3.18(b)］，Fe^{3+} 的极限电流比 Cd^{2+} 的小，这是因为在脉冲有机会去测到它之前，基电势电解已经使 Fe^{3+} 的扩散层贫化。而 Cd^{2+} 的波高不受影响。实际上这可以有效抑制高浓度干扰物的响应。但如果是想得到浓度比 $C^*_{Fe^{3+}}/C^*_{Cd^{2+}}$，对此就要多加小心。

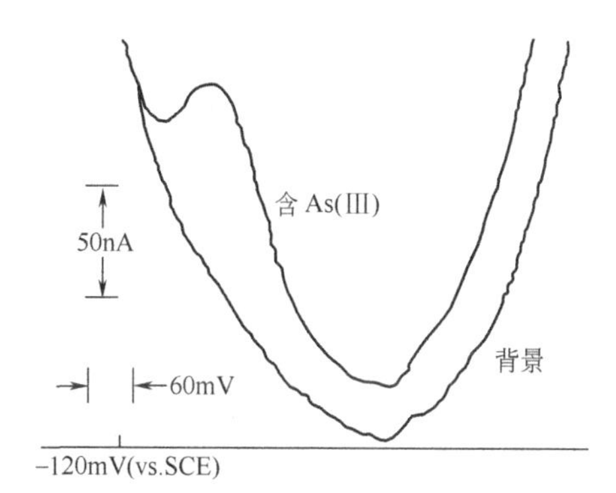

图 7.3.17　含 0.001%三硝基甲苯 X-100 的 1mol・L^{-1} HCl 溶液中，4.84×10^{-7} mol・L^{-1} As(Ⅲ) 的示差脉冲极谱

$t_{max}=2$s，$\Delta E=-100$mV［引自 J. G. Osteryoung and R. A. Osteryoung，*Am. Lab.*，**4**(7)，8(1972)］

如图 7.3.18(c) 所示，示差脉冲也会误解这种情况。电势范围只包含 Fe^{3+} 还原波负端部分，只有 Cd^{2+} 的还原峰能在图上看到。还应注意，示差脉冲极谱图是常规脉冲的近似导数，因此，除非对应的 NPV 上有明显的波形，DPV 或 SWV 中不会看到清晰的峰。

除了这样的问题，沿共同的基线，很容易从示差结果分辨出各单个组分的信号，因而 DPV 和 SWV 非常适合于多组分分析。如图 7.3.19 所示。从图中还可以看出，脉冲方法也可用于重金属物种之外的其他多种多样分析物的分析。

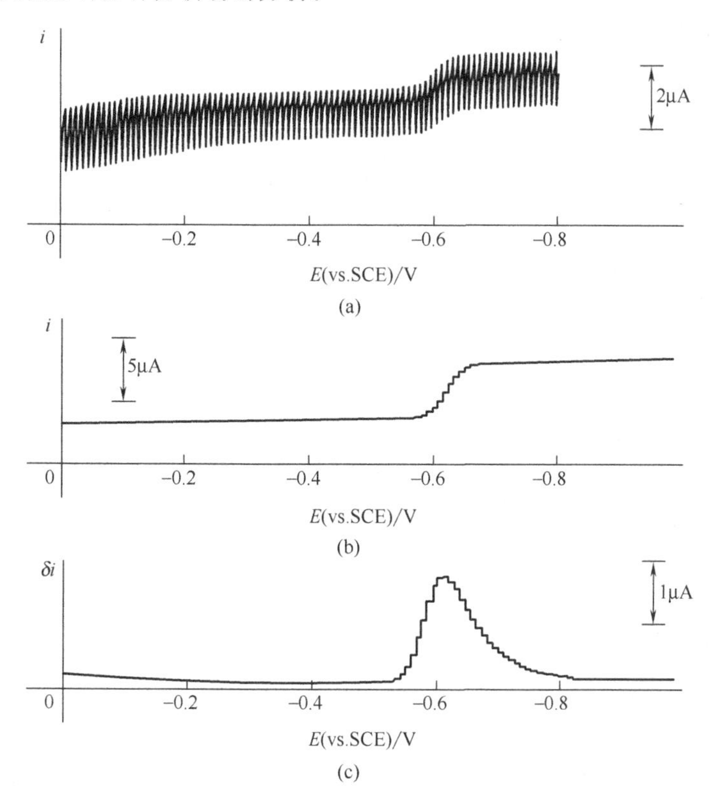

图 7.3.18　DME 上 0.1mol・L^{-1} HCl 溶液中，10^{-3}mol・L^{-1} Fe^{3+} 和 10^{-4}mol・L^{-1} Cd^{2+} 的极谱

(a) 常规直流模式；(b) 常规脉冲模式，$E_b=-0.2$V 相对 SCE；(c) 示差脉冲模式，$\Delta E=-50$mV

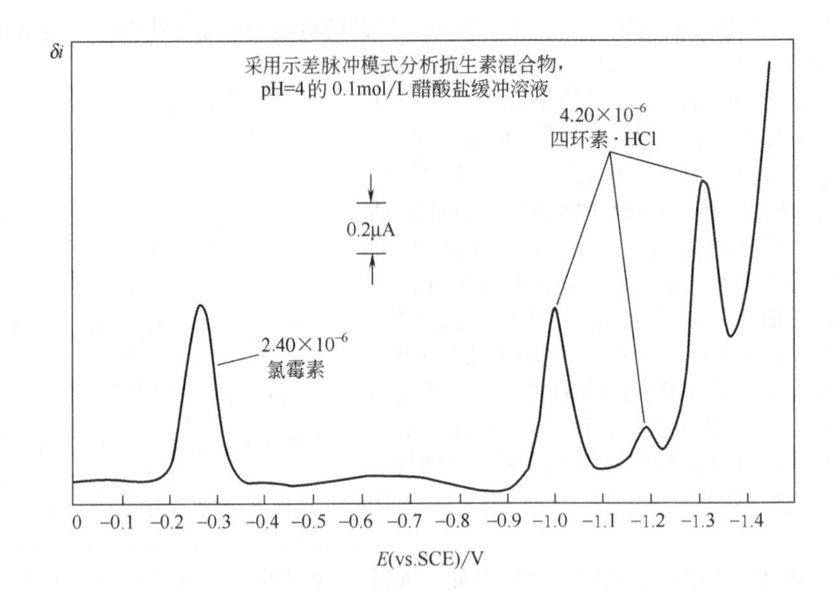

图 7.3.19 四环素和氯霉素混合物的示差脉冲极谱

$\Delta E=-25\text{mV}$ [引自 Application Note AN-111，Princeton Applied Research，Princeton，NJ]

虽然脉冲技术是专门为 DME 发展出来的，但也可以用于其他电极。悬汞电极或旋转基底上的薄汞膜电极上的示差脉冲阳极溶出就是明显的例子。细节参见 11.8 节。

7.4 参考文献

1 J. Heyrovsky，*Chem. Listy*，**16**，256 (1922)
2 I. M. Kolthoff and J. J. Lingane，"Polarography，" 2nd ed.，Wiley-Interscience，New York，1952，Chap. 17
3 J. J. Lingane，"Electroanalytical Chemistry，" 2nd ed.，Wiley-Interscience，New York，1958，Chap. 11
4 L. Meites，"Polarographic Techniques，" 2nd ed.，Wiley-Interscience，New York，1958，Chap. 2
5 J. J. Lingane，*Anal. Chim. Acta*，**44**，411 (1969)
6 A. Bond，"Modern Polarographic Methods in Analytical Chemistry，" Marcel Dekker，New York，1980
7 W. M. Peterson，*Am. Lab.*，**11** (12)，69 (1979)
8 Z. Kowalski，K. H. Wong，R. A. Osteryoung，and J. Osteryoung，*Anal. Chem.*，**59**，2216 (1987)
9 J. Koutecký，*Czech. Cas. Fys.*，**2**，50 (1953)
10 J. Koutecký and M. von Stackelberg in "Progress in Polarography"，Vol. 1，P. Zuman and I. M. Koltoff，Eds.，Wiley-Interscience，New York，1962
11 J. J. Lingane and B. A. Loveridge，*J. Am. Chem. Soc.*，**72**，438 (1950)
12 P. Delahay，"New Instrumental Methods in Electrochemistry，" Wiley-Interscience，New York，1954，Chap. 3
13 I. M. Kolthoff and J. J. Lingane，*op. cit.*，Chap. 4
14 L. Meites，*op. cit.*，Chap. 3
15 D. Ilkovič，*Coll. Czech. Chem. Commun.*，**6**，498 (1934)
16 D. Ilkovič，*J. Chim. Phys.*，**35**，129 (1938)
17 D. MacGillavry and E. K. Rideal，*Rec. Trav. Chim.*，**56**，1013 (1937)
18 I. M. Kolthoff and J. J. Lingane，*op. cit.*，Chap. 18
19 L. Meites，*op. cit.*，Chaps. 5 and 7
20 J. J. Lingane，*Ind. Eng. Chem.*，*Anal. Ed.*，**15**，588 (1943)
21 I. M. Kolthoff and J. J. Lingane，op. cit.，Vol. 2
22 L. Meites，*op. cit.*，Appendices B and C
23 L. Meites，Ed.，"Handbook of Analytical Chemistry，" McGraw-Hill，New York，1963，pp. 4-43 to 5-103
24 A. J. Bard and H. Lund，Eds.，"Encyclopedia of the Electrochemistry of the Elements，" Marcel Dekker，New York，1973-1986
25 L. Meites and P. Zuman，"Electrochemical Data，" Wiley，New York，1974

26 I. M. Kothoff and J. J. Lingane, *op. cit.*, Chap. 9
27 I. M. Kothoff and J. J. Lingane, *op. cit.*, Chap11
28 L. Meites, *op. cit.*, Chap. 4
29 I. Koutecký, *Chem. Listy*, **47**, 323 (1953); *Coll. Czech. Chem. Commun.*, **18**, 597 (1953)
30 J. Weber and J. Koutecky, *Coll. Czech. Chem. Commun.*, **20**, 980 (1955)
31 L. Meites and Y. Israel, *J. Electroanal. Chem.*, **8**, 99 (1964)
32 I. Koutecký and J. Cizek, *Coll. Czech. Chem. Commun.*, **21**, 863 (1956)
33 J. E. B. Randles, *Can. J. Chem.*, **37**, 238 (1959)
34 J. E. B. Randles in "Progress in Polarography," I. M. Kothoff and P. Zuman, Eds., Wiley-Interscience, 1962, Chap. 6
35 J. Osteryoung, *Accts. Chem. Res.*, **26**, 77 (1993)
36 E. Wahin, *Radiometer Polarog.*, **1**, 113 (1952)
37 E. Wahlin and A. Bresle, *Acta Chem. Scand.*, **10**, 935 (1956)
38 L. Meites, *op. cit.*, Chap. 10
39 R. Bilewicz, K. Wikiel, R. Osteryoung, and J. Osteryoung, *Anal. Chem.*, **61**, 965 (1989)
40 P. He, *Anal. Chem.*, **67**, 986 (1995)
41 G. C. Barker and A. W. Gardner, *Z. Anal. Chem.*, **173**, 79 (1960)
42 E. P. Parry and R. A. Osteryoung, *Anal. Chem.*, **37**, 1634 (1964)
43 J. G. Osteryoung and R. A. Osteryoung, *Am. Lab.*, **4** (7), 8 (1972)
44 J. B. Flato, *Anal. Chem.*, **44** (11), 75A (1972)
45 R. A. Osteryoung and J. Osteryoung, *Phil. Trans. Roy. Soc. London*, *Ser. A*, **302**, 315 (1981)
46 J. L. Morris, Jr., and L. R. Faulkner, *Anal. Chem.*, **49**, 489 (1977)
47 J. Osteryoung and E. Kirowa-Eisner, *Anal. Chem.*, **52**, 62 (1980)
48 K. B. Oldham and E. P. Parry, *Anal. Chem.*, **42**, 229 (1970)
49 L. Ramaley and M. S. Krause, Jr., *Anal. Chem.*, **41**, 1362 (1969)
50 J. Osteryoung and J. J. O'Dea, *Electroanal. Chem.*, **14**, 209 (1986)
51 G. C. Barker and J. L. Jenkins, *Analyst*, **77**, 685 (1952)
52 G. C. Barker in "Proceedings of the Congress on Modern Analytical Chemistry in Industry," St. Andrews, Scotland, 1957, pp. 209-216
53 J. H. Christie, J. A. Turner, and R. A. Osteryoung, *Anal. Chem.*, **49**, 1899 (1977)

7.5 习题

7.1 在 25℃时，可逆反应 $O+ne \rightleftharpoons R$，测量可逆极谱波，得到以下结果

E(vs. SCE)/V	i/μA	E(vs. SCE)/V	i/μA
−0.395	0.48	−0.431	2.43
−0.406	0.97	−0.445	2.92
−0.415	1.46	$\bar{i}_d=3.24\mu$A	
−0.422	1.94		

计算（a）电极反应的电子数，（b）电极反应的氧化还原电对的形式电势（相对于 NHE），假设 $D_O=D_R$。

7.2 从一表观完全不可逆极谱波，得到下列数据

E(vs. SCE)/V	i/μA	E(vs. SCE)/V	i/μA
−0.419	0.31	−0.561	2.48
−0.451	0.62	−0.593	2.79
−0.491	1.24	−0.680	3.10
−0.515	1.86	−0.720	3.10

总反应为 $O+2e \longrightarrow R$；$m=1.26$mg/s，$t_{max}=3.53$s（在所有电势下均是此常数），$C_O^*=0.88$mmol·L^{-1}。假设机理中初始步骤是单电子转移的速率控制步骤。（a）用表 7.2.1 求出每个电势下的 k_f。进而求出 α 和 k_f^0［即 $E=0.0$V（vs. NHE）电势下的 k_f］。（b）用 Meites 和 Israel 的处理方法得到这些信息。（c）计算每个 i 对应的 $C_O(0,t)$，在同一图上画出 $C_O(0,t)$-E 和 i-E 曲线。

7.3 一种可以在滴汞电极上还原形成B的物质A，其1mmol·L^{-1}的乙腈溶液表现出一个$E_{1/2}$为−1.90V(vs. SCE)的波。25℃时的波斜率为60.5mV，$(I)_{max}$是2.15（通常单位）。当加入二苯并-15-冠-5(C)到溶液中时，极谱的行为改变。观察到以下结果

C的浓度/mol·L^{-1}	$E_{1/2}$/V	波斜率/mV	$(I)_{max}$
10^{-3}	−2.15	60.3	2.03
10^{-2}	−2.21	59.8	2.02
10^{-1}	2.27	59.8	2.04

二苯并-15-冠-5(C)

如何解释这些结果？从这些数据中可以得到热力学数据吗？能够建议鉴别物质A吗？

7.4 空气饱和的0.1mol·L^{-1} KNO_3溶液中，分子氧的极谱图与图5.6.2类似。氧的浓度为0.25mmol·L^{-1}。在$E=-0.4$V(vs. SCE)，$(i_d)_{max}=3.9\mu A$，$t_{max}=3.8$s，$m=1.85$mg/s。在$E=-1.7$V(vs. SCE)，$(i_d)_{max}=6.5\mu A$，$t_{max}=3.0$s，$m=1.85$mg/s。计算每个电势下的$(I)_{max}$。两个值的预计比值是多少？从化学角度解释可能的差别。用更合适的常数来计算O_2的扩散系数，解释你的选择原因。

7.5 分析废水中的有毒离子Tl(Ⅰ)，废水中还含有过量10～100倍的Pb(Ⅱ)和Zn(Ⅱ)。论述极谱法测定的可能困难，提出不使用分离技术解决困难的办法。有关参数是0.1mol·L^{-1} KCl，$E_{1/2}(Tl^+/Tl)=-0.46$V，$E_{1/2}(Pb^{2+}/Pb)=-0.40$V，$E_{1/2}(Zn^{2+}/Zn)=-0.995$V(vs. SCE)。

7.6 画出金圆盘电极上，不可逆电极反应（如1mol·L^{-1} KCl中$O_2 \longrightarrow H_2O_2$）的常规脉冲伏安简图。假设还原态初始不存在，且在基底电势下，初始溶液不发生电解。解释波形（注意这里不关心波的位置）。同样分析可逆电极反应的情况。如果记录极谱图时盘电极旋转，曲线和原来会有什么不同？

7.7 (a) 证明可逆取样电流伏安波的导数是

$$\frac{di}{dE}=\frac{n^2F^2AC_O^*}{RT\pi^{1/2}\tau^{1/2}}\times\frac{\xi\theta}{(1+\xi\theta)^2}$$

(b) 证明当$\Delta E \to 0$时，$\delta i/\Delta E \approx di/dE$，式(7.3.19)趋近此式。

第8章　控制电流技术

8.1 引言

第5～7章讨论了控制电极电势的方法，即以电势为自变量，电流为因变量，测量电流随时间的变化。本章讨论相反的方法，即控制电流（通常是保持恒电流），电势为因变量，测量电势随时间的变化。在此也使用第5～7章的一些前提假设，如小的电极面积/溶液体积比，半无限扩散条件等。稳态时超微电极的行为，与控制电势还是控制电流关系不大，所以不再处理超微电极的情况。在控制电流实验中，使用电流源（又称恒电流仪，galvanostat），控制施加通过工作电极和辅助电极的电流，记录相应的工作电极和参比电极间的电势差（例如使用记录仪、示波器或其他数据采集设备）(见图8.1.1)。这些实验中，E作为时间的函数被测量记录，因而这类方法统称为计时电势（chronopotentiometric）技术。同时由于给工作电极施加的是小的恒定电流，也称这类方法为恒电流（galvanostatic）技术。

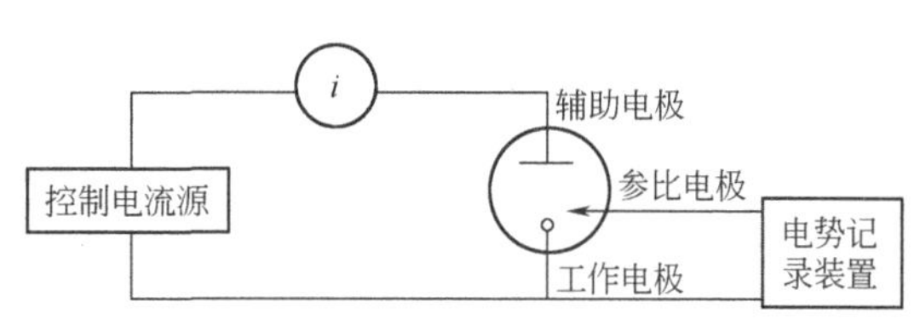

图8.1.1　计时电势测量仪器的简化方框图

8.1.1 与控制电势方法的比较

事实上控制电势和控制电流实验的一般基础非常相似，这里分析一下两类方法的基本差别和各自的优缺点。控制电流不需要从参比电极向控制器件的反馈，所以仪器装置比控制电势简单。虽然经常使用运算放大器制作恒流源，但由一个高压源（如400V的电源或几个90V的电池）和一个大电阻构成的简单电路也足以胜任。数学处理和控制电势方法的不同，对控制电流方法，边界条件是已知的电流或电极表面流量（即浓度梯度），而在控制电势方法中，边界条件是$x=0$处、作为电势函数的浓度。一般来讲对控制电流问题的扩散方程的数学求解比较简单，往往可以得到收敛的解析解。

控制电流实验的主要缺点是整个实验过程中充电电流影响较大，而且不易直接校正，多组分体系和分步反应的数据处理也较复杂，E-t暂态波形也常常不如电势扫描i-t曲线那样有清晰特征。

控制电流方法特别适用于研究背景过程，如液氨中溶剂化电子的形成、非水溶剂中季铵离子的还原等。恒电流阳极溶出就是测量金属膜厚度的简单方法。而用控制电势方法研究背景过程常常很困难。

8.1.2 分类与定性描述

控制电流方法的各种类型示于图8.1.2。第一种是恒电流计时电势法［constant-current chronopotentiometry，图8.1.2(a)］。例如对于5.1.1节使用的例子蒽（An）的还原，施加恒定电流i将引起蒽以恒定的速度还原为阴离子自由基$An^{\cdot-}$，电极表面的$An/An^{\cdot-}$浓度比随之发生变化，相应电极电势将反映氧化还原电对的这些变化而随时改变。这个过程可看作是用连续的电子流对电极附近的An进行滴定，E-t曲线结果和电势滴定（E为加入的滴定剂it的函数）得到的类似。最后，当电极表面的An浓度降到0以后，向电极的An流量就不足以接受被强制越过电极/溶液界面的全部电子，电势将因而向负值方向快速改变，直到一个新的还原过程开始。从开始施加恒电流到电势发生这个变化的时间称为过渡时间 τ（transition time）。过渡时间与浓度和扩散系数有关，是和控制电势实验中的峰电流或极限电流相当的参数。E-t 曲线的形状和位置决定于电极反应的可逆性或异相反应的速率常数。

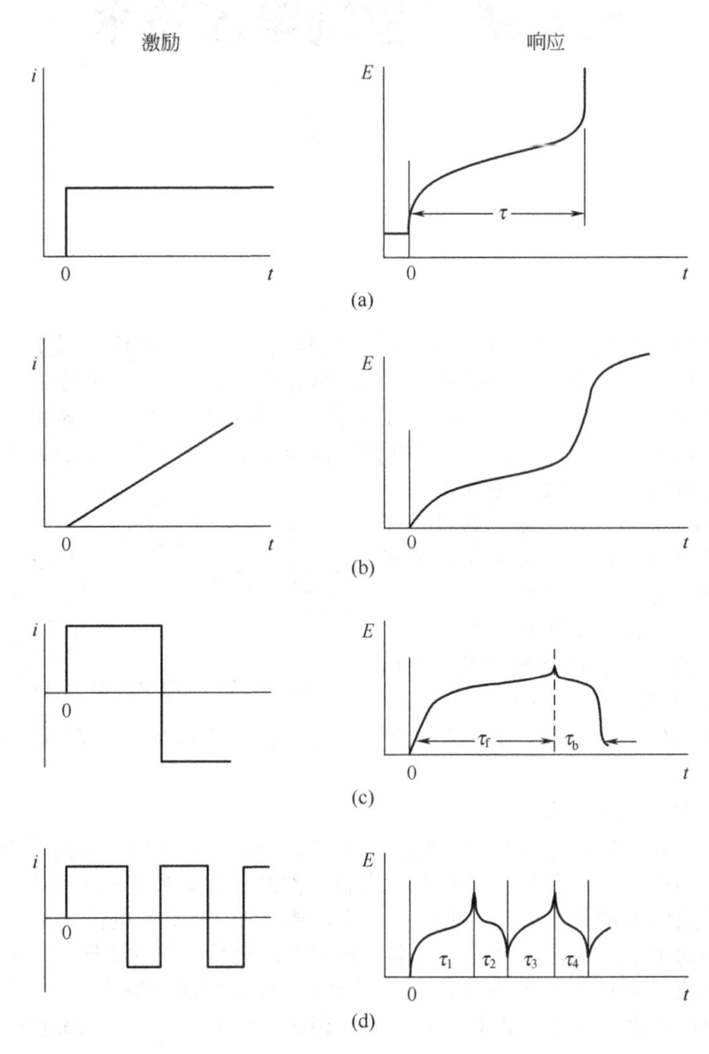

图 8.1.2　不同类型的控制电流技术

(a) 恒电流计时电势法；(b) 电流线性增长的计时电势法；(c) 电流反向计时电势法；(d) 循环计时电势法

除了恒电流，也可以施加时变电流信号［如 $i=\beta t$，斜坡电流，图 8.1.2(b)］。这个方法也被称为程控电流计时电势法（programmed current chronopotentiometry），这个方法不常使用，尽管它的理论处理并不太困难。施加的电流也可以在某一时刻反向［电流反向计时电势法，current reversal chronopotentiometry，图 8.1.2(c)］。如上面的例子，在过渡时间或其前，电流突然变为同样大小的阳极电流，那么前一步生成的 $An^{\overline{\cdot}}$ 将开始氧化，随 $An/An^{\overline{\cdot}}$ 浓度比增加，电势向正向变化。当电极表面的 $An^{\overline{\cdot}}$ 浓度降到 0，电势开始向正向快速变化，对应此变化可测得一个反向过渡时间。此方法扩展，在每个过渡进行不断的反向，就构成了循环计时电势法［cyclic chronopotentiometry，图 8.1.2(d)］。最后，与控制电势方法的数据处理类似，也可以对 E-t 曲线运用导数或示差的方法[1]。

---

[1] 循环计时电势及其导数或示差，这些方法并不常用，第一版 7.4.3 节和 7.6 节有较详细的讨论。

8.2　控制电流方法的一般理论

8.2.1　半无限线性扩散的数学

仍然考虑简单的电子转移反应 $O+ne \longrightarrow R$。假设使用平板电极，不搅拌溶液，最初只有浓度为 C_O^* 的 O 存在。这些条件与 5.4.1 节的完全一样，因而表示扩散方程和一般边界条件的式 (5.4.2)～式 (5.4.5) 同样适用。

$$\frac{\partial C_O(x,t)}{\partial t}=D_O\left[\frac{\partial^2 C_O(x,t)}{\partial x^2}\right] \tag{8.2.1}$$

$$\frac{\partial C_R(x,t)}{\partial t}=D_R\left[\frac{\partial^2 C_R(x,t)}{\partial x^2}\right] \tag{8.2.2}$$

$$\left.\begin{array}{l}\text{在 } t=0\text{(对所有的 } x\text{)时}\\ \text{和}\\ \text{在 } x\rightarrow\infty\text{(对所有的 } t\text{)}\end{array}\right\} C_O(x,t)=C_O^* \qquad C_R(x,t)=0 \tag{8.2.3}$$

$$D_O\left[\frac{\partial C_O(x,t)}{\partial x}\right]_{x=0}+D_R\left[\frac{\partial C_R(x,t)}{\partial x}\right]_{x=0}=0 \tag{8.2.4}$$

施加的电流是已知的，所以任何时候电极表面的流量也是已知的，即方程［见式 (4.4.29)］

$$D_O\left[\frac{\partial C_O(x,t)}{\partial x}\right]_{x=0}=\frac{i(t)}{nFA} \tag{8.2.5}$$

和控制电势方法需要的浓度-电势边界条件不同，这个边界条件已包含浓度梯度，求解扩散问题就不需考虑电子转移的速率。虽然在许多控制电流实验中施加的电流是恒电流，但也可以求解包括恒电流以及反向实验和其他几种实验的情况中这些任意电流的一般情况。

对物质 O，Laplace 变换式 (8.2.1) 和式 (8.2.3)，给出

$$\overline{C}_O(x,s)=\frac{C_O^*}{s}+A(s)\exp\left[-\left(\frac{s}{D_O}\right)^{1/2}x\right] \tag{8.2.6}$$

式 (8.2.5) 的变换为

$$D_O\left[\frac{\partial \overline{C}_O(x,s)}{\partial x}\right]_{x=0}=\frac{\bar{i}(s)}{nFA} \tag{8.2.7}$$

用式 (8.2.6) 的微分代入式 (8.2.7)，并消去常数 $A(s)$，得到

$$\overline{C}_O(x,s)=\frac{C_O^*}{s}-\left[\frac{\bar{i}(s)}{nFAD_O^{1/2}s^{1/2}}\right]\exp\left[-\left(\frac{s}{D_O}\right)^{1/2}x\right] \tag{8.2.8}$$

代入已知函数 $\bar{i}(s)$，逆变换可得到 $C_O(0,t)$。类似，也可得到 $\overline{C}_R(x,s)$ 的表示

$$\overline{C}_R(x,s)=\left[\frac{\bar{i}(s)}{nFAD_R^{1/2}s^{1/2}}\right]\exp\left[-\left(\frac{s}{D_R}\right)^{1/2}x\right] \tag{8.2.9}$$

利用卷积性质，式 (8.2.8) 和式 (8.2.9) 直接逆变换就可得到式 (6.2.8) 和式 (6.2.9)，得到的积分形式可以用来方便地求解控制电流问题。

8.2.2　恒电流电解——桑德 (Sand) 方程

如果 $i(t)$ 是常数，那么 $\bar{i}(s)=i/s$，式 (8.2.8) 变成

$$\overline{C}_O(x,s)=\frac{C_O^*}{s}-\left[\frac{i}{nFAD_O^{1/2}s^{3/2}}\right]\exp\left[-\left(\frac{s}{D_O}\right)^{1/2}x\right] \tag{8.2.10}$$

逆变换得到 $C_O(x,t)$

$$C_O(x,t)=C_O^*-\frac{i}{nFAD_O}\left\{2\left(\frac{D_Ot}{\pi}\right)^{1/2}\exp\left(-\frac{x^2}{4D_Ot}\right)-x\ \mathrm{erfc}\left[\frac{x}{2(D_Ot)^{1/2}}\right]\right\} \tag{8.2.11}$$

恒电流电解期间，不同时间的典型浓度分布示于图 8.2.1。注意，电解开始后的全部时间中，$C_O(0,t)$ 连续下降，但 $[\partial C_O(0,t)/\partial t]_{x=0}$ 总是恒定值。

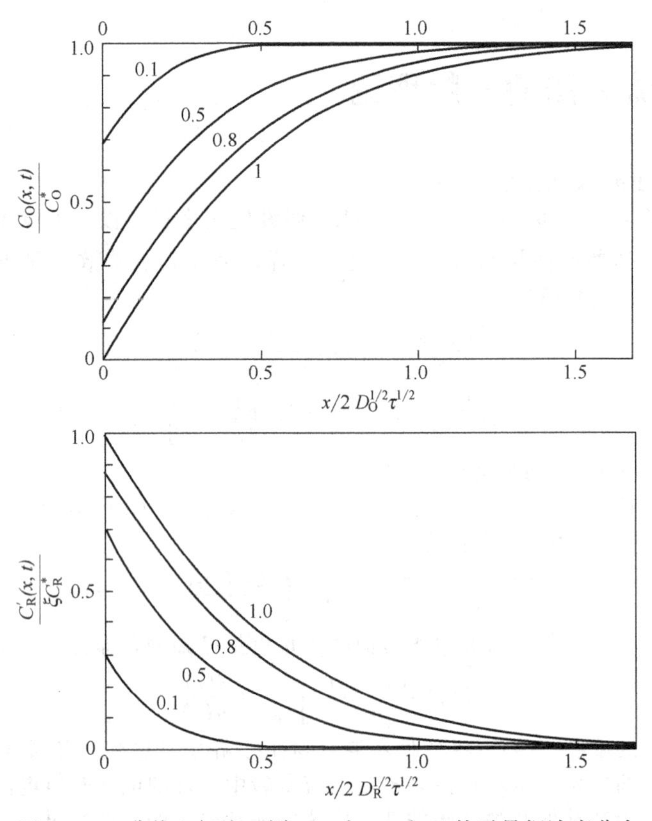

图 8.2.1　曲线上标注不同 t/τ 时，O 和 R 的无量纲浓度分布

让 $x=0$，从式（8.2.11）得到 $C_O(0,t)$，或 $x=0$ 时式（8.2.8）变为

$$\overline{C}_O(0,s)=\frac{C_O^*}{s}-\frac{i}{nFAD_O^{1/2}s^{3/2}} \tag{8.2.12}$$

反变换给出

$$C_O(0,t)=C_O^*-\frac{2it^{1/2}}{nFAD_O^{1/2}\pi^{1/2}} \tag{8.2.13}$$

在跃变时间 τ，$C_O(0,t)$ 下降到 0，式（8.2.13）变为

$$\boxed{\frac{i\tau^{1/2}}{C_O^*}=\frac{nFAD_O^{1/2}\pi^{1/2}}{2}=85.5nD_O^{1/2}A\quad \frac{\text{mA}\cdot\text{s}^{1/2}}{\text{mmol}\cdot\text{L}^{-1}}\quad (A\ \text{的单位是 cm}^2)} \tag{8.2.14}$$

此式最初由 H. J. S. Sand 导出[1]，称为桑德方程（Sand equation）。

如 8.1.2 节所述，过了过渡时间后，到达电极的 O 的流量不足以满足施加的电流，电势就会过渡到另一个电极过程能发生的电势（见图 8.2.2）。E-t 曲线的实际形状，在下节讨论。

在已知电流 i 下测量得到的 τ 值（不同电流下最好使用 $i\tau^{1/2}$），可以用来确定 n、A、C_O^* 或 D_O。对规则的体系，$i\tau^{1/2}/C_O^*$ 值与 i、C_O^* 无关，若此值不是常数，说明电极反应复杂，涉及偶合化学反应（见第 12 章）、吸附（见第 14 章）等，或双电层充电、对流等干扰了测量（见 8.3.5 节）。

对（$0\leqslant t\leqslant\tau$），使用无量纲参数 $C_O(x,t)/C_O^*$、t/τ、$\chi_O=x/(2D_Ot)^{1/2}$，可以把式（8.2.11）改写为方便的形式

$$\frac{C_O(x,t)}{C_O^*}=1-\left(\frac{t}{\tau}\right)^{1/2}[\exp(-\chi_O^2)-\pi^{1/2}\chi_O\text{erfc}(\chi_O)] \tag{8.2.15}$$

$$\boxed{\frac{C_O(0,t)}{C_O^*}=1-\left(\frac{t}{\tau}\right)^{1/2}} \tag{8.2.16}$$

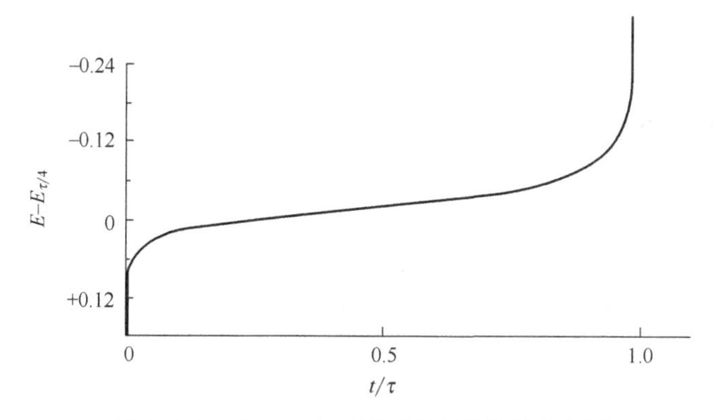

图 8.2.2 Nernst 电极过程的理论计时电势图

类似可得到 $0 \leqslant t \leqslant \tau$ 时，关于 $C_R(x,t)$ 的方程

$$\frac{C_R(x,t)}{C_R^*}=\xi\left(\frac{t}{\tau}\right)^{1/2}\left[\exp(\chi_R^2)-\pi^{1/2}\chi_R\ \mathrm{erfc}(\chi_R)\right] \tag{8.2.17}$$

式中，$\chi_R=x/(2D_R t)^{1/2}$，$\xi=(D_O/D_R)^{1/2}$。于是

$$\boxed{C_R(0,t)=\frac{2it^{1/2}}{nFA\pi^{1/2}D_R^{1/2}}=\xi\left(\frac{t}{\tau}\right)^{1/2}C_O^*} \tag{8.2.18}$$

参见图 8.2.1。

8.2.3 程控电流计时电势法

本方法使电流按特定的程序随时间变化，而不仅只是恒电流[2,3]。例如随时间线性增加的电流

$$i(t)=\beta t \tag{8.2.19}$$

仿照恒电流电解的处理，此时电流的变换形式是

$$\bar{i}(s)=\frac{\beta}{s^2} \tag{8.2.20}$$

于是 $x=0$ 时，式 (8.2.8) 为

$$\overline{C}_O(0,s)=\frac{C_O^*}{s}-\frac{\beta}{nFAD_O^{1/2}s^{5/2}} \tag{8.2.21}$$

$$C_O(0,t)=C_O^*-\frac{2\beta t^{3/2}}{nFAD_O^{1/2}\Gamma(5/2)} \tag{8.2.22}$$

式中 Γ (5/2) 是数学上的伽马 (Gamma) 函数，此时等于 1.33。这种方法可以处理时间的任意幂函数。

很有趣的是随时间的平方根变化的电流

$$i(t)=\beta t^{1/2} \tag{8.2.23}$$

$$\bar{i}(s)=\frac{\beta\pi^{1/2}}{2s^{3/2}} \tag{8.2.24}$$

$$\overline{C}_O(0,s)=\frac{C_O^*}{s}-\frac{\beta\pi^{1/2}}{2nFAD_O^{1/2}s^2} \tag{8.2.25}$$

$$C_O(0,t)=C_O^*-\frac{\beta\pi^{1/2}t}{2nFAD_O^{1/2}} \tag{8.2.26}$$

把过渡时间 τ 定义为 $C_O(0,t)=0$ 时的时间，使用正比于 C_O^* 和 β 的 τ（而不是 $\tau^{1/2}$），得到 Sand 方程类似的结果

$$\frac{\beta\tau}{C_O^*}=2nFA\pi^{-1/2}D_O^{1/2} \tag{8.2.27}$$

这种电流激励函数不易产生，所以用处不大。但对于分步电子转移反应和多组分体系（见 8.5 节），还是很有用的。

8.3　恒电流电解过程中的电势-时间曲线

8.3.1　可逆（能斯特）波

对快速反应，用 Nernst 方程关联电势和 O、R 的表面浓度（见 3.4.5 节和 3.5.3 节）。把 $C_O(0,t)$、$C_R(0,t)$ 的表达式（8.2.16）和式（8.2.18）代入 Nernst 方程式（3.5.21），得到[4]

$$\boxed{E=E_{\tau/4}+\frac{RT}{nF}\ln\left(\frac{\tau^{1/2}-t^{1/2}}{t^{1/2}}\right)} \tag{8.3.1}$$

式中，$E_{\tau/4}$ 为四分之一波电势

$$E_{\tau/4}=E^{\ominus\prime}-\frac{RT}{2nF}\ln\left(\frac{D_O}{D_R}\right) \tag{8.3.2}$$

计时电势法中的 $E_{\tau/4}$，是与伏安法的 $E_{1/2}$ 等价的特征参数（见图 8.2.2）。可逆 E-t 曲线的特征标志是 E-$\lg[(\tau^{1/2}-t^{1/2})/t^{1/2}]$ 关系为线性，斜率为 $59/n$ mV，或 $|E_{\tau/4}-E_{3\tau/4}|=47.9/n$ mV（25℃）。

8.3.2　完全不可逆波

对完全不可逆的单步骤单电子反应

$$\mathrm{O}+\mathrm{e}\xrightarrow{k_f}\mathrm{R} \tag{8.3.3}$$

电流与电势的关系由下列方程之一表示[5]

$$i=nFAk_f^0 C_O(0,t)\exp\left[\frac{-\alpha FE}{RT}\right] \tag{8.3.4a}$$

$$i=nFAk^0 C_O(0,t)\exp\left[\frac{-\alpha F(E-E^{\ominus\prime})}{RT}\right] \tag{8.3.4b}$$

代入 $C_O(0,t)$ 的表达式（8.2.16）得到

$$E=\frac{RT}{\alpha F}\ln\left(\frac{FAC_O^* k_f^0}{i}\right)+\frac{RT}{\alpha F}\ln\left[1-\left(\frac{t}{\tau}\right)^{1/2}\right] \tag{8.3.5a}$$

$$E=E^{\ominus\prime}+\frac{RT}{\alpha F}\ln\left(\frac{FAC_O^* k^0}{i}\right)+\frac{RT}{\alpha F}\ln\left[1-\left(\frac{t}{\tau}\right)^{1/2}\right] \tag{8.3.5b}$$

使用 Sand 方程并代入 $\tau^{1/2}$，得到等价的表达式

$$E=\frac{RT}{\alpha F}\ln\left[\frac{2k_f^0}{(\pi D_O)^{1/2}}\right]+\frac{RT}{\alpha F}\ln[\tau^{1/2}-t^{1/2}] \tag{8.3.6a}$$

$$\boxed{E=E^{\ominus\prime}+\frac{RT}{\alpha F}\ln\left[\frac{2k^0}{(\pi D_O)^{1/2}}\right]+\frac{RT}{\alpha F}\ln[\tau^{1/2}-t^{1/2}]} \tag{8.3.6b}$$

显然，对完全不可逆波，随电流增大，整个 E-t 曲线向更负方向移动，电流每增大 10 倍，移动 $2.3RT/\alpha F$（或在 25℃时是 $59/\alpha$ mV）。注意，工作电极与参比电极之间的未补偿电阻，也会使整个 E-t 曲线随电流增大而移动。对完全不可逆波，$|E_{\tau/4}-E_{3\tau/4}|=33.8/\alpha$ mV（25℃）。

8.3.3　准可逆波

对准可逆单步骤单电子反应

$$\mathrm{O}+\mathrm{e}\underset{k_b}{\overset{k_f}{\rightleftharpoons}}\mathrm{R} \tag{8.3.7}$$

联立电流-电势方程（3.4.10）、$C_O(0,t)$ 的式（8.2.16）、$C_R(0,t)$ 的式（8.2.18），可得到普遍的 E-t 关系。若初始有 R 的本体浓度 C_R^*，因而也定义了初始平衡电势[6,7]，需要在式（8.2.18）增加 C_R^* 项。最后的结果是

$$\frac{i}{i_0}=\left[1-\frac{2i}{FAC_O^*}\left(\frac{t}{\pi D_O}\right)^{1/2}\right]e^{-\alpha f\eta}-\left[1+\frac{2i}{FAC_O^*}\left(\frac{t}{\pi D_O}\right)^{1/2}\right]e^{(1-\alpha)f\eta} \tag{8.3.8}$$

使用电流密度 j 和异相反应速率常数，可改写为

$$j=k_f\left[FC_O^*-2j\left(\frac{t}{\pi D_O}\right)^{1/2}\right]-k_b\left[FC_R^*+2j\left(\frac{t}{\pi D_R}\right)^{1/2}\right] \tag{8.3.9a}$$

当 $C_R^*=0$ 时

$$j=Fk_fC_O^*-\frac{2jt^{1/2}}{\pi^{1/2}}\left(\frac{k_f}{D_O^{1/2}}+\frac{k_b}{D_R^{1/2}}\right) \tag{8.3.9b}$$

式中，k_f和 k_b由式（3.3.9）和式（3.3.10）定义。

通常，研究准可逆电极反应动力学用的恒电流技术（一般称恒电流和电流阶跃方法）使用小电流微扰，相应电势对平衡位置的偏离也不大，当 O 和 R 都存在时，就可使用线性的电流-电势-浓度关系式（3.5.33）。联立式（8.2.13）和增加 C_O^* 项后的式（8.2.18）给出

$$-\eta=\frac{RT}{F}i\left[\frac{2t^{1/2}}{FA\pi^{1/2}}\left(\frac{1}{C_O^*D_O^{1/2}}+\frac{1}{C_R^*D_R^{1/2}}\right)+\frac{1}{i_0}\right] \tag{8.3.10}$$

对式（8.3.8）线性化也可给出同样结果。这样，小 η 下，η 与 $t^{1/2}$ 呈线性关系，从截距可求出 i_0。这一方法和 5.5.1(3) 节讨论的电势阶跃方法类似。

8.3.4　双电层电容的一般影响

施加电流阶跃期间，电势是在不断变化的，因而总是存在来自双电层电容充电的非法拉第电流。若 $dA/dt=0$，i_c由下式给出

$$i_c=-AC_d(d\eta/dt)=-AC_d(dE/dt) \tag{8.3.11}$$

施加的总电流中。只有部分用于法拉第反应

$$i_f=i-i_c \tag{8.3.12}$$

因为 dE/dt 是时间的函数，所以虽然 i 是恒定值，i_c和 i_f还是随时间变化的。如果 dE/dt 或 $d\eta/dt$ 显式已知，这种情况可以作为程控电流计时电势法的一种情况来处理。

单步骤单电子过程，且普遍的 ηt 关系可以线性化时，式（8.3.10）可改写为下式[8]

$$-\eta=\frac{RT}{F}i\left[\frac{2t^{1/2}}{\pi^{1/2}}N-\frac{RT}{F}AC_dN^2+\frac{1}{i_0}\right] \tag{8.3.13}$$

式中

$$N=\frac{1}{FA}\left(\frac{1}{C_O^*D_O^{1/2}}+\frac{1}{C_R^*D_R^{1/2}}\right) \tag{8.3.14}$$

只有当 $1/i_0$ 比 $(RT/F)AC_dN^2$ 大得多时[8]，$\eta t^{1/2}$ 图的截距才可以用来求出 $1/i_0$。为了解决这个条件对大 i_0 快速电子转移反应的限制，提出了恒电流双脉冲方法（见 8.6 节）。

8.3.5　过渡时间的实际测量问题

如 8.3.4 节所述，双层电容产生正比于 dE/dt 的充电电流 [见公式（8.3.11)]，使得 i_f与施加的总电流 i 并不相等。在电流刚施加时和接近电势跃变时（dE/dt 较大），双层电容的作用最大，影响 E-t 曲线的整体形状，难以准确测量过渡时间 τ。许多作者研究了这个问题，提出了存在显著双层效应时，从畸变的 E-t 曲线测量 τ，进行校正的方法。

最简单的方法是在 $0<t<\tau$ 期间假设 i_c是常数。在整个 E-t 曲线上，dE/dt 和 E 的函数 C_d实际是不断变化的[9,10]，这个假设并不严格。从这个近似可得到

$$i=i_f+i_c \tag{8.3.15}$$

$$\frac{i\tau^{1/2}}{C_O^*}=\frac{i_f\tau^{1/2}}{C_O^*}+\frac{i_c\tau}{C_O^*\tau^{1/2}} \tag{8.3.16}$$

式中，$i_f\tau^{1/2}/C_O^*$ 才是真正的计时电势常数 a，它等于 $nFAD_O^{1/2}\pi^{1/2}/2$。最后一项中，$i_c\tau$ 是从初始电势到测量 τ 时的电势（电势变化 ΔE），平均双层电容充电需要的总电量库仑数，$i_c\tau\approx(C_d)_{avg}\Delta E$，用校正因子 b 来表示它。最后方程可表示为

$$i\tau^{1/2}/C_O^* = a + b/C_O^* \tau^{1/2} \tag{8.3.17}$$

用式（8.3.17）作图可以从观测的数据中求出 a 和 b（例如以 $i\tau$ 对 $\tau^{-1/2}$ 作图，给出截距 aC_O^*，斜率 b）。

这种形式的方程，也可用于校正氧化膜的形成（如铂电极的电化学氧化）和吸附物的电解。此时式（8.3.15）变为[10]

$$i = i_f + i_c + i_{ox} + i_{ads} \tag{8.3.18}$$

式中，i_{ox} 为生成（或还原）氧化膜的电流；i_{ads} 为吸附需要的电流。做类似处理得到式（8.3.17），只是这时 b 是包括 $Q_{ox} = i_{ox}\tau$ 和 $Q_{ads} = nF\Gamma$ 的总校正因子，Γ 是每平方厘米电极表面上吸附物的物质的量（见 14.3.7 节）。虽然这些近似很粗略，但即使在表面效应最显著的低浓度和短跃变时间的情况下[11]，用式（8.3.17）处理实验数据也还是给出了很好的结果。

比较严格的方法是只假设 C_d 与 E 无关[12~14]。这时，必须以式（8.2.3）为边界条件，求解扩散方程（8.2.1）。流量条件式（8.2.5）改为

$$i = nFAD_O\left(\frac{\partial C_O}{\partial x}\right)_{x=0} + AC_d\left(\frac{dE}{dt}\right) \tag{8.3.19}$$

同时还需要相应的 i-E 关系（即可逆、完全不可逆或准可逆）。得到的非线性积分方程只能用数值法求解。这个问题也常用数字模拟技术处理。图 8.3.1 和图 8.3.2 显示了能斯特条件下恒电流时，不同双电层充电的相对贡献对 i_f（恒电流 i 情况）和对 E-t 曲线的影响。充电贡献用无量纲参数 K 表示。

$$K = \left(\frac{RT}{nF}\right)\frac{C_d}{nFC_O^*(\pi D_O \tau)^{1/2}} \tag{8.3.20}$$

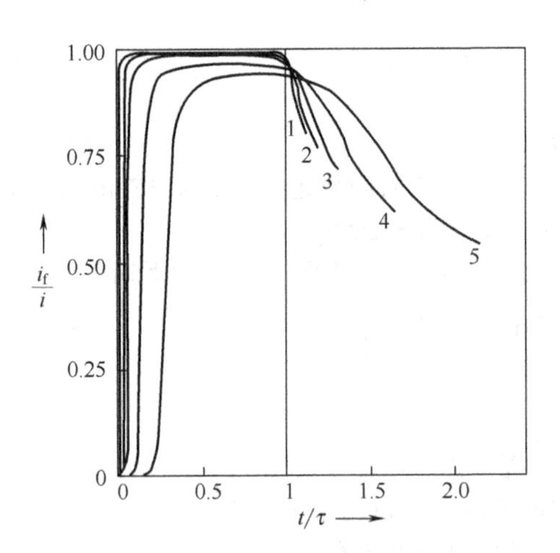

图 8.3.1　Nernst 电极过程，法拉第电流占总电流的分数 i_f/i 对时间的图，其中 K 值分别是 1—5×10^{-4}；2—10^{-3}；3—2×10^{-3}；4—5×10^{-3}；5—0.01
[引自 W. T. de Vries，*J. Electroanal. Chem.*，**17**，31（1968）]

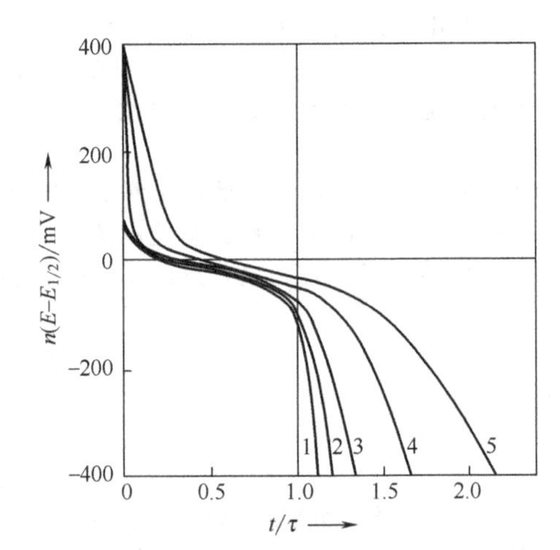

图 8.3.2　Nernst 电极过程，双电层电容对计时电势图的影响，其中 K 值与图 8.3.1 相同
[引自 W. T. de Vries，*J. Electroanal. Chem.*，**17**，31（1968）]

显然在小的 τ 值下，双电层充电的影响是很重要的［见公式（8.3.20）］。和控制电势方法相反，E-t 曲线畸变问题和正确 τ 值测量的困难，阻碍了控制电流方法的应用。

无论控制电流方法还是控制电势方法，长时间实验中出现的问题都是源于对流的出现和扩散的非线性。溶液相对于电极的运动，即对流效应，可以是由传给电解池的偶然振动（例如鼓风机、真空泵、过往的交通等）或反应物和产物的不同密度造成电极表面上的密度梯度（带来“自然对流”）引起的。使用带玻璃罩的屏蔽电极（见图 8.3.3）或水平放置电极，使密度大的物质总在密度小的物质下面[15,16]，可以减小对流效应。而垂直放置的电极（如金属片或丝），即使在不长的时间内（如 60～80s），也常常受到对流的扰乱。使用屏蔽电极可以强制扩散于垂直电

极表面的法线方向，从而达到真正的线性扩散。非屏蔽电极，如嵌在玻璃中的铂盘电极，在扩散层厚度和电极尺寸相比不能忽略时，会表现出明显的“球形”扩散特征，即物质可以从边沿方向扩散到非屏蔽电极上。这种作用使得过渡时间增加（在控制电势方法里是反常的大电流）。然而，使用恰当取向放置的屏蔽电极，可以保持线性扩散条件到 300s 甚至更长。

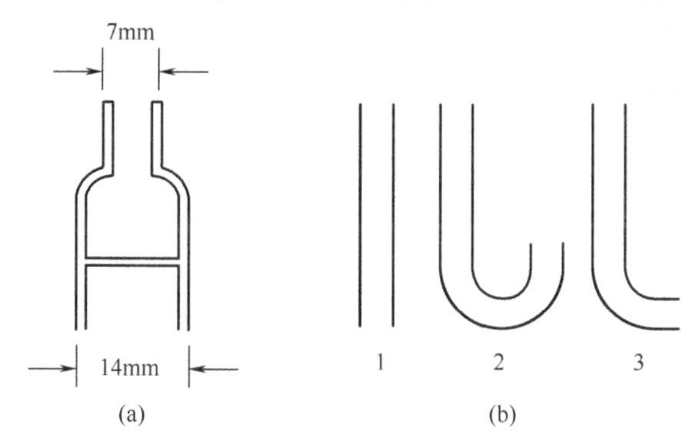

图 8.3.3　(a) 保持线性扩散、抑制对流的屏蔽电极；(b) 装配屏蔽电极的管子，用于实现 (1) 水平放置电极，向上扩散；(2) 水平放置电极，向下扩散；(3) 垂直放置电极
[引自 A. J. Bard, *Anal. Chem.*, **33**, 11 (1966)]

8.4　反向技术

8.4.1　响应函数原理

在计时电势法（及其他电化学技术）中，处理反向方法的有效技术是基于响应函数原理 (response function principle)[2,17]，这也是电路分析中用的方法。在 Laplace 变换空间，考虑体系对微扰或激励信号的响应，一般方程为[2]

$$\overline{R}(s)=\overline{\Psi}(s)\overline{S}(s) \tag{8.4.1}$$

式中，$\overline{\Psi}(s)$ 为激励函数的变换；$\overline{R}(s)$ 为描述体系如何响应激励的响应变换；$\overline{S}(s)$ 则为关联激励和响应的体系变换。例如对电流激励，$x=0$ 时，由式 (8.2.8) 可以写出

$$\overline{C}_{\mathrm{O}}(0,s)=C_{\mathrm{O}}^{*}/s-[nFAD_{\mathrm{O}}^{1/2}s^{1/2}]^{-1}\overline{i}(s) \tag{8.4.2}$$

或

$$\overline{C}_{\mathrm{O}}^{*}-\overline{C}_{\mathrm{O}}(0,s)=[nFAD_{\mathrm{O}}^{1/2}s^{1/2}]^{-1}\overline{i}(s) \tag{8.4.3}$$

这时$\overline{\Psi}(s)=\overline{i}(s)$（施加的电流扰动的变换）。$\overline{R}(s)=\overline{C}_{\mathrm{O}}^{*}-\overline{C}_{\mathrm{O}}(0,s)$，对扰动的浓度响应的变换。$\overline{S}(s)=[nFAD_{\mathrm{O}}^{1/2}s^{1/2}]^{-1}$，这是激励条件下体系的特性（半无限线性扩散）。对其他体系（如球形或柱状扩散，偶合一级动力学），要使用其他的体系变换❶。使用相应的$\overline{i}(s)$，在恒电流和程控电流方法中，已经证明了如何使用这个方程，现在推广用于反向技术。

8.4.2　电流反向[18,19]

考虑初始只有 O 存在的溶液，O 的初始浓度为 C_{O}^{*}，使用半无限线性扩散条件，施加持续 t_1 时间（$t_1\leqslant\tau_1$，τ_1是正向过渡时间）的恒定阴极电流 i。在时间 t_1 电流反向，即电流从阴极电流变为阳极电流，这样正向阶跃期间生成的 R 将被氧化回 O，到时间 τ_2（从 t_1 开始计），电极表面的 C_{R} 降到 0。在反向的过渡时间 τ_2 (reverse transition time)，电势很快地向正值方向变化。运用 A.1.7 节的“零点位移定理”，可以很容易的求出 τ_2 的表达式。对 $0<t\leqslant t_1$，$i(t)=i$，对 $t_1<t\leqslant t_1+\tau_2$，$i(t)=-i$，使用阶跃函数符号写出电流表达式

$$i(t)=i+S_{t_1}(t)(-2i) \tag{8.4.4}$$

---

❶ 这个通用变换方法只用于线性问题，因此，二级反应和非线性问题不能用这个方法处理。

其变换形式为

$$\bar{i}(s)=\frac{i}{s}-\frac{(2e^{-t_1 s})i}{s}=\left(\frac{i}{s}\right)(1-2e^{-t_1 s}) \tag{8.4.5}$$

代入到式（8.4.3）中得到

$$\frac{C_O^*}{s}-\bar{C}_O(0,s)=\left(\frac{i}{s}\right)(1-2e^{-t_1 s})(nFAD_O^{1/2}s^{1/2})^{-1} \tag{8.4.6}$$

$\bar{C}_R(0,s)$ 的类似表达式是［见式（8.2.9）］

$$\bar{C}_R(0,s)=\left(\frac{i}{s}\right)(1-2e^{-t_1 s})(nFAD_R^{1/2}s^{1/2})^{-1} \tag{8.4.7}$$

逆变换式（8.4.7），就给出任意时刻的 $C_R(0,t)$［注意，$t \leqslant t_1$ 时 $S_{t_1}(t)=0$，$t>t_1$ 时 $S_{t_1}(t)=1$，见 A.1.7 节］：

$$C_R(0,t)=\frac{2i}{nFA\pi^{1/2}D_R^{1/2}}[t^{1/2}-2S_{t_1}(t)(t-t_1)^{1/2}] \tag{8.4.8}$$

在 $t=t_1+\tau_2$ 时 $C_R(0,t)=0$，于是 $(t_1+\tau_2)^{1/2}=2\tau_2^{1/2}$，因而

$$\boxed{\tau_2=t_1/3} \tag{8.4.9}$$

结论是，对于 R 稳定的体系，只要反应不是完全不可逆的，即电子转移速度快到足以表现出反向过渡时间，若正向时间 $t_1 \leqslant \tau_1$，则反向过渡时间 τ_2 就总是 t_1 的 1/3（见图 8.4.1），与 D_O、D_R、C_O^* 及电子转移速度无关。系数 1/3 表示，在反向阶跃的 τ_2 时间内，正向阶跃中生成的 R（等于 it_1/nF mol），只有 1/3 返回电极被反向氧化，其他 R 都扩散进入了溶液本体。乍一看，不易理解为什么 τ_2/t_1 与 D_R 无关。如果 D_R 很大，不是有更多的 R 扩散离开吗？但大的 D_R 也同时意味着更多的 R 在反向步骤扩散回电极表面。数学上可以证明它们是互补的。计时电势的 τ_2/t_1 判据值类似于反向电势阶跃（5.7 节）的 $i_r(2\tau)/i_f(\tau)=0.293$ 和循环伏安法（6.5.1 节）的 $i_{pa}/i_{pc}=1$。联立合适的动力学关系和 $C_O(0,t)$、$C_R(0,t)$ 方程，可以导出电势-时间行为关系。例如，对能斯特波，$E_{0.215\tau_2}=E_{\tau/4}$。对准可逆体系，用 $E_{\tau/4}$ 和 $E_{0.215\tau_2}$ 的差别可以确定 k^0[20]。

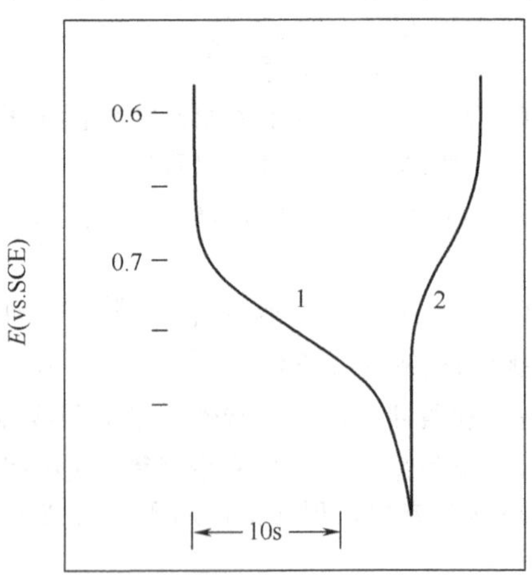

图 8.4.1　反向电流实验的典型计时电势图

二苯基苦味酰肼（DPPH）的氧化，随后是稳定自由基阳离子 $DPPH^{+\cdot}$ 的还原。溶液是含 1.04mmol·L^{-1}的 DPPH 和 0.1mol·L^{-1}的 $NaClO_4$。电流为 100μA，使用面积为 1.2cm^{2}的屏蔽铂电极［引自 E. Solon and A. J. Bard, *J. Am. Chem. Soc.*, **86**, 1926 (1964)］

8.5　多组分体系和多步骤反应[19,21~23]

若溶液中含有两种可还原物质 O_1 和 O_2，初始浓度分别为 C_1^* 和 C_2^*，先发生还原反应 O_1+

$n_1 e \longrightarrow R_1$，然后在更负电势发生 $O_2 + n_2 e \longrightarrow R_2$。假设半无限线性扩散条件，则有下列响应函数方程

$$n_1 FAD_1^{1/2}\left[\frac{C_1^*}{s} - \overline{C}_1(0,s)\right] = \frac{\overline{i}_1(s)}{s^{1/2}} \tag{8.5.1}$$

$$n_2 FAD_2^{1/2}\left[\frac{C_2^*}{s} - \overline{C}_2(0,s)\right] = \frac{\overline{i}_2(s)}{s^{1/2}} \tag{8.5.2}$$

式中，$\overline{i}_1(s)$ 和 $\overline{i}_2(s)$ 分别为 O_1 和 O_2 还原时各自独立电流［$i_1(t)$ 和 $i_2(t)$］的变换形式。总电流 $i(t) = i_1(t) + i_2(t)$，对于电流变换 $\overline{i}(s) = \overline{i}_1(s) + \overline{i}_2(s)$，从式（8.5.1）和式（8.6.2）得到

$$n_1 D_1^{1/2}\left[\frac{C_1^*}{s} - \overline{C}_1(0,s)\right] + n_2 D_2^{1/2}\left[\frac{C_2^*}{s} - \overline{C}_2(0,s)\right] = \frac{\overline{i}(s)}{FAs^{1/2}} \tag{8.5.3}$$

此方程在所有时间均有效。

在电势不够负，O_2 的还原不能发生时（即 $t \leqslant \tau_1$ 时），$\overline{C}_2(0,s) = C_2^*/s$，$\overline{i}_2(s) = 0$，式（8.5.3）就变成式（8.4.3）那样的简单方程，直到 τ_1，O_2 的存在不影响体系行为。在 $t > \tau_1$ 时，$\overline{C}_1(s) = 0$，式（8.5.3）变为

$$\frac{n_1 D_1^{1/2} C_1^*}{s} + n_2 D_2^{1/2}\left[\frac{C_2^*}{s} - \overline{C}_2(0,s)\right] = \frac{\overline{i}(s)}{FAs^{1/2}} \tag{8.5.4}$$

在电极表面的 O_2 浓度降到 0，即 $\overline{C}_2(0,s) = 0$ 时，出现第二个跃变时间（$t = \tau_1 + \tau_2$）。此时对恒电流 $\overline{i}_2(s) = i/s$，式（8.5.4）变为

$$\frac{n_1 D_1^{1/2} C_1^*}{s} + \frac{n_2 D_2^{1/2} C_2^*}{s} = \frac{i}{FAs^{3/2}} \tag{8.5.5}$$

逆变换得到

$$\boxed{(n_1 D_1^{1/2} C_1^* + n_2 D_2^{1/2} C_2^*)\left(\frac{FA\pi^{1/2}}{2}\right) = i(\tau_1 + \tau_2)^{1/2}} \tag{8.5.6}$$

对于 $n_1 D_1^{1/2} C_1^* = n_2 D_2^{1/2} C_2^*$ 的情况，$\tau_2 = 3\tau_1$。因此，等扩散系数、等浓度的两种物质，在控制电势伏安方法中，表现出等高度的两个波，而在计时电势法中表现为不相等的跃变时间。在 τ_1 之后，O_1 继续向电极扩散，导致第二个过渡时间较长，只有部分电流用于 O_2 还原（图 8.5.1）。

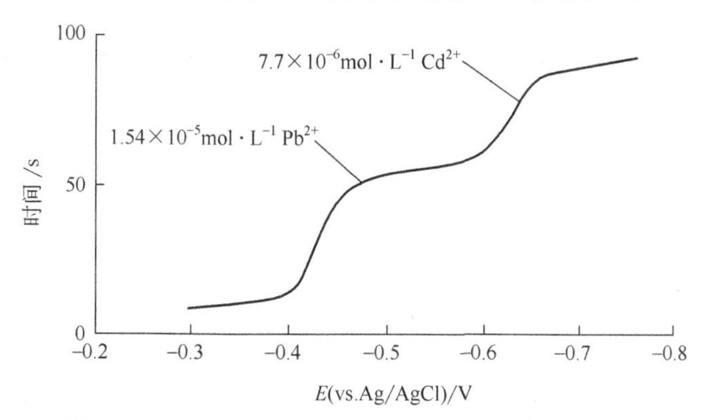

图 8.5.1　汞池电极上 Pb(Ⅱ) 和 Cd(Ⅱ) 的连续还原

注意这种 *E-t* 曲线和伏安图很相似［引自 C. N. Reilley，G. W. Everett，and R. H. Johns，*Anal. Chem.*，**27**，483 (1955)］

同样对于分步反应

$$O + n_1 e \longrightarrow R_1 \tag{8.5.7}$$

$$R_1 + n_2 e \longrightarrow R_2 \tag{8.5.8}$$

过渡时间比为

$$\frac{\tau_2}{\tau_1} = \frac{2n_2}{n_1} + \left(\frac{n_2}{n_1}\right)^2 \tag{8.5.9}$$

所以，$n_2=n_1$时，$\tau_2=3\tau_1$（见图 8.5.2）。运用响应函数原理，可以证明（习题 8.4），若电流形式是 $i(t)=\beta t^{1/2}$，当 $n_2=n_1$时会得到相等的过渡时间 $\tau_2=\tau_1$。

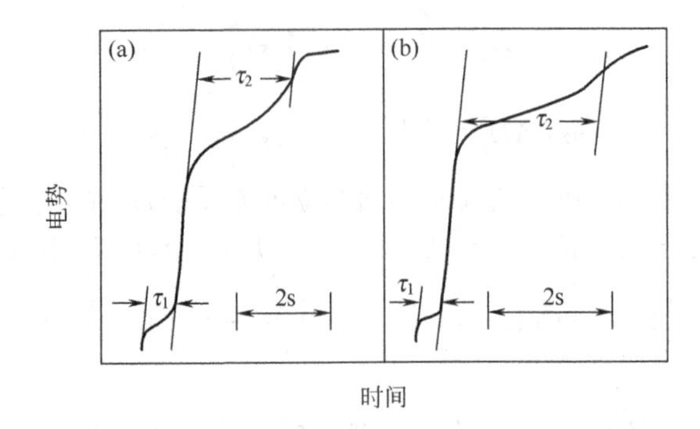

图 8.5.2 氧和铀离子在汞电极上的分步还原

(a) 25℃饱和氧的 1mol·L^{-1} LiCl 溶液。$O_2+2H_2O+2e \longrightarrow H_2O_2+2OH^-$；$H_2O_2+2e \longrightarrow 2OH^-$；$\tau_2/\tau_1=3$。(b) 10^{-3}mol·L^{-1}硝酸铀的 0.1mol·L^{-1} KCl+0.01mol·L^{-1} HCl 溶液。U(Ⅵ) +e⟶U(Ⅴ)；U(Ⅴ)+2e⟶U(Ⅲ)；$\tau_2/\tau_1=8$ [引自 T. Berzins and P. Delahay，*J. Am. Chem. Soc.*，**75**，4205 (1953)]

8.6 恒电流双脉冲法

在 8.3.4 节知道，施加电流脉冲的初期，电流主要用于双电层充电，是非法拉第的，因而单脉冲恒电流方法不能用于研究大 i_0的快速电子转移反应。为此，Gerischer 和 Krause 提出了向电极施加两个恒电流脉冲的恒电流双脉冲方法（galvanostatic double pulse method，GDP，图 8.6.1）[24]。在时间 $0<t<t_1$，施加的第一个大电流脉冲 i_1对双电层充电，使电极电势达到要研究的电势，然后施加第二个小脉冲电流 i_2。其基本思想是运用第一个短脉冲（一般仅持续 0.5～1μs）使体系刚好达到支持第二个电流的过电势。当施加第二个电流时，过电势 η 不再改变，在第二个电流保持期间，就没有显著的充电电流。这种技术的仪器简图示于图 8.6.2。

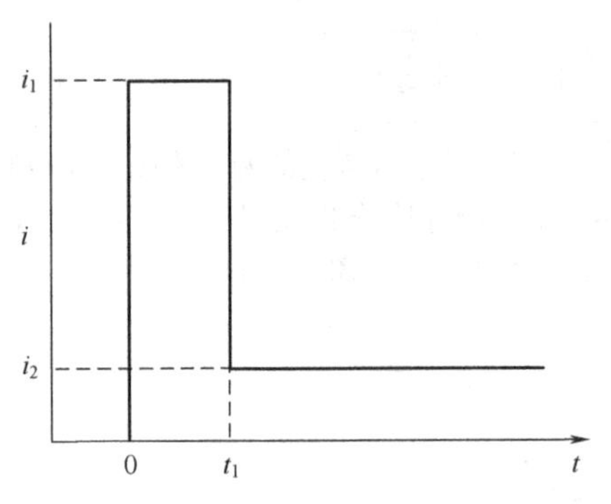

图 8.6.1 恒电流双脉冲方法的激发波形

在第一个脉冲期间，确有法拉第电流通过，需要考虑它的影响。GDP 方法的理论按 Matsuda 等的方式导出[25]。后来 Aoyagi 及其同事对仪器进行了很有用的改进[26～28]。

通过试验和误差判断，恰当的调整脉冲高度比（i_1/i_2），可以使第一脉冲结束后的 E-t 曲线刚好为水平直线（见图 8.6.3）。此时，准可逆单步骤单电子过程的过电势由下式给出[25]

$$-\eta=\frac{RT}{F}\times\frac{i_2}{i_0}\left[1+\frac{4Ni_0}{3\pi^{1/2}}t_1^{1/2}+\left(1-\frac{9\pi}{32}\right)\left(\frac{4Ni_0}{3\pi^{1/2}}\right)^2 t_1+\cdots\right] \tag{8.6.1}$$

t_1足够小时有

$$\boxed{-\eta\approx\frac{RT}{F}i_2\left(\frac{1}{i_0}+\frac{4N}{3\pi^{1/2}}t_1^{1/2}\right)} \tag{8.6.2}$$

这就可以使用不同脉冲宽度 t_1进行一系列的试验，以 i_2开始时的过电势 η 对 $t_1^{1/2}$ 作图，从截距求出交换电流。注意式（8.3.10）和式（8.6.2）间的相似性，两者的 $t^{1/2}$都源于电解引起的表面浓度的变化。在式（8.3.10），η 由电流 i 产生，这里则是先由 i_1产生，后由 i_2维持。

从这些数据也可求出双电层微分电容

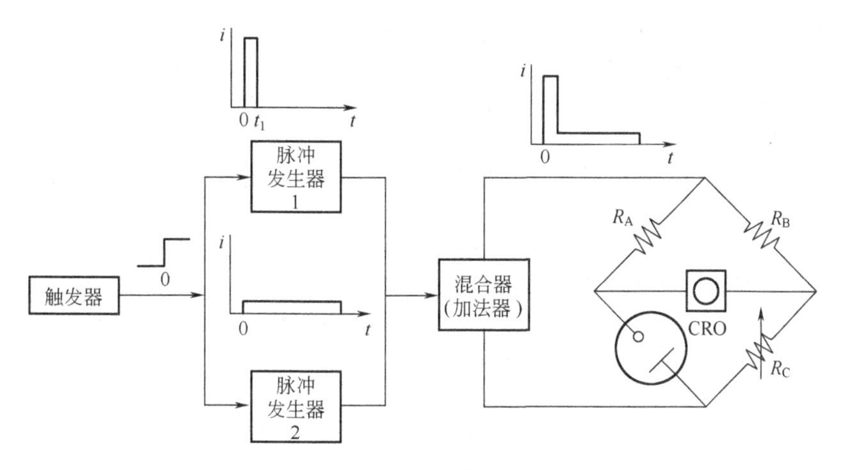

图 8.6.2　恒电流双脉冲方法的方框图

为补偿电解池欧姆电阻，两电极体系（即辅助电极和参比电极共用）接入桥式电路。电桥调整到 $R_A=R_B$，$R_C=R_\Omega$，$R_A \gg R_\Omega$，脉冲发生器生成的恒电流完全流过电解池。有时使用三电极电解池调整准备双脉冲电路，在施加脉冲前恒电势控制工作电极。细节参考文献[26～28]

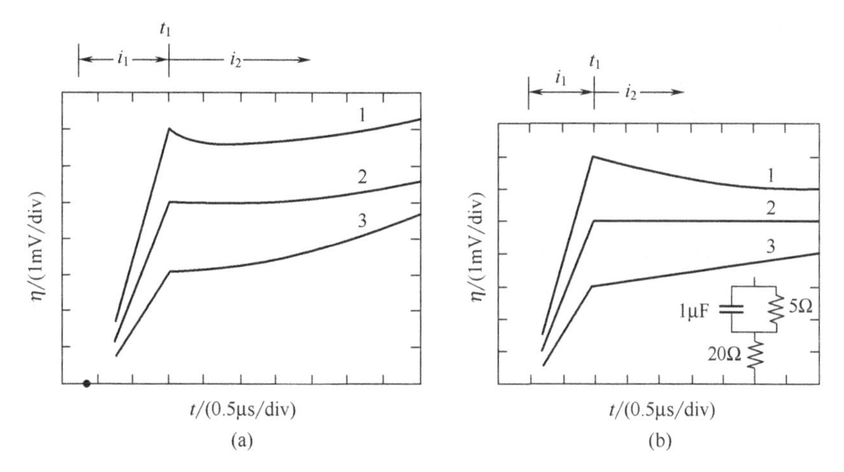

图 8.6.3 (a) 恒电流双脉冲法，悬汞电极上 1mol·L^{-1} $HClO_4$溶液中 0.25mmol·L^{-1} Hg_2^{2+} 还原的过电势-时间图。比值 i_2/i_1分别是 1—7.8，2—5.3，3—3.2。其中 (2) 就是式 (8.6.2) 所示的理想响应。(b) 等效电路对恒电流双脉冲法的电压-时间响应。其中 i_1 分别是 1—7.6mA，2—5.5mA，3—3.3mA；i_2=1mA

[引自 M. Kogoma，T. Nakayama，and S. Aoyagi，*J. Electroanal. Chem.*，**34**，123 (1972)]

$$C_d=\lim_{t_1\to 0}\frac{Ft_1 i_0}{RTA}\left(\frac{i_1}{i_2}\right)\left(1-\frac{4Ni_0 t_1^{1/2}}{3\pi^{1/2}}\right)^{-1} \tag{8.6.3}$$

这个关系式的基础是，在短时间 t_1的极限，第一阶跃中的全部电量 i_1t_1完全是非法拉第的。

用 GDP 法计算 i_0不需要知道反应物和生成物的扩散系数，也不需要知道 C_d值。使用 Aoyagi 及其同事开发的仪器进行测定，证明这种技术可以测量非常快速电极反应的速率常数（可达约 1cm/s)。

8.7　电量阶跃（恒电量）方法

8.7.1　原理

在电量阶跃或恒电量（charge-step or coulostatic）方法中，施加极短电流脉冲（如 0.1～1μs）于电解池，记录脉冲后（即开路状态下）电极电势随时间的变化。选择电流脉冲时间足够短，仅仅引起双层充电，即使很快的电荷转移反应也没有显著发生。脉冲仅用于注入一个电量增量 Δq，这些条件下，电量注入的实际方法或注入脉冲（恒电量脉冲）的形状并不重要。例如，通过跨接在电解池上（见图 8.7.1）的小电容的放电或通过一个电容或开关二极管连接脉冲发生器，都可以注入电量。

对于图 8.7.1 的电路，继电器在 A 位置时，电压源 V_{inj} 对电容 C_{inj} 充电，直到给电容充入电量为

$$\Delta q = C_{inj} V_{inj} \tag{8.7.1}$$

例如，$V_{inj}=10V$，$C_{inj}=10^{-9}F$，则 $\Delta q=0.01\mu C$。继电器转到位置 B 就把这个电量送入电解池。由于双层电容 C_d 远大于 C_{inj}，所以几乎所有电量都送入电解池。电量注入时间取决于电解池电阻 R_Ω（见图 8.7.2），时间常数是 $C_{inj}R_\Omega$（习题 8.6）。注入的电量使得电极电势从原来的 E_{eq} 改变到 $E(t=0)$

$$E(t=0) - E_{eq} = \eta(t=0) = \frac{-\Delta q}{C_d} \tag{8.7.2}$$

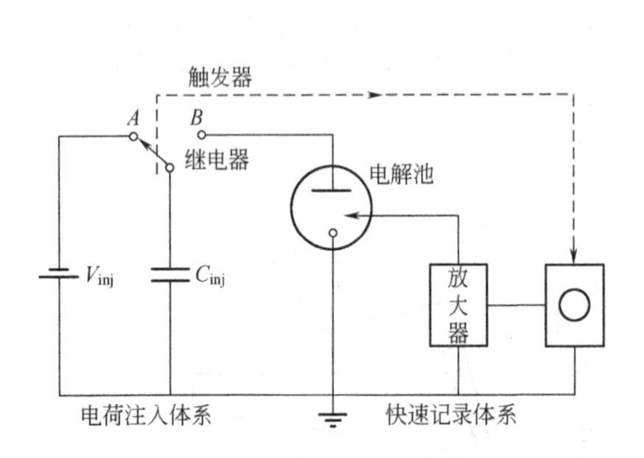

图 8.7.1　电量阶跃或恒电量方法的电路示意
实际工作中，最初用恒电势仪保持电解池在电势 E_{eq}，并刚好在电量注入前断开

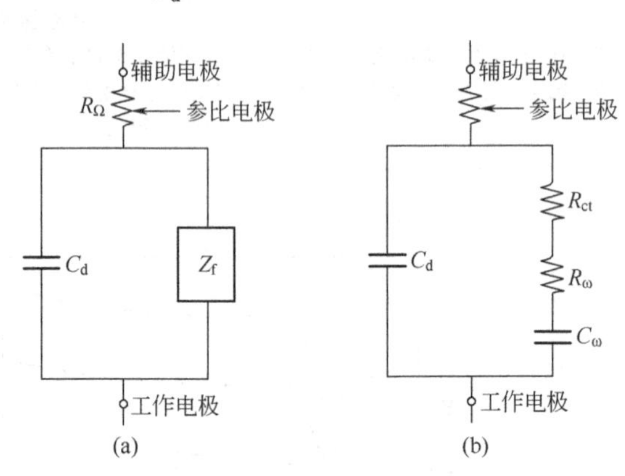

图 8.7.2　电解池等效电路图
(a) R_Ω 溶液电阻，C_d 双电层电容，Z_f 法拉第阻抗。法拉第阻抗表示异相电子转移过程的作用。Z_f 常常分成 (b) 中的多项，其中电荷传递电阻 R_{ct} 表示异相电荷转移动力学，表示扩散传质的 Warburg 阻抗由 R_w 和 C_w 组成（见 10.1.3 节）

然后，C_d 上的电量通过法拉第阻抗（即异相电子转移过程）放电，η 下降到 0，开路电势变回 E_{eq}。因为总的外电流是 0，所以从式（8.3.11）和式（8.3.12）得

$$i_f = -i_c = C_d\left(\frac{d\eta}{dt}\right) \tag{8.7.3}$$

$$\eta(t) = \eta(t=0) + \frac{1}{C_d}\int_0^t i_f\,dt \tag{8.7.4}$$

使用 i_f 的适当表达式求解式（8.7.4），可得到 E（或 η）与时间的关系。注意，如果在 $E(t=0)$ 没有法拉第反应发生（即理想极化电极上），C_d 将保持充电状态，电势也不衰减 [即若 $i_f=0$，则所有时间 t，$E=E_{eq}+\eta(t=0)$]。

现在分几种情况讨论恒电量脉冲后的 E-t 行为。理论处理的细节已由 Delahay[29,30] 和 Reinmuth[31,32] 及其同事给出，他们最早讨论了这种技术的应用。

8.7.2　小信号分析

对于化学可逆而动力学迟缓的体系，若电势偏离足够小，即 $\eta(t=0) \ll RT/nF$，且不考虑传质作用，那么线性 i-η 关系式（3.5.49）可用，

$$-\eta = \frac{RT}{nFi_0} i \tag{8.7.5}$$

用此式表示 i_f，代入式（8.7.4）得到

$$\eta(t)=\eta(t=0)-\frac{nFi_0}{RTC_d}\int_0^t \eta(t)\,dt \tag{8.7.6}$$

使用 Laplace 变换方法，可以很容易的解出此方程（习题 8.7），给出

$$\boxed{\eta(t)=\eta(t=0)\exp\left(\frac{-t}{\tau_c}\right)} \tag{8.7.7}$$

$$\boxed{\tau_c=\frac{RTC_d}{nFi_0}=R_{ct}C_d} \tag{8.7.8}$$

在这些条件下，电势以电荷转移反应速度控制的时间常数 τ_c，按指数弛豫回 E_{eq}（见图 8.7.3）。若使用图 8.7.2(b) 的等效电路，忽略 R_w 和 C_w，C_d就仅通过由式（3.5.50）给出的电荷转移电阻 R_{ct}、以时间常数 $R_{ct}C_d$ 放电，可以得到同样的结果。使用式 (8.7.7)，$\ln|\eta|$ 对 t 的图为线性，截距为 $\eta(t=0)$[由它用式（8.7.2）可求出 C_d]，斜率为 $-1/\tau_c$，进而可求出电荷转移电阻和交换电流密度。

另一方面，如果和传质阻抗相比，R_{ct} 可忽略，就是 Nernst 体系的情况，可给出

$$\eta(t)=\eta(t=0)\exp\left(\frac{t}{\tau_D}\right)\operatorname{erfc}\left[\left(\frac{t}{\tau_D}\right)^{1/2}\right] \tag{8.7.9}$$

$$\tau_D^{1/2}=\frac{RTC_d}{n^2F^2}\left(\frac{1}{C_O^* D_O^{1/2}}+\frac{1}{C_R^* D_R^{1/2}}\right) \tag{8.7.10}$$

对小信号，同时考虑电荷转移和传质项的普遍表达式为[32]

$$\eta(t)=\frac{\eta(t=0)}{\gamma-\beta}[\gamma\exp(\beta^2 t)\operatorname{erfc}(\beta t^{1/2})-\beta\exp(\gamma^2 t)\operatorname{erfc}(\gamma t^{1/2})] \tag{8.7.11}$$

$$\beta,\gamma=\frac{\tau_D^{1/2}}{2\tau_c}\pm\frac{[(\tau_D/4\tau_c)-1]^{1/2}}{\tau_c^{1/2}} \tag{8.7.12}$$

式中，+号用于β，−号用于γ。注意$\beta+\gamma=\tau_D^{1/2}/\tau_c$，$\beta\gamma=1/\tau_c$。

显然只要 $\tau_c\gg\tau_D$，式（8.7.7）就可用，就很容易分析实验数据求出 i_0。恒电量数据和弛豫曲线的详细讨论请参考文献［33，34］。

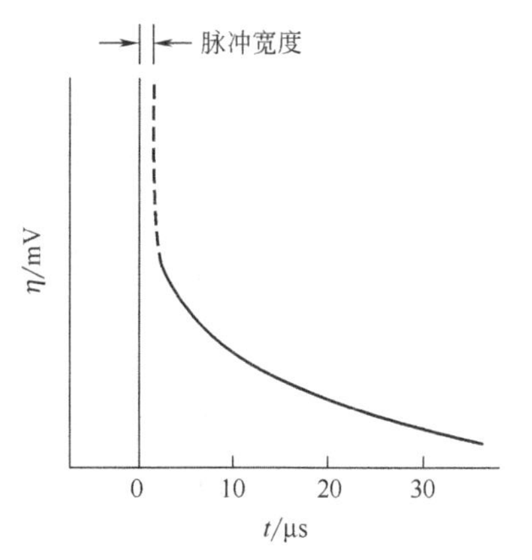

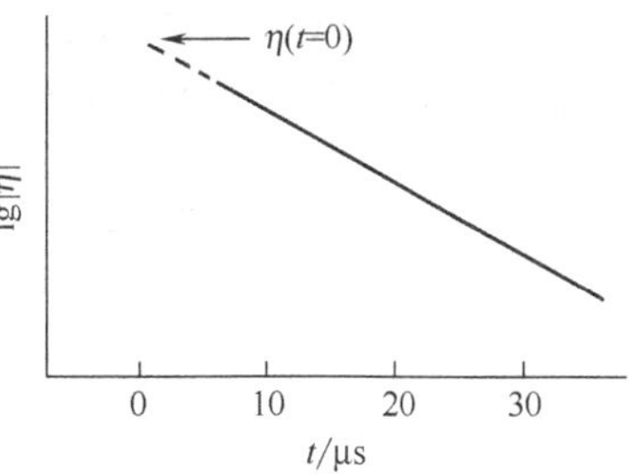

图 8.7.3 完全不可逆反应的典型电量阶跃过电势-时间弛豫曲线

8.7.3 大阶跃-电量分析

若施加一个足够大的电量阶跃，使得电势从 E_{eq}变化到对应伏安波扩散平台区的电势 $E(t=0)$，并假设在实验范围内，双层电容 C_d与电势无关。这样条件下，平板电极的法拉第电流由式（5.2.11）给出，将其代入式（8.7.4）得到

$$E(t)=E(t=0)+\left(\frac{nFAD_O^{1/2}C_O^*}{\pi^{1/2}C_d}\right)\int_0^t t^{-1/2}\,dt \tag{8.7.13}$$

$$\Delta E=E(t)-E(t=0)=\frac{2nFAD_O^{1/2}C_O^*t^{1/2}}{\pi^{1/2}C_d} \tag{8.7.14}$$

电极从较负电势向较正电势弛豫，所以 ΔE 是正的。ΔE 对 $t^{1/2}$ 作图为线性，截距为 0，斜率是 $2nFAD_O^{1/2}C_O^*/(\pi^{1/2}C_d)$，正比于溶液浓度（见图 8.7.4）。

这种方法曾被建议用于低浓度电活性物质的测定[35,36]，但并未得到广泛应用，可能因为这种方法需要记录 E-t 曲线，不像脉冲伏安法那样容易实现自动化。

这种方法也可以推广到伏安波上升区的大电势偏移。例如，对可逆过程，只要在小的 ΔE 范

围内测量，电势在 $E(t=0)$ 附近，测量期间，表面浓度也没有显著变化，就可以使用方程(5.4.16) 表示法拉第电流。用 ΔE 对 $t^{1/2}$ 图的斜率再对 E 作图，就得到和普通的伏安图类似的电量阶跃实验伏安图[37]。恒电量方法需要每步实验前恢复初始条件，测量每个数据点的斜率，测量改变 Δq 引起的电势变化，所以一般需要用计算机控制实验采集数据。

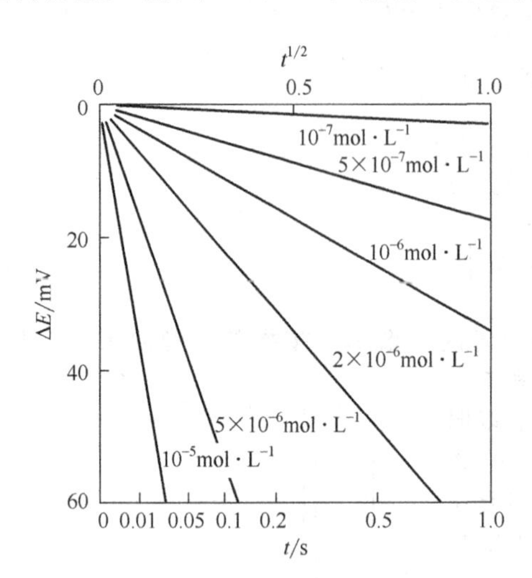

图 8.7.4 几个不同 C_O^* 下，平板电极上的 ΔE 相对于 t 的曲线，$n=2$，$D=10^{-5}\text{cm}^2/\text{s}$，$C_d=20\mu\text{F/cm}^2$

［引自 P. Delahay，*Anal. Chem.*，**34**，1276 (1962)］

8.7.4 电量阶跃法的应用

因为测量是在没有净外部电流的开路条件下进行的，欧姆降并不重要，可以在高阻介质中测量。而且，弛豫过程是双电层电容的放电，法拉第电流和电容电流不再是竞争成分，而是大小相等 $i_c=i_f$，C_d不再干扰测量。因而在研究电极反应中，电量阶跃或恒电量法有一些与众不同的优点。当然电量阶跃法也有一些固有的限制。高 R_Ω 增加了电量注入电解池的时间。电量注入的瞬间，加在电解池上的高电压 V_{inj} 有可能使测量放大器过载，而放大器又必须调节到高灵敏度以测量 ΔE 的微小变化，所以需要使用快恢复的放大器。同时，脉冲时杂散电容会引起寄生振荡，产生阻抗不匹配。所以一般来说，脉冲后的 0.5μs 内是不能测量的。这种技术表观上可以用于 0.1A/cm^2 以下的 i_0 或 0.4cm/s 以下的 k^0 的测定。有关电量阶跃方法的实验条件和应用综述参考文献［34,38］。

8.7.5 温度跃变产生的恒电量扰动

类似上面的方法，电极电势也可以通过其他非电变量的突然变化来扰动，如压力、溶液成分等，使电极偏离平衡态。可能最直接的办法就是改变电极温度（即温度跃变）[39~42]。使用绝缘材料如玻璃上的薄金属膜（约 1～25μm）做电极，用脉冲激光从背后穿过绝缘材料照射膜可以方便地实现温度跃变[41,42]。膜要足够厚，激光不能进入膜内，吸收的光能全部转换为热。如 18.3.1 节讨论的一样，在这样条件下，没有电子的光发射[39,40]。实验装置简图示于图 8.7.5。使用高速激光和薄的金属膜，可以实现纳秒级的测量。

电极温度的快速变化会扰动电极-溶液界面平衡，引起电极电势的改变。从开路电势的变化 ΔE_t及其随时间的弛豫变化，可以得到电极反应的动力学信息。其他因素对电极随温度的移动也有作用（如双电层电容的温度依赖性，电极和本体溶液间温度梯度引起的 Soret 电势），但可用

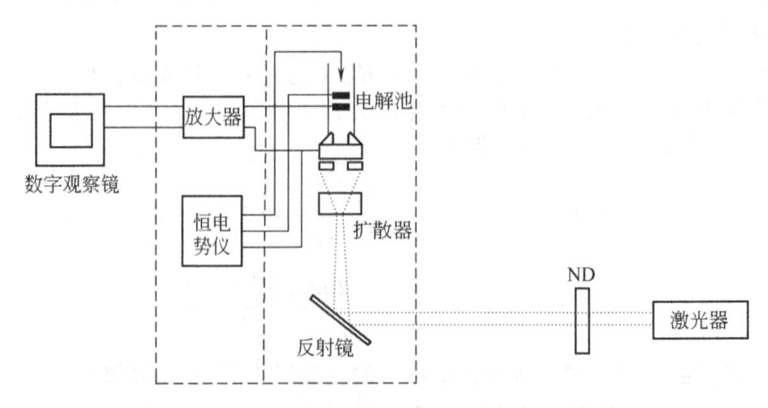

图 8.7.5 温度跃变实验仪器装置简图

激光通过一个中密度滤波器（ND）照射在电解池底的薄膜电极上。深色长方块是对电极和测量电势变化的 QRE 参比电极。照射前，用恒电势仪调整电极电势，并刚好在激光脉冲前断开。电势变化用快速放大器（Amp.）测量［引自 J. F. Smally，L. Geng，S. W. Feldberg，L. C. Rogers，and J. Leddy，*J. Electroanal. Chem.*，**356**，181 (1993)］

一个普遍方程来处理响应[40]

$$\Delta E_t = a\Delta T_t^* + k_m b\int_0^t \exp[-k_m(t-\tau)]\Delta T_\tau^* \mathrm{d}\tau \qquad (8.7.15)$$

式中，ΔT_t^* 为考虑热损失和温度分布后经过归一化的温度变化；$a\Delta T_t^*$ 为没有界面电子转移时的初始电势响应，第二项是电子转移弛豫，并与速率常数 k_m 关联。用最小二乘法处理温度的时间变化关系，可导出 a、b 和 k_m。例如，用部分有二茂铁端基的、不同链长的烷基硫醇制备的混合薄膜上，曾用这种技术研究烷基链长对二茂铁端基电子转移速率的影响，这些膜上电子转移的 k_m 高达 $10^7 \sim 10^8 \mathrm{s}^{-1}$ 数量级[43]。

8.8　参考文献

1 H. J. S. Sand，*Phil. Mag.*，**1**，45 (1901)
2 R. W. Murray and C. N. Reiley，*J. Electroanal. Chem.*，**3**，64，182 (1962)
3 A. Molina，*Curr. Top. Electrochem.* **3**，201 (1994)
4 Z. Karaoglanoff，*Z. Elektrochem.*，**12**，5 (1906)
5 P. Delahay and T. Berzins，*J. Am. Chem. Soc.*，**75**，2486 (1953)
6 L. B. Anderson and D. J. Macero，*Anal. Chem.*，**37**，322 (1965)
7 Y. Okinaka，S. Toshima，and H. Okaniwa，*Talanta*，**11**，203 (1964)
8 P. Delahay and T. Berzins，*J. Chem. Phys.*，**23**，972 (1955)；*J. Am. Chem. Soc.*，**77**，6448 (1955)；*Z. Elektrochem.*，**59**，792 (1955)
9 J. J. Lingane，*J. Electroanal. Chem.*，**1**，379 (1960)
10 A. J. Bard，*Anal. Chem.*，**35**，340 (1963)
11 P. E. Sturrock，G. Privett，and A. R. Tarpley，*J. Electroanal. Chem.*，**14**，303 (1967)
12 W. T. de Vries，*J. Electroanal. Chem.*，**17**，31 (1968)
13 R. S. Rodgers and L. Meites，*J. Electroanal. Chem.*，**16**，1 (1968)
14 M. L. Olmstead and R. S. Nicholson，*J. Phys. Chem.*，**72**，1650 (1968)
15 A. J. Bard，*Anal. Chem.*，**33**，11 (1966)
16 H. A. Laitinen and I. M. Kolthoff，*J. Am. Chem. Soc.*，**61**，3344 (1939)
17 H. B. Herman and A. J. Bard，，*Anal. Chem.*，**35**，1121 (1963)
18 A. C. Testa and W. H. Reinmuth，*Anal. Chem.*，**33**，1320，1324 (1961)
19 T. Berzins and P. Delahay，*J. Am. Chem. Soc.*，**75**，4205 (1953)
20 F. H. Beyerlein and R. S. Nicholson，*Anal. Chem.*，**40**，286 (1968)
21 P. Delahay and G. Mamantov，*Anal. Chem.*，**27**，478 (1955)
22 C. N. Reilley，G. W. Everett，and R. H. Johns，*Anal. Chem.*，**27**，483 (1955)
23 H. B. Herman and A. J. Bard，*Anal. Chem.*，**36**，971 (1964)
24 H. Gerischer and M. Krause，*Z. Physik. Chem.*，*N. F.*，**10**，264 (1957)；**14**，184 (1958)
25 H. Matsuda，S. Oka，and P. Delshay，*J. Am. Chem. Soc.*，**81**，5077 (1959)
26 M. Kogoma，T. Nakayama，and S. Aoyagi，*J. Electroanal. Chem.*，**34**，123 (1972)
27 T. Rohko，M. Kogoma，and S. Aoyagi，*J. Electroanal. Chem.*，**38**，45 (1972)
28 M. Kogoma，Y. Kanzaki，and S. Aoyagi，*Chem. Instr.*，**7**，193 (1976)
29 P. Delahay，J. Phys. Chem.，66，2204 (1962)；*Anal. Chem.*，**34**，1161 (1962)
30 P. Delahay and A. Aramata，*J. Phys. Chem.*，**66**，2208 (1962)
31 W. H. Reinmuth and C. E. Willson，*Anal. Chem.*，**34**，1159 (1962)
32 W. H. Reinmuth，*Anal. Chem.*，**34**，1272 (1962)
33 J. M. Kudirka，P. H. Daumm，and C. G. Enke，*Anal. Chem.*，**44**，309 (1972)
34 H. P. van Leeuwen，*Electrochim. Acta*，**23**，207 (1978)
35 P. Delahay，*Anal. Chem.*，**34**，1267 (1962)
36 P. Delahay and Y. Ide，*Anal. Chem.*，**34**，1580 (1962)
37 J. M. Kudirka，R. Abel，and C. G. Enke，*Anal. Chem.*，**44**，425 (1972)
38 H. P. van Leeuwen，*Electroanal. Chem.*，**12**，159 (1982)
39 V. A. Benderskii，S. D. Babenko，and A. G. Krivenko，*J. Electroanal. Chem.*，**86**，223 (1978)
40 V. A. Benderskii，I. O. Efimov，and A. G. Krivenko，*J. Electroanal. Chem.*，**315**，29 (1991)
41 J. F. Smalley，C. V. Krishnan，M. Goldmman，S. W. Feldberg，and I. Ruzic，*J. Electroanal. Chem.*，**248**，255 (1988)

42 J. F. Smallley, L. Geng, S. W. Feldberg, L. C. Rogers, and J. Leddy, *J. Electroanal. Chem.*, **356**, 181 (1993)
43 J. F. Smalley, S. W. Feldberg, C. E. D. Chidsey, M. R. Linford, M. D. Newton, and Y. P. Liu, *J. Phys. Chem.*, **99**, 13141 (1995)

8.9 习题

8.1 根据本章中的假设推导方程（8.3.13）。

8.2 半无限线性扩散条件下，物质O正向还原的电流反向计时电势法，通过恰当选择正向还原反应电流 i_f 和反向氧化反应电流 i_r，可以使反向过渡时间等于正向电解时间。试求出 $\tau_r=t_f$ 时的 i_f/i_r 比值。

8.3 用汞池阴极、计时电势法测量铅和镉的混合物，对于 1.00mmol·L^{-1} 的 Pb^{+} 以 273mA 还原，给出 $\tau=25.9$s，$E_{\tau/4}=-0.38$V（vs. SCE）。对于 0.69mmol·L^{-1} 的 Cd^{+} 以 136mA 还原，给出 $\tau=42.0$s，$E_{\tau/4}=-0.56$V（vs. SCE）。对一未知 Pb^{2+} 和 Cd^{2+} 的混合溶液，以 56.5μA 还原给出两个波，$\tau_1=7.08$s，$\tau_2=7.0$s。忽略双电层效应和其他背景影响，计算混合溶液中 Pb^{2+} 和 Cd^{2+} 的浓度。

8.4 对于某物质的分步还原，且 $n_1=n_2$，证明，使用 $i(t)=\beta t^{1/2}$ 电流信号的程控电流计时电势法，有 $\tau_1=\tau_2$。

8.5 分析图 8.4.1，计算过渡时间，并从中得到有关电极反应的信息。

8.6 图 8.9.1 所示的电路是用于恒电量实验中注入电量的。若开始用 10V 电池对 C_{inj} 进行完全充电，平衡后，把开关闭合，C_d 和 C_{inj} 上将保留多少电量？对 C_d 充电大约需要多少时间？

8.7 用 Laplace 变换求解式（8.7.6）给出式（8.7.7）。

8.8 对球形电极，推导与方程式（8.7.14）类似的在极限扩散区的大阶跃恒电量响应。

8.9 1mmol·L^{-1} Cd^{2+} 的 0.1mol·L^{-1} HCl 溶液中，用面积为 0.05cm^2 的悬汞电极做恒电量实验。Cd^{2+}/Cd(Hg) 的形式电势是 −0.61V（vs. SCE）。设电极的初始电势保持在 −0.4V（vs. SCE），然后用足够的电量使其电势瞬间偏移至 −1.0V（vs. SCE）。假定微分和积分电容是 10μF/cm^2，这样的电势变化需要多少电量？电量注入后，电势回落到 −0.9V 需要多长时间？取 $D_O=10^{-5}$ cm^2/s。

8.10 Barker 等［*Faraday Disc. Chem. Soc.*，**56**，41（1974）］使用脉宽 15ns 的红宝石倍频激光器，来照射汞池工作电极，从电极上激发电子进行实验。在电子溶剂化并可以参加反应前，激发电子似乎移动了 5nm。当电子进入N_2O的 1mol·L^{-1} KCl 水溶液中时，发生下列反应

$$e_{aq}+N_2O+H_2O\longrightarrow OH\cdot+N_2+OH^-$$

在负于 −1.0V（vs. SCE）的电势下，氢氧自由基很容易被还原。工作电极对闪光照射的响应与对恒电量的响应类似，得到图 8.9.2 的曲线。图中 ΔE 是相对初始电势测量的。试解释图中曲线的形状。

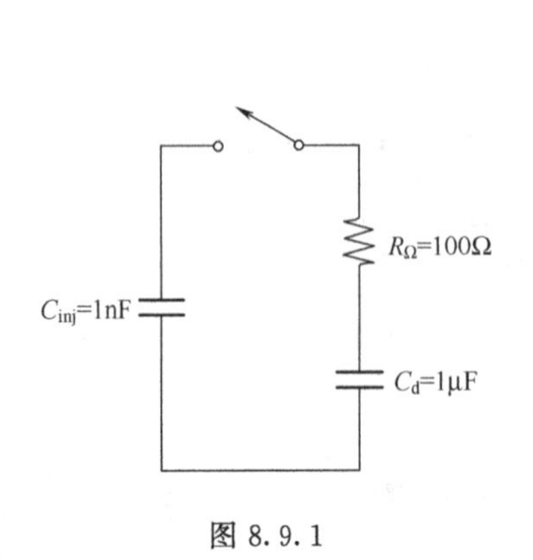

图 8.9.1

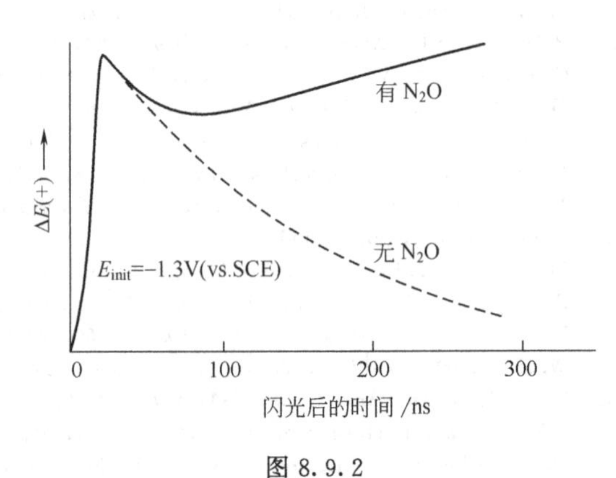

图 8.9.2

8.11 Barker 的方法（习题 8.10）也可以用来生成原子氢，研究原子氢的电化学。酸性介质中原子氢生成反应是

$$H_3O^++e_{aq}\longrightarrow H\cdot+H_2O$$

氢放电反应的研究者们常常认为H·是中间体，在后续的快速异相步骤，它进一步还原生成氢气：

$$(H\cdot)_{free}+e+H_3O^+\longrightarrow H_2+H_2O \tag{a}$$

或

$$(H\cdot)_{free} \xrightarrow{k} (H\cdot)_{ads}$$

$$(H\cdot)_{ads} + e + H_3O^+ \longrightarrow H_2 + H_2O \qquad (b)$$

对 H· 是处于游离态还是吸附态曾有争论。通过比较 H· 电化学还原的速度和它和乙醇均相反应生成非电化学物质的速度，Barker 研究了这个问题。他发现［*Ber. Bunsenges. Phys. Chem.*，**75**，728 (1971)］在－0.9～－1.3V（vs. SCE）电势区，参加电化学反应的那部分 H· 与电势无关。这些观测说明，应该选择（a）和（b）中哪一个？

第 9 章　涉及强制对流的方法——流体动力学方法

9.1　引言

电极相对溶液做运动的电化学技术是很多的。它们包括电极处于运动状态的体系（如旋转圆盘、旋转丝、流汞电极、旋转汞电极、振动电极），或者是强制溶液流过静止的电极（在流体流中的锥状、管状、网状和堆积床电极，以及管道电极和鼓泡电极等）。的确，滴汞电极实际上就是这样的体系，但在第 7 章中是作为静止电极用近似方法处理的。涉及反应物和产物的对流物质传递的方法有时称为流体动力学方法（hydrodynamic method）；例如，测量极限电流或 i-E 曲线的一些技术分别称为流体动力学电流法和流体动力学伏安法。

流体动力学方法的优点是达到稳态快，测量精度高（如可以采用数字电压表），常常不需要记录仪或示波器。此外，在稳态下，双电层的充电不包括在测量中。还有这些方法中电极表面上物质传递的速度通常要比仅有扩散快得多，因此，物质传递对电子转移动力学的影响常常较小[1]。虽然乍一看在稳态的对流方法中失去了宝贵的时间变量，然而事实上并非如此，因为从电极的旋转速度或者溶液相对于电极的流速中已把时间包括在实验中了。双电极技术可以用来给出静止电极技术中反向方法所给出的同样类型的信息。在流动液体的连续监控中，以及在电合成所用的大规模反应器的处理中（见 11.6 节），这些方法同样是有意义的。

提供已知的、可再现的物质传递条件的流体动力学电极的制备，比静止电极要困难得多。这些方法中的理论处理也相对较难，在对电化学问题进行处理以前要解决流体动力学方面的问题（即确定溶液流动速度分布和转速、溶液黏度及密度的函数关系）。很少能够得到收敛的或精确的解。虽然根据实验者的想像力与智谋提出了少数几种可能的电极构型和流动方式，但是最为方便且广泛应用的体系还是旋转圆盘电极。这种电极具有严格的理论处理，并且容易采用各种材料制备。下面涉及最多的是旋转圆盘电极及其相关的改进。

9.2　对流体系的理论处理

对流体系的最简单处理是基于扩散层方法。在该模型中，假设在距电极某一定距离 δ 之外，对流维持所有物质的浓度均匀，并且浓度等于本体值。在 $0\leqslant x\leqslant\delta$ 这一层之内，没有溶液流动，物质传递是由于扩散造成的。于是，对流的问题就转化为扩散问题，此时引入了可调整的参数 δ。这是曾在第 1 章中处理稳态物质传递时采用的基本方法。但是，这种方法并不能获得表示电流如何与流动速度、转速、溶液黏度和电极尺寸所关联的方程式。它也不能用于双电极技术或用来预言不同物质的相对物质传递速率。较为严格的方法是从对流-扩散方程式和溶液中速度分布开始的。它们或是用分析法解出或是用更为常见的数值法解出；在大多数情况下只要求稳态解。

---

[1] 虽然在超微电极上扩散流量常常能够超过在大电极上通过对流所提供的流量。

9.2.1　对流-扩散方程式

对于物质 j 的流量 $\boldsymbol{J}_j$ 的一般方程式是［方程式（4.1.9）］

$$\boldsymbol{J}_j = -D_j \nabla C_j - \frac{z_j F}{RT} D_j C_j \nabla \phi + C_j \boldsymbol{v} \tag{9.2.1}$$

式中右方第一项表示扩散，第二项表示迁移，最后一项为对流。对于含有过量支持电解质的溶液，离子迁移项可以忽略；可以假定本章的大多数情况如此（其他的情况见第 9.3.5 节）。速度矢量 $\boldsymbol{v}$ 代表溶液的运动，并且在直角坐标系中由下式给出

$$\boldsymbol{v}(x,y,z) = \boldsymbol{i}u_x + \boldsymbol{j}u_y + \boldsymbol{K}u_z \tag{9.2.2}$$

式中，$\boldsymbol{i}$，$\boldsymbol{j}$ 和 $\boldsymbol{k}$ 是单位矢量；u_x，u_y 和 u_z 是在点（x，y，z）上的溶液分别在 x，y 和 z 方向的速度。同理在直角坐标系中

$$\nabla C_j = \mathbf{grad} C_j = \boldsymbol{i}\frac{\partial C_j}{\partial x} + \boldsymbol{j}\frac{\partial C_j}{\partial y} + \boldsymbol{k}\frac{\partial C_j}{\partial z} \tag{9.2.3}$$

C_j 随时间的变化由下式给出

$$\frac{\partial C_j}{\partial t} = -\nabla \cdot \boldsymbol{J}_j = \mathbf{div}\, \boldsymbol{J}_j \tag{9.2.4}$$

联立式（9.2.1）和式（9.2.4），并假设没有迁移且 D_j 不是 x，y 和 z 的函数，我们得到普适的对流-扩散公式：

$$\frac{\partial C_j}{\partial t} = D_j \nabla^2 C_j - \boldsymbol{v} \cdot \nabla C_j \tag{9.2.5}$$

Laplace 算符 ∇^2 的形式在表 4.4.2 中给出。例如，对于一维扩散和对流，式（9.2.5）是

$$\frac{\partial C_j}{\partial t} = D_j \frac{\partial^2 C_j}{\partial y^2} - v_y \frac{\partial C_j}{\partial y} \tag{9.2.6}$$

应当指出，在对流不存在时（即 $\boldsymbol{v}=0$ 或 $v_y=0$），式（9.2.5）和式（9.2.6）就简化为扩散方程式。在对流-扩散方程式能够解出得到浓度分布 C_j（x，y，z）之前，必须得到通过 x，y，z，转速等表示的电极表面的浓度梯度、速度分布 $\boldsymbol{v}$（x，y，z）的表述式。

9.2.2　速度分布的确定

虽然更深入的讨论流体动力学超出了本章的范围，然而对某些概念、术语和方程式扼要的讨论将会有助于对方法及其导出结果的某些感性认识。对于不可压缩液体（即流体的密度对时间和空间恒定），速度分布是根据恰当的边界条件解连续方程（9.2.7）和纳威尔-斯托克斯（Navier-Stokes）方程（9.2.8）获得。连续方程，

$$\nabla \cdot \boldsymbol{v} = \mathbf{div}\, \boldsymbol{v} = 0 \tag{9.2.7}$$

是不可压缩性的描述，而 Navier-Stokes 方程，

$$d_s \frac{\mathrm{d}\boldsymbol{v}}{\mathrm{d}t} = -\nabla \boldsymbol{P} + \eta_s \nabla^2 \boldsymbol{v} + \boldsymbol{f} \tag{9.2.8}$$

表述了液体的牛顿第一定律（$\boldsymbol{F}=m\boldsymbol{a}$）；该式的左方表示为 $m\boldsymbol{a}$（每单位 d_s 是密度体积），右方表示体积单元上的力（P 是压力；η_s 是黏度；$\boldsymbol{f}$ 是重力作用在液体单位体积上的力）。$\eta_s \nabla^2 \boldsymbol{v}$ 项代表摩擦力。这个方程通常写成如下形式

$$\frac{\mathrm{d}\boldsymbol{v}}{\mathrm{d}t} = \frac{-1}{d_s}\nabla P + \nu \nabla^2 \boldsymbol{v} + \frac{\boldsymbol{f}}{d_s} \tag{9.2.9}$$

这里 $\nu=\eta_s/d_s$ 称为动力黏度（kinematic viscosity），其单位为 cm^2/s。表 9.2.1 中给出了不同溶液的动力学黏度。$\boldsymbol{f}$ 项表示由于溶液中密度梯度的建立所引起的自然对流的影响。

表 9.2.1　25.0℃ 时 0.1mol・L^{-1} TEAP 溶液的动力学黏度①

溶　液	$\nu/(cm^2/s)$	溶　液	$\nu/(cm^2/s)$	溶　液	$\nu/(cm^2/s)$
H_2O	0.009123	DMSO	0.01896	N,N-二甲基乙酰胺	0.01067
H_2O(0.1mol・L^{-1} KCl)②	0.008844	吡啶	0.009518	HMPA	0.03530
MeCN	0.004536	DMF	0.008971	D_2O	0.01028

① 引自 M. Tsushima，K. Tokuda，and T. Ohsaka. *Anal. Chem.*，**66**，45（1994）。

② KCl 替代 TEAP。

在流体动力学问题中通常讨论的有两种类型的流体流动（见图 9.2.1）。当流动平滑且稳定时，就像各个层（层状）液体都具有稳定和特有速度那样，这种流动叫做层流（laminar）。例如，水通过一个光滑管子的流动就是层流，在壁上流动速度为零（由于流体和壁之间的摩擦），且在管子中心有最大流速。在这些条件下流速的分布是典型的抛物线形状。当流动引起不稳定和紊乱运动时，此时在一个具体方向上的净流动只有平均值，这种流动称为湍流（turbulent）。这种类型的流动可以由在管子中放一块挡板造成对液流的阻挡而形成。

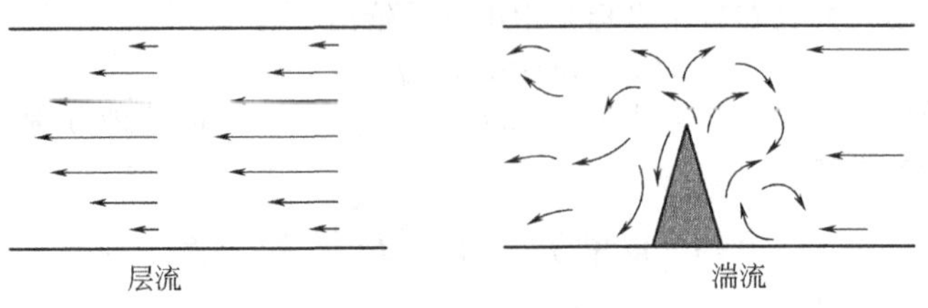

图 9.2.1 流体流动类型
箭头表示瞬时局部流体流速

求解流体动力学方程式需要定出体系的模型，在恰当的坐标系上（线性的，柱状的等）写出方程式，指定边界条件，一般是用数值法解出。在电化学问题中仅对稳态速度分布感兴趣，因此式（9.2.9）是对 $d\boldsymbol{v}/dt=0$ 时解出的。

常常把方程式以无量纲变量组重新写出。在许多液体动力学问题中常见的无量纲变量是雷诺数 Re（Reynolds number），该数是所研究的体系与特征黏度 ν_{ch}(cm/s) 和特征长度 l(cm) 相关。通常，Reynolds 数可由下式给出：

$$Re=u_{ch}l/\nu \tag{9.2.10}$$

它正比于流体的速度，因此，雷诺数越高意味着流动速度越高或电极转速越快。当流速低于某一临界雷诺数 Re_{cr}时，流动维持层流。当 $Re>Re_{cr}$时，流动状态变成湍流。

流体动力学问题的公式和解的一般处理，尤其在它们涉及电化学中的问题时，可以在文献中找到[1~6]。

9.3 旋转圆盘电极

旋转圆盘电极（rotating disk electrode，RDE）是能够把流体动力学方程和对流-扩散方程在稳态时严格解出的少数几种对流电极体系中的一种。制备这种电极相对简单，它是把一个电极材料作为圆盘嵌入到绝缘材料做的棒中。例如，一种普遍采用的形式是将铂丝封装在玻璃管中，烧结的末端是水平的，并且垂直于棒轴。通常将金属嵌入聚四氟乙烯（Teflon）、环氧树脂或其他塑料中（见图 9.3.1）。虽然文献上提出对绝缘壁的形状的要求是严格的，且圆盘的准确与否是重要的[7]，可是实际上这些因素一般不会造成什么困难，只是在高的转速下可能形成湍流和旋涡。更为重要的是在电极材料和绝缘套之间不要有溶液渗漏。电极直接装在电动机上，用卡盘或用挠性旋转轴，或用皮带轮使其在一定频率 f 下旋转（每秒转数）。更有意义的参数是角速度$\omega=2f(s^{-1})$。电接触是用电刷接触电极；在 RDE 上所测量的电流的噪声大小和这种接触有关，碳-银（Graphalloy）是常用的一种电接触材料。更详细的有关 RDE 的制备和使用的介绍在一些综述中已经给出[7~11]；RDEs 已经商品化。

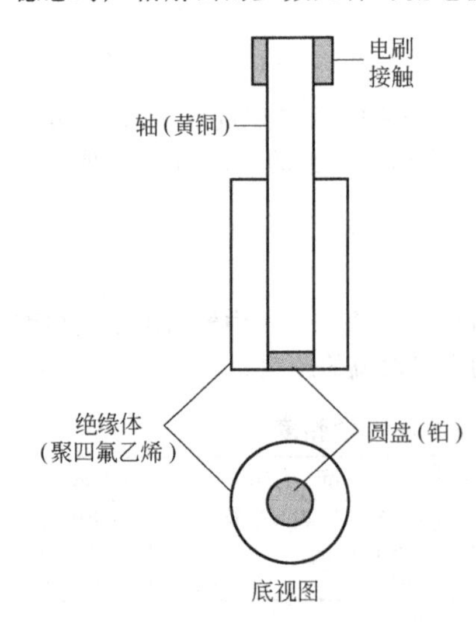

图 9.3.1 旋转圆盘电极

9.3.1 RDE 上的速度分布

冯卡曼（von Karman）和科克伦（Cochran）通过在稳

态条件下解流体动力学方程式得到在旋转圆盘附近流体的速度分布 $\boldsymbol{v}$[1]。旋转的圆盘拖着其表面上的液体，并在离心力的作用下把溶液由中心沿径向甩出。圆盘表面的液体由垂直流向表面的液流补充。由于体系是对称的，把流体动力学方程式写成柱坐标 y，r 和 ϕ 是方便的（见图 9.3.2）。对于柱坐标

$$\boldsymbol{v}=\boldsymbol{\mu}_1 v_r+\boldsymbol{\mu}_2 v_y+\boldsymbol{\mu}_3 v_\phi \tag{9.3.1}$$

$$\nabla=\boldsymbol{\mu}_1(\partial/\partial r)+\boldsymbol{\mu}_2(\partial/\partial y)+(\boldsymbol{\mu}_3/r)(\partial/\partial\phi) \tag{9.3.2}$$

式中，$\boldsymbol{\mu}_1$，$\boldsymbol{\mu}_2$ 和 $\boldsymbol{\mu}_3$ 是在 r，y 和 ϕ 正向变化的方向上，给定点上的单位矢量。与一般的笛卡儿矢量 $\boldsymbol{i}$，$\boldsymbol{j}$ 和 $\boldsymbol{k}$ 相反，矢量 $\boldsymbol{\mu}_1$，$\boldsymbol{\mu}_2$ 和 $\boldsymbol{\mu}_3$ 所具有的方向取决于这个点的位置；因此散度和 Laplace 算符有更复杂的形式。具体表示如下：

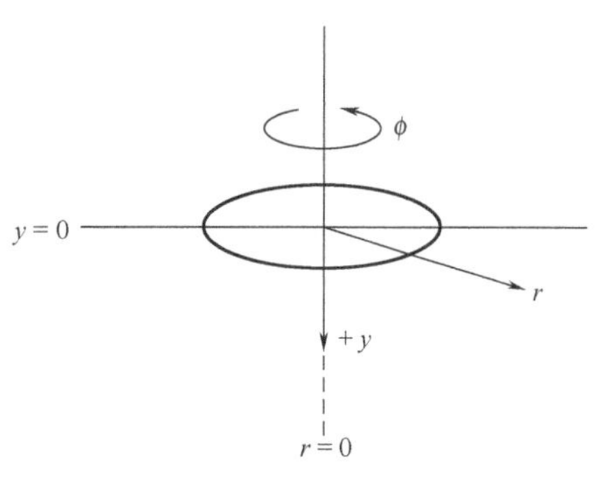

图 9.3.2　旋转圆盘的柱极坐标

$$\nabla\cdot\boldsymbol{v}=\frac{1}{r^2}\left[\frac{\partial}{\partial r}(v_r r^2)+\frac{\partial}{\partial y}(v_y r^2)+\frac{\partial}{\partial\phi}v_\phi\right] \tag{9.3.3}$$

$$\nabla^2=\frac{1}{r}\left[\frac{\partial}{\partial r}\left(r\frac{\partial}{\partial r}\right)+\frac{\partial}{\partial y}\left(r\frac{\partial}{\partial y}\right)+\frac{\partial}{\partial\phi}\left(\frac{1}{r}\frac{\partial}{\partial\phi}\right)\right] \tag{9.3.4}$$

假设不存在重力的影响（$\boldsymbol{f}=0$），且在圆盘边缘没有特殊流动的影响。在圆盘表面（$y=0$），$v_r=0$，$v_\phi=0$ 和 $v_y=\omega r$。这暗示着在圆盘表面上的溶液以角速度 ω 被拖带。在本体溶液中（$y\rightarrow\infty$），$v_r=0$，$v_\phi=0$ 和 $v_y=-U_0$。于是，远离圆盘处没有 r 和 ϕ 方向的流动，但是溶液以有限速度 U_0 流向圆盘，通过 U_0 的确定来得到问题的解。

Von Karman 和 Cochran 对这个问题的处理是以无量纲变量 γ 来表示无穷级数形式的速度值，这里

$$\gamma=\left(\frac{\omega}{\nu}\right)^{1/2}y \tag{9.3.5}$$

对于 y 较小时（$\gamma\ll 1$）为

$$v_r=r\omega F(\gamma)=r\omega\left(a\gamma-\frac{\gamma^2}{2}-\frac{1}{3}b\gamma^3+\cdots\right) \tag{9.3.6}$$

$$v_\phi=r\omega G(\gamma)=r\omega\left(1+b\gamma+\frac{1}{3}a\gamma^3+\cdots\right) \tag{9.3.7}$$

$$v_y=(\omega v)^{1/2}H(\gamma)=(\omega\nu)^{1/2}\left(-a\gamma^2+\frac{\gamma^3}{3}+\frac{b\gamma^4}{6}+\cdots\right) \tag{9.3.8}$$

在这里 $a=0.51023$ 及 $b=-0.6159$。在远离电极的较大距离（$\gamma\gg 1$）时合适的速率方程由 Levich 给出[1]。

对于电化学研究用的旋转圆盘电极，重要的速度是 v_r 和 v_y（见图 9.3.3）。靠近圆盘表面，$y\rightarrow 0$（或 $\gamma\rightarrow 0$），这些速度是

$$v_y=(\omega\nu)^{1/2}(-a\gamma^2)=-0.51\omega^{3/2}\nu^{-1/2}y^2 \tag{9.3.9}$$

$$v_r=r\omega(a\gamma)=0.51\omega^{3/2}\nu^{-1/2}ry \tag{9.3.10}$$

图 9.3.4 显示了流速的矢量表示法。在 y 方向极限速度 U_0 为

$$U_0=\lim_{y\rightarrow\infty}v_y=-0.88447(\omega\nu)^{1/2} \tag{9.3.11}$$

当 $\gamma=(\omega/\nu)^{1/2}y=3.6$，$v_y\approx 0.8U_0$ 时，对应的距离 $y_h=3.6(\nu/\omega)^{1/2}$ 称为流体动力学（有时也称为动量或普兰特，Prandtl）边界层厚度，粗略地表示被旋转圆盘所拖带的液层厚度。对于水来讲（$\nu=0.01\text{cm}^2/\text{s}$），在 ω 值为 100s^{-1} 及 10^4s^{-1} 时，y_h 分别为 0.036cm 和 3.6×10^{-3}cm。

9.3.2　对流-扩散方程式的解

一旦速度分布被确定，在有方便的坐标系表示，并且有恰当的边界条件时我们就能解出旋转圆盘电极的对流-扩散方程式（9.2.5）。让我们首先讨论稳态极限电流。当 ω 一定时，就会得到一个稳定的速度分布，此时电势阶跃到极限电流区域中［即此处 $C_0(y=0)\approx 0$］，就会引起一个

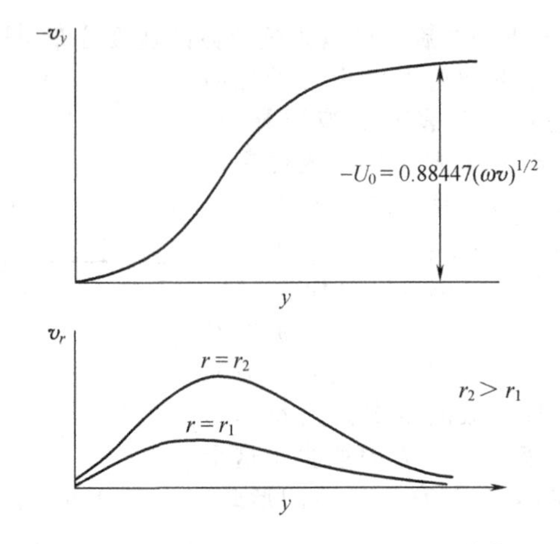

图 9.3.3 法向流速（v_y）和径向流速（v_r）的变化作为 y 和 r 的函数

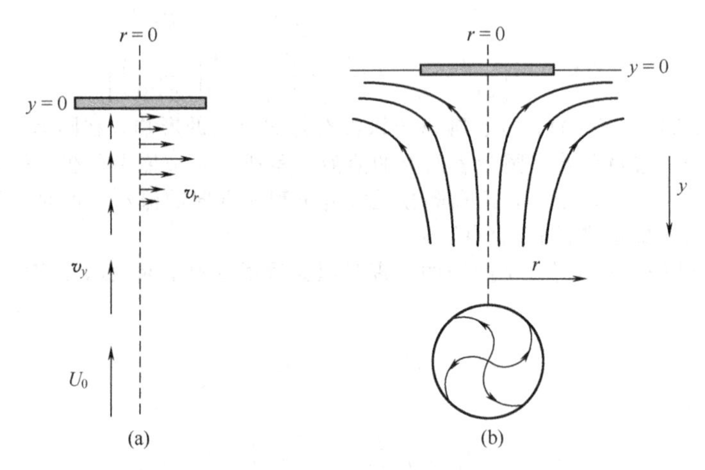

图 9.3.4 (a) 旋转圆盘附近的流速的矢量表示；(b) 总流线（或流动）的示意

类似于在无对流时所观察到的暂态电流。但是，在不搅动的溶液中的平板电极上暂态电流趋于零，与此相反，在 RDE 上它变为一个稳态值。在这种条件下，电极附近的浓度不再是时间的函数，在柱坐标系上写出的稳态对流-扩散方程式成为

$$v_r\left(\frac{\partial C_O}{\partial r}\right)+\frac{v_\phi}{r}\left(\frac{\partial C_O}{\partial \phi}\right)+v_y\left(\frac{\partial C_O}{\partial y}\right)=D_O\left[\frac{\partial^2 C_O}{\partial y^2}+\frac{\partial^2 C_O}{\partial r^2}+\frac{1}{r}\frac{\partial C_O}{\partial r}+\frac{1}{r^2}\left(\frac{\partial^2 C_O}{\partial \phi^2}\right)\right] \quad (9.3.12)$$

在极限电流条件下，在 $y=0$ 处，$C_O=0$，并且 $\lim\limits_{y\to\infty}C_O=C_O^*$。由于对称的原因，$C_O$并不是 ϕ 的函数；因此，$\partial C_O/\partial\phi=(\partial^2 C/\partial\phi^2)=0$。此外，$v_y$与 r 无关［见公式（9.3.8)］，并且在 $y=0$ 处，$(\partial C_O/\partial r)=0$。于是，通过圆盘电极的表面，即 $0\leqslant r\leqslant r_1$处（$r_1$为圆盘半径），在全部 y 下（$\partial C_O/\partial r)=0$。这就使式（9.3.12）大大地简化为

$$v_y\left(\frac{\partial C_O}{\partial y}\right)=D_O\frac{\partial^2 C_O}{\partial y^2} \quad (9.3.13)$$

或把式（9.3.9）中的 v_y代入，整理成

$$\frac{\partial^2 C_O}{\partial y^2}=\frac{-y^2}{B}\frac{\partial C_O}{\partial y} \quad (9.3.14)$$

这里 $B=D_O\omega^{-3/2}\nu^{1/2}/0.51$，它可以直接积分解出，为了容易进行，令 $X=\partial C_O/\partial y$，因此$\partial X/\partial y=\partial^2 C_O/\partial y^2$。在 $y=0$ 时，$X=X_0=(\partial C_O/\partial y)_{y=0}$。于是，式（9.3.14）变为

$$\frac{\partial X}{\partial y}=\left(\frac{-y^2}{B}\right)X \quad (9.3.15)$$

$$\int_{X_0}^{X}\left(\frac{\mathrm{d}X}{X}\right)=\left(\frac{-1}{B}\right)\int_0^y y^2\,\mathrm{d}y \tag{9.3.16}$$

$$\frac{X}{X_0}=\exp\left(\frac{-y^3}{3B}\right) \tag{9.3.17}$$

$$\frac{\partial C_\mathrm{O}}{\partial y}=\left(\frac{\partial C_\mathrm{O}}{\partial y}\right)_{y=0}\exp\left(\frac{-y^3}{3B}\right) \tag{9.3.18}$$

再一次积分，我们会得到

$$\int_0^{C_\mathrm{O}^*}\mathrm{d}C_\mathrm{O}=\left(\frac{\partial C_\mathrm{O}}{\partial y}\right)_{y=0}\int_0^{\infty}\exp\left(\frac{-y^3}{3B}\right)\mathrm{d}y \tag{9.3.19}$$

这里的极限设置在具有 $C_\mathrm{O}(y=0)=0$ 的浓度分布处，即极限电流条件。右方的定积分用 $z=y^3/3B$ 代入而求得，它是 $(3B)^{1/3}\Gamma(4/3)$ 或 $0.8934(3B)^{1/3}$。于是

$$C_\mathrm{O}^*=\left(\frac{\partial C_\mathrm{O}}{\partial y}\right)_{y=0}0.8934\left(\frac{3D_\mathrm{O}\omega^{-3/2}\nu^{1/2}}{0.51}\right)^{1/3} \tag{9.3.20}$$

电流是电极表面的流量，为

$$i=nFAD_\mathrm{O}\left(\frac{\partial C_\mathrm{O}}{\partial y}\right)_{y=0} \tag{9.3.21}$$

这里在所选择的电流条件下，$i=i_{\mathrm{l,c}}$。由方程式（9.3.20）和方程式（9.3.21），我们得到 Levich 方程式：

$$\boxed{i_{\mathrm{l,c}}=0.62nFAD_\mathrm{O}^{2/3}\omega^{1/2}\nu^{-1/6}C_\mathrm{O}^*} \tag{9.3.22}$$

这个方程式适用于 RDE 上完全为物质传递控制的条件，并预示 $i_{\mathrm{l,c}}$正比于 C_O^* 和 $\omega^{1/2}$。它可以定出 Levich 常数 $i_{\mathrm{l,c}}/\omega^{1/2}C_\mathrm{O}^*$，它是 RDE 的一种常数，类似于伏安法中扩散电流常数或电流函数，或与计时电势法中过渡时间常数类似。

回忆简单的稳态扩散层模型［见式（1.4.9）］给出

$$i_{\mathrm{l,c}}=nFAm_\mathrm{O}C_\mathrm{O}^*=nFA\left(\frac{D_\mathrm{O}}{\delta_\mathrm{O}}\right)C_\mathrm{O}^* \tag{9.3.23}$$

于是，对于 RDE

$$\boxed{m_\mathrm{O}=\frac{D_\mathrm{O}}{\delta_\mathrm{O}}=0.62D_\mathrm{O}^{2/3}\omega^{1/2}\nu^{-1/6}} \tag{9.3.24}$$

$$\boxed{\delta_\mathrm{O}=1.61D_\mathrm{O}^{1/3}\omega^{-1/2}\nu^{1/6}} \tag{9.3.25}$$

扩散层模型的概念和结果常常可以在 RDE 问题中加以运用，必要时，将适当的 δ_O值的代入就会得到最终方程式❶。

尽管对于许多情况 Levich 方程（9.3.22）已经足够了，但在速度表述式中利用更多的项而导出的改进表达式还是可以见到的[12]。

9.3.3　浓度分布

在极限电流条件下浓度分布可从式（9.3.19）由 0 到 $C_\mathrm{O}(y)$ 积分而得到；于是

$$\int_0^{C_\mathrm{O}(y)}\mathrm{d}C_\mathrm{O}=C_\mathrm{O}(y)=\left(\frac{\partial C_\mathrm{O}}{\partial y}\right)_{y=0}\int_0^{y}\exp\left(\frac{-y^3}{3B}\right)\mathrm{d}y \tag{9.3.26}$$

由式（9.3.20）有

$$\left(\frac{\partial C_\mathrm{O}}{\partial y}\right)_{y=0}=\frac{C_\mathrm{O}^*}{0.8934}(3B)^{-1/3} \tag{9.3.27}$$

令 $u^3=y^3/3B$ 可以得到更为方便的形式 $\mathrm{d}y=\mathrm{d}u(3B)^{1/3}$。这时式（9.3.26）成为

---

❶ 由流体动力边界层 y_h 和公式（9.3.25）得到 $y_\mathrm{h}/\delta_\mathrm{O}\approx 2(\nu/D)^{1/3}$。对 H_2O 而言，$\nu=0.01\mathrm{cm^2/s}$，$D_\mathrm{O}\approx 10^{-15}\mathrm{cm^2/s}$，因此 $\delta_\mathrm{O}\approx 0.05y_\mathrm{h}$。无量纲比值（$\nu/D$）在动力学稳态上经常遇到，被称为 Schmidt 数，Sc。

$$C_O(y)=\left(\frac{C_O^*}{0.8934}\right)\int_0^Y \exp(-u^3)\,du \tag{9.3.28}$$

式中 $Y=y/(3B)^{1/3}$。在此条件下，C_O 的浓度分布示于图 9.3.5。

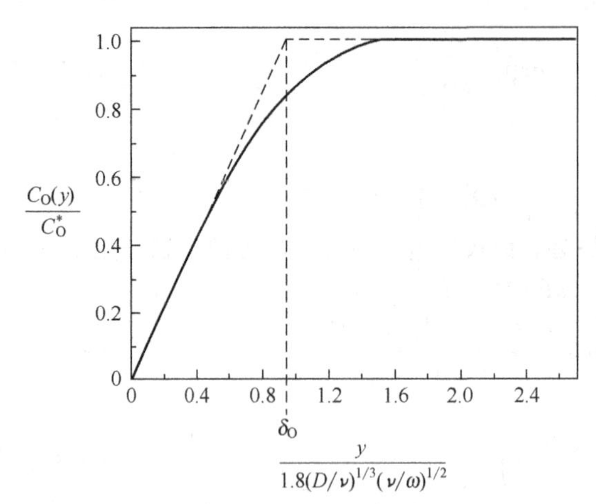

图 9.3.5　在无量纲坐标上物质 O 的浓度分布

9.3.4　RDE 上的一般电流-电势曲线

在非极限电流条件下，只需要把式（9.3.19）的积分限加以变化即可。通常，在 $y=0$ 的情况下，$C_O=C_O(y=0)$ 和 $(\partial C_O/\partial y)_{y=0}$ 是由类比式（9.3.20）给出的，它是

$$C_O^*-C_O(y=0)=\left(\frac{\partial C_O}{\partial y}\right)_{y=0}\int_0^{\infty}\exp\left(\frac{-y^3}{3B}\right)dy \tag{9.3.29}$$

于是

$$i=0.62nFAD_O^{2/3}\omega^{1/2}\nu^{-1/6}[C_O^*-C_O(y=0)] \tag{9.3.30}$$

或者由式（9.3.22）

$$i=i_{l,c}\left[\frac{C_O^*-C_O(y=0)}{C_O^*}\right] \tag{9.3.31a}$$

另外，式（9.3.30）可以像式（9.3.25）中所定义的那样，以 δ_O 写出，得到

$$\boxed{i=\frac{nFAD_O C_O^*-C_O(y=0)}{\delta_O}=nFAm_O[C_O^*-C_O(y=0)]} \tag{9.3.31b}$$

应该指出，这个方程与第 1.4 节中由稳态近似所导出的相同。

由式（9.3.31a）可以导出在 RDE 上的简单反应 $O+ne \rightleftharpoons R$ 电流-电势曲线，对于还原态的等效的表达式为

$$i=i_{l,a}\left[\frac{C_R^*-C_R(y=0)}{C_R^*}\right] \tag{9.3.32}$$

式中

$$i_{l,a}=-0.62nFAD_R^{2/3}\omega^{1/2}\nu^{-1/6}C_R^* \tag{9.3.33}$$

因此，对于 Nernst 反应，把 O，R 电对的 Nernst 方程与不同电流和极限电流方程相结合得到熟悉的伏安波方程：

$$\boxed{E=E_{1/2}+\frac{RT}{nF}\ln\frac{(i_{l,c}-i)}{(i-i_{l,a})}} \tag{9.3.34}$$

式中

$$\boxed{E_{1/2}=E^{\ominus\prime}+\frac{RT}{nF}\ln\left(\frac{D_R}{D_O}\right)^{2/3}} \tag{9.3.35}$$

应当指出，可逆反应的波形与 ω 无关。因此，由于 i_l 随 $\omega^{1/2}$ 变化，故任一电势下的 i 也应随 $\omega^{1/2}$ 而变化。i 对 $\omega^{1/2}$ 的图偏离交于原点的直线，说明在电子转移反应中包含着某一动力学步骤。例如，对于完全不可逆反应［见式（3.2.5）］，圆盘电流是

$$i=FAk_f(E)C_O(y=0) \tag{9.3.36}$$

这里 $k_f(E)=k^0\exp[-\alpha f(E-E^{\ominus\prime})]$，根据式（9.3.31）

$$i=FAk_f(E)C_O^*\left(1-\frac{i}{i_{l,c}}\right) \tag{9.3.37}$$

或重新整理且定义

$$\boxed{i_K=FAk_f(E)C_O^*} \tag{9.3.38}$$

我们得出 koutecký-Levich 方程

$$\boxed{\frac{1}{i}=\frac{1}{i_{\mathrm{K}}}+\frac{1}{i_{\mathrm{l,c}}}=\frac{1}{i_{\mathrm{K}}}+\frac{1}{0.62nFAD_{\mathrm{O}}^{2/3}\omega^{1/2}\nu^{-1/6}C_{\mathrm{O}}^{*}}} \tag{9.3.39}$$

式中，i_{K} 代表无任何传质作用时的电流，即如果传质能使电极表面维持一定的浓度，那么在不考虑电子反应的情况下在动力学限定下的电流与本底值是一样的。很明显，只有在 i_{K} [或 $K_{\mathrm{f}}(E)$] 很大时，$i/\omega^{1/2}C$ 才为常数。当不是这种情况时，i 对 $\omega^{1/2}$ 作图成曲线，并在 $\omega^{1/2}\rightarrow\infty$ 时，以 $i=i_{\mathrm{K}}$ 为极限（见图 9.3.6）。$1/i$ 对 $1/\omega^{1/2}$ 图应为直线且可以外推到 $\omega^{-1/2}=0$ 而得到 $1/i_{\mathrm{K}}$。在不同 E 值确定 i_{K} 就可以确定动力学参数 k^0 和 α（见图 9.3.7）。这一办法的典型运用在图 9.3.8 中加以描述，它表示的是在碱溶液中金电极上 O_2 还原为 HO_2^- 时所得到的结果。

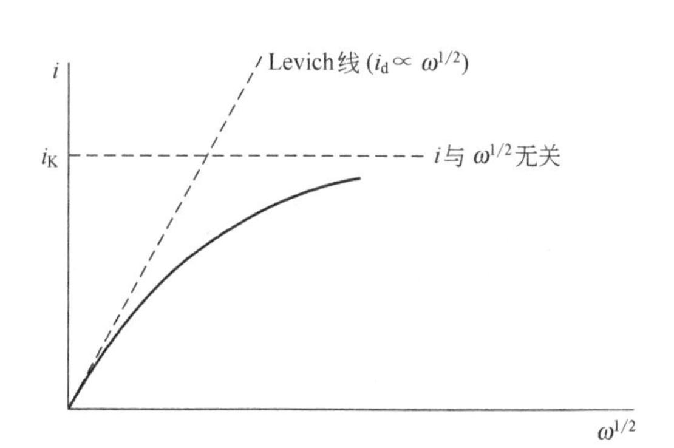

图 9.3.6　有慢动力学电极反应的 RDE 上 i 随 $\omega^{1/2}$ 的变化（在恒定 E_{D} 下）

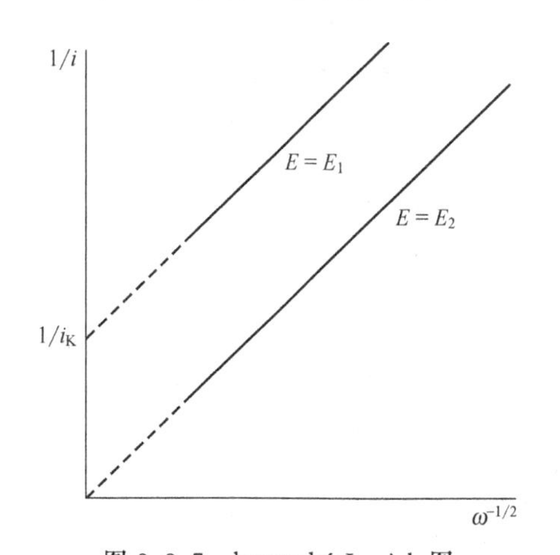

图 9.3.7　koutecký-Levich 图

在电势 E_1 时电子转移速率足够慢，起着控制因素的作用，在 E_2 时电子转移快，例如在曲线的极限电流区。在两种情况下直线斜率都是 $(0.62nFAC_{\mathrm{O}}^{*}D_{\mathrm{O}}^{2/3}\nu^{-1/6})^{-1}$

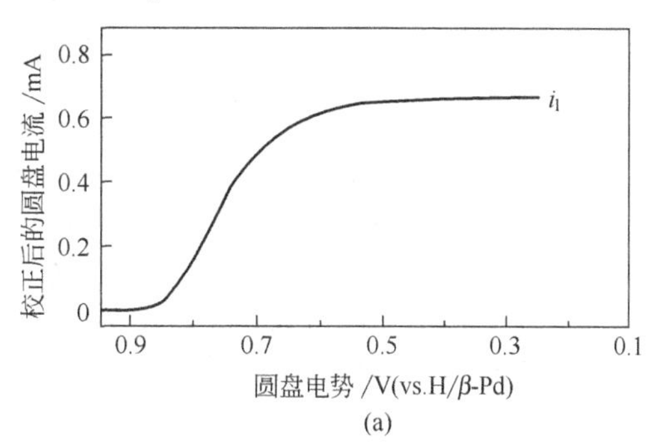

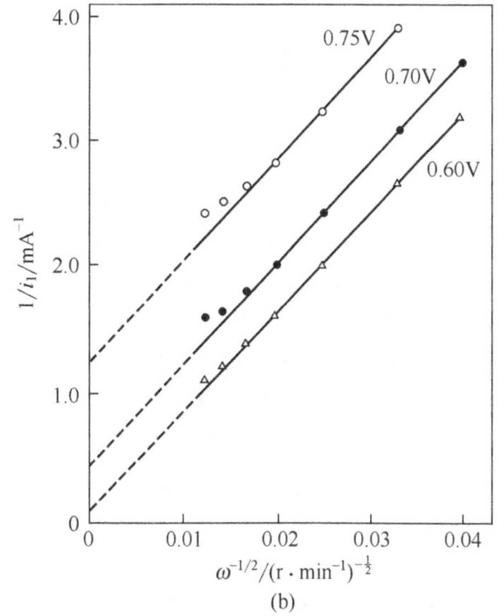

图 9.3.8　(a) 在 2500（$\mathrm{r\cdot min^{-1}}$）下 i_{D} 相对于 E 作图，(b) 在氧饱和（约 1.0mmol·L^{-1}）的 0.1mol·L^{-1} NaOH 溶液中，金旋转圆盘电极上（$A=0.196\mathrm{cm}^2$）O_2 还原为 HO_2^- 时的 koutecký-Levich 图。电势扫描 1V/min，$T=26$℃

（i_1 表示已校正了的 O_2 还原电流）

[引自 R. W. Zurilla，R. K. Sen，and E. Yeagre，*J. Electrochem. Soc*，**125**，1103 (1978)]

由于 RDE 可以用来研究修饰电极表面的不同于电子传输的动力学过程，因此它的通用表达式（9.3.39）更为有用。当物质传递与其他过程以串联方式发生时，这两个过程的速率在稳态下必须一致。因此，当电子转移在电极表面的传输过程是速率限制步骤时，

$$D[C_{\mathrm{O}}^{*}-C_{\mathrm{O}}(y=0)]/\delta_{\mathrm{O}}=k(E)C_{\mathrm{O}}(y=0)=i/nFA \tag{9.3.40}$$

为了表明如何解 $C_O(y=0)$ 的方程和如何利用方程（9.3.23）和方程（9.3.38）导出式（9.3.39），把问题（9.10）留下作为读者的练习。对于另一个速度限制步骤（即电子在覆盖于电极表面上的膜中的扩散），$k(E)C_O(y=0)$ 项会被恰当的表达式替代。这样就产生了 koutecký-Levich 方程的通用形式，利用将 $\omega^{-1/2}$ 外推到 0 就可以估算该过程的动力学常数［参见 14.4.2 节］。

对于准可逆单步骤单电子反应，普适的电流-电势关系可用类似的方法得到。i-η 方程（3.4.10）可以写成

$$\frac{i}{i_0}=\left[\frac{C_O(y=0)}{C_O^*}\right]b^{-\alpha}-\left[\frac{C_R(y=0)}{C_R^*}\right]b^{1-\alpha} \tag{9.3.41}$$

这里 $b=\exp(F\eta/RT)$。该式与式（9.3.31）和式（9.3.32）结合可得到

$$\frac{1}{i}=\frac{b^{\alpha}}{1-b}\left(\frac{1}{i_0}+\frac{b^{-\alpha}}{i_{1,c}}-\frac{b^{1-\alpha}}{i_{1,a}}\right) \tag{9.3.42}$$

也可以表达为

$$\boxed{\frac{1}{i}=\frac{b^{\alpha}}{1-b}\left[\frac{1}{i_0}+\frac{1}{0.62FA\nu^{-1/6}\omega^{1/2}}\left(\frac{b^{-\alpha}}{D_O^{2/3}C_O^*}+\frac{b^{1-\alpha}}{D_R^{2/3}C_R^*}\right)\right]} \tag{9.3.43}$$

这样，$1/i$ 对 $\omega^{-1/2}$ 在一定的 η 下也是一直线，并且通过此图的截距可以求出动力学参数。

有时在文献给出式（9.3.39）和式（9.3.42）的一些其他形式，为了方便，这里把它们列出来。如果在推导中应用更为普遍的单步骤单电子动力学关系式（9.2.8），则圆盘上 $1/i$ 的方程将成为

$$\frac{1}{i}=\frac{1}{FA(k_fC_O^*-k_bC_R^*)}\left[1+\frac{D_O^{-2/3}k_f+D_R^{-2/3}k_b}{0.62\nu^{-1/6}\omega^{1/2}}\right] \tag{9.3.44}$$

如果逆反应（如阳极反应）可以忽略，则式（9.3.44）为

$$i=\frac{FAk_fC_O^*}{1+k_f/(0.62\nu^{-1/6}D_O^{2/3}\omega^{1/2})}=\frac{FAk_fC_O^*}{1+k_f\delta_O/D_O} \tag{9.3.45}$$

这里 δ_O 与式（9.3.25）中的定义相同。在确定 RDE 上是动力学或是物质传递控制的条件时这个方程是有用的，并且较易从式（9.3.40）推导出。当 $k_f\delta_O/D_O\ll1$ 时，电流完全处于动力学（或活化）控制。当 $k_f\delta_O/D_O\gg1$ 时，物质传递控制着方程的结果。因此，如果用 RDE 来做动力学测量，$k_f\delta_O/D_O$ 应当是小的，比如说 0.1 以下，即是 $k_f\leqslant0.1D_O/\delta_O$。

RDE 技术在电化学问题中的应用曾经在[7~10,12,13]中给予综述。

9.3.5 RDE 上的电流分布

在以前的推导中，假定溶液电阻很小。在这样的条件下，整个圆盘上电流密度是均匀的，并与径向距离无关。虽然这在实际体系中是常见的，但确切的电流分布将取决于溶液的电阻，以及电极反应的物质和电荷转移的参数。对该问题 Newman 做过处理[14]，Albery 和 Hitchman 也讨论过[15]。

首先讨论初级电流分布，它表示这样的分布，即表面过电势（活化的与浓差的）可以忽略且电极可看作等势面时的分布。对于半径为 r_1 的圆盘电极嵌入大的绝缘面中，且对电极在无穷远处时，在这种条件下的电势分布显示在图 9.3.9 中。电流的流向是垂直于等势面，电流密度在整个圆盘表面是不均匀的，边缘处（$r=r_1$）大于中心处（$r=0$）。产生这种情况的原因是由于边缘上的离子流来自边线方向和来自圆盘的垂直方向的缘故。在完全由电阻控制下流到圆盘的总电流是[4,14]

$$i=4\kappa r_1(\Delta E) \tag{9.3.46}$$

式中，κ 为本体溶液的电导率；ΔE 为在圆盘和辅助电极间的电势差，于是，总电阻 R_Ω 为

$$R_\Omega=1/4\kappa r_1 \tag{9.3.47}$$

把电极动力学和物质传递影响包括进去以后，电流分布（现在称为次级电流分布）就比初级电流分布将更接近于均匀。Albery 和 Hitchman[15] 曾经表明，电流分布可以采用无量纲能数 ρ 来讨论，它是

$$\rho=\frac{R_\Omega}{R_E} \tag{9.3.48}$$

式中，R_E 为由于电荷传递和浓差极化造成的电极电阻。次级电流分布作为 ρ 的函数示于图 9.3.10。应当指出，当 $\rho\to\infty$（即高的溶液电阻和小的 R_E）时，电流分布就达到初级分布。反之，小的 ρ（高

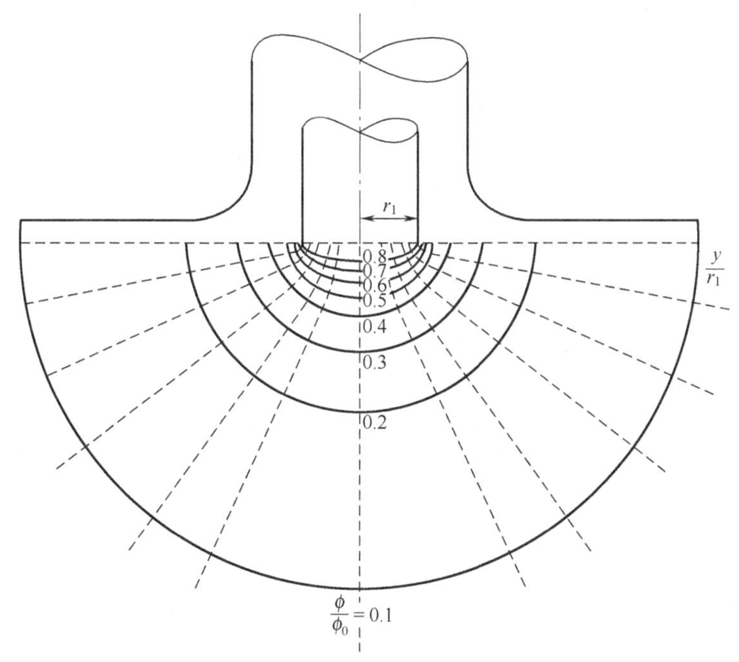

图 9.3.9　RDE 上的初级电流分布

实线表示在不同 ϕ/ϕ_0 值的等势线，ϕ_0 是电极表面的电势。即 ϕ 代表圆盘测量相对于一个无限小的参比电极（它的存在并不影响电流分布）的电势，参比电极放置于溶液中给定的点。虚线是电流流线。每单位长度上的线数表示电流密度 j。注意 j 在圆盘边缘比中心要高［引自 J. Newman，*J. Electrochem. Soc.*，**113**，501（1966）］

的溶液电导和大的 R_E）得到非常均匀的电流分布。为了避免不均匀分布，条件必须是 $\rho<0.1$[15]。取

$$R_E+R_\Omega=\frac{dE}{di} \tag{9.3.49}$$

（式中 dE/di 是在给定 E 值下的电流-电势曲线的斜率）并结合式（9.3.47）和式（9.3.48），可以得到均匀分布的条件为[15]

$$\frac{di}{dE}<0.36r_1\kappa \tag{9.3.50}$$

根据 Albery 和 Hitchman 提出的理论，在不同 r_1 和 κ 值下满足这个条件的 di/dE 的图示于图 9.3.11。应当指出，在极限电流下 di/dE 接近于零，在这种情况下总会得到均匀的电流分布。

9.3.6　RDE 的实验应用范围

所导出的与 RDE 相关的方程式不适用于很小或很大的 ω 值。当 ω 小时，流体动力学边界层［$y_h\approx3(v/\omega)^{1/2}$］很大，当其接近圆盘半径 r_1 的大小时，近似性就被破坏了。于是，ω 的下限由 $r>3(v/\omega)^{1/2}$ 条件求得；即 $\omega>10v/r_1^2$。对于 $v=0.01\text{cm}^2/\text{s}$ 和 $r_1=0.1\text{cm}$ 时，ω 应当较 10s^{-1} 大。在低的 ω 值时记录 RDE 上 i-E 曲线会产生另一问题，即在推导中涉及假定的电极表面上稳态浓度（即 $\partial C_O/\partial t=0$）。因此，电极电势的扫描速度（V/s）对 ω 来说必须很小，才可以达到稳态浓度。如果对于给定的 ω 扫描速度大得多，则 i-E 曲线就不是像式（9.3.34）所预示的那样呈 S 形，而就像静止电极线性扫描伏安法那样是峰形。在 RDE 上的暂态过程和时间响应问题将在第 9.5.1 节详细叙述。

ω 的上限是由湍流的出现所限定。在 RDE 上它是在 Reynolds 数 Re_{cr} 大约超过 2×10^5 时发生。在这样的体系中，v_{ch} 是圆盘边缘的速度 ωr_1，特征距离 l 是 r_1 本身。于是，根据式（9.2.10）

$$Re=\frac{v_{ch}l}{\nu}=\frac{\omega r_1^2}{\nu} \tag{9.3.51}$$

非湍流条件是 $\omega<2\times10^5\nu/r_1^2$。对于假设的 r_1 和 ν 值，ω 应当小于 $2\times10^5\text{s}^{-1}$。当圆盘表面没有很好抛光时，当 RDE 的轴有点弯曲或偏心时，或当电解池壁与电极表面很近时，可以在较低的 ω 下出现湍流。此外，在很高转速下，在电极周围有很厉害的飞溅及旋涡形成。实际中，最大转

速常常选为 10000r · min^{-1}或 $\omega \approx 1000s^{-1}$。因此，在大多数 RDE 研究中，$\omega$ 和 f 范围是 $10s^{-1} < \omega < 1000s^{-1}$ 或 $100r \cdot min^{-1} < f < 10000r \cdot min^{-1}$。

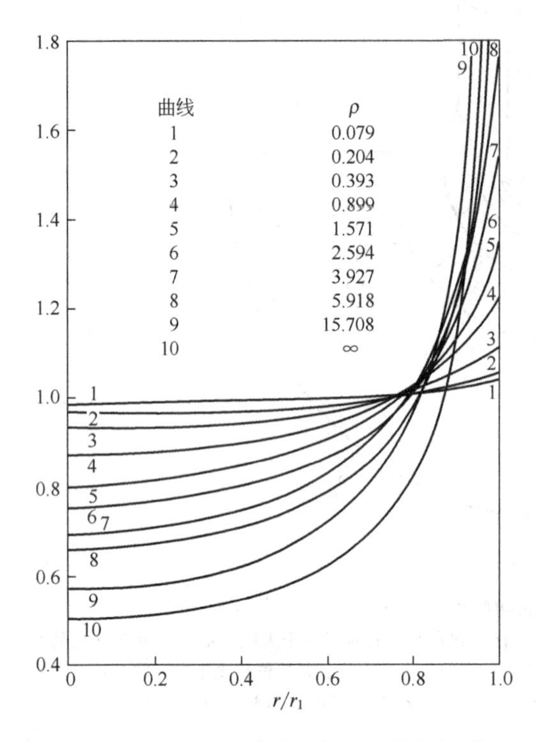

图 9.3.10　RDE 上的次级电流分布
［引自 J. Newman，*J. Electrochem. Soc.*，**113**，1235 (1966)，由 W. J. Albery and M. L. Hitchman 改绘于 “Ring-Disc Electrodes,” Clarendon Press，Oxford，1971，Chapter 4］

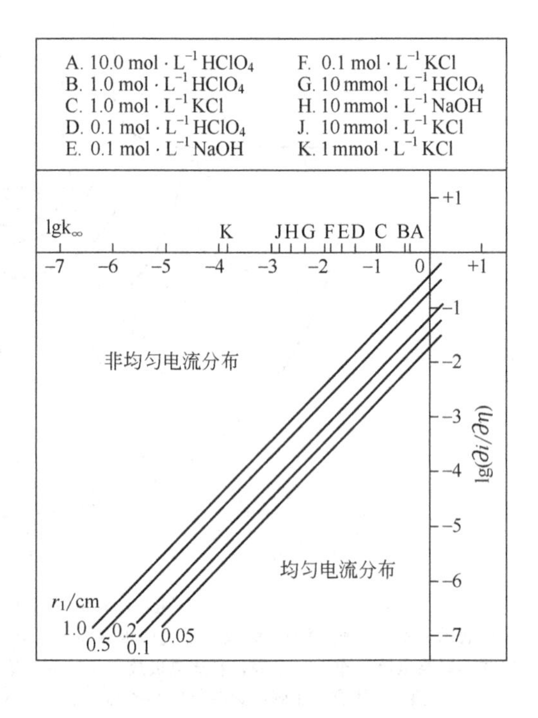

图 9.3.11　RDE 上电流分布均匀性的判断图
25℃下某些典型基底电解质的水溶液在 $\lg\kappa_\infty$ 坐标上标出。注意，$di/d\eta$ 的单位是 Ω^{-1}；κ_∞ 是本体电解液的电导，单位是 $\Omega^{-1} \cdot cm^{-1}$［引自 W. J. Albery and M. L. Hitchman “Ring-Disc Electrodes,” Clarendon Press，Oxford，1971，Chapter 4］

得到的 RDE 理论也假设圆盘被精确地装在轴的中心，如果转盘偏离轴心，不管是结构问题还是连接轴的电极弯曲都会引起电流的变大。这一结果是由于圆盘连续扫过较宽的溶液面积，导致附加的径向传质贡献。类似的问题也会出现在旋转环电极上（见 9.4.1 节）。已经发展了该情况下的理论并导出受限电流密度 j_{lim}[16]

$$j_{lim} = 1.027(i_{l,c}/A)\varepsilon^{1/3} \tag{9.3.52}$$

式中，$i_{l,c}$ 由式（9.3.22）给出，ε 是由图 9.3.12 所示的偏心因子（$\varepsilon = R/r$）。

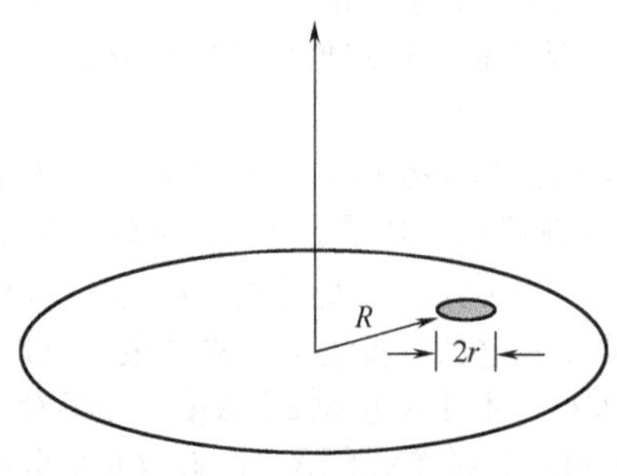

图 9.3.12　一种电极半径为 r，偏离旋转轴为 R 的旋转圆盘电极

在标准 RDE 理论中，也要假定在圆盘的边缘的径向扩散对电流的贡献是可忽略的，如果盘径足够大，就可以用简单的线性扩散来处理。当盘的直径小到超微电极范畴时，情况就不再是这样了。因此对于旋转微盘电极要使用不同的方程式，这一点将在 9.7 节中阐述。

9.4　旋转圆环与旋转环-盘电极

显然，对 RDE 反向技术是不能用的，因为电极反应的产物是连续地从圆盘表面移除。因此，

在扫描速度与 ω 相比足够慢的条件下（即当正向扫描没有出现峰时），在 RDE 上电势扫描方向的反向，将会再现正向扫描的 i-E 曲线。等价于静止电极反向技术所得信息是在圆盘周围加一个独立的圆环电极（见图 9.4.1）获得的。把电势维持在一定值而测量环电极的电流，就可以了解在盘电极表面所发生的一些情况。例如，如果环电势维持在 $O+ne \longrightarrow R$ 反应的波脚值，在盘上所形成的产物 R 将被径向液流带走而通过圆环，并在圆环上被逆向氧化成 O（或被收集）。

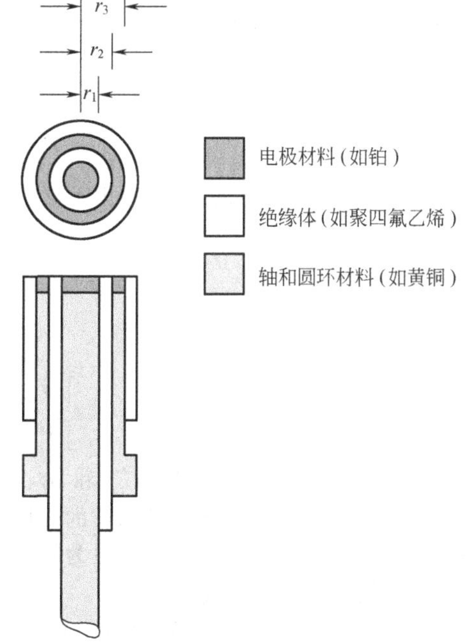

图 9.4.1　环-盘电极

单独的环也可以用做电极（旋转圆环电极），例如，当圆盘不接通时圆环就是一个单独的电极。在一定的 A 和 ω 时，向圆环的物质传递大于向圆盘的物质传递，因为新鲜的溶液由环的内表面的径向和由本体溶液的法向流到环上。

环电极的理论处理比 RDE 要复杂，因为径向物质传递必须包括在对流-扩散方程式中，尽管数学上对这个问题的处理有时是困难的，然而其结果是很容易被理解和应用的。这里只对这个问题作一概述，数学处理的细节则在文献［7，15］中给出。

9.4.1　旋转圆环电极

下面讨论内半径为 r_2 和外半径为 r_3 的环电极$[A_r=\pi(r_3^2-r_2^2)]$。这可以是图 9.4.1 所示的那种 RRDE，而圆盘电极是开路的。当这个电极以角速度 ω 旋转时，溶液流速分布是 9.3.1 节中讨论过的分布。在这种情况下必须解出的稳态对流-扩散方程式为

$$v_r\left(\frac{\partial C_O}{\partial r}\right)+v_y\left(\frac{\partial C_O}{\partial y}\right)=D_O\left(\frac{\partial^2 C_O}{\partial y^2}\right) \tag{9.4.1}$$

这是由式（9.3.12）得到的。正如 RDE 那样，对称性的原则使浓度与 ϕ 无关，于是 ϕ 的导数被消除了。此外，以 ϕ 表示的径向的扩散物质传递，在一般流速下比径向对流 $D_O[(\partial^2 C_O/\partial r^2)+(1+r)(\partial C_O/\partial r)]$ 要小，因此可以忽略。极限环电流的边界条件是：

$$C_O=C_O^* \qquad \text{对于 } y\rightarrow\infty$$

$$C_O=0 \quad \text{在 } y=0 \text{ 处} \qquad \text{对于 } r_2\leqslant r<r_3$$

$$\frac{\partial C_O}{\partial y}=0 \quad \text{在 } y=0 \text{ 处} \qquad \text{对于 } r<r_2$$

把 v_r 和 v_y 引入时［见式（9.3.9）和式（9.3.10）］，得到

$$(B'ry)\left(\frac{\partial C_O}{\partial r}\right)-B'y^2\left(\frac{\partial C_O}{\partial y}\right)=D_O\left(\frac{\partial^2 C_O}{\partial y^2}\right) \tag{9.4.2}$$

$$r\left(\frac{\partial C_O}{\partial r}\right)-y\left(\frac{\partial C_O}{\partial y}\right)=\left(\frac{D_O}{B'}\right)\frac{1}{y}\left(\frac{\partial^2 C_O}{\partial y^2}\right) \tag{9.4.3}$$

式中 $B'=0.51\omega^{2/3}\nu^{-1/2}$。环电极上的电流由下式给出[1]

---

[1] 在环半径为 r 厚度为 δr 的无限小部分的面积是 $\pi(r+\delta r)^2-\pi r^2\approx 2\pi r(\delta r)$。通过该部分的电流是

$$\frac{(i_R)_{\delta r}}{nFA}=\frac{(i_R)_{\delta r}}{nF2\pi r\delta r}=D_O\left(\frac{\partial C_O}{\partial y}\right)_{y=0}$$

总的环电流是所有 $(i_R)_{\delta r}$ 的加和。

$$i_R=\sum_{r=r_2}^{r_3}(i)=nFD_O 2\pi\sum_{r=r_2}^{r_3}(\partial C_O/\partial y)_{y=0}r\delta r$$

当 $\delta r\rightarrow 0$，由上式得到公式（9.4.4）。

$$i_R = nFD_O 2\pi \int_{r_2}^{r_3} \left(\frac{\partial C_O}{\partial y}\right)_{y=0} r\mathrm{d}r \tag{9.4.4}$$

解此方程式可得到极限环电流[17]：

$$\boxed{i_{R,l,c} = 0.62nF\pi(r_3^3 - r_2^3)^{2/3} D_O^{2/3} \omega^{1/2} \nu^{-1/6} C_O^*} \tag{9.4.5}$$

或一般式为

$$i_R = i_{R,l,c}\{[C_O^* - C_O(y=0)]/C_O^*\} \tag{9.4.6}$$

这可以用盘电流式（9.3.30）写出，该式应为半径为 r_1 的圆盘在同样条件下观察到的电流。于是得出

$$i_R = i_D \frac{(r_3^3 - r_2^3)^{2/3}}{r_1^2} \tag{9.4.7}$$

或

$$\boxed{\frac{i_R}{i_D} = \beta^{2/3} = \left(\frac{r_3^3}{r_1^3} - \frac{r_2^3}{r_1^3}\right)^{2/3}} \tag{9.4.8}$$

注意，对于给定的反应条件（C_O^* 和 ω），环电极比同样面积的盘电极给出的电流大。因此，环电极的分析灵敏度（即由电活性物质的物质传递控制的反应所造成的电流与残余电流的比值）比圆盘电极要好，这对薄的圆环电极更为明显。可是，制备旋转圆环电极一般要比 RDE 困难得多。

9.4.2　旋转环-盘电极

旋转环-盘电极（RRDE）的盘电极的电流-电势特性不因环的存在而受到影响，盘的性质已在第 9.3 节中讨论过（事实上，如果在使用时盘电流的变化与环电势或环电流的变化有关，那是由于 RRDE 有欠缺或者是由于溶液未补偿电阻所致，使得环和盘出现不希望的偶合）。由于 RRDE 实验包括测定两个电势（盘电势 E_D 和环电势 E_R）和两个电流（盘电流 i_D 和环电流 i_R），故结果的再现要比单个工作电极实验有更多的自由度。RRDE 实验通常用双恒电势仪来进行（第 15.4.4 节），它可以独立的调节 E_D 和 E_R［见图 9.4.2(a)］。但是，大多数 RRDE 的测定是在稳定条件下，所以有可能使用普通恒电势仪来控制环电路，并以简单的浮地电源用于盘电路［见图 9.4.2(b)］。

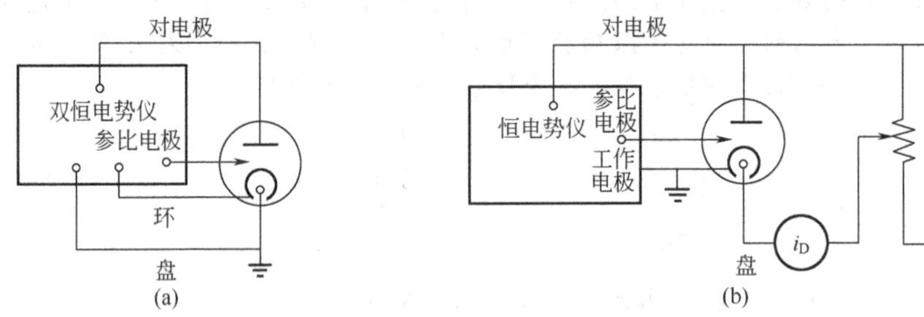

图 9.4.2　RRDE 仪器的方框图

(a) 双恒电势仪；(b) 普通（三电极）恒电势仪和分压器

在 RRDE 上可能进行一些不同类型的实验。最常见的是收集实验，其盘上产生的物质在环上可观察到；以及屏蔽实验，其流到环上的本体电活性物质流受到盘反应的干扰。

(1) 收集实验　讨论一下这样的实验，盘维持在 E_D 电势，其上发生 $O+ne \longrightarrow R$ 反应，产生阴极电流 i_D，环维持足够正的电势 E_R，这样，达到环上的任何 R 都能被氧化，反应为 $R \longrightarrow O+ne$，并且在环表面上 R 的浓度完全为零。人们感兴趣的是在此条件下的环电流 i_R，即是在盘上产生的 R 有多少能在环上被收集到。又必须解稳态环的对流-扩散方程式（9.4.3），这一次是对物质 R 来求解：

$$r\left(\frac{\partial C_R}{\partial r}\right) - y\left(\frac{\partial C_R}{\partial y}\right) = \left(\frac{D_R}{B'}\right)\frac{1}{y}\left(\frac{\partial^2 C_R}{\partial y^2}\right) \tag{9.4.9}$$

因为体系的结构导致边界条件更加复杂：

① 在圆盘上 $0 \leqslant r < r_1$ 的流量与 O 的关联是用一般的守恒方程：

$$D_R\left(\frac{\partial C_R}{\partial y}\right)_{y=0}=-D_O\left(\frac{\partial C_O}{\partial y}\right)_{y=0} \tag{9.4.10}$$

因此，根据 9.3.2 节的结果，

$$\left(\frac{\partial C_R}{\partial y}\right)_{y=0}=\frac{-i_D}{nFAD_R}=\frac{-i_D}{\pi r_1^2 nFD_R} \tag{9.4.11}$$

② 在绝缘间隙区 $r_1 \leqslant r < r_2$ 没有电流流过，于是

$$\left(\frac{\partial C_R}{\partial y}\right)_{y=0}=0 \tag{9.4.12}$$

③ 在环上 $r_2 \leqslant r < r_3$ 是在极限电流条件下，

$$C_R(y=0)=0 \tag{9.4.13}$$

假设在本体溶液中开始时 R 不存在 $\lim\limits_{y\to\infty} C_R=0$ 且 O 的本体浓度是 C_O^*。正如式（9.4.4）一样环电流由下式给出

$$i_R=nFD_R 2\pi\int_{r_2}^{r_3}\left(\frac{\partial C_R}{\partial y}\right)_{y=0} r\mathrm{d}r \tag{9.4.14}$$

这个问题的数学包括着在各个区中以无量纲变量解此问题，方法是采用 Laplace 变换以得到 Airy 函数解[18,19]。结果是环电流与盘电流通过收集率（collection efficiency）N 相关；N 可以由电极的几何尺寸进行计算，因为它只取决于 r_1，r_2 和 r_3，而与 ω，C_O^*，D_O，D_R 等无关：

$$\boxed{N=\frac{-i_R}{i_D}} \tag{9.4.15}$$

N 的计算可采用下列方程式：

$$N=1-F(\alpha/\beta)+\beta^{2/3}[1-F(\alpha)]-(1+\alpha+\beta)^{2/3}\{1-F[(\alpha/\beta)(1+\alpha+\beta)]\} \tag{9.4.16}$$

式中 $\alpha=(r_2/r_1)^3-1$，β 由式（9.4.8）给出，F 值由下式定义

$$F(\theta)=\left(\frac{\sqrt{3}}{4\pi}\right)\ln\left\{\frac{(1+\theta^{1/3})^3}{1+\theta}\right\}+\frac{3}{2\pi}\arctan\left(\frac{2\theta^{1/3}-1}{3^{1/2}}\right)+\frac{1}{4} \tag{9.4.17}$$

文献[18]中列表给出了不同 r_2/r_1 和 r_3/r_2 时函数 $F(\theta)$ 和 N 的值。对一定的电极，当体系的 R 是稳定的，通过测定 $-i_R/i_D$ 可由实验测得 N。一旦 N 已确定，对该 RRDE 它就是一个恒定的已知值。例如对于 $r_1=0.187\text{cm}$，$r_2=0.200\text{cm}$ 及 $r_3=0.332\text{cm}$ 的 RRDE，$N=0.555$，即 55.5% 的盘上产物在环上被收集。定性地看，N 值在垫厚度（r_2-r_1）减小和环尺寸（r_3-r_2）增加时就加大。在 RRDE 表面附近 R 的浓度分布示于图 9.4.3。

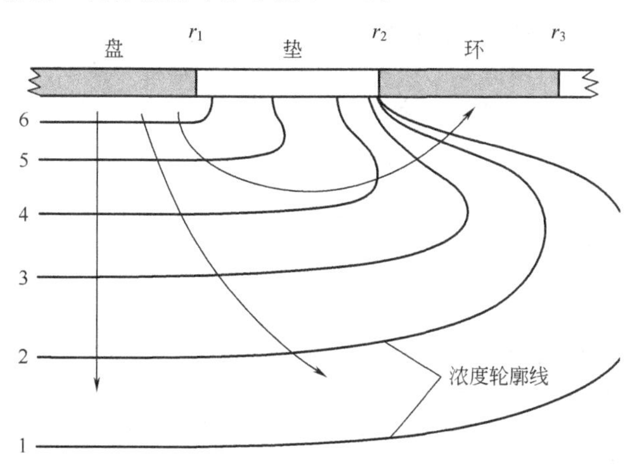

图 9.4.3　RRDE 上物质 R 的浓度分布示意图

由 1～6 浓度增加。对于圆盘（$0 \leqslant r < r_2$），$\partial C_R/\partial r=0$；在间隙处（$r_1 \leqslant r < r_2$），$(\partial C_R/\partial r)_{y=0}=0$；在环表面（$r_2 \leqslant r < r_3$），$C_R(y=0)=0$［引自 W. J. Albery and M. L. Hichman, "Ring-Disc Electrodes," Clarendon, Oxford, 1971, Chap. 3］

在典型的收集实验中，i_D和i_R作为E_D的函数作图（在恒定E_R下）[见图 9.4.4(a)]。如果N与i_D和ω无关，可以说产物是稳定的。如 R 以足够高速度分解，那么它在由盘到环的路途中会损失一些，收集系数要小于对前面电极所确定的N，并且它是ω，i_D或C_O^*的函数。关于 R 蜕变的速度和机理的信息可以由 RRDE 的收集实验求得（见第 12 章）。关于电极反应可逆性的信息可以做恒定E_D值下环的伏安谱（i_R对E_R），并且把$E_{1/2}$和盘伏安谱加以对比［图 9.4.4(b)］而求得。

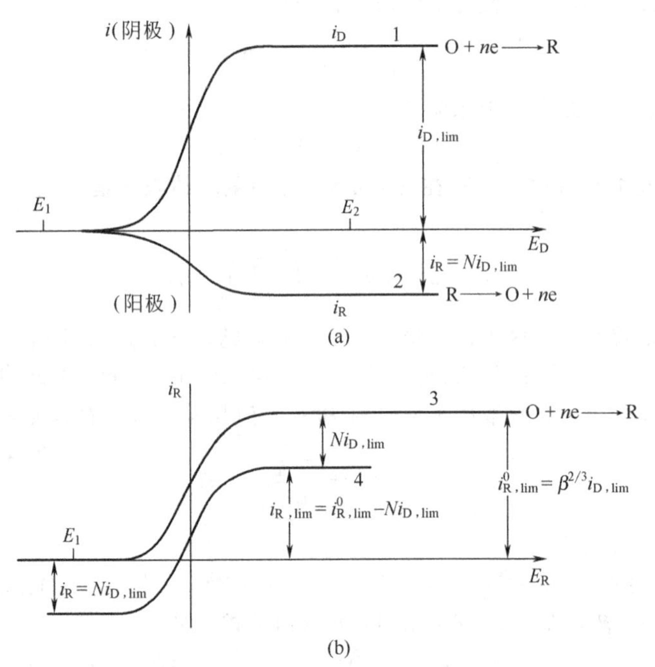

图 9.4.4　(a) 盘伏安图。(1) i_D对E_D作图，(2) 当$E_R = E_1$时，i_R对E_D作图。
(b) 环的伏安图。(3) 当$i_D = 0$（$E_D = E_1$）时，i_R对E_R作图，
(4) 当$i_D = i_{D,l,c}$（$E_D = E_2$）时，i_R对E_R作图

（2）屏蔽实验　在盘处于开路时，O 还原为 R 的环电极电流由式（9.4.5）～式（9.4.8）给出。当$i_D = 0$时，环上的极限电流由式（9.4.8）给出，为$i^0_{R,l}$，重写为

$$i^0_{R,l} = \beta^{2/3} i_{D,l} \tag{9.4.18}$$

式中，$i_{D,l}$为盘电极上发生反应时所可能达到的盘极限电流。

如果盘电流变化到一个有限值i_D，流到环上的 O 的流量将会减少。这种减少的程度应当等于在收集实验中稳定产物 R 流到环上的流量$-Ni_D$。因此，环的极限电流$i_{R,l}$由下式给出

$$\boxed{i_{R,l} = i^0_{R,l} - Ni_D} \tag{9.4.19}$$

（该方程式对任何i_D值都成立，其中包括$i_D = 0$和$i_D = i_{D,l}$）。由式（9.4.18）知特殊情况（$i_D = i_{D,l}$）时的环极限速率值为

$$\boxed{i_{R,l} = i^0_{R,l}(1 - N\beta^{-2/3})} \tag{9.4.20}$$

于是，当盘电流是在其极限值时，环电流要减小一个因子（$1 - N\beta^{-2/3}$）。该因子总是小于 1，称为屏蔽因子（shielding factor）。当把完整的 i-E 曲线拿来讨论时［见图 9.4.4(b)］，这些关系就较容易理解。可以看出，i_D由 0 转变到$i_{D,l}$时，如果假设为可逆情况，其影响是使整个环伏安图（i_R对E_R）移动$N_{i_{D,l}}$值。

其他能在稳态条件下使用并显示出类似的屏蔽和收集效果的双电极系统包括微电极阵列和扫描电化学显微镜（SECM）。利用微电极阵列，可以观察两个相邻电极之间的扩散（见 5.9.3 节）。同样，可以用 SECM（16.4 节）研究一个超微电极探头和基底之间的扩散。在这两个系统

中，不存在对流作用，电极间传输时间是由电极间的距离决定的。

9.5 旋转圆盘电极和旋转环盘电极的暂态过程

与静止电极方法相比，尽管旋转圆盘电极技术最大的优点是它能在稳态下进行测量，无需考虑电解时间，但在电势阶跃后观察盘或环上电流的暂态过程有时可以用来理解一个电化学体系。例如，组分 A 在圆盘电极上的吸附的研究，可以将盘电势阶跃到 A 被吸附的电势值，通过观察 A 电解时环电流的暂态屏蔽过程来进行。

9.5.1 RDE 上的暂态过程

处理 RDE 上的非稳态问题需要解一般圆盘上的对流-扩散方程式（9.3.14），但要包括$\partial C/\partial t$项，即

$$\frac{\partial C_O}{\partial t}=D_O\left(\frac{\partial^2 C_O}{\partial y^2}\right)-B'y^2\left(\frac{\partial C_O}{\partial y}\right) \tag{9.5.1}$$

式中，$B'=0.51\omega^{3/2}\nu^{-1/2}$。该方程式已经通过近似法[20,21]和数值模拟法[22]得到解。对于电势阶跃到 i-E 曲线的极限电流区域时，任意时刻的 i_l 值，表示为 $i_l(t)$，可由下式近似地给出[20]

$$R(t)=\frac{i_l(t)}{i_l(ss)}=1+2\sum_{m=1}^{\infty}\exp\left(\frac{-m^2\pi^2 D_O t}{\delta_O^2}\right) \tag{9.5.2}$$

式中 $i_l(ss)$ 是当 $t\to\infty$时 i_l 值，δ_O 由式（9.3.25）给出。$R(t)$ 的隐式近似方程可用文献[21]中提出的"矩阵法"（method of moments）得到：

$$\frac{D_O t}{\delta_O^2}=\frac{1}{6}\left(\frac{1.8049}{1.6116}\right)^2\left(\frac{1}{2}\right)\ln\left\{\frac{1-R(t)^3}{[1-R(t)]^3}\right\}+\sqrt{3}\left[\frac{\pi}{6}-\arctan\left(\frac{2R(t)+1}{\sqrt{3}}\right)\right] \tag{9.5.3}$$

这两个结果与数字模拟很好吻合[22]；图 9.5.1 显示了典型的圆盘暂态过程。在短的时间内，当扩散层厚度大大小于 δ_O 时，电势阶跃暂态过程符合静止电极的情况［方程式（5.2.11）］。达到稳态电流值所需的时间可以由图 9.5.1 上的曲线得到。当下式成立时，时间 τ 时的电流小于 $i_l(ss)$ 的 1%

$$\omega\tau(D/\nu)^{1/3}(0.51)^{2/3}\geqslant 1.3 \tag{9.5.4}$$

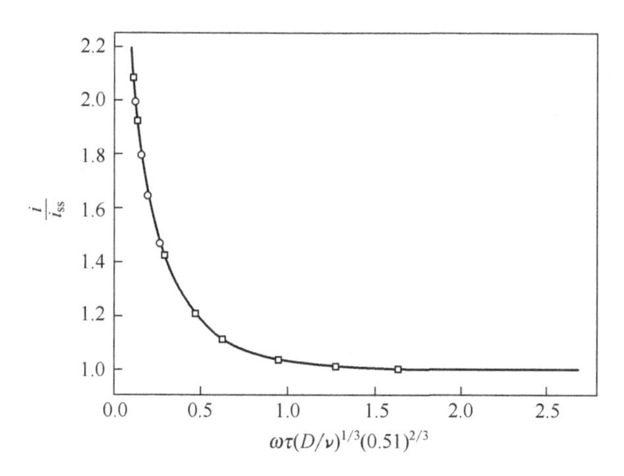

图 9.5.1　盘电极上电势阶跃时圆盘暂态电流：曲线是模拟曲线；圆圈是由 Bruckemstein 和 Prager 给出的理论公式得来的，而方框是由 Silver 给出的理论公式得来的

［引自 K. B. Prater and A. J. Bard，*J. Electrochem. Soc.*，**117**，207（1970）］

或者当 $\omega\tau>20$ 时，取 $(D/\nu)^{1/3}\approx 0.1$。因此，对于 $\omega=100$s（或转速约 1000r·min^{-1}），$\tau\approx 0.2$s。

9.5.2 RRDE 上的暂态过程

下面讨论这样的实验，RRDE 的环维持在物质 R 氧化到 O 的电势，圆盘维持在开路或不产

生 R 的电势。如果用电势阶跃到一个恰当值或用恒电流阶跃使得在圆盘上产生 R，那么 R 由圆盘外缘穿过垫到达环内缘就需要一定时间（穿过时间）。在圆盘电流达到其隐态值时将需要一个额外的时间。暂态环电流 $i_R(t)$ 的严格的解涉及解式（9.4.9）的非稳态形式：

$$\frac{\partial C_R}{\partial t}=D_R\left(\frac{\partial^2 C_R}{\partial y^2}\right)+B'y^2\left(\frac{\partial C_R}{\partial y}\right)-B'ry\left(\frac{\partial C_R}{\partial r}\right) \tag{9.5.5}$$

Albery 和 Hitchman 曾讨论了这个相当困难的问题[23]，并给出某些解法及近似方程。也可以用数字模拟法得出（见附录 B.5）[22]。典型的模拟暂态环电流，无论是电流阶跃［到 $i_{D,1}(ss)$］还是电势阶跃到圆盘的极限电流区都在图 9.5.2 中给出。注意，当施用电势阶跃时，环电流增加的更为迅速。这种效应可以归因于当电势阶跃时，在盘电极上流过大的瞬间电流（图 9.5.1）。

用 Bruckenstein 和 Feldman 所提出的方法[24]，可以得到穿过时间时的近似值。靠近电极表面的径向速度由式（9.3.10）给出，它可以写为

$$v_r=\frac{dr}{dt}=0.51\omega^{3/2}\nu^{-1/2}ry \tag{9.5.6}$$

在圆盘边缘处（$r=r_1$）产生的 R 分子，必须垂直于圆盘扩散达到圆环，因为在 $y=0$ 处 v_r 为零。然后 R 向径向甩走，再借助在 y 方向的扩散和对流运动达到环的内缘。这个途径可以用某一平均轨迹和某一与时间有关的距电极表面的距离 y 来描述。对式（9.5.6）进行积分而得到

$$\ln\left(\frac{r_2}{r_1}\right)=0.51\omega^{3/2}\nu^{-1/2}\int_0^{t'} y\mathrm{d}t \tag{9.5.7}$$

如果近似采用 $y\approx(Dt)^{1/2}$，把此值代入式（9.5.7），进行积分的结果是

$$\omega t'=3.58(\nu/D)^{1/3}\left[\lg\left(\frac{r_2}{r_1}\right)\right]^{2/3} \tag{9.5.8}$$

当 $(D/\nu)^{1/3}=0.1$，$\omega=100\mathrm{s}^{-1}$，以及电极的 $r_2/r_1=1.07$（它表示很窄的垫），根据式（9.5.8），穿过时间约为 30ms。对不同几何尺寸的电极，模拟的环暂态过程示于图 9.5.3；曲线上的点表示由式（9.5.8）计算出的 t'值。这个 t'更为准确地表示着环电流达到稳态值的 2%左右时所需要的时间。

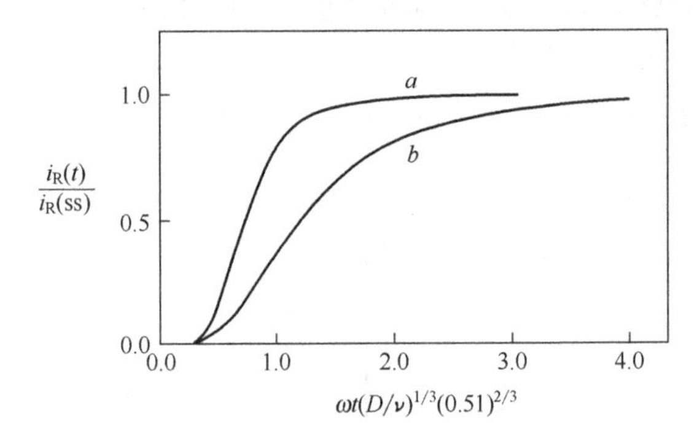

图 9.5.2　模拟暂态环电流

曲线 a：圆盘上的电势阶跃。曲线 b：圆盘上的电流阶跃［引自 K. B. Prater and A. J. Bard，*J. Electrochem. Soc.*，**117**，207（1970）］

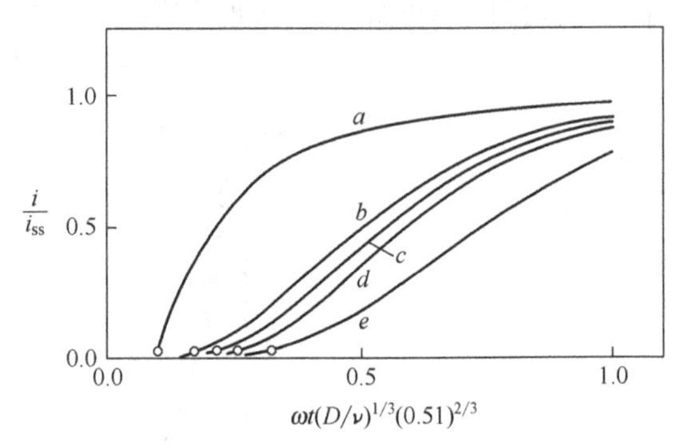

图 9.5.3　在电极不同的几何参数（r_2/r_1，r_3/r_1）下的模拟环暂态响应

曲线 a：1.02，1.04。曲线 b：1.05，1.07。曲线 c：1.07，1.48。曲线 d：1.09，1.52。曲线 e：1.13，1.92。显示暂态时间 t'的点由式（9.5.8）计算得来［引自 K. B. Prater and A. J. Bard，*J. Electrochemical Soc.*，**117**，207（1970）］

研究暂态环电流可以有效地确定在盘上产生的中间体的吸附，因为吸附将造成这种物质在环上滞后出现[25]。暂态过程还可以用来定性地研究电极过程。下面讨论 Bruchenstein 和 Miller 所描述的“屏蔽暂态”实验[26]，它涉及在铜环-铂盘电极上氧的还原（见图 9.5.4）。氧在 Pt 上还原比 Cu 上迅速。如果电极浸在含 0.2mol·L^{-1} H_2SO_4和 2×10^{-5}mol·L^{-1} Cu(Ⅱ）空气饱和溶液中，E_D为 1.00V（相对于 SCE）时，在圆盘上没有反应发生。如果 E_R维持在－0.25V（相对于 SCE），就有约 11μA 的阴极环电流流过，这是由反应 Cu(Ⅱ)＋2e ⟶ Cu 产生的。在这个电势

下氧在铜环上不会还原（虽然 $O_2+4H^++4e \longrightarrow H_2O$ 反应的可逆电势正得多），因为反应速度很慢。如果 E_D阶跃到 0.0V，约有 700μA 的阴极盘电流流过。这个电流表示在铂圆盘上氧的还原和因 Cu(Ⅱ) 还原而镀铜（在铂底层上镀铜比在整体铜上沉积铜的电势要正，即所谓欠电势沉积，underpotential deposition)（见 11.2.1 节）。在圆盘上 Cu(Ⅱ) 的还原屏蔽着环，于是，可见到 i_R的降低。但是，由于铜在圆盘上沉积，使氧还原受阻，盘电流下降。在沉积约为单层铜以后就不再可能发生进一步欠电势沉积，Cu(Ⅱ) 在圆盘上的还原停止，环电流再次回到未屏蔽时的值。这个颇为简单的实验，很清楚地展示出了铜对氧还原过程的"毒化作用"。附带说一下，Cu(Ⅱ)在蒸馏水中和无机酸中是很普通的杂质。这个实验表明，在 Cu 少到 1μg/mL 的溶液中欠电势沉积出的铜单层对于铂电极的行为有很大的影响。少量其他杂质的吸附（如有机分子）也可以影响固体电极行为。因此，电化学实验常常要求花很大精力并采取措施以保持溶液的纯度。

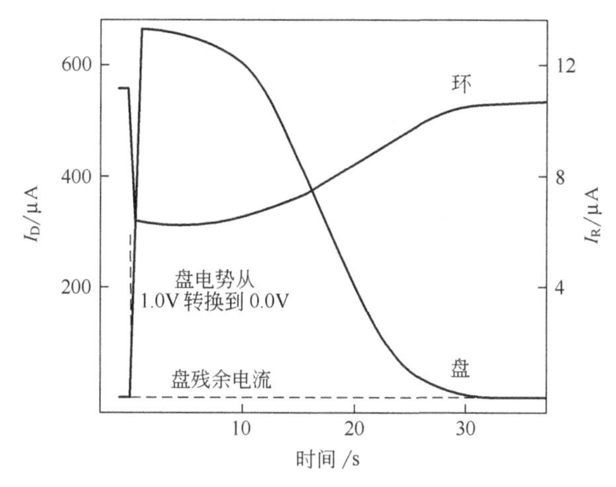

图 9.5.4 盘电极上还原氧和 Pt 环电极上还原 Cu(Ⅱ) 与时间的关系

0.2mol·L^{-1} H_2SO_4和 2×10^{-5}mol·L^{-1} Cu(Ⅱ) 空气饱和溶液。旋转速度 2500r·min^{-1}。当 $t>0$ 时盘电势在 0.00V（相对于 SCE)；在所有的 t 下环电势保持在 −0.25V（相对于 SCE)。盘面积为 0.458cm^2；$\beta^{2/3}=0.36$；收集率是 0.183［引自 S. Bruckenstein and B. Miller，*Accts. Chem. Res.*，**10**，54（1977)］

RRDE 也可以用于研究由薄的高分子膜修饰的电极的电化学过程（见第 14 章)。此应用在盘上制备膜，在环上检测电势扫描过程中的由盘到环上的离子流量。例如，在环电极上监测来自于聚吡咯/聚苯乙烯磺酸盐膜上的 1,3-二甲基吡啶阴离子，而盘在硝基丙酮溶液中在膜发生氧化和还原的电势区间循环扫描[27]。

9.6 调制的 RDE

9.6.1 流体动力学调制

到此为止，本章所讨论的全部方法中，都假定电极的转速是恒定的，电流的测量是在其稳态值 ω 下进行。然而，在 ω 值随着时间变化的条件下测量电流也是有用的。

最简单的情况是单调变量 ω 为时间的函数（例如 $\omega\propto t^2$)，这样就可以自动地给出 i_D对 $\omega^{1/2}$的图。当电极表面随时间变化时（例如，在电沉积过程中或有杂质或产物吸附）以及需要迅速扫描时，这个"自动的 Levich 图"相对于常规（有可能更准确）的逐点测量更有价值。该技术及相关方法已被评述过[28]。

另一种很有用的技术是 $\omega^{1/2}$的正弦变量［称为正弦流体动力学调制，sinusoidal hydrodynamic modulation］。讨论一个 RDE，它的转速在一个固定中心速度 ω_0 左右做正弦变化，其频率为 σ，因此 $\omega^{1/2}$的瞬时值为

$$\omega^{1/2}=\omega_0^{1/2}+\Delta\omega^{1/2}\sin(\sigma t) \tag{9.6.1}$$

例如，如果 $\omega_0^{1/2}=19.4\mathrm{s}^{-1/2}$ [$\omega_0=376\mathrm{s}^{-1}$，转速 $3600\mathrm{r}\cdot\mathrm{min}^{-1}$]，$\Delta\omega^{1/2}=1.94\mathrm{s}^{-1}$（即 $\Delta\omega_0=3.8\mathrm{s}^{-1}$，等价于 $36\mathrm{r}\cdot\mathrm{min}^{-1}$），调制频率是 3Hz [$\sigma=6\pi\mathrm{s}^{-1}$]。在该情况下，转速在 $380\sim372\mathrm{s}^{-1}$ 之间（在 $3636\sim3564\mathrm{r}\cdot\mathrm{min}^{-1}$ 之间）每秒变化三次（见图 9.6.1）。$\Delta\omega$ 总是小于 ω_0，并且一般约仅为 ω_0 的 1%。能够使用的调制频率取决于电动机-电极体系的惯性和响应，通常为 3～6Hz。

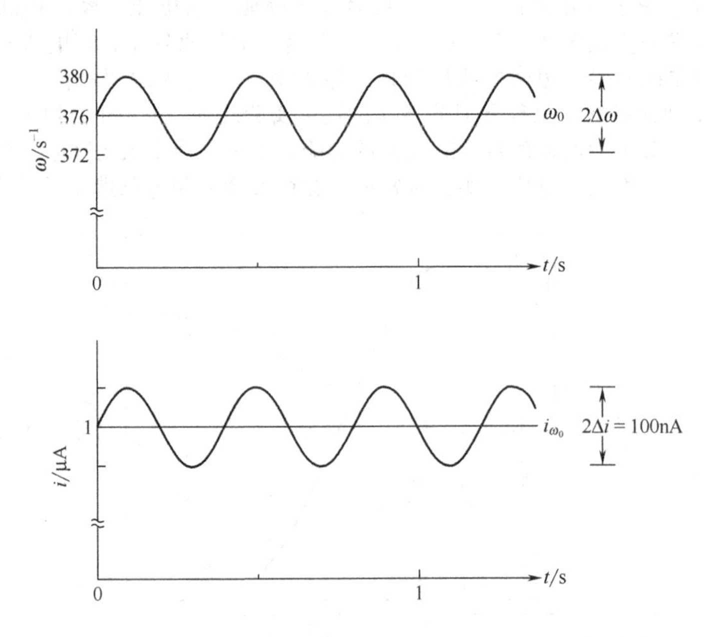

图 9.6.1　正弦流体动力学调制的 RDE 的 $\Delta\omega$ 和 Δi 之间的关系

如果体系服从 Levich 公式（9.3.22），则电流为

$$i(t)=A'[\omega_0^{1/2}+\Delta\omega^{1/2}\sin(\sigma t)] \tag{9.6.2}$$

式中 $A'=0.62nFAD_0^{2/3}\nu^{-1/6}C_O^*=i_{\omega_0}/\omega_0^{1/2}$。因此，

$$i(t)=i_{\omega_0}\left[1+\left(\frac{\Delta\omega}{\omega_0}\right)^{1/2}\sin(\sigma t)\right] \tag{9.6.3}$$

并且调制电流的振幅是❶

$$\boxed{\Delta i=(\Delta\omega/\omega_0)^{1/2}i_{\omega_0}} \tag{9.6.4}$$

这个变化的圆盘电流的分量最方便的是在滤波后通过锁相放大器或全波整流来记录（见图 9.6.2）。

虽然相对于 i_{ω_0} 值 Δi 要小得多，但它一个重要的优点是摆脱了与物质传递速率无关的过程的影响。因此。Δi 本质上与双电层无关，并且不受电极及其吸附物质氧化还原的影响。另外，它对于阳极和阴极背景电流不灵敏。正弦流体动力学调制在采用 RDE 测定非常低浓度（亚微摩尔），研究表面复杂过程，在溶剂/支持电解质体系的背景极限附近极限测量时是一种有用的技术。图 9.6.3 是采用汞齐金 RDE（当需要如汞表面行为时可以采用）还原 $0.2\mu\mathrm{mol}\cdot\mathrm{L}^{-1}$ Tl(Ⅰ) 所获得的结果[29]。虽然还原 Ti(Ⅰ) 的法拉第电流在 i_D-E 扫描时无法与残余电流分开，但可通过测量 Δi 得到一个清晰的还原波。当偏离 Levich 行为发生时，也可能采用 σ 值由流体动力学调制实验获得动力学信息[30]。

9.6.2　热调制

也可以通过激光照射圆盘电极的背面对 RDE 进行热调制（见图 9.6.4）[31]。该方法与 8.7.5

---

❶　该公式是由极限电流条件推导得来。它也适用于可逆波的上升部分，如果速率随 ω 的变化与流体动力学弛豫相比差不多，该公式不适用。因而，$\Delta\omega/\omega_0$ 和 σ 通常保持在较小值。

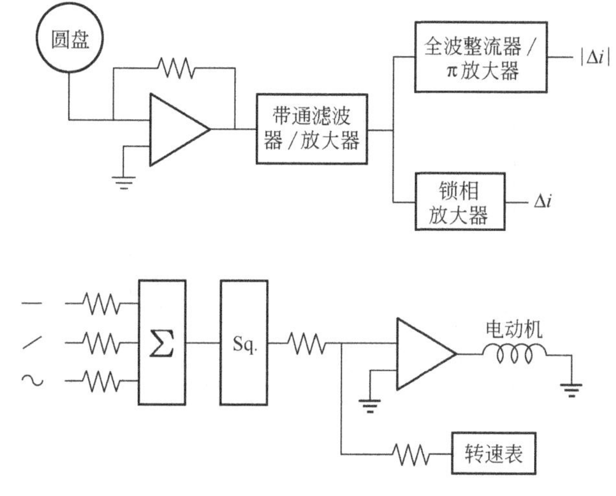

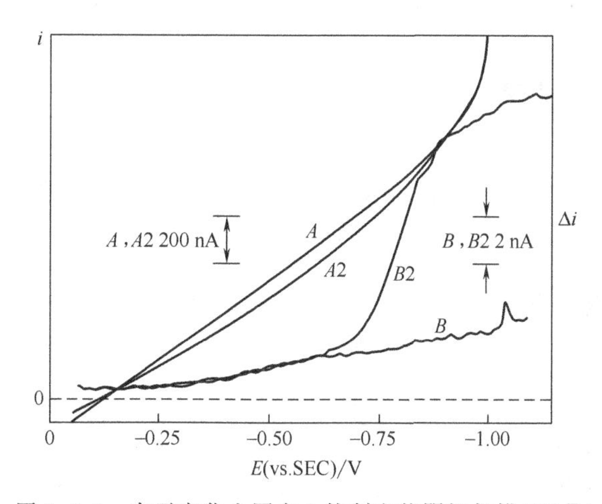

图 9.6.2　速度控制和盘电极电流处理示意电路

只给出控制盘电极的一般的三电极恒电势仪的电流跟随器 [引自 B. Miller and S. Bruckenstein，*Anal. Chem.*，**46**，2026 (1974)]

图 9.6.3　在汞齐化金圆盘上控制电势阴极扫描 Ti(Ⅰ)

A 为 RDE 曲线，B 为 HMRDE 曲线。(A，B) 0.01mol·L^{-1} $HClO_4$；($A2$，$B2$) 0.01mol·L^{-1} $HClO_4$ 溶液中含有 2.0×10^{-7}mol·L^{-1} Tl^+。不同的电流灵敏度由相关的标记标明；虚线是所有曲线的零电流。对于所有曲线 $\omega_0^{1/2}=$ 60r·min^{-1}。对于 B 曲线，$\Delta\omega^{1/2}=6$r·min^{-1}，$\sigma/2\pi=3$Hz，平均时间常数=3s，扫描速度=2mV/s [引自 B. Miller and S. Bruckenstein，*Anal. Chem.*，**46**，2026 (1974)]

节所讨论的温度阶跃实验类似。已经进行了电极的恒定照射和调制照射实验。在恒定照射模式中，照射光束代表一种热输入（在 25～200mW），所产生的热通过热扩散和对流从电极表面到溶液中，最终达到稳态圆盘温度。该温度变化与 $\omega^{-1/2}$ 成正比（由于高的旋转速度从电极表面带走更多的热量）。电极表面温度的变化将引起一系列参数的变化，如影响 i_D 的 D 的变化（见 8.7.5 节）；因此，圆盘的电流可由激光束的热量进行调制。理论分析显示电流量的变化 Δi_D 与热量的输入成正比，但相对独立于 ω[31]。

在周期性调制的模式下[32]，热量的释放随频率（5～20Hz）呈正旋变化，所产生的正旋 Δi_D 的变化可由锁向放大器检测。Δi_D 随 E 的变化称为热调制伏安法（thermal modulation voltammetry，TMV）。在 $E^{\ominus\prime}$ 附近，Δi_D 是一个波形，对于 Nernst 反应其大小是电极反应的熵除以物质传递过程的活化能的函数。虽说该方法可以获取反应的热力学信息，但由于该方法的理论和实验装置相当复杂，因而还没有广泛应用。

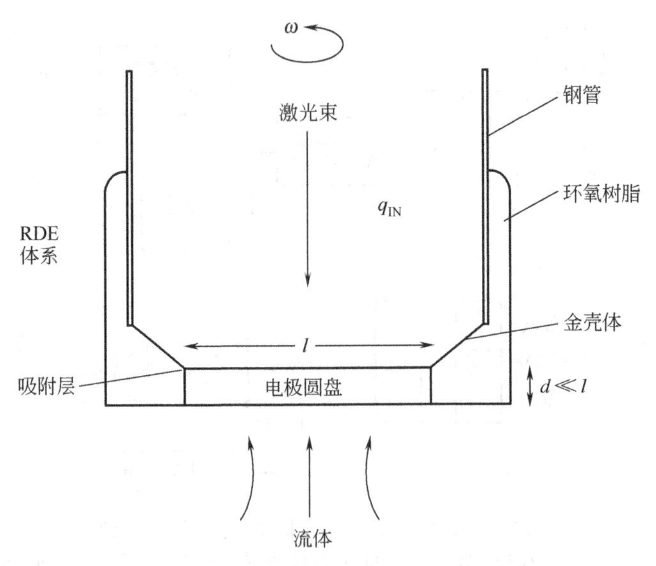

图 9.6.4 用于 RDE 温度调制的仪器示意

激光脉冲照射有一层吸附膜的圆盘电极［引自 J. L. Valdes and B. Miller，*J. Phys. Chem.*，**92**，525（1988)］

9.7 超微电极的对流

即使没有对流，超微电极的一个优点（见 5.3 节）是通过径向扩散使物质传输到电极的速度很高。对于一个半径为 r 的微圆盘电极，物质传递系数是：

$$m_O = 4D/\pi r \tag{9.7.1}$$

然而，可通过引入对流流动使物质传递系数超过上述值，例如，旋转电极或使溶液快速地流过电极。当仅仅径向扩散不足以超过物质传递极限时，这种方法在测定快速电子转移动力学时会有用。

正如 9.3.6 节所指出的那样，早期所发展的 RDE 理论并不适用于超微电极，超微电极中到电极边缘的径向扩散很重要。虽说对于旋转的 UME 没有理论处理存在，但仍然能够通过考虑在低的和高的旋转速度下的极限情况而得到其行为的概念[33,34]。当 $\omega \to 0$ 时，旋转 UME 的行为接近于一个静止 UME 的行为，而当 $\omega \to \infty$ 时，可以观察到常规的 RDE 依赖于 $\omega^{1/2}$ 的行为。图 9.7.1 所示的是 RDE 与 ω 的依赖关系，以及不同半径（5μm，10μm 与 15μm）超微的 m 与 ω 的依赖关系。显然，对于半径较大的超微电极，通过旋转电极可以增加物质传递，但对于 5μm 的超微电极，它的物质传递系数大于任何实验上所能够达到的旋转速度所引起的物质传递系数。当溶液阻力较大时[34]，或者研究高分子膜时（14.4.2 节）[33]，旋转较大的超微电极（如 15μm）会是有用的。旋转超微电极所引起的问题是由于在制备电极时中心偏离旋转轴，以及旋转引起电极的弯曲，均引起 9.3.6 节所讨论的效应。注意到正如将在 16.4.2 节所讨论的那样，采用超微电极作为扫描电化学显微镜的探头，在正反馈模式下也可能使它的有效物质传递速度增加。

也可以通过流动溶液到静止电极来保持超微电极的对流流动。例如，从电极附近的喷嘴流体可直接垂直喷到电极上（见图 9.7.2）[35]。这种装置有时称为壁喷电极（wall jet electrode）或微喷电极（microjet electrode）。由重力或小喷嘴（如直径 50～100μm 的喷嘴）泵出的溶液喷流冲击到超微电极（如直径 25μm 的电极）表面。此装置的物质传递系数与体积流速的平方根成正比，可高达 0.55cm/s，它等价于在没有对流情况下，半径 150nm 的超微电极的物质传递系数[35]。另外一种方式是将电极放置于流动管道中，使溶液的流动与电极表面平行[36]。一个实例是将 12μm 厚，0.2cm 长的微带电极放置于 116μm 高，0.2cm 宽的微管道中[36]。该装置中，体积流速接近 $3.7cm^3/s$，有效物质传递系数可达 0.5cm/s。这种类型的流动池可作为液相色谱的检

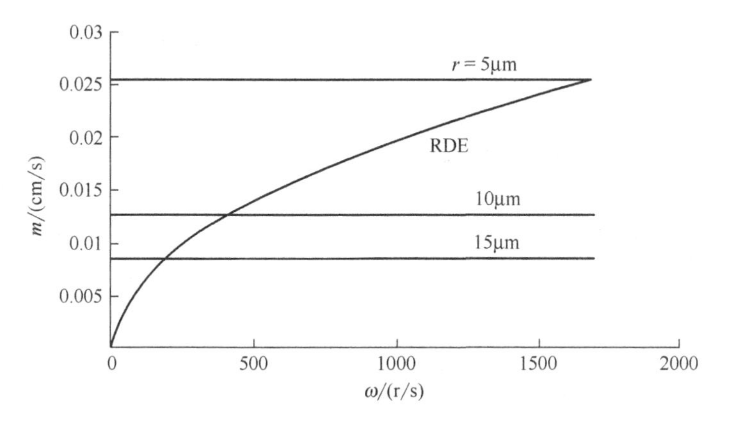

图 9.7.1　旋转速度 ω 对于 RDE 物质传递速率的影响

平行线代表不同半径 r 的超微电极在不旋转时的物质传递速率。计算中假设 $D=1.0\times10^{-5}\mathrm{cm^2/s}$，$v=0.01\mathrm{cm/s}$ [引自 X. Gao and H. S. White，*Anal. Chem.*，**67**，4057 (1995)]

测器（见 11.6.4 节）。由于建立溶液流动体系的技术问题，使得它们在电化学研究中较少用到。

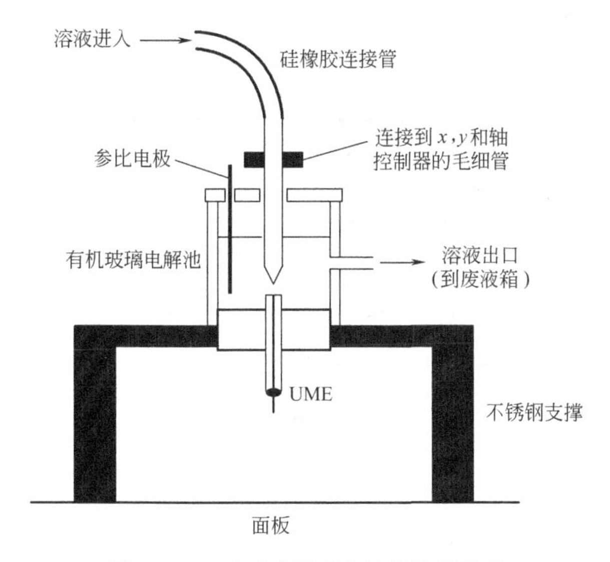

图 9.7.2　壁喷或微喷电极的装置示意

[引自 S. Marcar and P. R. Unwin，*Anal. Chem.*，**66**，2175 (1994)]

9.8　电动流体学及相关现象

电化学体系中许多现象与对流有关[6]。更深层次的处理超出了本书的范围，我们在此将给出一个简明的概述作为更详尽处理的开始。通常，电动流体学研究由电场引起的流体运动。电渗(electroosmosis) 是其中一个重要的例子。

前面所讨论的流体流动的对流问题是由压力梯度引起的（见 9.2.2 节)。在没有重力影响下(自然对流)，在稳态时，可由下式得到流体流速 $\boldsymbol{v}$

$$\eta_s \nabla^2 \boldsymbol{v} = \nabla \boldsymbol{P} \tag{9.8.1}$$

同理，电场与流体中的过剩电荷密度相互作用所产生的力可引起流体流动，即

$$\eta_s \nabla^2 \boldsymbol{v} = -\rho_E \mathscr{E} \tag{9.8.2}$$

式中，$\mathscr{E}$ 为电场，V/cm；ρ_E 为单位体积的电荷。

9.8.1 电渗流

讨论如图 9.8.1 所示的，在充满电解质溶液的玻璃毛细管两端加上电场的情况。因为玻璃表面 Si—OH 基团的质子化/去质子化平衡，在大多数 pH 值时毛细管的壁带有电荷。在 pH>3 以上，毛细管壁表面带负电荷。正如荷电电极表面一样（见第 13 章），玻璃壁表面的电荷可与溶液形成相反电荷的扩散层。当沿毛细管轴施加电场时，这种过剩电荷（以电解质阳离子的形式）将向阴极移动，溶剂的净黏滞阻力将引起溶液的对流。在大多数情况下，毛细管的半径较扩散层的厚度大，因此可以忽略毛细管的曲率，认为流动发生在平面管中。然后，将式（9.8.2）以通过毛细管轴向的电场写为[6]，

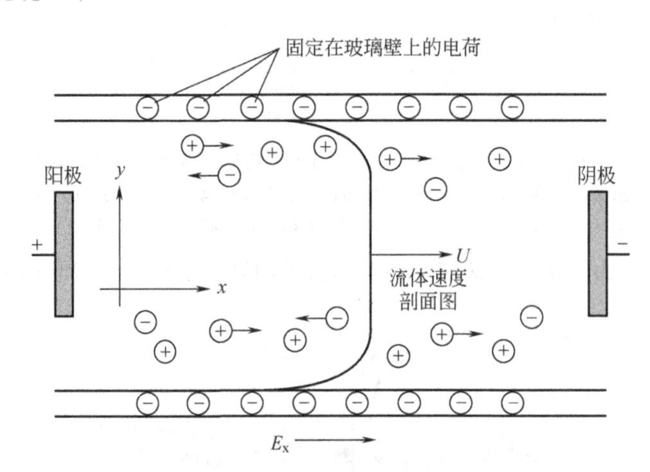

图 9.8.1 在玻璃毛细管中流体（例如水）电渗的示意

仅显示了毛细管内壁附近的离子。注意到该处的流速剖面较外部压力驱动的抛物线剖面要平一些（所谓的活塞式流动）

$$\eta_s \frac{\partial^2 v}{\partial y^2} = -\rho_E \mathscr{E}_x = \varepsilon\varepsilon_0 \frac{\partial^2 \phi}{\partial y^2} \mathscr{E}_x \tag{9.8.3}$$

式中，电荷密度由 Poisson 方程式（13.3.5）得到，

$$\rho_E = -\varepsilon\varepsilon_0 \frac{\partial^2 \phi}{\partial y^2} \tag{9.8.4}$$

当远离管壁时（$y \to \infty$），采用$\partial v/\partial y=0$ 及$\partial\phi/\partial y=0$ 对式（9.8.3）进行一次积分得到

$$\eta_s (\partial v/\partial y) = \varepsilon\varepsilon_0 (\partial\phi/\partial y) \mathscr{E}_x \tag{9.8.5}$$

从内壁附近的位置（$v=0$，$\phi=\xi$）到管的中间（$v=U$，$\phi=0$）进行第二次积分，给出 Helmholtz-Smoluchowski 公式：

$$U = -\varepsilon\varepsilon_0 \xi_x / \eta_s \tag{9.8.6}$$

参数 ξ 称为 zeta 电势，它是在扩散层中没有很好定义位置的称为剪切面（shear plane）的电势[37]，U 是通过荷电表面平面的电渗溶液流速。对于一种水溶液，当 $\xi=0.1\text{V}$，$\mathscr{E}_x=100\text{V/cm}$ 时，U 约为 0.1cm/s。

电渗是与荷电固体与溶液相对运动相关现象的几种电动效应之一。一种相关的效应是泳动电势（streaming potential)，它源自两个电极如图 9.8.1 的方式放置，当溶液流流过管道时产生的（本质上与电渗效应相反)。另外一种是电泳（electrophoresis)，溶液中的荷电物质在电场作用下运动。这些效应有很长的研究历史[37,38]。电泳广泛地应用于分离蛋白质和 DNA（凝胶电泳）以及许多其他的物质（毛细管电泳)。

9.8.2 其他的电动流体学现象

由于玻璃管壁的电场较小，并且对流不大，因而在本书所讨论的电化学实验中，电动效应通常不重要。虽然可以通过电场与电极表面附近的扩散层相互作用引起电动流体流动，但是电极表面附近扩散层的电场在大多数电化学实验中并不大，无法产生可测量的流体流动。然而，在实验中故意施加非常大的电场能够产生对流[39,40]。相关的实验是对电化学实验施加磁场的效

应[39,41]。对于薄层池中阻力大的溶液流体动力学上的不稳定能够产生对流模式。例如，在 ECL 实验中（见 18.1 节）采用有很低支持电解质的有机相时，薄层池中的对流（有时称为 Felici 不稳定）能够产生六种模式[42,43]。

9.9 参考文献

1 V. G. Levich, "Physicochemical Hydrodynamics," Prentice-Hall, Englewood Cliffs, NJ, 1962
2 R. B. Bird, W. E. Stewart, and E. N. Lightfoot, "Transport Phenomena," Wiley, New York, 1960
3 J. N. Agar, *Disc. Faraday Soc.*, **1**, 26 (1947)
4 J. Newman, *Electroanal. Chem.*, **6**, 187 (1973)
5 J. S. Newman, "Electrochemical Stsyems," 2nd ed., Prenyice-Hall, Englewood Cliffs, NJ, 1991
6 R. F. Probbstein, "Physicochemical Hydrodynamics-An Introduction," 2nd ed., Wiley, New York, 1994
7 A. C. Riddiford, *Adv. Electrochem. Electrochem. Engr.*, **4**, 47 (1966)
8 R. N. Adms, "Electrochemistry at Solid Electrodes," Marcel Dekker, New York, 1969, pp 67-114
9 C. Deslouis and B. Tribollet, *Adv. Electrochem. Sci. Engr.*, **2**, 205 (1992)
10 W. J. Albery, C. C. Jones, and A. R. Mount, *Compr. Chem. Kinet.*, **29**, 129 (1989)
11 V. Yu. Filinovski and Yu. V. Pleskov, *Compr. Treatise Electrochem.*, **9**, 293 (1984)
12 J. S. Newman, *J. Phys. Chem.*, **70**, 1327 (1966)
13 V. Yu. Filinovski and Yu. V. Pleskov, Prog. *In Surf. Membrane Sci.*, **10**, 27 (1976)
14 J. Newman, *J. Electrochem. Soc.*, **113**, 501, 1235 (1966)
15 W. J. Albery and M. L. Hitchman, "Ring-Disc Electrode," Clarendon, Oxford, 1971, Chap. 4
16 C. M. Mohr and J. Newman, *J. Electrochem. Soc.*, **122**, 928 (1975)
17 V. G. Levich, *op. cit.*, p. 107
18 W. J. Albery and M. Hitchman, *op. cit.*, Chap. 3
19 W. J. Albert and S. Bruckenstein, *Trans. Faraday Soc.*, **62**, 1920 (1966)
20 Yu. G. Siver, *Russ. J. Phys. Chem.*, **33**, 533 (1959)
21 S. Bruckenstein and S. Prager, *Anal. Chem.*, **39**, 1161 (1967)
22 K. B. Prater and A. J. Bard, *J. Electrochem. Soc.*, **117**, 207 (1970)
23 W. J. Albery and M. Hitchman, *op. cit.*, Chap. 10
24 S. Bruckenstein and G. A. Feldman, *J. Electroanal. Chem.*, **9**, 395 (1965)
25 S. Bruckenstein and D. T. Napp, *J. Am. Chem. Soc.*, **90**, 6303 (1968)
26 S. Bruckenstein and B. Miller, *Acc. Chem. Res.*, **10**, 54 (1977)
27 C. A. Salzer, C. M. Elliott, and S. M. Hendrickson, *Anal. Chem.*, **71**, 3677 (1999)
28 S. Bruckenstein and B. Miller, *J. Electrochem. Soc.*, **117**, 1032 (1970)
29 B. Miller and S. Bruckenstein, *Anal. Chem.*, **46**, 2026 (1974)
30 K. Tokuda, S. Bruckenstein, and B. Miller, *J. Electrochem. Soc.*, **122**, 1316 (1975)
31 J. L. Valdes and B. Miller, *J. Phys. Chem.*, **92**, 525 (1988)
32 J. L. Valdes and B. Miller, *J. Phys. Chem.*, **93**, 7275 (1989)
33 T. E. Mallouk, C. Cammarata, J. A. Crayston, and M. S. Wrighton, *J. Phys. Chem.*, **90**, 2150 (1986)
34 X. Gao and H. S. White, *Anal. Chem.*, **67**, 4057 (1995)
35 J. V. Macpherson, S. Marcar, and P. R. Unwin, *Anal. Chem.*, **66**, 2175 (1994)
36 N. V. Rees, R. A. W. Dryfe, J. A. Cooper, B. A. Coles, R. G. Compton, S. G. Davies, and T. D. McCarthy, *J. Phys. Chem.*, **99**, 7096 (1995)
37 A. W. Adamson, "Physical Chemistry of Surfaces," Wiley-Interscience, New York, 1990, pp. 213-226
38 D. A. MacInnes, "The Principle of Electrochemistry," Dover, New York, 1961, Chap. 23
39 J.-P. Chopart, A. Olivier, E. Merienne, J. Amblard, and O. Aaboubi, *Electrochem. Solid State Lett.*, **1**, 139 (1998)
40 D. A. Saville, *Annu. Rev. Fluid Mech.*, **29**, 27 (1997)
41 J. Lee, S. R. Ragsdale, X. Gao, and H. S. White, *J. Electroanal. Chem.*, **422**, 169 (1997)
42 H. Schaper and E. Schnedler, *J. Phys. Chem.*, **86**, 4380 (1982)
43 M. Orilik, J. Rosenmund, K. Doblhofer, and G. Ertl, *J. Phys. Chem.*, **102**, 1397 (1998)

9.10 习题

9.1　对于一个半径 r_1 为 0.20cm，旋转速度 100r·min^{-1} 的 RDE，浸入到含有物质 A 的水溶液（$C_A^* =$

10^{-2} mol·L^{-1}，$D_A=5\times10^{-6}cm^2/s$)。A的还原为单电子反应，$v\approx0.01cm^2/s$。计算：在圆盘边缘与圆盘表面垂直距离为10^{-3} cm处的v_r和v_y；电极表面处的v_r和v_y；U_0；$i_{l,c}$；m_A；δ_A以及Levich常数。

9.2 什么尺寸（r_2和r_3）的旋转圆环电极能够产生与$r_1=0.20cm$的RDE相同的极限电流？（提示：有多种可能的组合都可以）环电极的面积是多少？

9.3 由图9.3.8的数据，计算O_2在0.1mol·L^{-1} NaOH中的扩散系数和在0.75V处的氧还原的k_f。假设在RDE上初始电子转移反应为完全不可逆。取$v=0.01cm^2/s$。

9.4 图9.10.1包含有RRDE电极在含有5mmol·L^{-1} $CuCl_2$的0.5mol·L^{-1} KCl溶液中的电流-电势曲线(1) i_D相对于E_D，(2) i_R相对于E_R。对于该电极，$N=0.53$。

(a) 分析这些数据，求D，β和有关电极反应第一步还原[Cu(Ⅱ)+e⟶Cu(Ⅰ)]的其他可能的信息。

(b) 如果环的伏安图是在$E_D=-0.10V$得到的，那么$i_{R,l,c}$在$E_R=-0.10V$处的预期值为多少？

(c) 如果$E_R=+0.40V$，$E_D=-0.10V$，那么i_R的预期值为多少？

(d) 在第二个波进行的是什么过程？解释该波的形状。

(e) 假设环电势保持在+0.40V，绘出当E_D由+0.4～−0.6V扫描时，所预期的i_R对E_D图。

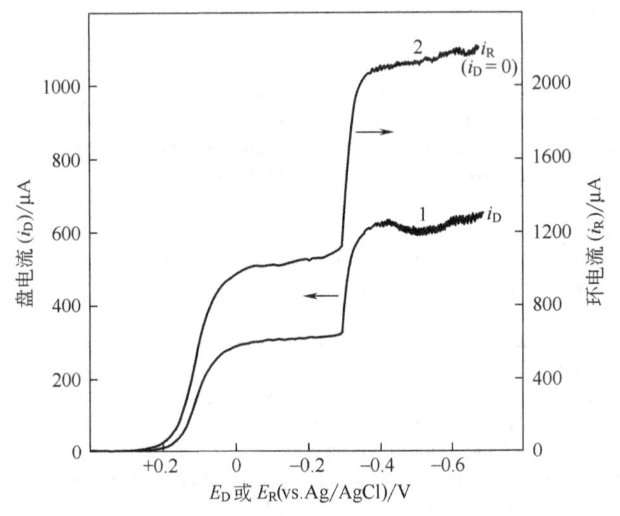

图9.10.1 RDDE电极上的伏安图

曲线1：i_D相对于E_D。曲线2：i_R相对于E_R（$i_D=0$）。溶液是0.5mol·L^{-1} KCl中含有5mmol·L^{-1} $CuCl_2$。$\omega=201s^{-1}$；圆盘面积$=0.0962cm^2$；$v=0.011cm^2/s$

9.5 在5mmol·L^{-1} $K_3Fe(CN)_6$和0.1mol·L^{-1} KCl溶液中，RRDE上的环伏安图见图9.10.2。由这些曲线所提供的信息，计算该电极的N和$Fe(CN)_6^{3-}$的D。i_D相对于$\omega^{1/2}$作图的斜率应该是多少？在5000r·min^{-1}下极限盘电流（$i_{D,l,c}$）和极限环电流（$i_{R,l,c}$）($i_D=0$和$i_D=i_{D,l,c}$）应该是多少？假设$v=0.01cm^2/s$。

9.6 在下列尺寸的RRDE上进行实验：$r_1=0.20cm$，$r_2=0.22cm$，$r_3=0.32cm$。在2000r·min^{-1}转速下记录盘电极的伏安图（i_D相对于E_D）。为了避免非稳态效应的发生，最大的电势扫描速度应为多少？该电极的穿过时间是多少？

9.7 电活性物质的扩散系数可由测量RDE的极限电流获得，也可由相同电极（在$\omega=0$）上暂态测量（例如电势阶跃测量）获得。不需要知道电极面积n或C^*。解释如何进行这样的测量，并讨论该方法的可能误差。

9.8 S. Bruckenstein和P. R. Gifford [Anal. Chem., 51, 250 (1979)] 提出在RRDE上的环电极屏蔽测量可用于分析微摩尔的溶液，采用的公式是

$$\Delta i_{R,l}=0.62nF\pi r_1^2 D^{2/3}\nu^{-1/6}\omega^{1/2}NC^*$$

式中，$\Delta i_{R,l}$表示当$i_D=0$和$i_D=i_{D,l}$时极限环电流的变化。(a) 推导该公式。(b) 图9.10.3给出在0.1mol·L^{-1} HNO_3溶液中Bi(Ⅲ)还原到Bi(0)时的$i_{R,l}$对E_D作图。在−0.25V发生物质传递控制的Bi(Ⅲ)的还原。根据正向扫描时（E_D为+1.0～−0.2V）曲线上的数据，计算该RRDE的N。解

释在反向扫描（E_D由－0.20～＋1.0V）时所观察到的大的暂态环电流。

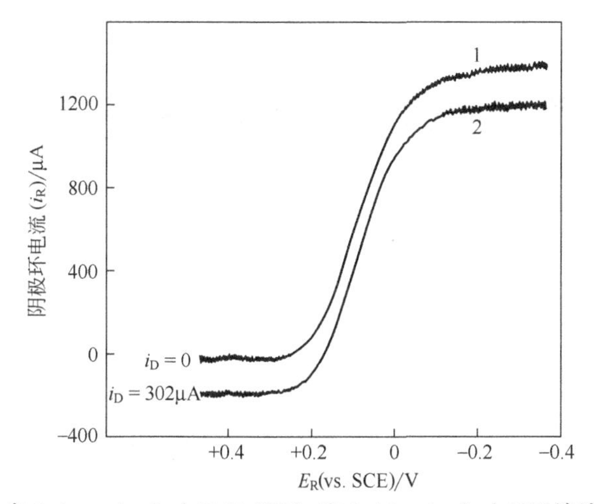

图 9.10.2　在 5.0mmol·L^{-1} $K_3Fe(CN)_6$和 0.10mol·L^{-1} KCl 溶液中，环电极的伏安图（i_R相对于 E_R）。1—i_D＝0，2—i_D在极限电流值 302μA。RRDE 的 r_2＝0.188cm，r_3＝0.325cm，转速为 48.6r·min^{-1}

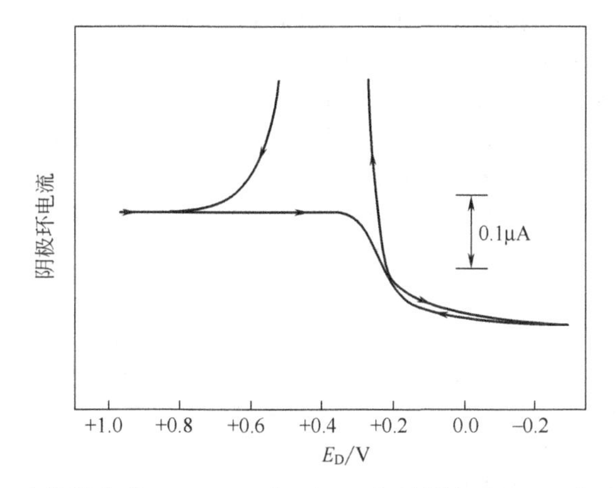

图 9.10.3　在溶液含有 4.86×10^{-7}mol·L^{-1} Bi(Ⅲ) 和 0.1mol·L^{-1} HNO_3 中还原 Bi(Ⅲ) 到 Bi(0) 的 $i_{R,l,c}$相对于 E_D作图。环电极电势控制在－0.25V，盘电极的电势以 200mV/s 从＋1.0V 开始扫描 $i_{D,l,c}$，相对于 $C^*_{Bi(Ⅲ)}$ 作图的斜率是 0.934μA/μmol·L^{-1}

［引自 S. Bruckenstein and P. R. Gifford，*Anal. Chem.*，**51**，250（1979）］

9.9　采用旋转圆盘电极进行动力学测量的有效时间范围大约是 1/ω。对于常规的 RDE 旋转速度，有效时间范围的大小是什么？超微电极提供了另外一种进行电化学研究的稳态电极系统。对于计算 RDE 具有相同时间范围的超微电极的半径范围是多大？静止超微电极能够达到较 RDE 最大有用转速更短的时间吗？解释为什么。

9.10　解释如何从公式（9.3.40）导出公式（9.3.39）。

第10章 建立在阻抗概念上的技术

10.1 引言

在前面几章中，讨论了通过对体系施加大的扰动来研究电极反应的一些方法。利用电势扫描、电势阶跃或电流阶跃，经常可使电极处于远离平衡的状态，并且通常是观察暂态信号的响应。另一类方法是用小幅度交流信号扰动电解池，并观察体系在稳态时对扰动的响应。这些技术有许多优点。其中最主要的是：①具有进行高精度测量的实验能力，这是因为响应可以是无限稳定的，因此可以从很长时间中得出平均值；②通过电流-电势特性的线性化（或其他简化），从理论上能够处理这样的响应；③在很宽的时间（或频率）范围（$10^4 \sim 10^{-6}$ s或$10^{-4} \sim 10^6$ Hz）进行测量。由于这些技术一般在接近平衡状态下工作，所以常常不需要详细地了解 i-E 响应曲线在过电势大的区域中的行为。这一优点使动力学和扩散的处理大大简化。

在下面理论推导中，常常依据电化学电池及行为类似于电解池的电阻和电容组成的网络之间的相似性。该特点有时可能脱离化学体系来解释，因此先强调一下，在解释时所用的概念和数学基本上是简单的。尽量在每一个可能的方面都把它们与化学联系起来，并且希望读者避免只顾到解释的细节，而看不到这些方法的重要作用和长处。

10.1.1 技术类型[1~12]

典型的实验是法拉第阻抗（Faradaic impedance）测量，测量时电解池中放入含有氧化还原电对的两种形态的溶液，使得工作电极电势处于恒定值。例如，可以把 1mmol·L^{-1} Eu^{2+} 和 1mmol·L^{-1} Eu^{3+} 加到 1mol·L^{-1} $NaClO_4$ 中。可用固定面积的汞滴作为工作电极，配用如 SCE 这样不极化的参比电极，该电极还可以作为辅助电极。利用阻抗桥的经典方法最容易理解阻抗测量。把这个电解池当作一个未知的阻抗接入到阻抗桥中，该电桥通过调节其相对臂上的 R 和 C 来达到平衡，如图 10.1.1 所示。

通过该方法可测出电解池在测定频率下进行工作的串联的 R 和 C 值。阻抗测量作为交流电源频率的函数。该技术中电解池或电极的阻抗与频率作图称为电化学阻抗谱（electrochemical impedance spectroscopy，EIS）。在现代应用中，阻抗通常采用锁相放大器或者频率响应分析仪来进行测量，它们较阻抗桥更快更方便。这些方法将在 10.8 节中介绍。理论方面的工作是根据界面现象来解释这些等效电阻和电容值。工作电极的平均电势（直流电势）简单地是由电对的氧化态和还原态的比所决定的平衡电势。在其他电势下的测定是通过制备不同浓度比的溶液来进行的。包括 EIS 在内的法拉第阻抗法有很高的精度，并常常用来计算异相电荷转移参数和研究双电层结构。

法拉第阻抗方法的一个延伸是交流伏安法（或使用 DME 时称为交流极谱法）。在这些实验中，以常规方式使用三电极电池，工作电极上施加的电势程序是一个随时间慢扫描的直流平均值 E_{dc} 加上峰-峰值约为 5mV 的正弦成分 E_{ac} 的合成。所测得的响应是在 E_{ac} 的频率下电流的交流成分的幅值和它相对 E_{ac} 的相角❶。图 10.1.2 是典型的实验装置示意图。现在看到，这种测量就相当于测定法拉第阻抗。直流电势的作用是建立 O 和 R 的平均表面浓度。通常，这一电势与真实

---

❶ 另外，可以测量与 E_{ac} 同相和 E_{ac} 相角相差 90°的电流组分。它们提供等价的信息。

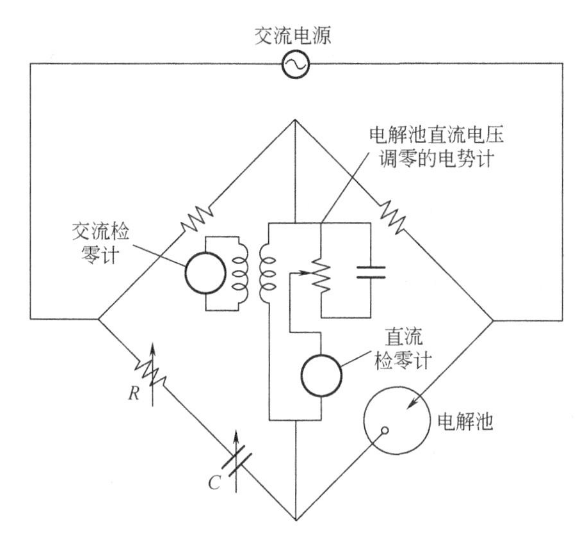

图 10.1.1　测量电化学电解池阻抗的桥式电路

的平衡值不同，因此，$C_O(0,t)$ 和 $C_R(0,t)$ 与 C_O^* 和 C_R^* 不同，故存在扩散层。然而应注意，由于 E_{dc} 实际上是稳定值，这个扩散层很快变得相当厚，以致使它的厚度大大超过了受 E_{ac} 快速扰动作用的扩散区域。这样，平均表面浓度 $C_O(0,t)$ 和 $C_R(0,t)$ 对实验的交流部分来说可看成本体浓度。与此相同的效应在示差脉冲极谱中曾采用过（见 7.3.4 节）。通常从仅含有一种氧化还原态（例如 Eu^{3+}）的溶液开始，并得到交流电流幅值及相角对 E_{dc} 的连续图形。实际上，这些图是表示 $C_O(0,t)$ 和 $C_R(0,t)$ 连续比率时的法拉第阻抗，在整个记录中并不更换溶液。幅值作图也可以用于浓度的分析测量。

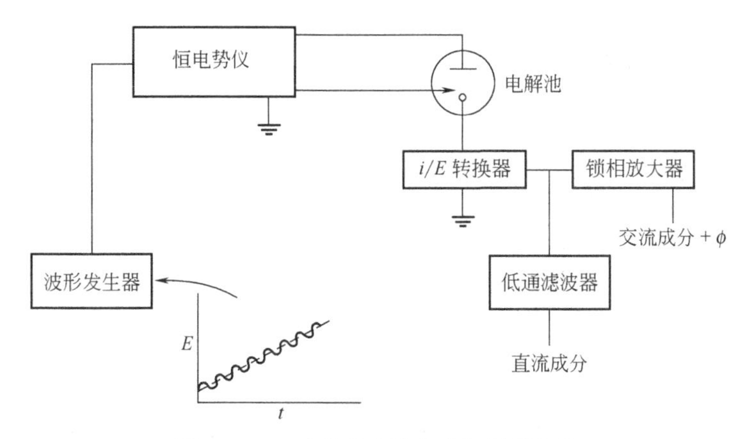

图 10.1.2　交流伏安法实验装置示意图

EIS 和交流伏安法通常采用的是很小幅值的激励信号 E_{ac}，这主要是由于在低过电势时，电流-过电势关系实质上由呈线性这一事实决定的。在线性体系中，频率为 ω 的激励信号，得到的电流频率也呈 ω（并且只有频率 ω）。另一方面，非线性的 i-E 关系得到一个不是纯正弦的畸变响应。即使这样，它还是周期性的并可表示成频率 ω，2ω，3ω，……等讯号的叠加（傅里叶合成）。电极反应的电流-过电势函数在稍大的过电势范围势内是非线性的，这种非线性的作用可以观察到并可付诸实用。例如，讨论一下二次（和较高次）谐波（second harmonic）交流伏安法，它与上述一次谐波交流实验基本上是相同的，其不同点在于检测的是 2ω，3ω，……等交流电流成分，代替了检测激励频率 ω 时的成分。法拉第整流法（Faradaic rectification）的特点是用纯正弦电源激励，并测量电流的直流成分。互调制伏安法（intermodulation voltammetry）取决于非线性特征的混合性质，它用频率 ω_1 和 ω_2 的两个叠加信号激励，并观察组合频率（边频带或拍频）$\omega_1+\omega_2$

或 $\omega_1-\omega_2$ 时的电流。所有这些基于非线性的技术的主要共同优点是它们相对地排除了充电电流的干扰。双电层电容通常比法拉第过程更加线性化，因此充电电流大都被限制在激励频率下。

10.1.2　交流电路回顾

一个纯正弦电压可以表示为

$$e=E\sin(\omega t) \tag{10.1.1}$$

式中，ω 为角频率，它是 2π 乘以以 Hz 表示的常规频率值。把这个电压看成如图 10.1.3 所示的旋转矢量（或相量）是方便的。它的长度是幅值 E，旋转频率是 ω。观察到的电压 e 是任意时间投影在某一特定轴（通常在 0°）上相量的分量。

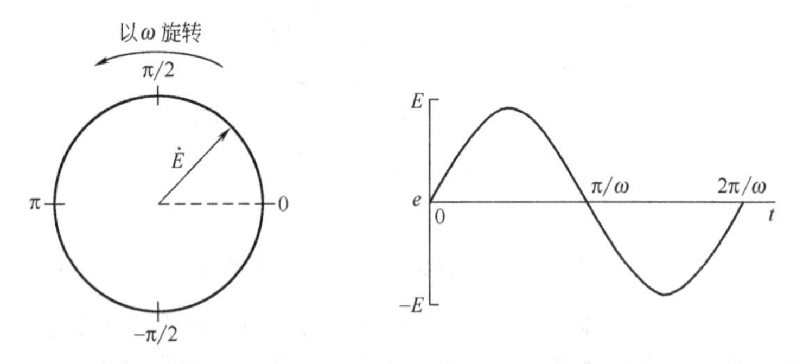

图 10.1.3　交流电压 $e=E\sin(\omega t)$ 的相量图

下面讨论两个有关联的正弦信号之间的关系，例如电流 i 和电压 e 之间的相互关系。每一个信号都表示成以同样频率旋转的独立相量 $\dot{I}$ 和 $\dot{E}$。正如图 10.1.4 所示，它们通常不是同相的，于是其相量相差一个相角 ϕ。相量之一，通常是 $\dot{E}$，作为参考信号，ϕ 是相对它测出的。图中电流滞后于电压，通常可以表示为

$$i=I\ \sin(\omega t+\phi) \tag{10.1.2}$$

式中，ϕ 为带符号的量，此处为负。

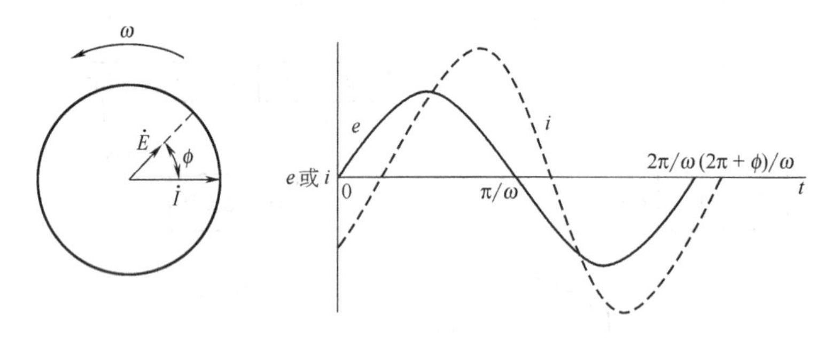

图 10.1.4　表示频率为 ω 的交流电流和电压信号之间相互关系的相量图

同一频率下两个相量间的相互关系，由于它们都在旋转而保持恒定。因此，相角是常数。我们常常可以在相量图中去掉旋转的基准，并且简单地把它们绘成有同一原点并被适当的角分开的矢量来研究相量间的相互关系。

用这些概念来分析一些简单的电路。首先讨论一个纯电阻 R，其上施加正弦电压 $e=E\sin(\omega t)$，由于欧姆定律始终是存在的，所以电流是 $(E/R)\sin(\omega t)$，或以相量标记，

$$\dot{I}=\frac{\dot{E}}{R} \tag{10.1.3}$$

$$\dot{E}=\dot{I}R \tag{10.1.4}$$

相角为零，图 10.1.5 是其矢量图。

假如现在用纯电容 C 来代替电阻，有用的基本关系式就是 $q=Ce$ 或 $i=C(\mathrm{d}e/\mathrm{d}t)$，因此

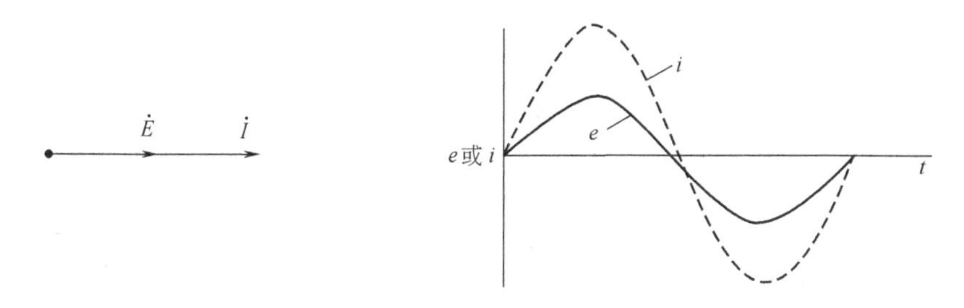

图 10.1.5　电阻上的电压和流过电阻的电流之间的相互关系

$$i=\omega CE\cos(\omega t) \tag{10.1.5}$$

$$i=\frac{E}{X_C}\sin\left(\omega t+\frac{\pi}{2}\right) \tag{10.1.6}$$

式中，X_C为容抗 $1/\omega C$。

相角是 $\pi/2$，电流导前于电压，如图 10.1.6 所示。由于矢量图现在扩展成一个平面，用复数符号表示相量是方便的。规定纵坐标分量为虚部，并乘以 $j=\sqrt{-1}$，横坐标分量为实部。这里引入复数符号仅仅是一个簿记量度，力图使得矢量的各分量是直线。在数学上称它们为“实数”或“虚数”，但是这两种形式在相角可测量的意义上讲都是真实的。在电路分析中知道，虽然电流的相角是相对电压测量的，然而如图 10.1.6 那样，沿横坐标画电流相量是很有益的。如此就很清楚

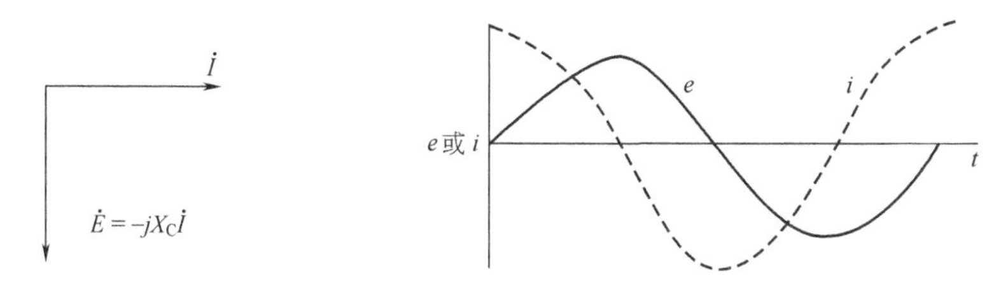

图 10.1.6　电容上的交流电压和流过电容的交流电流之间的关系

$$\dot{E}=-jX_C\,\dot{I} \tag{10.1.7}$$

当然，不管$\dot{I}$是否相对横坐标作图，这个关系必定成立，因为重要的只是$\dot{E}$和$\dot{I}$之间的关系。比较方程式（10.1.4）和式（10.1.7）可知，X_C必然有电阻的量纲，但与 R 不同，它的值随频率的增加而下降。

现在讨论电阻 R 和电容 C 串联的情况。在 R 和 C 施加电压$\dot{E}$，其值无论何时都必须等于电阻和电容上的电压降之和；因此

$$\dot{E}=\dot{E}_R+\dot{E}_C \tag{10.1.8}$$

$$\dot{E}=\dot{I}(R-jX_C) \tag{10.1.9}$$

$$\dot{E}=\dot{I}\boldsymbol{Z} \tag{10.1.10}$$

可以看到，电压和电流通过一个称为阻抗的矢量 $\boldsymbol{Z}=R-jX_C$ 联系在一起了。图 10.1.7 表示这些不同量之间的相互关系。通常情况下阻抗可由下式表示[1]

$$\boxed{\boldsymbol{Z}(\omega)=Z_{Re}-jZ_{Im}} \tag{10.1.11}$$

式中，Z_{Re}和 Z_{Im}为阻抗的实部和虚部。例如这里 $Z_{Re}=R$ 和 $Z_{Im}=X_C=1/\omega C$。而 $\boldsymbol{Z}$ 的幅值写为 $|Z|$

---

[1] 在许多处理中，阻抗的定义是 $\boldsymbol{Z}=Z_{Re}+jZ_{Im}$，但可通过式（10.1.11）将问题进行简化。在电化学中，虚阻抗几乎总是电容，因此为负。采用该阻抗定义，通常能够有正值来表示 Z_{Im}，并且阻抗图自然出现在圆周的前 1/4。此处的选择虽说有些含蓄，但仍与通常的规则相符。在查阅其他文献时，最好注意到 $\boldsymbol{Z}$ 的定义。

或 Z 且由下式给出

$$|Z|^2=R^2+X_C^2=(Z_{Re})^2+(Z_{Im})^2 \tag{10.1.12}$$

并且相角 ϕ 由下式给出

$$\tan\phi=Z_{Im}/Z_{Re}=X_C/R=1/\omega RC \tag{10.1.13}$$

阻抗是电阻的一种通用化形式，方程式（10.1.10）是欧姆定律的一般化形式，式（10.1.4）和式（10.1.7）可以作为它的特殊情况。相角表示串联电路中电容和电阻分量之间的配比。对于一个纯电阻，$\phi=0$；对于一个纯电容，$\phi=\pi/2$；而对于混合体，可观察到两者之间的相角。

阻抗随频率的变化是常常令人感兴趣的，并且可以用不同的方法来表示。在 Bode 图中 $\lg|Z|$ 和 ϕ 都是相对于 $\lg\omega$ 来作图的。另一种表达方式是 Nyquist 图，即不同的 ω 值下 Z_{Im} 相对于 Z_{Re} 作图。图 10.1.8 和图 10.1.9 是串联 RC 电路的图。类似的 RC 并联的图见图 10.1.10 和图 10.1.11。

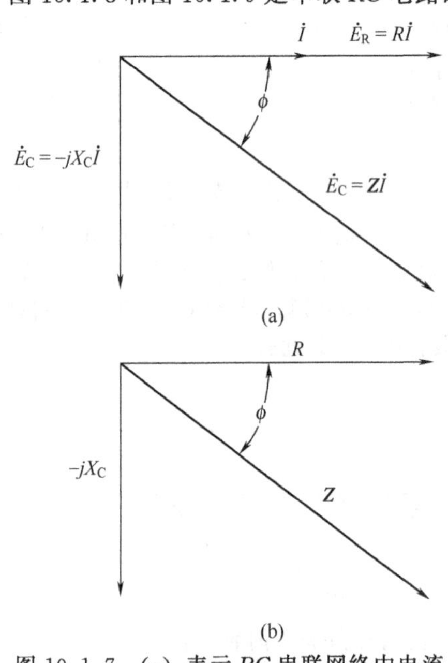

图 10.1.7　(a) 表示 RC 串联网络中电流和电压相互关系的相量图。$\dot{E}$ 是整个网络上的电压；$\dot{E}_R$ 和 $\dot{E}_C$ 分别是电阻和电容上的分量。(b) 由相量图 (a) 导出的阻抗矢量图

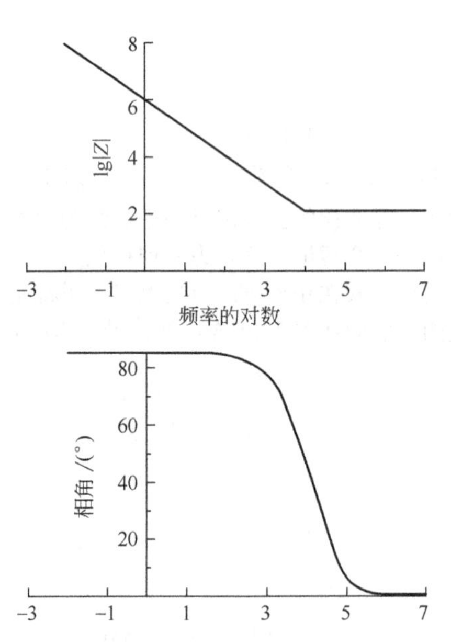

图 10.1.8　串联 RC 电路（$R=100\Omega$，$C=1\mu F$）的 Bode 图

更复杂的电路，可以根据类似于对电阻所运用的规则，通过合并阻抗来分析。对于串联阻抗，总阻抗是各个阻抗值（表示为复数矢量）之和；对于并联阻抗，总阻抗的倒数是单个矢量倒数之和。图 10.1.12 表示的是一个简单的应用。

有时用导纳 $\boldsymbol{Y}$(admittance)，即阻抗的倒数 $1/\boldsymbol{Z}$，来分析交流电路有时是很有利的，因而导纳代表一类电导。这样，普适化的欧姆定律（10.1.10）可以改写成 $\dot{I}=\dot{E}\boldsymbol{Y}$。这些概念在并联电路的分析中尤为有用，因为并联元件的总导纳简单地是单个导纳之和。

后面将对 $\boldsymbol{Z}$ 和 $\boldsymbol{Y}$ 之间的矢量关系产生兴趣。如果 $\boldsymbol{Z}$ 写成极坐标形式（见 A.5 节）：

$$\boldsymbol{Z}=Ze^{j\phi} \tag{10.1.14}$$

那么导纳就是

$$\boldsymbol{Y}=\frac{1}{Z}e^{-j\phi} \tag{10.1.15}$$

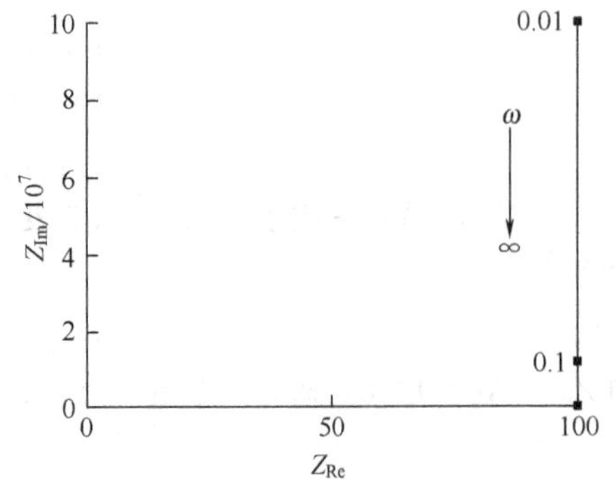

图 10.1.9　串联 RC 电路的 Nyquist 图
$R-100\Omega$，$C=1\mu F$

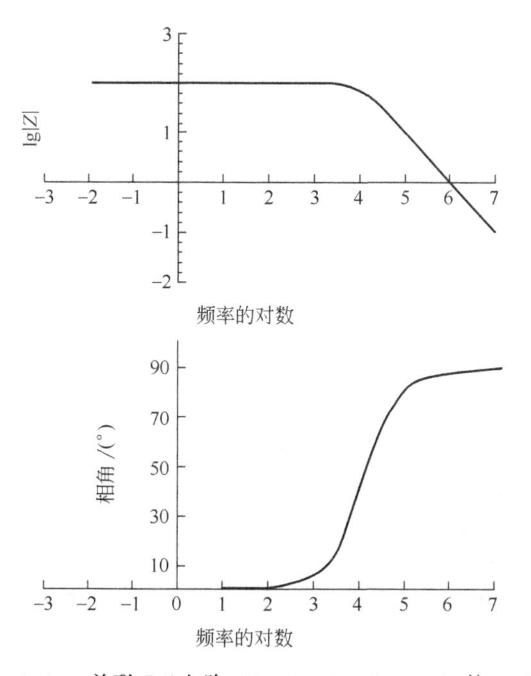

图 10.1.10 并联 RC 电路（$R=100\Omega$，$C=1\mu F$）的 Bode 图

此处看到，$\boldsymbol{Y}$ 是幅值为 $1/Z$ 的矢量，它的相角与 $\boldsymbol{Z}$ 的相角相同，但符号相反。图 10.1.13 是它们之间的关系图。

10.1.3 电解池的等效电路[1,4,13,14]

从广义上讲，电化学电解池对于小正弦激励简单地就是一个阻抗；因此，能够用电阻和电容的等效电路（equivalent circuit）来表示它的性能，在此电路中流过的电流与给定激励下流过实际电解池的电流具有相同的幅值和相角。图 10.1.14(a) 显示了一个常用的电路，称为 Randles 等效电路。引入并联的元件，是因为通过工作界面的总电流是法拉第过程 i_f 和双电层充电 i_c 分别贡献之和。双电层电容非常像纯电容，因此它在等效电路中用元件 C_d 表示。法拉第过程不能采用由线性元件，诸如值不随频率变化的 R 和 C 来代表。必须作为一个一般性的阻抗 Z_f 来考虑。当然，所有的电流都必须通过溶液电阻，因此，R_Ω 作为串联的元件引入到等效电路中，用来表示这一影响❶。

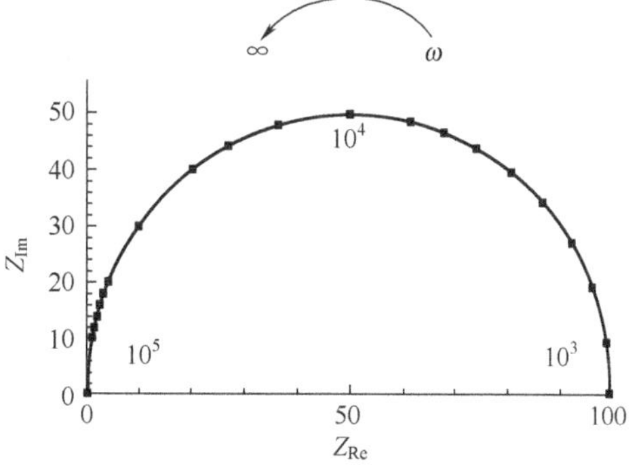

图 10.1.11 并联 RC 电路（$R=100\Omega$，$C=1\mu F$）的 Nyquist 图

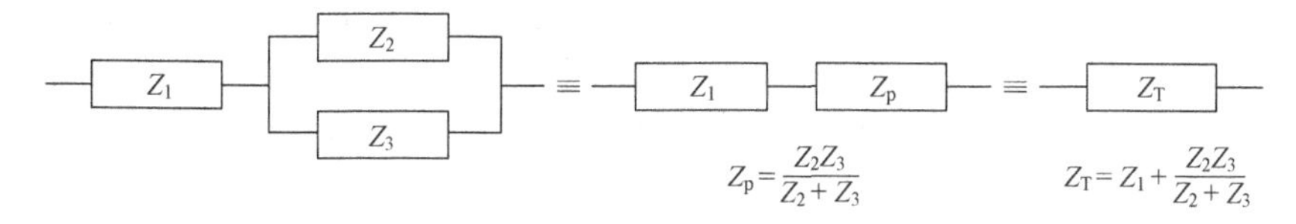

图 10.1.12 从分阻抗计算总阻抗

法拉第阻抗在文献中曾用不同的方式进行过讨论。图 10.1.14(b) 表示的两种方式是等效的。最简单的表示法是由串联电阻 R_s 和假电容 C_s 组成的电阻-电容组合❷。另一种方法是把纯电

❶ 在上述（10.1.1 节）描述的法拉第阻抗测量中，所测量的阻抗是电解池的总阻抗，包括了对电极界面的贡献。通常对于对电极上所发生的过程不感兴趣；因此，有意识地采用大面积对电极使其界面上的阻抗减到最小。

❷ 在一些处理中，R_s 称为极化电阻。但是，该名称已被应用于电化学中的其他变量，因此，我们在此避免采用该名称。

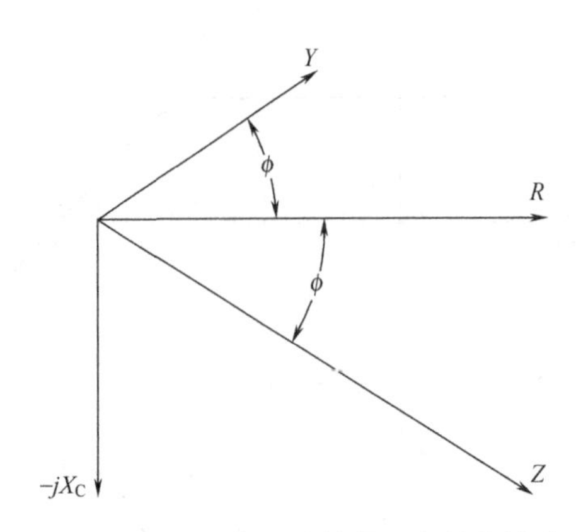

图 10.1.13 阻抗 **Z** 和导纳 **Y** 之间的关系

阻 R_{ct}，即电荷转移电阻（见 1.3 节和 3.4.3 节）和另一个表示物质传递电阻的一般阻抗 Z_ω，即 Warburg 阻抗分开。与近似理想电路元件 R_Ω 和 C_d 不同，法拉第阻抗的各分量是非理想的，因为它们随频率 ω 而变化。一个给定的等效电路表示给定频率下电解池的性能，而不是其他频率下的性能。实际上，法拉第阻抗实验的主要目的是揭示 R_s 和 C_s 的频率关系，然后应用理论来把这些函数变为化学信息。

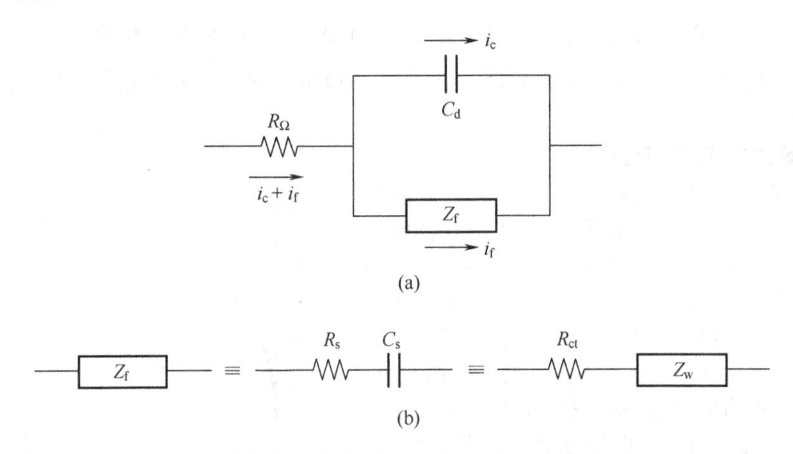

图 10.1.14 (a) 电化学池的等效电路；(b) 把 Z_f 分成 R_s 和 C_s 或 R_{ct} 和 Z_ω

这里所讨论的电路是基于最简单的电极过程。为了说明较复杂的情况还设计了许多其他的电路，例如，包括电反应物的吸附、多步骤电荷转移或均相化学等情况。很重要的一点是要理解绘出的电化学池的等效电路并不是独一无二的。另外，仅在最简单的情况下，才能够鉴别发生在电化学池中过程的各个电路元件。对于代表如偶合均相反应或者中间体的吸附这样的更复杂的过程，上述两点尤其正确。事实上，即使在低电解质浓度下无法拉第过程的 $R_\Omega C_d$ 电路，显示了频散 (frequency dispersion)（即 R_Ω 和 C_d 随频率变化）[15]。特殊情况可参考原始的文献或综述[1,4,8～14,16]。

10.2 法拉第阻抗的阐释

10.2.1 等效电路的特征

用电桥测量电解池特性得到 R_B 和 C_B 值，它们是以串联方式与整个电解池阻抗等效的，其中包括 R_Ω 和 C_d 的贡献，而这些在法拉第过程的研究中常常是不感兴趣的。通常，R_Ω 和 C_d 可以由 R_B 和 C_B 的频率关系独立地求得；如果 O 和 R 对 R_Ω 和 C_d 没有明显的影响，它们也可以由不存在电活性电对的独立实验得到❶。这些测试技术将在第 10.4 节中讨论。现在，假定表示成 R_s和 C_s串联组合的法拉第阻抗是可从总阻抗中测量的（见图 10.1.14）。

现在考虑当正弦电流通过该阻抗时的行为。总的电压降是

$$E=iR_s+\frac{q}{C_s} \tag{10.2.1}$$

因此

$$\frac{dE}{dt}=R_s\frac{di}{dt}+\frac{i}{C_s} \tag{10.2.2}$$

如果电流是

$$i=I\sin(\omega t) \tag{10.2.3}$$

那么

$$\frac{dE}{dt}=(R_sI\omega)\cos(\omega t)+\left(\frac{I}{C_s}\right)\sin(\omega t) \tag{10.2.4}$$

这个方程式是从电化学意义上鉴别 R_s和 C_s的一个纽带。将会发现，电极过程对电流激励的响应也给出式（10.2.4）形式的 dE/dt。即它将出现正弦和余弦项，这样，R_s和 C_s可以通过把电的方程式和化学的方程式中这些项系数相等而定出。

10.2.2　化学体系的性质[1,4,13,14]

对于 O 和 R 都是可溶的标准体系 $O+ne \rightleftharpoons R$，可以写出

$$E=E[i,C_O(0,t),C_R(0,t)] \tag{10.2.5}$$

因此

$$\frac{dE}{dt}=\left(\frac{\partial E}{\partial i}\right)\frac{di}{dt}+\left[\frac{\partial E}{\partial C_O(0,t)}\right]\frac{dC_O(0,t)}{dt}+\left[\frac{\partial E}{\partial C_R(0,t)}\right]\frac{dC_R(0,t)}{dt} \tag{10.2.6}$$

或

$$\frac{dE}{dt}=R_{ct}\frac{di}{dt}+\beta_O\frac{dC_O(0,t)}{dt}+\beta_R\frac{dC_R(0,t)}{dt} \tag{10.2.7}$$

式中

$$R_{ct}=\left(\frac{\partial E}{\partial i}\right)_{C_O(0,t),C_R(0,t)} \tag{10.2.8}$$

$$\beta_O=\left[\frac{\partial E}{\partial C_O(0,t)}\right]_{i,C_R(0,t)} \tag{10.2.9}$$

$$\beta_R=\left[\frac{\partial E}{\partial C_R(0,t)}\right]_{i,C_O(0,t)} \tag{10.2.10}$$

要获得 dE/dt 的表达式主要取决于能否求出式（10.2.7）右边的 6 个因子。其中 R_{ct}，β_O和 β_R三个参数尤其与电极反应的动力学性质有关。特殊情况将在以后讨论。剩下的 3 个因子当电流流过时，通常可以按照式（10.2.3）计算。其中之一是很普通的：

$$\frac{di}{dt}=I\omega\cos(\omega t) \tag{10.2.11}$$

其他因子将通过讨论物质传递来算出❷。

假定半无限线性扩散，其初始条件为 $C_O(x,0)=C_O^*$ 和 $C_R(x,0)=C_R^*$，可以根据 8.2.1 节的经验写出

$$\overline{C}_O(0,s)=\frac{C_O^*}{s}+\frac{i(s)}{nFAD_O^{1/2}s^{1/2}} \tag{10.2.12}$$

---

❶ 然而，如果采用独立实验，O 和 R 必须不能对 R_Ω 和 C_d 有较大的影响。

❷ 注意上述通过电路来分析等效阻抗与通常定义的电路分析类同。即电势的正变化引起电流的正变化。另一方面，电化学电流的惯例在本书中其他地方定义阴极电流为正；因此，电势的负变化引起电流的正变化。如果我们在此遵循该惯例，当我们试图比较等效电路和化学体系将引起混乱。必须对电流有一个共识，既然解释测量紧密地与电路分析相关，采用电学惯例是有利的。因而，对本章，将阳极电流看为正电流。

$$\overline{C}_R(0,s)=\frac{C_R^*}{s}-\frac{i(s)}{nFAD_R^{1/2}s^{1/2}} \tag{10.2.13}$$

用卷积进行逆变换给出

$$C_O(0,t)=C_O^*+\frac{1}{nFAD_O^{1/2}\pi^{1/2}}\int_0^t\frac{i(t-u)}{u^{1/2}}\mathrm{d}u \tag{10.2.14}$$

$$C_R(0,t)=C_R^*-\frac{1}{nFAD_R^{1/2}\pi^{1/2}}\int_0^t\frac{i(t-u)}{u^{1/2}}\mathrm{d}u \tag{10.2.15}$$

用式（10.2.3）代替 $i(t-u)$，于是，问题就变为求出这两个关系式中共同的积分项的问题。

下面从三角的恒等式开始：

$$\sin[\omega(t-u)]=\sin(\omega t)\cos(\omega u)-\cos(\omega t)\sin(\omega u) \tag{10.2.16}$$

它意味着

$$\int_0^t\frac{I\sin[\omega(t-u)]}{u^{1/2}}\mathrm{d}u=I\sin(\omega t)\int_0^t\frac{\cos(\omega u)}{u^{1/2}}\mathrm{d}u-I\cos(\omega t)\int_0^t\frac{\sin(\omega u)}{u^{1/2}}\mathrm{d}u \tag{10.2.17}$$

现在来考虑所感兴趣的时间范围。在电流接通之前，表面浓度是 C_O^* 和 C_R^*，经过几次循环后，可以认为它们达到稳态，此时按恒定方式反复循环。这一点是可以肯定的，因为在电流流过的任何整循环中没有发生净电解。感兴趣的不是从初始条件到稳态的暂态过程，而是稳态本身。式（10.2.17）右边的两个积分体现了过渡时间。由于 $u^{1/2}$ 出现在分母中，被积函数只在短时间中可察觉的。几个循环后，每个积分都达到表征稳态的恒定值。可以把积分极限取到无限大而得到它：

$$\int_{\substack{\text{Steady}\\\text{state}}}\frac{I\sin[\omega(t-u)]}{u^{1/2}}\mathrm{d}u=I\sin(\omega t)\int_0^\infty\frac{\cos(\omega u)}{u^{1/2}}\mathrm{d}u-I\cos(\omega t)\int_0^\infty\frac{\sin(\omega u)}{u^{1/2}}\mathrm{d}u \tag{10.2.18}$$

很容易看出式（10.2.18）右边的两个积分等于 $(\pi/2\omega)^{1/2}$；因此，把它代入式（10.2.14）和式（10.2.15），得到

$$C_O(0,t)=C_O^*+\frac{I}{nFA(2D_O\omega)^{1/2}}[\sin(\omega t)-\cos(\omega t)] \tag{10.2.19}$$

$$C_R(0,t)=C_R^*-\frac{I}{nFA(2D_R\omega)^{1/2}}[\sin(\omega t)-\cos(\omega t)] \tag{10.2.20}$$

现在，可以求出上面所要求的表面浓度的导数❶：

$$\frac{\mathrm{d}C_O(0,t)}{\mathrm{d}t}=\frac{I}{nFA}\left(\frac{\omega}{2D_O}\right)^{1/2}[\sin(\omega t)+\cos(\omega t)] \tag{10.2.21}$$

$$\frac{\mathrm{d}C_R(0,t)}{\mathrm{d}t}=-\frac{I}{nFA}\left(\frac{\omega}{2D_R}\right)^{1/2}[\sin(\omega t)+\cos(\omega t)] \tag{10.2.22}$$

10.2.3　R_s和 C_s的鉴别

将式（10.2.11）、式（10.2.21）和式（10.2.22）代入式（10.2.7）得到

$$\frac{\mathrm{d}E}{\mathrm{d}t}=\left(R_{ct}+\frac{\sigma}{\omega^{1/2}}\right)I\omega\cos(\omega t)+I\sigma\omega^{1/2}\sin(\omega t) \tag{10.2.23}$$

式中

$$\sigma=\frac{1}{nFA\sqrt{2}}\left(\frac{\beta_O}{D_O^{1/2}}-\frac{\beta_R}{D_R^{1/2}}\right) \tag{10.2.24}$$

与式（10.2.4）比较，可以容易地鉴别出 R_s和 C_s：

$$R_s=R_{ct}+\frac{\sigma}{\omega^{1/2}} \tag{10.2.25}$$

---

❶ 一般来讲，应该将电流看作 $i=i_{dc}+I\sin(\omega t)$，式中 i_{dc}是稳态，或者稍微随时间变化。但是，现在对于导出表面浓度感兴趣，并且它们将被高频交流信号主宰。关系式（10.2.21）和式（10.2.22）仍能够应用于非常高的近似。这是数学上的表示方式，即实验的交流部分可与直流部分分开。

$$\boxed{C_s=\frac{1}{\sigma\omega^{1/2}}} \tag{10.2.26}$$

完全求出 R_s 和 C_s 取决于找出 R_{ct}、β_O 和 β_R 的关系式。

下面将看到，R_{ct} 主要是由异相电荷转移动力学决定的。上面已经观察到 $\sigma/\omega^{1/2}$ 和 $1/\sigma\omega^{1/2}$ 项来自物质传递效应。根据这一原则，可将法拉第阻抗分成电荷转移电阻 R_{ct} 和 Warburg 阻抗 Z_ω，如图 10.1.10(b) 所示。方程式（10.2.25）和式（10.2.26）表明，Warburg 阻抗可以看成是一个与频率有关的电阻 $R_\omega=\sigma/\omega^{1/2}$ 和假电容 $C_\omega=C_s=1/\sigma\omega^{1/2}$ 的串联。因此，总的法拉第阻抗 $\boldsymbol{Z}_f$ 可写为

$$\boldsymbol{Z}_f=R_{ct}+R_w-j/(\omega C_w)=R_{ct}+[\sigma\omega^{-1/2}-j(\sigma\omega^{-1/2})] \tag{10.2.27}$$

10.3　由阻抗测量动力学参数[1,4,6,8～14,16]

由 10.1 节中描述的法拉第阻抗实验可以清楚地看到，测量时工作电极是处于平均平衡电势下。由于正弦扰动的幅值很小，可以用线性化的 i-η 特性来描述偏离平衡的电响应。对于一个单步骤单电子过程，$O+e \underset{k_b}{\overset{k_f}{\rightleftharpoons}} R$，线性化的关系是式（3.4.30），按照电子学的电流习惯，可重新写为

$$\eta=\frac{RT}{nF}\left[\frac{C_O(0,t)}{C_O^*}-\frac{C_R(0,t)}{C_R^*}+\frac{i}{i_0}\right] \tag{10.3.1}$$

因此

$$\boxed{R_{ct}=\frac{RT}{Fi_0}} \tag{10.3.2}$$

$$\beta_O=\frac{RT}{FC_O^*} \tag{10.3.3}$$

$$\beta_R=\frac{-RT}{FC_R^*} \tag{10.3.4}$$

现在我们可见

$$R_s-\frac{1}{\omega C_s}=R_{ct}=\frac{RT}{Fi_0} \tag{10.3.5}$$

因此，当 R_s 和 C_s 已知时，可以很容易地计算出交换电流，并由此也就得到了 k^0。电桥法可以精确确定这些电的等效值，因而能得到很高精度的动力学数据。

方程式（10.3.5）表明，原则上由一个频率得到的数据可以求出 i_0。然而，这样做实在是不够理智的，因为等效电路实际上反映的就是体系的行为，并没有实验的保证。校验一致性的最好方法是探讨阻抗的频率关系。例如，式（10.2.25）和式（10.2.26）预示了 R_s 和 $1/\omega C_s$ 二者都应与 $\omega^{-1/2}$ 成线性关系，并应有一个共同的斜率 σ，而且 σ 可以由实验常数定量地预测。即

$$\sigma=\frac{RT}{F^2A\sqrt{2}}\left(\frac{1}{D_O^{1/2}C_O^*}+\frac{1}{D_R^{1/2}C_R^*}\right) \tag{10.3.6}$$

图 10.3.1 表示了这些关系。

R_s 作图的截距应是 R_{ct}，从它可以求出 i_0。外推的截距相当于频率无限大时确定的特性性能。因为时间很短，使得扩散不能成为影响电流的因素，Warburg 阻抗在高频时被略去。由于表面浓度永不会偏离平均值很多［见式（10.2.19）和式（10.2.20）］，因此，惟有电荷转移动力学支配着电流。

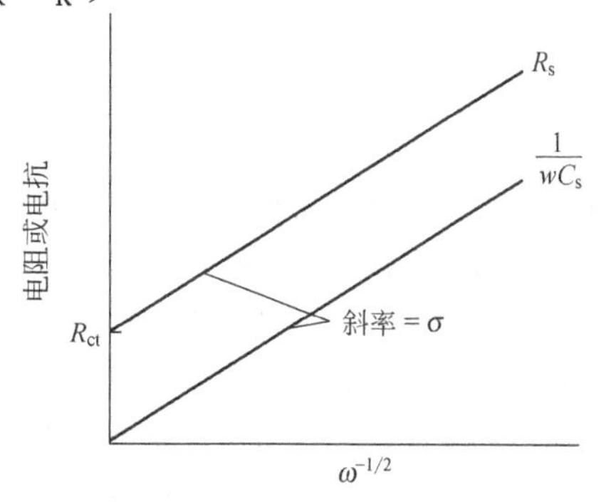

图 10.3.1　R_s 和 $1/\omega C_s$ 与频率的关系

如果没有观察到图 10.3.1 所具有的线性行为，那么电极过程就不像我们这里假设的那么简单，而必须考虑更复杂的情况。这种内在一致性的核对的有效程度是阻抗技术一个极其重要的优点。更详细的情况见 10.4 节。

前面讨论的结论也应用到准可逆多步骤反应的机理中，它的 R_{ct} 定义如下：

$$R_{ct}=\frac{RT}{nFi_0} \tag{10.3.7}$$

有关在这样体系中 i_0 更详细的解释见 3.5.4(4) 节。

现在讨论作为一个重要极限情况的可逆体系的一般阻抗的性质。当电荷转移动力学非常容易时，$i_0\rightarrow\infty$，因此，$R_{ct}\rightarrow 0$，这样 $R_s\rightarrow\sigma/\omega^{1/2}$。图 10.3.2(a) 是相应的阻抗图。由于电阻和容抗准确相等，法拉第阻抗只是 Warburg 阻抗值，可表示为

$$Z_f=\left(\frac{2}{\omega}\right)^{1/2}\sigma \tag{10.3.8}$$

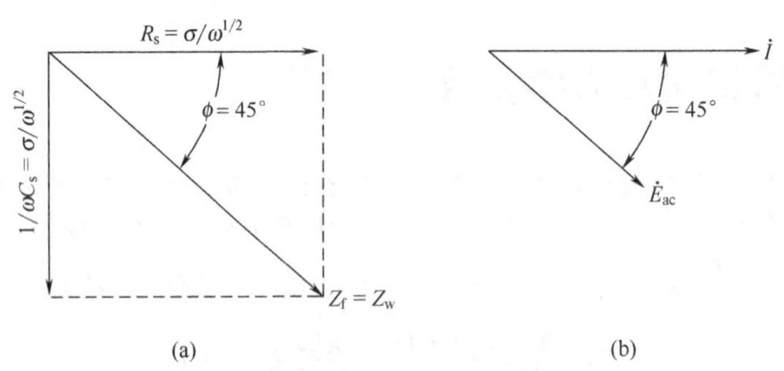

图 10.3.2 (a) 表示可逆体系法拉第阻抗分量的矢量图；
(b) 交流电流和电势的交流分量之间的相的关系

由于这是适用于任意电极反应的物质传递阻抗，所以它是一个最小的阻抗。如果动力学是可观察到的，那么另一因素 R_{ct} 就要有贡献，Z_f 必定较大，正如图 10.3.3(a) 描述的那样。因此，一个给定的激励信号 $\dot{E}_{ac}$ 响应的正弦电流幅值，对于可逆体系是最大的，而对于较迟缓的动力学则相应地减小。如果异相氧化还原过程很迟缓，则 R_{ct} 和 Z_f 相当大，以致只有很小的电流交流分量，并且，检测的极限决定用这种方法可测定的速率常数的低限。有关定量工作的范围将在第 10.4.2 节中较详细地讨论。

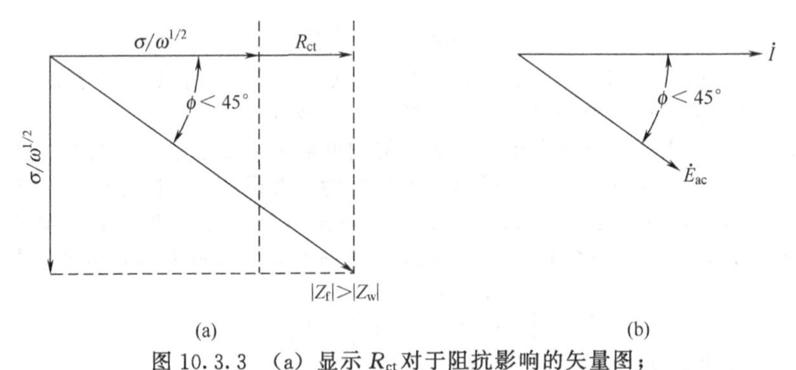

图 10.3.3 (a) 显示 R_{ct} 对于阻抗影响的矢量图；
(b) 具有大的 R_{ct} 体系的 $\dot{I}$ 和 $\dot{E}$ 的相关系图

探讨一个通过 σ 来表现的浓度影响也是很有趣的。通常，较高的浓度使物质传递阻抗减小，这正如人们直觉上所预料的那样。然而，更为关心的是浓度比 C_O^*/C_R^* 的影响。可用实验来改变这一比值，以便改变平衡电势进行一系列阻抗测量。无论大的和小的比值都意味着有一个浓度是很小的，因此 σ 和 Z_f 必然大。电流对 $\dot{E}_{ac}$ 的响应并不大，这是由于有一种反应物的供给是不足的，不能得到形成交流电流的循环可逆电极过程的高反应速率。只有当两种电活性物都以可比的浓度存在时，才能达到大的反应速率，因此，希望接近 $E^{\ominus\prime}$ 时，Z_f 最小。在这一电势范围内阻抗测量是最容易进行的，当电势无论偏向正还是负时，测量都渐渐地变得困难起来。这种效应预示了交流伏安响应的形状，这将在 10.5 节中推导。

最后一个感兴趣的问题是电流相量$\dot{I}_{ac}$和电势相量$\dot{E}_{ac}$之间的相角。由于$\dot{I}_{ac}$沿着R_s的方向变化，$\dot{E}_{ac}$沿着Z_f的方向变化，故相角很快地被算出为

$$\phi=\cot\left(\frac{1}{\omega R_s C_s}\right)=\cot\left(\frac{\sigma/\omega^{1/2}}{R_{ct}+\sigma/\omega^{1/2}}\right) \tag{10.3.9}$$

在可逆情况下，$R_{ct}=0$，因此$\phi=45°$或$\pi/4$。准可逆体系显示出$R_{ct}>0$，因此$\phi<\pi/4$。然而，ϕ总是大于零，除非$R_{ct}\to\infty$。但是，这样反应就很迟缓，在常规阻抗测量中也总是有小的交流电流流过。ϕ对动力学的灵敏性建议R_{ct}可以由相角求出。它可以是，也经常是用交流伏安法实验来进行。在着手讨论它们之前，由于$0\leqslant\phi\leqslant45°$，$i_{ac}$总有一个与$\dot{E}_{ac}$同相的分量（0°），它可以用相敏检测器（即锁相放大器）以$\dot{E}_{ac}$为参考而测出。这个特点在交流伏安法中作为区分充电电流的基础是特别有用的。

虽然本节是建立在假定电极反应是单步骤单电子过程，但通常其结论是可以应用到化学上可逆的多电子机理中。Nernst 限定仍然通过式（10.3.8）和图 10.3.2 来解释，只是采用下式给出的σ

$$\boxed{\sigma=\frac{RT}{n^2F^2A\sqrt{2}}\left(\frac{1}{D_O^{1/2}C_O^*}+\frac{1}{D_R^{1/2}C_R^*}\right)} \tag{10.3.10}$$

当电荷转移动力学证明它们自身在化学上是可逆的n电子体系，在这种情况下可以以图 10.3.3 中的关系讨论。动力学作用可以在式（10.2.8）定义的电荷转移电阻R_{ct}项中表达。进一步的分析R_{ct}可以获得 RDS 的速率常数，这需要有关机理方面的i-E特性的知识，然而，进一步的研究变得困难起来（见节 3.5.4）。

10.4　电化学阻抗谱学

在 10.3 节中集中讨论了法拉第阻抗元件R_s和C_s。假定它们可以很容易地从直接测得的总阻抗中分离出来，而总阻抗中包括有溶液电阻R_Ω和双电层电容C_d。在本节中考虑测得的总电解池或电极阻抗是ω的函数，也考虑从结果中提取法拉第阻抗R_Ω和C_d的方法。

在给定的频率下，电解池的等效电路可用图 10.1.14 理解，但是测量的阻抗是串联电路中的电阻R_B和双电层电容C_d（或$Z_{Re}=R_B$和$Z_{Im}=1/\omega C_B$）。获得法拉第阻抗的方法是在相同的条件下分别做实验测定电解池的阻抗，但必须没有电活性电对。由于法拉第路径是非活性的，因此测得的必定是R_Ω和C_d值（假定它们不因电活性物质存在而改变）。这样就可以从R_B和C_B中在作图或分析中减掉它们。这种方法在本书第一版中的某些详细讨论中以及利用电桥测量过程中经常使用。更直接的方法涉及具有频率变量的总阻抗$\mathbf{Z}=R_B-j/(\omega C_B)=Z_{Re}-jZ_{Im}$方法研究。从变量中可以直接分离出$R_\Omega$，$C_d$，$R_s$和$C_s$❶。更加直接的方法是研究总阻抗$\mathbf{Z}=R_B-j/(\omega C_B)=Z_{Re}-jZ_{Im}$随频率的变化。从该变化关系中，可直接得到$R_\Omega$，$C_d$，$R_s$和$C_s$。该方法回避了需要没有电活性物质的分别测量的要求，同时也消除了需要假定电活性物质对非法拉第阻抗不产生影响。

10.4.1　总阻抗变化[4,16]

电化学阻抗谱法是基于在电气工程电路分析中所用的方法，它们是由 Sluyters 及合作者发展起来的[4]，后经他人扩充[8~12]。它处理复平面中总阻抗变化［用 Nyquist 图表示（见 10.1.2 节）］。可以将该方法用于标准体系中。

测量的电解池总阻抗Z是代表R_B和C_B的串联组合。两个分量代表了$\mathbf{Z}$的实部和虚部，即$Z_{Re}=R_B$和$Z_{Im}=1/\omega C_B$。电化学体系在理论上用图 10.1.14 中的等效电路来表示。它的阻抗可以按 10.1.2 节中的方法很容易写出。其实部必须等于测得的Z_{Re}，是

$$Z_{Re}=R_B=R_\Omega+\frac{R_s}{A^2+B^2} \tag{10.4.1}$$

❶ 见第一版，347～349 页。

这里 $A=(C_d/C_s)+1$，$B=\omega R_s C_d$。同理，

$$Z_{Im}=\frac{1}{\omega C_B}=\frac{B^2/\omega C_d+A/\omega C_s}{A^2+B^2} \tag{10.4.2}$$

将 R_s 和 C_s 由式（10.2.25）和式（10.2.26）替代，可得

$$Z_{Re}=R_\Omega+\frac{R_{ct}+\sigma\omega^{-1/2}}{(C_d\sigma\omega^{1/2}+1)^2+\omega^2C_d^2(R_{ct}+\sigma\omega^{-1/2})^2} \tag{10.4.3}$$

$$Z_{Im}=\frac{\omega C_d(R_{ct}+\sigma\omega^{-1/2})+\sigma\omega^{-1/2}(\omega^{1/2}C_d\sigma+1)}{(C_d\sigma\omega^{1/2}+1)^2+\omega^2C_d^2(R_{ct}+\sigma\omega^{-1/2})^2} \tag{10.4.4}$$

从通过不同的 ω 值绘制的 Z_{Im} 对 Z_{Re} 图，可从中获取化学信息。为简化起见，首先考虑在高和低 ω 值时的极限行为。

（1）低频极限　随着 $\omega\to 0$，函数（10.4.3）和函数（10.4.4）趋于其极限形式：

$$Z_{Re}=R_\Omega+R_{ct}+\sigma\omega^{-1/2} \tag{10.4.5}$$

$$Z_{Im}=\sigma\omega^{-1/2}+2\sigma^2C_d \tag{10.4.6}$$

在上两式中消除 ω 得到

$$\boxed{Z_{Im}=Z_{Re}-R_\Omega-R_{ct}+2\sigma^2C_d} \tag{10.4.7}$$

因此，正如图 10.4.1 所示，Z_{Im} 相对于 Z_{Re} 作图应是一条直线，斜率为 1。外推线与实轴的交点在 $R_\Omega+R_{ct}-2\sigma^2C_d$。由式（10.4.5）和式（10.4.6）可知频率在此区域仅依赖于 Warburg 阻抗项；因而，Z_{Re} 和 ZIm 的线形相关性是一个扩散控制电极过程的特性。随着频率的升高，电荷转移电阻 R_{ct} 以及双电层电容将变成重要的组分，能够期望偏离式（10.4.7）。

（2）高频极限　当频率很高时，相对于 R_{ct}，Warburg 阻抗变得不重要了，等效电路变为如图 10.4.2 所示的电路。阻抗是

$$\mathbf{Z}=R_\Omega-j\left(\frac{R_{ct}}{R_{ct}C_d\omega-j}\right) \tag{10.4.8}$$

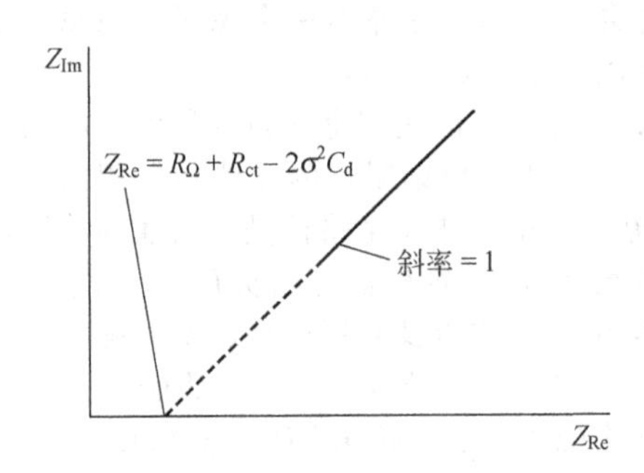

图 10.4.1　低频下的阻抗图

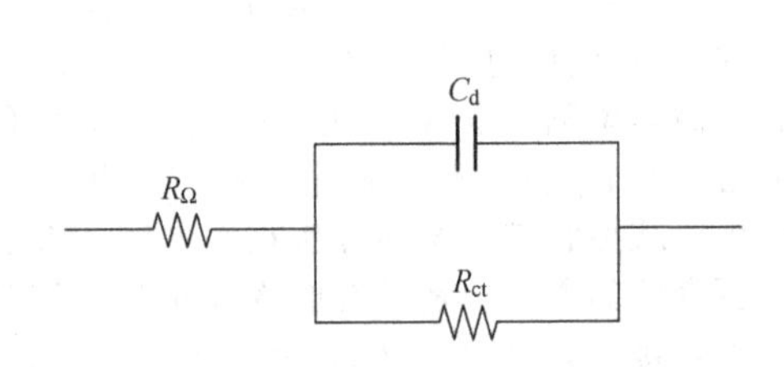

图 10.4.2　Warburg 阻抗不重要体系的等效电路

它有如下的组分

$$Z_{Re}=R_\Omega+\frac{R_{ct}}{1+\omega^2C_d^2R_{ct}^2} \tag{10.4.9}$$

$$Z_{Im}=\frac{\omega C_dR_{ct}^2}{1+\omega^2C_d^2R_{ct}^2} \tag{10.4.10}$$

上述两式中消除 ω 后得到

$$\boxed{\left(Z_{Re}-R_\Omega-\frac{R_{ct}}{2}\right)^2+Z_{Im}^2=\left(\frac{R_{ct}}{2}\right)^2} \tag{10.4.11}$$

因此，Z_{Im} 相对于 Z_{Re} 作图应是一个中心在 $Z_{Re}=R_\Omega+R_{ct}/2$ 的圆形，如果 $Z_{Im}=0$，半径则为

$R_{ct}/2$。图 10.4.3 图表示了该结果。

该图的一般特性是非常直观。图 10.4.2 中电路的阻抗的虚部仅来自于 C_d。因为它不能得到阻抗，所以在高频时，贡献为零。所有的电流均为充电电流，所看到的阻抗是欧姆电阻。随着频率的降低，有限的阻抗 C_d 保持为 Z_{Im} 的重要部分。在非常低的频率时，电容 C_d 具有很高的阻抗；因此，电流流动主要是通过 R_{ct} 和 R_Ω，这样虚部阻抗再一次下降。通常，由于 Warburg 阻抗将变成很重要，因而在该低频区域，将期待着看到偏离该图的情况。

(3) 真实体系的应用　图 10.4.4 是一个实际的阻抗在复平面的作图，它结合了上述两种极限情况的特点。然而，对于任意给定的体系，两个区域很可能不是很好定义的。决定因素是电荷转移电阻 R_{ct} 与 Warburg 阻抗的关系，这种关系是由 σ 控制的。如果化学体系动力学上较慢，它将显示有一个大的 R_{ct}，可能显示一个非常有限的频率区域，该区域中物质传递很重要。这种情况见图 10.4.5(a)。在另外一个极端，在几乎整个适合的 σ 区，R_{ct} 与欧姆电阻和 Warburg 阻抗相比小得多。这样的体系动力学很快，物质传递总是起主导作用，半圆区域很难定义。图 10.4.5 (b) 是这方面的一个例子。

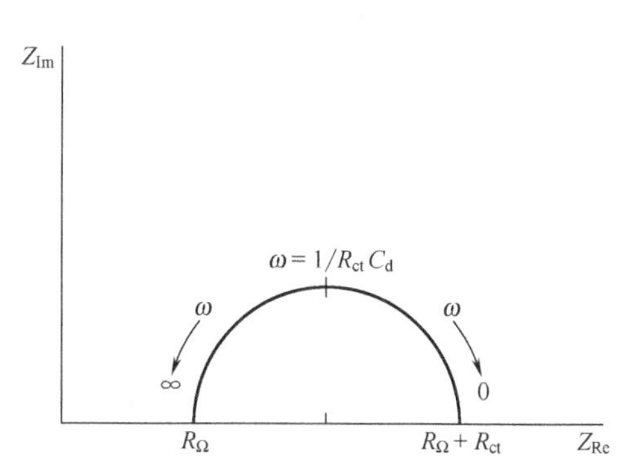

图 10.4.3　图 10.4.2 中等效电路的阻抗面图

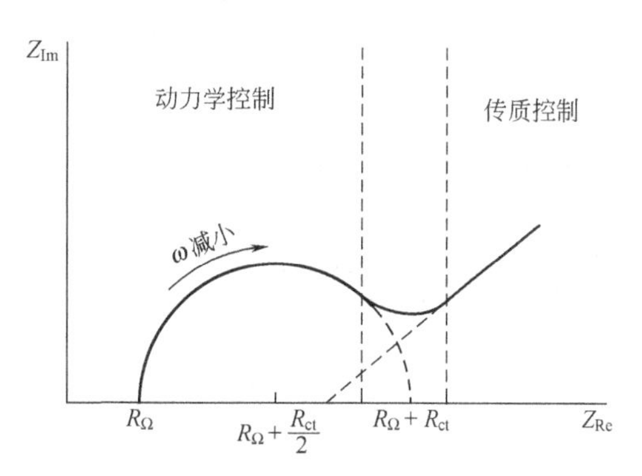

图 10.4.4　电化学体系的阻抗图

物质传递和动力学控制区域分别在低频区和高频区

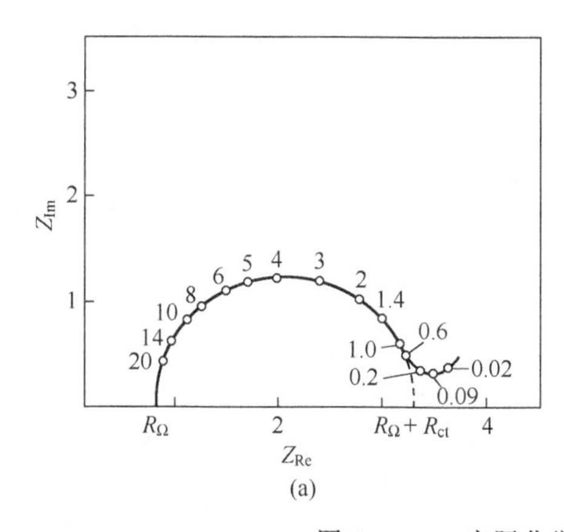

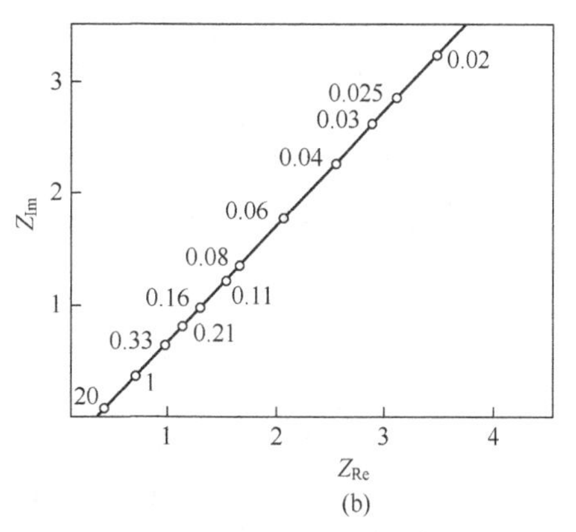

图 10.4.5　实际化学体系的阻抗平面图

图上的点的数字为频率 (kHz)。(a) 电极反应 $Zn^{2+}+2e \rightleftharpoons Zn(Hg)$，$C^*_{Zn^{2+}}=C^*_{Zn(Hg)}=8\times10^{-3}mol\cdot L^{-1}$。电解质是 $1mol\cdot L^{-1}$ $NaClO_4+10^{-3}mol\cdot L^{-1}$ $HClO_4$。(b) 电极反应 $Hg_2^{2+}+2e \rightleftharpoons Hg$，电解质是 $1mol\cdot L^{-1}$ $NaClO_4+2\times10^{-3}mol\cdot L^{-1}Hg_2^{2+}$ [引自 J. H. Sluyters and J. J. C. Oomen, *Res. Trav. Chim. Pays-Bas*, **79**, 1101 (160)]

10.4.2　用法拉第阻抗法测定 k^0 的界线[1~6,9~12]

前面几节突出了在解释阻抗数据时的局限性，由此很自然地导致这样的想法，即为了可靠地由阻抗法测量速率常数，k^0 必须在一定相当好定义的区间，能够半定量地定义这样的区间。

(1) 上限　参数 R_{ct} 必须对 R_s 有重要贡献，因此 $R_{ct}\geqslant\sigma/\omega^{1/2}$。将式 (10.3.2)、式 (10.3.6) 和式 (3.4.7) 代入，并且假设 $D_O=D_R$ 和 $C^*_O=C^*_R$，得到 $k_0\leqslant(D\omega/2)^{1/2}$。实际最高的 ω 值是

由电解池的时间常数 R_uC_d 决定的，它必须保持在较交流循环周期小得多。采用超微电极，可在几个 MHz 频率下进行有用的工作，因此，$\omega \leqslant 10^7 s^{-1}$，如果 $D \approx 10^{-5} cm^2/s$，有上限 $k^0 \leqslant 7cm/s$❶。另外，需要如下的条件 $C_s \geqslant C_d$ 和 $R_s \geqslant R_\Omega$。

(2) 下限　当 R_c 很大时，Warburg 阻抗可忽略不计，并且可以采用图 10.4.2 所示的等效电路。问题是 R_c 不可能那么大，以至于所有的电流均通过 C_d。即 $R_{ct} \leqslant 1/\omega C_d$ 或 $k^0 \geqslant RTC_d\omega/F^2C^*A$。如果选择最常用的条件 $C^* = 10^{-2} mol \cdot L^{-1}$ 和 $\omega = 2\pi \times 1Hz$❷，在 $T = 298K$ 和 $C_d/A = 20\mu F/cm^2$ 条件下，得到下限 $k^0 \geqslant 3 \times 10^{-6} cm/s$。

10.4.3　电化学阻抗谱的其他应用

上述所讨论的对于溶液中简单异相电子转移反应的 EIS 方法可以应用于更加复杂的电化学体系，例如偶合有均相反应的体系，或者有吸附中间体的体系。在这些情况下，可得到 Nyquist 图，并且可以与代表各种过程以及它们对于电流的贡献的恰当的公式进行比较。在这些情况下，通过涉及不同组成（电阻、电容、电感）的等效电路代表体系可能是有益的。然而，像这样的等效电路并不是独一无二的，从反应机理所涉及的过程很难假设出电路的形式或结构[19]。电极表面的粗糙度和异相性也能够影响 EIS 中的交流响应。的确，即使对于简单的电阻转移反应，对于光洁和均匀的汞电极可以得到有用的测量，但常常对于固体电极是不可能的。

EIS 已被应用于各种电化学体系，包括腐蚀、电沉积、高分子膜和半导体电极。在 EIS 会议论文集中可以找到代表性的工作[20~22]。

10.5　交流伏安法

在 10.1 节中已提到，交流伏安法基本上是一个法拉第阻抗技术，在此项技术中平均电势 E_{dc} 以恒电势方式维持在与平衡值不同的任意值。通常，相对于叠加的交流变量 $\dot{E}_{ac}$（10Hz～100kHz）来讲，它在一个长时标上有规则地变化着（例如，呈线性）。输出是电流交流分量的幅值对 E_{dc} 的图。交流电流与 $\dot{E}_{ac}$ 之间的相角也是我们所感兴趣的。

由于 E_{dc} 所致的长时间扩散能与 $\dot{E}_{ac}$ 所致的快速扩散波动分开，从而大大简化了这类问题的处理。认为 E_{dc} 是建立平均表面浓度，由于时标的不同，对交流扰动来说，它可以看成是本体值。在上一节中，根据本体浓度定义法拉第阻抗的，因此，交流伏安法中通过把受 E_{dc} 决定的表面浓度直接代入这些阻抗关系式中很容易得到作为 E_{dc} 函数的电流响应。由于这种办法是简单易行的，所以要利用它。对感兴趣的读者来说，更严格的处理可从文献中得到[2,3,5]。两种方法得到的结果是相同的。

由 E_{dc} 控制的平均表面浓度与许多因素有关：①改变 E_{dc} 的方式；②扩散层是否周期性更新；③适用的电流-电势特征；④与总电极反应有关的均相或异相化学变化。例如，正如采样电流伏安法那样，可以用时序恒电势的方式改变 E_{dc}，使扩散层周期性更新。这种技术实际上用于交流极谱法中，其特点是用 DME 以及在每一汞滴寿命期间 E_{dc} 实际上是恒定的。此外，可以用静止电极和相当快速的扫描而不使扩散层更新。两种方法都是有用的，在下面均要讨论。这里也将探讨不同类型电荷转移动力学的影响，而均相变化的影响留在第 12 章中。整个讨论中应该记住，交流伏安法的主要长处是它能得到有关电极过程特别精确的定量信息。虽然确实存在一些可以进行过程和机理的判断，但是它与其他方法相比是难以掌握的。

---

❶ 在质子惰性溶剂中芳香簇物质的还原或氧化到阴或阳自由基一般是已知的最快的异相电荷转移反应。k^0 值可超过 1cm/s。通过阻抗方法测量这样的体系的例子见文献 [17] 和 [18]。

❷ 交流信号的周期也不易太长，因为在几个循环后对流能够变为一个影响因素。由于对流在大多数黏度像水的液体体系中在几秒内将成为问题，所以低频极限设置在 1Hz。目前的 EIS 仪器可在低得多的频率下操作（可低到 10μHz），并且当所研究的过程不是对流控制时，在低频下工作（长时间）可获得有用的信息。这方面的例子包括固-固界面的传递或反应，以及如在玻璃或高分子这样的黏度很大的介质中的扩散和反应。

10.5.1 可逆体系的交流极谱

讨论一个可重复使用的静滴汞电极上的交流响应，滴汞电极浸在初始仅含有物质O的溶液中，并进行Nernst过程：$O+ne \rightleftharpoons R$。直流电势开始处于比$E^{\ominus\prime}$正得多的值，并慢慢地向负方向扫描。在单一汞滴寿命中，E_{dc}实际上是恒定的，因此，实验的直流部分是常规极谱，并可视为一系列单独的阶跃实验来处理（见7.1节和7.2节）。

由于电荷转移电阻完全可以忽略，故式（10.3.6）始终适用，此时

$$\sigma=\frac{RT}{n^2F^2A\sqrt{2}}\left[\frac{1}{D_O^{1/2}C_O(0,t)_m}+\frac{1}{D_R^{1/2}C_R(0,t)_m}\right] \tag{10.5.1}$$

并且平均浓度$C_O(0,t)_m$和$C_R(0,t)_m$由Nernst方程式决定：

$$\frac{C_O(0,t)_m}{C_R(0,t)_m}=\theta_m=\exp\left[\frac{nF}{RT}(E_{dc}-E^{\ominus\prime})\right] \tag{10.5.2}$$

所导出的式（5.4.29）和式（5.4.30）的论据，同样也适用于该实验的直流部分；因此写出

$$C_O(0,t)_m=C_O^*\left(\frac{\xi\theta_m}{1+\xi\theta_m}\right) \tag{10.5.3}$$

$$C_R(0,t)_m=C_O^*\left(\frac{\xi}{1+\xi\theta_m}\right) \tag{10.5.4}$$

和以往相同，式中ξ是$D_O^{1/2}/D_R^{1/2}$。因此代入式（10.5.1），然后再代入式（10.3.8），得到法拉第阻抗

$$Z_f=\frac{RT}{n^2F^2A\omega^{1/2}D_O^{1/2}C_O^*}\left(\frac{1}{\xi\theta_m}+2+\xi\theta_m\right) \tag{10.5.5}$$

此时注意到，$\xi\theta_m$可以写成

$$\xi\theta_m=e^a \tag{10.5.6}$$

式中

$$a=\frac{nF}{RT}(E_{dc}-E_{1/2}) \tag{10.5.7}$$

$E_{1/2}$是式（5.4.21）中定义的可逆半波电势：

$$E_{1/2}=E^{\ominus\prime}+\frac{nF}{RT}\ln\frac{D_R^{1/2}}{D_O^{1/2}} \tag{10.5.8}$$

将式（10.5.6）代入，发现式（10.5.5）括号中的项是$e^{-a}+2+e^a$，也就是$4\cosh^2(a/2)$，因此，我们得到

$$Z_f=\frac{4RT}{n^2F^2A\omega^{1/2}D_O^{1/2}C_O^*}\cosh^2\left(\frac{a}{2}\right) \tag{10.5.9}$$

在10.3节中曾看到，可逆体系的法拉第电流比$\dot{E}_{ac}$正好导前45°。如果$\dot{E}_{ac}=\Delta E\sin(\omega t)$，那么

$$i_{ac}=\frac{\Delta E}{Z_f}\sin\left(\omega t+\frac{\pi}{4}\right) \tag{10.5.10}$$

主要可观察到的该电流的幅值简单就是

$$\boxed{I=\frac{\Delta E}{Z_f}=\frac{n^2F^2A\omega^{1/2}D_O^{1/2}C_O^*\Delta E}{4RT\cosh^2(a/2)}} \tag{10.5.11}$$

图10.5.1是由此方程式确定的交流极谱图。钟罩形是由因子$\cosh^{-2}(a/2)$所致，它反映了阻抗Z_f对电势的依赖关系。电流极大值出现在$a/2=0$处或接近$E^{\ominus\prime}$的$E_{dc}=E_{1/2}$处。从该电势无论是向正或向负移动时，阻抗都急剧上升，故电流下降。此行为的物理基础已在10.3节概述过了。事实上，电流是受有限的反应物所控制的，也就是受两个表面浓度中较小的那个反应物的控制。在远离$E^{\ominus\prime}$的电势时，一种反应物只能少量存在于电极表面，所以仅仅能有小的电流流过。

$E_{dc}=E_{1/2}$处的峰电流由式（10.5.11）很容易得到。由于$\cosh(0)=1$，

$$\boxed{I_p=\frac{n^2F^2A\omega^{1/2}D_O^{1/2}C_O^*\Delta E}{4RT}} \tag{10.5.12}$$

从式（10.5.12）和式（10.5.11）可以明显地看出，交流极谱图的形状仍与下式相关（见习题 10.1）。

$$E_{dc}=E_{1/2}+\frac{2RT}{nF}\ln\left[\left(\frac{I_p}{I}\right)^{1/2}-\left(\frac{I_p-I}{I}\right)^{1/2}\right] \tag{10.5.13}$$

同样的结果也适用于 DME，在此必须考虑汞滴生长对于极谱图的影响。线形部分应用于实验的直流部分已被证实（见 7.1.2 节），由于较短的时间尺度，对于交流部分更加适用。这样，扩展的球形的特殊性仅由随时间变化的面积来考虑，影响因子可直接由式（7.1.3）代入式（10.5.11）得到。因为随着汞滴的熟化，面积随时间的变化是 $t^{2/3}$，因此电流也有相同的规律。因此，期待着电流随汞滴的连续滴落而振荡。最大值应该在每一汞滴滴落前得到。图 10.5.2 中的实验结果证实了该预测。测量可在交流极谱的包上进行，并由上述推导的关系式进行处理，面积 A 定义为汞滴滴落前的面积。

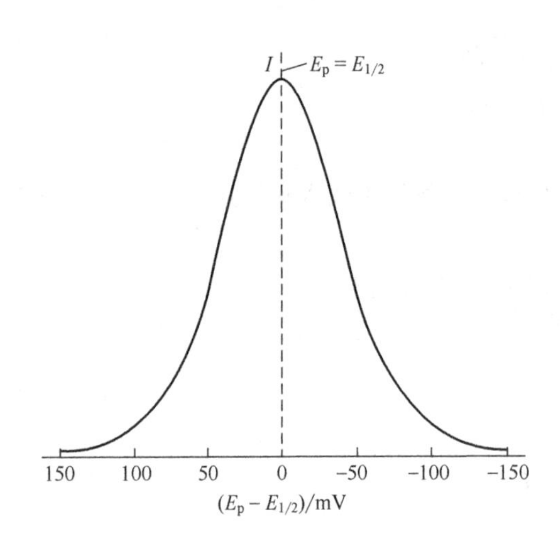

图 10.5.1 $n=1$ 的可逆交流伏安图的形状

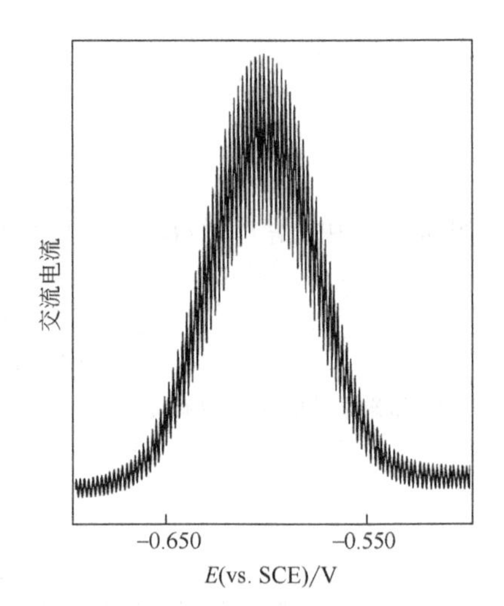

图 10.5.2 在 1.0mol・L^{-1} Na_2SO_4 中 3×10^{-3}mol・L^{-1} Cd^{2+} 的交流极谱图 ΔE=5mV，$\omega/2\pi$=320Hz
［引自 D. E. Smith，*Anal. Chem.*，**35**，1811（1963）］

可由式（10.5.11）～式（10.5.13）导出可逆交流极谱的一系列重要性质。其中一些是 I_p 与 n^2，$\omega^{1/2}$ 和 C_O^* 直接成正比。它也与 ΔE 有线形关系；然而，这种关系相当有限，原因是如果 ΔE 太大，推导 Z_f 的基础是具有线形化的 i-E 特性将不再成立。对于线形化的百分之几之内，ΔE 必须小于 10/nmV。如果采用较大的值，毫无惊奇地发现峰的半波高度也与 ΔE 有关。如果保持在低于 10/nmV，在 25℃时，其值为常数 90.4/n mV。ΔE 越大峰越宽。

10.5.2 准可逆和不可逆体系的交流伏安响应

当异相动力学变得足可察觉的迟缓时，就需要一个更完善的理论来预测交流极谱响应。在 k^0 可采用任意值的一般情况下，它是很复杂的。对其全面的讨论读者可以参考文献[2,3,5]。这里详细地探讨一个重要的特殊情况，它将使我们能非常直观地理解动力学的影响。

该特殊情况是单步骤单电子体系的直流响应，该体系实际上是 Nernst 过程，而交流过程则不是。这种情况在实际体系中是常见的，因为两方面的时标可以有很大的差别。这就是说，k^0 足够大，使得平均表面浓度保持在通过 Nernst 方程式（10.5.2）的 E_{dc} 所决定的比值，尽管速度常数还没有大到足以保证对非常快交流扰动可以忽略的电荷转移电阻。

在这种情况下，法拉第阻抗包括 R_{ct} 和 σ，阻抗可由式（10.2.27）写出：

$$Z_f=\left[\left(R_{ct}+\frac{\sigma}{\omega^{1/2}}\right)^2+\left(\frac{\sigma}{\omega^{1/2}}\right)^2\right]^{1/2} \tag{10.5.14}$$

参数 R_{ct} 和 σ 都可以通过假定直流可逆性而定义。这个前提与前一节中一样，应用平均表面浓度。它们由式（10.5.3）和式（10.5.4）定义；因此，可以通过代入式（10.5.1）而求出 σ。重新整理相当于用来得到式（10.5.9）中的那些项，则得

$$\sigma=\frac{4RT}{\sqrt{2}n^2F^2AD_O^{1/2}C_O^*}\cosh^2\left(\frac{a}{2}\right) \tag{10.5.15}$$

式中认定 $n=1$。

电荷转移电阻 R_{ct} 由式（10.3.2）以交换电流 i_0 给出。通常，把 i_0 看成是根据式（3.4.6）由 O 和 R 的本体浓度所规定的平衡特性。然而，对于交流过程，由于平均表面浓度的作用很像本体值，所以就可以把它认为是对交流扰动的有效交换电流，它应由下式给出

$$(i_0)_{eff}=nFAk^0[C_O(0,t)_m]^{(1-\alpha)}[C_R(0,t)_m]^{\alpha} \tag{10.5.16}$$

通过改变平均表面浓度改变 E_{dc}，从而控制 $(i_0)_{eff}$，因此也就是控制 R_{ct}。如上所述这种依从关系更明确的表示是将式（10.5.3）、式（10.5.4）和式（10.5.6）代入得到的：

$$(i_0)_{eff}=nFAk^0C_O^*\xi^{\alpha}\left(\frac{e^{\beta a}}{1+e^{a}}\right) \tag{10.5.17}$$

式中 $\beta=(1-a)$。由于 $R_{ct}=RT/nF(i_0)_{eff}$，因此得到

$$R_{ct}=\frac{RT}{n^2F^2Ak^0C_O^*\xi^{\alpha}}\left(\frac{1+e^{a}}{e^{\beta a}}\right) \tag{10.5.18}$$

现在 R_{ct} 和 σ 已得到，可以把它们代入式（10.5.14），把 Z_f 写成 E_{dc} 的函数。这个运算步骤很简捷，但是它将给出一个较为模糊的表达式。大概更有益的是探讨可以由式（10.5.14）判定的高频和低频时的极限行为。

当频率很低时，R_{ct} 小于 $\sigma/\omega^{1/2}$，因此体系看来是可逆的。这并不出人意外。归根到底我们现在是要把交流过程的时间域引向直流扰动的一方，这就引起可逆的响应。在上一节中所得出的关于可逆交流响应的一切对于低频限的准可逆体系也都应当是适用的。

随着频率升高，R_{ct} 与 $\sigma/\omega^{1/2}$ 相比就变得更可观了，因此可逆性被破坏了。交流时间域缩短到足以涉及异相动力学。最后，在高频限，R_{ct} 大大超过了 $\sigma/\omega^{1/2}$，Z_f 接近于 R_{ct} 本身，此时交流电流的幅值是

$$\boxed{I=\frac{\Delta E}{R_{ct}}=\frac{n^2F^2Ak^0C_O^*\Delta E\xi^{\alpha}}{RT}\left(\frac{e^{\beta a}}{1+e^{a}}\right)} \tag{10.5.19}$$

该方程式描述交流极谱图的形状。通常，作为直流电势函数的响应呈钟形，和可逆情况几乎相同。当 a 正向或负向变大时，这一点通过括号中因子的特点是可以看出来的。然而，由 $E_{1/2}$ 向正偏移引起的响应与向负偏移时不同，也就是响应不是对称的，钟形是倾斜的。

式（10.5.19）对 a 微分，很容易得到峰值。当 $e^{a}=\beta/a$，或

$$\boxed{E_{dc}=E_{1/2}+\frac{RT}{nF}\ln\frac{\beta}{\alpha}} \tag{10.5.20}$$

因此，峰电流的幅值为

$$\boxed{I_p=\frac{F^2Ak^0C_O^*\Delta E\xi^{\alpha}}{RT}\beta^{\beta}\alpha^{\alpha}} \tag{10.5.21}$$

这些方程式，结合那些说明可逆的低频限的方程式，就会给出当 ω 变化时体系的一个良好的图像。开始时，峰电流与 $\omega^{1/2}$ 呈线性，但是随着频率不断增加，依赖性不断减小，在高频限时，I_p

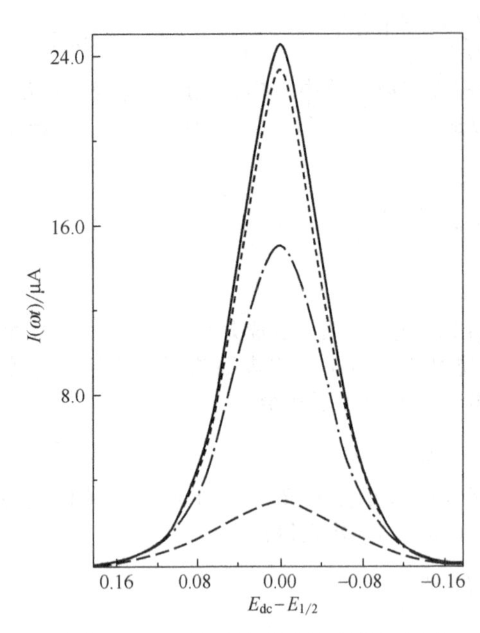

图 10.5.3 针对准可逆单步骤单电子体系计算出的交流极谱图

曲线（从顶端起）$k^0\rightarrow\infty$，$k^0=1cm/s$，$k^0=0.1cm/s$，$k^0=0.01cm/s$。其他参数如下：$\omega=2500s^{-1}$，$\alpha=0.500$，$D=9\times10^{-6}\ cm^2/s$，$A=0.035cm^2$，$C_O^*=1.00\times10^{-3}\ mol\cdot L^{-1}$，$T=298K$，$\Delta E=5.00mV$。曲线表示的是 t_{max}时的电流 [引自 D. E. Smith, *Electroanal. Chem.*, **1**, 1(1966)]

变得与 ω 无关。从上面的推导很容易看到，频率关系反映着 Warburg 阻抗所表现的物质传递的影响。在式（10.5.19）和式（10.5.21）中，并无频率关系，这大概是由于在高频时，电流完全受异相动力学控制，而物质传递不起作用。不足为奇，在高 ω 时，I_p 与 k^0 成正比，而在低时，它对 k^0 则完全不敏感。在所有频率下，I_p 与 ΔE、C_O^* 之间的正比关系都存在。

还应注意，高频时 I 受动力学控制，意味着在这些频率下法拉第阻抗大大地超过 Warburg 阻抗，因此，电流必定比那个在任何频率下只显示出 Warburg 阻抗的完全可逆体系要小得多。图 10.5.3 表明，准可逆体系的交流响应普遍的降低。图中所有曲线的 k^0 值都相当大，因此直流可逆性的假设是成立的。很容易看出随着 k^0 的减小响应变化的趋势；因此，可以认识到，如果 k^0 低于 $10^{-4}\sim10^{-5}$ cm/s 时，交流响应是很小的。对于那些呈现完全不可逆直流极谱图的体系，其交流实验几乎是做不出的。这个事实在分析工作中是非常有用的（见 10.7 节）❶。

峰的位置也是相当有趣的。上面导出的关系式表明，当频率增加时峰稍有移动。在低 ω 时，峰在 $E_{dc}=E_{1/2}$ 处，这正好与可逆体系在任意频率时的情况相同。当 ω 逐渐变大时，峰电势就逐渐偏离此值，直到达到由式（10.5.20）规定的极限位置。由于 a 和 β 通常相差不大，能够预测它移动的范围即 $(RT/nF)\ \ln(\beta/a)$ 非常小。换言之，倘若直流可逆性适用，交流极谱图的峰电势总是接近电对的形式电势。

$\dot{I}_{ac}$ 相对于 $\dot{E}_{ac}$ 的相角作为动力学信息的来源是很重要的。这一点曾在 10.3 节中提出过，并在方程式（10.3.9）中给以肯定。可以把该公式改写成

$$\cot\phi=1+\frac{R_{ct}\omega_{1/2}}{\sigma} \tag{10.5.22}$$

将式（10.5.15）和式（10.5.18）代入，并重新整理，得到

$$\boxed{\cot\phi=1+\frac{(2D_O^{\beta}D_R^{\alpha}\omega)^{1/2}}{k^0}\left[\frac{1}{e^{\beta a}(1+e^{-a})}\right]} \tag{10.5.23}$$

括起来的因子表明，$\cot\phi$ 与直流电势有关。a 无论正值还是负值过大，都使 $\cot\phi$ 近于 1，因此，在极谱图峰附近必定是此参数的最大值。精确的位置通过微分很容易求出，并确定出在此点上 $e^{-a}=\beta/\alpha$，因而，

$$\boxed{E_{dc}=E_{1/2}+\frac{RT}{nF}\ln\left(\frac{\alpha}{\beta}\right)} \tag{10.5.24}$$

这个最大点几乎与所有的实验变量，例如 ΔE、C_O^* 以及最主要的 A 和 ω 均无关。$E_{1/2}$ 和最大 $\cot\phi$ 的电势的差值为求传递系数 α 提供了简便的方法。

---

❶ 相对于这里讨论所得到的感受，完全不可逆情况确实产生交流电流。该电流的产生来自于对直流波的简单调制[23,24]。由于 k^0 与该波的形状无关（5.5 节），因此交流峰高也与 k^0 无关。峰电势值在直流波的半波电势附近；因而，它与 $E^{\ominus\prime}$ 的偏离与 k^0 量的大小无关。

图 10.5.4 是 $TiCl_4$ 在草酸溶液中真实的 $\cot\phi$ 数据[25]。电极反应是 Ti(Ⅳ) 到 Ti(Ⅲ) 的 1 电子还原。注意，最大 $\cot\phi$ 的电势正如上面所指出的，是与频率无关的。

一旦 α 从 $[\cot\phi]_{max}$ 的位置得知，并且通过其他测量知道了扩散系数以后，$\cot\phi$ 对 $\omega^{1/2}$ 的图就能给出 k^0。从对任意 E_{dc} 值都适用的式（10.5.23）是容易看出这一点的。实际上，这些图通常是根据给出线性关系式的简化形式的 E_{dc} 的特殊值做出的。

一种很方便的方法是选择 $a=0$ 时，$E_{dc}=E_{1/2}$，得到

$$[\cot\phi]_{E_{1/2}}=1+\left(\frac{D_O^{\beta}D_R^{\alpha}}{2}\right)^{1/2}\frac{\omega^{1/2}}{k^0} \tag{10.5.25}$$

如果可以取 $D_O=D_R=D$，且 $D_O^{\beta}D_R^{\alpha}=D$，那么，这个特殊图的斜率变得与 a 无关。图 10.5.5 是一个例子，它是图 10.5.4 在 $E_{dc}=E_{1/2}=-0.2990$V（相对 SCE）的数据对 $\omega^{1/2}$ 作的图。

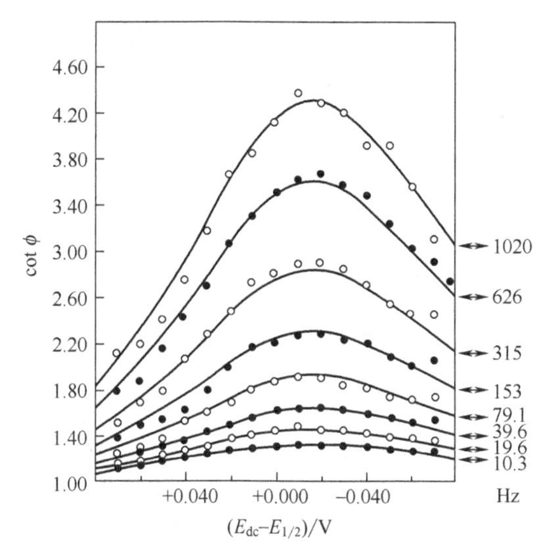

图 10.5.4　相角依赖于 E_{dc} 的关系

体系是 0.200mol·L⁻¹ $H_2C_2O_4$ 溶液中 3.36mmol·L⁻¹的 $TiCl_4$。$\Delta E=5.00$mV，$T=25$℃。点是实验结果，曲线是由实验常数通过式（10.5.23）得到的［引自 D. E. Smith, *Anal. Chem.*, **35**, 610 (1963)］

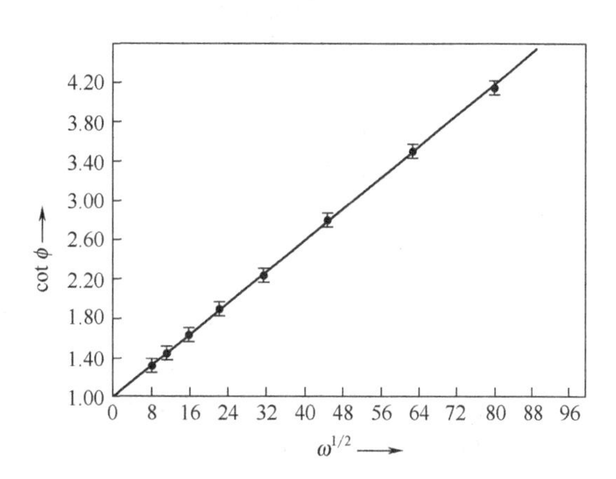

图 10.5.5　$\cot\phi$ 与 ω 作图

体系如下：0.200mol·L⁻¹ $H_2C_2O_4$ 溶液中 3.36mmol·L⁻¹的 $TiCl_4$。$E_{dc}=E_{1/2}=-0.290$V（相对于 SCE），$T=25$℃［引自 D. E. Smith, *Anal. Chem.*, **35**, 610 (1963)］

对于 $\cot\phi$ 极大处的电势，可以得到式（10.5.23）的另一种简化形式。代入 $e^{-\alpha}=\beta/\alpha$，得到

$$[\cot\phi]_{max}=1+\frac{(2D_O^{\beta}D_R^{\alpha})^{1/2}}{k^0\left[\left(\frac{\alpha}{\beta}\right)^{-\alpha}+\left(\frac{\alpha}{\beta}\right)^{\beta}\right]}\omega^{1/2} \tag{10.5.26}$$

扩散系数的乘积通常可以像上述那样简化，但是为了求出 k^0，α 仍然必须是已知的，因为是加括号的因子。

从交流极谱数据得到有关异相电荷转移动力学的定量信息，几乎总是出自 $\cot\phi$ 对电势和频率的行为，而不是来自极谱图的高度、形状或位置。对 $\cot\phi$ 有利的一个原因是许多实验变量不需要严格控制，或甚至不必要知道。这些变量之中有 C_O^*、ΔE 和 A。不需已知 A 是一个重要的优点。然而，通过 $\cot\phi$ 计算动力学的最主要的原因是式（10.5.23）～式（10.5.26）对于任何准可逆或不可逆体系都适用，是在直流可逆性适用的条件下导出它们的；然而，它们的成立并不拘泥于这个条件。这一点的证明可在文献[3，5]中见到。这种不受条件限制的特性是它的一大优点，这就可以使实验者从必须达到的特殊极限条件下摆脱出来。

同上节一样，在这里的整个数学讨论中，假设为平板电极的半无限线性扩散。就可逆过程来说，DME 上球体和汞滴成长的影响完全和 10.5.1 节讨论的一样。通常，球体的影响可忽略，而

汞滴成长可以用 A 作为时间的函数的显式来调整。如果直流可逆性不适用，则这些因素以复杂的方式影响交流响应[3,5,23]。有关详细内容读者可参考有关文献。

10.5.3 静止电极的线性扫描交流伏安法[26,27]

前两节一般性地论述了以连续阶跃的形式施加 E_{dc}，以及在每次阶跃之间更新扩散层时所记录的交流伏安法。滴汞电极最能直接地应用这一技术，如果有一个能在阶跃之间搅动溶液的手段，使扩散层更新，那么也可以采用其他电极。然而，当想用静止电极时，例如金属或碳圆盘，或者悬汞滴，这种周期性更新的要求是很不方便的。因此人们宁愿施以斜坡式的 E_{dc}，只在每次扫描之间更新扩散层。在这一节里将讨论，当 E_{dc}以线性扫描来施加时，可逆和准可逆体系预期的交流伏安图谱，并且把它同上述实际上恒定的 E_{dc}得到的结果加以比较。

所用的方法完全是前面用过的。假设与 E_{dc}和$\dot{E}_{ac}$变化有关的时间域相差很大，因此两部分实验的扩散概念可以不相关。只要扫描速度 v 与交流频率相比是不太大的话，这个假设就能够成立[28]。更确切地讲，$dE_{dc}/dt=v$ 必须大大地小于 $d\dot{E}_{ac}/dt$ 的幅值 $\Delta E\omega$。此时，可以把 E_{dc}确定的平均表面浓度作为交流扰动的有效本体值看待，这和以前所讨论的一样。因此，电流的幅值和相角很容易根据阻抗的特性而得出。

(1) 可逆体系　讨论一个完全的 Nernst 体系：$O+ne \rightleftharpoons R$，R 最初是不存在的。线性扫描的起始电势比 $E^{\ominus\prime}$正得多，扫描方向为负。假设为半无限线性扩散。平均表面浓度 $C_O(0,t)_m$和$C_R(0,t)_m$完全是在没有叠加交流激励时，类似的线性扫描实验中所得到的，并且它们始终保持 Nernst 关系式（10.5.2）。

导出方程式（5.4.26）的论证表明，它的应用是与电极反应的动力学特性或激励的波形无关的。对于现在这个用法，可以把它改写为

$$D_O^{1/2}C_O(0,t)_m+D_R^{1/2}C_R(0,t)_m=C_O^*D_O^{1/2} \tag{10.5.27}$$

式（10.5.2）的代入表明，平均表面浓度正如式（10.5.3）和式（10.5.4）中给出的一样。换句话说，前面导出的关于阶跃激励的关系式在这里可看出，其应用与获得 E_{dc}的方式无关❶。

这个结论非常重要，因为它意味着 10.5.1 节中提出的所有关系和定性的结论，对静止电极上可逆体系的线性扫描交流伏安法也都适用。

(2) 准可逆体系　准可逆的一个重要的特殊情况是电极动力学足够快，可以维持可逆的直流响应，但是，对交流扰动来说又快不到足以显示出忽略电荷转移电阻 R_{ct}的程度。

如果直流过程是 Nernst 的，式（10.5.2）和式（10.5.27）就成立，且平均表面浓度由式（10.5.3）和式（10.5.4）给出，它们和 10.5.2 节处理中所用的关系式是相同的。因此，对准可逆交流极谱图得到的所有方程式和定性的结论，也适用于相应的线性扫描交流伏安图谱。

当直流可逆性不存在时，线性扫描伏安法和交流极谱之间的精确平行关系就不再保持了。处理这种情况要比上面讨论的更为复杂，这是因为平均表面浓度受到整个扩散层浓度分布的影响，并且在某电势下所适用的表面值，通常与获得该电势所用的波形有关[26,27]。

线性扫描交流伏安法能在固体电极上进行精确而快速的动力学测量。这种方法可以用来描述很有兴趣的这些电极本身，或者还可以用来研究许多在 DME 上不能发生的电极反应，这些反应是在汞工作范围之外进行的电极过程，以及在 DME 上可能是不便于控制的环境中所进行的过程。

10.5.4 循环交流伏安法[26,27]

循环交流伏安法是线性扫描假设的简单延伸，也就是加入 E_{dc}的反向扫描。这种技术是有吸引力的，因为它保持着两种有用的相互补充的方法的优点。常规的循环伏安法尤其可给出许多关于电极过程的定性概念方面的信息。然而，响应波形本身不利于对参数定量计算。循环交流伏安

---

❶ 方程式（10.5.27）是基于半无限线性扩散；因此，该结论仅严格地适用于平板电极。在 SMDE 上的工作受球状的影响[27]。

法保留了常规循环测量的判断性的效果，但是它又改进了响应函数，可以尽量精确地计算用普通交流方法得到的东西。虽说这项技术没有被广泛应用，但它与直流循环伏安法一起，会发挥重要的作用。

循环交流伏安法的处理，遵循惯用的模式。交流和直流时标是独立可变的，且假定它们相差很多。此时，直流概念的处理是得到用它们来计算法拉第阻抗的平均表面浓度，该阻抗是由幅值和相角定义的交流响应。电极假设是静止的，而且在直流循环期间溶液认为是静止的。

(1) 可逆体系　对于 Nernst 体系的循环交流伏安图谱，在上一节结果的基础上是容易预测的。平均表面浓度 $C_O(0,t)_m$ 和 $C_R(0,t)_m$ 无条件地符合式 (10.5.3) 和式 (10.5.4)，因此在任意电势下，正向和反向扫描时它们是相同的。因之，循环伏安交流图谱应显示出，交流电流幅值对 E_{dc} 的图形正反向是重叠的。期望为一峰状的伏安图谱，它完全符合从 10.4.1 节所得到的有关平板电极上可逆体系普遍交流伏安响应的结论。

图 10.5.6 对比了纯粹的 Nernst 情况下，交流和直流方式的循环伏安法的响应。在直流实验中，动力学可逆性表现为峰分离接近 $60/n$mV，与扫描速度无关。在交流实验中，表现为相同的正向和反向的峰电势，且峰的宽度为 $90/n$mV，也与扫描速度无关。还原态的化学稳定性，在直流实验中体现在峰电流的比值 $|i_{p,r}/i_{p,f}|$ 为 1。在电荷传递可逆情况下，表现为峰交流电流幅值的比值 $i_{p,r}/i_{p,f}$ 同样也是 1。交流实验的优点是，对于定量测量来说，反向响应有一个明显的基线，而在直流响应中，反向电流的基线是较难确定的。

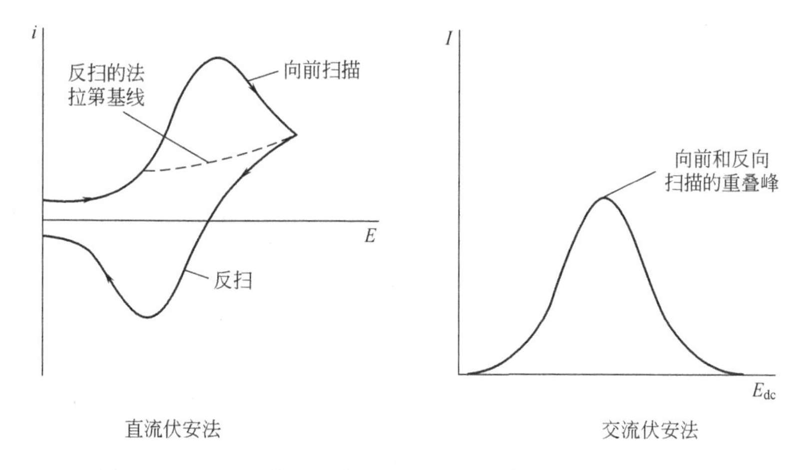

图 10.5.6　可逆体系的直流和交流循环伏安响应波形的比较

(2) 准可逆体系　在单步骤单电子反应中讨论两种独立的准可逆性的情况仍然是有益的。它们二者的交流响应表现出一个大的极化电阻，可是其中之一，直流过程显出是可逆的，而更为普遍的情况它是不可逆的。

当直流可逆性存在时，理论叙述简单明了，因为平均表面浓度仍然符合式 (10.5.3) 和式 (10.5.4)，而与达到确定的直流电势的方式无关。这样，正向和反向图形仍然准确地重叠。峰的形状和它的位置服从详细讨论过动力学情况的 10.5.2 节所导出的关系式。

如果直流可逆性不成立，情况就变得十分复杂。在给定的直流电势下，平均表面浓度趋于与电势达到的途径有关。通常，在任意 E_{dc} 下，正向和反向扫描的表面浓度不同，因此可以预料，伏安图谱中它们相应的轨迹也不同。直流循环伏安图谱中，电子转移愈迟缓，造成正向和反向峰分离愈大，这是由于推动电荷转移需要较大的活化超电势所致。峰分离也表明了这样一个事实，即在两个扫描方向的不同电势范围内，表面浓度由近似纯 O 转变到实际上为纯 R。由于交流伏安图谱显示的响应只发生在这样一个转变的电势范围内，可以料到，循环交流伏安图谱会出现与正向和反向直流伏安峰十分一致的分离的峰。标准电势 $E^{\ominus\prime}$ 将位于两个峰之间，图 10.5.7 中表示出了某些图形。

显然，在两个方向扫描给出相同响应时存在一个相交电势 E_{co}，这个电势可以严格地表示为

$$\boxed{E_{co}=E_{1/2}+\frac{RT}{nF}\ln\left(\frac{\alpha}{1-\alpha}\right)} \tag{10.5.28}$$

它与直流极化的细节无关[26]。该电势可以作为求 α 的一个方便的数据资料。在 E_{co} 处交流响应的幅值和相角完全与直流过程无关。在这方面，E_{co} 是一个独特的电势，它是通过 $\cot\phi$ 对 $\omega^{1/2}$ 的图求 k^0 最方便的一个点，人们也可以从交流伏安图谱中正向和反向峰值的间隔来得到 k^0[26,27]。

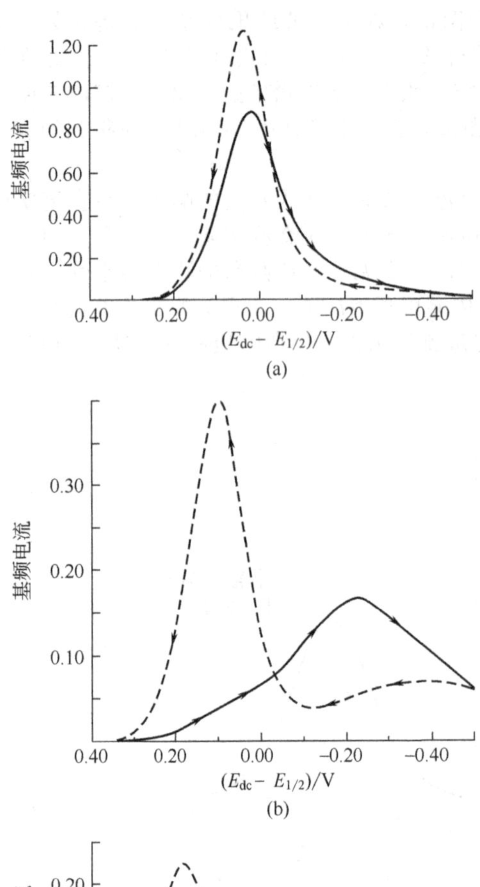

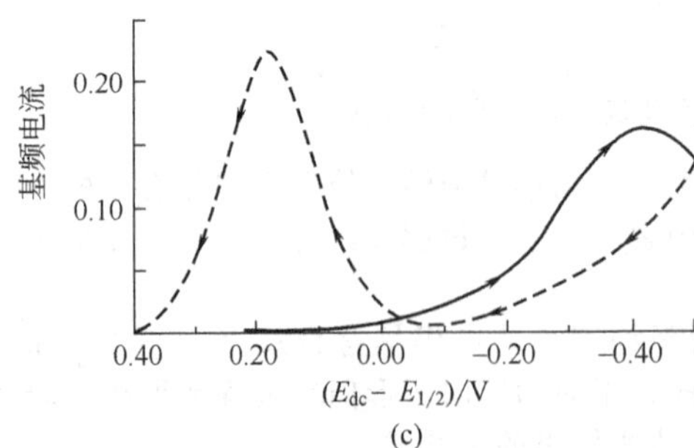

图 10.5.7　非 Nernst 直流行为体系的预测循环交流伏安图

(a) $k^0=4.4\times10^{-5}$ cm/s。(b) $k^0=4.4\times10^{-4}$ cm/s。(c) $k^0=4.4\times10^{-3}$ cm/s。$\omega/2\pi=400$Hz，$n=1$，$T=298$K，$A=0.30\text{cm}^2$，$C_O^*=1.00\text{mmol}\cdot\text{L}^{-1}$，$D_O=D_R=1.00\times10^{-5}\text{ cm}^2/\text{s}$，$v=50$mV/s，$\Delta E=5.00$mV，$a=0.5$。交流的幅值是由函数 $IRT/n^2F^2A(2\omega D_O)^{1/2}C_O^*\Delta E$ 给出［引自 A. M. Bond et al.，*Anal. Chem.*，**48**，872 (1976)］

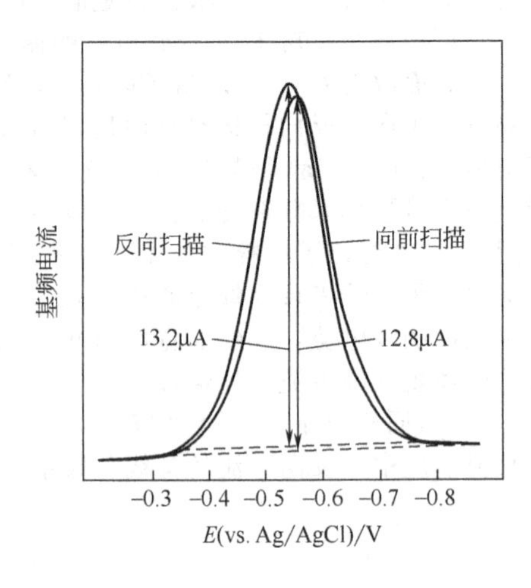

图 10.5.8　0.1mol・L^{-1}高氯酸四乙铵溶液中含有 1.0mmol・L^{-1}丙酮铁的交流循环伏安图

工作电极是铂电极。$T=25$℃，$\Delta E=5.00$mV，$v=100$mV/s，$\omega/2\pi=400$Hz［引自 A. M. Bond et al.，*Anal. Chem.*，**48**，872(1976)］

图 10.5.8 是在含 0.1mol・L^{-1}高氯酸四乙铵的丙酮铁的实际循环交流伏安图谱。由于该体系对直流过程很接近可逆，所以，峰分离非常小，且很容易检测。对定量研究来说，这种方便的波形也是很有用的。

(3) 均相化学偶合　常规循环伏安法的最大功能在于能识别涉及化学偶合的电极反应，此法的交流方式在这类问题中也是有用的。比值 $i_{p,r}/i_{p,f}$ 能最灵敏地指示产物的稳定性，这恰如直流伏安法的比值 $|i_{p,r}/i_{p,f}|$ 一样。然而，交流比值容易精确测量，它非常有助于定量计算均相速度常数。

图 10.5.9 表示涉及两个相关联的电对的偶合情况的实际结果[29]。所研究的物质是配合物 $Mo(CO)_2(DPE)_2$，其中 DPE 是二苯膦基乙烷。这些配合物是以顺式和逆式存在的，它们在不同电势下被氧化。此外，氧化的顺式（cis^+）均相地转化为氧化的反式（$trans^+$）。即

$$trans-\text{e}\rightleftharpoons trans^+ \tag{10.5.29}$$

$$cis-\text{e}\rightleftharpoons cis^+ \tag{10.5.30}$$

$$cis^+\xrightarrow{k}trans^+ \tag{10.5.31}$$

图 10.5.9 的伏安图谱是在最初只含有 *cis*-$Mo(CO)_2(DPE)_2$ 的溶液中得到的。详细研究这些曲线表明，直流伏安图谱的识别功能在交流图形中也存在。实

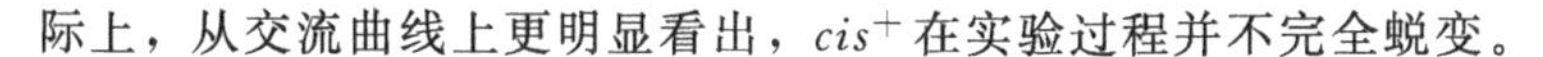
际上，从交流曲线上更明显看出，cis^+ 在实验过程并不完全蜕变。

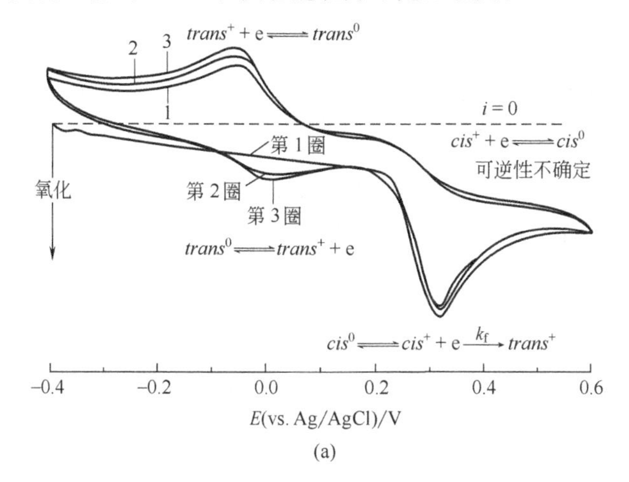

(a)

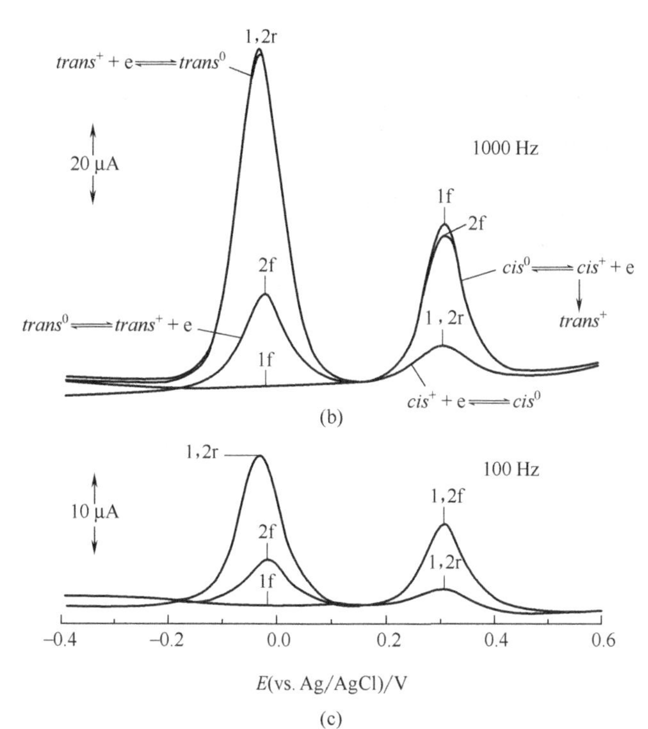

(c)

图 10.5.9　(a) 含有 0.1mol · L^{-1} 四乙基铵高氯酸丙酮溶液中 *cis*-Mo(CO)$_2$(DPE)$_2$ 的直流循环伏安图，溶液含有饱和的钼配合物，v=100mV/s，阳极电流方向向下；(b，c) 在相同铂丝电极的交流循环伏安图。v=100mV/s，ΔE=5mV。符号：nf，正向的扫描次数 n；nr，反向的扫描次数 n

[引自 A. M. Bond，*J. Electroanal. Chem.*，**50**，285 (1974)]

10.6　高次谐波[3,5,7]

至此，已得出用信号 $\dot{E}_{ac}=\Delta E\sin(\omega t)$ 对电化学体系的激励产生同频率的正弦电流响应。设结果的依据应用的仅仅是线性化的电流-电势关系这一事实。Taylor 展开式中剩余的项都去掉了。如果包括这些剩余的项，会发现电流响应不是纯正弦的，而代之以 ω，2ω，3ω，…加在一起的正弦信号的全部系列。2ω 的电流分量是二次谐波响应，而 3ω 是三次谐波等❶。这些高次的谐波起因于 i-E 关系的弯曲。

使用调谐放大器或锁相放大器的电路，每一个谐波都能单独检测。最常见的装置是如图 10.6.1 那样来实现的交流伏安法的方案。电解池完全像交流伏安法一样被激励，但锁相放大器调谐到 2ω，检测出的只是它的电流贡献。得到的结果是 $I(2\omega)$ 相对于 E_{dc} 的图形。

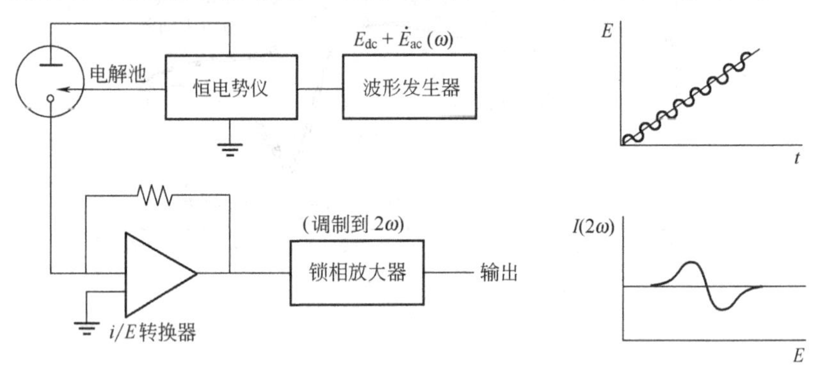

图 10.6.1 记录二次谐波交流伏安图的仪器方框图

高次谐波响应的精确处理是简单的，但有些繁冗，因此把它留到专门的文献中。现在，来探讨一种直观的方法，以揭示二次谐波交流伏安法的许多独特的性质。为了简化，只讨论 R 初始不存在的可逆体系。

平均表面浓度 $C_O(0,t)_m$ 和 $C_R(0,t)_m$ 由 E_{dc} 值确定，并由式（10.5.3）和式（10.5.4）给出。图 10.6.2 是 $C_R(0,t)_m$ 的图解表示。控制交流响应的是 $\dot{E}_{ac}$ 造成的表面浓度在平均值的范围内有较小的波动。基波（或一次谐波）分量基本上由斜率为 $\partial C_O(0,t)_m/\partial E$ 和 $\partial C_R(0,t)_m/\partial E$ 的变化的线性组元控制。高次谐波反映曲率，因此，它们对二阶和较高阶导数是敏感的。理解了这一点，就能预言二阶谐波响应的一般形状。

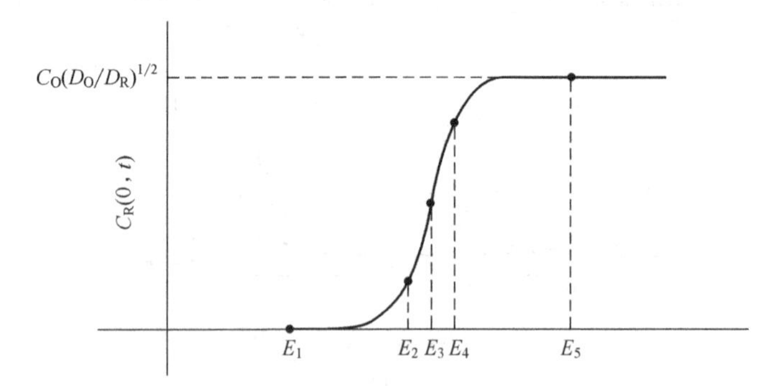

图 10.6.2 R 的表面浓度与电极电势的依赖关系

讨论图 10.6.2 中的电势 E_1、E_3 和 E_5。因为它们具有在 $C_O(0,t)_m$ 和 $C_R(0,t)_m$ 时曲率为零的共同特点，因此没有二次谐波电流。当然，E_1 和 E_5 处于也没有基波响应的极端值，而 E_3 处于拐点 $E=E_{1/2}$，这一点基波响应最大。电势 E_2 和 E_4 位于曲率最大的点，因此它们应是二次谐波峰电流的电势。如果只检测幅值 $I(2\omega)$，那么就会得到一个像图 10.6.3(a) 那样的双峰伏安图谱。

但应当注意，E_2 的曲率与 E_4 的曲率是相反的。这种区别表明当 E_{dc} 通过在 $E_{1/2}$ 处的零点时，二次谐波分量造成 180°的相移。因此，在一个固定相角的 $I(2\omega)$ 的相敏检测会在 $E_{1/2}$ 处改变符号。图 10.6.3(b) 就是一个例子。通常，在任何相角测量 Nernst 反应将有在电势坐标相交点对称的正负波瓣。在所有的相角对此相交点所对应的直流电势是 $E_{1/2}$（见图 10.6.4）[30]。仅仅在

❶ 该命名法与在电气工程中的用法不同，在电气工程中在 ω 处的信号称为基波，2ω 称为一次谐波。在此我们采用电化学的常用方式。

0°和 180°，对于任意给定的相角与相同相角加上 90°相对于电势坐标是对称的。

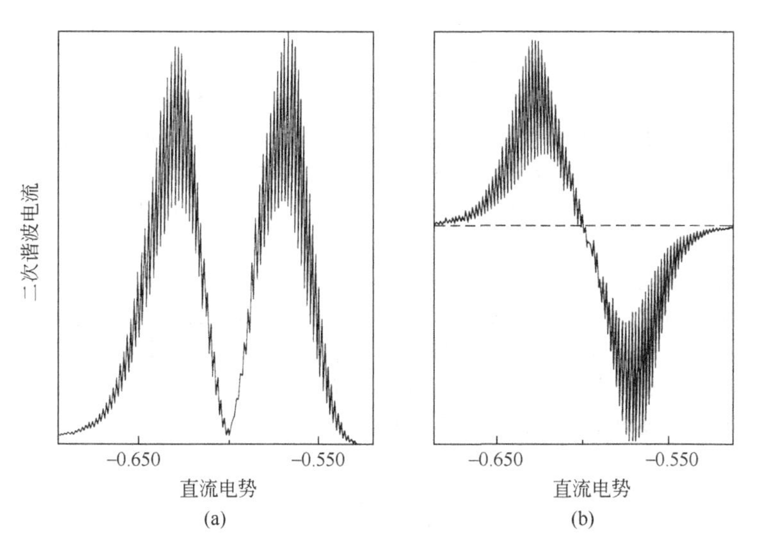

图 10.6.3　1.0mol・L^{-1} Na_2SO_4 中 3mmol・L^{-1} Cd^{2+} 的二次交流极谱图

$\omega/2\pi=80$Hz，$\Delta E=5$mV。(a) 总的交流幅值相对于 E_{dc}（相对于 SCE）。(b) 相选择极谱图，显示的是相对于 $\dot{E}_{ac}$ 为零角度时的交流幅值［引自 D. E. Smith，*Anal. Chem.*，**35**，1811 (1963)］

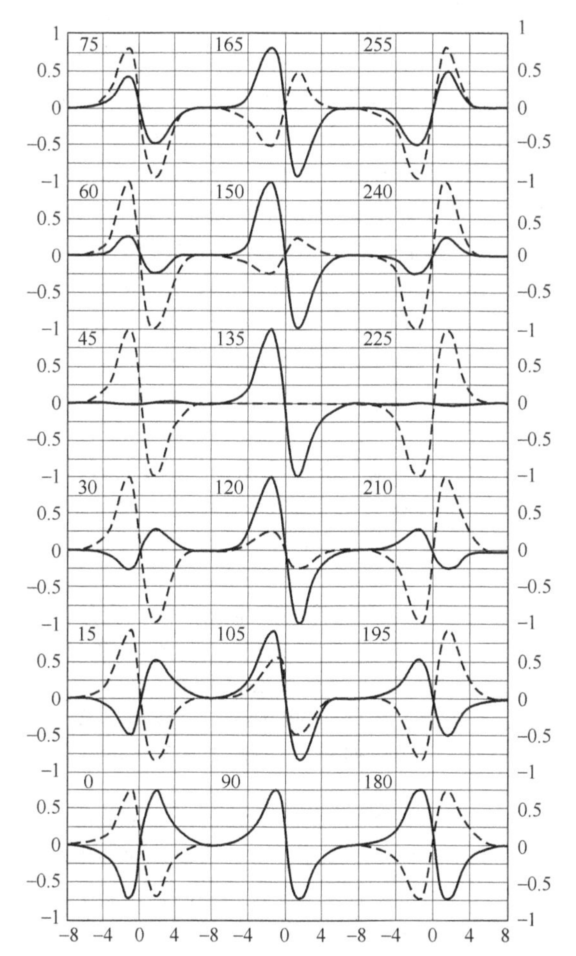

图 10.6.4　Nernst 反应的二次谐波理论响应作为相角（实线）的函数，虚线是在实线加 90°

水平轴是 $-(RT/F)(E-E^{\ominus\prime})$，垂直轴是归一化到最大响应的二次谐波电流。计算中假设 $D_O=D_R$，$\Delta E=25$mV［引自 C. P. Andrieux，P. Hapiot，J. Pinson，and J.-M. Savéant，*J. Am. Chem. Soc.*，**115**，7783 (1993)］

这个问题的精确解是

$$i(2w)=\frac{n^3F^3AC_{\mathrm{O}}^*(2\omega D_{\mathrm{O}})^{1/2}\Delta E^2\sinh(a/2)}{16R^2T^2\cosh^3(a/2)}\sin\left(2\omega t-\frac{\pi}{4}\right) \tag{10.6.1}$$

式中，a 是由式（10.5.7）定义的。这个方程式体现出与 C_{O}^*、$\omega^{1/2}$ 和 $D_{\mathrm{O}}^{1/2}$ 的正比关系，这正是对扩散控制过程所预测的。45°的相角有相同的原点。然而应注意，$i(2\omega)$ 与 ΔE^2 成正比。这种关系表明，对于较大幅度的扰动，非线性的影响是较重要的。25°下两个峰电势的位置是 $E_{\mathrm{dc}}=E_{1/2}\pm34/n\mathrm{mV}$。

二次谐波技术在分析应用及动力学参数的定量测定方面是有用的[3,5,7,31]。在这两个领域中的应用要比基频下测量更引人注意，因为双电层电容是一个颇为线性的组件，提供很小的二次谐波电流。二次谐波技术也曾用于研究偶合均相反应的电极反应。实际上该方法也用于测定一个伴随着消耗产物的快速均相反应的电极反应标准电势。但是所获得的二次谐波响应并不意味着随后反应的影响已经被消除了，因为人们将获得的是一个由非线形直流波形调制的响应。为提取有效的标准电势，人们必须确认所获得的响应表现出所有的 Nernst 特征（见图 10.6.4）[30]。高于二次的谐波曾简短地进行过讨论，但没有怎么被应用。

10.7　应用交流伏安法进行化学分析

无论基频还是二次谐波，交流伏安法作为分析技术都是很有吸引力的，因为它们有很高的灵敏度。对于极谱类型的检测极限可以达到 $10^{-7}\mathrm{mol\cdot L^{-1}}$ 的数量级，这样的性能之所以可能达到，是因为这两种方法都具有抑制电容电流的手段[5,7]。

在基频模式中，使用相敏检波以测量与激励信号 $\dot{E}_{\mathrm{ac}}$ 同相的电流分量。在 10.3 节中曾指出，这个电流一般有着法拉第成分，图 10.7.1 通过图解增强了这一想法。相反，充电电流是与 $\dot{E}_{\mathrm{ac}}$ 相位相差 90°，因为它流过一个纯的电容元件，所以它没有与 $\dot{E}_{\mathrm{ac}}$ 同相的投影。这样，得到的同相电流是纯法拉第电流。可是，90°的电流（正交电流）含有另一个法拉第分量外加非法拉第成分。通过用同相的电流作为分析信号，我们能够有效地排除电容的干扰。

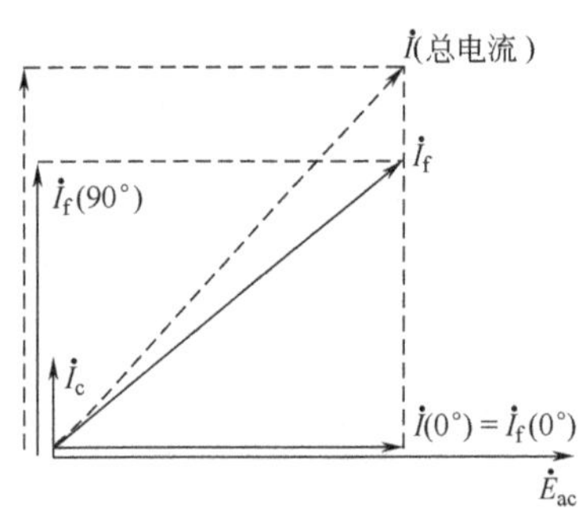

图 10.7.1　显示法拉第（$\dot{I}_{\mathrm{f}}$）组分与电容组分（$\dot{I}_{\mathrm{c}}$），总电流（$\dot{I}$）相互关系的相量图。注意 $\dot{I}_{\mathrm{f}}$ 沿 $\dot{E}_{\mathrm{ac}}$ 轴有分量，而 $\dot{I}_{\mathrm{c}}$ 无

这个方案的局限性一部分是由于未补偿电阻 R_{Ω} 的作用。因为充电电流是流过串联的 R_{Ω} 和 C_{d}，所以，这一电流就不是恰好导前 $\dot{E}_{\mathrm{ac}}$ 90°，而是某个较小的角度。于是，与 $\dot{E}_{\mathrm{ac}}$ 同相的电流必然包含非法拉第组分，这在分析物的浓度下降时对测量来说就很重要。

二次谐波交流伏安法摆脱了非法拉第的干扰，这种干扰就是由于作为电路元件的双电层电容的较为线性化所造成。因此只有很小的二次谐波电容电流，不过在分析物浓度低时它也可以变得重要起来。

交流测量得到的伏安图谱的形状对于分析是方便的。基波电流的检测产生一个峰，它的高度很容易测出，且与浓度呈线性关系。选相二次谐波伏安法得出图 10.6.3(b) 的二阶导数波形。峰-峰值与浓度呈线性关系，并且可以高精度地读出。相对地它也不易受基底信号的影响[31]。

分析测量通常是在 10Hz～1kHz 的激励频率范围内进行的，尽管邦德（Bond）曾指出这个范围的较高部分的频率能充分利用交流方法独有的选择性[32]，其根据是可以排除来自不可逆体系较小的响应。

例如，直接使用含氧的溶液，就可以起到大大节省分析时间的作用。由于氧在大多数水溶液中的还原是不可逆的，它不干扰交流伏安法的测定。还有，人们也经常控制介质，以造成对某些分析物的选择性。过渡金属对于这种操作特别敏感，因为它们的电极动力学经常受到配位作用的强烈影响。因此，通过合理地选择电解液成分可以提高它们的交流响应或从伏安图中把它们掩盖掉。由于许多支持电解质显示不可逆还原，在不引入严重的干扰情况下，对使用研究组分是有相当大的自由度。

10.8　电化学阻抗谱的仪器

阻抗谱可以用频响分析仪（frequency response analyzer，FRA）在频率域测得，也可以用具有谱分析的傅里叶变换方法来实现。已经有商品仪器和软件用于测量和分析。

10.8.1　频率域的测量[8,9,11]

测量电化学电解池阻抗的 FRA 的基本原理见图 10.8.1 所示的方框图。由 FRA 产生的正弦信号 $e(t)=\Delta \boldsymbol{E}\sin(\omega t)$ 施加于恒电势仪。它是施加到 E_{dc}并且控制电解池。在实际应用中，特别是在高频时，必须非常小心，避免由恒电势仪引起的相及幅值的误差。所产生的电流 $i(t)$ 或更准确的讲与电流成正比的电压信号，与输入信号混合后输入到分析仪中，对几个周期的信号积分后产生的信号与阻抗的虚部和实部成正比（或等价的阻抗的幅值和相角）。商品化的频率响应分析仪具有的频率范围是 10μHz～20MHz。具有对于给定频率范围扫描和储存所得阻抗数据的功能。

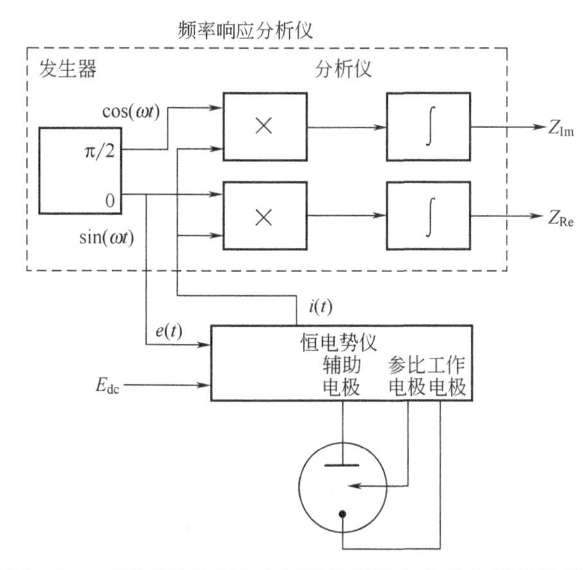

图 10.8.1　基于频率响应分析仪的测量电化学池阻抗的体系

10.8.2　时间域的测量和傅里叶分析

在时间域测量中，电化学体系依赖于电势变化，它是诸如脉冲或白色噪声信号等多频率的结果，并且记录的是电解池与时间相关的电流。激发和响应可以通过傅里叶转换方法转变为相对于频率的幅值和相角的谱图信号，从中可以计算得到作为频率函数的所需要的阻抗。

傅里叶变换在光谱学中的应用已经相当广泛，并为许多化学家所熟悉。它们之所以有吸引力，是因为能解释几个不同激励信号同时施加到一个化学体系上的实验。这些信号的响应是彼此叠加的，而傅里叶变换提供了分析它们的方法。这种同时测量的能力有时被称为变换方法的多路优点，它在电化学中的应用是十分重要的（见附录 A.6）。

此刻应当很清楚，用阻抗方法完整地表征一个电化学过程，所需的频率范围在 2～3 个数量级且电势在 $E^{\ominus\prime}\pm 100\text{mV}$ 的范围内，故其操作时间是冗长的。例如，仅仅图 10.5.4 中的数据就需要 8 个交流极谱图，而每一个扫描都要调谐电路调到不同频率，并且每一个都要分别记录同相的和正交的电流。不仅操作需要时间和耐心，同时还存在体系的表面性质在实验过程中发生变化的危险。

可以用另一种把所有需要频率的激励信号同时施加的方法[33～37]。这种想法在图 10.8.1 中进行了概述，其中表明激励信号$\dot{E}_{ac}$实际上是一个噪声波形，而不是纯正弦波形。如前所述，$\dot{E}_{ac}$是叠加在实际上恒定的常数 E_{dc}之上的，当然，$\dot{E}_{ac}$将激励一个表示有关“噪声”变化的电流。

处于 DME 汞滴寿命的后期，在大约持续 100ms 短的时间中，跟随器的输出以及 i/E 转换器的输出被同时数字化并储存到计算机的存储器中（见图 10.8.2）。

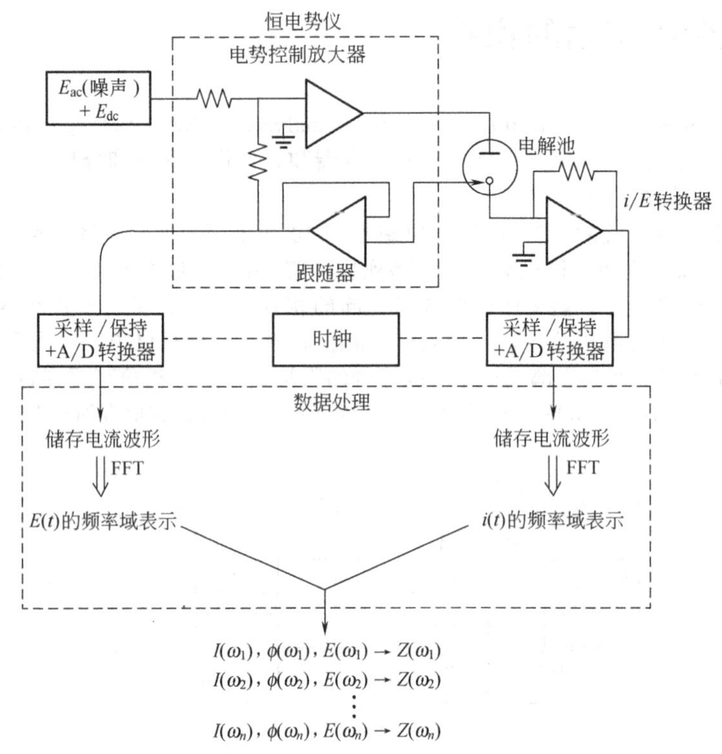

图 10.8.2 应用于在线傅里叶分析交流伏安数据的仪器和数据处理步骤的示意

在大的虚线方框中的步骤通常采用快速傅里叶变换（FFT）代数（见 A.6 节）由计算机完成

这样两个暂态的傅里叶变换给出了组成讯号的谐波分布。因此，也就知道了激励的幅值以及傅里叶分布中每一个频率下电流所对应的幅值和相角。换言之，也就是得到了 E_{dc} 电势下作为 ω 函数的法拉第阻抗。所有这些都是在数据采集的 100ms 期间从单一汞滴上得到的。因此它能在相继的汞滴上重复此整个过程，以致获得较精确的综合平均的结果。对每一次完整的测量，改变 E_{dc} 可提供电势的分布，即 $\dot{E}(E_{dc,\omega})$。

实际上，需要有一种特殊类型的激励噪声。Smith 和他的同事们证明[34,36]，最好的选择是相位变化的伪随机白噪声的奇次谐波，如图 10.8.3 所示。这个噪声是几个频率（例中是 15 个）信号的叠加，所有这些信号都是最低频率的奇次谐波。选择奇次谐波可以保证在 15 个基频所测出的电流中，不出现二次谐波分量。15 个激励频率的幅值是相等的（“白”噪声），以致每一个都受相等的权重；并且它们的相角是随机的，于是总的激励信号在幅值上不会表现出大的波动。

尽管有这些要求，但通过信号分析的逆图解很容易产生这种特殊的噪声，其方法在图 10.8.3 中描述。我们从按照规程在计算机中经过改编的幅值和相角阵列开始。将这些变换到复数平面中，然后执行快速逆向傅里叶变换，于是就得到一个时间域噪声信号的数字表示。依次将这些数以所需速度馈入 D/A 转换器，则得到一个模拟信号，经滤波后通入恒电势的输入端。反复进行 D/A 转换和滤波步骤，得到重复的激励波形，反复地施加这种波形，直到单次测量过程完成。在下一个过程将产生不同随机相角的新波形，并如此继续。

图 10.8.4 是用 $Cr(CN)_6^{3-}$ /$Cr(CN)_6^{4-}$ 电对的数据，描述了从这些实验得到的结果。它表示的是 64 次测量过程的平均，每一个测量过程是在一个 DME 的汞滴上完成的，并且每一个需要约 2s 的时间以采集和处理数据。此图中 $\cot\phi$ 的范围及其精度可与图 10.5.5 中可靠的手工测量数据进行比较。

Fourier 变换可解剖复杂波形到简单组分的功能也可以应用于高阶谐波[35,36]。在此情况下，可以采用频率为 ω 的纯正波进行激发，考察变换后的电流波形。该方法提供直流电流，在基频 ω

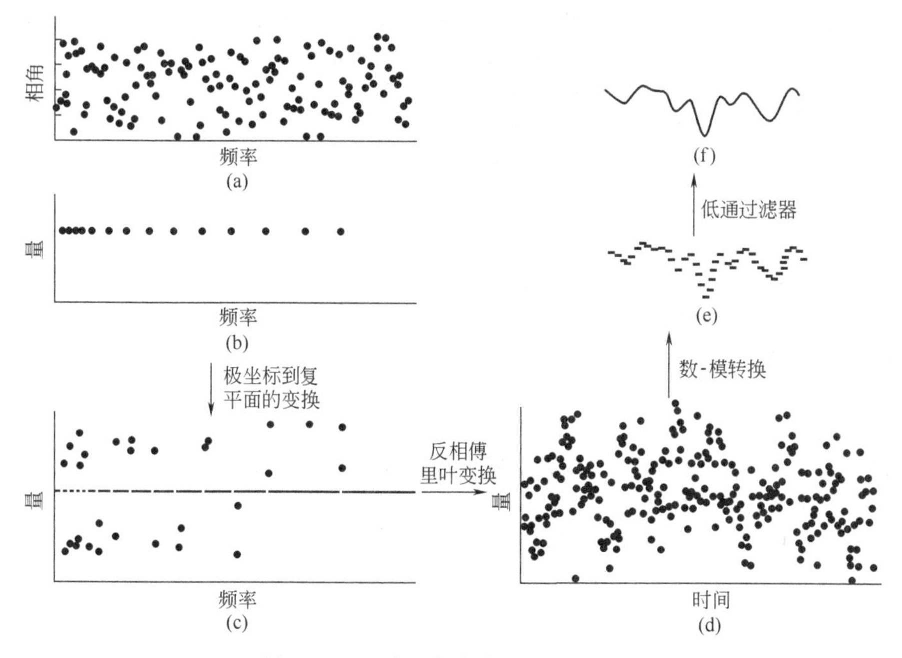

图 10.8.3　产生复杂激发波形的步骤

(b) 各种频率的选定幅值的情况，(a) 随机相角的情况。在 (c) 中代表在 (a) 和 (b) 中相结合的复平面。(d) 时间域代表，根据数/模转换产生 (e)；通过低频过滤产生 (f)。在 (e) 和 (f) 中仅显示了波形周期的一小部分 [引自 S. C. Creason et al.，*J. Electroanal. Chem.*，**47**，9 (1973)]

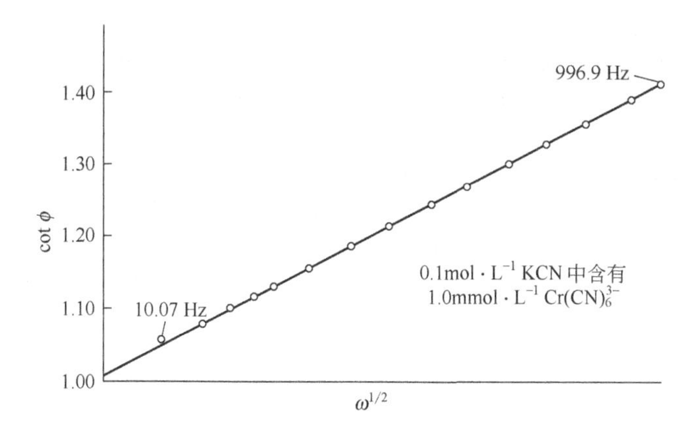

图 10.8.4　氰化铬体系的 cotϕ 相对于 $\omega^{1/2}$ 作图

数据由相变、15 个组分的奇次谐波复杂波形得到 [引自 S. C. Creason et al.，*J. Electroanal. Chem.*，**47**，9 (1973)]

时的电流和相角，以及高阶谐波的幅值和相角。在各种 E_{dc} 值下重复测量，可以从一次测量中得到所有的相关的伏安图。

除了作为测量过程的积分组成应用外，Fourier 变换在各种信号处理过程中非常有用，诸如平滑、卷积和校正。Smith 等在一定的广度下曾经讨论过在该领域应用的可能性，感兴趣的读者可参考他们的讨论[36,38]。

10.9　在拉普拉斯平面上的数据分析

已经发现电化学中有许多场合很难得到电流、电势和时间之间的显式关系式。这不是因为体系本身内在复杂（例如，涉及反应物质吸附和扩散的准可逆电荷转移），就是因为实验条件不理想（例如，阶跃实验是在足够短的时间域上完成的，致使恒电势仪的上升时间不可忽略）。通常情况确实如此，但也有些场合在扰动和观察值之间，在 Laplace 域中存在着比较简单的关系。因此，在变换空间进行数据的变换和分析可能是有益的[39~42]。

作为一个例子，来讨论对含有能准可逆还原的、单步骤单电子电活性物质 O 的体系上施加电势阶跃的情况。在 5.5.1 节中，用常规方法处理了这种情况，并且求得其电流-时间函数为

$$i=nFAk_{\mathrm{f}}C_{\mathrm{O}}^{*}\exp(H^{2}t)\mathrm{erfc}(Ht^{1/2}) \tag{10.9.1}$$

式中，$H=k_{\mathrm{f}}/D_{\mathrm{O}}^{1/2}+k_{\mathrm{b}}/D_{\mathrm{R}}^{1/2}$。体现在式（10.9.1）中的复杂的时间关系，对于实际数据的分析是困难的。因此，设计了线性化或外推等各种办法。另一方面，通过采用变换的电流，可以使用所有数据而无需引进这样的近似值：

$$\bar{i}(s)=\frac{nFAk_{\mathrm{f}}C_{\mathrm{O}}^{*}}{s^{1/2}(H+s^{1/2})} \tag{10.9.2}$$

例如，可以将函数 $1/\bar{i}_{(s)}s^{1/2}$ 对 $s^{1/2}$ 作图。从所得线性函数的斜率和截距可给出 k_{f} 和 H。在进行此项工作时，我们是选择在 s 域而不是在时间域中分析体系。

为了实现这一计划，必须从测出的曲线 $i(t)$ 得到函数 $\bar{i}(s)$。这可以通过 Laplace 变换的定义来完成（见 A.1 节）：

$$\bar{i}(s)=\int_{0}^{\infty}i(t)\mathrm{e}^{-st}\mathrm{d}t \tag{10.9.3}$$

在实际情况下，$i(t)$ 通常是数据点的集合。因此，对于给定的 s 值，$\bar{i}(s)$ 是通过把每一个点乘以 e^{-st} 然后将所得曲线进行数值积分计算出来的。用计算机完成这一任务的算法已发表[42]。对每一个所求的 s 值重复整个过程，最后结果是表示 $\bar{i}(s)$ 的数据点的新的集合，正如原始数据表示 $i(t)$ 一样。因为 s 具有频率的量纲，有时称 $\bar{i}(s)$ 为电流在频率域中的表达式。

这种策略的许多应用是基于本章前面提出的阻抗概念的延伸[41~43]。然而，激励波形通常是一个电势脉冲，而测量的是暂态电流。$E(t)$ 和 $i(t)$ 两者都作为观测的函数被记录下来。此时它们都要进行变换，并在频率域上在 $\bar{E}(s)$ 和 $\bar{i}(s)$ 之间来进行比较。$\bar{i}(s)/\bar{E}(s)$ 形式的比值是暂态阻抗，它完全可以用等效电路方式来解释。这种方法的优点是：①在频率域中数据分析常常较为简单；②能同时进行多路测量；③$E(t)$ 波形并不需要是理想的或精确预知的。最后一点是在恒电势仪响应远离理想傅里叶变换将复杂波形分解成其分量的能力也可以用于得到高次的谐波。Laplace 域分析可在高于 10MHz 的频率组成中完成。

通常，在这些分析中，把 s 作为一个复数 $s=\sigma+j\omega$ 是有益的[41,42]。这样，就可以计算函数的实轴与虚轴频率域表达式。例如，$E(t)$ 的实轴变换是

$$\boxed{\bar{E}(\sigma)=\int_{0}^{\infty}E(t)\mathrm{e}^{-\sigma t}\mathrm{d}t} \tag{10.9.4}$$

虚轴变换是

$$\boxed{\bar{E}(j\omega)=\int_{0}^{\infty}E(t)\mathrm{e}^{-j\omega t}\mathrm{d}t=\int_{0}^{\infty}E(t)\cos(\omega t)\mathrm{d}t-j\int_{0}^{\infty}E(t)\sin(\omega t)\mathrm{d}t} \tag{10.9.5}$$

必须注意，任何函数的实轴变换是绝对的实数，而虚轴变换是复数。它有实和虚两个分量。由于可以用这种方式对实验的电势和电流暂态进行变换，因此可以计算实轴暂态阻抗 $Z(\sigma)=\bar{i}(\sigma)/\bar{E}(\sigma)$ 和虚轴暂态阻抗 $Z(j\omega)=\bar{i}(j\omega)/\bar{E}(j\omega)$。因为 $Z(j\omega)$ 是复数，可以把它分成实数和虚数分量 $Z(j\omega)_{\mathrm{Re}}$ 和 $Z(j\omega)_{\mathrm{Im}}$。显而易见，$Z(j\omega)$ 与已讨论过的常规阻抗（由电阻和电抗组成）相同。这些不同的函数在按照等效电路分析电响应时是非常有用的。通常，所有不同的变换函数都包含相同的化学信息；然而，其中之一可能更容易用于数据分析。由于这种处理涉及复数 s 域，它常被称为拉普拉斯平面分析（Laplace plane analysis）。

以双电层电容 C_{d} 与未补偿溶液电阻 R_{u} 串联为例进行讨论，整个体系服从

$$E(t)=i(t)R_{\mathrm{u}}+\frac{1}{C_{\mathrm{d}}}\int_{0}^{t}i(t)\mathrm{d}t \tag{10.9.6}$$

或在频率域中，

$$\overline{E}(s)=\bar{i}(s)\left(R_u+\frac{1}{C_d s}\right) \tag{10.9.7}$$

因此，各种阻抗是❶

$$Z(\sigma)=R_u+\frac{1}{C_d\sigma} \tag{10.9.8}$$

$$Z(jw)_{\text{Re}}=R_u \quad Z(jw)_{\text{Im}}=\frac{-1}{C_d w} \tag{10.9.9}$$

由 $Z(j\omega)$ 的实数和虚数分量规定的相角 ϕ 是

$$\tan\phi=\frac{1}{\omega R_u C_d} \tag{10.9.10}$$

因而，就有了能求出 R_u 和 C_d 的四个简单的频率域关系式。为求得 R_u 和 C_d，使用 $Z(\sigma)$ 大概最方便，但是其他函数可用来校核作为某给定化学体系模型的等效电路的正确性。

Pilla 和 Margules 在通过生物膜的离子迁移方面的工作[43]是 Laplace 平面分析的一个令人感兴趣的应用。他们的实验装置是把膜用来作为含有单独电极的两种溶液之间的隔板。用一个小的电压脉冲施加于膜上，这样就可测出暂态电流。由电压和电流函数的变换能计算出上述各个阻抗。

图 10.9.1 是该分析中所用的等效电路。各组件分别对应溶液电阻、界面电容以及通过膜的离子迁移和越过溶液和膜之间界面的迁移有关的阻抗。

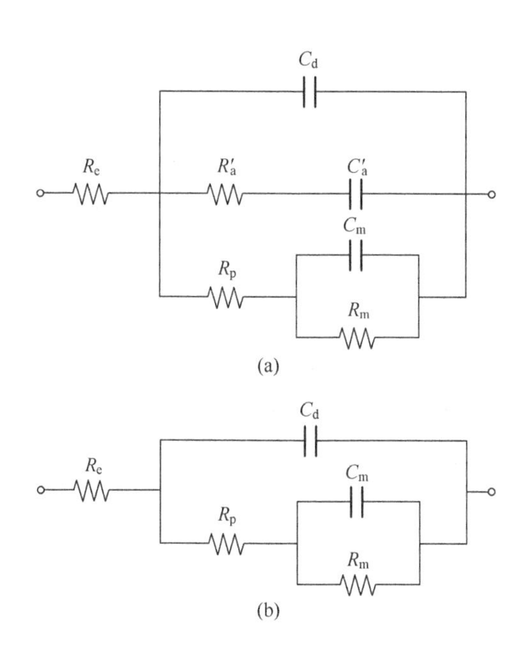

图 10.9.1　应用于分析蟾蜍尿膀胱膜暂态行为的等效电路

R_e 代表电解质电阻，C_d 是膜的介电电容。包括 R_p、C_m 和 R_m 的分支应用于说明电荷跨膜迁移。它们与电极反应中的 R_{ct} 和 Z_w 类似。在电路中，R_a' 和 C_a' 模拟吸附的影响［引自 A. A. Pilla and G. S. Margules，*J. Electrochemical. Soc.*，**124**，1697 (177)］

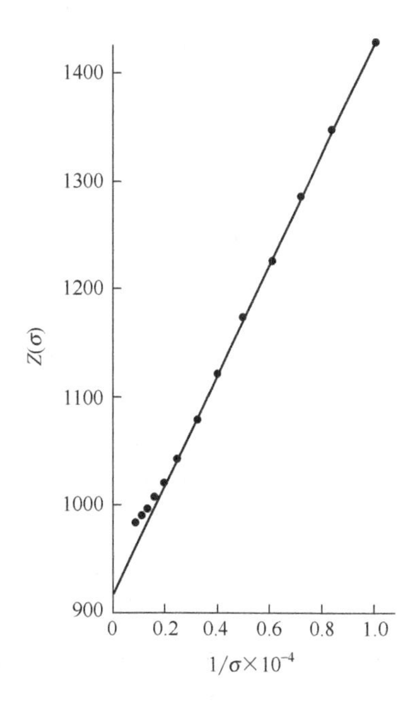

图 10.9.2　蟾蜍尿膀胱膜的 $Z(\sigma)$ 相对于 $1/\sigma$ 的高频作图

［引自 A. A. Pilla and G. S. Margules，*J. Electrochemical. Soc.*，**124**，1697(177)］

图 10.9.2 是描述一个实际体系高频下的 $Z(\sigma)$ 行为[43]。在这些频率下，图 10.9.1 中的两

❶　见有关式（10.1.11）中阻抗的定义的脚注。

个电路看上去基本上像 C_d 和 R_e 的串联组合，因为 C_d 的阻抗比包括有电阻的并联支路的阻抗小得多。因此，$Z(\sigma)$ 符合式（10.9.8），式中 R_u 在此例中与 R_e 相同。所有图 10.9.2 的截距和斜率可以定出 R_e 和 C_d。

较低频率下的数据包含着与 C_d 并联支路的信息，但是求出它需要校正 R_e 和 C_d 的影响。这在图 10.9.3 中完成。分析的原理作为练习，留在习题 10.10 中。

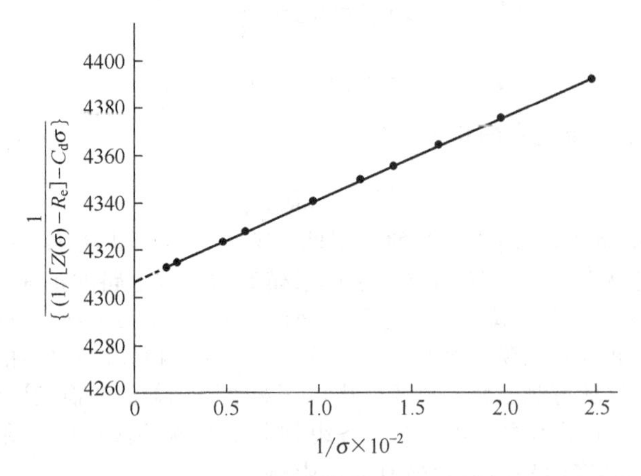

图 10.9.3 蟾蜍尿膀胱膜的中间频率与实部轴阻抗数据作图
［引自 A. A. Pilla and G. S. Margules，*J. Electrochemical. Soc.*，**124**，1697（177）］

10.10 参考文献

1 P. Delahay，"New Instrumental Methods in Electrochemistry，" Wiley-Interscience，New York，1954，Chap. 7

2 B. Breyer and H. H. Bauer， "Alternating Current Polarography and Tensammetry，" Vol. 13 in the series "Chemical Analysis，" P. J. Elving and I. M. Kolthoff，Eds.，Wiley-Interscience，New York，1963

3 D. E. Smith，*Electroanal. Chem.*，**1**，1（1966）

4 M. Sluyters-Rehbach and J. H. Sluyters，*Electroanal. Chem.*，**4**，1（1970）

5 D. E. Smith，*Crit. Rev. Anal. Chem.*，**2**，247（1971）

6 D. D. Macdonald，"Transient Techniques in Electrochemistry，" Plenum，New York，1977

7 A. M. Bond，"Modern Polarographic Methods in Analytical Chemistry，" Marcel Dekker，New York，1980

8 C. Gabrielli，"Identification of Electrochemical Processes by Frequency Response Analysis，" Solarton Instrument Group，Solarton-Schlumberger，Farnborough，Hampshire，England，Ref. 004/83，1980

9 F. Mansfeld and W. J. Lorenz in "Techniques for Characterization of Electrodes and Electrochemical Processes，" R. Varma and J. R. Selman，Eds.，Wiley，New York，1991，Chap. 12

10 D. D. Macdonald in "Techniques for Characterization of Electrodes and Electrochemical Processes，" R. Varma and J. R. Selman，Eds.，Wiley，New York，1991，Chap. 11

11 C. Gabrielli in "Physical Electrochemistry，" I. Rubinstein，Ed.，Marcel Dekker，New York，1995，Chap. 6

12 A. Lasia，*Mod. Asp. Electrochem.*，**32**（1999），Chap. 2

13 （a）J. E. B. Randles，*Disc. Faraday Soc.*，**1**，11（1947）；（b）D. C. Grahame，*J. Electrochemical. Soc.*，**99**，C370（1952）

14 （a）L. Pospisil and R. de Levie，*J. Electroanal. Chem.*，**22**，227（1969）；（b）H. Moreira and R. de Levie，*ibid.*，**29**，353（1971）；**35**，103（1972）

15 （a）D. C. Graham，*J. Am. Chem. Soc.*，**68**，301（1946）；（b）G. C. Barker，*J. Electroanal. Chem.*，**12**，495（1966）

16 R. D. Armstrong，M. F. Bell，and A. A. Metcalfe，in "Electrochemistry" （A Specialist Periodical Report），Vol. 6，H. R. Thirsk，Senior Reporter，The Chemical Society，London，1978

17 H. Kojima and A. J. Bard，*J. Electroanal. Chem.*，**63**，117（1975）

18 H. Kojima and A. J. Bard，*J. Am. Chem. Soc.*，**97**，6317（1975）

19 R. de Levie，*Ann. Biomed. Eng.*，**20**，337（1992）

20 C. Gabrielli，Ed.， "Proceedings of the First International Symposium on Electrochemical Impedance Spectroscopy，" *Electrochim. Acta*，**35**（10）（1990）

21 D. D. Macdonald，Ed.，"Proceedings of the Second International Symposium on Electrochemical Impedance Spectrosco-

py," *Electrochim. Acta*, **38** (14) (1993)
22 J. Vareecken, Ed., Proceedings of the Third International Symposium on Electrochemical Impedance Spectroscopy, *Electrochim. Acta*, **41** (7/8) (1996)
23 B. Timmer, M. Sluyters-Rehbach, and J. H. Sluyters, *J. Electroanal. Chem.*, **14**, 169, 181 (1967)
24 D. E. Smith and T. G. MaCord, *Anal. Chem.*, **40**, 474 (1968)
25 D. E. Smith, *Anal. Chem.*, **35**, 610 (1963)
26 A. M. Bond, R. J. O'Halloran, I. Ruzic, and D. E. Smith, *Anal. Chem.*, **48**, 872 (1976)
27 A. M. Bond, R. J. O'Halloran, I. Ruzic, and D. E. Smith, *Anal. Chem.*, **50**, 216 (1978)
28 W. L. Underkofler and I. Shain, *Anal. Chem.*, **37**, 218 (1965)
29 A. M. Bond, *J. Electroanal. Chem.*, **50**, 285 (1974)
30 C. P. Andrieux, P. Hapiot, J. Pinson, and J.-M. Savéant, *J. Am. Chem. Soc.*, **115**, 7783 (1993)
31 H. Blutstein, A. M. Bond, and A. Norris, *Anal. Chem.*, **46**, 1754 (1974)
32 A. M. Bond, *Anal. Chem.*, **45**, 2026 (1973)
33 H. Kojima and S. Fujiwara, *Bull. Chem. Soc. Jpn.*, **44**, 2158 (1971)
34 S. C. Creason, J. W. Hayes, and D. E. Smith, *J. Electroanal. Chem.*, **47**, 9 (1973)
35 D. E. Glover and D. E. Smith, *Anal. Chem.*, **45**, 1869 (1973)
36 D. E. Smith, *Anal. Chem.*, **48**, 221A, 517A (1976)
37 J. Hazi, D. M. Elton, W. A. Czerwinski, J. Schiewe, V. A. Vincente-Beckett, and A. M. Bond, *J. Electroanal. Chem.*, **437**, 1 (1997)
38 J. W. Hayes, D. E. glover, D. E. Smith, and M. W. Overton, *Anal. Chem.*, **45**, 277 (1973)
39 M. D. Wijnen, *Rec. Trv. Chim.*, **79**, 1203 (190)
40 E. Levart and E. Poirier d'Ange d'Orsay, *J. Electroanal. Chem.*, **19**, 335 (1968)
41 A. A. Pilla, *J. Electrochem. Soc.*, **117**, 467 (1970)
42 A. A. Pilla in "Computers in Chemistry and Instrumentation," Vol. 2, "Electrochemistry," J. S. Mattson, H. B. Mark, Jr., and H. C. MacDonald, Eds., Marcel Dekker, New York, 1972
43 A. A. Pilla and G. S. Margules, *J. Electrochem. Soc.*, **124**, 1697 (1977)

10.11 习题

10.1 由方程式（10.5.11）导出描述可逆极谱波形状的方程式（10.5.13）。

10.2 推导将电阻-电容并联网络（R_p和C_p并联）转换成串联等效电路（R_p和C_p串联）的公式。

10.3 法拉第阻抗时常表示成电阻电容的并联而不是串联形式。求出以R_{ct}、β_O、β_R和ω表示的该阻抗并联形式中各组元的表达式［提示：用已知的串联组元表达式和串-并联电路转换的方程式（习题10.2）］。

10.4 法拉第阻抗方法用于研究反应 $O+ne \rightleftharpoons R$，对电解池施加一个很小的正弦信号（5mV），并测定电解池的等效串联电阻R_B和电容C_B。当$C_O^*=C_R^*=1.00\text{mmol}\cdot\text{L}^{-1}$，$T=25$℃以及$A=1\text{cm}^2$时得到以下数据：

频率$(\omega/2\pi)$/Hz	R_B/Ω	$C_B/\mu F$	频率$(\omega/2\pi)$/Hz	R_B/Ω	$C_B/\mu F$
49	146.1	290.8	400	63.3	41.4
100	121.6	158.6	900	30.2	25.6

在完全相同的条件下，只是不存在电活性物质时作一个独立的实验，求出电解池电阻R_Ω是10Ω，电极的双层电容C_d为20.0μF。

(a) 由这些数据计算每一频率时的R_s、C_d以及法拉第阻抗分量间的相角ϕ。

(b) 计算反应的i_0和k^0，并确定D（假设$D_O=D_R$）。

10.5 由式（10.4.3）和式（10.4.4）推导式（10.4.5）和式（10.4.6）。

10.6 由式（10.4.9）和式（10.4.10）推导式（10.4.11）。

10.7 由图10.5.4和图10.5.5的数据，求草酸溶液中在DME上Ti(Ⅳ)还原成Ti(Ⅲ)的α和k^0。由其他实验我们得知$n=1$，$D_O=6.6\times10^{-6}\text{cm}^2/\text{s}$，并假设$D_O=D_R$。

10.8 在DMF中硝基苯被还原为阴离子自由基的$k^0=(2.2\pm0.3)\text{cm/s}$（见文献18）。求算的条件是温度$(22\pm2)$℃，$D_O$为$1.02\times10^{-5}\text{cm}^2/\text{s}$。传递系数是0.70。对于如下的频率，计算期望的相角：$\omega/2\pi=10$Hz，100Hz，1000Hz和10000Hz。当$E=E_{1/2}$时，绘出$\cot\phi$相对于$\omega^{1/2}$作图。描述一种从锁

相和四分之一相敏极谱图中获得 $\cot\phi$ 的方法，对于实验上可以准确获得 $\cot\phi$ 值，并且可以用于体系测量 k^0 的频率范围进行评论。

10.9 设计和证明恰当的等效电路适用于化学修饰的 O 和 R 键合到电极表面的体系。采用 10.2 节和 10.3 节中的步骤，推导频率与电极反应是 Nernst 类型之间的关系。相角是什么？

10.10 推导图 10.9.3 中作图的公式。首先显示横坐标的量是如何被认为是校正 R_e 和 C_d 后的 $Z(\sigma)$。然后，推导作为图 10.9.1 中电路 b 的其他元件相关的 $Z(\sigma)$ 的表达式。相对于图 10.9.3，考查在低频和中频时的行为。

10.11 具有 100Hz，200Hz，300Hz，…，所有的相角等于 $\pi/2$ 的复杂波形，绘出幅值与相阵列［类似于图 10.8.3 中（a）和（b）的部分］的图。让该阵列具有 128 个元素，第零个元素代表直流水平，第 127 个元素代表 $\omega/2\pi=12700$Hz。与图 10.8.3 产生的方式相比，由该阵列产生的波形有什么缺点？该波形有什么优点吗？

第 11 章　整体电解方法

在第 5～10 章所叙述的方法中，一般应用的条件特征是电极面积（A）与溶液体积（V）之比较小。这就使得即使在很长的时间间隔内完成实验，都不会有本体溶液中反应物和产物浓度的很大变化，并且在重复的实验中，半无限的边界条件［例如 $x \to \infty$时，$C_O(x,t)=C_O^*$］能得以保持。例如，讨论的是 O 的 $5\times10^{-3}\text{mol}\cdot\text{L}^{-1}$溶液，$V=100\text{cm}^3$，$A=0.1\text{cm}^2$，若假设实验保持 1h，平均电流为 100$\mu$A 左右（即电流密度 j 为 $1\text{mA}\cdot\text{cm}^{-2}$）。在这段时间内只有 0.36C 的电量通过，电活性物质的本体浓度下降小于 1%。

但是，有一些情况是希望通过电解使本体溶液的组成显著变化，这些包括分析测定［如电重量法或电量法（库仑法）］，消除或分离溶液中的一些组分的技术，以及电合成的一些方法。这些整体（或耗尽）的电解方法，其特点是 A/V 大，并且尽可能具有有效的传质条件。因此，如果上述例子全部条件都保持，只是电极面积为 100cm^2（假设同样是 $j=1\text{mA}\cdot\text{cm}^{-2}$，结果总电流是 0.1A），那么在小于 10min 内（假定 $n=1$ 且只发生单电子过程，和 100%电流效率，见 11.2.2 节），电活性物质就被完全电解。虽然整体电解方法通常以大电流并以分钟和小时计的实验时间为特点，但是前几章描述电极反应所遵循的原则仍然适用。

11.1　技术分类

这些方法可以根据被控制的参数（E 或 i）和要准确测定的量或所完成的过程进行分类。例如，在控制电势的技术中，工作电极的电势相对于参比电极保持恒定。因为工作电极的电势是一个变量，它控制着大多数场合中电解过程的完成程度，所以控制电势技术一般常常是整体电解最适宜的。但是，该方法要求有大的输出电流和大电压容量的恒电势仪，以及稳定的参比电极，并要仔细地放置以减小未补偿电阻的影响。通常希望辅助电极的放置使得在工作电极表面上有非常均匀的电流分布，且辅助电极常常放在一个隔离室与工作电极室用烧结玻璃圆盘，离子交换膜或其他隔膜来分开。

在控制电流技术中，通过维持电解池的电流恒定（或有时电流作为时间按照程序变化，或对于某一指示电极信号有响应）。虽然这些技术涉及的仪器常常比控制电势方法简单，但它既需要对已完成的电解信号给予特殊的检测方法，又必须保证 100%的电流效率。对于制备电解（或电合成），只要测量能保证电极电势不会进入不希望的副反应发生的区域，恒电流有时是可以使用的。

在电分析的整体电解方法中所运用的一般原则和模型也常常适应于从大规模的流动电合成，到原电池、干电池、燃料电池以及到电镀。

整体电解法也可根据应用目的来分类。例如，一种分析的形式是测量沉积在电极上的重量（电重量法，electrogravimetry）。在这种场合下并不要求 100%电流效率，只要所研究的物质以纯的已知形式沉积就可以了。在电量法中，需要测定消耗在完全电解中的总电量。只要反应是在 100%电流效率下进行，物质的量以及参加电极反应的电子数便可以根据法拉第定律来确定。对于电分离来讲，电解是用来选择性地消除溶液中的某些组分。

在此列举出与整体电解相关的几种技术。在薄层电化学方法中（见 11.7 节），把一个薄层（20～100μm）中体积很小的溶液贴附于工作电极上，从而达到很大的 A/V 比。在这种技术中，电流的大小以及时间长短都与伏安法相似。流动电解技术（见 11.6 节）是溶液流过电极池时完全电解，这种技术也可以列到整体电解的方法中去。最后是溶出分析方法（见 11.8 节），此处整体电解用来使物质预富集到一个小的体积内或电极表面上，然后进行伏安法分析。在本章中，我们也讨论用于液相色谱的检测器的电解池以及其他的流动技术。虽说这些电解池通常不以整体电解的模式进行操作，但它们常常是与其他已描述的电解池相关的薄层流动池。

整体电解技术的一般性处理及其用于分析和分离的许多实例都包括在文献［1～4］中。

11.2　整体电解中的一般原则

11.2.1　电极过程的程度或完成率

对 Nernst 反应，整体电解过程的程度或完成程度常常可以根据所施加的电极电势和 Nernst 方程的恰当形式来预测。

（1）两种形式都溶于溶液中　讨论如下总的还原反应

$$\mathrm{O}+ne \longrightarrow \mathrm{R} \tag{11.2.1}$$

$$E=E^{\ominus\prime}+\left(\frac{RT}{nF}\right)\ln\left(\frac{C_\mathrm{O}}{C_\mathrm{R}}\right) \tag{11.2.2}$$

这里无论 O 或 R 都是可溶的。假设 R 在开始并不存在。令 C_i 是 O 的初始浓度，V_s 是溶液的体积，x 是在电极电势 E 时已还原为 R 的 O 的分数。因此，

$$\text{在平衡时 O 的摩尔数}=V_\mathrm{s}C_\mathrm{i}(1-x) \tag{11.2.3}$$

$$\text{在平衡时 R 的摩尔数}=V_\mathrm{s}C_\mathrm{i}x \tag{11.2.4}$$

由式（11.2.2）～式（11.2.4）得到

$$\boxed{E=E^{\ominus\prime}+\left(\frac{RT}{nF}\right)\ln\left(\frac{1-x}{x}\right)} \tag{11.2.5}$$

或

$$\boxed{\text{还原 O 的分数}=x=\{1+10^{[(E-E^{\ominus\prime})n/0.059]-1}\}(\text{在 25℃时})} \tag{11.2.6}$$

例如，对于 O 还原到 R 99%的完成率（即 $x=99\%$），工作电极的电势应当是

$$E=E^{\ominus\prime}+\frac{0.059}{n}\lg\left(\frac{0.01}{0.99}\right)\approx E^{\ominus\prime}-\frac{0.059\times 2}{n} \tag{11.2.7}$$

或在 25℃时比 $E^{\ominus\prime}$ 负 $118/n$ mV。

（2）沉积成汞齐　对于反应

$$\mathrm{O}+ne \xrightleftharpoons{\mathrm{Hg}} \mathrm{R(Hg)} \tag{11.2.8}$$

这里 R(Hg) 表示 R 的汞齐，即 R 溶解在汞电极中（电极体积为 V_Hg），这种情况类似于两种形式都溶于溶液中，只是式（11.2.8）中反应的形式电势 $E_\mathrm{a}^{\ominus\prime}$ 取代 $E^{\ominus\prime}$，C_R 表示汞电极中 R 的浓度（假设低于饱和值）。它可以得到如下方程：

$$E=E_\mathrm{a}^{\ominus\prime}+\frac{RT}{nF}\ln\left[\frac{V_\mathrm{s}C_\mathrm{i}(1-x)/V_\mathrm{s}}{V_\mathrm{s}C_\mathrm{i}x/V_\mathrm{Hg}}\right] \tag{11.2.9}$$

$$\boxed{E=E_\mathrm{a}^{\ominus\prime}+\frac{RT}{nF}\ln\left(\frac{V_\mathrm{Hg}}{V_\mathrm{s}}\right)+\frac{RT}{nF}\ln\left(\frac{1-x}{x}\right)} \tag{11.2.10}$$

（3）固体的沉积　对于反应

$$\mathrm{O}+ne \rightleftharpoons \mathrm{R(固体)} \tag{11.2.11}$$

当多于一个单层的 R 沉积在惰性电极（如铜沉积在铂电极上）或沉积是在 R 做成的电极上进行时（如铜沉积在铜电极上），R 的活度 a_R 是常数并等于 1。因此，Nernst 方程式给出

$$E=E^{\ominus}+\frac{RT}{nF}\ln[\gamma_O C_i(1-x)] \tag{11.2.12}$$

式中，γ_O为物质O的活度系数。当R在惰性基底上沉积少于单层时，$a_R\neq 1$，a_R的表示式是R覆盖度的函数，必须把它用在Nernst方程式中。有时假设a_R正比于电极表面被R覆盖的分数θ[5]。这样，例如

$$a_R=\gamma_R\theta=\gamma_R\frac{A_R}{A}=\frac{\gamma_R N_R A_a}{A} \tag{11.2.13}$$

式中，A_R为R所占的面积；A为电极面积；A_a为分子R的截面积；N_R为沉积在电极上的R的分子数。在平衡时N_R由下式给出

$$N_R=V_s C_i x N_A \tag{11.2.14}$$

式中，N_A为Avogadro常数。当把式（11.2.13）和Nernst方程结合，就可以得到：

$$E=E^{\ominus}+\frac{RT}{nF}\ln\left(\frac{\gamma_O A}{\gamma_R V_s N_A A_a}\right)+\frac{RT}{nF}\ln\left(\frac{1-x}{x}\right) \tag{11.2.15}$$

因此，在这个很简单的模型中，哪怕沉积的是固体，沉积曲线的形状也会遵循有可溶物组分或形成汞齐时的形状［式（11.2.5）或式（11.2.10）］（见图11.2.1）。

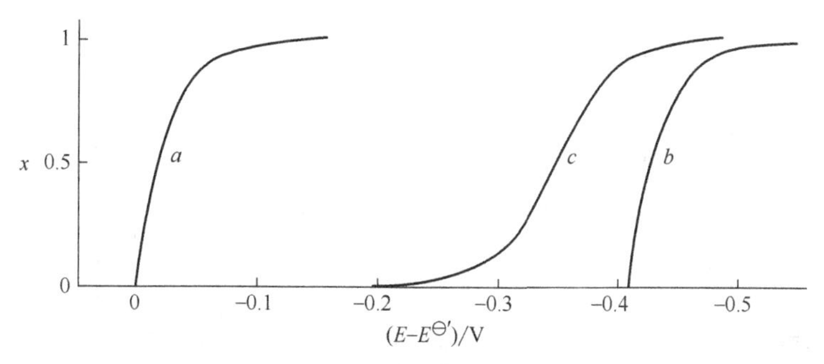

图11.2.1　金属M^+（例如Ag^+）沉积的分数作为电势的函数

曲线a，Ag上1mol·L^{-1} Ag^+；曲线b，Ag上10^{-7}mol·L^{-1} Ag^+；曲线c，根据式（11.2.15），Pt上有10^{-7}mol·L^{-1} Ag^+

沉积开始的电势较沉积R在本体R的值正得多。讨论一下在1cm^{2}铂电极上，含有10^{-7}mol·L^{-1} Ag^+的0.01L溶液Ag的沉积。令$A_a=1.6\times10^{-16}$cm^{2}和$\gamma_O=\gamma_R$。有一半的银是在$E=0.35$V时沉积的（形成约0.05单层），对比来看，在银电极上沉积相同的量要求$E=0.43$V。在$a_R=1$的Nernst方程所规定的电势以前的沉积叫做欠电势沉积。这种情况远比前面处理要复杂得多，这是由于沉积电势取决于基底的性质（材料和预处理），且取决于O吸附的缘故。再之，该处理假定第二层的形成在第一层完成以前并不开始。但是，情况往往并不是如此；金属的原子常常要聚集，而不是在别的表面上沉积以及生成的是枝状结晶。欠电势沉积的本质以及固体的沉积的一般论述可在文献［6～10］中得到。

对于慢的电子转移（不可逆）过程，电极过程最终的程度仍服从平衡时的原则和Nernst方程，但是电解速度在上节所规定的电势下是小的，且电解时间较长。对于这样的过程，还原必须在更负的电势下完成；实际电势的选定通常基于在条件接近指定的整体电解条件时实验的电流-电势曲线。受均相反应速率控制的过程，如

$$A\xrightarrow{k}O\qquad O+ne\rightleftharpoons R \tag{11.2.16}$$

可能较慢且与选择的电势无关。在这种情况下，所选定的电势是为了使O全部转化为R，并且还要采取其他措施，例如提高温度或添加催化剂，以提高反应速率。有时添加催化剂（或介质）以使那些在电极上自身的电子转移速率很慢，而有介质时反应速度迅速的物质则得到电解。例如，许多酶（如细胞色素）在电极上直接还原很慢。加入如甲基紫精这样在电极上可逆地还原的介质，其还原型与酶迅速反应，就可使还原得以完成[11,12]。与电量滴定技术（见11.4.2节）相联

系的这种策略也可以用到其他不可逆电极反应中。

11.2.2 电流效率

当两个或更多的法拉第反应能够在电极上同时发生时，第 r 个过程占有总电流（i_{total}）的分数称为即刻电流效率（instantaneous current efficiency）：

$$第\ r\ 个过程的即刻电流效率=i_r/i_{total} \tag{11.2.17}$$

单位（或 100%）电流效率意味着仅在电极上发生一个过程。当考虑电解一段时间后的结果时，总电流效率（overall current efficiency）代表第 r 过程在消耗总电量中的分数：

$$第\ r\ 个过程的总电流效率=Q_r/Q_{total} \tag{11.2.18}$$

普遍希望整体电解过程有高的电流效率。这要求工作电极电势以及其他条件的选择要使得副反应不发生（例如溶剂的支持电解质、电极材料或杂质等的还原或氧化）。在电重量法中，一般并不要求 100%的电流效率，只要求副反应不生成不溶性产物就行。在恒电流电量滴定时，要求 100%的滴定效率（而不是电流效率）；区别将在 11.4.2 节中讨论。

11.2.3 电解池

由于实验时间长及电流大，整体电解技术通常在电解池的设计上要比暂态实验中存在更多的问题，典型的整体电解的电解池示于图 11.2.2。

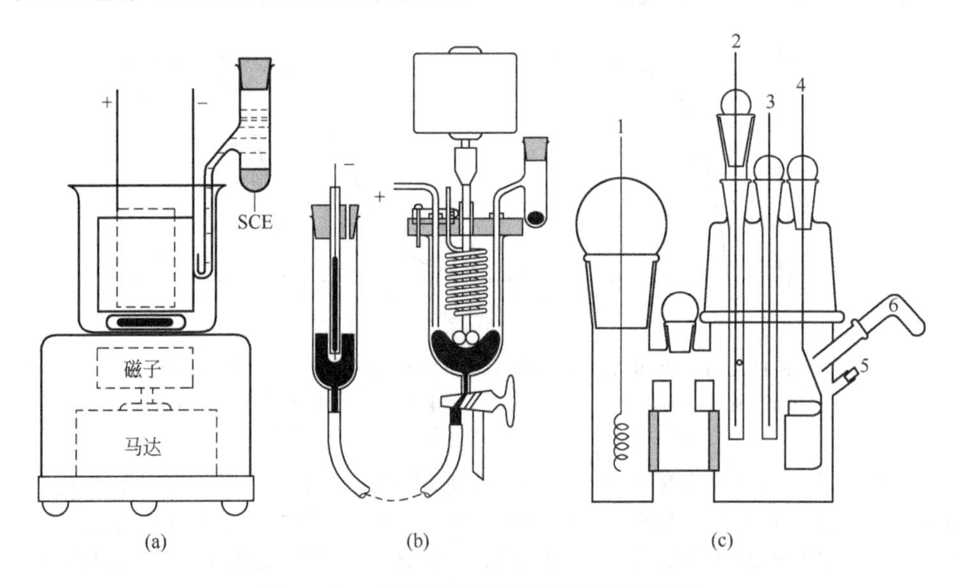

图 11.2.2 典型的整体电解所采用的电解池

(a) 在固体阴极上进行控制电势分离和电重量分析用的整体电解池［引自 J. J. Lingane, *Anal. Chim. Acta*, **2**, 584 (1948)］。(b) 以汞作为阴极，银作为阳极进行电量分析用的整体电解池［引自 J. J. Lingane, *J. Am. Chem. Soc.*, **67**, 1916(1945)］。(c) 以毛玻璃相连的在真空条件下进行电量和伏安研究的三腔电解池。1—Pt 丝辅助电极；2—在独立室中的 Ag 丝参比电极；3—金伏安型工作微电极；4—铂箔电量型工作电极；5—用于样品注射的硅橡胶隔膜；6—用于添加固体样品的旋转副臂。没有显示与真空管相连的臂和接点［引自 W. H. Smith and A. J. Bard, *J. Am. Chem. Soc.*, **97**, 5203(1975)］

(1) 电极及其几何尺寸　尽管有时采用粉体的紧密床、泥浆或流态床，但对于固体电极一般是用丝织的网或箔圆柱体。目的是要尽可能地具有大的工作电极面积。汞电极普遍采用池型。

正如在伏安实验中那样，对于小的辅助电极和小电流情况，其放置位置通常不是问题，但在本体电解池中，它们非常重要。采用大的辅助电极及它相对于工作电极的位置不对称时，在辅助电极与工作电极的不同部分，溶液电阻是不同的。不均匀的电流密度使得在电极表面的不同位置上电极和溶液间 iR 降不同，这会导致不希望的副反应和总电极面积使用的不当（见图 11.2.3）。

参比电极的盐桥尖嘴的恰当位置也是重要的。通常，它应该直接放置在辅助电极室之下，电流密度最高处。由于未补偿电阻降较大的变化引起的电流有较大的波动，因此在本体电解池中常常很难较好地控制电势。参比电极的电势长时间的稳定性也很重要（见 15.6 节）。

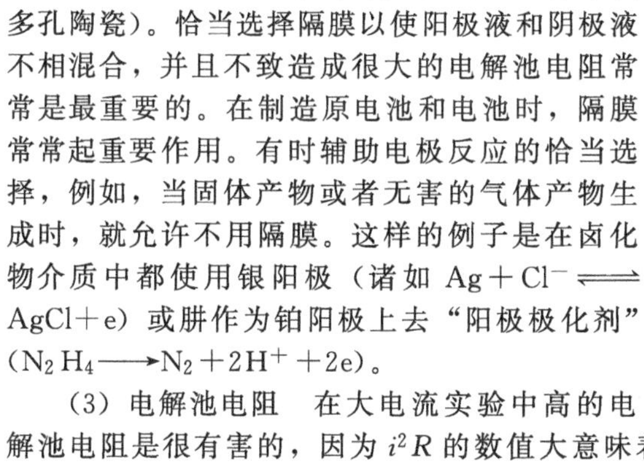

（2）隔膜 在辅助电极上电极反应的产物要是可溶的话，在工作电极上有可能发生反应，所以通常将两个电极放在两个分离的室中。这两个室一般由烧结的（或多空的）玻璃片或离子交换膜隔开（不太常用的是滤纸、石棉布或多孔陶瓷）。恰当选择隔膜以使阳极液和阴极液不相混合，并且不致造成很大的电解池电阻常常是最重要的。在制造原电池和电池时，隔膜常常起重要作用。有时辅助电极反应的恰当选择，例如，当固体产物或者无害的气体产物生成时，就允许不用隔膜。这样的例子是在卤化物介质中都使用银阳极（诸如 $Ag + Cl^- \rightleftharpoons AgCl + e$）或肼作为铂阳极上去"阳极极化剂"（$N_2H_4 \longrightarrow N_2 + 2H^+ + 2e$）。

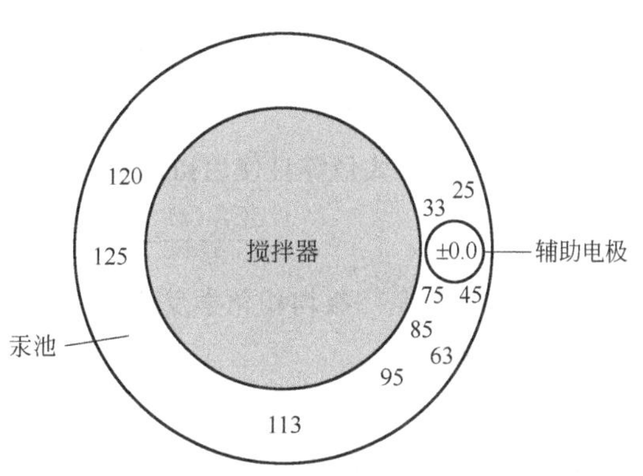

图 11.2.3 采用不对称辅助电极时，在环状汞池电极表面的电势分布（mV）

溶液，0.5mol·L^{-1} H_2SO_4；总的电池电流，40mA；汞池，外直径 1.5in，内直径 1.0in。小圆圈是辅助电极的多空玻璃隔膜的位置，它离汞池表面的距离是 4mm [引自 G. L. Booman and W. B. Holbrook, *Anal. Chem.*, **35**, 1793 (1963)]

（3）电解池电阻 在大电流实验中高的电解池电阻是很有害的，因为 i^2R 的数值大意味着耗费能量，需要恒电势仪或电源有高的电压，且有不希望的热量放出。此外，当电解池有高的电阻时，要想通过恰当放置参比电极尖嘴使其靠近工作电极，以便没有大的未补偿 iR 降，这也是很难办到的。当有低的介电常数的非水溶剂以及因此所固有的低的溶液电导（如乙腈、N,N-二甲基甲酰胺、四氢呋喃和氨）被使用时，为了减小电解池电阻，电解池的设计特别重要。

11.3 控制电势方法

11.3.1 电流-时间行为

描述搅拌溶液中的电流-时间特性（见 1.4.2 节和第 9 章）通常也适应于这些电解条件，只是本体浓度 C_O^* 是时间的函数，它在电解时要不断下降。因此在电解时，反复测取的 i-E 曲线将表现出随 C_O^* 的降低 i_l 连续下降（见图 11.3.1）（假设测定速度很快，以至于在电势扫描时 C_O^* 不发生显著变化）。

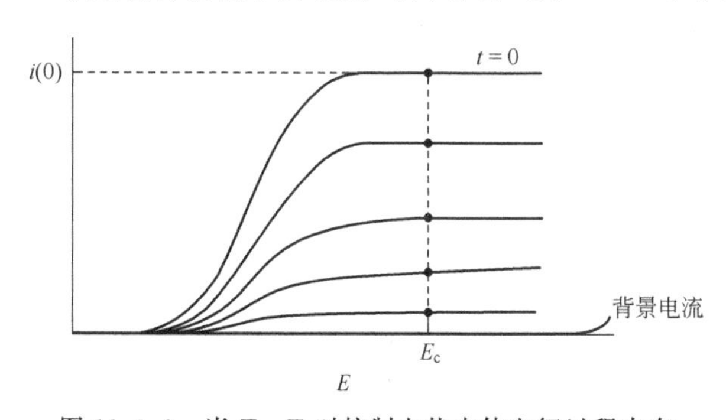

图 11.3.1 当 $E=E_c$ 时控制电势本体电解过程中在不同时间下的电流-电势曲线

讨论 O 的电解，它在本体溶液中最初的浓度是 $C_O^*(0)$，反应 $O + ne \longrightarrow R$，在面积为 A 的电极上保持在极限电流区中的电势 E_c。在任意时刻的电流由式（1.4.9）给出

$$i_l(t) = nFAm_O C_O^*(t) \tag{11.3.1}$$

由于电解（假定电流效率为 100%），电流也表示电解 O 的总消耗速度 dN_O/dt(mol/s)：

$$i_l(t) = -nF\left[\frac{dN_O(t)}{dt}\right] \tag{11.3.2}$$

式中，N_O为体系中 O 的总摩尔数。当我们假定溶液为完全均相时，即忽略在电极表面附近的扩散层的小体积 $\delta_O A$，这里 C_O小于 C_O^*，则

$$C_O^*(t) = \frac{N_O(t)}{V} \tag{11.3.3}$$

式中，V 为溶液总体积。由方程式（11.3.2）和式（11.3.3）给出

$$i_l(t)=-nFV\left[\frac{\mathrm{d}C_O^*(t)}{\mathrm{d}t}\right] \tag{11.3.4}$$

把 $i_l(t)$ 的两个关系式恒等且使用初始条件，即 $t=0$ 时 $C_O^*(t)=C_O^*(0)$，我们得到

$$\frac{\mathrm{d}C_O^*(t)}{\mathrm{d}t}=-\left(\frac{m_OA}{V}\right)C_O^*(t)=-pC_O^*(t) \tag{11.3.5}$$

方程式（11.3.5）是一级均相化学反应的特征方程，这里 $p=m_OA/V$ 与一级速率常数相似。该常微分方程的解是

$$\boxed{C_O^*(t)=C_O^*(0)\exp(-pt)} \tag{11.3.6}$$

且用式（11.3.1）我们得到 i-t 行为：

$$\boxed{i(t)=i(0)\exp(-pt)} \tag{11.3.7}$$

式中，$i(0)$ 为初始电流[13]。因此，控制电势整体电解像是一个一级反应，其浓度和电流在电解过程中随时间按指数衰减（见图 11.3.2），且最终达到背景（残余）电流水平。方程式（11.3.7）可以用来确定在一定的转化率时的时间：

$$\frac{-p}{2.3}t=\lg\left[\frac{C_O^*(t)}{C_O^*(0)}\right]=\lg\left[\frac{i(t)}{i(0)}\right] \tag{11.3.8}$$

为了达到 99%的电解程度，$C_O^*(t)/C_O^*(0)=10^{-2}$，$t=4.6/p$；而在 99.9%时，$t=6.9/p$。利用高效搅拌，$m_O\approx10^{-2}\,\mathrm{cm/s}$，这样，对于 $A(\mathrm{cm}^2)\approx V(\mathrm{cm}^2)$ 来讲，$p=10^{-2}\,\mathrm{s}^{-1}$，达到 99.9%的电流程度则应要求约 690s 或约 12min。典型的整体电解要比这慢，需要 30～60min，尽管所描述的电解池的设计有很大的 A/V 和高效的搅拌（诸如利用超声波），且 $p\approx10^{-1}\,\mathrm{s}^{-1}$[14]。为了使电解速度高，$A$ 应当尽可能大，在许多实际设备中（例如制备用电解池或燃料电池或其他电源），采用了多孔电极和流动电解池（见 11.6 节）。

电解时消耗的总电量 $Q(t)$ 是由 i-t 曲线下的面积给出［图 11.3.2(c)］

$$\boxed{Q(t)=\int_0^t i(t)\,\mathrm{d}t} \tag{11.3.9}$$

控制电势电解是实现整体电解的最有效的方法，因为电流永远维持在电流效率为 100%时的最大值（对于一定的电解池条件）。应当注意，电解速度与 $C_O^*(0)$ 无关，因此，电解 0.1mol·L^{-1} 的 O 溶液和 10^{-6}mol·L^{-1}的 O 溶液，在相同的 E、A、V 和 m_O值下，应当要求同样的时间。

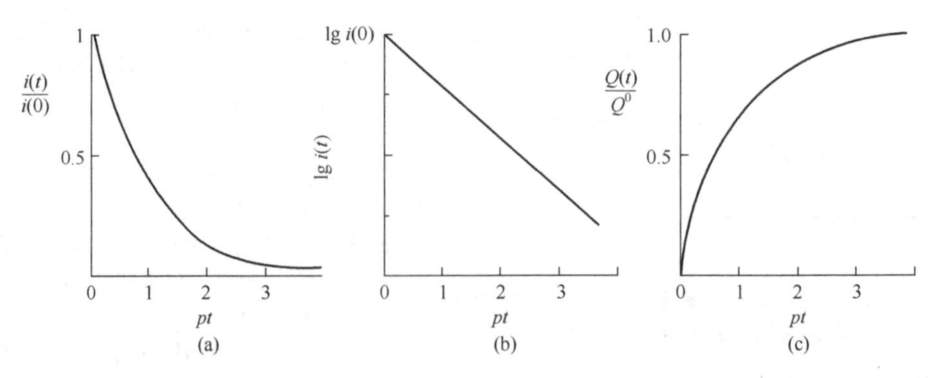

图 11.3.2 (a) 控制电势电解过程中的电流-时间关系；(b) lg $i(t)$ 相对于 t；(c) Q 相对于 t

11.3.2 电重量法

通过在电极上选择性沉积，然后通过称重来测定金属是最古老的电分析方法之一［Cruikshank(1801)；W. Gibbs(1864)］。在控制电势方法中，将固体电极的电势调节到所期望的电镀反应能发生而其他不溶性物沉积的反应不发生的电势。

电重量法的灵敏度受到限制是由于在测定电极本身和电极加上沉积物这两个质量之间的微小差别

中造成的。该技术也需要洗涤和干燥电极，当然也就限定电极反应是形成不溶性物质的。由于这些原因，许多电重量分析由电量法取代（见11.3.4节），但是在不能得到100%电流效率的情况下除外。

电重量分析同样要求光滑和牢固的金属镀层和沉积物。沉积物的物理特性取决于溶液中金属离子的形式，溶液中能吸收的表面活性剂的存在和一些尚不能完全理解的其他因素。读者要想详细讨论这些因素可以参阅文献［15～17］和一些电镀的书籍［18］。从配位离子溶液中得到的沉积物常常比只含有水的溶液中得到的要光滑。例如，在含有 CN^- 介质［含 $Ag(CN)_2^-$］的 Ag^+ 溶液中得到的沉积物比在硝酸盐介质中得到的光亮。表面活性剂（“光亮剂”）的加入，例如动物胶，常常会改善沉积。曾经报道过，有机添加剂有时被金属沉积物吸留，致使出现电重量分析的正偏差。当沉积是在控制电势的条件下完成时，这种偏差显然不大。沉积时有氢气析出也会使沉积物较粗糙。在很高的电流密度下得到的沉积物比低电流密度下得到的附着性差且粗糙。

用电重量法对某些金属进行的典型测定及其沉积电势列于表11.3.1中。电重量法及其应用的详细讨论可在文献［1,3,18,19］中得到。正如将在17.5节中所描述的那样，电重量法也可以采用石英晶体微天平进行。

表11.3.1 在不同介质中在铂电极上各种金属的沉积电势（V，相对于SCE）[①]

金属	支持电解质				
	0.2mol·L^{-1} H_2SO_4	0.4mol·L^{-1} NaTart＋0.1mol·L^{-1} NaHTart	1.2mol·L^{-1} NH_3＋0.2mol·L^{-1} NH_4Cl	0.4mol·L^{-1} KCN＋0.2mol·L^{-1} KOH	EDTA＋NH_4OAc[②]
Au	＋0.70	(＋0.50)[④]	—	－1.00	＋0.40
Hg	＋0.40	(＋0.25)[④]	－0.05	－0.80	＋0.30
Ag	＋0.40	(＋0.30)[④]	－0.05	－0.80	＋0.30
Cu	－0.05	－0.30	－0.45	－1.55	－0.60
Bi	－0.08	－0.35	—	(－1.70)[④]	－0.60
Sb	－0.33	－0.75	—	－1.25	－0.70
Sn[③]	—	—	—	—	—
Pb	—	－0.50	—	—	0.65
Cd	－0.80	－0.90	－0.90	－1.20	－0.65
Zn	—	－1.10	－1.40	－1.50	—
Ni	—	—	－0.90	—	—
Co	—	—	－0.85	—	—

① 摘自文献［3］中的表。
② 5g NH_4OAc ＋200mL H_2O(pH≈5)；［EDTA］∶［金属］＝3∶1。
③ 锡可从 HCl 或 HBr 溶液中含有的 Sn(Ⅱ) 沉积出。
④ 沉积所得到的金属不适用于电重法分析。

11.3.3 电分离

在电化学分离中，需要一种金属（M_1）能定量地沉积在固体电极上或汞电极上，而第二种金属（M_2）不发生显著的沉积。11.2.1节所涉及电解的完成率是电势的函数原则上可用的。因此，为了使 M_1 完全沉积（即≥99.9%）成为汞齐，在 $V_{Hg}=V_I$ 时 $E\leqslant E_{a1}^{\ominus}-0.18/n_1$ V［在25℃下，这里 $E^{\ominus\prime}{}_{a1}$ 是 n_1 电子还原的形式电势］。为了使 M_2 完全不沉积（即≤0.1%），$E\geqslant E_{a2}^{\ominus\prime}+0.18/n_1$ V。因此，形式电势之间的分离必须至少是 $0.18(n_1^{-1}+n_2^{-1})$（见图11.3.3）。如果 $|E_{a2}^{\ominus\prime}-E_{a1}^{\ominus\prime}|$ 小于此

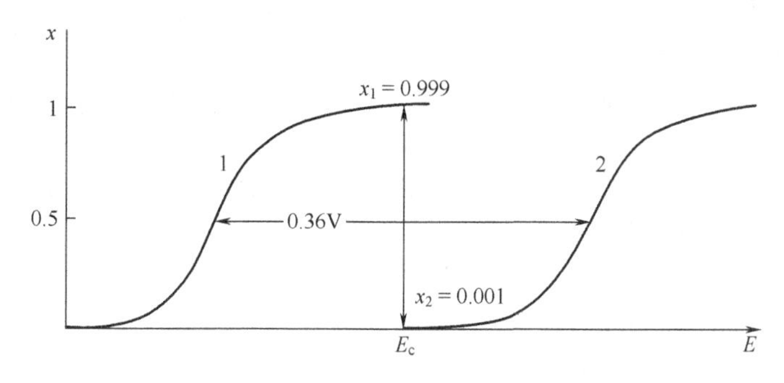

图11.3.3 在汞电极上（$n_1=n_2=1$）完全分离金属 M_1 和 M_2 的条件

值，则 99.9%水平的分离是不能做到的。在这种情况下，就要改变支持电解质，或是改变一个或两个金属的配合物，这样常会改善分离。能成功地进行分离的电势范围，最好是在与所讨论分离时相同条件下（浓度、支持电解质、温度），在一个伏安电极上测定 i-E 曲线而确定。

虽然电重量分析很少用汞电极，但该电极却常常用于电分离。可以沉积在汞电极上的一些金属示于图 11.3.4。

Ⅰa	Ⅱa	Ⅲa	Ⅳa	Ⅴa	Ⅵa	Ⅶa	Ⅷ			Ⅰb	Ⅱb	Ⅲb	Ⅳb	Ⅴb	Ⅵb	Ⅶb	0
H																	He
Li	Be											B	C	N	O	F	Ne
Na	Mg											Al	Si	P	S	Cl	Ar
K	Ca	Sc	Ti	V	Cr	Mn	Fe	Co	Ni	Cu	Zn	Ga	Ge	As	Se	Br	Kr
Rb	Sr	Y	Zr	Nb	Mo	Tc	Ru	Rh	Pd	Ag	Cd	In	Sn	Sb	Te	I	Xe
Cs	Ba	La①	Hf	Ta	W	Re	Os	Ir	Pt	Au	Hg	Tl	Pb	Bi	Po	At	Rn
Fr	Ra	Ac②															

图 11.3.4　沉积在汞电极上的元素

[引自 J. A. Maxwell and R. P. Graham, *Chem. Rev.*, **46**, 471(1950)]

① 另有 58 和 71 元素（已有部分沉积镧和铷的报道）。

② 另有 90 到 103 元素。

注：粗实线框起来的元素可以定量地沉积在汞阴极上。断续线框起来的元素可从电解质中定量地分离，但不能定量地沉积在汞电极上。浅实线框起来的元素不能完全分离。

11.3.4　电量法测量

在控制电势电量法中，电解消耗的总电量用来确定被电解物质的量。为了进行电量法测量，电极反应必须满足下列要求：①必须已知化学计量数；②必须是单一反应，至少没有不同化学计量数的副反应；③必须在接近 100%电流效率下进行。

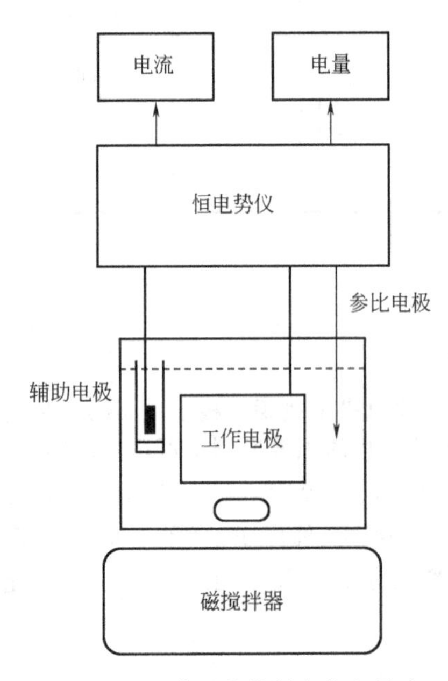

图 11.3.5　典型的控制电势电量法仪器方框图

恒电势电量法中所用设备的框图示于图 11.3.5 中。所用恒电势仪通常需要输出功率是 100W（例如，100V 时为 1A 或 20V 时为 5A）。由于电流在电解过程中被监控，因此背景电流可以测量，完整的电解可以观察到。i-t 曲线的形状可以用于判断电极反应机理，也可以判断仪器出现的问题。例如，如果电解以后的最终电流是恒定的，但远远大于只有支持电解质时的预电解基底电流的话，则电解产物的反应可以再生出原始物质或别的电活性物质（见 12.7 节）。这种迹象还表示从辅助电极室有物质漏过。如果在电解开始时电流在一般的指数衰退以前的一定时间保持恒定[图 11.3.2 (a)]，则恒电势仪的输出电流或电压对于电解条件（电极面积、C_O^*、电解池电阻和搅拌速度）很可能不能把工作电极维持在所选电势。

有许多不同类型的库仑计可以使用。以前使用的化学型（重量、滴定和气体型）。这些可以直接联系到化学初级标准（例如银库仑计），并且具有高的准确度和紧密度。但是，它们使用不方便且费时间，现在已很少使用了。现在运算放大器的积分电路或数字电路通常用于测定总电量。这样可以直接给出库仑的读数（或者如果需要的话也可以是当量），也可以在电解时记录 Q-t 曲线，见图 11.3.2(c)。对于简单的电解来说，这个曲线的形状直接由式（11.3.7）和式（11.3.9）得到

$$\boxed{Q(t)=\frac{i(0)}{P}(1-\mathrm{e}^{-pt})=Q^0(1-\mathrm{e}^{-pt})} \tag{11.3.10}$$

式中，Q^0 为电解完成时（$t\to\infty$）的 Q 值，它由下式给出：

$$\boxed{Q^0 = nFN_O = nFVC_O^*(0)} \tag{11.3.11}$$

式中，N_O为表示初始存在的O的总摩尔数。方程式（11.3.11）恰恰是法拉第定律的表述，是任何电量分析法的基础。

控制电势电量法在分析中有许多用途。作为电重量测定基础的许多沉积反应也可以用在电量法中。但是某些电重量测定也可以在电极反应的电流效率小于100%的时候应用，例如固体电极上镀锡。当然，电量测定也可以以生成可溶物或气体的电极反应为基础［例如Fe(Ⅲ)到Fe(Ⅱ)的还原，I^-到I_2的氧化，N_2H_4到N_2的氧化，芳香硝基化合物的还原］。涉及控制电势电量分析的许多综述可在文献［1，20～22］中见到。表11.3.2给出了某些典型的应用。

表11.3.2 典型的控制电势电量法测定

物　种	工作电极	支持电解质	控制的电势①（相对于SCE）/V	总　反　应
Li	Hg	0.1mol·L^{-1} TBAP(CH_3CN)	−2.16	Li(Ⅰ)⟶Li(Hg)
Cr	Pt	1mol·L^{-1} H_2SO_4	+0.50	Cr(Ⅵ)⟶Cr(Ⅲ)
Fe	Pt	1mol·L^{-1} H_2SO_4	+0.20	Fe(Ⅲ)⟶Fe(Ⅱ)
Zn	Hg	2mol·L^{-1} NH_3		
		1mol·L^{-1}柠檬酸胺	−1.45	Zn(Ⅱ)⟶Zn(Hg)
Te^{2-}	Hg	1mol·L^{-1} NaOH	−0.60	Te^{2-}⟶Te
Br^-	铂上镀银	0.2mol·L^{-1} KNO_3(甲醇)	0.0	Ag+Br^-⟶AgBr
I^-	Pt	1mol·L^{-1} H_2SO_4	+0.70	$2I^-$⟶I^2
U	Hg	0.5mol·L^{-1} H_2SO_4	−0.325	U(Ⅵ)⟶U(Ⅳ)
Pu	Pt	1mol·L^{-1} H_2SO_4	+0.70	Pu(Ⅲ)⟶Pu(Ⅱ)
抗坏血酸	Pt	0.2mol·L^{-1}邻苯二甲酸		
		缓冲溶液 pH=6	+1.00	氧化，$n=2$
DDT	Hg		−1.60	氧化，$n=2$
芳香烃				
（例如二苯基蒽）	Hg或Pt	0.1mol·L^{-1} TBAP(DMF)		还原，Ar⟶$Ar^{\overline{\cdot}}$
芳香硝基化合物	Hg	0.5mol·L^{-1} LiCl(DMSO)		还原，$ArNO_2$⟶$ArNO_2^{\overline{\cdot}}$

① 除非明确指出，否则均以水作为溶剂。

控制电势电量法对于研究反应机理，以及在预先不知道电极面积或扩散系数的情况下确定电极反应的n值也是很有用的方法。（应注意，在伏安法中，如果从极限电流测定n，D和A一般必须是知道的❶。为了由电势测量来确定n，要求了解反应的可逆性）但是，由于电量法测定的时间（约10～60min）至少比伏安法要长1～2个数量级，电子转移以后的均相化学在伏安法转移中不会有什么影响，可是在电量法中它的干扰就很重要（见12.7节）。例如，讨论以下反应序列：

$$O + e \rightleftharpoons R \tag{11.3.12}$$

$$R \longrightarrow A \quad （慢，t_{1/2} \approx 2\sim5\text{min}） \tag{11.3.13}$$

$$A + e \longrightarrow B \quad （A在较O正的电势还原） \tag{11.3.14}$$

例如在液氨中（0.1mol·L^{-1} KI作为支持电解质）碘硝基苯（O=$IPhNO_2$）还原时就是这个序列。在伏安法实验中（例如在50～500mV/s扫描速度下的循环伏安法）一电子转移反应生成自由基阴离子（R=$IPhNO_2^{\overline{\cdot}}$），它在这样的时间下是稳定的。但是在控制电势电量还原中，还原1h时，n值达到2。此时，自由基阴离子失去一个I^-生成能在这个电势下还原（到B=$^{\overline{\cdot}}PhNO_2$）的自由基（A=·$PhNO_2$），然后它质子化形成硝基苯。

11.4 控制电流方法

11.4.1 控制电流电解的特征

在控制电流条件下整体电解的过程可以从i-E曲线的讨论中考察（见图11.4.1）。只要所施

❶ 习题5.19特别注明了一个例外。

加电流 i_{app} 小于在给定本体浓度下的极限电流 $i_l(t)$，电极反应就有100%的电流效率。由于电解的进行，O的本体浓度 $C_O^*(t)$ 下降，因此 $i_l(t)$ 要下降（与时间呈线性）。当如下公式成立时

$$C_O^*(t)=\frac{i_{app}}{nFAm_O} \tag{11.4.1}$$

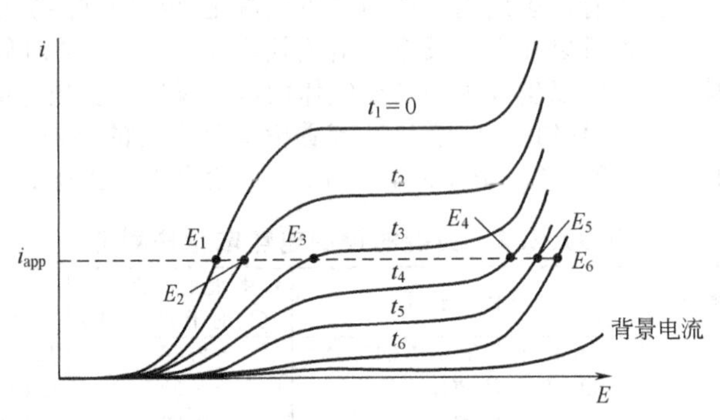

图 11.4.1 在施加恒电流 i_{app} 时进行本体电解过程中，不同时间时的电流-电势关系

在电解过程中电解电势从 E_1 移动到 E_6，最大的移动发生在 $i_{app}=i_l$ 时（曲线3和曲线4之间）

$i_{app}=i_l(t)$。在 $i_{app}>i_l(t)$ 较长的时间下，电势就要移到一个新的更负的数值，这时就有附加的电极反应发生，由这个反应贡献额外的电流 $i_{app}-i_l(t)$。于是电流效率下降到100%以下。由于这个电势足够负，以至于O→R的还原是在传质所控制的平台，故O的电解就像是在控制电势条件下那样进行。因此，这个反应的电流贡献将要下降指数，正如式（11.3.7）所示（见图11.4.2）。如果 i_{app} 大于初始的极限电流，O的电解速度将与控制电势条件下进行的还原完全相同，只是电流效率低得多而已[1]。

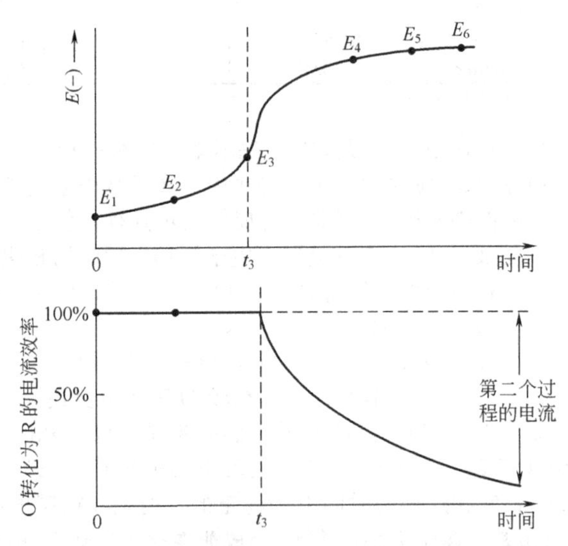

图 11.4.2 图11.4.1中电解过程的电势和电流效率

恒电流分离的选择性明显要比相应的控制电势方法差得多，因为在电解的某一时刻电势必然要移到更负的区域，于是有新的电极反应发生，例如，第二种金属沉积出来。避免干扰反应的一种方法应当是使 i_{app} 小于初始 i_l 的1%（对于99%电解完成率）。以便有99%的O应在电势移动以前被还原。但是这种方法会导致电解的时间过长。有时采用另一种方法，这就是用一种“阴极去极化剂”加入到溶液中去。这种物质比任何干扰物质都容易被还原（即使在不太负的电势下）。

[1] 有时，恒电流电解稍快于近乎相同条件下的控制电势电解，因为在电解时析出气体（诸如氢或氧），导致电极表面上的有力搅拌，得到较大的传质速率（即较大的 m_O）。

例如，在 Pb(Ⅱ) 存在下 Cu(Ⅱ) 的还原（见图 11.4.3）：如果 NO_3^- 加到溶液中去，它将在 Pb(Ⅱ)还原发生以前优先被还原，这将能防止铅随着铜的沉积。在这种场合，可以说 NO_3^- 起着阴极去极化剂的作用。(去极化剂，depolarizer，这一名词意味着这种物质用其自身的还原作用把电势固定在一定的所期值)。氢离子常常也起去极化剂的作用。

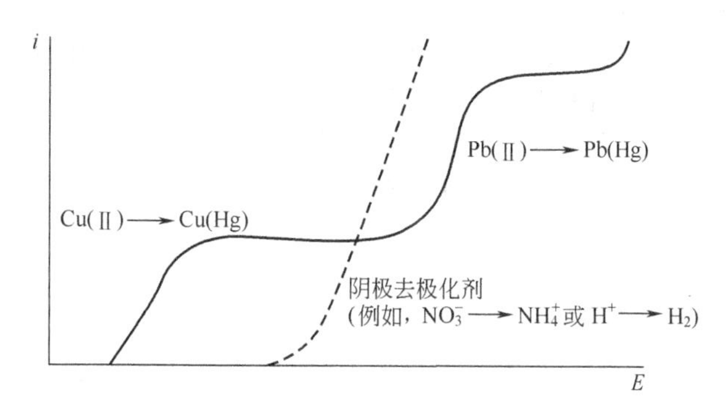

图 11.4.3　解释阴极去极化剂在限制工作电极负电势漂移和防止分离铜时铅的共沉积的 *i*-*E* 示意

通常，除了使用简单设备这一点以外，控制电流电解比控制电势电解的方法并没有什么优越性。合适的恒电势仪容易购得，但控制电流的方法在分析和实验室规模制备电解中并不经常使用。在大规模的电合成或电分离时，使用很高的电流，尤其在流动体系中，反应物源源不断地加入到电解池而产物也不断地移出，恒电流方法其很大的优点是操作简单。这时在某种程度上，控制工作电极的电势可以用调整溶液流速而达到。大多数工业电解装置（例如，氯碱过程和铝的生产）是在控制电流条件下操作的（见习题 11.14）。

11.4.2　电量法

恒电流电量法之所以有吸引力，是因为稳定的恒电流源很容易装配，且电解时消耗的电量总数容易由电解时间 τ 来计算

$$Q=i_{\mathrm{app}}\tau \tag{11.4.2}$$

但是，采用该方法来测定，所感兴趣的反应必须是以 100% 的电流效率进行。为了描述在恒电流方式中如何实现这一点，讨论在 H_2SO_4 介质中铂电极上把 Fe^{2+} 氧化到 Fe^{3+} 来测定 Fe^{2+}（见图 11.4.4）。如果把恒定电流施加于 Pt 电极，则正如 11.4.1 节所述，当 Fe^{2+} 进行氧化的 i_l 远远低于 i_{app} 时，电流效率应当低于 100%，所施电流的一部分应当进行次级过程（例如氧的析出）。但是，如果 Fe^{2+} 直接氧化的电流效率低于 100% 时，向溶液中加入 Ce^{3+}，其次的过程是 $Ce^{3+} \longrightarrow Ce^{4+} + e$。如此产生的 Ce^{4+} 有助于氧化在本体溶液中的残余 Fe^{2+}，它是一个快速反应

$$Ce^{4+} + Fe^{2+} \longrightarrow Ce^{3+} + Fe^{3+} \tag{11.4.3}$$

于是一些 Fe^{2+} 间接地被氧化到 Fe^{3+}，Fe^{2+} 氧化的滴定效率就得以维持。这有些像 Ce^{4+} 对 Fe^{2+} 的一般滴定，这样可以达到真正的当量点。由于这种原因，这种技术通常称为电量滴定（coulometric titration）（电产生的滴定剂 Ce^{4+} 滴定 Fe^{2+}）。应当指出，必须采用某种终点测定技术（像普通滴定所要求的）指示 Fe^{2+} 氧化的完全程度，因为无论是工作电极的电流或是电势都不能很好地作为反应进行的指示者。

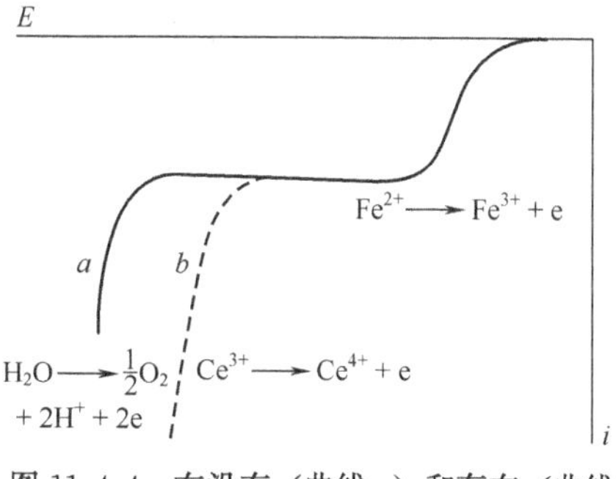

图 11.4.4　在没有（曲线 *a*）和存在（曲线 *b*）过量 Ce^{3+} 时，在 $1\mathrm{mol \cdot L^{-1}}$ H_2SO_4 溶液中 Fe^{2+} 的 *i*-*E* 曲线示意

对于电量中间体或者滴定剂（如 Ce^{4+}）的要求是产生高的电流效率和与被测定物质（Fe^{2+}）的反应既迅速又完全。在某些情况下，例如 Fe^{2+}-Ce^{4+} 滴定时，产生中间体只是消耗总电流的一部分。在另一些情况下，如用电产生的 Br_2（Br^- 氧化产生）电量滴定烃类，全部电流都是用于产生中间体，它再与要滴定的物质进行反应，即

$$2Br^- \longrightarrow Br_2 + 2e \tag{11.4.4}$$

$$R_1CH{=}CHR_2 + Br_2 \longrightarrow R_1CHBr{-}CHBrR_2 \tag{11.4.5}$$

图 11.4.5 是电量滴定中所用仪器的方框图。电解池由在独立室中的工作电极和辅助电极构成。终点的确定常常采用电测的方法（见 11.5 节）；因此，适应于具体的终点检测技术的指示电极也置于电解池中。恒流源可以用一个高电压（400V）和一个电阻简单构成。只要可逆电解池电势和电解池电阻与所施加电压和电路电阻相比不大时，就得到非常恒定的电流。基于运算放大器电路的电子恒流源（恒安培仪或恒电流仪）也常被采用（见 15.5 节），电流一通到电解池上，一个秒表就开始计时，于是总的电解时间就可以记录下来。通常所施加电流在 10μA～200mA 的范围之内，滴定时间在 10～100s 之间。

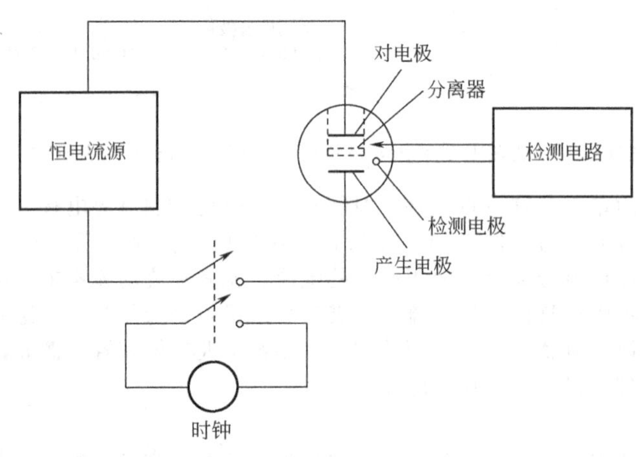

图 11.4.5 电量滴定的仪器

溶液的条件和终点检测体系通常按普通滴定的相同标准选择（例如，快速、固定、简单、完全的滴定反应和灵敏的终点检测）。用于产生滴定剂的电流密度范围，可以由支持电解质体系中有无测定剂的前置物质（A）存在时的 i-E 曲线来确定[23,24]（见图 11.4.6）。对于滴定剂（B）产生的电流效率可以用如下的公式确定：

$$电流效率 = \frac{100T}{T+S} \tag{11.4.6}$$

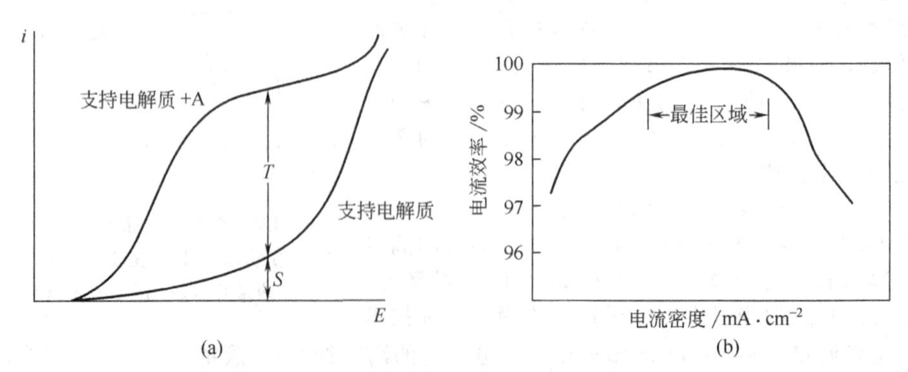

图 11.4.6 （a）在给定电势和电流密度下，采用 i-E 曲线估算电流效率；
（b）对于电致滴定剂电流效率作为电流密度函数的典型作图

（假设 $A \pm ne \longrightarrow B$ 不会影响基底的电解过程）可以把电流效率作为电流密度的函数作图，由图可以确定产生滴定剂的最佳区域。所用电流的选择要考虑被测定物质的量和合适的电解时间。然后假设计算电极面积以给出所需的电流密度。例如，要测定 0.1μmol 物质要求约 10^4 μC，或是100μA・100s。于是，如果最佳产生用的电流密度是 $1mA \cdot cm^{-2}$，则产生的电极面积应是 $0.1cm^2$。

电量滴定可以用于许多不同类型的测定，其中包括酸碱滴定、沉淀、配位以及氧化还原滴定。表 11.4.1 列出了一些典型实例。电量滴定的范围和性质的详细叙述见相关文献 [20，25～27]。

表 11.4.1 典型的电致滴定剂及电量滴定测定的物质

电致滴定剂	产生电极及溶液	典型的可测物质
		氧化剂
溴	Pt/NaBr	As(Ⅲ)，U(Ⅳ)，烯烃，酚类，SO_2，H_2S，Fe(Ⅱ)
碘	Pt/KI	H_2S，SO_3，As(Ⅲ)，水(Karl Fischer)，Sb(Ⅲ)
氯	Pt/NaCl	As(Ⅲ)，Fe(Ⅱ)，各种有机物
Ce(Ⅳ)	Pt/$Ce_2(SO_4)_3$	U(Ⅳ)，Fe(Ⅱ)，Ti(Ⅲ)，I^-
Mn(Ⅲ)	Pt/$MnSO_4$	Fe(Ⅱ)，H_2O_2，Sb(Ⅲ)
Ag(Ⅱ)	Pt/$AgNO_3$	Ce(Ⅲ)，V(Ⅳ)，$H_2C_2O_4$
		还原剂
Fe(Ⅱ)	Pt/$Fe_2(SO_4)_3$	Mn(Ⅲ)，Cr(Ⅵ)，V(Ⅴ)，Ce(Ⅳ)，U(Ⅵ)，Mo(Ⅵ)
Ti(Ⅲ)	Pt/$TiCl_4$	Fe(Ⅲ)，V(Ⅴ，Ⅵ)，U(Ⅵ)，Re(Ⅷ)，Ru(Ⅳ)，Mo(Ⅵ)
Sn(Ⅱ)	Au/$SnBr_4$(NaBr)	I_2，Br_2，Pt(Ⅳ)，Se(Ⅳ)
Cu(Ⅰ)	Pt/Cu(Ⅱ)(HCl)	Fe(Ⅲ)，Ir(Ⅳ)，Au(Ⅲ)，Cr(Ⅵ)，IO_3^-
U(Ⅴ)，U(Ⅳ)	Pt/UO_2SO_4	Cr(Ⅵ)，Fe(Ⅲ)
Cr(Ⅱ)	Hg/$CrCl_3$($CaCl_2$)	O_2，Cu(Ⅱ)
		沉淀和配位试剂
Ag(Ⅰ)	Ag/$HClO_4$	卤族离子，S^{2-}，硫醇
Hg(Ⅰ)	Hg/$NaClO_4$	卤族离子，黄原酸盐
EDTA	Hg/$HgNH_3Y^{4-}$①	金属离子
CN^-	Pt/$Ag(CN)_2^-$	Ni(Ⅱ)，Au(Ⅲ，Ⅰ)，Ag(Ⅰ)
		酸碱物
OH^-	Pt(－)Na_2SO_4	酸，CO_2
H^+	Pt(＋)Na_2SO_4	碱，CO_3^{2-}，NH_3

① Y^{4-}是乙二胺四乙酸阴离子。

电量滴定比用标准溶液的普通滴定有许多优点：①不用超微容量技术就可以测定很少量的物质。例如，采用 $i_{app}=10\mu A$ 和 $t=100s$ 的滴定是很容易的，它相对于 $n=1$ 的 10^{-8}mol 左右或者几微克可滴定的物质。的确，随着对纳米尺度化学的热度逐渐升高，人们对于采用电化学方法进行化学试剂的释放会有更大的兴趣[28]。注意到对于 $n=1$ 的反应，1pA 代表的流量是 10^{-17}mol/s。②无需制备标准溶液或储备，无需采用初级标准进行标定。③可以使那些由于有挥发性或反应性的不稳定或使用不方便的物质作为滴定剂，例如，Br_2，Cl_2，Ti^{3+}，Sn^{2+}，Cr^{2+}，Ag^{2+} 和 Karl Fisher 试剂。④很容易实现自动化，因为控制电流和检测时间要比控制滴定管的阀门和记录体积容易。⑤可以遥控（例如分析放射性物质），以及容易在惰性气氛下进行。⑥在滴定时没有稀释效应，使终点的确定较为简单。

另一些广泛应用的领域是可以用于流动注射分析过程的连续电量滴定。此时，用于产生的电流不断调整，以保持电产生的滴定剂稍过剩于在进入的液体或气体样品中能与其反应的物质。用于产生的电流的大小是被滴定物的瞬时浓度的量度[29,30]。电量滴定法在色谱检测中也可以测定均相反应速率[31]。

11.5 电终点的测定[32～37]

11.5.1 分类

用电的方法测定常规滴定的终点和 11.4 节所述的电量滴定法相同。这些测定方法通常包括指示电路中的两个小电极，它们与电量滴定中存在的电路分开。所有的电的方法是基于测量指示电路中的两个电极的电势差（电势法）或测定通过该电路的电流（电流法）。进一步分类是根据这两个电极的本性。其中之一可以是非极化的（即参比电极），或者两者均是可极化电极。于是对于电势法来讲它有：①$i=0$，一个非极化电极（常规电势法）；②施加恒定电流，一个极化电极（“单电极电势法”）；③施加恒定电流，两个可极化电极（“双电极电势法”）。与此类似，我们对于电流法可以列出：①施加恒定电势，一个可极化电极（“单电极电流法”）；②施以恒定电势，两个可极化电极（“双电极电流法”）。可极化电极或指示电极可以是任意稳态伏安法电极，例如，DME，在搅动溶液中的铂微电极，RDE 等。参比电极通常是低电阻电极，诸如带有低阻接界的 SCE，因此用一般的小电流，iR 降不大，可以使用两电极体系（三电极电势法和电流法体系也是可行的，不过很少用）。滴定曲线（E 或 i 对滴定分数 f）的形状和特点依赖于在滴定时不同点上指示电极的 i-E 曲线。这些曲线依赖于在一定 f 值下溶液组成和溶液中不同电对的可逆性。

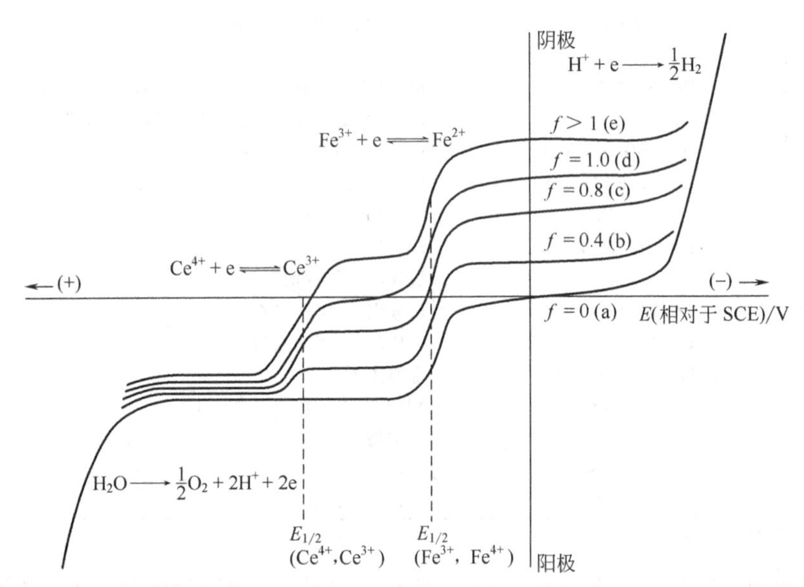

图 11.5.1 在不同的 Fe^{2+} 滴定分数下，在铂电极上采用 Ce^{4+} 滴定 Fe^{2+} 过程中理想的电流-电势曲线

(a) $f=0$；仅观察到 $Fe^{2+} \rightarrow Fe^{3+}$ 的阳极波。(b)，(c) $0<f<1$；溶液含有 Fe^{2+}、Fe^{3+} 和 Ce^{3+}。观察到 Fe^{2+}，Fe^{3+} 电对的复合波，以及 $Ce^{3+} \rightarrow Ce^{4+}$ 的阳极波。(d) $f=1$；溶液含有 Fe^{3+} 和 Ce^{3+}。有 $Fe^{3+} + e \longrightarrow Fe^{2+}$ 的阴极波和氧化 Ce^{3+} 的阳极波。(e) $f>1$；溶液含有 Fe^{3+}，Ce^{3+} 和 Ce^{4+}。观察到 Ce^{4+}，Ce^{3+} 电对的复合波，以及 Fe^{3+} 的阴极波。绘出的曲线代表稳态技术所得到的，例如 RDE 或者搅拌溶液中的微电极所得到的 [引自 J. J. Lingane，“Electroanalytical Chemistry，” 2nd ed.，Wiley-Interscience，New York，1958]

11.5.2 滴定中电流-电势曲线

探讨用 Ce^{4+} 滴定 Fe^{2+} 的反应

$$Fe^{2+} + Ce^{4+} \longrightarrow Fe^{3+} + Ce^{3+} \tag{11.5.1}$$

假定这是一般的滴定，溶液初始含有 Fe^{2+}，加入 Ce^{4+} 滴定剂。但是为了简化，忽略稀释效应。Fe^{3+}/Fe^{2+} 和 Ce^{4+}/Ce^{3+} 两个电对在铂微电极上都近乎可逆。图 11.5.1 是在不同的 f 值（$f=$ 加入的 Ce^{4+} 物质的量/初始存在的 Fe^{2+} 物质的量）所得的 i-E 曲线示意。初始（$f=0$），电解池中只含 Fe^{2+}，仅能够观察到它的氧化阳极波。在滴定过程中（$0<f<1$），溶液中含有 Fe^{2+}、Fe^{3+} 和 Ce^{3+}，而过了当量点（$f>1$）溶液含 Fe^{3+}、Ce^{3+} 和 Ce^{4+}。不同的电势法和电流法的滴定曲线可由这些 i-E 曲线导出。第一版中给出了更加详细的讨论[1]。在此描述了更加广泛应用的终点法的代表性例子。

11.5.3 电势法

单电极电势法（one-electrode potentiometry）是在开路或者在给指示电极施加一个小的阳极

---

[1] 见第一版，10.5 节。

或在阴极电流下，相对参比（非极化）电极测定指示电极的电势。在 Fe^{2+}-Ce^{4+} 溶液中，将三种可能性示于图 11.5.2，最终滴定曲线示于图 11.5.3。$i=0$ 的曲线（a）是普通的电势滴定曲线，表示溶液的平衡电势（E_{eq}）作为 f 的函数。当有小的阳极电流加在指示电极上时，在一定的 f 下所测电势稍微正于 E_{eq}［曲线（c）］。当施以小的阴极电流时，电势负于 E_{eq}［曲线（b）］。如果施加的电流足够小，在有电流时 E 对 f 的滴定曲线的跳跃与 E_{eq} 对 f 曲线的仅稍有变化。在施加电流（或有极化电极）时，电势法测定终点的优点是在这些体积下达到稳定的电势有时比开路时要迅速些。这在一些不可逆电对参与下滴定时确实如此。在这些情况下，滴定曲线的形状将与可逆反应所显示的稍有不同。这留给读者作为练习（见习题 11.3）。

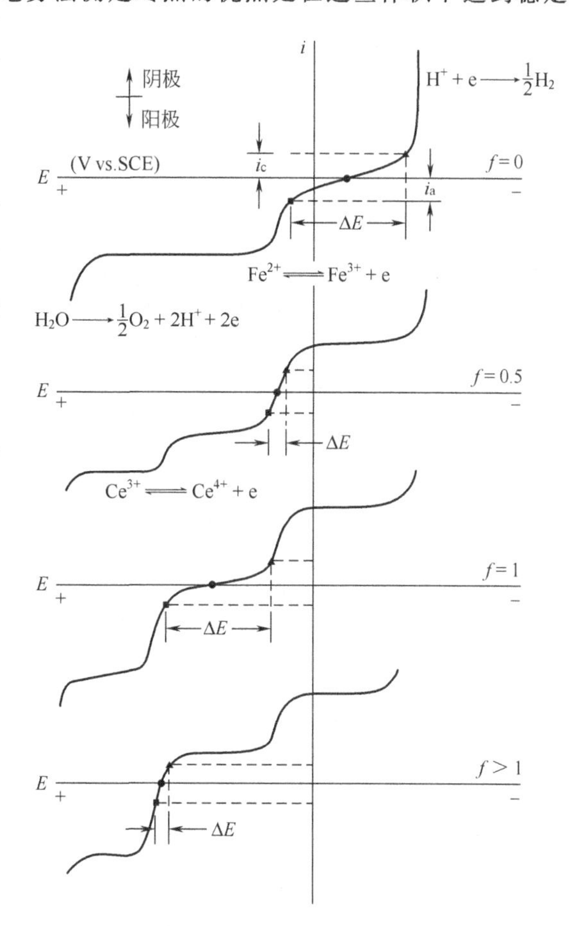

图 11.5.2 在不同滴定分数 f 时，采用 Ce^{4+} 滴定 Fe^{2+} 过程中，铂电极上的电流-电势曲线，解释在如下条件下该指示电极上电势（相对于 SCE）的变化

● 零电流；▲ 施加小的阴极电流 i_c；■ 施加小的阳极电流 i_c（在滴定过程中实际施加的电流远远小于这里所示的电流，夸大是为了清晰起见）

双电极电势法（two-electrode potentiometry）的滴定曲线是施加于两个可极化电极之间的小的恒定电流必须与阳极和阴极相同的条件下推导出的。结果是在等电点有峰形的 E 相对于 f 的曲线。

11.5.4 电流法

单电极电流法是把指示电极的电势维持在相对参比电极一个恒定值，把电流作为 f 的函数来测定。再一次讨论 Fe^{2+}-Ce^{4+} 的滴定，但是这时指示电极的电势是维持在 Fe^{2+} 氧化的 i-E 曲线的平台区（图 11.5.4 上 E_1）。滴定时的电流示于图 11.5.5。在此滴定中，在 $f=1$ 处电流由阳极变为阴极。应当注意，对于该滴定把指示电极电势维持在 E_1 区域是得到有用的滴定曲线的惟一办法[1]。如果指示电极维持在别的电势，一般有用的滴定曲线是得不到的。

几种不同类型的滴定曲线是可能的。例如，采用一种滴定剂（如 $Cr_2O_7^{2-}$）来滴定金属离子（如 Pb^{2+}），可引起沉淀且滴定曲线犹如一个伏安波。如果电势保持在伏安波的平台区域，对于 $f>1$ 的情况，在滴定过程中电流将会减小，并且保持在残留电流水平。

两电极电流法是用两个指示电极在它们之间施加一个恒定的小电势。因为它们是在同一电流回路中，一个电极上的阳极电流必然等于另一个电极上的阴极电流。在滴定保持 $i_c=|i_a|$ 时，每一个电极的电势将要发生移动。例如，对于 Fe^{2+}-Ce^{4+} 的滴定，用两个铂电极维持电势差 ΔE（约 50mV）（见图 11.5.4），滴定曲线示于图 11.5.6。

两电极电流滴定曲线的形状与滴定剂和被滴定体系的电极反应可逆性密切相关。例如，如果被滴定的是可逆电极反应（如 I^{3-}/I^-）。滴定剂电极反应是不可逆的（如 $S_2O_3^{2-}/S_4O_6^{2-}$），滴定曲线的形状如图 11.5.6。在这种类型的滴定中，滴定曲线有时叫“死停”终点，因为在终点电流

---

[1] 除非各种物质（例如，Fe^{2+} 和 Fe^{3+} 相对于 Ce^{3+} 和 Ce^{4+}）的传质系数非常不同（见习题 11.9）。

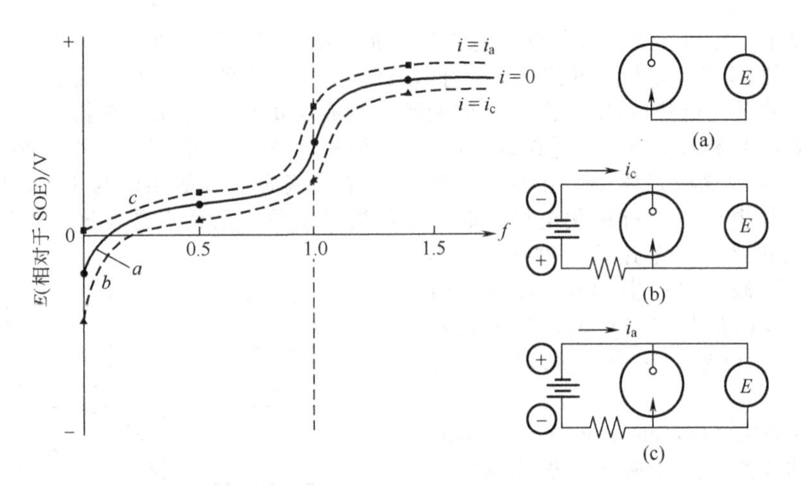

图 11.5.3　铂指示电极对 SCE（参比）的电势滴定曲线，所施加的电流为：曲线 a，0；曲线 b，i_c；曲线 c，i_a 曲线上的点对应于图 11.5.2 中的点。与这些终点检测方法对应的电路见（a）～（c）图。电表 E 假设有高输入阻抗，电压源与电阻的组合使得所施加电流本质上恒定。

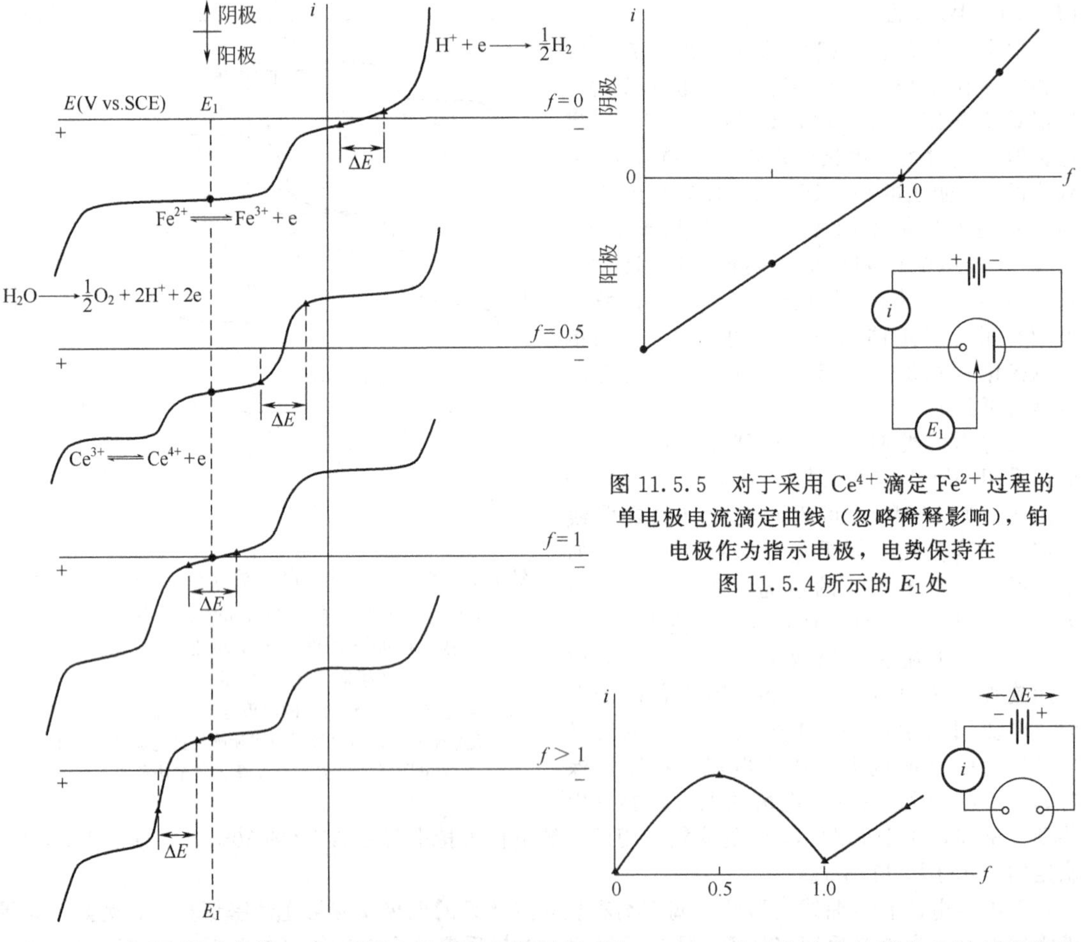

图 11.5.4　在不同滴定分数 f 时，采用 Ce^{4+} 滴定 Fe^{2+} 过程中，铂电极上的电流-电势曲线，解释在如下条件下该指示电极上电流的变化

● 指示电极的电势为 E_1；▲ 当恒电势差施加于两个相同的指示电极之间

图 11.5.5　对于采用 Ce^{4+} 滴定 Fe^{2+} 过程的单电极电流滴定曲线（忽略稀释影响），铂电极作为指示电极，电势保持在图 11.5.4 所示的 E_1 处

图 11.5.6　对于采用 Ce^{4+} 滴定 Fe^{2+} 过程的双电极电流滴定曲线（忽略稀释影响），铂电极作为指示电极，电势保持在图 11.5.4 所示的 E_1 处

完全降到零，并且维持在零的数值下。终点的这种形式用在某些最早的电流滴定中；事实上，它的发明和使用比这些滴定的理论基础的建立要早。另一些不同情况的结果，包括可逆电对和不可逆电对作为滴定剂和被滴定物时的滴定曲线的完成留给读者（电势法和电流法）。

电量滴定的电流滴定曲线将与所述的常规滴定曲线有所不同，因为通常一个电对有很大的过剩。例如，在用电产生的 Ce^{4+} 滴定 Fe^{2+} 时，Ce^{3+} 将在一开始就以比 Fe^{2+} 大得多的浓度下存在。多元组分体系的滴定可以用类似的方式来处理。在所有的情况下，曲线都可以由滴定时所得 i-E 曲线的分布中导出。

11.6　流动电解

11.6.1　导言

整体电解的另一种方法是流动电解，此时要进行电解的溶液连续地流过一个多孔的大面积工作电极[38]。该方法可以给出高的效率和迅速的电解作用，在所用溶液量大时尤为方便。流动法

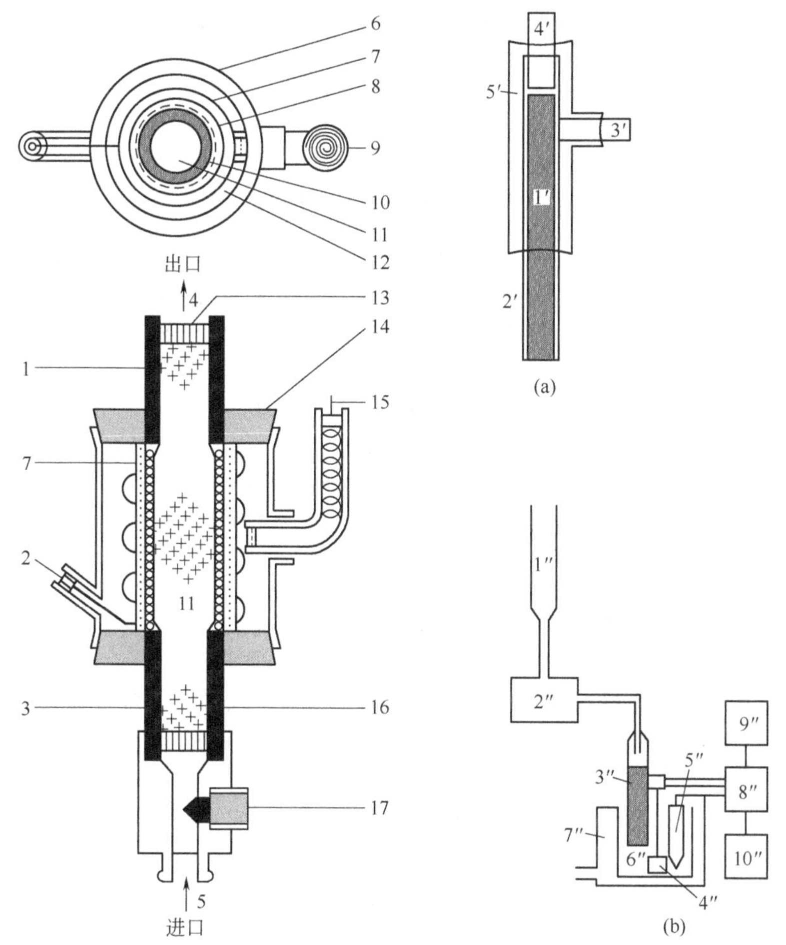

图 11.6.1　流动电解池

左图：电解池采用玻碳颗粒工作电极（1）；银辅助电极（7）；Ag/AgCl 参比电极；（15，9），和多孔玻璃隔膜（8）。其他的组成是（1，3）工作电极连线；（2）辅助电极连线；（4）溶液出口；（5）溶液进口；（6）玻璃或塑料管；（10，16）多孔碳管；（12）饱和 KCl 溶液；（13）硅橡胶［引自 T. Fujinaga and S. Kihara，*CRC Crit. Rev. Anal. Chem.*，**6**，223（1977）.］。(a)：可有不同孔径的导电泡沫材料网状玻璃碳（RVC™）电解池。（1′）RVC 圆柱，（2′）热缩管，（3′）石墨棒侧臂，（4′）玻璃管，（5′）玻璃和环氧支撑。(b) 整个装置的示意图。（1″）储液池，（2″）泵，（3″）RVC 电极，（4″）铂电极，（5″）SCE 参比电极，（6″）下游储液池，（7″）溢出液收集池，（8″）恒电势仪，（9″）记录仪，（10″）数字伏安计［引自 A. N. Strohl and D. J. Curran，*Anal. Chem.*，**51**，353（1979）］

用于工业电解过程（例如由废液中消除一些金属，如铜），也用于电合成、电分离和电分析中。

流动电解的电解池（图 11.6.1）包括一个大面积的工作电极，例如可以由细目的金属网或者导电材料的床（诸如石墨或玻璃碳粒，金属屑或粉）构成。如果不需要有隔离的电解槽，像在金属沉积中那样，辅助电极和工作电极之间可以用一简单的隔板绝缘。需要隔离的电解槽要求复杂的隔离物（多孔玻璃或陶瓷，离子交换膜），以及仔细放置辅助电极和参比电极以减少 iR 降。这些电解槽的设计要有高的效率、最小的电极长度和最大的流动速度。

11.6.2　数学处理[39]

下面探讨一个长度为 L(cm)，横断面积为 A(cm^2) 的流体透过的多孔电极，将此电极浸入流动速度为 v(cm^3/s) 的液流中（图 11.6.2）。液体的线流速 U(cm/s) 由下式给出：

$$U=\frac{v}{A} \tag{11.6.1}$$

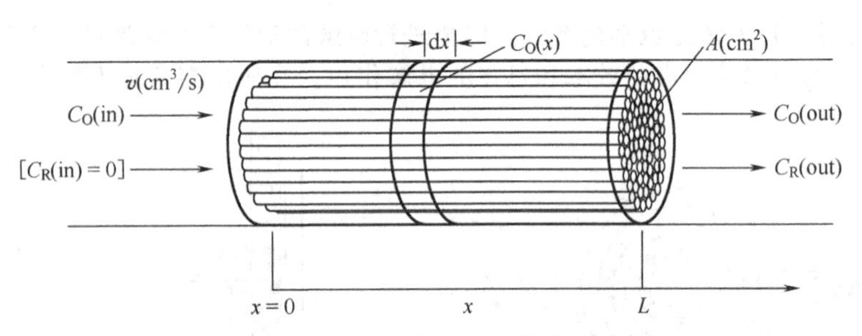

图 11.6.2　流动电解池工作电极示意

假定在电极上完成的反应为 $O+ne \longrightarrow R$ 的电流效率为 100%。O 的流入浓度是 C_O(in)，且假定 C_R(in) 为零。在流出处，浓度为 C_O(out) 和 C_R(out)。在通过电极后由 O 到 R 的总转化率为 i/nF(mol/s) 或 i/nFv(mol/cm^3)。如果 R 是已转化的 O 的一个分数（$R=0$，无转化；$R=1$，100%转化)，则

$$C_O(\text{out})=C_O(\text{in})(1-R) \tag{11.6.2}$$

$$C_R(\text{out})=C_R(\text{in})R \tag{11.6.3}$$

$$C_O(\text{out})=C_O(\text{in})-i/nFv \tag{11.6.4}$$

$$R=\frac{i}{nFVC_O(\text{in})}=1-\frac{C_O(\text{out})}{C_O(\text{in})} \tag{11.6.5}$$

希望得到一个表述电流对于流动速度和电极参数的表达式。电极的总内表面为所有孔的面积之和 a(cm^2)，电极的总体积为 LA(cm^3)。多孔电极常常用比表面 s 来表征，它是

$$s(\text{cm}^{-1})=a(\text{cm}^2)/\ LA(\text{cm}^3) \tag{11.6.6}$$

（见图 11.6.3)。随着距离电极前沿面（$x=0$）越远，O 的浓度不断下降，在给定位置上的局部电流密度 $j(x)$(A/cm^2) 随 x 在变化。在厚度为 dx 的薄片中，净转化率是 $j(x)A\mathrm{d}x/nF$(mol/s)，在传质控制的极限电流条件下（见 1.4.2 节）

$$j(x)=nFm_OC_O(x) \tag{11.6.7}$$

在 x 处浓度的变化是

$$-\mathrm{d}C_O(x)(\text{mol/cm}^3)=\frac{j(x)sA\mathrm{d}x}{nFv} \tag{11.6.8}$$

结合式（11.6.7）和式（11.6.8）则可得到

$$-\frac{\mathrm{d}C_O(x)}{\mathrm{d}x}=\frac{m_OC_OsA}{v} \tag{11.6.9}$$

$$\int_{C_O(\text{in})}^{C_O(x)}\frac{\mathrm{d}C_O(x)}{C_O(x)}=\frac{-m_OsA}{v}\int_0^x\mathrm{d}x \tag{11.6.10}$$

$$C_O(x)=C_O(\text{in})\exp\left(\frac{-m_OsA}{v}x\right) \tag{11.6.11}$$

$$j(x)=nFm_{\mathrm{O}}C_{\mathrm{O}}(\mathrm{in})\exp\left(\frac{-m_{\mathrm{O}}sA}{v}x\right) \tag{11.6.12}$$

电极总的电流则为

$$i=\int_0^L j(x)sA\,\mathrm{d}x=nFm_{\mathrm{O}}C_{\mathrm{O}}(\mathrm{in})sA\int_0^L \exp\left(\frac{-m_{\mathrm{O}}sA}{v}x\right)\mathrm{d}x \tag{11.6.13}$$

$$i=nFC_{\mathrm{O}}(\mathrm{in})v\left[1-\exp\left(\frac{-m_{\mathrm{O}}sAL}{v}\right)\right] \tag{11.6.14}$$

这就可以与式（11.6.5）结合给出[39a]

$$\boxed{R=1-\exp\left(\frac{-m_{\mathrm{O}}sAL}{v}\right)} \tag{11.6.15}$$

传质系数 m_{O} 是流动速度 U 的函数，有时由下式给出

$$m_{\mathrm{O}}=bU^{\alpha} \tag{11.6.16}$$

式中，b 为一个比例系数，α 为一个常数（对于层流其值常常在 0.33～0.5 之间，对于湍流增加到接近 1)。用这个方程式和式（11.6.1)，则方程式（11.6.14）和式（11.6.15）有如下形式

$$i=nFAUC_{\mathrm{O}}(\mathrm{in})[1-\exp(-bU^{\alpha-1}sL)] \tag{11.6.17}$$

$$R=1-\exp(-bU^{\alpha-1}sL) \tag{11.6.18}$$

于是，转化率 R 随着流动速度的减小和电极比表面和长度的增加而增加。由式（11.6.11）可以看出，O 的浓度随着沿电极的距离作指数变化

$$\boxed{C_{\mathrm{O}}(\mathrm{out})=C_{\mathrm{O}}(\mathrm{in})\exp\left(\frac{-m_{\mathrm{O}}sL}{v}\right)} \tag{11.6.19}$$

局部电流密度 $j(x)$ 在电极的前沿面最高，其随 x 呈指数下降。

这些方程式也可以整理成能与一些整体电解的方程可比的形式。如果总的前沿表面上孔的空面积是 a_{p}，则孔率可定义为（见图 11.6.3)

$$\varepsilon=\frac{a_{\mathrm{p}}}{A} \tag{11.6.20}$$

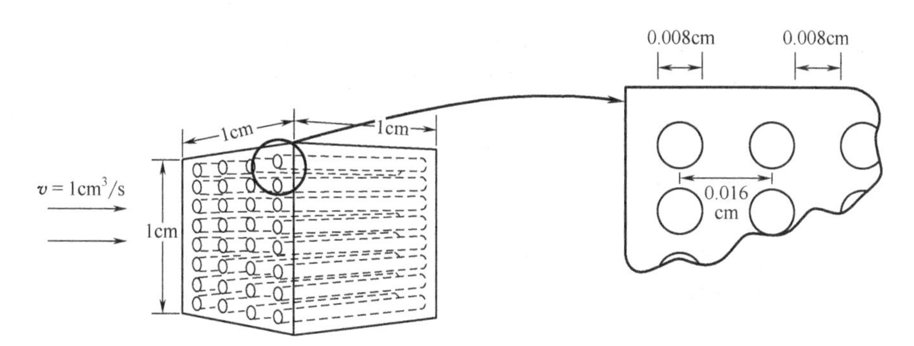

图 11.6.3　描述计算比表面积 s 和孔率 ε 的理想多孔电极

所讨论的电极是 1cm×1cm×1cm 立方体，含有每个直接为 0.008 cm 的直孔，中心相距 0.016cm。在 1cm² 表面上孔的总数 N 约 3900；每个孔的内表面积是 $2\pi rL=\pi\times0.008\mathrm{cm}\times1\mathrm{cm}=0.025\mathrm{cm}^2$；电极总内表面积 $a=3900\times0.025\mathrm{cm}^2=98\mathrm{cm}^2$；总体积是 1cm³；比表面积 $s=98\mathrm{cm}^2/1\mathrm{cm}^3=98\mathrm{cm}^{-1}$；每个孔的横断面积 $\pi r^2=5.0\times10^{-5}\mathrm{cm}^{-2}$；表面上总的空面积 $a_{\mathrm{p}}=3900\times5.0\times10^{-5}\mathrm{cm}^2=0.2\mathrm{cm}^2$；孔率 $\varepsilon=0.2\mathrm{cm}^2/1\mathrm{cm}^2=0.2$。如果溶液流速 $v=1\mathrm{cm}^3/\mathrm{s}$，那么线流动速度 $U=1(\mathrm{cm}^3/\mathrm{s})/1\mathrm{cm}^2=1\mathrm{cm/s}$，空隙速度 $W=1(\mathrm{cm/s})/0.2=5\mathrm{cm/s}$

在液流中的线流动速度是 U，在进入电极时提高到由下式给出的空隙速度 W(interstitial velocity)

$$W=\frac{U}{\varepsilon}=\frac{v}{A\varepsilon}=\frac{v}{a_{\mathrm{p}}} \tag{11.6.21}$$

一个单元体积的溶液以这个流速流进孔，若它在 $t=0$ 的时间进入电极，则在时间 t 将有 x 距离，x 由下式给出

$$x=Wt=\frac{Ut}{\varepsilon} \tag{11.6.22}$$

因此这些方程式有时间项，于是把式（11.6.22）代入式（11.6.11）得到

$$C_O(t)=C_O(\text{in})\exp\left(\frac{-m_O s}{\varepsilon}t\right) \tag{11.6.23}$$

该公式与整体电解式（11.3.6）有同样的形式，它为 $m_O s/\varepsilon=p$（比较一下 $p=m_O A/V$）。因此，电解池因子 p 随着传质速率增加和比表面增加及孔率下降而提高。在一定转化率 R 下所要求的多孔电极的长度可以由式（11.6.15）确定

$$L=-\frac{v}{m_O sA}\ln(1-R) \tag{11.6.24}$$

单元溶液提高电极所需的时间 τ（有时称为停留时间）由式（11.6.22）和式（11.6.24）得出

$$\tau=\frac{L\varepsilon}{U}=p^{-1}\ln(1-R) \tag{11.6.25}$$

得到多孔电极中电极效率的另一种简化方法是考虑在半径为 r 的孔中心的 O 扩散到壁所需时间 t'[40]：

$$t'\approx\frac{r^2}{2D_O} \tag{11.6.26}$$

通过孔长度为 L 的电极所需时间为［见式（11.6.21）和式（11.6.22)］

$$t=\frac{La_p}{v} \tag{11.6.27}$$

如这个时间等于或大于 t'，就得到一个高转化率（$R\approx1$）。使方程式（11.6.26）和式（11.6.27）相等，就能求得高转化率时所要求的流动速度必须满足表达式：

$$v\leqslant\frac{2a_p LD_O}{r^2} \tag{11.6.28}$$

例如，一个多孔银电极 $A=0.2\text{cm}^2$，$\varepsilon=0.5$，$L=50\mu\text{m}$，$r=2.5\mu\text{m}$，$D_O=5\times10^{-6}\text{cm2/s}$，$a_p=\varepsilon A=0.1\text{cm}^2$，对于 $R\approx1$ 的最大流动速度是 $0.1\text{cm}^3/\text{s}$，在电极中停留时间约为 5ms。

这里所给出的简单处理是在极限电流条件下且忽略①在电极的和孔中溶液的电阻降，②电子转移反应的动力学限制和③电流效率小于 1 的可能性可以用于求出高效流动电解的一般条件。如果考虑这些效应，则可见文献［41～43］。这些通常会造成方程式需要数值解。

工作在 $R=1$ 的流动电解池，对于液流的连续分析是方便的，因为它所度量的电流正比于被电解的物质的浓度，即根据式（11.6.5），$C_O(\text{in})=i/nFv$。由于这实际上是连续的电量分析，它作为一种分析方法是独立的，并不要求标定或者了解物质传递参数，如电极面积等[44]。

建立在流动分析基础上的色谱法也曾被叙述过[45]。此处以洗脱色谱法为例，含有金属离子的试样注入流动电解的溶液流中，把多孔电极维持在恒定电势，金属离子沉积在这个柱子上造成一个电流-时间图，它可以测定金属离子量。在多孔工作电极的长度上保持电势梯度的电解色谱法也是可行的。

11.6.3 双电极流动电解池

把两个工作电极装入流动管中的流动电解池也曾有描述［图 11.6.4(a)］。这可以看作是与旋转环-盘电极的流动电量法等效的方法，在这里对流流动夹带着物质由第一个工作电极到第二个工作电极。它曾用作钚的电量分析，在此两个工作电极是玻璃碳颗粒的大型床，第一个电极用于调整钚的氧化态到简单的已知水平［Pu(Ⅳ)］，第二个电极用于电量分析［$\text{Pu(Ⅳ)}+e\longrightarrow\text{Pu(Ⅲ)}$］[45]。这种类型的体系借助在第二个电极（检测电极）上电解（如 $R\longrightarrow O+e$），也可以用来分析在第一个电极（产生电极）上产生的产物（诸如 $O+e\longrightarrow R$ 的反应中）。

在这种用途中，薄且高效的两个工作电极由一个小的间隙 g 分开。曾描述过的体系是多孔的银圆盘工作电极（平均孔径 $50\mu\text{m}$），它们用厚度 $200\mu\text{m}$ 的多孔聚四氟乙烯垫隔开[38]［图 11.6.4(b)］。在这种工作方式中，每个工作电极都配有自己的辅助电极和参比电极（这样就是六电极电解池），必须用两个独立的控制电势的电路。这些工作电极的特性是在式（11.6.28）之后直接给出的，已确定的高效转化率的最大流速（约 $0.1\text{cm}^3/\text{s}$）可在草酸盐介质中，在一个工作电极上

通过 Fe(Ⅲ) 还原到 Fe(Ⅱ) 用实验近似证实，并应注意到电流开始偏离在 $R=1$ 时由式（11.6.5）所预示的值。在此流动速度下，穿过间隙的转移时间约 40ms，就是在 $R<1$ 的流动速度下，也可得到高的捕集效率（即 $i_{收集}/i_{产生}$）。一些作者认为这个值在研究与电子转移反应相偶合的均相反应上是有用的。例如，如果在电极上反应产物（R）要分解（如 R→A），则不仅是检测出 R 氧化的电流较小，而且产物 A 也在流出物中存在，这可以用一些别的分析方法测定它。曾经报道过这个电解池用于研究二乙基马来酸盐阴离子自由基在 *N*,*N*-二甲基甲酰胺溶液中的异构化。

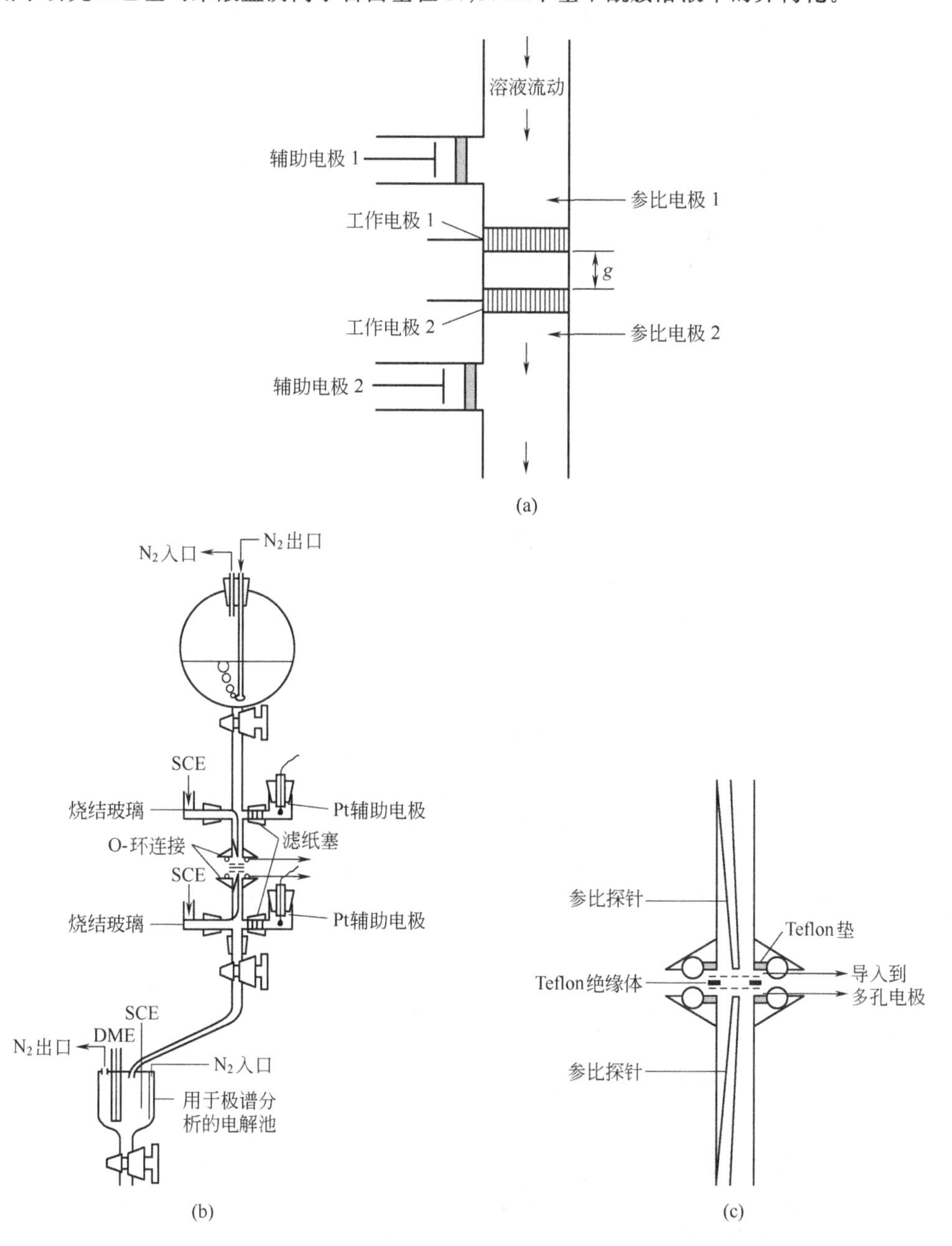

图 11.6.4　(a) 双电极流动池的示意；(b) 实际完整的双电极流动池装置

由重力引起的从上方储液池的溶液流动。为了清楚起见，具有双工作电极的电解池的"O 环连接"部分被放大。(c) 显示了具有多孔银电极的该部分的特写图［引自 J. V. Kenkel and A. J. Bard, *J. Electroanal. Chem.*, **54**, 47 (1974)］

11.6.4　液相色谱的电化学检测器

流动池的一个重要应用是它们可以作为液相色谱（LC）、毛细管区带电泳（CZE）及流动注射法（FI）的检测器[46~50]。这样的流动池可能是电量型的，所有流过该池的物质被电解，但更常用的是电流型或者伏安型的流动池，有时采用9.7节中所描述的超微电极。

在设计LC检测器时，已经采用了许多不同的几何类型和流动模式。一般的要求是[51]：很好定义的流体力学、低的死体积、高的传质速率、高的信噪比、耐用的设计以及工作电极和参比电极响应的重复性。一个重要的因素是相对于电极的溶液流动的性质。图11.6.5显示了几种典型的模式。控制流动池电流的溶液流体力学方程遵循第9章中所讨论的方法学[51,52]，表11.6.1给出了不同几何形状流动池的传质电流的一般公式。

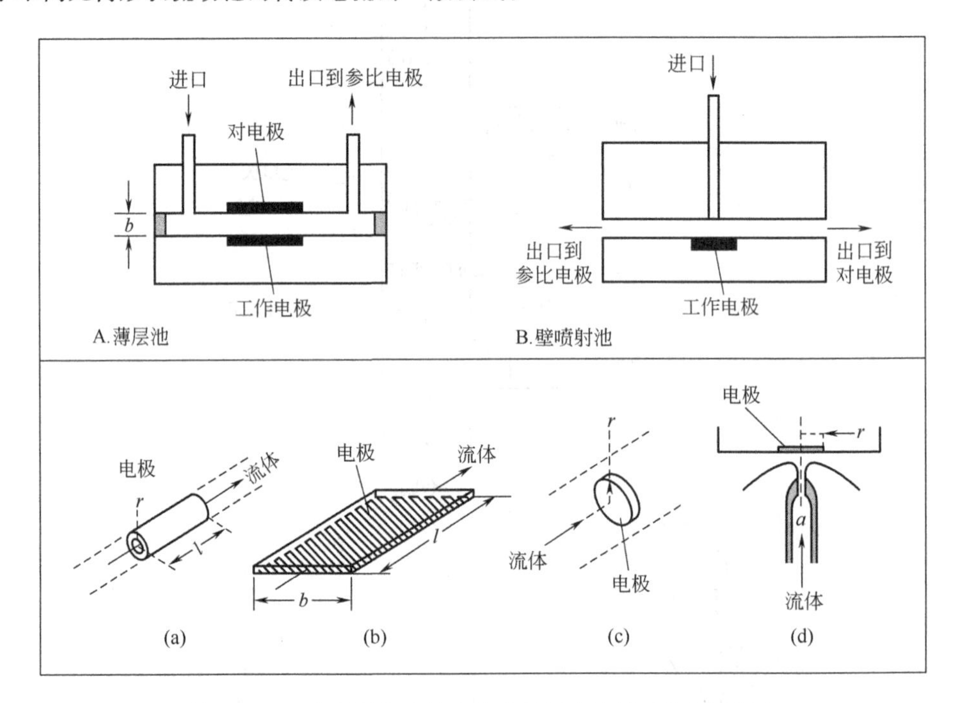

图11.6.5 电化学流动池中典型的流动池模式和电极形状

上图：(A) 薄层池；(B) 壁喷射池。下图：各种电极形状 (a) 管式电极；(b) 具有平行流动的平板电极；(c) 具有垂直于电极方向流动的平板电极；(d) 壁喷射电极 [引自 H. Gunasingham and B. Fleet, *Electroanal. Chem.*, **16**, 89 (1989)]

表11.6.1 各种几何形状电解池的极限电流①

电极几何形状	极限电流公式②	电极几何形状	极限电流公式②
管状	$i=1.61nFC(DA/r)^{2/3}v^{1/3}$	平板，垂直流动	$i=0.903nFCD^{2/3}\nu^{-1/6}A^{3/4}U^{1/2}$
平板，管道中的平行流动	$i=1.47nFC(DA/b)^{2/3}v^{1/3}$	壁喷式	$i=0.898nFCD^{2/3}\nu^{-5/12}a^{-1/2}A^{3/8}v^{3/4}$

① 摘自 J. M. Elbicki, D. M. Morgan, and S. G. Weber, *Anal. Chem.*, **56**, 978(1984)。见图11.6.5对该类型的解释。

② a=喷流口的直径；A=电极面积；b=通道的高度；C=浓度；D=扩散系数；ν=动力学黏度；r=管电极的半径；v=平均的体积流动速率 (cm^3/s)；U=流体速率 (cm/s)。

已经提出了大量的特定流动池的设计及其电极材料[46]。图11.6.6显示了两种薄层流动池的设计。虽说其他金属，例如Cu、Ni和Pb对于特定的分析有用（例如氨基酸、碳水化合物），但经常采用的电极材料是各种形式的碳（例如碳糊或者玻碳），或者Pt、Au及Hg。在基本的薄层池设计中，在放置参比和辅助电极方面有很多选择（见图11.6.7）。

图11.6.7(a) 的设计是最简单的，但产生穿过电极表面的电流分布是不均匀的，并且有高的未补偿电阻降。图11.6.7(b) 的设计产生均匀的电流密度，但仍有高的未补偿电阻降。在该模式中，在辅助电极上产生的有可能干扰物质，并且与检测器的工作电极反应产生不必要的电流。然而，如果载着被测电活性物质的流体的流速非常快，与工作电极上产物扩散穿过流动池

（垂直于容易流动的方向）的时间相比短的话，这样的干扰不会发生。随着流动池设计和维护的复杂性增大，可在两个平行电极之间增加一个隔膜［见图 11.6.7(c)］。原则上可将参比电极放置在工作电极附近，如图 11.6.7(d) 和 (e) 所示，但采用常规参比电极很困难。

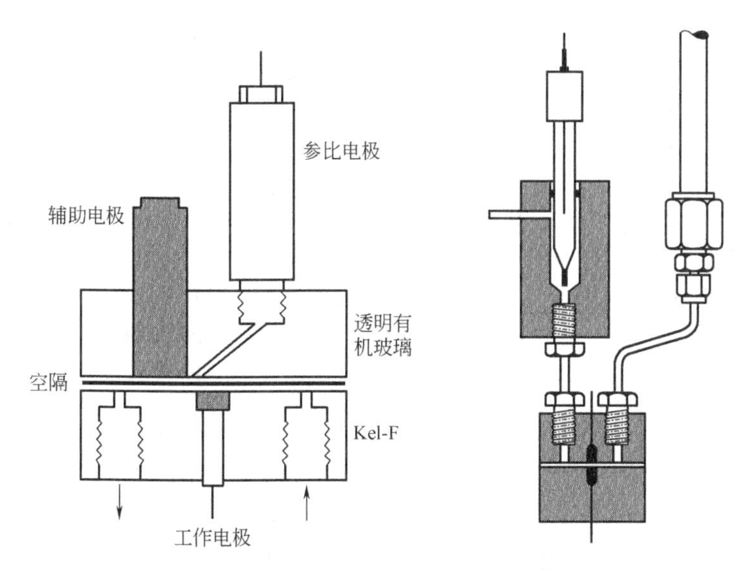

图 11.6.6　薄层 LC 检测器流动池

左图：流动池中辅助电极和参比电极放置在工作电极下方的薄层部分［引自 J. A. Wise，W. R. Heineman and P. T. Kissinger，*Anal. Chim. Acta*，**172**，1(1985)］。右图：在流动管道的下方，工作电极面对辅助和参比电极［引自 Bioanalytical Systems，Inc.］

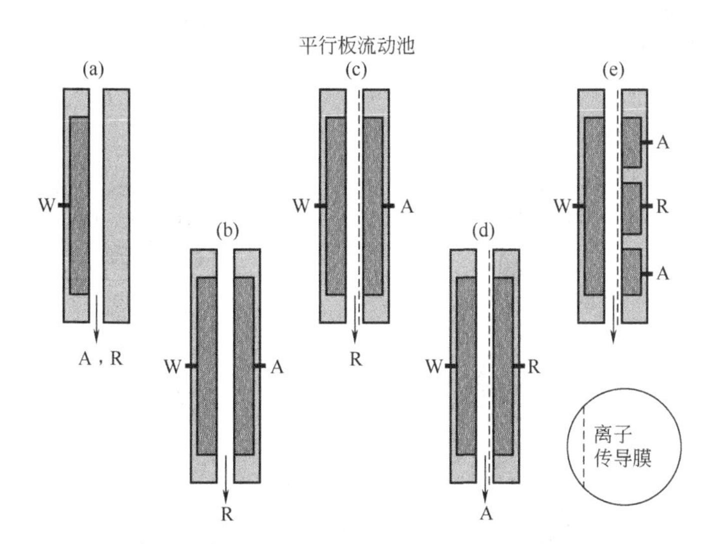

图 11.6.7　可以放置工作电极（W），辅助电极（A）和参比电极（R）于不同位置的各种薄层电化学检测器流动池的几何形状

［引自 S. M. Lunte，C. E. Lunte，and P. T. Kissinger，in "Laboratory Techniques in Electroanalytical Chemistry，" 2nd ed.，P. T. Kissinger and W. R. Heineman，Eds.，Marcel Dekker，New York，1996.］

应用于 LC 流动池的最简单的电化学技术是电流法，在此工作电极的电势设置在分析物被氧化或还原的值，当分析物从色谱柱流到流动池时，可以通过检测流动电流来检测它们（见图 11.6.8)。一个关键的因素是灵敏度，它与电活性物质产生的电流与电极上来自于杂质和溶剂的背景电流相关。对于可氧化的物质的检测极限可以达到 0.1pmol 水平。由于氧的还原和其他过程所引起的高的背景电流，可还原物质的检测极限较高，会达到 1pmol 水平。如果氧化还原电对是可逆的，并且采用图 11.6.7(b) 的

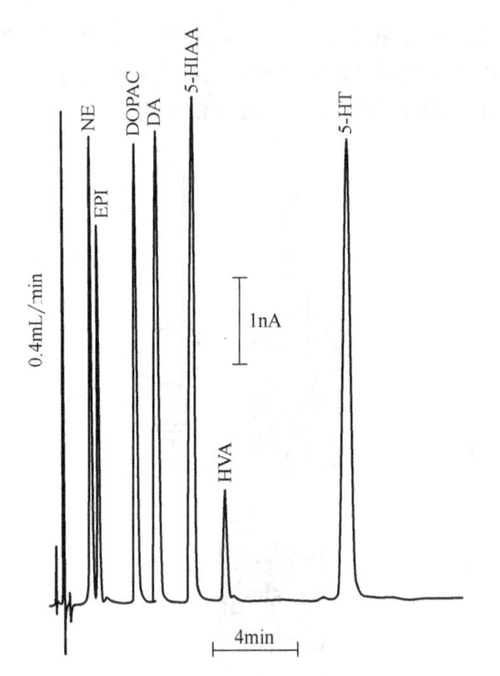

图 11.6.8 液相色谱法分离色氨酸和酪氨酸代谢物的谱图，薄层池所采用的是玻碳工作电极（在 0.65V 相对于 Ag/AgCl）

NE，去甲肾上腺素；EPI，肾上腺素；DOPAC，3,4-羟基苯乙酸；DA，多巴胺；5-HIAA，5-羟基吲哚-3-乙酸；HVA，高香草酸；5-HT，5-羟色胺［引自 T. Huang and P. T. Kissinger, *Curr. Separations*, **14**, 114(1996)］

构建有可能对响应进行放大。在此情况下，检测器像一个薄层池（11.7 节），在辅助电极 A 上的反应（例如，O+e ⟶R）正好与工作电极 W 上的相反（例如，R−e ⟶O)。在此氧化还原循环中，每分子 R 较在单电极上检测有更多的电子通过。循环的效率与流动速率和电极 A 和 W 之间的距离相关[53]。

在检测器电极以伏安模式进行操作时，即在洗脱过程中在给定的电势窗范围内进行扫描时，可以提高选择性和得到更好的定性信息。然而，由于部分来自于双电层充电，并且更多的是来自于所采用的电极表面对于变化的电势具有慢的法拉第过程的高的背景电流，伏安模式的检测极限要高得多［见 7.3.2(4) 节的脚注］。通过采用方波或阶梯伏安法可以改善这种情况，但最佳的灵敏度总是与在固定电势下不改变流体相组成相关。

另外的方法是采用保持在不同电势下的双工作电极的流动池[53]，同时检测两个电极上的电流（见图 11.6.9)。如果电极并排放置，垂直于溶液的流动（平行排列），每一个面对相同的样品组分，一个可用于建立背景电流水平，另一个用于检测被测物质。电极也可以沿着溶液流动的方向放置，类似于 11.6.3 节中流

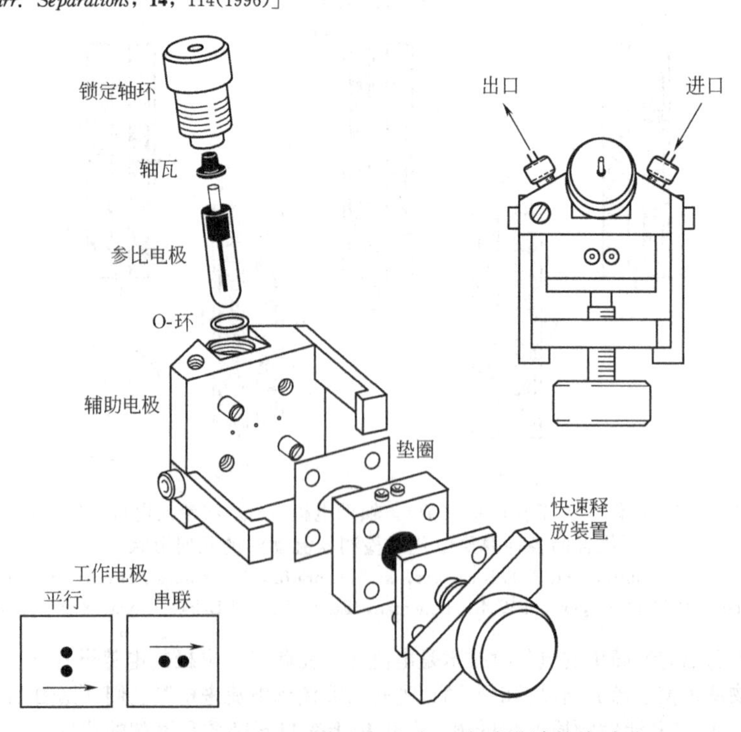

图 11.6.9 具有双工作电极和交叉流动设计的流动池

［引自 S. M. Lunte, C. E. Lunte, and P. T. Kissinger, in "Laboratory Techniques in Electroanalytical Chemistry," 2nd ed., P. T. Kissinger and W. R. Heineman, Eds., Marcel Dekker, New York, 1996］

动池的方式（串联排列）。在此情况下，下方的各种电极检测（收集）上方电极的产物。通过检测在电势上较原始洗脱物具有更好分离的产物，该方法可用于改善选择性。它也用于区分产生电活性物质与不产生电活性物质的化合物。

这样的流动池的一个严重问题是在连续使用中电极的污染。虽然 LC 柱可以有效地去掉一些可以污染电极表面的杂质，但是有时电极反应本身，如氧化酚类将在电极表面形成绝缘层。在这种情况下，通常需要在电势的阴阳极两端循环扫描对电极进行清理，或者采用其他的电势程序得到重复的行为。这样的循环扫描可以氧化和解吸表面的杂质，以使电极表面恢复到可重复使用状态。该模式的自动操作有时称为脉冲电流检测（pulsed amperometric detection，PAD）[54~56]。

类似的检测器流动池可应用于流动注射和 CZE 测量。然而，CZE 流动池的设计更加复杂，原因是需要非常小的体积和存在高的电场，以及相关的电流流动驱动电泳分离。检测器电极通常是放置在电泳场外的碳纤维超微电极[57,58]。

11.7 薄层电化学

11.7.1 导言

实现整体电解条件以及大的 A/V 比的另一种办法，就是在没有对流物质测定下降低 V，这样把很小的溶液体积（几个 μL）限制在电极表面的一个薄层内（2～100μm）。薄层电解池的示意图与某些典型的实际电解池的结构示于图 11.7.1。只要电解池的厚度 l 在给定的实验时间内小于扩散层的厚度，即 $l \ll (2Dt)^{1/2}$，则电解池中的传质就可以忽略，从而得到特殊的整体电解方程式。在较短的时间内，在电解池中的扩散必须给予考虑。薄层电化学电解池首先在 20 世纪 60 年代初期得到利用，它的理论和应用在文献［59～64］中给予了深入的评述。

11.7.2 电势阶跃（电量）法

下面讨论双工作电极的薄层电解池［图 11.7.1(b)］，由没有电流流动的 E_1 值电势阶跃到 E_2，此时反应 $O+e \longrightarrow R$ 非常完全，在电极表面 O 的浓度为零。为了得到电流-时间行为和浓度分布就必须解扩散方程

$$\frac{\partial C_O(x,t)}{\partial t}=D_O\left[\frac{\partial^2 C_O(x,t)}{\partial x^2}\right] \tag{11.7.1}$$

其边界条件为

$$C_O(x,0)=C_O^* \qquad t=0;0\leqslant x\leqslant l \tag{11.7.2}$$

$$C_O(0,t)=C_O(l,t)=0 \qquad t>0 \tag{11.7.3}$$

应当注意到，在此情况下 5.2 节中对类似实验所应用的半无限边界条件由在 l 处的 C_O 条件所取代。用 Laplace 变换法解这些方程得到[63]

$$C_O(x,t)=\frac{4C_O^*}{\pi}\sum_{m=1}^{\infty}\left(\frac{1}{2m-1}\right)\exp\left[\frac{-(2m-1)^2\pi^2D_Ot}{l^2}\right]\sin\left[\frac{(2m-1)\pi x}{l}\right] \tag{11.7.4}$$

在稍长的时间下，浓度分布可以由只考虑 $m=1$ 的项而得到，因为在指数上的 $(2m-1)^2$ 因子，当 $m=2$，3，…，$\pi^2D_Ot/l^2\gg 1$ 时，该因子仍可是一个大的值。这样

$$C_O(x,t)=\frac{4C_O^*}{\pi}\exp\left(\frac{-\pi^2D_Ot}{l^2}\right)\sin\left(\frac{\pi x}{l}\right) \tag{11.7.5}$$

典型的浓度分布示于图 11.7.2(a)。

当 A 包括两者的有效面积时，

$$i(t)=nFAD_O\left[\frac{\partial C_O(x,t)}{\partial x}\right] \tag{11.7.6}$$

$$\boxed{i(t)=\frac{4nFAD_OC_O^*}{l}\sum_{m=1}^{\infty}\exp\left[\frac{-(2m-1)^2\pi^2D_Ot}{l^2}\right]} \tag{11.7.7}$$

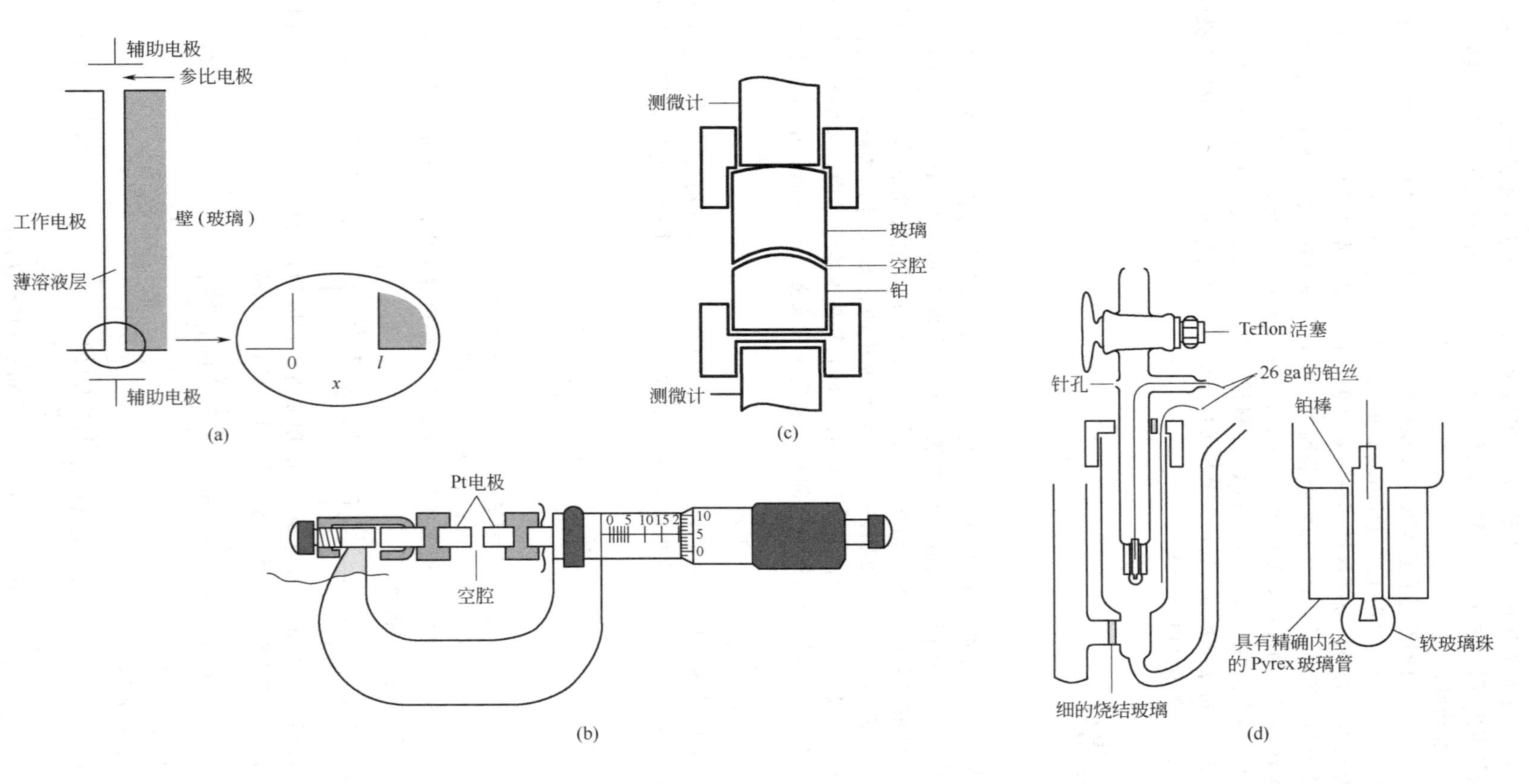

图 11.7.1 (a) 单电极薄层池的示意；(b) 具有可调节溶液层厚度的微米级双电极薄层池；(c) 电极部分可被合上的 (b) 中的构建；(d) 毛细管丝薄层电极。溶液层在金属棒和精确的毛细管内径的内表面之间的很小的空间中。典型的层的厚度是 2.5×10^{-3}cm。通过在每个端口附件棒的表面加工 3 个小的法兰可使金属棒在毛细管中高度同心。使用活塞施加和释放氮气压力，可以得到高度重现的洗涤和加入样品

［引自 A.T.Hubbard and F.C.Anson,*Electroanal.Chem.*,**4**,139(1970)］

或者在稍长的时间内

$$i(t) \approx i(0)\exp(-pt) \tag{11.7.8}$$

且

$$p=\frac{\pi D_O}{l^2}=\frac{\pi^2 D_O A}{Vl}=\frac{m_O A}{V}$$

$$m_O=\frac{\pi D_O}{l} \quad 和 \quad i(0)=\frac{4nFAC_O^* m_O}{\pi^2}$$

应指出，式（11.7.8）与式（11.3.7）一样，如果在整个电解中电解池中的浓度可以认为是完全均匀的，那么，对于薄层电解池来讲，也可以遵循这种形式［正如图 11.7.2(b) 中那样］。最后，电解反应所通过的总电量

$$Q(t)=nFVC_O^*\left\{1-\frac{8}{\pi}\sum_{m=1}^{\infty}\left(\frac{1}{2m-1}\right)^2\exp\left[\frac{-(2m-1)^2\pi^2 D_O t}{l^2}\right]\right\} \tag{11.7.9}$$

$$Q(t)=nFVC_O^*\left(1-\frac{8}{\pi^2}-e^{-pt}\right) \quad （稍长时间） \tag{11.7.10}$$

$$Q(t\to\infty)=nFVC_O^*=nFN_O \tag{11.7.11}$$

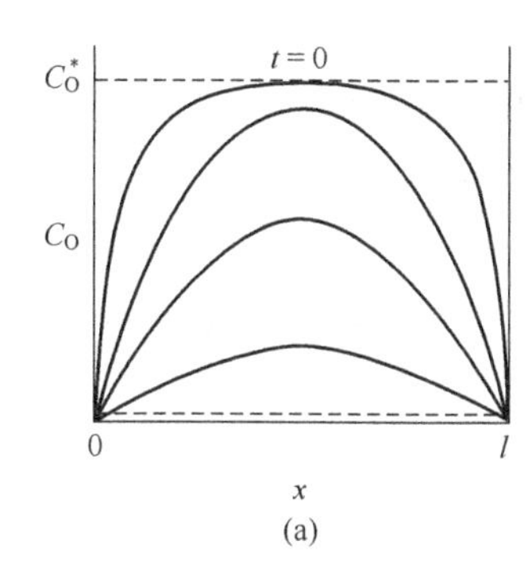

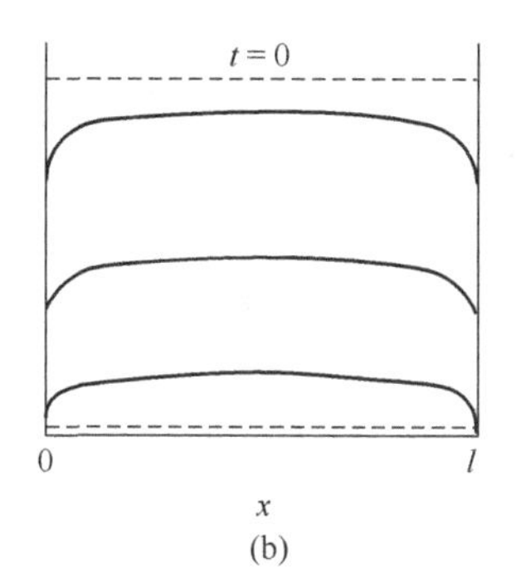

图 11.7.2　薄层池中双电极还原 O 时 O 的浓度分布

(a) 实际分布图；(b) 忽略了池中传质的分布图

方程式（11.7.11）与电量法方程式（11.3.11）一样，这样，在不需要知道 D_O 时进行 N_O 或 n 的测定是可能的。在薄层电解池中电解速率常数 p 可以很大，例如，对于 $D=5\times10^{-6}\,cm^2/s$ 和 $l=10^{-3}\,cm$，$p=49\,s^{-1}$，并且在 0.1s 内电解可完成 99%。在实际实验中，所测的电量要大于式（11.7.9）～式（11.7.11）所给的值，因为包含着双电层充电和基底反应的贡献（见 14.3.7 节）。

11.7.3　电势扫描法

再一次讨论 11.7.2 节的反应和初始条件，此时工作电极电势由没有反应发生的初始值 E_i 向负方向扫描。在 O 和 R 的浓度可以认为均匀的条件下［对于 $0\ll x\ll l$，$C_O(x,t)=C_O(t)$ 和 $C_R(x,t)=C_R(t)$］，像式（11.3.4）那样电流由下式给出：

$$i=-nFV\left[\frac{dC_O(t)}{dt}\right] \tag{11.7.12}$$

对于 Nernst 反应

$$E=E^{\ominus\prime}+\frac{RT}{nF}\ln\left[\frac{C_O(t)}{C_R(t)}\right] \tag{11.7.13}$$

$$C_O^*=C_O(t)+C_R(t) \tag{11.7.14}$$

由这两个方程式联立求解得到

$$C_O(t)=C_O^*\left\{1-\left[1+\exp\left(\frac{nF}{RT}(E-E^{\ominus\prime})\right)\right]^{-1}\right\} \tag{11.7.15}$$

微分式（11.7.15）并代入式（11.7.12）中，采用扫描速度 $v=-(dE/dt)$，得到电流的表达式：

$$i=\frac{n^2F^2vVC_O^*}{RT}\frac{\exp\left[\left(\frac{nF}{RT}\right)(E-E^{\ominus\prime})\right]}{\left\{1+\exp\left[\left(\frac{nF}{RT}\right)(E-E^{\ominus\prime})\right]\right\}^2} \tag{11.7.16}$$

峰电流发生在 $E=E^{\ominus\prime}$，并由下式给出

$$i_p=\frac{n^2F^2vVC_O^*}{4RT} \tag{11.7.17}$$

典型的薄层电解池中扫描伏安谱示于图 11.7.3 中，应当指出，峰电流正比于 v，但由式 (11.7.11) 给出的 i-E 曲线下的总电量则与 v 无关。

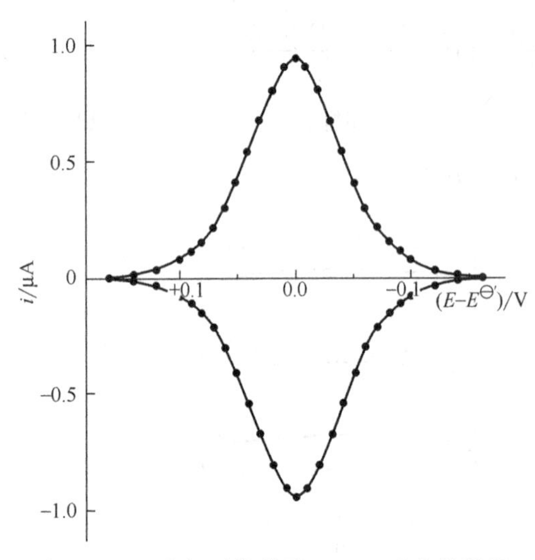

图 11.7.3 在如下条件下 Nernst 反应的循环电流-电势曲线：$n=1$，$V=1.0\mu L$，$|v=1mV/S|$，$C_O^*=1.0mmol\cdot L^{-1}$，$T=298K$

［引自 A. T. Hubbard and F. C. Anson，*Electroanal. Chem.*，**4**，129(1970)］

考虑电解池中浓度不均匀这个问题的严格的解是可以推导出来的[63]。曾表明近似式 (11.7.16) 在足够小的 v 值下是可以适用的，即是

$$|v|\leqslant\frac{RT}{nF}\times\frac{\pi^2D}{3l^2}\lg\left(\frac{1-\varepsilon}{1+\varepsilon}\right) \tag{11.7.18}$$

式中，ε 为计算 i_p 时允许的相对误差。

对于完全不可逆的单步骤单电子反应，电流由下式给出

$$\frac{i}{FA}=k_fC_O(t) \tag{11.7.19}$$

式中，$k_f=k^0-\exp[-(\alpha F/RT)(E-E^{\ominus\prime})]$。

把式 (11.7.19) 与式 (11.7.12) 联立求解，得到

$$\frac{dC_O(t)}{dt}=-\left[\frac{A_fk(t)}{V}\right]C_O(t) \tag{11.7.20}$$

在电势扫描实验中，$E(t)=E_i-vt$［见方程式 (6.2.1)］；因此，用 $f=F/RT$，

$$k_f(t)=k^0\exp[-\alpha f(E_i-E^{\ominus\prime})]\exp(\alpha fvt) \tag{11.7.21}$$

把式 (11.7.21) 代入式 (11.7.20)，并在 $t=0$ ($C_O=C_O^*$) 和 $t[C_O=C_O(t)]$ 之间积分，在 $k^0\exp[-\alpha f(E_i-E^{\ominus\prime})]\to 0$（即初始电势大大正于 $E^{\ominus\prime}$）条件下，可以得到下列 $C_O(E)$ 和 $i(E)$ 的表达式[63,64]：

$$C_O(E)=C_O^*\exp\left(\frac{-RT}{\alpha F}\frac{Ak_f}{Vv}\right) \tag{11.7.22}$$

$$i(E)=FAk_fC_O^*\exp\left(\frac{-RT}{\alpha F}\frac{Ak_f}{Vv}\right) \tag{11.7.23}$$

或者代替 k_f，

$$i(E)=FAk^0C_O^*\exp\left\{-\alpha f(E-E^{\ominus\prime})-\frac{Ak^0}{\alpha fVv}\exp[-\alpha f(E-E^{\ominus\prime})]\right\} \tag{11.7.24}$$

在薄层电解中，O 完全不可逆还原到 R 的典型 i 对 E 的曲线示于图 11.7.4 和图 11.7.5。峰电势［微分式 (11.7.24) 并令结果为零而得］是发生在

$$E_{pc}=E^{\ominus\prime}+\frac{RT}{\alpha F}\ln\left(\frac{ARTk^0}{\alpha FVv}\right) \tag{11.7.25}$$

峰电流仍然正比于 v 和 C_O^*，表示为

$$i_{pc}=\frac{\alpha F^2VvC_O^*}{2.718RT} \tag{11.7.26}$$

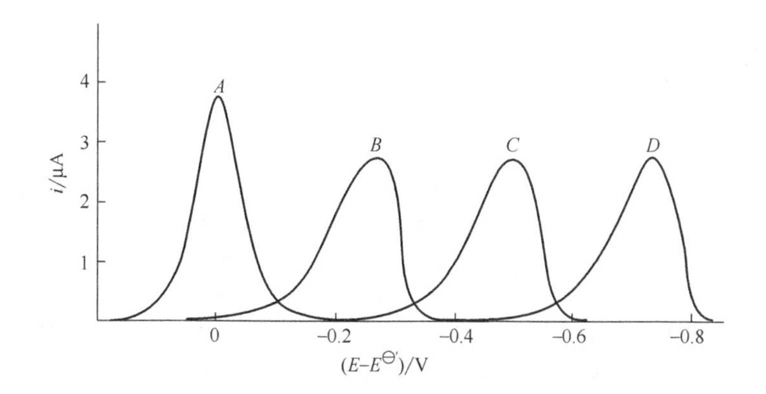

图 11.7.4　根据式 (11.7.24)，对于不同的 k^0 值，单步骤单电子不可逆反应的理论阴极电流-电势曲线
曲线 A：可逆反应（在此仅为比较用）。曲线 B：$k^0=10^{-6}$ cm/s。曲线 C：$k^0=10^{-8}$ cm/s。曲线 D：$k^0=10^{-10}$ cm/s。在如下条件下绘出的曲线：$|v=2mV/s|$，$A=0.5cm^2$，$C_O^*=1.0mmol \cdot L^{-1}$，$\alpha=0.5$，$V=2.0\mu L$ [引自 A. T. Hubbard, *J. Electroanal. Chem.*，**22**，165(1969)]

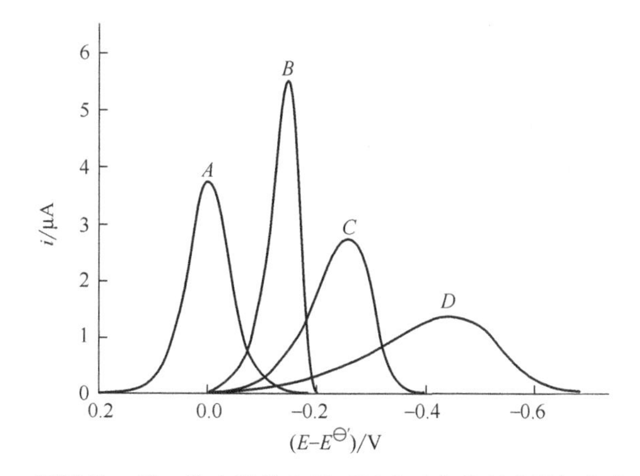

图 11.7.5　不同的 α 值，单步骤单电子不可逆反应的理论阴极电流-电势曲线
曲线 A：可逆反应。曲线 B：$\alpha=0.75$，$k^0=10^{-6}$ cm/s。曲线 C：$\alpha=0.5$，$k^0=10^{-6}$ cm/s。曲线 D：$\alpha=0.25$，$k^0=10^{-6}$ cm/s。在如下条件下绘出的曲线：$|v=2mV/s|$，$A=0.5cm^2$，$C_O^*=1.0mmol \cdot L^{-1}$，$\alpha=0.5$，$V=2.0\mu L$ [引自 A. T. Hubbard，*J. Electroanal. Chem.*，**22**，165(1969)]

薄层方法曾被提出用于测定电极反应的动力学参数[63~65]，但它们在这方面应用尚不广泛。这种方法的困难在于溶液薄层有高的电阻，尤其是在非水溶液或很低的支持电解质浓度时应用更困难。由于参比电极和辅助电极是放在薄层室之外，所以，就会有严重的不均匀电流分布和高的未补偿 iR 降（例如会导致非线性电势扫描）[66,67]。虽然也想出一些电解池的设计来消除这些问题[63,64]，但在动力学测量中要求严格控制实验条件。薄层电解池曾应用到许多电化学研究中，包括研究吸附、电沉积、配位反应机理和 n 值测定。在光谱电化学研究中它们的应用也越来越普及（见第 17 章）。

在薄层电解池中所用的理论和数学处理在其他电化学问题中也得到应用，例如，金属沉积到薄的汞膜中（作为汞齐）然后再溶出是一个基本的薄层问题（见 11.8 节）。类似的有薄膜的电化学氧化和还原（例如氧化物、吸附层和沉积物）都可以遵循相似的处理（见 14.3 节）。薄层的概念也可以直接应用于电活性物质键合到表面的合成的修饰电极上（第 14 章）。在涉及表面膜的许多问题中，传质在一个广阔的时间域确实是可以忽略的，且未补偿电阻的问题也很小，于是可以进行较快的实验。最后，采用扫描电化学显微镜（16.4 节）所观察到的行为，在电极（探针）和导体或绝缘体基底之间所进行的电化学研究可以认为是一种漏的薄层池。

11.8　溶出分析

11.8.1　导言

溶出分析（stripping analysis）是一种测定方法，它利用整体电解步骤（预电解）把物质由溶液预富集到汞电极的一个小体积中（悬汞滴或者薄膜）或到电极表面上去。在这样的电沉积步骤以后，采用某种伏安技术（最常用的是 LSV 或 DPV）把物质从电极中再溶解出来（“溶出”）。如果在预电解步骤时的条件维持恒定，溶液的耗尽电解是不必要的，用准确的标定或固定的电解时间测定的伏安响应（如峰电流）可以用来求出溶液的浓度。这种过程可图示于图 11.8.1。与原始溶液的直接伏安分析相比，这种方法的最大优点是把要分析的物质预富集于电极之上或电极之中（100～1000 倍），因此伏安（溶出）电流不太受充电电流和杂质残余电流的干扰。这种技术特别适用于分析很稀的溶液（浓度低到 10^{-10}～10^{-11} mol·L^{-1}）。溶出分析最常用于测定金属离子，它是用阴极沉积然后再线性电势扫描进行阳极溶出，因此溶出分析有时称为阳极溶出伏安法（anodic stripping voltammetry，ASV）或有少数人叫它反向伏安法。这里讨论它的基本理论原则和典型应用。有关这种技术的历史、理论和实验方法的综述可参见文献［68～74］。

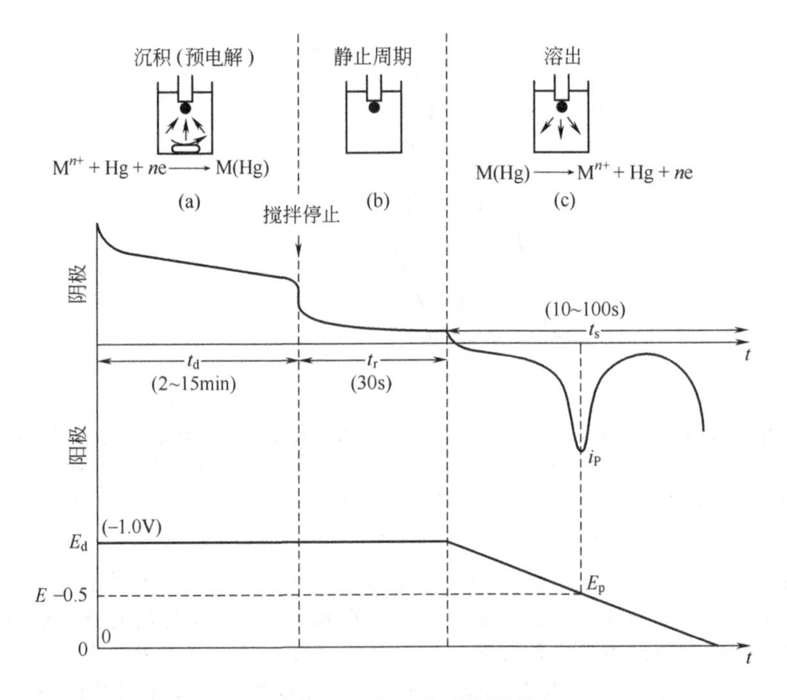

图 11.8.1　阳极溶出的原理

所显示的值是常用的值；电势和 E_p 是分析 Cu^{2+} 常用的值。(a) 在 E_d 处预电解；搅拌溶液；(b) 静止周期；搅拌停止；(c) 阳极扫描（v=10～100mV/s）［引自 E. Berendrecht，*Electroanal. Chem.*，**2**，53(1967)］

11.8.2　原理及理论

溶出分析中所采用的汞电极是常规的 HMDE 或者汞膜电极（MFE）。在现代实践中，MFE 通常是沉积到一个旋转的玻碳或蜡浸石墨圆盘上面。人们通常把汞离子（10^{-5}～10^{-4} mol·L^{-1}）直接加到分析溶液中，这样在预电解过程中汞与被测物质共沉积。制得的汞膜一般小于 10nm 厚。由于 MFE 比 HMDE 的体积小得多，故 MFE 表现出高的灵敏度。曾经证明过，与铂接触的汞电极在长时间的接触中有某些铂要溶入，有可能出现毒化现象，因此一般都避免铂。固体电极（例如 Pt，Ag，C）不用汞（不常用），它们用于那些不能在汞上测定的离子（诸如

Ag、Au、Hg)。

电沉积步骤是在搅拌溶液中，在电势 E_d 下进行，E_d 比最容易还原的被测金属离子的 $E^{\ominus\prime}$ 还负几百 mV。相关的方程一般服从整体电解的那些方程（见 11.3.1 节）。但是，因为电极面积很小，以致 t_d 大大小于耗尽电解所需的时间，在这个步骤中，电流维持完全恒定（在 i_d 下），沉积的金属摩尔数是 $i_d t_d/nF$。因为电解不是耗尽式的，故沉积条件（如搅拌速度、t_d、温度）必须在样品和标准物之间非常严格的一致。

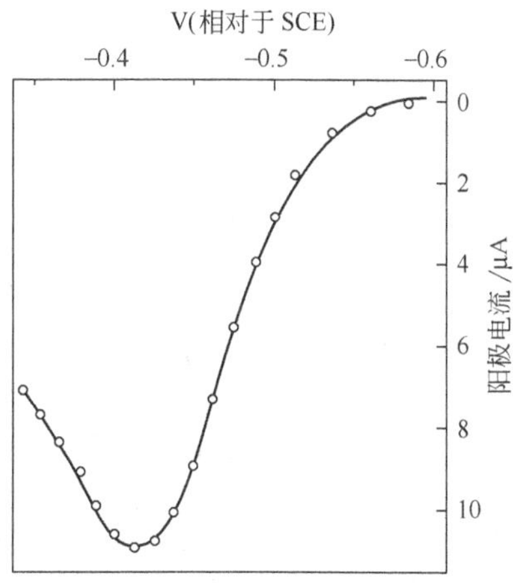

图 11.8.2　铊的阳极溶出 i-E 曲线
实验条件：1.0×10^{-5} mol·L^{-1} Tl，0.1mol·L^{-1} KCl 溶液，$E_d=-0.7$V（相对于 SCE），$t_d=5$min，$v=33.3$mV/s。圆圈是由式（11.8.2）计算得到的点［引自 I. Shain and J. Lewinson，*Anal. Chem.*，**33**，187(1961)］

用 HMDE 在搅拌停止时有一个静置时期，溶液可以成为静止的，在汞齐中金属的浓度变得更为均匀。溶出步骤是使电势向着正值线性扫描。

当用 MFE 时，沉积时的搅拌由基底圆盘的旋转来控制。一般观察不到静置时间，在溶出步骤中照样旋转。

在阳极扫描时，决定 i-E 曲线行为的是所用电极的类型（见图 11.8.2），对于半径为 r_0 的 HMDE，还原型 M 的浓度在扫描开始时，在整个汞滴上都是均匀的，可由下式给出

$$C_M^* = \frac{i_d t_d}{nF(4/3)\pi r_0^3} \tag{11.8.1}$$

当扫描速度 v 足够高，以致汞滴中央（$r=0$）的浓度在整个扫描中维持在 C_M^*，则这种行为完全是半无限扩散的，6.2 节中基本处理是可用的[75]，对于滴汞的球形本性必须加以校正［见式（6.2.23）］。在这种情况下，球形校正项必须由平板项减去，因为在汞滴内建立了浓度梯度，且已扩大的扩散场的面积随着时间而减小。因此对于 HMDE 上可逆溶出反应所用的方程为[75]

$$i = nFAC_M^*\left[(\pi D_M\sigma)^{1/2}\chi(\sigma t) - \frac{D_M\phi(\sigma t)}{r_0}\right] \tag{11.8.2}$$

$$i_p = AD_M^{1/2}C_M^*\left[(2.69\times10^5)n^{3/2}v^{1/2} - \frac{(0.725\times10)nD_M^{1/2}}{r_0}\right] \tag{11.8.3}$$

式中，A 单位是 cm^2，D_M 是 cm^2/s，C_M^* 是 mol/cm^3，v 是 V/s，r_0 是 cm，函数 $\chi(\sigma t)$ 和 $\phi(\sigma t)$ 中的 $\sigma=nFv/RT$，列表于 6.2.1。这些方程式在 $v>20$mV/s 时，对于 HMDE 是正确的，显然，在这些条件下，一大部分沉积的金属留在滴内。在图 11.8.3 中对比了式（11.8.2）所描述的 i-E

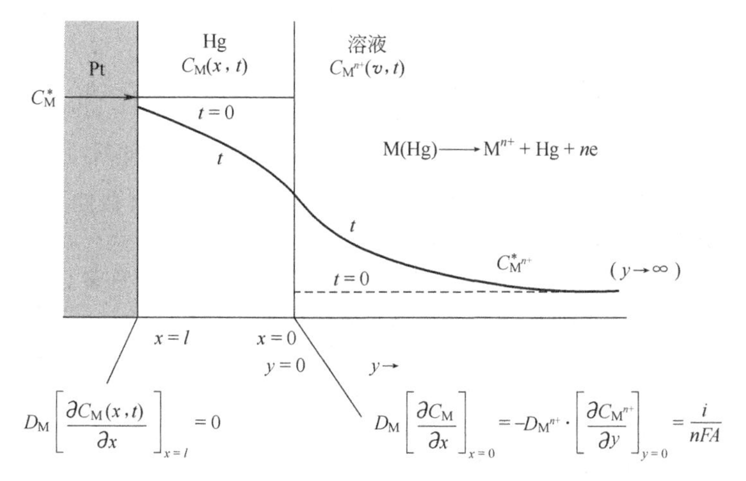

图 11.8.3　理论处理 MFE 的符号、初始和边界条件

曲线和 HMDE 上典型的实验溶出伏安图谱[76]。在很大的扫描速度下，球形项可以忽略，并且得到线性扩散扫描行为，即 i_p 正比于 $v^{1/2}$。实际的溶出测定通常是在这个条件下进行。在较小的速度下，当扩散层厚度超过 r_0 时，有限的电极体积和在 $r=0$ 处 M 的贫化就必须考虑。在很小的 v 的极端情况下，当扫描使滴中 M 完全贫化时，这时其行为应当接近薄层电解池或 MFE（见下面），i_p 正比于 v。

由于在 MFE 上汞膜的体积和厚度都小，这个电极的溶出行为更接近薄层行为（见 11.7 节），贫化效应是主要的。在文献［77，78］中可见到 MFE 的理论处理所用模型的图在图 11.8.1 中给出。如果假定溶出反应是可逆的，在表面上 Nernst 方程式就适用：

$$C_{M^{n+}}(0,t)=C_M(0,t)\exp\left[\frac{nF}{RT}(E_i-E^{\ominus\prime})+vt\right] \qquad (11.8.4)$$

在这种条件以及示于图 11.8.3 中的初始条件和边界条件下解扩散方程可导出一个微分方程，此微分方程必须是数值解。对于不同厚度 l 的膜来说，i_p 作为 v 的函数的典型结果在图 11.8.4(a) 中给出。在小的 v 和 l 时，贫化或薄层行为是主要的，$i_p \propto v$。对于高的 v 和大的 l，半无限线性行为是主要的，$i_p \propto v^{1/2}$。这些区域的界限示于图 11.8.4（b）。应当指出，对于实际上完全实用的扫描速度（≤500mV/s）来讲，现代应用的 MFE 已经落入薄层行为可预想的区域。根据溶液的扩散层近似，曾提出薄层区峰电流的近似方程为[79]

$$|i_p|=\frac{n^2F^2|v|lAC_M^*}{2.7RT} \qquad (11.8.5)$$

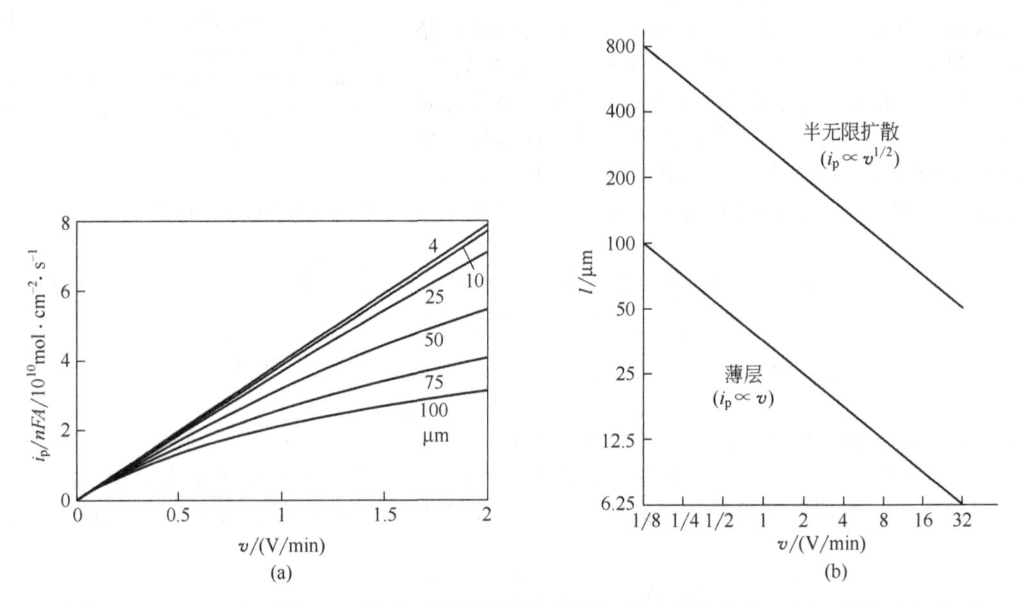

图 11.8.4 （a）在不同 MFE 厚度下计算的峰电流随扫描速度的变化；（b）应用于 MFE 的半无限方程和薄层方程的区带

［引自 W. T. de Vries，*J. Electroanal. Chem.*，**9**，448(1965)］

应注意在此表达式和相应的极限薄层方程式（11.7.17）之间的这种类似性（这里 $Al=V$）。

11.8.3 应用和其他类型的方法

控制电势阴极沉积和线性电势扫描阳极溶出的技术，已经被用于许多金属的测定（例如 Bi，Cd，Cu，In，Pb 和 Zn)，它们或是单独存在或是混合存在（图 11.8.5）。采用脉冲极谱方波、方波或恒电量溶出技术可以获得高的灵敏度。现已经提出了其他的方法，诸如电势阶跃、电流阶跃溶出、或更精细的程序（如短时间的阳极电势阶跃再阴极扫描）[68~74]。

用汞电极时常发生的主要干扰是：①金属与基底材料（如 Pt 和 Au）或与汞（如 Ni-Hg）发生反应；②在同时沉积到汞中的两种金属之间形成金属间化合物（如 Cu-Cd 或 Cu-Ni)。这些效应用汞膜比用悬滴时更为严重，因为 MFE 有非常浓的汞齐，而且有高的基底面积对膜体积之比。在选择MFE和HDME时都应十分注意。

另一方面，MFE在线性扫描溶出时给出更高的灵敏度，且在沉积步骤中有更好的传质控制。如果选定HMDE时（如为了减少干扰），可以采用示差脉冲溶出，以获得与MFE上由LSV所得相当的灵敏度。

由于在MFE上溶出是使薄膜完全耗尽，故伏安峰窄，并且可以把多元组分体系的基线分辨出来。薄层性质和尖锐的峰形允许用较快的溶出扫描，这实际上缩短了分析时间。相反，在HMDE上所得到的溶出伏安图中，峰后电流的下跌是由于扩散衰减，而不是由于耗尽造成的，它要持续一定的时间。这样，峰就比较宽，邻近一些峰的重叠就较为严重［例如，比较图11.8.6(a)和(d)］。对于HMDE，这个问题采用慢扫描速度可以减小，但其代价是延长分析时间。

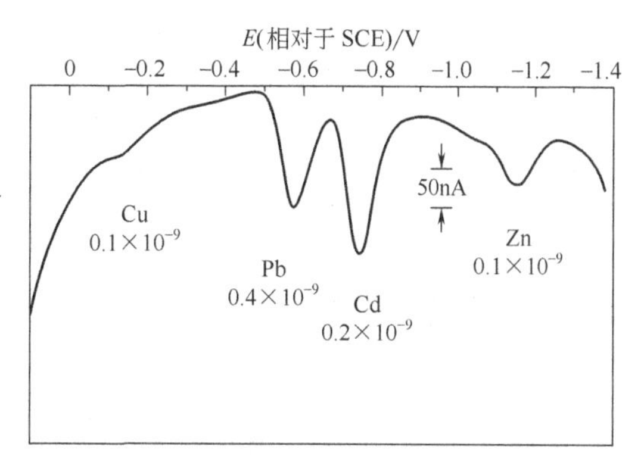

图11.8.5 在MFE（镀汞的蜡浸石墨电极）对溶液含有2×10^{-9}mol·L^{-1} Zn，Cd，Pb及Cu的阳极溶出分析

溶出是由示差脉冲伏安法进行

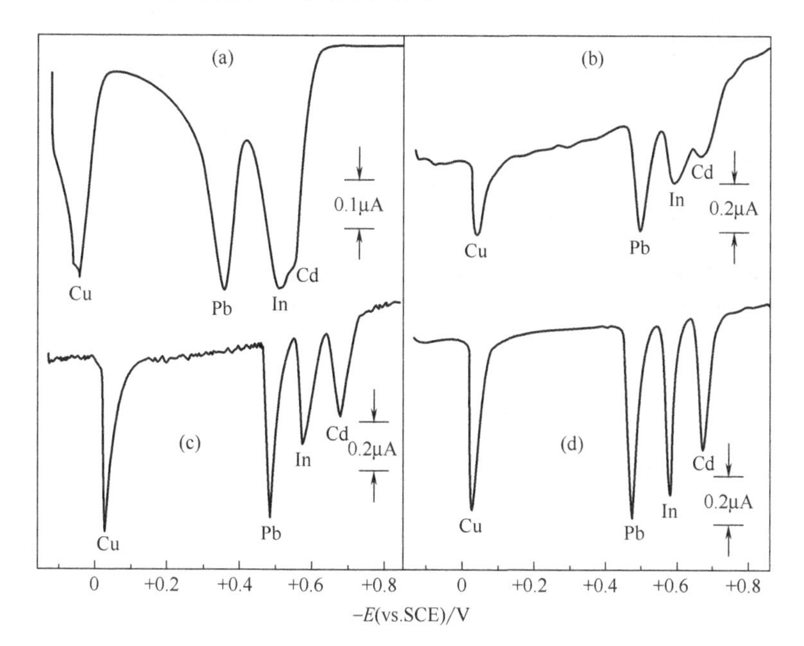

图11.8.6 在0.1mol·L^{-1} KNO_3溶液中，2×10^{-7}mol·L^{-1} Cd^{2+}，In^{3+}，Pb^{2+}和Cu^{2+}的溶出曲线，$|v|=5$mV/s

(a) HMDE，$t_d=30$min；(b) 裂解石墨，$t_d=5$min；(c) 未抛光的玻碳，$t_d=5$min；(d) 抛光的玻碳，$t_d=5$min。对于(b)～(d)，$\omega/2\pi=2000$r/min，并且加入2×10^{-5}mol·L^{-1}的Hg^{2+}

［引自T. M. Florence，*J. Electroanal. Chem.*，**27**，273(1970)］

阴极溶出分析也可以作阳极预电解中沉积物的分析（通常为阴离子）。例如，卤化物（X^-）可以作为Hg_2X_2沉积物在汞上测定。在固体电极上沉积也是可能的。在此情况下，表面问题（如氧化物膜）以及欠电势沉积效应常常存在。另一方面，由固体电极上溶出，灵敏度很高，因为甚至在高的扫描速度下，沉积物都可以完全消除。金属膜的溶出常常用来测定镀层（如Sn在Cu上）和氧化层（如Cu上的CuO）的厚度❶。

其他的变化涉及没有预电解步骤时，溶出或电解的物质可同时吸附在电极表面。该技术称为

❶ 事实上，最早的电分析方法（电量法）应用于测定铜丝上镀锡的厚度[80]。

吸附溶出伏安法（adsorptive stripping voltammetry），可应用于像含硫化合物、有机物以及一些吸附到汞和金上的金属配合物的研究中[74,81]。这样的例子包括半胱氨酸（蛋白质中含有该氨基酸）、在配位剂 solochrome 紫 RS 存在下溶解的钛以及药物 diazepam。由该方法所发现的量仅限于单层水平。然而，采用能够与溶液中物质进行作用的厚的高分子层时，可采用类似的方法。相关的实验将在第 14 章中描述。

11.9 参考文献

1 J. J. Lingane, "Electroanalytical Chemistry," 2nd. Ed., Wiley-Interscience, New York, 1958, Chaps, 13-21
2 P. Delahay, "New Instrumental Methods in Electrochemistry," Wiley-Interscience, New York, 1954, Chaps, 11-14
3 N. Tanaka, in "Treatise on Analytical Chemistry," Part I, Vol. 4, I. M. Kolthoff and P. J. Elving, Eds., Wiley-Interscience, New York, 1963, Chap, 48
4 E. Levia, *Electrochim. Acta*, **41**, 2185 (1996)
5 (a) L. B. Rogers and A. F. Stehney, *J. Electrochem.*, *Soc.*, **95**, 25 (1949); (b) J. T. Byrne and L. B. Rogers, *ibid.*, 98, 452 (1951)
6 D. M. Kolb, *Adv. Electrochem. Electrochem. Engr.*, **11**, 125 (1978)
7 N. Tanaka, *op. cit.* pp. 2241-2443
8 H. Gerischer, D. M. Kolb, and M. Prazanyski, *Surf. Sci.*, **43**, 662 (1974); **51**, 323 (1975); *J. Electroanal. Chem.*, **54**, 25 (1974) and references therein
9 V. A. Vincente and S. Bruckenstein, *Anal. Chem.*, **45**, 2036 (1973); *J. Electroanal. Chem.*, **82**, 187 (1977); and references therein
10 E. Schmidt, M. Christen, and P. Beyelar, *J. Electroanal. Chem.*, **32**, 275 (1973) and references therein
11 For example, M. Ito and T. Kuwana, *J. Electroanal. Chem.*, **32**, 415 (1971)
12 W. R. Heineman and T. Kuwana, *Biochem. Biophys. Res. Communs.*, **50**, 892 (1973)
13 J. J. Lingane, *J. Am. Chem. Soc.*, **67**, 1916 (1945); *Anal. Chim. Acta*, **2**, 584 (1948)
14 A. J. Bard, Anal. Chem., **35**, 1125 (1963)
15 J. A. Harrison and H. R. Thirsk, *Electroanal. Chem.*, **5**, 67-148 (1971)
16 J. O'M. Bochris and A. Damjanovic, *Mod. Asp. Electrochem.*, **3**, 224 (1964)
17 M. Fleischmann and H. R. Thirsk, *Adv. Electrochem. Electrochem. Engr.*, **3**, 123 (1963)
18 F. A. Lowenheim, "Modern Electroplating," 3rd ed., Wiley, New York, 1974; "Electroplating," McGraw-Hill, New York, 1978
19 H. J. S. Sand, "Electrochemistry and Electrochemical Analysis," Blackie, London, 1940
20 Biennial reviews in *Anal. Chem.* (up to 1974). (a) S. E. Q. Ashley, **21**, 70 (1949); **24**, 91 (1952); (b) D. D. Deford, **26**, 135 (1954); **28**, 660 (1956); **30**, 613 (1958); **32**, 31R (1960). (c) A. J. Bard, **34**, 57R (1962); **36**, 70R (1964); **38**, 88R (1966); **40**, 64R (1968); **42**, 22R (1970). (d) D. G. Davis, **44**, 79R (1972); **46**, 21R (1974)
21 G. A. Rechnitz, "Controlled Potential Analysis,", Pergamon, New York, 1963
22 J. E. Harrar, *Electroanal. Chem.*, **8**, 1 (1975)
23 J. J. Lingane, "Electroanalytical Chemistry," *op cit.*, pp. 488-495
24 J. J. Lingane, C. H. Langford, and F. C. Anson, *Anal. Chim. Acta*, **16**, 165 (1959)
25 J. J. Lingane, "Electroanalytical Chemistry," *op cit.*, Chap. 21
26 H. L. Kies, *J. Electroanal. Chem.*, **4**, 257 (1962)
27 D. DeFord and J. W. Miller, in "Trestise on Analytical Chemistry," Part I, Vol. 4, I. M. Kolthoff and P. J. Elving, Eds., Wiley-Interscience, New York, 1963, Chap. 49
28 A. J. Bard in "Chemistry at the Nanometer Scale," *Proc. Of the Welch Foundation 40th Conf. Chem. Res.*, Robert A. Welch Foundation, Houston, 1996, p. 235
29 P. A. Shaffer, Jr., A. Briglio, Jr., and J. A. Brockman, Jr., *Anal. Chem.*, **20**, 1008 (1948)
30 R. S. Braman, D. D. Deford, T. N. Johnston, and L. J. Kuhns, *Anal. Chem.*, **32**, 1258 (1960)
31 J. Janata and H. B. Mark, Jr., *Electroanal. Chem.*, **3**, 1 (1969)
32 J. J. Lingane, "Electroanalytical Chemistry," *op. cit.*, Chaps. 1-8, 12 and references to the older literature contained therein
33 C. N. Reihey amd R. W. Murry (Chap. 43) and N. H. Furman (Chap. 45) in "Treatise on Analytical Chemistry," Part I, Vol. 4, I. M. Kolthoff and P. J. Elving, Eds., Wiley-interscience, New York, 1963
34 J. T. Stock, "Amperometric Titrations." Interscience, New York, 1965
35 W. D. Cooke, C. N. Reiley, and N. H. Furman, *Anal. Chem.*, **23**, 1662 (1951)
36 I. M. Kolthoff and L. J. Lingane, "Polarograpy." 2nd ed., Vol. 2, Interscience, New York, 1952, Chap. 47
37 L. Meites, "Polarographic Techniques." 2nd ed., Wiley-Interscience, New York, 1965, Chap. 9

38 R. de Levie, *Adv. Electrochem. Electrochem. Engr.*, **6**, 329 (1967)
39 The treatise given here basically follows that outlined in the following papers and references contained therein
(a) R. E. Sioda, *Electrochim. Acta*, **13**, 375 (1968); **15**, 783 (1970); **17**, 1939 (1972); **22**, 439 (1997)
(b) R. E. Sioda, *J. Electroanal. Chem.*, **34**, 399, 411 (1972); **56**, 149 (1974)
(c) R. E. Sioda and T. Kamara, *J. Electroanal. Chem.*, **38**, 51 (1972)
(d) I. G. Gurevich and V. S. Bagatsky, *Electrochim. Acta*, **9**, 1151 (1964)
(e) I. G. Gurevich and V. S. Bagatsky, and Yu. R. Budeka, *Electrokhim*, **4**, 321, 874, 1251 (1968)
(f) R. E. Sioda and K. B. Keating, *Electroanal. Chem.*, **12**, 1 (1974)
40 J. V. Kenkel and A. J. Bard, *J. Electroanal. Chem.*, **54**, 47 (1974)
41 J. A. Trainham, and J. Newman, *J. Electroanal. Soc.*, **124**, 1258 (1977)
42 R. Alkire and R. Gould, *ibid.*, **123**, 1842 (1976)
43 B. A. Ateya, and L. G. Austin, *ibid.*, **124**, 83 (1977)
44 E. I. Eckfeldt, *Anal. Chem.*, **31**, 1453 (1959)
45 T. Fujinaga and S. Kihara, *CRC Crit. Rev. Anal. Chem.*, **6**, 223 (1977)
46 S. M. Lunte, C. E. Lunte, and P. T. Kissinger, in "Laboratory Techniques in Electroanalytical Chemistry," 2nd., P. T. Kissinger and W. R. Heineman, Eds., Marcel Dekker, New York, 1996
47 D. C. Johason and W. R. LaCoursse, *Anal. Chem.*, **62**, 589A (1990)
48 D. M. Radzik and S. M. Lunte, *CRC Crit. Rev. Anal. Chem.*, **20**, 317 (1989)
49 P. C. White, *Analyst*, **109**, 677 (1984)
50 P. Jandik, P. R. Haddad, and P. E. Sturrock, *CRC Crit. Rev. Anal. Chem.*, **20**, 1 (1988)
51 H. Gunasingham and B. Fleet, *Electroanal. Chem.*, **16**, 89 (1989)
52 J. M. Elbicki, D. M. Morgan, and S. G. Weber, *Anal. Chem.*, **56**, 978 (1984)
53 D. A. Roston, R. E. Shoup, and P. T. Kissinger, *Anal. Chem.*, **54**, 1417A (1982)
54 M. B. Jensen and D. C. Johnson, *Anal. Chem.*, **69**, 1776 (1997)
55 D. C. Johnson and W. R. LaCourse, *Anal. Chem.*, **62**, 589A (1990)
56 W. R. LaCourse, *Analysis*, **21**, 181 (1993)
57 R. A. Wallingford and A. G. Ewing, *Anal. Chem.*, **59**, 1762 (1987)
58 X. Huang, R. N. Zare, S. Sloss, and A. G. Ewing, *Anal. Chem.*, **63**, 189 (1991)
59 E. Schmidt and H. R. Gygax, *Chimia*, **16**, 156 (1962)
60 J. H. Sluyters, *Rec. Trav. Chim.*, **82**, 120 (1963)
61 C. R. Christensen and F. C. Anson, *Anal. Chem.*, **35**, 205 (1963)
62 C. N. Reiley, *Pure Appl. Chem.*, **18**, 137 (1968)
63 A. T. Hubbard and A. F. Anson, *Electroanal. Chem.*, **4**, 129 (1970)
64 A. T. Hubbard, *CRC Crit. Rev. Anal. Chem.*, **2**, 201 (1973)
65 A. T. Hubbard, *J. Electroanal. Chem.*, **22**, 165 (1969)
66 G. M. Tom and A. T. Hubbard, *Anal. Chem.*, **43**, 671 (1971)
67 I. B. Goldberg and A. J. Bard, *Anal. Chem.*, **38**, 313 (1972)
68 I. Shain, in "Treatise on Analytical Chemistry," Part I, Vol. 4, I. M. Kolthoff and P. J. Elving, Eds., Wiley-Interscience, New York, 1963, Chap. 50
69 E. Barendzecht, *Electroanal. Chem.*, **2**, 53-109 (1967)
70 R. Neeb, "Inverse Polarographic and Voltammetric," Akademie-Verlag, Berlin, 1969
71 J. B. Flato, *Anal. Chem.*, **44** (11), 75A (1974)
72 T. R. Copeland and R. K. Skogerboe, *Anal. Chem.*, **46**, 1257A (1974)
73 F. Vydra, K. Stulik, and E. Julakova, "Electrochemical Stripping Analysis," Halsted Press, New York, 1977
74 J. Wang, "Stripping Analysis: Principle, Instrumentation, and Applications," VCH, Dearfield Beach, FL, 1985
75 W. H. Reinmuth, *Anal. Chem.*, **33**, 185 (1961)
76 I. Shain and J. Lewinson, *Anal. Chem.*, **33**, 187 (1961)
77 W. T. de Vries and E. Van Dalen, *J. Electroanal. Chem.*, **8**, 366 (1964)
78 W. T. de Vries, *J. Electroanal. Chem.*, **9**, 448 (1965)
79 D. K. Roe and J. E. A. Toni, *Anal. Chem.*, **37**, 1503 (1965)
80 G. G. Grower, *Proc. Am. Soc. Testing Mater.*, **17**, 129 (1971)
81 J. Wang, *Electroanal. Chem.*, **16**, 1 (1989)

11.10 习题

11.1 根据图 11.10.1 的曲线，对采用单电极电流法用 I_2 滴定 Sn^{2+} 进行讨论。绘出铂指示电极在 (a) +0.2V，(b) −0.1V 和 −0.4V 下（相对 SCE）下的最终滴定曲线。

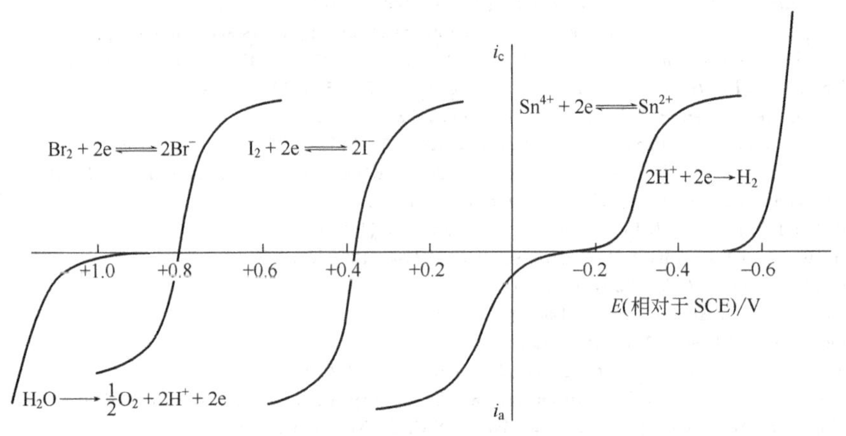

图 11.10.1 在 Pt 电极上几种体系的理想化电流-电势曲线

11.2 根据图 11.10.1 的曲线，说明用单电极电流法以 Sn^{2+} 来滴定如何测定 Br_2 和 I_2 的混合物？绘出滴定的各个步骤所应取得的电流-电势曲线，以及根据你所提出的方法应得到电流滴定曲线。绘出采用两电极电流法施加 100mV 的电压，以 Sn^{2+} 滴定 Br_2 和 I_2 的混合物的滴定曲线。

11.3 根据图 11.10.1 的曲线，绘出采用单电极和双电极电势法并施以小的电流时，绘出习题 11.1 和 11.2 中滴定时的滴定曲线。

11.4 把 50mL 的 $ZnSO_4$ 溶液移至具有汞阴极的电解池中，且加入足够配成 $0.1mol \cdot L^{-1}$ KNO_3 溶液的固体硝酸钾。电解 Zn^{2+} 是在 −1.3V（相对 SCE）下完成，通过 241C 电量。计算锌离子的初始浓度。

11.5 采用银电极和恒电流对碘化物进行电量法滴定。样品是总体积为 50mL 的 $0.1mol \cdot L^{-1}$ 醋酸-醋酸钠溶液（pH=4）中含有 $1.0mmol \cdot L^{-1}$ NaI。

(a) 描述滴定的过程。并计算产生电流以及总的滴定时间是多少？

(b) 采用旋转铂圆盘电极记录实验曲线，讨论当扫描从阴极背景极限（大约 −0.5V）到阳极背景极限（大约 +1.5 V）时的电流-电势曲线。绘出 0%，50%，100%和 150%滴定点的曲线。标出引起波形的电极过程。除了背景放电的所有电极反应均为可逆的。下列的信息是有用的：

反应	$E^{\ominus\prime}$(相对于 SCE)/V
$Ag^+ + e \rightleftharpoons Ag$	+0.56
$I_3^- + 2e \rightleftharpoons 3I^-$	+0.30
$AgI + e \rightleftharpoons Ag + I^-$	−0.39

(c) 对于如下体系绘出电流滴定曲线（指示电极是旋转铂微电极）：

(1) 在 −0.3V（相对于 SCE）采用单极化电极。

(2) 在 +0.4V（相对于 SCE）采用单极化电极。

(3) 采用双极化电极，两者的电势差为 100mV。

11.6 在习题 11.5 中的溶液中的碘离子也可以采用控制电势在铂电极上氧化到碘分子的方法检测测定。对该氧化需要的电势为多少（见图 11.10.1）？将通过多少库仑的电量？

11.7 下面是分析铀样品的标准步骤：(1) 将圆盘溶解在酸中产生 UO_2^{2+} 的氯化物。(2) 将 UO_2^{2+} 溶液通过 Jones 还原器（Zn 汞齐）极限还原。该溶液可能是在 $0.1mol \cdot L^{-1}$ H_2SO_4 还原到 U^{3+}。(3) 空气中搅拌得到 U^{4+}。(4) 加入过量的 Fe^{3+} 和 Ce^{3+}，电量滴定到终点。

(a) 假设溶液经过步骤 (3) 处理后含有约 $1mmol \cdot L^{-1}$ U^{4+}，Fe^{3+} 和 Ce^{3+}，分别定量配制 $4mmol \cdot L^{-1}$ 和 $50mmol \cdot L^{-1}$ 的 Fe^{3+} 和 Ce^{3+} 溶液。硫酸的浓度到 $1mol \cdot L^{-1}$。绘出该溶液中在旋转铂圆盘电极上记录的电流-电势曲线。相对于 NHE，阳极极限是 +1.7V，阴极极限是 −0.2V。

(b) 解释步骤 4 以及电量滴定的装置。

(c) 绘出滴定完成 0%，50%，100%和 150%处的电流-电势曲线。

(d) 绘出单极化电极在 +0.3V 和 +0.9V 处极限滴定的电流滴定曲线，以及差值为 100mV 的双极化电极的电流滴定曲线。

(e) 基于定量的电势尺度，绘出零电流电势响应。

可能用到的信息如下：

反应	$E^{\ominus}$，V/(相对于 NHE)
1. $Ce^{4+}+e \rightleftharpoons Ce^{3+}$	1.44
2. $Fe^{3+}+e \rightleftharpoons Fe^{2+}$	0.77
3. $UO_2^{2+}+e \rightleftharpoons UO_2^{+}$	0.05
4. $UO_2^{2+}+4H^{+}+e \rightleftharpoons U^{4+}+2H_2O$	0.62
5. $U^{4+}+e \rightleftharpoons U^{3+}$	−0.61

11.8　在研究中一个有趣的分子是四氰醌二甲烷（TCNQ）：

TCNQ　　　　p-Chl

常常需要高纯度的样品。假设你希望发展一种分析 TCNQ 纯度的技术。通过电致产生 p-氯醌（p-ChI）的阴离子自由基和电量滴定的方法，请描述一种完成该目标的方法。含有四烷基铵高氯酸的乙腈应该是合适的介质。铂电极上的电势窗是−2.5～+2V（相对于 SCE）。下列的还原电势是有关的：

$$\mathrm{TCNQ}+e \rightleftharpoons \mathrm{TCNQ}^{\overline{\cdot}} \qquad E^{\ominus}=0.20\mathrm{V}$$

$$\mathrm{TCNQ}^{\overline{\cdot}}+e \rightleftharpoons \mathrm{TCNQ}^{2-} \qquad E^{\ominus\prime}=-0.33\mathrm{V}$$

$$p\text{-ChI}+e \rightleftharpoons p\text{-ChI}^{\overline{\cdot}} \qquad E^{\ominus\prime}=0.0\mathrm{V}$$

这些过程均为可逆的。

(a) 详细说明电解池的设计、开始时溶液的组成以及在电极和均相溶液中发生的活性过程。

(b) 绘出滴定在如下各点停止时，记录在旋转铂圆盘电极上的电流-电势曲线，在 0%，50%，100% 及 150%。

(c) 绘出如下条件下的滴定曲线：(1) 以单极化电极在 1.0V 处进行电流检测；(2) 以单极化电极在 0.1V 处进行电流检测；及 (3) 双极化电极相差 100mV 进行电流检测。

11.9　讨论图 11.5.1 所示的 Fe^{2+}-Ce^{4+} 体系，采用单极化电极在几种电势相当不同处对该体系进行电流滴定，绘出所得到的曲线。讨论在如下每种情况下的滴定问题 (a) 对所有物质的物质传递系数相同，及 (b) Fe^{2+} 物质传递系数较 Ce^{4+} 大 25%。在实际滴定中哪一种曲线有用？

11.10　当体积为 100cm³，含有 0.010mol·L⁻¹ 的金属离子 M^{2+}，在较大面积（10cm²）旋转铂圆盘电极上进行快速什么样的电解，观察到还原到金属 M 的极限电流是 193mA。计算以量纲 cm/s 的 $m_{M^{2+}}$ 物质传递系数。如果溶液电极是电极电势控制在极限电流区域，电解完 99.9% 的 M^{2+} 需要多长时间？对该电解需要多少库仑电量？

11.11　如果习题 11.10 中的溶液在相同条件下以 80mA 恒电流电解：(a) 当电流效率降到低于 100%，溶液中 M^{2+} 的浓度是多少？(b) 需要多长时间能够达到该点？(c) 在该点已经通过的电量是多少库仑？(d) 当 M^{2+} 浓度降低到初始浓度的 0.1% 时，较上述问题需要多多少时间？采用这种恒电流电解，消耗 99.9% 的 M^{2+} 时的总电流效率是多少？

11.12　体积为 200cm³，含有 1.0×10^{-3}mol·L⁻¹ 的 X^{2+} 和 3.0×10^{-3}mol·L⁻¹ Y^{2+}，X 和 Y 为金属。该溶液在面积为 50cm² 和体积为 100cm³ 的汞池电解上极限电解。在搅拌和电池几何构造下两者的物质传递系数 m 均为 10^{-2}cm/s。还原 X^{2+} 和 Y^{2+} 到金属汞齐的极谱半波电势值分别是−0.45V 和−0.70V。(a) 在上述条件下该溶液的电流-电势曲线（假设在扫描时 X^{2+} 和 Y^{2+} 的浓度没有变化）。制作一个具有定量意义的、标注清楚的电流 i-E 曲线。(b) 如果是在控制电势下进行电解，在什么样的电势下 X^{2+} 可被定量地沉积（在溶液中的剩余小于 0.1%），而 Y^{2+} 留在溶液中（小于 0.1% 的 Y^{2+} 被沉积于汞上）？(c) 在控制电势电解时需要多长时间？

11.13　讨论对于两个组分的计时电势实验，两者的还原均为可逆的，并且波相差 500mV。在薄层池中进行该实验时，请推导出第二个过渡时间的表达式。比较和对比多组分体系在薄层计时电势法中和在半无限方法中的性质。

11.14　在电解生产铝过程中，采用碳电解在恒电流条件下在熔融冰晶石（Na_3AlF_6）（$T\approx1000$℃）下还原 Al_2O_3。铝料放置在电解池中，电解进行到电解池的电压急剧上升，表明需要加入 Al_2O_3。请解释这种情况。

11.15　假设溴离子可在很低的浓度下被测定。该过程可通过将溴沉积到银电极上进行，所施加的电势使如下反应发生：

$$Ag+Br^{-}-e \longrightarrow AgBr$$

(典型的沉积电势相对于 SCE 为+0.2V)。溶出可由与沉积相反的方向扫描来进行。一般来讲，正如图 11.10.2 所示，溶出过程的响应与时间的关系很复杂。请解释这种现象。在定量分析中将会出现什么问题？如何克服它们？[见 H. A. Laitinen and N. H. Watkins，*Anal. Chem.*，**47**，1352 (1975)]。

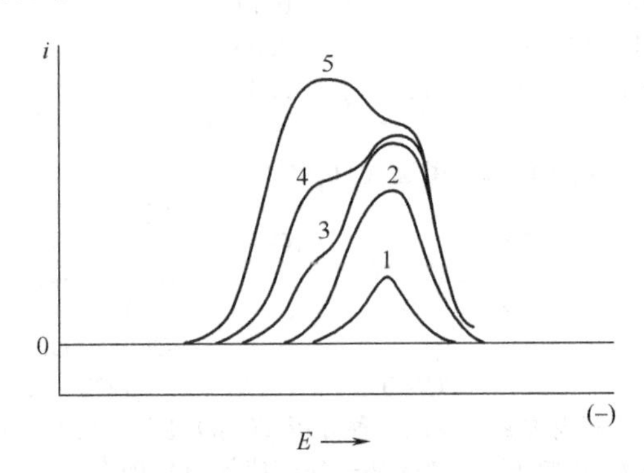

图 11.10.2 紧接着阳极沉积后从银电极上阴极溶出 AgBr
曲线 1～5 为连续增加沉积时间的情况

11.16 溶出分析海水表明当在−0.5V 处沉积时，铜的阳极峰高度是 0.13μA。然而，在−1.0V 处沉积时，可得到 0.31μA 较大的峰。解释这些结果。标准加入 10^{-7} mol·L^{-1} Cu^{2+} 使两者的峰高均升高 0.24μA。说明对于该溶液可得到任意类型的极谱图的可行性。对于直流、常规脉冲以及示差脉冲实验，你期望得到什么样的响应？它们能够提供分析有用的信息吗？

11.17 当沉积时间为 5min，扫描速度为 50mV/s 时，采用 HMDE 分析铅得到峰电流为 1μA。对于扫描速度为 25mV/s 和 100mV/s 观察到的电流各为多少？

当沉积时间为 1min，电极旋转速度 2000r/min，扫描速度 50mV/s 时，玻碳电极上有 10nm 的汞膜，对于同样的溶液峰电流是 25μA。在其他条件不改变的情况下，对于扫描速度为 25mV/s 和 100mV/s 观察到的电流是多少？比较该条件下的结果与沉积 1min，扫描速度 50mV/s，旋转速度 4000r/min 条件下的结果。假设在分析物中采用不同浓度的汞离子其汞膜厚度不同。在其他条件恒定时，该问题对于峰电流的影响如何？

第 12 章 偶合均相化学反应的电极反应

12.1 反应的分类

前面几章论述了各种电化学技术和当电活性物质（O）在异相电子转移反应中被转化为产物（R）时所得到的响应。这种反应通常是一个简单的单电子转移反应，如一个外层反应，物质 O 中没有化学键的断裂和新键的生成。这类反应的典型例子是

$$Fe(CN)_6^{3-} + e \rightleftharpoons Fe(CN)_6^{4-}$$

$$Ar + e \rightleftharpoons Ar^{\bar{\cdot}}$$

式中，Ar 是一个芳香族化合物；$Ar^{\bar{\cdot}}$ 是它的阴离子自由基。在许多情况下，电子转移反应与涉及物质 O 或 R 的均相反应相偶合。例如，在初始时 O 可能存在的浓度很低，但在电极反应中可从另外的非电活性物质中产生。更常见的是 R 不稳定，并且有反应活性（例如，与溶剂或支持电解质反应）。有时一种可与产物 R 反应的物质是有意加入的，这样反应的速率可用电化学技术测量或一种新的产物能够产生。在本章中，将概述偶合均相化学反应的一般类型和讨论如何能用电化学方法推导出这些反应的机理。

电化学方法被广泛地应用于研究有机和无机物的反应，是由于它们可得到热力学和动力学信息，以及可在许多溶剂中采用。另外，正如下面所要讨论的那样，应用电化学技术可在较宽的时间范围内（从亚微秒到小时）来考察反应。最后，这些方法的独特之处是可在电极附近通过电子转移反应合成所感兴趣的物质（如 R），然后立刻采用电化学方法进行测量和分析。

最初研究偶合化学反应是 Brdička、Wiesner 和其他的捷克斯洛伐克极谱学校的研究人员在 20 世纪 40 年代开始进行的；并发表了大量的采用各种电分析化学技术研究偶合反应的理论和应用的论文。对此领域进行彻底地探讨和处理超出了本书的范围，读者可参阅相关的专著和综述[1~9]。

在讨论各种电化学技术之前，考虑一些通用途径，它们能够代表许多可溶性的有机物和无机物总的电化学反应。将稳定的反应物看作 RX，考察在初始单电子氧化或还原后，紧接着能够发生什么样的反应（图 12.1.1）。例如，如果 RX 是一个有机物，R 可为碳氢取代基团（烷基，芳香基），X 可代表一种取代基（例如 H，OH，Cl，Br，NH_2，NO_2，CN，CO_2^-）。在一些情况下，单电子反应的产物是稳定的，并且可导致产生一个自由基离子（途径 1）。增加一个电子到反键轨道或从成键轨道中移走一个电子，通常可使化学键变弱。这样可导致分子的重排（途径 3），或者如果 X 是一个好的“离去基团”的话，反应途径 6 和 7 可以发生。有时，例如一种烯烃作为反应物，可发生二聚反应（途径 4）（有进一步发生多聚和高聚反应）。最后，中间体与溶液组分可能发生反应。这些包括 $RX^{\bar{\cdot}}$ 与一个亲电试剂，El^+（即 H^+，CO_2，SO_2 这样的 Lewis 酸）或与一个亲核试剂，Nu^-（即 OH^-，CN^-，NH_3 这样的 Lewis 碱）（途径 5）的反应。溶液中存在的非电活性物质（Ox 或 Red）也能发生电子转移反应（途径 8）。一般来讲，增加一个电子所产生的物质较它本身更具碱性，所以可发生质子化（如在途径 5 中 H^+ 作为亲电试剂）。同理，从一个分子上移走一个电子产生一个较它本身更具酸性的物质，所以可发生失去质子的反应（如在途径 7 中 H^+ 作为 X^+）。对于一个有机金属化合物或一个配合物，紧接着一个初始的电子转移

反应有类似的反应途径。例如，氧化或还原可跟随着失去一个配体或重排。

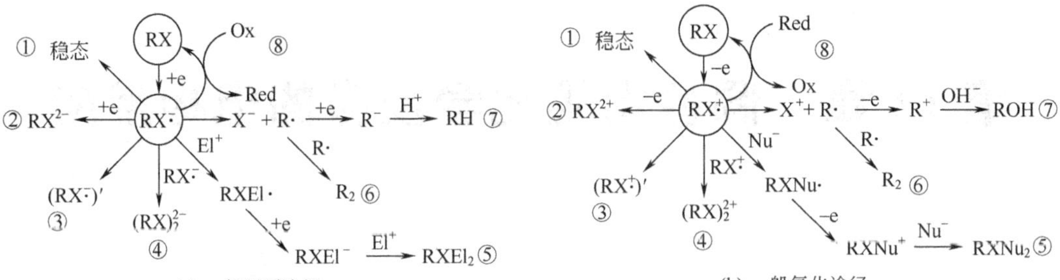

(a) 一般还原途径

(b) 一般氧化途径

图 12.1.1　RX 氧化还原后可能反应途径的示意图

(a) 还原途径导致①一种稳定的还原物，如一个自由基阴离子；②获取第二个电子（EE）；③重排（EC）；④二聚反应（EC_2）；⑤与一种亲电试剂 El^+ 反应产生一种自由基，紧接着通过加上一个电子并进行进一步的反应（ECEC）；⑥失去 X^- 后进行二聚反应（ECC_2）；⑦失去 X^- 后紧接着第二个电子转移反应并质子化（ECEC）；⑧与溶液中的氧化物质 Ox 反应（EC′）。(b) 氧化途径导致①一种稳定的氧化物，如一个自由基阳离子；②失去第二个电子（EE）；③重排（EC）；④二聚反应（EC_2）；⑤与一种亲核试剂 Nu^- 反应，紧接着通过加上一个电子并进行进一步的反应（ECEC）；⑥失去 X^+ 后进行二聚反应（ECC_2）；⑦失去 X^+ 后紧接着第二个电子转移反应并与 OH^- 反应（ECEC）；⑧与溶液中的还原物质 Red 反应（EC′）。应该注意到产物、反应物和中间体的电荷是任意指定的。例如，物质的初始可能是 RX^-，亲电试剂可能不带电荷等

采用字母将不同的反应进行分类和标明其步骤的本质是方便的。“E”代表在电极表面上的电子转移，“C”代表均相化学反应[10]。因此在一个反应次序为电子转移后涉及产物的化学反应的机理可表示为 EC 反应（EC reaction）。在随后的公式中，X，Y 和 Z 代表在所感兴趣的电势窗内没有电活性的物质。也可方便的将不同类型的反应进一步地分为：①仅在电极上有单电子转移的反应和②涉及两个或更多 E-步骤的反应。

12.1.1　单 E 步骤的反应

（1）CE 反应（前置反应，Preceding Reaction）

$$Y \rightleftharpoons O \tag{12.1.1}$$

$$O + ne \rightleftharpoons R \tag{12.1.2}$$

这里电活性物质 O，是由电极反应的前置反应所产生的。CE 反应类型的一个例子是在水溶液中、在汞电极上还原甲醛。甲醛是以一种非还原的水合形式 $H_2C(OH)_2$ 存在，与可还原的形式（$H_2C{=}O$）有如下的平衡：

$$H_2C(OH)_2 \rightleftharpoons H_2C{=}O + H_2O \tag{12.1.3}$$

式（12.1.3）的平衡常数有利于水合形式。这样式（12.1.3）中向前的反应在还原 $H_2C{=}O$ 前发生，在一些条件下，电流将由此反应的动力学控制（产生一个所谓的动力学电流，kinetic current）。这类反应的其他例子包括一些弱酸和共轭碱阴离子的还原，以及醛糖的还原和一些金属配合物的还原。

（2）EC 反应（随后反应，Following Reaction）

$$O + ne \rightleftharpoons R \tag{12.1.4}$$

$$R \rightleftharpoons X \tag{12.1.5}$$

在这种情况下，电极反应的产物 R，可发生反应（如与溶剂）产生一种物质 X，它在 O 被还原的电势时，是非电活性的。此类反应的一个例子是在酸性溶液中在铂电极上氧化对-氨基苯酚（PAP）：

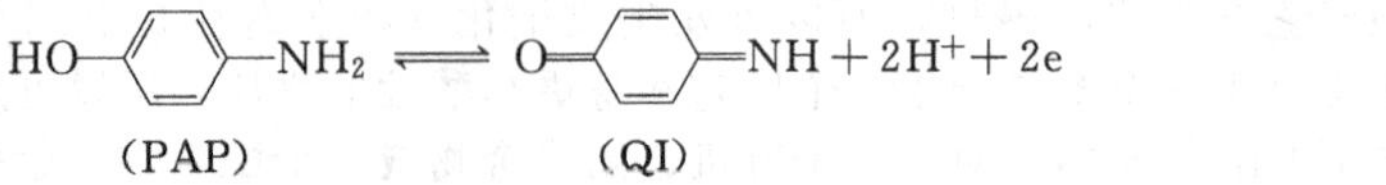

$$\underset{\text{(PAP)}}{HO{-}C_6H_4{-}NH_2} \rightleftharpoons \underset{\text{(QI)}}{O{=}C_6H_4{=}NH} + 2H^+ + 2e \tag{12.1.6}$$

$$O{=}C_6H_4{=}NH + H_2O \longrightarrow O{=}C_6H_4{=}O + NH_3 \quad (BQ) \tag{12.1.7}$$

这里在初始电子转移反应中所形成的醌亚胺（QI），通过一个水解反应生成苯醌（BQ），它在这些电势下，既不能被氧化，也不能被还原。由于电化学氧化或还原经常产生反应活性物质，所以这类反应经常碰到。例如，在非质子溶剂中（如乙腈或 DMF）的单电子还原和氧化是有机化合物的特征反应，所产生的自由基或自由基离子趋向于发生二聚：

$$R + e \rightleftharpoons R^{\overline{\cdot}} \tag{12.1.8}$$

$$2R^{\overline{\cdot}} \rightleftharpoons R_2^{2-} \tag{12.1.9}$$

例如，式中 R 是一个活化的烯烃，如二乙基-反（式）丁烯二酸（见图 12.1.1，途径 4）。在此例子中，紧接着电子转移的反应是一个二级反应，此类反应有时称为 EC_2 反应。有时另外一个化学反应紧接着第一个反应，例如在烯烃的二聚中，包括一个质子化的二步骤过程：

$$R_2^{2-} + 2H^+ \longrightarrow R_2H_2 \tag{12.1.10}$$

反应次序是 ECC（或 EC_2C）。由于键被削弱，单电子转移反应的产物也可重排（见图 12.1.1，途径 3）。对于类似的反应，电子转移也可导致在配合物中失去配体，取代或二聚反应。例子如下：

$$[Cp^* Re(CO)_2(p\text{-}N_2C_6H_4OMe)]^+ + e \longrightarrow [Cp^* Re(CO)_2(p\text{-}N_2C_6H_4OMe)] \longrightarrow Cp^* Re(CO)_2N_2 + C_6H_4OMe \tag{12.1.11a}$$

$$Co^{III}Br_2en_2 + 6H_2O + e \longrightarrow Co^{II}(H_2O)_6 + 2Br^- + 2en \tag{12.1.11b}$$

（这里 $Cp^* = \eta^5\text{-}C_5Me_5$，en 代表乙二胺）。在许多情况下，随后反应的产物可进行另外的电子转移反应。导致一个 ECE 反应，讨论见 12.1.2(2) 节。

（3）催化反应（EC′）（Catalytic Reaction）

$$O + ne \rightleftharpoons R \tag{12.1.12}$$

$$R + Z \longrightarrow O + Y \tag{12.1.13}$$

这是一种特殊的 EC 过程，涉及 R 与溶液中一个非电活性物质 Z 的反应，重新产生 O（图 12.1.1，途径 8）。如果 Z 的量与 O 相比大大过剩，那么式（12.1.13）是一个准一级反应。此类反应的一个例子是在一种能够氧化 Ti(Ⅲ) 物质的存在下，如 NH_2OH 或 ClO_3^- 还原 Ti(Ⅳ)：

$$Ti(IV) + e \longrightarrow Ti(III) \quad (ClO_3^-, NH_2OH) \tag{12.1.14}$$

由于羟胺和氯酸根离子可被 Ti(Ⅲ) 还原，它们可在汞电极上在产生 Ti(Ⅲ) 的电势下直接还原；然而，由于在电极上的反应速率很慢，直接的还原并不发生。其他的 EC′反应例子是在 H_2O_2 存在下，还原 Fe(Ⅲ)，以及在草酸存在下氧化 I^-。一个重要的 EC′反应是涉及在汞上的还原，其产物可以还原质子或溶剂（一种所谓的“催化”氢反应）。

12.1.2　具有两个或更多 E 步骤的反应

（1）EE 反应

$$A + e \rightleftharpoons B \qquad E_1^{\ominus} \tag{12.1.15}$$

$$B + e \rightleftharpoons C \qquad E_2^{\ominus} \tag{12.1.16}$$

第一步电子转移反应的产物，可能在较第一步还原更负或更正的电势下进行第二个电子转移步骤（图 12.1.1，途径 2）。此种情况下，特别有趣的是第二个电子转移在热力学上较第一步容易。在这种情况下，有多电子总响应。一般来讲，如果仅考虑静电作用的话，在一个分子或原子上增加一个电子，使其更加难被还原；即 R^- 较 R 更难还原。同理，R^+ 较 R 更难氧化。在气相中，R^+ 的离解势（IP）几乎总是较 R 高 5eV 或更多（例如对于 Zn，$IP_1 = 9.4$eV，$IP_2 = 18$eV）。因此，人们一般期望物质进行逐步的单电子还原或氧化反应。然而，如果一个或多个电子转移步骤中涉及重要的结构变化，如重排或大的溶剂化的变化，那么电子转移反应的标准电势将移动，有利于第二个电子转移并且产生一个明显的多电子波。这样人们可以提出 Zn 的氧化是经过一个表观的两电子反应到 Zn^{2+}，因为它与 Zn^{+} 相比有较高的溶剂化和稳定性。当分子上有几个等同的基团，并且它们之间没有相互作用时，也可观察到表观多电子转移反应，如：

$$R\text{-}(CH_2)_6\text{-}R + 2e \rightleftharpoons [\cdot^{-}R\text{-}(CH_2)_6\text{-}R^{-}\cdot] \quad (12.1.17)$$

式中，R 为 9-蒽基或 4-硝基苯基。同样的原则对于还原或氧化许多高分子是适用的，如 $(CH_2\text{-}CHR')_x$，式中 R' 是一个如二茂铁的电活性基团。当电化学响应作为单个波出现时，代表 x 个电子 EEE…（或 xE）反应。此结果与富勒烯（C_{60}）上所发现的多步骤电子转移行为形成鲜明的对比，富勒烯有六个可分辨的、单电子阴极波（总的 6E 次序反应），每一步骤在热力学上较前一个难[11]。

无论何时在总次序中有多于单个电子转移反应发生，如在一个 EE 反应中，必须考虑溶液相中的电子转移反应的可能性，如式（12.1.15）和式（12.1.16）中的 B 物质的歧化反应（disproportionation）：

$$2B \rightleftharpoons A + C \quad (12.1.18)$$

或相反的 A 和 C 的归中反应（comproportionation）。

（2）ECE 反应

$$O_1 + n_1 e \rightleftharpoons R_1 \qquad E_1^{\ominus} \quad (12.1.19)$$

$$R_1 \xrightarrow{(+Z)} O_2 \quad (12.1.20)$$

$$O_2 + n_2 e \rightleftharpoons R_2 \qquad E_2^{\ominus} \quad (12.1.21)$$

当随后化学反应的产物在 O_1/R_1 电对电子转移反应的电势下是电活性时，第二个电子转移反应能够发生（图 12.1.1，途径 5 和 7）。此类反应的一个例子是在非质子介质（例如液体氨或 DMF）中，还原卤代芳香硝基化合物，这里反应经过下列方式进行（X＝Cl，Br，I）：

$$XC_6H_4NO_2 + e \rightleftharpoons XC_6H_4NO_2^{\overset{\cdot}{-}} \quad (12.1.22)$$

$$XC_6H_4NO_2^{\overset{\cdot}{-}} \longrightarrow X^- + \cdot C_6H_4NO_2 \quad (12.1.23)$$

$$\cdot C_6H_4NO_2 + e \rightleftharpoons \bar{:}C_6H_4NO_2 \quad (12.1.24)$$

$$\bar{:}C_6H_4NO_2 + H^+ \longrightarrow C_6H_4NO_2 \quad (12.1.25)$$

因为紧接着第二个电子转移步骤是质子化过程，所以它实际上是一个 ECEC 反应。然而，给出这样的反应次序并不是很直接的。因为物质 O_2 较 O_1 容易还原（即 $E_1^{\ominus} < E_2^{\ominus}$），所以从电极扩散去的 R_1 能够还原 O_2。因此，对于上述所提到的例子，可发生如下的反应：

$$XC_6H_4NO_2^{\overset{\cdot}{-}} + \cdot C_6H_4NO_2 \rightleftharpoons XC_6H_4NO_2 + \bar{:}C_6H_4NO_2 \quad (12.1.26)$$

区分这种情况不是很容易的，第二个电子转移发生在本体溶液中（有时称为 DISP 机理，DISP mechanism），而对于一个真正的 ECE 情况，第二个电子转移是发生在电极上[12]。

此类反应的另外一类，称为 ECE′，是当 O_2 的还原发生在较 O_1 负得多的电势时（$E_1^{\ominus} > E_2^{\ominus}$）。在此反应情况下，所观察到的第一个还原波是一个 EC 过程；而第二个还原波将是一个 ECE 反应特征的峰。

（3）$\overrightarrow{E}C\overleftarrow{E}$ 反应　当一个跟随电极上还原 A 的化学反应的产物可在 A 还原的电势被氧化时，就是这种情况（因此在第二个 E 上的箭头是相反的）[13]：

$$A + e \rightleftharpoons A^- \quad (12.1.27)$$

$$A^- \longrightarrow B^- \quad (12.1.28)$$

$$B^- - e \rightleftharpoons B \quad (12.1.29)$$

在此处清楚地标明的电荷仅用于强调两个E步骤的不同方向。正如对于EE和ECE反应,需要也包括在溶液中发生电子转移反应的可能性:

$$A^- + B \rightleftharpoons B^- + A \qquad (12.1.30)$$

此类反应的一个例子是在2mol·L^{-1} NaOH溶液中还原$Cr(CN)_6^{3-}$（溶液中没有CN^-存在）。在此情况下，还原动力学上惰性的$Cr(CN)_6^{3-}$（A）到不稳定的$Cr(CN)_6^{4-}$（A^-）引起快速失去CN^-，形成$Cr(OH)_n(H_2O)_{6-n}^{2-n}$($B^-$)，它可被立刻氧化为$Cr(OH)_n(H_2O)_{6-n}^{3-n}$(B)。此类反应包括异构化反应和发生电子转移时的结构变化。

注意到此类反应的总反应是简单的$A \longrightarrow B$，没有净的电子转移。这样，在一个适当的电势下，电极加速一个在没有电极时进行较慢的反应。该机理一个有趣的扩展是电子转移催化的取代反应（等价于有机化学家的$S_{RN}1$机理）[7,14]：

$$RX + e \rightleftharpoons RX^- \qquad (12.1.31)$$

$$RX^- \longrightarrow R + X^- \qquad (12.1.32)$$

$$R + Nu^- \longrightarrow RNu^- \qquad (12.1.33)$$

$$RNu^- - e \rightleftharpoons RNu \qquad (12.1.34)$$

伴随有溶液相中的反应

$$RX + RNu^- \longrightarrow RX^- + RNu \qquad (12.1.35)$$

再一次表明总反应不涉及净的电子转移，它等价于简单的取代反应

$$RX + Nu^- \longrightarrow RNu + X^- \qquad (12.1.36)$$

(4) 方格反应机理（Square Schemes） 两个电子转移反应可与两个化学反应以循环的方式进行偶合时称为“方格反应”[15]：

$$\begin{array}{ccc} A^{\cdot} + e^{\cdot} & \rightleftharpoons & {}^{\cdot}A^- \\ \Updownarrow & & \Updownarrow \\ B^{\cdot} + e^{\cdot} & \rightleftharpoons & {}^{\cdot}B^- \end{array} \qquad (12.1.37)$$

这种机理在还原并结构发生变化时经常遇到，如顺-反异构化反应。对于氧化反应，此类反应的一个例子是在顺-$W(CO)_2(DPE)_2$（式中DPE是1,2-双二苯基膦基乙烷）的电化学中发现，这里的顺式（C）在氧化中产生C^+，它异构化为反式T^+。由几个方格反应偶合所产生的更复杂的反应机理可形成网络（例如阶梯或围栏）[8]。

(5) 其他的反应类型 在上述几种分类中，已经讨论了一些涉及偶合均相和异相步骤的较重要的通用电极反应。大量的其他的反应类型是可能的。许多可与上述所描述的通用情况相结合或作为变量。在所有的反应类型中，所观察到的行为与电子转移和均相反应（即逆反应的重要性）的可逆性和不可逆性有关。例如EC反应可根据反应是可逆（r）、准可逆（q）或不可逆（i）来区分；因此可区分为E_rC_r、E_rC_i、E_qC_r等。从20世纪60年代开始，人们结合光谱技术表征中间体和慎重地选择溶剂和反应条件，对于在采用电化学方法来导出复杂反应类型方面倾注了大量的心血并取得了不少的成功。一个复杂的例子是存在质子给予体（ROH）的液氨中，将硝基苯（$PhNO_2$）还原为苯胺，此过程已被分析是一个EECCEEC过程[16]：

$$PhNO_2 + e \rightleftharpoons PhNO_2^{\cdot-} \qquad (12.1.38)$$

$$PhNO_2^{\cdot-} + e \rightleftharpoons PhNO_2^{2-} \qquad (12.1.39)$$

$$PhNO_2^{2-} + ROH \rightleftharpoons Ph\overset{O}{N}OH^- + RO^- \qquad (12.1.40)$$

$$Ph\overset{O}{N}OH^- \longrightarrow PhNO(\text{亚硝基苯}) + OH^- \qquad (12.1.41)$$

$$PhNO + e \rightleftharpoons PhNO^{\cdot-} \qquad (12.1.42)$$

$$PhNO^{\cdot-} + e \rightleftharpoons PhNO^{2-} \qquad (12.1.43)$$

$$PhNO^{2-} + 2ROH \longrightarrow Ph\overset{H}{N}OH^- + 2RO^- \qquad (12.1.44)$$

12.1.3 偶合反应对于测量的影响

一般来讲，一个偶合的化学反应能够影响向前反应的主要被测量参数（例如，在伏安法中的极限电流或峰电流），向前反应的特征电势（如 $E_{1/2}$ 或 E_p）和反向参数（如 i_{pa}/i_{pc}）。定性地理解不同类型的反应如何影响对于给定的技术所得到各种参数，对于在给定的条件下选择反应类型作为更详细的研究对象是有益的。在此假设未被干扰的电极反应（$O+ne \rightleftharpoons R$）的特征已被测定，现在可以集中精力探讨有化学偶合反应干扰时是如何影响这些特征的。

（1）对主要向前参数（i，Q，τ 等）的影响　偶合反应对于向前反应（$O+ne \longrightarrow R$）极限电流的影响程度与反应体系有关。对于一个 EC 反应，O 的流量变化不大，因此流量的任何相关指数，如极限电流（或 Q_f 或 τ_f）仅受很少的干扰。另一方面，对于一个催化反应（EC′）的极限电流，由于 O 不断地由反应来补充，其极限电流将增加。增加的程度与实验持续的时间（或特征时间）有关。对于持续非常短的实验，极限电流接近于未被干扰反应的极限电流，主要原因是反应没有足够的时间去产生足够量的 O。对于持续时间较长的实验，极限电流较未被干扰反应的极限电流大得多。类似的讨论适用于 ECE 机理，但对于持续时间很长的实验，极限电流达到一个极限值。

（2）对特征电势（$E_{1/2}$，E_p 等）的影响　对于向前反应电势的影响方式不仅与偶合反应的类型和实验持续时间有关，而且也与电子转移反应的可逆性有关。考虑 E_rC_i 的情况，即一个可逆的电极反应紧接着一个不可逆的化学反应：

$$O+ne \rightleftharpoons R \longrightarrow X \tag{12.1.45}$$

实验过程中电极的电势是由 Nernst 公式给出：

$$E=E^{\ominus\prime}+\frac{RT}{nF}\ln\left[\frac{C_O(x=0)}{C_R(x=0)}\right] \tag{12.1.46}$$

式中，$C_O(x=0)/C_R(x=0)$ 是由实验条件决定的。随后反应的影响是降低 $C_R(x=0)$，因此增加 $C_O(x=0)/C_R(x=0)$。所以在任何电流水平的电势较没有干扰时正，波将向正方向移动（这种情况在 1.5.2 节中用稳态近似进行过讨论）。对于电子转移是完全不可逆的 EC 反应，由于其 i-E 特征曲线不含 $C_R(x=0)$ 项，随后反应对于其特征电势没有影响。

（3）对于反向参数（i_{pa}/i_{pc}，τ_r/τ_f 等）的影响　反向的结果通常对于干扰反应非常敏感。例如，对于 E_rC_i 情况下的伏安法，在没有干扰时其 i_{pa}/i_{pc} 等于 1（或在计时电势法中，τ_r/τ_f 是 1/3）。在存在随后反应时，$i_{pa}/i_{pc}<1$（或在计时电势法中，$\tau_r/\tau_f<1/3$），因为在电极附近的 R 可由反应和扩散移走。对于一个催化反应（EC′），有类似的情况，不仅反向的贡献减少，而且向前的参数增加。

12.1.4 时间窗和可测的速率常数

上述的讨论使干扰反应对于一个电极过程可测参数的影响与在电化学实验中反应进行的程度有关这一事实变得相当清楚了。因此，能够比较反应的特征时间和观测的特征时间将是有价值的。对于一个化学反应的特征寿命与速率常数 k 之间的关系是：对于一级反应为 $t_1'=1/k$，或对于二级反应（如二聚反应）$t_2'=1/kC_i$，式中 C_i 是反应物的初始浓度。可容易地得出 t_1' 是在一个一级反应中，反应物的浓度降到其初始浓度的 37% 时所需要的时间，t_2' 是在一个二级反应中浓度降到 C_i 一半时所需的时间。每一种电化学方法也可由一特征时间 τ 来描述，它是一个稳定的电活性物质能与电极进行交换的周期的量度。如果与 t_1' 和 t_2' 相比该特征时间较小的话，那么，实验的响应在很大程度上不被偶合的化学过程所干扰，它反映的仅为异相电子转移。如果 $t'\ll\tau$ 的话，干扰反应将有很大的影响。

对于特定仪器下一种给定的方法，τ 有一定的范围（时间窗，a time window）。最短的 τ 通常是由双电层充电和仪器的响应（仪器的响应是由仪器的激发信号、仪器的测量和电解池的设计所控制的）所决定的。最长的 τ 通常是由自然对流开始作用或电极表面的变化所决定的。对于不同的电化学技术，可达到的时间窗是不同的（见表 12.1.1）。在研究偶合反应时，必须找到这样的条件使反应的特征寿命在所选技术的时间窗内。电势阶跃法和伏安法可应用于在电极表面附近扩散层内发生的快速反应的研究。因此这些方法对于研究速率常数大约在 0.02～10^7 s^{-1}的一级反应是有用的。为了测量很快的反应速率，必须采用超微电极，其特征时间是由电极的半径 r_0 所决定的，特征时间约等于 r_0^2/D。快速反应也可采用交流方法和扫描电化学显微镜（SECM 的特征时间依赖于探头和基底之间的距离，d，约等于 d^2/D）来研究。电量法可用于发生在扩散层外的慢反应。在研究一个反应时所采用的主要策略是系统地改变控制技术的特征时间的实验变量（例如，扫描速度、旋转速度或所加电流），然后测量向前的参数（例如 $i_p/v^{1/2}C$，$i\tau^{1/2}/C$ 或 $i_l/\omega^{1/2}C$），特征电势（例如 $E_{1/2}$ 和 E_p）及反向参数（i_{pa}/i_{pc}，i_r/i_f，Q_r/Q_f）的响应。这些数据的方向和量提供建立所涉及反应机理的判定标准，测量的结果可用于导出偶合反应的速率常数等。

表 12.1.1　不同电化学技术的近似时间窗

技　　术	时 间 参 数	参数的常用范围①	时间窗/s②
交流阻抗	$1/\omega=(2\pi f)^{-1}$(s) (f=频率,量纲为 Hz)	$\omega=10^{-2}\sim10^5 s^{-1}$	10^{-5}～100
旋转圆盘电极伏安法	$1/\omega=(2\pi f)^{-1}$(s)③ (f=旋转速度,量纲 r/s)	$\omega=30\sim1000 s^{-1}$	10^{-3}～0.03
扫描电化学显微镜	d^2/D	d=10nm～10μm	10^{-7}～0.1
稳态超微电极	r_0^2/D	r_0=0.1～25μm	10^{-5}～1
计时电势法	t(s)	10^{-6}～50s	10^{-6}～50
计时电流法	τ(向前施加电势的时间,s)	10^{-7}～10s	10^{-7}～10
计时电量法	τ(向前施加电势的时间,s)	10^{-7}～10s	10^{-7}～10
线形扫描伏安法	RT/Fv(s)	$v=0.02\sim10^6$ V/s	10^{-7}～1
循环伏安法	RT/Fv(s)	$v=0.02\sim10^6$ V/s	10^{-7}～1
直流极谱法	t_{max}(滴落时间,s)	1～5s	1～5
电量法	t(电解时间,s)	100～3000s	100～3000
大规模电极	t(电解时间,s)	100～3000s	100～3000

① 它代表一种合适的范围；在适当的条件下常被扩展到更短的时间区。例如，已经报道了在纳秒范围的电势和电流阶跃，以及电势扫描高达 10^6 V/s 的伏安法。

② 该时间窗仅是一种近似。对于化学反应引起电化学响应干扰的更好的表述可通过在 12.3 节中将要讨论的无量纲参数 λ 来描述。

③ 它有时也可采用包括动力学黏度 v 和扩散系数 D（两者的单位均是 cm^2/s），诸如 $(1.61)^2v^{1/3}/(\omega D^{1/3})$ 的复合参数给出。

12.2　伏安法和计时电势法的理论基础

12.2.1　基本原理

对于不同的伏安方法（如极谱、线性扫描伏安法和计时电势法）和各种动力学情况的理论处理总体上是遵循上述所描述的步骤。适当的偏微分方程（通常将扩散方程在考虑了偶合反应所产生，或消耗所感兴趣物质进行修饰后）在所需要的初始和边界条件下求解。例如，考虑 E_rC_i 反应体系：

$$O+ne \rightleftharpoons R(\text{在电极上}) \tag{12.2.1}$$

$$R \xrightarrow{k} Y(\text{在溶液中}) \tag{12.2.2}$$

对于 O，由于它没有直接参与式（12.2.2）的反应，未修饰的扩散方程仍可采用；这样

$$\frac{\partial C_O(x,t)}{\partial t}=D_O\left[\frac{\partial C^2(x,t)}{\partial x^2}\right] \tag{12.2.3}$$

然而对于 R，因为在溶液中给定的位置，R 不仅由扩散，而且由一级化学反应使其移走，所以 Fick 定律必须进行修正。由于由化学反应所引起的 R 的浓度变化速率是

$$\left[\frac{\partial C_R(x,t)}{\partial t}\right]_{\text{chem. rxn}}=-kC_R(x,t) \tag{12.2.4}$$

适用于 R 的方程是

$$\frac{\partial C_R(x,t)}{\partial t}=D_R\left[\frac{\partial^2 C_R(x,t)}{\partial x^2}\right]-kC_R(x,t) \tag{12.2.5}$$

假设在初始时仅 O 存在，初始条件为

$$C_O(x,t)=C_O^* \qquad C_R(x,t)=0 \tag{12.2.6}$$

在电极表面的流量的常用边界条件是

$$D_O\left[\frac{\partial C_O(x,t)}{\partial x}\right]_{x=0}=-D_R\left[\frac{\partial C_R(x,t)}{\partial x}\right]_{x=0} \tag{12.2.7}$$

当 $x\to\infty$，可应用下式

$$\lim_{x\to\infty}C_O^*(x,t)=C_O^* \qquad \lim_{x\to\infty}C_R(x,t)=0 \tag{12.2.8}$$

所需的第六个边界条件，正如在第 5～10 章所描述的那样，与特定的技术和式（12.2.1）所示电子转移反应的可逆性有关。例如，对于有关电势阶跃实验，电势控制在极限阴极电流区，$C_O(0,t)=0$。假设式（12.2.1）反应是可逆的，当阶跃到任意电势值时，必要的边界条件是［见式（5.4.6)］

$$\frac{C_O(0,t)}{C_R(0,t)}=\theta=\exp\left[\frac{nF}{RT}(E-E^{\ominus\prime})\right] \tag{12.2.9}$$

并且对于计时电势法

$$D_O\left[\frac{\partial C_O(x,t)}{\partial t}\right]_{x=0}=\frac{i}{nFA} \tag{12.2.10}$$

注意到由于 Y 的浓度不影响电流或电势，公式中不需要写上它。然而，如果式（12.2.2）是可逆的话，Y 的浓度应该出现在对于$\partial C_R(x,t)/\partial t$ 的公式中，一个有关 Y 的$\partial C_Y(x,t)/\partial t$ 公式、Y 的初始和边界条件应该提供（见表 12.2.1 的条目）。然后理论处理的公式可由扩散公式和适当的均相反应速率公式直接推导出。在表 12.2.1 中给出了电势阶跃、电势扫描和电流阶跃技术的几种不同的反应体系的公式和适当的边界条件。

一个给定的反应体系公式的适当的解，可由如下几种方法得到：①近似法；②采用 Laplace 变换及相关技术得到收敛的解；③数值模拟法和④其他的数值方法。近似法，如在 1.5.2 节中所描述的基于反应层的方法，有时在显示所测量的变量与各种参数之间的关系及得到速率常数的粗略值时是有用的。由于数值模拟法的发展，它们现在很少被采用。Laplace 变换技术有时可用于一级偶合化学反应的情况，同时要慎重地取代和结合所选择的公式。如在 12.2.2 节中那样，很少可得到收敛的解。对于许多反应体系，直接的微分方程的数值解或数值模拟，特别是涉及高阶的反应，是要选择的方法。对于一些方法，有商品化的计算程序，如 DigiSim[17]、ELSIM[18] 和 CVSIM[19]。在 B.3 节中给出了简单的有关数值模拟解决均相反应问题的讨论。

对于旋转圆盘电极的研究，在对流-扩散方程中适当地加入了动力学项。对于交流技术，表 12.2.1 中的公式可由卷积方法得到其 $C_O(0,t)$ 和 $C_R(0,t)$，从而得到解［等价于式（10.2.14）和适当情况下的式（10.2.15)］。然后带入式（10.2.3）所示的电流表达式，得到最后的关系式。

表 12.2.1　伏安法中对于几种不同偶合均相化学反应的修饰的扩散方程和边界条件

类　型	反　应	扩散方程(所有的 x 和 t)	一般的起始和半无限边界条件($t=0$ 和 $x\to\infty$)	电势阶跃和扫描边界条件(在 $x=0$)	电流阶跃和扫描边界条件(在 $x=0$)
1. C_rE_r	$Y\underset{k_b}{\overset{k_f}{\rightleftharpoons}}O$	$\frac{\partial C_Y}{\partial t}=D_Y\frac{\partial^2 C_Y}{\partial x^2}-k_fC_Y+k_bC_O$	$C_O/C_Y=K$	$\frac{C_O}{C_R}=\theta S(t)$	$\frac{\partial C_O}{\partial x}=\frac{i}{nFAD_O}$
	$O+ne\rightleftharpoons R$	$\frac{\partial C_O}{\partial t}=D_O\frac{\partial^2 C_O}{\partial x^2}+k_fC_Y-k_bC_O$	$C_O+C_Y=C^*$	(注释 2)	
		$\frac{\partial C_R}{\partial t}=D_R\frac{\partial^2 C_R}{\partial x^2}$	$C_R=0$ (注释 1)		
2. C_rE_i	$Y\underset{k_b}{\overset{k_f}{\rightleftharpoons}}O$	$\frac{\partial C_Y}{\partial t}=D_Y\frac{\partial^2 C_Y}{\partial x^2}-k_fC_Y+k_bC_O$	$C_O/C_Y=K$	$D_O\left(\frac{\partial C_O}{\partial x}\right)=k'C_Oe^{bt}$	$\frac{\partial C_O}{\partial x}=\frac{i}{nFAD_O}$
	$O+ne\longrightarrow R$	$\frac{\partial C_O}{\partial t}=D_O\frac{\partial^2 C_O}{\partial x^2}+k_fC_Y-k_bC_O$	$C_O+C_Y=C^*$	(注释 3)	
		$\frac{\partial C_R}{\partial t}=D_R\frac{\partial^2 C_R}{\partial x^2}$	$C_R=0$		
3. E_rC_r	$O+ne\rightleftharpoons R$	$\frac{\partial C_O}{\partial t}=D_O\frac{\partial^2 C_O}{\partial x^2}$	$C_O=C_O^*$	(和上面 C_rE_r 相同)	$\frac{\partial C_O}{\partial x}=\frac{i}{nFAD_O}$
	$R\underset{k_b}{\overset{k_f}{\rightleftharpoons}}Y$	$\frac{\partial C_R}{\partial t}=D_R\frac{\partial^2 C_R}{\partial x^2}-k_fC_R+k_bC_Y$	$C_R=C_Y=0$		
		$\frac{\partial C_Y}{\partial t}=D_Y\frac{\partial^2 C_Y}{\partial x^2}+k_fC_R-k_bC_Y$	(注释 1)		
4. E_rC_i	$O+ne\rightleftharpoons R$	$\frac{\partial C_O}{\partial t}=D_O\frac{\partial^2 C_O}{\partial x^2}$	$C_O=C_O^*$	(和上面 C_rE_r 相同)	$\frac{\partial C_O}{\partial x}=\frac{i}{nFAD_O}$
	$R\xrightarrow{k_f}Y$	$\frac{\partial C_R}{\partial t}=D_R\frac{\partial^2 C_R}{\partial x^2}-k_fC_R+k_bC_Y$	$C_R=C_Y=0$		
		$\frac{\partial C_Y}{\partial t}=D_Y\frac{\partial^2 C_Y}{\partial x^2}+k_fC_R-k_bC_Y$ ($k_b=0$) (不需要关于 C_y 的方程)	(注释 1)		
5. E_rC_{2i}	$O+ne\rightleftharpoons R$	$\frac{\partial C_O}{\partial t}=D_O\frac{\partial^2 C_O}{\partial x^2}$	$C_O=C_O^*$	(和上面 C_rE_r 相同)	$\frac{\partial C_O}{\partial x}=\frac{i}{nFAD_O}$
	$2R\xrightarrow{k_f}X$	$\frac{\partial C_R}{\partial t}=D_R\frac{\partial^2 C_R}{\partial x^2}-k_fC_R^2$	$C_R=C_Y=0$ (注释 1)		
6. E_rC_i'	$O+ne\rightleftharpoons R$	$\frac{\partial C_O}{\partial t}=D_O\frac{\partial^2 C_O}{\partial x^2}+k_fC_R$	$C_O=C_O^*$	(和上面 C_rE_r 相同)	$\frac{\partial C_O}{\partial x}=\frac{i}{nFAD_O}$
	$R\xrightarrow{k_f}O$	$\frac{\partial C_R}{\partial t}=D_R\frac{\partial^2 C_R}{\partial x^2}-k_fC_R$	$C_R=0$ [注释 1(a)]		
7. $E_rC_iE_r$	$O_1+n_1e\rightleftharpoons R_1$	$\frac{\partial C_{O1}}{\partial t}=D_{O1}\frac{\partial^2 C_{O1}}{\partial x^2}$	$C_{O1}=C^*$	$\frac{C_{O1}}{C_{R1}}=\theta_1S(t)$	$D_{O1}n_1\left(\frac{\partial C_{O1}}{\partial x}\right)+$
	$R_1\xrightarrow{k_f}O_2$	$\frac{\partial C_{R1}}{\partial t}=D_{R1}\frac{\partial^2 C_{R1}}{\partial x^2}-k_fC_{C1}$	$C_{R1}=C_{O2}=C_{R2}=0$	$\frac{C_{O2}}{C_{R2}}=\theta_2S(t)$	$D_{O2}n_2\left(\frac{\partial C_{O2}}{\partial x}\right)=\frac{i}{FA}$
	$O_2+n_2e\rightleftharpoons R_2$	$\frac{\partial C_{O2}}{\partial t}=D_{O2}\frac{\partial^2 C_{O2}}{\partial x^2}+k_fC_{R1}$	(注释 4)		
		$\frac{\partial C_{R2}}{\partial t}=D_{R2}\frac{\partial^2 C_{R2}}{\partial x^2}$		(注释 5)	

注释 1：(a) $D_O\left(\frac{\partial C_O}{\partial x}\right)_{x=0}=-D_R\left(\frac{\partial C_R}{\partial x}\right)_{x=0}$；(b) $D_Y\left(\frac{\partial C_Y}{\partial x}\right)_{x=0}=0$。

注释 2：对于电势扫描：$\theta=\exp\left[\frac{nF}{RT}(E_i-E^{\ominus\prime})\right]$，$S(t)=\exp\left(-\frac{nF}{RT}vt\right)$，$E_i$=起始电势，$v$=扫速。

对于电势阶跃到电势 E：$\theta=\exp\left[\frac{nF}{RT}(E-E^{\ominus\prime})\right]$，$S(t)=1$。

注释 3：对于从 E_i 开始以扫速 v 的扫描或 $v=0$ 时阶跃到电势 E_i，$k'=k_0\exp\left[\frac{-\alpha F}{RT}(E_i-E^{\ominus\prime})\right]$，$b=\frac{\alpha F}{RT}v$。

注释 4：有两个类似于注释 1(a) 的流量平衡方程，每个氧化还原电对写一个。

注释 5：对于电势扫描：$\theta_j=\exp\left[\frac{n_jF}{RT}(E_i-E_j^{\ominus\prime})\right]E_j^{\ominus\prime}$，适合于 $O_j+n_je\rightleftharpoons R_j$；

对于电势阶跃，$\theta_j=\exp\left[\frac{n_jF}{RT}(E-E_j^{\ominus\prime})\right]$。

12.2.2 在电流阶跃法（计时电势法）中 E_rC_i 体系的解

为了说明分析方法解决涉及偶合化学反应问题和处理理论结果，考虑在有恒电流激发信号时的 E_rC_i 体系。虽然计时电势法现在在实际应用上很少用于研究这样的反应，它在说明 Laplace 变换法、偶合反应所引起的变化的本质和用“区域图”法图示时间范围的变化和速率常数方面是一个很好的技术。类似的原理对于循环伏安法适用，循环伏安法仅有数值解。有关 E_rC_i 情况的公式见表 12.2.1 条目中，在 12.2.1 节中已讨论过。

（1）向前的反应　对于 $C_O(x,t)$ 的公式与没有随后反应的相同，即式（8.2.13）：

$$C_O(0,t)=C_O^*-\frac{2it^{1/2}}{nFAD_O^{1/2}\pi^{1/2}} \tag{12.2.11}$$

因此向前的过渡时间 τ_f [当 $C_O(0,t)=0$] 没被干扰，$i\tau_f^{1/2}/C_O^*$ 是由式（8.2.14）给出的一个常数。然而，$C_R(x,t)$ 受随后反应的影响，它能使 E-t 曲线不同。以式（12.2.6）作为初始条件的式（12.2.5）的 Laplace 变换可得

$$s\overline{C}_R(x,s)=D_R\left[\frac{d^2\overline{C}_R(x,s)}{dx^2}\right]-k\overline{C}_R(x,s) \tag{12.2.12}$$

$$\left[\frac{d^2\overline{C}_R(x,s)}{dx^2}\right]=\left[\frac{(s+k)}{D_R}\right]\overline{C}_R(x,s) \tag{12.2.13}$$

在边界条件 $\lim\limits_{x\to\infty}C_R(x,s)=0$ 下此方程的解是

$$\overline{C}_R(x,s)=\overline{C}_R(0,s)\exp\left[-\left(\frac{s+k}{D_R}\right)^{1/2}x\right] \tag{12.2.14}$$

采用边界条件

$$-D_R\left[\frac{\partial\overline{C}_R(x,s)}{\partial x}\right]_{x=0}=\frac{\bar{i}(s)}{nFA} \tag{12.2.15}$$

最后得到

$$\overline{C}_R(0,s)(s+k)^{1/2}D_R^{1/2}=\frac{\bar{i}(s)}{nFA} \tag{12.2.16}$$

对于恒电流下向前的阶跃，

$$\bar{i}(s)=\frac{i}{s} \tag{12.2.17}$$

$$\overline{C}_R(0,s)=\frac{i}{nFAD_R^{1/2}s(s+k)^{1/2}} \tag{12.2.18}$$

逆变换可得

$$C_R(0,t)=\frac{i}{nFAD_R^{1/2}k^{1/2}}\mathrm{erf}[(kt)^{1/2}] \tag{12.2.19}$$

（2）电势-时间行为　由式（8.2.14）和式（12.2.11）得

$$C_O(0,t)=\frac{2i(\tau^{1/2}-t^{1/2})}{nFAD_O^{1/2}\pi^{1/2}} \tag{12.2.20}$$

对于一个可逆的电子转移反应，可采用如下的 Nernst 公式

$$E=E^{\ominus\prime}+\left(\frac{RT}{nF}\right)\ln\left[\frac{C_O(0,t)}{C_R(0,t)}\right] \tag{12.2.21}$$

由式（12.2.19）和式（12.2.21）得到 E-t 曲线

$$E=E^{\ominus\prime}+\frac{RT}{nF}\ln\left[\frac{2}{\pi^{1/2}}\left(\frac{D_R}{D_O}\right)^{1/2}\frac{(kt)^{1/2}(\tau^{1/2}-t^{1/2})}{\mathrm{erf}[(kt)^{1/2}]t^{1/2}}\right] \tag{12.2.22}$$

$$E=E^{\ominus\prime}+\frac{RT}{2nF}\ln\left(\frac{D_R}{D_O}\right)+\frac{RT}{nF}\ln\left\{\frac{2}{\pi^{1/2}}\frac{(kt)^{1/2}}{\mathrm{erf}[(kt)^{1/2}]}\right]+\frac{RT}{nF}\ln\left(\frac{\tau^{1/2}-t^{1/2}}{t^{1/2}}\right) \tag{12.2.23}$$

这可写为

$$\boxed{E=E_{1/2}-\frac{RT}{nF}\ln\Xi+\frac{RT}{nF}\ln\left(\frac{\tau^{1/2}-t^{1/2}}{t^{1/2}}\right)} \tag{12.2.24a}$$

$$\Xi=\frac{\pi^{1/2}}{2}\times\frac{\mathrm{erf}[(kt)^{1/2}]}{(kt)^{1/2}} \tag{12.2.24b}$$

式中，$(RT/nF)\ln\Xi$ 代表由化学反应所引起的干扰。

考察 Ξ 的极限行为作为无量纲积 kt 的函数是有指导意义的。对于 $(kt)^{1/2}<0.1$，$\mathrm{erf}[(kt)^{1/2}]\approx 2(kt)^{1/2}/\pi^{1/2}$（见 A.3 节），或 $\Xi=1$，式（12.2.24a）第二项是零。换言之，对于非常小的 k 或非常短的时间，随后反应没有影响。此条件可考虑定义为纯扩散控制区。随着 $(kt)^{1/2}$ 增大，Ξ 变小，E-t 曲线向正电势方向移动。例如，当 $(kt)^{1/2}=1$ 时，$\mathrm{erf}[(kt)^{1/2}]=0.84$，$\Xi=0.75$，峰在电势坐标方向向正移动 7mV。当 $(kt)^{1/2}\geqslant 2$ 时，$\mathrm{erf}[(kt)^{1/2}]$ 接近于 1 的渐近线，因此 $\Xi=1/2(\pi/kt)^{1/2}$。它代表对于大的 k 或 t 的极限区域，导致纯动力学区域的 E-t 公式：

$$E=E_{1/2}+\left(\frac{RT}{nF}\right)\ln\left(\frac{2k^{1/2}}{\pi^{1/2}}\right)+\left(\frac{RT}{nF}\right)\ln(\tau^{1/2}-t^{1/2}) \tag{12.2.25}$$

注意到此公式与没有偶合化学反应的完全不可逆电子转移反应公式（8.3.6）在形式上非常类似，并且在此区域预测了 E 与 $\ln(\tau^{1/2}-t^{1/2})$ 有线性关系。此公式也可被写为

$$E=E_{1/2}+\left(\frac{RT}{nF}\right)\ln\left(\frac{2}{\pi^{1/2}}\right)+\left(\frac{RT}{2nF}\right)\ln(kt)+\left(\frac{RT}{nF}\right)\ln\left(\frac{\tau^{1/2}-t^{1/2}}{\tau^{1/2}}\right) \tag{12.2.26}$$

或在 $t=\tau/4$，$E=E_{\tau/4}$ 有

$$E_{\tau/4}=E_{1/2}+\left(\frac{RT}{nF}\right)\ln\left(\frac{2}{\pi^{1/2}}\right)+\left(\frac{RT}{2nF}\right)\ln(kt) \tag{12.2.27}$$

图 12.2.1 显示了 $E_{\tau/4}$ 对于 $\lg(kt)$ 作图。注意到扩散和动力学极限区域用实线标出，虚线代表准确的公式（12.2.24）内容。当然，这些区域的边界依赖于所用的近似法，这些极限公式的可应用性与电化学实验的准确性有关。例如，电势测量最小为 1mV，那么对于 $n=1$ 和 25℃，当 $25.7\ln[\mathrm{erf}(kt)^{1/2}]\leqslant 1\mathrm{mV}$ 或 $(kt)^{1/2}\geqslant 1.5$ 时可达到纯动力学区。

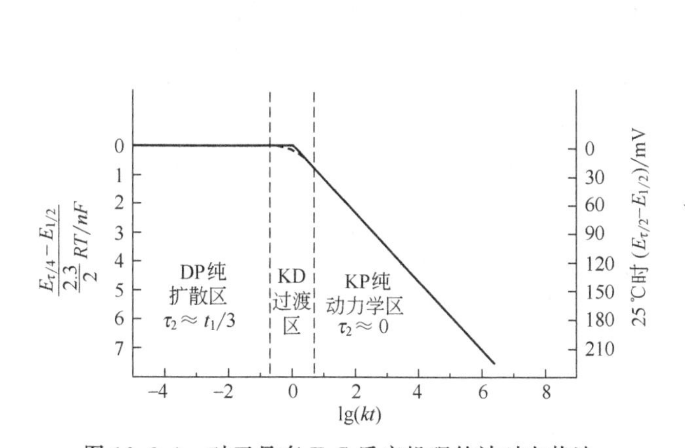

图 12.2.1　对于具有 E_rC_i 反应机理的计时电势法，$E_{\tau/4}$ 随 $\lg(kt)$ 的变化

KD 区是在纯扩散和纯动力学区之间的过渡区域

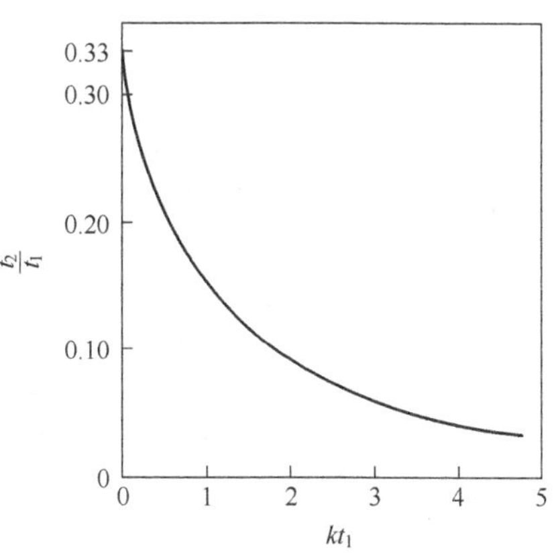

图 12.2.2　对于具有 E_rC_i 反应机理的计时电势法，τ_2/t_1 随 kt_1 的变化

(3) 电流反向　涉及电流反向的处理采用同样的公式，并且采用如在 8.4.2 节中所描述的零移动原理方法。这样对于电流在时间 t_1（这里 $t_1\leqslant\tau_1$）反向

$$i(t)=i-S_{t_1}(t)(2i) \tag{12.2.28}$$

式中，$S_{t_1}(t)$ 为阶跃函数，等于 $0(t\leqslant t_1)$ 和 $1(t>t_1)$。则

$$\bar{i}(s)=\left(\frac{i}{s}\right)(1-2\mathrm{e}^{-t_1 s}) \tag{12.2.29}$$

由式（12.2.16）得

$$\bar{C}_{\mathrm{R}}(0,s)=\frac{i}{nFAD_{\mathrm{R}}^{1/2}}\left[\frac{1}{s(s+k)^{1/2}}-\frac{2\mathrm{e}^{-t_1 s}}{s(s+k)^{1/2}}\right] \tag{12.2.30}$$

逆转换得到

$$C_{\mathrm{R}}(0,t)=\frac{i}{nFAD_{\mathrm{R}}^{1/2}}\left[\frac{\mathrm{erf}(kt)^{1/2}}{k^{1/2}}-S_{t_1}(t)\frac{2}{k^{1/2}}\mathrm{erf}\{[k(t-t_1)^{1/2}]\}\right] \tag{12.2.31}$$

在反向过渡时间 $t=t_1+\tau_2$，$C_R(0,t)=0$，所以

$$\boxed{\operatorname{erf}\{[k(t_1+\tau_2)]^{1/2}\}=2\operatorname{erf}[(k\tau_2)^{1/2}]} \tag{12.2.32}$$

下面再一次考察极限行为。当 kt_1 小时（扩散区），$\operatorname{erf}[(k\tau_2)^{1/2}]$ 趋近于 $2(k\tau_2)^{1/2}/\pi^{1/2}$，$\operatorname{erf}\{[k(t_1+\tau_2)]^{1/2}\}$ 趋近于 $2[k(t_1+\tau_2)]^{1/2}/\pi^{1/2}$。在这些条件下，式（12.2.32）与未受干扰的反向计时电势法等同，$\tau_2=t_1/3$［见公式（8.4.9）］。当 kt_1 大的话（动力学区），τ_2 趋于零。图 12.2.2 显示了 τ_2/t_1 随 kt_1 的变化[20~22]。注意到从反向测量中仅在中间区（$0.1\leqslant kt_1\leqslant 5$）时才能得到动力学信息。实际的 k 值可通过测量不同 t_1 时 τ_2/t_1 的值，与图 12.2.2 所示的工作曲线相拟合得到[23]。动力学信息也可在动力学区由电势随 τ_1 的移动而得到；然而，在 k 值被测量之前必须知道 $E^{\ominus\prime}$ 的值。

这里所给出的处理方法对于其他的反应体系和技术来讲是典型的例子。这些处理方法导致建立了如下两点：①区分不同体系机理的判定标准和②可用于得到速率常数的工作曲线或表。这些结果的总结见 12.3 节。

12.3　暂态伏安法和计时电势法的理论

在此考察对于循环伏安法和其他的暂态技术（计时电流法、计时电势法）在研究一系列反应体系时的理论处理，这些反应体系在 12.2 节中均进行了介绍。当希望研究一个电化学反应体系时，首先想到的总是循环伏安法（CV）。虽然，所有的暂态方法从原理上讲可以探讨同样的 i-E-t 空间得到所需的数据，循环伏安法可在单个实验中容易地看到 E 和 t 对电流的影响（见图 6.1.1）。在利用 CV 时，法拉第电流相对于电容和吸附的影响是直接的（例如与计时电势法相比）。如果电容的影响太大的话，很难得到好的 CV 行为，方法如方波或脉冲伏安法可能更好。另一方面，CV 受这样事实的影响，即异相动力学能够影响所观察到的响应，在获取均相反应速率常数时使情况复杂化。在测量中电势阶跃到异相反应受传质控制的值时，如在电势阶跃和旋转圆盘电极方法中，没有这类问题。因此，在采用 CV 法导出机理和半定量结果得到后，人们经常转向其他方法，如计时电量法或 RDE 法，去得到更准确的动力学参数。

在随后的几节中，首先考察不同反应机理的典型的循环伏安响应，然后，显示如何考虑区域图和将得到的理论响应用来识别反应体系和获取动力学参数。在讨论 CV 后，探讨同样反应体系的其他的暂态技术的响应。将不对结果进行详细地描述，而是企图阐述极限情况的重要性，和识别一个给定的反应体系的次序和有用的估算速率常数公式上。

12.3.1　前置反应——C_rE_r

$$\mathrm{Y}\underset{k_b}{\overset{k_f}{\rightleftharpoons}}\mathrm{O} \tag{12.3.1}$$

$$\mathrm{O}+ne\rightleftharpoons\mathrm{R} \tag{12.3.2}$$

$$K=k_f/k_b=C_O(x,0)/C_Y(x,0) \tag{12.3.3}$$

此体系的行为依赖于两个一级反应速率常数，k_f 和 $k_b(\mathrm{s}^{-1})$ 以及平衡常数 K。通过采用与反应的速率常数有关的无量纲参数（或反应的特征寿命）和实验的长度来描述反应是方便的。对于 C_rE_r 体系，在一个具有时间 t 的电势阶跃中，它们可方便地由 K 和 $\lambda=(k_f+k_b)t$ 来表示。对于不同的方法和机理，表 12.3.1 给出了 λ 特定形式的定义。

表 12.3.1　各种方法的无量纲参数

技　　术	时间参数/s	如下机理的无量纲动力学参数		
		C_rE_r	E_rC_i	E_rC_i'
计时电流法和极谱法	t	$(k_f+k_b)t$	kt	$k'C_Z^*t$
线形扫描和循环伏安法	$1/v$	$\frac{(k_f+k_b)}{v}\left(\frac{RT}{nF}\right)$	$\frac{k}{v}\left(\frac{RT}{nF}\right)$	$\frac{k'C_Z^*}{v}\left(\frac{RT}{nF}\right)$
计时电势法	τ	$(k_f+k_b)\tau$	$k\tau$	$k'C_Z^*\tau$
旋转圆盘电极	$1/\omega$	$(k_f+k_b)\omega$①	k/ω	$k'C_Z^*\omega$

① 或者 $\delta/\mu=1.61k^{1/2}\nu^{1/6}/\omega^{1/2}D^{1/6}$。

根据图 12.3.1 的区域图[24]来想像反应的行为是有指导意义的，图 12.3.1 定义了电化学参数是如何受 λ 和 K 的影响，其极限行为将在给定的准确度下观察到。当 K 较大时（例如 $K\geqslant 20$），式 (12.3.1) 中的平衡趋向于右边，大多数物质是以电活性 O 的形式存在。那么前置反应对于电化学响应的影响很小，它本质上是一个未受干扰的 Nernst 行为。同理，当 k_f 和 k_b 与实验时间范围相比较小时（例如 $\lambda< 0.1$），前置反应在此实验时间范围内不怎么发生。因此它的影响仍很小，可得到 Nernst 响应结果，但 O 的有效初始浓度 $C_O(x,0)$ 由下式给出

$$C_O(x,0)=\frac{C^* K}{(K+1)} \tag{12.3.4}$$

式中

$$C_O(x,0)+C_Y(x,0)=C^* \tag{12.3.5}$$

当 λ 很大时，式 (12.3.1) 处于运动中可被认为是处于平衡状态。在此情况下，其行为仍为 Nernst 式，但其峰将沿电势坐标从未被干扰的位置移动，移动的程度与 K 的大小有关，正如在 1.5.1 和 5.4.4 节中所讨论的那样。这种移动是一种热力学效应，它反映了稳态平衡时 O 的能量。图 12.3.1 右上部分区域的大小，与 K 和 λ 有关。当 K 小 λ 大时，反应是如此的快，可认为反应物在电极表面附近的反应层内处于稳态值，描述体系的微分方程可由设置相对于时间的导数为零来得到解（“反应层处理”），这是纯动力学区域。更加定量地描述如何选择这些区域的极限在 12.3.1(c) 节中已给出。

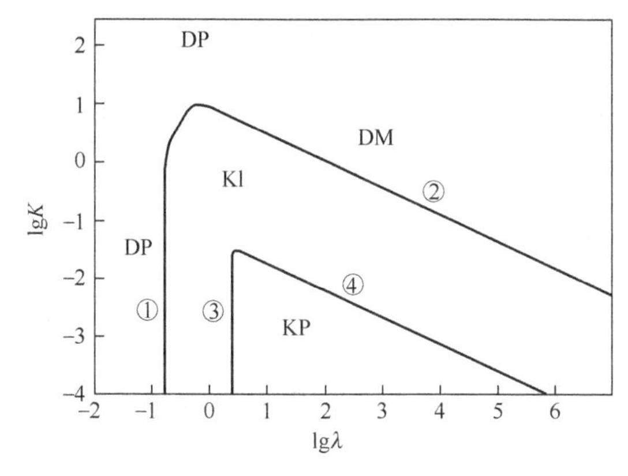

图 12.3.1　具有不同类型的电化学行为的区域的 C_rE_r 反应图作为 K 和 λ（在表 12.3.1 中所定义的）的函数
这些区分别是纯扩散区 DP、由前置平衡常数所修饰的扩散区 DM、纯动力学区 KP 以及中间动力学区 KI。带圈的数字相应于在 12.3.1(2) 节中计算的边界［引自 J.-M. Savéant and E. Vianello, *Electrochim. Acta*, **8**, 905(1963)］

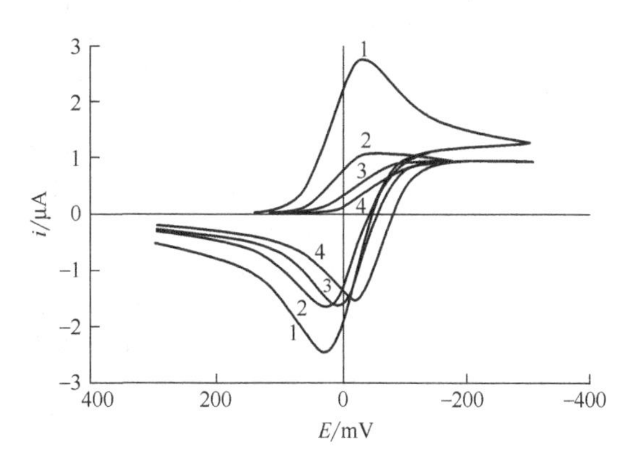

图 12.3.2　C_rE_r 机理的循环伏安图
$A\rightleftharpoons B$；$B+e\rightleftharpoons C$，这里 $E^{\ominus\prime}_{B/C}=0V$，$C^*=1mmol\cdot L^{-1}$，$A=1cm^2$，$D_A=D_B=D_C=10^{-5}cm^2/s$，$K=10^{-3}$，$k_f=10^{-2}s^{-1}$，$k_b=10s^{-1}$，$T=25℃$，扫描速度 v 是 (1) 10V/s；(2) 1V/s；(3) 0.1V/s；(4) 0.01V/s

(1) 线性扫描和循环伏安法　i-E 曲线的形状与 K 和 λ 值有关；即与图 12.3.1 感兴趣的区域有关[24,25]。图 12.3.2 显示了在如下条件下此体系的各种曲线：$K=10^{-3}$，$k_f=10^{-2}s^{-1}$，$k_b=10s^{-1}$，扫描速度 v 为 0.01 到 10V/s（λ 值为 26～0.026）。将这些曲线与区域图中的适当的点对应起来是有指导意义的（图 12.3.1）。在所有的情况下，$\lg K=-3$。当有高的扫描速度时（$v=10V/s$，$\lg\lambda=-1.6$），操作点在 DP 区域，可观察到一个受前置反应影响很小的扩散控制的伏安图。它的行为本质上与 O 的初始浓度由式 (12.3.1) 平衡常数较小的反应所决定的未受干扰的可逆反应相同。随着扫描速度的降低，在 $\lg K=-3$ 处向 $\lg\lambda$ 大的区域横移。在 $v=1V/s$($\lg\lambda=-0.6$) 时，操作点在 KI 区域。在更小的扫描速度下进入 KP 区域（$v=0.01V/s$，$\lg\lambda=1.6$）。在此区域中，响应完全是由向前反应所提供的 O 的速率所决定的，而不是由扩散决定的。电流保持一个稳态值，由与扫描速度无关的阴极平台所表示。

由于所观察到的 i-E 响应与 K，k_f，k_b 以及 v 等有关，除了 D，C 和 n 以外，通过这些参数来完全表达 CV 的行为，需要大量的作图。这些结果可通过无量纲参数 K 和 λ，如图 12.3.3 所示的规一化电流来更简便地表示出。

正如在本节的开始所讨论的那样，在DP和DM区域的行为是扩散控制的行为。

在纯动力学区域，i-E 曲线具有S形状（而不是常规的峰形），并且电流保持稳态值，i_L，与 v 无关，i_L 由下式给出

$$i_L = nFAD^{1/2}C^* K(k_f + k_b)^{1/2} \tag{12.3.6}$$

在此区域，半峰（即平台一半时的）电势 $E_{p/2}$ 是

$$E_{p/2} = E^{\ominus\prime} - 0.277RT/nF - (RT/2nF)\ln\lambda \tag{12.3.7}$$

$E_{p/2}$ 随 v 的移动是

$$dE_{p/2}/d\ln v = RT/2nF \tag{12.3.8}$$

这样在25℃时，v 增加10倍可使还原峰向正方向移动29/nmV。随着 v 的增加（会引起 λ 减小），体系进入中间动力学区（图12.3.1中KI区），$E_{p/2}$ 随扫描速度的移动变小，最后在扩散区（DP）与 v 无关。$E_{p/2}$ 随无量纲参数 $K\lambda$ 的移动见图12.3.4[25]。已经提出了一种显示动力学电流 i_k 与扩散控制电流 i_d 之比的工作曲线（图12.3.5）[25]，已证明可由如下经验公式表示

$$\frac{i_k}{i_d} = \frac{1}{1.02 + 0.471/K\sqrt{\lambda}} \tag{12.3.9}$$

在循环伏安法中，阳极的反扫描部分不像正扫描部分受偶合反应那么大的影响（图12.3.2）。随着扫描速度的增加 i_{pa}/i_{pc} 比（i_{pa} 的测量是由6.5节中所描述的将阴极曲线扩展而得到）增加，正如图12.3.6所示的工作曲线[25]。实际的 i-E 曲线可由一系列的解画出或由Nicholson和Shain所给出的表绘出[25]或由数值模拟绘出。

（2）极谱法和计时电流法　所感兴趣的电流是在极限电流平台，即对于 $C_O(0,t)$ 等于0。对于一个平板电极，假设所有物质有相等的扩散系数（$D_O = D_Y = D$），并且化学平衡有利于Y[$K \ll 1$，$C_Y(x, 0) \approx C^*$]，电流由下式给出[26]

$$i = nFAC^* D^{1/2} k_f^{1/2} K^{1/2} \exp(k_f K t) \mathrm{erfc}[(k_f K t)^{1/2}] \tag{12.3.10}$$

让 $(k_f K t)^{1/2} = Z$，此式可写为

$$i = nFAD^{1/2} C^* t^{-1/2} Z\exp(Z^2)\mathrm{erfc}(Z) \tag{12.3.11}$$

注意到它与完全不可逆波的电流有相同的形式［见式（5.5.27）］。k_f 值较大时，函数 $Z\exp(Z^2)\mathrm{erfc}(Z)$ 接近于 $\pi^{-1/2}$，电流变为扩散控制值，i_d［公式（5.2.11）］；因此它的行为是在图12.3.1的右边扩散区。公式（12.3.11）可写为

$$\frac{i}{i_d} = \pi^{1/2} Z\exp(Z^2)\mathrm{erfc}(Z) \tag{12.3.12}$$

［与式（5.5.28）和图5.5.2相比］对于小的自变量 Z 值，$\exp(Z^2)\mathrm{erfc}(Z) \approx Z$，式（12.3.12）得到与公式（12.3.6）在 $K \ll 1$ 所给出的相同的电流，即

$$i = i_d \pi^{1/2} (k_f K t)^{1/2} = nFAD^{1/2} C^* (k_f K)^{1/2} \tag{12.3.13}$$

它与 t 无关，而由Y转化为O的速率所决定。

这些公式适用于极谱（在扩展的平面近似内）有 $t = t_{max}$（滴汞时间）和由式（7.1.13）所给出的 A。7.2.2节的方法可在此应用。考虑到球形扩散和不等扩散系数等问题的处理也已被报道[27,28]。应当注意极谱中的极限电流是如何随 t_{max} 或汞柱高度 h_{corr} 变化的。对于大的 k_f 值（在扩散区），i 随 $t_{max}^{1/6}$ 或 $h_{corr}^{1/2}$ 而变化。对于小的 k_f 值，可采用式（12.3.13），I 与 $t_{max}^{1/6}$ 或 $h_{corr}^{1/2}$ 无关。

（3）计时电势法　i-τ 行为是由如下公式给出[29~31]

$$i\tau^{1/2} = \frac{nFAC^* (\pi D)^{1/2}}{2} - \frac{i}{2K}\left[\frac{\pi}{(k_f + k_b)}\right]^{1/2} \mathrm{erf}(\lambda^{1/2}) \tag{12.3.14}$$

右边第一项是扩散控制反应值，$i\tau_d^{1/2}$。采用 λ 的定义（表12.3.1），此公式可写为

$$i\tau^{1/2} = i\tau_d^{1/2} - \frac{i\tau^{1/2}\pi^{1/2}}{2K\lambda^{1/2}} \mathrm{erf}(\lambda^{1/2}) \tag{12.3.15}$$

或

$$\boxed{i\tau^{1/2} = \frac{i\tau_d^{1/2}}{1 + \dfrac{0.886\,\mathrm{erf}(\lambda^{1/2})}{K\lambda^{1/2}}}} \tag{12.3.16}$$

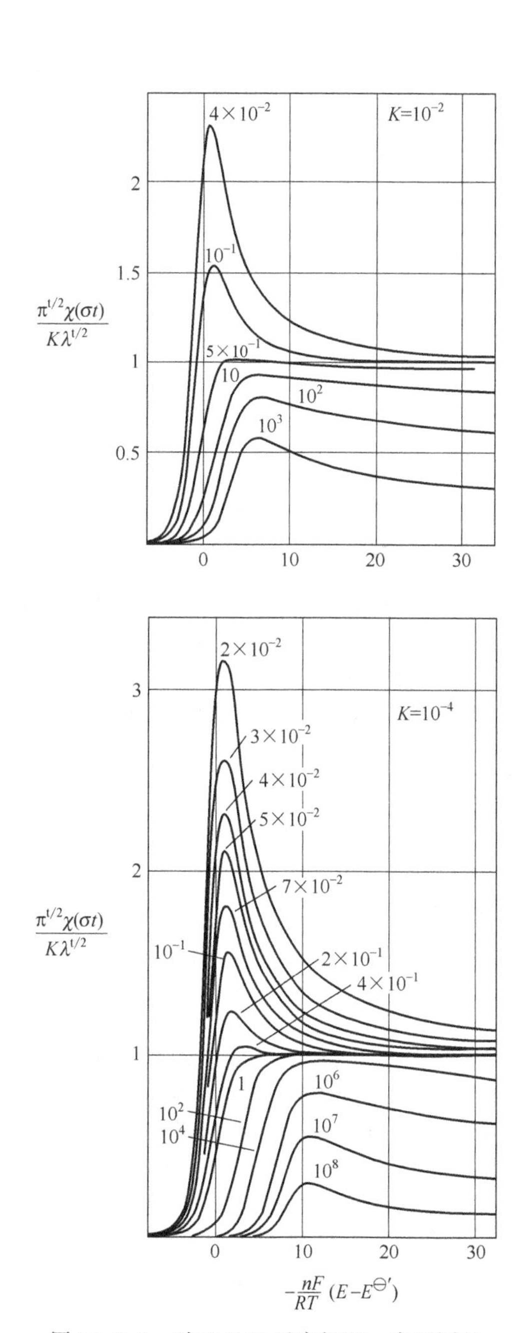

图 12.3.3　对于 C_rE_r 反应机理，在不同的 λ 值时的电流与电势的曲线

上图（$K=10^{-2}$）和下图（$K=10^{-4}$）。电流在此表示为 $\pi^{1/2}\chi(\sigma t)/K\lambda^{1/2}$，$\chi(\sigma t)$ 由式（6.2.16）所定义。$\lambda=(RT/nF)[(k_f+k_b)/v]$，其值显示在每条线上［引自 J.-M. Savéant and E. Vianello，*Electrochim. Acta*，**8**，905(1963)］

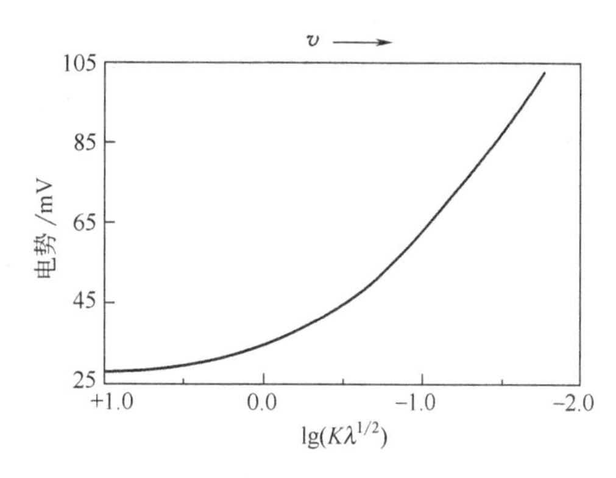

图 12.3.4　对于 C_rE_r 反应机理，$E_{p/2}$ 随 $K\lambda^{1/2}$ 的变化曲线

电势坐标是 $n(E_{p/2}-E_{1/2})-(RT/F)\ln[K/(1+K)]$。$v$→表示扫描速度增加的方向［引自 R. S. Nicholson and I. Shain，*Anal. Chem.*，**36**，706(1964)］

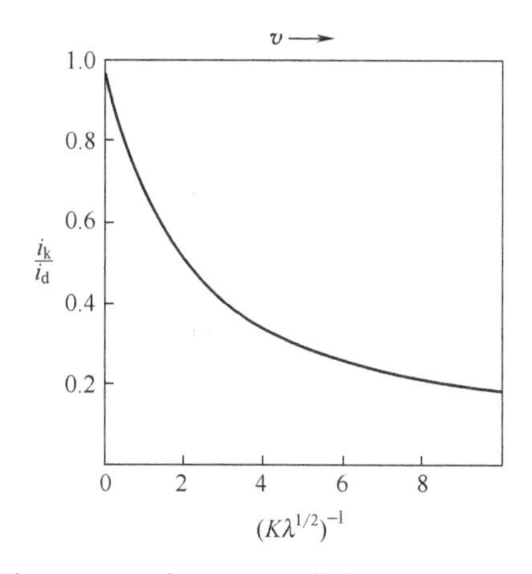

图 12.3.5　对于 C_rE_r 反应机理，i_k/i_d 相对于 $(K\lambda^{1/2})^{-1}$ 的工作曲线

［引自 R. S. Nicholson and I. Shain，*Anal. Chem.*，**36**，706(1964)］

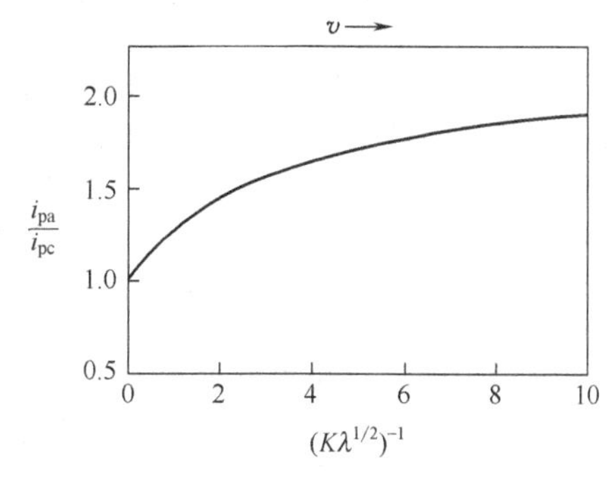

图 12.3.6　对于 C_rE_r 反应机理，阳极与阴极峰电流的比与动力学参数作图

［引自 R. S. Nicholson and I. Shain，*Anal. Chem.*，**36**，706(1964)］

图 12.3.7 显示了对于几种 K 值下 $i\tau^{1/2}$ 随 $\lambda^{1/2}$ 的变化。此公式在考察 $i\tau^{1/2}$ 的极限行为及定义不同的如图 12.3.1 所示的有意义区域时也是有用的。考虑 $\lambda^{1/2}\leqslant 0.4$ 情况，这里 $\mathrm{erf}(\lambda^{1/2})/\lambda^{1/2}$ 接近于极限值 $2/\pi^{1/2}$（在大约 5%以内），由式（12.3.16）得到 $(i\tau^{1/2}/i\tau_{\mathrm{d}}^{1/2})\approx K/(1+K)$，它是扩散控制的响应，$C_{\mathrm{O}}(x,0)$ 是从 C^* 计算得到。因此，此条件或 $\lg\lambda<-0.8$ 定义了左边的边界（曲线 1）。对于大的 λ 值［例如 $\lambda^{1/2}\geqslant 1.4$］，$\mathrm{erf}(\lambda^{1/2})=1$，由式（12.3.16）得到

$$\frac{i\tau^{1/2}}{i\tau_{\mathrm{d}}^{1/2}}=\left(1+\frac{0.886}{K\lambda^{1/2}}\right)^{-1} \tag{12.3.17}$$

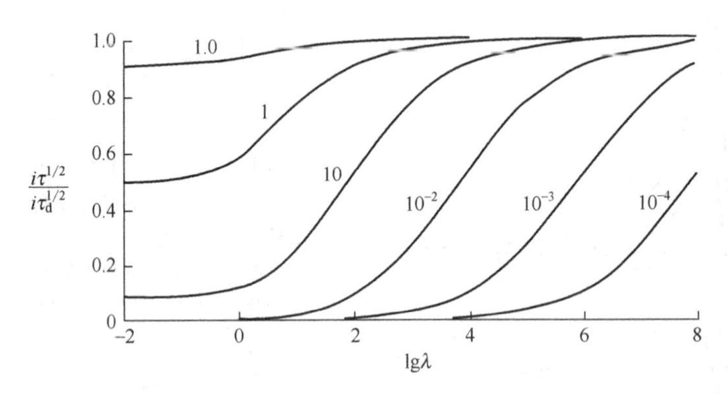

图 12.3.7　对于计时电势法研究 $\mathrm{C_rE_r}$ 反应机理，在各种 K 值（显示在每条曲线上）下 $i\tau^{1/2}/i\tau_{\mathrm{d}}^{1/2}$ 随 λ 的变化曲线

当 $0.886/K\lambda^{1/2}\leqslant 0.05$，或 $\lg K=1.25-(1/2)\lg\lambda$ 时，此条件给出扩散控制行为；它代表了右边界（曲线 2）。当 $K\to 0$ 时，纯动力学区域也可由较大的 λ 值来定义。可以采用 $\lambda^{1/2}\geqslant 1.4$ 来设定边界（曲线 3），此条件下式（12.3.17）的右边第二项起主要作用。这样 $0.886/K\lambda^{1/2}\geqslant 10$，或 $\lg K=-(1/2)\lg\lambda-1.05$（曲线 4）。注意到这些边界的准确位置与所采用的近似的程度有关。另外，在此纯动力学区域，式（12.3.14）变为

$$\boxed{i\tau^{1/2}=i\tau_{\mathrm{d}}^{1/2}-\frac{i\pi^{1/2}}{2K(k_{\mathrm{f}}+k_{\mathrm{b}})^{1/2}}} \tag{12.3.18}$$

这样在此区域 $i\tau^{1/2}$ 对 i 作图为一直线，斜率为 $-\pi^{1/2}/2K(k_{\mathrm{f}}+k_{\mathrm{b}})^{1/2}$。此行为可见图 12.3.8。

对于简单的反向计时电势法，反向过渡时间 τ_2 与正向过渡时间 τ_1 之比是 1/3，正如扩散控制的情况，与速率常数无关。然而，对于循环计时电势法，第三过渡时间 τ_3 及随后的反向过渡时间与扩散控制的情况不同[31]。

12.3.2　前置反应——$\mathrm{C_rE_i}$

该体系与 12.3.1 节中所描述的相同，不同之处是式（12.3.2）中的电子转移反应是完全不可逆，由电荷转移参数 α 和 k^0 所决定。计时电流和极谱法中的极限电流将不受电子转移反应的不可逆性干扰；因为电势阶跃到的值远远超出平衡值，式（12.3.2）中的反应可很快地进行。这样所得结果与在 12.3.1(b) 节中相同。此种情况说明了计时电流法的一个重要的优点：可选择电势来消除由异相电子转移步骤所引起的分析其行为时的复杂性。另一方面，当均相反应速率常数已知时，电势阶跃可控制到不是那么正或负的值，用来得到 α 和 k^0 值。这需要更复杂问题的解，这里对于 $C_{\mathrm{O}}(0,t)$ 的边界条件是由异相反应速率所决定的。在此不考虑此问题。

采用线性扫描伏安法处理 $\mathrm{C_rE_i}$ 情况已被报道[25]。因为电子转移的不可逆性，在反向扫描时没有阳极电流，不需要考虑循环伏安行为。图 12.3.9 显示了典型的 i-E 曲线。极限行为再一次与动力学参数 $K\lambda_{\mathrm{i}}^{1/2}$ 的量有关，这里 λ_{i} 是表 12.3.1 中 λ 的因子，对于一电子“E”步骤设定 $\alpha n=\alpha$：

$$\lambda_{\mathrm{i}}=\frac{k_{\mathrm{f}}+k_{\mathrm{b}}}{v}\left(\frac{RT}{\alpha F}\right) \tag{12.3.19}$$

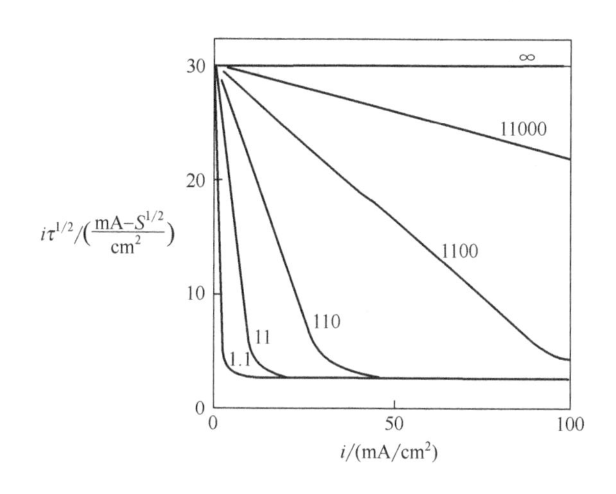

图 12.3.8 对于各种 (k_f+k_b) 值（量纲 s^{-1}），$i\tau^{1/2}$ 随 i 的变化曲线

计算时所用 $K=0.1$，$C^*=0.11mmol\cdot L^{-1}$ 及 $D=10^{-5}cm^2/s$ [引自 P. Delahay and T. Berzins, *J. Am. Chem. Soc.*, **75**, 2486(1953)]

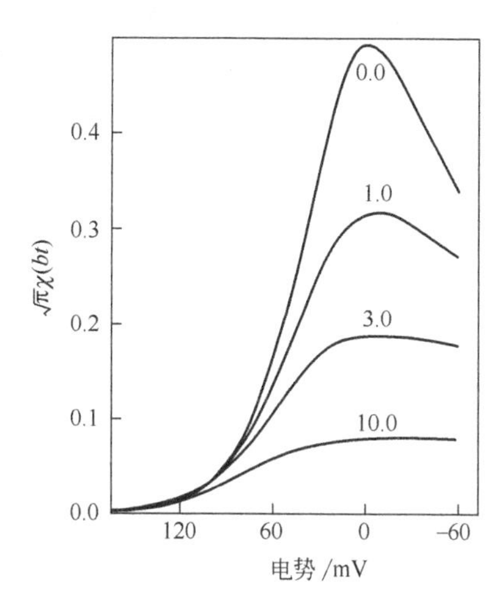

图 12.3.9 在不同的 $(K\lambda_i^{1/2})^{-1}$ 值时（其值显示在每条曲线上）电流与电势的关系曲线

电流用 $\pi^{1/2}\chi(bt)$ 表示，$\chi(bt)$ 由式 (6.3.6) 定义。电势尺度是 $\alpha(E-E^{\ominus\prime})+(RT/F)\ln[(\pi Db)^{1/2}/k^0)-(RT/F)\ln[K/(1+K)]$。$b=\alpha Fv/RT$；$\lambda=(k_f+k_b)/b$ [引自 R. S. Nicholson and I. Shain, *Anal. Chem.*, **36**, 706(1964)]

当 λ_i 较小时，其行为与在 6.3 节中所描述的未被干扰的单步骤单电子反应相同，不同之处是 O 的浓度由 $C^*[K/(1+K)]$ 给出。它代表了在高扫描速度下的极限行为。对于大的 λ_i 和 $K\lambda_i^{1/2}$ 值，前置反应可认为在本质上在所有时间处于平衡，其 i-E 行为再一次变为 6.3 节中的未被干扰的情况，波从没有前置反应的位置向负方向移动 $(RT/\alpha F)\ln[K/(1+K)]$。对于小的 $K\lambda_i^{1/2}$ 值（但 λ_i 值较大），其行为依赖于 k^0、K 和 λ_i 值，i-E 曲线不再是峰而是一个具有电流平台的 S 形状。这是纯动力学区域，极限电流与 v 无关，正如在 C_rE_r 的情况。在这些条件下电流由下式给出[25]

$$i=\frac{FAC^*D^{1/2}K(k_f+k_b)^{1/2}}{1+\left[\frac{\pi D^{1/2}\alpha fv(K+1)}{k^0(k_f+k_b)^{1/2}}\right]\exp[\alpha f(E-E^{\ominus\prime})]} \tag{12.3.20}$$

Nicholson 和 Shain[25] 建议对于所有的 $K\lambda_i^{1/2}$ 值，动力学参数可由对于 C_rE_i 情况，拟合动力学峰（或平台）电流 i_k，和不可逆电荷转移的扩散控制的峰电流 i_d [公式 (6.3.12)]，由经验公式而得到

$$\frac{i_k}{i_d}=\frac{1}{1.02+0.531/K\sqrt{\lambda_i}} \tag{12.3.21}$$

[与式 (12.3.9) 比较]。对于更通用的 C_rE_q 情况，最好的方法是在不同的参数下由数值模拟得到。

对于计时电势法，τ 的行为再一次与 C_rE_r 情况类似，因为为了保持在所加恒电流下电子转移反应的速率值，波将向较负值移动，可采用 12.3.1 节中的处理。

12.3.3 随后反应——E_rC_i 情况

这类情况的计时电势法已在 12.2.2 节中进行过处理，纯扩散行为区 (DP) 和纯动力学行为区 (KP) 通过无量纲动力学参数 λ 导出（表 12.3.1）：DP，$\lambda<0.1$；KP，$\lambda>5$（图 12.2.1）。这些区通常也适用于其他的技术。

(1) 线性扫描和循环伏安法　图 12.3.10 给出了对于此情况的典型曲线，以实际实验中曲线和以规范化形式的曲线。在小的 λ 值时，可发现本质上是可逆行为。对于大的 λ 值（在 KP 区），

在反向扫描时没有电流可观察到，曲线的形状与一个在式（6.3.6）所示的完全不可逆电荷转移类似。在此区域电流函数仅随扫描速度有很小的变化（例如 λ 从 1 变到 10，$i_p/v^{1/2}$ 仅增加约 5%）。由于此随后反应峰的电位值通常比可逆的 E_p 值正，将随 v 的增加向负方向移动（图 12.3.11）。

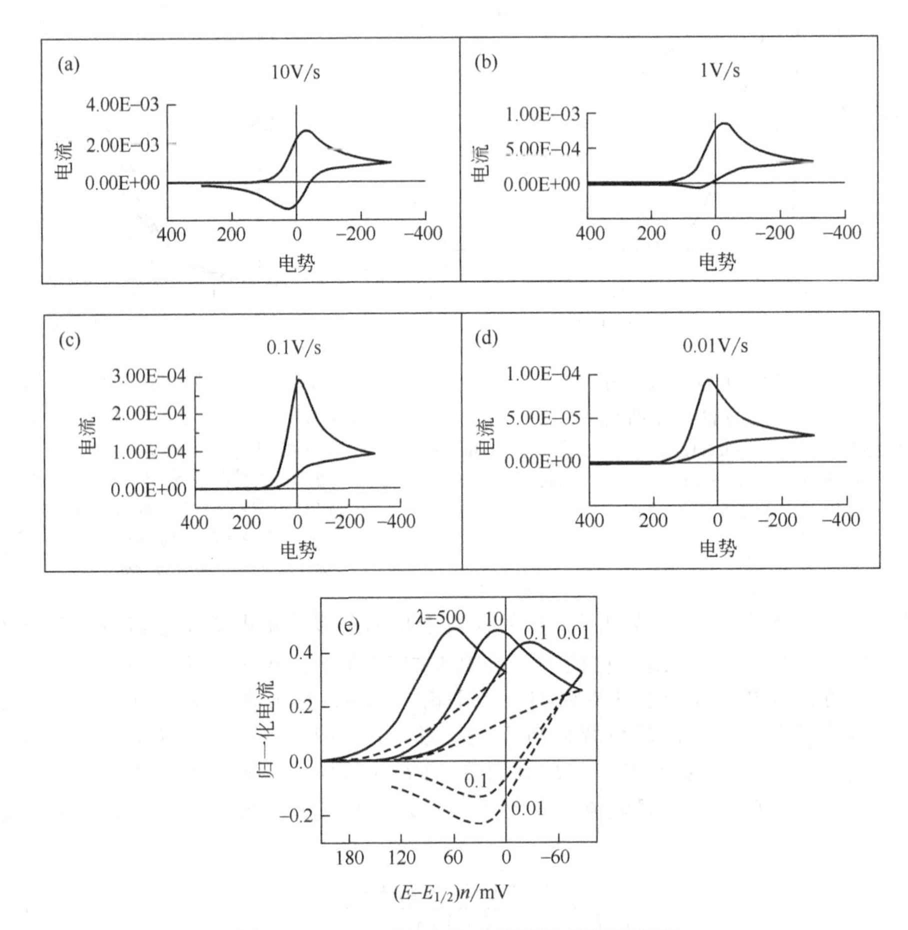

图 12.3.10　25℃时 E_rC_i 机理的循环伏安图

A+e⇌B；B→C。体系（a～d）相应于不同的扫描速度（a）10V/s，（b）1V/s，（c）0.1V/s，（d）0.01V/s。$E^{\ominus}_{A/B}=0V$，$C_A^*=1mmol\cdot L^{-1}$，$C_B^*=0$，$A=1cm^2$，$D_A=D_B=10^{-5}cm^2/s$，$k=10\ s^{-1}$。电流和电势的量纲分别是 A 和 mV。应注意到每个图的纵坐标尺度不同。（e）几种 $\lambda=kRT/nFv$ 值下的规一化电流图［引自 R. S. Nicholson and I. Shain，*Anal. Chem.*，**36**，706(1964)］

在 KP 区，E_p 由下式给出

$$E_p=E_{1/2}-\frac{RT}{nF}0.780+\frac{RT}{2nF}\ln\lambda \tag{12.3.22}$$

因此 v 增大 10 倍，此波将向负方向移约 30/nmV（25℃）。在 λ 的中间区域（KO），即 $5>\lambda>0.1$，可从阳极和阴极峰电流之比 i_{pa}/i_{pc} 得到相关的信息；这些信息可由 6.5.1 节中所描述的方法测得。Nicholson 和 Shain[25] 以 i_{pa}/i_{pc} 比作为 $k\tau$ 的函数作图，这里 τ 是在 $E_{1/2}$ 和转换电势 E_λ 之间的时间。通过将观察到的值与图 12.3.12 所示的工作曲线拟合，可估算 k_f 值（假设 $E_{1/2}$ 可由实验在相当高的扫描速度时确定）。然而，应注意到反向数据仅在比较小的 λ 范围内得到动力学信息。有时将扫描电势范围扩展到更极端的值时去看看随后反应的产物是否是电活性是有用的。例如，图 12.3.13 显示了如图 12.3.10(b) 所示的同样的反应和条件下的循环伏安图，但扫描到更正的电势，显示物质 C 的氧化波，在第二次反向时，它的氧化产物 D 的还原。

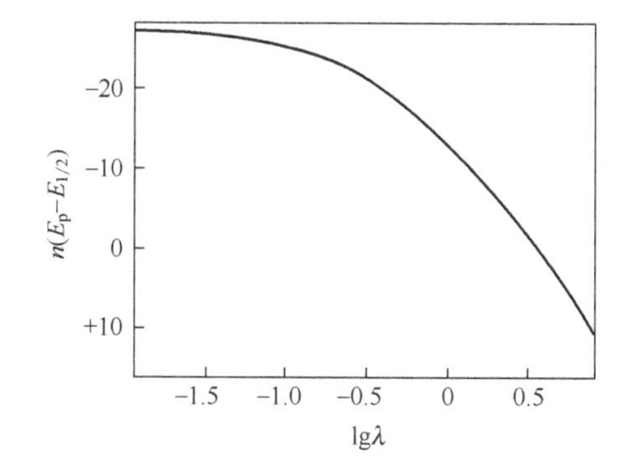

图 12.3.11　对于 E_rC_i 机理峰电势作为 λ 的函数作图［引自 R. S. Nicholson and I. Shain，*Anal. Chem.*，**36**，706(1964)］

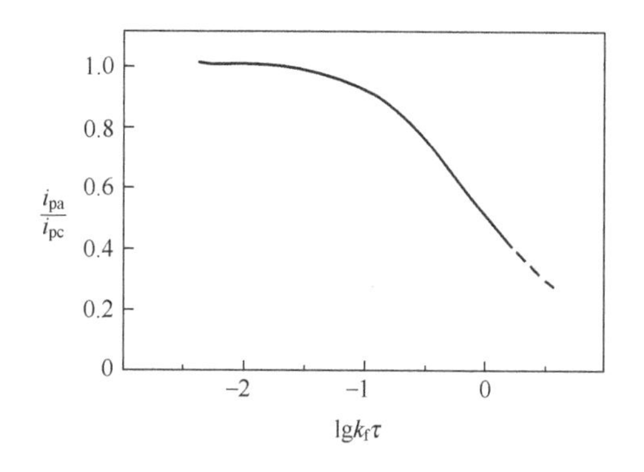

图 12.3.12　阳极和阴极峰电流之比与 $k_f\tau$ 函数作图是在 $E_{1/2}$ 和转化电势 E_λ 之间的时间［引自 R. S. Nicholson and I. Shain，*Anal. Chem.*，**36**，706(1964)］

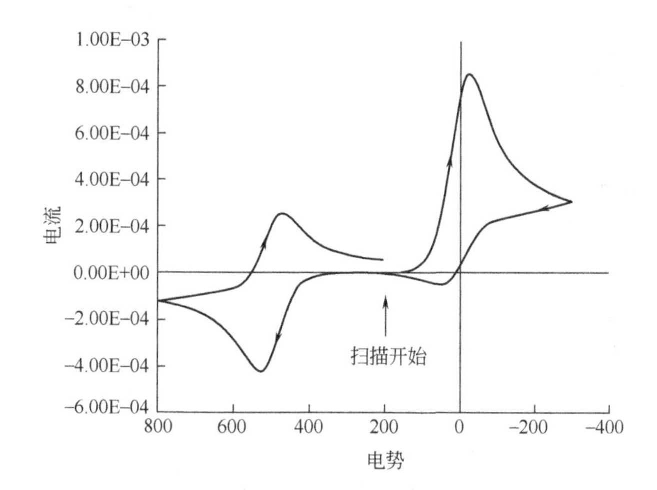

图 12.3.13　E_rC_i 机理的循环伏安图

$A+e \rightleftharpoons B$；$B\rightarrow C$［见图 12.3.10(b)，v=1V/s］。扫描电势扩展到如下偶合反应发生的位置：

$D+e=C$，$E^{\ominus}_{D/C}=0.5V$

(2) 计时电流法　由于向前反应对于电势阶跃到极限电流区时不受不可逆的随后反应的干扰，所以从极谱的扩散电流或计时电流的极限 i-t 曲线得不到动力学信息。一些动力学信息包含在 i-E 波的上升部分，$E_{1/2}$ 随 t_{max} 移动。由于此行为与在线性电势扫描法中所发现的类似，这些结果将不再分别描述。反应的速率常数可由反向技术得到（见 5.7 节）[32,33]。一个方便的方法是电势阶跃法，在 $t=0$ 时电势阶跃到 $C_O(x=0)=0$ 时的电势，在 $t=\tau$ 时电势阶跃到 $C_R(x=0)=0$时的电势。对于 i_a（在时间 t_r时测量值）与 i_c（在时间 $t_f=t_r-\tau$）（见图 5.7.3）之比的公式是

$$\frac{i_a}{i_c}=\phi[k\tau,(t_r-\tau)/\tau]-\left[\frac{(t_r-\tau)/\tau}{1+(t_r-\tau)/\tau}\right] \qquad (12.3.23)$$

式中，ϕ 代表涉及一个合流超几何系列的相当复杂的函数。可由式（12.3.23）推导出 i_a/i_c 作为 $k\tau$（即 λ）和 $(t_r-\tau)/\tau$ 的函数的工作曲线（图 12.3.14）。已经通过数字模拟得到计时电流法和计时库仑法对于此情况的类似工作曲线[33]。如果 τ 可被应用于在有用的范围内产生一个 λ，这些曲线可被应用于得到速率常数 k。

(3) 计时电势法　决定 τ、E-t 曲线和单反向实验的公式已经在 12.2.2 节中给出。循环计时电势法显示在重复的反向中相对过渡时间连续减小，因为在实验过程中不可逆的失去 R[22]。

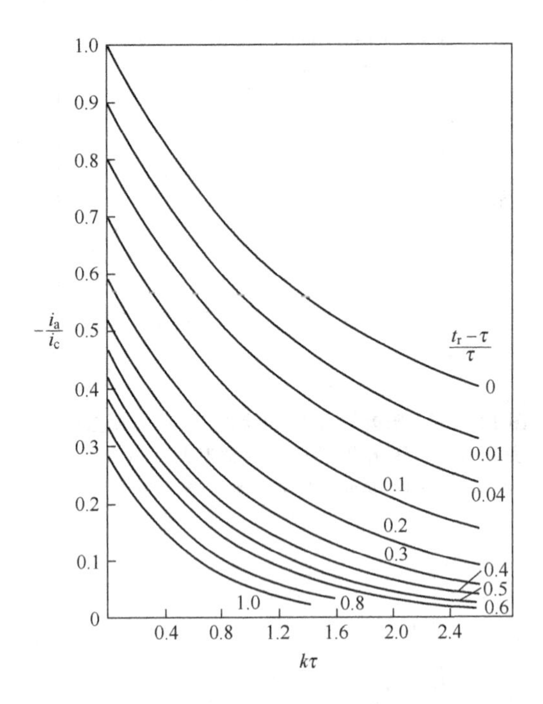

图 12.3.14　E_rC_i机理的双电势阶跃计时电流工作曲线
i_a等于在 t_r所测量的阳极电流；i_c等于在 $t_f=t_r-\tau$ 所测量的阴极电流；电势反向的时间为 τ［引自 M. Schwarz and I. Shain，*J. Phys. Chem.*，**69**，30(1965)］

（4）其他的 E_rC 机理　除了在此要讨论的不可逆一级随后反应以外，E_rC 的情况已对于一系列变量时进行过探讨。例如，产物 R 二聚的情况：

$$2R \xrightarrow{k_2} R_2 \qquad (12.3.24)$$

已采用几种技术进行过探讨[33~37]。此类情况与一级反应时的情况的区别在于电化学响应依赖于 C_O^*。$i_P/v^{1/2}$，E_p等随无量纲动力学参数［对于二级反应为 $\lambda_2=k_2C_O^*t_1$ 或 $\lambda_2=k_2C_O^*(RT/nFv)$］的变化也是不同的。例如对于在 KP 区的线性扫描伏安法，峰电流的公式为[35,37]

$$\boxed{E_p=E_{1/2}-\frac{RT}{nF}0.902+\frac{RT}{3nF}\ln\left(\frac{2}{3}\lambda_2\right)} \qquad (12.3.25)$$

因此当扫描速度变化 10 倍时，E_p在 25℃时移动 20mV。其他的 EC 机理，例如对于一个可逆的随后反应（E_rC_r）[25,35]，或产物 R 可与开始的物质 O 反应的情况[33,38]也已讨论过。

12.3.4　随后反应——E_qC_i

当电荷转移反应的速率很低时，所观察到的行为不仅与 k^0和 α 有关［对于式（12.2.1）中的反应看作是一个单电子过程］，也与随后反应的动力学参数有关。此类情况即使对于快速的电荷转移反应也是重要的，因为正如在讨论 E_rC_i体系那样，不可逆的随后反应可以引起伏安波向正方向移动，这种移动偏离 $E^{\ominus\prime}$而引起在电荷转移反应中的速率减小。在此仅考虑循环伏安法[39,40]。为了讨论方便在此定义一个与 k^0 相关的无量纲参数 Λ[40]：

$$\Lambda=\frac{k_0}{D^{1/2}v^{1/2}}\left(\frac{RT}{F}\right)^{1/2} \qquad (12.3.26)$$

用来解释区域图所表达的一般行为（图 12.3.15），此图显示 Λ 和 λ 的影响。不同区域的解释如下：对于 $\lambda<0.1$，随后反应没有影响，正如在第 6 章所描述的那样，行为是电子转移反应的可逆（DP）、准可逆（QR）或完全不可逆（IR）特征。同理对于 Λ 值较大时（即图 12.3.15 上部），反应可认为在本质上是可逆的，其行为相对于在 12.3.3 节中所描述的那样（DP、KO 和 KP 区域）。电子转移和化学不可逆性的共同影响主要反映在 KG 区（$-0.7<\lg\Lambda<1.3$，$-1.2<\lg\lambda<0.8$）。电化学参数的值作为 λ 和 Λ 函数的表可见文献［40］。例如，在此区域作为 λ 和 Λ 的函数显示在图 12.3.16 中。显然在 25℃时，$(\partial E_p/\partial\lg v)$ 的变化在 Λ 和 λ 值低时为零，随着 λ 的增加为 $30/n$mV，随着 Λ 的增加为 $59/n$mV。

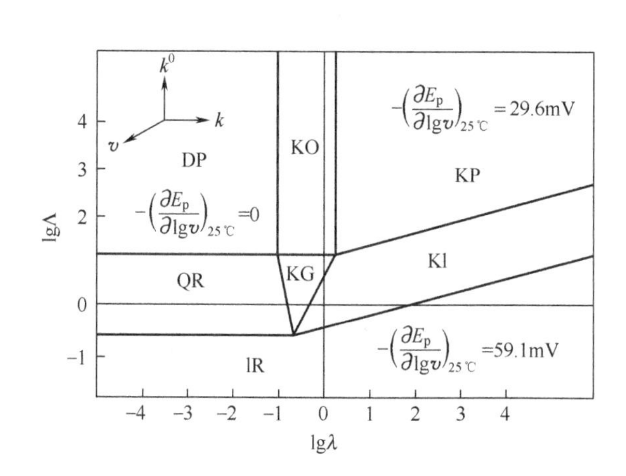

图 12.3.15　对于单电子 E_qC_i 机理反应的区域图：$\lambda=(k/v)(RT/F)$；$\Lambda=k^0(RT/F)^{1/2}/(Dv)^{1/2}$［引自 L. Nadjo and J. -M. Savéant，*J. Electroanal. Chem.*，**48**，113(1973)］

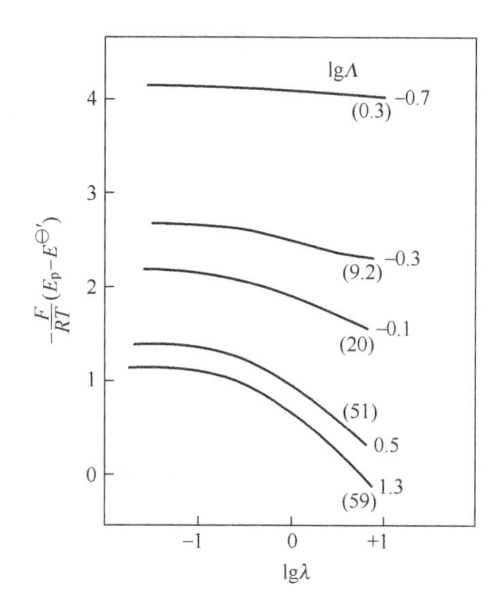

图 12.3.16　对于单电子 E_qC_i 机理，在中间动力学区（KG）几个不同 lgλ 值时 E_p 与 lgλ 作图

括号内的数字显示每个曲线的极限斜率［引自 L. Nadjo and J. -M. Savéant，*J. Electroanal. Chem.*，**48**，113(1973)］

12.3.5　催化反应——E_rC_i'

在催化反应体系中，一种物质 Z 通常是非电活性的，在随后的化学反应重新产生开始的物质。这样问题将涉及需要考虑一个二级反应和物质 Z 的扩散。

$$\mathrm{O}+ne \rightleftharpoons \mathrm{R} \tag{12.3.27}$$

$$\mathrm{R}+\mathrm{Z}\xrightarrow{k'}\mathrm{O}+\mathrm{Y} \tag{12.3.28}$$

在大多数的处理中，假设 Z 是以过量存在（$C_Z^* \gg C_O^*$），因此它的浓度在伏安实验中本质上不变化，式（12.3.28）可看作是一个准一级反应。在这些条件下，所感兴趣的动力学参数是

$$\lambda=k'C_Z^*t \text{ 或 } \lambda=\frac{k'C_Z^*}{v}\left(\frac{RT}{nF}\right)$$

（1）线性扫描和循环伏安法　对此情况下的典型伏安图，在几篇文献中已经报道过[24,25]，可见图 12.3.17 和图 12.3.18。注意到在非常负的电势时，所有曲线趋于一个极限电流值，i_∞，它与 v 无关，由下式给出

$$i_\infty=nFAC_O^*(Dk'C_Z^*)^{1/2} \tag{12.3.29}$$

当因电解移走 O 的速率可准确地由式（12.3.28）所产生的 O 的速率补偿时，有此极限电流，所以 $C_O(x=0)$ 保持一个与时间（或 v）无关的恒定值。在此 KP 区，当 λ 增大时，i-E 曲线失去它的峰形，并且变为一个波。在此区域描述此波的公式为

$$\boxed{i=\frac{nFAC_O^*(Dk'C_Z^*)^{1/2}}{1+\exp\left[\frac{nF}{RT}(E-E_{1/2})\right]}} \tag{12.3.30}$$

或由式（12.3.29）和式（12.3.30）得到

$$E=E_{1/2}+\frac{RT}{nF}\ln\left(\frac{i_\infty-i}{i}\right) \tag{12.3.31}$$

这样在 KP 区分析波是相当容易的，并且立即可得到 $E_{1/2}$ 和 k'。

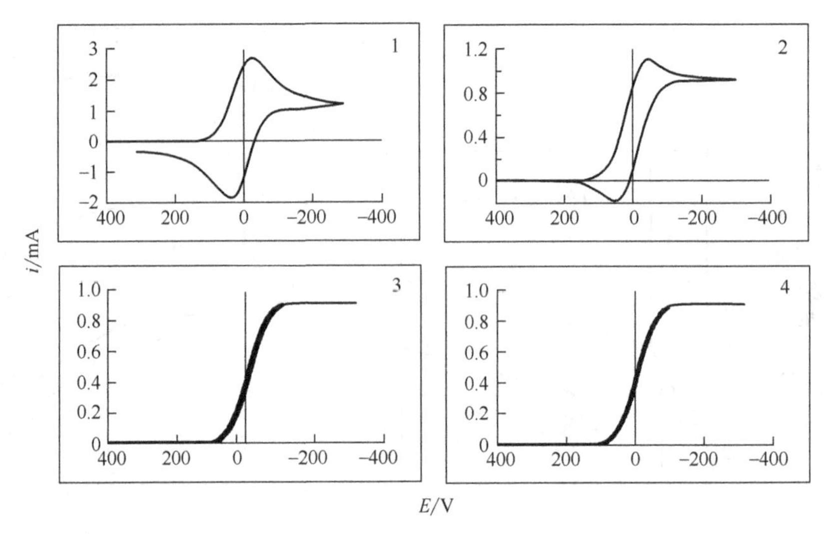

图 12.3.17　对于 E_rC_i' 机理：$A+e \rightleftharpoons B$；$B+Z \longrightarrow A+Y$

对于如下体系的循环伏安图（25℃）：体系（1～4）相应于不同的扫描速度（1）10V/s，（2）1V/s，（3）0.1V/s，（4）0.01V/s。$E^{\ominus}_{A/B}=0V$，$C_A^*=1mmol \cdot L^{-1}$，$C_B^*=0$，$C_Z^*=1mmol \cdot L^{-1}$，$A=1cm^2$，$D_A=D_B=D_Z=10^{-5}cm^2/s$，$k_f=10s^{-1}$。电流和电势的量纲分别是 A 和 mV

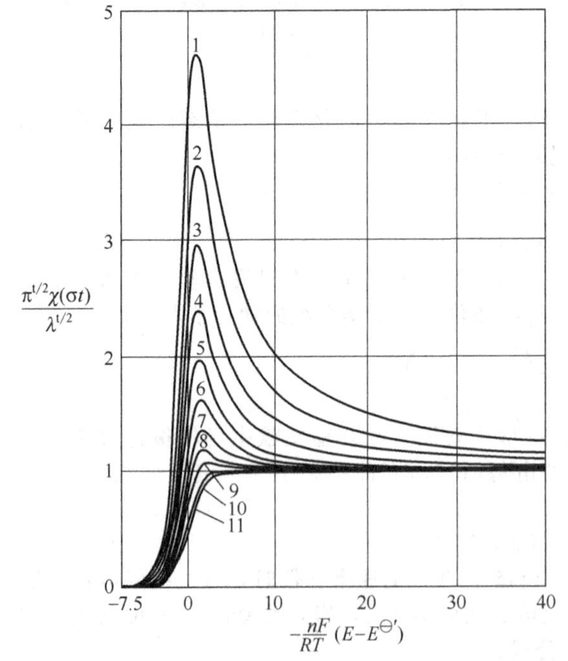

图 12.3.18　对于 E_rC_i' 机理：

$A+e \rightleftharpoons B$；$B+Z \longrightarrow A+Y$

如下各种 λ 值[$\lambda=(RT/nFv)k'C_Z^*$]时的线形扫描伏安曲线：(1)1.00×10^{-2}；(2)1.59×10^{-2}；(3)2.51×10^{-2}；(4)3.98×10^{-2}；(5)6.30×10^{-2}；(6)1.00×10^{-1}；(7)1.59×10^{-1}；(8)2.51×10^{-1}；(9)3.98×10^{-1}；(10)1.00；(11)∞[引自 J.-M. Savéant and E. Vianello, *Electrochim. Acta*, **10**, 905(1965)]

图 12.3.19 显示了 i/i_d 与 λ 作图，峰（或平台）电流随扫描速度的变化在 DP 区是 $v^{1/2}$，在 KP 区与扫描速度无关。半峰电势 $E_{p/2}$ 在值 λ 高和低的两个区域与 λ 无关，在 25℃时在 KI 区 $\Delta E_{p/2}/\Delta \lg v$ 的最大值大约为 $24/n$mV（图 12.3.20）。

对于循环扫描，i_{pa}/i_{pc}（i_{pa} 可由阴极曲线的扩展测得）的比总是 1，与 λ 无关，即使在 KP 区，在 KP 区中反向扫描的电流趋于重合正向扫描的电流（图 12.3.17）。

采用伏安法进行大量研究的 EC′体系较复杂的变化是式（12.3.28）是可逆的，但产物 Y 不稳定，并且进行一个快速的随后反应（$Y \longrightarrow X$）。Y 的不稳定性趋于驱动式（12.3.28）中的反应

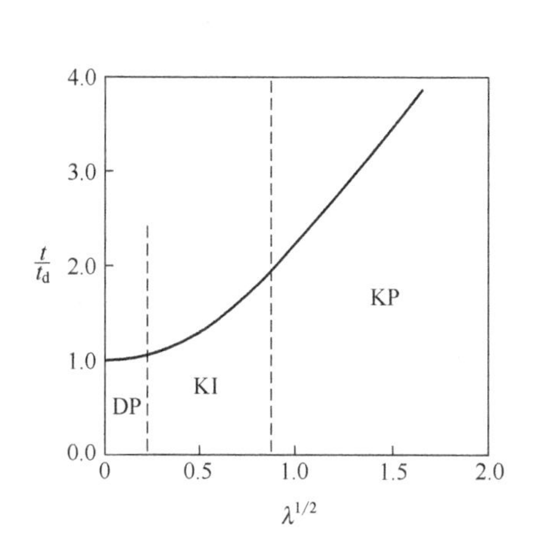

图 12.3.19　对于 E_rC_i'机理，其动力学峰电流与扩散控制峰电流之比与 $\lambda^{1/2}$ 作图
[引自 R. S. Nicholson and I. Shain，*Anal. Chem.*，**36**，706(1964)]

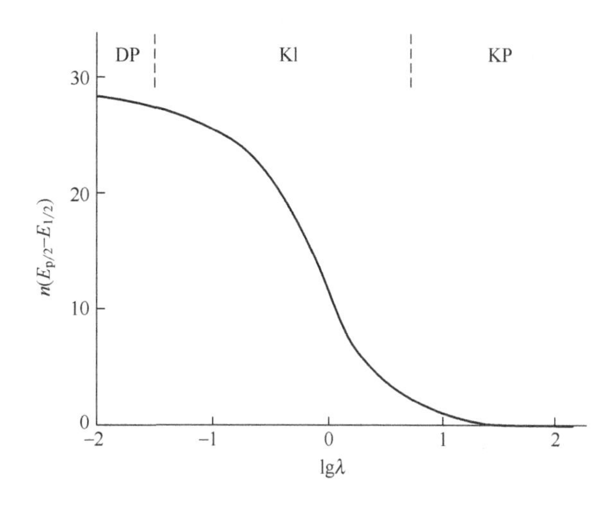

图 12.3.20　对于 E_rC_i'机理，半峰电势随 λ 的变化曲线

向右边，因此所观察到的行为类似于 E_rC_i 体系。在此情况下，O/R 电对促使物质 Z 的还原，最终产物是 X，此过程称为氧化还原催化（redox catalysis）过程。通过选择 $E^{\ominus}$ 较 Z/Y 电对正的中间体电对，观测循环伏安响应随 v 和 Z 的浓度的变化，可得到 Y 到 X 分解的速率，即使它太快，用电化学不能直接测量 Z（即像一个 EC 反应）[8,9]。

这种方法已被应用于研究一个键断裂反应随后电子转移（离解电子转移，dissociative electron transfer）。例如考虑这样的情况，物质 Z 是一种氯代芳香族化合物，ArX，它可由电致的还原剂产生最终的产物 Ar 和 X^-。此结果可由两种过程发生，一是通过一种一致途径，键的断裂与电子转移同时发生，二是通过逐步的途径进行，自由基阴离子 $ArX^{\cdot-}$ 是中间体。研究这样的反应可通过氧化还原催化进行，结构和热力学因素影响反应途径的理论分析已经被阐述[14,41,42]。类似的讨论适用于氧化反应，例如 $C_2O_4^{2-}$ 形成两个 CO_2 分子。

（2）计时电流法　对于一个计时电流实验的极限电流 $[C_O(x=0)=0]$ 可由下式给出[43~45]

$$\boxed{\frac{i}{i_d}=\lambda^{1/2}\left[\pi^{1/2}\operatorname{erf}(\lambda^{1/2})+\frac{\exp(-\lambda)}{\lambda^{1/2}}\right]} \tag{12.3.32}$$

式中，i_d为在没有随后反应时的扩散控制电流 [见式（5.2.11)]。此公式可用于定义极限区域的行为。对于小的 λ 值（例如 $\lambda<0.05$），$\operatorname{erf}(\lambda^{1/2})\approx 2\lambda^{1/2}/\pi^{1/2}$ 和 $i/i_d\approx 1$（DP 区）；在此催化反应没有影响。对于 $\lambda>1.5$，$\operatorname{erf}(\lambda^{1/2})\rightarrow 1$，$\exp(-\lambda)/\lambda^{1/2}\rightarrow 0$，公式（12.3.32）变为

$$\frac{i}{i_d}=\pi^{1/2}\lambda^{1/2} \tag{12.3.33}$$

它定义了纯的动力学区（KP）。计时电流响应通过一个基于式（12.3.32）的适当的工作曲线来测量 λ（或 $k'C_Z^*$）（图 12.3.21）。

（3）计时电势法　在 $k=k'C_Z^*$（$t<\tau$）时此情况对于浓度的解有如下的表达式：

$$C_O(0,t)=C_O^*-\frac{i}{nFAD^{1/2}k^{1/2}}\operatorname{erf}[(kt)^{1/2}] \tag{12.3.34}$$

$$C_R(0,t)=C_O^*-C_O(0,t) \tag{12.3.35}$$

在 $C_O(x=0)=0$，由没有干扰反应的过渡时间表达式（8.2.14）可得

$$\boxed{\left(\frac{\tau}{\tau_d}\right)^{1/2}=\frac{2\lambda^{1/2}}{\pi^{1/2}\operatorname{erf}(\lambda^{1/2})}} \tag{12.3.36}$$

注意到在 DP 和 KP 区域，τ/τ_d 的极限值可通过考虑 λ 较小和较大而得到（见习题 12.6）。图

12.3.22 给出了此行为的图示。注意到对于 $\lambda > 1.5$ 的极限行为公式（12.3.36）与相应的计时电流法的公式（12.3.33）的类似性，以及它们工作曲线的类似性。E-t 曲线可由将 $C_O(0,t)$ 和 $C_R(0,t)$ 的表达式带入 Nernst 公式而导出（见习题 12.7）。

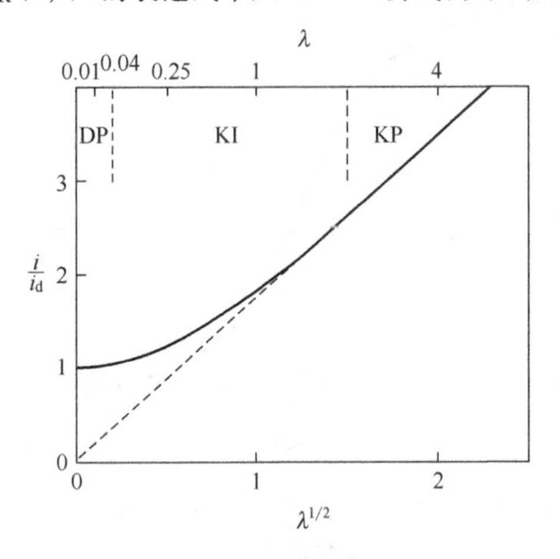

图 12.3.21 对于 E_rE_i' 机理［公式（12.3.32）］，各种 $\lambda^{1/2}$ 值（$\lambda=k'C_Z^*t$）时的计时电流工作曲线

虚线是 KP 区的极限线［见式（12.3.33）］

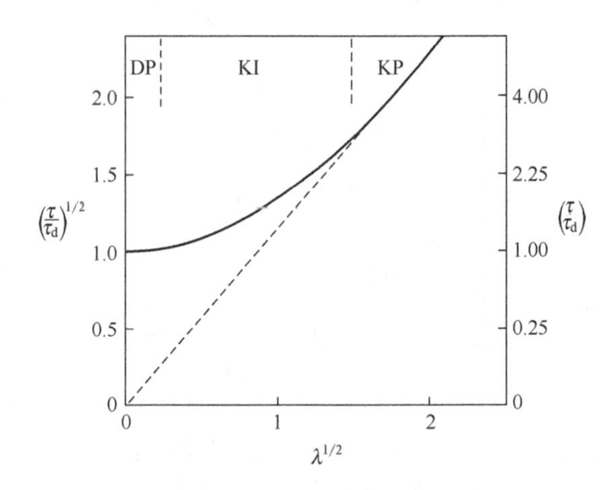

图 12.3.22 对于 E_rC_i' 机理，$(\tau/\tau_d)^{1/2}$ 随 $\lambda^{1/2}$（$\lambda=k'C_Z^*\tau$）变化的计时电势曲线

虚线是 KP 区的极限行为

在此情况下由 τ_f 所表达的反向过渡时间的公式与 E_rC_i 情况相同（公式 12.3.32）[34,47,48]，因此简单的反向实验不能区分这些情况。然而，由 τ 随 i 的变化可立即区分 E_rC_i 和 E_rC_i' 两种情况。

12.3.6 E_rE_r 反应

我们现在讨论有两个（或更多）异相电子转移反应的情况

$$A + e \rightleftharpoons B \qquad E_1^{\ominus} \tag{12.3.37}$$

$$B + e \rightleftharpoons C \qquad E_2^{\ominus} \tag{12.3.38}$$

最简单的情况是两个电子转移反应均很快。下面讨论此种情况的循环伏安行为，循环伏安图的外观与标准电势，$E_1^{\ominus}$ 和 $E_2^{\ominus}$ 的位置，以及两者之间的差，$\Delta E^{\ominus}=E_1^{\ominus}-E_2^{\ominus}$ 有关（图 12.3.23）[49]。

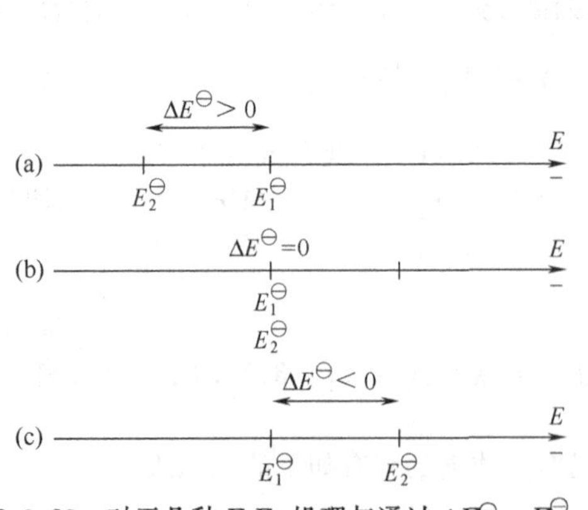

图 12.3.23 对于几种 E_rE_r 机理与通过 $\Delta E^{\ominus}=E_2^{\ominus}-E_1^{\ominus}$ 所表示的 $E_2^{\ominus}$ 和 $E_1^{\ominus}$ 的依赖关系

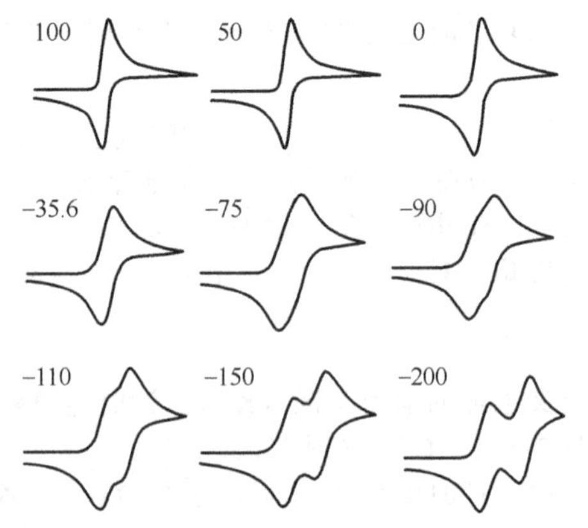

图 12.3.24 对于 E_rE_r 机理，在不同的 $\Delta E^{\ominus}$ 时循环伏安图形状的变化

图 12.3.24 显示了典型的循环伏安图，峰电流函数与第一个波（阴极）的变化，以及阴极和阳极反向波之间的峰差（ΔE_p）。当 $\Delta E^{\ominus}>100$mV 时，第二个电子步骤较第一个更容易发生，所观察到的单一波其特征与单 Nernst 式的两电子转移没有什么区别［即 $\Delta E_p=29$mV，峰电流的函数，$\pi^{1/2}\chi(\sigma t)n^{3/2}=1.26$］。正如在 3.5 和 12.1 节中所讨论的那样，然而实际上同时发生两电子

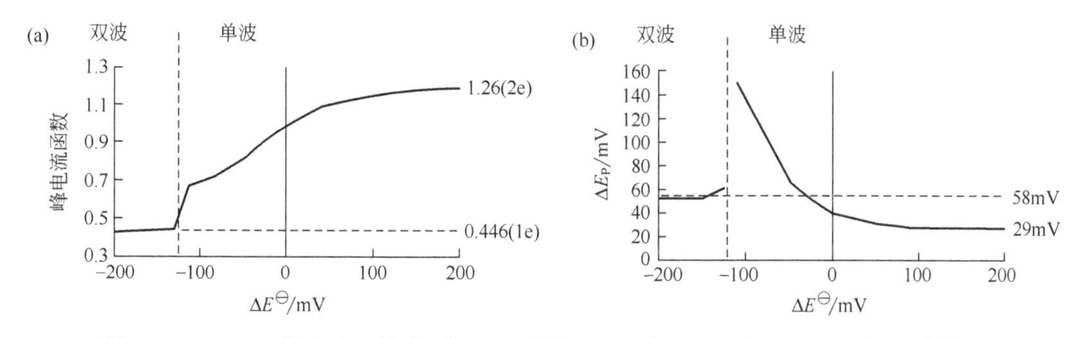

图 12.3.25　(a) 峰电流函数 $[\pi^{1/2}\chi(\sigma t)n^{3/2}]$；(b) 对于 E_rE_r 机理，ΔE_p 与 $\Delta E^{\ominus}$ 作图
当两个波可分辨时，在较负的 $\Delta E^{\ominus}$ 值时会出现如 (b) 中的曲线不连续性

转移是非常不可能的。随着 $\Delta E^{\ominus}$ 减小，仍然观察到一个波，其 ΔE_p 增大，直到 $\Delta E^{\ominus}$ 达到 -80mV 时可观察到所指望的两个波。在 $\Delta E^{\ominus}=-125$mV 时，两个波可分辨，在此每个波具有一个一电子转移的特征 [即 $\Delta E_p=58$mV，峰电流的函数，$\pi^{1/2}\chi(\sigma t)n^{3/2}=0.446$]。$E_rE_r$ 反应的一个特征是与扫描速度相关的参数无关。在这些条件下，图 12.3.25 中的工作曲线可用于估算 $\Delta E^{\ominus}$。

考虑影响 $\Delta E^{\ominus}$ 的化学和结构因素是有指导意义的。当连续电子转移反应涉及单一分子轨道时，并且在电子转移中没有大的结构变化，这样可指望有两个分开的波 ($\Delta E^{\ominus}\ll-125$mV)。例如，还原如蒽这样的芳香族化合物，两个波的间距大约在 500mV [图 12.3.26(a)]。然而，转移发生在同一分子的两个基团 (两个不同的轨道) [图 12.3.26 (b)]，那么两个波相距较近，甚至得到一个波。考虑一个分子具有两个相同的基团，A 以一定的方式连接 (如采用一个碳氢键)。当一个电子加到一个 A 基团上，加上第二个电子所需要的能量与基团之间的相互作用有关。如果它们之间没有相互作用，$\Delta E^{\ominus}=-35.6$mV (在 25℃时)，曲线穿过图 12.3.25(b) 中的虚线。这样观察到一个电子转移的特征分离 ($\Delta E^{\ominus}=58$mV，在 25℃时)，即使所记录的单个波涉及两电子转移。注意到没有相互作用不能用 $\Delta E^{\ominus}=0$ 来代表，因为统计 (熵) 因素使第二个电子转移在自由能上比第一个要稍难些。得出这样的结果 $\Delta E^{\ominus}=-(2RT/F)\ln 2$[50,51]。如果基团之间相互排斥的话，则观察到更宽的峰-峰差值。此影响例如可在双蒽基烷烃的伏安法中看到 (图 12.3.27)。当有相互吸引作用时，$\Delta E^{\ominus}$ 的值大于 -35.6mV，因此第二个电子转移较第一个更容易发生。作为第一个电子转移步骤的结果，它几乎总是需要一个结构上的重要重排或大的溶剂化或离子对效应发生[52]。

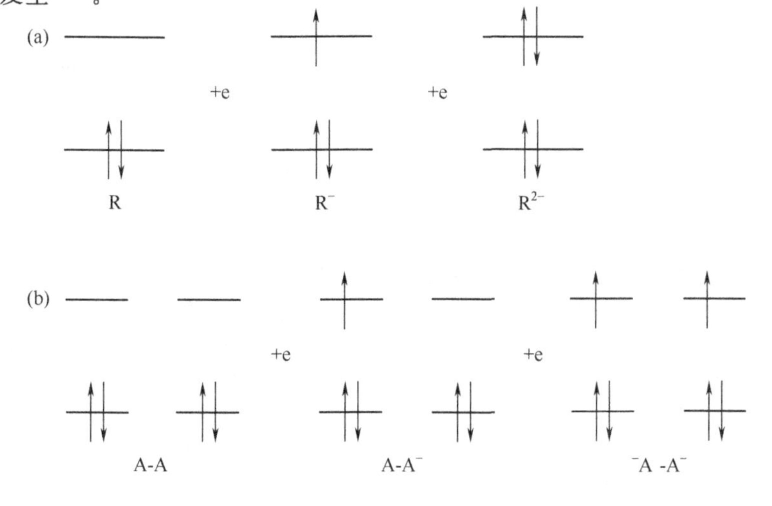

图 12.3.26　(a) 在分子 R 上的相同分子轨道上逐步加电子，通常产生两个分离的波；(b) 在一个分子 A-A 的两个独立的基团上加电子，此处两个波的分离程度与两个基团之间相互作用的程度有关

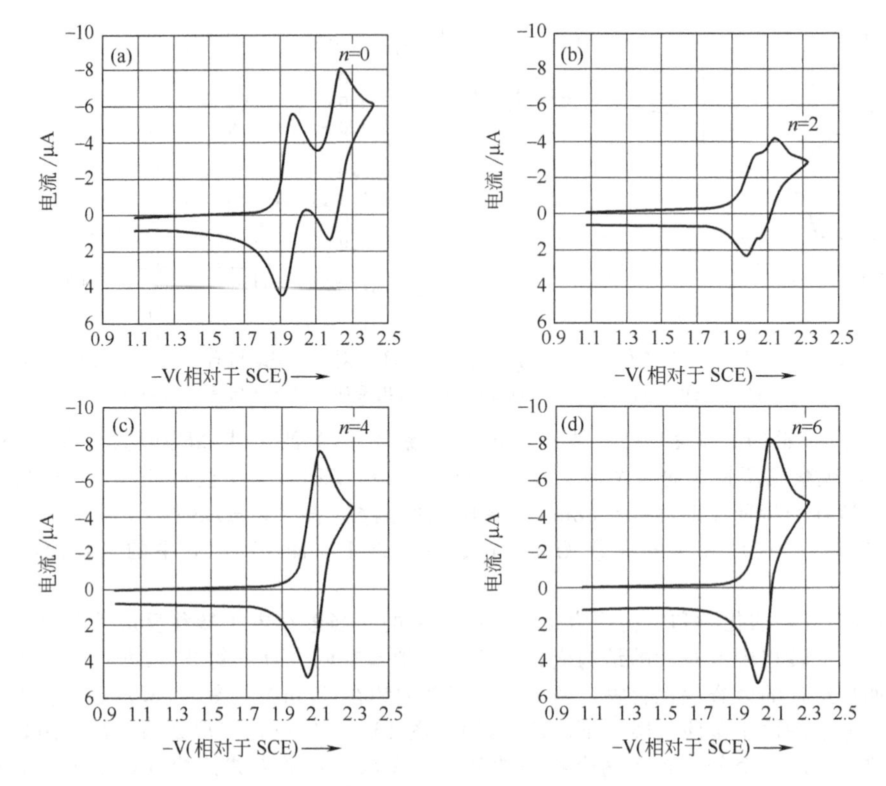

图 12.3.27　在含有 0.1mol·L^{-1} $TBAClO_4$ 的苯：乙腈（1∶1）溶液中，在 Pt 电极上还原 α,ω-9,9′-二蒽基烷烃［即 An-$(CH_2)_n$-An，An=蒽］的循环伏安图

随着烷基链的增长，伏安图显示相互排斥作用减小。$n(n=0,2,4,6)$［引自 K. Itaya，A. J. Bard，and M. Szware，*Z. Physik. Chem. N. F.*，**112**，1(1978)］

无论何时一个 E_rE_r 反应发生，必须考虑一个歧化-归中平衡的可能性，

$$2B \rightleftharpoons A+C \qquad K_{disp}=k_f/k_b=[A][C]/[B]^2 \tag{12.3.39}$$

和电极附近溶液中的进展。反应的程度是由 $\Delta E^{\ominus}$ 决定的，可由平衡常数 K_{disp} 测量：

$$(RT/F)\ln K_{disp}=\Delta E^{\ominus}=E^{\ominus}-\Delta E_1^{\ominus} \tag{12.3.40}$$

例如对于两个完全分开的波（$\Delta E^{\ominus}<0$），K_{disp} 较小，式（12.3.39）中的反应趋于左边（即 A 和 C 归中的较 B 的歧化大得多）。因此在第二个波的电势时，从电极上扩散走的 C 减弱 A 扩散到电极，所以如果溶液相的反应不发生的话，A，B 和 C 的浓度分布受它们的干扰。然而，对于 E_rE_r 反应体系，所观察到的循环伏安图与式（12.3.39）中反应的向前和向后速率无关，因为在给定的电势下，在电极附近溶液层中的平均氧化态保持不变[53]。在第二个波的电势，物质 A 可得到两个电子，由反应移走，但产生两个 B 分子，每一个将得到一个电子，净电荷没有变化。然而，如果电子转移的异相速率常数较慢（12.3.7 节）或在一个 ECE 体系中（12.3.8 节），它不成立。

同样的处理方法适用于涉及较两个电子转移更多的反应，即 $E_rE_rE_r\cdots$ 体系。所观察到的行为从一系列 n 所决定的一电子转移波到单个 n-电子转移波变化。例如，C_{60} 的溶液有 6 个分开的单电子波，原因是在分子上所加电子到三个变质的轨道上。然而，对于许多高分子，如聚（乙烯二茂铁）（PVF）仅可观察到一个波，ΔE_p 具有单电子过程的特征，峰的高度是由聚合的程度及每个分子上所加的电子数有关[51]。此行为与在一个高分子链上的二茂铁中心缺乏相互作用是一致的。例如，氧化每分子上含有 74 个二茂铁（平均值）的 PVF 时，产生 74 个电子波，其形状本质上是一个 Nernst 一电子转移反应的形状。

12.3.7　E_qE_q 反应

当一个或两个电子转移反应是准可逆时，处理 EE 反应将变得更加复杂。即使对于最简单的

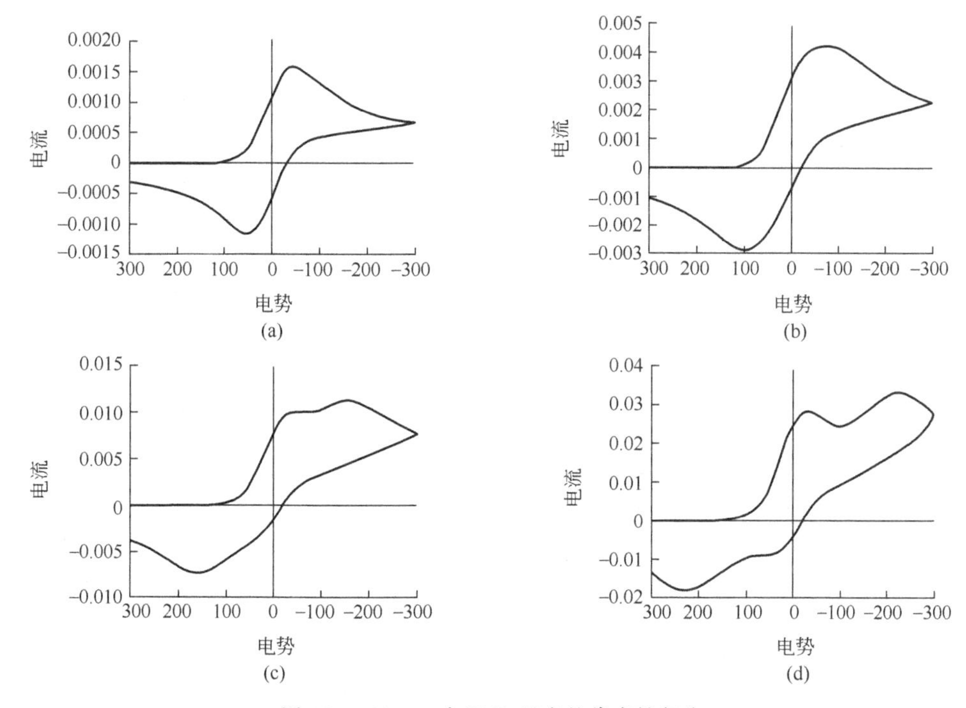

图 12.3.28 一个 E_rE_q 反应的代表性行为

体系参数如下：$\Delta E^{\ominus}=0$，$E_1^{\ominus}=0$，$n_1=n_2=1$，$\alpha_1=\alpha_2=0.5$，$k_1^0=10^4\text{cm/s}$，$k_2^0=10^{-2}\text{cm/s}$，$D=10^5\text{cm}^2/\text{s}$，$C=1\text{mmol}\cdot\text{L}^{-1}$，$A=1\text{cm}^2$，$T=25℃$，扫描速度分别是 (a) 1V/s；(b) 10V/s；(c) 100V/s；(d) 1000V/s。对于式(12.3.39)的速率常数假设为0。电流和电势的量纲分别是A和mV

情况，其 $n_1=n_2=1$，$\alpha_1=\alpha_2=0.5$，它的循环伏安行为与三个参数有关 $\Delta E^{\ominus}$、k_1^0 和 k_2^0（而不是如在12.3.6节中的 E_rE 体系的单一参数 $\Delta E^{\ominus}$）。这三个参数可由不同的方式来代表，例如可通过无量纲的集合体如 $\Lambda_1=k_1^0/[Dv(F/RT)]^{1/2}$ 和 k_1^0/k_2^0 来表示。

考虑 E_rE_q 反应这种特殊情况，第一个电子转移是快速的，第二个稍微慢一些。图12.3.28显示了 $\Delta E^{\ominus}=0$ 时的循环伏安行为，它与扫描速度有关。在较小的扫描速度[曲线(a)]下，可见到一个行为接近于 E_rE_r 情况的波。随着扫描速度的增加（即 Λ_2 减小），第一个电子转移的波保持可逆，中心在 $E^{\ominus}$，但较慢的第二个电子转移产生与第一个分开的第二个波[曲线(c)和(d)]，扫速越高，分开的越好。这种情况与 E_rE_q 反应稍微不同，对于 E_rE_q 反应，例如在 $\Delta E^{\ominus}=150\text{mV}$ 时，第二个电子转移较第一个容易发生（图12.3.29)。在此情况下，当物质B形成，它很快被还原为C，因为反应所发生的电势较 $E_2^{\ominus}$ 负得多。这样在高的扫速下[曲线(c)和(d)]，阴极波不分裂，从第一个波的电势上看不出可逆性。

E_qE_r 反应是另外一种特殊情况，现在第一个电子转移是决速步骤。在此总的趋势是随着扫速的增加，阴极波没有分裂，其 E_{pc} 向负方向移动（图12.3.30)。在较高的扫速下，阳极波发生分裂，因为氧化B到A发生在较正的电势。

对于 E_qE_q 体系的通用处理最好由数值模拟进行，虽然几种尝试已经给出了工作曲线，如在不同的 $\Delta E^{\ominus}$ 值及 $k_1^0/k_2^0=\Lambda_1/\Lambda_2$[54]，$\Delta E_p$ 或 i_{pa}/i_{pc} 以 Λ_1 作图。然而，此类型所观察到的伏安图由于受一个式(12.3.39)的歧化-归中平衡（不像 E_rE_r 情况）的影响，因此另外一个变量必须要考虑（均相歧化反应的速率常数)，情况会更加复杂。此速率常数对于 E_rE_q 反应的影响见图12.3.31。对于在此例中所给出的条件下，只要它的速率常数小于大约 $10^{-6}\text{L}\cdot\text{mol}^{-1}\cdot\text{s}^{-1}$，歧化反应有很小的影响。然而，对于大的速率常数值可注意到大的变化，原因是溶液相的反应可加速物质在电极表面的平衡，这样，使其行为更类似于在较小的扫速下所发现的行为。

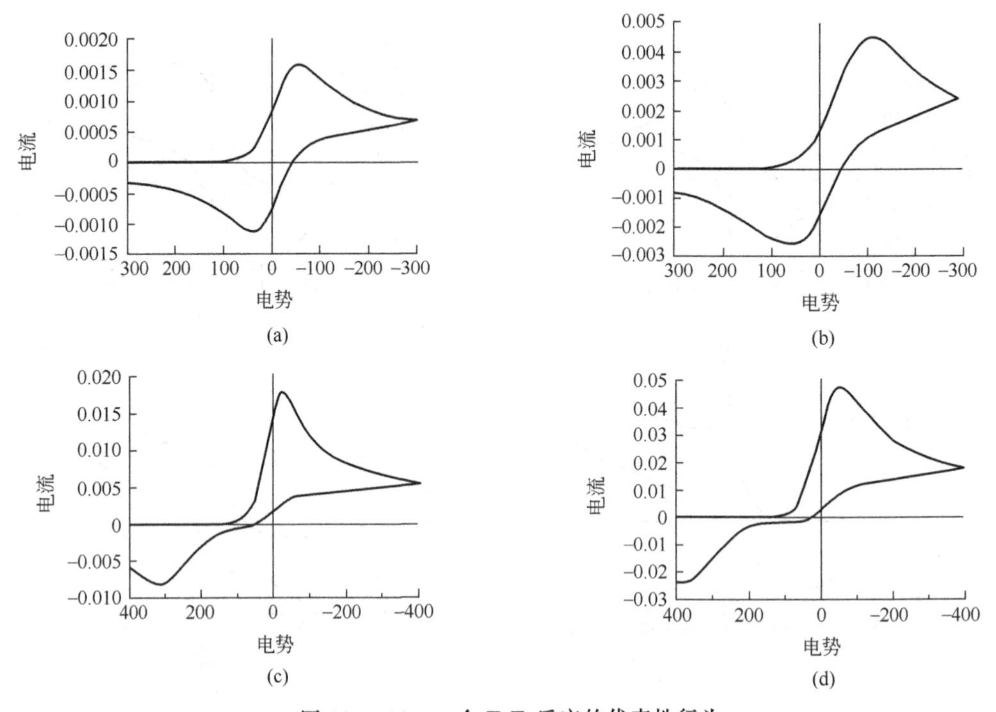

图 12.3.29　一个 E_rE_q反应的代表性行为

体系参数与图 12.3.28 相同，仅 $\Delta E^{\ominus}=150$mV。扫描速度分别是（a）1V/s；（b）10V/s；（c）100V/s；（d）1000V/s。对于式（12.3.39）的速率常数假设为 0

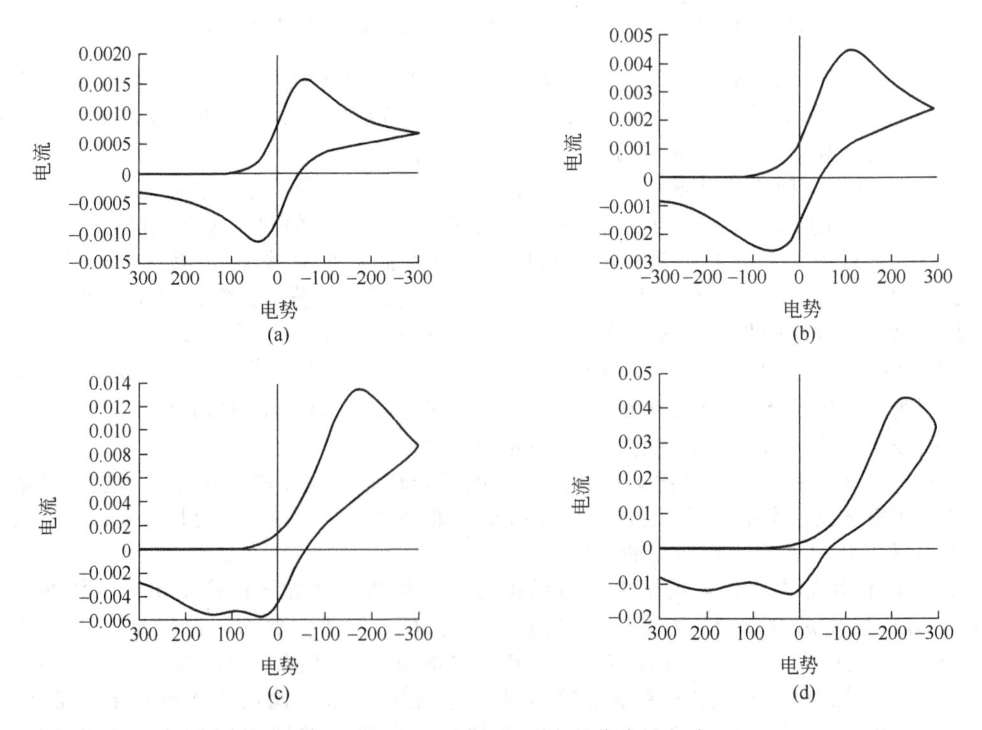

图 12.3.30　一个 E_qE_r反应的代表性行为

体系参数如下：$\Delta E^{\ominus}=0$，$n_1=n_2=1$，$\alpha_1=\alpha_2=0.5$，$k_1^0=10^{-2}$cm/s，$k_2^0=10^4$cm/s，$D=10^{-5}$cm²/s，$C=1$mmol·L^{-1}，$A=1$cm²，$T=25$℃，扫描速度分别是（a）1V/s；（b）10V/s；（c）100V/s；（d）1000V/s。电流和电势的量纲分别是 A 和 mV

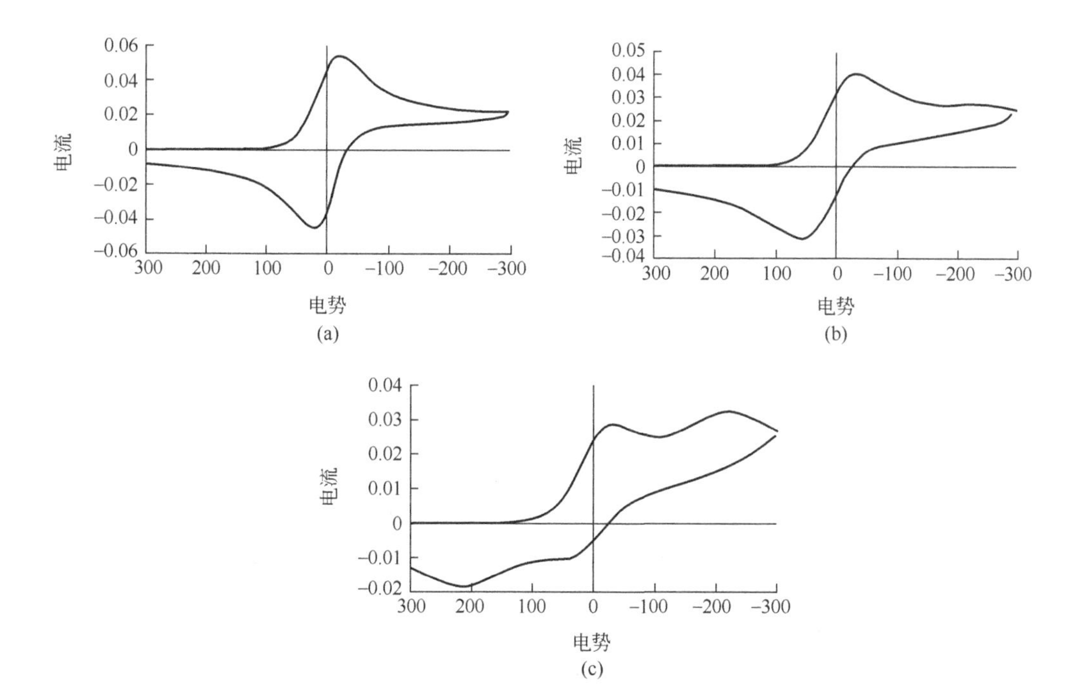

图 12.3.31　对于显示在图 12.3.28(d) 的 E_rE_q 反应（包括一个歧化反应）的代表性行为

体系参数如下：$\Delta E^{\ominus}=0$，$E_1^{\ominus}=0$，$n_1=n_2=1$，$\alpha_1=\alpha_2=0.5$，$k_1^0=10^4\text{cm/s}$，$k_2^0=10^{-2}\text{cm/s}$，$D=10^{-5}\text{cm}^2/\text{s}$，$C=1\text{mmol}\cdot\text{L}^{-1}$，$A=1\text{cm}^2$，$T=25℃$，$v=1000\text{V/s}$。歧化反应速率常数分别是 (a) $10^{10}\text{L}\cdot\text{mol}^{-1}\cdot\text{s}^{-1}$；(b) $10^8\text{L}\cdot\text{mol}^{-1}\cdot\text{s}^{-1}$；(c) $10^6\text{L}\cdot\text{mol}^{-1}\cdot\text{s}^{-1}$。电流和电势的量纲分别是 A 和 mV

12.3.8　ECE 反应

通用的 ECE 反应体系是

$$\text{A}+\text{e}\rightleftharpoons\text{B}\qquad E_1^{\ominus}\tag{12.3.41}$$

$$\text{B}\underset{k_f}{\overset{k_b}{\rightleftharpoons}}\text{C}\qquad K=k_f/k_b\tag{12.3.42}$$

$$\text{C}+\text{e}\rightleftharpoons\text{D}\qquad E_2^{\ominus}\tag{12.3.43}$$

$$\text{B}+\text{C}\xrightarrow{k_d}\text{A}+\text{D}\tag{12.3.44}$$

最感兴趣的是当 $E_2^{\ominus}\gg E_1^{\ominus}$ 的情况，因此物质 C 较 A 更容易还原。有代表性的是 $\Delta E^{\ominus}=E_2^{\ominus}-E_1^{\ominus}\geqslant 180\text{mV}$。在相反的极限情况下，当第二个反应在较第一个反应更负的电势发生时（$\Delta E^{\ominus}\leqslant -180\text{mV}$），逐步增加电子产生两个伏安波。第一个波是基于一个 EC 机理，可用 12.3.3 节中所描述的方法进行分析，不需要考虑第二个电子转移步骤。

式（12.3.44）中的反应可包括在体系中，因为物质 B 能够在电极表面附近还原物质 C。如果 $\Delta E^{\ominus}\geqslant 180\text{mV}$，式（12.3.44）可看作对于右边是不可逆的。因为物质 B 和 C 在同样的氧化水平，所以此反应可认为是一个歧化反应，包括它的 ECE 体系可用 ECE/DISP 机理代表。

(1) 线性扫描和循环伏安法　对于在此所考虑的 ECE 机理，在第一次扫描（阴极扫描）仅观察到一个波（波Ⅰ，还原 A 和 C）（图 12.3.32）。由于在此电势所形成的任何 C 立刻被还原为 D，此波发生在 $E_1^{\ominus}$ 附近。在反扫时，如果反应（12.3.42）不是太快的话，可观察到一个反向波（Ⅱ）[图 12.3.32(b)]。随着反扫的继续，可看到代表氧化 D 到 C 的第二个反向波（Ⅲ）。另外反向扫描揭示了一个相应于还原 C 到 D 的阴极波（Ⅳ）。相对的波Ⅱ，Ⅲ和Ⅳ的大小与反应体系中的速率常数，k_f，k_b 和 k_d 有关。图 12.3.32 所显示的曲线是当 $k_f=k_d=0$，及所要研究的物质的无量纲参数是 $\lambda=(RT/Fv)k_b$ 时，对于一个 $E_rC_iE_r$ 机理的情况。此种情况下的区域图可由波Ⅰ的规范化峰电流，n_{app}，作为 λ 的函数给出（图 12.3.33），这里

$$n_{app}=i_p/FAC_A^*(\pi D\sigma)^{1/2}\chi(\sigma t)=i_p(\text{Ⅰ})/[i_p(\text{Ⅰ})(\lambda=0)]\tag{12.3.45}$$

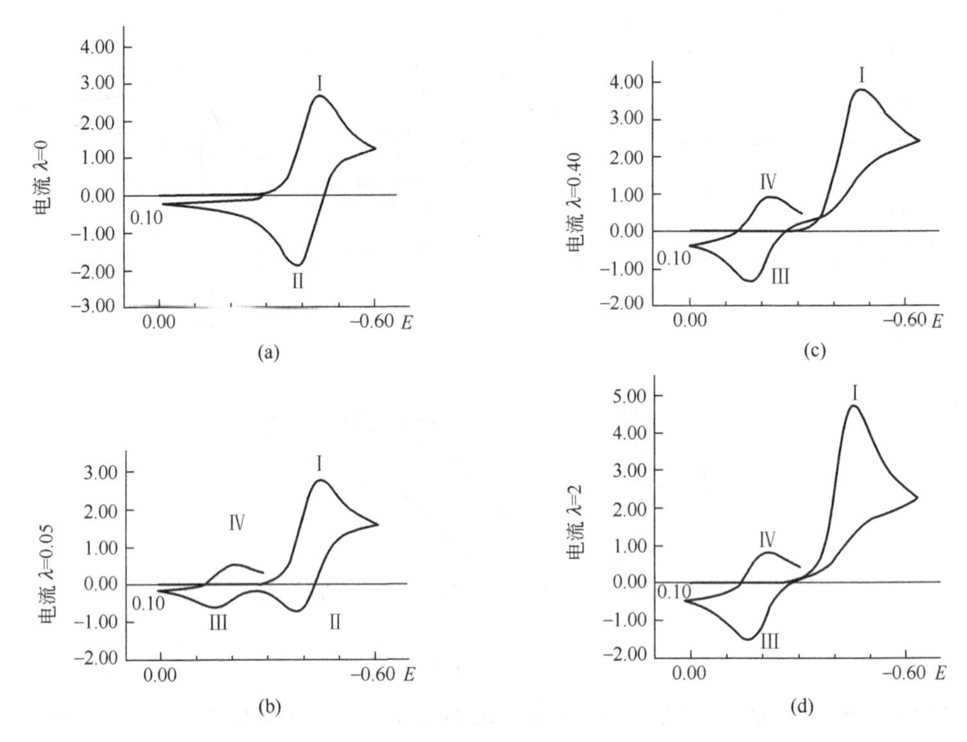

图 12.3.32　对于 $E_rC_iE_r$ 机理，由数值模拟在如下参数下得到的循环伏安图：

$$E_1^{\ominus}=-0.44\text{V},\ E_2^{\ominus}=-0.20\text{V},\ n_1=n_2=1$$

不同的图对应于不同的 λ 值 [$\lambda=(k_b/v)(RT/F)$]。(a) $\lambda=0$（未被干扰的 Nernst 反应）；(b) $\lambda=0.05$；(c) $\lambda=0.40$；(d) $\lambda=2$

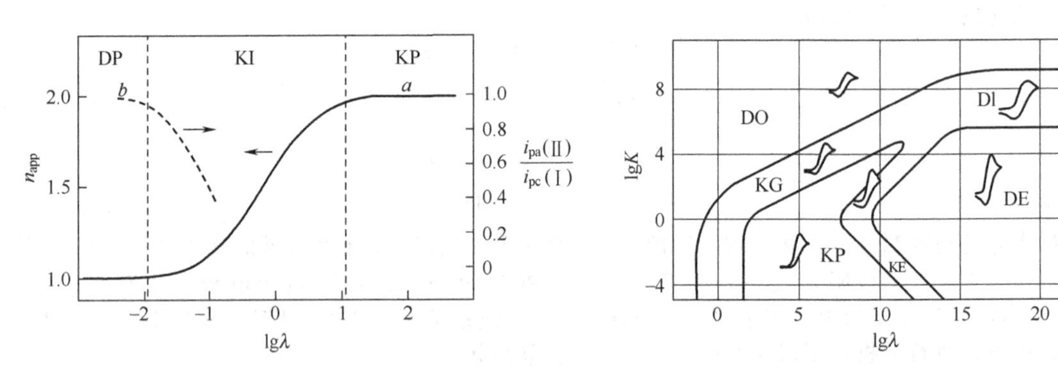

图 12.3.33　对于显示在图 12.3.32 的 $E_rC_iE_r$ 机理反应，伏安法中的 n_{app} 和 $i_{pa}(\text{II})/i_{pc}(\text{I})$ 随 λ 的变化

由式 (12.3.45) 定义。也标明了区域所示的极限行为

图 12.3.34　对于 $E_rC_rE_r$ 机理的区域图

这里 $K=k_f/k_b=C_B/C_C$ 及 $\lambda=(RT/Fv)(k_f+k_b)$

[引自 J.-M. Savéant, C. P. Andrieux, and L. Nadjo, *J. Electroanal. Chem.*, **41**, 137(1973)]

当 λ 较小时（DP 区），B 是稳定的，$n_{app}\approx1$。在此区域，波Ⅲ和Ⅳ非常小。对于大的 λ(KP 区)，本质上所有的 B 转化为 C，它立刻反应生成 D；因此 $n_{app}\approx2$，波Ⅲ和Ⅳ是主要的。这种体系已经被定量处理过[55,56]。

当反应 12.3.42 是可逆时，总反应可用 $E_rC_rE_r$ 表示，观察到的伏安行为依赖于 K 和 $\lambda=(RT/Fv)(k_f+k_b)$。图 12.3.34 显示了此情况下的区域图[57,58]。当 K 大时，总是有利于物质 B，观察到一个简单的单电子转移过程（DO 区）。在相反的极限下，当 K 是这样的值，B 转化为 C 可发生，及 λ 大时，再一次发现 Nernst 行为，但对于总反应是一个二电子波（DE 区）。

$$A+2e \rightleftharpoons D \tag{12.3.46}$$

将此系列反应的相关热力学数据结合起来，可知（12.3.46）的标准电势 $E^{\ominus *}$ 是

$$E^{\ominus *}=(E_1^{\ominus}+E_2^{\ominus})/2-(RT/2nF)\ln K \tag{12.3.47}$$

在 DE 区所观察到的波发生在此电势。对于 λ 值较小时，经过不同的区域，其所观察到的行为受动力学控制。当 K 非常小时（例如，$\lg K=-4$），在此图上可看到 $E_rC_iE_r$ 的此特殊情况。

一般来讲，也必须考虑歧化反应式（12.3.44）。当此反应主宰 A 转化为 D 时［即第二个电子转移反应式（12.3.43）在电极上不发生］的极限情况可作为 DISP 机理[12,59]。虽然式（12.3.43）反应在热力学上是可行的，因为 C 不能到达电极，它可能发生的程度有限。这种情况确实能够发生，例如，当 k_b 小时，C 在距电极一定距离时发生，同时 k_d 大，所以扩散到电极的 C 主要与扩散离开电极的 B 反应。

这些 DISP 体系可细分为两个亚体系：DISP1，式（12.3.42）是决速步骤；和 DISP2，式（12.3.44）是决速步骤，而式（12.3.42）处于平衡。通过参数 K 和 $p=k_dC_A^*/[(k_f+k_b)^{1/2}(RT/Fv)^{1/2}]$ 可画出一个简化的区域图（忽略了中间的区域），在此不同的极限情况适用（图 12.3.35）[7]。包含计时安培法的更完全的图见下节。显然此体系的通用行为是复杂的，需要在较宽的实验变量 C_A^* 和 v 下收集伏安数据来证实机理和求得动力学参数（k_d，k_f 和 k_b）。也应注意到在上述的处理中假设有一大的 $\Delta E^{\ominus}$ 值。对于 $0\leqslant\Delta E^{\ominus}<180\text{mV}$ 的情况，两个半反应的波将开始重叠。对于不同 $\Delta E^{\ominus}$，k_d，k_f，k_b，C_A^* 和 v 值的理论伏安图通常可由数值模拟得到。

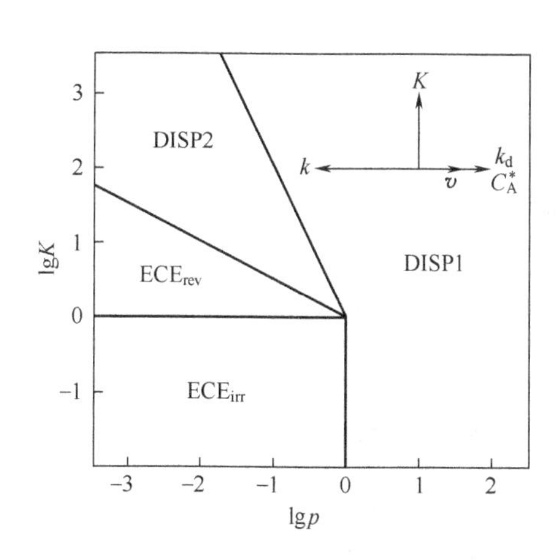

图 12.3.35 简化的区域图，通过参数 K 和 $p\{p=k_dC_A^*/[(k_f+k_b)^{3/2}(RT/Fv)^{1/2}]\}$ 所示的不同的 ECE 及 DISP 极限情况

［引自 C. P. Andrieux and J.-M. Savéant, in "Investigation of Rates and Mechanisms of Reactions," Part II, 4th ed., C. F. Bernasconi, Ed., Wiley-Interscience, New York, 1986］

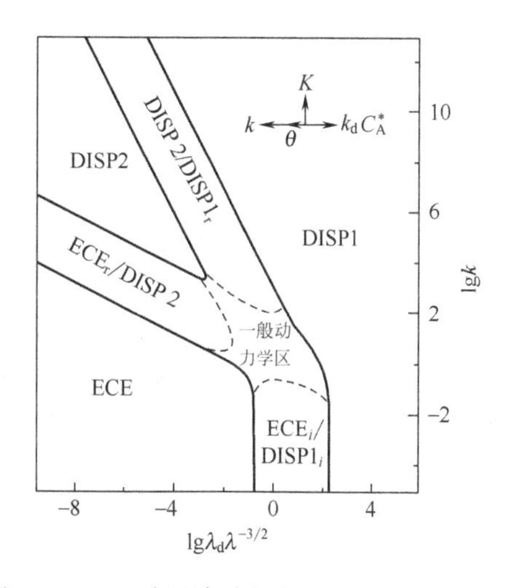

图 12.3.36 采用计时电流法研究 ECE-DISP 机理反应时由 K 和 $\lambda(\lambda_d=k_dt)$ 及 $\lambda[\lambda=(k_f+k_d)t]$ 所示的区域图

当特征时间 t 在 λ 的表达式中由（RT/Fv）所取代时，该图也适用于伏安法。与图 12.3.35 所示的简图比较

［引自 C. Amatore and J.-M. Savéant, *J. Electroanal. Chem.*, **102**, 21(1979)］

当考虑电子转移反应的异相动力学时，此体系变得更加复杂。已报道了当一个或两者均假设为完全不可逆时的理论处理[55]，但在实际中很少处理这样复杂的体系。

（2）计时电流法 假设阶跃到的电势处 $C_A(x=0)=C_C(x=0)=0$，此体系有两种极限情况。对于 $\lambda\to0$，其行为趋于仅涉及式（12.3.41）的简单未受干扰的反应，即 $n=1$ 的公式（5.2.11）（DP 区）（图 12.3.33，$\lambda=k_bt$）。对于 $\lambda\to\infty$，其行为再一次接近于两个电子转移均发生的扩散控制行为，即 $n=2$ 的公式（5.2.11）（KP 区）。对于中间的 λ 值，可采用下列的公式[60]：

$$(it^{1/2})/(it^{1/2})_\infty=1-(e^{-\lambda/2}) \tag{12.3.48}$$

这样，当 $\lambda<0.05$ 是 DP 区，当 $\lambda>3$ 是 KP 区。此行为的另外一种表达方式是

$$n_{\text{app}}=2-e^{-\lambda} \tag{12.3.49}$$

采用区域图（包括一些三维的）描述在各种条件下的计时电流行为的 ECE-DISP 体系的通用处理也已有报道[59]。例如，图 12.3.36 显示了对于纯动力学条件下的通用情况。

但当 ECE 反应用直流极谱法研究时，这种方法的极限时间窗极大地限制了它的可用性[61~63]。

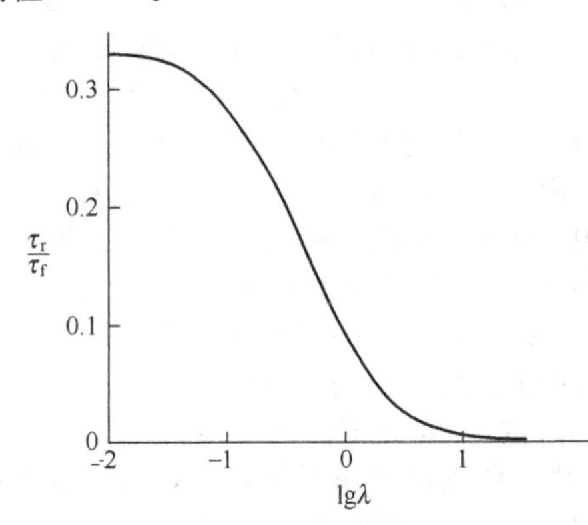

图 12.3.37 采用计时电势法研究 $E_rC_iE_r$ 反应时，τ_r/τ_f 随 λ 的变化

$n_1=n_2$［引自 H. B. Herman and A. J. Bard. *J. Phys. Chem.*，**70**，396(1966)］

(3) 计时电势法　当 $\Delta E^{\ominus}>0$ 时，对于 $E_rC_iE_r$ 体系的恒电流实验，结果与在计时电流法和线性扫描伏安法所得到的结果类似[10,64]。对于在 DP 区小的 λ 值，随着 $i\to 0$，公式（8.2.14）适用于 $n=1$ 的情况。对于在 KP 区大的 λ 值，随着 $i\to 0$，公式（8.2.14）也适用于 $n=2$ 的情况。总的 $i\tau^{1/2}$ 与 λ 的关系涉及相当复杂的表达式；总的趋势是类似于图 12.3.33 中所显示的那样。当电流反向时，仅 B 在向前的波附近被氧化，图 12.3.37 显示了过渡时间的比 τ_r/τ_f 作为 λ 的函数的曲线。

12.3.9　其他的反应体系

探讨许多已被理论处理过和应用到实际体系的其他体系（例如 $\overrightarrow{\mathrm{E}}\mathrm{C}\overleftarrow{\mathrm{E}}$、电子转移催化反应、方格体系等）超出了本书的范围。处理这些体系的适当的公式和过程的详细情况，以及原始的参考文献可见一些综述[7~9,14,65~68]。电化学技术在阐明有机[69,70]和无机[71,72]反应的机理方面的许多应用已经涌现。

12.4　旋转圆盘和旋转环-盘电极方法

在第 9 章中所讨论的旋转圆盘电极（RDE）已被证明在研究偶合均相反应中非常有用。实验结果的信息量是很大的，因为偶合反应能够干扰极限电流，半波电势和在 RRDE 上的环电流；直觉地正确评价 i-E 曲线可容易地得到。通过工作在极限电流区，由于慢的异相电子转移步骤所引起的复杂问题也可避免。虽然 RDE，特别是 RRDE 的严格的理论处理是相当困难，但大量的反应体系已经被研究过，应用数值模拟方法可成功地对更复杂的反应体系进行处理。

RDE 的一个重要的优点是测量在稳态条件（即与时间无关）下进行的。这样通过选择适当的 m（传质系数）和 μ（反应层的厚度），在 1.4.2 和 1.5 节中所描述的通用方法可被采用。另外，与其他稳态技术相同的公式，可用于 RDE，不过要用 $m=0.62D^{2/3}\omega^{1/2}\nu^{-1/6}$ 来取代对于特定的技术的 m。例如，在较长时间（或慢的扫描速度）时的半球形 UMEs 上 $m=D/r_0$。

12.4.1　理论处理

正如采用 LSV 或 CV 研究那样，各种物质的传质公式必须有所变化，要考虑因为偶合反应所引起的物质的得失。这样对于在 RDE 上的 CE 机理（12.3.1 节和 12.3.2 节），式（9.3.13）变为

$$v_y\left(\frac{\partial C_O}{\partial y}\right)=D_O\left(\frac{\partial^2 C_O}{\partial y^2}\right)+k_fC_Y-k_bC_O \tag{12.4.1}$$

在适当的边界条件下需解此方程。对于采用 RRDE 的研究，径向对流项必须也包括在内。因此，处理在 RRDE 上的 E_rC_i 体系时（12.2.1 节和 12.2.2 节），这里产物 R 在环电极上被氧化，对于 R 的适当方程是

$$v_y\left(\frac{\partial C_R}{\partial y}\right)+v_r\left(\frac{\partial C_R}{\partial r}\right)=D_R\left(\frac{\partial^2 C_R}{\partial y^2}\right)-kC_R \tag{12.4.2}$$

此方程的解将效仿在 9.4 节中所描述的那样。对于不同情况下传质方程的修改通常与表 12.3.1 中所列出的采用伏安法类似。表 12.3.1 中列出了适当的无量纲参数。通常不可能得到这些方程的解析解，必须采用各种近似的方法（例如，在 1.5.2 节中所描述的反应层方法），数值模拟法，或其他的数值方法。这些体系在 RDE 上的行为可采用已经在伏安法中采用的区域图（12.3 节）通过重新定义参数 λ 来进行分析。这可由用 $\delta^2/D[=(1.61)^2\nu^{1/3}/\omega D^{1/3}]$ 取代（$RT/$

nFv）来完成[7]。

12.4.2　前置反应——C_rE_r

已经得到对于式（12.3.1）～式（12.3.3）所示的反应体系在 RDE 上的极限电流的解[73]。求解对流-扩散方程时，假设反应是快速的，因而 $(D/\nu)^{1/3} \ll (k_f+k_b)/\omega$。在此条件下，极限电流由下式给出

$$i=\frac{nFADC^*}{1.61D^{1/3}\omega^{-1/2}\nu^{1/6}+D^{1/2}/Kk^{1/2}} \tag{12.4.3}$$

式中 $k=k_f+k_b$，及 $C^*=C_O^*+C_Y^*$。分母中的第一项是 Nernst 扩散层厚度 δ：

$$\delta=1.61D^{1/3}\omega^{-1/2}\nu^{1/6}=D/m \tag{12.4.4}$$

第二项也是长度单位，包含所谓的反应层厚度 μ

$$\mu=(D/k)^{1/2} \tag{12.4.5}$$

反应的参数可通过 i 随 ω 的变化求得。注意到当 ω 较小时，第一项的分母占主导地位（$\delta \gg \mu/K$），所观察到的电流是传质控制的极限电流 i_l［公式（9.3.22）］。当 ω 较大时（$\delta \ll \mu/K$），所得到的是纯动力学电流：

$$i=nFAD^{1/2}C^*Kk^{1/2} \tag{12.4.6}$$

在这些条件下的电流与 ω 无关，与公式（2.3.6）中所示的线形扫描伏安法和计时电流法的电流等同。公式（12.4.3）也可写为下列形式[74]

$$\boxed{\frac{i}{\omega^{1/2}}=\frac{i_l}{\omega^{1/2}}-i\left(\frac{D^{1/6}}{1.61\nu^{1/6}Kk^{1/2}}\right)} \tag{12.4.7}$$

因此可由 $i/\omega^{1/2}$ 与 i 作图，得到 $K(k_f+k_b)^{1/2}$。此情况也被用于处理旋转环电极[75]。

12.4.3　随后反应——E_rC_i

1.5.2 节中给出了这种情况下采用反应层概念的稳态处理。极限阴极电流不受随后反应的影响，但是，由于随后反应，$E_{1/2}$ 成为 ω 的函数，曲线向正电势移动。对于这种情况的更加准确的理论公式是[76]

$$E_{1/2}=E^{\ominus\prime}+\left(\frac{RT}{nF}\right)\ln\left(\frac{\delta}{\mu}\right)\coth\left(\frac{\delta}{\mu}\right) \tag{12.4.8}$$

这里 $\delta/\mu=1.61k^{1/2}\nu^{1/6}D^{-1/6}\omega^{-1/2}$。当 δ/μ 变得很大时（例如，$k/\omega>100$），$\coth(\delta/\mu)\rightarrow 1$，公式（12.4.8）演化为

$$\boxed{E_{1/2}=E^{\ominus\prime}+\left(\frac{RT}{nF}\right)\ln(1.61D^{-1/6}\nu^{1/6})+\frac{RT}{2nF}\ln\left(\frac{k}{\omega}\right)} \tag{12.4.9}$$

这注意到当通过选择 $\mu=(D/k)^{1/2}$（与 12.4.2 节定义的相同的反应层厚度），对于式（1.5.25）进行近似处理，它与公式（12.4.9）相同。已经考察了这些公式的应用极限[76,77]。也应注意到公式（12.4.9）与伏安公式（12.3.22）的相似性（对于 RDE，$\lambda=k/\omega$）。

RRDE 对于研究 EC 反应特别有用。环的电势被设置在可使 R 在传质控制条件下被氧化回 O 的过程发生［式（12.2.1）的逆过程］，可从测量到（动力学）的收集率 $N_K(=-i_r/i_d)$ 与无干扰反应时（见 9.4.2 节）所得到的 N 之间的差别来求算。已经报道了对于薄环/窄间距电极（后来扩展到更宽范围的电极几何形状）的稳态动力学收集率的近似处理[78~80]。对于这种电极，提出了两种近似方程[78]：当 $4.5<\kappa<3.5$ 时，

$$N_K \approx 1.75\kappa^{-3}\exp[-4\kappa^3(r_2-r_1)/r_1] \tag{12.4.10}$$

当 $\kappa<0.5$ 时

$$\frac{N}{N_K}=1+1.28\left(\frac{\nu}{D}\right)^{1/3}\left(\frac{k}{\omega}\right) \tag{12.4.11}$$

上式中

$$\kappa=k^{1/2}\omega^{-1/2}D^{-1/6}\nu^{1/6}(0.51)^{-1/3} \tag{12.4.12}$$

式中，r_1 和 r_2 分别为圆盘和环内侧的半径（见图 9.4.1）。然而，这些表达式仅在 $r_2/r_1 \approx r_3/r_1$ 时适用，它们在实际中很难构建。因而提出了另外一种估算 N_K 的更复杂的表达式[79,80]：

$$N_K = N - (\beta')^{2/3}(1 - U_* A_1^{-1}) + \frac{1}{2}A_1^{-1}A_2^2 k^2 U_* (\beta')^{4/3} - 2A_2 k^2 T_2 \quad (12.4.13)$$

式中，$A_1 = 1.288$，$A_2 = 0.643\nu^{1/6}D^{1/3}$，$\beta' = 3\ln(r_3/r_2)$，$U_* = \kappa^{-1}\tanh(A_1\kappa)$，以及 T_2 是一个相当复杂的小因子，近似等于 $0.718\ln(r_2/r_1)$。

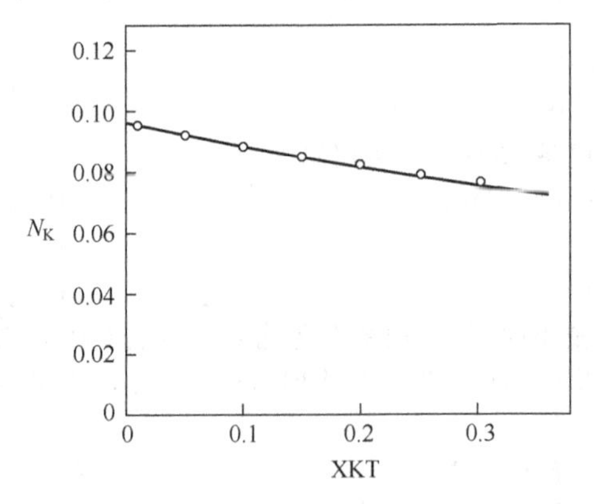

图 12.4.1　收集率与 **XKT** $[=\kappa^2 = k\nu^{1/3}/\omega D^{1/3}(0.51)^{2/3}]$ 作图

曲线由在薄环/窄间距电极（$r_2/r_1 = 1.02$，$r_3/r_2 = 1.02$）上 E_rC_i 类反应的数值模拟得到的。点显示了由式（12.4.11）计算 N_K 的值［引自 K. B. Prater and A. J. Bard, *J. Electrochem. Soc.*，**117**，335(1970)］

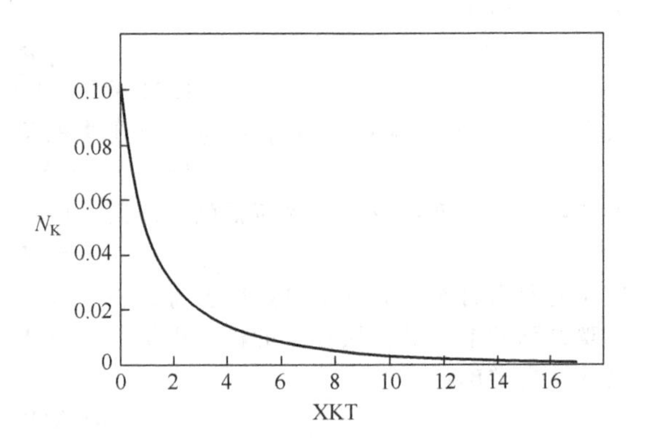

图 12.4.2　由图 12.4.1 中的 N_K 与 **XKT** 作图

点显示了由式（12.4.10）计算结果［引自 K. B. Prater and A. J. Bard, *J. Electrochem. Soc.*，**117**，335(1970)］

采用数值模拟方法也探讨了 E_rC_i 类反应问题（见附录 B)[81]。该方法无需电极几何形状的近似。但是，对于每种电极几何形状和每个 κ 值，需要单独进行模拟计算。图 12.4.1 和图 12.4.2 显示了几种典型的 N_K 作为模拟参数 XKT($=\kappa^2$) 函数的模拟计算，它们也包括在适当区域内来自于近似公式的预测。由 RRDE 技术可以测定的速率常数的范围通常是较宽的，为 $0.3 < \kappa < 5$[80]。从图 12.4.2 可知当 $\kappa < 0.3$ 时，$N_K \approx N$；当 $\kappa > 5$ 时，$N_K \to 0$，并且环上的电流太小无法测量。对于 ω，D 和 ν 的常见范围，可测定的速率常数范围大约为 $0.03\text{s}^{-1} < k < 10^3\text{s}^{-1}$。

E_rC_i 类反应涉及二级反应[81,82]，以及在该反应过程中的圆盘和环的暂态情况的理论处理已经提出[81]。

12.4.4　催化反应——E_rC_i'

基于反应层方式对于 E_rC_i' 机理的解［见式（12.3.27）和式（12.3.28)］与 12.4.2 节中所讨论的 C_rE_r 类反应很相似[73]。在 $\delta \gg \mu$［即 $\omega(D/\nu)^{1/3} \ll 3k'C_Z^*$］条件下，发现极限动力学电流与 ω 无关：

$$i = nFAD^{1/2}C_O^*(k'C_Z^*)^{1/2} \quad (12.4.14)$$

注意到该公式与式（12.3.29）相同。此极限电流公式仅在 ω 较小的区域内适用。当 $\lambda(=k'C_Z^*/\omega)$ 变小时，该极限电流接近于传质控制的极限电流。图 12.4.3 显示了对于催化反应机理的数值模拟结果。也已经报道了在 RDE 上 E_rC_i' 反应的处理，以及该机理的变化情况[84~86]。采用 RRDE 研究 E_rC_i' 反应的数值模拟技术处理结果表明（即 N_K 与 **XKT** 作图），它们与 E_rC_i 类反应的一级或准一级反应的结果无法区分[83]。

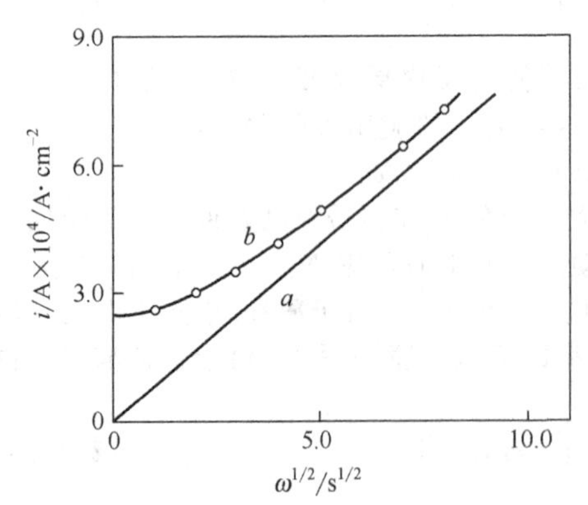

图 12.4.3　催化反应 E_rC_i' 的模拟圆盘电流

曲线 a：无随后反应存在。曲线 b：存在一个随后反应。$K_2 = 145\text{L}\cdot\text{mol}^{-1}\text{s}^{-1}$，$C_Z^* = 10C_O^*$。点表示在 H_2O 存在下还原 Fe^{3+} 实验中所得到的数据[85]［引自 K. B. Prater and A. J. Bard, *J. Electrochem. Soc.*，**117**，1517(1970)］

12.4.5　ECE 反应

在 RDE 电极上发生的常规 ECE/DISP 反应（见

12.3.8 节）的体系行为可通过选择适当的 λ 和 λ_d 的表达式，由伏安法中曾采用的区域图进行分析。然而，大多数对 RDE 电极的处理主要涉及 $E_rC_iE_r$ 反应序列，并且采用不同的类似程度。Karp 提出了如下极限电流公式[87]：

$$i=i_l\left[2-\frac{\tanh(\delta/\mu)}{\delta/\mu}\right] \tag{12.4.15}$$

$$\frac{n_{app}}{n}=2-\frac{\tanh(\delta/\mu)}{\delta/\mu} \tag{12.4.16}$$

式中，$n_1=n_2=n$，i_l是由式（9.3.22）给出的 n 电子传质的极限电流，δ 和 μ 分别由式（12.4.4）和式（12.4.5）定义。Filinovskii 提出了如下的公式[88]

$$i=0.94i_l\left[2-\frac{(1+\delta^2/1.9\mu^2)^{1/2}}{1+\delta^2/\mu^2}\right] \tag{12.4.17}$$

该式通过两边同除 i_l给出 n_{app}。该类型的反应在 RDE 上行为也采用数值模拟进行过研究[83,89]；所研究的体系包括二级干扰反应及可能的 B 到 C 之间的歧化反应。反应层的处理也被应用于与半波电势的移动一起去导出 ECE/DISP 反应机理[90]。图 12.4.4 给出了各种处理方法所得结果的比较。对于涉及一级和二级干扰反应的该类反应在 RRDE 上的行为的数值模拟已被报道[83]。在涉及到动力学问题时的其他 RRDE 上的处理结果与电极几何结构有关。图 12.4.5 显示了对于一个典型的 RRDE 电极（在无干扰时的收集率为 $N=0.55$），其 N_K随动力学参数的变化。

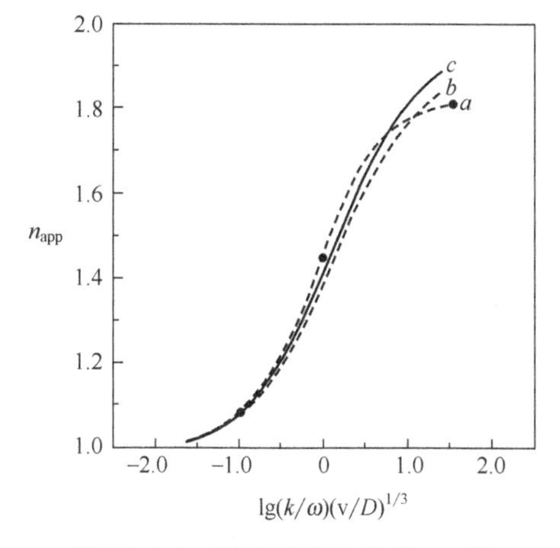

图 12.4.4　对于 $E_rC_iE_r$机理 n_{app}随 $\lg(k\omega^{-1}\nu^{1/3}D^{-1/3})=\lg(\delta^2/2.6\mu)$ 的变化

曲线 a：公式（12.4.17）除以 i_l。曲线 b：公式（12.4.16）。曲线 c：数值模拟结果[83]

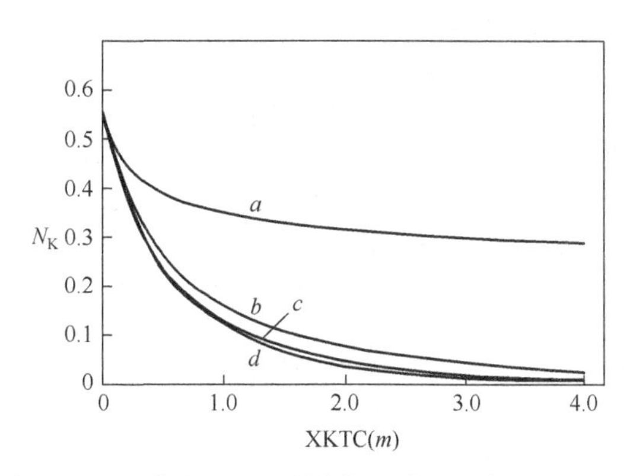

图 12.4.5　采用 RRDE 研究如下随后反应 ECE 机理：$O_1+n_1e \rightleftharpoons R_1$，$R_1+Z \longrightarrow O_2+Y$，$O_2+n_2e \longrightarrow R_2$ 时，N_K随动力学参数的变化

其中 $n_1=n_2$，k_2是中间步骤的速率常数。$\mathbf{XKTC}=k_2C_O^*\omega^{-1}\nu^{1/3}D^{-1/3}(0.51)^{-2/3}$；$m=C_Z^*/C_O^*$。曲线 a：$m=0.1$。曲线 b：$m=1.0$。曲线 c：$m=10$。曲线 d：一级反应［引自 K. B. Prater and A. J. Bard, *J. Electrochem. Soc.*, **117**, 1517(1970)］

12.5　超微电极技术

超微电极的行为依赖于实验的时间范围。在非常短的时间，当 $Dt \ll r_0^2$ 时，它的行为正如一个平板电极。双电层充电的影响被大大地减弱（见 5.9.1 节），可采用 12.2 节中的处理方法，因此在该时间区间，有可能测量快速反应。然而，超微电极上的稳态电流或伏安曲线（当 $Dt \gg r_0^2$ 时）也能用于研究偶合均相反应。在此情况下，响应与一个 RDE 电极在稳态时类似（在时间范围的中间，其行为相当复杂，并且在实际中很少用到）。给定超微电极在稳态模式工

作时仅有的缺点是仅有单一的特征时间（约为 r_0^2/D），这样仅有得到动力学信息的限定的时间窗。为了解释此概念，以研究 ECE 机理为例。当干扰反应［见（12.3.42）］很快时，反应层的厚度 μ 与扩散层厚度（约为 r_0）相比较小，所有的反应将在扩散层中进行，并且 $n_{app}=2$。当干扰反应较慢时，μ 与 r_0 相比很大。因此式（12.3.42）实质上没有干扰，$n_{app}=1$。仅当反应层厚度与扩散层在同一个数量级时，才能够获得有用的动力学信息。因而，需要采用几个不同的 r_0 电极上的数据，才能在所需的时间区间研究单一反应。对于单一 RDE 电极上可应用不同的旋转速度。

通过解控制一定动力学反应机理的球形扩散常微分方程，或者通过反应层类似的方法，可以得到控制稳态电流作为 r_0 的函数公式[7,91～94]。在任意时间区域微球形电极的相关行为也可通过数值模拟得到[17]。

类似于在 RRDE 电极上的产生/收集实验，可以通过一对微带电极进行。在此情况下，相关的时间参数是电致物种扩散穿过分离两个微带间距 d 所需要的时间[95]。由于微带之间的距离可达到很小，因此所需的时间可较在 RRDE 电极常规旋转速度下可达到的典型值小。但是，在所制备的微带电极上其带距是一定的，时间窗大约是 d^2/D，研究一给定的反应需要几种不同带距的电极。扫描电化学显微镜（SECM）可进行偶合反应的类似研究（见 16.4.4 节），其中 d 可连续变化到非常小[96]。

12.6 正弦波方法

虽然已经进行了大量有关偶合均相化学反应对于测量法拉第阻抗或者交流伏安响应的影响的理论处理，但是这些方法通常没有在研究偶合化学中有广泛的应用。主要原因是结果相当复杂，并常常是烦琐的，描述所测量的交流响应的通用公式是通过频率和动力学参数。另外，电流幅度和相角这样的交流响应，不像伏安响应那样，能够提供有关偶合反应本质的定性或半定量判断。对于大多数反应机理，附加的化学（超出异相电子转移反应）产生一种内在的不可逆性，可能使其达不到稳态响应。因此，测量可能依赖于实验的时间长短。最后，在交流方法中经常采用的高频率常常使电子转移反应从 Nernst 行为变到准可逆区。此特性在测量异相速率常数时会有帮助，但它使解释实验结果和导出总反应途径复杂化。另一方面，交流方法具有固有的高精确性，随着计算机控制的数据获取以及 Fourier 变换技术的发展，它们能够在相当短的时间内在很宽的频率范围定义一个电极反应。本书第 1 版中给出了采用法拉第阻抗和交流伏安法探讨 C_rE_r 机理，以及异相电子转移速率对于观察到的响应的影响的一些实例❶。有关该领域也有一些综述[97～99]。

12.7 控制电势电量法

在 11.3.4 节中所讨论的本体电解方法，对于考察偶合有慢速反应影响电子转移反应特别有用。由于这些方法的时间窗大约从 100～3000s，所以可以研究速率常数从 10^{-2}～$10^{-4}\,s^{-1}$ 的一级反应。另外，通过分析电解后的溶液（例如，通过光谱、色谱或电化学方法），反应产物等，可以测定总反应的机理。实验通常在相对于极限电流平台的电势下进行，所以电子转移反应的动力学不影响结果的分析。最后，该技术的理论处理以及实验结果的分析通常较伏安法要简单得多。

12.7.1 理论处理

由于电解液被假设为实质上是均相的（见 11.3.1 节），因而不同反应机理的理论涉及常微分

❶ 见第一版，第 471～475 页。

（而不是偏微分）方程。在本体电解过程中，浓度是时间 t 的函数，而与位置 x 无关。电量法中所测量的响应是 i-t 曲线及每分子电活性物质所消耗的表观电子数 n_{app}。由电解过程中所通过的电量 $Q(t)$，n_{app} 可由下式计算

$$n_{app}=\frac{Q(t)}{FN_O}=\frac{Q(t)}{FV[C_O^*(0)-C_O^*(t)]} \tag{12.7.1}$$

式中，N_O为消耗 O 的量，mol；$C_O^*(0)$ 为 O 的初始浓度；$C_O^*(t)$ 为其在时间 t 时的浓度；V 为溶液的总体积。在极限电流下的库仑实验，电极反应可以认为是一级化学反应［见式(11.3.5)］，因此对于电子转移步骤 $O+ne \longrightarrow R$，

$$\frac{dC_O^*(t)}{dt}=-pC_O^*(t) \tag{12.7.2}$$

式中，$p=m_OA/V$，A 为电极面积，cm^2；m_O为 O 的物质传递常数，cm/s，它是 D_O和电解过程中对流条件的函数。任意时刻的电流由式（11.3.1）计算：

$$i(t)=nFAm_OC_O^*(t) \tag{12.7.3}$$

作为涉及偶合反应的理论处理的例子，让我们考虑催化反应（E_rC_i'）：

$$O+ne \underset{}{\overset{p}{\rightleftharpoons}} R \tag{12.7.4}$$

$$R+Z \xrightarrow{k'} O+Y \tag{12.7.5}$$

在此假设 $C_Z^*(0) \gg C_O^*(0)$，因此式（12.7.5）代表了具有 $k=k'C_Z^*(0)$ 的准一级反应。描述体系的方程是

$$\frac{dC_O^*(t)}{dt}=-pC_O^*(t)+kC_R^*(t) \tag{12.7.6}$$

$$\frac{dC_R^*(t)}{dt}=pC_O^*(t)-kC_R^*(t) \tag{12.7.7}$$

另有初始条件 $C_O^*(0)=C_i$ 及 $C_R^*(0)=0$。从该过程的化学计量数知

$$C_R^*(t)=C_i-C_O^*(t) \tag{12.7.8}$$

将 $C_R^*(t)$ 的值代入式（12.7.6），对所得公式进行积分得

$$C_O^*(t)=C_i\left\{\frac{\gamma+\exp[-p(1+\gamma)t]}{1+\gamma}\right\} \tag{12.7.9}$$

式中，$\gamma=k/p$。其 i-t 行为可通过联立式（12.7.3）及式（12.7.9）得到，并得到如下公式

$$\boxed{\frac{i(t)}{i(0)}=\frac{\gamma+\exp[-p(1+\gamma)t]}{1+\gamma}} \tag{12.7.10}$$

注意到在此情况下，电流并不像无干扰反应时（$k \rightarrow 0$）衰减到零（和到背景水平），但衰减到一个稳态值 i_{ss}，它是（见图 12.7.1）

$$\frac{i_{ss}}{i(0)}=\frac{\gamma}{(1+\gamma)} \tag{12.7.11}$$

因此，γ 可由 $i_{ss}/i(0)$ 得到。由于电流并不衰减到背景，所以对于 EC′情况无法得到与时间无关的 n_{app}值，在电解过程中 n_{app}保持持续增加。由式（12.7.1）和式（12.7.10）以及如下的事实

$$Q(t)=\int_0^i i(t)dt \tag{12.7.12}$$

可导出 n_{app}的公式为

$$n_{app}=n\left[\frac{1}{1+\gamma}+\frac{p\gamma t}{1-e^{-p(1+\gamma)t}}\right] \tag{12.7.13}$$

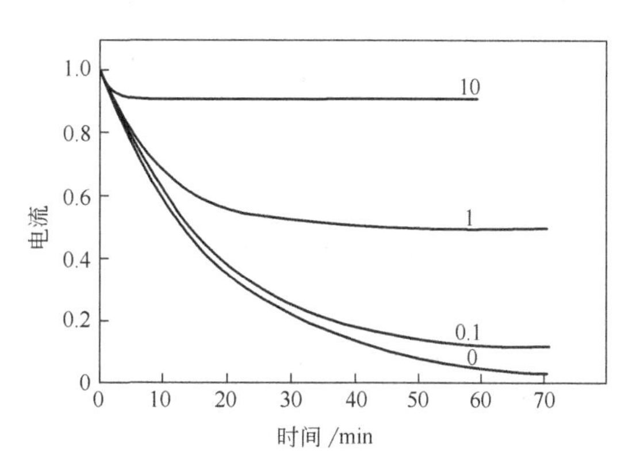

图 12.7.1　催化反应机理的电流-时间行为

$p=0.05\text{min}^{-1}$，k/p 的值标示在各曲线上［引自 A. J. Bard and K. S. V. Santhanam，*Electroanal. Chem.*，**4**，215 (1970)］

在电量法研究中诊断EC′机理的标准是：①电流并不衰减到背景水平及②具有一个持续增加的n_{app}值（n_{app}值较期望值大）。进一步采用电量法探讨EC′机理可参考文献［100～102］。

将简要地探讨一下采用电量法研究其他偶合反应情况的理论处理。更详细的可参考文献［103，104］。

12.7.2　前置反应——C_rE_r

当电活性物质通过前置反应产生时［见式（12.3.1）～式(12.3.3)］，对完全电解的n_{app}值不受干扰，即$n_{app}=n$。但是，由于电流的一部分是由Y转化为O控制的，所以其i-t行为与简单的指数衰减不同。电流由下式给出[105,106]

$$\frac{i}{nFVp(C_O)_i}=C_1 e^{-(L-G)t}+(1-C_1)e^{-(L+G)t} \tag{12.7.14}$$

这里

$$L=0.5(k_f+k_b+p)$$

$$G=(L^2-k_f p)^{1/2}$$

$$C_1=G+l-p/2G$$

$$(C_O)_i=\frac{K}{1+K}C^*$$

图12.7.2显示了典型的lg i-t曲线。初始电流是由O的平衡浓度（C_O)$_i$所控制的，并且初始的衰减是由存在的O的电解速率，即p控制的。极限速率可由Y转化到O的速率k_f求出。

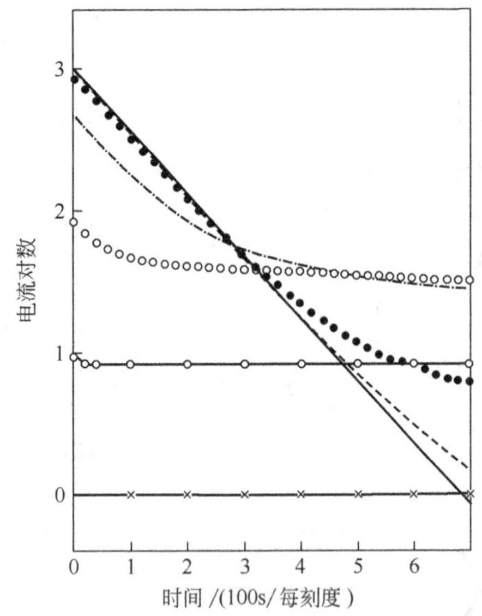

图12.7.2　在不同K值（$K=k_f/k_b$）时前置反应的电流-时间行为

K值由下列条件计算：$(C_O)_i+(C_Y)_i=10^{-4}$ mol·L^{-1}，$p=0.01$s^{-1}，$k_f=10^{-3}$ s^{-1}。(—×—)$K=0.001$；(—○—)$K=0.01$；(○)$K=0.1$；(·—·—)$K=1.0$；(●)$K=10.0$；(---)$K=100.0$；(—)$K\to\infty$［引自A.J. Bard and E. Solon，*J. Phys. Chem.*，**67**，2326(1963)］

12.7.3　随后反应（E_rC_i）和反向电量法

不可逆随后反应并不干扰向前的i-t曲线或者n_{app}值。然而，在向前的电解（$O+ne\longrightarrow R$）进行一段时间t_1后，电势阶跃到能使逆向氧化（$R\longrightarrow O+ne$)发生的电势，并且通过测量向前步骤和反向步骤的相对的电量(Q_f和Q_b)，就可以得到随后反应($R\xrightarrow{k}Y$)的速率常数。对于向前电解[107]

$$Q_f=nFVC_O^*[1-\exp(-pt_1)] \tag{12.7.15}$$

当$t_1\to\infty$时，由此公式可得式（11.3.11）。在无干扰反应的情况下，当反向电解进行一段时间t_2后，

$$Q_b/Q_f=1-\exp[-p(t_2-t_1)] \tag{12.7.16}$$

显然当$(t_2-t_1)\to\infty$时，$Q_b=Q_f$。

在有随后反应存在时，

$$Q_b=\frac{nFVpC_R(t_1)}{(p+k)}\{1-\exp[-(p+k)(t_2-t_1)]\} \tag{12.7.17}$$

式中，$C_R(t_1)$为在反向电解开始时的R浓度，它可由下式给出

$$C_R(t_1)=\frac{pC_O^*(0)}{(k-p)}[\exp(-pt_1)-\exp(-kt_1)]\quad k\neq p \tag{12.7.18a}$$

$$C_R(t_1)=pC_O^*(0)t_1\exp(-pt_1)\qquad k=p \tag{12.7.18b}$$

速率常数k可由式（12.7.17）和式（12.7.18）导出，或者更加简单地使反向反应完全进行，得到Q_b^0［这里$(t_2-t_1)\to\infty$］。在这些条件下，

$$\boxed{\frac{Q_b^0}{Q_f}=\frac{p^2}{k^2-p^2}\left\{\frac{1-\exp[(p-k)t_1]}{\exp(pt_1)-1}\right\}}\qquad k\neq p \tag{12.7.19a}$$

$$\boxed{\frac{Q_b^0}{Q_f}=\frac{pt_1}{2[\exp(pt_1)-1]}}\qquad k=p \tag{12.7.19b}$$

采用反向电量法研究可逆反应和电子转移反应随后二聚反应[107]，已有类似的理论处理。

12.7.4　$E_rC_iE_r$反应

当干扰反应不能够以适当的程度发生，并且具有较长时间的 n_1+n_2 时，表 12.7.1（这里 $\Delta E^{\ominus}>0$）中所示的 ECE 反应可由在较短时间的 n_1 的值 n_{app} 来表征。假设每个电子转移步骤具有相同的 p 值，该情况下的 i-t 曲线是[106,108,109]

$$\frac{i}{FVC_O^*(0)p\exp(-pt)}=n_1+\frac{n_2pk}{k-p}\left\{t-\frac{[1-e^{-(k-p)t}]}{k-p}\right\} \tag{12.7.20}$$

图 12.7.3 显示了不同 k/p 值下典型的 i-t 曲线。当 $k/p\ll 1$ 及 $kt_1\ll 1$ 时，$n_{app}=n_1$ 并且可观察到电流呈指数衰减。对于长时间电解，$n_{app}=n_1+n_2$。当有附加反应发生时，对于长时间电解 n_{app} 值不能由积分得到。例如，如果第一步还原的产物 R_1 分解为一种非电活性物质 Z，那么

$$R_1 \xrightarrow{k_2} Z \tag{12.7.21}$$

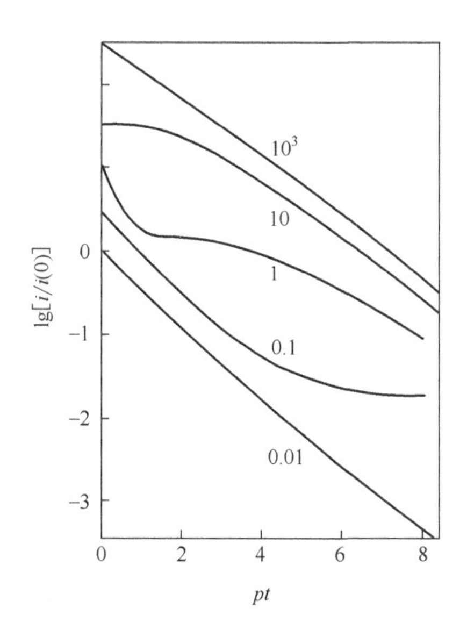

图 12.7.3　当 $p=10^{-3}\,s^{-1}$ 时，ECE 机理中 $i/i(0)$ 随时间 t 的变化

k/p 值标注在每条曲线上。纵坐标的尺度与最下面的一条曲线（$k/p=0.01$）有关。在此之上的每条曲线的纵坐标刻度是 0.5［引自 S. Karp and L. Meites，*J. Electroanal. Chem.*，**17**，253(1968)］

另外它可分解到 O_2；因而[108]

$$n_{app}=n_1+\frac{n_2}{1+(k_2/k)} \tag{12.7.22}$$

该反应途径将导致非完整的 n_{app} 值。

电量法研究了大量其他的反应机理[103,104]。表 12.7.1 列出了对于各种反应机理的诊断标准[103]。

表 12.7.1　在控制电势电量法中对于不同的反应机理的判据[1]

反应机理	n_{app}[2]	反向电量法[3]	lg i-t[4]
无动力学影响			
$O+ne \longrightarrow R$	$n_{app}=n$	$Q_b^0=Q_f$	线性，斜率 p
催化反应			
$O+ne \longrightarrow R$			
$R+Z \xrightarrow{k} O$	$n_{app}>n$	$0 \leqslant Q_b^0<Q_f$	凹向上：电流达到稳态值。如果电解被打断并重新恢复，电流将比在打断时高
$O+ne \longrightarrow R$			
$R+Z \xrightarrow{k_1} O$	$n_{app}>n$	$0 \leqslant Q_b^0<Q_f$	线性或凹面向下
$R+Z \xrightarrow{k_2} Y$	$n_{app}=f(C_O)_i$		
前置反应			
$Y \underset{k_b}{\overset{k_f}{\rightleftharpoons}} O$	$n_{app}=n$	$Q_b^0<Q_f$	凹面向上
$O+ne \longrightarrow R$			
偶合反应			
$O+ne \longrightarrow R$	$n/2<n_{app}<n$	$Q_b^0=Q_f$	线性斜率$>p$
$R+O \xrightarrow{k} Y$	$n_{app}=f(C_O)_i$		
或			
$R+O \xrightarrow{k_1} Y$	$n/2<n_{app}<n$	$Q_b^0<Q_f$	线性斜率$>p$
$R+Z \xrightarrow{k_2} X$	$n_{app}=f(C_O)_i$		
竞争反应			
$O+ne \longrightarrow R$	$n_{app}<n$	$Q_b^0=Q_f$	线性斜率$>p$
$O+Z \xrightarrow{k} X$	n_{app}是溶液混合和电解时间及$(C_O)_i$的函数		
随后反应			
$O+ne \longrightarrow R$	$n_{app}=n$	$Q_b^0<Q_f$	线性斜率$=p$
$R \xrightarrow{k} Y$			
或			
$R \underset{k_b}{\overset{k_f}{\rightleftharpoons}} Y$			
$2R \xrightarrow{k} Y$			
序列反应			
$O \xrightarrow{+n_1 e} I \xrightarrow{+n_2 e} R$	$n_{app}=n_1+n_2$	$Q_b^0=Q_f$	线性或凹面向上
$O \xrightarrow{+n_1 e} I \xrightarrow{+n_2 e} R$；$I \xrightarrow{k} X$	$n_1<n_{app}<n_1+n_2$	$Q_b^0<Q_f$	线性或凹面向上
ECE 反应			
$O_1 \xrightarrow{n_1 e} R_1 \xrightarrow{k_1} O_2 \xrightarrow{n_2 e} R_2$	$n_{app}=n_1+n_2$	$Q_b^0=Q_f\left(\frac{n_2}{n_1+n_2}\right)$（不可逆的干扰反应）	线性，凹面向上或向下
$O_1 \xrightarrow{n_1 e} R_1 \xrightarrow{k_1} O_2 \xrightarrow{n_2 e} R_2$；$R_1 \xrightarrow{k_2} Z$	$n_1<n_{app}<n_1+n_2$	$Q_b^0<Q_f\left(\frac{n_2}{n_1+n_2}\right)$	线性，凹面向上或向下
$O_1 \xrightarrow{n_1 e} R_1 \xrightarrow{k_1} O_2 \xrightarrow{n_2 e} R_2$	$n_1<n_{app}<n_1+n_2$	$Q_b^0<Q_f\left(\frac{n_2}{n_1+n_2}\right)$	线性，凹面向上或向下
$2R \xrightarrow{k_2} X$	$n_{app}=f(C_O)_I$	（不可逆的干扰反应）	

① 引自 A. J. Bard and K. S. V. Santhanam，*Electroanal. Chem.*，**4**，215-315(1970)。

② 这里 n_{app}是 O 初始浓度 $(C_O)_i$ 的函数。

③ 假设所有的电化学步骤是可逆的。

④ 除非标明，该处指电流衰减到背景。

12.8　参考文献

1　Z. Galus，“Fundamentals of Electrochemical Analysis，” 2nd ed.，Wiley，New York，1994
2　P. Delahay，“New Instrumental Methods in Electrochemistry，” Wiley-Interscience，New York，1954
3　I. M. Kolthoff and J. J. Lingane，“Polarography，” 2nd ed.，Wiley-Interscience，New York，1952
4　D. D. Macdonald，“Transient Techniques in Electrochemistry，” Plenum，New York，1977
5　D. Pletcher，*Chem. Soc. Rev.*，**4**，471 (1975)
6　D. D. Evans，*Accts. Chem. Res.*，**10**，313 (1977)
7　C. P. Andrieux and J.-M. Savéant，in “Investigation of Rates and Mechanisms of Reactions，” Part Ⅱ，4th ed.，C. F. Bernasconi，Ed.，Wiley-Interscience，New York，1986，Part 2，Vol. 6，pp. 305-390
8　D. H. Evans，*Chem. Rev.*，**90**，739 (1990)
9　C. P. Andrieux，P. Hapiot，and J.-M. Savéant，*Chem. Rev.*，**90**，723 (1990)
10　A. C. Testa and W. H. Reinmuth，*Anal. Chem.*，**33**，1320 (1961)
11　Q. Xie，E. Perez-Cordero，and L. Echegoyen，*J. Am. Chem. Soc.*，**114**，3978 (1992)
12　C. Amatore and J.-M. Savéant，*J. Electroanal. Chem.*，**85**，27 (1977)
13　S. W. Feldberg and L. Jeftic，*J. Phys. Chem.*，**76**，2439 (1972)
14　J.-M. Savéant，in “Advances in Physical Organic Chemistry，” D. Bethell，Ed.，Academic，New York，1990，Vol. 26，pp. 1-130
15　J. Jacq，*J. Electroanal. Chem.*，**29**，149 (1971)
16　W. H. Smith and A. J. Bard，*J. Am. Chem. Soc.*，**97**，5203 (1975)
17　(a) DigiSim BAS公司出售的循环伏安法模拟程序。(b) M. Rudolph，D. P. Reddy，and S. W. Feldberg，*Anal. Chem.*，**66**，589A (1994)
18　(a) ELSIM 模拟各种电化学响应，由 Technical Software Distributors 出售。(b) L. K. Bieniasz，*Computers Chem.*，**17**，355 (1993)
19　CVSIM，是一个循环伏安法的模拟工具，见专著，D. K. Gosser，Jr.，*Cyclic Voltammetry: Simulation and Analysis of Reaction Mechanisms*，VCH，New York，1994
20　A. C. Testa and W. H. Reinmuth，*Anal. Chem.*，**32**，1512 (1960)
21　O. Dracka，*Coll. Czech. Chem. Commun.*，**25**，338 (1960)
22　H. B. Herman and A. J. Bard，*Anal. Chem.*，**36**，510 (1964)
23　D. A. Tryk and S. M. Park，*Anal. Chem.*，**51**，585 (1979)
24　J.-M. Savéant and E. Vianello，*Electrochim. Acta*，**8**，905 (1963)；**12**，627 (1967)
25　R. S. Nicholson and I. Shain，*Anal. Chem.*，**36**，706 (1964)
26　J. Koutecky and R. Brdicka，*Coll. Czech. Chem. Commun.*，**12**，337 (1947)
27　J. Koutecky and J. Cizek，*Coll. Czech. Chem. Commun.*，**21**，836 (1956)
28　J. Koutecky，*Coll. Czech. Chem. Commun.*，**19**，857 (1956)
29　P. Delahay and T. Berzins，*J. Am. Chem. Soc.*，**75**，2486 (1953)
30　W. H. Reinmuth，*Anal. Chem.*，**33**，322 (1961)
31　A. J. Bard and H. B. Herman，“Polarography-1964，” G. J. Hills，Ed.，Wiley-Interscience，New York，1966，p. 373
32　W. M. Schwarz and I. Shain，*J. Phys. Chem.*，**69**，30 (1965)
33　W. V. Childsm J. T. Maloy，C. P. Keszthlyi，and A. J. Bard，*J. Electrochem. Soc.*，**118**，874 (1971)
34　M. L. Olmstead and R. S. Nicholson，*Anal. Chem.*，**41**，851 (1969)
35　J.-M. Savéant and E. Vianello，*Electrochim. Acta*，**12**，1545 (1967)
36　M. L. Olmstead，R. T. Hamilton，and R. S. Nichloson，*Anal. Chem.*，**41**，260 (1969)
37　R. S. Nicholson，*Anal. Chem.*，**37**，667 (1965)
38　C. P. Andrieux，L. Nadjo，and J.-M. Savéant，*J. Electroanal. Chem.*，**26**，147 (1970)
39　D. H. Evans，*J. Phys. Chem.*，**76**，1160 (1972)
40　L. Nadjo and J.-M. Savéant，*J. Electroanal. Chem.*，**48**，113 (1973)
41　J.-M. Savéant in “Advancea in Physcial Organic Chemistry，” Vol. 35，T. Tidwell，Ed.，Academic，New York，2000 (in press)
42　C. Costentin，M. Robert，and J.-M. Savéant，*J. Phys. Chem.*，**104**，7492 (2000)
43　P. Delahay and G. L. Steihl，*J. Am. Chem. Soc.*，**74**，3500 (1952)
44　S. L. Miller，*J. Am. Chem. Soc.*，**74**，4130 (1952)
45　Z. Pospisil，*Coll. Czech. Chem. Commun.*，**12**，39 (1947)
46　P. Delahay，C. C. Mattax，and T. Berzins，*J. Am. Chem. Soc.*，**76**，5319 (1954)
47　O. Fischer，O. Dracka and E. Fischerova，*Coll. Czech. Chem. Commun.*，**26**，1505 (1961)
48　C. Furlani and G. Morpurgo，*J. Electroanal. Chem.*，**1**，351 (1960)

49 D. S. Polcyn and I. Shain, *Anal. Chem.*, **38**, 370 (1966)
50 F. Ammar and J.-M. Savéant, *J. Electroanal. Chem.*, **47**, 215 (1973)
51 J. B. Flanagan, S. Margel, A. J. Bard, and F. C. Anson, *J. Am. Chem. Soc.*, **100**, 4248 (1978)
52 J. Phelps and A. J. Bard, *J. Electroanal. Chem.*, **68**, 313 (1976)
53 C. P. Andrieux and J.-M. Savéant, *J. Electroanal. Chem.*, **28**, 339 (1970)
54 K. Hinkelmann and J. Heinze, *Ber. Bunsenges. Phys. Chem.*, **91**, 243 (1987) and references therein
55 R. S. Nicholson and I. Shain, *Anal. Chem.*, **37**, 178 (1965)
56 J.-M. Savéant, *Electrochim. Acta*, **12**, 753 (1967)
57 M. Mastragostino, L. Nadjo, and J.-M. Savéant, *Electrochim. Acta*, **13**, 721 (1968)
58 J.-M. Savéant, C. P. Andrieux, and L. Nadjo, *J. Electroanal. Chem.*, **41**, 137 (1973)
59 C. Amatore and J.-M. Savéant, *J. Electroanal. Chem.*, **102**, 21 (1979)
60 G. S. Alberts and I. Shain, *Anal. Chem.*, **35**, 1859 (1963)
61 J. Koutecky, *Coll. Czech. Chem. Commun.*, **18**, 183 (1953)
62 R. S. Nicholson, J. M. Wilson, and M. L. Olmstead, *Anal. Chem.*, **38**, 542 (1966)
63 J.-M. Savéant, *Bull. Chem. Soc. France*, **1967**, 91
64 H. B. Herman and A. J. Bard, *J. Phys. Chem.*, **70**, 396 (1966)
65 B. W. Rossiter and J. F. Hamilton, Eds., "Physical Methods of Chemistry," 2nd ed., Vol. Ⅱ., "Electrochemical Methods," Wiley-Interscience, New York, 1986
66 J. Heinze, *Angew. Chem. Int. Ed. Engl.*, **23**, 831 (1984)
67 J.-M. Savéant, *Accts. Chem. Res.*, **13**, 323 (1980)
68 D. H. Evans and K. M. O'Connell, *Electroanal. Chem.*, **14**, 113 (1986)
69 M. D. Hawley, in "Laboratory Techniques in Electroanalytical Chemistry, 2nd ed.," P. T. Kissinger and W. R. Heineman, Eds., Marcel Dekker, New York, 1996, Chap. 21
70 H. Lund and M. M. Baizer, Eds., "Organic Electrochemistry," 3rd ed., Marcel Dekker, New York, 1991
71 W. E. Geiger, in "Laboratory Techniques in Electroanalytical Chemistry, 2nd ed.," P. T. Kissinger and W. R. Heineman, Eds., Marcel Dekker, New York, 1996, Chap. 23
72 N. G. Connelly and W. E. Geiger, *Adv. Organomet. Chem.*, **23**, 1 (1984)
73 J. Koutecky and V. G. Levich, *Zhur. Fiz. Khim.*, **32**, 1565 (1958); *Dokl. Akad. Nauk SSSR*, **117**, 441 (1957)
74 W. Vielstich and D. Jahn, *Z. Elektrochem.*, **32**, 2437 (1958)
75 H. Matsuda, *J. Electroanal. Chem.*, **35**, 77 (1972)
76 L. K. J. Tong, K. Liang, and W. R. Rudy, *J. Electroanal. Chem.*, **13**, 245 (1967)
77 S. A. Kabakchi and V. Yu, Filinovskii, *Elektrokhim.*, **8**, 1428 (1966)
78 W. J. Albery and S. Bruckenstein, *Trans. Faraday Soc.*, **62**, 1946 (1966)
79 W. J. Albery, M. L. Hitchman, and J. Ulstrup, *Trans. Faraday Soc.*, **64**, 2831 (1968)
80 W. J. Albery, M. L. Hitchman, "Ring-Disc Electrodes," Clarendon, Oxford, 1971
81 K. B. Prater and A. J. Bard, *J. Electrochem. Soc.*, **117**, 335 (1970)
82 W. J. Albery and S. Bruckenstein, *Trans. Faraday Soc.*, **62**, 2584 (1966)
83 K. B. Prater and A. J. Bard, *J. Electrochem. Soc.*, **117**, 1517 (1970)
84 P. Beran and S. Bruckenstein, *J. Phys. Chem.*, **72**, 3630 (1968)
85 D. Haberland and R. Landsberg, *Ber. Bunsenges. Phys. Chem.*, **70**, 724 (1966)
86 F. Kermiche-Aouanouk and M. Daguenet, *Electrochim. Acta*, **17**, 723 (1972)
87 S. Karp, *J. Phys. Chem.*, **72**, 1082 (1968)
88 V. Yu. Filinovskii, *Elektrokhim.*, **5**, 635 (1969)
89 L. S. Marcoux, R. N. Adams, and S. W. Feldberg, *J. Phys. Chem.*, **73**, 2611 (1969)
90 R. G. Compton, R. G. Harland, P. R. Unwin, and A. M. Waller, *J. Chem. Soc. Faraday Trans. I*, **83**, 1261 (1987)
91 C. G. Phillips, *J. Electroanal. Chem.*, **296**, 255 (1990)
92 G. Denuault and D. Pletcher, *J. Electroanal. Chem.*, **305**, 131 (1991)
93 K. B. Oldham, *J. Electroanal. Chem.*, **313**, 3 (1991)
94 Z. Qiankun and C. Hongyuan, *J. Electroanal. Chem.*, **346**, 471 (1993)
95 T. V. Shea and A. J. Bard, *Anal. Chem.*, **59**, 2101 (1987)
96 (a) P. R. Unwin and A. J. Bard, *J. Phys. Chem.*, **95**, 7814 (1991); (b) F. Zhou, P. R. Unwin, and A. J. Bard, *ibid.*, **96**, 4917 (1992); (c) D. Treichel, M. V. Mirkin, and A. J. Bard, *ibid.*, **98**, 5751 (1994)
97 D. E. Smith, *Electroanal. Chem.*, **1**, 11 (1966)
98 D. E. Smith, *CRC Crit. Rev. Anal. Chem.*, **2**, 247 (1971)
99 M. Sluyetrs-Rehbach and J. H. Sluyters, *Electroanal. Chem.*, **4**, 1 (1970)
100 D. H. Geske and A. J. Bard, *J. Phys. Chem.*, **63**, 1957 (1959)
101 L. Meites and S. A. Moros, *Anal. Chem.*, **31**, 23 (1959)
102 G. A. Rechnitz and H. A. Laitinen, *Anal. Chem.*, **33**, 1473 (1961)
103 A. J. Bard and K. S. V. Santhanam, *Electroanal. Chem.*, **4**, 215 (1970)

104　L. Meites in "Techniques of Chemistry," A. Weissberger and B. W. Rossiter, Eds., Wiley-Interscience, New York, 1971, Part IIA, Vol. 1, Chap. IX
105　A. J. Bard and E. Solon, *J. Phys. Chem.*, **67**, 2326 (1963)
106　R. I. Gelb and L. Meites, *J. Phys. Chem.*, **68**, 630 (1964)
107　A. J. Bard and S. V. Tatwawadi, *J. Phys. Chem.*, **68**, 2676 (1964)
108　A. J. Bard and J. S. Mayell, *J. Phys. Chem.*, **66**, 2173 (1962)
109　S. Karp and L. Meites, *J. Electroanal. Chem.*, **17**, 253 (1968)

12.9　习题

12.1　考察如下的体系：

$$A + e \rightleftharpoons B \qquad E^{\ominus\prime} = -0.5\text{V 相对于 SCE}$$
$$B \longrightarrow C$$
$$C + e \rightleftharpoons D \qquad E^{\ominus\prime} = -1.0\text{V 相对于 SCE}$$

B 的半寿命是 100ms。两个电荷转移反应具有较大的 k^0 值。绘出所期望的循环伏安图，扫描从 0.0V（相对于 SCE）开始到 −1.2V 反向。显示在扫描速度为 50mV/s、1V/s 和 20V/s 时的曲线。

12.2　对于上述问题中的电极反应将在一个 RRDE 上进行时，请绘出收集效率与旋转速度之间的粗略的定量图。假设电解是在传质极限区域。对于 Fe(Ⅱ) ⇌ Fe(Ⅲ)+e 的收集效率是 0.45。

12.3　下列数据是由一系列循环伏安实验所得到的，实验的目的是为了导出涉及确定化合物电极反应的机理。请提出解释诊断函数行为的机理公式，然后，通过所提出的机理简明地从数据中得出尽量多的合理化趋势。反向电势总是在 −1.400V（相对于 SCE）。

扫描速度 /(V/s)	$E_{p/2}$(阴极) /V(相对于 SCE)	$E_{p/2}$(阳极) /V(相对于 SCE)	i_p(阳极)/i_p(阴极)	i_p(阴极)/$v^{1/2}$ $\mu A \cdot s^{1/2} V^{-1/2}$
0.1	−1.253	−1.17	0.1	35
2.0	−1.260	−1.185	0.51	34.4
10	−1.265	−1.197	0.84	33.0
20	−1.270	−1.208	0.91	32.8
100	−1.271	−1.212	1.01	32.6
200	−1.270	−1.212	1.01	32.7

12.4　一个物质 A 可在 DME 上被还原为 B。乙腈中 $1\text{mmol} \cdot L^{-1}$ 的 A 溶液的极谱波在 −1.90V（相对于 SCE）。在 25℃时此波的斜率是 60.5mV，并且 $(I)_{max} = 1.95$。当体系中加入苯酚（C）后，其行为发生变化：

浓度(C)/mol·L^{-1}	$E_{1/2}$	波斜率/mV	$(I)_{max}$
10^{-3}	−1.88	61.4	2.81
10^{-2}	−1.85	61.9	3.85
10^{-1}	−1.82	61.8	3.87

说明上述表中的观察数据。你能够建议 A 和 B 的本质吗？

12.5　在分子性质的相关研究中（例如质子化电势，电子亲和力，分子轨道计算等），循环伏安法经常用于获得标准电势的信息。在此类研究中标准电势是如何获得的？涉及到任何假设吗？如果电极过程是 EC 机理，将会出现什么样的误差？当涉及慢电子转移和一个化学稳定的产物时，情况如何？

12.6　对于一个随后催化反应（E_rC_i'），在 λ 值大和小时［见公式（12.3.36)］，请推导出计时电势法中 $(\tau/\tau_d)^{1/2}$ 的极限值。对于图 12.3.22 中的 KP 区域，$(\tau/\tau_d)^{1/2}$ 与 $\lambda^{1/2}$ 作图的斜率是什么？

12.7　对于一个随后催化反应（E_rC_i'），见式（12.3.34）和式（12.3.35），请推导出计时电势法中 E-t 曲线的方程。显示当 $k \to 0$ 时，此 E-t 曲线趋近于一个 Nernst 电极反应。当 $\lambda \to \infty$ 时的极限（KP）行为如何？画出 $E_{\tau/4}$ 随 λ 变化的曲线。

12.8　对于一个 E_rC_i' 反应体系［见式（12.3.39)］，在线性扫描伏安法中的极限电流 i_∞，可由应用稳态条件而导出，稳态条件是 $[\partial C_O(x,t)/\partial t] = [\partial C_R(x,t)/\partial t] = 0$ 和 $C_O(x,t) + C_R(x,t) = C_O^*$（设 $D_O = D_R = D$）。请进行此推导。

12.9　在 $1\text{mol} \cdot L^{-1}$ HCl 溶液中控制电势还原 $0.01\text{mol} \cdot L^{-1}$ M^{3+} 产生 M^{2+}。当采用一个面积为 50cm^2 的电极在 $m = 10^{-2}\text{cm/s}$，在体积为 100cm^3 中进行电解时，注意到电流衰减到一个稳态值 24.5mA，较电解前在 $1\text{mol} \cdot L^{-1}$ HCl 溶液中在此电势下的残留电流（500μA）大得多。这种影响是由于如下得反应

$$M^{2+} + H^+ \longrightarrow M^{3+} + \frac{1}{2}H_2$$

重新产生 M^{3+}。对于此反应的准一级速率常数是什么？在电解过程中 M^{2+} 的稳态浓度是什么？

12.10 G. Costa，A. Puxeddu 和 E. Reisenhofer（*J. Chem. Soc. Dalton*，**1973**，2034）研究在 DMF 中，在汞电极上循环伏安还原配合物 Co^{III}（salen）［这里（salen）代表配位剂 *N*,*N'*-ethylenebis(salicylideneiminate)］。在没有其他添加剂时，0.2mmol·L^{-1}配合物溶液有一典型的可逆循环伏安图，相应于如下的反应

$$Co^{II}(salen) + e \rightleftharpoons Co^{I}(salen)^-$$

当加入溴乙烷后，发生如下的不可逆反应

$$Co^{I}(salen)^- + EtBr \xrightarrow{k} Et\text{-}Co^{III}(salen) + Br^-$$

式中，Et-Co^{III}(salen) 较 Co^{II}(salen) 更负的电势还原。为了测量 k，需要在一定 EtBr 浓度下，使随后反应是准一级反应（$k'=k[EtBr]$），测量 i_{pa}/i_{pc} 的比。当 $E_{1/2}$ 和转换电势 E_λ 之间的时间 τ 是 32ms 时，EtBr 的浓度为 13.3mmol·L^{-1}，在 0℃时 i_{pa}/i_{pc} 的比是 0.7，计算 k 和 k'。

12.11 考察图 12.3.2 中的曲线 1，设 $v=10V/s$。在开始扫描时 O 的浓度是什么？假设前置反应不影响其行为，计算 i_p 值，比较它与观察到 i_p 值。

12.12 在图 12.3.2(CE)，图 12.3.10(EC) 和图 12.3.17(EC′) 中的伏安图均涉及 Nernst 电极反应与化学反应的偶合。在每种情况下，开始物质的总浓度是 1mmol·L^{-1}，并且 $D=10^{-5}cm^2/s$。从这些图中的数据，作出每种机理下，i_{pc} 相对于 $v^{1/2}$ 的曲线，并且要求包括未受干扰的 Nernst 电子转移反应（E_r）的曲线。通过每种情况下所发生的反应来解释这些行为。

第 13 章　双电层结构和吸附

第 1 章中介绍过一些有关双电层的基本概念，包括双电层电容和双电层结构概念。这方面的一个遗留问题是反复提及的双电层对电极过程和电化学测量的影响。现在就来更详细深入地研究电化学中这方面的问题。这里目的是研究各种可以阐明双电层结构的实验方法，以及重要结构模型及其在电极动力学方面的应用。

13.1　双电层热力学

关于双电层的许多知识来自宏观平衡性质的测量，如界面电容和表面张力。通常，感兴趣的是这些性质随电势和电解液中各种物质活度变化的情况。下一节将比较详细地论述有关实验的问题。现在将集中探讨用于设计并解释实验的理论。既然关心的是宏观的平衡性质，期望利用热力学的处理方法严格描述一个体系而无须假设模型，这是一个重要的概念，因为它意味着可以得到任何成功的结构模型必然能合理解释的数据。

从推导吉布斯吸附等温式（Gibbs adsorption isotherm）（通常用于描述界面）开始，从而获得更具体地描述电化学界面性质的电毛细方程（electrocapillary equation）。

13.1.1　吉布斯吸附等温式

假设有一个表面积为 A 的界面将 α 和 β 两相分开，体系的截面示意见图 13.1.1，两条实线之间的区域为界面区，其组成和性质是我们所关心的。BB'线右侧为纯 β 相；AA'线左侧为纯 α 相。由于分子间力仅仅在短程内起作用，所以界面区只有几百个埃厚，可以把对 α 和 β 相的界面扰动看作是表面的特性。AA'和 BB'线可以定在任一位置，前提是它们要包含界面扰动所导致的既不同于纯 α 相又不同于纯 β 相体系的全部断面。

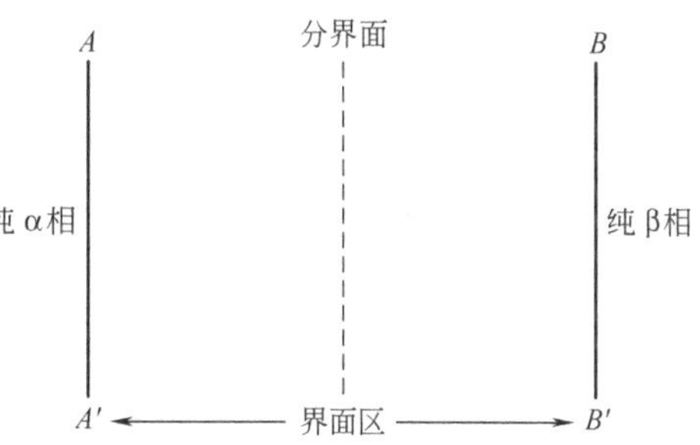

图 13.1.1　分开 α 和 β 两相的界面区示意

现在将真实的界面区与假想的参考界面区进行比较。在参考区内，定义一个分界面，如图 13.1.1 虚线所示。分界面的位置是任意选择的，对最终的结果并无影响（见习题 13.1），但是为了便于思考，令其与真实的界面相吻合。在这个参考体系中，设想未受干扰的纯 α 相从左扩展至分界面，而纯 β 相从右扩展至分界面。

定义参考体系的原因，是由于界面的性质由组分浓度的过剩和贫乏所决定，也就是说，所关心的是一个差值，即真实界面区中各种物质的量与假定界面的存在不干扰纯 α 相和纯 β 相时应有的量之间的差值。这种差值称为表面过剩量（surface excess）。例如，某物质，如钾离子或电子，表面过剩物质的量应该是

$$n_i^{\sigma}=n_i^{\mathrm{S}}-n_i^{\mathrm{R}} \tag{13.1.1}$$

式中，n_i^{σ} 为过剩量；n_i^{S} 和 n_i^{R} 分别为真实体系和参考体系界面层中物质 i 的物质的量。表面过剩量可以由任何广延变量来确定。

这些变量之一是电化学自由能，一般来讲，电化学自由能是很有用的[1~4]。对于参考体系，

影响电化学自由能的是一些一般性变量：温度、压力及所有组分的物质的量，即 $\bar{G}^{\mathrm{R}}=\bar{G}^{\mathrm{R}}(T,P,n_i^{\mathrm{R}})$。表面积对 $\bar{G}^{\mathrm{R}}$ 没有影响，因为界面不扰动 α 相和 β 相，所以不存在相互作用的能量。另一方面，从经验得知，真实体系有一种使界面面积最小化或最大化的趋势；因此，真实体系的自由能 $\bar{G}^{\mathrm{S}}$ 必然与面积有关。于是，$\bar{G}^{\mathrm{S}}=\bar{G}^{\mathrm{S}}(T,P,A,n_i^{\mathrm{S}})$。

全微分得到

$$\mathrm{d}\bar{G}^{\mathrm{R}}=\left(\frac{\partial\bar{G}^{\mathrm{R}}}{\partial T}\right)\mathrm{d}T+\left(\frac{\partial\bar{G}^{\mathrm{R}}}{\partial P}\right)\mathrm{d}P+\sum_i\left(\frac{\partial\bar{G}^{\mathrm{R}}}{\partial n_i^{\mathrm{R}}}\right)\mathrm{d}n_i^{\mathrm{R}} \tag{13.1.2}$$

$$\mathrm{d}\bar{G}^{\mathrm{S}}=\left(\frac{\partial\bar{G}^{\mathrm{S}}}{\partial T}\right)\mathrm{d}T+\left(\frac{\partial\bar{G}^{\mathrm{S}}}{\partial P}\right)\mathrm{d}P+\left(\frac{\partial\bar{G}^{\mathrm{S}}}{\partial A}\right)\mathrm{d}A+\sum_i\left(\frac{\partial\bar{G}^{\mathrm{S}}}{\partial n_i^{\mathrm{S}}}\right)\mathrm{d}n_i^{\mathrm{S}} \tag{13.1.3}$$

只讨论恒温恒压下进行的实验，因此每一表达式的头两项可以去掉。偏导数（$\partial\bar{G}^{\mathrm{R}}/\partial n_i^{\mathrm{R}}$）是在 2.2.4 节中遇到过的电化学势 $\bar{\mu}_i$。由于是平衡状态，故电化学势对于任何给定的物质在整个体系中都是常数。既然它在界面区与在纯 α 相和纯 β 相中都是相同的，那么下式必然也是正确的，即

$$\bar{\mu}_i=\left(\frac{\partial\bar{G}^{\mathrm{R}}}{\partial n_i^{\mathrm{R}}}\right)=\left(\frac{\partial\bar{G}^{\mathrm{S}}}{\partial n_i^{\mathrm{S}}}\right) \tag{13.1.4}$$

将偏导数（$\partial\bar{G}^{\mathrm{S}}/\partial A$）称为表面张力 γ。表面张力表示增加单位表面积所需的能量，例如将体系进一步分散。需要将某一相的本体原子或分子移到新的界面，导致其与初始相中的相邻原子或分子相互作用减小，但会与另一相中相邻原子或分子相互作用，因此表面张力取决于 α 和 β 两相化学特性。

至此，过剩自由能的微分可以写为

$$\mathrm{d}\bar{G}^{\sigma}=\mathrm{d}\bar{G}^{\mathrm{S}}-\mathrm{d}\bar{G}^{\mathrm{R}}=\gamma\mathrm{d}A+\sum_i\bar{\mu}_i\mathrm{d}(n_i^{\mathrm{S}}-n_i^{\mathrm{R}}) \tag{13.1.5}$$

并由式（13.1.1）得出

$$\mathrm{d}\bar{G}^{\sigma}=\gamma\mathrm{d}A+\sum_i\bar{\mu}_i\mathrm{d}n_i^{\sigma} \tag{13.1.6}$$

由该方程式可知，界面自由能（在恒温恒压条件下）可由变量 A 和 n_i 等广延变量来描述。这种特点允许借助欧拉（Euler）定理❶得到

$$\bar{G}^{\sigma}=\left(\frac{\partial\bar{G}^{\sigma}}{\partial A}\right)A+\sum_i\left(\frac{\partial\bar{G}^{\sigma}}{\partial n_i^{\sigma}}\right)n_i^{\sigma} \tag{13.1.7}$$

$$\bar{G}^{\sigma}=\gamma A+\sum_i\bar{\mu}_i n_i^{\sigma} \tag{13.1.8}$$

从这个表达式求全微分 $\mathrm{d}\bar{G}^{\sigma}$。

$$\mathrm{d}\bar{G}^{\sigma}=\gamma\mathrm{d}A+\sum_i\bar{\mu}_i\mathrm{d}n_i^{\sigma}+A\mathrm{d}\gamma+\sum_i n_i^{\sigma}\mathrm{d}\bar{\mu}_i \tag{13.1.9}$$

显然，式（13.1.6）和式（13.1.9）必然是等效的，因此，式（13.1.9）后两项总和必须为零：

$$A\mathrm{d}\gamma+\sum_i n_i^{\sigma}\mathrm{d}\bar{\mu}_i=0 \tag{13.1.10}$$

通常，单位表面过剩的提法更方便些；所以引入表面过剩浓度 $\Gamma_i=n_i^{\sigma}/A$。于是式（13.1.10）可表示为

$$\boxed{-\mathrm{d}\gamma=\sum_i\Gamma_i\mathrm{d}\bar{\mu}_i} \tag{13.1.11}$$

该式即 Gibbs 吸附等温式。它暗示表面张力的测量对阐明界面结构起着重要作用，但是为阐明实验结果，需要特别研究一下电化学中的情况，这就是下一步的工作。

13.1.2 电毛细方程

现在来讨论一个汞表面与 KCl 溶液接触的特定化学体系。汞电势的控制相对于一个与实验溶液无液接界的参比电极，同时假设水相含有界面活性的中性物质 M。例如，这个电池可以是

$$\mathrm{Cu'/Ag/AgCl/K^+,Cl^-,M/Hg/Ni/Cu} \tag{13.1.12}$$

---

❶ $\bar{G}$ 是广延变量 A 和 n_i 的泛函数，对于这一点是指电化学自由能体系物理量呈线性关系，如果 A 和所有 n_i 增加一倍，体系也会增大一倍，则 $\bar{G}$ 也加倍。数学上这种性质意味着 $\bar{G}(A,n_i)$ 为 A 和 n_i 线性齐次函数。Euler 定理[5]一般用于齐次函数，对于线性齐次函数，可以根据公式（13.1.10）中的导数和变量定义函数本身。

将重点讨论汞电极与水溶液之间的界面。

对此情况，在写出的Gibbs吸附等温式中，把汞电极组分、溶液的离子组分以及溶液中中性组分分组写出是有用的。因为过剩电荷可以存在于电极表面，需要考虑在汞上的电子表面过剩，它可以为正也可以为负，因此

$$-\mathrm{d}\gamma=(\Gamma_{\mathrm{Hg}}\mathrm{d}\bar{\mu}_{\mathrm{Hg}}+\Gamma_{\mathrm{e}}\mathrm{d}\bar{\mu}_{\mathrm{e}}^{\mathrm{Hg}})+(\Gamma_{\mathrm{K}^+}\mathrm{d}\bar{\mu}_{\mathrm{K}^+}+\Gamma_{\mathrm{Cl}^-}\mathrm{d}\bar{\mu}_{\mathrm{Cl}^-})+(\Gamma_{\mathrm{M}}\mathrm{d}\bar{\mu}_{\mathrm{M}}+\Gamma_{\mathrm{H_2O}}\mathrm{d}\bar{\mu}_{\mathrm{H_2O}}) \tag{13.1.13}$$

式中，$\bar{\mu}_{\mathrm{e}}^{\mathrm{Hg}}$ 指的是汞相中的电子。

电化学势之间存在着某些重要的联系；

$$\bar{\mu}_{\mathrm{e}}^{\mathrm{Hg}}=\bar{\mu}_{\mathrm{e}}^{\mathrm{Cu}} \tag{13.1.14}$$

$$\bar{\mu}_{\mathrm{KCl}}=\mu_{\mathrm{KCl}}=\bar{\mu}_{\mathrm{K}^+}+\bar{\mu}_{\mathrm{Cl}^-} \tag{13.1.15}$$

此外

$$\bar{\mu}_{\mathrm{H_2O}}=\mu_{\mathrm{H_2O}} \tag{13.1.16}$$

$$\bar{\mu}_{\mathrm{M}}=\mu_{\mathrm{M}} \tag{13.1.17}$$

进一步认识到 $\mathrm{d}\bar{\mu}_{\mathrm{Hg}}=\mathrm{d}\bar{\mu}_{\mathrm{Hg}}^0=0$，可以把式（13.1.13）重新表示为

$$-\mathrm{d}\gamma=\Gamma_{\mathrm{e}}\mathrm{d}\bar{\mu}_{\mathrm{e}}^{\mathrm{Cu}}+(\Gamma_{\mathrm{K}^+}\mathrm{d}\bar{\mu}_{\mathrm{KCl}}-\Gamma_{\mathrm{K}^+}\mathrm{d}\bar{\mu}_{\mathrm{Cl}^-}+\Gamma_{\mathrm{Cl}^-}\mathrm{d}\bar{\mu}_{\mathrm{Cl}^-})+(\Gamma_{\mathrm{M}}\mathrm{d}\mu_{\mathrm{M}}+\Gamma_{\mathrm{H_2O}}\mathrm{d}\mu_{\mathrm{H_2O}}) \tag{13.1.18}$$

现在讨论参比电极能对水相组分之一有响应这一重要事实。由于参考界面处于平衡状态，有

$$\bar{\mu}_{\mathrm{AgCl}}+\bar{\mu}_{\mathrm{e}}^{\mathrm{Cu}'}=\bar{\mu}_{\mathrm{Ag}}+\bar{\mu}_{\mathrm{Cl}^-} \tag{13.1.19}$$

由于 $\mathrm{d}\bar{\mu}_{\mathrm{AgCl}}=\mathrm{d}\bar{\mu}_{\mathrm{Ag}}=0$，故

$$\mathrm{d}\bar{\mu}_{\mathrm{e}}^{\mathrm{Cu}'}=\mathrm{d}\bar{\mu}_{\mathrm{Cl}^-} \tag{13.1.20}$$

将式（13.1.20）代入式（13.1.18）中，把各项归类得到

$$-\mathrm{d}\gamma=\Gamma_{\mathrm{e}}\mathrm{d}\bar{\mu}_{\mathrm{e}}^{\mathrm{Cu}}-[\Gamma_{\mathrm{K}^+}-\Gamma_{\mathrm{Cl}^-}]\mathrm{d}\bar{\mu}_{\mathrm{e}}^{\mathrm{Cu}'}+\Gamma_{\mathrm{K}^+}\mathrm{d}\mu_{\mathrm{KCl}}+\Gamma_{\mathrm{M}}\mathrm{d}\mu_{\mathrm{M}}+\Gamma_{\mathrm{H_2O}}\mathrm{d}\mu_{\mathrm{H_2O}} \tag{13.1.21}$$

在界面的金属一侧的过剩电荷密度为

$$\sigma^{\mathrm{M}}=-F\Gamma_{\mathrm{e}} \tag{13.1.22}$$

在溶液一侧的电荷密度与上面数值相等但符号相反：

$$\sigma^{\mathrm{S}}=-\sigma^{\mathrm{M}}=F(\Gamma_{\mathrm{K}^+}-\Gamma_{\mathrm{Cl}^-}) \tag{13.1.23}$$

此外，

$$\mathrm{d}\bar{\mu}_{\mathrm{e}}^{\mathrm{Cu}}-\mathrm{d}\bar{\mu}_{\mathrm{e}}^{\mathrm{Cu}'}=-F\mathrm{d}(\phi^{\mathrm{Cu}}-\phi^{\mathrm{Cu}'})=-F\mathrm{d}E_- \tag{13.1.24}$$

式中，E_- 为汞电极相对于参比电极的电势。按照惯例在下角标一个负号，表示参比电极对体系的阴离子成分有响应。引用式（13.1.22）～式（13.1.24），将式（13.1.21）变为

$$-\mathrm{d}\gamma=\sigma^{\mathrm{M}}\mathrm{d}E_-+\Gamma_{\mathrm{K}^+}\mathrm{d}\mu_{\mathrm{KCl}}+\Gamma_{\mathrm{M}}\mathrm{d}\mu_{\mathrm{M}}+\Gamma_{\mathrm{H_2O}}\mathrm{d}\mu_{\mathrm{H_2O}} \tag{13.1.25}$$

必须承认这个公式中所有参数都不是独立的，不可能单独改变 KCl、M 和 H_2O 的化学式（例如，通过改变浓度的方法）。如果其中一个发生变化，就会影响到其他组分，结果是 Γ_{K^+}，Γ_{M} 和 $\Gamma_{\mathrm{H_2O}}$都不能独立地测量。是否能够把式（13.1.25）转变为关于一些能独立控制和可测的参量的表达式呢？

回答是肯定的，对于水相可以采用 Gibbs-Duhem 关系式。对于任意相在 T 和 P 恒定时，此关系式为[5]

$$\sum X_i\mathrm{d}\mu_i=0 \tag{13.1.26}$$

式中，i 包括所有组分，X_i为摩尔分数。对于水相

$$X_{\mathrm{H_2O}}\mathrm{d}\mu_{\mathrm{H_2O}}+X_{\mathrm{KCl}}\mathrm{d}\mu_{\mathrm{KCl}}+X_{\mathrm{M}}\mathrm{d}\mu_{\mathrm{M}}=0 \tag{13.1.27}$$

在式（13.1.25）和式（13.1.27）当中，可以消去 $\mathrm{d}\mu_{\mathrm{H_2O}}$得到

$$-\mathrm{d}\gamma=\sigma^{\mathrm{M}}\mathrm{d}E_-+\left[\Gamma_{\mathrm{K}^+}-\frac{X_{\mathrm{KCl}}}{X_{\mathrm{H_2O}}}\Gamma_{\mathrm{H_2O}}\right]\mathrm{d}\mu_{\mathrm{KCl}}+\left[\Gamma_{\mathrm{M}}-\frac{X_{\mathrm{M}}}{X_{\mathrm{H_2O}}}\Gamma_{\mathrm{H_2O}}\right]\mathrm{d}\mu_{\mathrm{M}} \tag{13.1.28}$$

括弧中的量是可测量参数，称为相对表面过剩（relative surface excesses）。分别用符号表示为

$$\boxed{\Gamma_{\mathrm{K}^+(\mathrm{H_2O})}=\Gamma_{\mathrm{K}^+}-\frac{X_{\mathrm{KCl}}}{X_{\mathrm{H_2O}}}\Gamma_{\mathrm{H_2O}}} \tag{13.1.29}$$

$$\boxed{\Gamma_{\mathrm{M}(\mathrm{H_2O})}=\Gamma_{\mathrm{M}}-\frac{X_{\mathrm{M}}}{X_{\mathrm{H_2O}}}\Gamma_{\mathrm{H_2O}}} \tag{13.1.30}$$

因此，现在认识到不能测量 K^+ 的绝对表面过剩，而只能测它相对于水的过剩。例如，相对过剩为零并不意味着没有 K^+ 的吸附，只是说明 K^+ 和 H_2O 的吸附程度相同而已，即 K^+ 和 H_2O 以它们在本体电解液中所具有的相同的摩尔比值被吸附。相对过剩为正值是指 K^+ 比 H_2O 在更大程度上被吸附，并不是指绝对的摩尔数，而是相对于本体电解液中的有效量。

在这里水是作为参考成分，在任何电解液中选择溶剂 S 作为参考成分是有优越性的，因为它不涉及活度。再者，有时可以认为 $(X_i/X_S)\Gamma_S$ 是微不足道的，因此所测定的相对表面过剩可以认为是绝对表面过剩。当然这种假设并不严格，但是在稀溶液中的许多实验情况下，从实用的观点看是合理的。

这些原则明确了本实验体系中电毛细方程的最终表述[1~4]：

$$\boxed{-\mathrm{d}\gamma=\sigma^{\mathrm{M}}\mathrm{d}E_{-}+\Gamma_{\mathrm{K}^{+}(\mathrm{H_2O})}\mathrm{d}\mu_{\mathrm{KCl}}+\Gamma_{\mathrm{M}(\mathrm{H_2O})}\mathrm{d}\mu_{\mathrm{M}}} \tag{13.1.31}$$

其他体系应该具有包含其他组分项的类似方程式。关于电毛细方程更普遍的表述可参阅专门的文献 [4]。

方程式 (13.1.31) 是涉及重要实验参数的一个关系式，即每个量都是可控制和可测量的，这是用实验方法研究双电层结构的关键。

13.2 表面过剩及电参数的实验测定

13.2.1 电毛细现象及滴汞电极

把式 (13.1.31) 称为电毛细方程的原因并不是很清楚。这个名称是历史上人为赋予的，它系由早期应用该方程式解释汞/电解液界面上表面张力测量演变而来[1~4,6~8]。最早进行这种测量的是 Lippmann，为此目的，他发明了一种叫做毛细静电计的装置[9]，它的原理是零补偿，控制汞柱产生的向下的压力，使固定在毛细管中的汞/溶液界面不动。在此平衡条件下，表面张力造成的向上的力正好等于向下的机械力。因为这种方法依靠零位检测，所以精度很高。这种巧妙的方法至今仍被采用。这些仪器能给出电毛细曲线 (electrocapillary curve)，也就是简单的表面张力相对于电势作图。

大家更熟悉的用于同一目的的装置是滴汞电极 (DME)。滴汞电极实际上是 Heyrovský 为测量表面张力而发明的[10]。当然，它的应用已远远超过了当初的设想（见第 7 章）。图 7.1.1 是一个典型装置的示意图。

汞滴寿命终端时重量为 $gmt_{\max}$，其中，m 是汞从毛细管中流过的物质流速，g 是重力加速度，$t_{\max}$ 是汞滴的寿命。这种力与作用于半径为 r_c 毛细管周边的表面张力 γ 平衡，因而

$$t_{\max}=\frac{2\pi r_c}{mg}\gamma \tag{13.2.1}$$

显而易见，汞滴落下时间 $t_{\max}$ 正好与 γ 成正比；因此 $t_{\max}$ 对电势作图具有和真实电毛细曲线相同的形状，只需纵坐标乘以一个恒定的因子，这个因子可以单独考虑。有时也把这类图形称为电毛细曲线。

就目前对界面结构的了解来讲，这些装置起着非常重要的作用。已经看到一些有关强调表面张力问题的热力学关系式。鉴于表面张力的测量在液体金属电极上更易得到好结果，所以几十年来在这方面的研究中，汞和汞齐占支配地位。汞还有一些其他的优点，它具有高的氢过电势，因此，存在一个宽的电势窗口，其间以非法拉第过程为主。汞是液体，所以像晶界一类的表面特征在汞表面是不可能出现的。在滴汞电极上，每过几秒钟就会有新鲜表面暴露出来，因此减小了工作表面累积污染问题。这些优点也扩展到在研究法拉第电化学时使用汞表面，但是，在探索界面结构方面最能发挥其优势。现在来看看电毛细曲线是如何揭示界面结构的。

13.2.2 过剩电荷和电容

仍考虑 13.1.2 节讨论的特定的化学体系。根据其电毛细方程式 (13.1.31)，显然

$$\sigma^{\mathrm{M}}=-\left(\frac{\partial\gamma}{\partial E_{-}}\right)_{\mu_{\mathrm{KCl}},\mu_{\mathrm{M}}} \tag{13.2.2}$$

因此，电极上的过剩电荷量是任一电势下电毛细曲线的斜率[1~4,6~8]。图13.2.1是在0.1mol·L^{-1} KCl中DME的滴落时间和对于电势的曲线。尽管电解液改变时曲线有明显的变化（见图13.2.2），但它有通常作为这些曲线特征的近似抛物线形状。

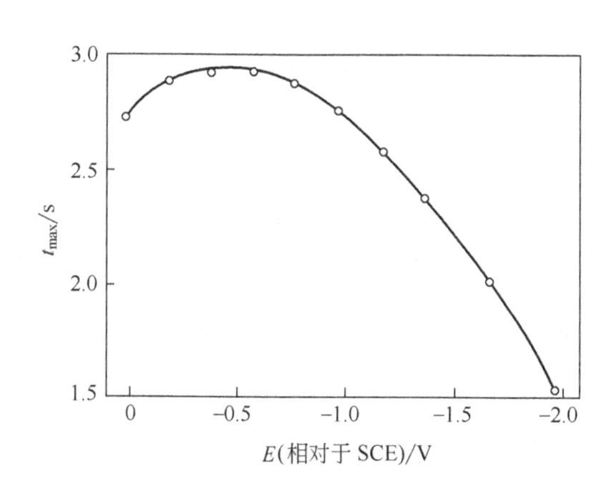

图13.2.1 在0.1mol·L^{-1} KCl溶液中DME电极上滴落时间与电势作图的电毛细曲线
[引自 L. Meites, *J. Am. Chem. Soc.*, **73**, 2035(1951)]

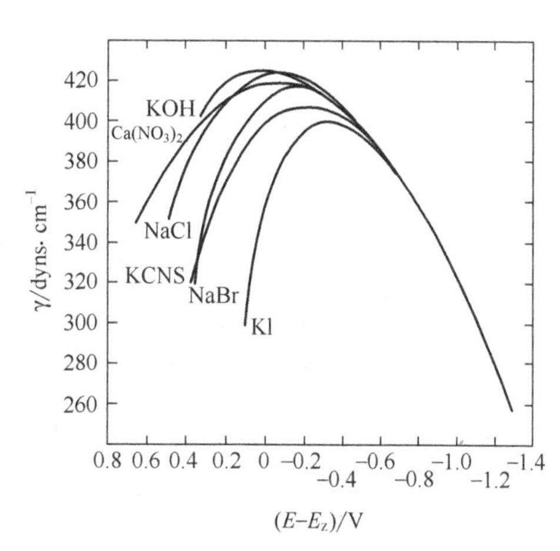

图13.2.2 在18℃时，汞与指定电解质溶液相接触的表面张力与电势作图的电毛细曲线
[引自 D. C. Grahame, *Chem. Rev*, **41**, 441(1947)]

这些曲线共同的特点是表面张力存在一个最大值。产生最大值的电势是电毛细极大值（electrocapillary maximum，ECM）的电势，是体系的一个非常重要的标志，因为在这一点曲线斜率为零，它是体系的零电荷电势（PZC），该电势下，$\sigma^M=\sigma^S=0$。

在较负的电势下，电极表面负电荷过剩，而在较正的电势下，则正电荷过剩。任何构成过剩的电荷个体都相互排斥，因此与通常的表面收缩趋势相反，减弱了表面张力。表面电荷的曲线可以由微分电毛细曲线得到。图13.2.3给出了一些实例。

界面电容表征界面在一定电势扰动下相应的电荷储存能力。电容的一个定义是微小的电势变化所造成的电荷密度的微小变化：

$$\boxed{C_d=\left(\frac{\partial\sigma^M}{\partial E}\right)} \qquad (13.2.3)$$

该微分电容显然是σ^M-E曲线上任一点的斜率。图13.2.4可以帮助弄清楚这个定义。由此及图13.2.3看到，C_d对电势来讲并不像理想的电容器那样是恒定的。

由于C_d随E变化，促使人们定义一个积分电容C_i（有时表示为K），它是在电势E的总电荷密度σ^M对此时所加电势差的比值，即

$$\boxed{C_i=\frac{\sigma^M}{(E-E_z)}} \qquad (13.2.4)$$

式中，E_z是PZC。图13.2.4为C_i图解说明。积分电容通过如下方程式与C_d相关联

$$C_i=\frac{\int_{E_z}^{E}C_d\,dE}{\int_{E_z}^{E}dE} \qquad (13.2.5)$$

因此，C_i是从E_z到E的电势范围内C_d的平均值。

微分电容是一个更加有用的量，部分原因是由于它可以用阻抗技术精确地测量出（见第10章）。正如

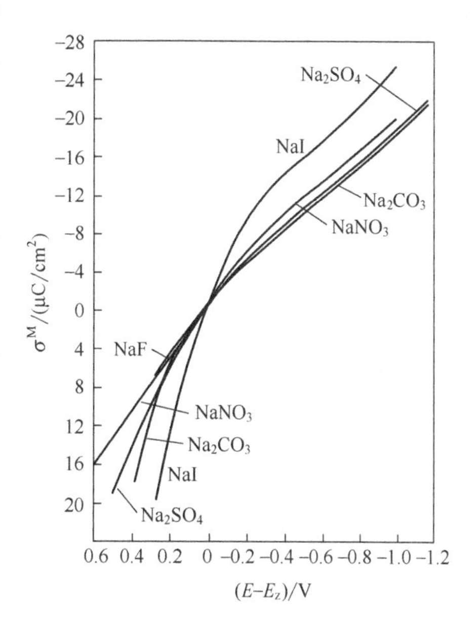

图13.2.3 所标明的电解质溶液（1mol·L^{-1}）中汞电极电荷密度相对于电势的曲线（25℃）
电势相对于相应电解质的PZC [引自 D. C. Grahame, *Chem. Rev.*, **41**, 441(1947)]

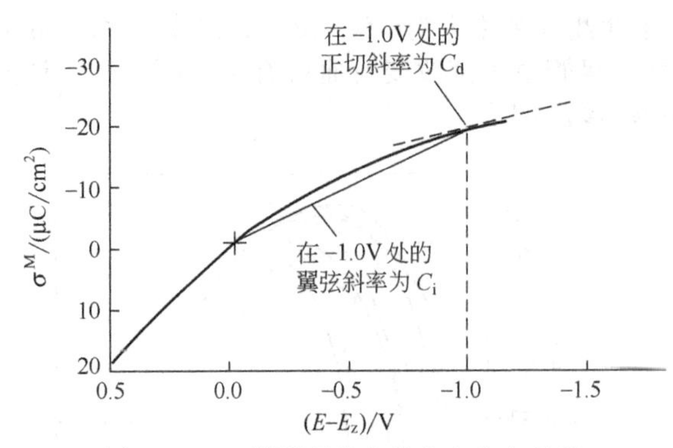

图 13.2.4 说明积分和微分电容定义的电荷密度对电势示意

在 13.3 节中将会看到那样，电容测量在双电层结构模型的建立方面起着决定性作用。

现在可以理解，这些测量结果与电毛细数据基本上是等效的。电容可以由电毛细曲线的二阶微分求得，反之，电毛细曲线可以由微分电容的重积分建立[11,12]：

$$\gamma = \iint_{E_z}^{E} C_d \mathrm{d}E \tag{13.2.6}$$

后一种方法必须已知 PZC。电容或许是更普遍适用的原始数据，因为 σ^M-E 及 γ-E 曲线都要由它积分而来，这样就把随机实验变量误差平均掉了，相反，表面张力的微分则加大了随机实验变量的误差。此外，电容可以直接在固体电极上进行测量，但此时 γ 是不易得到的。

13.2.3 相对表面过剩

现在再回到电毛细方程式（13.1.31）上来，在所讨论的界面上，发现钾离子的相对表面过剩量可由下式表示[1~4,6~8]

$$\Gamma_{K^+(H_2O)} = \left(\frac{\partial \gamma}{\partial \mu_{KCl}}\right)_{E_-,\mu_M} \tag{13.2.7}$$

由于

$$\mu_{KCl} = \mu_{KCl}^0 + RT\ln a_{KCl} \tag{13.2.8}$$

故

$$\boxed{\Gamma_{K^+(H_2O)} = \frac{-1}{RT}\left(\frac{\partial \gamma}{\partial \ln a_{KCl}}\right)_{E_-,\mu_M}} \tag{13.2.9}$$

当 M 的活度保持恒定时，这个关系式意味着能够在任意电势 E_- 下，通过测量几种 KCl 活度下的表面张力来计算 $\Gamma_{K^+(H_2O)}$。氯化物的相对表面过剩量可以由式（13.1.23）所示的电荷平衡求得。

对于中性物质 M，可以很容易地推导出类似式（13.2.9）的关系式，因此，它的相对表面过剩量就能够根据它的活度对 γ 的影响进行计算。

图 13.2.5 是 0.1mol·L^{-1} KF 与汞接触时溶液组分相对表面过剩量的图。值得注意的是，F$^-$

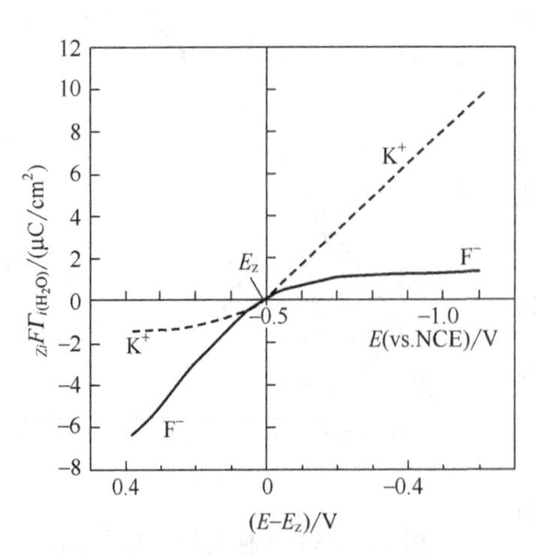

图 13.2.5 在 0.1mol·L^{-1} KF 溶液中汞表面过剩量与电势作图

电势相对于 NCE 和零电荷电势 E_z［引自 D. C. Grahame and B. A. Soderberg，*J. Chem. Phys.*，**22**，449(1954)］

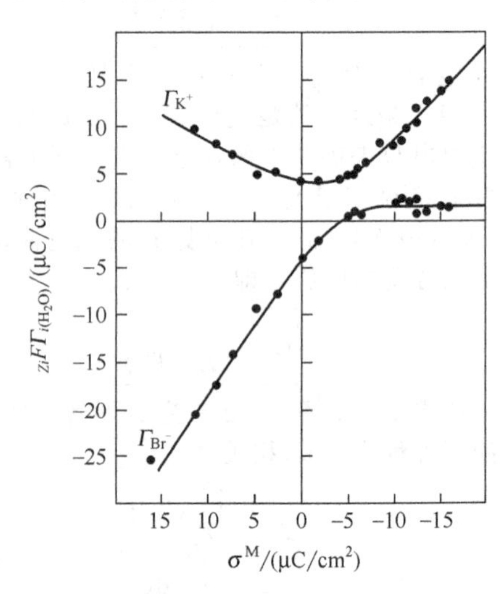

图 13.2.6 在 0.1mol·L^{-1} KBr 溶液中汞表面过剩量与电势作图

［引自 M. A. V. Devanathan 和 S. G. Ganagaratna，*Electrochim. Acta*，**8**，77(1963)］

在较 E_z 正的区域相对表面过剩量为正值，而 K^+ 为负值。负的表面过剩量表明汞/溶液界面附近 K^+ 浓度比本体相中的小。在比 E_z 负的电势区域情况相反，KF 溶液的行为与简单的静电学期望的结果是一致的。可以将这种行为与图 13.2.6 中 0.1mol・L^{-1} KBr 溶液的行为进行对比。这里请注意：在比电势 E_z 正的区域（即 $\sigma^M>0$），Γ_{K^+} 为正值。这个有趣现象的原因与 Br^- 在汞表面的特性吸附有关。将在 13.3.4 节中讨论这一问题。

13.3　双电层结构模型

既然已经了解到对于一个界面如何得到有关电荷和摩尔过剩量的一些基本事实，那么就希望提出一个有关过剩量的配置方式的框图。然而，无法从单纯热力学量得到结构的图像。办法是假设一个模型，预测出它的性质，并把它与真实体系的已知结果相比较。如果发现差别很大，则模型必须加以修正并重新检验。这里将讨论已经提出的关于界面结构的几种模型[2~4,6~8,13~19]。

13.3.1　Helmholtz 模型

因为金属电极是一种良导体，所以在平衡时，其内部不存在电场，在第 2 章中了解到这一事实，即任何金属相的过剩电荷都严格存在于表面。Helmholtz 于是首先提出关于界面电荷分离的推论，认为溶液中的相反电荷也存在于表面。因此，应当说有两个由分子量级距离分开的、极性相反的电荷层。实际上，双电层这个名字起源于 Helmholtz 在此领域内的早期著作[20~22]。

这样的结构相当于平板电容器，其储存电荷密度 σ 和两电板之间的电压降 V 之间存在如下关系[23]：

$$\sigma=\frac{\varepsilon\varepsilon_0}{d}V \tag{13.3.1}$$

式中，ε 为介质的介电常数；ε_0 为真空的介电常数；d 为两板之间的距离❶。故微分电容为

$$\frac{\partial\sigma}{\partial V}=C_d=\frac{\varepsilon\varepsilon_0}{d} \tag{13.3.2}$$

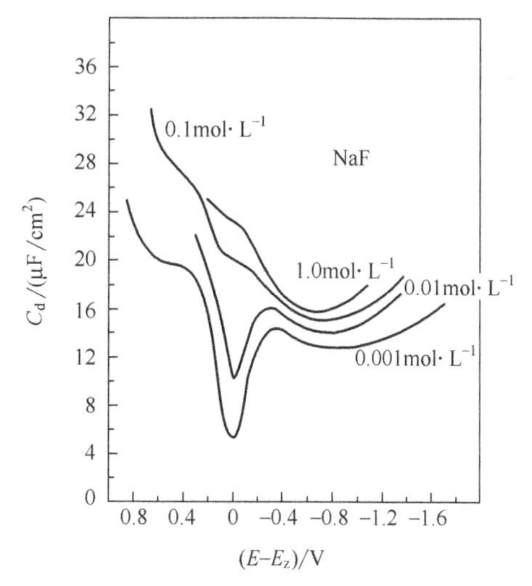

图 13.3.1　汞在 NaF 溶液（25℃）中的微分电容-电势曲线
［引自 D. C. Grahame，*Chem. Rev.*，**41**，441(1947)］

这种模型的缺点立刻在式（13.3.2）中显示出来，该式表明电容 C_d 是一个常数。根据前面的讨论知道，在真实体系中 C_d 并非常数，图 13.3.1 是对汞和不同浓度氟化钠溶液间界面的一个生动描述。C_d 随电势和浓度的变化说明无论 ε 或 d 都与这些变量有关；因此，显然需要一个更完善的模型。

---

❶ 本书中所有的电学公式都使用国际单位制（SI），导出如下库仑定律关系式[24]：

$$F=\frac{qq'}{4\pi\varepsilon\varepsilon_0 r^2}$$

因此电荷 q 与 q'(C) 间的作用力 F(N) 与电荷间距 r(m)、介质介电常数 ε(无量纲) 和真空介电常数 ε_0 有关。最后一个参数是可测量常数，等于 $8.85419\times10^{-12}C^2\cdot N^{-1}\cdot m^{-2}$。这个体系具有电学变量以统一量纲测量的优点。另外一种选择是静电学体系，库仑定律为

$$F=\frac{qq'}{\varepsilon r^2}$$

这里作用力 F(dyn) 通过介质介电常数 ε 和间距 r(cm) 与电荷（C）联系起来。将 ε 替换为 $4\pi\varepsilon\varepsilon_0$，静电学体系公式可以转化为国际单位制（SI）公式，反之亦然。许多界面结构处理使用静电学单位，可由结果是否缺少 ε_0 和是否出现 4π 倍数来判断。$\varepsilon\varepsilon_0$ 在有些处理中通常表示为一个单一量 ε，称为介质介电常数。

13.3.2 Gouy-Chapman 理论

即使电极上的电荷被局限于表面，溶液中并不一定如此，尤其是稀电解液中，溶液相中电荷载体密度相对较低，它可能需要相当厚度的溶液储存过剩电荷来抵消 σ^M。由于金属相电荷有依据其极性吸引或排斥溶液中带电粒子的趋势，与热过程导致的无序化趋势之间的相互作用，必然会使厚度有限。

为此，这种模型包含一个溶液电荷分散层（diffuse layer），就像前面 1.2.3 节[2~4,6~8,15,16]中描述的那样，过剩电荷最高浓度应该在靠近电极位置，此处静电力克服热过程的能力最大；距离越远静电力越弱，浓度就逐渐减小，因此，在电容表达式（13.3.2）中，应以电荷之间的平均距离来代替 d。可以预料，平均距离与电势和电解液浓度有关。电极带电越多，分散层就变得越紧密，并且 C_d 也就越大。当电解质浓度提高时，分散层也应同样被压缩，结果使电容上升。注意到这种定性趋势实际上可从图 13.3.1 的数据中看到。

Gouy 和 Chapman 各自独立地提出了分散层的概念，并且用统计力学的方法加以描述[25~27]。下面概述一下这个问题。

现在从这样的想法开始，即把溶液细分成平行于电极，厚度为 dx 的若干薄层（如图 13.3.2 所示），所有这些薄层彼此处于热平衡。然而，由于静电势 ϕ 变化，任意物质 i 的离子在各个薄层并不具有相同的能量。薄层可以被认为是等量衰减的能态，因此，物质在两个薄层中的浓度由 Boltzmann 因子决定的比值。如果以远离电极的薄层作为参考层，该层中每种离子均处于它的本体浓度 n_i^0，那么，任意其他薄层中离子的总数为

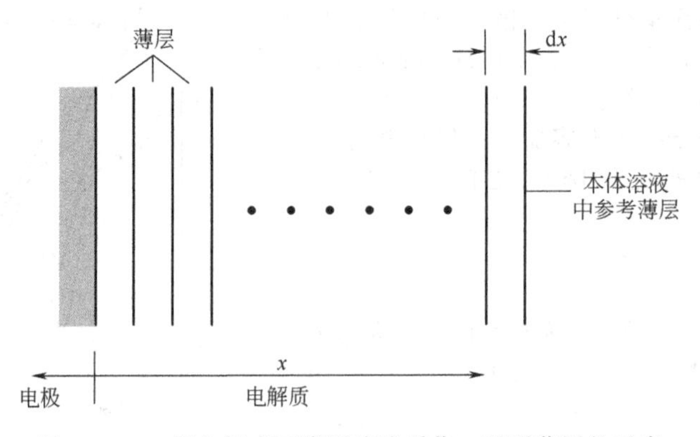

图 13.3.2　把电极表面附近溶液看作一系列薄层的示意

$$n_i = n_i^0 \exp\left(\frac{-z_i e\phi}{kT}\right) \tag{13.3.3}$$

式中，ϕ 相对于本体溶液测得，式（13.3.3）中其他量为电子电荷 e、Boltzmann 常数 k、绝对温度 T 以及离子 i 所带（带符号的）电荷数 z_i。

于是，任意薄层中单位体积总电荷为

$$\rho(x) = \sum_i n_i z_i e = \sum_i n_i^0 z_i e \exp\left(\frac{-z_i e\phi}{kT}\right) \tag{13.3.4}$$

式中，i 是所有离子的种类数。从静电学知道，$\rho(x)$ 与距离 x 处的电势符合 Poisson 方程[28]：

$$\rho(x) = -\varepsilon\varepsilon_0 \frac{d^2\phi}{dx^2} \tag{13.3.5}$$

因此，联立式（13.3.4）和式（13.3.5），可以得到描述这种体系的 Poisson-Boltzmann 方程式：

$$\frac{d^2\phi}{dx^2} = -\frac{e}{\varepsilon\varepsilon_0}\sum_i n_i^0 z_i \exp\left(\frac{-z_i e\phi}{kT}\right) \tag{13.3.6}$$

根据下式处理式（13.3.6）

$$\frac{d^2\phi}{dx^2} = \frac{1}{2}\frac{d}{d\phi}\left(\frac{d\phi}{dx}\right)^2 \tag{13.3.7}$$

于是，

$$d\left(\frac{d\phi}{dx}\right)^2 = -\frac{2e}{\varepsilon\varepsilon_0}\sum_i n_i^0 z_i \exp\left(\frac{-z_i e\phi}{kT}\right)d\phi \tag{13.3.8}$$

积分得到

$$\left(\frac{d\phi}{dx}\right)^2 = \frac{2kT}{\varepsilon\varepsilon_0}\sum_i n_i^0 \exp\left(\frac{-z_i e\phi}{kT}\right) + 常数 \tag{13.3.9}$$

并根据在远离电极的位置 $\phi=0$ 及 $(d\phi/dx)=0$，可求出该常数。于是

$$\boxed{\left(\frac{d\phi}{dx}\right)^2 = \frac{2kT}{\varepsilon\varepsilon_0}\sum_i n_i^0 \left[\exp\left(\frac{-z_i e\phi}{kT}\right) - 1\right]} \tag{13.3.10}$$

那么专门研究只含一种对称型电解质体系模型是有益的[1]。采用这种限制后，可以得到

$$\frac{d\phi}{dx} = -\left(\frac{8kTn^0}{\varepsilon\varepsilon_0}\right)^{1/2}\sinh\left(\frac{ze\phi}{2kT}\right) \tag{13.3.11}$$

从方程式（13.3.10）～式（13.3.11）变换的详细步骤留在习题13.2中。在方程（13.3.11）中，n^0是每种离子在本体溶液中的数浓度，z是离子的电荷数。

（1）分散层中的电势分布　方程式（13.3.11）可按如下方式整理并积分：

$$\int_{\phi_0}^{\phi}\frac{d\phi}{\sinh(ze\phi/2kT)} = -\left(\frac{8kTn^0}{\varepsilon\varepsilon_0}\right)^{1/2}\int_0^x dx \tag{13.3.12}$$

式中，ϕ_0是$x=0$处相对于本体溶液的电势。换言之，ϕ_0是整个分散层的电势降。结果为

$$\frac{2kT}{ze}\ln\left[\frac{\tanh(ze\phi/4kT)}{\tanh(ze\phi_0/4kT)}\right] = -\left(\frac{8kTn^0}{\varepsilon\varepsilon_0}\right)^{1/2}x \tag{13.3.13}$$

或

$$\boxed{\frac{\tanh(ze\phi/4kT)}{\tanh(ze\phi_0/4kT)} = e^{-\kappa x}} \tag{13.3.14}$$

式中

$$\boxed{\kappa = \left(\frac{2n^0 z^2 e^2}{\varepsilon\varepsilon_0 kT}\right)^{1/2}} \tag{13.3.15a}$$

对于稀水溶液（$\varepsilon=78.49$），在25℃下此方程式可表示为

$$\boxed{\kappa = (3.29\times10^7)zC^{*1/2}} \tag{13.3.15b}$$

式中，C^*是以mol/L表示的$z:z$型电解质本体浓度；κ以cm^{-1}表示。

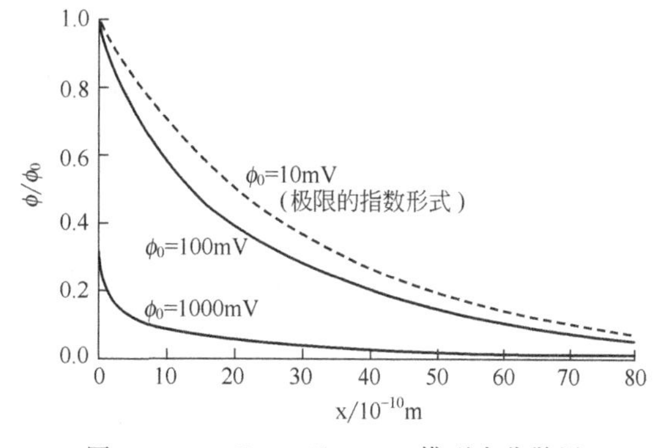

图13.3.3　Gouy-Chapman模型中分散层电势分布曲线

由10^{-2}mol·L^{-1}电解质（1∶1型）水溶液（25℃）计算得到。$1/\kappa=3.04$nm。见公式（13.3.14）～式（13.3.16）

公式（13.3.14）概述了分散层的电势分布，图13.3.3是对几种不同ϕ_0值计算的电势分布，电势总是随离开表面的影响而不断衰减。在较大的ϕ_0之下（高度荷电的电极），因为分散层比较紧密，电势下降很快。当ϕ_0较小时，衰减比较缓慢。

表13.3.1　分散层的特征厚度①

C^*/mol·L^{-1}②	$(1/\kappa)$/nm	C^*/mol·L^{-1}②	$(1/\kappa)$/nm
1	0.30	10^{-3}	9.62
10^{-1}	0.96	10^{-4}	30.4
10^{-2}	3.04		

① 指25℃时1∶1型电解质水溶液。

② $C^*=n^0/N_A$，这里N_A是Avogadro常数。

[1] 即电解质分别只含有一种带等量电荷数z的阳离子和阴离子。有时对称型电解质，如NaCl，HCl和$CaSO_4$也称为"$z:z$型电解质"。

实际上，在 ϕ_0 小到某种极限程度时，衰减遵守指数形式。如果 ϕ_0 足够低，即 $(ze\phi_0/4kT)<0.5$，那么 $\tanh(ze\phi/4kT)\approx ze\phi/4kT$ 总是成立，而且

$$\phi=\phi_0 e^{-\kappa x} \tag{13.3.16}$$

在 25℃下，当 $\phi_0\leqslant 50/z$ mV 时，这种关系是一个很好的近似关系。

应当注意，κ 的倒数具有距离的量纲并代表了电势空间衰变的特性，它可以被作为分散层的一种特征厚度来看待。表 13.3.1 提供了 1∶1 型电解质几种浓度下的 $1/\kappa$ 值。这种分散层同法拉第实验中遇到的典型扩散层尺度相比显然是非常薄的。当电解液浓度降低时，它就变得较厚。这一点在上面定性的讨论中已经提到过。

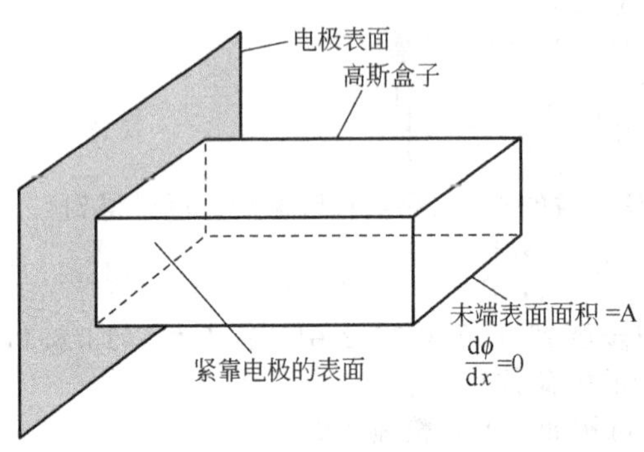

图 13.3.4 电极溶液一侧面积为 A 的分散层内包含电荷的高斯盒子

(2) σ^M 和 ϕ_0 之间的关系　现在，设想在所研究体系中放置一盒状的高斯表面，如图 13.3.4 所示，盒子一端位于界面，侧面垂直于这一端，并且延伸至场强 $d\phi/dx$ 基本上为零的足够远溶液中，所以盒中包括了与靠近其末端电极表面部分的电荷相反的分散层中所有电荷。

根据 Gauss 定律（2.2.1 节），该电量为

$$q=\varepsilon\varepsilon_0\oint_{\text{surface}}\mathscr{E}\cdot d\boldsymbol{S} \tag{13.3.17}$$

因为表面上的所有点场强 $\mathscr{E}$ 均为零，除了末端界面（end surface）[此处，每一点场强的大小为 $(d\phi/dx)_{x=0}$]，故

$$q=\varepsilon\varepsilon_0\left(\frac{d\phi}{dx}\right)_{x=0}\int_{\substack{\text{end}\\\text{surface}}}d\boldsymbol{S} \tag{13.3.18}$$

或

$$q=\varepsilon\varepsilon_0 A\left(\frac{d\phi}{dx}\right)_{x=0} \tag{13.3.19}$$

将式（13.3.11）代入，并认为 q/A 为溶液相的电荷密度 σ^S，得到

$$\boxed{\sigma^M=-\sigma^S=(8kT\varepsilon\varepsilon_0 n^0)^{1/2}\sinh\left(\frac{ze\phi_0}{2kT}\right)} \tag{13.3.20a}$$

对于稀的水溶液，在 25℃下可以求得常数并给出

$$\boxed{\sigma^M=11.7C^{*1/2}\sinh(19.5z\phi_0)} \tag{13.3.20b}$$

式中，σ^M 为 $\mu C/cm^2$ 时，C^* 为 mol/L。应当注意，ϕ_0 只与电极上的荷电状态有直接关系。

(3) 微分电容　至此可以通过微分式（13.3.20）来预测微分电容：

$$\boxed{C_d=\frac{d\sigma^M}{d\phi_0}=\left(\frac{2z^2e^2\varepsilon\varepsilon_0 n^0}{kT}\right)^{1/2}\cosh\left(\frac{ze\phi_0}{2kT}\right)} \tag{13.3.21a}$$

对于稀的水溶液，在 25℃下，该方程式可以写为

$$\boxed{C_d=228zC^{*1/2}\cosh(19.5z\phi_0)} \tag{13.3.21b}$$

式中，C_d 以 $\mu F/cm^2$ 表示，本体电解质溶液浓度 C^* 以 mol/L 表示。图 13.3.5 是按照式（13.3.21）的要求得到的 C_d 随电势变化的曲线。在 PZC 处有一个最小值，而其两边 C_d 急剧增高。

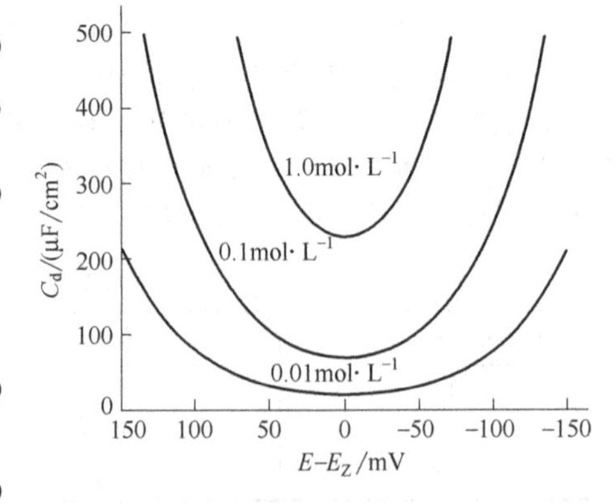

图 13.3.5 根据 Gouy-Chapman 理论预测的微分电容

由公式（13.3.21）对 10^{-2} mol·L^{-1} 电解质（1∶1 型）水溶液（25℃）计算得到的值。注意电势范围非常有限。预测的微分电容在远离 E_z 电势时迅速增加

预测的 V 形电容函数与低浓度 NaF 中 PZC 电势

附近观察到的行为的确很相像（见图 13.3.1）。然而，在实际体系中，在较极端的电势下显示出一个电容的平台，而在高电解液浓度下，PZC 处完全不出现低谷。而且，实际的电容值通常比预测的值要低得多。Gouy-Chapman 理论的部分成功说明它有一些真实的要素，但是它的失败是明显的，存在一些重要缺点。在下一节里将会看到，其缺点之一与电解质溶液中离子大小有关。

13.3.3　Stern 的修正

在 Gouy-Chapman 模型中，微分电容随 ϕ_0 无限增大的原因是由于离子在溶液相的位置不受限制，它们被视为可以任意接近表面的点电荷。所以，在强极化情况下，金属和溶液相电荷层区域之间的有效距离将会不断地减小到零。

这种观点是不实际的。离子有一定的大小，不可能靠近表面到小于它的半径。如果离子保持溶剂化，那么初始溶液壳层的厚度必须加在离子的半径上。对于在电极表面上的溶剂层来说，也必须考虑为另外的增量，可参见图 1.2.3。换言之，可以将某 x_2 距离处的离子中心想像为最靠近的平面。

在低电解质浓度体系中，这种限制作用对 PZC 电势附近预测的电容影响有限，因为分散层的厚度比 x_2 要大得多。然而，在较大的极化作用下，或者电解液的浓度很高时，溶液中电荷变得更加紧密地靠向 x_2 的界面，整个体系与海姆荷兹模型相近。于是可以预期到相应水平的微分电容。x_2 平面是一个重要的概念，称为外 Helmholtz 面（outer Helmholtz plane，OHP）。

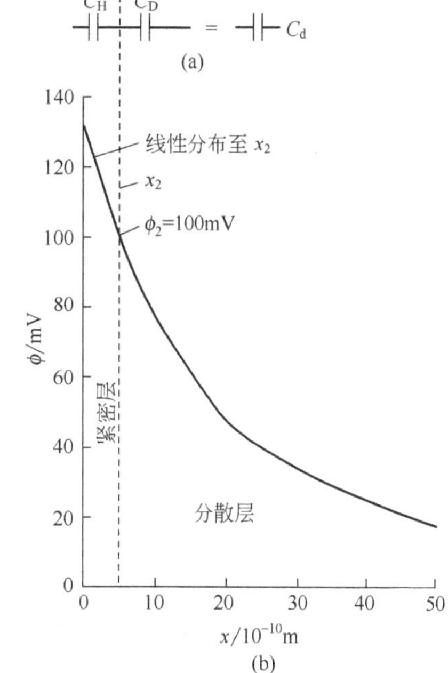

图 13.3.6　(a) Gouy-Chapman-Stern（GCS）模型串联的 Helmholtz 层和分散层电容的微分电容示意；(b) 根据 GCS 理论得到的双电层溶液一侧的电势分布。对 10^{-2} mol·L^{-1} 电解质（1：1 型）水溶液（25℃）由公式（13.3.23）计算得到

对 Stern[29] 首先提出的这种界面模型[2～4,6～8,15,16]，把上一节的原则加以延伸就可以处理。Poisson-Boltzmann 方程式（13.3.6）及其解式（13.3.10）和式（13.3.11）在 $x \geqslant x_2$ 位置仍然适用，于是 $z:z$ 型电解液分散层电势分布可由下式给出

$$\int_{\phi_2}^{\phi} \frac{\mathrm{d}\phi}{\sinh(ze\phi/2kT)} = -\left(\frac{8kTn^0}{\varepsilon\varepsilon_0}\right)^{1/2} \int_{x_2}^{x} \mathrm{d}x \tag{13.3.22}$$

或

$$\boxed{\frac{\tanh(ze\phi/4kT)}{\tanh(ze\phi_2/4kT)} = e^{-\kappa(x-x_2)}} \tag{13.3.23}$$

式中，ϕ_2 是在 x_2 处相对于本体溶液的电势，κ 由式（13.3.15）确定。

依据式（13.3.11），在 x_2 处的场强为

$$\left(\frac{\mathrm{d}\phi}{\mathrm{d}x}\right)_{x=x_2} = -\left(\frac{8kTn^0}{\varepsilon\varepsilon_0}\right)^{1/2} \sinh\left(\frac{ze\phi_2}{2kT}\right) \tag{13.3.24}$$

因为电极表面到 OHP 之间的任意点电荷密度均为零，由式（13.3.5）得知，这一区间内具有相同的场强，故紧密层的电势分布是线性的。图 13.3.6(b) 总结了这一情形。由此双电层总的电势降为

$$\phi_0 = \phi_2 - \left(\frac{\mathrm{d}\phi}{\mathrm{d}x}\right)_{x=x_2} x_2 \tag{13.3.25}$$

此外，还应注意，在溶液一侧的所有电荷都存在于分散层中，其数值与 ϕ_2 的关系正好符合上面我们所设想的高斯盒子的原则❶：

$$\boxed{\sigma^{M} = -\sigma^{S} = -\varepsilon\varepsilon_0 \left(\frac{\mathrm{d}\phi}{\mathrm{d}x}\right)_{x=x_2} = (8kT\varepsilon\varepsilon_0 n^0)^{1/2} \sinh\left(\frac{ze\phi_2}{2kT}\right)} \tag{13.3.26}$$

---

❶ 求算 25℃时溶液常数见公式（13.3.15b），式（13.3.20b）和式（13.3.21b）。

为了求得微分电容，可用式（13.3.25）取代 ϕ_2：

$$\sigma^M=(8kT\varepsilon\varepsilon_0 n^0)^{1/2}\sinh\left[\frac{ze}{2kT}\left(\phi_0-\frac{\sigma^M x_2}{\varepsilon\varepsilon_0}\right)\right] \tag{13.3.27}$$

微分并加以整理（见习题 13.4）得

$$C_d=\frac{d\sigma^M}{d\phi_0}=\frac{(2\varepsilon\varepsilon_0 z^2e^2n^0/kT)^{1/2}\cosh(ze\phi_2/2kT)}{1+(x_2/\varepsilon\varepsilon_0)(2\varepsilon\varepsilon_0 z^2e^2n^0/kT)^{1/2}\cosh(ze\phi_2/2kT)} \tag{13.3.28}$$

以倒数来描述更为简单：

$$\boxed{\frac{1}{C_d}=\frac{x_2}{\varepsilon\varepsilon_0}+\frac{1}{(2\varepsilon\varepsilon_0 z^2e^2n^0/kT)^{1/2}\cosh(ze\phi_2/2kT)}} \tag{13.3.29}$$

该表达式表明，电容可由两个单独的倒数形式组成，就像是两个电容器的串联一样。因此可以把式（13.3.29）中的两项分别看作是电容 C_H 和 C_D 的倒数，它们可以由图 13.3.6（a）加以说明：

$$\frac{1}{C_d}=\frac{1}{C_H}+\frac{1}{C_D} \tag{13.3.30}$$

将式（13.3.29）中各项与式（13.3.2）和式（13.3.21）比较，明显看出 C_H 相应于 OHP 上电荷的电容，而 C_D 是真正的分散层电荷的电容。

C_H 的数值与电势无关，而 C_D 在上一节已经知道它以 V 形变化。总电容 C_d 表现为一种复杂的行为，这种行为由两个分电容中较小的电容所决定。在低电解液浓度体系 PZC 电势附近，预期可以看到 C_D 的 V 形函数特征。在较高浓度电解液中，甚至稀电解液中较强极化作用情况下，C_D 会变得如此之大，以至于对 C_d 没有什么贡献，只看到恒定的电容 C_H。图 13.3.7 是这种行为的示意。

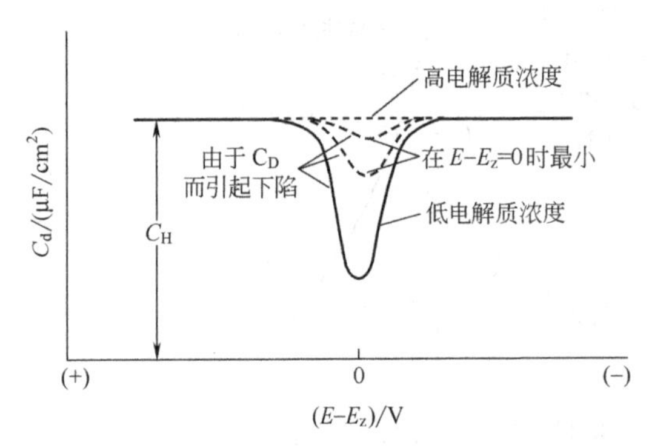

图 13.3.7　依据 GCS 理论预测的 C_d 随电解质浓度变化行为

这种模型就是通常所讲的 Gouy-Chapman-Stern(GCS) 模型，它给出了解释真实体系总体行为特征的推论。但仍存在 C_H 并非真正与电势相关这样的偏差，图 13.3.1 就是一个明显的例证。这方面必须通过对 GCS 理论的改进来解决，如考虑紧密层中电介质的结构，在强界面场中电介质的饱和（完全极化），在 x_2 处阴离子和阳离子过剩量的差异，以及其他类似的情况等[2~4,6~8,13,15~18,30]。这个理论还忽略了双电层内离子对（或离子间相互作用）效应以及离子与电极表面电荷非特异性强相互作用。后者影响可以描述为电双层中“离子浓缩”，可用将表面电荷看作“有效表面电荷”的模型来处理，由于浓缩的离子对电荷“有效表面电荷”比实际电极表面电荷小[30,31]。这种效应很难通过测量电容或表面张力来探测，但或许可由第 16 章和第 17 章讨论的、研究界面的其他方法来解决。

常常还必须考虑一些通过化学相互作用吸附在电极表面的、带电或不带电物质的影响。这个问题是下面所要讨论的内容。

13.3.4　特性吸附

建立界面结构模型时，迄今仅仅考虑了溶液相中产生电荷过剩的长程静电作用。除了离子电荷数和可能的离子半径之外，可以忽略它们的化学本性，也就是所讲的非特性吸附（nonspecifically adsorption）❶。

然而，情况并非如此。讨论一下图 13.2.2 中的数据，可以注意到在比 PZC 电势更负时，表

---

❶ 注意，非特性吸附物质并非按照吸附的字面意义是指完全不被吸附。此处是指无短程力相互作用存在。

面张力的下降和我们所预料的一样，并且不论体系的组成如何，下降的情况都相同。这种结果可由 GCS 理论预测。另一方面，电势比 PZC 更正时，曲线间差异明显。在正电势范围内，体系的行为与组成有关。由于这种行为的差异发生在阴离子必定过剩的电势下，人们猜想，在汞上发生了阴离子的某种特性吸附（specific adsorption）[2~4,6~8,13,16~19,32]。特性相互作用应当有非常短程的本质，因此推断，特性吸附物质如图 1.2.3 所描述的那样紧密结合在电极表面上。距表面 x_1 处的中心轨迹就是内海姆荷兹平面（inner Helmholtz plane，IHP）。

检测和定量分析特性吸附可用什么实验方法呢？大概最直接的方法是测定相对表面过剩量。现在回到图 13.2.6，注意到它有几个特征。首先，溴离子在电势比 PZC 负、钾离子在比 PZC 正时相对过剩都为正的，在 PZC 电势下发现两种物质均为正的过剩。这些特点之中没有一个是可以由静电模型诸如基础的 GCS 理论来解释的。

特性吸附离子的鉴别，可通过考虑在关键的区域中 $z_i F\Gamma_{i(H_2O)}$ 相对于 σ^M 斜率来揭示。下式总是正确的：

$$\sigma^M = -[F\Gamma_{K^+(H_2O)} - F\Gamma_{Br^-(H_2O)}] \tag{13.3.31}$$

无特性吸附时，电极上电荷由一种离子过剩和另一种离子缺乏来平衡，正如在图 13.2.6 的负电势区域所看到的那样。如果电极电势变得更负，那么过剩电荷就由过剩和缺乏两者的增加来适应，因此，$F\Gamma_{K^+(H_2O)}$ 不如 σ^M 增长的快。换言之，在负的区域内 $F\Gamma_{K^+(H_2O)}$ 对 σ^M 的斜率应当是一个不大于 1 的值。同样道理，得到 $-F\Gamma_{Br^-(H_2O)}$-σ^M 的斜率在正的区域内也应当是小于或等于 1。

图 13.2.6 数据表明，电势比 PZC 负得多时，体系在这方面的行为正常。然而，在正的区域内，溴有超当量吸附（superequivalent adsorption）。斜率 $d(-F\Gamma_{Br^-(H_2O)})/d\sigma^M$ 的值超过 1，因此，电极上电荷的变化由多于等当量的 Br^- 电荷所平衡。这一证据充分表明在电势比 PZC 更正时溴离子发生特性吸附。同一区域内，K^+ 过剩为正可解释为部分补偿溴化物超当量吸附的需要。显然，导致特性吸附的力是足够强的，至少在部分负的区域克服了相反库仑力场的作用，这可以从稍负的 σ^M 区域内溴离子过剩为正推断出来。

荷电物质特性吸附的另一特征是 Esin-Markov 效应，这种效应表现为 PZC 随电解液浓度变化而移动[33]。表 13.3.2 给出了由 Grahame[2] 搜集的数据。PZC 移动的数值通常与电解质活度对数呈线性关系，直线的斜率是 $\sigma^M=0$ 条件下 Esin-Markov 系数。在电极电荷密度非零但恒定时，也会得到类似结果。因此 Esin-Markov 系数一般可以写成

$$\boxed{\frac{1}{RT}\left(\frac{\partial E_\pm}{\partial \ln a_{salt}}\right)_{\sigma^M} = \left(\frac{\partial E_\pm}{\partial \mu_{salt}}\right)_{\sigma^M}} \tag{13.3.32}$$

非特性吸附没有提出电极电势取决于电解质浓度的机理，所以无特性吸附时，Esin-Markov 系数应该是零。

表 13.3.2　各种电解液中的零电荷电势①

电解液	浓度/mol·L⁻¹	E_z(相对于 NCE)②	电解液	浓度/mol·L⁻¹	E_z(相对于 NCE)②
NaF	1.0	−0.472	KBr	1.0	−0.65
	0.1	−0.472		0.1	−0.58
	0.01	−0.480		0.01	−0.54
	0.01	−0.482	KI	1.0	−0.82
NaCl	1.0	−0.556		0.1	−0.72
	0.3	−0.524		0.01	−0.66
	0.1	−0.505		0.001	−0.59

① 引自 D. C. Grahame，*Chem. Rev.*，**41**，441 (1947)。

② NCE 为常规甘汞电极。

现在来讨论电极在 PZC 电势下且有阴离子特性吸附的体系。如果多加入一些相同的电解质，将有更多的阴离子被特性吸附，因此，σ^S 就不再为零，必须得到补偿。由于电极比溶液极性更

大，导致靠近电极溶液中相反的电荷增加，为了保持 $\sigma^M=0$，电势必须负移，这样特性吸附阴离子的过剩电荷正好由分散层中相反的过剩电荷所平衡。因此，恒电荷密度下电势随电解质浓度增加负移标志着阴离子的特性吸附，而电势正移标志着特性阳离子吸附。

由表 13.3.2 数据看到氯离子、溴离子和碘离子都表现出特性吸附，而氟离子没有。现在弄清楚了为什么把氟化钠和氟化钾溶液同汞接触作为验证非特性吸附的 GCS 理论的标准体系。

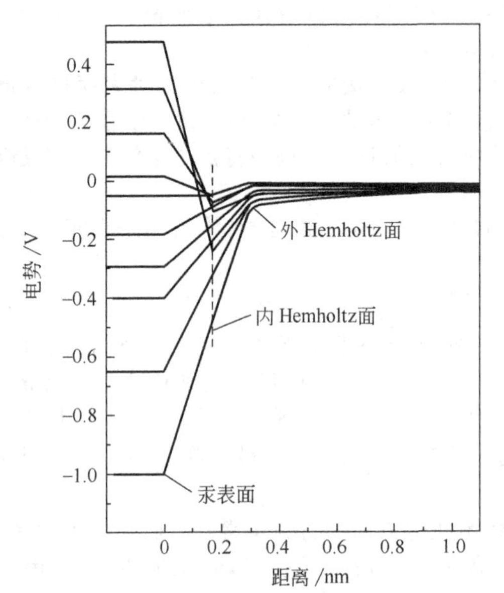

图 13.3.8 汞在 0.3mol·L^{-1} NaCl 水溶液（25℃）中计算的双电层电势分布曲线

电势相对于 NaF 的 PZC。在正电极电势下由于氯的特性吸附，曲线有一很尖极小值［引自 C. Grahame, *Chem. Rev.*, **41**, 441 (1947)］

显然，特性吸附也将引入一个电容组分，并且也能够通过 C_d 的研究检测到。实际上，可以预测，通过分析 C_d 导数 $\partial C_d/\partial E$，特性吸附程度随电势变化应当是很显著的。分析界面结构的一些最普遍的方法就是基于这些概念。由于它们的细节超出了本节研究范围，建议感兴趣的读者追踪相关文献。

离子特性吸附可以很大程度上改变界面区电势分布。图 13.3.8 是 Grahame[2] 早期提供的 0.3mol·L^{-1} NaCl/汞界面的一组曲线，特别应当注意最正的电势下曲线形状。这种电势分布能通过后面 13.7 节讨论的机理影响电极动力学。

中性分子作为被吸附物质也是大家所感兴趣的，因为它们影响或者参与了法拉第过程[2~4,6~8,13,16~19,34]。它们可由上面已经列出的方法进行检测和研究（见习题 13.6）。中性分子吸附行为一个有趣的方面是它们在水溶液中的吸附往往只在相对靠近 PZC 电势时有效。这种现象的一般解释是依据中性分子吸附需要取代表面水分子这样的共识，当界面被强烈极化时，水紧密地结合在界面上，由弱偶极物质取代它们在能量上是不利的。吸附只能在 PZC 附近发生，此时水可以较容易被排除。在任一给定的情况下，这种理论的适用性显然取决于具体中性物质的电性质[19]。

13.4 固体电极上的研究

13.4.1 固体表面双电层

由于 13.2.1 节所讨论的原因，本章前几节的内容都是在汞电极上进行的。然而，由于多数电化学实验是在固体电极上（如铂或碳）进行的，因此电化学家也对固体界面结构研究感兴趣。因为很难重现表面并保持清洁，所以这种研究非常困难。溶液中的杂质会扩散到表面并吸附，从而严重改变了界面性质。而且，与汞表面不同，固体表面不是原子平整并且存在缺陷，如存在密度至少为 $10^5\sim10^7$ cm^{-2} 的线错位。作为对比，一般金属表面原子密度约为 10^{15} cm^{-2}。使用所谓完整的（well-defined）金属电极，即精心制备的、表面取向已知的单晶金属，对了解固体电极尤其重要[35]。

固体表面张力和表面应力的测量并不容易，在固定于压电材料上的固体电极表面，进行了一些测量表面能或至少确定 PZC 的尝试[36,37]。更多的是依靠微分电容的研究（13.4.3 节）[35,38]。原则上，微分电容测量能提供描述表面电荷和相对过剩所需的全部信息，然而，必须首先知道 PZC。求算固体/电解液体系 PZC 并非简单的事情。的确，正如下面讨论的那样，多晶电极的 PZC 并非惟一确定的。普遍采用的方法是测量稀电解质溶液体系最小微分电容下的电势，将此电势看作 PZC 是根据 13.3 节讨论的 Gouy-Chapman-Stern 理论。

电活性物质表面过剩量常常通过对吸附物法拉第反应敏感的方法来测量。循环伏安法、计时电量法、极谱法及薄层法在这方面都很有用。14.3节中将给出这些方法应用于此类问题的论述。除了这些电化学方法，在固体电极/电解液界面研究中利用光谱和微观方法（如表面增强拉曼光谱，红外光谱，扫描隧道显微镜）探测电极表面区域日趋活跃。这些方法将在第16章和第17章中讨论。

为建立双电层模型，在超高真空环境下研究金属表面水和其他物质的共吸附，也正日益引起人们的兴趣[39]。

13.4.2 完整金属单晶电极表面

绝大多数报道的固体电极电化学使用多晶材料，这种电极由许多小晶体组成，这些小晶体通过不同晶面和棱面与电解液接触。由下面讨论可知，不同晶面性质（如PZC或功函）不同，因此观测到的多晶电极行为代表许多不同晶面和位点的平均性质。为了进一步了解固体电极界面的需要（在原子水平上），导致采用干净、完整和有序的单晶电极进行研究[35,40,41]。

金属单晶可通过区域熔融方法生长，且已经商品化。很多金属用做电极材料，如具有面心立方（FCC）晶体结构的Pt、Pd、Ag、Ni、Cu等。这些晶体可以切割出不同的晶面（指数平面），如图13.4.1所示。图中低指数（100）、（110）和（111）晶面，由于其稳定性和可以抛光出相当平整的有序表面，是最常用的电极表面。图13.4.2所示高指数晶面具有较小原子平整的平台和更多暴露的棱和缺陷位置。利用X射线或激光束精确定向后可沿某一特定晶面切割晶体。其他获得完整晶面方法包括火焰褪火或真空蒸镀。火焰褪火方法利用氢氧焰融化细金属丝（Pt，Pd，Au等）冷却形成金属小球，球面上按八面体构型分布着八个明显的（111）小晶面[42]。一定条件下，适当控制条件在合适的基底表面真空蒸镀（如云母或玻璃表面镀金）也可以得到原子级平整（111）面。这样的表面可用低能电子衍射以及第16和17章介绍的其他技术来表征。但应意识到，即使最仔细制备的表面，原子级平台也不会超过几平方微米，而且不可避免存在台阶和缺陷位置（如扫描隧道显微镜所观测到的）。

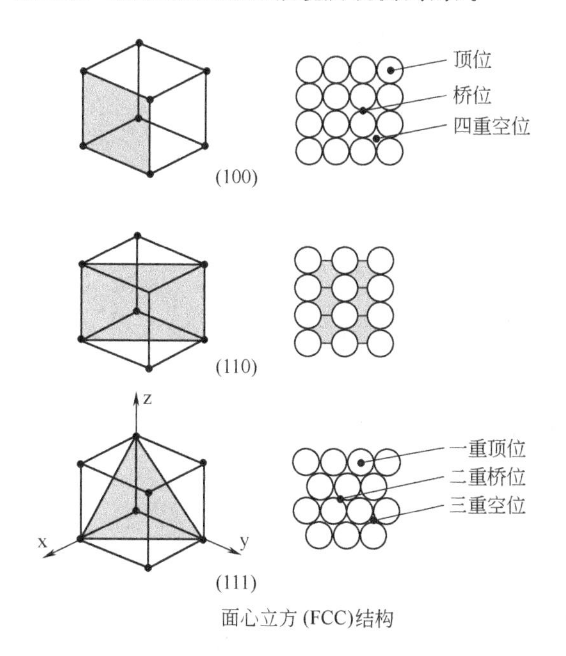

图13.4.1 面心立方晶体按右侧所示面切割得到的低米勒指数（Miller-index）表面即（100）、（110）和（111）面原子结构

米勒指数通过感兴趣的面与左下角示意图的主轴（x，y，z）截距计算得到。米勒指数（hkl）是指满足 $h:k:l=(1/p):(1/q):(1/r)$ 最小整数 h、k 和 l，其中 p、q 和 r 分别是与 x、y 和 z 轴截距的坐标。例如，一个平面与 x、y 和 z 轴在 $x=2$、$y=2$ 和 $z=2$ 相交，那么 $h:k:l=(1/2):(1/2):(1/2)=1:1:1$，因此为（111）面。相应面原子排布示于右侧。（110）面带阴影的原子位于未带阴影的（表面）原子下一层。表面不同位置的名称也已标明

而且，表面会发生重构。当固体劈裂时，露出的表面原子不再受到同样键合力作用，表面结构有时发生变化以降低表面能。电极表面的这种重构可以是电势和特性吸附程度的函数。

碳是另一种普遍使用的电极材料。结构完整的碳是高定向热解石墨（highly oriented pyrolytic graphte，HOPG），是由层状六方密排（HCP）碳原子按层状或堆积结构组成的（见图13.4.3），HCP面（基面）碳原子通过强键合作用互相结合在一起，类似于FCC（111）面原子结构。相邻层通过弱范德华力结合。这样HOPG很容易沿基面解离出新鲜的平整HCP面。

采用单晶电极和完整的表面进行的研究表明，固体电极的性质（PZC和功函）很大程度取决于接触溶液的晶面，如Ag(111)和Ag(110)电极的PZC分别为-0.69V和-0.98V（相对于

SCE)，差别非常明显。由于多晶电极表面由许多不同小晶面与溶液接触，因此不同位置所带电荷不同。例如，在－0.8V（相对于 SCE）时，Ag 电极上（111）面位置电势较其 PZC 负，因此带负电；而（110）面位置带正电[38]。另外，固体表面的催化和吸附性质也取决于晶面，一个突出的例子就是氢在不同铂表面还原吸附和氧化脱附循环伏安曲线不同（见图13.4.4）。

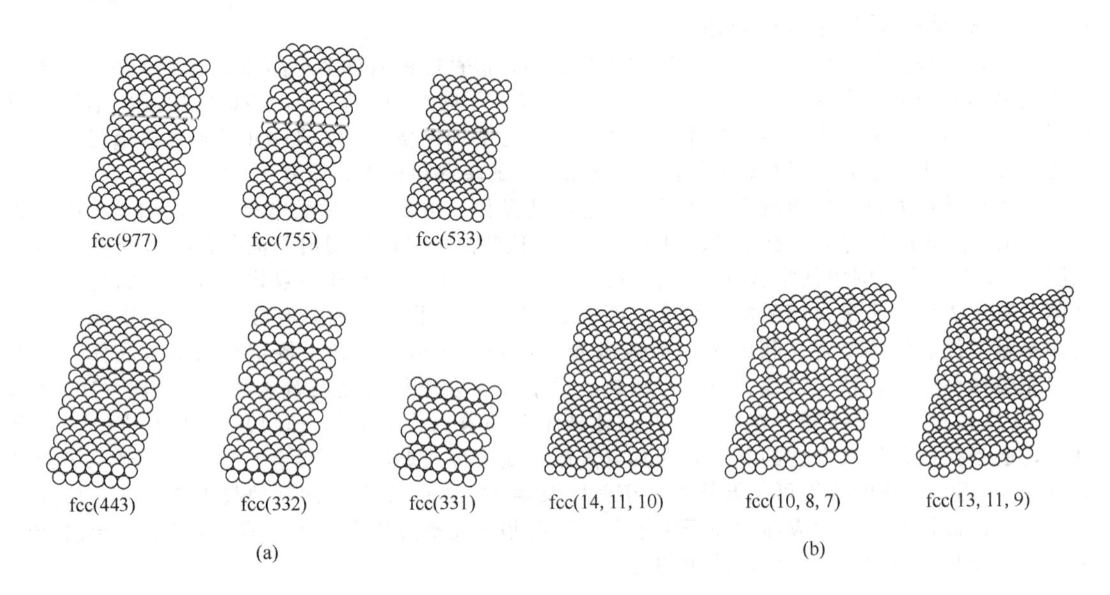

图 13.4.2 几种高米勒指数台阶表面原子结构，存在平台（terraces）、台阶边缘（step edges）和空位（kink sites）

［引自 G. A. Somorjai in "Photocatalysis-Fundamentals and Applications", N. Serpone and E. Pelizzetti, Eds., Wiley, New York, 1989, p. 265］

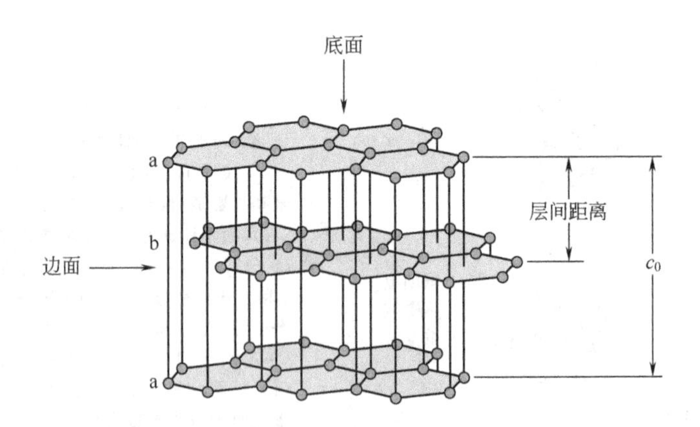

图 13.4.3 高定向热解石墨结构

a 和 *b* 层间距为 0.335nm。注意，由于采取 abab…堆积方式，单位晶胞距离（c_0）为 0.67nm

［引自 A. J. Bard, "Integrated Chemical Systems," Wiley, New York, 1994, p. 132］

13.4.3 固体金属/溶液界面

有关 PZC 和固/液界面性质的信息，在非常仔细地制备电极和保证溶液纯度情况下，可通过测量电容获得[35]。如图 13.4.5 是 Ag(100) 在 KPF_6 和 NaF 两种电解质溶液不同浓度下的电容曲线。电容最小值与电解质及其浓度实际无关的特征表明，Ag 表面只有弱特性吸附物质（如果吸附的话），PZC 可由电容极小值确定。然而，请注意不同 Ag 晶面在相同电解质溶液中的行为差异（见图13.4.6）。通过电容极小值确定 PZC 清楚表明，PZC 取决于暴露在溶液的晶面。通过假

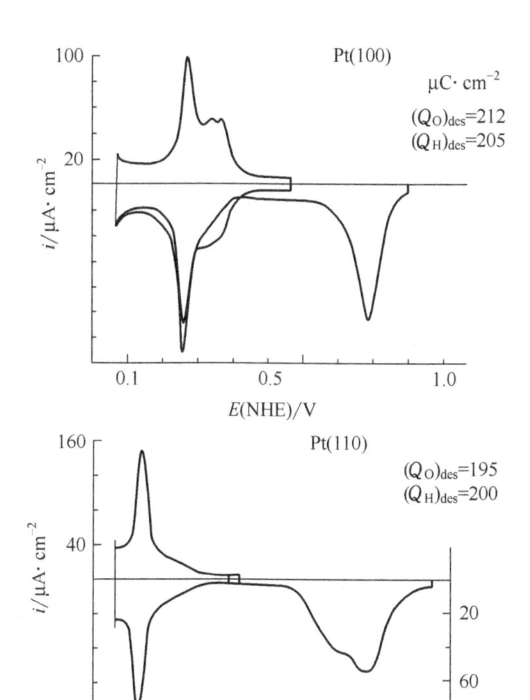

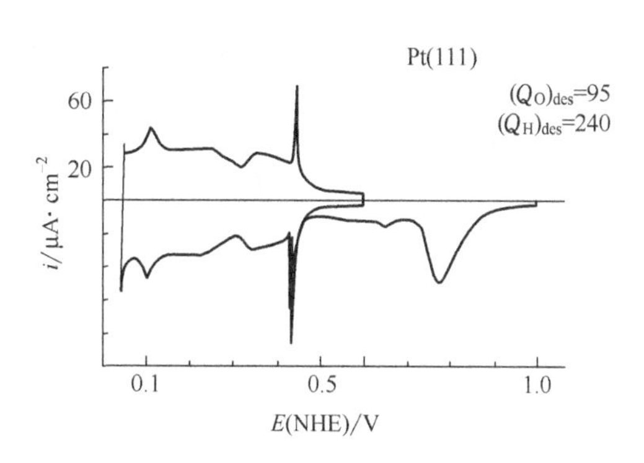

图 13.4.4　在 0.5mol・L^{-1} H_2SO_4溶液中退火处理的不同取向的铂电极第一圈循环伏安图，扫速 50mV/s

电势坐标右侧为正，氧化电流向上。请对比多晶铂电极循环伏安图 13.6.1。Q_H和 Q_O分别代表氢氧脱附峰面积［引自 J. Clavilie in "Electrochemical Surface Science: Molecular Phenomena at Electrode Surfaces", M. Soriaga, ACS Books, Washington, D.C., 1988, p. 205］

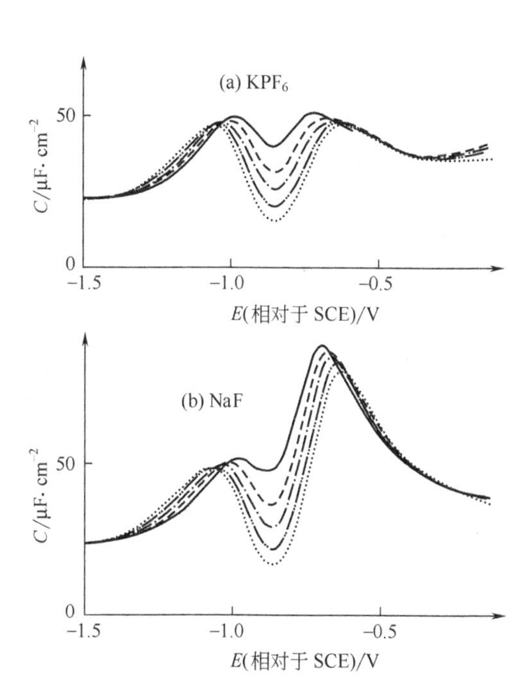

图 13.4.5　Ag(100) 在 KPF_6(a) 和 NaF(b) 不同电解质浓度水溶液中的电容曲线

从上到下 100mmol・L^{-1}、40mmol・L^{-1}、20mmol・L^{-1}、10mmol・L^{-1}和 5mmol・L^{-1}。扫速 v=5mV/s。$\omega/2\pi$=20Hz［引自 G. Valette, *J. Electroanal. Chem.*, **138**, 37 (1982)］

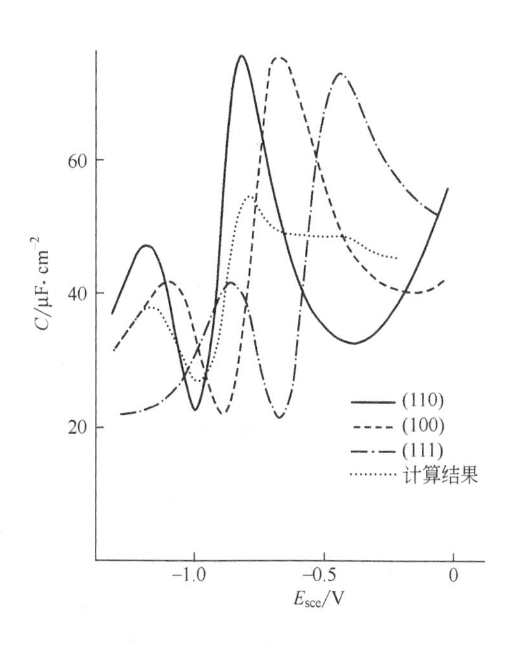

图 13.4.6　Ag(111)、(100) 和 (110) 在 10mmol・L^{-1} NaF 中电容曲线，扫速 v=5mV/s，$\omega/2\pi$=20Hz

计算的曲线来自多晶银电极模型（见正文）［原始数据引自 G. Valette and A. Hamelin, *J. Electroanal. Chem.*, **45**, 301 (1973)。图复印自 A. Hamelin, *Mod. Asp. Electrochem.*, **16**, 1 (1985)］

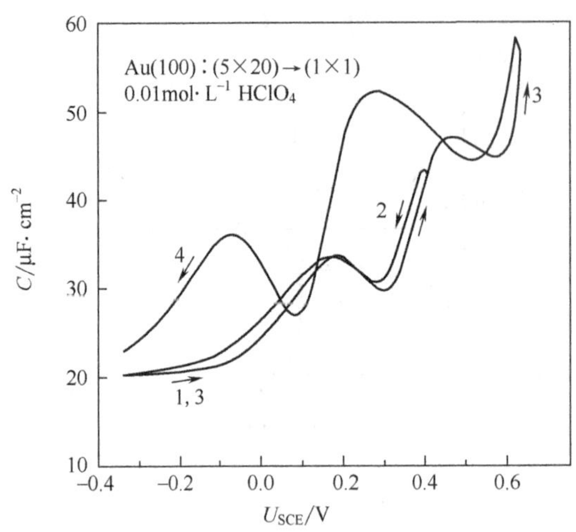

图 13.4.7 重构表面 Au(100)-(5×20) 电极在 0.01mol·L^{-1} $HClO_4$ 溶液中电容曲线

扫速 v=10mV/s。横坐标代表电势（相对于 SCE）。数字代表单向扫描次序，5×20 重构表面在电势约 0.4V 之前扫描（1 和 2）后仍然保持不变。然而，扫描（3 和 4）超过 0.6V 后表面转化为本体 Au(100)−(1×1) 结构［引自 D. M. Kolb and J. Schneider, *Electrochim. Acta*, **31**, 929 (1986)］

设表面由 46%(110)+23%(100)+31%(111) 面组成的，模型化的多晶电极电容曲线也绘于图中。这种情况下电极 PZC 与 (110) 面的情况相近。实际上多晶电极表面还存在暴露的高指数晶面和缺陷位置，因此情况更为复杂。

固体电极的另外一个复杂性是：即使在电势扫描过程中，表面也有重构的可能[43]。以 Au (100) 电极为例，表面经火焰褪火时，会重构形成一层密排的、轻微起伏的 (111) 排列，根据低能电子衍射 (LEED) 图案，通常称为 (5×20) 表面。这种结构在 0.01mol·L^{-1} $HClO_4$ 溶液中仍然存在。当电极电势正扫时，在约+0.5V (vs. SCE) 之前，重构表面一直不变，电容曲线代表的是 (5×20) 表面［见图 13.4.7(b)］。如果电势扫描到+0.7V，表面就转化为 (1×1) (LEED 图案) 初始 (100) 表面，称为去重构。去重构同时使电容曲线和 PZC 都发生很大变化。其他表面也存在类似现象，表明电势扫描会导致表面结构的显著变化。

13.5 特性吸附的程度和速率

前几节已经讨论了吸附的两种形式：即电极表面附近离子分布受长程静电力影响的非特性吸附，以及被吸附物与电极材料之间通过强相互作用在电极表面上形成（部分或完整的）一层的特性吸附。非特性吸附和特性吸附之间的差别，类似于离子存在于溶液相反电荷的离子氛中（按照 Debye-Hückel 理论模型）和两种溶解物质之间成键（如配位反应一样）之间的差别。

由于电活性物质的非特性吸附影响电极附近物质浓度和电势的分布，从而影响其电化学响应。这种作用将在 13.7 节叙述。

特性吸附可以有几种作用。如果电活性物质被吸附，考虑到存在于电极表面的活性物质量在实验开始时就比本体浓度高，那么已知的电化学方法的理论处理必须加以修正。此外，特性吸附可以影响反应的热力学，例如，吸附 O 比溶解 O 更难还原。在不同电化学方法中的特性吸附影响将在 14.3 节中讨论。

非电活性物质的特性吸附也能改变电化学响应，例如在电极表面上形成一层阻挡层。然而，吸附也可能提高物质的反应活性，例如，使非活性物质分解为活性的物质，如铂电极上脂肪族碳氢化合物的吸附。在这种情况下，电极对于氧化还原反应就像是一种催化剂，这种现象通常称为电催化 (electrocatalysis)（见 13.6 节和第 14 章）。

13.5.1 特性吸附本质和程度

13.2 节和 13.3 节中叙述的电毛细方法在测定汞电极表面特性吸附物质相对表面过剩时是非常有用的，但这种方法，正如 13.4 节所讨论的，对于固体电极要复杂得多。法拉第响应（13.4 节）常用于电活性物质电极反应和产物吸附量的测定。非电化学方法也可以用于电活性和非电活性物质。例如一个大面积的电极浸入溶液并施加不同的电势之后，可用一种灵敏分析技术（如分光光度法、荧光法和化学发光等）监控溶液中可被吸附的溶解物浓度的变化，直接可以测得吸附时离开本体溶液的物质的量[7,44]。放射性示踪法也可以用于测定溶液中吸附物浓度的变化[45]。放射性测量还可以用于已从溶液中取出的电极，这要对仍浸湿电极的本体溶液加以适当校正[45]。由于吸附引起的本体浓度变化非常小，这种直接测量的普遍问题是准确测量所需要的灵敏度及精确度（见习题 13.7）。

单层吸附物的量取决于吸附分子大小及其在电极表面上的取向，原子或分子可在表面以不同的方式和结构吸附。如果吸附结构与表面原子严格对映，则称为对称吸附。例如 Au(111) 表面原子密度为 1.5×10^{15} 原子/cm^2，原子间距为 0.29nm（见图 13.5.1)。如果吸附原子位于每个 Au 原子（表示为 1×1 超点阵）顶部位置（见图 13.4.1)，则表面覆盖度为 2.5×10^{-9} mol/cm^2。然而，一般分子的尺寸较大而无法以这种方式排列，而是采取更大的间隙。碘或对-氨基苯硫酚在 Au(111) 表面可能吸附于三重对称空位（3-fold hollow site)，然而，由于它们太大而无法占据每一个空位而似乎采取图 13.5.2 所示的间位位置。简单形貌显示相邻吸附分子间距是 Au 原子间距的$\sqrt{3}$倍或 0.50nm，而且吸附分子排列方向相对于下面 Au 原子排列方向成 30°角，这种结构称为 $(\sqrt{3}\times\sqrt{3})R30°$。此时吸附分子数量是底层 Au 原子的 1/3 或 8.3×10^{-10} mol/cm^2。对于更大的分子则覆盖度更低。一般低分子量物质的覆盖度通常在 $10^{-9}\sim10^{-10}$ mol/cm^2，这相当于一个容易测得的电量（$>10\mu C/cm^2$)，所以电活性吸附物的电化学测量可以检测到亚单层（见 14.3 节)。

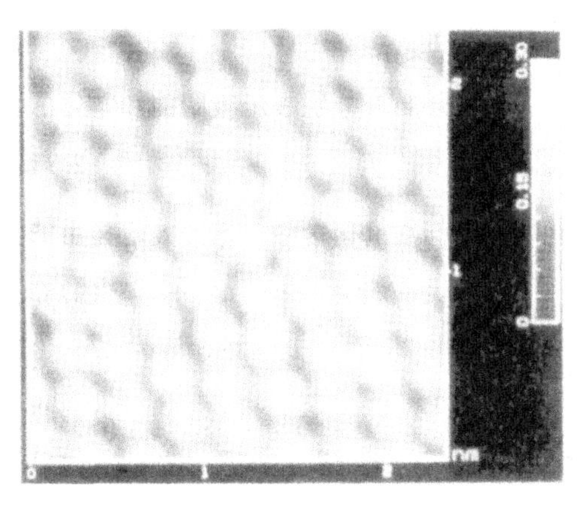

图 13.5.1　云母基底上蒸镀的 Au(111) 表面 2.3nm×2.3nm 范围扫描隧道显微镜图像
[引自 Y.-T. Kim, R. L. McCarley and A. J. Bard, *J. Phys. Chem.*, **96**, 7416(1992)]

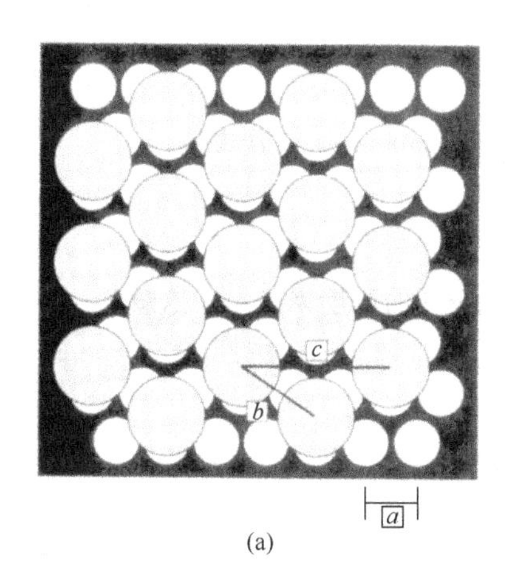

(a)

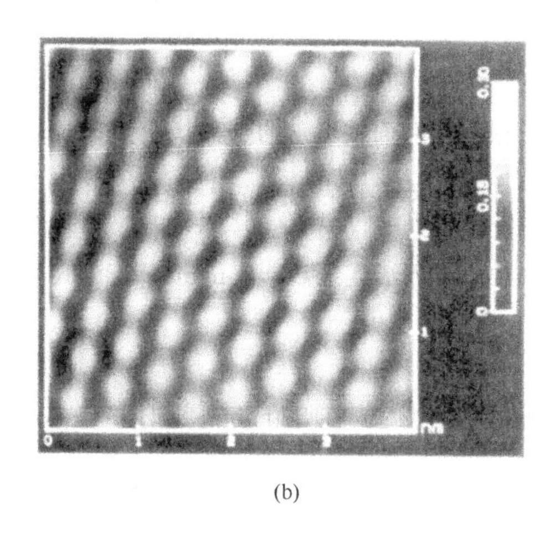

(b)

图 13.5.2　(a) Au(111) 表面吸附层 $(\sqrt{3}\times\sqrt{3})R30°$结构示意；(b) Au(111) 表面 4-氨基苯硫酚单层 4nm×4nm 范围扫描隧道显微镜图像。与图 13.5.1 对比，注意间距的不同
[(b) 引自 Y.-T. Kim, R. L. McCarley and A. J. Bard, *J. Phys. Chem.*, **96**, 7416 (1992)]

注意，上述覆盖度指的是在原子级平整表面上。实际上所有固体电极（包括单晶电极）表面由于台阶、平台和缺陷的存在比较粗糙，因此单位投影面积的覆盖度会更大。实际面积与投影面积（即假设电极完全平滑的面积）的比率称为粗糙度（见 5.2.3 节)。即便是表观平滑和抛光的固体电极粗糙度也可达到 1.5～2 甚至更大。

无论是电极浸在溶液中的光谱法（例如椭圆法、表面增强拉曼光谱和扫描隧道显微镜)，还是电极从溶液中取出（或浸过）以后的光谱法研究电极表面的吸附层都日益引起人们的兴趣。这些方法是非常有用的，因为它们可以提供有关吸附层结构的信息。在第 17 章中对这些方法将简要地进行讨论。

13.5.2 吸附等温式

在给定温度下，单位电极面积上物质 i 的吸附量 Γ_i、本体溶液中的活度 a_i^{b} 和体系的电学状态 E 或 q^{M} 之间的关系由吸附等温式给出。它是根据平衡条件下本体中的和被吸附的物质 i 电化学势相等的条件得到的，即

$$\bar{\mu}_i^{\mathrm{A}}=\bar{\mu}_i^{\mathrm{b}} \tag{13.5.1}$$

式中，上标 A 和 b 分别表示吸附的和本体的 i。因此

$$\bar{\mu}_i^{0,\mathrm{A}}+RT\ln a_i^{\mathrm{A}}=\bar{\mu}_i^{0,\mathrm{b}}+RT\ln a_i^{\mathrm{b}} \tag{13.5.2}$$

式中，$\bar{\mu}_i^0$ 是标准电化学势。标准吸附自由能 $\Delta\bar{G}_i^{\ominus}$ 是电极电势的函数，它可定义为

$$\Delta\bar{G}_i^{\ominus}=\bar{\mu}_i^{0,\mathrm{A}}-\bar{\mu}_i^{0,\mathrm{b}} \tag{13.5.3}$$

于是

$$a_i^{\mathrm{A}}=a_i^{\mathrm{b}}\mathrm{e}^{-\Delta\bar{G}_i^{\ominus}/RT}=\beta_i a_i^{\mathrm{b}} \tag{13.5.4}$$

其中[4]

$$\beta_i=\exp\left(\frac{-\Delta\bar{G}_i^{\ominus}}{RT}\right) \tag{13.5.5}$$

方程式（13.5.4）是吸附等温式的一般形式，a_i^{A} 是 a_i^{b} 和 β_i 的函数。各种特殊的等温式源于 a_i^{A} 和 Γ_i 之间关系的假设或模型不同，已经提出过一些假设或模型[4,7,34,46]。下面讨论一些常用的等温式。

Langmuir 等温式包括以下几点假设：①电极表面吸附物质之间无相互作用；②表面不存在非均一性；③在高的本体活度下，电极被吸附物饱和（如形成单层），覆盖度是 Γ_{s}。于是

$$\boxed{\frac{\Gamma_i}{\Gamma_{\mathrm{s}}-\Gamma_i}=\beta_i a_i^{\mathrm{b}}} \tag{13.5.6}$$

等温式有时写成表面被覆盖的分数，$\theta=\Gamma_i/\Gamma_{\mathrm{s}}$；这种形式的 Langmuir 等温式是

$$\frac{\theta}{1-\theta}=\beta_i a_i^{\mathrm{b}} \tag{13.5.7}$$

通过在 β 项中引入活度系数，Langmuir 等温式可用溶液物质 i 的浓度来表示。这就得到

$$\Gamma_i=\frac{\Gamma_{\mathrm{s}}\beta_i C_i}{1+\beta_i C_i} \tag{13.5.8}$$

如果 i 和 j 两种物质竞争吸附，那么相应的 Langmuir 等温式为

$$\Gamma_i=\frac{\Gamma_{i,\mathrm{s}}\beta_i C_i}{1+\beta_i C_i+\beta_j C_j} \tag{13.5.9}$$

$$\Gamma_j=\frac{\Gamma_{j,\mathrm{s}}\beta_j C_j}{1+\beta_i C_i+\beta_j C_j} \tag{13.5.10}$$

式中，$\Gamma_{i,\mathrm{s}}$ 和 $\Gamma_{j,\mathrm{s}}$ 分别表示 i 和 j 的饱和覆盖度。假设覆盖度 θ_i 和 θ_j 是独立的，每种物质吸附速率正比于自由面积 $1-\theta_i-\theta_j$ 和溶液浓度 C_i 及 C_j，各自的脱附速率正比于 θ_i 和 θ_j，由此动力学模型可以导出上述方程式。

吸附物质之间的相互作用，因试图将吸附能表示为表面覆盖度的函数而使问题复杂化。包含这种可能性的等温式是 Temkin 对数等温式：

$$\boxed{\Gamma_i=\frac{RT}{2g}\ln(\beta_i a_i^{\mathrm{b}}) \qquad (0.2<\theta<0.8)} \tag{13.5.11}$$

及 Frumkin 等温式：

$$\boxed{\beta_i a_i^{\mathrm{b}}=\frac{\Gamma_i}{\Gamma_{\mathrm{s}}-\Gamma_i}\exp\left(-\frac{2g\Gamma_i}{RT}\right)} \tag{13.5.12}$$

Frumkin 等温式是基于式（13.5.3）定义的电化学吸附自由能与 Γ_i 呈线性关系的假设而出现的：

$$\Delta\bar{G}_i^{\ominus}(\text{Frumkin})=\Delta\bar{G}_i^{\ominus}(\text{Langmuir})-2g\Gamma_i \tag{13.5.13}$$

参数 g 具有（J/mol)/(mol/cm^2）的量纲，它表示提高覆盖度时物质 i 吸附能的改变方式。若 g 为正，表面上相邻的吸附分子间的作用力是相互吸引的；若 g 为负，则是相互排斥的。值得注意的是，当 $g\to 0$ 时，Frumkin 等温式趋近于 Langmuir 等温式。这种等温式出可以写成下面的形式（式中 β 项包含活度系数）：

$$\beta_i C_i=\frac{\theta}{1-\theta}\exp(-g'\theta) \tag{13.5.14}$$

式中，$g'=2g\Gamma_{\mathrm{s}}/RT$。$g'$ 的范围一般为 $-2\leqslant g'\leqslant 2$；$g'$ 也可能是电势的函数[34]。

13.5.3 吸附速率

物质 i 从溶液到新生电极表面上（例如 DME 的新鲜汞滴上）的吸附所遵循的一般行为与电极反应行为相似。如果表面吸附速率快，则在电极表面上就可建立平衡，给定时间内吸附物的量 $\Gamma_i(t)$ 与电极表面上吸附物浓度 $C_i(0,t)$ 通过适当的等温式相关联。吸附层增长到它的平衡值 Γ_i 的速率由传质到电极表面的速率控制。当扩散和对流作为物质传递的方式（扩散层近似）时可采用线性等温式处理此问题[47]。当 $\beta_i C_i\ll 1$ 时，等温式（13.5.8）可被线性化为（见习题 13.8)：

$$\Gamma_i=\Gamma_{\mathrm{s}}\beta_i C_i=b_i C_i \tag{13.5.15}$$

式中 $b_i=\beta_i\Gamma_{\mathrm{s}}$。以该方程式成为问题的边界条件，即

$$\Gamma_i(t)=b_i C_i(0,t) \tag{13.5.16}$$

其他所需的方程式是 i 的 Fick 第二定律及条件 $C_i(x,0)=C_i^*$ 和 $\lim\limits_{x\to\infty}C_i(x,t)=C_t^*$。而且在时间 t 时吸附物质的量与电极表面上的 i 流量关系如下：

$$\Gamma_i(t)=\int_0^t D_i\left[\frac{\partial C_i(x,t)}{\partial x}\right]_{x=0}\mathrm{d}t \tag{13.5.17}$$

对于静止的平板电极（半无限线性扩散），这个问题的解是[47]

$$\frac{C_i(x,t)}{C_i^*}=1-\exp\left(\frac{x}{b_i}+\frac{D_i t}{b_i^2}\right)\operatorname{erfc}\left[\frac{x}{2(D_i t)^{1/2}}+\frac{(D_i t)^{1/2}}{b_i}\right] \tag{13.5.18}$$

$$\frac{\Gamma_i(t)}{\Gamma_i}=1-\exp\left(\frac{D_i t}{b_i^2}\right)\operatorname{erfc}\left[\frac{(D_i t)^{1/2}}{b_i}\right] \tag{13.5.19}$$

此函数关系绘于图 13.5.3 中。

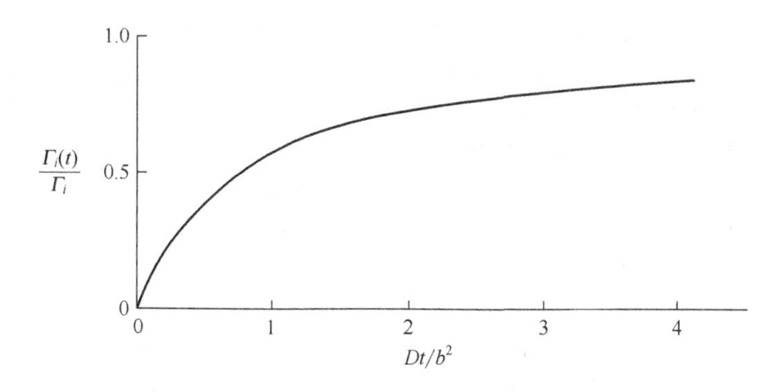

图 13.5.3　线性等温式条件下，扩散控制吸附达到平衡覆盖度 Γ_i 的速率

见式（13.5.19)。$b=\beta\Gamma_{\mathrm{s}}$

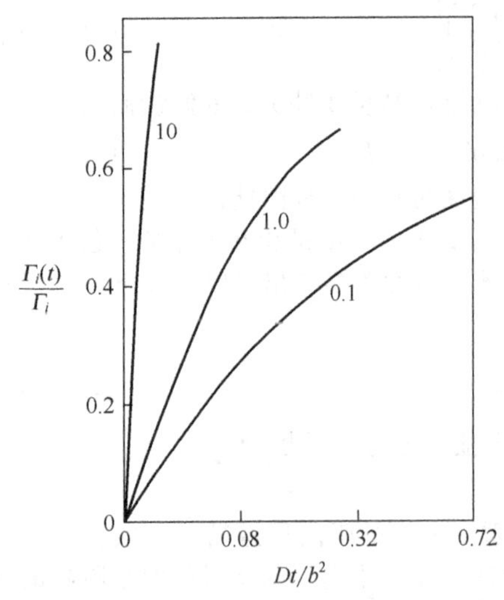

图 13.5.4 不同 bC^*/Γ_s 值（曲线上所标明的）下，Langmuir 等温式条件下扩散控制吸附达到平衡覆盖度 Γ_i 的速率
［引自 W. H. Reinmuth，*J. Phys. Chem.*，**65**，473 (1961)］

应当注意，在线性化等温式条件下 $\Gamma_i(t)/\Gamma_i$ 与 C_i^* 无关。这样处理的后果是，对于 D_i 和 b_i 的真实值来说，达到平衡覆盖度［即 $\Gamma_i(t)/\Gamma_i \approx 1$；见习题 13.9］需要很长的时间。显然，在 DME 上且在通常汞滴滴下时间内，或者静止电极上由不发生吸附的初始电势以中等速度扫描时，是不可能达到吸附平衡的。

当然，线性等温式的假设，只在有限的浓度范围内才是正确的。完整的吸附等温式的应用，可能需要问题的数值解；定性来看，这样处理的结果与线性等温式结果是一致的[48,49]（见图 13.5.4）。然而，达到平衡的速率显然与本体浓度 C_i^* 有关。

当然，吸附速率可以通过搅拌溶液来提高。对于线性等温式，搅拌溶液时[47]，

$$\frac{\Gamma_i(t)}{\Gamma_i} = 1 - \exp\left(\frac{-m_i t}{b_i}\right) \tag{13.5.20}$$

式中，$m_i = D_i/\delta_i$ 是传质系数。关于传质控制的动力学其他处理方法已有评述[16]。

当电极上的吸附速率由吸附过程本身控制时，也曾用 Temkin 对数等温式和 Temkin 动力学的假设处理过[4,34,50]。虽然尝试过测定吸附速率[51]，然而这种方法的结果并没有广泛采用。Delahay[34] 断定吸附固有速率是很快的，至少水溶液中汞上的吸附如此，所以总的速率往往是由传质所控制。

13.6 电活性物质吸附的作用

电活性物质在电极表面的吸附（有时指“电极沾污”）是经常发生的。这种吸附能够抑制（或毒化）电极反应（如形成阻挡层屏蔽部分电极表面），或加速电极反应（如通过 13.7 节讨论的双电层效应，或 14.3.6 节讨论的阴离子诱导的金属离子吸附）。的确，很多固体电极研究可以观察到电化学响应随时间的缓慢变化，这可以认为是由于杂质从溶液到电极扩散控制的吸附在电极表面累积引起的，而且，在水溶液中，金属表面形成一层吸附氧（或单层氧化膜）或吸附氢，它们会影响其电化学行为。汞电极的一大优点是表面容易更新，因而允许在表面无吸附膜存在时反复测量。

重现的固体表面行为，有时可以通过电势阶跃到杂质脱附、或形成氧化膜电势然后还原的实验方法来实现。这种方法通常称为电极表面“活化”[52]，已有一些涉及此类问题相关综述文章[34,53~57]。

吸附膜可以通过封闭电极表面抑制电极反应，只有未覆盖的部分 $(1-\theta)$ 才能发生反应。反应也可以发生在电极表面的成膜部分，如通过反应物渗透或跨膜电子转移发生反应，但要比自由表面的反应速率慢。吸附的位置甚至可能会促进电极反应。这些影响通常通过假设异相电子转移速率常数 k^0 是覆盖度 θ 的线性函数来处理[53]：

$$k^0 = k^0_{\theta=0}(1-\theta) + k^0_c \theta \tag{13.6.1}$$

$k^0_{\theta=0}$ 和 k^0_c 分别是裸表面和覆膜部分的标准速率常数，完全覆盖膜时的 $k^0_c=0$；然而当覆盖膜起催化作用时 $k^0_c > k^0_{\theta=0}$。平衡覆盖度条件下上述方程式的实验验证很少。Zn(Ⅱ) 在吸附醇（如戊醇、5-甲基-2-异丙基苯酚和环己醇）的 Zn(Hg) 电极上还原的研究表明在低覆盖度下符合这种线性关系，但高覆盖度下严重偏离线性关系[58]。这种情况下，ϕ_2 影响的校正（见 13.7 节）和高醇浓度下覆盖度的测量导致难以获得准确的速率常数。汞电极上的其他研究报道[56,60]也表明未能验证公式 (13.6.1)。

由于此类吸附在技术应用方面的潜在价值，吸附物质对固体电极的影响成为广泛研究的课

题，尤其是使用贵金属电极或电催化剂的燃料电池和其他应用研究方面[52,61]。例如，水溶液中铂电极上吸附氧和吸附氢的形成和氧化体现为电流-电势曲线上的峰（见图 13.6.1）。假设两者为单层覆盖，峰面积可作为一种测量电极真实（不同于“几何”或“射影”）面积的方法（见 5.2.3 节）。许多物质可以吸附在铂电极表面从而阻碍氢电极反应。当这些物质（如汞和砷的化合物、一氧化碳和很多有机物）加入体系后，这种影响的证据表现为 i-E 曲线在吸附氢区域峰面积的减少。另外铂电极上氧（或氧化物）吸附层的形成对很多氧化过程有抑制作用（如氢、草酸、肼和许多有机物的氧化）。非电活性物质的吸附在电沉积过程中起到非常重要的作用，如作为光亮剂（见 11.3.2 节）。吸附的有机分子（如吖啶或喹啉衍生物）也可通过减缓金属表面反应（即金属溶解和氧还原）的速率作为防腐剂。

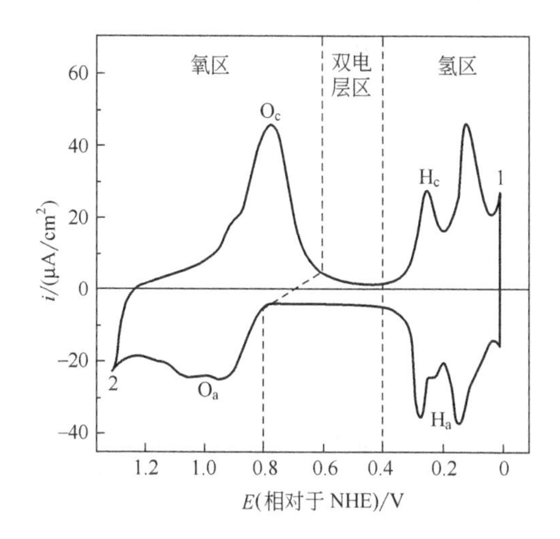

图 13.6.1　在 $0.5mol \cdot L^{-1}$ H_2SO_4 溶液中光滑铂电极循环伏安图

峰 H_c：吸附氢形成。峰 H_a：吸附氢氧化。峰 O_a：吸附氧或铂氧化层形成。峰 O_c：氧化层还原。1—析氢起始位置；2—析氧起始位置。吸附氢峰形、数目和大小取决于暴露的铂晶面[62]、电极预处理、溶液杂质和支持电解质。见图 13.4.4

13.7　双电层对电极反应速率的影响

13.7.1　引言和原理

早在 1933 年人们就已经认识到双电层结构和离子特性吸附影响电极反应动力学这一事实[63]。这种影响导致一系列表观的反常现象，如，即使是电解质离子参与的在无表观的本体反应（配位或离子对）的情况下，给定的异相电子转移步骤的速率常数 k^0 也与支持电解质离子的性质或浓度有关，可以观测到非线性的 Tafel 曲线（见 3.4.3 节）。有时 i-E 曲线上可以看到相当显著的变化，如阴离子（$S_2O_8^{2-}$）的还原，扩散平台电流在一定电势下会下降，在 i-E 曲线上出现极小值。

这些影响可以用 13.3 节讨论的双电层区域的电势变化来理解和解释。Frumkin[7] 曾描述了这些基本概念，因此有时称为 Frumkin 效应。

如果假设物质 O^z 在单步骤单电子还原反应

$$O^z + e \rightleftharpoons R^{z-1} \tag{13.7.1}$$

中无特性吸附，那么它离电极最近位置为 OHP($x=x_2$)（见 13.3.3 节）。由于存在于分散层的电势差（也可能由于一些离子特性吸附），OHP 处的电势 ϕ_2 不同于溶液电势 ϕ^S。双电层中这些电势差（如图 13.3.6 所示）能够以两种方式影响电极反应动力学。

① 如果 $z \neq 0$，x_2 处 O^z 浓度将不等于紧邻分散层外的 C_O^b，为便于计算 C_O^b 可以看作“电极表面”浓度❶，由公式 13.3.3 得到，

---

❶ 本节需要区分“电极表面浓度”两重意思。对于电极动力学，相对距离单位是 Å；那么“$x=0$”表示非常靠近界面，$C_O(0,t)$ 必须从本质上理解为 $C_O(x_2,t)$。当考虑扩散时“$x=0$”是扩散层内边界。由于分散层厚度（约为 $1/\kappa$，见表 13.3.1）通常远小于扩散层厚度（一般为微米尺度，即使是稀溶液和相当短实验时间情况下），这个面也可以非常靠近电极。这样扩散理论推导的公式中 $C_O(0,t)$ 就是这里提到的 C_O^b。

$$C_O(x_2,t)=C_O^b e^{-zF\phi_2/RT} \tag{13.7.2}$$

另一种表达方式是当电极带正电（即 $q^M>0$）时，$\phi_2>0$，阴离子（即 $z=-1$）受电极表面吸引，而阳离子（即 $z=+1$）受到排斥；当 $q^M<0$ 时相反；在 PZC 时，$q^M=0$，$\phi_2=0$，$C_O(x_2,t)=C_O^b$。

② 驱动电极反应的电势差不是 $\phi^M-\phi^S$（见 3.4 节），而是 $\phi^M-\phi^S-\phi_2$；那么有效电极电势为 $E-\phi_2$。

考虑前面写出的完全不可逆单步骤单电子反应速率方程（见 3.3 节）：

$$\frac{i}{FA}=k^0 C_O(0,t)e^{\alpha f(E-E^{\ominus\prime})} \tag{13.7.3}$$

对公式（13.7.2）和 E 进行校正，以真实速率常数 k_t^0 给出的方程为

$$\frac{i}{FA}=k_t^0 C_O^b e^{-zf\phi_2} e^{-\alpha f(E-\phi_2-E^{\ominus\prime})} \tag{13.7.4}$$

或

$$\boxed{\frac{i}{FA}=k_t^0 e^{(\alpha-z)f\phi_2} C_O^b e^{-\alpha f(E-E^{\ominus\prime})}} \tag{13.7.5}$$

对比式（13.7.3）和式（13.7.5），注意到 $C_O^b\approx C_O(0,t)$，我们发现

$$\boxed{k_t^0=k^0\exp\left[\frac{-(\alpha-z)F\phi_2}{RT}\right]} \tag{13.7.6}$$

根据这个重要的关系式，由表观速率常数 k^0 可以得到真实（或校正）的标准速率常数 k_t^0，关系式中指数部分有时称为 Frumkin 校正。类似的，真实交换电流 $i_{0,t}$ 可由式（3.4.6）那样来定义：

$$i_{0,t}=FAk_t^0 C_O^{*(1-\alpha)} C_R^{*\alpha} \tag{13.7.7}$$

$$\boxed{i_{0,t}=i_0\exp\left[\frac{-(\alpha-z)F\phi_2}{RT}\right]} \tag{13.7.8}$$

另外，利用本书第一版❶中给出的基于电化学势的方法可更严格地推导出式（13.7.6）和式（13.7.8）[34,64]。

双电层对动力学总体影响（有时称为“ϕ_2 效应”或俄语文献中的“Ψ 效应”）表现为：由于 ϕ_2 随（$E-E_z$）变化，表观量 k^0 和 i_0 与电势呈函数关系。由于 ϕ_2 与支持电解质浓度有关，表观量也是支持电解质浓度的函数。为了得到与电势和浓度无关的 k_t^0 或 $i_{0,t}$，表观速率数据的校正需要获得基于某种双电层结构模型在给定实验条件下的 ϕ_2 值（见 13.3 节）。

13.7.2　无电解质特性吸附时双电层的影响

由于汞电极的 σ^M 随 E 和电解质浓度的变化可由 13.2 节所讨论的电毛细曲线得到，因此可以校正汞电极上的 ϕ_2 效应。在无电解质特性吸附情况下，假设 GCS 模型适用［根据式(13.3.26)］，ϕ_2 可通过计算求得。由于通常缺少固体电极双电层结构的数据，因此固体电极很少进行这种校正。对水溶液中 Zn(Hg) 电极上 Zn(Ⅱ)[58] 和 N,N-二甲基甲酰胺溶液中几种芳香族化合物的还原[65] 进行校正的典型结果见表 13.7.1。注意，对于 Zn(Ⅱ) 的还原（$z=2$，$\alpha=0.6$），当 ϕ_2 值为负时，i_0 值大于 $i_{0,t}$ 值，这是由于电极上负电荷吸引带正电锌离子的效应比双电层的分散层电势降的动力学效应影响大。另外，对不带电的芳香族化合物还原（$z=0$，$\alpha\approx0.5$），ϕ_2 为负，所以 k_t^0 大于 k^0。

表 13.7.2 列出了几种可能情况下，NaF 溶液中汞电极上实际 ϕ_2 值的校正因子[66]。显然这些因子相当大，尤其在低电解质浓度和远离 E_z 电势情况下。其他情况和详细实验数据处理已有更深入的综述文章讨论过[16,34]。

---

❶ 第一版第 3.4 和 12.7.1 节。

表 13.7.1　异相电子转移速率校正双电层后的典型实验结果

A. 在 Zn 汞齐上还原 Zn(Ⅱ)①

支持电解质/mol·L^{-1}	ϕ_2/mV	i_0/mA·cm^{-2}	$i_{0,t}$/mA·cm^{-2}
0.025$Mg(ClO_4)_2$	−63.0	12.0	0.39
0.05	−56.8	9.0	0.41
0.125	−46.3	4.7	0.38
0.25	−41.1	2.7	0.29

B. 在含有 0.5mol·L^{-1} TBAP 的 DMF 溶液中在汞电极上芳香类化合物的还原②

化合物	$E_{1/2}$/V(相对于 SCE)	α	ϕ_2/mV	k^0/cm·s^{-1}	k_t^0/cm·s^{-1}
苄腈	−2.17	0.64	−83	0.61	4.9
邻苯二甲腈	−1.57	0.60	−71	1.4	7.5
蒽	−1.82	0.55	−76	5	26
p-二硝基苯	−0.55	0.61	−36	0.93	2.2

① 摘自参考文献[58]，T=26℃±1℃，$C_{Zn(Ⅱ)}$=2mmol·L^{-1}，$C_{Zn(Hg)}$=0.048mol·L^{-1}，利用恒电流方法测定交换电流，α=0.60。最后一栏由式 (13.7.8) 求出。原始文献中假定此种情形为 2e 速率控制步骤 (RDS) 得出 α=0.3。如果按多步骤过程 (3.5 节) 处理，则发现与还原过程为速率控制步骤 (α=0.60) 的一级电子转移机理相当符合。

② 来自参考文献[65]，T=22℃±2℃，化合物浓度约 1mmol·L^{-1}。速率常数由交流阻抗方法测得。最后一栏由式 (13.7.6) 求出。

表 13.7.2　在 NaF 溶液中汞电极的双电层数据及几种情况下的 Frumkin 校正因子①

$E-E_z$/V	σ^M/($\mu C/cm^2$)	ϕ_2/V	Frumkin 校正因子(α=0.5)②		
			z=0	z=1	z=−1
0.010mol·L^{-1} NaF(E_z=−0.480V 相对于 NCE)					
−1.4	−23.2	−0.189	0.025	39.5	1.6×10^{-5}
−1.0	−16.0	−0.170	0.037	27.3	4.9×10^{-5}
−0.5	−8.0	−0.135	0.072	13.8	3.8×10^{-4}
0	0	0	1.0	1.0	1.0
+0.5	11.5	0.153	19.6	0.051	7.5×10^{3}
0.10mol·L^{-1} NaF(E_z=−0.472V 相对于 NCE)					
−1.4	−24.4	−0.133	0.075	13.3	4.3×10^{-4}
−1.0	−17.0	−0.114	0.11	9.2	1.3×10^{-3}
−0.5	−8.9	−0.083	0.20	5.0	7.9×10^{-3}
0	0	0	1.0	1.0	1.0
+0.5	13.2	0.102	7.3	0.141	3.8×10^{2}
1mol·L^{-1} NaF(E_z=−0.472V 相对于 NCE)					
−1.4	−25.7	−0.078	0.22	4.6	1.1×10^{-2}
−1.0	−18.0	−0.062	0.30	3.3	2.6×10^{-2}
−0.5	−9.8	−0.039	0.47	2.1	0.10
0	0	0	1.0	1.0	1.0
+0.5	14.9	0.054	2.9	0.35	23

① σ^M和 ϕ_2摘自根据 Grahame 数据整理的数据汇编[66]。

② 校正因子=exp[$(\alpha-z)f\phi_2$]。

既然这些包含双电层校正的结果在解释支持电解质对速率常数影响方面非常有用，必须了解这种处理的几种局限性。没有电解质，反应物和产物的特性吸附的情况是非常少见的。GCS 模型的局限性以及当电解质包含许多不同离子时通常不存在一个单一的“最近平面”，导致 ϕ_2 和 x_2 校正值的不确定性。事实上，这些不确定性常常导致校正因子的明显差异，以至于阻碍了测量的表观速率常数与其他电子转移理论预测的表观速率常数之间可比性[65]。另外，GCS 模型包含了电极表面平均电势并忽略了溶液中电荷的离散本质。曾对这种“电荷离散效应”进行了处理并用于解释通常双电层校正失败的原因[67]。

13.7.3 电解质特性吸附时的双电层影响

当支持电解质中一种离子（如 Cl^- 或 I^-）特性吸附时，ϕ_2 将偏离由分散双电层校正严格计算出的值。阴离子特性吸附会导致 ϕ_2 更负，而阳离子特性吸附会导致 ϕ_2 更正，原则上，Frumkin 校正因子考虑到了这些影响；然而，反应物最近平面的位置和 OHP 处的实际电势常常无法确定，并且，通常只是定性地而非定量地解释这些影响。正如 13.6 节所讨论的，一种离子的特性吸附也可能导致电极表面的封闭从而抑制反应，并且与 ϕ_2 效应无关。以 DME 电极上 CrO_4^{2-} 极谱法还原为例，由于 $z=-2$，反应速率对 ϕ_2 效应非常敏感[68]。加入的低浓度四烷基氢氧化物极大促进了该还原反应，因为水溶液中 R_4N^+ 的特性吸附，导致 ϕ_2 更正（见图 13.7.1）。然而较高浓度下，速率降低。这种影响是由于电极表面的屏蔽效应，并且随 R 基团增大（Bu>Pr>Et>Me）作用更加明显。尽管双电层结构对反应速率影响的研究常常很复杂，但可以提供电极反应机理、反应物质的位置和反应位点的性质等方面的详细信息。可参见汞电极上配合物离子电还原方面的研究[69]。

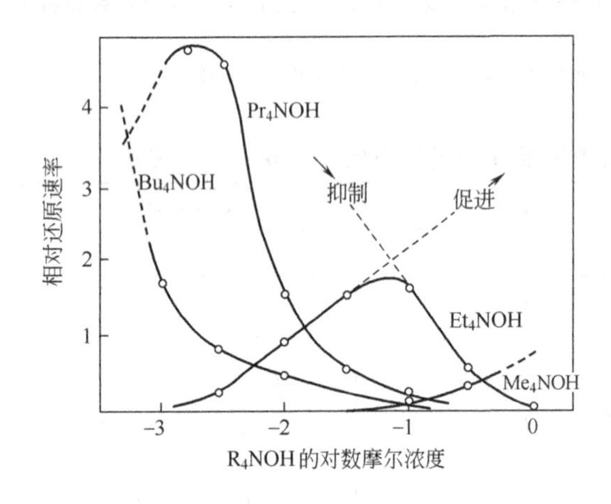

图 13.7.1 在不同四烷基胺氢氧化物（R_4NOH）存在下，−0.75V（相对于 SCE）和 25℃时，铬酸盐（0.2mmol · L^{-1}）还原速率的变化

（Me，甲基；Et，乙基；Pr，丙基；Bu，丁基）[引自 L. Gierst，J. Tondeur，R. Cornelissen and F. Lamy，*J. Electroanal. Chem.*，**10**，397（1965）]

13.8 参考文献

1 P. Delahay，“Double Layer and Electrode Kinetics，” Wiley-Interscience，New York，1965，Chap. 2
2 D. C. Grahame，*Chem. Rev.*，**41**，441（1947）
3 R. Parsons，*Mod. Asp. Electrochem.*，**1**，103（1954）
4 M. Mohilner，*Electroanal. Chem.*，**1**，241（1966）
5 I. M. Kloz and R. M. Rosenberg，“Chemical Thermodynamics，” 4th ed.，Benjamin/Cummins，Menlo Park，CA，1986
6 D. C. Grahame，*Annu. Rev. Phys. Chem.*，**6**，337（1955）
7 B. E. Conway，“Theory and Principles of Electrode Processes，” Roland，New York，1965，Chaps. 4 and 5
8 R. Payne in “Techniques of Electrochemistry，” Vol. 1，E. Yeager and A. J. Salkind，Eds.，Wiley-Interscience，New York，1972，pp. 43ff
9 G. Lippmann，*Compt. Rend.*，**76**，1407（1873）
10 J. Heyrovsky，*Chem. Listy*，**16**，246（1922）
11 J. Lawrence and D. M. Mohilner，*J. Electrochem. Soc.*，**118**，259，1596（1971）
12 D. M. Mohilner，J. C. Kreuser，H. Nakadomari and P. R. Mohilner，*J. Electrochem. Soc.*，**123**，359（1975）
13 D. J. Schiffrin in “Elecuochemistry”（A Specialist Periodical Report），Vols. 1-3，G. J. Hills，Senior Reporter，Chemical Society. London，1971-1973
14 I. Morcos in “Electrochemistry”（A Specialist Periodical Report）. Vol. 6，H. R. Thirsk. Senior Reporter，Chemical Society，London，1978，p. 65ff

15 P. Delahay, *op. cit.*, Chap. 3
16 R. Parsons, *Adv. Electrochem. Electrochem. Engr.*, **1**, 1 (1961)
17 R. Payne, *J. Electroanal. Chem.*, **41**, 277 (1973)
18 R. M. Reeves, *Mod. Asp. Electrochem.*, **9**, 239 (1974)
19 F. C. Anson, *Accts. Chem. Res.*, **8**, 400 (1975)
20 H. L. F. von Helmholtz, *Ann. Physik*, **89**, 211 (1853)
21 G. Quincke, *Pogg. Ann.*, **113**, 513 (1861)
22 H. L. F. von Helmllotz, *Ann. Physik*, **7**, 337 (1879)
23 D. Halliday and R. Resnick, "Physics," 3rd ed., Wiley, New York, 1978, p. 664
24 E. M. Pugh and E. W. Pugh, "Principles of Electricity and Magnetism," 2nd ed., Addison-Wesley, Reading, Mass., 1970, Chap. 1
25 G. Gouy, *J. Phys. Radium*, **9**, 457 (1910)
26 G. Gouy, *Compt. Rend.*, **149**, 654 (1910)
27 D. L. Chapman, *Phil. Mag.*, **25**, 475 (1913)
28 E. M. Pugh and E. W. Pugh, *op. cit.*, pp. 69, 146
29 O. Stern, *Z. Electrochem.*, **30**, 508 (1924)
30 (a) S. L. Carnie and G. M. Torrie in "Advances in Chemical Physics," I. Prigogine and S. A. Rice, Eds., Wiley-Interscience, New York, 1984, Vol. 56, pp. 141-253; (b) L. Blum, *ibid.*, Vol. 78, 1990, pp. 171-222; (c) P. Attard, *ibid.*, Vol. 92, 1996, pp. 1-159
31 P. Attard, *J. Phys. Chem.*, **99**, 14174 (1995)
32 P. Delahay, *op. cit.*, Chap. 5
33 O. A. Esin and B. F. Markov, *Acta Physicochem. USSR*, **10**, 353 (1939)
34 P. Delahay, *op. cit.*, Chap. 5
35 A. Hamelin, in *Mod. Asp. Electrochem.*, **16**, 1 (1985)
36 V. Gokhshtein, *Russ. Chem. Rev.*, **44**, 921 (1975)
37 R. E. Malpas, R. A Fredlein, and A. J. Bard, *J. Electroanal. Chem.*, **98**, 339 (1979)
38 R. Parsons, *Chem. Rev.*, **90**, 813 (1990)
39 F. T. Wagner in "Structure of Electrified Interfaces," J. Lipkowski and P. N. Ross. Eds., VCH, New York, 1993, Chap. 9
40 R. M. Ishikawa and A. T. Hubbard, *J. Electroanal. Chem.*, **69**, 317 (1976)
41 A. T. Hubbard, *Chem. Rev.*, **88**, 633 (1988)
42 (a) J. Clavilier, R. Fauré, C. Guinet, and D. Durand, *J. Electroanal. Chem.*, **107**, 205 (1980); (b) J. Clavilier, D. El Achi, and A. Rodes, *Chem. Phys.*, **141**, 1 (1990)
43 D. M. Kolb in "Structure of Electrified Interfaces," J. Lipkowski and P. N. Ross, Eds., VCH, New York, 1993, Chap. 3
44 B. E. Conway, T. Zawidzki, and R. G. Barradas, *J. Phys. Chem.*, **62**, 676 (1958)
45 N. A. Balashova and V. E. Kazarinov, *Electroanal. Chem.*, **3**, 135 (1969)
46 R. Parsons, *Trans. Faraday Soc.*, **55**, 999 (1959); *J. Electroanal. Chem.*, **7**, 136 (1964)
47 P. Delahay and I. Trachtenberg, *J. Am. Chem. Soc.*, **79**, 2355 (1957)
48 P. Delahay and C. T. Fike, *J. Am. Chem. Soc.*, **80**, 2628 (1958)
49 W. H. Reinmuth, *J. Phys. Chem.*, **65**, 473 (1961)
50 P. Delahay and D. M. Mohilner, *J. Am. Chem. Soc.*, **84**, 4247 (1962)
51 W. Lorenz, *Z. Electrochem.*, **62**, 192 (1958)
52 S. Gilman, *Electroanal. Chem.*, **2**, 111 (1967)
53 J. Heyrovský and J. Kuta, "Principles of Polarography," Academic, New York, 1966
54 C. N. Reilley and W. Stumm, in "Progress in Polarography." P. Zuman and I. M. Kolthoff, Eds., Wiley-Interscience, New York, 1962, Vol. 1, pp. 81-121
55 H. W. Nurnberg and M. von Stackelberg, *J. Electroanal. Chem.*, **4**, 1 (1962)
56 A. N. Frumkin, *Dokl Akad. Nauk. S. S. S. R.*, **85**, 373 (1952); *Electrochim. Acta*, **9**, 465 (1964)
57 R. Parsons, *J. Electroanal. Chem.*, **21**, 35 (1969)
58 A. Aramata and P. Delahay. *J. Phys. Chem.*, **68**, 880 (1964)
59 T. Biegler and H. A. Laitinen. *J. Electrochem. Soc.*, **113**, 852 (1966)
60 K. K. Niki and N. Hackerman, *J. Phys. Chem.*, **73**, 1023 (1969); *J. Electroanal. Chem.*, **32**, 257 (1971)
61 R. Woods, *Electroanal. Chem.*, **9**, 1 (1976)
62 P. N. Ross, Jr., *J. Electrochem. Soc.*, **126**, 67 (1979)
63 A. N. Frumkin, *Z. Physik. Chem.*, **164A**, 121 (1933)
64 D. M. Mohilner and P. Delahay, *J. Phys. Chem.*, **67**, 588 (1963)
65 H. Kojima and A. J. Bard, *J. Am. Chem. Soc.*, **97**, 6317 (1975)
66 C. D. Russell, *J. Electroanal. Chem.*, **6**, 486 (1963)

67 W. R. Fawcett and S. Levine, *J. Electroanal. Chem.*, **43**, 175 (1973)
68 L. Gierst, J. Tondeur. R. Cornelissen and F. Lamy, *J. Electroanal. Chem.*, **10**, 397 (1965)
69 M. J. Weaver and T. L. Satterberg, *J. Phys. Chem.*, **81**, 1772 (1977)

13.9 习题

13.1 证明表面相对过剩量与用于界面热力学处理的参照体系的分隔面位置无关。

13.2 由式（13.3.10）推导特殊情况式（13.3.11）。

13.3 仅根据高斯盒子，给出紧密层内线性分布电势的理由。

13.4 由式（13.3.27）推导式（13.3.29）。

13.5 为什么我们把吸附的中性分子看作紧密吸附在电极表面而非聚集在分散层？

13.6 解释图 13.9.1 和图 13.9.2 中的数据。图 13.9.1 与图 13.9.2 中曲线是如何相关联的？正庚醇存在下，由电毛细曲线平台区可得到何种推论？建立一个化学模型解释正庚醇存在下，从 −0.4～−1.4V具有很低的微分电容。你能否对 C_d 的尖峰提出一个形式上的（即数学的）解释吗？能否从化学角度合理解释它们？

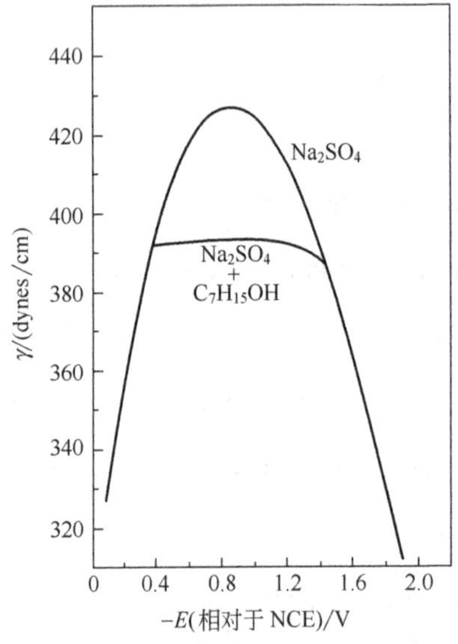

图 13.9.1 正庚醇存在和不存在下汞与 0.5 mol·L^{-1} Na_2SO_4 溶液接触时的电毛细曲线
数据来自 G. Gouy, *Ann. Chim. Phys.*, **8**, 291 (1906)
[引自 D. C. Grahame, *Chem. Rev.*, **41**, 441 (1947)]

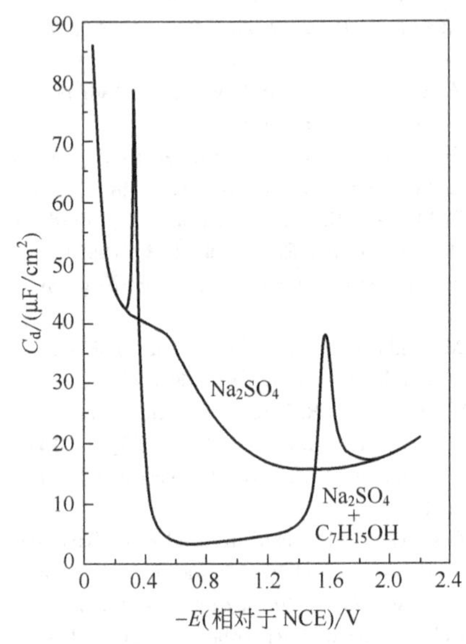

图 13.9.2 相应于图 13.9.1 体系的微分电容曲线
[引自 D. C. Grahame, *Chem. Rev.*, **41**, 441 (1947)]

13.7 含有某种有机化合物 Z（浓度 1.00 × 10^{-4} mol·L^{-1}）的溶液，在长度 1.00cm 分光光度池内，330nm 光测量 UV 吸光度 $\mathscr{A}$=0.500。把面积为 100cm^2 的铂电极浸入到 50cm^3 该溶液中，如果 Z 吸附量为 1.0×10^{-9} mol/cm^2，那么达到吸附平衡后溶液的吸光度为多少？

13.8 某种物质 X 的吸附遵循 Langmuir 等温式。物质的饱和覆盖度为 8×10^{-10} mol/cm^2，β=5×10^7 cm^3/mol（假设 $a_i=C_i$）。物质 X 浓度为多少时电极表面覆盖度为一半（即 θ=0.5）？画出该物质吸附等温线示意图。X 浓度多大时线性等温式准确率接近 1%？

13.9 习题 13.8 中物质 X，在线性化条件下取 $D=10^{-5}$ cm^2/s，平板电极浸入溶液后需多久表面覆盖度可以达到平衡覆盖度一半（见图 13.5.3）？如果搅拌溶液且 $m=10^{-2}$ cm/s 则需多长时间？

13.10 利用动力学模型推导 i 和 j 两种物质同时吸附的 Langmuir 吸附等温式（见图 13.5.9 和图 13.5.10）。

13.11 根据 GCS 模型，计算 0.01mol·L^{-1} NaF 溶液中汞电极在不同 ϕ_2 值（−0.2～+0.2V）下的 σ^M 值。(a) 给出 ϕ_2-σ^M 曲线；(b) 由表 13.7.2 中 σ^M 随 E-E_2 的变化，画出 ϕ_2-(E-E_2) 曲线。

13.12 由于 Frumkin 效应，Tafel 曲线表现为非线性并且在阴极区有如下变化的斜率：

$$f\left[-\alpha+(\alpha-z)\left(\frac{\partial \phi_2}{\partial \eta}\right)\right]$$

(a) 推导该公式；(b) Asada，Delahay 和 Sundaram [*J. Am. Chem. Soc.*，**83**，3396 (1961)] 提出的 $\ln[i\exp(zF\phi_2/RT)]-(\phi_2-\eta)$ 曲线（“校正的 Tafel 曲线”）为线性，斜率为 $\alpha F/RT$。请通过方程式的适当变换说明该情况下的确如此。

13.13　Aramata 和 Delahay[58] 发现 2mmol・L^{-1} Zn(Ⅱ) +0.025mol・L^{-1} $Ba(ClO_4)_2$ 溶液中，Zn(Hg) 电极（含 0.048mol・L^{-1} Zn）表观交换电流密度为 9.1mA/cm^2。体系平衡电势下，$\phi_2=-60.8$mV。当 $\alpha=0.60$ 和 $z=+2$ 时求 $i_{0,t}$ 和 k_t^0。见表 13.7.1 脚注①。

13.14　写出 Frumkin 等温式（13.5.14）的数据表程序，求出 $g'=-2$、0 和 2 时 θ-C_i 曲线。讨论吸引 ($g'=2$) 和排斥 ($g'=-2$) 作用是如何影响等温式的。

13.15　吸附与电势的关系，与电化学势的处理一样，可通过 $\Delta\overline{G}_i^{\ominus}$ 展开为 $E=0$（相对任意参比电极）时吸附标准自由能和与电势相关的 $z_iF(\phi^{A}-\phi^{b})$ 来处理。[见方程（13.5.3）] 从而给出 Langmuir 等温式

$$\frac{\theta}{1-\theta}=a_i^{b}\exp(-\Delta G_{ads}^{\ominus}/RT)\exp(-z_iFE/RT)$$

有时表示为

$$\frac{\theta}{1-\theta}=C_iK_{i,ads}\exp(-z_iFE/RT)$$

其中 $K_{i,ads}$ 为吸附平衡常数。请推导这些方程。从中可推论出何种有关电势对阴、阳离子吸附影响的结论？此模型忽略了什么（例如用于解释中性物质的行为）？推导 Frumkin 等温式的等效表达式。

第 14 章　电活性层和修饰电极

14.1　引言——理性和技术的动力

第 13 章介绍的多为非电活性物质的吸附。本章将讨论导电基底上电活性单层或多层膜——通常称之为化学修饰电极（chemically modified electrode）。这方面是近年来非常活跃的一个电化学研究领域，有大量综述文章讨论了化学修饰电极的制备、表征和电化学行为[1~14]。此类电极通常是通过对导电基底进行修饰并赋予其特定功能来制备的，其性质不同于未修饰的电极性质。如 14.2 节将介绍的，修饰电极有几种不同的制备方法，包括不可逆吸附法、单层共价键合法、聚合物或其他材料成膜法等。

物质在电极表面的强吸附（有时不可逆）一般会改变电极的电化学行为。如在电分析应用中，CN^- 在 Pt 表面的吸附增加了氢过电势，使电极电势扩展到更负的电势范围。相反，Hg 电极表面吸附生物碱和蛋白质会降低氢过电势。很多年前人们就已经研究了当溶液中含有钴离子和少量蛋白质或其他带巯基的化合物时汞电极的极谱行为（Brdička 波）[15]。电极表面有目的覆盖的吸附层或膜也会影响电极表面的电子转移速率。如：当 Pt 电极在含有 Sn(Ⅳ) 的酸性溶液中被施加一析氢电势时，由于电极表面 pH 值的增大，表面会覆盖一层氧化锡水合物。这一修饰层增加了氢过电势，因此 Pt 电极可用于电量法定量测定由 Sn(Ⅳ) 生成 Sn(Ⅱ)，而由于伴随着氢析出反应，在裸 Pt 电极上这一过程是无法实现的[16]。

20 世纪 70 年代，利用单层共价键合在电极表面修饰不同物质引起了人们的兴趣。随后出现了稍厚的聚合物膜和无机物修饰电极。与此同时在电子导电聚合物和有机金属领域也非常活跃，其中多数可以用电化学方法制备，也制备出了更复杂的结构（双层、阵列和双重导电膜）。

对化学修饰电极的兴趣主要基于其潜在的应用价值。电催化曾经是主要热点。例如，在接近热力学平衡电势下，一种能有效还原氧成为水的、便宜粗糙的电极材料，可用于燃料电池、电池和其他电化学体系。修饰了氧化还原变色材料的修饰电极可用于电致变色器件，如显示器或“智能”窗口和反射镜。也有表面膜电化学发光方面的例子（见第 18 章）。这些都具有用于主动显示器件的潜力。修饰层的另一应用是防止基底材料使用过程中的腐蚀和化学侵蚀。半导体电极表面不同材料的表面层已经被建议采用。修饰电极也可用作分析用的传感器和参比电极。最后，人们对分子电子器件，即能够模拟二极管、晶体管和电子网络行为的电化学体系的兴趣正在日益增加。

除此而外，在表征聚合物和其他材料电子转移和传质过程（见 14.4 节讨论）、探索如何设计表面结构实现特定反应或过程方面，采用修饰电极进行研究被证明是行之有效的。

14.2　膜和修饰电极的类型、制备和性质

14.2.1　基底

基底是修饰层组装的平台，通常这种材料未加修饰时也用作电极，如金属（Pt，Au）、碳或半导体（SnO_2）。一般选择机械和化学稳定性好的作为基底，修饰前常常要进行抛光或（电）化

学处理，为进一步表面修饰做好准备（见下面讨论）。如果要求表面非常平滑，可以选择HOPG、金属单晶或蒸镀金属的云母基底等材料。如果要求电极表面积很大，有时可以通过长时间电化学循环扫描电极或烧结小颗粒来获得电极。

14.2.2　单层

单层通常可通过电极表面的不可逆吸附或共价键合、有序组装方式、LB（Langmuir-Blodgett）膜转移和自组装等技术获得。

（1）不可逆吸附　正如13.5节所讨论的那样，许多物质可自发地由溶液吸附到基底表面，通常是由于基底的环境从能量角度上比溶液更有利（图14.2.1）。例如，由于强的金属-硫相互作用，含硫化合物通常牢牢固定于汞、金和其他金属表面。当汞电极浸入到只含有少量（$<\mu mol \cdot L^{-1}$）半胱氨酸或含硫蛋白质（如牛血清白蛋白）溶液时，Hg表面形成单层。可以观测到表面物质的电化学氧化还原。水溶液中一些离子（卤素离子、SCN^-和CN^-）和许多（尤其含芳香环、双键和长碳氢链的）有机物在金属或碳表面会发生强吸附。一个典型例子（下面图14.3.3所示）是菲醌（PAQ），只通过简单浸入含$1mol \cdot L^{-1}$ $HClO_4$的PAQ溶液中，热解石墨基面上就会形成单层PAQ[17]。电化学响应表明还原和再氧化过程中，单位电极表面（cm^2）流过$37\mu C$电量，等同于$1.9\times10^{-10}mol\ PAQ/cm^2$或$1.1\times10^{14}$分子$/cm^2$（对于2e氧化还原过程）。通常不吸附的金属离子可通过阴离子诱导发生吸附［见图14.2.1(b)］。这种情况下强吸附的阴离子（如SCN^-在Hg上）作为特定金属M的配体，导致金属在基底上的吸附。

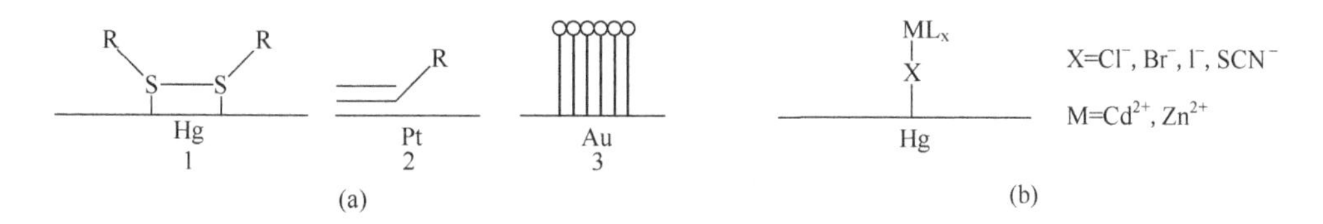

图14.2.1　电极上特性吸附的例子

(a) 二硫化物或蛋白质在汞电极上（1），烯烃在铂电极上（2）和在金电极上组装的LB膜（3）的吸附；(b) 金属离子或配合物通过阴离子配体桥联的吸附［引自A. J. Bard，"Integrated Chemical Systems"，Wiley，New York，1994］

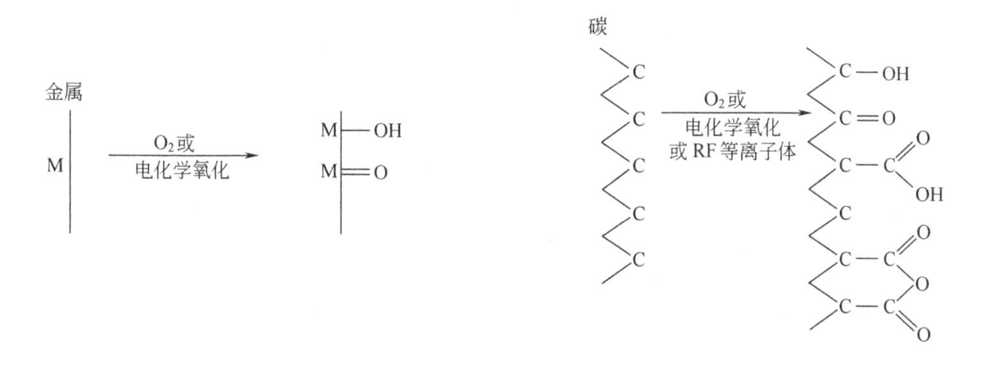

图14.2.2　交联剂处理前金属或碳表面通过氧化生成的功能团

［引自A. J. Bard，"Integrated Chemical Systems"，Wiley，New York，1994］

（2）共价键合法　与基底表面更强的结合，可以通过所需组分与基底表面固有的或生成的基团之间的共价键合来实现。这些共价键合过程常常利用有机硅烷和其他键合试剂，详细讨论见参考文献［2，8，12］。基底表面通常经过预处理（如氧化反应）形成表面基团（见图14.2.2），然后利用键合试剂和所需组分处理表面。感兴趣的成分，包括二茂铁、紫精和$M(bpy)_x^{n+}$（M=Ru、Os、Fe）等各种物质，由于它们表现出容易检测的电化学反应，就是通过这种方式连接到电极表面的。修饰层的典型共价键合和电化学响应见图 14.2.3。参考文献［2］的表中给出很多此类电极例子。

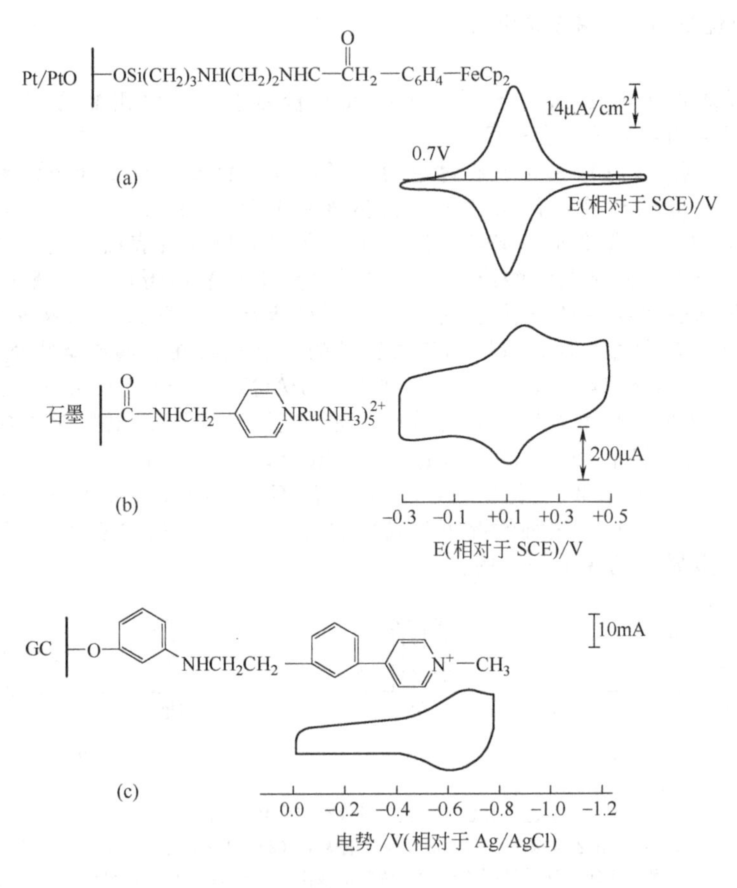

图 14.2.3　电极通过共价键合修饰不同类型单层后的循环伏安图

(a) 修饰二茂铁的 Pt 电极，扫速 200mV/s［引自 J. R. Lenhard and R. W. Murray，*J. Am. Chem. Soc.*，**100**，7870 (1978)］；(b) 修饰 py-Ru$(NH_3)_5$的石墨电极，扫速 5V/s［引自 C. A. Koval and F. C. Anson，*Anal. Chem.*，**50**，233 (1978)］；(c) 修饰紫晶的 GC（玻碳）电极，扫速 100mV/s［引自 D. C. S. Tse，T. Kuwana and G. P. Royer，*J. Electroanal. Chem.*，**98**，345 (1979)］

(3) 有序组装法　表面活性化合物单层（LB 膜）可由液/气界面转移到基底表面。例如，利用膜天平将紫精头基和长碳氢链尾基组成的分子转移到 SnO_2 表面可组装成单层[18]。除了 LB 膜法，自组装单层膜无须膜天平即可形成。自组装（self-assembly）是指组分分子因相互作用形成的一定程度有序结构的自发过程，典型例子包括带长链烷基有机硫（即巯基）化合物在 Au 上形成的单层。含硫头基牢固键合在 Au 表面，相邻烷基链间因相互作用产生了规则结构，其中烷基链与法线成一角度平行伸展（见图 3.6.7 和图 14.5.6）。通过长链三氯硅烷处理含羟基表面可自组装硅烷单层[19]。

14.2.3　聚合物（高分子）

(1) 类型　通过聚合修饰方法，可在电极表面形成比单层含有更多电活性位点的相当厚度的膜。几种不同类型的聚合物已经被用于电极表面修饰（见表 14.2.1）。电活性聚合物含有共价键合在聚合物骨架上的可氧化或还原的基团。典型例子有聚乙烯二茂铁和 $Ru(vbpy)_3^{2+}$ 聚合物。配位（带配体的）聚合物，如聚-4-乙烯基吡啶，带有能与金属离子配位并使其嵌入聚合物本体的基团。离子交换聚合物（聚电解质）带有能通过离子交换过程结合离子的带电中心，典型的有 Nafion（高氟化树脂）、聚苯乙烯磺酸盐和质子化聚-4-乙烯基吡啶。电子导电聚合物，如聚吡咯和聚苯胺，由于聚合物氧化还原过程通常伴随着离子掺杂到聚合物网络中，也可看作离子交换材料。生物大分子，如酶和蛋白质在传感器应用中是非常有用的。阻碍型聚合物是由单体形成的，如通过苯酚氧化，形成非透过层，封闭或钝化了表面。

表 14.2.1 电极修饰常用聚合物[①]

名 称	结 构	缩 写
	电活性聚合物	
聚乙烯二茂铁	$\text{-(}CH_2\text{—}CH\text{)}_n\text{-}$, CH 上连 $FeCp_2$	PVF
聚 4-乙烯-2,2-联吡啶钌[②]	$[\text{-(}CHCH_2\text{)}_n\text{-}$ 连于联吡啶（N,N 配位 Ru$(vbpy)_2$）$]^{2+}$	
聚 2-甲苯基紫精	$\text{-[}CH_2\text{—}C_6H_4\text{—}CH_2\text{—}{}^+N C_5H_4\text{—}C_5H_4N^+\text{]}_n\text{-}$	
聚紫精有机硅	$\text{-[}O\text{—}Si(OMe)_2\text{—}(CH_2)_3\text{—}{}^+NC_5H_4\text{—}C_5H_4N^+\text{—}(CH_2)_3\text{—}Si(OMe)_2\text{—}O\text{]}_n\text{-}$	PQ^{2+}
	离子交换聚合物(聚电解质)	
高氟化树脂	$\text{-(}CF_2CF_2\text{)}_x\text{(}CFCF_2\text{)}_y\text{-}$, CF 上连 $O\text{—}C_3F_6\text{—}O\text{—}CF_2CF_2\text{—}SO_3^- Na^+$	NAF
聚乙烯磺酸树脂	$\text{-(}CH_2\text{—}CH\text{)}_n\text{-}$, CH 上连苯环，对位 $SO_3^- Na^+$	PSS
季铵化的聚 4-乙烯吡啶	$\text{-(}CH_2\text{—}CH\text{)}_n\text{-}$, CH 上连吡啶环，$N^+$—Me	QPVP
	配位聚合物[③]	
聚 4-乙烯吡啶	$\text{-(}CH_2\text{—}CH\text{)}_n\text{-}$, CH 上连吡啶环（N）	PVP
	导电聚合物	
聚吡咯	$\text{-(}C_4H_2N(H)\text{)}_n\text{-}$（吡咯环，N）	PP
聚噻吩	$\text{-(}C_4H_2S\text{)}_n\text{-}$（噻吩环，S）	PT
聚苯胺	$\text{-[}N(H)\text{—}C_6H_4\text{]}_n\text{-}$	PANI

① 改编自 A. J. Bard，"Integrated Chemical Systems"，Wiley，New York，1994，pp142～143。

② vbpy=4-乙烯-2,2′-联吡啶。

③ 表现为还原（非导电）态。氧化和掺杂阴离子后这些聚合物变得具有导电的。

(2) 制备 电极表面聚合物膜可由溶液中单体或聚合物形成。由溶解的聚合物开始的方法包括浇铸、蘸涂、旋涂、电沉积和通过功能团的共价键合。由单体出发，可通过热、电化学、等离子体或光化学聚合方法制备膜。

14.2.4 无机膜

不同类型无机材料，如金属氧化物、黏土和沸石，也可被沉积到电极表面。此类膜由于常常表现出结构完整（即惟一的孔径和夹层尺寸）、热及化学稳定性、通常价格便宜和容易得到而引起人们的兴趣。下面介绍一些例子。

(1) 金属氧化物 氧化物膜可由金属电极阳极氧化制备，如在 H_3PO_4溶液中铝阳极表面形成 Al_2O_3膜。膜厚度可由阳极极化电势和时间控制。这种膜可作为支撑其他材料如聚乙烯吡啶(PVP) 的基底。其他金属如 Ti、W、Ta 的氧化膜可用类似方法制备。氧化物膜也可由化学蒸镀(CVD)、真空蒸镀和溅射以及胶体溶液沉降制备。相关无机膜有多金属氧酸盐（同多酸和杂多酸及其盐）[20]。例如杂多阴离子 $P_2W_{17}Mo_{62}K_6$ 在玻碳电极上存在一系列还原峰。已发现存在众多金属（如 W、Mo、V）多阴离子物质并有着丰富的化学性质，此类材料膜由于其电催化能力而引起人们的兴趣。

(2) 黏土和沸石 天然和合成的黏土和沸石均为结构明确的硅铝酸盐，通常表现出离子交换的性质[10,21]。除具有高稳定性和廉价等特点外，还常常表现出催化性质，广泛用作异相催化剂。通过合适的无机和有机试剂，如 Fe、Al、Zr 的多氧阴离子的处理，使黏土在硅酸盐层间形成堆积结构并使层间距为一定值（如约 1.7nm）。黏土膜可以浇铸在基底表面，用作电极时仍会保持完整。电活性阳离子，如 $Ru(bpy)_3^{2+}$ 或 MV^{2+}，可以通过交换进入黏土膜内并具有典型的表面过程循环伏安响应。沸石是一类具有明确笼状骨架和孔结构的硅铝酸盐，同时也具有离子交换性质，可作为电极表面修饰层。如含有少量聚苯乙烯（用作黏合剂）的 Y 型沸石微粒（直径约 1μm）的 THF（四氢呋喃）悬浮液可在 SnO_2 电极表面形成浇铸膜。这种膜厚度大约 60μm，膜外侧（溶液一侧的）表面的绝大部分聚苯乙烯形成多孔层，而只有靠近膜内（电极一侧的）表面几分之一微米的沸石具有电化学反应活性。$Ru(bpy)_3^{2+}$ 和 $Co(CpCH_3)_2^+$ 等离子可以通过将膜电极浸入适当的溶液中或在浇铸膜之前预先浸泡沸石微粒结合到膜内。

(3) 过渡金属氰化物 普鲁士蓝 (PB)（铁氰化钾晶型）及相关材料在电极表面可形成薄膜并表现出有趣的性质[22]。PB 可以通过电化学还原 $FeCl_3$ 和 $K_3Fe(CN)_6$溶液中沉积到适当的基底上，生成的蓝色膜通常具有 $KFe^{III}Fe^{II}(CN)_6$分子式，可氧化成 $Fe^{III}Fe^{III}(CN)_6$ (Berlin 绿) 或还原成 $K_2Fe^{II}Fe^{II}(CN)_6$ (Everitt 盐)。PB 电极具有电催化性质（如对氧的还原），发生变色表明其在电致变色方面应用的可能性。也曾经对于其他金属铁氰化物膜进行了研究，如在铁氰化物存在下通过氧化镍电极可生成六氰合铁酸镍膜。

14.2.5 生物相关材料

很多生物衍生材料修饰电极已经作过介绍，通常与电化学传感器制备有关[23]。此类生物传感器的基本制备方法是将能（“识别”）与被测物质反应、并同时产生可检测电化学信号的生物敏感膜层（如酶、抗体、DNA）固定化。含有表面固定酶的电极可能是当前研究最多的[24]，相关种类电极包括细菌悬液和组织切片。多数情况下酶或悬液只是简单地通过可渗透的聚合物膜（如渗析膜）固定在电极表面，其他固定方法有凝胶包埋、包胶、吸附和共价交联。

14.2.6 复合和多层组装

除了前几节介绍的通常由一种导电基底和单一材料修饰膜构成的修饰电极外，还介绍了更复杂的结构。典型的例子（图 14.2.4）有：不同聚合物的多层膜（如双层结构）、聚合物膜上形成的金属膜（三明治结构）、聚合物覆盖的多个导电基底（电极阵列）、离子和电子导体共混膜（双重导电层）以及多孔金属或微网支撑的聚合物膜（固体聚电解质或离子-门控结构）[6,7]。与简单修饰电极相比，这些修饰电极通常具有不同的电化学性质，在开关、放大器和传感器等方面有应用价值。

Pt 或 Au 的多孔金属膜可沉积在聚合物膜上，聚合物膜可以是独立的，也可以是化学还原或真空蒸镀在电极表面的。例如：沉积在 Nafion 膜上的 Pt 多孔膜，可通过将 Nafion 膜放在 $PtCl_6^{2-}$

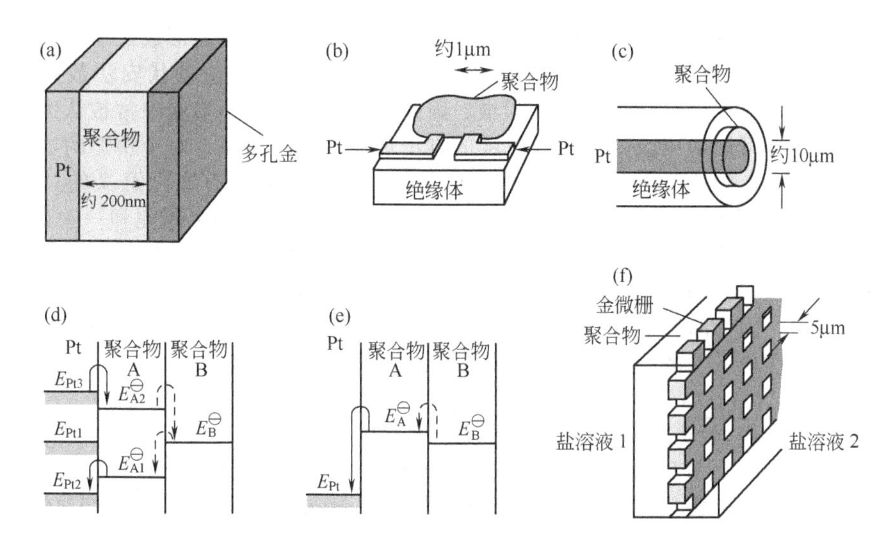

图 14.2.4　更复杂的基于电活性聚合物的修饰电极结构

(a) 三明治型电极；(b) 阵列电极；(c) 微电极；(d，e) 双层电极；(f) 离子门电极

[引自 C. E. D. Chidsey and R. W. Muray，*Science*，**231**，25 (1986)]

和还原剂（如苯肼）溶液之间来制备，还原剂跨膜扩散并使 Pt 金属沉积在膜表面（部分在膜内）。人们对这种构造作为固体聚电解质（solid polymer electrolyte，SPE）电池的电极感兴趣，例如在燃料电池和电解水所采用的 SPE。在前一个应用中 Nafion 膜两侧的 Pt 多孔膜分别作为阳极（氢氧化）和阴极（氧还原）。在导电基底上的高分子膜上沉积多孔金属膜，会形成一种薄层聚合物膜夹在两个电子导电膜中间的三明治结构，至少其中一面对溶液或气体物质而言是多孔的，虽然这种构造在形式上类似于 SPE 电解所用的电极结构，这些结构中聚合物膜更薄，而且在形成第二层多孔金属膜之前通常沉积在非多孔的导电基底上。

双层结构通常由两层不同的膜重叠地沉积在基底上构成。一个典型体系是在电沉积了 $[Os(bpy)_2(vbpy)_2^{2+}]$ 聚合物的 Pt 基底上电化学沉积聚-$[Ru(vbpy)_3^{2+}]$[25]。另一类三明治结构是由聚合物连接的一对紧靠的电极（类似阵列电极[26]）组成的，也可以在一对阵列电极上分别沉积不同的聚合物，膜交界之处形成类双层结构。此类三电极器件可以产生等同于场效应管 (FET) 功能的结构[27]。

包含电子和离子导体的多组分结构，称为双重传导膜（或混合传导复合膜），可由电化学方法制备。对它们的兴趣源于改进膜内电荷转移速率和在离子导电高分子膜内加入催化剂或半导体粒子的可能性。此类结构较早的一个例子是电子导电的固体四硫富瓦烯（TTF^+Br^-）沉积在电极表面 Nafion 膜内[28]。电子导电的聚合物也可沉积在离子导电的基底内，如吡咯溶液中电化学氧化可以在 Nafion 或黏土膜内沉积聚吡咯[29]。这些膜的电化学和物理性质不同于单组分膜（Nafion 或聚吡咯）。在离子传导的聚合物内生成金属粒子，如 Cu 和 Ag 沉积在聚-$[Ru(bpy)_2(vpy)_2]^{2+}$ 内[30]，也可以形成双重传导膜。

14.3　吸附单层电化学响应

14.3.1　原理

O 或 R 的吸附对电极反应 $O+ne \longrightarrow R$ 的电化学响应（例如 i-E 伏安曲线）会产生非常显著的影响。本节将对反应物和产物或其中之一强或弱吸附的结果进行处理，首先考虑电活性物质 O 强吸附时溶液中 O 的响应可忽略的情况，以及吸附和溶解 O 均发生电极反应的情况。

该问题的处理比那些仅仅包含溶解物的情况要复杂得多，因为必须选择一个吸附等温式，这种吸附等温式引入了一些附加的参数，而且通常是一些非线性方程。此外，处理方法必须包括以下假设：①电化学实验开始之前达到吸附平衡的程度（即新鲜电极表面形成之后多长时间才开始实验），②吸附物种和溶解物种的电子转移反应的相对速率。这些效应使伏安法数据的计算复杂化，并且使解析所需机理及其他信息更加困难。因此，吸附在电化学实验中常被认为是一种麻烦的事情，若条件允许可以采用改变溶剂或浓度的方法加以回避。然而，对于快速的电荷转移来讲（如在电催化方式中），物质吸附往往是一种先决条件，并且在许多有实际意义的过程中（例如O_2还原、脂肪烃氧化或蛋白质还原）是非常重要的。这里将讨论其基本原理和一些重要的情况。

描述伏安法的方程式（例如，假定开始只存在物质O）包括以前用过的相同的传质方程式［诸如式（5.4.2）］以及初始和半无限扩散条件式（5.4.3）和式（5.4.4）。然而，电极表面上的流量条件是不同的，因为净反应涉及扩散来的以及电极上吸附O的电解，生成的产物R既有扩散走的，也有吸附在电极上的。于是，普遍的流量方程式为

$$D_O\left[\frac{\partial C_O(x,t)}{\partial x}\right]_{x=0}-\frac{\partial \Gamma_O(t)}{\partial t}=-\left[D_R\left(\frac{\partial C_R(x,t)}{\partial x}\right)_{x=0}-\frac{\partial \Gamma_R(t)}{\partial t}\right]=\frac{i}{nFA} \tag{14.3.1}$$

式中，$\Gamma_O(t)$ 和 $\Gamma_R(t)$ 为在时间 t 时吸附的O和R量，mol/cm^2。这些项的引入需要建立 Γ 与 C 相关联的附加方程式。最常用的是 Langmuir（或线性 Langmuir）等温式，例如见式（13.5.9）和式（13.5.10）：

$$\Gamma_O(t)=\frac{\beta_O\Gamma_{O,s}C_O(0,t)}{1+\beta_O C_O(0,t)+\beta_R C_R(0,t)} \tag{14.3.2}$$

$$\Gamma_R(t)=\frac{\beta_R\Gamma_{R,s}C_R(0,t)}{1+\beta_O C_O(0,t)+\beta_R C_R(0,t)} \tag{14.3.3}$$

尚需提供初始条件，例如：

$$(t=0)\Gamma_O=\Gamma_O^* \quad \Gamma_R=0 \tag{14.3.4}$$

其他一些方程式要适合给定的电化学方法，还要加上电子转移的速率方程，再设法求其解。

14.3.2 循环伏安法：只有吸附的O和R具有电活性——能斯特反应

下面研究只有吸附（而非溶解）的O是电活性的情况[31~33]。这可以是扫描速度 v 很快以至溶解O到电极表面没有发生明显扩散的情况｛即 $D_O[\partial C_O(0,t)/\partial x]_{x=0}\ll\partial\Gamma_O(t)/\partial t$｝。换句话讲，吸附O的波电势可移至溶解O还原波之前很多。这种行为的条件将在下面给出。还有一些情况，就是吸附很强，甚至在溶液浓度小到溶解O贡献的电流可忽略不计时，O的吸附层都可能形成。还要假定在波的电势范围内，Γ 与 E 无关。在这些条件下，式（14.3.1）变为

$$-\frac{\partial \Gamma_O(t)}{\partial t}=\frac{\partial \Gamma_R(t)}{\partial t}=\frac{i}{nFA} \tag{14.3.5}$$

方程式（14.3.5）表明吸附O还原生成吸附R，电势扫描过程中无吸附/脱附过程发生。该方程式与式（14.3.4）一起给出

$$\Gamma_O(t)+\Gamma_R(t)=\Gamma_O^* \tag{14.3.6}$$

从式（14.3.2）和式（14.3.3），得

$$\frac{\Gamma_O(t)}{\Gamma_R(t)}=\frac{\beta_O\Gamma_{O,s}C_O(0,t)}{\beta_R\Gamma_{R,s}C_R(0,t)}=\frac{b_O C_O(0,t)}{b_R C_R(0,t)} \tag{14.3.7}$$

其中 $b_O=\beta_O\Gamma_{O,s}$，$b_R=\beta_R\Gamma_{R,s}$。如果是 Nernst 反应，那么

$$\frac{C_O(0,t)}{C_R(0,t)}=\exp\left[\left(\frac{nF}{RT}\right)(E-E^{\ominus\prime})\right] \tag{14.3.8}$$

于是，式（14.3.7）成为

$$\frac{\Gamma_O(t)}{\Gamma_R(t)}=\left(\frac{b_O}{b_R}\right)\exp\left[\left(\frac{nF}{RT}\right)(E-E^{\ominus\prime})\right] \tag{14.3.9}$$

从式（14.3.5）、式（14.3.6）和式（14.3.9），以及

$$\frac{i}{nFA}=-\frac{\partial \Gamma_O(t)}{\partial t}=\left[\frac{\partial \Gamma_O(t)}{\partial E}\right]v \tag{14.3.10}$$

和 $E=E_i-vt$，得到 i-E 曲线的方程式：

$$i=\frac{n^2F^2}{RT}\frac{vA\Gamma_O^*(b_O/b_R)\exp[(nF/RT)(E-E^{\ominus\prime})]}{\{1+(b_O/b_R)\exp[(nF/RT)(E-E^{\ominus\prime})]\}^2} \tag{14.3.11}$$

注意该方程式和薄层电解池导出的式（11.7.16）之间的相似性。这种相似性是很容易理解的，因为在这两种情况下，试样在没有传质限制下实现全部转化。在薄层电解池中，有 VC_O^* mol 的 O 在电势扫描过程中被电解，相当于电极表面上 $A\Gamma_O^*$ mol 的 O。因此 i-E 曲线（图 14.3.1）具有和图 11.7.3 相同的形状。其峰电流为

$$i_p=\frac{n^2F^2}{4RT}vA\Gamma_O^* \tag{14.3.12}$$

其峰电势为

$$E_p=E^{\ominus\prime}-\left(\frac{RT}{nF}\right)\ln\left(\frac{b_O}{b_R}\right)=E_a^{\ominus\prime} \tag{14.3.13}$$

峰电流，甚至波上所有点的电流都与 v 成正比，而不是扩散物质 Nernst 波中所见到的那种 $v^{1/2}$ 关系。i 与 v 之间的正比性与纯电容电流所观察的一样［见式（6.2.25）］，这一事实导致了以假电容对吸附做某种处理[32,34]。校正了某些残余电流后的还原峰面积，代表吸附层完全还原所需电量，即 $nFA\Gamma_O^*$。反向扫描时的阳极波是阴极波沿电势坐标的镜像。在 Langmuir 等温式条件下，对理想 Nernst 反应，$E_{pa}=E_{pc}$，并且无论是阴极或者阳极峰的半峰宽可由下式给出

$$\Delta E_{p,1/2}=3.53\frac{RT}{nF}=\frac{90.6}{n}\text{mV}\ (25℃) \tag{14.3.14}$$

根据 5.4.4 节讨论的稳定原则，E_p 相对于 $E^{\ominus\prime}$ 的位置取决于 O 和 R 吸附的相对强度。如果 $b_O=b_R$，则 $E_p=E^{\ominus\prime}$。如果 O 吸附较强（$b_O>b_R$）时，波向负电势方向移动，并超过扩散物质出现可逆波的位置。因此，这种波称为后波，如果 R 吸附较强（$b_R>b_O$）时，波出现在比 $E^{\ominus\prime}$ 更正的电势下，这种波称为前波。实验研究中这种情况所观察到的波形与实际的等温式紧密相关，并且很少具有图 14.3.1 的理想波形。

当膜内 O 和 R 存在相互作用时，i-E 曲线的形状取决于 O—O、R—R 和 O—R 的相互作用能。准确的曲线形状取决于如何处理这些相互作用，例如，如果假设 Frumkin 类型等温式[35,36]，相应表达式为

$$\exp\left[\frac{nF}{RT}(E-E_a^{\ominus\prime})\right]=\frac{\theta_O}{\theta_R}\exp[2v\theta_O(a_{OR}-a_O)+2v\theta_R(a_R-a_{OR})] \tag{14.3.15}$$

式中，a_{OR}、a_O 和 a_R 为 O—R、O—O 和 R—R 相互作用参数（$a_i>0$ 为互相吸引，$a_i<0$ 为互相排斥），v 是每个 O 或 R 吸附在表面置换的水分子数，θ_O 和 θ_R 分别是 O 和 R 表面覆盖度分数。那么 i-E 曲线的表达式则为[37]

$$i=\frac{n^2F^2Av\Gamma_O^*}{RT}\left[\frac{\theta_R(1-\theta_R)}{1-2vg\theta_T\theta_R(1-\theta_R)}\right] \tag{14.3.16}$$

式中，$\theta_T=(\theta_O+\theta_R)$，$g=a_O+a_R-2a_{OR}$，$\Gamma_O^*=\Gamma_O+\Gamma_R$，$\theta_i=\Gamma_i/\Gamma_O^*$。式（14.3.16）中电势变化源于 θ_R 通过式（14.3.9）随 E 的变化。基于式（14.3.16）的典型 i-E 曲线由图 14.3.2 给出。曲线形状受相互作用参数 $vg\theta_T$ 控制，当参数为 0 时，其行为如图 14.3.1，半峰宽 $\Delta E_{p,1/2}$ 为 90.6/n mV（T=25℃）。当 $vg\theta_T<0$ 时，$\Delta E_{p,1/2}>90.6/n$ mV；当 $vg\theta_T>0$ 时，$\Delta E_{p,1/2}<90.6/n$ mV。图 14.3.3 给出了循环伏安实验图与考虑相互作用参数的理论处理结果对比的例子。

上述方程式是根据 Frumkin 等温式，假设 O 和 R 在膜内位置为随机分布条件下给出的。如果膜经过设计，如利用 L-B 技术构成有序单层膜，则形成有序位置分布。在这些条件下，需要一种统计力学方法来解释相互作用和确定 i-E 曲线[38]。设计的膜内的相互作用参数为负值时，即使只有单一的电极反应也会出现双波，而随机分布的膜只能产生一个变宽的单波。

上述非理想表面膜的处理方法依赖于调整经验参数来模拟实验曲线形状，考虑界面电势分布（与膜和溶液介电常数、电活性吸附物和支持电解质浓度以及膜厚这些因素有关），循环伏安曲线

形状不用这些经验参数也能够模型化[39]。

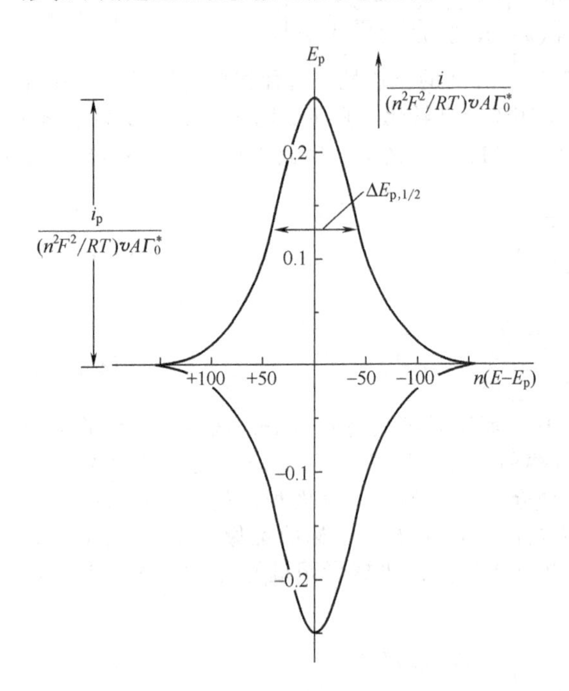

图 14.3.1 吸附O还原和随后再氧化的循环伏安曲线，见式（14.3.11）

电流为归一化形式，电势坐标为在25℃下测得的值

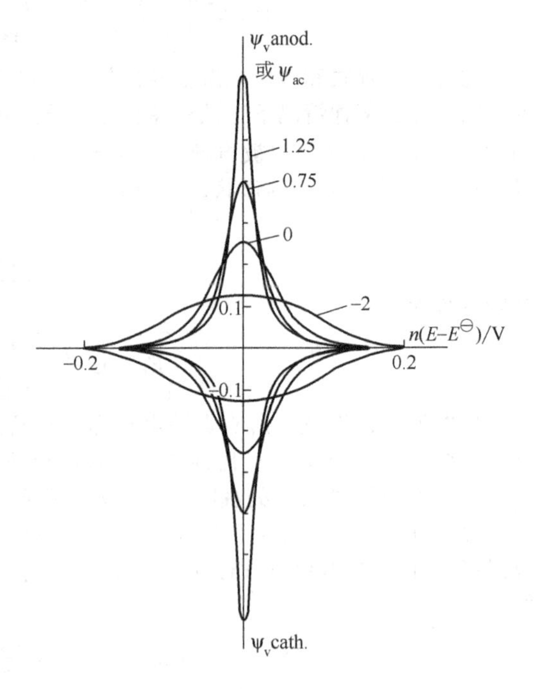

图 14.3.2 反应对薄层修饰电极循环伏安峰形的影响

假设遵循 Frumkin 吸附等温式，$vg\theta_T$标示于相应曲线。$vg\theta_T=0$ 的曲线相当于图 14.3.1［引自 E. Laviron，*J. Electroanal. Chem.*，**100**，263（1979）］

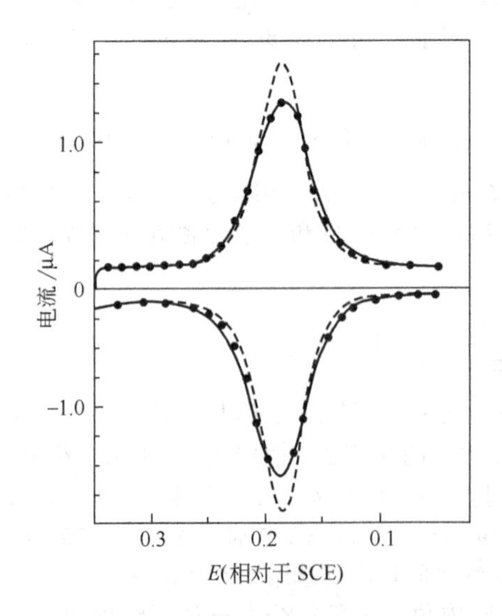

图 14.3.3 热解石墨电极的不可逆吸附的 9,10-菲醌的还原和再氧化时的实验和理论循环伏安图

$\Gamma_O=1.9\times10^{-10}$mol/cm²；$v$=50mV/s，在 1mol·L⁻¹ $HClO_4$溶液中。(—) 实验曲线；(---) 根据公式（14.3.11）计算的理论曲线；(•) 考虑非理想参数的计算图［引自 A. P. Brown and F. C. Anson，*Anal. Chem.*，**49**，1589（1977）］

尽管修饰表面伏安波在实际研究中经常偏离上述行为，但它们仍然被理想化，本节讨论的处理方法在某些条件下也可用于共价键合的单层和厚一些的膜。常常有严重不对称或偏离钟形的情况[40]。对较厚膜很少有实验伏安图能简单用这里讨论的那些参数进行描述。考虑膜的不均匀性、膜内有限的传质和电荷转移、氧化和还原过程中膜阻抗和结构变化等因素的作用，总体情况通常更为复杂，其中一些因素将在 14.4 节加以考虑。

14.3.3　循环伏安法：只有吸附 O 具有电活性——不可逆反应

当吸附 O 以完全不可逆的单步骤单电子反应被还原时[32,33]，Langmuir-Nernst 边界条件式（14.3.9），可由一个类似于溶解的反应物所用的动力学方程式替代［例如式（6.3.1）］：

$$\frac{i}{FA}=k_f\Gamma_O(t) \tag{14.3.17}$$

注意，对于吸附的反应物，k_f量纲是 s^{-1}，不过它仍可以按式（3.3.9）的形式给出，或在电势扫描实验中［见式（6.3.3）］表示为

$$k_f=k_{fi}e^{at} \tag{14.3.18}$$

式中，$k_{fi}=k^0\exp[-\alpha f(E_i-E^{\ominus\prime})]$，$a=\alpha fv$。与 k_f类似，表面键合的物质标准速率常数 k^0 量纲是 s^{-1}。式（14.3.10）与式（14.3.17）和式（14.3.18）联立，得

$$\frac{d\Gamma_O(t)}{dt}=-k_{fi}e^{at}\Gamma_O(t) \tag{14.3.19}$$

上式可由初始条件 $t=0$，$\Gamma_O(t)=\Gamma_O^*$ 解出，并可得到 $\Gamma_O(t)$ 和 i-E 曲线的表达式：

$$\Gamma_O(t)=\Gamma_O^*\exp\left(\frac{k_f}{a}\right) \tag{14.3.20}$$

和

$$\boxed{i=FAk_f\Gamma_O^*\exp\left[\left(\frac{RT}{\alpha F}\right)\left(\frac{k_f}{v}\right)\right]} \tag{14.3.21}$$

应当注意，这些方程式是在通常假设在足够正的电势下开始扫描，以便$k_{fi}\rightarrow0$，因此 $\exp(k_{fi}/a)\rightarrow1$ 的条件下而得到的。取代 k_f就可得到 i 与电势的关系式。还应注意这些方程式和薄层情况下方程式［方程式（11.7.22）和式（11.7.23）］之间的相似性。i-E 曲线的形状［图 14.3.4(a)］与 v 和 k^0无关，并严格遵循参数经适当小修改的图 11.7.4 和图 11.7.5 所表示的形状。峰值由下式给出

$$\boxed{i_p=\frac{\alpha F^2Av\Gamma_O^*}{2.718RT}} \tag{14.3.22}$$

$$\boxed{E_p=E^{\ominus\prime}+\frac{RT}{\alpha F}\ln\left(\frac{RT}{\alpha F}\frac{k^0}{v}\right)} \tag{14.3.23}$$

$$\Delta E_{p,1/2}=2.44\left(\frac{RT}{\alpha F}\right)=\frac{62.5}{\alpha}\text{mV}\ (25℃) \tag{14.3.24}$$

i_p又一次与 v 成正比，但是波向负偏离可逆值，并且对称形状发生了畸变。这种波形的实例示于图 14.3.4(b)。

对准可逆单步骤单电子反应普遍情况的处理，遵循上述给出的方法，但是，必须考虑逆反应［即应用式（3.2.8）］及 O 和 R 的吸附等温式。这种情况，以及偶合化学反应与电荷转移反应相关情况下的变量，文献［32，33，41，42］及其中的参考文献中已作过全面的讨论。

14.3.4　循环伏安法：溶解的和吸附的物质均为电活性物质

如第 6 章所述，当溶解的和吸附的物质二者均为电活性时，理论处理除了包括利用全流量方程式（14.3.1），还包括吸附等温式、一般的扩散方程式以及第 6 章讨论的初始和半无限边界条件。由于必须采用涉及传质的偏微分方程，数学处理更为复杂。这里仅仅研究 O（反应物）或者 R（产物）被吸附，而不是两者都被吸附时的 Nernst 电子转移反应情况[43]。

（1）产物（R）强吸附　在此情况下，$\beta_O\rightarrow0$ 而 β_R相当大（即 $\beta_RC^*\geqslant100$）。初始时，$C_O=C_O^*$，$C_R=0$，$\Gamma_R^*=0$。要解的方程是 O 和 R 的扩散方程式、总流量方程式（14.3.1）、吸附等温式（14.3.3）以及（由于电极反应假定为 Nernst 反应的）方程式（14.3.8）。假设在所有时间内均保持吸附平衡，问题的解通常遵循 6.2 节所描述的形式[43]。在 Wopschall 和 Shain 的处理方法中，还考虑到 β_R随电势变化的可能性，即

$$\beta_R=\beta_R^0\exp\left[\left(\frac{\sigma_RnF}{RT}\right)(E-E_{1/2})\right] \tag{14.3.25}$$

式中，σ_R代表 $\Delta\overline{G}_i^{\ominus}$ 随电势变化的一个参数；$\sigma_R=0$ 意味着 β_R与 E 无关。

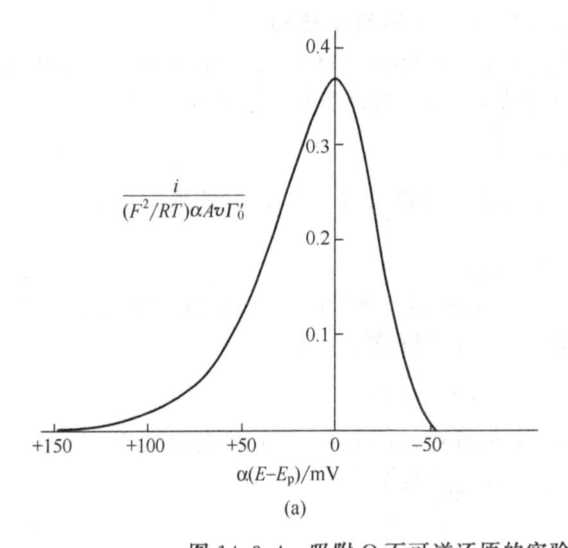

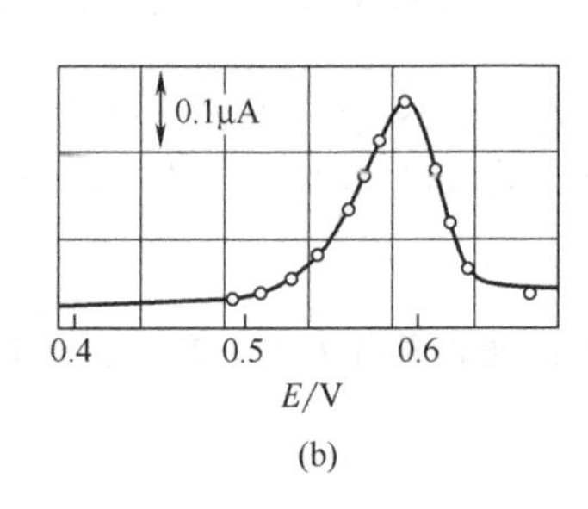

图 14.3.4 吸附 O 不可逆还原的实验和理论线性扫描伏安图

(a) 理论曲线，见式（14.3.11）；(b) 5μmol・L^{-1}反式-4,4'-联吡啶-1,2-乙烯+0.05mol・L^{-1} H_2SO_4溶液在滴汞电极（$A=0.017cm^2$）上的还原实验曲线，$v=0.1V/s$［引自 V. Laviron, *J. Electroanal. Chem.*, **52**, 355 (1974)。上图适于单步骤单电子反应］

结果可总结如下：同样形状前波（或前峰）以 14.3.2 节描述的通性出现（图 14.3.5），表明溶解 O 还原形成吸附 R 层。由于 R 的吸附自由能，使 O 还原为吸附的 R 比还原为溶解的 R 容易，故波出现在比扩散控制波更正的电势下，然后才是溶解 O 还原为溶解 R 的波。尽管后者很像吸附不存在时所观察到的波形，可是在 O 还原为吸附的 R 时，在扩散波底部会受到物质 O 贫乏的干扰。β_R越大，则前峰越先于扩散峰（图 14.3.6）。

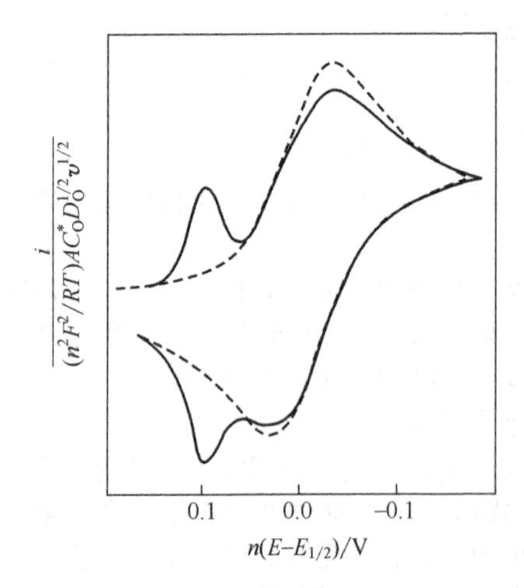

图 14.3.5 还原产物强吸附出现前波时的循环伏安曲线

虚线为无吸附时行为［引自 R. H. Wopschall and I. Shain, *Anal. Chem.*, **39**, 1514 (1967)］

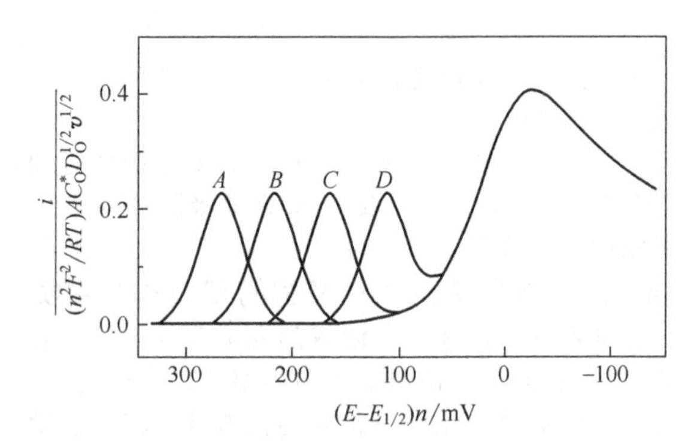

图 14.3.6 产物强吸附时还原的线性扫描伏安图变化

由 $C_O^*(\pi D_O)^{1/2}/[4\Gamma_{R,s}(nFv/RT)^{1/2}]=1$，$\sigma_R F/RT=0.05mV^{-1}$及 $4\Gamma_{R,s}\beta_R^0(nFv/RT)^{1/2}/(\pi D_R)^{1/2}$值分别为 2.5×10^6（曲线 A）；2.5×10^5（曲线 B）；2.5×10^4（曲线 C）和 2.5×10^3（曲线 D）时计算得到［引自 R. H. Wopschall and I. Shain, *Anal. Chem.*, **39**, 1514 (1967)］

因为前峰的峰电流 $(i_p)_{ads}$随 v 增大，而扩散波的峰电流 $(i_p)_{diff}$随 $v^{1/2}$变化，所以 $(i_p)_{ads}/(i_p)_{diff}$随 v 增大而增大（图 14.3.7）。同理在给定的 C_O^* 下，$(i_p)_{ads}/(i_p)_{diff}$随 $\Gamma_{R,s}$的增大而增大。然而，$(i_p)_{ads}/(i_p)_{diff}$随 C_O^* 的提高而减小（图 14.3.8）。在很低浓度下（假设仍有大量的 R

被吸附)，只能观察到前峰。当 C_O^* 增高时，由于 Γ_R 提高，所以前峰增高。可是，当 Γ_R 接近 $\Gamma_{R,s}$ 时，$(i_p)_{ads}$ 实际上达到极限值，于是相对于吸附峰来说扩散峰提高了。前峰的半峰宽 $\Delta E_{p,1/2}$ 是 σ_R 的函数，并且当 $\sigma_R F/RT$ 从 0 提高到 0.4mV^{-1} 时，$\Delta E_{p,1/2}$ 从 90.6/n 变化到 7.5/nmV。关于推导的细节、结果以及数据的处理方法，见文献[43]。有关吸附作用的一般论述参见文献[44]。

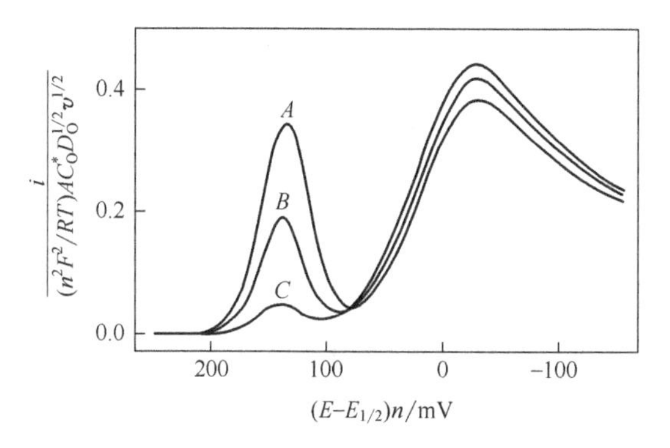

图 14.3.7　产物强吸附时扫速和 $\Gamma_{R,s}$ 对线性扫描伏安图影响

由 $\sigma_R F/RT=0.05mV^{-1}$，$\beta_R^0 C_O^*(D_O/D_R)^{1/2}=2.5\times10^5$，及 $4\Gamma_{R,s}v^{1/2}(nF/RT)^{1/2}/C_O^*(\pi D_O)^{1/2}$ 值分别为 1.6（曲线 A）；0.8（曲线 B）；0.2（曲线 C）时计算得到。注意，除了扫速 v 所有参数均不变，相对扫速为 64∶16∶1 [引自 R. H. Wopschall and I. Shain，*Anal. Chem.*，**39**，1514 (1967)]

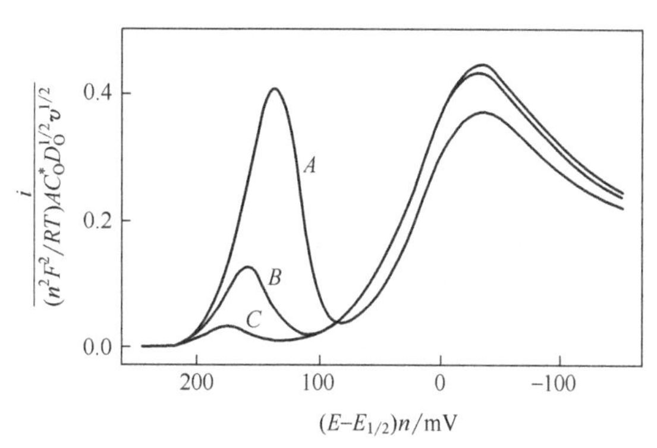

图 14.3.8　产物强吸附时 C_O^* 对线性扫描伏安图影响

由 $\sigma_R F/RT=0.05mV^{-1}$，$4\Gamma_{R,s}\beta_R^0 v^{1/2}(nF/RT)^{1/2}/(\pi D_O)^{1/2}=1.0\times10^6$ 及 $C_O^*(\pi D_O)^{1/2}/[4\Gamma_{R,s}\beta_R^0 v^{1/2}(nF/RT)^{1/2}]$ 值分别为 0.5（曲线 A）；2.0（曲线 B）；8.0（曲线 C）时计算得到 [引自 R. H. Wopschall and I. Shain，*Anal. Chem.*，**39**，1514 (1967)]

(2) 反应物 (O) 强吸附 ($\beta_R\to0$，$\beta_O C_O^*\geqslant100$)　对吸附 O 的还原，O 的吸附形成后波（或后峰)，之前为溶液中扩散控制的 O 还原为 R 的峰（图 14.3.9)。后峰的形成是由于对吸附 O 还原比对溶解 O 的还原更稳定，一般处理和结果类似于上面（1）小节所讨论的情况。由于认为扫描开始前已经达到吸附平衡，而且在任一 x 位置 $C_O(x,t)=C_O^*$，因此吸附 O 对正扫扩散峰没有影响。溶解 O 的还原可能通过 O 吸附膜或裸露表面发生反应。后峰呈典型的“铃”形以及具有（1）小节和 14.3.2 节所讨论的正扫和反扫吸附峰性质，反扫方向扩散峰受到影响很小。

(3) 反应物 (O) 弱吸附 ($\beta_R\to0$，$\beta_O C_O^*\leqslant2$)　在弱吸附情况下，吸附 O 和溶解 O 的还原能量差别是很小的，观察不到单独的后波（图 14.3.10)。由于吸附的和扩散的 O 两者均对电流有所贡献，故其净效果是阴极峰比没有吸附存在时高度增加。反向的阳极电流也有所增加，但增加的不大，因为在反向扫描时电极附近 R 的量比较大。和强吸附的情况下一样，提高扫描速度时，吸附 O 的相对贡献也要提高（图 14.3.11)。在很高的 v 的范围内，i_p 接近于同 v 成正比，而在很低 v 的范围内，$i_p\propto v^{1/2}$（见习题 14.3)。同样，比值 i_{pa}/i_{pc} 是 v 的函数，并且其比值小于不存在吸附时的数值 1（图 14.3.12)。正如强吸附一样，在 O 的高本体浓度下，吸附作用的相对贡献要降低。

(4) 产物 (R) 弱吸附 ($\beta_O=0$，$\beta_R C_O^*\leqslant2$)　当 R 弱吸附时，正向扫描的阴极电流稍受干扰，而反向的阳极电流要增高（图 14.3.13)。阴极波随 v 的提高电势正移，说明由于吸附，电极表面附近溶解的 R 下降了。当 R 参与随后反应时（例如 E_rC_i，见 12.3.3 节)，可观察到类似 E_{pc} 正移的效果。在此情况下，i_{pa}/i_{pc} 大于 1，并且随 v 的降低而减小。

(5) 数字模拟-不可逆电子转移反应　包括吸附的和溶解的反应物及产物的循环伏安法，更普遍的处理方法曾经利用数字模拟技术进行了研究[45]。这种方法允许采用更普遍的 Frumkin 等温式，以及考虑溶解的或吸附的物质参与的电子转移反应的速率限制。图 14.3.14 是几种表示吸附反应物相互作用或不可逆性影响的典型模拟结果。Feldberg 曾指出[45]，当 $k_{diff}^0/(\pi D_O vF/RT)^{1/2}+k_{ads}^0\Gamma_{O,s}\beta_O^{1-\alpha}\beta_R^{\alpha}/(\pi D_O vF/RT)^{1/2}<\beta_O C_O^*$ 时，不可逆性开始表现出来，式中 k^0 s 指扩散的和吸附的物质。吸附对循环伏安研究 E_rC_i 反应历程的影响[46]，以及速率控制吸附的影响也已经讨

论过[45,47]。

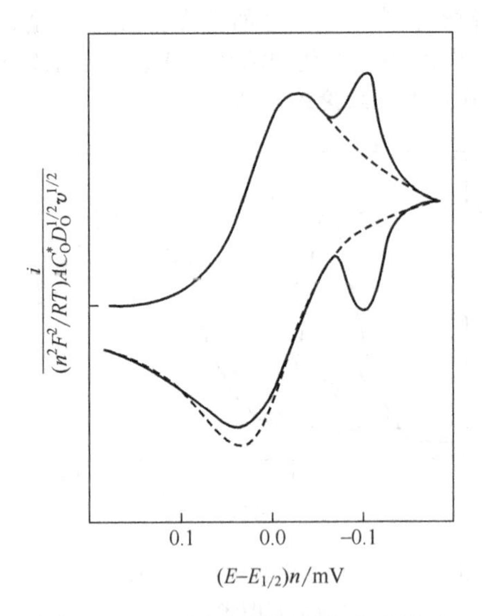

图 14.3.9　反应物强吸附出现后峰时还原的循环伏安图

虚线为无吸附时行为［引自 R. H. Wopschall and I. Shain, *Anal. Chem.*, **39**, 1514 (1967)］

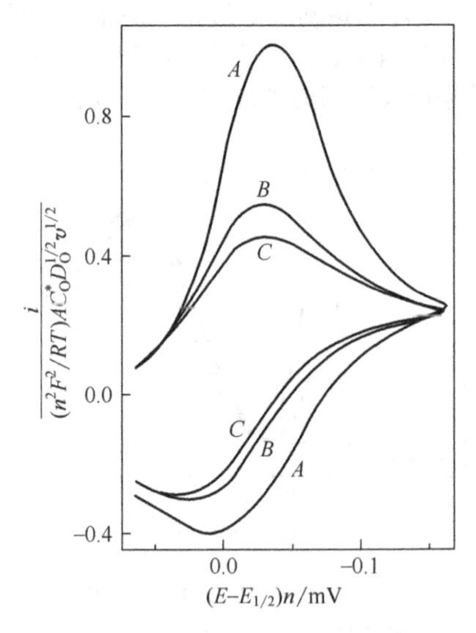

图 14.3.10　反应物弱吸附时扫速对循环伏安图影响

由 $\beta_O C_O^* = 0.01$ 及 $4\Gamma_{O,s}\beta_O v^{1/2}(nF/RT)^{1/2}/(\pi D_O)^{1/2}$ 值分别为 5.0V/s（曲线 A）；1.0V/s（曲线 B）和 0.1V/s（曲线 C）时计算得到（曲线 C 相应于基本无干扰反应）。注意，相对扫速为 2500∶100∶1［引自 R. H. Wopschall and I. Shain, *Anal. Chem.*, **39**, 1514 (1967)］

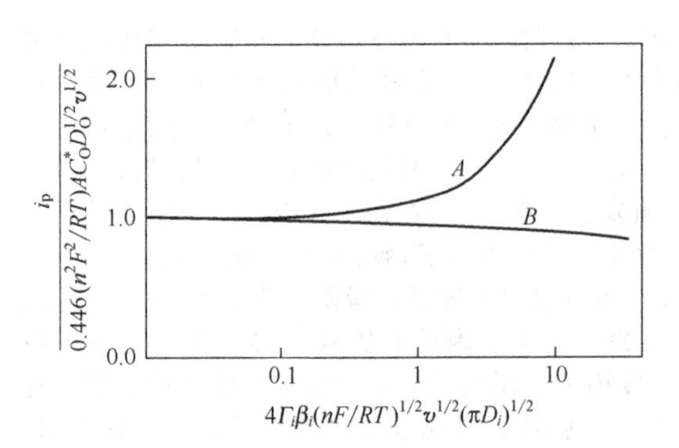

图 14.3.11　反应物（A）或产物（B）弱吸附时线扫伏安峰电流随扫速的变化

曲线 A：$\Gamma_i = \Gamma_{O,s}$，$\beta_O C_O^* = 1$。曲线 B：$\Gamma_i = \Gamma_{R,s}$，$\beta_R C_O^* = 1$［引自 R. H. Wopschall and I. Shain, *Anal. Chem.*, **39**, 1514 (1967)］

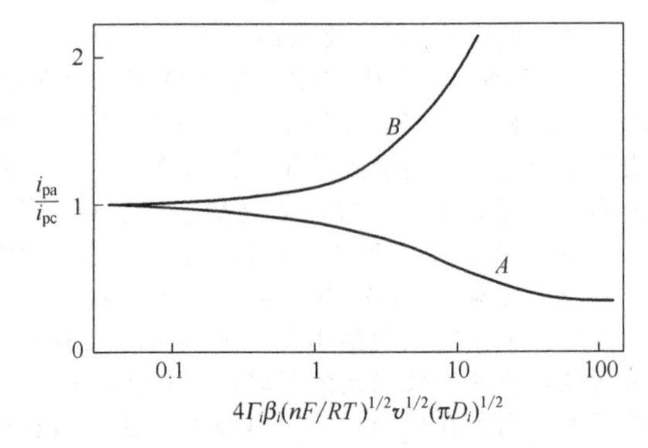

图 14.3.12　反应物（A）或产物（B）弱吸附时循环伏安峰电流之比对扫速的变化

曲线 A：$\Gamma_i = \Gamma_{O,s}$，$\beta_O C_O^* = 1$。曲线 B：$\Gamma_i = \Gamma_{R,s}$，$\beta_R C_O^* = 1$。返向电势 $= E_{1/2} - (180/n)$mV［引自 R. H. Wopschall and I. Shain, *Anal. Chem.*, **39**, 1514 (1967)］

14.3.5　直流极谱中的吸附

虽然 DME 上吸附的处理通常可利用静止电极的线扫伏安处理方法，但由于汞滴随时间增长和连续暴露的新鲜表面而使之复杂化。这种情况下反应物和产物的传质速率（见 13.5.3 节）以及吸附速率都会影响吸附波峰高。尽管循环伏安法中吸附的最初解释以及前波和后波的解释源于 Brdička 经典研究[48,49]，直流极谱却不是研究吸附所选择的方法。这里只做简要讨论，详细的处理方法见文献［33,44,50］。

考虑只有产物 R 强吸附情况（即前波的情况）。汞滴落下后，具有新鲜表面的汞滴开始生长，如果电势位于前波范围内，则 O 被还原为吸附 R，吸附 R 量为（见 7.1.3）

$$\text{R 的摩尔量} = A(t)\Gamma_R(t) = (8.5\times10^{-3})m^{2/3}t^{2/3}\Gamma_R(t) \tag{14.3.26}$$

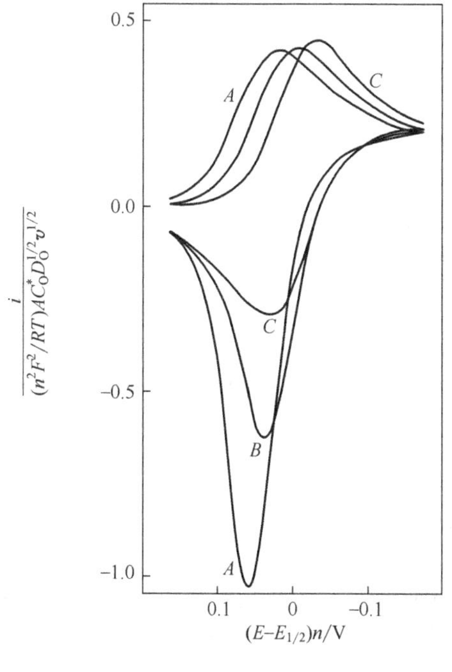

图 14.3.13　产物弱吸附时扫速对初始还原的循环伏安图影响

由 $\beta_R C_O^* = 0.01$ 及 $4\Gamma_{R,s}\beta_R v^{1/2}(nF/RT)^{1/2}/(\pi D_R)^{1/2}$ 值分别为 20（曲线 A）；5（曲线 B）和 0.1（曲线 C）时计算得到。（曲线 C 相应于基本无扰动反应）。注意相对扫速为 4×10^4 : 2500 : 1 [引自 R. H. Wopschall and I. Shain, *Anal. Chem.*, **39**, 1514 (1967)]

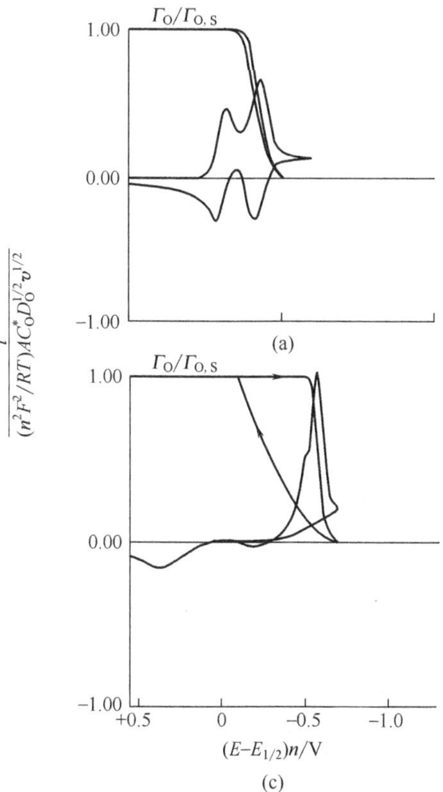

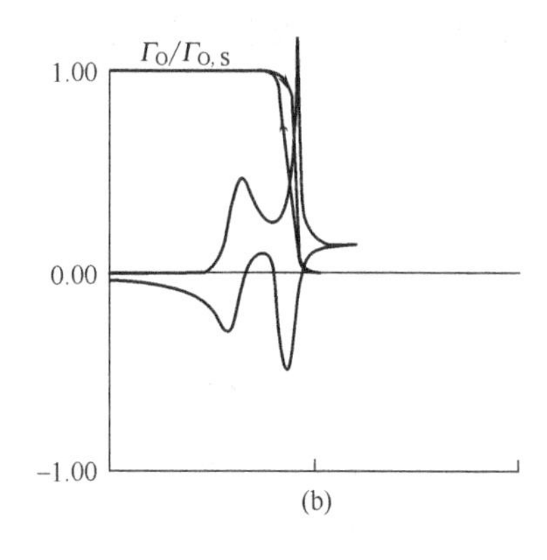

图 14.3.14　反应物强吸附时初始还原的模拟循环伏安图。$\beta_0 = 10^4$

(a) Nernst 反应，Langmuir 吸附等温式。(b) Nernst 体系，Frumkin 吸附等温式，$2g\Gamma_{O,s}/RT = -1.5$。(c) 不可逆反应，$k_{diff}^O/(\pi D_O vF/RT)^{1/2} = 1$，$\alpha = 0.5$，Frumkin 条件下，$2g\Gamma_{O,s}/RT = 0.6$。图中附加的曲线代表扫描过程中作为 E 函数的 $\Gamma_O/\Gamma_{O,s}$ 的变化 [引自 S. W. Feldberg in "Computers in Chemistry and Instrumentation" Vol. 2, "Electrochemistry" J. S. Mattson, H. B. Mark, Jr. and H. C. MacDonald, Jr., Eds., Marcel Dekker, New York, 1972, Chap. 7]

如果还原速率是扩散控制的，则

$$\text{R 的摩尔量} = \frac{1}{nF}\int_0^t i_{\mathrm{d}}\mathrm{d}t \tag{14.3.27}$$

以瞬时的极谱电流式（7.1.6）代替 i_{d}，积分并与式（14.3.26）联立得[51]

$$(8.5\times10^{-3})m^{2/3}t^{2/3}\Gamma_{\mathrm{R}}(t)=(6.3\times10^{-3})D_{\mathrm{O}}^{1/2}C_{\mathrm{O}}^{*}m^{2/3}t^{7/6} \tag{14.3.28}$$

$$\Gamma_{\mathrm{R}}(t)=0.74D_{\mathrm{O}}^{1/2}C_{\mathrm{O}}^{*}t^{1/2} \tag{14.3.29}$$

这样，在给定浓度（假设吸附本身足够快）达到饱和吸附 $\Gamma_{\mathrm{R,s}}$的时间 t_{m}为

$$\boxed{t_{\mathrm{m}}-\frac{1.83\Gamma_{\mathrm{R,s}}^{2}}{C_{\mathrm{O}}^{*2}D_{\mathrm{O}}}} \tag{14.3.30}$$

当滴落时间 $t_{\max}$小于 t_{m}时，前波高度受扩散限制，并由 Ilkovič 方程式（7.1.6）[图 14.3.15(a)] 决定。当 $t_{\max}>t_{\mathrm{m}}$时，表面达到饱和，电流达到由新表面扩展速度决定的极限值 i_{a}。电极表面仍有过剩 R。i_{a}与 C_{O}^{*} 和 $t_{\max}$无关，可由下面表达式获得

$$i_{\mathrm{a}}=\frac{nF\mathrm{d}[A(t)\Gamma_{\mathrm{R,s}}]}{\mathrm{d}t} \tag{14.3.31}$$

$$i_{\mathrm{a}}=(5.47\times10^{2})nm^{2/3}\Gamma_{R,s}t^{-1/3} \tag{14.3.32}$$

（i_{a}量纲为 A；m 为 mg/s；t 为 s；$\Gamma_{\mathrm{R,s}}$ 为 mol/cm^2）。注意式（14.3.32）与充电电流公式（7.1.17）的形式相同，我们再次看到吸附与电容的相似性。当电势扫描至主波范围时，电极表面过剩 O 被还原出现扩散波 [图 14.3.15(a)]，其总电流也由 Ilkovič 方程决定，因为到达电极表面的全部 O 都被还原成吸附或溶解态的 R。

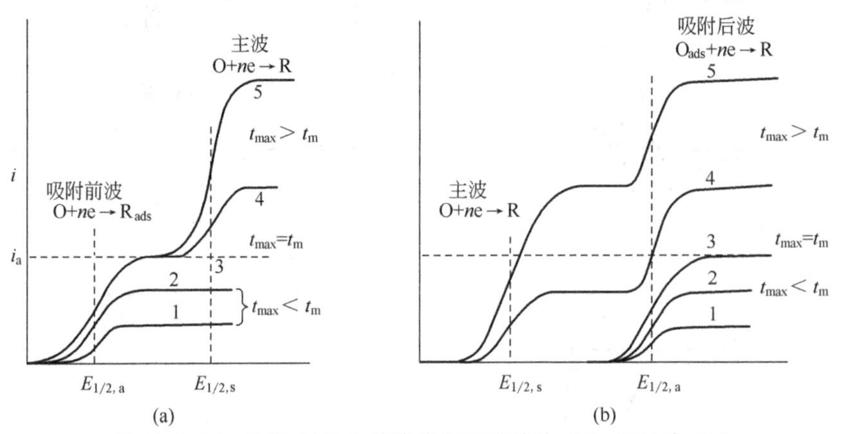

图 14.3.15 极谱电流-电势曲线出现的前波（a）和后波（b）

曲线 1，2：$t_{\max}<t_{\mathrm{m}}$；只观测到吸附波。曲线 3：$t_{\max}=t_{\mathrm{m}}$；电流达到 i_{a}。曲线 4，5：$t_{\max}>t_{\mathrm{m}}$；吸附波高度保持在 i_{a}而主波增加。这种行为通常可在 $t_{\max}$不变而 C_{O}^{*} 增加情况下观察到。$t_{\mathrm{m}}=1.83\Gamma_{\mathrm{R,s}}^{2}/C_{\mathrm{O}}^{*2}D_{\mathrm{O}}$；$t_{\max}$=滴落时间

由于电流与时间的关系在 $t<t_{\mathrm{m}}$和 $t>t_{\mathrm{m}}$时不同，i-t 曲线在吸附前波电势范围内，当 $t_{\max}>t_{\mathrm{m}}$时，将会呈现特殊形状。电流在 $t\approx t_{\mathrm{m}}$之前一直增加，之后按 $t^{-1/3}$关系下降。对 Nernst 反应前波和主波都具有通常的可逆形状[33]。还应注意到，从 m 和 t 与校正后的汞柱高度 h_{corr}之间的关系 [即 $m\propto h_{\mathrm{corr}}$，$t\propto h_{\mathrm{corr}}^{-1}$（见 7.1.4 节）] 看，$i_{\mathrm{a}}$正比于 h_{corr}，相当于 i_{d}与 $h_{\mathrm{corr}}^{1/2}$的关系。

类似处理方法适用于 O 吸附情况下、出现后波时的极谱行为 [图 14.3.15(b)]。

14.3.6 计时电量法

原则上当后波与主波能很好分开时，通过积分线性扫描伏安曲线后波的面积，可以测量吸附反应物的量 Γ_{O}。实际上通常很难扣除主波基线并校正双电层充电电流。尽管高扫速下仍然可以确定 Γ_{O}，但波之间的分离变小会使结果更加不准确。5.8 节讨论过的计时电量法提供了一种测定 Γ_{O}的方法，与溶解 O 状态和吸附 O 的还原相对位置以及反应动力学无关[52~54]。

考虑只有 O 吸附情况，电势由 E_{i} [此时单位面积吸附量为 Γ_{O}（可能为 E_{i}函数）] 阶跃到足

够负值，即电极表面 O 全部还原，$C_O(0,t)\approx 0$。如图 5.8.2 所示，时间 t 时的总电量为

$$Q_f(t\leqslant\tau)=2nFAC_O^*\left(\frac{D_O t}{\pi}\right)^{1/2}+nFA\Gamma_O+Q_{dl} \tag{14.3.33}$$

等式右边各项分别代表溶解 O、吸附 O 和双电层充电所贡献的相应电量，如图 5.8.1 所示，Q_f 对 $t^{1/2}$ 作图得截距 Q_f^0

$$Q_f^0=nFA\Gamma_O+Q_{dl} \tag{14.3.34}$$

Γ_O 的测定需要独立确定 Q_{dl}。只有支持电解质时的电量 Q'_{dl} 可在无 O 条件下同一范围的电势阶跃实验获得，O 的吸附往往会干扰 C_d 值，因此 $Q'_{dl}\neq Q_{dl}$。然而通过 $t=\tau$ 时电势返回到 E_i 的双电势阶跃实验，可得到适当校正。如图 5.8.2 所示反向阶跃测得的电量 Q_r 由下式给出

$$Q_r(t>\tau)=2nFAC_O^*D_O^{1/2}\pi^{-1/2}\theta+nFA\Gamma_O\left(1-\frac{2}{\pi}\sin^{-1}\sqrt{\frac{\tau}{t}}\right)+Q_{dl} \tag{14.3.35}$$

式中，$\theta=\tau^{1/2}+(t-\tau)^{1/2}-t^{1/2}$ Christie 等曾指出[53]，在很好的近似下 Q_r 对 θ 作图为线性，并服从下面公式

$$Q_r(t>\tau)=2nFAC_O^*D_O^{1/2}\pi^{-1/2}\left(1+\frac{a_1 nFA\Gamma_O}{Q_c}\right)\theta+a_0 nFA\Gamma_O+Q_{dl} \tag{14.3.36}$$

Q_c 为正向阶跃扩散物质产生的总电量，即

$$Q_c=2nFAC_O^*\left(\frac{D_O\tau}{\pi}\right)^{1/2} \tag{14.3.37}$$

而 a_0 和 a_1 的值对 $\theta/\tau^{1/2}$ 范围有一些依赖，但通常取 $a_0=-0.069$，$a_1=0.97$。这样 Q_r 对 θ 作图的截距 Q_r^0 为

$$Q_r^0=a_0 nFA\Gamma_O+Q_{dl} \tag{14.3.38}$$

于是存在吸附时 Q_{dl} 近似为 Q_r^0 或更准确为

$$Q_{dl}=\frac{Q_r^0-a_0 Q_f^0}{1-a_0} \tag{14.3.39}$$

一旦测得 Q_{dl}，$nFA\Gamma_O$ 可由式（14.3.34）求得。

HMDE 上还原 Cd(Ⅱ) 的典型实验结果[54]示于图 14.3.16。无 SCN^- 存在时 Cd^{2+} 在汞上不吸

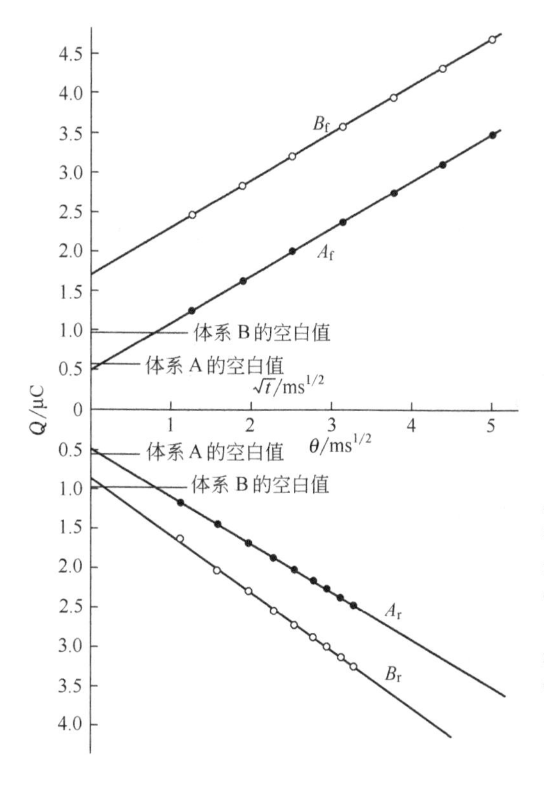

图 14.3.16 SCN^- 诱导 Cd(Ⅱ) 在 HDME 上吸附的双电势阶跃计时电量研究

电势由 $E_i=-0.200$V 阶跃到 -0.900V（vs. SCE）然后回到 E_i。*A*.（•）1mmol·L^{-1} Cd(Ⅱ) 在 1mol·L^{-1} $NaNO_3$ 溶液中，直线斜率（S）和截距（Q^0）为：$S_f=S_r=0.58\mu C/ms^{1/2}$；$Q_f^0=0.54\mu C$，$Q_r^0=0.55\mu C$。*B*.（○）1mmol·L^{-1} Cd(Ⅱ) 在 0.2mol·L^{-1} NaSCN＋0.8mol·L^{-1} $NaNO_3$ 溶液中。$S_f=0.60\mu C/ms^{1/2}$；$Q_f^0=1.67\mu C$，$Q_r^0=0.86\mu C$。*A* 和 *B* 标出的“空白”是指无镉（Ⅱ）的支持电解质中双层充电所需电量。HDME 面积为 0.032cm^2［引自 F. C. Anson，J. H. Christie and R. A. Osteryoung，*J. Electroanal. Chem.*，**13**，343 (1967)］

附，计时电量响应表现为相等截距Q'_{dl}。SCN^-存在时Cd^{2+}在汞上吸附，Q_f对$t^{1/2}$和Q_r对$\theta^{1/2}$作图有明显不同的截距，利用上面给出的处理方法可以求出Γ_O。通过改变E_i可以研究Γ_O随电势的变化。Γ_O随O（或支持电解质）浓度的变化也是经常研究的。SCN^-存在下Cd^{2+}的吸附是阴离子诱导吸附的一个例子，特性吸附物质（如SCN^-，N_3^-，卤素离子）与溶液中金属离子结合并促进金属［如Cd(Ⅱ)，Pb(Ⅱ)，Zn(Ⅱ)］的特性吸附（见14.2节）[55,56]。

计时电量法也适用14.3.2节讨论的只有吸附物是电活性的情况[57]，此种情况下电势阶跃只引起双电层充电和吸附物质的电解，因此可由吸附波底部电势（E_i）和其上部电势（E_f）之间的阶跃确定Q_{dl}。如果在吸附波范围之内C_d与电势E无关，下列公式成立[57]：

$$Q=Q_{dl}+Q_{ads}=AC_d(E_i-E_f)+nAF\Gamma_O \tag{14.3.40}$$

因此可利用Q对（E_i-E_f）作图测定C_d和Γ_O。

14.3.7 其他方法

电活性反应物和产物的吸附也会影响前面各章研究过的其他方法的响应。

（1）计时电势法　恒电流阶跃处理方法取决于吸附和扩散物质的电解顺序[58~61]，如果只有吸附O电解，那么过渡时间τ遵循如下关系

$$i\tau=nFA\Gamma_O \tag{14.3.41}$$

类似的方程式适用溶解物O还原为吸附R的前波。如果吸附和溶解的O均被还原，而且吸附O在溶解O还原前全部还原，则

$$i\tau=\frac{n^2F^2\pi D_O A^2 C_O^{*2}}{4i}+nFA\Gamma_O \tag{14.3.42}$$

如果吸附O最后还原（即出现后波），则由于两种过程在时间上无法分开，情况更为复杂。吸附O还原时，部分电流一定对扩散的O连续流量作出贡献，总过渡时间$\tau=\tau_1+\tau_2$，其中τ_1只是扩散物质的过渡时间：

$$\tau_1=\frac{n^2F^2\pi D_O A^2 C_O^{*2}}{4i^2} \tag{14.3.43}$$

而τ_2由下式定义

$$\frac{\pi nFA\Gamma_O}{i}=\tau\cos^{-1}\left(\frac{\tau_1-\tau_2}{\tau}\right)-2(\tau_1\tau_2)^{1/2} \tag{14.3.44}$$❶

吸附和溶解的物质同时还原时的行为更为复杂，而且与吸附等温式的形式以及吸附和扩散O间的电流分配状况有关。此问题在许多方面与计时电势法中的双电层充电效应问题类似（见8.3.5节）。例如，在$0\leqslant t\leqslant\tau$条件下，假设吸附O还原所贡献的电流分数恒定，则

$$i\tau=\frac{nFA(\pi D_O)^{1/2}C_O^*}{2}+nFA\Gamma_O \tag{14.3.45}$$

很明显，测定吸附反应物恒电流方法不如计时电量法有效，然而，一旦Γ_O确定，计时电势法可以给出溶解的和吸附的物质还原顺序的信息。

（2）薄层池中的电量法　薄层法（11.7节）在不可逆吸附物研究中是非常有价值的[62,63]，此类研究中使用的电解池通常具有图11.7.1(d)所示形状。光滑柱状Pt电极与精确环绕的玻璃管之间包含一薄层电解质（例如40μm），电极表面积A一般约为$1cm^2$；因此溶液体积V约为4μL。利用毛细作用电解池内填充溶液可以高度重现并可利用加压的惰性气体冲洗。

吸附量Γ的测定与吸附物的电活性有关。考虑这样一种情况，在溶解物循环伏安波的电势范围内，不可逆吸附分子不发生电化学氧化，此类行为的例子为$1mol\cdot L^{-1}$ $HClO_4$溶液中的氢醌（H_2Q）。当已知浓度C^0的溶液试样加到薄层池后，ΓAmol H_2Q发生吸附，因此溶液浓度C将为

$$C=C^0-\Gamma A/V \tag{14.3.46}$$

阳极电量分析给出溶解物与吸附层平衡条件下电解需要的电量Q_1。通过几次注入和排出电解池溶液（电极上吸附物不被带走），电极表面有足够的吸附，并与原始浓度的溶液保持平衡，从而池内溶液浓度不再会由于吸附而稀释，此时阳极电量分析得到的电量Q^*相应于原始浓度

---

❶ 原书为（12.3.43）。

C^0。这样

$$\Gamma=(Q^*-Q_1)/nFA \tag{14.3.47}$$

吸附层可在很正的电势下氧化除去。

如果吸附分子是电活性的并表现为伏安曲线中与溶解物伏安响应完全分开的后波，那么通过在溶解物与吸附物波间电势的电量分析有可能测得 Q_1，而当电势改变到超过后波的某一个值后，则有可能测得额外通过的电量 Q^*-Q_1。

$\Gamma(mol/cm^2)$ 值有时用来确定电极表面吸附分子的取向，这可以通过计算分子所占据平均面积 σ，

$$\sigma(\text{Å}^2)=10^6/(6.023\times10^{23}\Gamma) \tag{14.3.48}$$

并与假设不同取向的、紧密排列的、结构稳定的分子模型得到的数据进行比较来实现［图 14.3.17；见问题（14.6）］[62]。

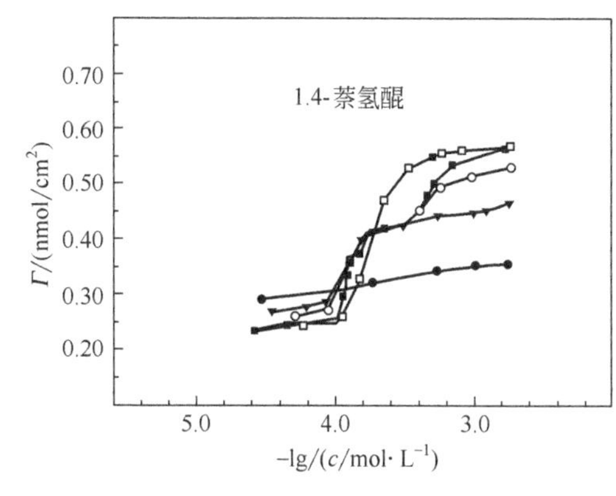

图 14.3.17　温度分别为 5℃、25℃、35℃ 和 45℃ 时（由上到下），在 1mol·L^{-1} $HClO_4$ 溶液中 1,4-萘氢醌吸附覆盖度随摩尔浓度的变化

数据由类似图 11.7.1(d) 薄层池中的铂电极上获得。多级饱和覆盖度表明，随着覆盖度的变化，分子吸附在不同结构（如相对于边缘的平台）表面上［引自 M. P. Soriaga，J. H. White and A. T. Hubbard，*J. Phys. Chem.*，**87**，3048 (1983)］

（3）阻抗测量　交流方法中电活性物质吸附的影响可通过修改表示电极反应的等效电路加以考虑[44,64~68]。通常通过加上一个与 Warburg 阻抗和双电层电容并联的“吸附阻抗”来实现。曾经提出过可逆[65,66]和不可逆[67,68]体系这种阻抗的表达式，但结果分析的复杂性限制了此类技术的应用。

由于必须考虑吸附对直流过程以及 DME 上达到吸附平衡的速率的影响[44,69]，交流极谱中溶液组分的吸附情况更为复杂。如果吸附层在溶解物出现响应的电势范围参加了可逆电荷转移，对交流极谱曲线普遍影响表现为峰高和相角 ϕ 增加，有时相角会超过可逆过程的特征值 45°（回想一下，缓慢的电子转移动力学或偶合化学反应均导致 ϕ 小于 45°）。较大相角的原因是由于表面层的可逆电荷转移类似于电容器的可逆充放电，如果未补偿电阻不太大，相角接近 90°。净结果类似于 10.7 节所讨论的双电层充电影响的情况。这种方法还未广泛用于吸附研究本身，但应该记得吸附会导致交流（和直流）伏安法解析的困难[44,70]。

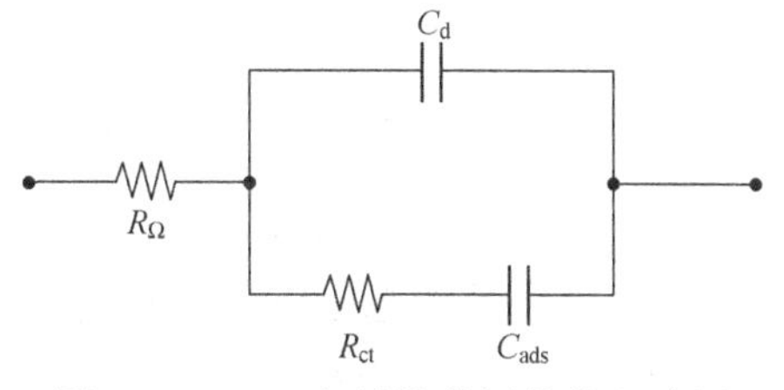

图 14.3.18　电活性单层等效电路图

R_Ω＝溶液电阻，C_d＝双电层电容，R_{ct}＝电荷转移电阻，C_{ads}＝吸附层电容

在溶液中无电活性物质时，阻抗方法在电活性单层电子转移动力学研究中更为有用[71~73]，例如带有电活性尾基的烷基硫醇层（14.5.2 节）。所采用的等效电路示于图 14.3.18，其中 $C_{ads}=(F^2A\Gamma)/4RT$ 代表吸附层，$R_{ct}=(2RT)/F^2A\Gamma k_f$ 表示电子转移动力学，因此

$$k_f=1/(2R_{ct}C_{ads}) \tag{14.3.49}$$

k_f 和 Γ 值可立即由阻抗谱研究中得出。Creager 和 Wooster 提出了另外一种处理交流伏安结果的方法[73]，即交流峰电流与背景电流（通过外推峰任一侧的基线得到）比值对频率作图，然后这些结果与基于等效电路的推断进行拟合。

14.4 修饰电极过程概述

一般来讲，一个复杂结构是为了一个特殊目的，或为了促进电极过程（如甲醇的电催化氧化），或抑制一个反应（如金属腐蚀），或对某一特定过程具有选择性（如全血样品中葡萄糖的酶催化氧化测定）而设计的。通过在结构内部建立电极和物质之间电子转移的有效的动力学相互作用，来达到最终目的，为达到目的最终要求这种物质具有氧化或还原性质。也许有必要采用选择性催化剂、或限制进入结构内部、或允许组装体内快速长程电子转移。许多修饰电极都是由较厚的膜组成的，而非 14.3 节讨论的单层膜，由于必须考虑膜内传质和反应动力学，理论处理更为复杂。典型情况示意见图 14.4.1，图中外部溶液中初始反应物 A 转化为产物 B。这个过程可由 A 在膜内传质到内部电极表面，或与膜内包含的以及电化学更新的催化剂 Q 的交叉反应来完成。物质 A 也可能在膜内或膜/溶液界面与 Q 反应❶。

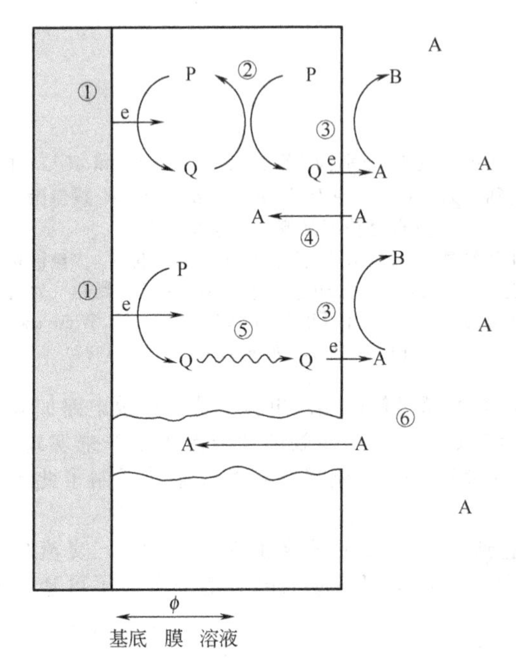

图 14.4.1 发生在修饰电极上的过程示意

P 代表电极表面膜中的可还原物质，A 为溶液中的物质。过程①为异相电子转移到 P 产生还原态 Q；②电子由 Q 转移到膜中其他的 P（电子在膜内扩散或跃迁）；③电子在膜/液界面由 Q 传递到 A；④A 渗透到膜内（在膜内或膜/基体界面也可与 Q 反应）；⑤Q 在膜内的移动（传质）；⑥A 通过膜内针孔或通道到达基底被还原［引自 A. J. Bard，"Integrated Chemical Systems"，Wiley，New York，1994］

整个体系的性质由几种不同动态过程相互关系决定，因此其行为具有固有的多维性和复杂性。此类体系的理解和改进得益于稳态方法的应用和系统理论框架。Savéant、Andrieux 和他们的合作者[74]提供了非常全面的处理方法，这里给出的进展沿用他们的方法和概念。

14.4.1 旋转圆盘电极的一般行为

正是由于其动力学的复杂性，修饰电极和其他复杂结构在稳态条件下的研究是非常有利的。如此可以忽略时间变量和极大简化处理方法。达到稳态的一种方法是在可旋转的电极上组装结构，另一种方法是在稳态范围利用 UME。RDE 上的流体动力学伏安法给出初始反应物转变为产物的波，见图 9.3.8。

如 9.3.4 节所见，Koutecký-Levich 曲线（$1/i_l$对 $1/\omega^{1/2}$）可以将组装体内部速率限制的影响与外部对流扩散影响区分开。伏安波极限电流表示为

$$1/i_l = 1/i_A + 1/i_F \tag{14.4.1}$$

❶ 本书中，名词基底（substrate）在某种意义上讲与平台（platform）一致，如可用于支撑较大结构组装体。在绝大多数修饰电极的文献中，这一名词用于消耗性反应物（consumble reactant）的意义（如生物化学中常见的）。这里术语初始反应物（primary reactant），A，被称为底物。

式中，i_A是物质 A 由膜边界外部到达速率的 Levich 电流简单表示（$i_A=0.62nFAC_A^* D_A^{2/3}v^{-1/6}\omega^{1/2}$），而 i_F表示膜内 A 转化为 B 的最大速率。后面的电流指无限旋转速度下极限电流，因此结构外边界处提供 A 的量是无限的。Koutecký-Levich 曲线是一种方便的方法来处理外推到无限 ω 时的行为，如图 9.3.7 所示可以给出截距 $1/i_F$。

这种方法处理修饰电极的优点在于它的一般性。处理方法不需要有关确定膜内速率控制步骤的任何假设，只有一个动力学关系数学形式的约束，即 A 的总转换速率与膜外表的 A 浓度成正比，即

$$i_F/nFA=kC_A(y=\phi) \tag{14.4.2}$$

比例常数 k 描述了总速率定律而且能反映出任一描述分配（partitioning)、传递或膜内反应的参数。通过检查 k（或 i_F）与实验变量，如膜厚、ϕ 或膜内催化剂浓度的关系，有可能判断速率控制过程。下一节我们将确立一个描述不同情况的标准。

14.4.2　动力学因素、特征电流和极限行为

图 14.4.1 提供了一种方便的介绍复杂体系主要动力学成分的标准。几种不同类型的活度可以影响 A 转换为 B 的速率。每一种这样的转换都会导致 n 个电子的转移，因此 i/nFA 表示单位面积每秒产生摩尔速率。物质 A 必须通过对流扩散到达膜/溶液界面：可能通过速率控制的分配进入膜内；也可能需要扩散到电极表面或膜内氧化还原中心；可能在电极表面或氧化还原中心存在速率控制的电子转移；也可能存在电子在整个膜内氧化还原中心进行分布的需要。对总的转化过程上述任一步都可能是速率控制步骤。实际体系中，必须意识到物质 A 由膜内孔隙或针孔扩散到电极表面的可能性。

为了判断任一体系的速率控制因素，我们需要一个比较不同过程速率能力的通用标准。电化学中速率表示为电流通常是很方便的，而且在考虑此类问题时，我们就是如此处理的。我们的方法是，如果由每一独立动力学要素依次完全独立决定总过程的速率，可以将可测得的最大速率表达为一组特征电流。这些情形多为假想，应该把相应的电流看作一种概念，并且与任何特定操作条件下电解池中测得的电流不同。它们的价值在于提供了一种方便和系统的方法处理单一步骤控制速率的极限条件，并最终给出所有操作条件下的可测量电流的表达式。首先考虑这些不同的极限情况，然后（在 14.4.3 节）考虑几个过程同时是速率控制步骤的一般情况。

(1) 溶液中的对流扩散　假设膜内过程均为快速过程的情况，A 的总转换速率与 A 到达膜外部边界的速度一样，即 Levich 流量 $0.62C_A^* D_A^{2/3}v^{-1/6}\omega^{1/2}$，于是电流为 i_A。这是任一体系在任何条件下所能观测到的最大转化速率，因为不可能达到比其运动更快的转化速率。

(2) A 在膜内的扩散　现在考虑对流扩散非常快并且物质 A 很快分配进入膜内，然而膜内不存在 A 转化为 B 过程（例如图 14.4.1 中的过程 4）的情况。如果 A 的异相转换很快，那么总过程完全由初始反应物通过膜扩散到达电极表面的速率控制。

图 14.4.2 给出了这种情形的示意图。由于异相动力学是快速的，电极表面 A 的浓度为零。由于分配效应的存在，靠近膜外边界的内部（ϕ^-）与靠近膜外部（ϕ^+）的浓度不同，两者之间可由分配系数相关联

$$\kappa=\frac{C_A(\phi^-)}{C_A(\phi^+)} \tag{14.4.3}$$

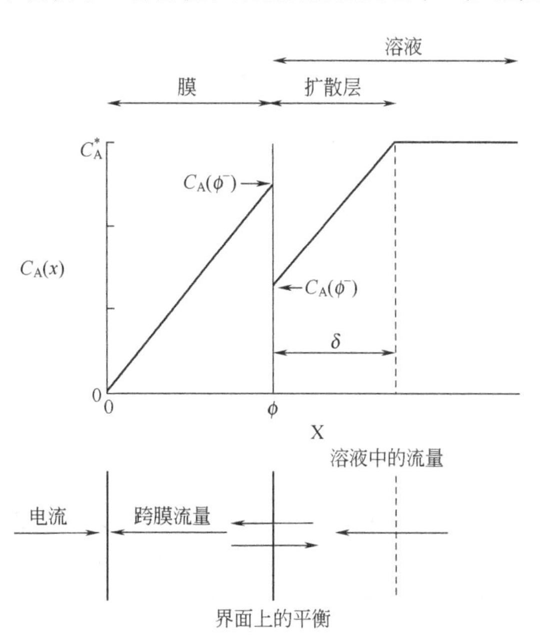

图 14.4.2　S类型的稳态浓度分布，其电流取决于膜和溶液中 A 的传质。体系为电极表面修饰膜厚 ϕ 的 RDE

溶液扩散层厚度为 $\delta=1.61D_A^{1/3}v^{1/6}\omega^{-1/2}$。不同的 A 流量如箭头所示，距离不代表实际比例；一般 $\delta\gg\phi$

这种分配平衡仅存在于膜/液边界。体系处于稳态，因此膜内所有位置A的流量都是恒定的。如果A在膜内所有位置的扩散系数D_S都相同，那么浓度曲线的斜率一定为常数，因此曲线一定如图14.4.2所示为线性的。

在非常快速的对流扩散条件下，膜外贫化层将消失，接触膜的A的浓度将与本体浓度相同。膜内靠近外边界的最大可能浓度为κC_A^*，最大流量为$D_S\kappa C_A^*/\phi$。当过程完全依赖于膜内反应物扩散时，这是A转化为B最大可能的速率，而这个反应物扩散电流i_S就成为我们的体系概念性表述之一❶。

$$\boxed{i_S=\frac{nFAD_S\kappa C_A^*}{\phi}} \tag{14.4.4}$$

实际情况下，A到达膜表面的对流传递和透膜扩散是连续发生的。稳态条件下这些过程以相同的速度发生，因此

$$\frac{D_S C_A(\phi-)}{\phi}=\frac{D[C_A^*-C_A(\phi+)]}{\delta}=\frac{i}{nFA} \tag{14.4.5}$$

D为A在溶液中的扩散系数。由式（14.4.3）～式（14.4.5）的极限电流相关方程为

$$\frac{1}{i_l}=\frac{1}{i_A}+\frac{1}{i_S} \tag{14.4.6}$$

这样，如果膜内A的扩散是速度控制步骤，i_S值可由i_l^{-1}相对于$\omega^{-1/2}$作图截距决定。上述介绍的情况例子包括苯醌在聚乙烯二茂铁膜修饰电极上的还原。RDE研究结果示于图14.4.3。注意，由于i_l^{-1}相对于$\omega^{-1/2}$曲线斜率仅由溶液中的传质（即i_A）决定，因此与膜的存在与否无关。正如公式（14.4.4）所预示的，截距由ϕ和C_A^*决定。

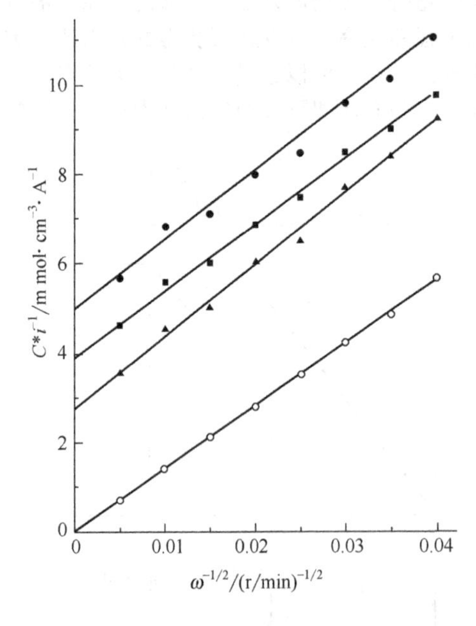

图14.4.3　苯醌通过铂RDE上聚乙烯二茂铁修饰膜还原的实验结果

电流倒数［对溶液中5.82、3.84和1.96mmol·L^{-1}（由上数第一到第三条曲线）BQ浓度进行归一化之后］对$\omega^{1/2}$作图。空心圆代表5.82mmol·L^{-1} BQ溶液中裸铂RDE的结果［引自J. Leddy and A. J. Bard，*J. Electroanal. Chem.*，**153**，223（1983）］

也曾经考虑过膜/液界面萃取平衡无法达到的情况[75]。这种情况下，物质A在界面的传递变成了另一个极限流量，表达式为$\chi_f C_A(\phi+)-\chi_b C_A(\phi-)$，其中$\chi_f$和$\chi_b$分别是物质A由溶液进入膜和由膜进入溶液的转移速率常数。这种情况下方程为

$$\frac{1}{i_l}=\frac{1}{i_A}+\frac{1}{i_S}+\frac{1}{i_P} \tag{14.4.7}$$

其中通透电流i_P由下式给出

❶ 对于该理论电流和A在膜内的扩散系数，脚标“S”与文献通常使用的是一致的。这种习惯用法源于A通常称为底物这一事实，进一步的相关详细论述参见14.4节前言部分脚注。

$$i_P = nFA\chi_f C_A^* \tag{14.4.8}$$

当物质 A 穿过界面的流量（由 i_P测得）很大时，就可以观察到式（14.4.6）的极限行为。

由于修饰层行为类似膜，物质 A 须通过膜扩散到达基底表面，因此刚刚讨论过的情形有时称为膜模型。在 14.4.3 节，将根据表示不同实验参数如何影响循环伏安行为的分区图，讨论膜促进物质 A 还原的一般情形。在此框架内，刚刚涉及的完全由物质 A 透膜扩散控制的情况称为 S 类型。

(3) 膜内电子扩散　修饰电极的许多潜在应用要求知道电子（或空穴）在整个结构内的分布。例如，一个给定的电极过程如果由于其动力学过程缓慢而无法在电极表面发生，可通过在膜内加入催化剂来实现。此过程由图 14.4.1 所示，即在膜内引入可在电极表面还原为 Q 的物质 P。假设物质 A 无法进入膜内，只有电子利用从 Q 到 P 的跃迁（图中过程 2 所示）并伴随在膜/液界面电子转移到物质 A（过程 3）的发生而通过膜。电子也可能通过物质 Q 的物理扩散穿过膜到达界面（过程 5），但这里只考虑这种现象不发生的情况，此类情况如：当物质 P 为结合在膜内聚合物链上的一个电活性基团时（见 14.2.3 节），物质 P 和 Q 的长程运动将严重受限。然而需要注意的是，物质 P 和 Q 之间的电荷转移表明，膜内存在可进行某种运动的对离子来补偿电荷。

在这些情况下，表观速率，就像 Q 似乎从电极穿过膜移动到膜的外部边界，取决于 P 和 Q 之间电子转移反应的速率。考虑均相溶液中类似反应，表明这一过程与扩散相同[76,77]。观测到的物质表观扩散系数 D_E是由物质的物理运动（由平移扩散系数 D 决定）和电子转移过程的贡献所构成的。应用双分子动力学并将物质视为点时，D_E可由 Dahms-Ruff 方程得到，

$$D_E = D + k\delta^2 C_P^* b \tag{14.4.9}$$

式中，δ 表示电子转移中心间距离，b 为常数（对三维扩散通常为 $\pi/4$ 或 1/6），而 C_P^* 为氧化或还原中心的总浓度。对于电极表面的聚合物膜已经给出了类似或相同的表达式，其电荷的运动同样按扩散过程处理[40,78,79]。这样，通过电子转移穿过聚合物的电荷运动可以根据扩散系数 D_E（有时文献中也写作 D_{ET}或 D_{ct}）来处理，扩散系数与电子转移动力学有关，应该将实际的传质扩散系数，如 D 和 D_S区分开。

现在想像当电子扩散为 A 转化为 B 过程的主导步骤时的体系，假设 A 不进入膜内，因此可以忽略初始反应物在电极表面上的直接反应，而且没有来自 A 在膜内分配或扩散动力学的限制。这样就要求参与整个过程的所有电子全部通过膜，而 A 发生快速反应。

当电子浓度在膜内电极表面附近达到最大可能浓度时，电流出现最大值，但电子浓度在膜外边界接近零（因为物质 A 以高流量到达并迅速反应）。最大可能的电子浓度为接受电子的氧化还原中心浓度 C_P^*，因此最大电子流量（形式上为模型 14.4.1 中 Q 流出或 P 进入的流量）为 $D_E C_P^*/\phi$ 摩尔/单位面积单位时间，相应电子扩散电流

$$i_E = \frac{FAD_E C_P^*}{\phi} \tag{14.4.10}$$

为体系通过电子扩散转移电荷能力的主要表达式。膜内 P 的量有时用表面浓度 Γ_P（$mol \cdot cm^{-2}$）形式给出，$C_P^* = \Gamma_P/\phi$。这种极限情况定义为 E 类型。

修饰层内电子转移非常重要的一个更复杂的例子是用于葡萄糖氧化的电极设计。这一反应在多数电极表面进行得很慢。电极上膜内加入葡萄糖氧化酶可允许葡萄糖的氧化，但这一过程导致氧化酶的还原和失活。进一步，葡萄糖已经被氧化甚至到翻转地步这一事实，由于酶电化学氧化动力学缓慢，使其无法向电极传递信息。缺少的是一种从还原酶到电极转移电子的介体，它应该存在于膜内。图 14.4.4 显示了一种令人满意的解决方法，$Os(bpy)_2(PVP)Cl^{2+}$（代表物质 P）作为一种电子转移中介体，通过配位结合到聚合物（PVP）的骨架上引入。

(4) 膜内的交叉反应　正如葡萄糖检测的例子，初始反应物与膜内氧化还原活性中心的交叉反应，即 A 与 Q 的反应速率，控制整个 A 转化的速率也是可能的。这是一种普遍现象，因此，当没有其他限制时，需要一种能表征一个体系通过交叉反应转移电荷能力的方法。

设想一种体系，物质 A 快速分配和进入膜，因此 A 在膜内所有地方均为分配的浓度值，并

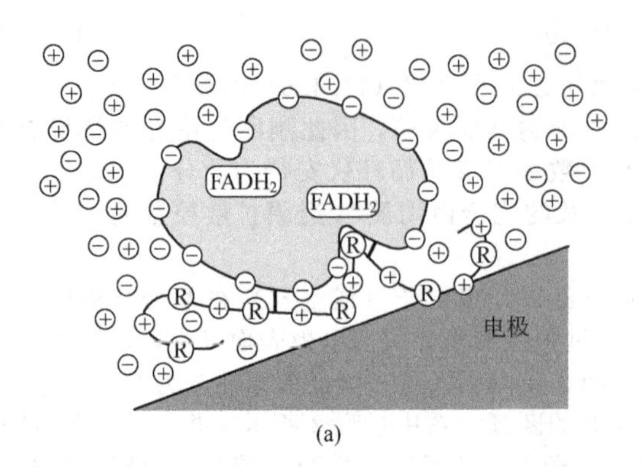

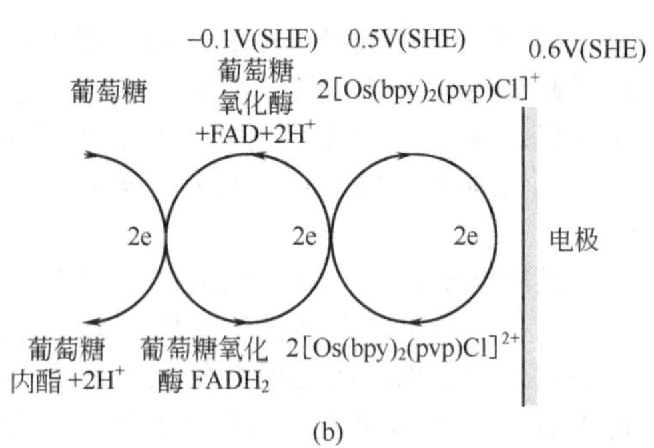

图 14.4.4 (a) 基于葡萄糖氧化酶（含有 $FADH_2$ 中心）和一种结合了氧化还原基团 R 的聚阳离子聚合物的一种酶电极示例；(b) 在电极和氧化还原电对电势相近条件下反应的电子转移步骤

［引自 A. Heller，*Accts. Chem. Res.*，**23**，18 (1990)］

与膜外溶液浓度处于平衡；还要假设电子快速扩散通过膜，因此它们的浓度也是均匀的；最后，假设 A 不在电极表面发生反应。这种情况下，如图 14.4.5 所示，由于存在均匀分布的电子、反应中心和初始反应物，A 在膜内均匀转化为 B。

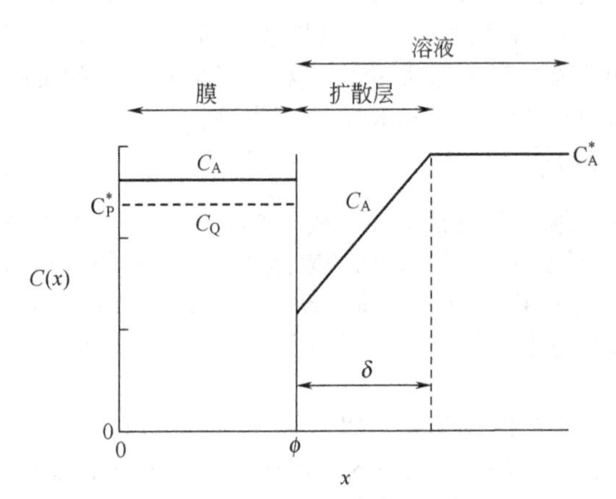

图 14.4.5 R 类型的浓度分布示意图

其中 A（实线）和 Q（虚线）之间反应速率决定电流的大小

当满足如下两个条件时，最大电荷转移速度由发生交叉反应的最大速率决定。第一，电极电势必须足够负以使氧化还原中心充分还原（如果 A 到 B 是还原过程），因此电子的浓度为 C_P^*；第二，膜外的对流扩散必须足以使靠近膜/液界面外的浓度与本体浓度相同，那么膜内 A 的浓度具有最大可能值 κC_A^*。

多数已发表的处理方法将转移电子的氧化还原中心假设为与 A 转化为 B 的活性中心相同。在很多实际体系中这种假设有效而且提供了一种简化方法，所以这里将采用该方法。结果是氧化还原中心的浓度也就是反应中心的浓度。对一个给出的双分子交叉反应，最大可能速率为 $k\kappa C_A^* C_P^*$（摩尔/单位体积每秒）。相应流过的电流，称为交叉反应电流 i_k，是在此速率、膜体积和每摩尔反应流过 nF 电荷时的结果，

$$\boxed{i_k = nFA\phi k\kappa C_A^* C_P^* = nFAk\Gamma_P C_A^*} \tag{14.4.11}$$

这一特征电流就是体系交叉反应能力的主要指标，如前面极限情况一样，电流表达式为

$$\frac{1}{i_l} = \frac{1}{i_A} + \frac{1}{i_k} \tag{14.4.12}$$

这种极限情况定为 R 类型。

图 14.4.4 清楚表明，转移电子的物质无须和与 A 发生交叉反应的物质相同，因此氧化还原中心浓度可能与公式 (14.4.11) 中的 C_P^* 不同。该公式的适用性是明显的，尽管这一体系也可能要求对中介体和交联反应中心之间电子转移速率能力进行清楚的考虑。

14.4.3 动力学因素的相互影响

一般情况下，图 14.4.1 中所讨论和描述的几种过程可同时对反应速度作出贡献。例如，物质 A 可以在膜内通过速率控制步骤还原，速率控制步骤不仅由单一过程，而是由其在膜内扩散以及与中介体 Q 交叉反应并行过程共同控制。总的一般数学处理比 14.4.2 节讨论的极限情况更复杂，需要比这里所能给出的探讨更进一步的充分讨论[80]。不同的过程由上述描述的特征电流表示：

i_A，物质 A 由溶液到裸电极或膜边界外的传质速率。

i_S，在膜内最大传质速率［见式（14.4.4）］。

i_E，利用膜内媒介体 Q 的最大有效电荷扩散速率［见式（14.4.10）］。

i_P，物质 A 穿过膜/液界面的最大传质速率［见式（14.4.8）］。

i_k，A 与 Q 之间反应最大电子转移速率［见式（14.4.11）］。

图 14.4.6 为一般情况下浓度分布示意图。所有过程都参与贡献的极限电流只能由控制体系的微分方程经数学方法给出。然而，多数实验体系中只有一个或两个过程是重要的。使用哪种极限或近极限情况（即哪种因素是控制速率的）可由特征电流的相对值，或更明确的由 i_S^*/i_k^* 和 i_E/i_k^* 比值决定，其中

$$i_S^* = i_S\left[1 - \frac{i_l}{i_A} - \frac{i_l}{i_P}\right] \tag{14.4.13}$$

$$i_k^* = i_k\left[1 - \frac{i_l}{i_A} - \frac{i_l}{i_P}\right] \tag{14.4.14}$$

知道了这些比值，相应的极限或近极限情况可由图 14.4.7 中的分区图来确定。

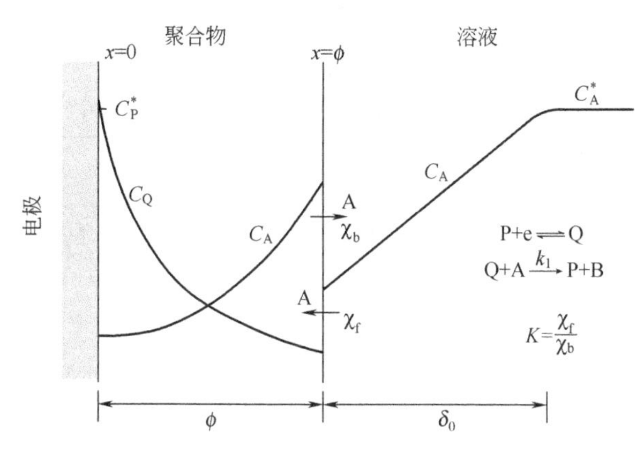

图 14.4.6 经电致生成 Q 促进（催化）还原的初始反应物 A 的一般情形浓度分布示意图，电极电势保持在使电极表面所有 P 还原为 Q，并且电极表面 Q 浓度为 C_P^* （$=\Gamma_P^*/\phi$）

溶液中（$x>\phi$）A 的浓度分布近似线性。χ_f 和 χ_b 分别代表 A 进出膜传输的转移速率常数［引自 J. Leddy and A. J. Bard，J. T. Maloy and J.-M. Savéant，*J. Electroanal. Chem.*，**187**，205（1985）］

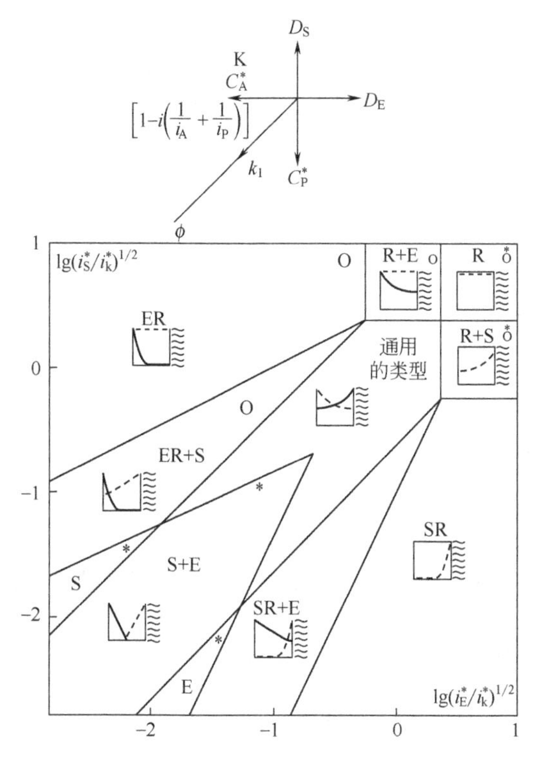

图 14.4.7 在膜修饰电极上促进还原初始反应物的一般情形下，所包含的几种特定情况的分区图

其中一些（如形 *R*、*S* 和 *E* 类型）已在正文讨论过。标有 * 的类型（$1/i_l$）与 $\omega^{-1/2}$ 作图为线性。实验结果受图中上方所示不同实验参数影响。图中所示为不同情形下物质 A（虚线）和 Q（实线）浓度分布示意图［引自 J. Leddy and A. J. Bard，J. T. Maloy and J.-M. Savéant，*J. Electroanal. Chem.*，**187**，205（1985）］

例如，考虑第一种情况，A 与 B 反应速率较慢，但 A 可快速进入膜内并发生快速电子扩散。位于图右上角即为此种 R 类型，其中也给出了 A 和 Q 归一化浓度分布（也可见图 14.4.5）。如果现在把这种情形看作 D_S减小，以至 A 在膜内的运动变慢，会发现行为的改变，首先变化为 $S+R$类型，然后是 SR 类型。后一种情况实际研究中经常发生，A 在膜内的交叉反应速率和扩散均影响其行为。表 14.4.1 给出了各种极限和近极限情况的相关表达式。表中 i_l是 A 通过与 Q 反应（催化反应）还原的稳态电流，i_2代表 A 直接还原稳态电流。后一种电流只有在 A 与 Q 反应被完全消耗前并能透膜到达金属基底的特定情形下才能观测到。例如，可以由表 14.4.1 中看到 RS 类型会得到一条截距为 $1/i_P+1/(i_k i_S)^{1/2}$ 的线性 Koutecký-Levich 曲线（$1/i_l$-$1/\omega^{1/2}$ 或 $1/i_l$-$1/i_A$）。同样，在这种情况下 $i_2=0$。

表 14.4.1　在修饰电极体系中各种动力学情况下 Koutecký-Levich 形式的稳态电流表达式①

†$\frac{1}{i_l}=\frac{1}{i_A}+\left\{\frac{1}{i_P}+\frac{1}{(i_k i_S)^{1/2}\tanh\left(\frac{i_K}{i_S}\right)^{1/2}}\right\}$ $(m)=1$ †$\frac{1}{i_l+i_2}=\frac{1}{i_A}+\left\{\frac{1}{i_P}+\frac{\tanh\left(\frac{i_k}{i_S}\right)^{1/2}}{(i_K i_S)^{1/2}}\right\}$ $(m)=1$ (R+S)	†$\frac{1}{i_l}=\frac{1}{i_A}+\left\{\frac{1}{i_P}+\frac{1}{i_k}\right\}$ $(m)=1\quad(b)=(FC_P^* C_A^* K_1 k_\phi)^{-1}+i_P^{-1}$ †$\frac{1}{i_l+i_2}=\frac{1}{i_A}+\left\{\frac{1}{i_P}+\frac{1}{i_S}\right\}$ $(m)=1\quad(b)=\phi/FC_A^*\kappa D_S+i_P^{-1}$ (R)	$\frac{1}{i_l}=\frac{1}{i_A}+\frac{1}{i_P}+\frac{i_l}{i_k i_E\tanh^2\left\{\frac{i_k}{i_E}\left[1-i_l\left(\frac{1}{i_A}+\frac{1}{i_P}\right)\right]\right\}^{1/2}}$ †$\frac{1}{i_l+i_2}=\frac{1}{i_A}+\left\{\frac{1}{i_P}+\frac{1}{i_S}\right\}$ $(m)=1\quad(b)=\phi/FC_A^*\kappa D_S+i_P^{-1}$ (E+R)
†$\frac{1}{i_l}=\frac{1}{i_A}+\left\{\frac{1}{i_P}+\frac{1}{(i_k i_S)^{1/2}}\right\}$ $(m)=1$ $(b)=1/FC_A^*\kappa(C_P^* D_S k_1)^{1/2}+i_P^{-1}$ $i_2=0$ (SR)		¶$\left[\frac{1}{i_l}-\frac{1}{i_A}\right]=\left\{\frac{1}{i_P}\right\}+\frac{i_l}{i_k i_E}$ $(m)=(i_k i_E)^{-1}\quad(b)=i_P^{-1}$ †$\frac{1}{i_l+i_2}=\frac{1}{i_A}+\left\{\frac{1}{i_P}+\frac{1}{i_S}\right\}$ $(m)=1\quad(b)=\phi/FC_A^*\kappa D_S+i_P^{-1}$ (ER)
$\frac{1}{i_l}=\frac{1}{i_A}+\frac{1}{i_P}+\frac{1}{\left[i_k i_S\left(1-\frac{i_l}{i_E}\right)\right]^{1/2}}$ $i_2=0$ (SR+E)	†显示有线性 Koutecký-Levich 行为 (m)=斜率，(b)=截距 ¶非线性 Koutecký-Levich 行为，但是得出一个(m)=斜率，(b)=截距的线性形式 $i_P^{-1}=1/FC_A^*\chi_f$	¶$\left[\frac{1}{i_l}-\frac{1}{i_A}\right]=\left\{\frac{1}{i_P}+\frac{1}{i_S}\right\}+\frac{i_l}{\{i_k i_E\}}$ $(m)=(i_k i_E)^{-1}\quad(b)=\phi/FC_A^*\kappa D_S+i_P^{-1}$ †$\frac{1}{i_l+i_2}=\frac{1}{i_A}+\left\{\frac{1}{i_P}+\frac{1}{i_S}\right\}$ $(m)=1\quad(b)=\phi/FC_A^*\kappa D_S+i_P^{-1}$ (ER+S)
†$\frac{1}{i_l}=\left\{\frac{1}{i_E}\right\}$ $(m)=0\quad(b)=i_E^{-1}$ $i_2=0$ (E)	†$\frac{1}{i_A}=\left\{\frac{i_S}{i_S+i_E}\right\}\frac{1}{i_A}+\left\{\frac{1}{i_S+i_E}\left(1+\frac{i_S}{i_P}\right)\right\}$ $(b)/(m)=\phi/FC_A^*\kappa D_S+i_P^{-1}$ $i_2=0$ (S+E)	†$\frac{1}{i_l}=\frac{1}{i_A}+\left\{\frac{1}{i_P}+\frac{1}{i_S}\right\}$ $(m)=1\quad(b)=\phi/FC_A^*\kappa D_S+i_P^{-1}$ $i_2=0$ (S)

① 引自 J. Leddy and A. J. Bard，J. T. Maloy and J. -M. Savéant，*J. Electroanal. Chem.*，**187**，205（1985）。

实际研究中，由于必须确定那一种类型适用于实验结果，即 i_l是 ω、Γ_P^*、C_A^* 和 ϕ 的函数，所以问题更为复杂。文献［80］给出了方法和判断标准，也讨论了利用此方法展现结果分析的几种实验研究。另外还包括了催化剂和电子载体为不同物质时的情况，如葡萄糖氧化酶电极。

也可以考虑交叉反应非常快速，能在膜/液界面单层中介体上进行的情况。那么极限电流为

$$1/i_l=1/i_A+\{i_k[1-(i_l/i_E)]\}^{-1} \tag{14.4.15}$$

当 $i_E\gg i_l$时，公式变成与情形 R 类型时的表达式（14.4.12）相同。

14.5 阻碍层

前面几节主要介绍了含有电活性物质的修饰层，然而阻碍电极和溶液间电子和离子转移的修饰层也是很有意义的。例如实际应用中防止表面腐蚀或作为电绝缘层。电化学方法在确定此类修饰层阻碍电子转移到电极表面的有效性，以及用于 14.5.2 节所讨论的研究电子转移与距离关系方面是非常有用的。

14.5.1 通过针孔和通道的渗透

考虑电极修饰膜具有从溶液到电极的连续孔道或通道（见图 14.4.1 过程 6）的情形，可以提出溶液中物质在此类电极与在裸电极（未修饰膜）上的电解有何不同的问题。答案取决于膜在电极表面上的覆盖度、通道的尺寸和分布以及实验的时间尺度。由于通道可以具有不同的尺寸和形状及其膜内分布的不均匀性，使情况变得复杂，所以此类膜的理论处理经常采用理想模型。此类电极的理论与微电极阵列的理论（5.9.3 节）紧密相关，但常常采用更明确的电极形状和活性中心分布[81,82]。

（1）计时电流法表征　对于溶液中的物质，可以测量电势阶跃到扩散控制区流过修饰电极的电流，然后与裸电极上的 Cottrell 行为［公式（5.2.11)］进行比较。通常采用如图 14.5.1 中的简单模型。

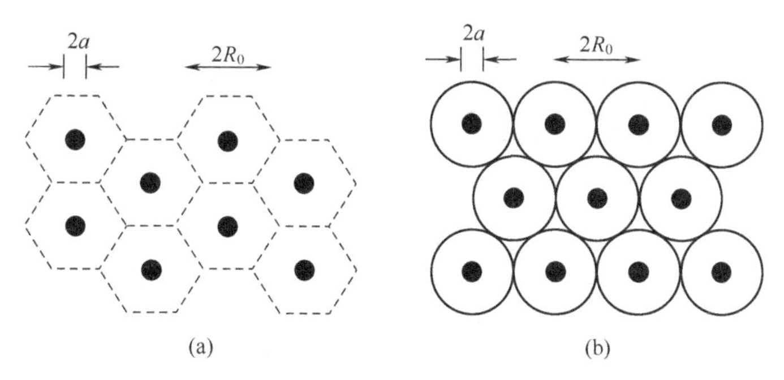

图 14.5.1　半径 a、间距 $2R_0$ 活性中心（实心）表面分布面的理想模型

(a) 六方阵列；(b) 将非活性区看作圆的近似假设

通常考虑电极表面未覆盖部分 $(1-\theta)$ 较小、通道半径 a 较小及其间距远大于 a 的情况。此种情况与图 5.2.4 中的情形很相似。当实验的时间尺度较小时，$(Dt)^{1/2} \ll a$，电极响应表现为线性电化学响应，除非面积为裸电极的 $(1-\theta)$ 倍，即溶液中物质的电解只在膜通道内基底上直接发生。长时间情况下，每一个活性中心都将表现为稳态超微电极行为，而且电流结果代表每一个活性点产生的电流总和。当每一个活性点的扩散层增大到互相重叠在一起时，电极行为接近相同面积而无修饰膜的裸电极的行为。那么，电化学响应随着实验有效时间变化的研究可以提供有关 θ、a 和通道分布的信息。

Gueshi 等[83]提出了这样一种电极，表面均匀分布的六角形内存在半径为 a 圆形活性区以及整个半径为 R_0 的非活性区。这种电极的电流 $i(t)$ 与同一时间裸电极电流均一化之后为[84]

$$\frac{i(\tau)}{i_{\mathrm{d}}(\tau)}=\frac{1}{\sigma^2-1}\{\sigma\exp(-\tau)-1+\sigma^2(\pi T^{1/2})\exp(T)[\mathrm{erf}(\sigma T^{1/2})-\mathrm{erf}(T^{1/2})]\} \tag{14.5.1}$$

其中 $T=\tau/(\sigma^2-1)$，$\sigma=\theta/(1-\theta)$，$\tau=lt$，而 l 是 D、孔径大小和分布以及文献［83］定义的 θ 的函数。图 14.5.2(a) 给出了不同 θ 值时 $i(\tau)/i_{\mathrm{d}}(\tau)$ 曲线，注意在短时间内（小的 τ 值）电流比值保持极限值 $1-\theta$。长时间后扩散层增大到与 R_0 相当的厚度时，比值接近 1。中间区域的位置取决于 θ 和 a 值，因此可由 $i(\tau)/i_{\mathrm{d}}(\tau)$ 相对于 t 作图确定这些参数。这种处理假设溶液反应物通过薄膜孔的速率是快速的，而且薄膜观测不到稳态微电极行为的区域（即 R_0/a 不是很大）。许多体系中这些假设不成立，需要更复杂的模型。

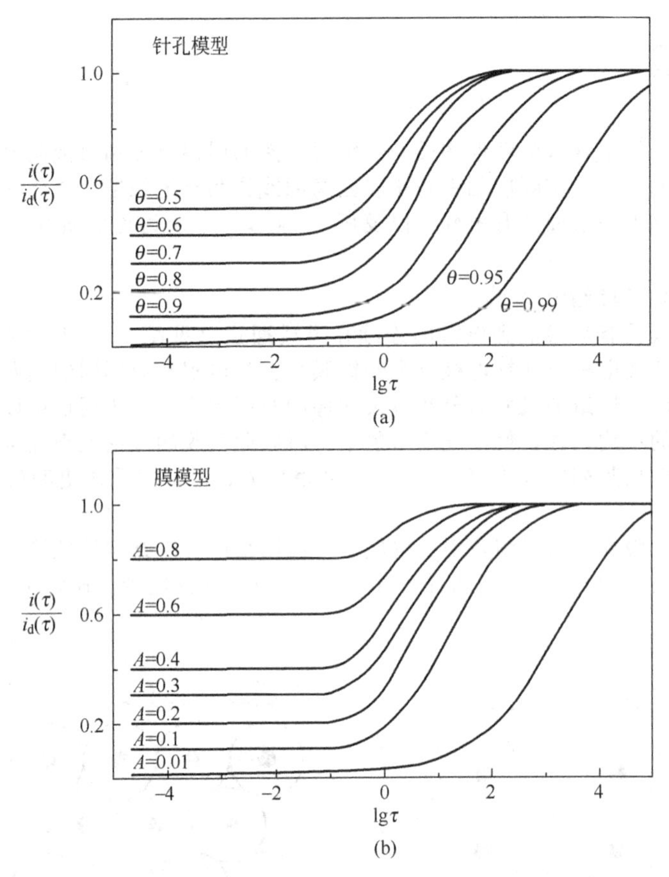

图 14.5.2　假设为针孔（a）和膜（b）模型的钝化膜修饰电极的计时电流（电势阶跃）实验工作曲线
对不同覆盖度 θ 或 $A=\kappa(D_S/D_A)^{1/2}$ 值，曲线以无量纲参数［电流比 $i(\tau)/i_d(\tau)$ 和 τ（见正文）］形式给出
［引自 J. Leddy and A. J. Bard，*J. Electroanal. Chem.*，**153**，223（1983）］

上述刚刚讨论类型的计时电流行为与所见到的溶液反应物 A 分配进入膜内并以扩散系数 D_S 扩散到电极表面的情形非常相似。这就是 14.4.2(2) 节所讨论的膜模型或 S 类型。对一个电势阶跃实验，在电极/膜界面 A 浓度 C_A（$x=0$）≈0 情况下的浓度分布示于图 14.5.3。相对于裸电极归一化的电流表达式为[84]

$$\frac{i(\tau)}{i_d(\tau)}=u\left[1+2\sum_{j=1}\left(\frac{1-u}{1+u}\right)^j\exp(-j^2/\tau)\right] \tag{14.5.2}$$

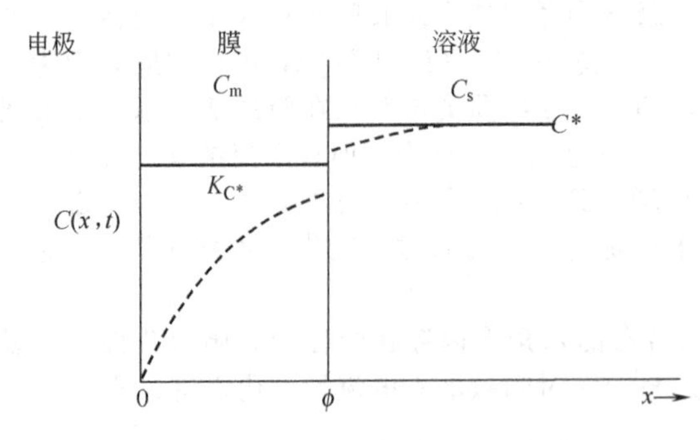

图 14.5.3　厚度为 ϕ 薄膜的膜模型中浓度分布曲线
实线：初始浓度。虚线：电势阶跃之后。图中 K 表示分配系数，κ 如正文所定义的。考虑的情形为 $K=\kappa<1$
［引自 P. Peerce and A. J. Bard，*J. Electroanal. Chem.*，**112**，97（1980）］

其中 $\tau=D_St/\phi^2$，$u=\kappa(D_S/D_A)^{1/2}$。对不同的 u 值，归一化电流对 $\lg\tau$ 的曲线示于图 14.5.2(b)。注意与图 14.5.2(a) 针孔模型曲线的相似性。在短时间内扩散层厚度相对于膜厚较小，即 $(D_St)^{1/2}\ll\phi$，电解完全发生在膜内，并以扩散系数 D_S 和初始浓度 κC_A^* 为特征。这些条件下电流比值接近 $\kappa(D_S/D_A)^{1/2}$。长时间条件下，扩散层扩展到溶液相，电流比值接近 1。

此类计时电流法研究包括聚乙烯二茂铁膜（约 1μm 厚），并对苯醌或甲基紫精作为溶液组分的透膜运动进行了研究[85]。对此体系，膜模型对实验结果的拟合好于针孔模型，可确定 κ 和

D_S值。

（2）RDE 研究　已知针孔模型和膜模型的计时电流结果的相似性，期待溶液中物质在修饰一层有通道或针孔的阻碍膜的 RDE 上的响应，也具有类似于 14.4.2(2) 节所讨论的类似结果。的确，后者的方程形式为[80,85,86]

$$1/i_l = 1/i_A + 1/i_{CD} \tag{14.5.3}$$

其中可归属于通道扩散的最大电流表达式 i_{CD}与处理所用的具体模型有关。在主要用于针孔模型（平均半径为 a 的针孔中心相距为 $2R_0$，其中 a 和 R_0与扩散层厚度在同一数量级）的处理中[86]，下述表达式结果为

$$\boxed{i_{CD} = \frac{nFAD_A C_A^*}{\sum_n A_n \tanh[x_n\delta/R_0]}} \tag{14.5.4}$$

其中 $\delta = 1.61 D_A^{1/3} \nu^{1/6} \omega^{-1/2}$为溶液中扩散层厚度，$A_n$为 a、R_0和 x_n的函数，x_n代表一级 Bessel 函数的零点。极限情况下 $\delta > R_0$，$A_n \tanh[x_n \delta R_0] \rightarrow A_n$，式（14.5.3）将表现为线性。

图 14.5.1(b) 中简单模型可给出 i_{CD}更简单的近似表达式。由 $\pi a^2/\pi R_0^2 \approx 1-\theta$，$a = R_0(1-\theta)^{1/2}$。当中心半径和距离与扩散层厚度相比较小，这些中心的行为表现为一组（p 个）UME 行为时，总极限电流表达式为❶

$$i_l = 4FD_A C_A^* ap = 4FD_A C_A^* pR_0(1-\theta)^{1/2} \tag{14.5.5}$$

总电极面积 $A = p\pi R_0^2$，因此电流密度为

$$j_l = FD_A C_A^* (1-\theta)^{1/2}/\gamma R_0 \tag{14.5.6}$$

式中，γ 为与中心类型和分布相关的因子，考虑圆盘阵列情况，提出了下列表达式[80,87]：

$$j_l = F(1-\theta)^{1/2} D_A C_A^* / 0.6R_0 \tag{14.5.7}$$

式中，θ 为电极阻碍膜的表面覆盖度；$2R_0$为中心间距离。

（3）循环伏安法　（1）和（2）小节的处理适用于假设电极表面未覆盖部分的电子转移反应是快速的，即表面 A 的浓度实际为零（由于电势足够负）。考虑阻碍膜的整个循环伏安曲线形状是有益的。与裸电极相比决定循环伏安曲线形状的参数有 θ、v、k^0 和 R_0[87]。基本上有两个因素起作用。第一，假设总电流固定，活性中心电流密度要比裸电极的电流密度大。由于过电势与电流密度有关，在部分覆盖的电极上异相电子转移动力学（即达到给定电流所需的过电势）的影响要比较大。第二，当单个的中心表现出超微电极行为并且相距足够远以使得他们的扩散层在扫描时间内不发生重叠时，伏安曲线代表一组超微电极行为且表现为稳态伏安曲线。图 14.5.4 为其行为分区示意图。正确的圆盘状活性中心无量纲常数为

$$\lambda = \frac{(DRT/Fv)^{1/2}}{0.6R_0(1-\theta)} \tag{14.5.8}$$

$$\Lambda = \frac{k^0(1-\theta)}{(RT/DFv)^{1/2}} \tag{14.5.9}$$

对较大 λ 值，例如与活性中心大小和间距相比扩散层厚度小，峰形伏安曲线给出的异相速率常数 $k_{app}^0 = k^0(1-\theta)$ 相对于裸电极明显降低。如果 k_0 足够大，Λ 变大（图中右上部分），得到 Nernst 循环伏安曲线。如果 Λ 变小，伏安曲线变为动力学不可逆（右下部分）。对较小的 λ 值，则表现为典型的超微电极阵列行为（图的左侧），其 S 形伏安曲线极限电流由式（14.5.7）给出。

14.5.2　利用隧道效应通过阻碍膜的电子转移

根据定义，14.4.2(3) 节讨论的促进电子转移类型不会在阻碍膜内发生，然而对非常薄的膜，如烷基硫醇自组装单层膜或氧化膜，电子可以隧穿通过膜产生法拉第反应。这一现象在电子器件、金属表面钝化以及电子转移速率与距离关系研究中具有重要意义。

---

❶ 这里的一个假设是，相对于 δ，每一个通道的扩散层维持都较小，其极限电流不受电极旋转的影响。

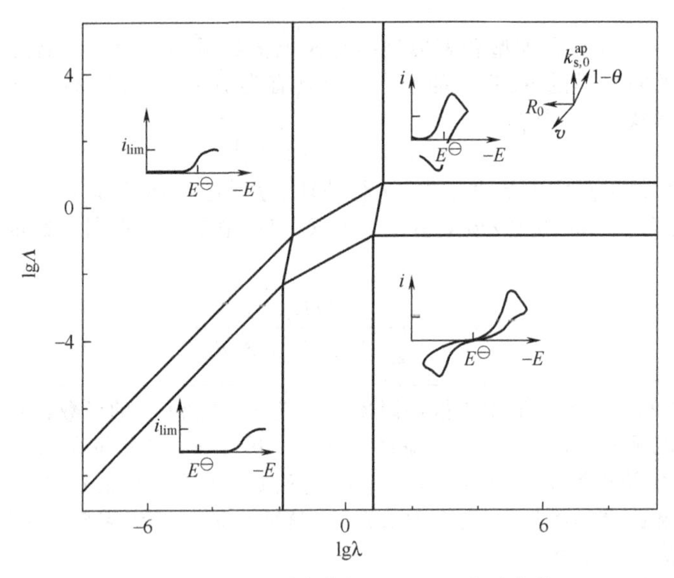

图 14.5.4　钝化电极作为无量纲参数 λ 和 Λ 以及实验参数 θ、R_0、v 和 k^0（图中标为 $k^{ap}_{s,0}$）函数的特征循环伏安曲线分区图

［引自 C. Amatore and J. -M. Savéant，and D. Tessier，*J. Electroanal. Chem.*，**147**，39（1983)］

电子隧穿基本概念已在 3.6.4 节加以简要讨论，由式（3.6.2）和式（3.6.39）得到的隧道效应对电子转移速率常数影响的方程，在假定实际上 β 与电势无关时可写为

$$k^0(x)=k^0(x=0)\exp(-\beta x) \tag{14.5.10}$$

在有些处理中，如式（3.6.38）所表明的那样，考虑了 β 随能量的变化。隧穿速率随距离和 β 值呈指数衰减，通常在 0.1nm^{-1} 数量级，表明只有阻碍膜不超过 1.5nm 时电子隧道效应才变得重要。的确，通过双层磷脂膜（BLM-一种生物膜模型，厚约 3～4nm）的电流小到可以忽略（电阻＞$10^8\Omega\cdot\text{cm}^2$）。类似的薄层金属（如 Ta、Si 和 Al）氧化膜具有很高的电阻可以阻止电子转移。

相对于裸电极，由于电极表面阻碍膜的形成使得对离子的最近距离 d 随阻挡层厚度而增加［见式（13.3.2）和图 14.5.5］，因此会使电容降低。单层的阻碍程度和针孔的存在可通过很多方法探测[88]。例如，为得到针孔的总面积，可以比较裸电极和修饰膜电极伏安曲线

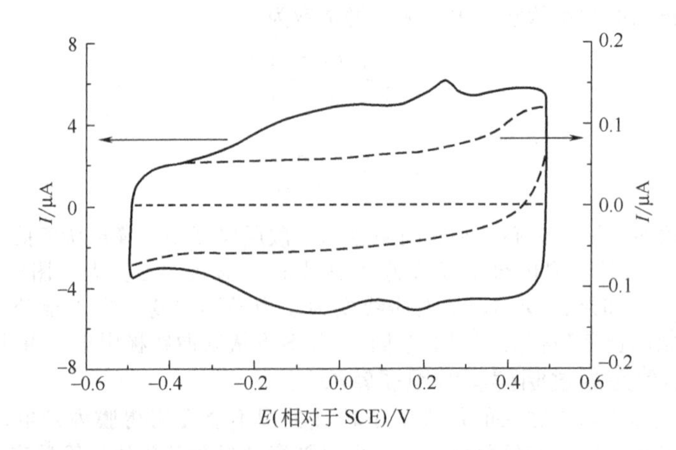

图 14.5.5　裸多晶金电极（$A\approx1\text{cm}^2$）在 $1\text{mol}\cdot\text{L}^{-1}$ Na_2SO_4 中［实线（左侧电流标尺）］和修饰了 C_{18} 烷基硫醇［粗虚线（右侧电流标尺）和细虚线（左侧电流标尺）］的 CV 充电电流，扫速 0.1V/s。修饰后的电容降低了约 80 倍

［引自 H. O. Finklea，*Electroanal. Chem.*，**19**，109（1996)］

的峰面积（如金表面氧化层形成和还原的比较）。为得到空间分布，可以沉积金属（如铜），然后除掉膜用显微镜检查表面。一个常用的方法是，在没有电子隧穿透膜条件下，利用14.5.1节处理方法测量溶液中外层反应物如 $Ru(NH_3)_6^{3+}$ 在电极表面的电势阶跃和循环伏安曲线行为。

电子隧穿研究通常有两类（图14.5.6）。一类为在电极和溶液中电活性分子之间有阻碍膜，另一类为固定于电极上的结合位点的另一端带有电活性基团，通常与没有电活性基团的相似分子形成混合单层（见图3.6.7）。两类研究的共同之处是确定的：电子转移速率常数①如何随电活性基团与导电的电极表面之间的距离变化的，以及②如何受电势或其他实验条件影响的。要想使这些研究有效，膜中不存在允许溶液中电活性物质或表面分子电活性基团直接到达基底表面的针孔或缺陷是非常重要的。另外膜应该具有明确的和已知的结构，从而电活性基团与基底的距离恒定并已知。一些研究讨论了阻碍单层对外层反应溶液反应物的电极反应，以及通过 Marcus 理论获得重组能（λ）的结果处理的影响[88,89]。注意，在这些溶液组分研究中，速率常数是典型的异相电子转移常数（cm/s）。由于传质限制，快速反应难以用此种方法研究。

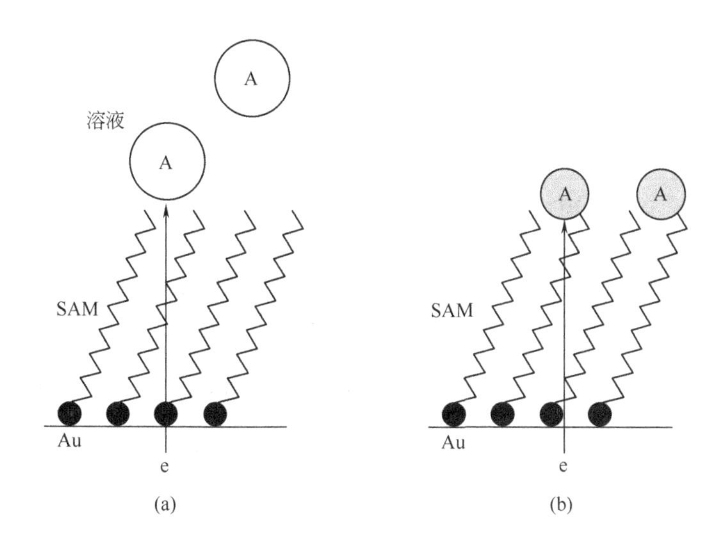

图14.5.6 研究表层电子隧穿的实验类型

(a) 通过阻碍层到达溶液中物质A；(b) 到达共价结合在表层的电活性基团（尾基）。SAM—自组装单层

尽管基底表面不均匀性和粗糙度以及膜缺陷仍然可能起作用，对端基带电活性基团的修饰层研究对针孔的敏感性不如利用溶液反应物和阻碍层的实验。这种情况下速率常数 k 具有一级反应量纲（s^{-1}）。如前面14.3.3节介绍的研究电活性单层方法一样，可用伏安方法确定速率常数。另外也可利用电势阶跃计时电流法，此时电流遵循简单的指数衰减[88,90,91]：

$$i(t)=kQ\exp(-kt) \tag{14.5.11}$$

其中 $Q=nFA\Gamma$，Γ 为电活性中心的表面覆盖度，mol/cm^2。对双电层充电电容和溶液电阻影响的校正也许是必要的，但可利用 UMEs 避免或减小这种影响[91]。图14.5.7为 $Os(bpy)_2Cl(p3p)^{3+}$ 在铂 UME 上这种类型还原的典型的暂态曲线，p3p 为4,4′-三亚甲基联吡啶［或 $py(CH_2)_3py$］。通过 p3p 配体上未配位的吡啶基团，分子在表面形成一层吸附层。由于采用了 UME，因此可以在微秒时间范围进行实验。双电层充电电流衰减后，如14.5.11式所预示的，$\ln[i(t)]$ 相对于 t 作图为线性，斜率由反应速率常数决定。对三价吸附物的还原或二价吸附物的氧化，在低过电势范围 $\ln k$ 与过电势的关系遵循 Butler-Volmer 行为（见图14.5.8），但高过电势范围严重偏离。注意利用 UME 和吸附层可研究非常快速反应（$k^0\approx10^4\,s^{-1}$），而同样的溶解物反应却可能为扩散控制。这种实验方法可以在相当高的过电势范围内应用，因此可以对电子转移理论进行广泛研究。

也可利用14.3.7节介绍的阻抗法和交流伏安法研究此处所讨论体系的电子转移动力学[71,72]。

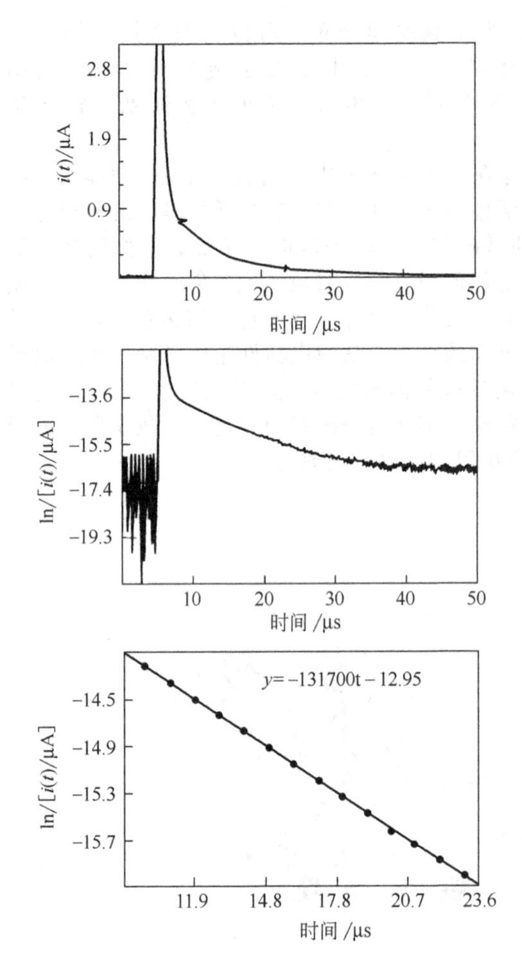

图 14.5.7 上图：在 0.1mol·L^{-1} Et_4NClO_4+DMF 溶液中吸附 $Os(bpy)_2Cl(p3p)^{3+}$ 单层，半径为 5μm Pt 电极的电势阶跃暂态电流。下图为双电层充电之后的暂态电流部分的 lg[$i(t)$] 相对于 t 的曲线
[引自 R. J. Forster and L. R. Faulkner, *J. Am. Chem. Soc.*, **116**, 5444 (1994)]

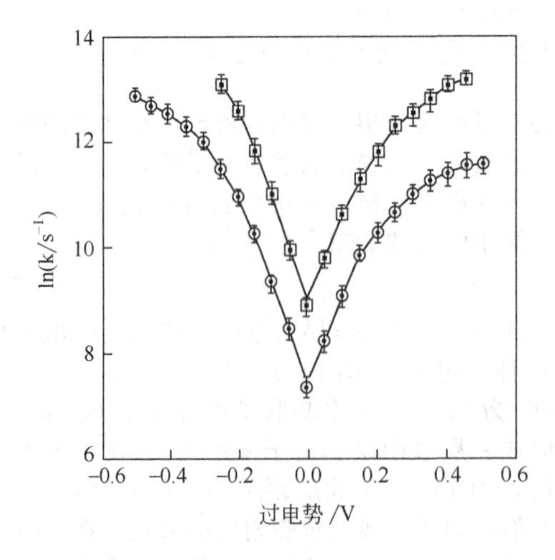

图 14.5.8 ln$k$ 与过电势的关系
圆圈代表 Pt 微电极上 $Os(bpy)_2Cl(p3p)^{3+}$ 单层的还原和 $Os(bpy)_2Cl(p3p)^{2+}$ 氧化的数据。外部介质为氯仿中含有 0.1mol·L^{-1} TBAP。正方形代表用 p2p 代替 p3p 的类似体系，而 p2p 只有两个亚甲基位于桥键 [引自 R. J. Forster and L. R. Faulkner, *J. Am. Chem. Soc.*, **116**, 5444 (1994)]

14.6 其他的表征方法

虽然电化学方法提供了一种研究修饰电极以给出有关电子转移动力学和膜多孔性信息的有效

和灵敏手段，然而无法提供有关结构和元素组成方面的信息。那么完整的表征就需要应用第17章所介绍的许多非电化学方法。包括显微镜、高真空表面分析、拉曼和红外光谱、基于扫描探针的方法、石英晶体微天平和接触角测量。

膜结构的信息可由利用扫描电镜和各种扫描探针显微镜获得。元素成分在表面结构的监测中非常重要，可由X射线或紫外光电子能谱获得。IR光谱在确定单层组织状态方面非常有用。许多电化学实验解析的一个关键参数是膜厚度ϕ，通常通过一个假定的膜密度下电极表面物质的量来确定。对确定薄膜ϕ值和监控膜生长来说椭圆偏振法尤其有效。膜厚也可由表面光度仪、原子力显微镜和扫描电化学显微镜（SECM）测定。现场方法最有效，因为干膜溶剂化后会导致厚度可测量到的变化。通常假设整个膜的组成和性质都是均匀的，因此D_S和D_E为常数。然而，多数情况下，尤其较厚膜，组成和扩散系数可能随到基底或液体界面的距离而变化。很少有能提供这方面信息的方法，然而16.4.6节讨论的SECM可探测膜内，并随着探针进入膜内的不同位置可在探针上进行电化学实验。

14.7 参考文献

1 R. W. Murray, *Accts. Chem. Res.*, **13**, 135 (1980)
2 R. W. Murray, *Electroanal. Chem.*, **13**, 1 (1983)
3 A. J. Bard, *J. Chem. Educ.*, **60**, 302 (1983)
4 L. R. Faulkner, *Chem. Engr. News*, **62** (9), 28 (1984)
5 M. S. Wrighton, *Inorg. Chem.*, **4**, 269 (1985)
6 C. E. D. Chidsey and R. W. Murray, *Science*, **231**, 25 (1986)
7 M. S. Wrighton, *Science*, **231**, 32 (1986)
8 M. Fujihira in "Topics in Organic Electrochemistry." A. J. Fry and W. E. Britton, Eds., Plenum, New York. 1986
9 R. W. Murray, A. G. Ewing, and R. A. Durst, *Anal. Chem.*, **59**, 379A (1987)
10 A. J. Bard and W. E. Rudzinski in "Preparative Chemistry Using Supported Reagents," P. Laszlo, Ed., Academic, San Diego, 1987, pp. 77-97
11 I. Rubinstein in "Applied Polymer Analysis and Characterization," Vol. Ⅱ, J. Mitchell, Jr., Ed., Hanser. Munich, 1992, Part Ⅲ, Chap. 1
12 R. W. Murray, Ed., "Molecular Design of Electrode Surfaces," Vol. ⅩⅫ in the series. "Techniques in Chemistry," A. Weissberger, Founding Ed., Wiley-Interscience, New York, 1992
13 G. Inzelt, *Electroanal. Chem.*, **18**, 89 (1994)
14 A. J. Bard. "Integrated Chemical Systems," Wiley, New York, 1994
15 I. M. Kolthoff and J. J. Lingane, "Polarography." Interscience, New York, 1952, p. 291
16 A. J. Bard, *J. Electroanal. Chem.*, **2**, 117 (1962)
17 A. P. Brown and F. C. Anson, *Anal. Chem.*, **49**, 1589 (1977)
18 C. -W. Lee and A. J. Bard, *J. Electroanal. Chem.*, **239**, 441 (1988)
19 See, for example, (a) W. A. Zisman. "Advances in Chemistry Series," No. **43**, American Chemical Society, Washington, DC, 1964, p. 1; (b) R. G. Nuzzo, B. R. Zegarski, and L. H. Dnbois, *J. Am. Chem. Soc.*, **109**, 733 (1987); (c) M. D. Porter, T. B. Bright, D. L. Allara, and C. E. D. Chidsey, *ibid.*, **3559**; (d) R. Maoz and J. Sagiv, *J. Coll. Interfac. Sci.*, **100**, 465 (1984); (e) H. O. Finklea, S. Avery, M. Lynch, and T. G. Furtsch, *Langmuir*, **3**, 409 (1987); (f) G. M. Whitesides and G. S. Ferguson, *Chemtracts-Org. Chem.*, **1**, 171 (1988) and references therein
20 (a) B. Keita and L. Nadjo, *J. Electroanal. Chem.*, **243**, 87 (1988); (b) P. J. Kulesza, G. Roslonek, and L. R. Faulkner, *ibid.*, **280**, 233 (1990) and references therein
21 A. J. Bard and T. Mallouk in R. W. Murray, Ed., "Molecular Design of Electrode Surfaces," *op. cit.*, p. 271
22 (a) K. Itaya, I. Uchida, and V. D. Neff, *Accts. Chem. Res.*, **19**, 162 (1986); (b) K. Itaya, H. Akahashi and S. Toshima, *J. Electrochem. Soc.*, **129**, 1498 (1982); (c) K. Itaya, T. Ataka, and S. Toshima, *J. Am. Chem. Soc.*, **104**, 4767 (1982)
23 (a) E. A. H. Hall, "Biosensors," Prentice-Hall, Englewood Cliffs, N. J., 1991; (b) G. A. Rechnitz, *Anal. Chem.*, **54**, 1194A, 1982; *Science*, **214**, 287 (1981); (c) M. E. Meyerhoff and Y. M. Fraticelli, *Anal. Chem.*, **54**, 27 (1982)
24 (a) L. C. Clark. Jr. and C. Lyons, *Ann. N. Y. Acad. Sci.*, **102**, 29 (1962); (b) P. W. Carr and L. D. Bowers, "Immobilized Enzymes in Analytical and Clinical Chemistry," Wiley-Interscience, New York, 1980; (c) N. Lakshminarayanaiah, "Membrane Electrodes," Academic, New York, 1976; (d) P. L. Bailey, "Analysis with Ion Selective Eletrodes," Heydon, London, 1976
25 (a) P. G. Pickup, C. R. Leidner, P. Denisevich, and R. W. Murray, *J. Electroanal. Chem.*, **164**, 39 (1984); (b)

C. R. Leidner, P. Denisevich, K. W. Willman, and R. W. Murray, *ibid.*, **164**, 63 (1984)
26 (a) G. P. Kittlesen, H. S. White, and M. S. Wrighton, *J. Am. Chem. Soc.*, **106**, 7389 (1984); (b) H. S. White, G. P. Kittlesen, and M. S. Wrighton, *ibid.*, **106**, 5375 (1984); (c) I. Fritsch-Faules and L. R. Faulkner, *Anal. Chem.*, **64**, 1118 (1992) and references therein
27 (a) G. P. Kittlesen, H. S. White, and M. S. Wrighton, *J. Am. Chem. Soc.*, **107**, 7373 (1985); (b) E. T. Turner Jones, O. M. Chyan, and M. S. Wrighton, *ibid.*, **109**, 5526 (1987)
28 T. P. Henning, H. S. White, and A. J. Bard, *J. Am. Chem. Soc.*, **103**, 3937 (1981); **104**, 5862 (1982)
29 F. -R. F. Fan and A. J. Bard, *J. Electrochem. Soc.*, **133**, 301 (1986)
30 P. G. Pickup, K. N. Kuo, and R. W. Murray, *J. Electrochem. Soc.*, **130**, 2205 (1983)
31 E. Laviron, *Bull. Soc. Chim. France*, 3717 (1967)
32 S. Srinivasan and E. Gileadi, *Electrochim. Acta*, **11**, 321 (1966)
33 E. Laviron, *J. Electroanal. Chem.*, **52**, 355, 395 (1974)
34 B. E. Conway, "Theory and Principles of Electrode Processes," Ronald, New York, 1965, Chaps. 4 and 5
35 A. N. Frumkin and B. B. Damaskin, *Mod. Asp. Electrochem.*, **3**, 149 (1964)
36 P. Delabay. "Double Layer and Electrode Kinetics," Interscience, New York, 1965
37 E. Laviron, *J. Electroanal. Chem.*, **100**, 263 (1979)
38 H. Matsuda. K. Aoki, and K. Tokuda, *J. Electroanal. Chem.*, **217**, 1 (1987); **217**, 15 (1987)
39 C. P. Smith and H. S. White, *Anal. Chem.*, **64**, 2398 (1992)
40 P. J. Peerce and A. J. Bard, *J. Electroanal. Chem.*, **114**, 89 (1980)
41 H. Angerstein-Kozlowska and B. E. Conway, *J. Electroanal. Chem.*, **95**, 1 (1979)
42 V. Plichon and E. Laviron, *J. Electroanal. Chem.*, **71**, 143 (1976)
43 R. H. Wopschall and I. Shain, *Anal. Chem.*, **39**, 1514 (1967)
44 M. Slnyters-Rehbach and J. H. Sluyters, *J. Electroanal. Chem.*, **65**, 831 (1975)
45 S. W. Feldberg, in "Computers in Chemistry and Instrumentation." Vol. 2, "Electrochemistry", J. S. Mattson, H. B. Mark, Jr., and H. C. MacDonald, Jr., Eds., Marcel Dekker, New York, 1972, Chap. 7
46 R. H. Wopschall and I. Shain, *Anal. Chem.*, **39**, 1535 (1967)
47 M. H. Hulbert and I. Shain, *Anal. Chem.*, **42**, 162 (1970)
48 R. Brdička, *Z. Elektrochem.*, **48**, 278, 686 (1942)
49 R. Brdiča, *Coll. Czech. Chem. Commun.*, **12**, 522 (1947)
50 M. Slayters-Rehbach, C. A. Wijnkorst, and J. H. Sluyters, *J. Electroanal. Chem.*, **74**, 3 (1976)
51 J. Koryta, *Coll. Czech. Chem. Comnun.*, **18**, 206 (1953)
52 F. C. Anson, *Anal. Chem.*, **38**, 54 (1966)
53 J. H. Christie, R. A. Osteryoung, and F. C. Anson, *J. Electroanal. Chem.*, **13**, 236 (1967)
54 F. C. Anson, J. H. Christie, and R. A. Osteryoung, *J. Electroanal. Chem.*, **13**, 343 (1967)
55 F. C. Anson and D. J. Barclay, *Anal. Chem.*, **40**, 1791 (1968) and references therein
56 H. B. Herman, R. L. McNeely, P. Surana, C. M. Elliot, and R. W. Murray, *Anal. Chem.*, **46**, 1268 (1974) and references therein
57 M. T. Stankovich and A. J. Bard, *J. Electroanal. Chem.*, **86**, 189 (1978)
58 F. C. Anson, *Anal. Chem.*, **33**, 1123 (1961)
59 W. Lorenz, *Z. Elektrochem.*, **59**, 730 (1955)
60 W. H. Reinmuth, *Anal. Chem.*, **33**, 322 (1961)
61 S. V. Tatwawadi and A. J. Bard, *Anal. Chem.*, **36**, 2 (1964)
62 M. P. Soriaga and A. T. Hubbard, *J. Am. Chem. Soc.*, **104**, 2735 (1982)
63 G. N. Salaita and A. T. Hubbard, in R. W. Murray, Ed., "Molecular Design of Electrode Surfaces," *op. cit*
64 M. Sluyters-Rehbach and J. H. Sluyters, *Electroanal. Chem.*, **4**, 1 (1970)
65 B. Timmer, M. Sluyters-Rehbach, and J. H. Sluyters, *J. Electroanal. Chem.*, **18**, 93 (1968)
66 P. Delahay and K. Holub, *J. Electroanal. Chem.*, **16**, 131 (1968)
67 P. Delahay, *J. Electroanal. Chem.*, **19**, 61 (1968)
68 I. Epelboim, C. Gabrielli, M. Keddam, and H. Takenouti, *Electrochim. Acta*, **20**, 913 (1975) and references therein
69 D. E. Smith, *Electroanal. Chem.*, **1**, 1 (1966)
70 A. M. Bond, *J. Electroanal. Chem.*, **35**, 343 (1972); A. M. Bond and G. Hefter, *ibid.*, **42**, 1 (1973)
71 H. O. Finklea, M. S. Ravenscroft, D. A. Snider, *Langmuir*, **9**, 223 (1993)
72 T. M. Nahir and E. F. Bowden, *J. Electroanal. Chem.*, **410**, 9 (1996)
73 S. E. Creager and T. T. Wooster, *Anal. Chem.*, **70**, 4257 (1998)
74 (a) C. P. Andrieux, J. M. Dumas-Bouchiat, and J. -M. Savéant, *J. Electroanal. Chem.*, **131**, 1 (1982); (b) C. P. Andrieux and J. -M. Savéant, *ibid.*, **142**, 163 (1982); *ibid.*, **142**, 1 (1982); (c) C. P. Andrieux, J. M. Dumas-Bouchiat, and J. -M. Savéant, *ibid.*, **169**, 9 (1984); (d) C. P. Andrieux and J. -M. Savéant, *ibid.*, **171**, 65 (1984); (e) F. C. Anson, J. -M. Savéant, and K. Shigehara, *J. Phys. Chem.*, **87**, 214 (1983)
75 J. Leddy, A. J. Bard, J. T. MaJoy, and J. -M. Savéant, *J. Electroanal. Chem.*, **187**, 205 (1985)

76　M. Majda in R. W. Murray, Ed., "Molecular Design of Electrode Surfaces," *op. cit.*, p. 159
77　(a) H. Dahms, *J. Phys. Chem.*, **72**, 362 (1968); (b) I. Ruff and V. J. Friedrich, *ibid.*, **75**, 3297 (1971); (c) I. Ruff, V. J. Friedrich, K. Demeter, and K. Csillag, *ibid.*, **75**, 3303 (1971); (d) I. Ruff and I. Korösi-Odor, *Inorg. Chem.*, **9**, 186 (1970); (e) I. Ruff and L. Botár, *J. Chem. Phys.*, **83**, 1292 (1985)
78　E. Laviron. *J. Electroanal. Chem.*, **112**, 1 (1980)
79　C. P. Andrieux and J.-M. Savéant, *J. Electroanal. Chem.*, **111**, 377 (1980)
80　C. P. Andrieux and J.-M. Savéant in R. W. Murray, Ed., "Molecular Design of Electrode Surfaces," *op. cit.*, p. 207
81　B. R. Scharifker, *J. Electroanal. Chem.*, **240**, 61 (1988)
82　H. Reller, E. Kirowa-Eisner, and E. Gileadi, *J. Electroanal. Chem.*, **138**, 65 (1982)
83　T. Gueshi, K. Tokuda, and H. Matsuda, *J. Electroanal. Chem.*, **89**, 247 (1978)
84　P. J. Peerce and A. J. Bard, *J. Electroanal. Chem.*, **112**, 97 (1980)
85　J. Leddy and A. J. Bard, *J. Electroanal. Chem.*, **153**, 223 (1983)
86　(a) F. Scheller, S. Müller, R. Landsberg, and H. J. Spitzer, *J. Electroanal. Chem.*, **19**, 187 (1968); (b) F. Scheller, R. Landsberg, and S. Müller, *ibid.*, **20**, 375 (1969); (c) R. Landsberg and R. Thiele, *Electrochim. Acta*, **11**, 1243 (1966)
87　C. Amatore, J.-M. Savéant, and D. Tessier, *J. Electroanal. Chem.*, **147**, 39 (1983)
88　H. O. Finklea, *Electroanal. Chem.*, **19**, 109 (1996)
89　C. J. Miller. "Physical Electrochemistry. Principles, Methods, and Applications," I. Rubinstein, Ed., Marcel Dekker, New York 1995, Chap. 2
90　(a) C. E. D. Chidsey, C. R. Bertozzi, T. M. Putvinski, and A. M. Mujsce. *J. Am. Chem. Soc.*, **112**, 4301 (1990); (b) C. E. D. Chidsey, *Science*, **251**, 919 (1991)
91　R. J. Forster and L. R. Faulkner, *J. Am. Chem. Soc.*, **116**, 5444 (1994)

14.8　习题

14.1　Elliott 和 Murray 曾利用计时电量法测量了汞/电解质界面 Tl^+ 的表面过剩量，以及溴化物对吸附的影响。解释如何进行这种测量。结果概括于图 14.8.1 中，根据化学过程解释这些结果。

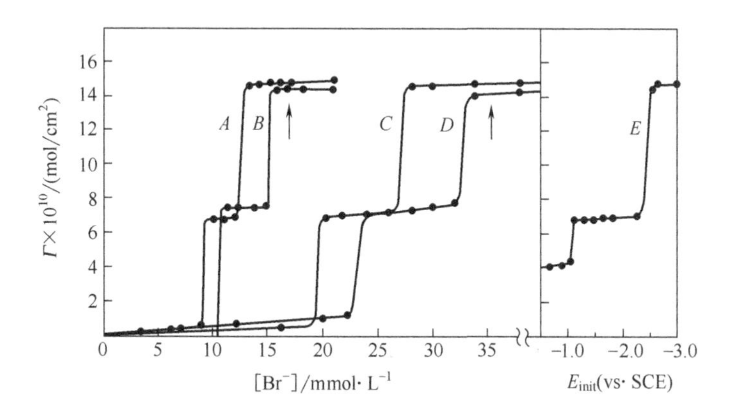

图 14.8.1　在 Br^- 存在下 Tl^+ 在汞上的表面过剩

所有阶跃电势均为 0.7V（相对于 SCE）。曲线 A：1mmol·L^{-1} Tl^+，初始电势＝－0.30V。曲线 B：1mmol·L^{-1} Tl^+，初始电势＝－0.20V。曲线 C：0.5mmol·L^{-1} Tl^+，初始电势＝－0.30V。曲线 D：0.5mmol·L^{-1} Tl^+，初始电势＝－0.20V。曲线 E：1mmol·L^{-1} Tl^+，14mmol·L^{-1} Br^-。箭头所示为相应 TlBr 从本体溶液析出时的饱和状态［引自 C. M. Elliott and R. W. Murray, *J. Am. Chem. Soc.*, **96**, 3321 (1974)］

14.2　由图 14.3.4(b) 曲线，计算反式-4,4′-联吡啶-1,2-乙烯每 cm^2 吸附量。假设 $n=2$。

14.3　由反应物弱吸附的图 14.3.11，根据 β_O、$\Gamma_{O,s}$ 和 D_O 以及 $\beta_O C_O^*=1$（25℃）计算 (a) $i_p \propto v$ 和 (b) $i_p \propto v^{1/2}$ 时 v 的范围。

14.4　组分 O 的吸附量 Γ_O 也可以由双电势阶跃计时电量法所得到的正（S_f）和反（S_r）向曲线斜率比来测量，请解释为何？

14.5　利用图 14.3.16 数据，计算 D_O 和 Γ_O［O 代表 Cd(Ⅱ)］，并分别计算不存在和存在 SCN^- 时 Q_{dl} 和 C_d 值。

14.6 面积为 1.2cm^2 铂电极薄层池（厚度 40μm）用于测量氢醌（H_2Q）在铂电极上的吸附量。首先加入 0.100mmol·L^{-1} H_2Q 溶液，发生不可逆吸附，双电势阶跃计时电量实验氧化溶解的 H_2Q（吸附的 H_2Q 为非电活性），H_2Q（$n=2$）的氧化需要 32μC 电量。排出池中溶液并用新鲜溶液清洗几次，然后加入新鲜溶液，再次双电势阶跃计时电量实验结果表明需要 96μC 电量。(a) 计算 H_2Q 吸附量 Γ（mol/cm^2）以及单个分子所占面积 σ（10^{-2}nm^2/分子）；(b) 根据 H_2Q 分子结构，推测电极表面分子最合理的分子取向。

第15章　电化学仪器

电化学仪器通常包括一个执行控制电极电势的恒电势仪（potentiostat）［或一个恒电流仪（galvanostat），用于控制通过电解池的电流］，和一个产生所需扰动信号的函数发生器（function generator），以及可以测量和显示 i、E 和 t 的记录和显示系统。仪器与电化学池连接，典型的是一个包括有工作电极、对电极和参比电极的三电极电解池。在现代仪器中，恒电势仪以及放大器和其他用于控制电流和电压的模块，是一些由运算放大器（operational amplifier）构建的模拟器件。模拟器件（analog devices）是能够处理连续信号如电压的电子系统。函数发生器也可为一种模拟器件，但所需的信号常常是由计算机产生的数字信号通过数-模转换器（digital-to-analog converter，DAC）转换后输入到恒电势仪中。模拟信号可由长条记录纸或 X-Y 记录仪以及示波器记录，但信号的接收更常用的是通过一个模-数转换器（analog-to-digital converter，ADC）传入计算机，由计算机来进行信号的传输和记录。本章的目的是探索常用电化学仪器的基本知识，而不是概述所有的技术。

因为电化学主要的变量都是模拟量（至少在所感兴趣的范围内），首先关心的是模拟域控制和测量电压、电流和电量的线路。适用于这些工作的最佳线路元件是运算放大器。在理解它们如何组装成为仪器前，必须了解它们的性质。

15.1　运算放大器

15.1.1　理想的性质[1~7]

运算放大器是有着特殊性质的器件，它几乎总是作为封装的集成电路。对放大器的组成不感兴趣；确切地讲，我们所关心的是它作为电路中一个单元的行为。

在图 15.1.1(a) 中注明的是放大器必须用的几根连接线。首先是电源线。通常这些器件需要两个电源，其中一个是＋15V，另一个是－15V，它们都相对于电源所限定的称为“地”的电路的公共点。所进行的很多测量可和大地有关，也可和大地无关。除了电源线外，还有输入和输出连接线。通常输出的一端是接地的。大部分放大器的两个输入端并不一定必须接地；因此两个输入端都可以是浮地的。重要的参数是两个输入端之间的电压差。在电路图中，电源线总是存在的，因此放大器可以绘成如图 15.1.1(b) 的形式。

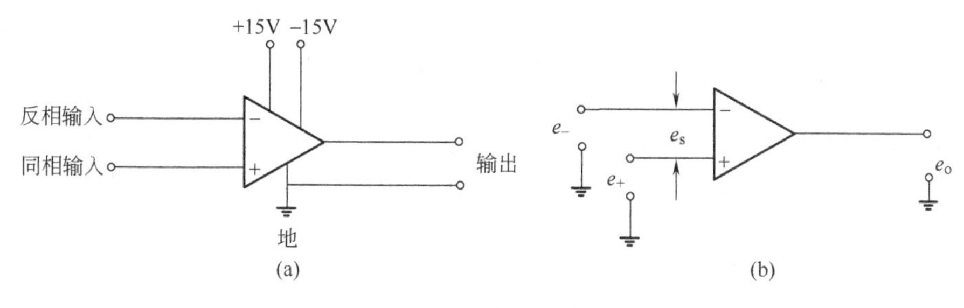

图 15.1.1　运算放大器示意

两个输入端以图中所示的符号来标明。上方的称为反相输入端，下方的称为同相输入端。放大器的基本性质是它的输出 e_o 与被放大了的电压差 e_s 反相。e_s 是反相输入端相对于同相输入端的电压。即

$$e_o = -Ae_s \tag{15.1.1}$$

式中，A 为开环增益（open-loop gain）。

输入端的名称是来源于 e_s 这个差值。可把体系绘成有两个独立的输入 e_- 和 e_+，它们都是相对“地”来测量的。这样，输出就是

$$e_o = -Ae_- + Ae_+ \tag{15.1.2}$$

即反相放大了的信号 e_- 和同相放大了的信号 e_+ 之和。因为 $e_s = e_- - e_+$，故方程式（15.1.2）与式（15.1.1）是等同的。

理想的运算放大器有几个重要的性质。首先，它的开环增益实际上是无限大，因此最小的输入电压 e_s 也会使它的输出达到电源的极限可利用值［通常是±(13～14)V］。需要最大可能的放大倍数的理由将在 15.2 节中阐明。现在要注意的是，如果理想放大器在任一电路中，工作在输出端处于电压极限范围中的任一值时，那么两个输入端必须有相同的电压。

理想放大器还具有无限大的输入阻抗，因此，它们可以在不从电压源引入电流的情况下引入输入电压。这种性质使得能在没有干扰的情况下测量电压。另一方面，理想器件也可以对其负载提供任意所需要的电流，因此实际上它有零输出阻抗。最后，认为理想放大器的带宽无穷大，即它能如实地响应任意频率的信号。

在许多电路的讨论中，假设它为理想行为，因为这样可以简化讨论。对于大多数电化学应用，所用器件工作得很好，非理想性可以忽略。然而，在必要的情况下，必须认识到它的非理想性质。

15.1.2 非理想性[1~7]

运算放大器的特性在许多电子学教材[2]和制造商的文献中均有讨论。下面列举的是一些重要的特性。

（1）开环增益　实际器件对于直流信号 A 值的范围是 $10^4 \sim 10^8$。常用放大器的典型 A 值是 10^5。开环增益与频率有关。高频时它将下降，这个特性是影响放大器有效工作范围的一个问题。

（2）带宽　高频时实际器件性能的衰退可以用几种方法测量。对于一个小幅度的输入信号，开环增益为 1 的频率称为单位增益带宽（unity-gain bandwidth）。根据器件设计目标的不同，此带宽可以低至 100Hz，或高到 1GHz。常用放大器的典型值为 5～20MHz。由于运算放大器的大多数应用是基于高开环增益，有效带宽通常比单位增益带宽低一个或两个数量级。

另一个描述高频时放大器局限性的参数是转换速率（slew rate），这是为了响应输入端一个大幅度阶跃，输出电压变化的最大速率。实际值是 100～1000V/μs。常用器件转换速率的数量级为 20～70V/μs；这样对于达到它们的满输出范围，所需要的最短时间大约是 1～10μs。

高频响应的第三个特征是稳定时间（settling time）。该值用于在给定反馈-稳定电路中工作的放大器。经常应用一种单位增益的反相器（15.2.2 节）。在输入端施加一个完全理想的阶跃函数，则测量的稳定时间是围绕新的平衡输出值某一定误差范围内（通常为 0.1%～0.01%）输出达到稳定所需要的时间。稳定时间的大小取决于应用放大器的电路。

可以很容易地在 10μs 或更大的时标上（也就是带宽小于 100kHz）得到精确可靠的性能是现今放大器的特点。如果仔细地设计电路和选择元件可以达到低于 10μs 的时标（带宽高于 100kHz）。正如下面将要叙述的那样，要在 3μs 以下的时标上建立可靠的运算放大器电路是相当困难的。

（3）输入阻抗　实际器件的输入阻抗是 $10^5 \sim 10^{13}\Omega$。一般放大器的典型值约为 $10^6 \sim 10^{12}\Omega$。对于更为需要的场合，例如监控高电阻电压源（如玻璃电极）和用于积分器，特别要寻求较高的阻抗。

（4）输出限度　放大器的电压限度是受电源控制的，它们通常与电源电压十分接近。大多数器件的电压限度是±(13～14)V。在电流达到限度之前它将被自由地提供给负载上，电流限度的典型值是±(5～100)mA。有着较大电流或电压输出限度的特殊器件是有的，但是运算放大器电路中的高输出功率常常是由下面叙述的扩增部件（booster stages）得到的。

(5) 偏置电压　在实际器件中，通常零输入电压将不产生零输出电压，输出端有一个非零的偏置。大多数放大器都有通过外接可调电阻得到零偏置的装置。

(6) 其他性质　在一些应用中，器件的噪声和漂移以及它们对温度的稳定性都是需要关注的。这些问题在电化学仪器中常常是次等重要的。

15.2　电流反馈

已经注意到，输入端一个很小的电压差将使实际放大器输出达到极限，因此，几乎从来不用放大器去处理一个未经精心设计的电路得来的输入信号。按照常规，通过把输出部分地反馈到反相输入端来稳定放大器。实现反馈的方式决定着整个电路的工作性质。这里所关注的是电流由输出端流到输入端的电路[1~7]。

15.2.1　电流跟随器

讨论图 15.2.1 所示的电路。电阻 R_f是反馈元件，反馈电流 i_f流过它。输入电流是 i_{in}，它可以从一个工作电极或光电倍增管引入。根据电量守恒（基尔霍夫定律，Kirchoff's law），所有进入加和点 S 的电流之和必须是零，以及因为两个输入端之间通过的电流小到可以忽略不计，所以

$$i_f = -i_{in} \tag{15.2.1}$$

根据欧姆定律，

$$\frac{e_o - e_s}{R_f} = -i_{in} \tag{15.2.2}$$

并将式（15.1.1）代入，

$$e_o\left(1+\frac{1}{A}\right) = -i_{in}R_f \tag{15.2.3}$$

由于 A 值很大，括号中的值实际上等于 1，故

$$\boxed{e_o \approx -i_{in}R_f} \tag{15.2.4}$$

于是输出电压与输入电流成比例，比例因子为 R_f。这个电路称为电流跟随器或电流-电压转换器（i/E 和 i/V）。

加和点的电压 e_s是 $-e_o$/A，对于一个典型的组件它的值是 $\pm 15\text{V}/10^5$ 或 $150\mu\text{V}$。换言之，S 是虚地点。它不是真正的“地”，因为没有直接的连接线，但是它与地有着实际上相同的电势。这个特点是很重要的，因为它能使电流转换成等效的电压而电流源维持在地电势。后面我们将利用这一优点构建恒电势仪。

与刚才所用的方法相比，还有一种更简单的分析这种电路的方法。已经知道，两个输入端实际总是处于相同的电势，因此很直观地看出 e_s就是虚地。由式（15.2.1）可以立即写出最后的结果：

$$\frac{e_o}{R_f} = -i_{in} \tag{15.2.5}$$

15.2.2　比例器/倒相器

图 15.2.2 的电路和电流跟随器的区别仅仅在于输入电流是由电压 e_i通过一个输入电阻引入的。以前的分析完全不变，而现在可以用 e_i/R_i代替式中的 i_{in}，因此

$$\boxed{e_o = -e_i\left(\frac{R_f}{R_i}\right)} \tag{15.2.6}$$

所以这一电路是一比例器，很简单，其输出为反相输入乘以因子（R_f/R_i）。虽然对于单级变换，实际的比例值约为 0.01～200，但通过选择精密的电阻，（R_f/R_i）可为任何需要的值。当$R_f = R_i$时，电路是一个倒相器。

应当注意，电压源必须能够提供输入电流 i_{in}，于是整个电路的有效输入阻抗是 R_i，其典型

值是 1～100kΩ。

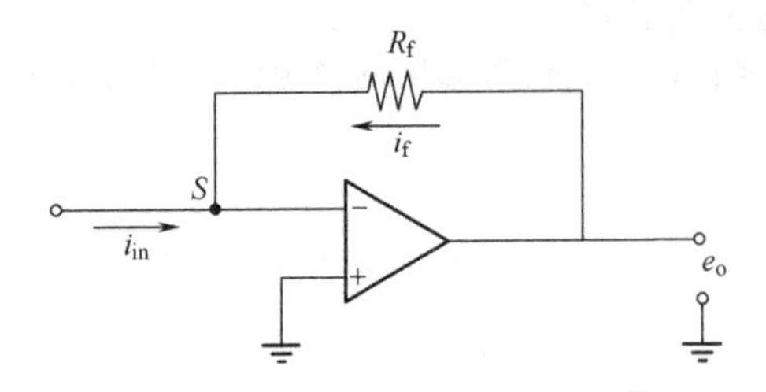

图 15.2.1　电流跟随器

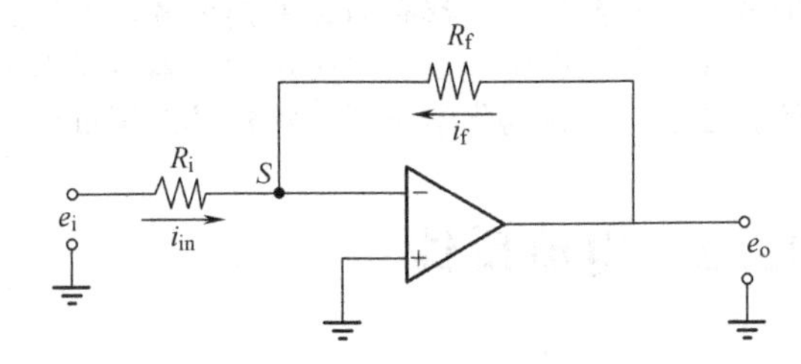

图 15.2.2　比例器/倒相器

15.2.3　加法器

图 15.2.3 中讨论这样一个电路，三个不同的电压源 e_1，e_2 和 e_3 通过各自的输入电阻将三个输入电流 i_1，i_2，i_3 施加到加和点 S。反馈电路同前。现在写出

$$i_f = -(i_1 + i_2 + i_3) \tag{15.2.7}$$

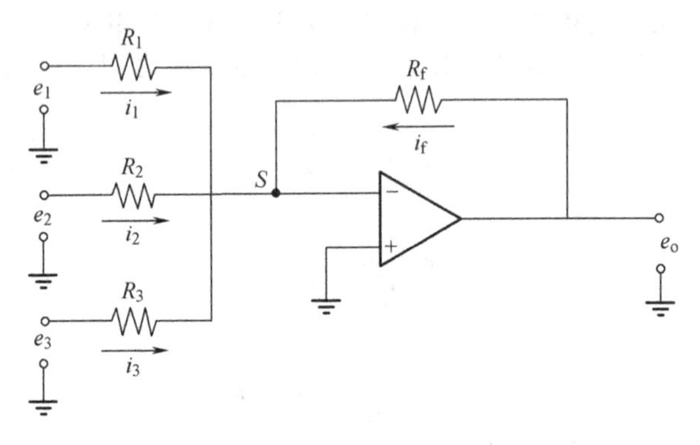

图 15.2.3　加法器电路

并且由于加和点是一个虚地点

$$\frac{e_o}{R_f} = -\left(\frac{e_1}{R_1} + \frac{e_2}{RV_2} + \frac{e_3}{R_3}\right) \tag{15.2.8}$$

或

$$\boxed{e_o = -\left[e_1\left(\frac{R_f}{R_1}\right) + e_2\left(\frac{R_f}{R_2}\right) + e_3\left(\frac{R_f}{R_3}\right)\right]} \tag{15.2.9}$$

因此输出是各独立比例输入电压之和。比例因子同样是由选择适当的电阻来确定的。如果所有的电阻都相等，就得到一个简单的反相加法器：

$$e_o = -(e_1 + e_2 + e_3) \tag{15.2.10}$$

注意，加法器的理论基础是在 S 点上电流的加和。因为 S 是一虚地点，该过程因而可简化。

15.2.4　积分器

在图 15.2.4 中，讨论作为反馈元件的电容 C。输入为电流 i_{in}，方程式（15.2.1）仍然适用，S 还是虚地点。因此代入式（15.2.1），可以写成：

$$C\frac{de_o}{dt} = -i_{in} \tag{15.2.11}$$

或

$$e_o = -\frac{1}{C}\int i_{in}\,dt \tag{15.2.12}$$

输出是一个与输入电流的积分成正比的电压，实际上此积分就是贮存在电容上的电量。电流积分器在电量法和计时电量法实验中是很有用的。

通常，在开始新的测量之前，要使电容放电。图 15.2.4 中的复零开关就是起这种作用的。

如果电量储存到 C 上的时间比几秒长，务必使漏电的损失减至最小。漏电主要是通过电容器中的介质和放大器的输入阻抗所造成的。可以通过选择特殊的电容器和选用很高输入阻抗的放大器来尽量减小漏电。

输入电压可以用图 15.2.5 所示电路积分，其中输入电流是由 e_i 通过电阻引入的。方程式 (15.2.12) 仍然有效，可以将其代入得到

$$e_o = \frac{-1}{RC}\int e_i \mathrm{d}t \tag{15.2.13}$$

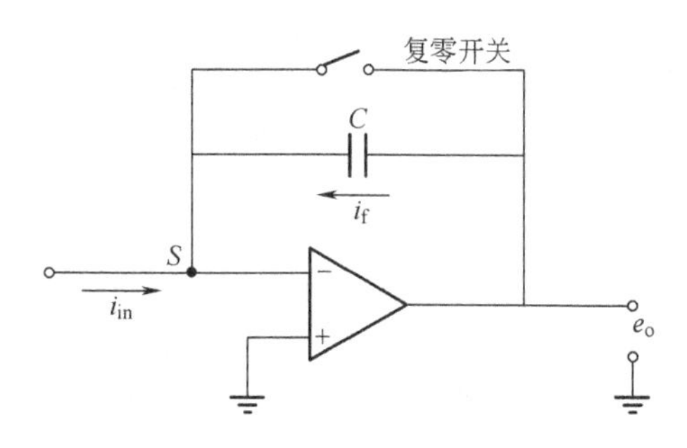

图 15.2.4　电流积分器

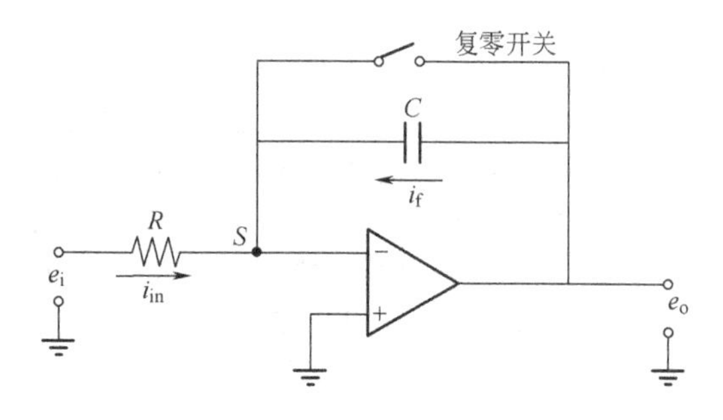

图 15.2.5　电压积分器

斜坡发生器是一种特殊类型的电压积分器，它的 e_i 是恒定值。如果从复零状态开始实验，那么

$$e_o = \frac{-e_i}{RC}t \tag{15.2.14}$$

这样一个电路通常用来产生线性扫描实验的波形。扫描速度是由 e_i、R 和 C 联合控制的；扫描方向是由 e_i 的极性所决定的。

15.2.5　微分器

在图 15.2.6 中可以看到一个输入电容和一个反馈电阻，它们分别通过电流 i_{in} 和 i_f。照例从方程式 (15.2.1) 开始，并把电流取代得到，

$$\frac{e_o}{R} = -C\frac{\mathrm{d}e_i}{\mathrm{d}t} \tag{15.2.15}$$

或

$$e_o = -RC\left(\frac{\mathrm{d}e_i}{\mathrm{d}t}\right) \tag{15.2.16}$$

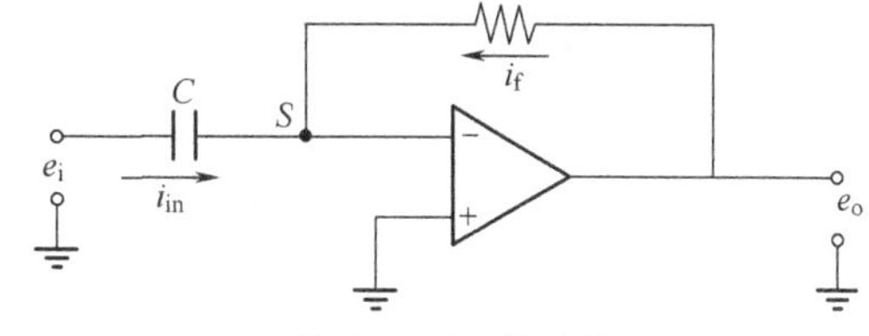

图 15.2.6　微分器

因此，输出是与 e_i 对时间的导数成比例的。

这类电路用在电压-时间函数发生明显变化的情况下。然而，模拟信号的微分往往会引起信噪比的下降（习题 15.5），因此通常应避免。

15.3　电压反馈

由输出端反馈回电流的另外一种方式是将部分输出电压返回到反相输入端，这样有稳定电路的作用[1~7]。这些电路一般只需要很小的输入电流，它们特别适合于控制功能和测量电压。相比之下，基于电流反馈的电路通常更适合于进行上面所讨论的方式中的信号处理。

15.3.1　电压跟随器

图 15.3.1 代表一个重要的电路，它的全部输出电压都返回到输入端。引用式 (15.1.1) 来处理它，并且注意到 $e_s = e_o - e_i$；因此

$$e_o = -A(e_o - e_i) \tag{15.3.1}$$

或

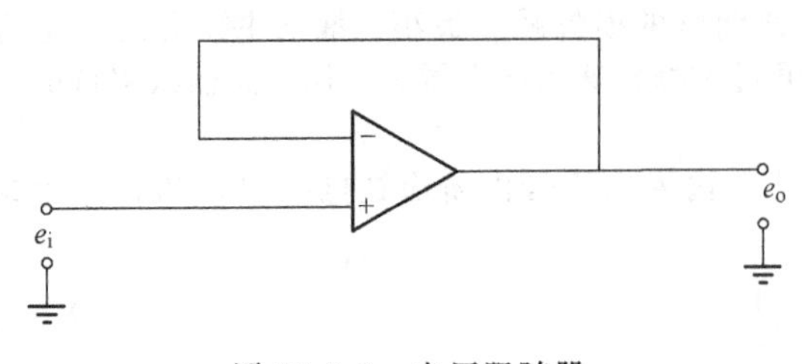

图 15.3.1 电压跟随器

$$e_o=\frac{e_i}{(1+1/A)} \tag{15.3.2}$$

由于 A 很大，所以

$$\boxed{e_o \approx e_i} \tag{15.3.3}$$

由于两个输入端实际上处于相同的电势，所以也可以直观地得到这个结果。

因为输出与输入相同，所以此电路称为电压跟随器。它的功能是匹配阻抗。它提供一个非常高的输入阻抗和很低的输出阻抗，因此它可以从一个不能给出较大电流的器件（如玻璃电极）接收输入，并对一个较大的负载（例如记录仪）提供相同的电压。电压跟随器可以作为一种对电压没有较大干扰的情况下测量电压的中间器件。

15.3.2 控制功能

讨论如图 15.3.2 所示的电路。由于反相输入端是虚地，因而点 A 的电压相对于地为 $-e_i$。放大器将通过调节其输出来控制流过电阻的电流，使得这一条件得以维持。这样我们有了一个控制电阻网络中某固定点电压的方法，甚至这个电阻（或更普遍地讲是阻抗）在实验过程中发生波动也是可以的。这正是要求恒电势仪所能够做的工作。

由于通过 R_1 的电流也必然流经 R_2，总的输出 e_o 是 $i_o(R_1+R_2)$，由于 $i_o=-e_i/R_2$，所以有

$$e_o=-e_i\left(\frac{R_1+R_2}{R_2}\right) \tag{15.3.4}$$

这个基本的设计也可以用于控制流过负载的电流。讨论如图 15.3.3 的电路，其中有一个任意的负载阻抗 Z_L。因为 A 点的电压是 $-e_i$，故流过电阻 R 的电流是 $i_o=-e_i/R$。它也流经负载，且与 Z_L 的值或它的波动无关。这种电路也可以作为恒电流仪使用，只是用电解池简单地代替负载阻抗（见 15.5 节）。

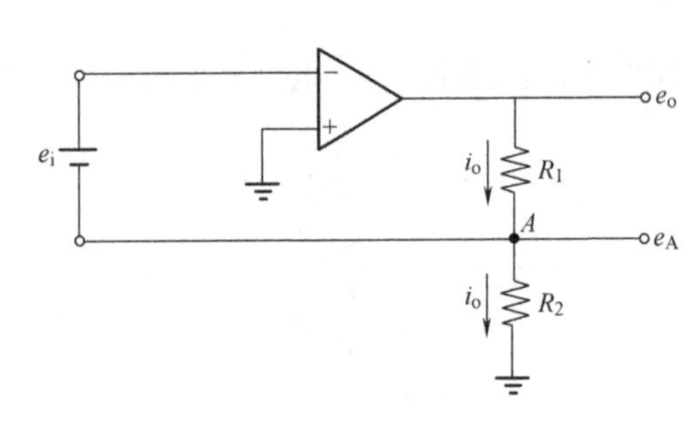

图 15.3.2 不受 R_1 和 R_2 变化影响的，可控制 A 点电势的电路

注意反馈电路通过电压源 e_i，为简便起见，e_i 可表示为一电池组

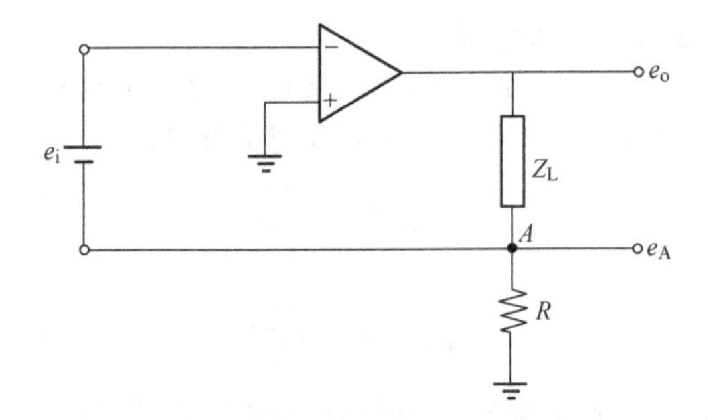

图 15.3.3 控制通过任意负载 Z_L 电流的电路

15.4 恒电势仪

15.4.1 基本原理[1,7,8]

根据电子学观点，一个电化学电解池可以看成图 15.4.1(a) 所示的等效电路中的阻抗网络，图中 Z_c 和 Z_{wk} 表示对电极和工作电极上的界面阻抗，溶液电阻分成 R_Ω 和 R_u 两部分，它们与电流通路中参比电极尖端的位置有关（见 1.3.4 节）。这种表示法可以进一步简化为图 15.4.1(b)。

假定现在把电解池引入图 15.4.2 的电路。如果电解池与图 15.4.1(b) 中的网络等效，那么

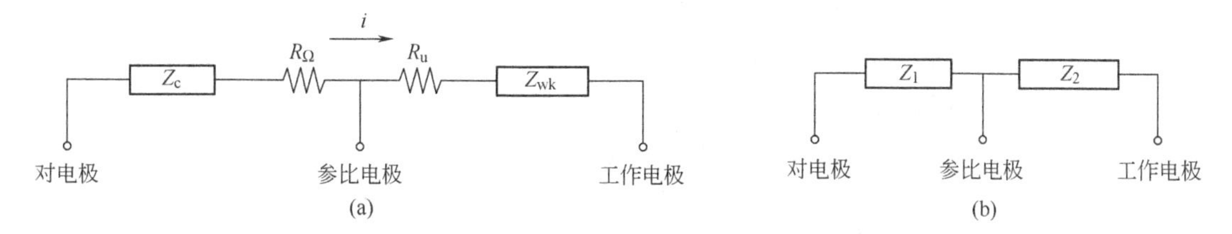

图 15.4.1　把电解池视为三电极连接的阻抗网络的示意图

可以立即看出这总的电路与图 15.3.2 中的控制体系是非常相似的。放大器控制流经电解池的电流，使得参比电极对地的电势为$-e_i$。由于工作电极接地，这与 Z_1 和 Z_2 是否波动无关。

$$e_{ref}(相对参比)=e_i \tag{15.4.1}$$

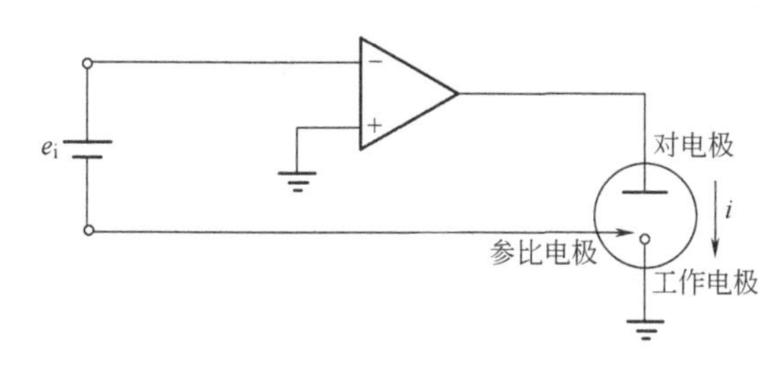

图 15.4.2　基于图 15.3.2 控制电路的简单恒电势仪

图 15.4.1 表明，在控制电压 e_{ref}（相对地）中包括了溶液中总电压降的一部分 iR_u。这个未补偿电阻的存在，使电路不能精确地控制工作电极相对于参比电极的真实电势，但是在许多情况中，通过仔细地放置参比电极而使 iR_u 可以小到能够忽略的程度（见 1.3.4 节）。在其他场合，未补偿电阻是分析实验结果时的一个主要影响因素，将在以后进一步叙述。

15.4.2　加法式恒电势仪[1,7,8]

图 15.4.2 的恒电势仪说明了电势控制的基本原理，并将同其他一些设计一样能完成控制任务。它的缺点是其对输入的要求。首先，没有一个输入端是真正接地的，因此用于控制电势提供波形的函数发生器必须具有差分浮动输出。大多数波形源都不符合这样的要求。

还要考虑所需要控制函数的形式。例如，假设要做一个从-0.5V 开始扫描的交流极谱实验。所需的波形示于图 15.4.3 中。它是一个复杂的函数，不能简单地得到。必须把一个斜坡函数、一个正弦扰动和一个恒定的偏置加在一起来合成此波形。通常，电化学波形的确是几个简单信号的合成，因此需要一个通用的装置，以接收并加和恒电势仪本身的基本输入。

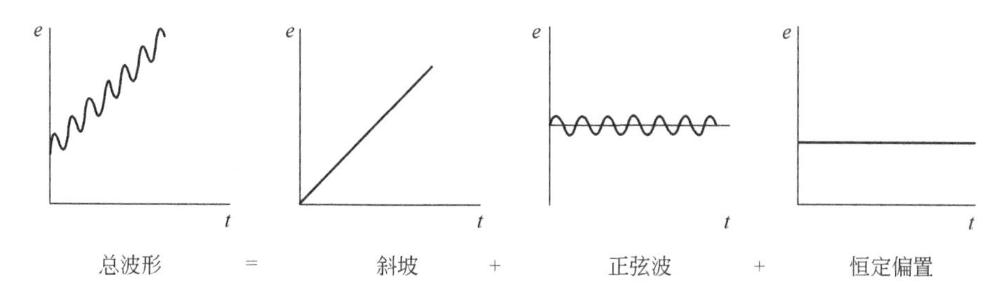

图 15.4.3　一个复杂波形的合成
为清楚起见，相对于通常所用的值，正弦波的幅度被夸大，而它的频率被降低

图 15.4.4 所示加法式恒电势仪补救了上述所讨论电路的两个缺点，并且它是一种至今最广泛应用的设计。由于进入加和点 S 的电流必须是总和为零，所以

$$-i_{ref}=i_1+i_2+i_3 \tag{15.4.2}$$

且因 S 是虚地点，

$$-e_{\text{ref}}=e_1\left(\frac{R_{\text{ref}}}{R_1}\right)+e_2\left(\frac{R_{\text{ref}}}{R_2}\right)+e_3\left(\frac{R_{\text{ref}}}{R_3}\right) \tag{15.4.3}$$

应当注意，如前所述的$-e_{\text{ref}}$是工作电极相对于参比电极的电势。因此，电路使得工作电极维持在一个等于各输入电压加权和的电势。通常所有的电阻值都相等，故有

$$\boxed{e_{\text{wk}}(\text{相对于参比})=e_1+e_2+e_3} \tag{15.4.4}$$

输入信号的加和装置能使复杂波形简单地合成，并且每一个输入信号都独立地相对于电路的“地”点。任何适当数量的信号都要在输入端相加，对每一个信号只是需要简单地用一个电阻引入加和点即可。

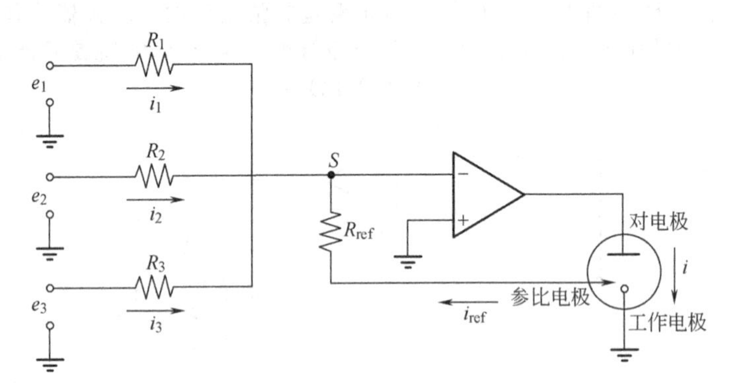

图 15.4.4 基本的加法式恒电势仪

15.4.3 加法式恒电势仪的改进[1,7,8]

图 15.4.4 的设计有三个明显的缺点：①参比电极必须供给加和点一个较大的电流 i_{ref}；②没有测量流过电解池电流的装置；③电解池所需的功率仅仅是来自运算放大器的输出。图 15.4.5 是克服这些缺点的一个恒电势仪的示意图，它是一个很通用的设计。

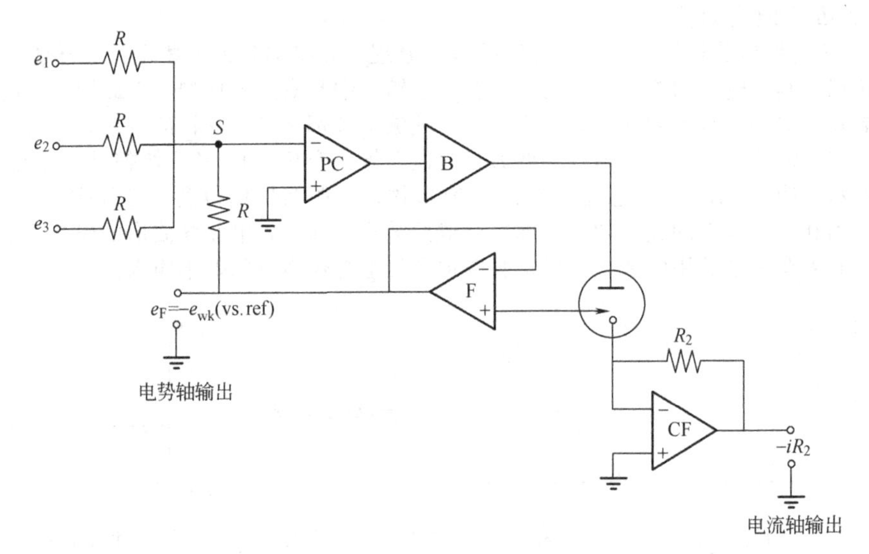

图 15.4.5 基于加法式控制放大器（PC）的完整恒电势体系

采用扩增器（B）改进可获得的输出电压。如果需要扩增电流，可在电流追随器（CF）后加另外一个扩增器，以使它可以处理超过 CF 的电池电流

电压跟随器 F 引入到反馈电路中，使参比电极不会由于电流馈入加和点而承载。跟随器的输出 e_{F}也可用于外接一个记录装置，它是一个$-e_{\text{wk}}$的（相对于参比）方便的连续监测器。

工作电极现在馈入一个输出与电流成比例的电流跟随器。应该注意，电流跟随器使工作电极保持在虚地点，这是体系工作的基本条件。

提高功率是通过在输出环路中引入功率扩增器来达到的。扩增器是一个简单的同相放大器，通常它是低增益的，与运算放大器相比，它能输出较大的电流或较高的电压或两者兼备。由于它是同相的，可以把它认为是运算放大器的外延，因此组合的总开环增益是 $A=A_{OA}A_B$，其中运算放大器的开环增益是 A_{OA}，扩增器的开环增益是 A_B。于是可直接应用式（15.1.1），并且反馈原理的应用也如前所述。

15.4.4　双恒电势仪[9,10]

一些电化学实验，例如涉及旋转环盘电极和扫描电化学显微镜的实验，需要同时控制两个工作界面。能满足这一要求的装置称为双恒电势仪（biopotentiostat）。

常见的方法示于图 15.4.6。一个电极完全由前一节中所讨论的方式来控制，这个电路表示在图的左半部。第二个电极是由右半部中的一些元件控制的。这里有一个电流跟随器（CF2），它的加和点与“地”保持某一电压差 Δe，这是因为它的同相输入端与地的电压差是 Δe。这个电路的作用是用第一个电极作为第二个电极的参考点。可以把第一个电极调到相对于参比电极任意所要求的电势 e_1，于是第二个工作电极相对于第一个电极的电势偏离 $\Delta e=e_2-e_1$，e_2 是第二个电极相对于参比电极的电势。辅助电极通过的电流是 i_1 和 i_2 的和。

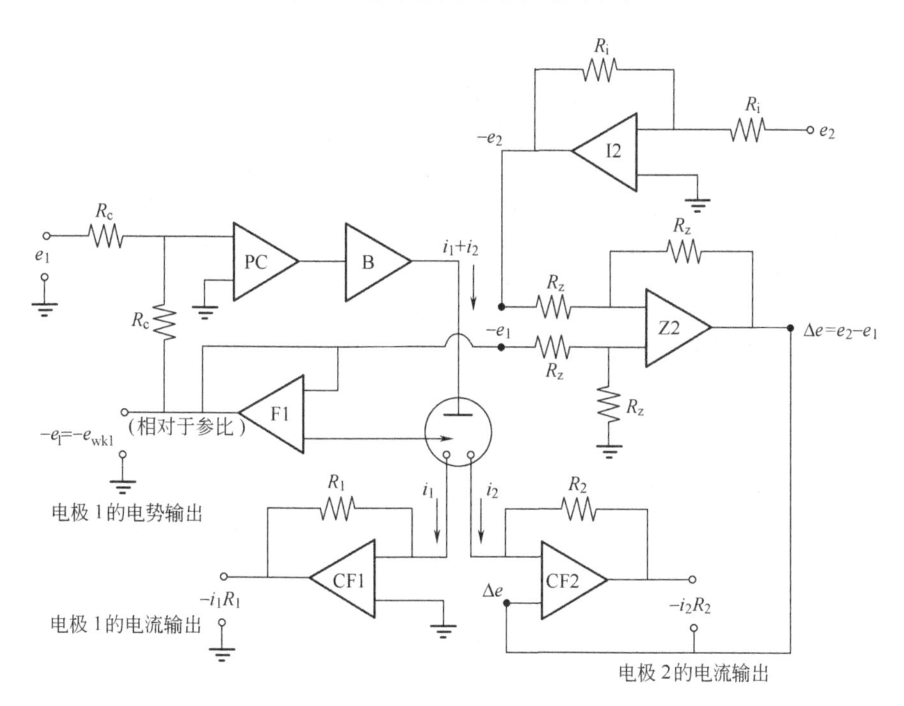

图 15.4.6　基于加法器概念的双恒电势仪

左边部分本质上同图 15.4.5 所示的系统，用于电极 1。右边是控制电极 2 的网络。对于两个电极上的大电流，可能需要在 CF1 和 CF2 加上扩增器

其他的放大器（I2 和 Z2）作为反相和零点移动的平台。它们的作用是允许在不考虑 e_1 值的情况下（见习题 15.7），在输入端提供所需的电势 e_2。当希望随时独立地改变 e_1 和 e_2 时，上述功能是很有价值的。

15.5　恒电流仪

控制流过电解池的电流比控制一个电极上的电势简单，因为在这个控制电路中仅仅涉及电解池的两个组件，即工作电极和辅助电极。在恒电流实验中，感兴趣的常常是工作电极相对于参比电极的电势，通常所附加的电路是为了测量它，而对它没有控制功能。

用上面讨论的运算放大器电路[6,7]，可以得到两种不同的恒电流仪。图 15.5.1 所示装置非常像 15.2.2 节中讨论的比例器/倒相器。电解池代替了反馈电阻 R_f，在 S 点把电流加和，得到

$$i_{cell}=-i_{in}=\frac{-e_i}{R} \tag{15.5.1}$$

因此，电解池电流由输入电压支配。输入电压可以是恒定的或以任意方式变化的，而电解池电流将跟随它变化。

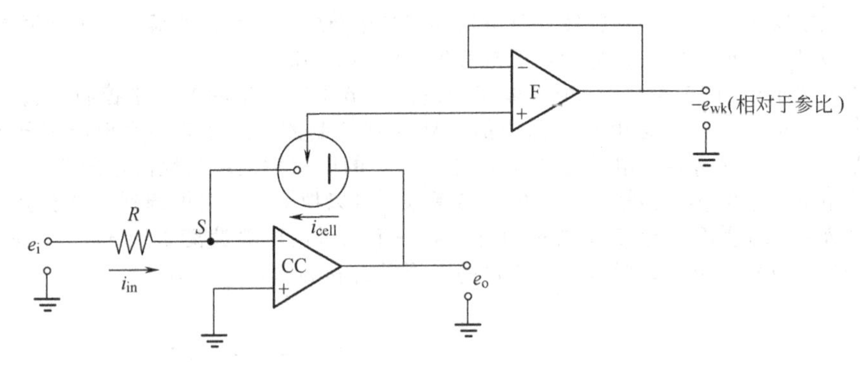

图 15.5.1　基于比例器/倒相器电路的简单恒电流仪

这种设计使工作电极处于虚地，这一特点对于参比和工作电极之间的电势差的测量是方便的。电压跟随器 F 给出参比电极相对于地的电势，即 $-e_{wk}$（相对于参比）。比较图 15.5.1 和图 15.4.1 可以看到，跟随器的输出中包含有其值等于 $i_{cell}R_u$ 的未补偿电阻的贡献。

输入网络可以通过在加和点添加电阻而扩展成一个体系，它以加法器的形式使电解池的电流等于各输入电流之和。正如图 15.5.1 中所看到的，每一个输入电压都必须有供给电解池电流的能力。这个要求对于打算应用高电流的体系可能会产生问题。

此时，图 15.5.2 所示恒电流仪可能较为有用，它的基础是图 15.3.3 的设计。随意的阻抗 Z_L 已经被电解池代替。流经电解池的电流是

$$i_{cell}=\frac{-e_i}{R} \tag{15.5.2}$$

这个电流不需要由电压源 e_i 供给。该电路的一个缺点是工作电极与“地”差 $-e_i$，因此工作电极相对参比电极的电势必须差分测量。此外，输入电压是前面图 15.4.2 所讨论过的，是一个没有灵活性的量。

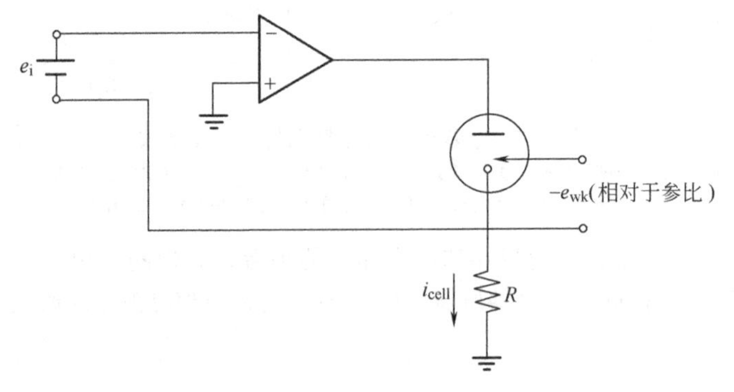

图 15.5.2　基于图 15.3.3 电路的恒电流仪

15.6　电势控制的难点

前面几节概述了电势控制的原理。在此探讨一些在实际体系测量中可能遇到的困难。

15.6.1 溶液电阻的影响[6,7,11~16]

首先考虑均涉及通过大电流的实验，如快速暂态电化学或整体电解实验中遇到的难点。溶液的电阻对这些实验的影响是相当大的，并涉及多个方面。由于电极面积大及高效的物质传递，在整体电解中，有长时间的大电流流过。在快速暂态实验中，会遇到高的电流脉冲，这是因为在测量过程中的某些时间，$\mathrm{d}E/\mathrm{d}t$ 很高。至少还有一个电容的成分包括在电流中。例如，假设要在一个有着 2μF 界面电容的电极上，在 1μs 内施加一个 1V 的阶跃。这个期间的平均电流是 2μC/μs 或 2A。这个峰电流应该说是很高的。

在这两种类型的实验中，恒电势仪必须有足够的功率储备。这种仪器必须能提供需要的电流（即使仅仅是瞬间的需要），并且必须能驱使这样的电流流过电解池。在高电流的情况下，恒电势仪的输出电压大部分要降到溶液电阻 $R_\Omega+R_u$上，并且需要的电压很容易超过 100V。恒电势仪所能够输出的极限有时称为电流柔量和电压柔量。功率储备是两者的积。

每当电流流过的时候，总是有由于未补偿电阻而产生的电势控制误差。它是 1.3.4 节提到过的 iR_u。如果有阴极电流流过，真实的工作电极电势将比它的名义值更正。而对阳极电流则相反。当可观的电流流过时，甚至像 1～10Ω 这样的小的 R_u值也可能产生较大的控制误差。这就是为什么大规模的电合成通常不采用恒电势方法的原因之一。在这个例子中，控制电流密度可能是更实用的。

在一个快速实验中，控制误差可能是一个瞬时的问题，它仅仅在高电流流过的短暂的时间内存在。讨论在图 15.6.1(a) 所示等效电路上的一个阶跃实验，在此等效电路中仅有一个表示工作界面上双层的电容。即使存在一个理想的控制电路使 e_{ref}产生瞬时阶跃（例如从 0V)，但真实电势 e_{true}也会滞后，因为当双层充电时 iR_u不是零。实际的关系式（见习题 15.8）是

$$e_{true}=e_{ref}(1-e^{-t/R_uC_d}) \tag{15.6.1}$$

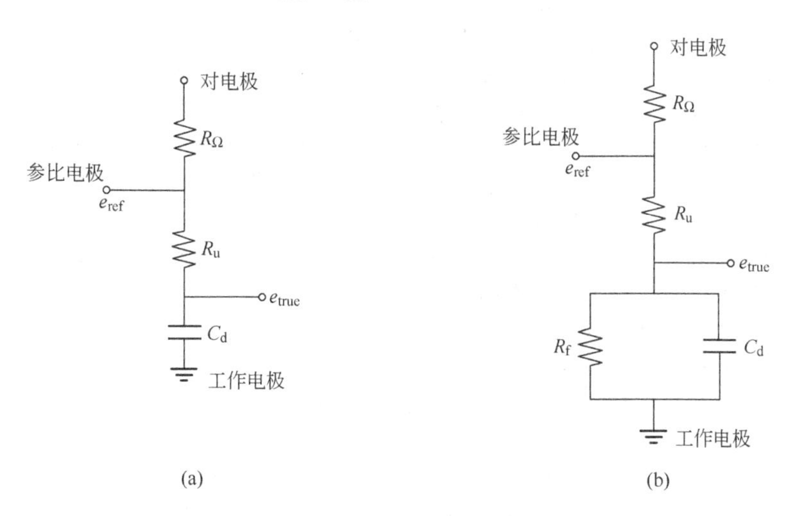

图 15.6.1 简单的模拟电解池

(a) 一个非法拉第体系，C_d是双电层的电容，R_u+R_Ω是溶液电阻，其中 R_u是未补偿的电阻；(b) 法拉第电流通过 R_f，非法拉第电流通过 C_d

e_{true}和 e_{ref}之间的相互关系如图 15.6.2 所示。当 C_d完全充满，电流降为零时，最终 e_{true}可以达到 e_{ref}。在工作界面上电势是按指数上升的，它是由电解池的时间常数 R_uC_d所控制。这个时间常数限定了电解池可以接收有意义的扰动的最短时间域。如果法拉第阻抗与 C_d并联，图形不会出现明显的改变，但是此时 e_{true}决不会等于 e_{ref}，因为电流总是会通过 Z_f漏掉并产生控制误差 iR_u。这个误差可能是重要的，也可能是不重要的，这取决于 i 和 R_u大小［见习题 15.9 和图 15.6.1(b)，这里 Z_f表示为一个单纯的电阻 R_f］。

这些讨论表明，不管控制电路的高频特性如何，只有当电解池的时间常数比测量的时间标度

小时，暂态实验才有意义。

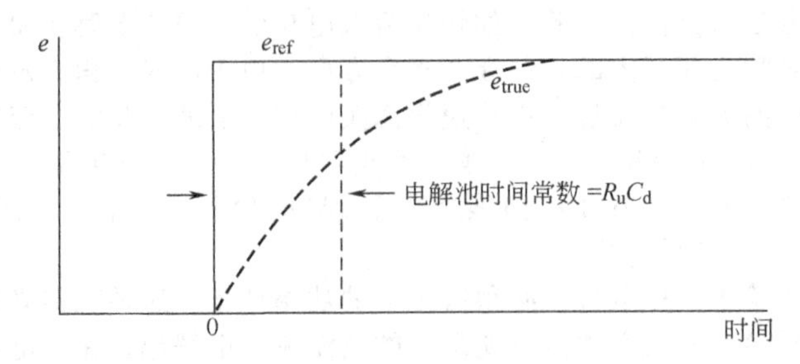

图 15.6.2 表示电解池时间常数对施加瞬时阶跃后真实工作电极电势上升的影响的示意图

15.6.2 电解池的设计和电极的放置[12,14]

减少时间常数 R_uC_d 至少可以有三种方式：①通过增加支持电解质浓度或溶剂极性，或者通过降低黏度等方法来提高介质的电导率，从而可以减小总电阻；②可以缩小工作电极的尺寸，从而成比例地减小 C_d；③可以移动参比电极尖端的位置，使其尽可能地接近工作电极，这样在总电阻保持相同的情况下，使 R_u 在其中占较小的比例。在任何应用中，都应考虑这些步骤，尽管①和②可能由于实验的其他原因而受到限制。例如，体系的化学组成可能支配着介质的性质，并且由于电极制备的原因，也可能明显地限制着工作电极的尺寸（见 5.9 和 11.2.3 节）。

当高的电流通过电解液时，电解液相不是一个等电势体（2.2.1 节）。因此，工作电极和溶液之间的界面电势差沿工作电极表面各处都不相同（11.2.3 节），所以可以想像到界面上电流密度并非均匀。通常，离对电极最近的工作电极上的点，电流密度较高。非均匀电流密度意味着有效工作面积比电流绝对值所关联的实际面积要小，显然，这一情况对于理论及实验相关联的大部分工作是不适合的。补救方法是通过设计电解池，使通过工作电极上所有点的电流都相等。在这方面，工作电极和辅助电极的设计和位置上的对称性是很重要的（见 11.2.3 节）。

工作电极和对电极之间的电阻直接决定着恒电势仪所要求的功率的大小，以及必须通过冷却才能散失整体电解中电阻的加热作用。这种电阻可以由缩短电极之间的距离和除去影响电流流过的障碍物（如多孔玻璃和其他隔板）来减小。减小的程度要照顾到两个方面，既希望对电极尽可能地化学隔离，又需要满足工作电极表面上均匀电流密度的空间关系。

对于所需的实验设计一种电解池，是一项需要许多因素最优化的工作。这里仅仅指出一些重要的原则，感兴趣的读者可参考这方面的专门文献。

15.6.3 电阻的电子方式补偿[7,11~16]

由于未补偿电阻造成的电势控制误差等于 iR_u，那么通过在恒电势仪输入端加入一个与电流成比例的校正电压来作一些校正是合适的。假如幸运的话，可能用一个等于 R_u 的比例因子，那么电势控制误差可完全消除。这种想法是正反馈补偿线路的基础，图 15.6.3 电路中执行的就是它的最通用的形式。除了把电流跟随器连到电势控制放大器的新反馈回路外，这个体系与图 15.4.5 改进的加法式恒电势仪是相同的。调节电位器使电流跟随器输出的一部分 f 引入到输入网络，因此反馈电压是 $-ifR_f$。

根据 15.4.2 节的讨论，此时工作电极的电势是❶

$$e_{wr}(\text{相对于参比})=e_1+e_2+e_3-ifR_f \tag{15.6.2}$$

相对于参比的真实工作电极电势是

$$\boxed{e_{true}=e_1+e_2+e_3-ifR_f+iR_u} \tag{15.6.3}$$

它与所要求的信号输入之和 $e_1+e_2+e_3$ 的差就是控制误差 $i(R_u-fR_f)$。反馈回路的作用是通过 fR_f 的量减小了未补偿电阻。

这些讨论说明，有可能确定一个正好等于 R_u 的 fR_f 值而达到完全的补偿。讨论也表明，几

---

❶ 注意对此处的讨论，i 遵守常规的定义，阴极电流为正。

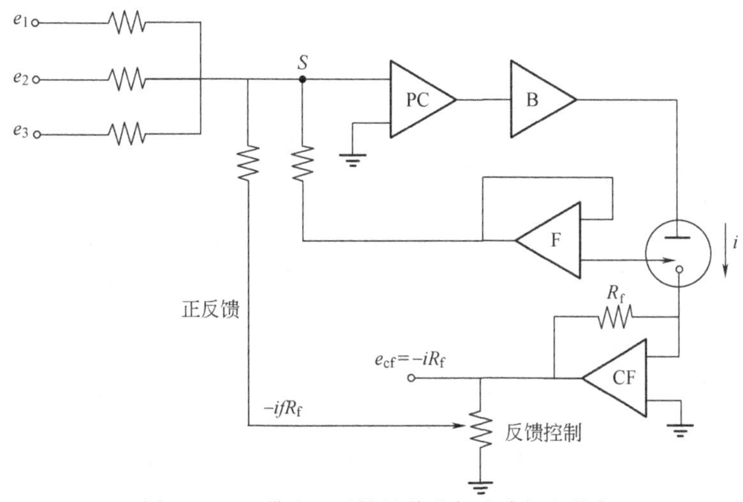

图 15.6.3 带有正反馈补偿的加法式恒电势仪

乎任何程度的未补偿或过补偿都是可能有的。

实际上这种电路是有问题的，因为电解池的各组件和控制回路中的各个放大器会引起相移。这样，在所施的校正信号、校正的确定和所施加校正的检测中都会出现明显的时间滞后。这些延迟会造成整个反馈体系对输入信号 $e_1+e_2+e_3$ 变化的过校正。过冲和振荡就是这种效应的证明。更严重时，恒电势仪将引入高频振荡并因此完全失去对电解池的控制。由于一些尚不明了以及这样的处理过于烦琐等原因，大部分恒电势仪是要求一些未补偿电阻以维持其稳定性，而完全补偿通常是不实际的。

此外，在得到 R_u 值时也有问题。进行电子方式补偿的快速方法是将电极电势调置在没有法拉第过程的数值，并且调节电位器使 f 值增加，直到恒电势仪振荡。然后将此值减小到临界点以下大约 10%～20%，使稳定性重新建立。通常假设临界 f 值相应于完全补偿，然而这个临界点可以高于也可低于完全补偿，这要看整个体系的电子学性质。因此应用这一方法时必须小心。另外，在振荡过程中，测试溶液或工作电极有发生不需要的反应的危险。

更可取的是通过测量 R_u 值，并以此为基础进行补偿。有一些测量 R_u 的方法。可以采用 10.4.1 节所讨论的阻抗法。另外一种方法是中断法，可将法拉第反应中断几 μs（即使电池到开路），随着电流降到零，可采用电势的瞬间变化来得到 iR_u 值。该方法是基于这样的事实，来自于法拉第过程的电势和扩散的弛豫时间较长，因此电势的瞬间变化可完全归咎于 iR_u。一种方法是采用计算机控制的恒电势仪（15.8 节）[15]，在无法拉第反应的电势区域施加一个小的电势阶跃（例如 $\Delta E=50\text{mV}$）。如果在该电势区域电流的流动仅因为充电电流，那么电流的响应为

$$i(t)=(\Delta E/R_u)\exp(-t/R_uC_d) \qquad (15.6.4)$$

根据上式对数据进行自动分析，如通过计算机对于 $\ln i(t)$-t 进行线形回归，可以得到 R_u 和 C_d（见习题 15.12）。一旦知道 R_u，就可在正反馈电路中系统地调节 f 值，以便测试电势的不稳定性。所有的这些都可通过计算机控制仪器自动进行。

在几篇好的评论中概括了这一问题的细节，以及其他的一些补偿办法[11,12,14～16]。在实验中需要补偿的读者可以查阅它们。

另外的未补偿电阻的来源是接连工作电极的连线的接触电阻，当高电流通过时，或者电解池电阻较小时（例如 0.1Ω），它是重要的。在许多情况下，特别是使用鳄鱼夹的情况下，接触电阻 R_c 可达 0.3Ω。该电阻在低电流时并不重要，但在高电流时 iR_c 会为较大。接触电阻也存在于参比和对电极上，但通常没有什么影响，原因是通过参比电极的电流很小，对电极的电阻仅意味着需要从恒电势仪得到较高电压。工作电极的接触电阻可通过附加第四根连线，称为高电流或敏感连线（high-current or sensing lead），夹到工作电极上但不消耗电流。该连线允许仪器测量该接触点与地之间的电压降（iR_c），因此该值可采用类似于补偿 iR_u 的方式从参比电势中扣除。

15.7 低电流的测量

随着 UMEs 的普及，以及对具有 μm 和 nm 大小特征的电化学装置的研究，已经导致需要在 pA 甚至 fA 大小水平检测电流。低电流的工作需要一些特殊的考虑[17]。噪声，包括从电磁场获取的杂散噪声变得非常重要，需要采取一些措施来减少此干扰[18]。在大多数低电流测量的情况下，电化学池被放置在一个 Faraday 笼中，该笼是接地的，或者是用金属做成的网状盒子罩在电化学池上，屏蔽各种场的杂散干扰。电流跟随器选用具有低电流输入的运算放大器。现已可以买到输入电流 25 fA 的放大器。对于在 15.2.1 节中所讨论的电流跟随器电路，其时间常数是 R_fC_s，C_s是杂散分流电容，已有补偿 C_s的方法[17]。减弱由振荡产生的静电所引起的杂散电流，由在地球磁场中各种连线的移动所产生的杂散电流，以及由静电与荷电体或带电导线的偶合所引起的杂散电流很重要[17]。由于在测量小电流时需要大的反馈电阻，以及杂散噪声常常需要进行过滤或者对传导信号进行积分，因此在高速时测量小电流是特别困难的。另外，在很短的时间和低电流时仅产生几个电子（习题 15.13），该事实意味着测量值具有很大的不确定性。

已有测量电流低到 1pA 的商品化电化学仪器。为了达到 nA 和 pA 级，常规电化学仪器常常需与电流放大器协同使用，电流放大器是一个包含电流跟随器和反相器的模块（图 15.7.1）。该装置放置在工作电极与相应的连接恒电势仪之间（它通常是另外一个电流跟随器的输入）[19]。放大因子是 R_f/R_o，R_f是第一个放大器的反馈电阻，R_o是输入到另外一个电流跟随器的输出电阻。

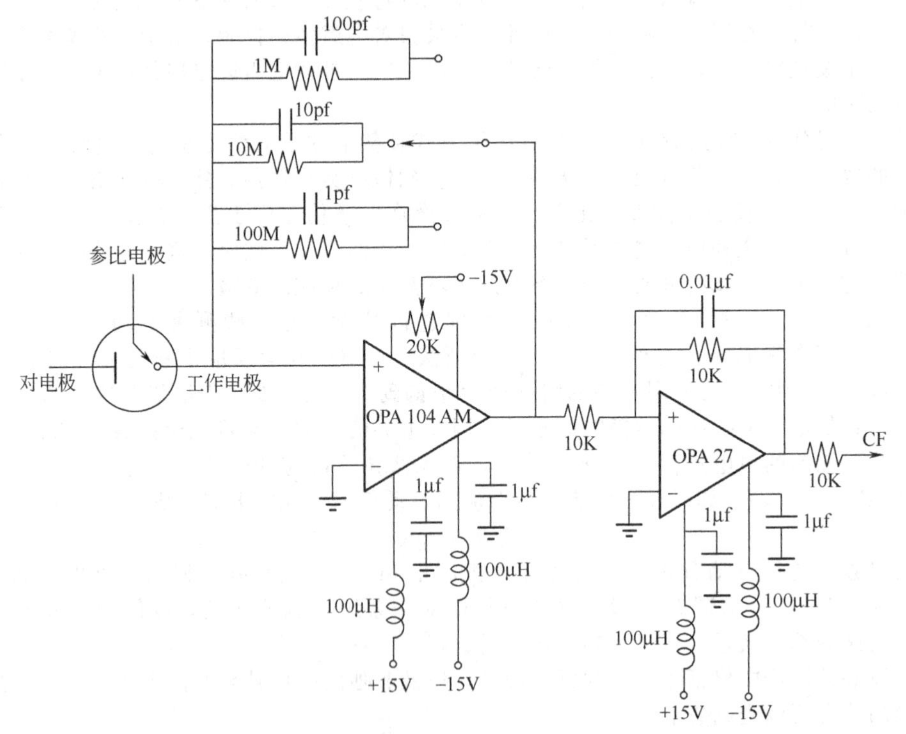

图 15.7.1 在工作电极和恒电势仪的电流跟随器（CF）之间插入一个低电流换流器

依赖于在第一级所选用的反馈电阻的不同，该体系的放大因子分别为 10^2，10^3和 10^4。反馈回路中的电容提供一些过滤作用（时间常数 100μs）。在每个电源供给线路中插入一个感应器-电容器网络，用于减弱噪声偶合［引自 H.-J. Huang，P. He，and L. R. Faulkner，*Anal. Chem.*，**58**，2889 (1986)］

采用商品化电表仍能够测量到 fA 级。大多数电表是以电流反馈模式进行操作，并保持虚拟零地输入，因此可以简单地通过将工作电极与电表的输入相连，在恒电势仪和电表之间建立一个共地点来容易地维持恒电势仪系统的整体性。在该方式中没有采用常用的工作电极连线，并且电表的输出反馈到记录系统，而不是恒电势仪中的电流跟随器的输出。

正如在5.9节中所讨论的那样，电化学体系中低电流测量的一个重要优点是未补偿电阻不重要，因此可以采用二电极系统。这样可简化电解池的设计，并且可帮助减弱杂散及相关干扰。图15.7.2是一个典型的示意图，其中信号发生器直接与参比电极相连接。工作电极维持在虚拟地处，因此信号发生器具有一个恒电势仪的功能。它仅需要能够提供所需要的波形，以及通过电解池的电流。图中的对电极并不重要，可以不存在于一个真实的二电极系统中。它通常是一个有用的附加件，因为它较用作工作电极的UME大得多，因此它的电容能够应付在参比/对电极端所需要的大多数电流。该特性可使参比电极免除由于电流流动的累计效应而逐渐被极化的影响，它能够改进体系对于暂态电流的响应。

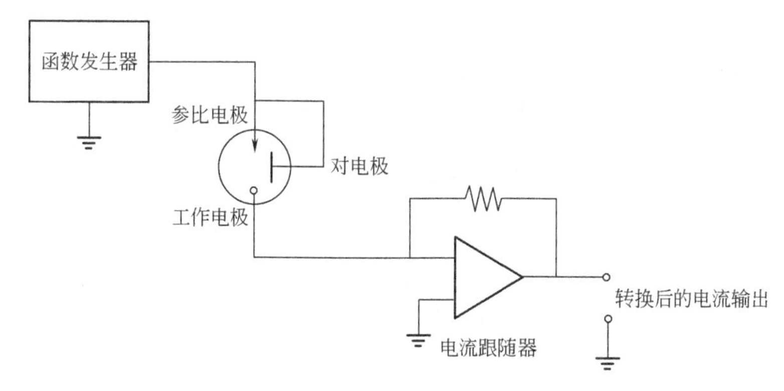

图15.7.2　应用于超微电极的电化学系统

信号发生器产生所需要的波形和控制相对于地的e_{ref}，它相对于参比电极是$-E_{wk}$。工作电极的电流可通过常用的方式由电流跟随器转变为电压

15.8　计算机控制的仪器

大多数电化学仪器现在利用微处理器进行信号发生和数据获取，并采用个人计算机进行人机对话，以及实验管理、实验结果的分析和展示。虽说早在20世纪60年代已经采用计算机对电化学实验数据进行控制[20~23]，但由于早期计算机昂贵，且功能非常有限，以及与实验接口方面所需要的专业技能（在硬件和软件方面）等，使它的广泛应用受到限制。价格低廉和功能强大的个人计算机的发展，导致了它们在商品化和实验室组装电化学仪器中信号发生和数据处理方面的广泛应用。虽说在原理上可以构建通过数字反馈操作的恒电势仪，但是几乎所有的电化学仪器仍然采用模拟电子学，基于运算放大器的恒电势仪和电压、电流跟随器。计算机用于取代模拟信号发生器产生信号，取代记录仪和示波器获取和展示数据。

在产生复杂波形方面计算机是多面手[24]。这些波形以数字阵列的方式产生并存于储存器中，然后这些数字通过数-模转变器（DAC）[2,3]产生与输入数字成正比的模拟电压。该模拟电压然后施加于基于附加器设计的恒电势仪上（15.4.2节）。10.8节给出了一个很好的例子。图10.8.3（f）中的波形在模拟域中很难合成[21,22]。另外的例子是图7.3.9中的微分脉冲极谱的电势波形。模拟产生这样的信号通常在所需要的电压脉冲上加上一个慢的电势斜扫。dE/dt的值永不为零，因而总有充电电流。计算机能够容易地产生更加理想的波形。

计算机也用于控制实验中各个步骤的时间（例如溶液的通气，搅拌和汞滴的生长），非常适用于自动控制一系列的实验。

在数据获取方面，电化学响应（电势、电流或电量）可通过模-数转换器（ADC）[2,3]，在固定时间间隔内，将它们数字化后进行记录。诸如来自于电流跟随器的ADC输入，每次被激发后产生一个数字。这些数字在计算机中以阵列方式被储存。转化的精度依赖于给定输入电压所产生的数字位数。8 位转换器（最大精度是 1/255）的转化速度可以低到是每点 3ns。12 位转换器（最大精度是 1/4095）的转化速度是每点 1μs 数量级。数据获取的最大速度也与计算机的速度，以及储存每个点所需的时间有关。采用暂态记录仪可以得到非常快的速度，它由一个快速 ADC 和流线型储存逻辑构成。信号被数字化并储存在储存器中，然后由计算机以适应于计算机的速度读出。数字示波器是一种暂态记录仪。目前的仪器能够在 8 位分辨率的情况下以低于每点 50ps 的速度进行数据获取。在采用数字数据获取过程中，应注意优化信号相对于 ADC 最大分辨率是重要的。例如，ADC 的输入电压是 0～1V，产生的数字在 0～1023，那么它的最大分辨率是 1/1023（即 10 位分辨率）。记录信号仅为操作范围的一部分将会降低分辨率（例如，仅 1/100 或 0～10mV 较小的信号）。在这些情况下，连续性的数据可以以一系列的阶跃出现。依赖于输入信号的噪声级别，常常可以通过多次取样及转化，然后对数据进行平均消除这种数字效应，提高准确度和精确度[❶]。

几种基于计算机构建的仪器已经商品化，例如来自于 Bioanalytical Systems，CH Instruments，Cypress Instruments 和 Eco Chemie 等公司的仪器。图 15.8.1 是这类典型仪器的方框图。它包括前面所讨论的一些基本的特征，以及其他讨论中的电化学仪器的“控制论”[25,26]。基于计算机的系统的主要优点是管理实验的智能化，可以储存大量的数据，以复杂的、常常是自动化的方式操纵数据，以及将数据以更加方便的方式进行展示（例如发表和报告中的作图）。用于可以采用非常复杂的格式，数据分析功能特别重要[20～23]。一个很好的例子是 10.8 节中所讨论的 Fourier 分析。其他的可能性包括数字过滤，重叠峰的数值分辨、卷积，背景电流的扣除，未补偿电阻的数字校正等。数字数据也能够通过电子数据表进行操纵，将之输入到数值模拟程序中与理论曲线进行比较。

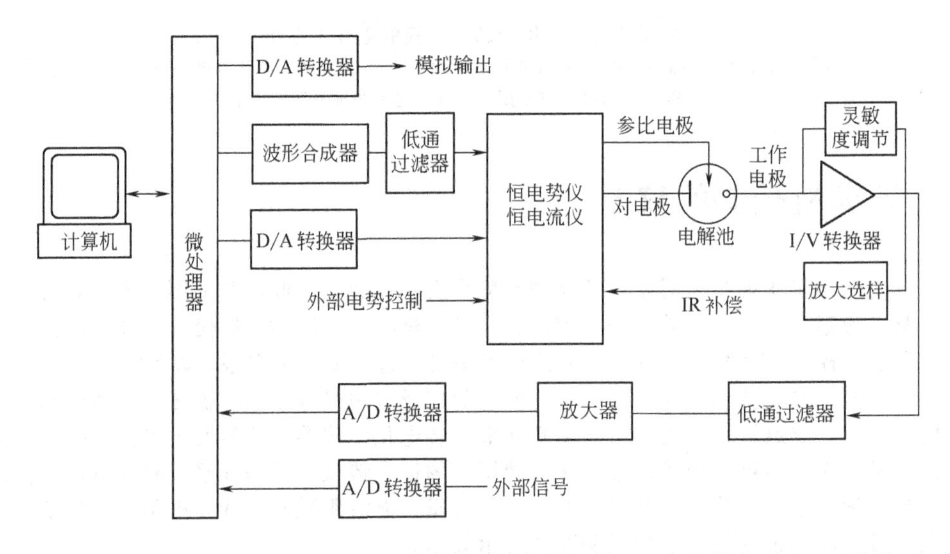

图 15.8.1　典型的计算机控制的电化学仪器方框图（基于 CH 仪器公司 600A 模型）

波形合成器产生需要的扫描信号（例如三角波），并且 D/A 转换器产生直流偏压信号。这两种信号输入到加法式恒电势仪。模拟输出（Aux. Function）产生各种操作信号，诸如在 SMDE 上敲落汞滴，或者控制搅拌，通气及 RDE 旋转速度等

---

❶　考察一个测量体系使 0～10V 的输入具有 8 位分辨率下数字化。将输入电压采样后，该体系会使信号转化为 0～255 之间的数字；因而它的分辨率是 10/255V，或 39.2mV。现在假设无噪声的 3.92V 电压作为输入信号。在 0～255 的尺度上重复的测量总是给出数字化的结果 100。当然，将重复的材料进行平均仍得到相同的结果。事实上，对于 39mV 带，包括 3.92V 的所有电压输入，将会有相同的结果。如果信号附带有噪声，只要噪声与信号的数字化级相比小的话，结果没有变化，因为信号总是保持在数字化带。另一方面，噪声较数字化级大时，导致数字化的值不均一，因此重复取样和平均给出的结果是基于这样一个尺度，它的量级小了因子 n，n 是平均的取样数。所以，噪声实际上会用于带来更加连续测量的尺度。

基于计算机的仪器提供了不可比拟的方便和多样性的同时，由于像这样的仪器的操作通常是以“黑匣子”的模式，谨慎是需要的。如何获取数据和随后处理的细节通常是缺乏的。使用者应当周期性的校正仪器，确保所测量或控制的电流和电势在说明书所指定的准确度范围内。通过采用标准电阻或者假想模拟电路，可以容易地进行上述校正。另外，当仪器的响应时间有可能影响记录的结果时，查看仪器的响应时间是较好的办法。涉及控制论的仪器常常在一些电路中，如电流跟随器中，采用软件控制的电子过滤；因而，仪器的时间常数根据实验的不同而变化。内部软件通常应用可保持仪器时间常数在一定的数量级，或者较实验特征时间较短的时间作为判据，但是，在正常响应安全的条件下进行记录时，出现指数尖峰特征（例如伏安法中的尖峰信号或尖的阶跃边界）会干扰这种判断。这些仪器通常允许操作者放弃自动诊断，而进行其他的选择（包括最糟糕的情况）。在给定的情况下，理解过滤效应的一种办法是尝试不同的手动操作，从而考察对结果的影响。同理，也应该清楚仪器的何种软件在实验结果被显示之前可能对原始数据进行处理，诸如平均或代数过滤等。这些基于软件的数据操作常常可由操作者进行选择。如果是这样的话，就有可能定义一些数据开始受到严重干扰的条件，这对于实验是有益的。

对于商品仪器不能进行的实验，可以相对直接地以数字计算机为中心构建特殊的电化学仪器。模拟电子学的接口最方便的是通过商品化的数据获取板（DAQ）插入到恰当的计算机槽中而建立。这样的板通常包括几个 DAC 和 ADC，数字输入及输出（I/O），定时函数以及激发器等。其他的方法是基于 GPIB（IEEE 488）或者串联（RS-232）的接口使计算机与模拟电路连接。仪器需要软件进行信号应用的管理和数据的获取。这些涉及应用如 C++这样的计算机常用语言进行编程。更加方便的是采用高级图像编辑语言，如 LabView（National Instruments），通过操作图像符号进行“虚拟仪器”的组装。采用 DAQ 板和包含有运算放大器的电路（或合适的模拟恒电势仪），可在较短的时间内构建相当强大的体系。

15.9　电化学体系问题的解决方法

当体系不产生恰当的响应时，我们在此提供一些检查电化学体系（仪器及电解池）和发现问题的简单准则。我们假设：①一个三电极电解池（例如，Pt 工作电极，Pt 对电极及 SCE 参比电极）；②以 0.1V/s 扫速进行循环伏安法的电化学仪器（如图 15.4.5 所示）；③溶液中含有支持电解质和具有近似 Nernst 响应的电活性物质。一个典型的体系是 0.1mol・L^{-1} KCl 中含有 5mmol・L^{-1} $Ru(NH_3)_6^{3+}$，在大多数工作电极（Pt，Au，Hg）上，在相对于 SCE 为－0.19V 处产生一个很好的可逆 CV 响应。如果没有期望的电流-电势响应［在电势扫描范围内（例如对于上述体系在＋0.3～－0.5V），电流为零或者保持为常数，或者响应是不规则的］具有过大的噪声，没有很好的波形，或者相当奇怪（也许是很斜或者充电电流很大），可以采用如下所列出的步骤去发现问题。我们假设仪器已被检查并确保对于该电极有恰当的电流范围，以及对于所选择的氧化还原物质有正确的电势范围。凭经验而论，对于扫速为 0.1V/s 的单电子反应，循环伏安中期望的峰电流值大约为 200μA/(cm^2・电极面积・mmol・L^{-1}浓度)。对于一个 UME，类似的数值大约是 0.2nA/(μm・半径・mmol・L^{-1}浓度)。

① 关闭电化学仪器，将电解池用一个 10kΩ 的电阻（虚拟电解池）取代，将参比和对电极接在电阻的一边，工作电极接在另外一边。将仪器的电流灵敏度设在 100μA，在＋0.5～－0.5V 之间扫描。扫描结果应该是一条直线，最大电流为±50μA 并且通过原点。

a. 得到了正确的响应。它意味着电化学仪器和各种连线没有问题，问题在电化学池（到第2步）。

b. 得到了不正确的响应。仪器或连线有问题（到第 3 步）。

② 重新连接电解池，但将参比和对电极的连线接到对电极的连线上，工作电极的连线接到工作电极上。进行电势扫描。现在的响应应该类似于一个典型的伏安图，但电势移动，并且波形不同于 Nernst 响应。

a. 得到上述响应。问题在于参比电极（以作者的经验，大多数电解池的问题源于有问题的参比电极)。检查并确保盐桥没有堵塞且在溶液中，在盐桥的顶端没有气泡，参比电极的连线接触得很好。如果不是这些问题，将该参比电极用一个准参比电极（例如银丝）取代，看看是否能够得到好的伏安图。如果是这样的话，换掉参比电极。

b. 没有得到上述响应。确保对电极和工作电极浸在溶液中，以及电极内部连线工作（采用电压表检查连线和电极是否连接）。如果所得响应基本满意，但波形不好或者其他的奇怪情况，问题可能来自于工作电极的表面。到第④步。

③ 去掉仪器与电解池的连线，采用另外一套连线进行实验，或者检查仪器连接处以及电解池连接处每根线是否导通（工作，参比，对电极)。如果问题不在连线，那么仪器有问题，必须进行修理。

④ 问题可能与工作电极表面有关。例如，它可能含有一层高分子膜，或者吸附了某些物质，它们部分阻碍或改变了它的电化学响应。固体电极可通过利用 0.05μm 三氧化二铝抛光，然后仔细地洗涤（有时需要超声）后恢复。Pt 电极可以通过在 $1mol \cdot L^{-1}$ H_2SO_4 溶液中，在氢气析出和氧气析出的电势范围之间进行循环扫描（在阴极处结束)，使其得到清理和活化。几次扫描后，Pt 电极的伏安图应该类似于图 13.6.1。工作电极的问题有时涉及金属与玻璃的密封不好，产生斜的基线。电极的内部连线与 Pt 接触不好产生很高的电阻。在内部连接接触（例如焊锡或者银导电胶）和溶液之间的薄的玻璃壁能够导致高电容。电极或仪器的不良接触以及导线和电解池的不良接触，均可引起很大的噪声。后者可通过将连线缩短以及将电解池放置于 Faraday 笼中来解决。

15.10 参考文献

1 P. T. Kissinger in "Laboratory Techniques in Electroanalytical Chemistry," 2nd ed., P. T. Kissinger and W. R. Heineman, Eds., Marcel Dekker, New York, 1996, Chap. 6

2 P. Horowitz and W. Hill, "The Art of Electronics," 2nd ed., Cambridge University Press, Cambridge, 1989, Chap. 4

3 R. E. Simpson, "Introductory Electronics for Scientists and Engineers," Prentics Hall, Englewood Cliffs, NJ, 1987, Chaps. 9 and 10

4 M. C. H. McKubre and D. D. Macdonald, in "Comprehensive Treatise on Electrochemistry," R. E. White, J. O' M. Borkris, B. E. Conway, and E. Yeager, Eds., Plenum, New York, 1984, Chap. 1

5 J. G. Graeme, G. E. Tobey, and L. P. Huelsman, Eds., "Operational Amplifiers-Design and Applications," McGraw-Hall, New York, 1971

6 D. E. Smith, *Electroanal. Chem.*, **1**, 1 (1966)

7 R. R. Schroeder in "Computers in Chemistry and Instrumentation," Vol. 2, "Electrochemistry," J. S. Mattson, H. B. Mark, Jr., and H. C. MacDonald, Jr., Eds., Marcel Dekker, New York, 1972, Chap. 10

8 W. M. Schware and I. Shain, *Anal. Chem.*, **35**, 1770 (1963)

9 D. T. Napp, D. C. Johnson, and S. Bruckenstein, *Anal. Chem.*, **39**, 481 (1967)

10 B. Miller, *J. Electrochem. Soc.*, **116**, 1117 (1969)

11 D. E. Smith, *Crit. Rev. Anal. Chem.*, **2**, 247 (1971)

12 J. E. Harrar and C. L. Pomernacki, *Anal. Chem.*, **35**, 47 (1973)

13 D. Garreau and J.-M. Saveant, *J. Electroanal. Chem.*, **86**, 63 (1978)

14 D. Britz, *J. Electroanal. Chem.*, **88**, 309 (1978)

15 P. He and L. R. Faulkner, *Anal. Chem.*, **58**, 517 (1986)

16 D. K. Roe, in "Laboratory Techniques in Electroanalytical Chemistry," P. T. Kissinger and W. R. Heineman, Eds., Marcel Dekker, New York, 1996, Chap. 7

17 "Low Level Measurements," Keithley Instruments, Inc., Cleveland, OH, 1993

18 R. Morrison, "Grounding and Shielding Techniques in Instrumentation," Wiley, New York, 1967

19 H.-J. Huang, P. He, and L. R. Faulkner, *Anal. Chem.*, **58**, 2889 (1986)

20 See, for example, J. S. Mattson, H. B. Mark, and H. C. MacDonalds, Eds., "Computers in Chemistry and Instrumentation," Vol. 2, "Electrochemistry," Marcel Dekker, New York, 1972, Chap. 11 (by R. A. Osteryoung), Chap. 12 (by D. E. Smith), Chap. 13 (by S. P. Perone), Chap. 1 (by P. R. Mohilner and D. M. Mohilner), Chap. 2 (by H. C. MacDonald, Jr.,), Chap. 4 (by R. F. Martin and D. G. Davis), and Chap. 6 (by A. A. Pilla)

21 S. C. Creason, J. W. Hayes, D. E. Smith, and M. W. Overton, *Anal. Chem.*, **45**, 277 (1973)

22 D. E. Smith, *Anal. Chem.*, **48**, 221A, 517A (1976)

23 J. W. Hayes, D. E. Glover, D. E. Smith, and M. W. Overton, *Anal. Chem.*, **45**, 277 (1973)
24 P. He and L. R. Faulkner, *J. Electroanal. Chem.*, **224**, 277 (1987)
25 P. He, J. P. Avery, and L. R. Faulkner, *Anal. Chem.*, **54**, 1313A (1982)
26 P. He and L. R. Faulkner, *J. Chem. Inf. Comput. Sci.*, **25**, 275 (1985)

15.11 习题

15.1 讨论一个输入导线反接，使反馈回路接到同相输入端的电压跟随器电路。导出输出电压 e_o与输入电压 e_i关系的公式。在任何条件下（例如任意频率），e_o都有意义吗？假设放大器处于平衡状态，而 e_i突然正向变化，若给定一个 e_o对 e_i响应的有限延迟，e_o会又达到一个新的平衡值吗？对于常规的电压跟随器回答这些同样的问题。现在你是否清楚为什么反馈要接到反相输入端？

15.2 设计一个将两个输入信号之和积分的运算放大器电路。在此，只要求用一个放大器。

15.3 假如你想要一台能在任意点停止扫描，并保持恒定输出直到扫描重新恢复的斜坡发生器，你应该怎样安装这样的装置？

15.4 电流跟随器常常将一电容与反馈电阻并联，它的作用是什么？效果如何？

15.5 假如有一个信号频率为 $\omega/2\pi=10\text{Hz}$ 和噪声频率是 $\omega/2\pi=60\text{Hz}$ 的输入信号；例如

$$e_i=10\sin 2\pi(10)t+0.1\sin 2\pi(60)t$$

e_i的信号/噪声比是多少？通过模拟微分，该比率下降到什么程度？计算由于积分对它的改善情况。无论对微分还是积分是否有一个最佳的 RC 乘积？

15.6 讨论图 15.4.5 加法式恒电势仪。在加和点和扩展级的输出端之间加一个电容，会有什么影响？通过讨论加和点的电流解释这一影响的机理。什么时候这种接法可能有用？

15.7 证明图 15.4.6 中放大器 I2 和 F2 使 CF2 的同相输入端处于电压有 e_2-e_1。问 CF2 的输出是多少？

15.8 对于图 15.6.1(a) 所示模拟电解池，导出当 e_{ref}由 0V 阶跃到任意值时，流过电流的公式。由你得到的结果导出方程式（15.6.1）。

15.9 对于图 15.6.1(b) 所示的虚拟电解池，施加一个电势阶跃从 0V 到一个任意值 e_{ref}后，请推导描述电流流动的公式。推导校正电阻 R_u后的参比和工作电极之间的真实电势差的公式。电解池时间常数仍然是控制 e_{true}产生的因素吗？

15.10 如果图 15.4.5 中的电流跟随器在有大电流负载时达到它的电压极限，工作电极的电势将会如何？假设该情况在电势阶跃时发生。在工作电极和参比电极之间产生真实电势差升高的缘因是什么？

15.11 图 15.11.1 显示了另外一类恒电势仪的电路。解释它的操作。它是基于什么样的简单放大电路？指出它相对于图 15.4.2 的简单电路和图 15.4.4 的加法式设计的优缺点。以此电路为基础，设计一个等效于图 15.4.5 的恒电势仪。

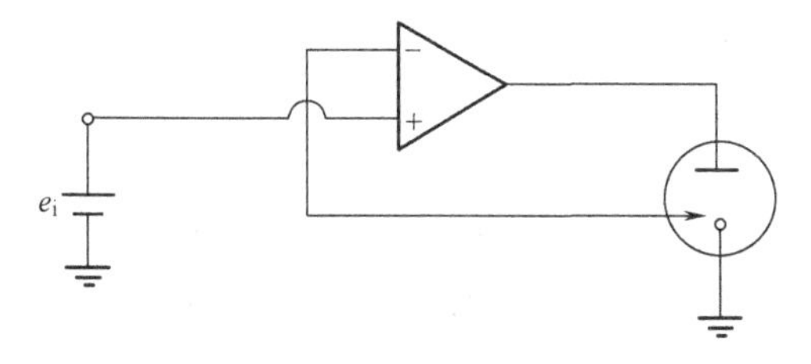

图 15.11.1 另类恒电势电路

15.12 一个电解池和一个面积为 0.1cm^{2}的工作电极，所加电势到无法拉第反应发生的区域，电势阶跃为 50mV。1.0ms 后电流为 30μA，3ms 后电流为 11μA。求出未补偿电阻 R_u 和双电层电容 C_d。

15.13 当 1pA 电流通过 1μs，电子数是多少？你认为这样的电流可测量吗？

第16章　扫描探针技术

16.1　引言

前面章节中讨论的电化学方法提供了有关电极/电解液界面以及界面过程的丰富信息，然而这些都是典型的宏观方法，确切地讲，是基于远远大于分子或单位晶胞面积上的测量方法。要提供有关电极结构方面的信息，就需要表面微观表征方法。在本章和下一章介绍一些其他技术，作为纯粹电化学方法的补充。本章介绍扫描探针方法，下一章介绍光谱及其他方法。

希望在几种不同分辨率下观察电极表面的微观结构。光学显微镜分辨率受可见光波长限制，但仍可在微米水平提供有用的电极表面信息，例如，常用来检查超微电极（UMEs）表面的形态及抛光效果。更高分辨需要扫描电子显微镜（scanning electron microscopy，SEM），但通常设备要求样品处于真空（即SEM属于非现场技术，ex situ technique，电极必须脱离电化学环境），而且这会导致电化学反应过程中形成的、但在大气或真空中可能不稳定的电极表面结构研究的有效性降低。Binnig 和 Rohrer 于 1982 年发明的扫描隧道显微镜（scanning tunneling microscopy，STM）提供了一种全新的、高分辨观测表面的工具[1]，并且他们的成就很快获得了诺贝尔物理奖。随后工作表明STM可用于液体和电解池中（即可作为一种现场技术，in situ technique）。其他形式的扫描探针显微镜（SPM），如原子力显微镜（atomic force microscopy，AFM）补充了有关电极表面形貌和表面力方面的信息。扫描电化学显微镜（scanning electrochemical microscopy，SECM）技术可用于探测表面反应，也可作为一种电化学工具。本章将介绍这些不同方法处理电化学问题的原理和应用。

16.2　扫描隧道显微镜

16.2.1　引言和原理

STM在表面（尤其是明确定义的原子级平滑表面）研究方面非常有用。或许是惟一的一种能在电化学环境下提供真实原子级分辨率的电极表面结构的技术。这种方法是基于测量一个尖的金属探针（W或Pt）接近电极表面并扫描时所产生的隧道电流（见图16.2.1）。隧道效应是指探针非常接近表面时其波函数与基底原子的波函数重叠产生的一种电子导电形式。它既不是法拉第过程也不会产生化学变化。隧道电流（i_{tun}）的简单表达形式为

$$i_{tun}=(\text{常数})V\exp(-2\beta x)=V/R_{tun} \tag{16.2.1}$$

式中，V 表示探针-基底之间的偏压；x 表示探针-基底间距；$\beta\approx 0.1\text{nm}^{-1}$；$R_{tun}$ 表示隧道结构的有效电阻，一般为 $10^9\sim10^{11}\Omega$（也可见3.6.4和14.5.2节）。在更详细的隧道电流公式[2~4]的推导和讨论中表明，指前因子与（填充和空的）轨道态密度重叠有关，而 β 与探针样品间的能垒有关，其中能垒与样品的功函数有关。只有当探针与样品接近到几个nm之内、偏压在几毫伏到几伏时，才会产生可测量到的隧道电流（pA～nA）。STM通常在恒电流模式下工作，在这种模式下，首先探针 z 方向移动接近表面产生隧道电流，然后扫描表面（x-y 平面）同时通过调节探针 z 方向上下移动，即变化 z，以保持电流恒定，从而获得表面图像。

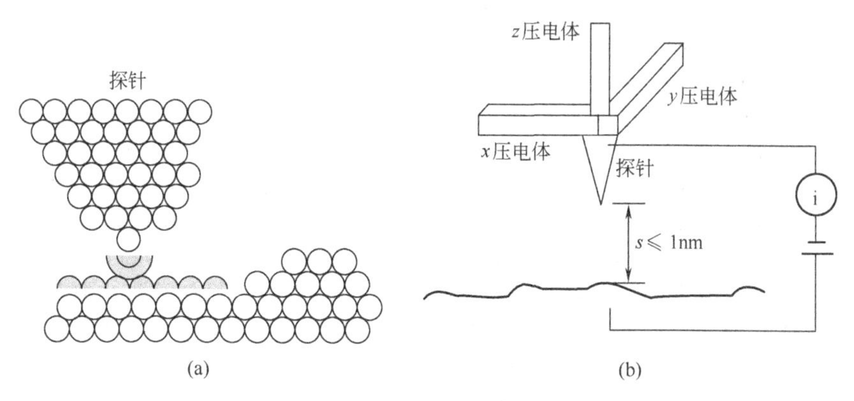

图 16.2.1 (a) 探针和样品原子间隧穿示意图。阴影部分表示电子云分布。
(b) 针尖安装在三个用于确定探针位置并扫描表面的压电体上

探针的移动通过压电体(piezos)控制，压电体的尺寸与所加电压有关。这样探针 z 方向的移动可以由 z-压电体的电压控制，而恒电流模式下的成像是由这一电压随 x-y 位置（通过 x-和 y-压电体的扫描变化）的变化构成的。观测到的 STM 图像基本上是由表面形貌的描绘所形成的，当然会受到由几种不同材料组成的表面的任何局域功函数变化的影响。图 16.2.2(a) 是一张典型的 STM 形貌图，然而更多的是将结果表示为彩色或灰度图，不同深浅或颜色代表不同高度，如图 16.2.2(b)。探针和基体之间的距离由偏压和设定的恒电流值决定。小偏压和大的设定电流意味着探针非常接近表面，而这是获得高分辨图像所需要的。

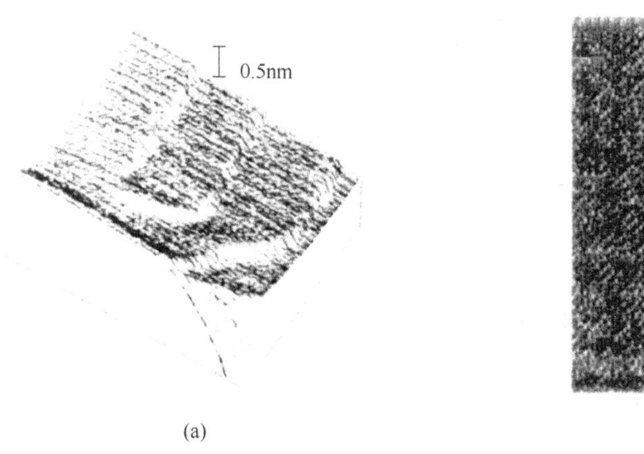

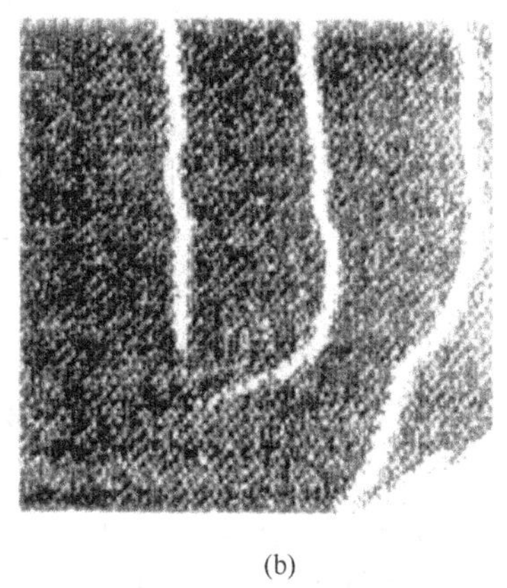

图 16.2.2 在同一 200nm×200nm 范围云母上 Au (111) 镀金膜形貌图 (a) 和灰度图 (b)，
在 5×10^{-5} mol·L^{-1} HCl+0.1mol·L^{-1} $HClO_4$ 溶液，+0.7V (vs. NHE) 电势条件下成像
[引自 D. J. Trevor, C. E. D. Chidsey and D. N. Loiacono, *Phys. Rev. Lett.*, **62**, 929 (1989)]

要获得高分辨率的 STM 图像，探针必须非常尖，移动必须控制在零点几十纳米的水平，必须防止热漂移和振动。原子级尖的探针可由细金属丝的电化学腐蚀或有效的剪切获得。控制探针移动的压电体要有小于 0.01nm 精度的控制尺度。正确设计 STM 显微镜头（通常使探针和压电体的装配紧凑，从而使其共振频率高于典型的建筑物振动频率）并与样品一起放在减振系统上可使振动减到最小。

STM 设计的一个重要方面是用于提供粗调逼近的方法，由此探针被带到样品表面、z-压电体达到的距离范围内（通常几个 μm）的位置。通常在光学显微镜帮助下通过步进电机或爬行器(inch-worm，一种基于压电材料，通过反复的伸展和抓住步骤达到移动较大距离的器件）来完成这一目的。STM 达到的分辨率通常取决于探针的形状，可通过记录标样如 HOPG 或金单晶的 STM 图像来判断。

也可通过测量在固定 z 电压下的 i_{tun} 获得图像（恒高模式，constant height mode）。然而这种模式只对非常平的样品有用，因为表面任何小的障碍都会导致撞针。

16.2.2 电化学应用

电化学 STM（ESTM）中，工作电极水平安装在配有辅助和参比电极的小电解池底部。扫描探针位于工作电极上方（图 16.2.3）。工作电极电势（E_{we}）和探针电势（E_t）由双恒电势仪（15.4.4 节）分别独立控制，E_{we} 选择在发生所感兴趣的反应电势下，而 E_t 调节到所要求偏压的电势下。由于只有隧道电流对 STM 是有意义的，所以探针上的电极反应是不受欢迎的。这样 ESTM（与大气下非现场 STM 或真空 STM 不同）探针需要用玻璃或聚合物封住，只有尖端很小部分露出。如果必要，实际露出的面积可通过将探针作 UME 在一已知溶液中测量极限电流并利用公式（5.3.11）来估算。探针电势也要选在无电极反应发生的范围。工作电极表面上的电解液厚度要小，只有探针而非针座或压电体与溶液接触。这样配置很难保证电解质溶液不含氧，除非将整个电解池和 STM 头置于惰性环境，如加一个玻璃罩。有关 ESTM 实验装置和技术的进一步细节可在综述[5]中找到。

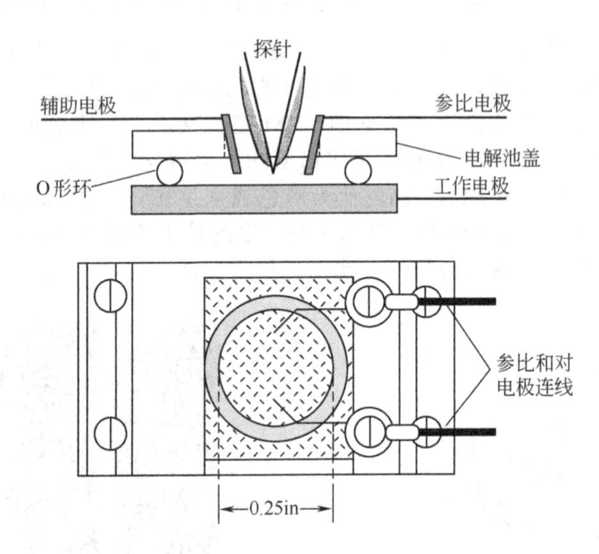

图 16.2.3 电化学 STM 池
上方：示意图。下方：Nanoscope Ⅲ仪器电化学池俯视图
［经 Digital Instruments，Veeco Metrology Group 同意］

ESTM 通常利用 HOPG、金属单晶和半导体电极进行研究。很多情况下可以分辨电极表面原子结构，观测不同表面特征（如平台和坑）。图 13.5.1 和图 16.2.4 分别是金电极和 HOPG 基面 STM 图像。这些图像是电子密度在表面分布图，观测到的波形（corrugation）取决于这种分布，由于 HOPG 电子密度离域程度远大于金，因此波形的分布更大。这种分布有时可由其真实原子结构来确定，但是样品的其他方面也影响到成像。例如，由于下一层碳原子的性质不同，HOPG 只观测到一半表面碳原子，有一半表层碳原子位于下一层碳原子的正上方，与位于下层原子间空位上方位置的表层原子的电子密度相比，其电子密度方向指向下方，与探针重叠的机会较小。当获得很好原子分辨时，可以观测到如 Au(111) 表面原子排列，并可测量原子间距离。

STM 探针与表面通过原子间力和针尖电场同时作用。因此针尖会影响到扫描区域的结构，尤其是大的隧道电流情况下。这种影响有时可以在一个给定的小范围扫描完后，减小设定的隧道电流，增大 x-y 扫描范围，观测在原扫描位置是否可以看到一个被扰动过的正方形区域来确认。

探针与表面相互作用也使得电极表面分子的成像变得困难。由于单独的分子在探针下非常容易移动，因此通常难以观测到。然而如果分子在表面堆成一层，吸附层的成像是可以的。如图 16.2.5 为 Pt(111) 表面吸附碘单层，由此图可以看到碘吸附层 $(\sqrt{3}\times\sqrt{3})R30°$ 图像[6]。类似的可以看到电极表面自组膜和其他密排单层图像，如图 13.5.2 中 Au(111) 上的 4-氨基-苯硫酚吸附

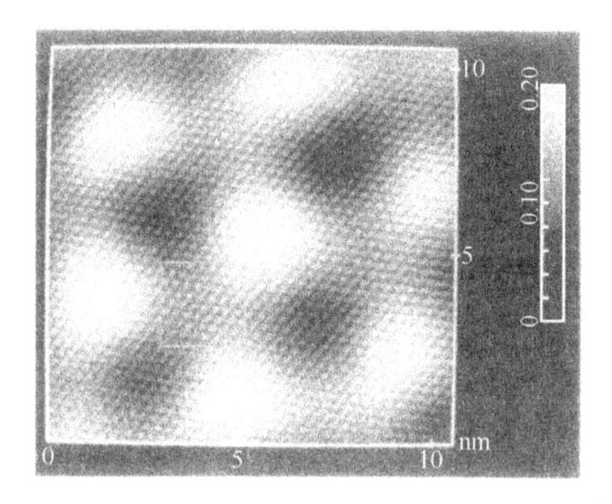

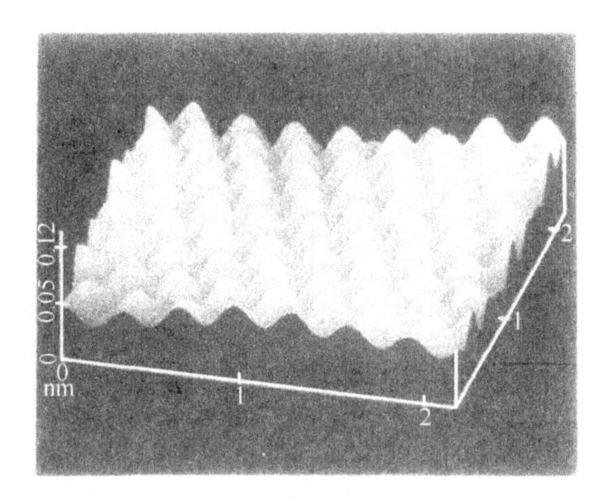

图 16.2.4　HOPG 的 STM 图像

低分辨灰度图（左）和高分辨形貌图（右）[引自 C.-Y. Liu，H. Chang and A. J. Bard，*Langmuir*，7，1138（1991）]

层。一般 STM 研究的一个缺点是一次扫描只能对一个很小的区域（如 100nm×100nm 或更小）成像，这样很难确定所看到的区域是否具有代表性。检测不同区域和电极以确保不是偶然观测到一个特殊的地点（如杂质占据的位置）是必要的。

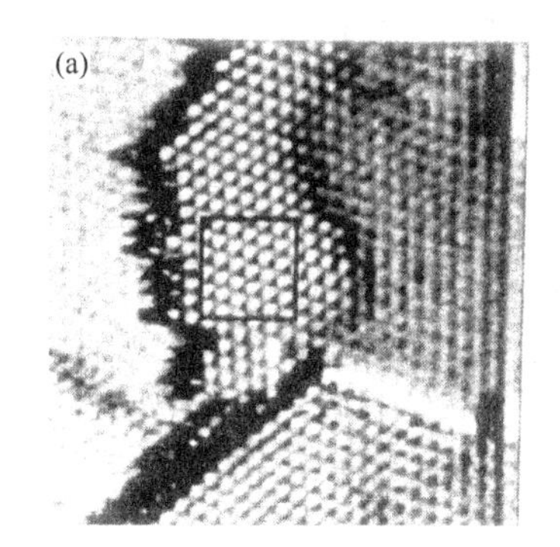

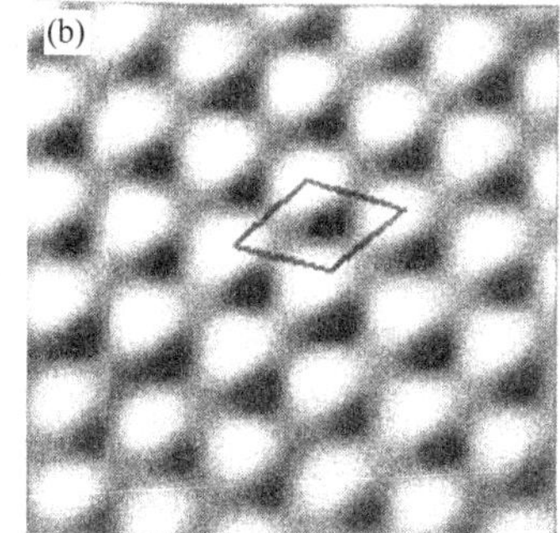

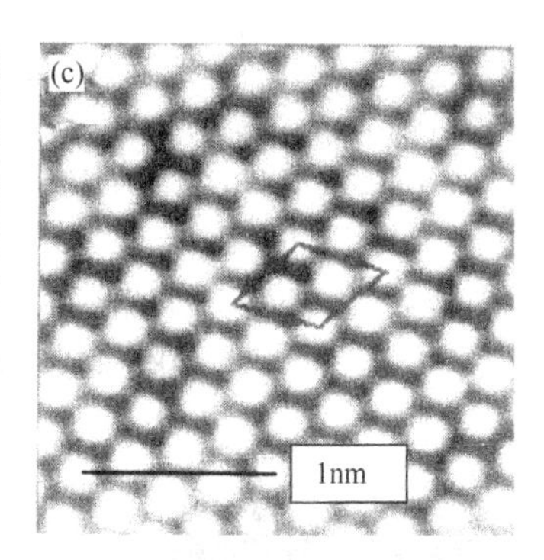

图 16.2.5　在 0.1mol・L^{-1} $HClO_4$溶液中 Pt(111) 单晶表面 $(\sqrt{3}\times\sqrt{3})R30°$-Ⅰ吸附点阵（吸附碘）STM 图像

(a) 范围 12.5nm×12.5nm，偏压 3.1mV，隧道电流 25nA；(b) 在 (a) 图中 2.5nm×2.5nm 方框范围内图像；(c) 2.5nm×2.5nm 范围内 Pt(111) 基底晶格图像 [引自 S.-L. Yau，C. M. Vitus and B. C. Schardt，*J. Am. Chem. Soc.*，**112**，3677（1990）]

STM 样品移动后再放回，要再次找到同一位置成像几乎是不可能的（注意，0.1cm^2 电极表面有 10^9 个 100nm×100nm 面积）。现场 ESTM 的一个优点是可以连续观测同一区域，甚至电势变化时，不必从电化学环境下移走电极。由于热效应以及压电体和样品的力学松弛，小的漂移的确会随时间推移而发生，但这些通常可以被识别出并加以调节。因此，可以研究表面的渐进变化过程，如侵蚀、腐蚀或沉积，并在有利的情况下从原子水平上了解结构变化[5]。图 16.2.6 总结了 Cu(111) 电极溶解的研究结果[7]，可以看到当电势位于 Cu(111) 发生缓慢腐蚀的电极电势时，不同的平台逐渐腐蚀掉。而且与 {110} 方向相比，腐蚀速度沿 {211} 方向（Cu 原子非密排方向）要快（图 16.2.7）❶，这表明 {110} 方向边缘（与四个其他 Cu 原子配位的）原子，与 {211} 方向边缘（只有三个配位原子的）的 Cu 原子相比，在晶格中更稳定（即氧化电势 $E^{\ominus}$ 不同）。

---

❶ 晶面由圆括号内的密勒指数表示，如 (111) 面（见图 13.4.1）。沿晶面的方向由花括弧表示，如 {211} 方向。这是一个沿 x 方向位移 2 个点阵距离而沿 y 和 z 方向 1 个点阵距离长度时的矢量。{110} 方向位于 x-y 平面且与任意 (111) 面和 x-y 面的相交线平行。

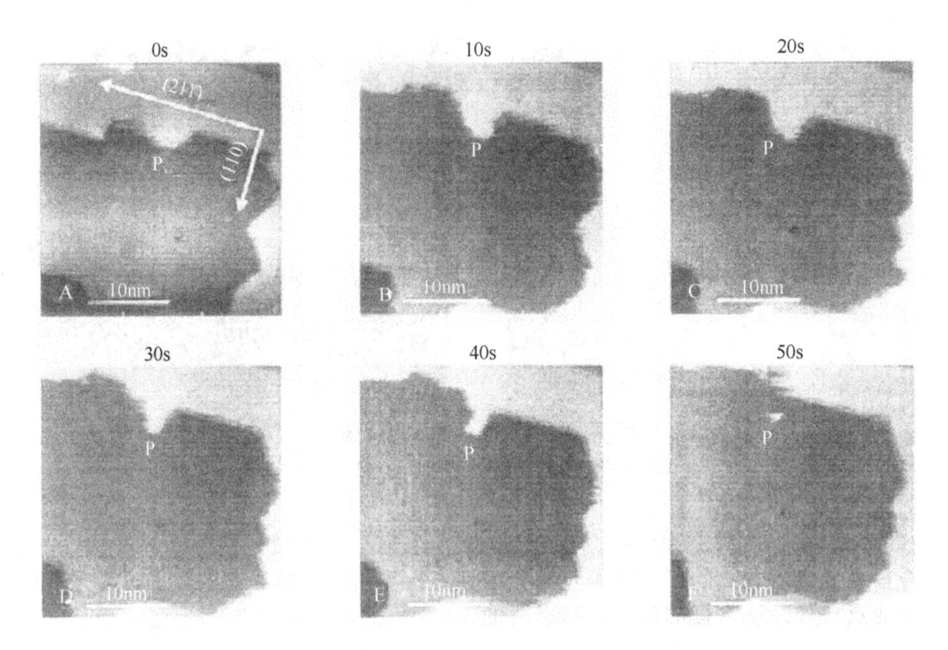

图 16.2.6 显示电化学腐蚀开始后在不同时间（如每幅图中所示）对 Cu（111）单晶表面影响的 STM 图像

图 A 中箭头所指为｛211｝和｛110｝取向。针尖所加电势为 0V（vs. SCE），基底相对探针偏压为 21mV，探针电流为 9.0 nA。注意沿｛211｝取向腐蚀最快并沿溶解的｛211｝台阶形成一个小平面（P）。小平面顶部不变而其余部分溶解直到 P 被分隔出来［引自 D. W. Suggs and A. J. Bard，*J. Am. Chem. Soc.*，**116**，10725（1994）］

已经在金属沉积、合金的腐蚀以及金属和 HOPG 的氧化方面进行了 ESTM 研究。

STM 一个重要的局限是仍然无法实现隧道电流与有用的理论公式间的定量关系。因此，无法得到 STM 扫描中真实的化学和分析方面的信息，主要通过对图像的解析得到力学和结构的信息。但可以观测 STM 行为随基底电势（相对参比电极）和探针偏压（与基底间）的变化来获得额外信息。图 16.2.8 和图 16.2.9 给出了这种类型的一个实验，原卟啉 IX（PP）和铁卟啉 IX（FePP）吸附在 HOPG 上的混合单层的 ESTM 行为。PP 在 −0.7V（vs. SCE）电势之前不发生还原，而 FePP 在 $E_P=-0.48$V（图 16.2.8）则表现为表面粒子特征的还原波（14.3.2 节）。如图中所示，在探针偏压 −0.1V 和基底电势 −0.41V 条件下，与 PP 相比，探针在 FePP 上的隧道电流较大，因此 FePP 分子显得更亮。如图 16.2.9 所示隧穿行为是电势的函数，FePP 和 PP 间最大差异以及最大隧道电流（即表观高度）出现在 FePP 的 $E_P=-0.48$V 电势附近。E_P 附近 FePP 电流增大被归因于分子的共振隧穿。

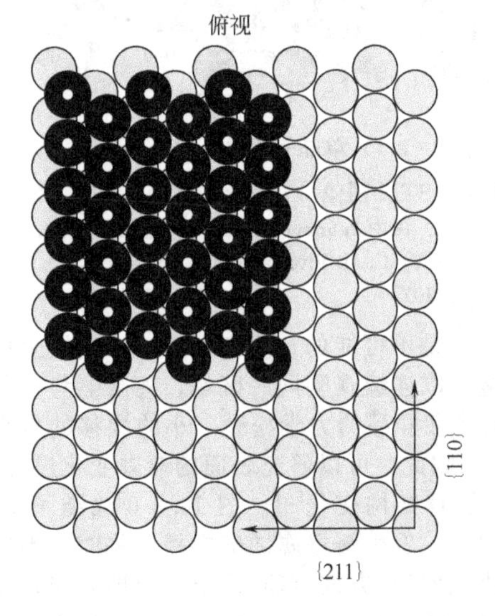

图 16.2.7 表明顶层（深色）和底层（浅色）原子排列的 Cu(111) 台阶边缘视图

注意原子沿｛211｝取向相邻配位的原子（存在较高密度缺陷位点）比｛110｝方向的少［引自 D. W. Suggs and A. J. Bard，*J. Am. Chem. Soc.*，**116**，10725（1994）］

STM 的一个功能是扫描隧道谱（STS），原则上也可以提供化学信息。在 STS 技术中，保持探针位置不变，加一慢速扫描的调制（如 10mV，10kHz）偏压，测量隧道电流变化。di_{tun}/dV 值（微分隧穿电导）或通常所用的 $(di_{tun}/dV)/(i_{tun}/V)$ 与样品的态密度有关。由于难以将法拉第成分的单纯调制信号与所需要的结果区分开，这一技术还未广泛用于现场电化学研究。

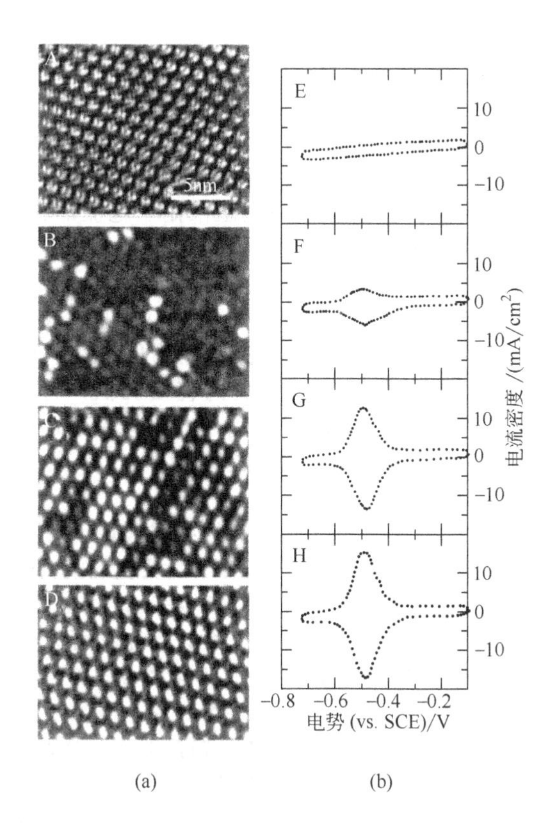

图 16.2.8 (a) HOPG 表面 PP 和 FePP 混合吸附层 STM 图像（A～D）

使用蜡封的 Pt 针尖在 FePP 和 PP 比例为（A）0∶1；(B) 1∶4；(C) 4∶1 和（D）1∶0 的 0.05mol・L^{-1} $Na_2B_4O_7$ 溶液中采集图像。HOPG 电势为－0.41V（vs. SCE）；针尖对基底偏压为－0.1V；隧道电流为 30 pA。(b)（E～H）为相应 A～D 的循环伏安图，扫速为 0.2V/s［引自 N. J. Tao，*Phys. Rev. Lett.*，**76**，4066（1996）］

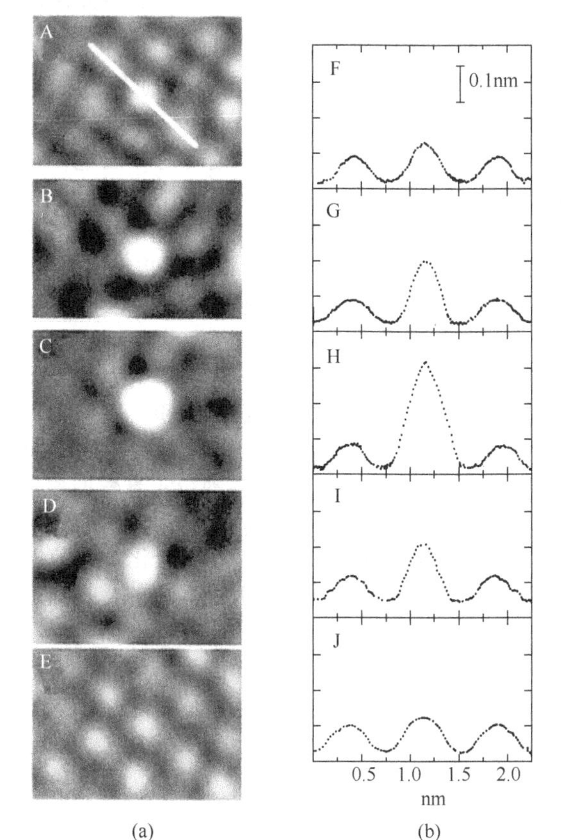

图 16.2.9 (a) 其他条件与图 16.2.8 条件相同，在不同偏压条件下：（A）－0.15V（vs. SCE）；(B) －0.30V（vs. SCE）；（C）－0.42V（vs. SCE）；（D）－0.55V（vs. SCE）和（E）－0.42V（vs. SCE），HOPG 基底表面有序排列 PP 分子层中 FePP 分子 STM 图像。(b)（F－J）为相应沿图 A 中经过三个 PP/FePP/PP 分子的白线方向相应的截面图。图像在恒电流 30 pA 下采集，响应信号为表观高度

［引自 N. J. Tao，*Phys. Rev. Lett.*，**76**，4066（1996）］

16.3 原子力显微镜

16.3.1 引言和原理

尽管STM提供许多表面的高分辨图像，但它有局限性。由于基底电阻限制了电流的检测，所以无法用于高电阻的基底。有时可以获得导体上绝缘材料的STM图像，但这一成像过程并未被充分了解。此外，电化学研究中，针尖电势会影响紧靠针尖下面的基底的表面过程，实际上“接触”基底。如电沉积研究中，随基底电极向负电势扫描，如果探针电势保持在正电势下会阻碍针尖下面金属的直接沉积，而在远离针尖的地方发生沉积。在STM受到这些限制的情况下，AFM能达到高分辨是很有用的。

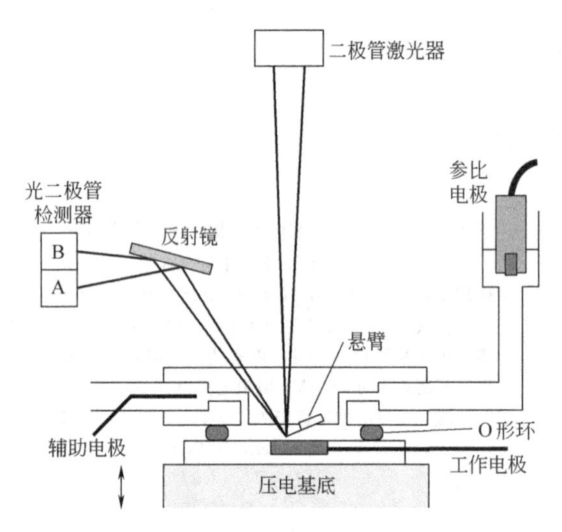

图16.3.1 用于Nanoscope Ⅲ型AFM的电化学池
(Digital Instruments, Veeco Metrology Group)

AFM是基于测量探针扫描表面时带针尖的微悬臂偏转变化的方法，针尖通常为Si_3N_4或SiO_2中的一种。这种偏转是由探针和表面间的短程力引起的。这种微小位移可以通过记录悬臂反射的激光束的位置来进行测量。图16.3.1为典型的AFM装置，样品固定在压电扫描器上，并由压电扫描器带动样品在z方向（靠近和离开悬臂探针）及x和y方向移动，带有针尖的悬臂通常由Si通过光刻技术来制备，激光束通过悬臂上表面金属镀层反射到光电管上，悬臂的位移可引起每个光电管上光量变化，产生一个记录下来的微分电信号。包括其他基于不同测量装置的力学显微镜，有关力学显微镜结构和操作的详细情况可以从文献得到[4,10,11]。

鉴于成像过程取决于表面力[12]，有必要加以简要讨论。来看一下悬臂偏转对z-压电体位移的曲线（图16.3.2)。开始时探针位于或远离表面20nm位置。探针和表面浸入溶液中时，在如此远的距离上，它们之间实际上不存在力，因此微悬臂是直的。调节系统使每个光电管上的光量相等。随着z-压电体向上移动，带动样品表面接近探针，探针和样品间力变得可以测量。10nm左右距离时只有静电力，可以是引力，也可为斥力。假设样品和探针带相同电荷，因此力为斥力，样品向上移动，斥力导致悬臂向上偏转，由偏转量和已知弹性常数（通常在0.01～0.4N/m)，可以测得斥力。当样品❶和探针距离变得非常小（约3nm）时，范德华引力起主要作用，探针移向样品（即悬臂向下偏转）。如果力大于悬臂弹性常数与偏转距离的积，则探针“立即接触”基底。“接触”状态时力为斥力，随着z-压电体上移，悬臂实际上向上偏转同样距离（假设探针不会导致表面的严重变形）。在这一区间可允许根据z-压电体的移动校正悬臂的偏转。

一般图像采集是在“接触模式”下进行的，其中探针尽可能接近表面，力为斥力。通过z-压电体上下移动来保持光束偏转为恒定值，同时记录压电体电压随x-和y-位置的变化。其他图像采集方式也是可能的，当探针和样品的摩擦力成为问题时，利用轻敲式有时是方便的，扫描过程中探针被上下调制。

16.3.2 电化学应用

电化学中，AFM主要用于观测如欠电势沉积（UPD)、腐蚀或吸附引起的电极表面变化。一个早期的例子是Cu在Au(111）上的UPD研究[13]。图16.3.3是Au(111）在含有1mmol·

---

❶ 原文为悬臂。

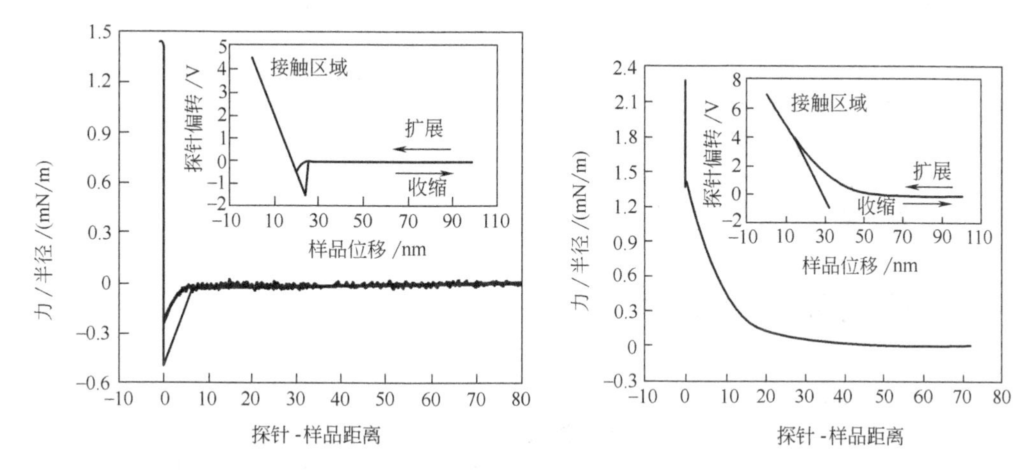

图 16.3.2 吸引力（左图，针尖和基底所带电荷相反）和排斥力（右图，针尖和基底所带电荷相同）作用时悬臂位移-z-偏转关系曲线

插图为根据针尖曲率半径和悬臂弹性常数转化后的原始数据（悬臂偏转）。实验中针尖为直径约 10μm 的球形 SiO_2［引自 A. Hillier，S. Kim and A. J. Bard，*J. Phys. Chem.*，**100**，18808（1996)］

L^{-1} Cu^{2+}的 $HClO_4$或 H_2SO_4溶液中不同电势下的 AFM 图像。正电势下（+0.7Vvs. Cu/1mmol·L^{-1} Cu^{2+}）没有 Cu 沉积，观测到 Au(111) 结构（图 16.3.3A），负电势下（−0.1V）大量 Cu 沉积（图 16.3.3B），中间电势下看到 UPD 单层。单层结构与电解质有关，高氯酸中可以看到不相称的 Cu 密排层（图 16.3.3C，D），硫酸盐中看到结果为 $(\sqrt{3}\times\sqrt{3})R30°$-Cu 结构（图 16.3.3E，F）。AFM 可以确定不同结构的原子排列方式。

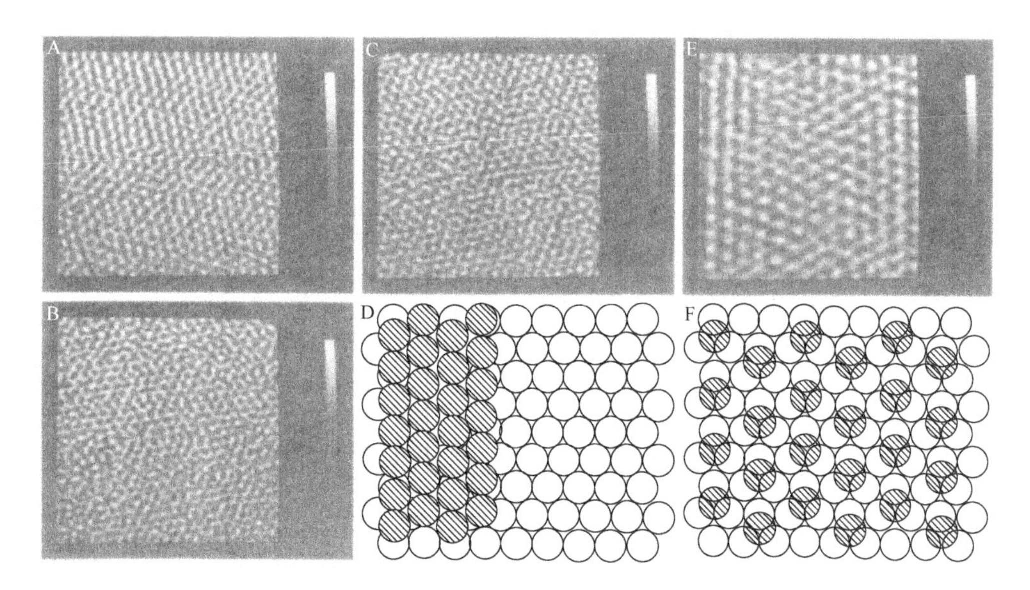

图 16.3.3 在 1mmol·L^{-1} Cu^{2+}溶液中 Au(111) 电极表面 Cu 欠电势沉积（UPD）的 AFM 研究

在 0.1mol·L^{-1} $HClO_4$溶液中，(A) 为+0.7V 时 Au(111) 基底；(B) 为−0.30V 时 Cu 的体相沉积；(C) 为+0.114V 时 Cu 原子（带斜线圆）在 Au 基底（空心圆）上的密排层；(D) 为 Cu 原子（带斜线原子）在 Au 基底（浅色原子）上的不对称密排层示意图；(E) 是在 0.1mol·L^{-1}硫酸盐溶液中，+0.114V 时 Cu 原子在 Au 基底上的 $(\sqrt{3}\times\sqrt{3})R30°$结构；(F) 为 (E) 图中 Cu 原子吸附层结构示意图［引自 S. Manne，P. K. Hansma，J. Massie，V. B. Elings and A. A. Gewirth，*Science*，**251**，183（1991)］

利用 AFM 获得原子级分辨图像的机理仍然不清楚，在来自探针与样品的所有其他原子相互作用存在下，不可能获得一个原子尖度的针尖并采集单原子间力，更可能的是针尖上一簇原子检

测样品上一簇原子之间的力，并产生莫尔（Moire）（干涉）图案导致表观原子分辨。如果这样则很难像 STM 那样观测到单原子缺陷。

AFM 也可用于与表面电荷和其他作用相关的表面力的定量测量[12]。例如接在悬臂上的一个小硅球，通过离子吸附获得电荷。在 pH 值为 4 以上时，由于吸附氢氧根离子表面带负电，这样，当探针移动通过分散双层，探针和电极间力是一种电极表面电荷的度量[14]。

由于通常的制备过程产生双金属层构造，因此小的温度变化也会导致悬臂偏转，这样 AFM 装置也可用于测量电化学池产生的微小热变化。此类应用才刚刚开始。

16.4 扫描电化学显微镜

16.4.1 引言和原理

SECM 是一种电化学扫描探针技术，测量的电流是探针上通过电化学反应产生的[15]。SECM 整体装置与 ESTM 所用的类似，也就是说，通过双恒电势仪控制探针电势（而且常常也控制基底电势），探针通过压电控制器移动。然而 SECM 的操作原理和得到的信息不同于 ESTM[16~18]。对半径 1～25μm 电极，探针通常为封在玻璃中抛光的 Pt 或 C 圆盘微电极。圆盘周围玻璃通常磨成斜面，以使导电的圆盘周围绝缘层厚度很小，这样比较容易调节探针以便非常接近基底而绝缘层碰不到表面。较小的电极通常具有不确定的表面形状，类似于金属丝腐蚀形成针尖，然后用蜡或其他涂层绝缘制备的 STM 探针。SECM 实验中，探针和样品（基底）置于含有电解质和电活性物质（如，浓度 C_O^*，扩散系数为 D_O 的物质 O）的溶液中。电解池也包括对电极和参比电极（图 16.4.1)。当探针远离基底并加上电势时，稳态电流 $i_{T,\infty}$ 为（见 5.3 节）。

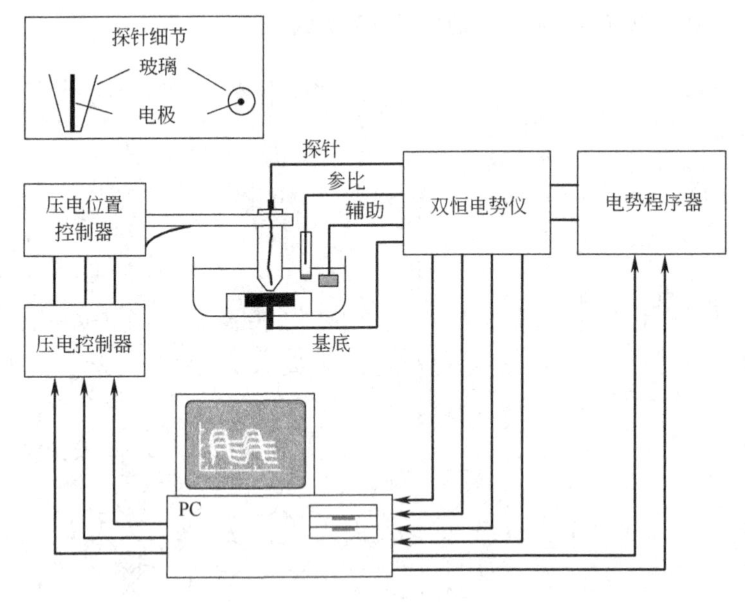

图 16.4.1 SECM 仪器示意图

[引自 A. J. Bard，G. Denuault，C. Lee，D. Mandler and D. O. Wipf，*Accts. Chem. Res.*，**23**，357 (1990)]

$$i_{T,\infty}=4nFD_OC_O^*a \qquad (16.4.1)$$

式中，a 为探针电极的半径［图 16.4.2(a)］。当探针非常接近基底表面（几个探针半径范围内）时，电流受到两种因素扰动。首先表面阻碍了 O 到探针的扩散，往往导致电流降低［图 16.4.2(b)］。然而，如果表面能够再生物质 O，例如，由于电极可以将探针产物 R 氧化到 O，结果是 O 到探针的流量加大导致电流增加［图 16.4.2(c)］。这样，探针电流为探针到基底距离 d，以及在基底上生成的在探针上具有电活性的物质的反应速率的函数。这种 SECM 操作方式称为反馈模式（feedback mode）。也可在收集模式（collection mode）下操作，其中探针固定在靠近基底，电势控制在可以检测到基底生成的电活性产物。

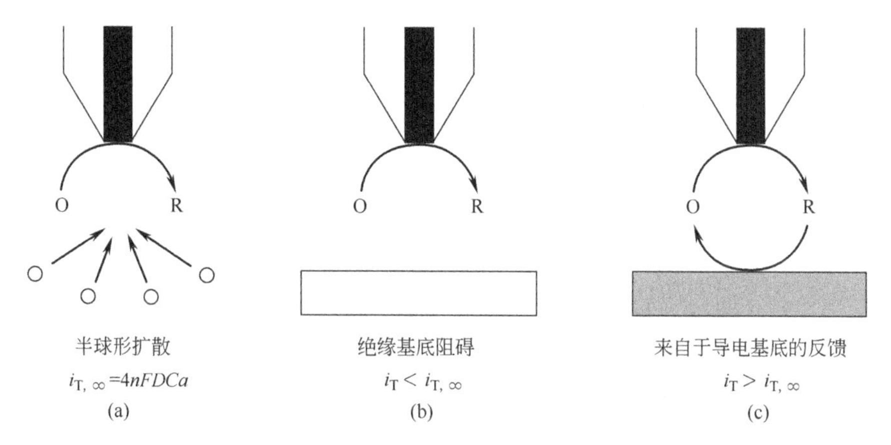

图 16.4.2　SECM 原理

(a) 向远离基底圆盘状探针的半球形扩散；(b) 绝缘基底对扩散的阻碍；(c) 导电基底上的正反馈

16.4.2　渐近曲线

当探针从几个探针半径距离移向基底时，探针电流 i_T 与探针基底间距 d 的函数曲线，称为渐近曲线（approach curve）。正如前一节所提出的，这一曲线提供了有关基底本质方面的信息。对一个薄层绝缘平面的外壳中的盘状探针，渐近曲线可由数字模拟方法计算，对完全绝缘基底（探针生成的物质 R 不反应）和活性基底（在扩散控制速率下发生 R 氧化回到 O）给出的结果见图 16.4.3。这些曲线以无量纲形式 $i_T/i_{T,\infty}$-d/a [其中 $I_T(\mathrm{L})=i_T/i_{T,\infty}$ 以及 $L=d/a$] 给出，与圆盘直径、扩散系数和溶质浓度无关。对绝缘基底曾提出下述数字结果的近似形式：

$$I_T(L)=[0.292+1.5151/L+0.6553\exp(-2.4035/L)]^{-1}\text{❶} \tag{16.4.2}$$

对导电基底：

$$I_T(L)=0.68+0.78377/L+0.3315\exp(-1.0672/L) \tag{16.4.3}$$

在这两种情况下，假设基底远大于探针半径 a。渐近曲线也是探针形状的函数，因此可以提供有关探针形状的信息，因此球形或锥形探针给出的逼近曲线不同于圆盘状探针。导体上逼近曲线可以指示出探针导电部分凹进绝缘外壳时的情况，探针非常小时这种情况经常发生。此时，在探针绝缘部分接触基底前只能观测到很小的正反馈，i_T 值变平。由于小探针的表征比较困难，如利用电子显微镜，SECM 是了解探针大小和外形的一种有用方法[19]。

除了上述极限情况（即在导电基体上，R 或者不转化或者全部转化为 O），还可以计算 R 在基底上转化为 O 时不同异相速率常数下的渐近曲线[20,21]，结果见图 16.4.4，曲线位于图 16.4.3 两种极限情况之间，代表了阻碍和再生 O 的综合影响。也可以通过记录 i_T-E 伏安曲线或无量纲形式 $I_T(E,L)$-θ 获得异相电子转移速率，其中 $\theta=1+\exp[nf(E-E^{\ominus\prime})]D_O/D_R$。当探针接近导电基底，并保持基底电势在 R 的氧化为扩散控制时，异相电子转移动力学控制导致伏安曲线偏离可逆形状，伏安曲线近似方程为[16]

$$I_T(E,L)=\frac{0.68+0.78377/L+0.3315\exp(-1.0672/L)}{\theta+1/\kappa} \tag{16.4.4}$$

其中

$$\kappa=\frac{\kappa^0\exp[-\alpha f(E-E^{\ominus\prime})]}{m_O}$$

$$m_O=\frac{4D_O}{\pi a}[0.68+0.78377/L+0.3315\exp(-1.0672/L)]=\frac{i_T(L)}{\pi a^2 nFC_O^*}$$

---

❶ 原文有误。

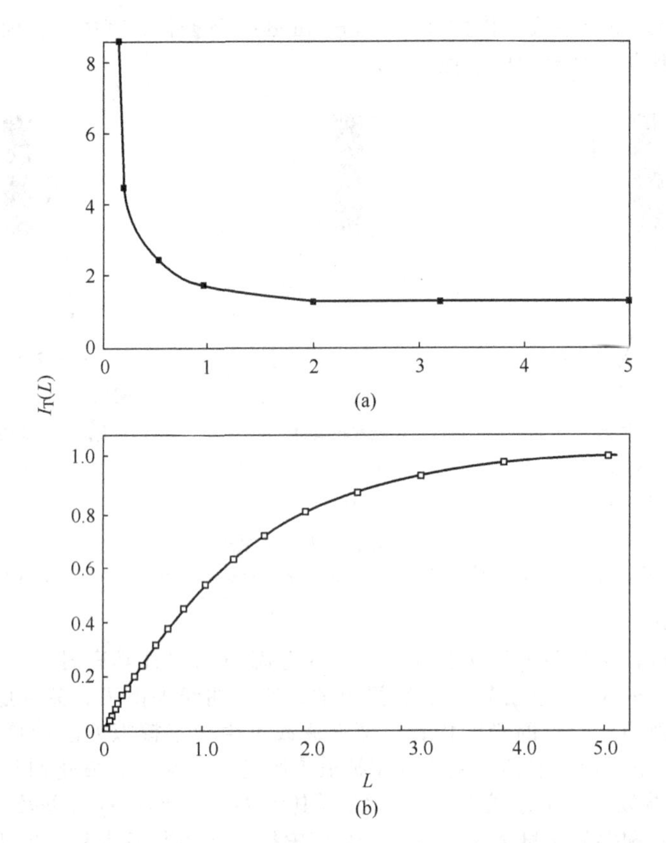

图 16.4.3 导电基底（a）和绝缘基底（b）上 SECM 稳态电流逼近曲线

I_T（归一化的探针电流）$=i_T/i_{T,\infty}$；L（归一化的距离）$=d/a$［引自 M. Arca，A. J. Bard，B. R. Horrocks，T. C. Richards and D. A. Tiechel，*Aanlyst*，**119**，719（1994）］

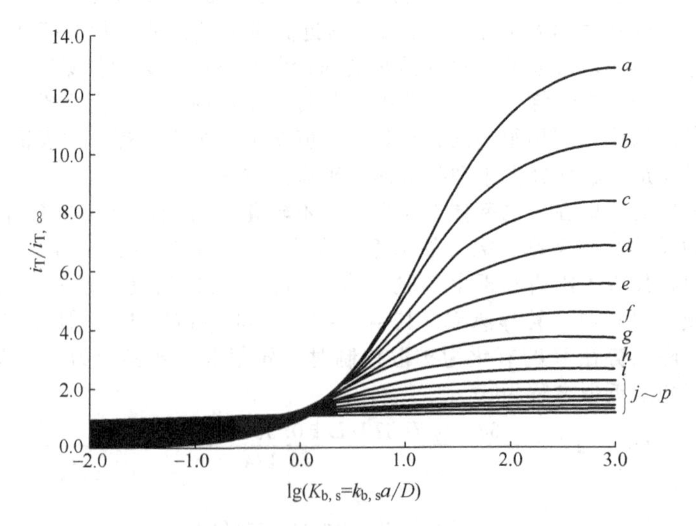

图 16.4.4 基底电极上 R 转化为 O 在不同异相速率常数（$k_{b,s}$）下的 SECM 逼近曲线

曲线 a～p 相应于 $\lg(d/a)=-1.2$、-1.1、-1.0、…、0.3［引自 A. J. Bard，M. V. Mirkin，P. R. Unwin and D. O. Wipf，*J. Phys. Chem.*，**96**，1861（1992）］

因此 SECM 在研究电极表面的以及其他如含酶膜电极表面的异相动力学方面是非常有用的。最大可测量到的 k^0 值在 D/d 数量级。明显地实验中这种极限情况依赖于 SECM 中的“特征长度”d。本体溶液中微电极类似测量也存在相同限制，给出最大 k^0 值在 D/a 数量级。例如乙腈中常用

作参比电对的二茂铁的 k^0，SECM 测得为 3.7cm/s[22]。

16.4.3　表面形貌和反应活性成像

如果探针在基底上方沿 x-y 平面扫描（逐行扫描），通过记录电流（与 d 变化相关）相对于探针 x-y 平面位置的变化，可以获得表面形貌图像。对既有导电又有绝缘区域的基底，给定 d 值下，电流响应在不同区域不同。导电区域 $i_T > i_{T,\infty}$，而绝缘区域 $i_T < i_{T,\infty}$。也可以通过在 z-压电体上加一正弦电压，使探针在 z-方向进行调制并记录调制探针电流相对调治距离的相位来区分这两个区域[23]。在导电区探针接近表面时电流增加，而绝缘区相反，因此如果测量调制电流，例如使用锁相放大器，则其间相位差为 180°。

SECM 也可以用于测绘电极表面逐渐变化的反应活性区。对恒高距离 d 扫过基底表面的探针所生成的反应物 R，反馈电流为 R 在基底不同部分氧化速率的一种度量[20]。例如，这一技术被用于少量沉积金的玻碳电极上 Fe^{2+} 氧化速率的研究。由于 Fe^{2+} 在金上异相氧化速率常数比碳上大，探针在中等电势下扫描时，反馈电流在金上要比碳上大，因此可以获得电极活性图。较正电势下，金和碳上 Fe^{2+} 氧化速率均为扩散控制，因而图像显示电极表面为均一反应速率。

16.4.4　均相反应动力学的测量

SECM 可在不同模式下研究探针或基底上生成产物的均相反应[24,25]。这种方法类似于其他双电极实验，如 RRDS（9.4 节）或叉指式带状微电极（5.9.3 节）。在反馈实验中研究了偶合反应对探针电流的影响；而在收集实验中一个电极，如探针，其行为像发生电极一样产生感兴趣的 R 或其他产物，另一个电极，如基底电极，作为收集极，固定在 R 氧化回到 O 的电势下。这种方式称为探针产生/基底收集［tip generation/substrate collection，或 TG/SC］模式。当物质 R 稳定并且探针靠近基底（$a/d < 2$）时，R 实际上被基底全部收集（即被氧化），此时，阳极基底稳态电流 i_S 等于探针电流 i_T，或 $|i_S/i_T|$（收集效率）为 1。这一行为与 RRDS 对比，即使将圆盘放置在离大面积环内很近位置，由于圆盘上生成的产物在被环收集前总有一些扩散掉，RRDS 收集效率通常是非常低的。

现在设想探针生成物不稳定分解成非电活性物质，如 E_rC_i 情形（第 12 章）。如果 R 倾向在扩散过探针/基底间隙前发生反应，收集效率将小于 1，对非常快速 R 分解反应趋近于零。这样 $|i_S/i_T|$ 与 d 和 O 浓度关系的测量可用于 R 的分解动力学研究。按照类似的方式，这一分解降低了 O 到探针正反馈的量，以至于 i_T 比不存在任何复杂动力学时小。因此 i_T-d 曲线也可用于 R 分解速率常数 k 的测定。对收集和反馈实验，在不同值的无量纲动力学参数 $K = ka^2/D$（一级反应）或 $K' = k'a^2C_O^*/D$（二级反应）下，k 可以通过无量纲形式的电流-距离（即 $i_T/i_{T,\infty}$-d/a）工作曲线测量。

为阐明这一技术，以丙烯腈阴离子自由基（$AN^{\cdot-}$）在 DMF 溶液中的二聚反应为例[26]。AN 电还原氢化二聚反应在商业上用于生产己二腈［$(ANH)_2$］，是一种尼龙产品的母料。一种假设反应机理，E_rC_2 反应［12.1.1(b) 节］为

$$AN + e \longrightarrow AN^{\cdot-} \tag{16.4.5}$$

$$2AN^{\cdot-} \longrightarrow (AN)_2^{2-} \tag{16.4.6}$$

$$(AN)_2^{2-} + 2H^+ \longrightarrow (ANH)_2 \tag{16.4.7}$$

在 DMF/0.1mol·L^{-1} $TBAPF_6$ 溶液中 AN 在探针（半径 2.5μm）的还原伏安曲线上 −2.0V（vs. QRE）电势时有一还原波（图 16.4.5）。探针上生成的物质 $AN^{\cdot-}$ 如此不稳定，以至多数实验中，如快扫循环伏安法无法观测到它的反向氧化。然而当探针（1.6μm）接近一个 60μm 直径金基底并保持基底电势在 $AN^{\cdot-}$ 氧化电势 −1.75V（vs. QRE）时，可以观测到探针电势扫过还原波后的自由基氧化波。通过研究收集效率与 d 的关系，得到反应（16.4.6）的速率常数为 6×10^7L·mol^{-1}·s^{-1}。

也可以采用基底产生/探针收集（substrate generation/tip collection 或 SG/TC）实验模式，利用探针检测基底上反应产物。但是由于较大的基底电极无法维持一个稳态条件，以及即使没有复杂的均相动力学，收集效率 i_T/i_S 也远小于 1，因此这种研究均相动力学方法并不十分有效。然而这种方法曾用于观测基底表面浓度分布[27]。

16.4.5　电势型探针

迄今为止，上述讨论的探针还是电流型探针，通常为 Pt-Ir，在暴露表面产生的法拉第电流

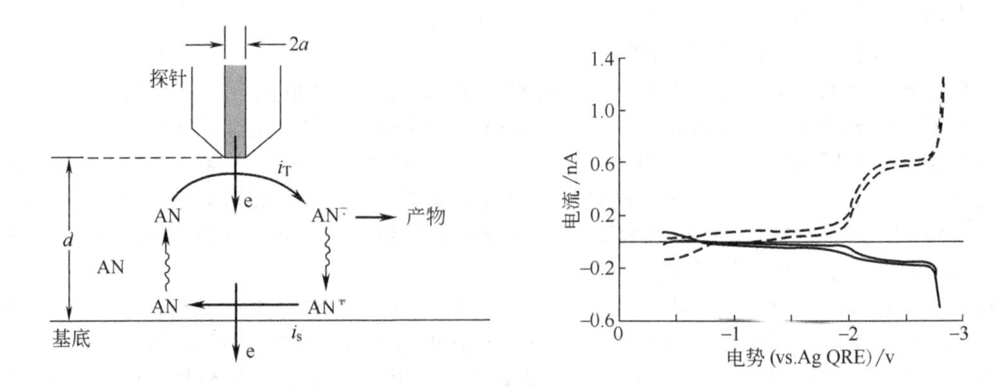

图 16.4.5 SECM 的 SG/TC 伏安图

探针（a=2.5μm）位于电势为－1.75V（vs. Ag 标准参比电极-AgQRE）、直径 60μm 的金电极表面 1.36μm。在 0.1mol·L⁻¹ TBAPF₆ 中探针以 100mV/s 扫描还原丙烯腈（1.5mmol·L⁻¹）得到伏安图（虚线）。基底电流（实线）为探针生成的丙烯腈阴离子自由基的氧化［引自 F. Zhou and A. J. Bard, *J. Am. Chem. Soc.*, **116**, 393 (1994)］

反映了氧化还原过程。然而，SECM 也可使用电势型探针，如基于微米管的离子选择电极[28,29]。产生的电势（相对于参比电极）与溶液特性离子活度对数有关。曾有报道此类探针检测 H^+、Zn^{2+}、NH_4^+ 和 K^+ 达到几个微米分辨率。此类探针对检测非电活性离子特别有用，如许多生物体系中感兴趣的离子。然而这种探针是被动型的，因为它们可以检测已知物质的局部活度，但无法检测到基底的存在。它们不能用于 d 的测定，因此必须通过某种方法相对于基底进行调节，诸如像电极浓度梯度研究中的显微镜观察、阻抗测量或具备电流型和电势型的双管探针。

16.4.6 其他应用

SECM 也可用于修饰电极表面产生的物质流量研究，如聚合物膜修饰电极（14.2.3 节）。一种方法是将探针电势固定在可以检测氧化还原过程中聚合物膜释放的电活性离子的电势下[30~32]。如 SECM 用于检测 PP^+Br^- 形式的氧化态聚吡咯（PP）还原过程中释放的 Br^-。循环伏安还原扫描中，发现只在扫描后期可检测量的阴极电荷通过后才释放出 Br^-。这一结果表明

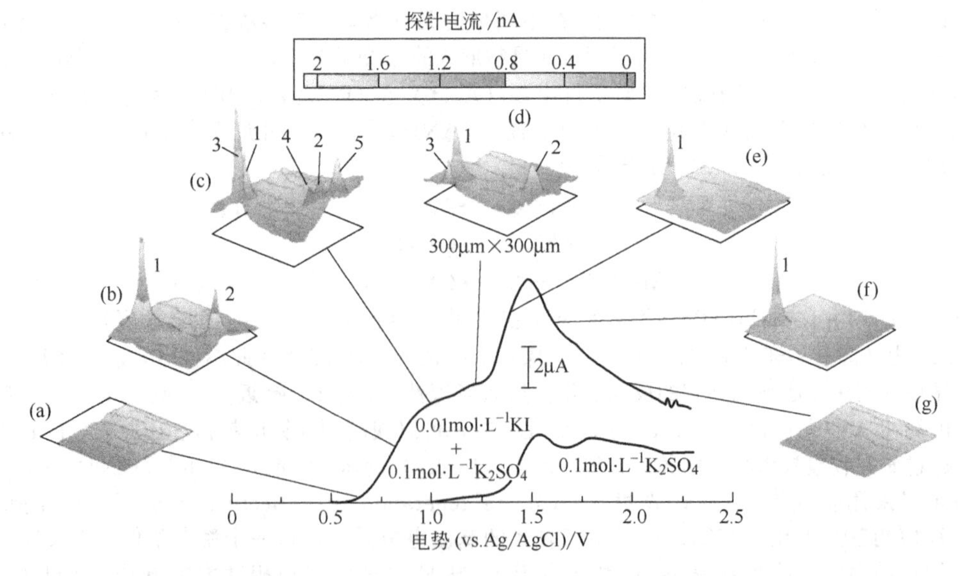

图 16.4.6 在 10mmol·L⁻¹ NaI＋0.1mol·L⁻¹ K_2SO_4 溶液中 Ta 电势向更正电势扫描时，Ta 电极表面 Ta_2O_5 膜图像（300μm×300μm）

探针电势为 0.0V（vs. Ag/AgCl），此时基底上产生的任何碘化物均被还原。还给出了不存在碘化物时基底的伏安图［引自 S. B. Basame and H. S. White, *Anal. Chem.*, **71**, 3166 (1999)］

还原最初阶段过程中是阳离子渗入，而非阴离子释放维持膜内电荷平衡。

通过调节探针接近表面，SECM 可用于测量电流驱动的（离子电泳）、通过膜（如皮肤）通道的离子流量[33]。类似地也可研究电子和离子通过液-液界面（ITIES）的转移速率[34]。

单分子或少量分子研究在电化学领域正在逐渐成为一个新的生长点[35]。由于无法检测电极上单电子转移电流或电荷，所以需要放大。有关半径在 10nm 数量级、涂有绝缘层（石蜡或聚乙烯）、尖端有一很小可以容纳单分子的凹陷（腔）的探针研究已有报道。当探针非常接近（约 10nm）导电基底时，探针生成的物质扩散到基底并转化为其初始物质。在这一距离下，探针和基底间物质循环足以产生 pA 级电流（见习题 16.1）。可以通过观测到的不连续电流大小区分出进入或离开探针/基底间隙时所容纳的分子为 0、1 或 2 个。

SECM 在电极表面成像和表面膜探测方面特别有用。例如，通过测绘碘化物在基底表面氧化位置（通过探针检测碘化物），研究了 Ta 电极表面 Ta_2O_5 钝化膜中通道与电势关系的本质（图 16.4.6）[36]。随着 Ta 表面氧化过程的进行，活性点明显形成和消失。

z 方向探测膜的一个例子是含有 $Os(bpy)_3^{2+}$ 的 Nafion 膜[37]。图 16.4.7 是锥形探针由溶液相进入膜内时测量的 $Os(bpy)_3^{2+}$ 在探针上氧化电流。探针刚刚进入膜的点可由电流开始升高来指示。电流一直增加到锥形部分完全进入膜内，达到稳态电流。当探针接近 ITO 基底时，首先

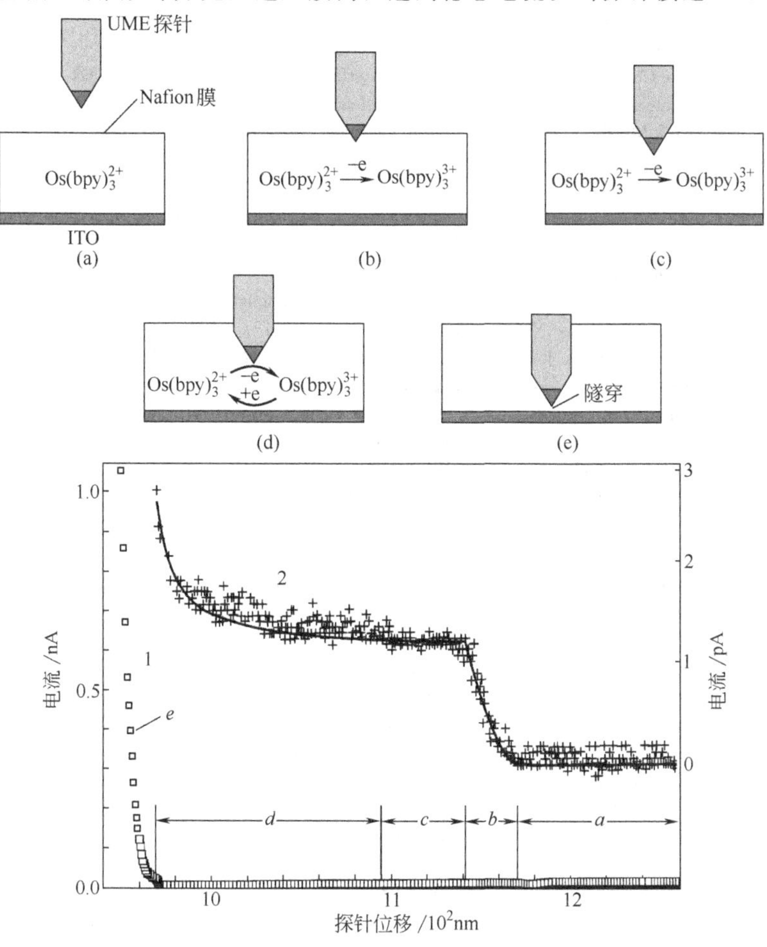

图 16.4.7　上图：探针由溶液进入含有 $Os(bpy)_3^{2+}$ 的 Nafion 膜时，SECM 电流-距离实验的五个过程示意图

(a) 探针在膜上方溶液中；(b) 探针正在进入膜内；(c) 探针锥形电活性部分完全进入膜内；(d) 探针靠近基底发生正反馈位置；(e) 探针位于产生隧穿区域。下图：实验中探针电流-位移（在两个不同标度下）曲线，其中字母 *a*～*e*对应于图中上方的不同阶段。探针和 ITO 基底电势分别为 0.80V 和 0.20V（vs. SCE），探针以 3nm/s 沿 *z* 方向移动［引自 M. V. Mirkin，F.-R. F. Fan and A. J. Bard，*Science*，**257**，364 (1992)］

是正反馈过程，最后是隧穿过程。这些实验可以测量膜厚达 220nm 以及膜内电化学参数。例如，通过探针在膜内（位置 *C*）的循环伏安曲线可以确定 $Os(bpy)_3^{2+}$ 氧化异相电子转移速率常数为 1.6×10^{-4} cm/s[37]。

16.5 参考文献

1 G. Binnig and H. Rohrer, *Helv. Phys. Acta*, **55**, 726 (1982)
2 D. A. Bonnell, Ed., "Scanning Tnnneling Microscopy and Spectroscopy-Theory, Techniques and Applications," VCH, New York, 1993
3 C. J. Chan, "Inuodnction to Scanning Tnnneling Microscopy," Oxford University Press, New York, 1993
4 H. K. Wickramasinghe, Ed., "Scanned Probe Microscopy." AIP Conf. Proc. 241, American Institute Physics, New York, 1992
5 A. J. Bard and F.-R. F. Fan, in D. A. Bonnell, Ed., *op. cit.*, Chap. 9
6 S.-L. Yau, C. M. Vitus, and B. C. Schardt, *J. Am. Chem. Soc.*, **112**, 3677 (1990)
7 D. W. Suggs and A. J. Bard, *J. Am. Chem. Soc.*, **116**, 10725 (1994)
8 R. I. Masel, "Principles of Adsorption and Reaction on Solid Surfaces," Wiley, New York. 1996, pp. 33-36
9 N. J. Tao, Phys. *Rev. Lett.*, **76**, 4066 (1996)
10 D. Sarid, "Scanning Force Microscopy," Oxford University Press, New York, 1994
11 N. J. DiNardo, "Nanoscale Characterization of Surfaces and Interfaces." VCH, New York, 1994
12 J. Israelachvili. "Intermolecular and Surface Forces." Academic, New York. 1992
13 S. Manne, P. K. Hansma. J. Massie. V. B. Elings and A. A. Gewirth, *Science*, **251**, 183 (1991)
14 (a) W. A. Ducker. T. J. Sneden, and R. M. Pashley, *Langmuir*, **8**, 1831 (1992); (b) A. C. Hillier, S. Kim, and A. J. Bard. *J. Phys. Chem.*, **100**, 18808 (1996)
15 A. J. Bard, F.-R. F. Fan, J. Kwak. and O. Lev, *Anal. Chem.*, **61**, 132 (1989)
16 A. J. Bard, F.-R. F. Fan, and M. V. Mirkin, *Electroanal. Chem.*, **18**, 243 (1994)
17 M. V. Mirkin, *Anal. Chem.*, **68**, 177A (1996)
18 A. J. Bard, F.-R. F. Fan, and M. V. Mirkin In "Physical Electrochemistry: Principles, Methods and Applications," I. Rubinstein, Ed., Marcel Dekker, NY, 1995, p. 209
19 M. V. Mirkin, F.-R. F. Fan, and A. J. Bard, *J. Electroanal. Chem.*, **328**, 47 (1992)
20 D. O. Wipf and A. J. Bard, *J. Electrochem. Soc.*, **138**, 469 (1991)
21 A. J. Bard, M. V. Mirkin, P. R. Unwin, and D. O. Wipf, *J. Phys. Chem.*, **96**, 1861 (1992)
22 M. V. Mirkin, T. C. Richards, and A. J. Bard. *J. Phys. Chem.*, **97**, 7672 (1993)
23 D. O. Wipf and A. J. Bard, *Anal. Chem.*, **64**, 1362 (1992)
24 P. R. Unwin and A. J. Bard, *J. Phys. Chem.*, **95**, 7814 (1991)
25 F. Zhou, P. R. Unwin, and A. J. Bard. *J. Phys. Chem.*, **96**, 4917 (1992)
26 F. Zhou and A. J. Bard, *J. Am. Chem. Soc.*, **116**, 393 (1994)
27 R. C. Engstrom, T. Meany, R. Tople, and R. M. Wightman, *Anal. Chem.*, **59**, 2005 (1987)
28 B. R. Horrocks, M. V. Mirkin, D. T. Pierce, A. J. Bard, G. Nagy, and K. Toth, *Anal. Chem.*, **65**, 1213 (1993)
29 C. Wei, A. J. Bard, G. Nagy, and K. Toth, *Anal. Chem.*, **67**, 34 (1995)
30 M. Arca, M. V. Mirkin. and A. J. Bard, *J. Phys. Chem.*, **99**, 5040 (1995)
31 J. Kwak and F. C. Anson, *Anal. Chem.*, **64**, 250 (1992)
32 C. Lee and F. C. Anson, *Anal. Chem.*, **64**, 528 (1992)
33 E. R. Scott. H. S. White, and J. B. Phillips, *J. Membr. Sci.*, **58**, 71 (1991)
34 (a) C. Wei, A. J. Bard, and M. V. Mirkin, *J. Phys. Chem.*, **99**, 16033 (1995); (b) M. Tsionsky, A. J. Bard, and M. V. Mirkin, *J. Am. Chem. Soc.*, **119**, 10785 (1997)
35 F.-R. F. Fan and A. J. Bard, *Science*, **267**, 871 (1995)
36 S. B. Basame and H. S. White, *Anal. Chem.*, **71**, 3166 (1999)
37 M. V. Mirkin, F.-R. F. Fan, and A. J. Bard, *Science*, **257**, 364 (1992)

16.6 习题

16.1 假设可以可逆氧化为 A^+ 的单分子物质 A 被限制在相距 10nm 的 SECM 探针和基底之间，同时假设 $D_A=D_{A+}=5\times10^{-6}$ cm^2/s，(a) 利用扩散层近似方法求出 A 在探针和基底之间扩散所需时间；(b) 物质 A 在 1s 内大约循环多少圈？(c) 如果 A 在针尖氧化为 A^+，而 A^+ 在基底还原为 A，会产生何种电流？

16.2　在嵌入玻璃绝缘外壳中的 10μm 直径圆盘状铂电极探针上进行 SECM 实验，溶液含有物质 O，浓度为 $C_O^* = 5.0\text{mmol} \cdot \text{L}^{-1}$ 且 $D_O = 5.0 \times 10^{-6} \text{cm}^2/\text{s}$。在扩散控制速率的 O 还原为 R 的电势下，探针保持靠近铂电极时（此时铂电极电势使 R 完全氧化为 O），$i_T/i_{T,\infty}$ 比值为 2.5。(a) 探针距表面距离 d 为多少？(b) $i_{T,\infty}$ 为多少？(c) 如果探针位于玻璃基底表面同样距离 d，那么 $i_T/i_{T,\infty}$ 为多少？

16.3　利用数据表软件程序计算出不同 k^0 值的探针伏安图，$L=0.1$，$a=10\mu\text{m}$，$D_O = D_R = 10^{-5} \text{cm}^2/\text{s}$，$\alpha=0.5$，$T=25℃$。这些条件下由实验结果可获得 k^0 值为多少？如何改变条件以便测量较大 k^0 值？

16.4　SECM 用于研究 E_rC_i 反应 ($O+e \rightleftharpoons R$; $R \rightarrow Z$)。一个 10μm 探针扫过铂电极同时还原 O，其中铂电极上 R 在扩散控制速率情况下被氧化回到 O。当探针距表面 0.2μm 时逼近曲线表现出与产物稳定的促进剂同样的反馈电流。然而当探针距表面 0.4μm 时响应接近于绝缘基底的行为。请确定 R 分解为 Z 的速率常数。如果利用循环伏安研究该反应，大约在什么扫速下有 Nernst 响应？与 CV 比较 SECM 研究这种反应有何优点？

16.5　考察习题 16.2 同一体系。假设探针相对 Pt 基底偏压约为 0.5V，在大约多大距离 d，可归属于直接隧穿电流的电流大于 SECM 反馈电流？你是否认为习题 16.2 中描述的探针可以达到这一 d 值？为什么？

第 17 章 光谱电化学和其他联用的表征方法

近年来人们一直对研究电极过程实验中所涉及的较常规电化学变量（电流、电量和电势）更多的变量感兴趣。此类工作的主要动机是提供通过纯粹电化学实验无法得到的电化学体系的信息。在本章中，将考察一些与电化学体系联用的非电化学技术，诸如各种形式的光谱学。这些技术通常分为现场（in situ）和非现场（ex situ）方法。现场方法是在控制电势或电流时考察处于电解池溶液中的电极表面。在采用非现场技术时，电极是从电化学池中拿走，然后进行测量，经常是在空气或真空中进行。非现场技术可进行许多在溶液中无法进行的测量，如在 17.3 节中将要讨论的各种形式的表面光谱，电极表面的性质由于从电化学池环境中移走可能发生很大的变化。在本章中，除 17.3 节以外，主要讨论现场技术。由于所涉及的内容很多很广，不可能对它们进行深入地探讨。将简单地概述其基本原理，考察典型的实验装置，以及归纳每种情况可以得到的化学信息。更详细的综述可参阅所附文献 [1～5]。

17.1 紫外和可见光谱

17.1.1 透射实验

如图 17.1.1 所示的那样，最简单的光谱电化学实验也许是直接将光束透过电极表面，测量在电极过程中由于物质的产生或消耗所引起吸光度的变化。图 17.1.2 展示了可进行这类实验的两种电解池。

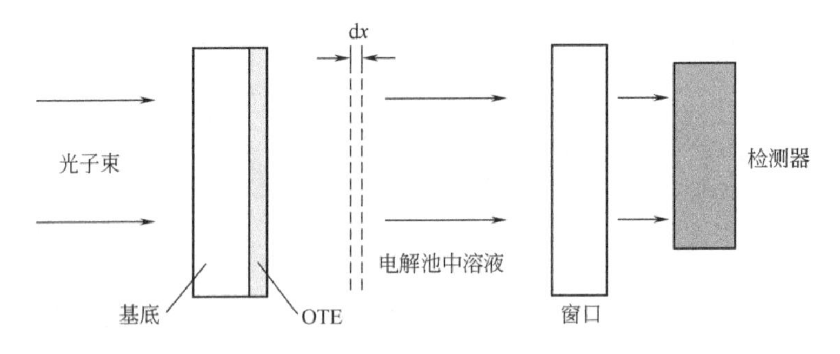

图 17.1.1 透射光谱电化学实验装置示意图

前提条件显然是需要一个光透电极（optically transparent electrode，OTE）。已报道了几种类型的 OTEs[6～13]。它们可以是一种半导体的薄膜（例如 SnO_2 或 In_2O_3），或是一种沉积在玻璃、石英或塑料基底上的金属（如金或铂）；它们也可以是由每厘米由几百根细丝所构成的微栅极网格。薄膜 OTEs 的表面是相当平和均匀的，但微栅极网类 OTEs 不是平面的，是由不透光的金属和透光部分构成。另一方面，如果电化学实验的特征时间足够长，扩散层的厚度将变得较孔的尺寸大，微栅极网格 OTEs 的行为类似于平板电极。这样扩散场使电极成为一维的，并且包括孔隙在内横截面积等于整个电极的设计面积[14,15]（也见 5.2.3 节）。

透射实验可以是对电极施加电势阶跃或扫描时，研究吸光度相对于时间的变化，也可以是通过波长扫描来提供电生成物质的光谱。这些实验可通过将电解池装配在常规的光谱仪上来完成；

若希望在相对短的时间内跟踪光谱的变化，那么需要一个快速的扫描系统。已有每秒钟能够获得多达 1000 张谱图的仪器[6,9]。如此高的速度使信号平均成为提高谱图质量的实用技术。

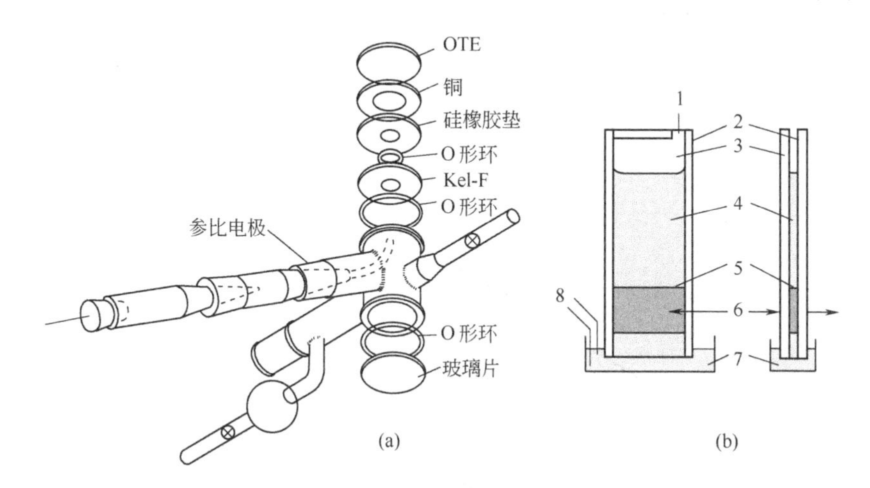

图 17.1.2　(a) 用于半无限线性扩散实验的透射光谱电化学池。光束从垂直方向通过［引自 N. Winograd and T. Kuwana, *Electroanal. Chem.*, **7**, 1 (1974)］。(b) 光透薄层体系：正视和侧视图。

1—应用于更换溶液的吸入点；2—Teflon 顶部隔板；3—(1×3) 英寸显微镜载片；4—被测溶液；5—金微网栅，1cm 高；6—光束轴；7—参比和辅助电极；8—装有被测溶液的容器。［引自 W. R. Heineman, B. J. Norris, and J. F. Goelz, *Anal. Chem.*, **47**, 79 (1975)］。文献［16］报道了一种可被密封的、对于有机溶剂有用的薄层池

图 17.1.2(a) 中的电解池可用于电活性物质到电极表面的扩散为半无限线性扩散时的情况[6]。它通常用于阶跃幅度较大的实验中，使体系在扩散控制区域进行电解，然后记录吸光度 $\mathscr{A}$ 相对于时间的变化。从电化学的角度讲，结果与在 5.2.1 节中所描述的 Cottrell 实验一样。

吸光度的变化可通过考察一段厚度为 dx，横截面积为 A 的溶液来描述，如图 17.1.1 所示。如果 R 是在检测波长下仅有的光吸附物质，整个面积 A 被均匀地光照，透过这段溶液的微分吸光度是 $d\mathscr{A}=\varepsilon_R C_R(x,t)dx$，式中，$\varepsilon_R$ 为 R 的摩尔吸光度。那么总的吸光度是

$$\mathscr{A}=\varepsilon_R\int_0^\infty C_R(x,t)dx \tag{17.1.1}$$

如果 R 是一个稳定的物质，式 (17.1.1) 的积分是单位面积上所产生的 R 的总量，它等于 Q_d/nFA，这里 Q_d 是电解时所通过的电量。因为 Q_d 可由积分 Cottrell 公式 (5.8.1) 得到，所以

$$\boxed{\mathscr{A}=\frac{2\varepsilon_R C_O^* D_O^{1/2} t^{1/2}}{\pi^{1/2}}} \tag{17.1.2}$$

正如图 17.1.3 所示的那样，上式显示吸光度与 $t^{1/2}$ 有线性关系。注意到吸光度与 $t^{1/2}$ 作图的斜率提供了在无须知道电极面积的条件下测量扩散系数的一种方法。

由于常用的透射实验直接检测电解产物，它提供许多关于反向计时电流法或反向计时电量法的诊断特征。事实上，$\mathscr{A}$ 是表征在观测时间内保留在溶液中的被检测物质总量的一个连续的指数。公式 (17.1.2) 描述了一种极限情况，即产物很稳定。如果均相化学反应趋于减小 R 浓度，那么将会有不同的吸光度-时间关系。通过例如数值模拟法（见附录 B），这些关系可被预测，有关许多机理的曲线已有报道[17]。

另外一种常见的透射实验模式为图 17.1.2(b) 所示的薄层体系[9,10,13,18]。工作电极密封接在含有电活性物质溶液的工作腔中（例如，在两个显微镜玻片之间，间距可能为0.05～0.5mm)。工作腔由毛细管作用填充，溶液与一个较大的容器中的溶液连通，参比和对电极也放置在较大的容器中。电解池的电解特征与在 11.7 节中所讨论的常规薄层体系类似，可以进行循环伏安法、本体电解和电量实验，但在电池中也需要有可得到吸收光谱的装置。

此类光透薄层电极（optically transparent thin-layer electrode，OTTLE）的一个特殊优点是本体电解可在几秒钟内完成，因此对于一个化学可逆体系，整个溶液在外加电极电势下可达到平衡，光谱数据可由静态溶液组分得到。

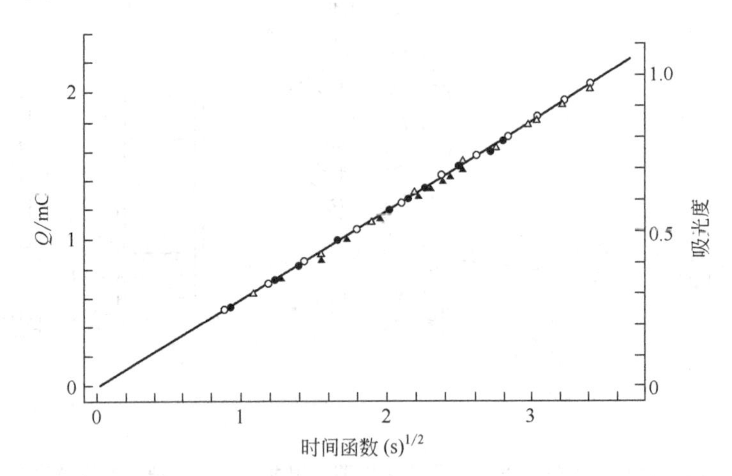

图 17.1.3　在双电势阶跃实验中，在每英寸有 200 根丝的金微网栅上的响应

溶液为含有 0.8mmol·L^{-1}联甲苯胺的 1mol·L^{-1} $HClO_4$－0.5mol·L^{-1}醋酸。在正向阶跃中，联甲苯胺的氧化是扩散控制的两电子过程。稳定的产物反向被重新还原。白圈代表正向阶跃电量与 $t^{1/2}$ 的关系；黑圈代表正向阶跃吸光度与 $t^{1/2}$ 的关系；白三角是 $Q_\tau(t>\tau)$ 相对于 θ 作图（见 5.8.2 节）；黑三角是 $\mathscr{A}(\tau)-\mathscr{A}$ 与 θ 作图。正向阶跃时间为 τ [引自 M. Petek, T. E. Neal, and R. W. Murray, *Anal. Chem.*, **43**, 1069(1971)]

图 17.1.4 为钴与 Schiff 碱配合物（其结构如下）的光谱[19]。在－0.9V（相对于 SCE）时，配合物含有 Co(Ⅱ)，但在－1.45V 时，金属中心被还原为 Co(Ⅰ)。由此方法所得到的光谱对于详细地表征物质的电性质具有直觉意义，它们可通过习题 17.1 所示的方式，得到准确的标准电势。

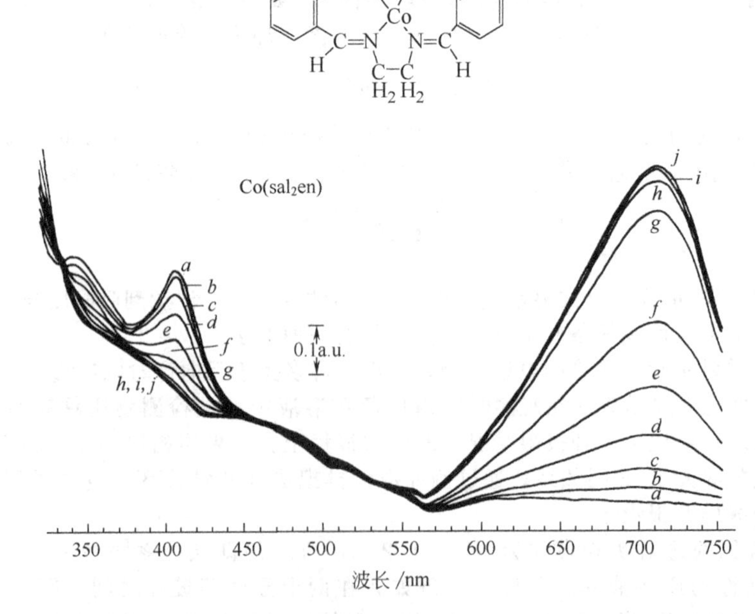

图 17.1.4　在 OTTLE 电极上得到的钴与双（水杨酸）乙二亚胺配合物的光谱

施加的电势相对于 SCE：a——0.900，b——1.120，c——1.140；d——1.160，e——1.180，f——1.200，g——1.250，h——1.300，i——1.400，j——1.450V [引自 D. F. Rohrbach, E. Deutsch, and W. R. Heineman in "Characterization of Solutes in Nonaqueous Solvents," G. Mamantov, Ed., Plenum, New York, 1978]

光谱电化学方法在揭示电荷转移复杂顺序时是特别有用的。图 17.1.5 显示了于一个经典例子[20]。样品是细胞色素 c 及细胞色素 c 氧化酶的混合物，初始时两者均在氧化态。实验是通过电致自由基阳离子甲基紫精（MV^{2+}）进行电量滴定：

$$MV^{2+} + e \rightleftharpoons MV^{+\cdot} \qquad (17.1.3)$$

这里 MV^{2+} 的结构式是

$$CH_3-{}^{+}N\langle\rangle-\langle\rangle N^{+}-CH_3$$

在溶液中，一个甲基紫精自由基可还原细胞色素 c 中的一个血红素或细胞色素 c 氧化酶中的两个血红素中的一个。在增加 5 纳当量电量后记录光谱图，结果表明细胞色素 c 氧化酶中的一个血红素基团首先被还原。然后甲基紫精自由基在还原细胞色素 c 氧化酶中的第二个血红素之前，还原细胞色素 c 中的血红素。

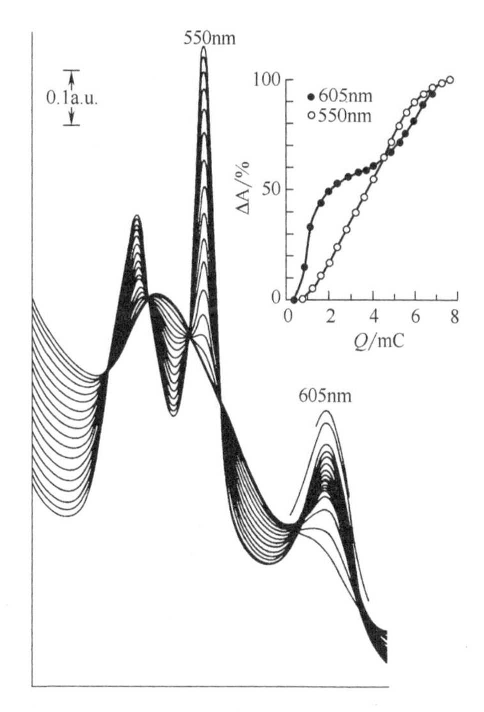

图 17.1.5　采用在 SnO_2 OTE 电极上产生的 $MV^{+\cdot}$ 电量滴定细胞色素 c(17.5μmol·L^{-1}) 和细胞色素 c 氧化酶 (6.3μmol·L^{-1})。在每通过 5×10^{-9} 当量的电量后记录每个光谱

[引自 W. R. Heineman，T. Kuwana，and C. R. Hartzell，*Biochem. Biophys. Res. Comm.*，**50**，892 (1973)]

该例子很好地解释了对于酶这样的生物大分子，它们有时与电极不能进行直接的电荷交换（可能由于位阻原因），而必须采用非直接电化学测量。取而代之的是可采用小分子与电极进行异相电荷交换，而与大分子进行均相电荷交换。这些分子称为中介体 (mediator)[9,10,18,20]。它们提供了一种用于增强和保持与大分子的电化学平衡的机制；因此它们在表征这些大分子的氧化还原中心的标准电势时是特别有用的。

已报道了许多不同设计的透射光谱电化学池[21]。为了提高灵敏度，可采用光束与电极表面平行的长径池[22]。在光谱电化学流动池中，溶液在工作电极与对电极之间很薄的通道中流动，且位于光谱仪观测的窗口之外[23]。

17.1.2　镜像反射法和椭圆光谱法

人们可能设想在一个电极表面上的变化，即使是非常小的变化，如吸附在电极表面的亚单层的碘离子，将影响表面的反射光谱性质，因此能够提供表面化学动力学和表面成膜本质的信息。此方法的确是有用的，已经发展成为几种不同的实验技术。对于本节中所要讨论的两个领域，将集中在表面本身。对从电极表面反射光束的性质感兴趣，将尽量避免在实验过程中溶液的光学性质的变化。这些方法很适用于直接观察一个操作池中的表面化学，而不适用于与吸附物质偶合的均相反应。

(1) 光学原理　在进一步讨论之前，有必要论述一些基本的光学概念。沿着此线走更远的话，显然超出了本书的范围，但将试图介绍一些用于理解这些方法的基础知识。需要这方面更全面的了解，可参阅相关的文献 [24～27]。

光反射最好是通过光的波像性来理解。与波相关的电场矢量与波的传播在一个平面上振动（图 17.1.6），光的强度与电场大小的平方成正比。伴随着电矢量的磁场矢量，如图 17.1.6 所示，在一个垂直平面振动；但一般来讲，不必考虑它的存在。

大多数光源包含许多独立的发射体，它们产生的光波不具有相干性；这样，电场的振动平面相对于传播轴的角度来讲是随机的。这种光被称为非偏振 (unpolarized) 光。然而，通过一个表面的反射光，或甚至通过一个窗口的透射光，通常相对于实际涉及的物理表面，具有特定取向的射线更有效；因此，反射或透射的光束是部分偏振的，因为特定方向的振动占主导地位。通过仔细地调节光束，可以得到线性（或平面）偏振光，即对于电场振动的平面，所有的射线具有相同

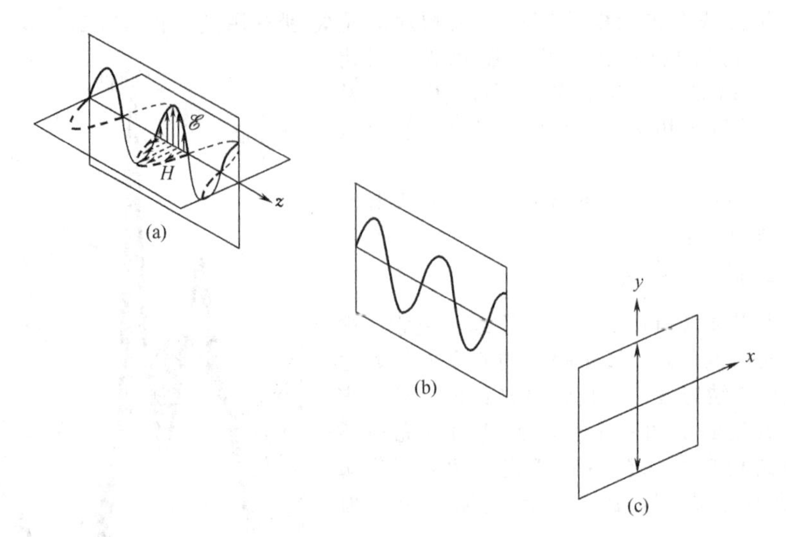

图 17.1.6　(a) 沿 z 方向传输的光波的电场和磁场矢量；(b) 含有电场矢量的偏振面；(c) 对于观察者来讲在固定点上，所有取向相同的光束应当具有指示线的电场矢量，该光束是线形偏振光

[引自 R. H. Muller, *Adv. Electrochem. Electrochem. Engr.*, **9**, 167 (1973)]

的角度。

在反射研究中，通常希望控制相对于实验仪器的偏振状态。正如在图 17.1.7 中所定义的那样，测量总是相对于入射光的物理平面。如果偏振平行于该平面，那么它及相关参数传统地用下标 p 表示。若偏振垂直于该入射光平面，则可用下标 s 表示。

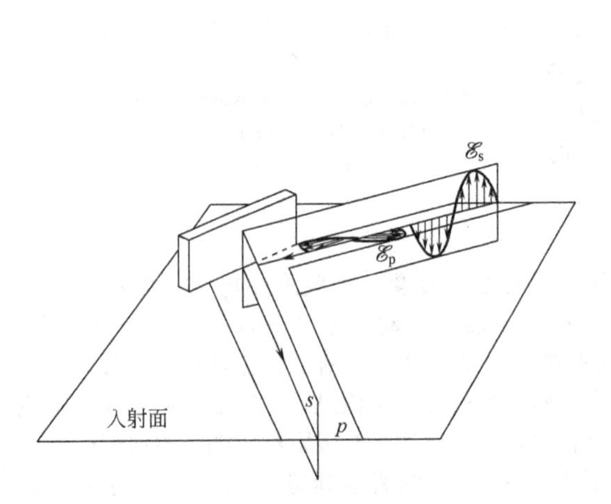

图 17.1.7　表面对偏振光的反射

[引自 R. H. Muller, *Adv. Electrochem. Electrochem. Engr.*, **9**, 167 (1973)]

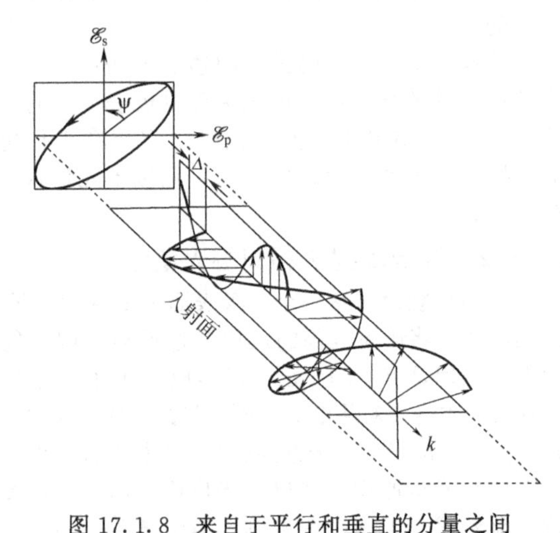

图 17.1.8　来自于平行和垂直的分量之间相移为 Δ 时的椭圆偏振

[引自 R. H. Muller, *Adv. Electrochem. Electrochem. Engr.*, **9**, 167 (1973)]

如果采用相对于入射光平面的一些其他偏振角度，那么通常将电场矢量分解为平行和垂直部分。这样，在一个表面上任意的线性偏振入射光，均可认为是由平行和垂直部分结合而成的。在平行偏振光的每一个射线中都伴随有垂直偏振，它们可以被锁相，因此相应的电场矢量的取向在偏振光作为一个整体时总具有固定的角度。

如果一个线性偏振光被表面反射的话，通常发现平行和垂直的部分在大小和相位上会有不同的变化。这样，两束光中的各自射线与入射同相，而反射异相。如图 17.1.8 所示，此影响产生一些有趣的后果。现在注意到对于一束光，两种组分虽说与入射同相，其所产生的电场矢量并不在一个固定的角度，而是随着波的传播，得出一个螺旋状。螺旋状的投影是一个椭圆形；因此称为椭圆偏振（elliptically polarized）光。椭圆的形状取决于光的两种组分的相对大小和相差。圆形偏振代表光的两种组分大小相等，但相差为90°的特定情况。

任何物质的光学性质是由其光学常数所决定的。其中之一是反射指数，n：

$$n=\frac{c}{v}=(\varepsilon\mu)^{1/2} \tag{17.1.4}$$

式中，c 为在真空中的光速；v 为光在介质中传播的速度；ε 为光频介电常数；μ 为磁导率。如果介质为吸光性，必须附加一个消光系数，k，它与吸光系数 α 成正比，表征了光强度通过介质时的指数下降。厚度为 x 的介质的吸光率是 $\alpha x/2.303$，k 与 α 的关系是

$$\alpha=\frac{4\pi k}{\lambda} \tag{17.1.5}$$

这里 λ 是在真空中入射光的波长❶。

在有关反射的文献中，经常看到采用复反射指数 $\hat{n}$

$$\hat{n}=n-jk \tag{17.1.6}$$

这里 $j=\sqrt{-1}$。这样 $\hat{n}$ 的实部和虚部是 n 和 $-k$。类似于式（17.1.4），可定义一个复光频介电常数 $\hat{\varepsilon}$

$$\hat{n}=(\mu\hat{\varepsilon})^{1/2} \tag{17.1.7}$$

可通过实部和虚部表示为

$$\hat{\varepsilon}=\varepsilon'-j\varepsilon'' \tag{17.1.8}$$

这里

$$\varepsilon'=\frac{n^2-k^2}{\mu} \quad 及 \quad \varepsilon''=\frac{2nk}{\mu} \tag{17.1.9}$$

对于大多数物质在光学频率下，磁导率 μ 接近于1。一个相的基本光学性质可由 μ，n 和 k 或由 μ，ε'，ε'' 来定义，两组参数均可用于分析实验结果。

（2）镜反射光谱[26~32]　测量镜反射涉及感兴趣表面的反射光强度。正如图17.1.7所示，入射光通常偏振为平行（p）或垂直（s）于入射面，检测器检测反射光的强度。但单色光经常被调制为波长很宽的光。所研究的表面必须是平整的，最好是光滑的。但对于研究，它是在电解池中的一个电极。

反射率 R 定义为反射光强度与入射光强度之比。绝对反射率很难测量，并且也没有必要。人们通常对因体系中一些变化（例如电极电势）所引起的反射率的变化 ΔR 感兴趣。在实验上仅测量反射光的强度（I_R）。如果入射光的强度保持恒定，那么由反射光的变化（ΔI_R）可得到 $\Delta R/R=\Delta I_R/I_R$。反射实验的基本数据是 $\Delta R/R$ 与各种被研究物的变量间的关系图，这些变量可能是入射光的频率，电活性物质的电势或浓度等。

$\Delta R/R$ 的值一般在 10^{-6}～1之间，因此常常涉及很微小的变化。为了使这些微小的变化实验上可测，要采用各种调制技术和锁相检测[26,30,31]。最简单的情况是调制光束。在其他的情况下，一个实验变量（如电势）被调制。

镜反射测量对于观测金属和其他的一些物质，特别是膜光学常数是很有意义的，膜的性质与固态本体可能有很大差别。此方法的长处是可较容易地得到与波长有关的结果。物质的光学常数本身就有意义（例如在定义带结构或区分表面态等方面，见18.2节），也可被用于随后的分析（例如用于测量阳极膜现场生长的厚度）。图17.1.9解释了金的典型数据[33]。

电化学反射法的特征是可对电极进行电势调制，通常采用正弦波方式调制和锁相检测与 $\mathrm{d}R/\mathrm{d}E$ 成正比的反射光强度的变化。得到的响应通常是 $(1/R)\times(\mathrm{d}R/\mathrm{d}E)$。图17.1.10是电化学反射作为入射光能量函数的典型图。此类谱图揭示了界面区域体系的电子结构。图17.1.10中尖峰是

---

❶ k 或 α 均与摩尔吸光率 ε 不同，ε 也常常称为“消光系数”。

由于高的双电层电场对于金属相光学性质的影响所致[26]。

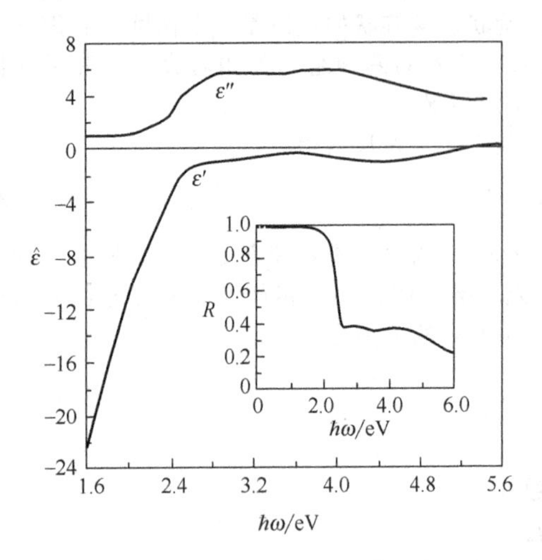

图 17.1.9 金的光频介电常数的实部与虚部依赖于入射光子能量的关系

插图是金在空气中对于垂直入射光的反射率

[引自 D. M. Kolb and J. D. E. McIntyre, *Surf. Sci.*, **28**, 321 (1971)]

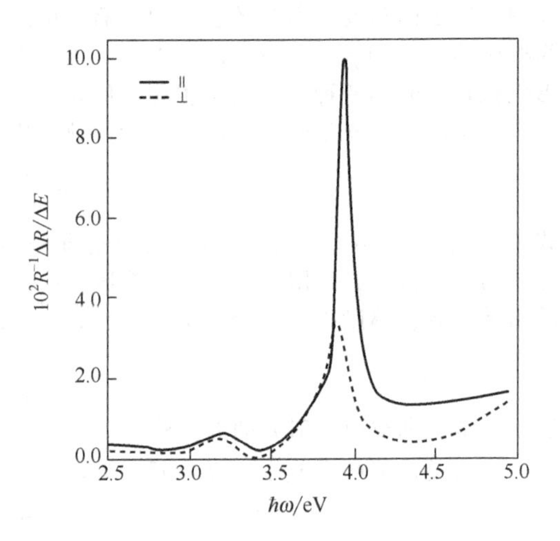

图 17.1.10 在 1mol·L^{-1} $NaClO_4$ 中 Ag 的电反射光谱

$E_{dc}=-0.5$V（相对于 SCE）。电势用 $\Delta E=100$mV，锁相频率为 27Hz 调制 [引自 J. D. E. McIntyre, *Adv. Electrochem. Electrochem. Engr.*, **9**, 61 (1973)]

镜反射光谱在电化学中最重要的应用可能是检测表面膜和吸附层。在图 17.1.11 中可以看到阴离子特性吸附对反射性质的影响[34]。图 17.1.12 中的数据证实了铂电极阳极氧化膜的形成。注意到在铂表面，膜的形成是在 0.5V 以上，但电极的初始态可通过回扫来恢复。膜的光学常数和厚度可由这些方法得到，这些信息对于表征膜的化学本质是有用的。

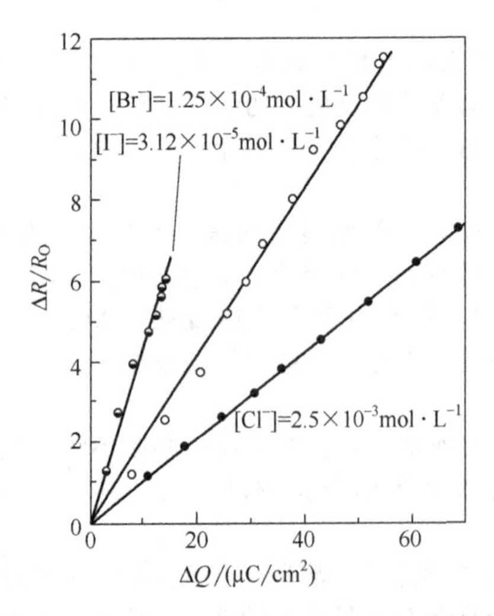

图 17.1.11 在 0.2mol·L^{-1} $HClO_4$ 溶液中，卤化物在金上吸附所引起的反射率的变化

[引自 T. Takamura, K. Takamura, and E. Yeager, *Symp. Faraday Soc.*, **4**, 91 (1970)]

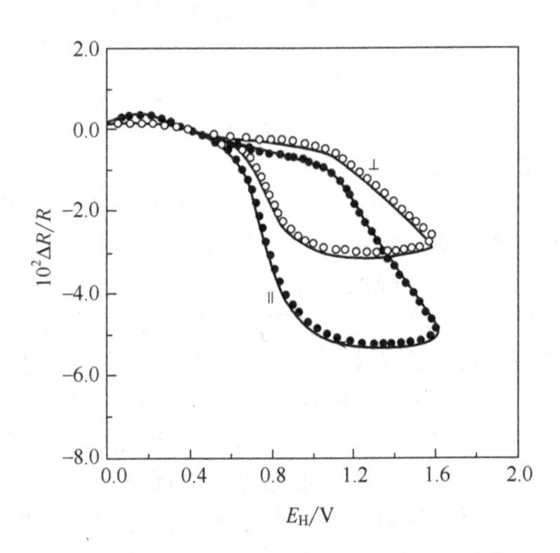

图 17.1.12 1.0mol·L^{-1} $HClO_4$溶液中铂电极上反射率变化与电势的关系

$v=30$mV/s。数据分别对应于平行和垂直偏振。曲线是 Ar 饱和的溶液，点是 O_2 饱和的溶液。应指出反射率的变化与发生在此范围较负部分的 O_2 的法拉第还原无关 [引自 J. D. E. McIntyre and D. M. Kolb, *Symp.*, *Faraday Soc.*, **4**, 99 (1970)]

(3) 椭圆偏振法[27,35~40] 从上面的讨论看到一个线形偏振光的反射通常产生椭圆偏振光，

这是因为入射光的平行和垂直组分的反射有不同的效率和不同的相移。能够测量其强度和相角的变化，从而表征反射体系，这种方法称为椭圆偏振法（ellipsometry）。

在图 17.1.8 中定义了椭圆偏振法的基本参数。前置和后置部分相角的差由 Δ 给出，电场大小的比定义了第二个参数 ψ：

$$\frac{|\mathscr{E}_p|}{|\mathscr{E}_s|}=\tan\psi \tag{17.1.10}$$

Δ 和 ψ 的值可记录为其他实验变量的函数（例如电势或时间）。

可采用几种方法得到 Δ 和 ψ 的值[26,27]，但最准确的方法是如图 17.1.13 所示的零平衡方式。入射光经与入射面呈 45°角线性极化后照射在样品上，其 $|\mathscr{E}_p|=|\mathscr{E}_s|$，且 $\Delta=0$。经发射后，光束通过一个补偿器（compensator），可恢复到 $\Delta=0$ 的初始状态。为达到恢复目的补偿器所需的位置是测量反射所诱导的 Δ 值的一个量度。所得到的线形偏振光然后通过第二个偏振器（分析器），它可旋转直到其投射轴与所接触的光的偏振面成合适的角度。以致没有光通过分析器到达检测器，从而达到了消光的条件。分析器的角位置提供了一个测量 ψ 的方法。除非正确调节补偿器和分析器，否则达不到消光的效果。对于手动仪器这些调节需要几十秒钟。

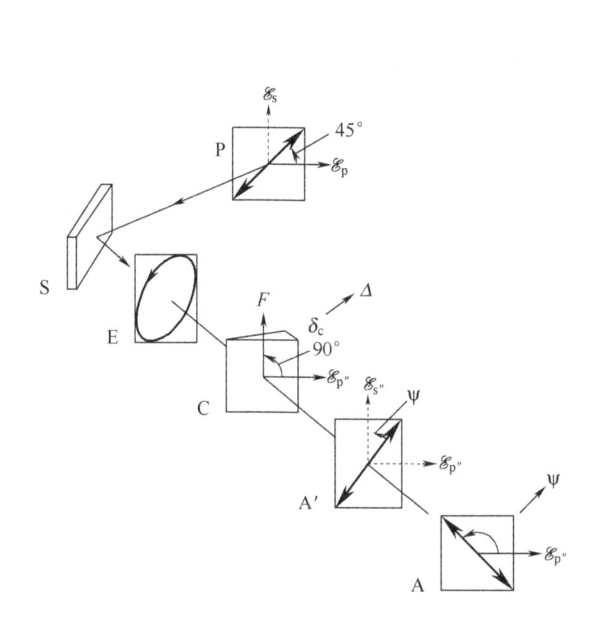

图 17.1.13　一类椭圆偏振仪的设计示意图

线形偏振光（P）入射到样品（S）上。反射产生椭圆偏振（E），采用补偿器（C）使其恢复到线形偏振（A′）。调节分析器（A）达到消光［引自 R. H. Muller, *Adv. Electrochem. Electrochem. Engr.*, **9**, 167 (1973)］

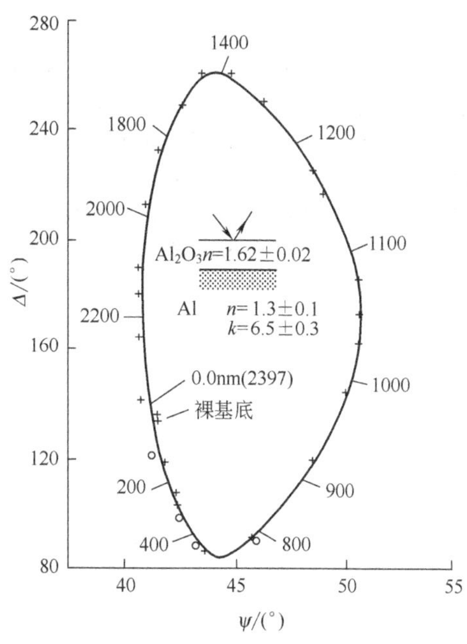

图 17.1.14　在 3%的酒石酸中（pH=5.5）铝阳极氧化的椭圆偏振测量结果

在整个曲线上的数字表示膜的厚度（10^{-10}nm）［引自 C. J. Dell'Oca and P. J. Fleming, *J. Electrochem. Soc.*, **123**, 1487 (1976)］

现在大多数椭圆偏振测量可由计算机控制的自动仪器来完成。这样的仪器通常由以 50～100Hz 连续旋转的分析器和固定的偏振器组成。其结果是正输出量，通过分析这些结果可得到 Δ 和 ψ 的值。对于分析器固定的仪器，通过一个光测弹性调制器，入射光的偏振可被连续调制。对于自动椭圆偏振光谱仪，测量时间可在毫秒级[38～40]。

椭圆偏振法被广泛地应用于研究电极表面膜的生长。图 17.1.14 显示了在铝表面形成阳极膜的典型结果[41]。基底的初始测量在标有 0.0nm 处，在膜生长过程中所做的测量，显示在一个圈上。它们是一个封闭的图，然后其厚度仍在沿着圈增加（数据标在圈上）。由测到的两个参数 Δ 和 ψ 以及铝的光学常数，可求算出膜生长期中的两个基本参数。在此情况下，假设膜是不吸光的（$k=0$），可求出反射指数 n 和厚度 d。图 17.1.14 中的曲线是 $n=1.62$ 和在各种所示厚度下的预期响应。

在没有将电极从电解池中移走或中断电解的情况下，可采用此方式研究膜生长的动力学。图17.1.15中的数据显示了在铁表面形成钝膜的三个动力学区域[42]。

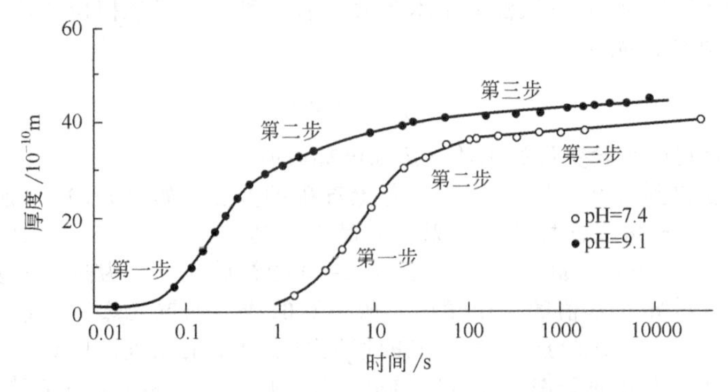

图17.1.15　在0.8V（相对于SCE）下，铁上钝化膜的生长

[引自J. Kruger and J. P. Calvert，*J. Electrochem. Soc.*，**114**，43（1967）]

椭圆偏振法也已被应用于研究电极上聚合物膜的生长或变化的特征（14章）。例如，图17.1.16显示了苯胺在HCl水溶液中，恒电流氧化生成聚苯胺时，所进行的椭圆偏振测量[43]。假定膜是均匀单层生长的（反射指数恒定），理论参数可与实验结果很好地拟合。注意到此模型对于膜厚度超过140nm的情况有较大的误差（虚线），原因是对于较厚的膜，其密度和光学常数均发生了变化。由于膜生长引起厚度变化，或者由于膜的状态的变化（例如中性聚吡咯转化为氧化态膜）而引起的膜性质的变化，会使椭圆偏振光谱的数据的定量解释复杂化，因为定量解释借助于一些含有多个可调解参数的模型。膜的粗糙度也是问题，因为在此情况下，表面层反射性质与膜和溶剂的反射指数有关。

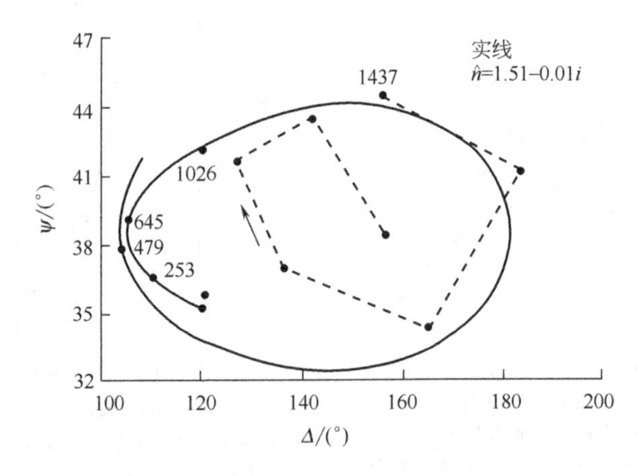

图17.1.16　在HCl溶液中及恒定电流77μA/cm²电解时，聚苯胺膜生长过程中的椭圆光谱法得到实验数据（点）和模拟曲线（实线）

该结果是在−0.2V（相对于SCE）时记录的膜的还原形式。计算的膜厚度以（10^{-10}nm）为单位标明在图中。在140nm以上理论曲线偏离实验数据（虚线）[引自J. Rishpon，A. Redondo，C. Derouin，and S. Gottesfeld，*J. Electroanal. Chem.*，**294**，73（1990）]

虽然大多数椭圆偏振测量采用一个激光器产生的单一波长单一入射光角的入射光，但其他模式也是可能的。例如，对于一个厚度一定的膜，为排除意义不明的反射指数，可采用一个单色光源施加多角度的入射光进行测量。若采用多通道分析器进行检测，也可得到一系列波长下（光谱椭圆偏振法，spectroellipsometry）膜的光谱响应[44]。

17.1.3　内反射光谱电化学[6,8~10,45~49]

（1）光透电极　另外一种光学探测电化学界面的方法是采用一个OTE（17.1.1节）作为一

个内反射元件，如图17.1.17所示。光束与电极平面平行，通过一个棱镜折射后以一个大于临界角的角度通过电极基底。然后光束经内反射后通过一个玻璃到达第二个棱镜后出来，仍沿原方向传播。这样可测量光束的强度。当光在电极/基底装置中传播时，在电极/电解质界面进行多次反射，在每一个反射点均与该区域进行作用。例如电解所诱导的变化，可以通过检测器测量相应的光束强度的变化，这就是内反射光谱电化学（internal reflection spectroelectrochemistry，IRS）的基础。

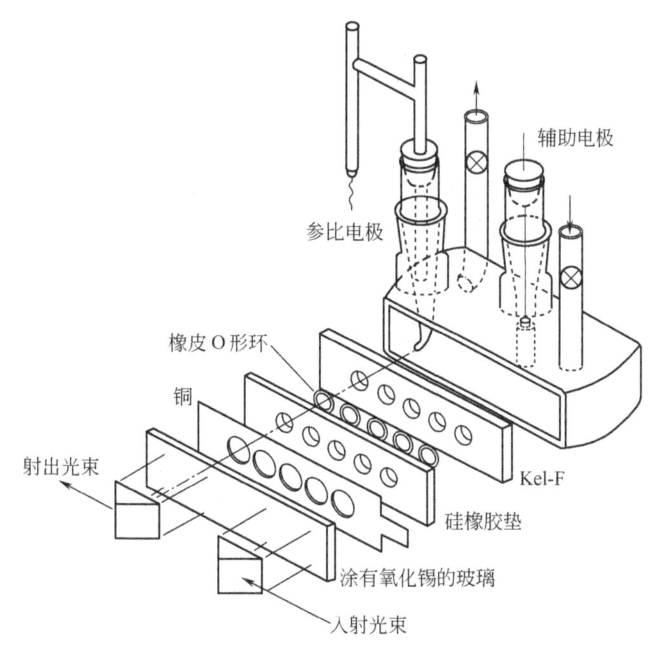

图17.1.17 内反射光谱电化学池的装配示意图
[引自N. Winograd and T. Kuwana，*J. Electrochem. Chem.*，**23**，333（1969）]

虽说诸如折射率的变化等其他效应均可被测量，但大多数实验所关心的是界面上物质的光吸收[6,8,45,46]。因为光波和电场并非分布于电极/基底装置内，所以吸收是可能的。在光反射的位点，电场扩展到溶液中一个短的区域。它的强度随到界面的距离呈指数衰减，如下式所示：

$$\langle \mathscr{E}^2 \rangle = \langle \mathscr{E}_0^2 \rangle \mathrm{e}^{-x/\delta} \qquad (17.1.11)$$

式中，$\langle \mathscr{E}_0^2 \rangle$ 为在界面的均方场强；$\langle \mathscr{E}^2 \rangle$ 为距离 x 处的均方场强；δ 为穿透的深度。此场是界面溶液一侧瞬时波的作用结果。它与吸光物质相互作用，吸收概率与 $\langle \mathscr{E}^2 \rangle$ 成正比。

穿透深度定义了光作用于溶液的距离，从体系的光学参数可以计算得到[8,45]。对于通常的三相情况（例如，镀 SnO_2 玻璃与水接触的体系），

$$\delta = \frac{\lambda}{4\pi \mathrm{Im}\xi} \qquad (17.1.12)$$

式中，λ 为入射光的波长；$\mathrm{Im}\xi$ 为 $(\hat{n}_3^2 - n_1^2 \sin^2\theta_1)^{1/2}$ 的虚部；$\hat{n}_3$ 为溶液的复折射率；n_1 为基底（通常是玻璃）的折射率；θ_1 为在基底区域内的入射角。总之，溶液的吸光性质对于 δ 的影响不大[8,45,46]；因而计算时可取 $\hat{n}_3 = n_3$。由于 δ 的典型值为50～200nm（习题17.7），IRS方法仅对紧临界面的溶液部分灵敏。

现在假设仅O/R电对的还原态吸收光，它的吸光率通常表示为

$$\mathscr{A}_{\mathrm{R}}(t) = N_{\mathrm{eff}} \varepsilon_{\mathrm{R}} \int_0^\infty C_{\mathrm{R}}(x,t) \exp\left(\frac{-x}{\delta}\right) \mathrm{d}x \qquad (17.1.13)$$

这里的积分是因为在任何 x 值，光吸收的概率与 $\langle \mathscr{E}^2 \rangle$ 和 $C_{\mathrm{R}}(x,t)$ 成正比。在所有点的吸光度与摩尔吸光系数 ε_{R} 成正比。参数 N_{eff} 是一个与反射次数及入射光强度与 $\langle \varepsilon_0^2 \rangle$ 相关关系灵敏度的因子，它与电极/基底装置所用的材料、光束的几何形状和偏振态有关。通常 N_{eff} 必须通过经验

的方式导出，其数值在 50～100 之间。

如果电解的时间超过 1ms，扩散层远比 δ 大，因此在所有的 x 处，$C_R(x, t) \approx C_R(0, t)$，指数因子有较大的值

$$\boxed{\mathscr{A}_R(t) = N_{eff}\varepsilon_R \delta C_R(0,t)} \tag{17.1.14}$$

因此吸光度是测量 R 表面浓度的一个方法。由于 N_{eff} 和 δ 随 λ 变化，以及其他的各种与电极/基底体系相关的光学影响使结果复杂化，所以吸光度光谱与常规的吸收光谱（ε_R 相对于 λ）不同[6,45,46]。

对于时间小于 500μs 的电解过程，扩散层与 δ 大小在同一数量级，吸光度与 R 的瞬时浓度分布有关[6,46,47]。所得到的光学暂态值对于表征相对快速的电化学过程是有用的，这些过程因为非发拉第过程对于电流和电量函数的贡献而受到严重干扰。只要求解 R 的浓度梯度的扩散-动力学方程，无论采用解析法还是数值法（如数值模拟），就可由式（17.1.13）计算出理论的光学暂态值。

图 17.1.18 是这类实验所得到的数据[47]。曲线 a 所代表的电极反应是 3-p-茴香胺（TAA）在乙腈中被氧化为它的阳离子自由基：

$$TAA - e \longrightarrow TAA^{+\cdot} \tag{17.1.15}$$

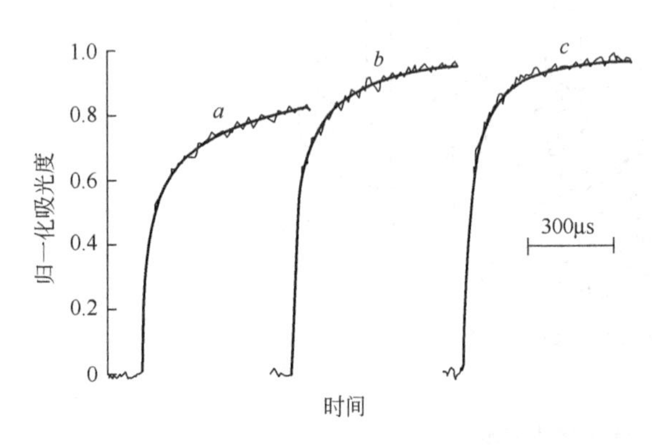

图 17.1.18 电势阶跃从 0.40～0.80V（相对于 SCE），阶跃宽度为 800μs 下所引起的暂态吸收率 30Hz 的脉冲重复 2min，对暂态过程进行平均。曲线 a：在乙腈中的 0.182mmol·L^{-1} TAA。曲线 b：0.182mmol·L^{-1} TAA 和 0.182mmol·L^{-1} FA。曲线 c：0.167mmol·L^{-1} TAA 和 0.333mmol·L^{-1} FA。实线是由正文中给出的速率常数得到的模拟结果［引自 N. Winograd and T. Kuwana，*J. Am. Chem. Soc.*，**93**，4343（1971）］

暂态吸光度是由于一个阶跃时间为 800μs 时的实验中所产生的 $TAA^{+\cdot}$ 所致。为了提高信噪比，脉冲以 30Hz 频率重复 2min，3600 个暂态信号被平滑。结果是通过规一化的吸光度来表示的，它是 $\mathscr{A}(t)$ 除以在长时间下的 $\mathscr{A}$ 值［即当 $C_R(0, t) = C_R^*$ 时式（17.1.14）的 $\mathscr{A}(t)$ 值，假设 $D_R = D_O$］。此过程可消除 N_{eff} 和 ε。

进行实验 b 和 c 是为了导出 TAA 到乙酰基二茂铁阳离子（AF^+）电子转移的速率常数：

$$TAA + AF^+ \underset{k_2}{\overset{k_1}{\rightleftharpoons}} TAA^{+\cdot} + AF \tag{17.1.16}$$

k_1/k_2 的比值是平衡常数，可由标准电势得到。电势阶跃可使 TAA 和 AF 均被氧化，然后 AF^+ 扩散至溶液中并与 TAA 反应，这样 $TAA^{+\cdot}$ 较无 AF^+ 存在时产生得要快。从这些吸光度增加的曲线中可以导出 k_1 的值为 $3.8 \times 10^8 L \cdot mol^{-1} \cdot s^{-1}$。注意到此值是相当大的，暗示反应的时间尺度对于大多数纯电化学方法而言是很难达到的。

（2）表面等离子体共振（Surface Plasmon Resonance，SPR）[50,51] 图17.1.19 是在电化学池中进行 SPR 测量的装置示意图。电极是沉积在一个玻璃片上的薄金膜（约 50nm）。激光器发出的 p-偏振光通过一个半球形棱镜照射在电极的背面，测量反射率作为入射角 θ 的函数。所得结果显示反射率只有几度范围的降低（图 17.1.20）。最低点称为 SPR 极小。通过此结构的棱镜（称为 Kretschmann 构造）的光束与薄膜偶合后，所引起的电子在金膜/溶液界面的整体激发称为等离子体。与等离子体相关的光学场的强度随光束进入溶液的距离呈指数降低，从电极表面到溶液的距离衰减的尺度在 200nm 左右；因而该场对于金/溶液界面的薄层厚度灵敏，可以提供表面介电常数和厚度的信息。SPR 已被应用于生物分子的吸附和金属上的自组装单层，电极表面的电势分布以及诸如欠电势沉积和电极氧化等电化学过程。图 17.1.20 是一个洁净的金表面在吸附不同层后行为变化的例子，注意到 SPR 极小随膜厚度的增加而移动。

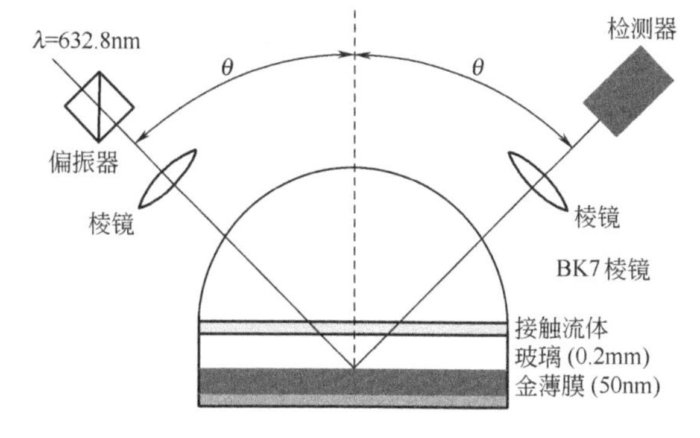

图 17.1.19　SPR 实验的棱镜/金电极示意图
作为电极的金膜（50nm 厚）被镀在显微镜玻璃载玻片上。通过半球形的棱镜将激光聚焦在电极上。电解池其余的部分在所示的电极下方。标明有“薄层”的层是一种吸附层或者其他沉积在工作电极上的物质［引自 D. G. Hanken，C. E. Jordan，B. L. Frey，and R. M. Corn，*Electroanal. Chem.*，**20**，141（1998）］

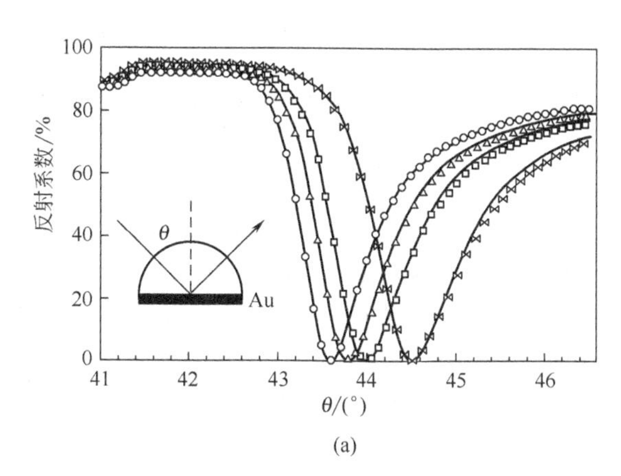

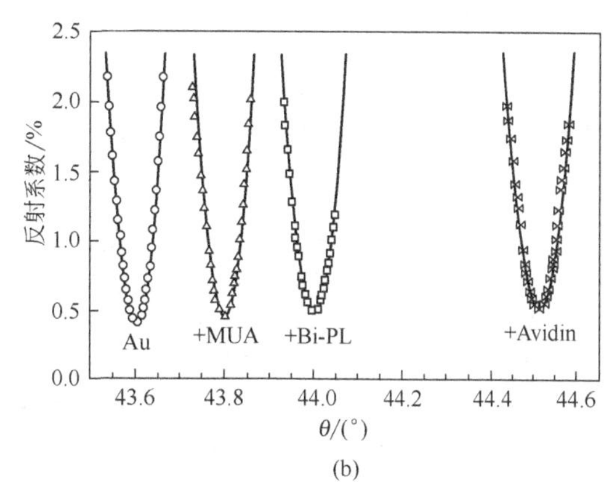

图 17.1.20　洁净金（圆圈）和依次吸附了 11-巯基十二烷基酸（三角形），含有 22%的生物素的聚-L-赖氨酸（正方形），以及抗生物素蛋白（蝶形）的 SPR 反射系数曲线。SPR 角度极小点的移动可用于测定吸附层的厚度
［引自 B. L. Frey，C. E. Jordan，S. Kornguth，and R. M. Corn，*Anal. Chem.*，**67**，4452（1995）］

17.1.4　光声和光热光谱

透射和反射技术在表征电极表面或附近的变化时是非常有效的，但是对适用的电极有很高的要求。例如，表面非常粗糙的电极不能够轻易地用于反射技术来检测，因为入射光大部分被散射；另外，在透射实验中仅可采用光透电极。这样就有必要发展现场的或非现场（从电化学池移开电极后）研究固体的光学技术，通过电极温度的变化来直接测量吸附的量，而不是通过分析透射或反射光束的性质。这个目标可通过直接测量温度的变化（光热光谱，photothermal spectroscopy）或通过测量因调制光束所引起的温度的周期变化所诱导溶液中或空气中的压力变化（光声光谱，photoacoustic spectroscopy）来达到。这些在电化学系统中还没有广泛应用的技术在第一版中有详细的描述❶。光热偏转光谱是一种与此相关的技术，电极表面附近温度或组分的变化可通过测量一束激光的偏转来分析，这束激光用于探测电极附近的折射率[52]。

17.1.5　二次谐波光谱

至今所描述的光学方法，以频率为 ω 的光照射电极，并且在频率为 ω 处进行检测。然而，类似于 10.6 节所讨论的电化学效应，非线形光学效应能够产生频率为 2ω 的光辐射。这种效应发生在非中心对称的晶体上，是激光体系中的频率倍增器的基础。在一个界面上对称性也被打破，因此所产生的二次谐波信号可被选择用于探测界面。该方法对于固/液界面特别有用，因为有疑问的光束通过溶液时，对于二次谐波响应没有影响。二次谐波（SHG，second harmonic generation）的原理、理论以及在电化学体系中的应用可参考相关综述[53~55]。

---

❶ 见第一版，第 596～600 页。

图 17.1.21 是 SHG 实验的典型装置。由于从基波到二阶谐波信号的转化效率很低，通常在 $10^{-12}\%$数量级[55]，所以需要采用使表面光强度达到 $10^5 \sim 10^8 W/cm^2$ 的高能脉冲激光。即使采用这样的光强度所产生的二次谐波信号仍很小，可能为 5～50000 个光子/s，因此门控光子计数或其他形式的信号平均需要通过电子学的检测方法来实现。

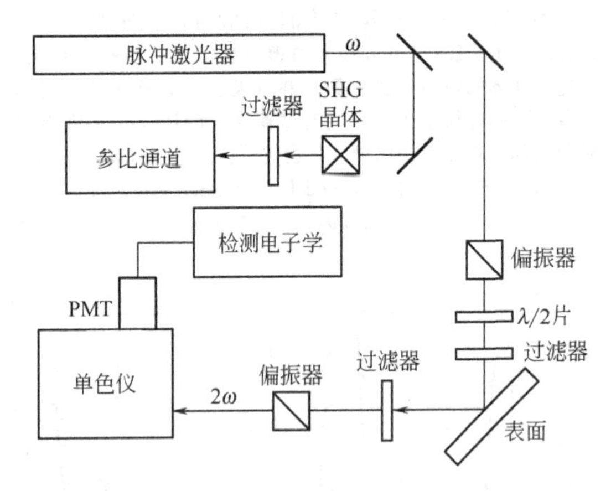

图 17.1.21 SHG 实验装置

由高能量脉冲激光产生的光束的一小部分被传输到参比通道，在频率倍增后用作激光强度扰动的归一化信号。在作用到样品前主要的光束被线形偏振和过滤。所产生的频率为 2ω 的光束通过过滤器和单色光器与主频分开［引自 R. M. Corn and D. A. Higgins，*Chem. Rev.*，**94**，107（1994）］

对于界面上离电极表面几个分子层之内的物质 SHG 信号是敏感的，可用于检测吸附物质、反应中间体和电极表面性质的变化。响应经常由金属表面的非线形敏感性所主导的，它对于吸附物质的存在敏感，但对于鉴别物质并不有效。然而在伏安扫描中所得到的 SHG 信号是与电化学行为相关的化学信息。考察图 17.1.22(a)，它显示了一个多晶 Pt 电极在 0.5mol・L^{-1} $HClO_4$ 和 1mmol・L^{-1} KCl 溶液中进行伏安扫描时的 SHG 信号。响应表明了在电势扫描过程中电极表面的变化[56]。在负电势区信号有较大增强是由于电极表面吸附氢的形成。在 0 和 0.4V（相对于 SCE）之间的信号是由于氯离子的吸附。在 0.4V 以上氯作为氧化层形式脱附或作为氢氧根的形式吸附。在 0.2V 时的信号随氯离子浓度的变化可以用于导出吸附等温线［如图 17.1.22(b) 所示］。SHG 已被用于研究许多金属、半导体电极和欠电势沉积时的吸附现象。

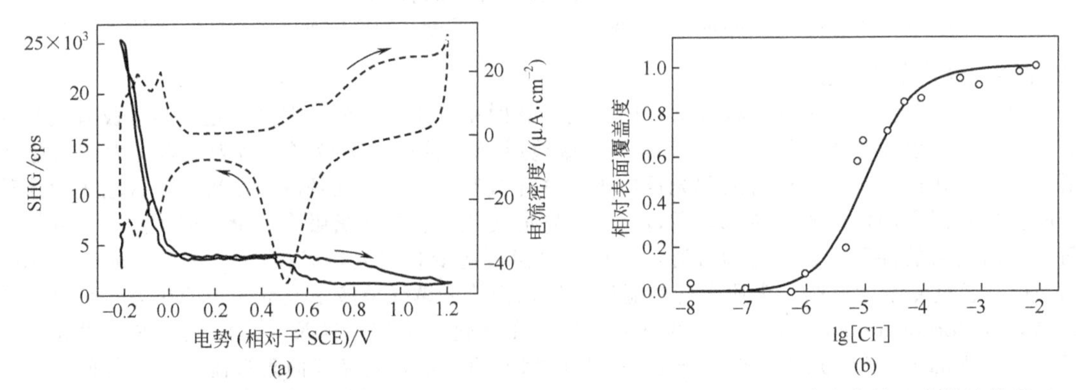

图 17.1.22 (a) 多晶 Pt 电极在 0.5mol・L^{-1} $HClO_4$ 和 1mmol・L^{-1} KCl 溶液中的二次谐波信号（实线）和循环伏安图（虚线）；(b) 在不同 KCl 浓度下在 0.2V 处由 SHG 响应所测量的吸附等温曲线。氯离子表面的覆盖度看作与金属表面的敏感度成正比
［引自 R. M. Corn and D. A. Higgins，*Chem. Rev.*，**94**，107（1994）］

17.2 振动光谱

17.2.1 红外光谱[57~59]

一般来讲，入射光的电场与分子偶极距相互作用。当辐射的频率（约 10^{13} Hz）与分子振动

频率引起共振时有光吸收产生，特别是当振动的激发对分子偶极矩有影响时。这种情况下激发振动模式所引起的能量变化相对于红外光谱区。一个完整的红外光谱由可以归属于特殊基团（如—CH_2—，—CH_3—，C═O）的频带组成，这些基团的特定频率区与分子中其他的基团相对独立。由于红外光谱涉及偶极矩变化的分子振动，极性分子键的振动通常对应于强的红外谱带。

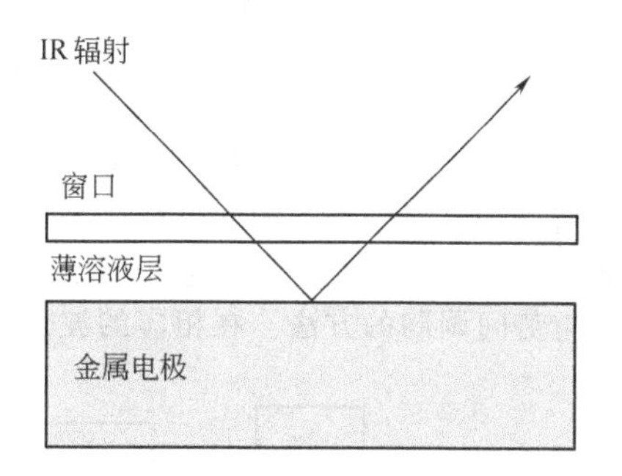

图 17.2.1　红外光谱电化学的外反射示意图

电解池的窗口（例如 CaF_2，Si，ZnSe）必须对于 IR 辐射是透明的，并且不溶于测试溶液

在红外光谱电化学（infrared spectroelectrochemistry，IR-SEC）中，被探测物质在电极表面和距电极表面很薄的溶液层中。常用的外反射模式（external reflection mode）构造如图 17.2.1 所示，红外辐射通过一个窗口和溶液薄层，经电极表面的反射后被检测。由于大多数溶剂对红外辐射有很好的吸收，所以窗口和电极之间的溶液层必须很薄（1～100nm）。图 17.2.2 是一个典型的电池构造。电极固定在一个可用于调节电极和窗口距离的活塞的末端。即使采用这样的薄层，所感兴趣物质的吸收比通常较本体溶液中小得多，因此经常采用调制或差分技术来得到有用的信号。电势或入射光的偏振可以调制。

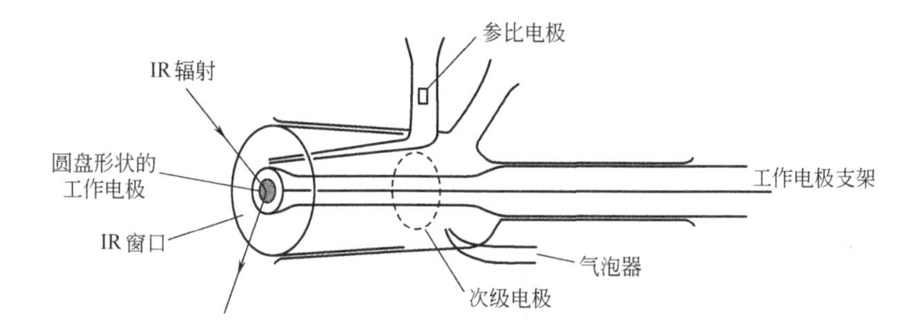

图 17.2.2　IR-SEC 的光谱电化学池

［引自 A. Bewick，K. Kunimatsu，B. S. Pons，and J. W. Russell，*J. Electroanal. Chem.*，**160**，47（1984）］

电势调制红外技术称为 EMIRS，即电化学调制红外反射光谱法（electrochemically modulated infrared spectroscopy）[60]。图 17.2.3 显示了这类实验仪器的方框图。电势在无研究物质产生处和电化学产生处之间进行调制。这样该技术可以测量电化学产物的信号，同时排除溶剂和其他溶解物的干扰，它们的 IR 吸收不受电势调制的影响。由于在电极和窗口之间的薄层具有的高阻抗

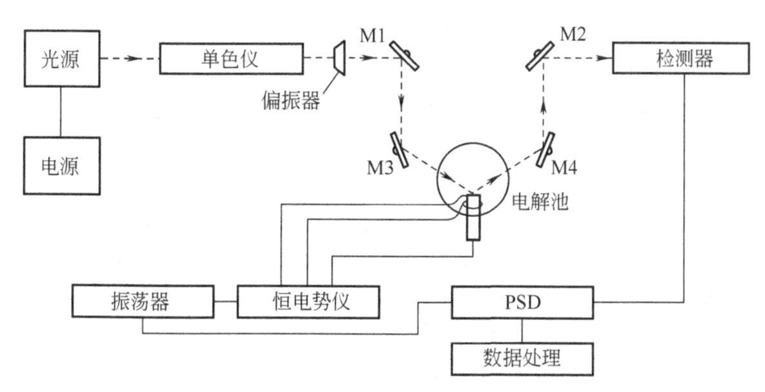

图 17.2.3　EMIRS 实验的仪器方框图

振荡器改变电极电势，并且为相敏检测器（PSD）提供一个参比信号。检测器调制的 IR 信号也反馈到 PSD

［引自 J. K. Foley，C. Korzeniewski，J. L. Daschbach，and S. Pons，*Electroanal. Chem.*，**14**，309（1986）］

所引起的电解池时间常数较大，调制速度通常限定为几个赫兹。

大多数现代 IR 光谱仪具备 Fourier 变换的多种优点。相应的 IR-SEC 技术是 SNIFTIRS，即差减归一化界面 Fourier 变换红外光谱法（substractively normalized interfacial Fourier transform infrared spetrocscopy），其原理如图 17.2.4 所示。单色光仪被干涉仪取代，信号是一个干涉图，代表了被测强度随干涉仪中物镜位置的变化。因为现代 FITR 光谱仪能够实现毫秒级的记录，所以可以记录多个干涉图并进行信号平均。通过逆 Fourier 变换，平均的结果被转换为常规的红外光谱。光谱图可在所感兴趣物质电化学过程发生或不发生的两个电势处分别得到，而不是采用在两电势间调制的方法。在相应的波长处进行吸光率的差减就可给出 SNIFTIRS 光谱图。

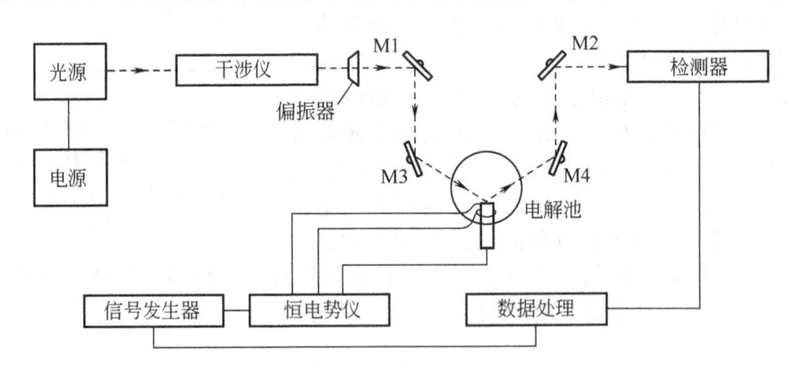

图 17.2.4 SNIFTIR 仪器的方框图

光源、干涉仪、检测器和数据存取通常与一个商品化的 FTIR 仪器相同［引自 J. K. Foley，C. Korzeniewski，J. L. Daschbach，and S. Pons，*Electroanal. Chem.*，**14**，309（1986）］

另外一种方法是采用一个光弹性调制器对入射光的极性在 p-或 s-偏振波间进行调制（如图 17.2.5 所示）。无规则排列的溶液分子对于 p-和 s-偏振光有同等程度的吸收，但仅 p-偏振光对表面是敏感的。此技术称为 IRRAS，即红外反射吸附光谱法（infrared reflection adsorption spectroscopy）。在 IRRAS 中，在获取光谱时，电势是保持不变的。FTIR 光谱仪也能以 IRRAS 模式工作。因为从 IRRAS 得到的最后结果仅代表在固定电势下的表面层的信息，它有常规 IR 吸收光谱的特征。相反，在此所讨论的其他调制和差分技术通常给出具有正、负峰的谱图，这是因为背景信号没有全部排除，对最后结果的贡献是一个负号。

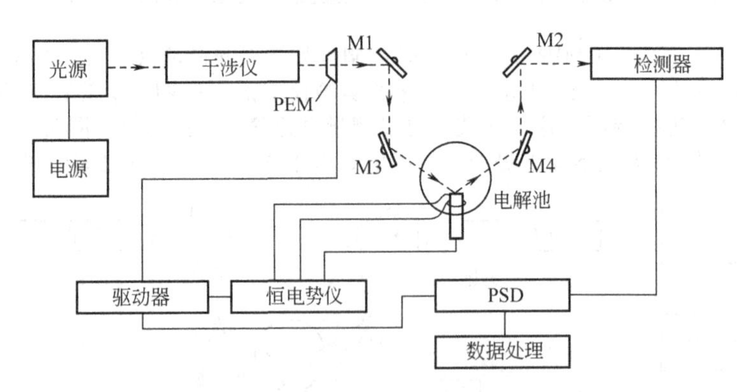

图 17.2.5 采用一个 FT 光谱仪的 IRRAS 仪器方框图

光弹性调制器（PEM）是一个如 ZnSe 晶体，它的折射率可通过施加压电传感器的应力来改变，这样可在 s-和 p-偏振化之间调制辐射［引自 J. K. Foley，C. Korzeniewski，J. L. Daschbach，and S. Pons，*Electroanal. Chem.*，**14**，309（1986）］

若 Ag 和 Au 这样金属，气相沉积在表面形成岛状结构的薄膜（约 10nm），产生有别于研究物质吸附的位点，则每个分子的 IR 吸收概率能够显著增加（10～50 倍）[61]。这种现象与在 Raman光谱中广泛研究的效应（17.2.2 节）相关，缘于金属与辐射光的模式偶合所产生的光电场的增强和因化学吸附引起的分子极性的增强。此技术称为表面增强红外吸收（SEIRA，surface-enhanced infrared adsorption)。

红外方法已被应用于研究吸附物质（反应物、中间体和产物），考察在电极和窗口之间薄层溶液中所产生的物质，以及探测双电层结构。这些方法对于具有强红外吸收系数的物质，如 CO 和 CN^- 特别有用。顺利的话，可得到有关吸附分子的取向和吸附与电势的相互关系的信息。图 17.2.6 为 0.1mol・L^{-1} $HClO_4$ 溶液中在 Pt 电极上[62]，0.5mmol・L^{-1} 对-二氟苯的 SNIFTIRS 谱图。光谱图缘于溶解的（$\Delta R/R$ 为正值）和表面吸附的（$\Delta R/R$ 为负值）对-二氟苯。

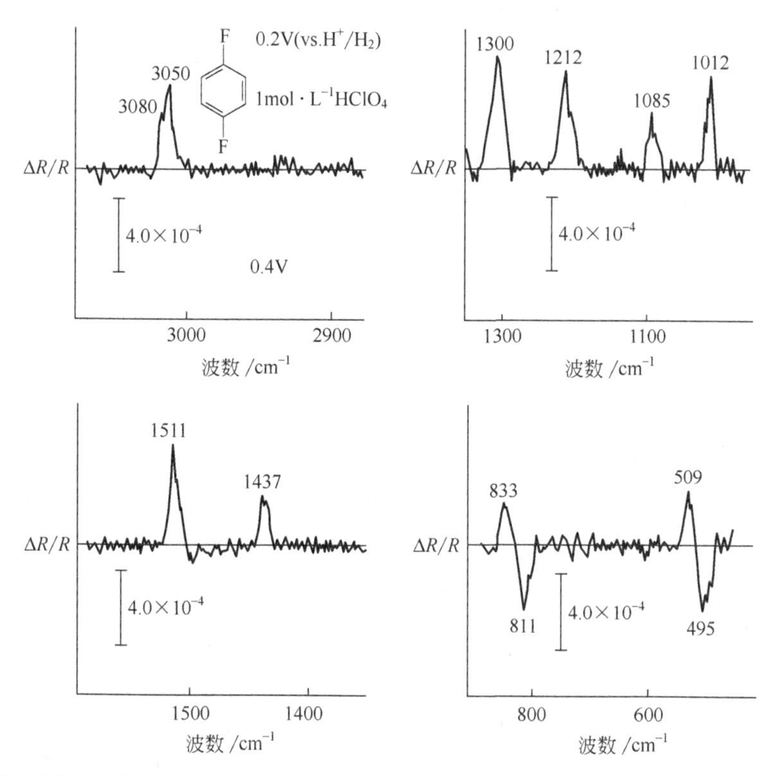

图 17.2.6　在不同的波数区域和在 1mol・L^{-1} $HClO_4$ 溶液中对-二氟苯在 Pt 电极上的 SNIFTIRS 光谱
每条曲线是在 0.2V 和 0.4V（相对于 NHE）处记录的光谱的差值。负峰相应于在 0.4V 处的特征主峰，正峰相应于在 0.2V 处的特征主峰［数据引自 S. Pons and A. Bewick，*Langmuir*，**1**，141（1985）。图引自 J. K. Foley，C. Korzeniewski，J. L. Daschbach，and S. Pons，*Electroanal. Chem.*，**14**，309（1986）］

考虑到在 17.1.5 节所讨论的有关 SHG 界面处的非线形效应，人们可以只得到吸附物质的振动光谱。在振动区域，此技术称为和频光谱（sum frequency generation，SFG），通过一个固定频率的可见光束（ω_{vis}）和一个可调的红外光束（ω_{ir}）照射电极/溶液界面来得到 SFG 谱图。因为界面固有的非线形性，当红外光激发界面上相应分子的共振振动是由频率为 $\omega_{sf}=\omega_{vis}+\omega_{ir}$ 的第三束光产生[63,64]。红外光束进行频率扫描，检测频率为 ω_{sf} 的信号。注意到虽说这是一种振动光谱的形式，检测到的光却在可见区，离 ω_{vis} 不远。例如，在研究 CO 在 Pt 电极上吸附时，可见光束在 532nm($18800cm^{-1}$)，而红外光束在 1400～$4000cm^{-1}$ 之间扫描[65]。反射光束通过一个单色器，将频率为 ω_{sf} 的光与波长为 532nm 的发射光进行分离。也可利用总频率输出相对于可见光束和红外光束的偏振来得到相关的信息。

17.2.2　拉曼光谱

Raman 散射实验通常采用光来激发一个样品，而光并不被样品吸收。大多数光直接通过样品或被弹性散射，即散射时光子没有能量的损失（Rayleigh effect，瑞利效应）。然而，一些光子与样品交换能量，产生非弹性散射，有能够反映能量得失波长的变化。此过程称为拉曼效应(Raman effect)[66,67]，从观察到的散射光子的特征能量变化，可以得到大量有关样品的定性信息。

散射过程可通过图 17.2.7(a) 所示的方式进行解释。可想像入射光子，可以提升分子到一种“虚拟态”，此状态是体系的一种非稳定态。在重新发射过程中没有能量损失者为 Rayleigh 散射，而在重新发射过程中达到有别于初时态的终态者称 Raman 散射。注意到 Raman 效应将产生相对于入射光能量具有不连续能量差的散射光。这些差别相应于分子各种振动模式的量子态。通常研究的是 Stokes 线，它们是在较低能级而不是激发能级的 Raman 发射。然而，散射的光子也能够具有较入射光高的能量，当散射来自于一些初始振动活化的体系时，这种反 Stokes 部分一般意义不大，因为它通常具有较低的强度。

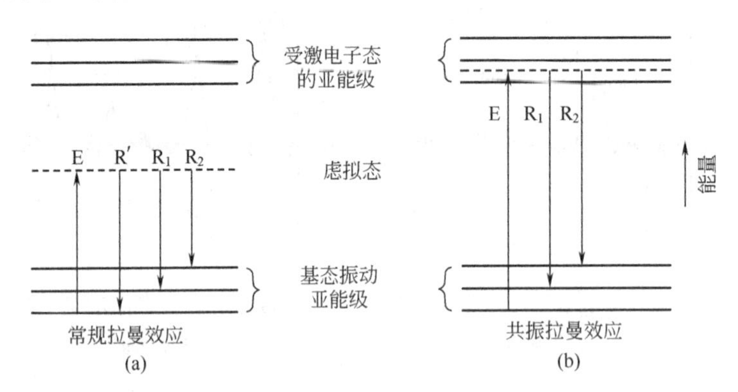

图 17.2.7 Raman 散射的示意图

激发（E）到非稳定虚拟态后紧接着通过无能量变化的 Rayleigh 散射，或者通过能量等于振动量子的 Raman 散射（R_1和 R_2）。(a) 在不吸收区激发的正常 Raman 效应；(b) 在允许吸收过渡态激发的共振 Raman 效应

Raman 散射的概率取决于一些确定的选择规律，但在大多数情况下是很低的；因此实验必须采用强光源和较高的样品浓度。Raman 光谱提供与 IR 光谱互补的分子振动信息。由于激发和测量均在可见光区，电化学池可采用玻璃窗和水溶液，两者均对于红外有强吸收。图 17.2.8 是 Raman 光谱仪的方框图。由于 Raman 实验中总是要测量相对于激发源约 100～3000cm^{-1}的很小的能量位移，因此单色光源是非常重要的。由于需要高强度，普遍采用激光作为光源。采用高分辨双重或三重单色光仪从较强的 Rayleigh 射线中分离 Raman 线。电化学测量通常是在操作池中进行。溶解或吸附在电极表面的物质可被检测。

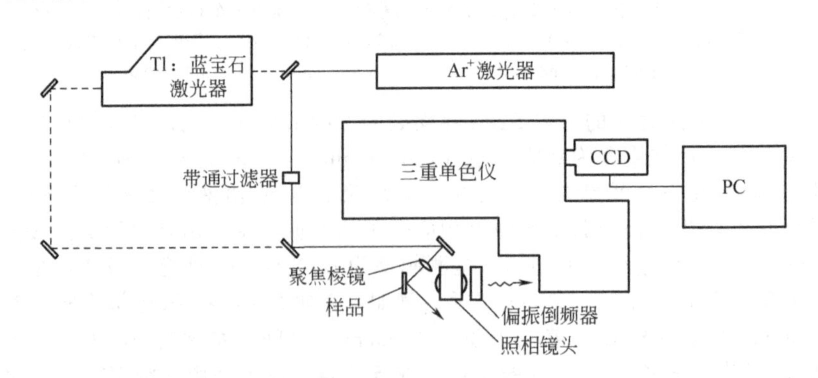

图 17.2.8 具有激光激发和电荷偶合装置（charge-coupled device，CCD）作为检测器的 Raman 光谱仪的方框图

［引自 J. Pemberton in “The Handbook of Surface Imaging and Visualization,” A. T. Hubbard, Ed.，CRC，Boca Raton，FL，1995，p. 647］

在电化学体系中大多数 Raman 实验所采用的技术可使信号得到大幅度增加。其中一个方法称为共振拉曼光谱法（resonance Raman spectroscopy，RRS）[67]，当激发波长相应于分子的一个电子过渡态时，可发生非常大的散射增强。分子吸附在特定的表面（例如银或金）也显示有很大

的 Raman 信号的增强，此效应被应用在表面增强拉曼光谱法（surface enhanced Raman spectroscopy，SERS）中[68~70]。

图 17.2.7(b) 图示了发生在 RRS 的过程。激发是在吸收带内进行的，虚拟态与体系的稳态很近。这种近共振电子相互作用使分子与光的相互作用更加有效，使散射概率增强因子达到 $10^4 \sim 10^6$。

图 17.2.9 是 RRS 应用的一个很好的例子，它检测电化学产生的溶解物质的光谱图，所研究的体系是[71]

$$\mathrm{TCNQ} + e \rightleftharpoons \mathrm{TCNQ}^{\overline{\cdot}} \tag{17.2.1}$$

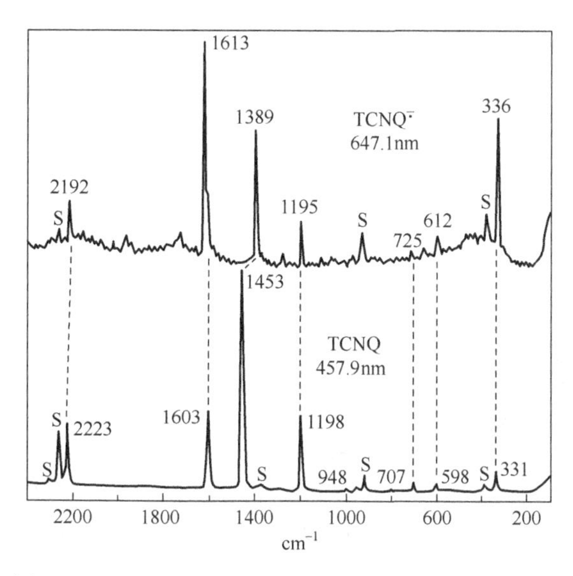

图 17.2.9　TCNQ 和电致 $\mathrm{TCNQ}^{\overline{\cdot}}$ 的共振 Raman 光谱

$\mathrm{TCNQ}^{\overline{\cdot}}$ 是通过在 −0.10V（相对于 SCE）电量法整体电解还原而产生的。初始时，TCNQ 在含有 $0.1\mathrm{mol \cdot L^{-1}}$ $\mathrm{TBAClO_4}$ 的乙腈溶液中的浓度为 $10.9\mathrm{mmol \cdot L^{-1}}$。激发波长标注在图中。横坐标表示相对于激发线的频率移动。S 代表溶剂的常规 Raman 带［引自 D. L. Jeanmaire and R. P. Van Duyne，*J. Am. Chem. Soc.*，**98**，4029（1976）］

这里 TCNQ 是：

NC　　　　CN

NC　　　　CN

阴离子自由基是由电量法整体电解还原 TCNQ 溶液所得。这些谱图所含的非常高的信息量是显而易见的。它们可用于与红外光谱类似的方式来表征和确定未知的电解产物[72]。此外，它们可用于解释有关被研究物质的电子和振动的基本性质[71,73,74]。

也能够得到一个法拉第活化电极扩散层中物质的 Raman 数据[73,75]。当电极通过一个循环的双阶跃作用时，例如一个较短时间的向前电解和一个较长时间的反向阶跃，可获得全部的谱图。

另外，Raman 强度的暂态信号可通过实验中观察一个选定的参照线来得到。图 17.2.10(a) 是这方面的一个例子[75]。由于此结果是从一个 50ms 电解和 950ms 反向电解重复 1000 次得到的，因而整个实验需要 1000s。Raman 强度定量地反映了产物的总量，这样它与一个透射实验中所观察到的吸收率-时间暂态曲线及在计时电量法中电量-时间曲线类似。向前的阶跃所产生的信号强度与 $t^{1/2}$ 成正比，反向阶跃所产生的信号强度应该与 $t^{1/2}-(t-\tau)^{1/2}$ 成正比，这里 τ 是向前的阶跃持续的时间。两者作图有相同的斜率（习题 17.8）。图 17.2.10(b) 证实了上述的分析。注意到这些实验具有非常高的选择性，因为所检测的 Raman 射线波数区域很窄，溶液中其他物质的干扰是不可能产生的。

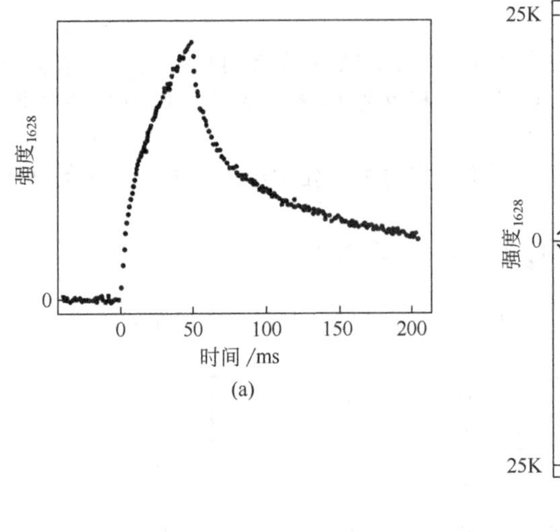

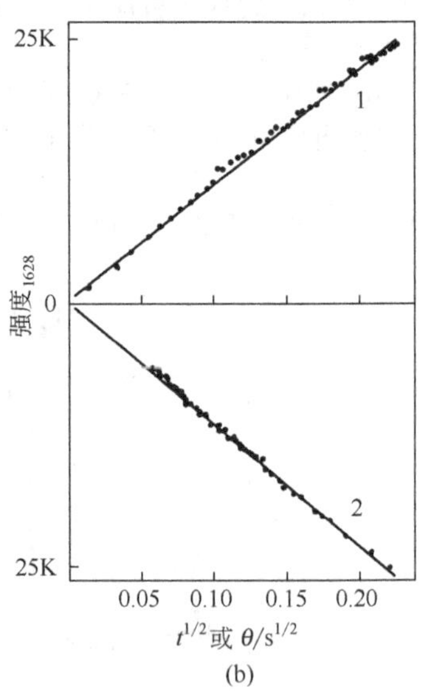

图 17.2.10 (a) 在 50ms 阶跃所产生的 TMPD 的阳离子自由基，在 950ms 阶跃重新还原，TMPD 的阳离子自由基的共振 Raman 强度暂态响应是 1000 个实验的平均值。在 612.0nm 激发下 TMPD 的阳离子自由基在 1628cm^{-1}处的强度。在乙腈中的浓度［TMPD］=3.0mmol·L^{-1}。(b) 正相强度 (1) 与 $t^{1/2}$作图及反相强度 (2) 与 $\theta=t^{1/2}-(t-\tau)^{1/2}$作图。数据来自于 (a)

［引自 R. P. Van Duyne，*J. Electroanal. Chem.*，**66**，235 (1975)］

Raman 技术最常用的是考察吸附在表面的物质。虽说在一些有利的条件下，可采用无增强、常规 Raman (NR) 光谱仪得到吸附单层的光谱图[76]，但这样的研究有相当大的难度，绝大多数的报道是基于 SERS 技术。当分子吸附在粗糙化的 Ag、Cu 或 Au 表面时，SERS 的 Raman 信号增强 10^5～10^6倍。观察到此效应的第一个实验体系是吸附在 Ag 表面的吡啶[77]，Ag 电极通过电化学重复扫描或电势在氧化和还原区域进行阶跃而粗糙化（在 SERS 文献中称为“氧化还原循环”或 ORC)。此过程在表面产生纳米和原子尺寸的粗糙化。在初始实验中偶然选择的 Ag 电极和粗糙化步骤恰恰对表面增强现象是至关重要的。随后在意识到在这些实验条件下发生显著增强效应，实现表面增强和 SERS 在电化学体系中的应用成为随后大量研究工作的主题[68～70,80～82]。

表面增强可归结于两种不同的效应，即电磁效应和化学效应[70]。电磁效应是由于在 ORC 过程中所生成的小的表面结构而引起的激发电场和由表面等离子波引起的散射辐射的区域增加。化学效应是由于吸附分子和金属表面的相互作用而引起的分子和金属之间的电子过渡态（电荷转移)。其结果类似共振 Raman 效应。由于两种效应均短程有效，SERS 对电极表面的分子特别有效。

作为一个在电化学环境下 SERS 研究的例子，是考察 $Os(NH_3)_5py^{3+}$ (py=吡啶) 在 Ag 电极上的吸附[83]。在一个典型的实验中，电极浸入到含有 0.1mmol·L^{-1} $Os(NH_3)_5py^{3+}$，0.1mol·L^{-1} NaBr 和 0.1mol·L^{-1} HCl 溶液中，进行 ORC 极化。激发波长为 647nm 或 514nm，电势极化范围为－150～－850mV（相对于 SCE)，记录 SERS 光谱作为电极电势的函数关系（图 17.2.11)。在－150mV 处（最上边的光谱图)，吸附物质以＋3 价态存在，显示主峰例如在 1020cm^{-1}是由于对称吡啶环的呼吸模式。在更负的电势进行还原时，如在－750mV，此峰消失，取而代之的是一个在 992cm^{-1}的峰（另外一个增加的峰在 1053cm^{-1})，它是配合物在＋2 的特征峰。对于电极扫描时，这些结果是可逆的，对于在 1020cm^{-1}和 992cm^{-1}处峰高度与电势作图应该是对应于＋3/＋2 电对的电势。在此体系中，吡啶 Raman 带的变化可以归结于金属中心离子氧化态的变化，但是即使氧化态不发生变化，吸附分子的 SERS 光谱图仍是电极电势的函数。例如，对于吸附在 Ag 上的甲醇，C—O 和 C—H 振动带的位置和相对强度在－0.05～－1.0V 之间随所加电势而变化[69]。

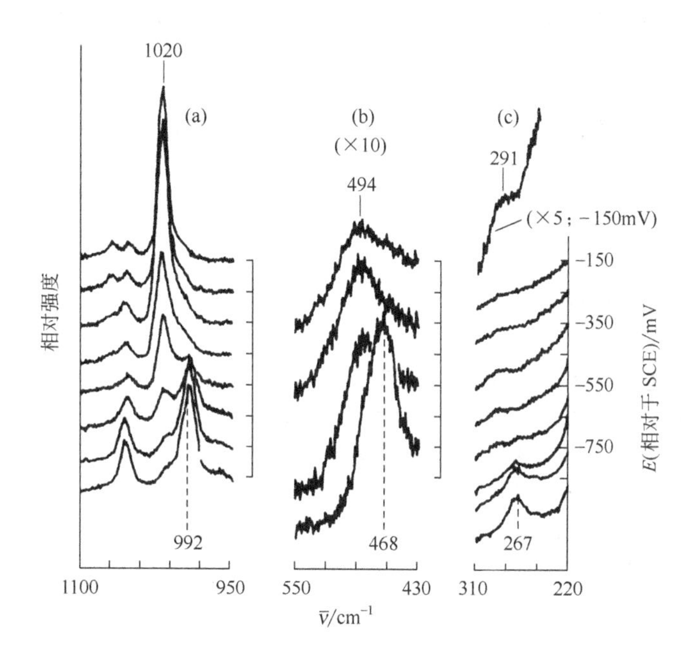

图 17.2.11　在波长 514.5nm 激光激发下，在三种不同波长区内测得的吸附在 Ag 电极上的 $Os(NH_3)_5py^{3+}$ 的 SERS 光谱与电势（尺度标在右侧）关系图

溶液含有 0.1mmol·L^{-1} $Os(NH_3)_5Py^{3+}$，0.1mol·L^{-1} NaBr 及 0.1mol·L^{-1} HCl [引自 S. Farquharson, M. J. Weaver, P. A. Lay, R. H. Magnuson, and H. Taube, *J. Am. Chem. Soc.*, **105**, 3350 (1983)]

SERS 应用于电化学体系的一个局限是增强效应仅限于 Ag、Au 和 Cu 等金属电极。然而，由于增强效应的电磁部分仅在几个纳米距离内有效，将另外一种金属的薄层镀在 SERS 活性的金属上，与吸附分子接触仍可得到增强信号[69]。例如，通过恒电流沉积，有可能在 Au 上镀上厚度相当于 3.5 个单层的无缝隙 Pd，进而采用 SERS 研究物质在 Pd 上的吸附。图 17.2.12 显示了苯在这样的电极上的吸附光谱图[84]。吸附在 Pd 上的苯的对称环呼吸模式出现在950cm^{-1}，与溶液

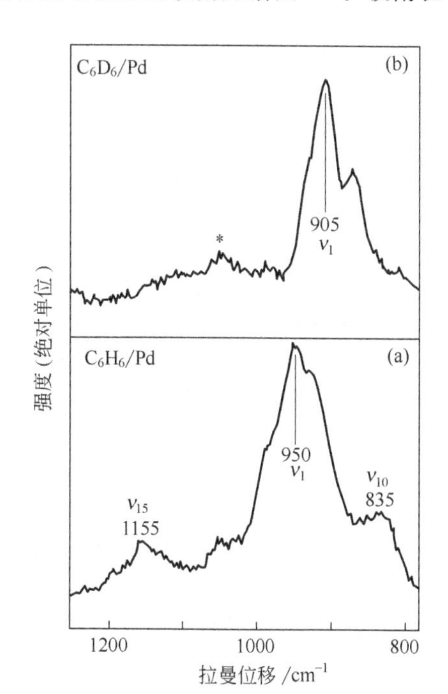

图 17.2.12　苯（a）和氘化苯（b）在粗糙金表面 3.5 单分子层 Pd 膜上的 SERS 光谱

电势控制在－0.2V（相对于 SCE），溶液是含有 10mmol·L^{-1}苯的 0.5mol·L^{-1} H_2SO_4溶液。激发波长为 647.1nm，功率是 20～40mW。星号标明的特征峰是由于杂质 [引自 S. Zou, C. T. Williams, E. K.-Y. Chen, and M. J. Weaver, *J. Am. Chem. Soc.*, **120**, 3811 (1998)]

中的（992cm^{-1}）或吸附在 Au 上的苯（975cm^{-1}）均有较大的移动。氘化苯（C_6D_6）有类似的行为，Raman 峰向低频率带移动。增强效应随 Pd 厚度的衰减因子对应于 3～30 个单层仅为4～5。

最近的一个有意义的发现是，从观察负载有吸附分子（例如罗丹明 6G）的 Ag 颗粒，当采用波长为 514.5nm 激发光时，当这些“热”颗粒的大小在 80～100nm 时，相对于粗糙表面具有非常大的增强因子（约 10^{14}）。这种巨大的增强可观测单分子的 Raman 图谱。

17.3 电子和离子能谱

基于测量光子、电子或离子辐射样品后荷电粒子（电子和离子）的表面分析技术已发展成为表征材料和微电子器件的强大工具[2,86～90]。图 17.3.1 显示了这类技术的基本原理。需要重点考虑的是辐射斑点的大小（它决定该技术的空间分辨率）、灵敏度（检测量下限）以及取样区的深度。图 17.3.2 比较了各种技术的这些参数。

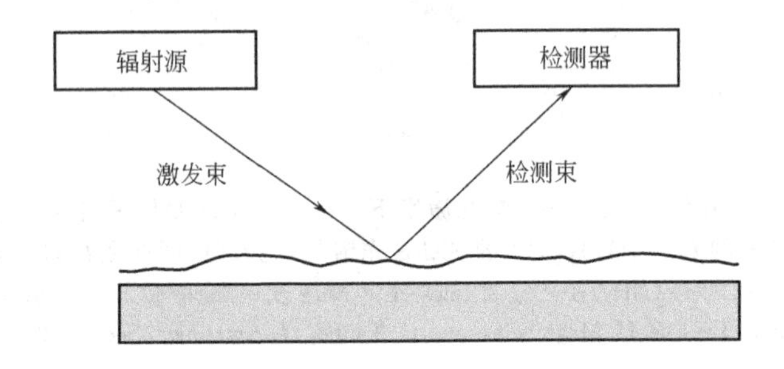

技　术	缩写	激发信号	检测信号	技　术	缩写	激发信号	检测信号
X 射线光电子能谱	XPS	光子（X 射线）	电子	高分辨电子能失光谱	HREELS	电子	电子
紫外光电子能谱	UPS	光子（紫外光）	电子	卢瑟福反散射	RBS	氢或氦离子	氢或氦离子
俄歇电子能谱	AES	电子	电子	二次离子质谱	SIMS	离子	离子
低能电子衍射	LEED	电子	电子	激光吸收质谱	LDMS	光子	离子

图 17.3.1　高真空表面光谱技术的基本原理示意图

［引自 A. J. Bard，“Integrated Chemical Systems，” Wiley，New York，1994，p. 102］

所有这些方法的一个共同特点是测量需在超高真空（ultrahigh vacuum，UHV）（$<10^{-8}$ torr）中进行，这样任何需要研究的电极必须从电解池中移开，可能进行洗涤，溶剂干燥，然后放置在真空中。由于液体将吸收和阻挡电子和离子束，电极无法进行现场检测。样品必须转移到无电解质的体系中。因而可能引起所分析的界面与在电解池中的界面有显著的不同，而溶液中的界面恰恰是所感兴趣的。例如，含结晶水的固体化合物在真空中失去水而改变组分。另外，电极转移时暴露在空气中会引起表面物质的氧化。已设计出特殊的装置使样品从电解池中在惰性气氛下直接转移到 UHV 中以使暴露问题最小化（图 17.3.3），但必须时时警惕在转移过程中所造成的问题。

17.3.1 X 射线光电子能谱[88,91～97]

如果一个样品被单色 X 射线（例如，采用在 1486.6eV 的 Al K_α 线或在 1253.6eV 的 Mg K_α 线）辐射，电子将被溅射在样品周围的真空中。其中一些电子是从晶格深层移出来的，它们现在对我们来讲特别有用［图 17.3.4(a)］。如果原子充分接近于表面（<2nm），且没有非弹性散射和随后的动能损失，将会存在很高的电子脱出概率。我们对于非散射电子相对于它们在真空中的动能分布，即光电子能谱感兴趣。这种方法称为 X 射线光电子能谱（XPS）。

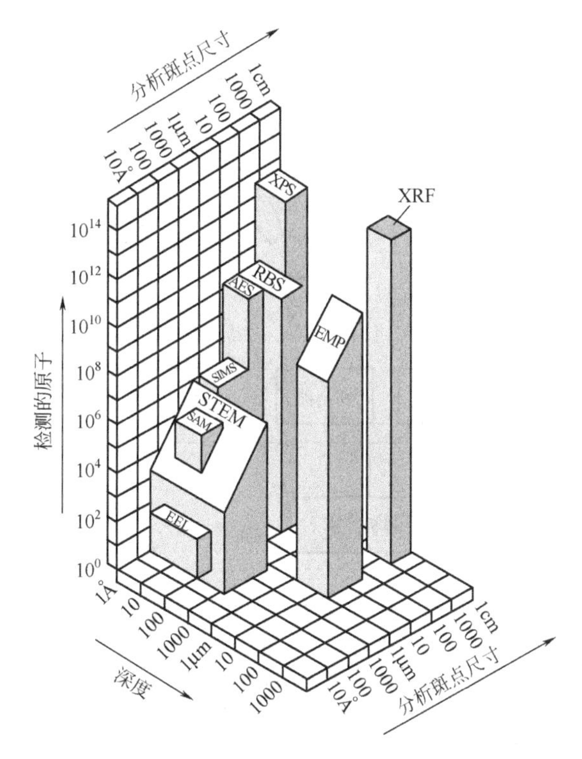

图 17.3.2　几种表面光谱技术的测量极限、取样深度及光斑大小的比较

XRF（X 射线荧光光谱）；EMP（电子微探针）；EEL（电子能量损失）；SAM（扫描 Auger 显微术）；STEM（扫描透射电子显微术）。其他的缩写见图 17.3.1。该图总结了不同方法的相对检测能力；现代仪器具有较显示在此的 1986 年的数据更好的定量能力［引自 A. J. Bard，"Integrated Chemical Systems，" Wiley，New York，1994，p. 103。也见 "Texas Instruments Materials Characterizations Capabilities，" Texas Instruments，Richardson，TX，1986］

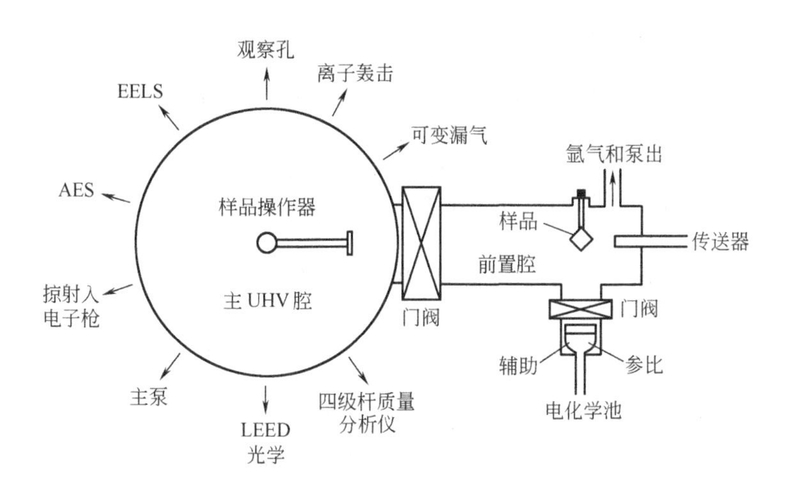

图 17.3.3　可以在 Ar 下在前室进行电化学样品准备，然后直接到 UHV 腔中进行表面光谱测定的仪器示意图

［引自 A. T. Hubbard，E. Y. Cao，and D. A. Stern in "Physical Electrochemistry，" I. Rubinstein，Ed.，Marcel Dekker，New York，1995，Chap. 10］

能够溅射电子的光子的能量必须守恒，可分成四部分[95]：

$$h\nu = \boldsymbol{E}_{\mathrm{b}} + \boldsymbol{E}_{\mathrm{k}} + \boldsymbol{E}_{\mathrm{r}} + \phi_{\mathrm{sp}} \tag{17.3.1}$$

其中两个最重要的部分是电子在光谱仪中的动能 $\boldsymbol{E}_{\mathrm{k}}$，以及将电子从初始态移开所需的能量，即结合能 $\boldsymbol{E}_{\mathrm{b}}$。由于对于不同的原子级其 $\boldsymbol{E}_{\mathrm{b}}$ 值是分离的、很好定义的，相对于这些级的 $\boldsymbol{E}_{\mathrm{k}}$ 值应该是分离的，因此相对于每个能级的光电子谱显示一个峰［图 17.3.4(b)］。与一个给定的峰相关的结合能约为 $h\nu - \boldsymbol{E}_{\mathrm{k}}$。为了准确标定结合能必须对逸出点的反冲能（通常很小）和光谱仪功函数 ϕ_{sp}(3～4eV) 进行一些小的校正。图 17.3.5 是一个 X 射线光电子能谱仪的示意图。

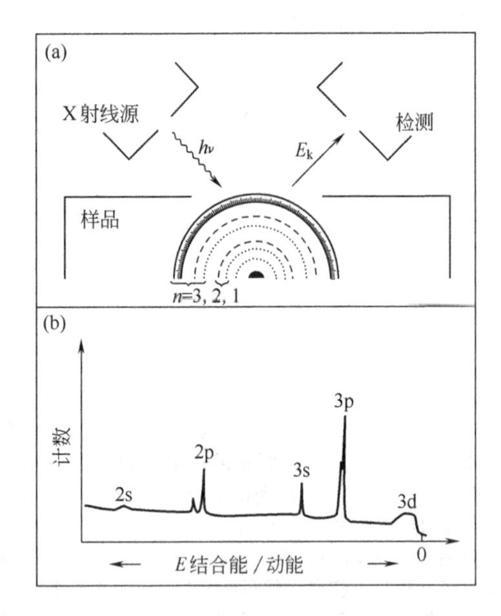

图 17.3.4 (a) 电子反射过程及 (b) 所产生的光电子谱的示意图

一个X射线光子将引发射出一个电子。所产生的电子的动能将依赖于电子是从核或价态上溅射的［引自 J. J. Pireaux and R. Sporken in M. Grasserbauer and H. W. Werner, Eds.,"Analysis of Microelectronic Materials and Devices," Wiley, New York, 1991］

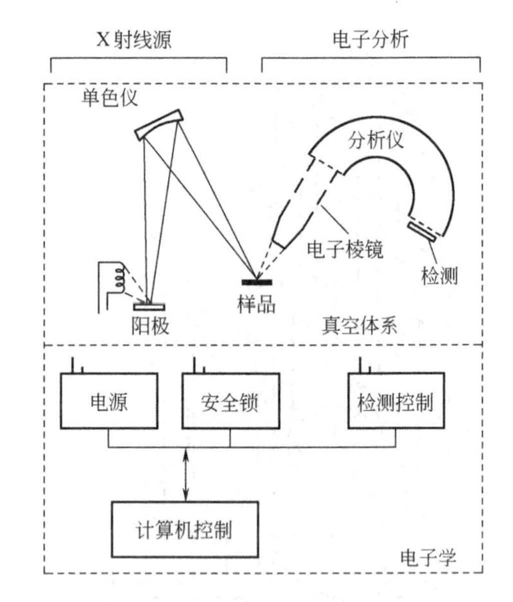

图 17.3.5 具有静电半球形分析器的X射线光电子能谱仪的示意图

检测器通常是一个通道电子倍增器［引自 J. J. Pireaux and R. Sporken in M. Grasserbauer and H. W. Werner, Eds.,"Analysis of Microelectronic Materials and Devices," Wiley, New York, 1991］

从分析的角度讲，XPS的用途是在表面区没有严重损伤下给出该区的原子信息。一些有关氧化态的信息也可得到，因为在一给定轨道上的电子结合能受电子环境的影响不大。因此，可看到例如以酰胺和硝基形式的氮的1s电子具有不同的峰（见下）。通常，在此所讨论的表面和薄膜分析手段，对于原子存在的化学形式并不很有效，XPS能提供此类信息，这使得它在电化学研究中是有用的。

对于整个周期表中的原子，除氦和氢外，都可检测出XPS信号。灵敏度的极限是0.1原子百分数，除较轻的元素外，它们一般可检测的量仅高于1%～10%。

表征阳极氧化膜是XPS非常有用的一个方面。图17.3.6是采用三种不同方法氧化铂试样的能谱[98]。曲线 a 表示的是先在 H_2 中还原后暴露于常温 O_2 中的试样。由 Pt 4f(7/2) 和 4f(5/2) 轨道产生的两个峰，每个峰分解为两个组分。较大的是Pt，较小的是吸附了氧原子的Pt。电化学氧化的试样（曲线 b 和 c）表现出有较高的结合能结构，显示出有较正的Pt中心。此特点归结于PtO和 PtO_2 氧化物。由曲线的分解可确定出不同形式的相对贡献，如表17.3.1所示。

表 17.3.1 估算氧化铂表面的组成①

物　种	结合能/eV		相对峰面积②		
	4f(7/2)	4f(5/2)	+0.7V	+1.2V	+2.2V
Pt	70.7	74.0	56	39	34
PtO_{ads}	71.6	74.9	39	37	24
PtO	74.1	77.4	<5	24	20
PtO_2	74.1	77.4	0	0	20

① 引自 K. S. Kim, N. Winograd, and R. E. Davis, *J. Am. Chem. Soc.*, **93**, 6296 (1971)。

② 在所指定的电势下（相对于SCE）进行氧化3min。

XPS峰常常较宽，说明如图17.3.6所示的那样有严重重叠，因此分解曲线方法被广泛地采用。显然需小心从事，最好是预先知晓混合物中各组分的确切单组分能谱。

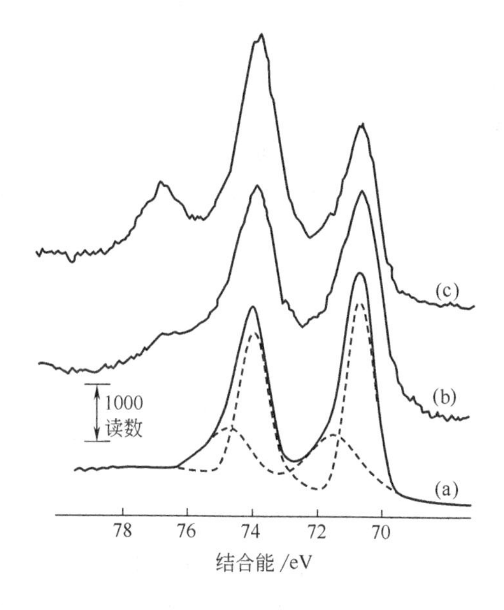

图 17.3.6　Pt 4f 能级的 XPS 响应

铂箔的处理方法：(a) 在 400℃ H_2 还原 10h，在 400℃ H_2 脱附 (10^{-5} torr) 5h，然后在室温下放置于纯 O_2 (1atm) 中，(b) 在 +1.2V 处电化学氧化，(c) 在 +2.2V (相对于) 处电化学氧化。(b) 和 (c) 的电解质是 $1mol \cdot L^{-1} HClO_4$，曲线垂直绘出是为了清楚起见 [引自 K. S. Kim，N. Winograd，and R. E. Davis，*J. Am. Chem. Soc.*，**93**，6296 (1971)]

XPS 给予很大贡献的另一电化学领域是表面修饰 (第 14 章)。图 17.3.7(a) 的数据说明用 γ-氨丙基-三乙氧基硅烷处理玻碳表面的结果，产生了“胺功能化”的碳表面[98]。硅和氮峰的出现以及碳响应的下降，显示了表面上存在这些试剂。这类信息在随后的表面合成中特别有用。

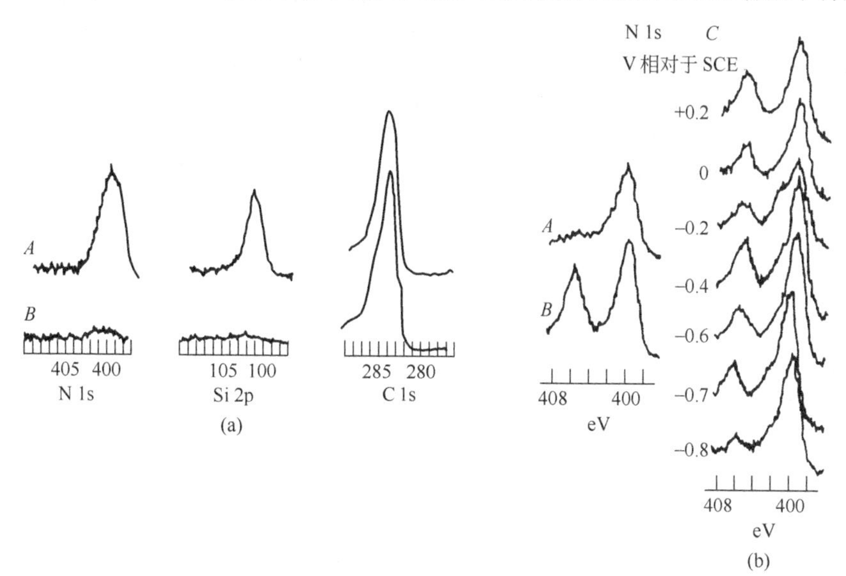

图 17.3.7　衍生化的玻碳电极上 XPS 响应

(a) 曲线 *A*，采用 γ-氨基丙基三乙氧基硅烷处理后。曲线 *B*，未处理的表面。(b) 表面采用 DNPH 处理后的氮 1s 光谱：*A*，在 0～−1.2V (相对于 SCE) 之间循环扫描进行衍生化处理；*B*，新制备的修饰电极；*C*，在所标明电势下保持 3min [引自 C. M. Elliott and R. W. Murray，*Anal. Chem.*，**48**，1247 (1976)]

图 17.3.7(b) 给出了一个类似的例子[99]。二硝基苯基肼 (DNPH) 与表面作用产物被认为是醌型表面中心的腙衍生物：

$$C{=}O + NH_2NH{-}C_6H_3(NO_2){-}NO_2 \longrightarrow C{-}N{=}N{-}C_6H_3(NO_2){-}NO_2$$

图 17.3.7(b) 的 XPS 谱（曲线 B）表明有高结合能的硝基中的氮，以及在较低能的较小氧化的氮的分离峰。把电极维持在比约 $-0.8V$（相对 SCE）更负的电势会使硝基形式的峰消失，而使其他的峰得到加强；因此可知硝基在法拉第过程中被还原了。

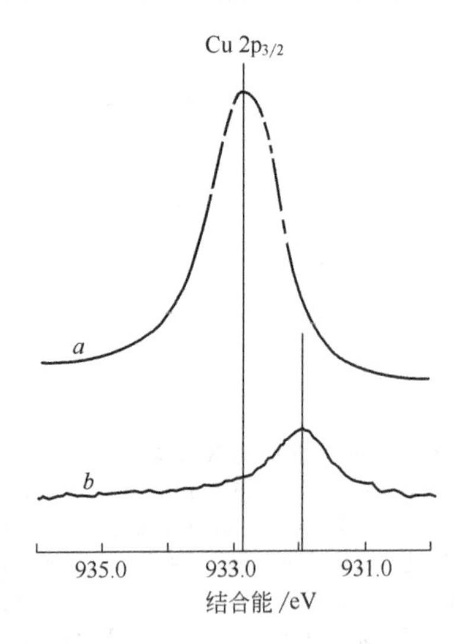

图 17.3.8 铜的 XPS 响应
a 本体金属采用现场 Ar^+ 刻蚀清理后；b 铜在欠电势下沉积在铂表面［引自 J. S. Hammond and N. Winograd, *J. Electroanal. Chem.*, **80**, 123 (1977)］

最近，人们对于金属原子的欠电势沉积现象（11.2.1 节）和吸附原子与基底之间相互作用的本质给予了很大的关注。由图 17.3.8 中可以看到，在 Pt 上 Cu 的吸附原子的 Cu 2p(3/2) 电子结合能与本体 Cu 的数值有很大不同[100,101]。结合能的负移表明所沉积的铜不是氧化型，而是具有不同电子环境的金属原子。

除了所用的激发光源通常是一个紫外 He 放电外，紫外光电子能谱（ultraviolet photoelectron spectroscopy，UPS）的原理及仪器均类似于 XPS。由于激发能量低得多（例如对于 He，激发能量分别是 21.2eV 和 40.8eV），UPS 主要涉及价带电子。

17.3.2 俄歇电子能谱[91～93,96,102,103]

如果在原子的内层产生一个空位，通过采用诸如 X 射线或像上述那样用电子辐射，那么可以预料会由高能级电子来填充此空位。图 17.3.9 是此类过程的示意图，硅中 K 层的空位由 L_1 电子填充。该弛豫过程所释放的能量差是 1690eV，它可完全以光子的形式释放（X 射线荧光）或从原子中发射出 Auger 电子。在图 17.3.9 的例子中，Auger 电子由 $L_{2,3}$ 层而来。所需的能量损失 1690eV 可分为从样品中移开电子的所需能量（大部分为其结合能）和维持其进入真空所需的动能。由于转移总能量和结合能均是完全肯定值，故 Auger 电子进入真空动能也是确定的。通过测量电子相对于动能的分布，就可得到一个显示出离散的 Auger 能量的尖峰。每个 Auger 线对于其起源的原子是独特的，可用来分析定出该物质的存在。

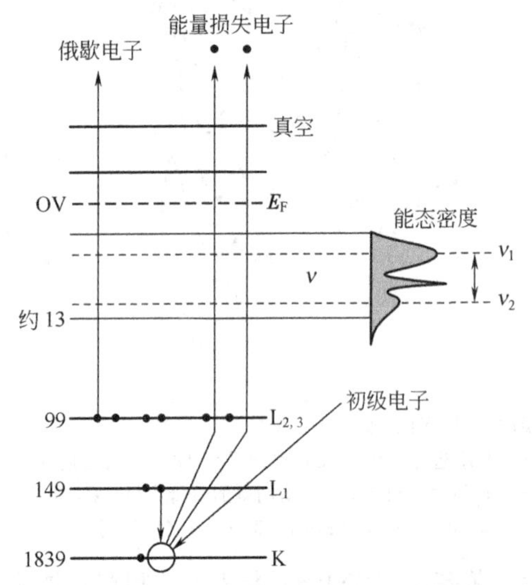

图 17.3.9 从硅上 Auger 反射的示意图
原子最初通过入射的电子离子化。该电子和从 K 层离开样品的电子称为“能量损失电子”。左侧给出的能级是相对于 Fermi 能级 E_F（见 3.6.3 和 18.2 节）［引自 C. C. Chang in “Characterization of Solid Surfaces,” P. F. Kane and G. B. Larrabee, Eds., Plenum, New York, 1974, Chap. 20］

Auger 转换可方便地分别以三个字符来标注原始空位的层，填充电子的层和反射 Auger 电子的层。因此，图 17.3.9 中的转换应称为 KL_1L_2 或 KL_1L_3 过程。任何一个给定的原子都可表现出几个 Auger 转换，因此在能谱中有几条线。

如果电子在通过样品时是非弹性散射，它在真空中的动能将与特征的 Auger 能量不同，它给出的仅是 Auger 线重叠的宽的连续线。因此，Auger 电子能谱（AES）严格地讲是一种表面技术，只有距表面约 2nm 深的原子可给出非散射电子。

在大多数仪器中，可被聚焦在较一束 X 射线（见 17.3.2）斑点还小的电子束被用来激发样品，包括 Auger 电子的发射和散射电子能谱，以导数形式的读数对其动能进行分析，这样从宽的连续谱上可较容易地看出尖的 Auger 结构（图 17.3.10）。

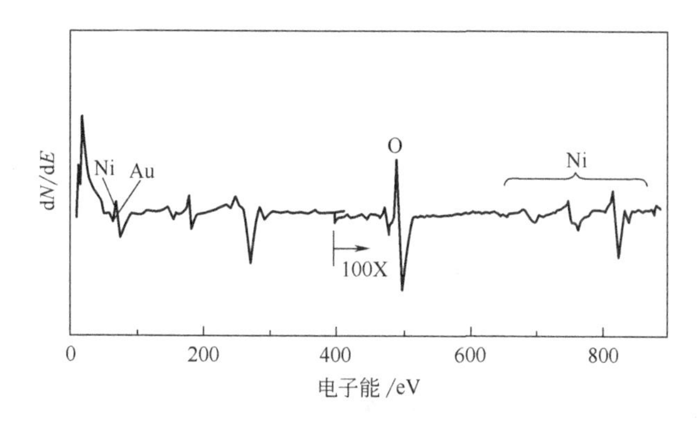

图 17.3.10　在镀金镍表面的氧化镍的衍生 Auger 谱

氧化物的膜足够薄以至于可以看到金 69eV 的金峰。从 150～300eV 的其他峰是由于表面污染的 S、Cl 及 C 的峰［引自 S. H. Kulpa and R. P. Frankenthal，*J. Electrochem. Soc.*，**124**，1588（1977）］

除氦和氢以外的所有元素均可看到 AES 信号，但除很少情况外，线的位置不足以分辨出关于氧化态的信息。检测限通常约 0.1～1 原子百分数。电子束在一些情况下可破坏样品。

某些所谓的扫描俄歇微探针（scanning Auger microprobes，SAM）仪器具有电子束的二维扫描控制（rastering），这样可进行表面位置函数的分析。空间分辨率是由电子束的直径所决定，可小到 50nm。

在大多数仪器中一个最有用的功能是可得到作为进入样品深度的 Auger 响应。称为深度分布的该技术是通过溅射过程，用来自于离子枪的高能离子束（例如 Ar^{+}）侵蚀样品。在侵蚀一段时间后记录 Auger 能谱。另外也可记录 Auger 线的强度对侵蚀时间的关系，以得到特定元素与深度的分布。这种方法中可产生的主要假象是高能离子束对样品的平均化，及差异溅射，它涉及一种元素的逸出速度较别得快。

AES 被广泛地应用于表征阳极膜，特别是腐蚀界的研究人员最感兴趣。图 17.3.10 的能谱涉及镍在空气中变色的研究，Auger 深度分布法曾用来测定样品暴露过程中膜组成和厚度与周围环境的关系[104]。图 17.3.11 是在 GaAs 上形成阳极膜的深度分布[105]。图（a）中的结果表明电化学形成的氧化物实际上随着砷-镓比的变化包含有四个不同的区域。热处理［图 17.3.11(b)］可显著地改变分布，特别是扩大了的富镓表面区域。此类结果对于依赖于钝化膜或绝缘阻挡层等性质的先进工艺是有用的。

Auger 技术也已经证明在表征电化学诱导薄膜电极变化方面是有用的。一个例子是沉积在有金接触层的玻璃基底上的酞菁镁膜（50～200nm 厚）[106]：

N　N　N　N　Mg　N　N　N　N

由于酞菁在电催化体系中可能有用，它们的性质作为电极材料是有趣的，已通过此方法进行过研究[107～109]。在约比 0.6V（相对 SCE）正的电势下，一般可以发现 MgPc 膜有较大程度的氧化和改变颜色。图 17.3.12 是一组 Auger 深度分布图，它们显示了由于氧化在膜中所产生的电荷被电解液中引出的阴离子所抵消。提供这些离子可能需要很大的晶格性能的改变。

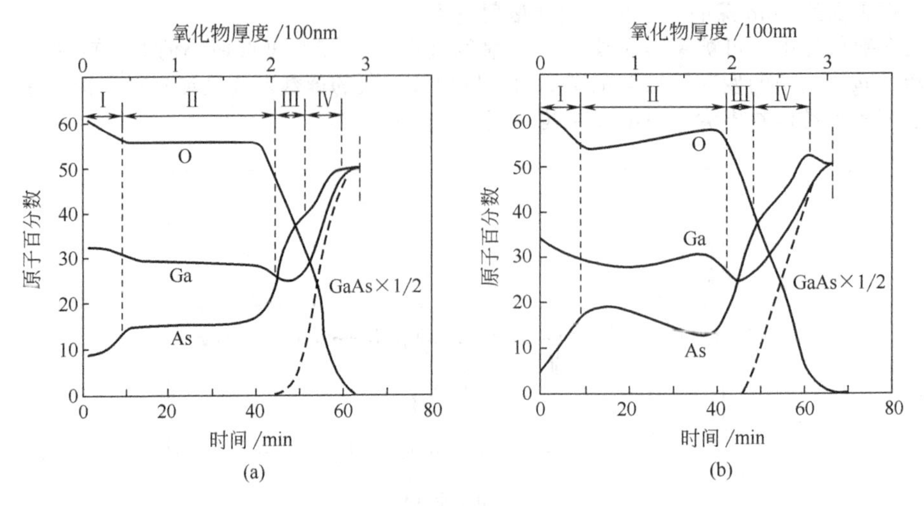

图 17.3.11 在 H_3PO_4溶液中氧化处理后的 GaAs 的深度 AES 图

纵坐标进行相对于 Auger 强度和不同溅射速率的校正。横坐标是溅射时间，厚度尺寸是近似的。在氧化层的不同组分区用罗马数字标出。本体 GaAs 在图的最右侧。(a) 来自于仅有电化学处理；(b) 附加有在 250℃的淬灭步骤［引自 C. C. Chang，B. Schwartz，and S. P. Murarka，*J. Electrochem. Soc.*，**124**，922 (1977)］

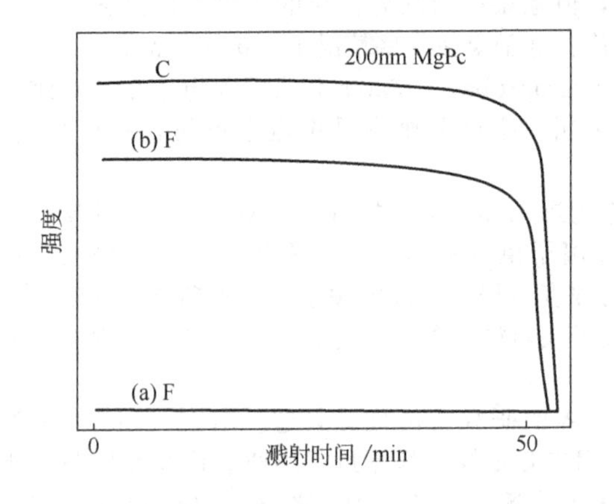

图 17.3.12 在 200nm 厚的 MgPc 膜中碳和氟的 AES 深层分布图

不同样品的碳分布图被归一化到一条共同的曲线上。(a) MgPc 膜浸在 0.1mol・L^{-1} KPF_6溶液中；(b) MgPc 膜在 0.1mol・L^{-1} KPF_6溶液中氧化

17.3.3 低能电子衍射[90,110~112]

在真空中运动的电子其动能在 10～500eV 之间，具有埃数量级的德布罗依 (de Broglie) 波长；因此，可预期这些电子的单色束从有序固体上反射成衍射图案，它将提供固体结构的信息。此效应是低能电子衍射 (low-energy electron diffraction，LEED) 的基础。

LEED 实验与其他类型的衍射实验有很大的不同，没有非弹性散射和能量损失的话，探测束不能深入样品几埃以上的距离。因此它不能够测量三维的样品，任何观测到的衍射均是表面二维的。这样 LEED 是一种研究表面上原子几何构造的非常特殊的手段，它已广泛地应用于研究气相中的吸附和气/固表面反应的催化作用。LEED 也被应用于表征电极表面，特别是可产生完美定义的衍射图案的单晶电极[90,113~117]。

图 17.3.13 是一个典型仪器示意。腔内总是处于超高真空 ($<10^{-8}$ torr)，可使表面在实验过程中保持清洁。电子直接照射样品并沿确切的线进行衍射性反射。光栅滤掉非弹性散射电子 (在较低能量) 后，允许衍射的电子加速射向荧光屏幕。在屏幕上可观察到亮的斑点，并从观察孔摄像记录。通过改变光栅和电子束能量，此体系的设备也可进行 AES 实验。经常见到 LEED/Auger 系统联用，因为在 LEED 研究中，采用 AES 监测表面的杂质或吸附是方便的。

各种斑点图可采用非常直接的方式用于解释不同的表面结构。在描述结构和相应的斑点

图之间有标准的方法[110,111,118]，但它超出了本书的范围。

在电化学实验中，LEED 用来确定单晶电极在放入电解池之前的表面结构［例如，Pt 的(100) 面］，及监控它浸入或电化学处理后可能已发生的变化。我们常会发现，例如单晶表面在一定的电势下与电化学介质接触后，本身将会重整，产生新的表面结构（如图 13.4.7 所示）[113,116]。

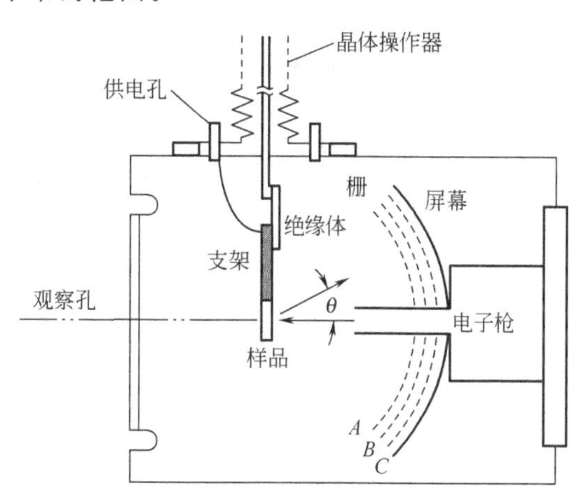

图 17.3.13　LEED 仪器的示意
［引自 G. A. Somorjai and H. H. Farrell，*Adv. Chem. Phys.*，**20**，215 (1971)］

17.3.4　高分辨电子能失光谱[90,119]

高分辨电子能失光谱（High Resolution Electron Energy Loss Specotroscopy HREELS）是表面振动光谱的一种形式，入射和散射电子束的能量差可提供表面物质振动模式的信息。仪器与在 AES 中采用的类似，电子束作为激发光源。然而，因为测量必须具有 meV 的分辨率，需采用静电能量分析仪使激发电子束的单色性达到 2～5meV。由于振动激发表面的物质，散射束具有较低的能量；通常能量损失的范围到 $5000cm^{-1}$（等价于 600meV）。因此，反射强度与激发和散射束能量差（能量损失）作图代表一个振动光谱。由于低能电子束并不穿透表面（穿透深度小于 1nm），HREELS 较红外或 Raman 光谱有较高的表面灵敏度。通过表面偶极矩散射的常用选择规律，是仅总体对称模式才有效。

作为 HREELS 应用于电化学体系的例子，图 17.3.14 显示了 SCN^- 吸附在一个 Ag(111) 单晶上的谱图。谱图依赖于在吸附过程中所加的电势。在 −0.3V 电势下，可看到 C—S 伸缩的带在 $772cm^{-1}$，吸附在 +0.14V 处的是 C≡N 伸缩带。在此实验中的 AES 和 LEED 测量对于说明 SCN^- 层的结构和取向是有用的。这些测量可通过在电化学池和如图 17.3.3 所示的装置将单晶电极转移到 UHV 腔中进行。

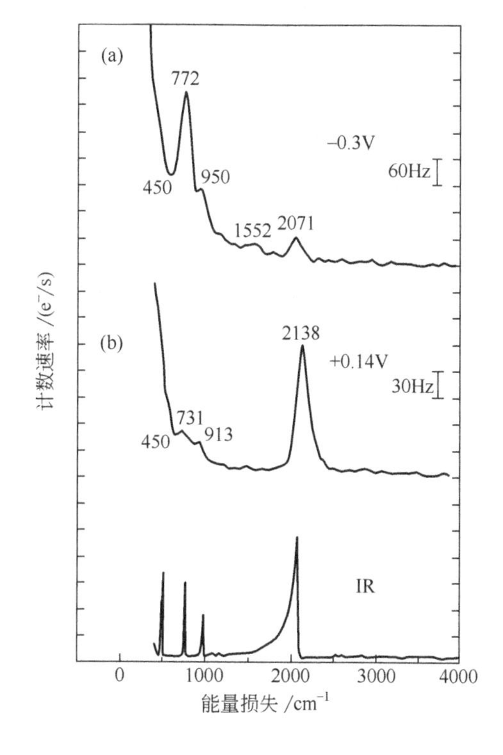

图 17.3.14　在如下条件下，SCN^- 从 $0.1mmol \cdot L^{-1}$ KSCN 和 $10mmol \cdot L^{-1}$ KF/HF(pH=3) 溶液中吸附在 Ag(Ⅲ) 面上的 HREELS 谱

(a) −0.3V 及 (b) 0.14V。光束能量，4eV；光束电流，200pA；分辨率大约为 12meV；入射和检测角为 62°。底部曲线是固体 KSCN 在 Nujol 中的 IR 谱（扣除了 Nujol 的峰）［引自 E. Y. Cao，P. Cao，J. Y. Gui，F. Lu，D. A. Stern，and A. T. Hubbard，*J. Electroanal. Chem.*，**339**，311 (1992)］

17.3.5 质谱

电化学家经常利用质谱（MS）作为一种非现场鉴别电解产物的工具，但此方法很常规化，在此无需详述。质谱也能够应用于采集直接与一个质谱仪相连的多孔电极上产生的易挥发物质。另外，电化学池中的溶液能够通过接口采用一个热喷雾或电喷雾的方法被导入到质谱仪。电极可进一步地从电解池中移到一个 UHV 腔中，它们的表面可采用常规的脱附技术，如激光或热脱附后用质谱进行考察，或采用离子束（二次离子质谱，SIMS）对表面进行轰击，利用质谱对所产生的离子进行分析。

第一个将质谱与电化学联用的课题组所采用的方法是将 Pt 工作电极制备在多孔玻璃膜上，采用 Teflon 作为分散相使其无潮湿，将一个电化学池直接与质谱仪连接[120]。这种多孔电极可以在无液体从膜中泄漏的情况下保持一个分压。采用 MS 测量电极上气体产物的响应时间是 20s[120]。在最初设计的基础上，已进行了多种改进，值得一提的是采用涡轮分子泵加上了分级泵体系使产物到达质谱仪离子化腔中速度加快［图 17.3.15(a)，(b)］[122,123]。在这些体系中的响应时间可短至 50ms，这样使电势扫描过程中的反应产物进行实时分析成为可能。此技术有时称为差动电化学质谱（DEMS）[122]。另外一种设计可与更常用的电极材料匹配，是采用 Teflon 膜作为质谱仪的接口，将之放置在与一个旋转圆柱电极很近的位置（约 0.3mm）［图 17.3.15(c)］。已有采用这些技术进行研究的系列报告[122]。例如，它们在表征涉及甲醇和甲酸氧化的燃料电池的催化剂中是有用的（图 17.3.16）。

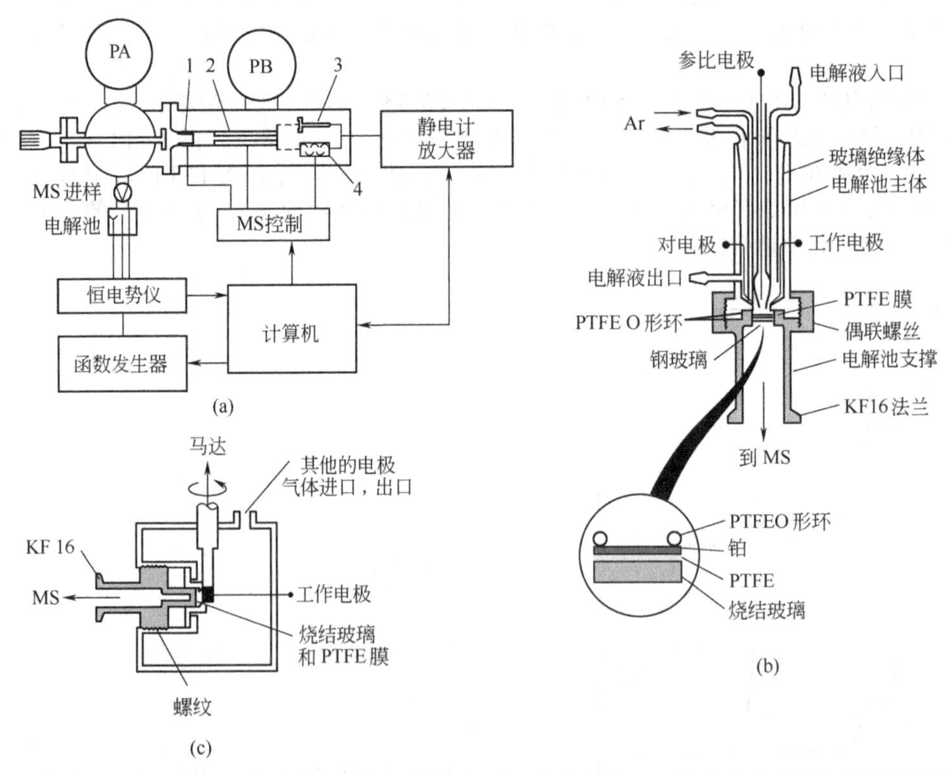

图 17.3.15 左上部（a）：DEMS 仪器装置示意图。直接连接于电化学池和质谱的腔分别由涡轮式泵 PA 和 PB 控制。电解产物进入电离腔（1），在四极杆质量过滤器（2）中进行分析通过法拉第杯（3）或者电子倍增器（4）进行检测。右图（b）：多孔电极质谱在线检测的电化学池。所示电极是 Pt，用 Teflon（PTFE）处理过的玻璃隔片

［引自 B. Bittins-Cattaneo，E. Cattaneo，P. Konigshoven，and W. Vielstich，*Electroanal. Chem.*，**17**，181 (1991)］。左下图（c）：采用一个旋转的柱形电极，取样采用另外一个到质谱的接口［引自 S. Wasmus，E. Cattaneo，and W. Vielstich，*Electrochim. Acta*，**35**，771 (1990)］

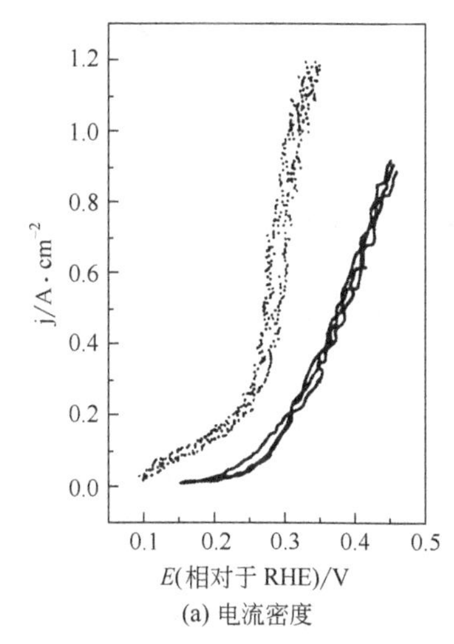

(a) 电流密度

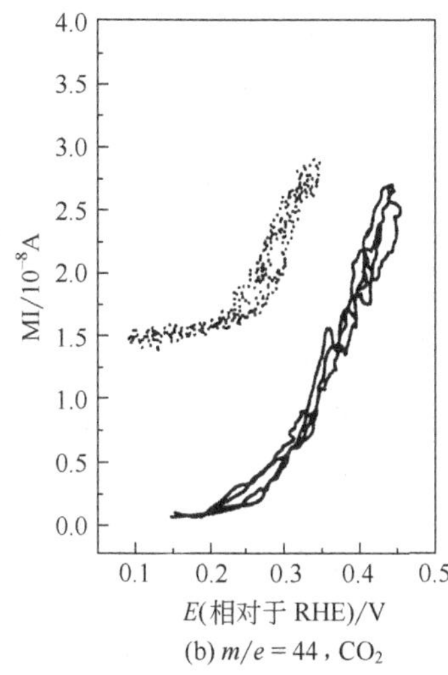

(b) $m/e=44$，CO_2

图 17.3.16　采用磷酸掺杂的聚苯并咪唑聚电解质时，在 170℃燃料电池阳极（Pt/Ru）上氧化甲酸（点线）和甲醇（实线）的结果

(a) 电流密度及（b）在扫描速度 1mV/s 时的 CO_2 质量信号［引自 M. Weber, J. T. Wang, S. Wasmus, and R. F. Savinell, *J. Electrochem. Soc.*，**143**，L158（1996）］

也可以采用类似于联用液相色谱柱的接口将电化学池与质谱仪联用。在此设计中，电解质流过如 Pt 网或网状玻碳电极后，直接到达质谱仪的接口。在热喷雾离子化技术中，溶液以每秒几个 cm^3 的流速通过一个加热汽化器（$T\approx290$℃），产生一种射流进入质谱仪[124,125]。在电极上生成产物和获取一个质谱信号之间的时间在 500ms 到几秒。也可能采用一个电喷雾离子源接口来研究发生在电喷雾源内的金属毛细管上的电化学反应[126,127]。

对电化学有用的还有 SIMS，它是表征表面和薄膜的另一种非现场 UHV 方法[93,103,128,129]。此方法涉及采用高能一次离子束（例如 15keV Cs^+）对表面进行轰击，通过溅射侵蚀表面，由表面组成中产生二次离子。这些离子可通过质谱进行检测。利用一次离子束的扫描可进行二维表征，通过监测单离子强度与溅射时间的关系，可得到深度分布。SIMS 提供较 XPS 或 AES 高得多的测量极限（$10^{-4}\sim10^{-8}$原子百分数）。然而，SIMS 并不是一种真实的表面技术，因为二次离子产生的效率是由一次离子束所产生的薄的离子注入层的三维性质所决定的[130,131]。深度分布的假象可因此而产生。在将电极转移到 UHV 样品腔后采用质谱研究电极表面的其他可利用的方法是热脱附[132]和激光脱附[133]，它们可以产生用于分析的表面物质的离子。

17.4　磁共振方法

17.4.1　电子自旋共振

电子自旋共振（Electron Spin Resonance，ESR，即通常所指的电子顺磁共振，electron paramagnetic resonance，EPR）是用来检测和鉴别含有奇数电子的电致产物或中间体；即自由基、自由基阴离子和某些过渡金属物质。由于 ESR 光谱是一种很灵敏的技术，在适当的条件下可检测出大约 10^{-8}mol·L^{-1}水平的自由基离子，以及它能给出信息丰富、明确和容易解释的光谱，所以它在电化学中，特别是在研究非水溶液中芳香族化合物时得到广泛应用。电化学方法也特别方便产生自由基离子；因此常被 ESR 光谱工作者用来制备所要研究的样品。已有一些介绍 ESR 原理和在电化学研究中应用的综述[134~138]。

ESR 测量是基于测定磁场 H 中顺磁性物质对辐射频率为 ν 的吸收。磁场引起未配对电子能级的分裂，其量为 $g\mu_B H$，g 是光谱分裂或称 g 因子（它依赖于电子的轨道和环境；对于一个自由电子和大多数有机自由基约等于 2）是一个称为玻尔磁子的常数（5.788×10^{-5}eV/T）。当磁场满足以下关系时

$$\Delta \boldsymbol{E}=h\nu=g\mu_B H \tag{17.4.1}$$

通过吸收在微波区域的入射辐射可观察到这些能级之间的跃迁。当磁场扫描时，通过测量吸收作

为 H 的函数来记录光谱。在 ESR 谱图中所发现的结构（超精细结构）是由于邻近质子和具有磁极矩的其他核（例如 ^{14}N，^{31}P）与未配对电子相互作用所引起的进一步分裂的结果。在许多综述和专著中给出了详细描述 ESR 原理（见图 17.4.1）和解释 ESR 谱图的内容[139~141]。

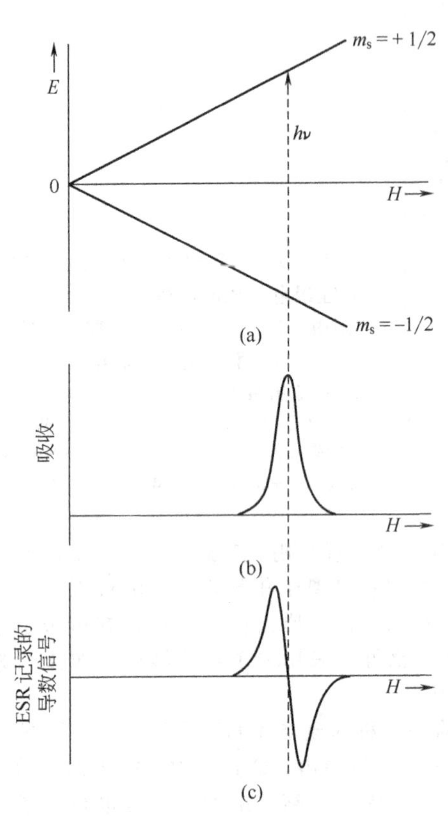

图 17.4.1　ESR 实验原理

(a) 在磁场中自由电子的能级图。(b) ESR 吸收与磁场的关系。(c) 相敏检测处理后所得到的导数 ESR 信号

ESR 的仪器和在电化学中的应用在第一版中给出了详尽的讨论。商业化的 ESR 仪器通常采用这样的池，可使其电化学直接在 ESR 腔中进行。大多数电化学 ESR 池，正如图 17.4.2 所描述的那样，具有一个较大面积的工作电极和尽量放在敏感区域（与腔的形状有关）外的小的对电极和参比电极[142~144]。这样的池可使 ESR 信号和电解电流作为电势或时间的函数能够同时被监测［同时电化学-ESR（SEESR）实验］。

总体上讲 ESR 在鉴定电化学反应中自由基存在方面是非常有用的。详细地分析超精细分裂能够提供自由基上自旋密度分布、离子对、溶剂化和限制性内旋转的信息。由于谱图对于自由基离子周围环境很敏感，比较不同介质中相同物质的测量可得到介质影响的信息[145]。例如甲基紫精自由基阳离子的 ESR 谱图显示有丰富的超精细结构，因为未配对电子与分子中的顺磁核（^{1}H，^{14}N）之间的相互作用。当将此化合物混合在聚合物 Nafion 中，可看到非常类似的谱图，这表明自由基离子在此聚合物中是自由翻腾的；平均化偶极-偶极相互作用及给出超精细结构需要自由翻腾。然而，此自由基离子如果在聚合物骨干上，正如所期望的此物质具有非常限制的流动性，无超精细结构[146]。通过观测浓度对线宽的影响，ESR 也已广泛地应用于测量自由基离子与母体化合物之间的电子转移速率。对于不稳定的电致自由基，难于直接用 ESR 观测的话，常采用适当的自旋捕获（例如苯基叔丁基硝酮）来产生稳定的、可在一定时间范围内被研究的自由基物质[147,148]。

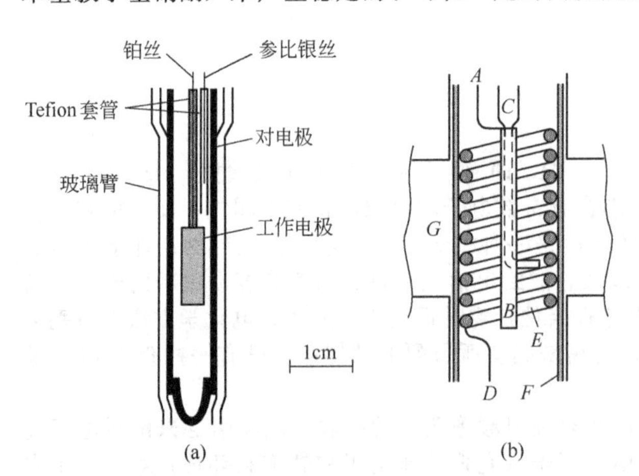

图 17.4.2　同时进行电化学-ESR 实验的电解池

(a) 扁平电解池，铂工作电极和钨辅助电极，用于矩形腔［引自 I. B. Goldberg and A. J. Bard, *J. Phys. Chem.*, **75**, 3281 (1971)］。(b) 用螺旋金工作电极 (*E*)，它构成共轴圆柱微波腔 (*G*) 的中央导体。*A* 是辅助电极导线；*B* 是中央铂辅助电极；*C* 是参比电极的 Luggin 毛细管；*D* 是工作电极导线；*F* 是石英管［引自 R. D. Allendoerfer, G. A. Martinchek, and S. Bruckenstein, *Anal. Chem.*, **47**, 890 (1975)］

17.4.2　核磁共振

虽说核磁共振（Nuclear Magnetic Resonance，NMR）已应用于分析本体电解的产物，然而有关研究电极/电解质界面的报道很少。主要问题是与 NMR 相对较低的灵敏度有关。对于单次观测的检测极限大约是 10^{18} 个质子，通过多次扫描的信号平均，灵敏度可提高 1～2 个数量级。

对于检测其他的核，如^{14}C其灵敏度更低。如果具有典型吸附的固体用 NMR 来考察时，必须考察几个平方米的表面。不过，通过采用精细分散的粉末，NMR 已应用于研究表面，包括对于催化剂的研究[149,150]。

在至今所报道的电化学研究中，NMR 已作为一种非现场技术，粉末金属作为电化学池中的电极，然后金属粉末通常和电解质一起被转移到 NMR 样品管中进行观测[151~154]。例如已研究过在 Pt 上从甲醇所形成的表面 CO[153]。高表面面积的 Pt（$24m^2/g$）被放置在 Pt 船中作为工作电极，$0.5mol \cdot L^{-1}$硫酸中含有 $0.1mol \cdot L^{-1}$ ^{13}C 浓缩的甲醇作为电解质。电极维持在所需的电势，然后 0.2g 的 Pt 样品被移走与玻璃珠混合，放置于一个玻璃 NMR 样品管中。^{13}C 谱图显示大约 10^{19}个自旋以 CO 的形式存在。至今仅有一些特殊用途的 NMR 仪器被应用于这类研究中。

17.5　石英晶体微天平

17.5.1　引言和原理

在许多电化学实验中，质量的变化是由于物质沉积到或从电极上丢失而引起的。同时监测这些变化和电化学响应是有意义的，石英晶体微天平（Quartz Crystal Microbalance，QCM）是常用于进行这类工作。其基本原理和在电化学中的应用已被评述过[155~157]。操作是基于一片石英晶体的压电性质，当外加电场后可引起它变形（图 17.5.1）。这种压电效应对于扫描探针显微镜（见第 16 章）来讲也是重要的，它是基于压电元件（钛酸钡）所产生的小的电极位移。依赖于其尺寸大小和厚度，裸石英晶体具有特殊的机械共振模式，当一个频率为 f_0 的正弦电信号加到与此相连的金上，石英晶体在此频率下振动。在 QCM 实验中所采用的典型石英晶体为直径 1in，频率为 5MHz。振动频率对于晶体表面上的质量变化敏感，其关系可通过 Sauerbrey 公式表示：

$$\Delta f = -2f_0^2 mn/(\rho\mu)^{1/2} = -C_f m \tag{17.5.1}$$

式中，Δf 为每单位面积上所附加到单晶表面的质量 m 引起的频率变化；n 为振荡的谐波数（例如对于一个 5MHz 的单晶，当频率为 5MHz 时 $n=1$）；μ 为石英的剪力模数（$2.947 \times 10^{11} g \cdot cm^{-1} \cdot s^{-2}$）；$\rho$ 为石英的密度（$2.648g/cm^3$）。这些常数可集合成单一的常数，灵敏度因子 C_f，对于空气中一个 5MHz 的单晶其值为 $56.6Hz \cdot cm^2/\mu g$。然而，其行为与晶体工作的介质有关，因为晶体表面偶联（“负载”）了介质，它影响剪力模式。因此，在液体中 f_0 和 C_f 的值较其在空气和真空中小[158]；对于常用的水溶液，一个 5MHz 的单晶其 C_f 值大约为 $42Hz \cdot cm^2/\mu g$。振荡频率也是温度的函数。虽说一种单晶可被切成具有较小内在的温度系数的特定取向（例如对于一个 5MHz 的单晶的一种“AT 切割”是 5Hz/K），但单晶所工作中的溶液的密度和黏度均影响频率，它们是温度的函数，产生总的有效温度系数是 15～50Hz/K[155]。对于长时间监测微小质量变化的研究，采用恒温系统通常是重要的。

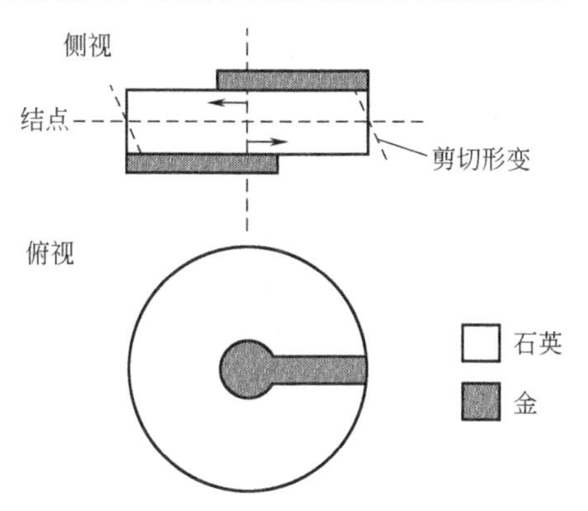

图 17.5.1　镀金电极与 QCM 晶体的俯视图和侧视图

在晶体上施加电场时晶体上通过的声波和变形（剪切波）显示在侧视图中。典型的 5MHz 晶体应有直径 1in，0.5in 的圆盘状接触点，及两边直径各 0.25in。晶体的活性区由所加电场决定，因此由小电极所限制

17.5.2　电化学仪器

图 17.5.2 给出了电化学实验中所采用的 QCM 仪器示意图。正如该图所表明的那样，石英

晶体常被夹在适当的O形环结合处，并仅使一面与溶液接触。

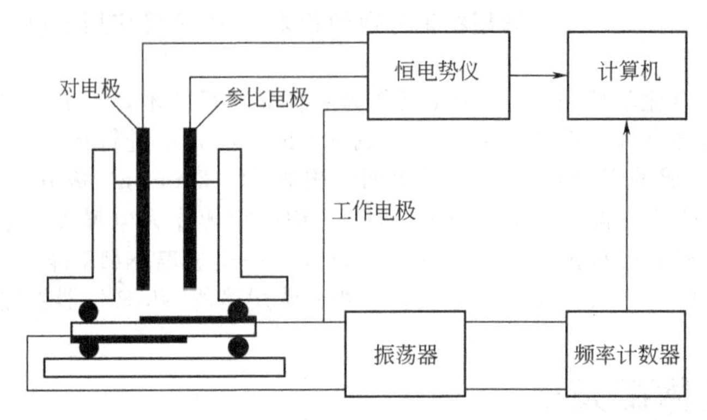

图 17.5.2　电化学 QCM 研究中所采用电解池及仪器的示意

与晶体的连接物（通常采用 Au 或 Pt）也是电化学的工作电极，因此也是恒电势仪和振荡器的一部分。在电化学诱导电极表面质量变化的实验中，晶体由一个广谱的振荡器电路所驱动，采用商品化的频率计数器跟踪和测量晶体的共振频率。一个典型的校正实验可能涉及在电极上电沉积 Cu 或 Pb，产生的频率减小。例如，如果一个 Au 电极的面积是 0.3cm^2，单层 Pb 沉积上面（质量大约是 0.1μg），采用 $C_f=42Hz/\mu g$，那么所观察到的频率的变化将是 14Hz。

虽然在电化学实验中直接采用 QCM 测量电极的质量变化似乎是直截了当的，但事实上黏弹效应和沉积过程常常影响这些测量[155~157]。式（17.5.1）是在如下的假设条件下推导出的，即沉积的物质是刚性的（即具有像金属一样大的剪力模数）及在单晶表面上具有很薄的膜。对于较厚的沉积，特别是像聚合物膜这样的能够经受黏弹剪力的物质，情况更加复杂。一种表达此种情况的方法是通过石英晶体上负载溶液或沉积的等效电路（图 17.5.3）[159]。这种负载可由频率变化与质量变化相关来考虑。一种方法是除了测量 Δf，测量 QCM 的导纳并利用公式将等效电路的元件与沉积的物理参数联系起来。然而，此步骤使测量大大复杂化，特别是需要测量变化作为时间的函数（例如在电势扫描过程中），因而在实际应用中很少采用。

频率通常可测到 1Hz，采用信号平滑技术甚至可得到更高的分辨率，因此可达到测量单层的一部分这样的灵敏度。从式（17.5.1）可知，灵敏度与 f_0 的平方以及和 n 成正比。因此，采用高的 f_0 晶体（例如，10MHz）或高的谐波数可得到较高的灵敏度。然而，10MHz 或更高的单晶均相当薄和易碎，高的谐波数的信号较低，需要更加复杂的电路，因此应用一个 5MHz 的单晶在初级模式下进行工作是最常被采用的。

17.5.3　应用

QCM 已被应用于许多类型的涉及电极上质量变化的电化学研究中，包括金属上的欠电势沉积、表面活性剂的吸附/脱附和氧化还原过程中的聚合物膜的变化。在一个典型的实验中，监测电势阶跃或扫描时的 Δf。作为 QCM 研究的一个例子，我们考察在电极上高分子聚乙烯基二茂铁氧化时的质量变化（图 17.5.4）。正如在 14 章中所讨论的那样，聚合物膜可通过不同的方法沉积在电极上。在此所描述的实验中，通过氧化含有四正丁基胺四氟硼（$TBA^+BF_4^-$）的二氯甲烷 PVF 溶液，在 QCM 的 Au 电极上形成不溶的 PVFBF 膜。然后溶液用含有 0.1mol·L^{-1} KPF_6 的水溶液取代，在 PVF 的氧化和还原态之间进行电势扫描。

$$PVF+PF_6^- - e \longrightarrow PVP^+PF_6^- \tag{17.5.2}$$

考察曲线 A 所示的从 −0.2V（相对于 Ag/AgCl）开始扫描，在此电势下膜是完全还原的。随着氧化的发生，QCM 的频率下降（曲线 B），表明因为 PF 进入到膜中使质量增加。当反扫时，膜的还原发生，频率增加到初始值。在氧化还原过程中质量的变化与通过的电荷有关，这表明氧化还原过程不引起溶剂或支持电解质嵌入到膜中[160]。

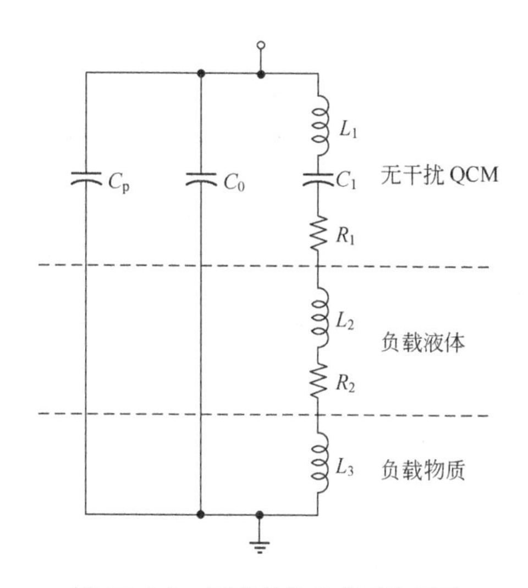

图 17.5.3 石英晶体负载有物质及液体时的等效电路

无干扰的晶体的电路元件是 L_1，C_1，R_1 和 C_0。负载有液体和物质的晶体需加上 L_2，R_2 和 L_3。C_p 代表任何寄生于实验装置上的电容［引自 S. J. Martin，V. E. Granstaff，and G. C. Frye，*Anal. Chem.*，**63**，2272 (1991)］

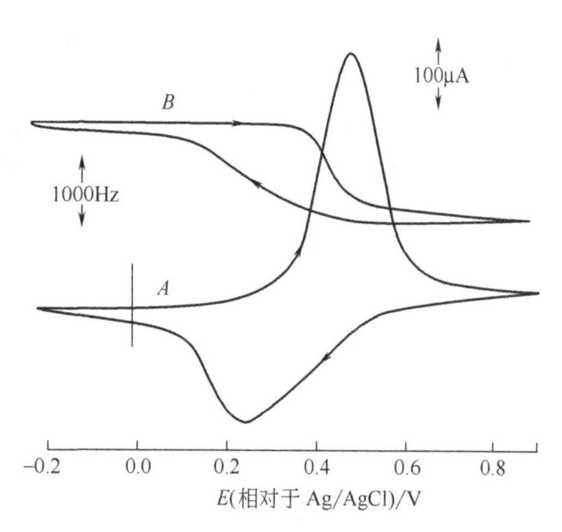

图 17.5.4 在 0.1mol·L^{-1} KPF_6 溶液中以 10mV/s 速度扫描金电极上的聚乙烯二茂铁膜时的循环伏安图（A），及 QCM 的频率变化图（B）

注意到阳极电流是正的，并且电势向右趋于更正［引自 P. T. Varineau and D. A. Buttry，*J. Phys. Chem.*，**91**，1292 (1987)］

另外一个应用 QCM 监测电极上形成膜过程的例子是研究富勒烯（如 C_{60}）膜。通过在电极表面上滴上一滴含有 C_{60} 的苯溶液，在溶剂挥发后就形成这样的膜。当把电极浸入到像乙腈中，在电极表面保留有一薄层 C_{60} 单晶。在往负方向电势扫描时，C_{60} 被逐级通过 1 电子步骤还原。还原形式如 $C_{60}^{\cdot-}$，与支持电解质中的阳离子本质有关。当采用大的四烷基季铵盐时，C_{60} 阴离子沉淀，所形成的膜使质量增加，当 K^+ 作为阳离子时，C_{60} 阴离子溶解，丢失质量。QCM 是一种非常方便的监测这样过程的方法[133,161]。

17.6 X 射线法

因为具有能量约 12keV 的 X 射线的波长是 0.1nm（与原子空间可比），正如单晶和粉末的 X 射线晶体学那样，这种辐射与物质相互作用可提供在原子尺寸的高分辨结构信息。然而，在表面研究中，仅有有限的原子与 X 射线相互作用，因此信号较在研究本体相物质时要弱得多。另外，在现场研究如水这样的溶剂中的单晶时，X 射线强度由于溶剂分子的散射而削弱。例如，12keV 的 X 射线仅能够穿透几个毫米的水层。这些因素暗示在研究电极/溶液界面时需要非常强的 X 射线光源。直到最近，像这样强度的 X 射线辐射通过粒子加速器装置（同步加速器）成为可能，大多数涉及电化学中的 X 射线表征采用同步加速器光源。这些光源较实验室的光源（旋转阳极）高 8～10 个数量级，其谱图是宽的无特征的，没有在采用常规光源时的尖峰这样的附加优点。已有关于此领域的综述[162~168]。广义地讲，这些研究可分为有关吸收或 X 射线衍射的方法。

17.6.1 X 射线吸收光谱

正如在 17.3.1 节中所描述的那样，X 射线通过溅射内层电子与原子进行作用。X 射线的吸收遵循与低能辐射相同的通用表达式，即

$$I = I_0 \exp(-\mu x) \tag{17.6.1}$$

式中，I 和 I_0 分别为透射和入射光的强度；x 为距离；μ 为与能量 $\boldsymbol{E}$ 有关的线性吸光系数。因此，吸收光谱是 μ［或在固定 x 时的 $\ln(I/I_0)$］与 $\boldsymbol{E}$（单位 keV）的作图。光谱可由一个吸收的

边界值（absorption edge）来表征，它是溅射（或光离子化）一种特定内层电子，通常是一个 1s 电子（K 边界）或 $2p_{3/2}$ 电子（L_3 边界）恰好所需的能量。图 17.6.1 显示了铁和几种铁氧化物的吸收光谱。在 7.112keV 处的光谱通常被分为两个区域。研究在吸收边界 10～40eV 内的区域称为 X 射线吸收近边界结构（X-ray absorption near-edge structure，XANES）[或近边界吸收精细结构，near-edge absorption fine structure，NEXAFS]。此区域 [图 17.6.1(b)] 包涵有原子中内层电子转移到未充满轨道的特征及对于原子的氧化态和周围配位体敏感。在吸收边界大约 50keV 处所观察到的振荡 [图 17.6.1(a)] 构成了扩展的 X 射线精细结构（extended X-ray absorption fine structure，EXAFS），它们可由溅射的电子波与附近原子的向后散射的波之间的相互干扰来解释。EXAFS 光谱可与样品中产生吸收边界的原子与邻近原子的距离和排布有关 [对于图 17.6.1(a) 即为样品中铁原子周边的原子]。

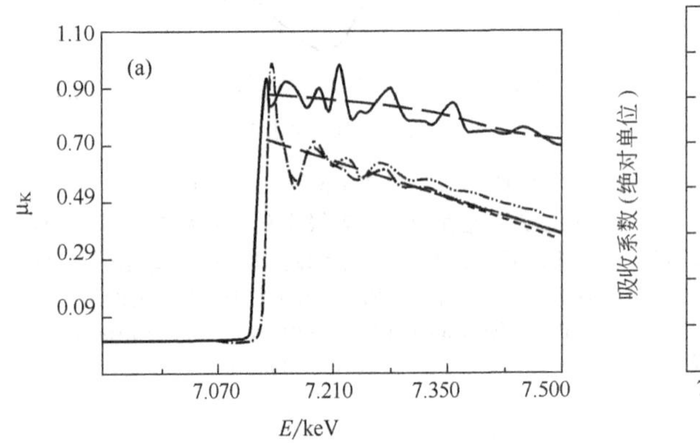

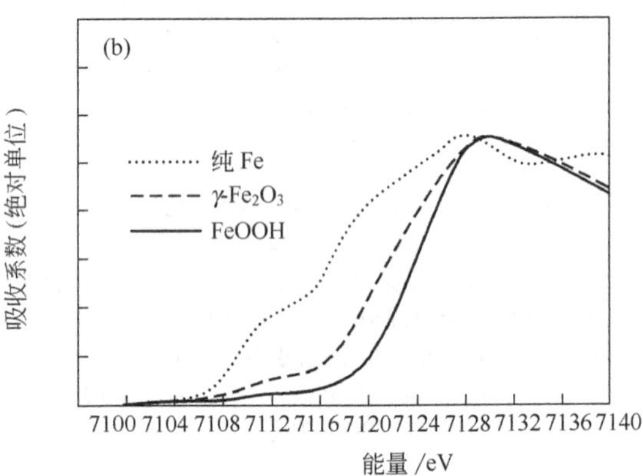

图 17.6.1 (a) 纯 Fe(—)，γ-Fe_2O_3 (---)，四氧化三铁 (-・-・)，γ-FeOOH (—・・・—) 的 Fe K-边界光谱；(b) 纯 Fe，γ-Fe_2O_3 及 γ-FeOOH 的近边界光谱。在两种情况下，纵坐标是仅由于 K 壳核的吸收系数（即背景扣除）

[引自 G. C. Long and J. Kruger，in "Techniques for Electrochemical Processes," R. Varma and J. R. Selman，Eds.，Wiley，New York，1991]

在 X 射线吸收光谱（XAS）中所采用的电化学池必须采用这样的设计使在窗口和电解质中的吸收损失最小。因此，常用的电极池窗口是聚乙烯或聚二酰亚胺的薄膜，仅非常薄的溶液层被采用（约 10μm）。样品本身必须足够的薄（例如在一个透明的基底上金属膜的厚度不大于几个微米）才能观察到适当的透射[165]。

17.6.2 X 射线衍射技术

X 射线衍射（X-Ray Diffraction Techniques XRD）实验涉及一束单色 X 射线从一个单晶电极表面的散射，测量表面的反射率或测量衍射的图案。另外，电解池的设计必须满足在使 X 射线在电解池窗口的吸收最小及 X 射线通过电解液的距离最小（图 17.6.2）。在衍射测量中，在 X 射线光束和样品表面之间采用小角（察角，grazing angle）。正如在 X 射线晶体学中那样，由于光束在原子表面散射的干扰所得到的衍射图案与 Bragg 定律一致。这些图案提供了有关表面结构及改变表面结构的过程，如在一个单晶电极表面的重构或欠电势沉积过程中金属单层膜的形成。

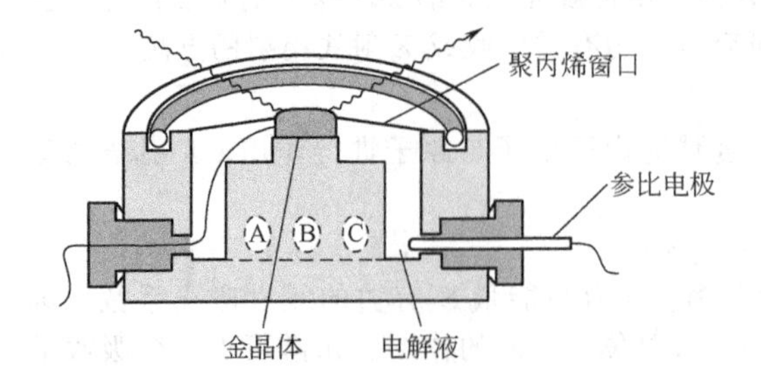

图 17.6.2 单晶金电极 X 射线衍射的电解池的设计 薄层溶液保持在聚丙烯窗和电极之间。窗口是通过一个圆环与 Kel-F 电解质夹在一起。A 和 C 是电解质门，B 是对电极 [引自 J. McBreen，in "Physical Electrochemistry," I. Rubinstein，Ed.，Marcel Dekker，New York，1995，Chap. 8]

在电化学研究中采用 X 射线方法仍在它的初级阶段。需要采用同步加速器，而不是精巧的电解池，以及数据的解释限制了这些技术的应用。然而，这些方法所提供的也许仅扫描探针方法（见第 16 章）与之相匹配的原子级结构信息，可以预计 X 射线方法更广阔的应用已不是很遥远。

17.7 参考文献

1 H. D. Abruna, Ed., "Electrochemical Interfaces: Modern Techniques for In-Situ Interface Characterization," VCH, New York, 1991

2 A. T. Hubbard, Ed., "The Handbook of Surface Imaging and Visuzlization," CRC, Boca Taton, FL, 1995

3 R. J. Gale, Ed., "Spectroelectrochemistry," Plenum, New York, 1988

4 C. Gutierrez and C. Melendres, Eds., "Spectroscopic and Diffraction Techniques in Interfacial Electrochemistry," Kluwer, Amsterdam, 1990

5 R. Varma and J. R. Selman, Eds., "Techniques for Characterization of Electrodes and Electrochemical Processes," Wiley, New York, 1991

6 N. Winograd and T. Kuwana, *Electroanal. Chem.*, **7**, 1 (1974)

7 W. R. Heineman, F. M. Hawkridge, and H. N. Blount, *Electroanal. Chem.*, **13**, 1 (1984)

8 W. N. Hansen, *Adv. Electrochem. Electrochem. Engr.*, **9**, 1 (1973)

9 T. Kuwana and W. R. Heineman, *Accts. Chem. Res.*, **9**, 241 (1976)

10 W. R. Heineman, *Anal. Chem.*, **50**, 390A (1978)

11 T. P. DeAngelis, R. W. Hurst, A. M. Yacynych, H. B. Mark, Jr., W. R. Heineman, and J. S. Mattson, *Anal. Chem.*, **49**, 1395 (1977)

12 R. Cieslinki and N. R. Armstrong, *Anal. Chem.*, **51**, 565 (1979)

13 R. W. Murray, W. R. Heineman, and G. W. O'Dom, *Anal. Chem.*, **39**, 1666 (1967)

14 T. Gueshi, K. Tokuda, and H. Matsuda, *J. Electroanal. Chem.*, **89**, 247 (1978)

15 M. Petek, T. E. Neal, and R. W. Murray, *Anal. Chem.*, **43**, 1069 (1971)

16 J. Salbeck, *Anal. Chem.*, **65**, 2169 (1993)

17 M. K. Hanafet, R. L. Scott, T. H. Ridgway, and C. N. Reiley, *Anal. Chem.*, **50**, 116 (1978)

18 W. R. Heineman, B. J. Norris, and J. F. Goelz, *Anal. Chem.*, **47**, 79 (1975)

19 D. F. Rohrbach, E. Deutsch, and W. R. Heineman in "Characterization of Solutes in Nonaqueous Solvents," G. Mamantov, Ed., Plenum, New York, 1978

20 W. R. Heineman, T. Kuwana, and C. R. Hartzell, *Biochem. Biophys. Res. Commun.*, **50**, 892 (1973)

21 See, for example, the biannual reviews in *Anal. Chem.* On Dynamic Electrochemistry, e. g., (a) J. L. Anderson, E. F. Bowden, and P. G. Pickup, *ibid.*, **68**, 379R (1996); (b) J. L. Anderson, L. A. Coury, Jr., and J. Leddy, *ibid.*, **70**, 519R (1998)

22 (a) J. F. Tyson and T. S. West, *Talanta*, **27**, 335 (1980); (b) C. C. Jan, B. K. Lavine, and R. L. McCreery, *Anal. Chem.*, **57**, 752 (1985)

23 Z. Wang, M. Zhao, and D. A. Scherson, *Anal. Chem.*, **66**, 4560 (1994)

24 D. Halliday and R. Resnick, "Physics," 3rd ed., Wiley, New York, 1978

25 F. A. Jenkins and H. E. White, "Fundamentals of Optics," 4th ed., McGraw-Hill, New York, 1976

26 J. D. E. McIntyre, *Adv. Electrochem. Electrochem. Engr.*, **9**, 61 (1973)

27 R. H. Muller, *Adv. Electrochem. Electrochem. Engr.*, **9**, 167 (1973)

28 B. D. Cahan, J. Horkans, and E. Yeager, *Symp. Faraday Soc.*, **4**, 36 (1970)

29 M. A. Barrett and R. Parsons, *ibid.*, p. 72

30 J. D. E. McIntyre and D. M. Kolb, *ibid.*, p. 99

31 A. Bewick and A. M. Tuxford, *ibid.*, p. 114

32 W. J. Plieth, *ibid.*, p. 137

33 D. M. Kolb and J. D. E. McIntyre, *Surf. Sci.*, **28**, 321 (1971)

34 T. Takamura, K. Takamura, and E. Yeager, *Symp. Faraday Soc.*, **4**, 91 (1970)

35 J. Kruger, *Adv. Electrochem. Electrochem. Engr.*, **9**, 227 (1973)

36 M. Stedman, *Symp. Faraday Soc.*, **4**, 64 (1970)

37 J. O'M. Bockris, M. Genshaw, and V. Brusic, *Symp. Faraday Soc.*, **4**, 177 (1970)

38 S. Gottesfeld, Y.-T. Kim, and A. Redondo in "Physical Electrochemistry,'I. Rubinstein, Ed., Marcel Dekker, New York, 1995, Chap. 9

39 R. H. Muller in "Techniques of Characterization of Electrodes and Electrochemical Processes," R. Varma and J. R. Selman, Eds., Wiley, New York, 1991, Chap. 2

40 S. Gottesfeld, *Electroanal. Chem.*, **15**, 143 (1989)
41 C. J. Dell'Oca and P. J. Fleming, *J. Electrochem. Soc.*, **123**, 1487 (1976)
42 J. Kruger and J. P. Calvert, *J. Electrochem. Soc.*, **114**, 43 (1967)
43 J. Rishpon, A. Redondo, C. Derouin, and S. Gottesfeld, *J. Electroanal. Chem.*, **294**, 73 (1990)
44 Y.-T. Kim, R. W. Collins, K. Vedam, and D. L. Allara, *J. Electrochem. Soc.*, **138**, 3226 (1991)
45 W. N. Hansen, T. Kuwana, and R. A. Osteryoung, *Anal. Chem.*, **38**, 1810 (1966)
46 N. Winograd and T. Kuwana, *J. Electroanal. Chem.*, **23**, 333 (1969)
47 N. Winograd and T. Kuwana, *J. Am. Chem. Soc.*, **93**, 4343 (1971)
48 W. N. Hansen, *Symp. Faraday Soc.*, **4**, 27 (1970)
49 H. B. Mark and E. N. Randall, *Symp. Faraday Soc.*, **4**, 157 (1970)
50 D. G. Hanken, C. E. Jordan, B. L. Fery, and R. M. Corn, *Electroanal. Chem.*, **20**, 141 (1998)
51 D. M. Kolb in R. J. Gale, Ed., *op. cit.*, Chap. 4
52 J. D. Rudnicki, F. R. McLarnon, and E. J. Cairns in R. Varma and J. R. Selman, Eds., *op. cit.*, Chap. 3
53 R. M. Corn and D. A. Higgins, *Chem. Rev.*, **94**, 107 (1994)
54 G. L. Richmond in H. D. Abruna, Ed., *op. cit.*, Chap. 6
55 G. L. Richmond, *Electroanal. Chem.*, **17**, 87 (1991)
56 D. G. Campbell, M. L. Lynch, and R. M. Corn, *Langmuir*, **6**, 1656 (1990)
57 S. M. Stole, D. D. Popenoe, and M. D. Porter in H. D. Abruna, Ed., *op. cit.*, p. 339
58 J. Benziger in A. T. Hubbard, Ed., *op. cit.*, p. 265
59 B. Beden and C. Lamy in R. J. Gale, Ed., *op. cit.*, p. 189
60 J. K. Foley, C. Korzeniewski, J. L. Daschbach, and S. Pons, *Electroanal. Chem.*, **14**, 309 (1986)
61 M. Osawa, *Bull. Chem. Soc. Jpn.*, **70**, 2861 (1997)
62 S. Pons and A. Bewick, *Langmuir*, **1**, 141 (1985)
63 X. D. Zhu, H. Suhr, and Y. R. Shen, *Phys. Rev. B*, **35**, 3047 (1987)
64 A. Tadjeddine and A. Peremans in "Spectroscopy for Surface Science," R. J. H. Clark and R. E. Hester, Eds., Wiley, Chichester, 1998, Chap. 4
65 S. Baldelli, N. Markovic, P. Ross, Y. R. Shen, and G. Somorjai, *J. Phys. Chem.*, **103**, 8920 (1999)
66 W. H. Flygare, "Molecular Structure and Dynamics," Prentice-Hall, Englewood Cliffs, NJ, 1978, Chap. 8
67 H. A. Szmanski, Ed., "Raman Spectroscopy," Plenum, New York, 1970
68 J. E. Pemberton in A. T. Hubbard, Ed., *op. cit.*, p. 647
69 J. E. Pemberton in H. D. Abruna, Ed., *op. cit.*, p. 193
70 R. L. Birke, T. Lu, and J. R. Lombardi in R. J. Gale, *op. cit.*, p. 211
71 D. L. Jeanmaire and R. P. Van Duyne, *J. Am. Chem. Soc.*, **98**, 4029 (1976)
72 M. R. Suchanski and R. P. Van Duyne, *J. Am. Chem. Soc.*, **98**, 250 (1976)
73 D. L. Jeanmaire, M. R. Suchanski, and R. P. Van Duyne, *J. Am. Chem. Soc.*, **97**, 1699 (1975)
74 R. P. Van Duyne, M. R. Suchanski, J. M. Lakovits, A. R. Siedle, K. D. Parks, and T. M. Cotton, *J. Am. Chem. Soc.*, **101**, 2832 (1979)
75 D. L. Jeanmaire and R. P. Van Duyne, *J. Electroanal. Chem.*, **66**, 235 (1975)
76 (a) A. Campbell, J. K. Brown, and V. M. Grizzle, *Surf. Sci.*, **115**, L153 (1982); (b) C. Shannon and A. Campbell, *J. Phys. Chem.*, **92**, 1385 (1988)
77 M. Fleischmann, P. J. Hendra, and A. J. McQuillan, *J. Chem. Soc. Chem. Commun.*, **1973**, 80
78 M. G. Albrecht and J. A. Creighton, *J. Am. Chem. Soc.*, **99**, 5215 (1977)
79 D. L. Jeanmaire and R. P. Van Duyne, *J. Electroanal. Chem.*, **84**, 1 (1977)
80 R. L. Garrell in A. T. Hubbard, *op. cit.*, p. 785
81 A. Campion in "Vibrational Spectroscopy of Molecules at Surfaces," J. T. Yates and T. E. Madey, Eds., Plenum, New York, 1987, p. 345
82 S. Efrima, *Mod. Asp. Electrochem.*, **16**, 253 (1985)
83 S. Farquharson, M. J. Weaver, P. A. Lay, R. H. Magnuson, and H. Taube, *J. Am. Chem. Soc.*, **105**, 3350 (1983)
84 S. Zou, C. T. Williams, E. K.-Y. Chen, and M. J. Weaver, *J. Am. Chem. Soc.*, **120**, 3811 (1998)
85 S. Nie and S. R. Emory, *Science*, **275**, 1102 (1997)
86 P. N. Ross and F. T. Wagner, *Adv. Electrochem. Electrochem. Engr.*, **13**, 69 (1985)
87 D. M. Kolb, *Z. Phys. Chem.*, **154**, 179 (1987)
88 M. Grasserbauer and H. W. Werner, Eds., "Analysis of Microelectronic Materials and Devices," Wiley, New York, 1991
89 A. J. Bard, "Integrated Chemical Systems," Wiley, New York, 1994, pp. 100-108
90 A. T. Hubbard, E. Y. Cao, and D. A. Stern in "Physical Electrochemistry," I. Rubinstein, Ed., Marcel Dekker, New York, 1995, Chap. 10
91 T. A. Carlson, "Photoelectron and Auger Spectroscopy, Plenum, New York, 1975
92 A. W. Czanderna, Ed., "Methods of Surface Analysis," Elsevier, Amsterdam, 1975
93 C. A. Evans, Jr., *Anal. Chem.*, **47**, 818A, 855A (1975)

94 D. A. Shirley, Ed., "Electron Spectroscopy," North Holland, Amsterdam, 1972
95 S. H. Hercules and D. M. Hercules in P. F. Kane and G. B. Larrabee, Eds., "Characterization of Solid Surfaces," Plenum, New York, 1974, Chap. 13
96 B. G. Baker, *Mod. Asp. Electrochem.*, **10**, 93 (1975)
97 D. Briggs and M. P. Seah, Eds., "Practical Surface Analysis: Auger and X-ray Photoelectron Spectroscopy," Wiley, New York, 1990
98 K. S. Kim, N. Winograd, and R. E. Davis, *J. Am. Chem. Soc.*, **93**, 6296 (1971)
99 C. M. Elliott and R. W. Murray, *Anal. Chem.*, **48**, 1247 (1976)
100 J. S. Hammond and N. Winograd, *J. Electroanal. Chem.*, **80**, 123 (1977)
101 J. S. Hammond and N. Winograd, *J. Electrochem. Soc.*, **124**, 826 (1977)
102 C. C. Chang in P. F. Kane and G. B. Larrabee, Eds., Characterization of Solid Surfaces, Plenum, New York, 1974, Chap. 20
103 J. W. Mayer and J. M. Poate in "Thin Films-Interdiffusion and Reactions," J. M. Poate, K. N. Tu, and J. W. Mayer, Eds., Wiley, New York, 1978, Chap. 6
104 S. H. Kulpa and B. P. Frankenthal, *J. Electrochem. Soc.*, **124**, 1588 (1977)
105 C. C. Chang, B. Schwartz, and S. P. Murarka, *J. Electrochem. Soc.*, **124**, 922 (1977)
106 J. L. Kahl and L. R. Faulkner, unpublished results
107 H. Tachikawa and L. R. Faulkner, *J. Am. Chem. Soc.*, **100**, 4379 (1978)
108 F.-R. Fan and L. R. Faulkner, *J. Am. Chem. Soc.*, **101**, 4779 (1979)
109 J. M. Green and L. R. Faulkner, *J. Am. Chem. Soc.*, **105**, 2950 (1983)
110 G. A. Somorjai and H. H. Farell, *Adv. Chem. Phys.*, **20**, 215 (1971)
111 J. B. Pendry, "Low Energy Electron Diffraction," Academic, New York, 1974
112 P. A. Thiel in A. T. Hubbard, Ed., *op. cit.*, p. 355
113 R. M. Ishikawa and A. T. Hubbard, *J. Electroanal. Chem.*, **69**, 317 (1976)
114 W. E. O'Grady, M. Y. C. Woo, P. L. Hagans, and E. Yeager, *J. Vac. Sci. Technol.*, **14**, 365 (1977)
115 P. N. Ross, Jr., *J. Electroanal. Chem.*, **76**, 139 (1977)
116 E. Yeager, W. E. O'Grady, M. Y. C. Woo, and Hagans, *J. Electrochem. Soc.*, **125**, 348 (1978)
117 P. N. Ross, Jr., *J. Electrochem. Soc.*, **126**, 67 (1979)
118 D. G. Frank in A. T. Hubbard, Ed., *op. cit.*, p. 289
119 L. L. Kesmodel in A. T. Hubbard, Ed., *op. cit.*, p. 223
120 S. Bruckenstein and R. Rao Gadde, *J. Am. Chem. Soc.*, **93**, 793 (1971)
121 B. Bittins-Cattaneo, E. Cattaneo, P. Konigshoven, and W. Vielstich, *Electroanal. Chem.*, **17**, 181 (1991)
122 O. Olter and J. Heitbaum, *Ber. Bunsenges. Phys. Chem.*, **88**, 2 (1984)
123 T. Iwasita, W. Vielstich, and E. Santos, *J. Electroanal. Chem.*, **229**, 367 (1987)
124 K. J. Volk, R. A. Yost, and A. Brajiter-Toth, *Anal. Chem.*, **61**, 1709 (1989)
125 G. Hambitzer and J. Heitbaum, *Anal. Chem.*, **58**, 1067 (1986)
126 W. Lu, X. Xu, and R. B. Cole, *Anal. Chem.*, **69**, 2478 (1997)
127 G. J. Van Berkel, F. Zhou, and J. T. Aronson, Int. J. Mass Spectrom. Ion Processes. 162, 55 (1997)
128 J. A. McHugh in A. W. Czanderna, Ed., *op. cit*
129 J. A. Gardella, Jr., in "The Handbook of Surface Imaging and Visualization," A. T. Hubbard, Ed., CRC, Boca Raton, FL, 1995, p. 705
130 V. R. Deline, W. Katz, C. A. Evans, Jr., and P. Williams, *Appl. Phys. Lett.*, **38**, 832 (1978)
131 C. C. Chang, N. Winograd, and B. J. Garrison, *Surf. Sci.*, **202**, 309 (1988)
132 S. Wilhelm, W. Vielstich, H. W. Buschmann, and T. Iwasita, *J. Electroanal. Chem.*, **229**, 377 (1987)
133 F. Zhou, S.-L. Yau, C. Jehoulet, D. A. Laude, Jr., Z. Guan, and A. J. Bard, *J. Phys. Chem.*, **96**, 4160 (1992)
134 T. M. McKinney, *Electroanal. Chem.*, **10**, 97 (1977)
135 I. B. Goldberg and A. J. Bard in "Magnetic Resonance in Chemistry and Biology," J. N. Herak and K. J. Adamic, Eds., Marcel Dekker, New York, 1975, Chap. 10
136 B. Ksatening, *Progr. Polarogr.*, **3**, 195 (1972)
137 R. N. Adams, *J. Electroanal. Chem.*, **8**, 151 (1964)
138 A. M. Waller and R. G. Compton, *Compr. Chem. Kinet.*, **29**, 297 (1989)
139 J. E. Wertz and J. R. Bolton, "Electron Spin Resonance: Elementary Theory and Practical Applications," McGraw-Hall, New York, 1986
140 R. S. Alger, "Electron Paramagnetic Resonance: Techniques and Applications," Interscience, New York, 1968
141 N. M. Atherton, "Electron Spin Resonance: Theory and Applications," Halsted, New York, 1973
142 I. B. Goldberg and A. J. Bard, *J. Phys. Chem.*, **75**, 3281 (1971); **78**, 290 (1974)
143 R. D. Allendoerfer, G. A. Martinchek, and S. Bruckenstein, Anal. Chem., **47**, 890 (1975)
144 R. N. Ragchi, A. M. Bond, and F. Scholz, *Electroanal.*, **1**, 1 (1989)
145 A. J. Bard, "Integrated Chemical Systems," op. cit., pp. 114-120

146 J. G. Gaudiello, P. K. Ghosh, and A. J. Bard, *J. Am. Chem. Soc.*, **107**, 3027 (1985)
147 E. Janzen, *Accts. Chem. Res.*, **4**, 31 (1971)
148 A. J. Bard, J. C. Gilbert, and R. D. Goodin, *J. Am. Chem. Soc.*, **96**, 620 (1974)
149 J. F. Haw in A. T. Hubbard, Ed., *op. cit.*, p. 525
150 A. T. Bell and A. Pines, eds., "NMR Techniques in Catalysis," Marcel Dekker, New York, 1994
151 K. W. H. Chan and A. Wieckowski, *J. Electrochem. Soc.*, **137**, 367 (1990)
152 M. S. Yahnke, B. M. Rush, J. A. Reimer, and E. J. Cairns, *J. Am. Chem. Soc.*, **118**, 12250 (1996)
153 J. B. Day, P. A. Vuissoz, E. Oldfield, A. Wieckowski, and J.-P. Anstermet, *J. Am. Chem. Soc.*, **118**, 13046 (1996)
154 Y. Y. Tong, C. Belrose, A. Wieckowski, and E. Oldfield, *J. Am. Chem. Soc.*, **119**, 11709 (1997)
155 D. A. Buttry in H. D. Abruna, Ed., *op. cit.*, Chap. 10
156 D. A. Buttry, *Electroanal. Chem.*, **17**, 1 (1991)
157 D. A. Buttry and M. D. Ward, *Chem. Rev.*, **92**, 1355 (1992)
158 K. K. Kanazawa and J. G. Gordon, *Anal. Chem.*, **57**, 1770 (1985)
159 S. J. Martin, V. E. Granstaff, and G. C. Frye, *Anal. Chem.*, **63**, 2272 (1991)
160 P. T. Varineau and D. A. Buttry, *J. Phys. Chem.*, **91**, 1292 (1987)
161 W. Koh, D. Dubois, W. Kutner, M. T. Jones, and K. M. Kadish, *J. Phys. Chem.*, **96**, 4163 (1992)
162 H. D. Abruna, *Mod. Asp. Electrochem.*, **20**, 265 (1989)
163 G. C. Long and J. Kruger in R. Varma and J. R. Seiman, eds., *op. cit.*, Chap. 4
164 J. Mcbreen in "Physical Electrochemistry," I. Rubinstein, Ed., Marcel Dekker, New York, 1995, Chap. 8
165 H. D. Abruna in H. D. Abruna, Ed., *op. cit.*, Chap. 1
166 M. F. Toney and O. R. Melroy, *ibid.*, Chap. 2
167 J. H. White, *ibid.*, Chap. 3
168 H. D. Abruna in A. T. Hubbard, Ed., *op. cit.*, Chap. 64

17.8 习题

17.1 对于图 17.1.4 中的曲线 $a \sim j$，在 710nm 处的吸光值分别是 0.040，0.072，0.111，0.179，0.279，0.411，0.633，0.695，0.719 和 0.725。求算相应各个曲线的电势下 Co(Ⅱ) 配合物与 Co(Ⅰ) 配合物的浓度比。画出 E 与上述浓度比的对数关系，从这些曲线中验证 n 和求算 $E^{\ominus}$。

17.2 对于 o-联甲苯胺及其氧化产物的 $D=6.2\times10^{-6}\,cm^2/s$，由图 17.1.3 吸光比的斜率，求算其摩尔吸光系数 ε。求算微网栅的有效面积。

17.3 对于一个 OTE 电极上的金膜，其上还原产物产生，$\varepsilon_R=10^2\,L\cdot mol^{-1}\cdot cm^{-1}$，$10^3\,L\cdot mol^{-1}\cdot cm^{-1}$ 和 $10^4\,L\cdot mol^{-1}\cdot cm^{-1}$，假设 $D_O=1\times10^{-5}\,cm^2/s$ 和 $C_O^*=1mmol\cdot L^{-1}$，求算其吸光比-时间的曲线。绘出从 1～100ms 时间范围的图。评价吸光比的量及它们的实验应用。

17.4 求算一个化合物 $\varepsilon=10^4\,L\cdot mol^{-1}\cdot cm^{-1}$，浓度为 $10^{-3}\,mol\cdot L^{-1}$ 的吸光系数，k。

17.5 由图 17.1.9 中的数据，求算金在 2.0eV，2.4eV，2.8eV，3.2eV，3.6eV 和 4.0eV 时的 n 和 k 的值。将它们与这些光子能量所相应的波长作图。基于这些曲线，你能够解释金的颜色吗?

17.6 在一个 IRS 实验中，监测吸光物质 R，其向前阶跃可使 O 在扩散控制速率下还原为 R，反相阶跃也在扩散控制下使 R 转化为 O，规范化的吸光比由下列公式给出

$$\mathscr{A}(t\leqslant\tau)/\mathscr{A}(\tau)=1-exp(a^2 t)erfc(at^{1/2})$$

$$\mathscr{A}(t>\tau)/\mathscr{A}(\tau)=\exp[a^2(t-\tau)]\mathrm{erfc}[a(t-\tau)^{1/2}]$$

这里 τ 是向前阶跃的宽度，$a=D/\delta$。假设 τ 很大，可应用公式 (17.1.14)。为了简化，可假设 $D_O=D_R=D$，需要多少个参数才能够拟合其暂态信号? 在 $0\leqslant t/\tau\leqslant2$ 的范围内，画出 10 个 t/τ 值。

17.7 对于一个水溶液 ($n_3=1.34$) 与玻璃上的铂膜相 ($n_1=1.55$) 接触的 IRS 体系，入射角是 75°，入射光波长是 400nm，求算其 δ 值。所采用的波长为 600nm 和 800nm 时，δ 值是什么? 假设入射角增加到 80°，所采用的波长为 600nm 时，δ 值是什么?

17.8 对于图 17.2.10 中所示的向前和反相实验，推导描述拉曼强度作为时间函数的公式。证明图 17.2.10 (b) 中所显示的线性关系是所期望的。从斜率的值能够得到什么信息吗? 这些暂态信号对于判断机理有什么用? 注意到此问题的解类似于在推导式 (17.1.2) 中所采用的方法。

17.9 假设在图 17.3.8 中的 XPS 带是由 Al K_α 线在 1486.6eV 所激发的，这些光电子的动能是什么? 由 Mg K_α 线在 1253.6eV 所激发时，所测量到的动能是什么?

17.10 在图 17.3.12 中，为什么需要将碳的响应规一化?

第 18 章　光电化学和电致化学发光

在本章中，我们将考察在所感兴趣的电极过程中实际上有光子参与的实验。

18.1　电致化学发光

电化学非常适合于研究自由基离子的溶液化学，因为人们可以容易地通过氧化或还原稳定的原始物，如芳香胺类、亚硝酸盐、硝基化合物或聚环状烃类，来产生相关的反应性物质。自由基离子化学的一个特别引人注目的方面是来自于一些均相电子转移反应的化学发光。虽说光几乎总是缘于溶液中的反应，可在通常的研究中涉及电解产生参与物的实验，因此称为电致化学发光或电化学发光（electrogenerated chemiluminescence 或 electrochemiluminescence，ECL）。对于该领域已经进行了大量的研究和详尽的综述[1~5]。在此我们将简单地就基本的化学和实验方面进行概述。感兴趣的读者可从相关综述中得到更全面的了解。

18.1.1　化学原理

产生 ECL 的典型反应是涉及红荧烯（R），N,N,N',N'-四甲基对苯二胺（TMPD），和对苯醌（BQ）的自由基离子反应：

$$R^{\overline{\cdot}} + R^{\dot{+}} \longrightarrow {}^1R^* + R \tag{18.1.1}$$

$$R^{\overline{\cdot}} + TMPD^{\dot{+}} \longrightarrow {}^1R^* + TMPD \tag{18.1.2}$$

$$R^{\dot{+}} + BQ^{\overline{\cdot}} \longrightarrow {}^1R^* + BQ \tag{18.1.3}$$

所有情况下的发射均是来自于首先受激发的单态红荧烯的黄色荧光：

$$^1R^* \longrightarrow R + h\nu \tag{18.1.4}$$

这些反应通常在乙腈或 DMF 中进行。

作为电子转移反应的结果所形成的一个激态是弗郎克-康登（Frank-Condon）原理的动力学表现形式[2~4]。这些反应有很高的能量（典型值为 2～4eV）并且非常快（也许在实际转移中是在分子振动的时间区间内）。由于在如此短的时间内对于分子主体以机械的形式（例如振动）接收如此大量的释放能量是困难的，所以产生受激物质的概率很大，这就必然有较小的振动激发。

此领域的研究致力于快速、非常高能量反应的能量分配基础规律的探讨[3,4]，它同时可用于检验电子转移的理论。采用 ECL 活性物质作为生物分子的标记，ECL 已经应用于免疫分析和 DNA 分析的商品化仪器中。这些方法的原理将在 18.1.4 节中讨论。

在一个氧化还原过程中产生基态产物所释放的自由能，例如

$$R^{\dot{+}} + R^{\overline{\cdot}} \longrightarrow 2R \tag{18.1.5}$$

从本质上讲是能激发一个产物的有效能量❶。该值可容易地由离子/原始物电对的可逆标准电势计算得到，可与通过光谱得到的激发态能量进行比较。激发态低于该有效能量是可达到的，并且在反应中可能增加。高能态是不容易达到的。

图 18.1.1 是反应式（18.1.1）～式（18.1.3）的能级图。由于 BQ 和 TMPD 所有的受激态是

---

❶ 实际上，能够激发一个产物的有效能量是标准内能的变化，$\Delta E^{\ominus}$。因为反应是在一个凝聚相中进行，$\Delta E^{\ominus} \approx \Delta H^{\ominus}$，即 $\Delta G^{\ominus} + T\Delta S^{\ominus}$。由于对于这类反应 $T\Delta S^{\ominus}$ 通常大约为 0.1eV，所以，$\Delta E^{\ominus} \approx \Delta G^{\ominus}$。

不易达到的，所以仅有红荧烯的单重态（$^1R^*$）和三重态（$^3R^*$）物种能够产生。另外，我们看到式（18.1.2）和式（18.1.3）是能量缺乏的，其中的主要发射物$^1R^*$不易接近电子转移过程。因此，式（18.1.2）和式（18.1.3）中的反应是包含很复杂机理的总过程。相反，式（18.1.1）是能量富足的，其中发射态在一定程度上是可达到的，因此，直接产生$^1R^*$是可能的。该途径通常称为S途径（指单重态）。

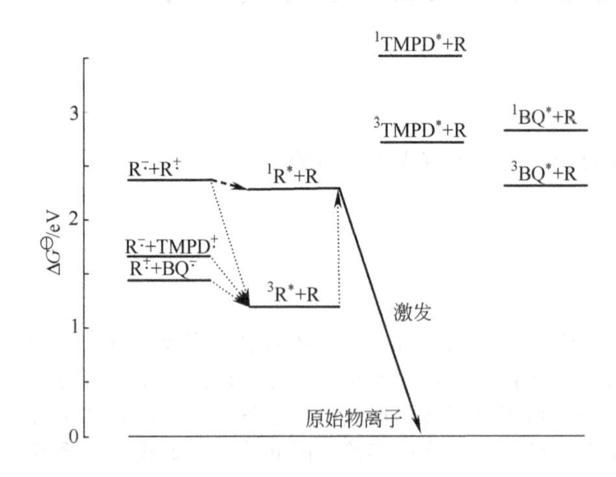

图 18.1.1 红荧烯自由基离子化学发光反应的能级图

所有能级均是相对于基态中性物质来量度的。实线表示S途径。虚线表示T途径。由$^3R^*$+R到$^1R^*$+R的促进作用需要另一个红荧烯三重态［引自 L. R. Faulkner, *Meth. Enzymol.*, **57**, 494 (1978)］

为了合理地说明在能量缺乏的情况下产生发射物，通常引用一个包括三重态中间体的机理，例如，

$$R^{\overline{\cdot}} + TMPD^{\dot{+}} \longrightarrow {}^3R^* + TMPD \tag{18.1.6}$$

$$^3R^* + {}^3R^* \longrightarrow {}^1R^* + R \tag{18.1.7}$$

这里的第二步称为三重态-三重态湮灭（triplet-triplet annihilation），它使两个电子转移的能量汇集产生一个单重态。这种机理通常称为T途径（指三重态），有许多证据倾向于此机理。应该指出，它即可能适用于能量富足体系，也可能适用于能量缺乏体系。

ECL反应的能级图对于采用Marcus理论（见3.6.2节）来理解所形成的激发态也是有帮助的[6]。反应的相对速率可由其自由能$\Delta G^{\ominus}$来测定。当$\Delta G^{\ominus}$值较小时，速率一般来讲随$\Delta G^{\ominus}$变负而增加。然而，对于更负的$\Delta G^{\ominus}$值，速率变小（所谓的Marcus“翻转区”)。对于图示在图18.1.1中的ECL反应，产生基态物质的反应物的$\Delta G^{\ominus}$值较大，而产生激发态的较小。因此，一个高能量的电子转移反应实际上更倾向于形成激发态，而不是基态。的确，ECL曾是在电子转移反应中第一个表明存在翻转区实验证据的方法。

已报道了几百种ECL反应，许多从光谱上看很简单，用上述方式足可理解。另一些所给出的发射带是由于受激体［激发的二聚体，如$(DMA)_2^*$，此处DMA是9,10-二甲基蒽］，受激配合物［激发态配合物，如$TPTA^{\dot{+}}BP^{\overline{\cdot}}$，这里TPTA是三对甲苯胺，BP是二苯甲酮］，或自由基离子简单的蜕变产物。描述这些情况显然需要更为复杂的机理。许多研究涉及芳香化合物的自由基离子，其他的是与金属的配合物如$Ru(bpy)_3^{2+}$［bpy为2,2′-联吡啶］、过氧化物、溶剂化的电子和一些经典的化学发光试剂，如光泽精等[1~5]。

ECL实验的主要目的是确定发射态的本质，提出ECL的机理以及产生激发态的效率。ECL对于化学分析也是很有用的。

18.1.2 仪器设备和反应物的产生[2]

集中于自由基离子湮灭的ECL实验可在常规的电化学仪器上进行，但步骤必须加以改变，使电致产生两个反应物而不是一个，这是一共同的要求。此外，我们必须对溶剂/支持电解质体系的纯度非常谨慎。水和氧对于这些实验特别有害，因此，仪器的构造应允许在高真空管路或在惰性气氛箱中进行溶剂的转移和除氧。另外要附带一些能与检测光的光学仪器相接口的附件。

大多数实验是在一个电极上依次产生反应物来完成的。例如，我们可从DMF溶液中的红荧烯和TMPD开始。铂工作电极阶跃到−1.6V（相对于SCE）在扩散层中产生$R^{\overline{\cdot}}$。正向产生时

间 t_f 可以是 10μs～10s，然后电势变到大约 +0.35V 来产生 $TMPD^{+\cdot}$，它要向外扩散。由于在此电势下 $R^{-\cdot}$ 被氧化，所以它的表面浓度实际上下降到零，在本体中 $R^{-\cdot}$ 又向电极扩散。因此，$TMPD^{+\cdot}$ 和 $R^{-\cdot}$ 同时移动并反应。如果反应速率常数很大，它们的浓度分布不会重叠，反应发生在它们相遇的平面上，如图 18.1.2 所示。随着实验的进行，$R^{-\cdot}$ 逐渐被消耗掉，反应面朝向远离电极的方向移动。光以脉冲的形式出现，且因为 $R^{-\cdot}$ 的减小随时间越来越弱。与此类似的实验可用双或三步骤形式产生一个光脉冲来完成；也可用其他的步骤来产生光脉冲序列。

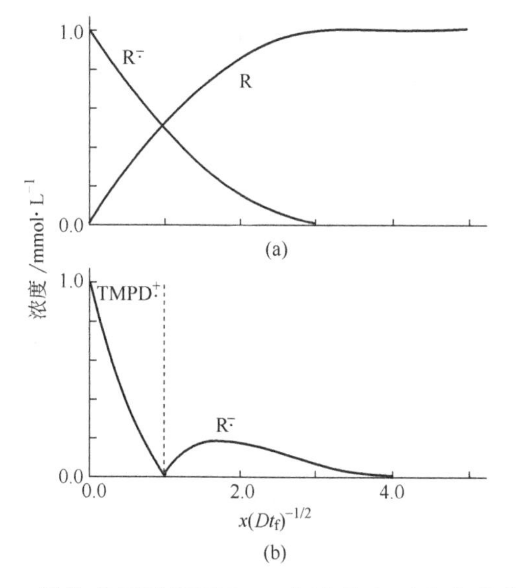

图 18.1.2　进行 ECL 阶跃实验时电极附近的浓度分布

数据适用于 $1mmol \cdot L^{-1}$ R 和 $1mmol \cdot L^{-1}$ TMPD。(a) 在正向阶跃终点 R 和的分布；(b) 在第二次阶跃时，$TMPD^{+\cdot}$ 和 $R^{-\cdot}$ 的浓度。虚线表示反应界面。曲线是对 $0.4t_f$ 时第二次阶跃，t_f 是正向阶跃宽度。此处所用的扩散系数值相同

其他有用的湮灭 ECL 方法是在两个非常接近的不同电极上产生反应物。例如，可采用一个旋转环盘电极（RRDE，见第 9 章）在圆盘上产生一个反应物如 $R^{-\cdot}$，在环上产生另一反应物 $R^{+\cdot}$。正如在第一版详细讨论的那样❶，由于扩散和对流使它们相接触和发生反应，在环电极的内径可看到光[2,7,8]。其他的实验可采用在薄层构造下的双工作电极体系[9,10]，组合叉指式电极，或流动体系使反应物相混合。

并非所有的 ECL 反应都需要将电极电势进行循环来产生氧化和还原的形式。通过加入一些称为共反应物（coreactants）的物质，可能通过单电势阶跃来产生电致化学发光[11,12]。这些体系也使在水溶液中能够观察到 ECL，水溶液电势窗太窄不允许常规的电解来产生氧化和还原的 ECL 原始物进行湮灭 ECL。例如对于 $Ru(bpy)_3^{2+}$ 的水溶液，它可在铂电极上在电势约 +1V（相当于 SCE）时被氧化为 $Ru(bpy)_3^{3+}$，形成激发态物质 $Ru(bpy)_3^{2+*}$，它的能量高于基态 2.04eV，我们需要在较 −1.2V 负的电势下产生一个还原物。在没有大量氢气析出的情况下，铂电极在水溶液中不易达到这样负的电势。然而，在一些 ECE 反应中（见第 12 章），我们可通过氧化来产生非常强的还原剂。例如，氧化草酸根（共反应物）可以产生非常强的还原剂 $CO_2^{-\cdot}$，它可与 $Ru(bpy)_3^{3+}$ 反应产生激发态。反应的次序为

$$Ru(bpy)_3^{2+} \longrightarrow Ru(bpy)_3^{3+} + e \tag{18.1.8}$$

$$C_2O_4^{2-} \longrightarrow C_2O_4^{-} + e \tag{18.1.9}$$

$$C_2O_4^{-} \longrightarrow CO_2 + CO_2^{-\cdot} \tag{18.1.10}$$

$$Ru(bpy)_3^{3+} + CO_2^{-\cdot} \longrightarrow Ru(bpy)_3^{2+*} + CO_2 \tag{18.1.11}$$

这里所出现的是由于氧化的草酸根可歧化与 CO_2 形成非常强的键。因此，对于 $Ru(bpy)_3^{2+}$ 和 $C_2O_4^{2-}$ 的混合物，一次氧化阶跃可产生光。其他的一些共反应物，如叔胺，也可与 $Ru(bpy)_3^{2+}$ 体系进行类似的反应。这些体系，正如将在 18.1.4 节中将要简述的那样，已经被应用于分析检

❶ 见第一版，p624～626。

测中。

许多 ECL 研究涉及一些特定的光学方法，例如对于测量体系的光谱响应的校正或测量一个 ECL 过程的绝对总发射速率。这些技术超出了本书的范围；它们的讨论可见一些综述性的文献[2]。

18.1.3　实验的种类

最显而易见的 ECL 实验是记录发射光的光谱，而这些光谱对于鉴别发射物质是很重要的。在某些情况下，ECL 的发射是由在电解溶液的荧光现象中起很小作用的状态所致。图 18.1.3 给出了一个例子[8]。芘（Py）和 TMPD 溶液在 350nm 受激发后的荧光，在 400nm 处有一很尖的属于$^1Py^*$ 的谱带，在 450nm 处有一较小的，部分是由于受激体 Py 的宽带，它可由如下的分解方式进行发射：

$$^1Py_2^* \longrightarrow 2Py + h\nu \tag{18.1.12}$$

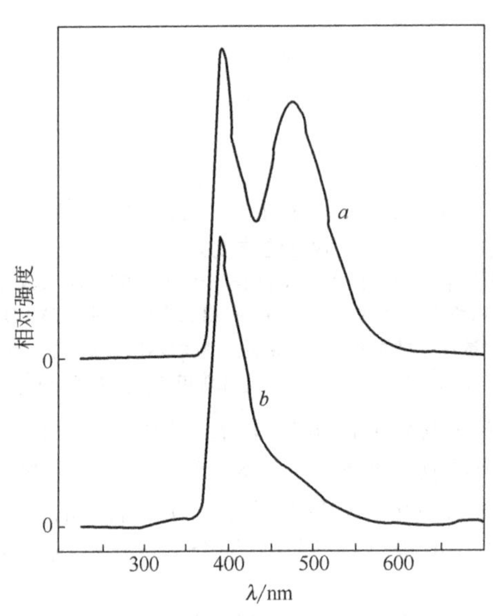

图 18.1.3　曲线 a：DMF 中 $Py^{\cdot-}$与 $TMPD^{\cdot+}$之间反应的化学发光。电致产生的离子是在 1mmol·L^{-1} TMPD 和 5mmol·L^{-1} Py 溶液中的 RRDE 上进行的。曲线 b：在 350nm 激发下，相同溶液的荧光光谱

[原始数据引自 J. T. Maloy and A. J. Bard，*J. Am. Chem. Soc.*，**93**，5968 (1971)。图引自 L. R. Faulkner，*Int. Rev. Sci.*：*Phys. Chem. Ser. Two*，**9**，213 (1975)]

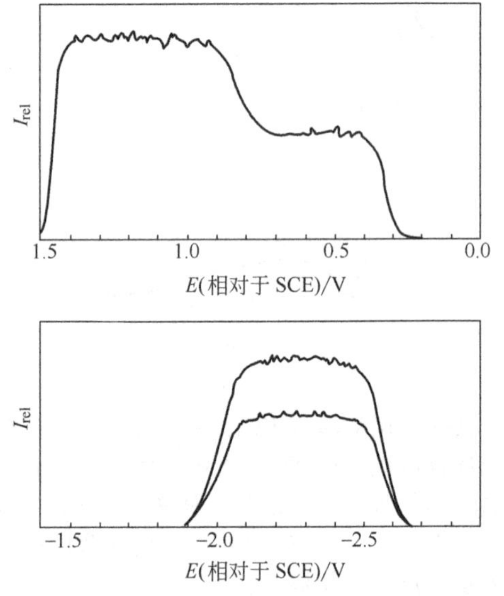

图 18.1.4　Py-TMPD 体系的稳态 ECL 行为与盘电势的关系

上图：环上产生 $Py^{\cdot-}$（在 393nm 处检测发射）。下图：环上产生 $TMPD^{\cdot+}$ [在 393nm 处检测发射（上部曲线），在 470nm 处检测发射（下部曲线）][引自 J. T. Maloy and A. J. Bard，*J. Am. Chem. Soc.*，**93**，5968 (1971)]

相反，由一个旋转盘环电极上电解产生的 $Py^{\cdot-}$ 和 $TMPD^{\cdot+}$ 反应而来的 ECL 显示发射主要是由于受激体，其中 Py 在环上被还原，TMPD 在盘上被氧化。因此，化学发光体系对于相对有效产生受激体而言，有特殊的途经。它是$^3Py^*$ 参与的三重态-三重态湮灭。

另外一个可用于解析 ECL 基础化学的实验可由图 18.1.4 所示的数据来说明，它显示了 TMPD/Py 体系的光强度与盘电势的关系[8]。上图中 $Py^{\cdot-}$ 在环上产生，我们可以看到光是由于 TMPD 氧化（在盘上）成 $TMPD^{\cdot+}$（第一个波）或 $TMPD^{2+}$（第二个波）的缘故。在非常正的电势下氧化产物（可能是 $Py^{\cdot+}$ 或它的衰变物）湮灭 ECL。下部图的解析留作习题 18.3。

人们对于光产生的机理总是感兴趣的，并已经设计出许多实验来求证它们。一种方法就是基于前面所述的时序阶跃所产生的单脉冲的形状[2~4]。基本思想是找出光强度与氧化剂与还原剂之间氧化还原反应速率的依赖关系。例如，S 途经要求线性关系，T 途经通常给出高阶的关系。阶跃产生 ECL 过程中的扩散-动力学问题已被解决[13]，并且对于一个给定的体系，可计算出氧

化还原反应速率随时间衰减。然后与所观察到的强度暂态数据进行比较。图 18.1.5 是在噻蒽（TH）阳离子自由基和 2,5-二苯基-1,3,4-氧二氮唑（PPD）阴离子自由基之间能量富足反应的相关数据。这些结果表明，所观察到的强度即使通过非常复杂的途径与反应速率的平方一致，仅就这样的事实，本身对于说明光产生的机理就是有意义的。凹谷的起因是习题 18.4 的一部分。

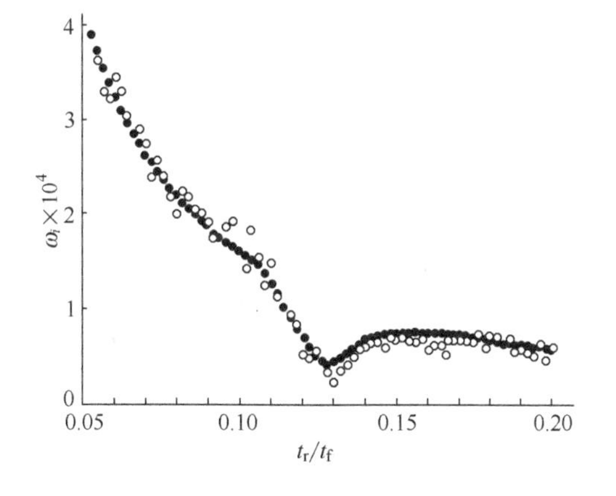

图 18.1.5 光强度（白圈）和氧化还原反应速率平方（黑圈）对暂态实验中第二次阶跃的时间 t_r 的关系

正向阶跃宽度是 500ms。ECL 过程涉及 $TH^{+\cdot}$ 和 $PPD^{-\cdot}$。对于凹谷的讨论见习题 18.4［引自 L. R. Faulkner, *J. Am. Chem. Soc.*, **99**, 7754 (1977)］

在采用超微电极作为产生器的湮灭实验中，有可能将测量的时间缩短到微秒区。在已报道的实验中[15]，对于溶液中含有 0.2mmol · L^{-1} 自由基原始物，可在半径为 1～5μm 的电极上施加连续对称方波阶跃的时间短到 5μs。发射可采用单光子计数器进行测量。通过比较实验所得到的以及数值计算所得到的相对强度与时间关系的形状，有可能得到离子湮灭反应的速率常数。这些短时间阶跃（或高的方波频率）对于大电极没有什么用，因为阶跃时所得到的电流主要是由于双电层充电作用，电极电势与所加的电势不一致（见 5.9.1 和 15.6.1 节）。在这些条件下，由于法拉第电流较小，发射强度较小。对于像这样的实验如果采用超微电极的话，在乙腈溶液中对于 DPA 和 $Ru(bpy)_3^{2+}$，其离子湮灭速率常数处于扩散控制数量级，已求出为 2×10^{10} mol · L^{-1} s^{-1}。在随后的报道中[16]，DPA 浓度降低到 15μmol · L^{-1}，时间分辨可达纳秒级。在此情况下，采用一个 500μs 的脉冲产生 DPA，随后采用一个 50μs 的阴极脉冲产生 DPA。在施加阴极脉冲过程中的发射可用单光子计数器进行观测。当采用纳秒分辨率对于输出进行观测时，可观察到单个湮灭反应。

为了阻断例如氧三重态或单重态的中间体，还设计了其他一些实验。图 18.1.6 给出了这样的一种情况的结果，来自于对 10-甲基吩噻嗪（10-MP）阳离子自由基和荧蒽（FA）阴离子自由基之间能量缺乏反应的研究[17]。在此体系中光的产生是由于$^3FA^*$ 的湮灭。添加蒽（An）进去并不妨碍产生反应物所必需的电化学过程，但它把$^1FA^*$ 的发射光谱转移为$^1An^*$ 的发射光谱。显然，这是由于如下的能量转移反应：

$$An + {}^3FA^* \longrightarrow FA + {}^3An^* \qquad (18.1.13)$$

及随后的$^3An^*$ 的湮灭所引起的。

有时磁场可增强 ECL 的强度，此方面的研究已被应用于机理的判断[2]。看来此效应是由于某些涉及三重态的反应，其速率常数与磁场有关；因此它们与 T 途径相关联。

对于经典的化学发光来讲，基于习题 18.4 中的直接证据和金属电极阻断激发态的事实[18,19]，它可认为是溶液相过程。半导体电极的能带结构有时可消除后一难题（见 18.2），在半导体上异相电荷转移直接产生的激发态的发射光能够发生[20～22]。最近已报道了即使表面膜，诸如单层组装和聚合物修饰电极（第 14 章）能够产生电致化学发光。例如，附带 $Ru(bpy)_3^{2+}$ 基团的烷基长链的 Langmuir-Blodgett 单层膜或类似的自组装单层膜与存在的共反应物进行氧化将发射 ECL[23,24]。事实上，对于含有 ECL 活性基团的，在空气/水界面上的单层膜，当一个超微电极探头从空气中接触此水平膜时有光发射。在此实验中，对电极、参比电极和共反应物均在 Langmuir 槽的水相中[25]。电极上的聚合物膜，诸如聚乙烯-DPA[26]，三-(4-乙烯-4′-甲基-2,2′-联吡啶) Ru(Ⅱ) 的聚合膜[27]，或 Nafion 中的 $Ru(bpy)_3^{2+}$[28]，也能够产生 ECL。无溶剂的高分子层所产生光（电发光高分子）的 ECL 过程由于与可能的显示器件应用相关而引起人们极大的兴趣[29,30]。

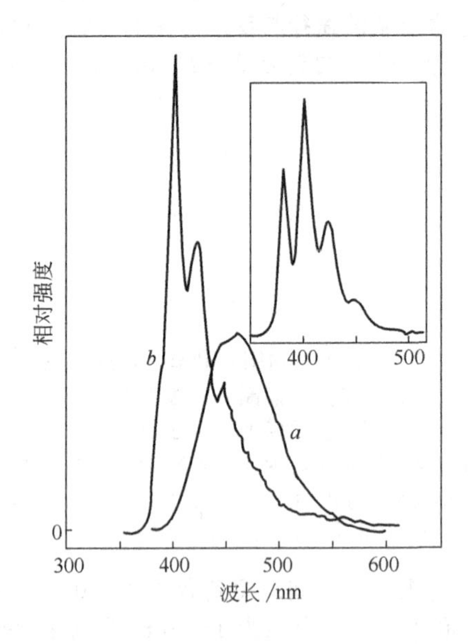

图 18.1.6 曲线 a：在 DMF 中由 $FA^{\cdot -}$ 和 $10\text{-}MP^{\cdot +}$ 所引起的化学发光。反应物是由含有 1mmol·L^{-1} FA 和 10-MP 所产生的。曲线 b：添加蒽后的光谱。插图显示在 DMF 中 10μmol·L^{-1} 的蒽的荧光。由于自吸附最短波长的峰在 ECL 中看不到

［原始数据引自 D. J. Freed 和 L. R. Faulkner，*J. Am. Chem. Soc.*，**93**，2097（1971）。图引自 L. R. Faulkner，*Int. Rev. Sci.*：*Phys. Chem. Ser. Two*，**9**，213（1975）］

18.1.4 ECL 的分析应用

由于电致化学发光中光强度通常与发射物质的浓度成正比，所以可用于分析测量[31]。在分析应用中，所感兴趣的体系被置于适当的电化学池中，光的发射通过电化学方式进行激发，同时测量发射的强度（有时是测量发射光谱）。因为非常弱的光可被检测（例如采用单光子计数方法），所以 ECL 技术是非常灵敏的。在某种程度上，ECL 类似于光激发方法（如荧光）；然而，它的优点是不需要光源，这样光散射和杂质的发光干扰不是问题。由于电化学激发易于在时间和空间上控制，ECL 通常较其他的化学发光方法更方便。ECL 可用于发射物质（通常作为要分析物的标记物）或共反应物的分析。

最常用的 ECL 活性标记物是 $Ru(bpy)_3^{2+}$，因为它的电致化学发光可在水溶液中与适当的共反应物（例如，草酸根可用于氧化反应，过硫酸盐可用于还原反应）而产生，发射强度高并且相对稳定。发射强度与浓度在很宽的范围内成正比（比如，$10^{-7}\sim10^{-13}$ mol·L^{-1}）[32]。通过在联吡啶上连接适当的基团，$Ru(bpy)_3^{2+}$ 可与所感兴趣的生物分子，例如抗体或 DNA 连接，它通过类似于放射或荧光标记的方式作为分析的标记物[33]。采用 ECL 分析抗体、抗原和 DNA 已有商品化的仪器[34~36]。它们目前采用的是磁微球（magnetic bead）技术。

图 18.1.7 概述了典型三明治法分析一种抗原的原理。商品化磁微球的表面修饰上感兴趣的抗原的特定抗体（例如，前列腺特定抗原，PSA）。将修饰的磁微球、样品和 $Ru(bpy)_3^{2+}$ 标记的抗体混合。正如图 18.1.7 所示，如果抗原存在，它将作为一种桥梁形成“三明治”结构，标记的抗体将与磁微球相连。如果没有抗原，标记的抗体将不与磁微球相连。将磁微球置于 ECL 池中，通过外加磁场使它们抓俘在电极上（图 18.1.8）。然后洗涤修饰的磁微球，在 ECL 池中加入含有共反应物［三-n-丙胺（TprA）］的溶液。当进行电势扫描或加正电势阶跃，$Ru(bpy)_3^{2+}$ 和共反应物发生氧化反应，从带有 $Ru(bpy)_3^{2+}$ 的磁微球上发射光，可由光子放大器进行检测。对于 $Ru(bpy)_3^{2+}$/TprA 体系与草酸根作为共反应物的化学反应[37,38]可由下列公式表示：

$$EtCH_2NPr_2 \longrightarrow EtCH_2NPr_2^{\cdot +} + e \tag{18.1.14}$$

$$EtCH_2NPr_2^{\cdot +} \longrightarrow EtCHNPr_2\cdot + H^+ \tag{18.1.15}$$

$$Ru(bpy)_3^{3+} + EtCHNPr_2\cdot \longrightarrow Ru(bpy)_3^{2+*} + EtCHNPr_2^{+} \tag{18.1.16}$$

测量后将磁微球从电解池中拿出进行洗涤干净后，可用于下一个样品。能够处理多个样品，且无须人为参与的临床诊断自动化仪器已商品化。

(a) 没有抗原的样品(磁微球上没有接上标记的抗体)

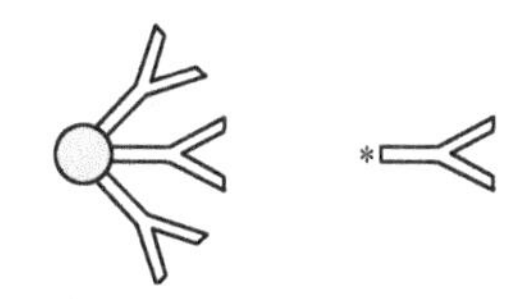
(b) 有抗原的样品(磁微球上接有标记的抗体)

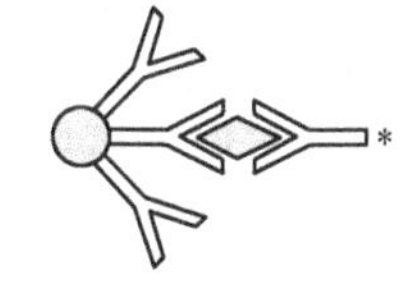

图 18.1.7　以 ECL 为基础的免疫分析

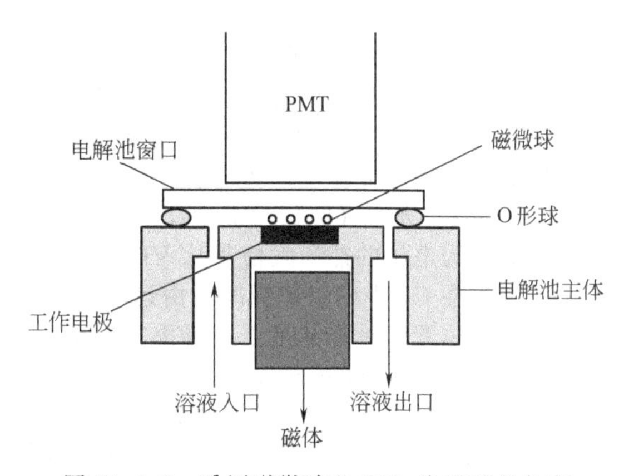

图 18.1.8　采用磁微球以 ECL 为基础的免疫分析商品化仪器中使用的流动池

ECL 也已用于色谱的检测器。它们再次涉及 $Ru(bpy)_3^{2+}$ 的 ECL 被检测的物质，如胺类、NADH 和氨基酸等作为共反应物。一种方法是柱后 ECL 检测，含有 $Ru(bpy)_3^{2+}$ 的溶液被注射到从 HPLC 柱中流出的含有分离物质的溶液中。混合的流体流入到电解池中，进行 ECL 反应并测量发射的光[39]。p 摩尔级的被分离物可通过此技术进行检测。另外，可将 $Ru(bpy)_3^{2+}$ 固定在工作电极的 Nafion 膜中[28]，当从 HPLC 柱中流出的溶液含有可作为共反应物时，可与检测池中的固定化的 $Ru(bpy)_3^{3+}$ 反应产生 ECL 信号[40]。观察流体的 ECL 也能够提供有关检测池的动力学信息[41]。

18.2　半导体光电化学

18.2.1　引言

在光电化学实验中，辐射电极的光可被电极材料吸收并产生电流（光电流）。光电流与波长、电极电势以及溶液组成的关系提供了有关光过程的本质、它的能学及其动力学的信息。电极上的光电流也可由电极表面附近溶液中所发生的光解过程引起，这将在 18.3 节中讨论。光电化学研究常用于更好地理解电极/溶液界面本质。然而，因为光电流的产生能够代表光能向电能和化学能的转变，因此也探索它们的实际应用。由于大部分所研究的光电化学反应发生在半导体电极上，因此我们将简单地概述半导体及它们与溶液的界面的本质。对半导体电极的讨论也对我们在微观上理解固/液界面上的电子转移过程有帮助。已有大量的有关此领域的详尽综述[42~49]。

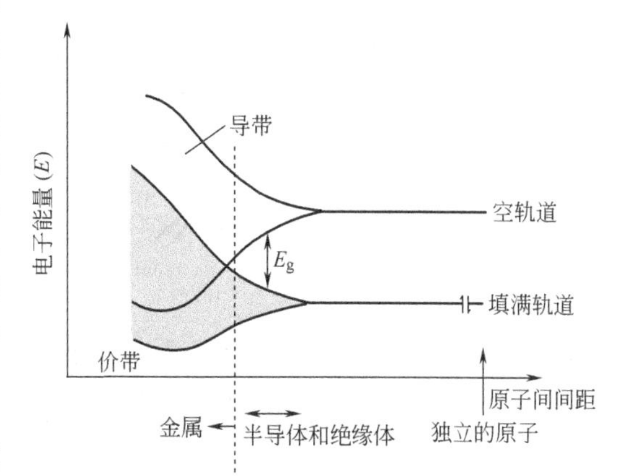

图 18.2.1　孤立原子（轨道在右边远处）汇集成晶格时，固体中能带的形成（在左边）

18.2.2　半导体电极

固体的电子特性通常以能带模型来描述，它涉及电子在原子核和其他电子所形成的场中的运动行为[44,50~53]。下面讨论固体晶格的形成（例如 Si，TiO_2）。当以满或空轨道表征的孤立原子汇集成含有约 5×10^{22} 晶格时，就形成新的分子轨道。这些轨道非常靠近，以至于它们形成连续的能带，满的成键轨道形成价带（valence band），空的反键轨道形成导带(conduction band)(图 18.2.1)。

通常这些能带被常用量纲为电子伏特能量为 E_g 的禁区或带隙分开。带隙大小对于固体的电学及光学性质有很大影响。

当带隙很小时（$E_g \ll kT$），或当导带和价带实际上重叠时，此材料是良好的导电体（如 Cu，Ag）。在这些条件下，所存在的满和空电子能级具有几乎相同的能量，因此电子从一个能级运动到另一能级仅需要很小的活化能。此特点使电子可在固体中运动，并允许它们对电场有响应。相反，电子在一个完全填满的价带，能量相近处无空能级，无法在空间上重新排布来响应一个电场，因此它们无法支持电的传导。

当 E_g 值较大时（例如对于 Si，$E_g = 1.1\text{eV}$），价带（VB）几乎是填满的，导带（CB）几乎是空的。因为电子的热激发使其从 VB 到 CB（图 18.2.2），导电成为可能。此过程在 CB 中产生的电子能够在 CB 中的空能级间自由运动，在 VB 中留下能够运动的"空穴"，这是因为 VB 电子能够在空间位置和价态能量上进行重新排布。这样的材料称为本征半导体（intrinsic semiconductor）。载流子（charge carriers）（电子和空穴）之间处于动态平衡。它们由离域产生并由重组而消除；它们的密度，对于 CB 电子为 n_i，对于 VB 空穴为 p_i，与平衡常数有如下的形式 $n_i p_i =$（常数）$\exp(-E_g/kT)$。在一个本征半导体中，电子与空穴的密度相等，可由下式近似给出[44]

$$\boxed{n_i = p_i \approx 2.5 \times 10^{19} \exp\left(\frac{-E_g}{2kT}\right) \text{cm}^{-3} \quad (25℃附近)} \tag{18.2.1}$$

例如对于硅，$n_i = p_i \approx 1.4 \times 10^{10}\,\text{cm}^{-3}$。载流子在半导体中的运动类似于离子在溶液中的移动；然而，它们的淌度，u_n 和 u_p，较离子在溶液中大几个数量级。例如对于硅，$u_n = 1350\text{cm}^2 \cdot \text{V}^{-1} \cdot \text{s}^{-1}$ 和 $u_p = 480\text{cm}^2 \cdot \text{V}^{-1} \cdot \text{s}^{-1}$。

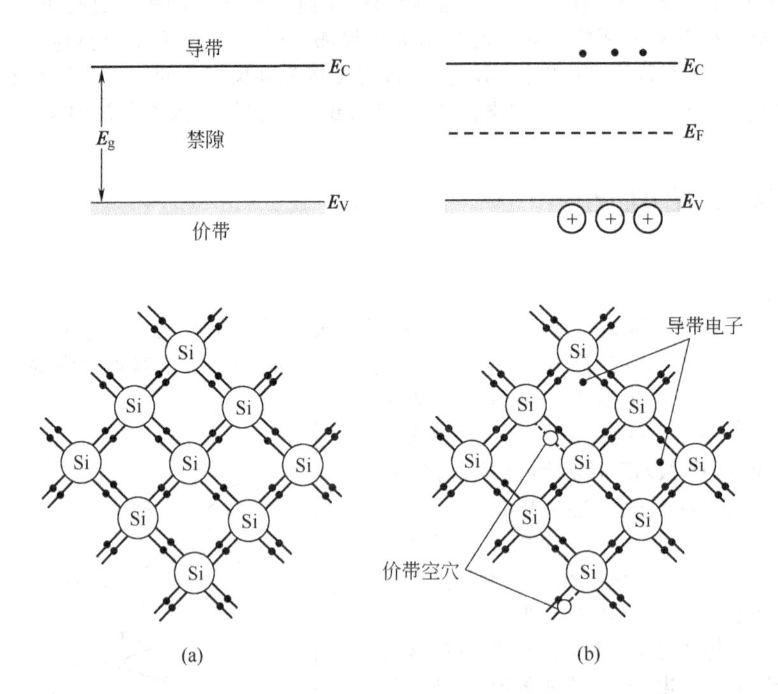

图 18.2.2　一种本征半导体晶格的能带及二维表示

(a) 在绝对零度时（或 $E_g \gg kT$），假设一个完整的晶格；没有空穴或电子存在。(b) 在一定的温度下，晶格键破裂，在导带中产生电子，在价带中得到空穴。在此本征半导体中 E_g 代表 Fermi 能级

对于 $E_g > 1.5\text{eV}$ 的材料，在室温下由于热激发所产生的载流子很少，在纯状态下其固态为电绝缘体（例如 GaP 和 TiO_2，E_g 分别为 2.2eV 和 3.0eV）。

CB 中的电子和 VB 中的空穴也可通过向半导体晶格中添加受主和施主原子（称为掺杂物）的方法而引入，从而产生非本征材料。这样，一个砷原子（一种Ⅴ族元素）作为电子施主添加到硅（一种Ⅳ族元素）晶格中，在仅低于 CB 的底部（大约 0.05eV 处）引入一个新能级 E_D。在室

温下，大多数施主原子是离子化的，每一个产生一个 CB 电子，并在施主原子上留下一个孤立的正的中心［图 18.2.3(a)］。如果掺杂物的量大约是 1ppm，施主的密度 N_D 大约为 $5\times10^{16}\text{cm}^{-3}$，本质上讲它是 CB 电子的密度 n。空穴的密度 p 小得多，可由电子-空穴的平衡关系给出

$$p=\frac{n_i^2}{N_D} \tag{18.2.2}$$

因此，对砷掺杂的硅，在 25℃时 $p=4000\text{cm}^{-3}$。在这样的材料中，电的传导显然主要是由于 CB 电子，它们是多数载流子。对于电的传导仅有少量贡献的空穴称为少数载流子。通过施主原子掺杂的材料称为 n 型半导体❶。

如果一种受主原子（例如Ⅲ族元素镓）添加到硅中，在仅高于 VB 的顶部诱导出一个能级 $\boldsymbol{E}_A$［图 18.2.3(b)］。在此情况下，电子由热激发从 VB 到这些受主中心，在 VB 中留下可移动的空穴，并且形成孤立的带负电荷的受主中心。因此，受主密度，N_A，本质上等于空穴的密度 p，CB 中电子的密度 n 由下式给出

$$n=\frac{n_i^2}{N_A} \tag{18.2.3}$$

例如，当在硅中 $N_A=5\times10^{16}$施主原子/cm^3，$n\approx4000\text{cm}^{-3}$。在此情况下，空穴是多数载流子，电子是少数载流子，此材料称为 p 型半导体。

在描述半导体电极时一个重要概念是费米能级 $\boldsymbol{E}_F$，它定义为被电子占据的概率为 1/2（即被占据的或空着的概率相等，也见 3.6.3 节）的能级的能量。对于室温下本征半导体来讲，其 $\boldsymbol{E}_F$ 处于禁隙区中 CB 和 VB 的中间。在金属中占据的和空态均存在于 $\boldsymbol{E}_F$ 附近，与金属相反，本征半导体在 $\boldsymbol{E}_F$ 附近，既没有电子也没有未填满的能级。对于掺杂的材料，$\boldsymbol{E}_F$ 的位置与掺杂的密度 N_A 或 N_D 有关。对于中度或重度掺杂的 n 型固体而言（$N_D>10^{17}\text{cm}^{-3}$），$\boldsymbol{E}_F$ 位于稍低于 CB 的边缘［图 18.2.3(a)］。同理，对于中度或重度掺杂的 p 型材料而言，$\boldsymbol{E}_F$ 位于稍高于 VB 的顶部［图 18.2.3(b)］。

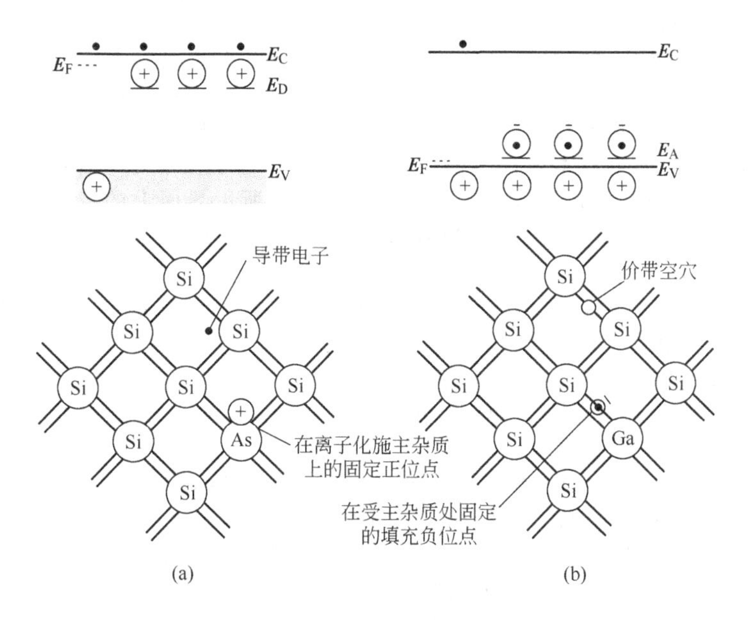

图 18.2.3　一种非本征半导体晶格的能带及二维表示
(a) n 型。(b) p 型

采用热力学方法来表征 $\boldsymbol{E}_F$ 是方便的，这样半导体的电子性质可与溶液中的行为联系起来。

❶ 离域的电子和空穴也可通过晶格中原子价带而诱导出。例如，在本征绝缘体 TiO_2 的 n 型导电性可由晶格中氧的价带而产生。

这是容易做到的，因为 α 相中 $\boldsymbol{E}_{\mathrm{F}}$ 的能级可看作电子在 α 相中的电化学势（见 2.2.4 和 2.2.5 节）[42,43]：

$$\boldsymbol{E}_{\mathrm{F}}^{\alpha}=\bar{\mu}_{\mathrm{e}}^{\alpha}=\mu_{\mathrm{e}}^{\alpha}-\mathrm{e}\phi^{\alpha} \quad \text{（量纲是电子伏特）} \tag{18.2.4}$$

$\boldsymbol{E}_{\mathrm{F}}$ 的绝对值与所选择的参比态有关。通常将自由电子在真空中作为零，金属和半导体的 $\boldsymbol{E}_{\mathrm{F}}$ 值可通过测量功函数或电子亲和势来得到（图 18.2.4）。由于电子在几乎所有的材料中能量较真空中低，故 $\boldsymbol{E}_{\mathrm{F}}$ 值通常为负值（例如对于金大约是－5.1eV，对于本征硅为－4.8eV）。

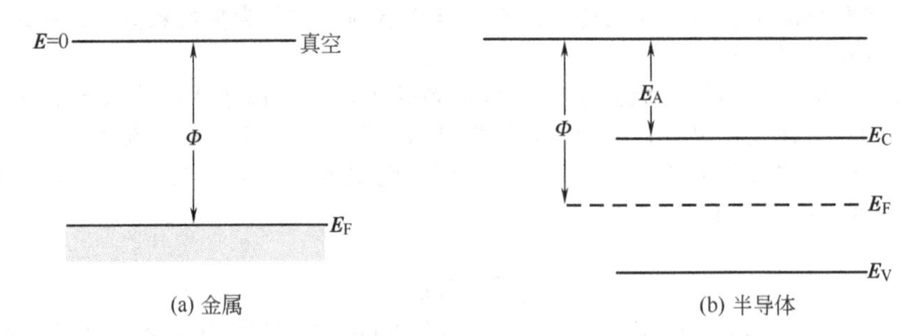

图 18.2.4　金属（a）和半导体（b）的能级，功函 Φ 与亲和势 E_{A} 之间的关系

现在让我们来讨论半导体/溶液界面的形成。溶液相的 Fermi 能级，可由式（18.2.4）定义为 $\bar{\mu}_{\mathrm{e}}^{\mathrm{s}}$，并由 2.2 节中所讨论的步骤根据 $E^{\ominus}$ 值计算出来。对于大多数电化学研究而言，较方便的是以 NHE（或其他的参比电极）定出 $E^{\ominus}$ 值，但在此情况下，相对于真空能级来估算更为有益。正如 2.2.5 节所述，采用理论和实验的方法，在放宽热力学严格性的条件下可实现这一点，可以求得在绝对尺度上 NHE 的能级值大约为（－4.5±0.1)eV［图 18.2.5(a)］[45]。讨论如图 18.2.5 所示的在 n 型半导体与含有氧化还原电对（O/R）的溶液所形成的界面。当半导体与溶液相接触时，如果维持静电平衡的话，两相中的 $\bar{\mu}_{\mathrm{e}}$ 必须相等（或相应的 Fermi 能级相等），这可通过相间电荷转移来达到。如图 18.2.5 所示，半导体的 $\boldsymbol{E}_{\mathrm{F}}$ 高于溶液的，电子将从半导体（将带正电荷）流向溶液相（将带负电荷）❶。半导体中的过剩电荷，并不像金属中的那样存在于表面，而是分布在空间电荷区域（space-charge region）中。电荷分布类似于溶液中所形成的分散双层（见 13.3 节）。在空间电荷区域中所形成的电场影响电子的区域能量（电化学势）。因此，在此区域中的带能量与本体（无场）半导体不同。由于在本体半导体与溶液之间的电势降几乎都在空间电荷区域，而不是在半导体/溶液界面，所以界面上的带的位置不变化。随着距离向半导体内延伸，空间区域的正电荷引起能带能量变得更负，然后在无场的本体时为平坦［见图 18.2.5(b)］。此效应称为能带弯曲（band bending）。在此情况下，当半导体所带电荷相对于溶液为正时，能带向上弯曲（相对于本体半导体的能级）。在空间电荷区域的过剩电子将向本体半导体运动，与所存在的电场方向一致。空间电荷区域的过剩空穴将向界面运动。半导体中无过剩电荷存在时的电势显然是零电荷电势 E_{Z}。因为在这样的条件下，无电场无空间电荷区域，所以能带不弯曲。因此，这种电极电势称为平能带电势 E_{fb}（flat-band potential）❷。

半导体中过剩电荷与电势的关系，空间电荷区中电势的分布，以及微分电容等的推导，完全可遵循对溶液中分散双层的推导（见 13.3 节）[44,50]。因此，对于本征半导体其空间电荷密度，σ^{SC}，与相对于本体半导体的表面电势 $\Delta\phi$ 的关系，可由式（13.3.20）给出，仅需要作如下的变换：σ^{M} 用 σ^{SC}，ϕ_0 用 $\Delta\phi$，n^0 用 n_{i}，$z=1$，现在 ε 指半导体的介电常数。同理，空间电荷电容 C_{SC} 可由式（13.3.21）给出，并采用类似的变换。对于 n 型的非本征半导体，

❶ 虽然经常这样的描述半导体/溶液界面，但事实上，像这样的可逆半导体电极很少能够找到，特别是与水溶液。缺乏平衡可归结为半导体的腐蚀，表面膜的形成（例如氧化物），或由于内在的慢的界面电子转移。在这些条件下，半导体电极的行为接近于理想极化性（见 1.2 节）。

❷ 对于理想可极化半导体电极，当在半导体/溶液界面上施加电势时，可在半导体上形成空间电荷区，因此电极电势偏离 E_{fb}。

C_{SC}为

$$C_{SC}=\frac{(2kTn_{i}\varepsilon\varepsilon_{0})^{1/2}e}{2kT}\left\{\frac{|-\lambda e^{-Y}+\lambda^{-1}e^{Y}+(\lambda-\lambda^{-1})|}{[\lambda(e^{-Y}-1)+\lambda^{-1}(e^{Y}-1)+(\lambda-\lambda^{-1})Y]^{1/2}}\right\} \tag{18.2.5}$$

这里 $Y=e\Delta\phi/kT$，$\lambda=n_{i}/N_{D}$。

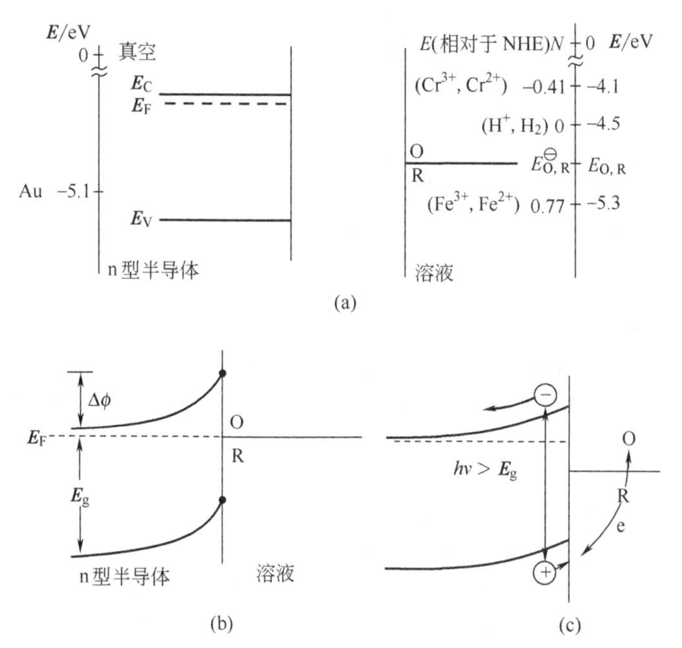

图 18.2.5　在 n 型半导体和含有氧化还原电对 O/R 溶液之间形成的界面

(a) 在黑暗中接触前。相对于 NHE（$E^{\ominus}$）和真空（$\boldsymbol{E}$）的一些典型的能级值。(b) 在黑暗中接触和达到静电平衡后。(c) 照射界面［引自 A. J. Bard，*J. Photochem.*，**10**，59 (1979)］

图 18.2.5(b) 显示了在半导体/液体界面上一个特别有趣的例子，这里 n 型半导体的表面层变为多数载流子部分是空的，因此，形成了耗散层，能带向上弯曲。在这些条件下，可得到式(18.2.5) 的几种简化表达式。由于是 n 型材料，所以 $\lambda^{-1}\gg\lambda$。在具有耗散层的条件下，当 $\Delta\phi$ 为负时，表面排斥电子，$\lambda e^{-Y}\ll\lambda^{-1}$，式 (18.2.5) 成为

$$C_{SC}=\left(\frac{e^{2}\varepsilon\varepsilon_{0}N_{D}}{2kT}\right)^{1/2}\left(-\frac{e\Delta\phi}{kT}-1\right)^{-1/2} \tag{18.2.6}$$

重排后可得到一个非常有用的关系（首先从金属/半导体界面上推导出），称为 Mott-Schottky 公式[54,55]：

$$\frac{1}{C_{SC}^{2}}=\left(\frac{2}{e\varepsilon\varepsilon_{0}N_{D}}\right)\left(-\Delta\phi-\frac{kT}{e}\right) \tag{18.2.7}$$

它在 298K(N_D 量纲是 cm^{-3}，$\Delta\phi$ 是 V，C_{SC}是 $\mu F\cdot cm^{-2}$) 时可写为

$$\boxed{\frac{1}{C_{SC}^{2}}=\left(\frac{1.41\times10^{20}}{\varepsilon N_{D}}\right)[-\Delta\phi-0.0257]} \tag{18.2.8}$$

由于 $-\Delta\phi=E-E_{fb}$，$1/C_{SC}^{2}$对于 E 作图为一直线。由截距可得到 E_{fb}，由斜率可得到掺杂的密度 N_D。虽说 Mott-Schottky 作图在表征半导体/溶液界面时很有用，但在应用时必须很小心，因为一些对于表面态❶有贡献的干扰因素可引起它与预计的行为有偏差[56]。所以，应该先证明由此类作图所得到的参数与电容测量中的频率无关。

---

❶　表面态是由于位于表面附近的晶格中原子轨道所引起的能级。例如，可容易地看到硅表面上的原子不是被像在本体固体中那样被四面对称所包围。因此，这些原子的性质将不同。通常表面态具有能带隙的能量，它对于任何表面所构筑的界面的电子性质有较大的影响。

18.2.3 半导体电极的电流-电势曲线

界面上半导体中存在的载流子（电子或空穴）的密度对于在半导体/电解质界面上的电子转移过程影响很大。所观察到的 i-E 行为与在金属和碳上是不同的（见第3章），在金属和碳上总是存在着很高密度的载流子。在暗处，电子转移过程所涉及的溶液中的物质通常主要是多数载流子，其能级处于半导体能带隙［图18.2.5(b)］。因此，在适度掺杂的n型材料能够进行还原，而不是氧化。即在导带中存在可转移到溶液氧化剂上的电子，但没有可接受来自于还原剂的电子的空穴。物质O在n型半导体上还原的电流是

$$i = nFAk'_f n_{SC} C_O(x=0) \tag{18.2.9}$$

式中，n_{SC}为电子在界面的浓度，cm^{-3}；k'_f为异相速率常数，$cm^4 \cdot s^{-1}$。注意到 k'_f 的量纲与在金属电极所用的不同，在金属上载流子的密度很高，被包括在 k_f 中［$cm \cdot s^{-1}$；公式（3.6.29）］。同理，p型材料具有过剩的空穴，可进行氧化，但不是还原。物质R在p型半导体上的氧化电流为

$$i = nFAk'_b p_{SC} C_R(x=0) \tag{18.2.10}$$

式中，k'_b 为异相速率常数；p_{SC}为空穴在表面的浓度，cm^{-3}。

在这些公式中，速率常数（k'_f 或 k'_b）及载流子在界面的浓度（n_{SC}或 p_{SC}）受所加电势的影响。k'_f 或 k'_b 随半导体/溶液界面上Helmholtz层中电势降的变化遵循如式（3.3.9）和式（3.3.10）的表达式，$(E-E^{\ominus'})$ 可用 $\Delta\phi'$ 取代。载流子的表面浓度可由如下公式给出

$$n_{SC} = N_D \exp[-F(E-E_{fb})/RT] \tag{18.2.11}$$

$$p_{SC} = N_A \exp[F(E-E_{fb})/RT] \tag{18.2.12}$$

式中，$(E-E_{fb})$ 代表能带弯曲 $-\Delta\phi$ 的大小。

对于n型半导体，在电势较 E_{fb} 正时，$n_{SC} < N_D$，对于p型半导体，在电势较 E_{fb} 负时，$p_{SC} < N_A$。当在耗散的条件下，大多数加在半导体和溶液间的电势将降在空间电荷区，而不是Helmholtz层中。这种影响可通过另外方式理解，即比较由式（18.2.6）给出的空间电荷区的电容 C_{SC}，和由式（13.3.29）给出的Helmholtz和分散层的电容 C_d，注意到通常 $C_{SC} \ll C_d$。在跟踪和分析一个半导体电极的电流-电势曲线时，可以发现它是 n_{SC}或 p_{SC}的变化控制所观察到的耗散区域的行为，而不是 k'_f 或 k'_b。它意味着 $\ln i$ 与 E 作图的斜率将是 RT/F，或者通过类似于金属电极上的Tafel作图而言，$\alpha \approx 1$［见式（3.4.15）］。

对于n型材料当电势较 E_{fb} 负时，收集在半导体表面的电子形成一个聚集层（accumulation layer）。在这些条件下，半导体称为退化了，其行为像一个金属。在此电势区域，电势的变化不再较大程度地影响 n_{SC}，但主要反映在 $\Delta\phi$，主要影响 k'_f 或 k'_b，因此，$\alpha \approx 1/2$[❶]。同理，当电势较 E_{fb} 正时，对于p型材料，它们开始显示金属电极的行为。

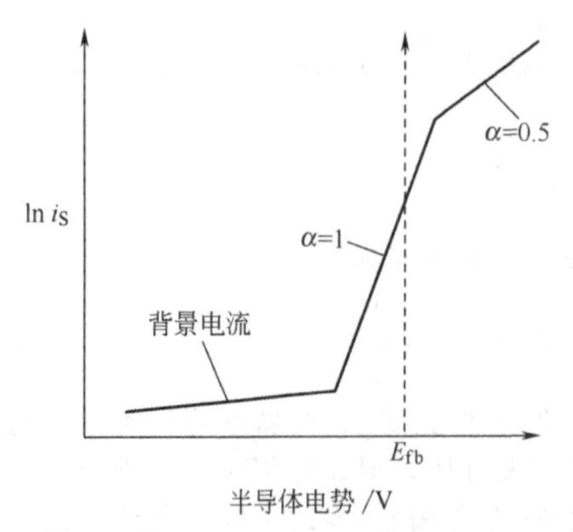

图18.2.6 对于一个理想半导体电极，其电子转移速率 i_S 和转移系数 α 随电极电势变化的示意图

电流 i_S 等价于式（18.2.9）或式（18.2.10）所定义的电流。在极端的电势（此处没有显示）下，物质传递将导致图右边的极限电流［引自 B. R. Horrocks，M. V. Mirkin，and A. J. Bard，*J. Phys. Chem.*，**98**，9106（1994）］

图18.2.6显示了一种半导体电极的理想电子转移速率及转移系数作为电势的函数。虽说对于半导体电极已进行了大量的研究，像这样的理想行为还是很少见的[45,47,49,57～59]。在这样的

---

❶ 半导体（著名的 SnO_2）可被重度掺杂，使其载流子的密度接近于像碳这样的导体。这些半导体即使在平能带电势下，可退化并显示类似于金属的行为。

测量中所遇到的困难包括与半导体表面上电子转移反应平行的一些过程，诸如半导体材料的腐蚀，电极材料电阻的影响，以及通过表面态所发生的电荷转移反应等。

18.2.4　半导体电极的光效应

让我们再回到如图18.2.5所示的n型半导体与溶液中含有O/R电对相接触的情况。正如18.2.2节所描述的那样，在界面上半导体一边形成了大约5～200nm宽的空间电荷区（与掺杂的程度和$\Delta\phi$有关）。电场的方向使空间电荷区中所产生的过剩空穴将向表面移动，过剩的电子将向半导体本体方向移动。当界面被能量大于能带隙$\boldsymbol{E}_g$的光照射时，光子被吸收并产生电子-空穴对［图18.2.5(c)］。一些电子和空穴，特别是在空间电荷区外的载流子将随着热释放而重新结合起来。但是，空间电荷场促进电子和空穴的分离。在相对于价带边界的有效电势作用下，释放到表面的空穴引起R氧化到O，同时电子从半导体电极运动到外电路。因此，照射n型半导体电极可促进光氧化（或引起光阳极电流）。这种现象可由图18.2.7(a)中的i-E曲线进行说明。

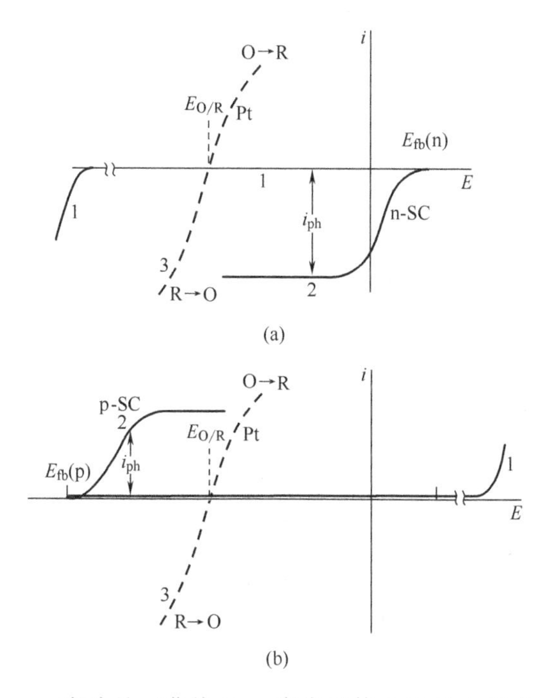

图18.2.7　对溶液中含有O/R电对的电流-电势曲线

(a) n型半导体在暗处（曲线1）及在光照射下（曲线2）。(b) p型半导体在暗处（曲线1）及在光照射下（曲线2）。对于(a)和(b)的条件下，曲线3是在铂电极上的情况

在暗处（曲线1），当半导体电极的电势越来越正时，没有电流流过，因为正如上节中所讨论的那样，在半导体上没有空穴可以接受来自于坐落在能带隙内的氧化还原电对的还原形式的电子❶。

在照射情况下（曲线2），只要电极电势较E_{fb}正，就有光阳极电流i_{ph}流动，因此可发生电子/空穴对的分离。这样在E_{fb}附近开始有光电流（除非表面重组过程发生使开始的电势移向更正的值❷）。光氧化R到O可在较惰性金属电极进行此过程（曲线3）更负的电势下发生。由于光能帮助驱使此氧化过程，因此这是可能的；所以，像这样的过程经常称为光辅助（photoassisted）电极反应。

p型半导体与氧化还原电势在能带隙内的电对相接触的情况与n型材料类似（见图18.2.8）。这里空间电荷区的场使电子移向表面，空穴移向本体材料。这样，通过照射p型材料可引起光阴极电流流动，光可促进光还原。在这些条件下的典型i-E曲线见图18.2.7(b)。

对于氧化还原电对的电势较E_{fb}负时，一般来讲在n型材料上观察不到光效应。在此情况下，

---

❶ 在非常正的电势时，由于破裂现象可引起"暗"阳极电流流动。

❷ 重组是电子和空穴的湮灭过程。它常由在界面上的表面态促使发生。

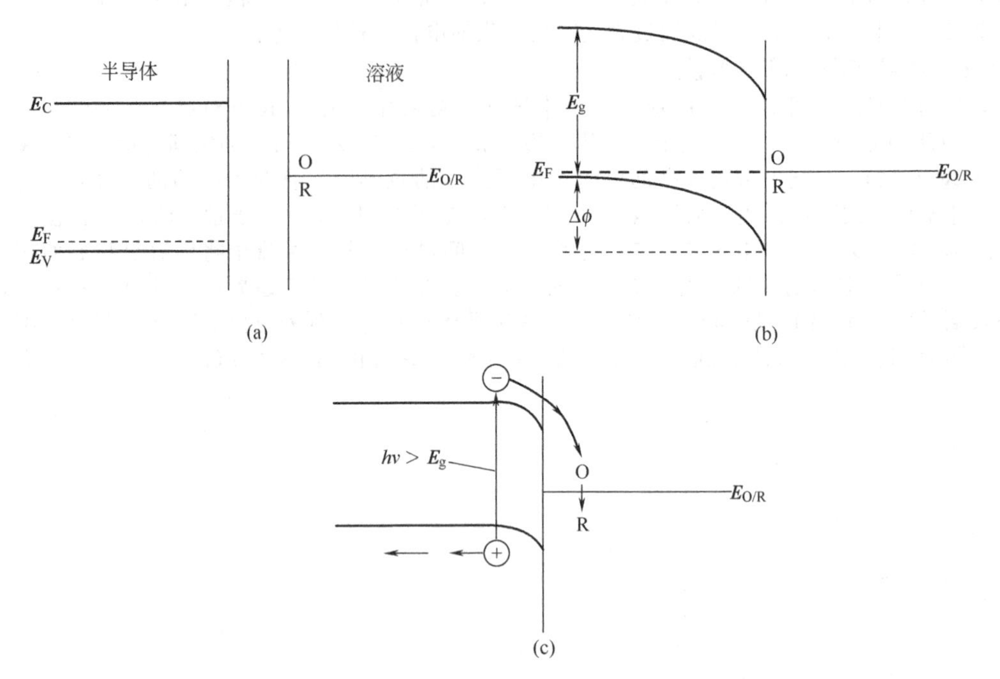

图 18.2.8 p 型半导体和溶液中含有 O/R 电对所形成的界面

(a) 在暗处接触前；(b) 在暗处接触和达到静电平衡后；(c) 界面在光照射下

能带向下弯曲，多数载流子趋向于富集在表面附近（例如形成一个富集层），半导体的行为接近于惰性金属电极。同理，对于氧化还原电对的电势较 E_{fb} 正时，在 p 型材料上形成空穴的富集层。

光电化学池通常包括一个半导体电极和一种适当的对电极。由于它们可能应用于将辐射能转化为电能或化学能，所以对此研究较为广泛，在此我们将简单地对光电化学池进行讨论。可设计三种光电化学池[60]。在光致伏打池（photovoltaic cells）中［图 18.2.9(a)，(b)］，发生在对电极上的反应即为半导体上的光辅助过程的逆过程。理想情况下，在溶液组成或电极材料没有净变化时，电池可将光能转化为电能。这样电池的工作特征可由图 18.2.7 所示的 i-E 曲线推导出来。在光电合成池（photoelectrosynthetic cells）中［图 18.2.9(c)，(d)］，在对电极上的反应与半导体上的不同（因此在池中需要一个隔离器将产物分开）。在这些体系中，光驱动的电池净反应向非自发方向进行（$\Delta G>0$），因此光能被储存为化学能。例如，当采用 n 型半导体时，在这样的池中驱动反应所需要的条件是 O/R 电对的电势高于价带的边缘，同时 O′/R′电对低于 E_{fb} 值。如果此条件不能满足的话，仍可能通过外加电势驱动反应向需要的方向进行。光催化池（photocatalytic cells）［图 18.2.9(e)，(f)］与此类似，仅相对的 O/R 和 O′/R′电对的电势位置发生了变化。在此情况下，反应是由自发的方向进行（$\Delta G<0$）（通常在暗处非常慢），光能被用于克服过程的活化能。图 18.2.9 的图注中列出了几个例子。虽说它们中的一些是有趣的，但在光电合成池和光催化池所进行的过程常常效率很低。

由于低能量的光子不被半导体吸收，所以采用光在半导体电极上进行光辅助反应的光子能量必须大于能带隙 $\boldsymbol{E}_g$。这样，光电流与照射光的波长作图可用于测量 $\boldsymbol{E}_g$。例如对于 n-TiO_2（金红石），仅能量大于 3.0eV 的光是有用的。由于总的太阳照射到地球的能量 95％低于此值，太阳光不能够有效地被 TiO_2 利用。

为了更好地利用长波长的光（并且它们本身也是有趣的实验），一种方法是采用染料敏化的半导体[73,74]。图 18.2.10 解释了其原理。假设一薄层的染料 D 涂在半导体上。当染料被激发后（步骤 1），它注射一个电子到半导体能带上（步骤 2），在此过程中被氧化为 D^+。对于溶液中无电对时，当染料被消耗完后，这样的光过程停止。如果溶液中含有可还原 D^+ 的物质 R，电子可

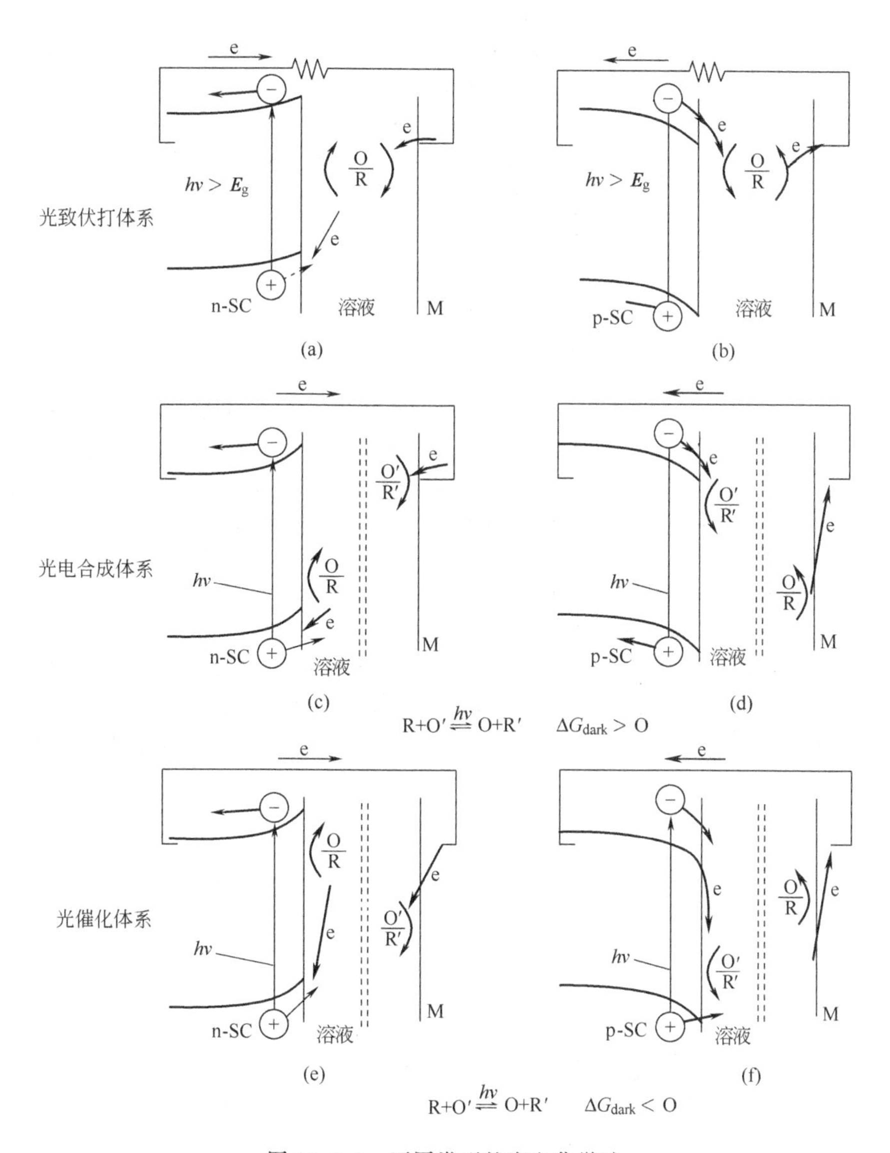

图 18.2.9　不同类型的光电化学池

每种举例如下。光致伏打池：(a) n 型半导体，例如，n-TiO_2/NaOH，O_2/Pt[61,62] 或 n-CdSe/Se_2^-，Se_2^{2-}/Pt[63~65]；(b) p 型半导体，例如，p-MoS_2/Fe^{3+}，Fe^{2+}/Pt[66]。光电合成池：(c) n 型半导体，例如，n-$SrTiO_3$/H_2O/Pt ($H_2O \longrightarrow H_2+\frac{1}{2}O_2$)[67~69]；(d) p 型半导体，例如，p-GaP/CO_2 (pH＝6.8)/C (还原 CO_2)[70]；光催化池：(e) n 型半导体，例如，n-TiO_2/CH_3COOH/Pt ($CH_3COOH \longrightarrow C_2H_6+CO_2+H_2$)[71]；(f) p 型半导体，例如，p-GaP/DME，$AlCl_3$，N_2/Al (铝还原 N_2)[72]

从 R 到 D^+，重新产生 D (步骤 3)。因此，染料敏化允许在光电化学中应用长波长的光，然而，光所产生的空穴较没有染料敏化在半导体价带中所产生的空穴处于较负的电势。对于染料其能级插入到价带边缘，可引起类似的情况，使空穴注射到半导体中。对于此类情况的能级和涉及的过程的描述留给读者 (习题 18.7)。

虽然所产生的光电流小得多，光效应也可在金属电极上观察到。例如，光照射一个金属电极能够引起电子的光致发射到溶剂中。如果此电子被溶液中的反应物清除掉，那么可产生阴极电流 (见 18.3 和习题 18.10)[76,77]。这些电子的光致发射研究是有趣的，因为它们能够提供电子被注射到介质中的瞬间的性质，以及它的溶剂化平衡的弛豫的力学和动力学的信息。吸附在金属上的

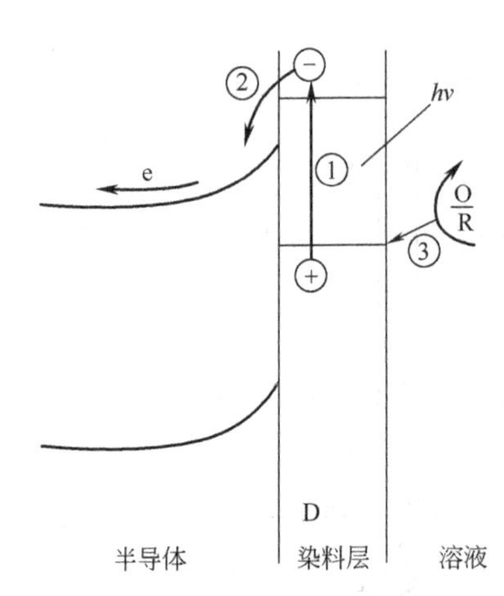

图 18.2.10　在半导体电极上光过程的染料敏化

例如 n-ZnO/玫瑰红/I^-/Pt[75]

染料的激发也能够导致光电流，但在可比较的条件下，它们通常较在半导体电极所得到的小得多[74]。光子转化为外部电流的低效率归结于金属本身或在表面附近由电子或能量转移所产生的激发态的湮灭剂的能力[18,19]。

18.2.5　半导体颗粒的表面光催化过程

半导体电极所遵循的电化学原理也可被应用于颗粒体系的氧化还原过程。在此情况下，我们可以将发生在颗粒上的氧化及还原半反应的速率（通常作为电流）看作颗粒电势的函数。可采用电流-电势曲线来估计表面上的反应本质和异相反应速率。此方法不仅适用于半导体颗粒，也适用于作为催化剂以及表面进行腐蚀的金属颗粒。

让我们首先考虑发生在一种金属颗粒上的催化反应。因为机理复杂，许多热力学上可行的还原剂反应［诸如甲基紫精的阳离子自由基（$MV^{+\cdot}$）或 Cr^{2+} 与质子产生氢气］在异相溶液中很慢。例如，析氢需要两个电子，但反应物是一电子还原剂；另外，来自于质子还原的一电子中间体（一个氢原子）仅在很负的电势下才能产生。然而，在 Pt 颗粒的存在下，总过程能够发生，采用颗粒作为电极（即电子储存库），在其上面发生阳极和阴极半反应［图 18.2.11(a)］。通过反应速率所描述的此催化剂的功效，可通过考虑两个半反应的电流-电势曲线得到［图 18.2.11(b)］[78,79]。阴极电流 i_c 代表在颗粒表面质子的还原，阳极电流 i_a 代表如 MV^+ 这样的还原剂的氧化。在稳态时，两者反应速率必须相等，因此颗粒应建立一种在 $i_c=-i_a$ 时的电势（有时称为混合电势）❶。

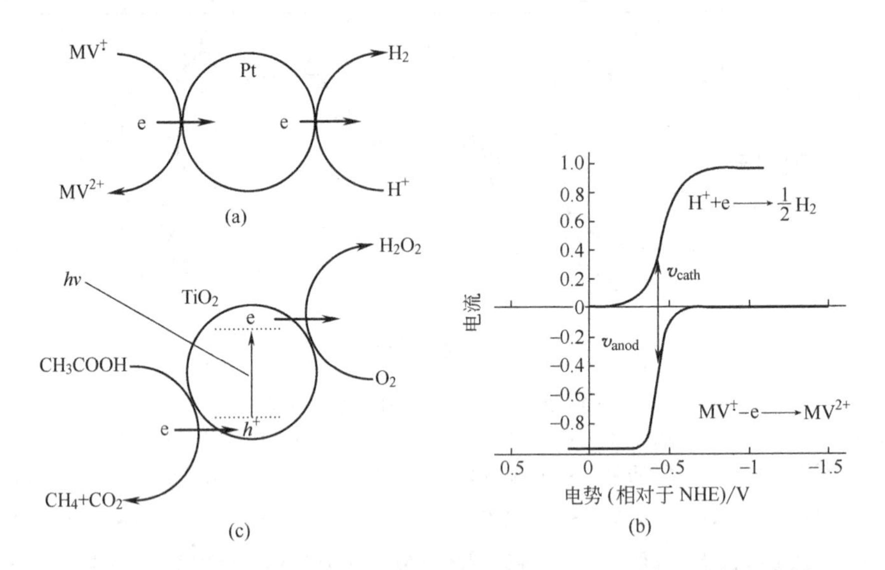

图 18.2.11　(a) 在 Pt 颗粒上发生的催化如下反应的两个半反应的示意图：

$MV^{+\cdot}+H^+ \longrightarrow MV^{2+}+\frac{1}{2}H_2$。(b) 这两种半反应的电流-电势曲线。

箭头显示所预期的电流与混合电势，此处 $v_{cath}=v_{anod}$（或 $i_c=i_a$）。

(c) 在醋酸溶液中，当光照射 TiO_2 颗粒时，所发生的半反应

当将此原理应用于光照射后的半导体颗粒时，光反应的速率可由一个暗处反应来平衡。例

❶ 同样的原理应用于在界面上的腐蚀反应，腐蚀反应（金属的氧化）的速率可由发生在金属表面附近的还原反应来平衡。例如考虑金属铁的腐蚀。这里，Fe 氧化到 Fe_2O_3 发生在一个点，而由发生在其他点的 O_2 或质子的还原来平衡。

如，考虑浸在含有醋酸和氧的溶液中的 TiO_2 颗粒，在用能量大于 TiO_2 的价带隙的紫外光照射后的情况。颗粒的行为如图 18.2.9 所示的短路池[57]，在其表面上由光产生的空穴氧化醋酸的过程（氧化为 CO_2 和 CH_4），可由还原氧来平衡［图 18.2.11(c)］。从一个更加化学的角度来考虑的话，我们可将光激发过程作为配体与过渡金属的关系，光产生的空穴在 TiO_2 表面氧化氢氧根到氢氧根自由基（它然后与醋酸反应），电子在 TiO_2 中心还原 Ti(Ⅳ) 到 Ti(Ⅲ)（它与氧反应）。在照射的 TiO_2 表面产生氢氧根自由基已由电子顺磁光谱和自旋捕获技术证实[80]。

电化学方法可以应用于表征与半导体颗粒相关的光学过程。照射悬浮在溶液中的半导体颗粒可以产生在电极上被检测的可溶性物质，或者产生可在电极上被收集的颗粒上的过剩电荷。对于 TiO_2 在电化学池中的悬浮液[81,82]，照射悬浮在除氧的、含有不可逆电子施主（诸如醋酸或 EDTA）的颗粒溶液，将产生能够与施主反应的光致空穴，留下捕获在颗粒表面的电子。然后，它们可以被具有适当电势的电极所收集，在辐射过程中产生光电流。另外，在存在一个不可逆的电子受主，如氧时，在辐射过程中产生阴极光电流。如果对于不可逆电子施主的实验，在存在一种可在半导体颗粒上可逆地被还原的物质（中介体）的条件下，例如二价甲基紫阳离子（MV^{2+}）或 Fe^{3+}，可以测量到被大幅度增强的光电流。在此情况下，光过程所产生的还原形式（MV^{+} 或 Fe^{2+}）可以在适当的电势下在电极上被氧化，使所需要的阳极过程发生[83]。电流的大幅度增强是由于中介体较颗粒有更大的移动性，并在电极之间建立更好的通信。

对于相对大的颗粒（μm 级）可在溶液中通过电化学方法进行表征，看来似乎是很惊奇的，已有许多报道悬浮固体的暗处电化学研究。例如，伏安法研究 AgBr 悬浮液是可能的[84]。另外，已有大量的有关将固体颗粒固定在电极表面的研究报道[85]。

电极能够通过半导体颗粒的薄膜来制备。直接的方法涉及合适的化学处理基底金属，例如，化学或阳极氧化 Ti 形成 TiO_2 薄膜，它由许多称为晶体的小的单晶组成。另一种方法是半导体颗粒铺展在电极表面。由纳米大小的颗粒所组成的膜（纳米晶体膜）具有特别的意义。如此小的颗粒（也称为量子颗粒，Q-颗粒，或量子点，quantum dots）具有与大的颗粒（μm 大小）不同的性质[86,87]。大颗粒的价带结构和一般性质与本体材料基本相同（例如一个大的单晶）。然而，当颗粒的尺寸开始接近于分子尺寸时，其性质趋向于分子的性质，随着颗粒大小的减小，价带隙增加。另外，这样的颗粒具有非常大的表面积/体积比，由此所制备的电极趋向于具有高的孔隙率和大的粗糙度。颗粒悬浮液的制备可通过应用在形成胶体的多种技术。例如，TiO_2 纳米晶可由水解 $TiCl_4$ 或形成 Ti(Ⅳ) 的醇盐[88~90]。通过将这样的纳米晶薄膜涂布在 ITO/玻璃上而制备的电极，已经在染料敏化光电化学池和其他装置中得到了应用。

18.3 光解和辐射分解产物的电化学检测

18.3.1 电子的光发射[77,91~95]

暴露于光中的金属一般都能射出电子，它们将进入电解质 2～10nm，然后成为溶剂化的电子。这些电子具有反应活性，如果遇到与它们作用的清除剂，会发生某些有意思的化学反应。没有清除剂时，电子通过扩散回到电极，没有净电荷损失可被检测到。如果清除剂存在，例如水中的 N_2O，一些电子与之反应而不能返回，因此可检测到法拉第电荷转移：

$$e_{aq} + N_2O + H_2O \longrightarrow N_2 + OH^- + OH\cdot \qquad (18.3.1)$$

实际上 OH· 要向电极扩散，并且依赖于电势可收回额外的电荷。

因为电子重新集合的时间只有 100ns～1ms，所以此方法非常适合于研究那些纯粹电化学方法不易考察的快速反应。常用的激发源是脉冲激光（10～20ns）。由于光发射的量子效率低，故需要强的光源（约为 10～100kW/cm^2）。

检测方法类似于恒电量脉冲技术（8.7 节），此时我们观察电荷射出所造成的电势移动和随后弛豫回到原始状态。图 8.9.2 给出了 N_2O 体系的一些典型数据，习题 8.10 涉及对它们的解释。

这种技术对于考察寿命很短，无法采用第 12 章中所描述的纯粹电化学技术进行研究的自由

基电化学特别有用。一些水中的自由基，诸如 $CH_3\cdot$，$CH_2OH\cdot$，苯环自由基和无机离子自由基等已被研究过[96]。一个很好的例子是 $H\cdot$，它的化学行为是电解析氢的依据。它在酸性溶液中可完全由光发射产生，并且研究它的化学行为可以不受析氢反应中其他步骤的干扰。习题 8.11 涉及此情况。这种技术也被应用于在非水相如乙腈和 DMF 中的自由基研究。这里所采用的原始物是 RX，$R\cdot$ 是所需要的自由基（如 $PhCH_2\cdot$），X 是 Cl 或 Br。图 18.3.1 显示了依赖于电极（汞或金）电子发射的反应。加一个电子可引起 RX 离解为 $R\cdot$ 和 X^-，在电极表面附近产生含有 R 的薄层。在实验过程中，电极电势被设置在固定值。如果此值较还原 $R\cdot$ 到 R^- 的电势 $E^{\ominus'}_{R/R^-}$ 正，被射出的电荷代表被 RX 清除掉的电子。如果此值较 $E^{\ominus'}_{R/R^-}$ 负，对此还原有附加的电荷通过。因此，可由光射出的电量 $Q(E)$ 与 E 作图得到 $E^{\ominus'}_{R/R^-}$ （图 18.3.2）[96]。另外的代表实验数据的方法是考虑光发射电子与电势的依赖关系，所得到的图与常规伏安图类似[96]。

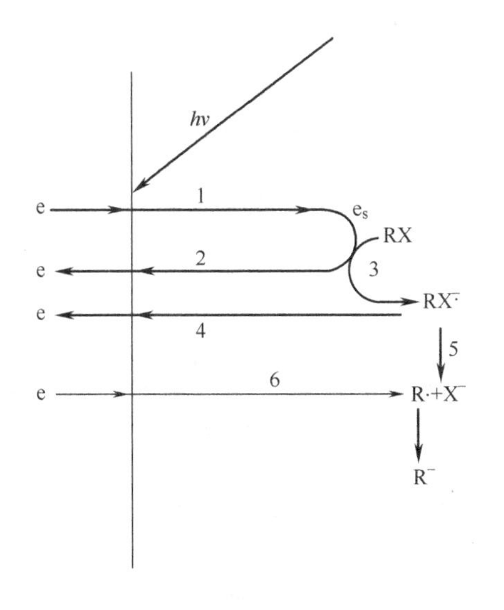

图 18.3.1 溶剂化电子光致发射后所发生的反应

1—光致发射给出的电子能够返回电极；2—或与 RX 反应；3—形成 $RX^{\cdot-}$，此物质能够返回电极被氧化；4—或离解形成 $R\cdot$[5]，在足够负的电势下，$R\cdot$ 在电极上被还原；6—所观察到的净电流代表所有电子转移过程的总和

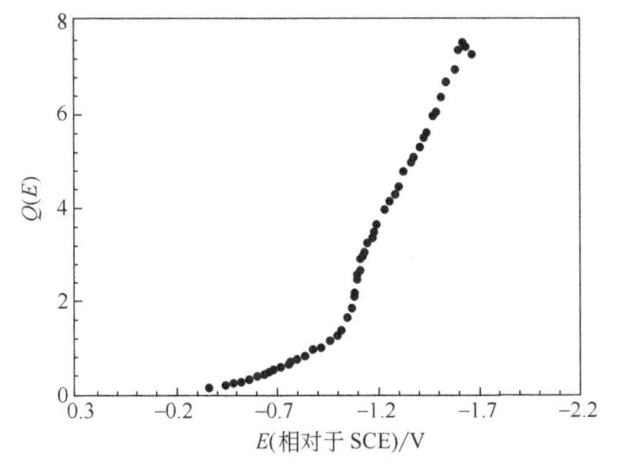

图 18.3.2 对于金电极上光致电子发射到含有 52mmol·L^{-1}氯代二苯基甲基和 0.1mol·L^{-1} TEAP 的 DMF 溶液的规一化电量与电势的关系

在−1V（相对于 SCE）处电荷的增加代表了还原二苯基甲基自由基，以及所产生的半波电势为−1.05V（相对于 SCE）的如下反应：$Ph_2CH\cdot + e \longrightarrow PhCH^{\cdot-}$ [引自 P. Hapiot, V. V. Konovalov, and J.-M. Savéant, *J. Am. Chem. Soc.*, **117**, 1428 (1995)]

18.3.2 检测脉冲辐解作用的产物[97]

图 18.3.3 所示的体系代表了另外一种电化学研究反应性电子产物的方法。激发是由高能电子的脉冲束（约 20ns）进行的。它们通过电解池后可产生溶剂化的电子、自由基和离子，这些物质的分布常由已知的化学所控制。所产生的物种的浓度较高，可由电化学方法进行测量。

如果辐解物质具有相当长寿命的话，在施加脉冲后恒电势实验将得到类似于 Cottrell 的响应，因为法拉第电流是由扩散，或可能部分由电极动力学所控制。图 18.3.4 是此情况下的数据。辐解所产生的抗坏血酸自由基的衰变时间为 ms 数量级。可在不同电势下记录不同辐解脉冲下的暂态电流，在固定的衰变时间时测量样品，可得到如图 18.3.4 所示的取样电流伏安图。

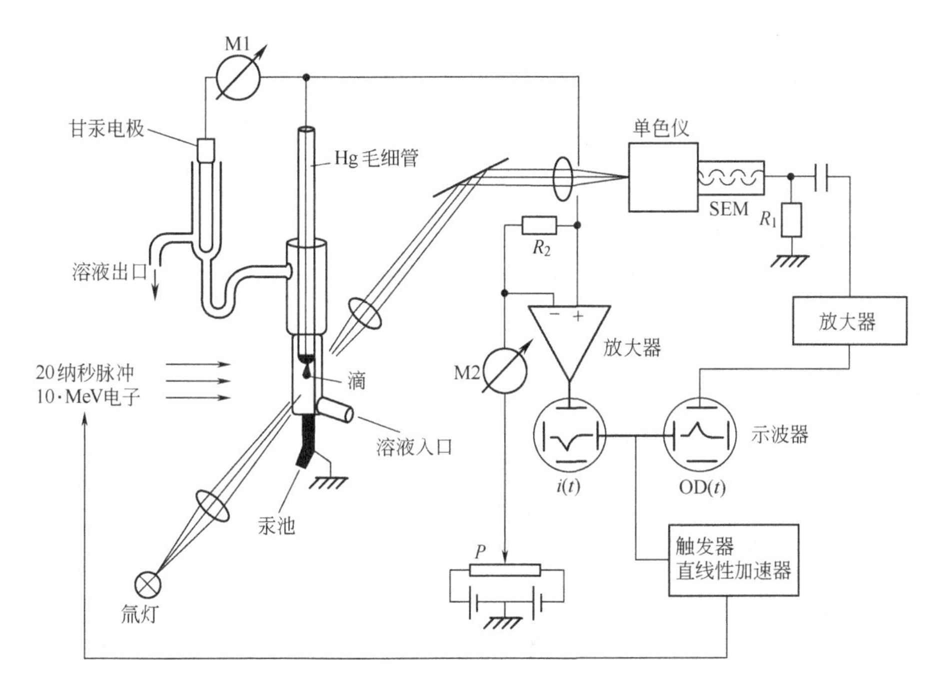

图 18.3.3 在一个 HMDE 电极上电化学和光学检测脉冲光辐解的仪器
［引自 A. Henglein, *Electroanal. Chem.*, **9**, 163 (1976)］

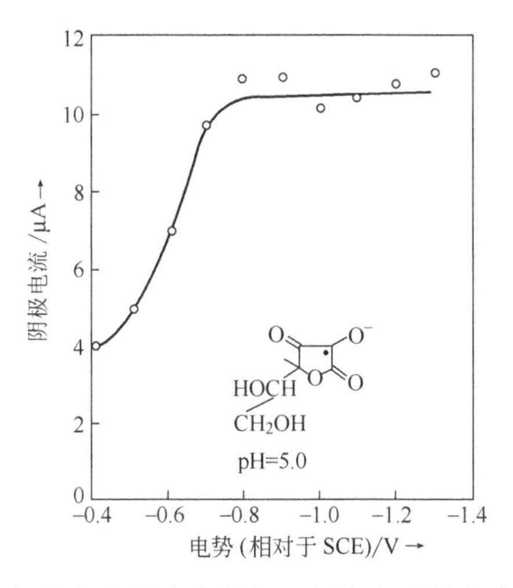

图 18.3.4 在加 15μs 光辐解脉冲后，抗坏血酸自由基的取样电流伏安图
［引自 A. Henglein, *Electroanal. Chem.*, **9**, 163 (1976)］

如果自由基寿命很短，暂态电流是由它们的均相衰变以及扩散和异相动力学所控制的。如果想解释电流-时间曲线，必须考虑这些复杂性。

18.3.3 光解产物的电化学[1,95,98]

在概念上与上述方法类似的是采用电化学对闪光光解产物的检测。仪器与图 18.3.3 类似，所不同的是激发光束是脉冲放电光子。可应用的放出能量为 100～500J，产生的光脉冲宽度约 10～30μs[98～100] 的高强度（1000 W）的 Hg/Xe 闪光灯[101] 或激光。电流-时间曲线受控于反应物的衰变、扩散以及异相电荷转移，这和上述的完全一样。在非常短的时间内，暂态电流有很大的贡献缘于电极的电子光发射。这种方法的一个有价值的应用涉及光解草酸铁时所产生的中间体[102,103]。

正如在 18.3.1 和 18.3.2 节中所描述的那样，光解技术对于研究不稳定的中间体，如自由基是有用的。又如可采用一个适当的原始物如酮 RC(O)R，它在光激发下将产生所需要的自由基[101,104]：

$$RC(O)R+h\nu \longrightarrow 2R\cdot +CO \tag{18.3.2}$$

断续的入射光照射在网格电极上，在电极附近产生自由基。氧化或还原 R1 的光电流可作为电势的函数由锁相放大器检测。例如，通过在乙腈（0.1mol·L^{-1} TBAP）中光解 1,1,3,3-四苯基丙酮产生二苯基甲基自由基的循环伏安图，可得到其还原半波电势为－1.14V（相对 SCE）[101]。

18.3.4 光致伽伐尼电池[105]

通过光能有可能驱使许多均相体系向非自发的方向进行。例如，配合物 $Ru(bpy)_3^{2+}$ [bpy 是 2,2′-联吡啶]，能够吸收光产生一个很好的还原剂的激发态：

$$[Ru(bpy)_3^{2+}]^* +Fe^{3+} \longrightarrow Fe^{2+} +Ru(bpy)_3^{3+} \tag{18.3.3}$$

一般来讲，可期望产物 Fe^{2+} 和 $Ru(bpy)_3^{3+}$ 反应返回到开始的物质：

$$[Ru(bpy)_3^{3+}]+Fe^{2+} \longrightarrow Fe^{3+} +Ru(bpy)_3^{2+} \tag{18.3.4}$$

因此，净影响是通过一个可逆电子转移机理来湮灭激发配合物。光能被热化了。

另一方面，式（18.3.4）所示反应不是很快[106]。因此，我们可在体系中集结到一定浓度的 $Ru(bpy)_3^{3+}$ 和 Fe^{2+}。通过向溶液中插入电极，我们可通过在一个电极上还原配合物，在另一电极上氧化亚铁离子来影响式（18.3.4）的反应。为了增强每个电极的特定行为，通常所用的电极是仅向一个半反应的方向进行的可逆电极。由于式（18.3.4）的能量通往外电路，所以这些称为光致伽伐尼电池的装置，对于太阳能转化是有意义的。已研究过一些特定的化学体系。显然，转化效率与动力学被优化的程度有很大关系[105,107～109]。

18.4 参考文献

1 T. Kuwana, *Electroanal. Chem.*, **1**, 197 (1966)
2 L. R. Faulkner and A. J. Bard, *Electroanal. Chem.*, **10**, 1 (1977)
3 L. R. Faulkner, *Meth. Enzymol.*, **57**, 494 (1978)
4 L. R. Faulkner and R. S. Glass in "Chemical and Biological Generation of Excited States," W. Adam and G. Cilento, Eds., Academic, New York, 1982, pp. 191-227
5 A. W. Knight and G. Greenway, *Analyst*, **119**, 879 (1994)
6 R. A. Marcus, *J. Chem. Phys.*, **43**, 2654 (1965)
7 J. T. Maloy in "Computer in Chemistry and Instrumentation," Vol. 2, "Electrochemistry," J. S. Mattson, H. B. Mark, Jr., and H. C. MacDonald, Jr., Marcel Dekker, New York, 1972, Chap. 9
8 J. T. Maloy and A. J. Bard, *J. Am. Chem. Soc.*, **93**, 5968 (1971)
9 G. H. Brilmyer and A. J. Bard, *J. Electrochem. Soc.*, **127**, 104 (1980)
10 J. E. Bartelt, S. M. Drew, and R. W. Wightman, *J. Electrochem. Soc.*, **139**, 70 (1992)
11 M. Chang, T. Saji, and A. J. Bard, *J. Am. Chem. Soc.*, **99**, 5399 (1977)
12 I. Rubinstein and A. J. Bard, *J. Am. Chem. Soc.*, **103**, 512 (1981)
13 L. R. Faulkner, *J. Electrochem. Soc.*, **124**, 1725 (1977)
14 P. R. Michael and L. R. Faulkner, *J. Am. Chem. Soc.*, **99**, 7754 (1977)
15 M. M. Collinson, R. M. Wightman, and P. Pastore, *J. Phys. Chem.*, **98**, 11942 (1994)
16 M. M. Collinson and R. M. Wightman, *Science*, **93**, 1993 (1995)
17 D. J. Freed and L. R. Faulkner, *J. Am. Chem. Soc.*, **93**, 2097 (1971)
18 E. A. Chandross and R. E. Visco, *J. Phys. Chem.*, **72**, 378 (1968)
19 H. Kuhn, *J. Chem. Phys.*, **53**, 101 (1970)
20 M. Gleria and R. Memming, *Z. Phys. Chem.*, **101**, 171 (1976)
21 L. S. R. Yeh and A. J. Bard, *Chem. Phys. Lett.*, **44**, 339 (1976)
22 J. D. Luttmer and A. J. Bard, *J. Electrochem. Soc.*, **125**, 1423 (1978)
23 X. Zhang and A. J. Bard, *J. Phys. Chem.*, **92**, 5566 (1988)
24 Y. S. Obeng and A. J. Bard., *Langmuir*, **7**, 195 (1991)
25 C. J. Miller, P. McCord, and A. J. Bard, *Langmuir*, **7**, 2781 (1991)
26 F, -R. F. Fan and A. J. Bard, *Chem. Phys. Lett.*, **116**, 400 (1980)
27 H. D. Abruna and A. J. Bard, *J. Am. Chem. Soc.*, **104**, 2641 (1982)

28 I. Rubinstein and A. J. Bard, *J. Am. Chem. Soc.*, **102**, 6641 (1980)
29 K. M. Maness, R. H. Terrill, T. J. Meyer, R. W. Murray, and R. M. Wightman, *J. Am. Chem. Soc.*, **118**, 10609 (1996)
30 Q. Pei, Y. Yang, G. Yu, C. Zhang, and A. J. Heeger, *J. Am. Chem. Soc.*, **118**, 3922 (1996)
31 S. A. Cruser and A. J. Bard, *Anal. Lett.*, **1**, 11 (1967)
32 D. Ege, W. G. Becker, and A. J. Bard, *Anal. Chem.*, **56**, 2413 (1984)
33 A. J. Bard and G. M. Whitesides, U. S. Patent 5, 221, 605 (June 22, 1993)
34 H. Yang, J. K. Leland, D. Yost, R. J. Massey, *Bio/Technol.*, **12**, 193 (1994)
35 G. F. Balckburn, H. P. Shah, J. H. Kenten, J. Leland, R. A. Kamin, J. Link, J. Peterman, M. J. Powell, A. Shah, D. B. Talley, S. K. Tyagi, E. Wilkins, T.-G. Wu, and R. J. Massey, *Clin. Chem.*, **37**, 1534 (1991)
36 N. R. Hoyle, *J. Biolumin. Chemilumin.*, **9**, 289 (1994)
37 J. B. Noffsinger and N. D. Danielson, *Anal. Chem.*, **59**, 865 (1987)
38 J. Leland and M. J. Powell, *J. Electrochem. Soc.*, **137**, 3127 (1990)
39 J. A. Holeman and N. D. Danielson, *J. Chromatogr.*, **679**, 277 (1994)
40 T. M. Downey and T. A. Nieman, *Anal. Chem.*, **64**, 261 (1992)
41 L. L. Shultz, J. S. Stoyanoff, and T. A. Nieman, *Anal. Chem.*, **68**, 349 (1996)
42 H. Gerischer, *Adv. Electrochem. Electrochem. Engr.*, **1**, 139 (1961)
43 H. Gerischer, in "Physical Chemistry—An Advanced Treatise," Vol, IXA, H. Eyring, D. Henderson, and W. Jost, Eds., Academic Press, New York, 1970, p. 463
44 V. A. Myamlin and Yu. V. Pleskov, "Electrochemistry of Semiconductors," Plenum, New York, 1967
45 A. J. Nozik and R. Memming, *J. Phys. Chem.*, **100**, 13061 (1996)
46 Yu. Pleskov and Yu. Ya. Gurevich, "Semiconductor Photoelectrochemistry," Consultants Bureau, New York, 1986
47 N. S. Lewis, *Accts. Chem. Res.*, **23**, 176 (1990)
48 N. S. Lewis, *Annu. Rev. Phys. Chem.*, **42**, 543 (1991)
49 C. A. Koval and J. N. Howard, *Chem. Rev.*, **92**, 411 (1992)
50 A. Many, Y. Goldstein, and N. B. Grover, "Semiconductor Surfaces," North Holland, Amsterdam, 1965
51 A. K. Joncher, "Principles of Semiconductor Device Operation," Wiley, New York, 1960
52 D. Madelung, in "Physical Chemistry—An Advanced Treatise," Vol, X, W. Jost, Ed., Academic Press, New York, 1970, Chap. 6
53 G. Ertl and H. Gerischer, *ibid.*, Chap. 7
54 W. Schottky, *Z. Phys.*, **113**, 367 (1939); **118**, 539 (1942)
55 N. F. Mott, *Proc. Roy. Soc.* (*London*), **A171**, 27 (1939)
56 E. C. Dutoit, F. Cardon, and W. P. Gomes, *Ber. Bunsengers. Phys. Chem.*, **80**, 1285 (1976)
57 D. Meissner and R. Memming, *Electrochim. Acta*, **37**, 799 (1992)
58 B. R. Horrocks, M. V. Mirkin and A. J. Bard, *J. Phys. Chem.*, **98**, 9106 (1994)
59 A. M. Fajardo and N. S. Lewis, *Science*, **274**, 969 (1996)
60 A. J. Bard, *J. Photochem.*, **10**, 59 (1979)
61 A. Fujishima and K. Honda, *Bull. Chem. Soc. Jpn.*, **44**, 1148 (1971); *Nature*, **238**, 37 (1972)
62 D. Laser and A. J. Bard, *J. Electrochem. Soc.*, **123**, 1027 (1976)
63 B. Miller and A. Heller, *Nature*, **262**, 680 (1976)
64 G. Hodes, D. Cahen, and J. Manassen, *Nature*, **260**, 312 (1976)
65 M. S. Wrighton, A. B. Bocarsly, J. M. Bolts, A. B. Ellis, and K. D. Legg in "Semiconductor Liquid-Junction Solar Cells," A. Heller, Ed., Electrochem. Soc., Princeton, NJ, Proc. Vol. 77-3, 1977, p. 138
66 H. Tributsch, *Ber. Bunsenges. Phys. Chem.*, **81**, 361 (1977)
67 M. S. Wrighton, A. B. Ellis, P. T. Wolczanski, D. L. Morse, H. B. Abrahamson, and D. S. Ginley, *J. Am. Chem. Soc.*, **98**, 2774 (1976)
68 J. G. Mavroides, J. A. Kafalas, and D. F. Kolesar, *Appl. Phys. Lett.*, **28**, 241 (1976)
69 T. Watanabe, A. Fujishima, and K. Honda, *Bull. Chem. Soc. Jpn.*, **49**, 355 (1976)
70 M. Halman, *Nature*, **275**, 115 (1978)
71 B. Kraeutler and A. J. Bard, *J. Am. Chem. Soc.*, **99**, 7729 (1977)
72 C. R. Dickson and A. J. Nozik, *J. Am. Chem. Soc.*, **100**, 8007 (1978)
73 H. Gerischer and F. Willig, "Topics in Current Chemistry," Springer Verlag, Berlin, Vol. 61, 1976, p. 31
74 H. Gerischer, *J. Electrochem. Soc.*, **125**, 218C (1978)
75 H. Tsubomura, M. Matsumura, Y. Nomura, and T. Amamiya, *Nature*, **261**, 402 (1976)
76 G. A. Kenney and D. C. Walker, *Electroanal. Chem.*, **5**, 1 (1971)
77 G. C. Barker, *Ber. Bunsenges. Phys. Chem.*, **75**, 728 (1971)
78 M. Spiro, *J. Chem. Soc.*, *Faraday Trans.* **75**, 1507 (1979)
79 D. S. Miller, A. J. Bard, G. McLendon, and J. Ferguson, *J. Am. Chem. Soc.*, **103**, 5336 (1981)
80 C. D. Jaeger and A. J. Bard, *J. Phys. Chem.*, **83**, 3146 (1979)
81 W. W. Dunn, Y. Aikawa, and A. J. Bard, *J. Am. Chem. Soc.*, **103**, 3456 (1981)

82 M. D. Ward, J. R. White, and A. J. Bard, *J. Phys. Chem.*, **86**, 3599 (1982)
83 M. D. Ward, J. R. White, and A. J. Bard, *J. Am. Chem. Soc.*, **105**, 27 (1983)
84 I. M. Kolthoff and J. T. Stock, *Analyst*, **80**, 860 (1966)
85 F. Scholz and B. Meyer, *Chem. Soc. Rev.*, **1994**, 341; *Electroanal. Chem.*, **20**, 1 (1998)
86 A. Henglein, *Chem. Rev.*, **89**, 1861 (1989)
87 M. L. Steigerwald and L. Brus, *Accts. Chem. Res.*, **23**, 183 (1990)
88 N. Vlachopoulos, P. Liska, J. Augustynski, and M. Gratzel, *J. Am. Chem. Soc.*, **110**, 1216 (1988)
89 B. O'Regan and M. Grätzel, *Nature*, **353**, 737 (1991)
90 T. Gerfin, M. Gratzel, and L. Walder, *Prog. Inorg. Chem.* **44**, 345 (1997)
91 G. C. Barker, D. McKeown, M. J. Wiliams, G. Bottura, and V. Concialini, *Faraday Discuss. Chem. Soc.*, **56**, 41 (1974)
92 Yu. V. Pleskov, Z. A. Rotenberg, V. V. Eletsky, and V. I. Lakomov, *Faraday Discuss. Chem. Soc.*, **56**, 52 (1974)
93 A. Brodsky and Yu. V. Pleskov, in "Progress in Surface Sciences," Vol. 2, Part 1, S. G. Davidson, Ed., Pergamon, Oxford, 1972
94 Yu. V. Pleskov and Z. A. Rotenberg, *Adv. Electrochem. Electrochem. Engr.*, **11**, 1 (1978)
95 A. B. Bocarsly, H. Tachikawa and L. R. Faulkner in "Laboratory Techniques in Electroanalytical Chemistry," 2nd ed., P. T. Kissinger and W. R. Heineman, Eds., Marcel Dekker, New York, 1996, Chap. 28
96 P. Hapiot, V. V. Konovalov, and J.-M. Savéant, *J. Am. Chem. Soc.*, **117**, 1428 (1995)
97 A. Henglein, *Electroanal. Chem.*, **9**, 161 (1976)
98 S. P. Perone and H. D. Drew in "Analytical Photochemistry and Photochemical Analysis: Solids, Solutions, and Polymers," J. Fitzgerald, Ed., Marcel Dekker, New York, 1971, Chap. 7
99 S. P. Perone and J. R. Birk, *Anal. Chem.*, **38**, 1589 (1966)
100 G. L. Kirschner and S. P. Perone, *Anal. Chem.*, **44**, 443 (1972)
101 D. D. M. Wayner, D. J. McPhee and D. Griller, *J. Am. Chem. Soc.*, **110**, 132 (1988)
102 R. A. Jamieson and S. P. Perone, *J. Phys. Chem.*, **76**, 830 (1972)
103 J. I. H. Patterson and S. P. Perone, *J. Phys. Chem.*, **77**, 2437 (1973)
104 B. A. Sim, P. H. Milner, D. Griller, and D. D. M. Wayner, *J. Am. Chem. Soc.*, **112**, 6635 (1990)
105 M. D. Archer, *J. Appl. Electrochem.*, **5**, 17 (1975)
106 C. T. Lin and N. Sutin, *J. Phys. Chem.*, **80**, 97 (1976)
107 W. J. Albery and M. D. Archer, *Electrochim. Acta*, **21**, 1155 (1976)
108 W. J. Albery and M. D. Archer, *J. Electrochem. Soc.*, **124**, 688 (1977)
109 W. J. Albery and M. D. Archer, *J. Electroanal. Chem.*, **86**, 1, 19 (1978)

18.5 习题

18.1 在一些氧化还原过程中采用反式 Stilbene（芪）作为湮灭剂，有可能测量三重态产生效率。例如，荧蒽三重态进行如下的反应：

$$^3FA^* + 反式\text{-}S \longrightarrow {}^3(Stilbene)^* + FA$$

然后三重态衰变为已知比例的顺式和反式的基态。设计一个本体电解的实验用于测量在 $10\text{-}MP^{\dot{+}}$ 和 $FA^{\dot{-}}$ 之间反应的三重态形成的效率（每个氧化还原的三重态）。推导出联系测量量与效率的关系的公式。为什么需要本体电解？

18.2 由图 18.1.4 中的半反应电势，可以估算出如下反应的 $E^{\ominus\prime}$ 值：

$$TMPD^{\dot{+}} + e \rightleftharpoons TMPD$$

$$Py + e \rightleftharpoons Py^{\dot{-}}$$

它们是多少？估算下列反应释放的自由能

$$TMPD^{\dot{+}} + Py^{\dot{-}} \rightleftharpoons TMPD + Py$$

从图 18.1.3 的荧光光谱，估算 $^1Py^*$ 到 Py 的能量。对于在 $TMPD^{\dot{+}}$ 和 $Py^{\dot{-}}$ 之间反应所形成的 Py^* 的概率进行评论，并解释光的作用。

18.3 解释图 18.1.4 的下部分图。

18.4 图 18.1.5 中的暂态信号是由一个较常用的更加复杂的波形所产生的。第一次阶跃 500ms 用于产生 $PPD^{\dot{-}}$，然后第二个阶跃产生 $TH^{\dot{+}}$。对于在 $0.1 \leqslant t_r/t_f \leqslant 0.12$ 期间，电势阶跃到 0.0V，在此 $TH^{\dot{+}}$ 被异相还原，然后电致重新产生 $TH^{\dot{+}}$。光输出的凹谷延迟了脉冲对于 0.0 V 的应用的事实被作为光致反应发生在溶液中离电极有一定的距离的证据。请讨论此点。你能够估算反应区离表面的距离吗？

18.5 半导体光致伽伐尼电池的性质可由图 18.2.7(a) 中的 i-E 曲线推导出（忽略内部电阻的影响）。假设 O/R 电对是 $Fe(CN)_6^{3-}$ $(0.1mol \cdot L^{-1})$/$Fe(CN)_6^{4-}$ $(0.1mol \cdot L^{-1})$，$E_{fb} = -0.20V$（相对于 SCE），

极限光电流由光流量（6.2×10^{15} 光子/s）决定，光被完全吸收并转变为分离的电子-空穴对。对一个由 n 型半导体和电解质中铂电极所组成的电池，最大的开路电压是多少？在光照射下短路电流是多少？画出所期望的此电池的输出电压与输出电流的曲线。此电池的最大输出功率是多少？

18.6　一个常用于“空间电荷区厚度” L_1 的表达式为[42~44]

$$L_1(\mathrm{cm})=\left(\frac{2\varepsilon\varepsilon_0}{eN_D}\Delta\phi\right)^{1/2}\approx\left(1.1\times10^6\ \frac{\Delta\phi}{N_D}\varepsilon\right)^{1/2}$$

（N_D 和 $\Delta\phi$ 的量纲分别是 cm^{-3} 和 V）。对于一种 $\varepsilon=10$ 的半导体，画出几种 N_D 值时，L_1 随 $\Delta\phi$ 变化的曲线。对于有效的利用光，大部分辐射将被空间电荷区吸收。光的吸收遵循 Beer 定律，吸收系数为 α (cm^{-1})；因此“穿透深度” $-1/\alpha$ 可被估算。如果 $\alpha=10^5 cm^{-1}$ 并且价带弯曲在 0.5V 处，可推荐的掺杂密度 N_D 是多少？为什么在半导体光电化学池中不希望很低的掺杂？

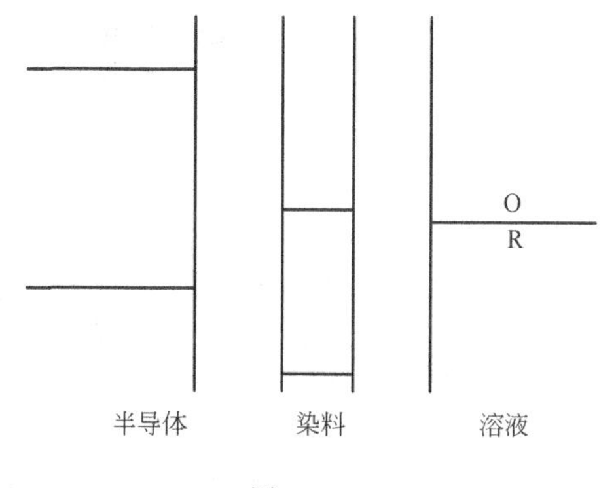

图 18.5.1

18.7　考虑一种染料敏化的半导体电极，其能级如图 18.5.1 所示。解释在光照下此体系如何操作。

18.8　Van Wezemael 等报道了在 $1mol\cdot L^{-1}$ KCl 和 $0.01mol\cdot L^{-1}$ HCl 溶液中，n-和 p-型 InP 的 Mott-Schottky 作图（图 18.5.2）。估算两种半导体的平-价带电势及掺杂密度。与此测量的 $\boldsymbol{E}_g$(1.3eV) 相比，n-和 p-型 InP 的 E_{fb} 有何不同？

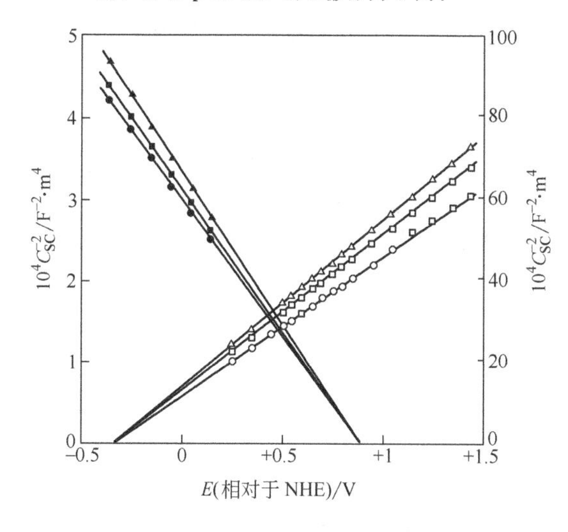

图 18.5.2　对于 n-和 p-型 InP 的（111）面的 Mott-Schottky 作图

电解质组成：$1mol\cdot L^{-1}$ KCl+$0.01mol\cdot L^{-1}$ HCl，n-型：(○) 200Hz，(□) 2500Hz，(△) 20000Hz；p-型：(●) 200Hz，(■) 2500Hz，(▲) 20000Hz。纵坐标向左是 p 型，向右是 n 型［引自 A. M. Van Wezemael, W. H. Laftere, F. Cardon, and W. P. Gomes, *J. Electroanal. Chem.*, **87**, 105 (1978)］

18.9　下面的电池被提出作为光电化学储能电池：

$$n\text{-}TiO_2/0.2mol\cdot L^{-1}\ Br^-\ (pH=1)/\!/0.1mol\cdot L^{-1}I_3^-\ (pH=1)/Pt$$

在这些条件下对于 n-TiO_2 的 $E_{fb}=-0.30V$（相对于 SCE）。在光照射下，在 TiO_2 上光氧化产生 Br_2。(a) 写出在光照射下，在两个电极上所发生的半反应。在光照射下（假设没有液接界电势），最大开路电压是什么？(b) 在 Br_2 和电池中所聚集的 I^- 之间进行“光-电荷循环”。

如果在充电过程中 I_3^- 的一半被转化，在暗处放电过程中，在 Br_2/Br^- 池中采用铂电极，充电后电池的电压是什么？写出在暗处放电过程中的半反应。

附录A 数学方法

对许多电化学现象的理解，其关键在于能求解特定的微分方程，所以很有必要介绍一些重要的数学工具。此附录不是严格的数学阐述，仅打算作些综述和介绍。若需要全面详细的信息，请参考有关文献。当然，这里所介绍的内容将帮助读者解决相关的问题，理解正文中的推导。

A.1 用拉普拉斯变换技术求解微分方程

A.1.1 偏微分方程

电化学最常遇到的偏微分方程（partial differential equations，PDEs）是源于处理当电极上发生异相反应时，电极附近的扩散问题。这里溶质浓度同时是时间 t 和距电极距离位置 x 的函数。通常浓度 $C(x，t)$ 服从 Fick 扩散定律（见 4.4 节）的某种形式，如

$$\frac{\partial C(x,t)}{\partial t}=D\frac{\partial^2 C(x,t)}{\partial x^2} \tag{A.1.1}$$

式中，D 为所研究物质的扩散系数。该方程仅含有 $C(x，t)$ 的一次或零次幂及其导数，是一个线性 PDE。最高导数次数是方程的阶数，所以该方程是二阶的偏微分方程。

求解偏微分方程的许多困难在于 PDE 没有确定的解甚至没有解的确定函数形式。事实上，一个给定的 PDE 往往有许多解，例如，对方程

$$\frac{\partial z}{\partial x}-\frac{\partial z}{\partial y}=0 \tag{A.1.2}$$

下列函数都可满足它

$$z=Ae^{(x+y)} \tag{A.1.3}$$

$$z=A\sin(x+y) \tag{A.1.4}$$

$$z=A(x+y) \tag{A.1.5}$$

偏微分方程的这个特点与单变量的常微分方程（ordinary differential equations，ODEs）的性质相反。通常 OED 的解的形式由 OED 自身决定。所以描述单分子衰变的线性一阶 ODE

$$\frac{dC(t)}{dt}=-kC(t) \tag{A.1.6}$$

有单一通解

$$C(t)=(常数)e^{-kt} \tag{A.1.7}$$

针对特定问题的边界条件仅用于确定解中的常数项。

而 PDE 解的形式和求出 ODE 解常数项一样，一般也要取决于边界条件；而且同一 PDE 在不同边界条件下常常给出不同的函数关系。

A.1.2 拉普拉斯变换介绍[1~3]

利用 Laplace 变换，可以把问题转换到能用简单数学方法处理的域，这对于求解某些微分方程，特别是电化学中遇到的微分方程有很大价值。这和把复杂的乘法问题转换为对数法求解类似。把乘法运算域向其映像-对数域进行转换映射，在转换域，原来的乘法运算就变成了加法运算，这就可很容易求出结果的变换形式，然后逆变换得到需要的结果本身。与之类似，ODE 的 Laplace 变换给出的形式，可以进行简单的代数运算，导出 ODE 的变换形式解，逆变换后就完成

了求解。使用同样的方式，PDE可以转换成ODE形式，然后就可以用通常方法求解或继续使用变换技术求解。这种方法非常方便，但仅限用于线性微分方程。

函数 $F(t)$ 对 t 的 Laplace 变换以符号 $L\{F(t)\}$、$f(s)$ 或 $\overline{F}(s)$ 表示，定义为

$$\boxed{L\{F(t)\}=\int_0^{\infty}\mathrm{e}^{-st}F(t)\mathrm{d}t} \tag{A.1.8}$$

是否存在变换是有条件的，要求：(a) 在区间 $0\leqslant t<\infty$ 上的所有内部点，$F(t)$ 有界；(b) 不连续点区域的数目有限；(c) 有指数秩，即 $t\rightarrow\infty$ 时，对某些 a 值，$\mathrm{e}^{-at}|F(t)|$ 必须有界，这要求 t 很大时，函数值的增长要慢于某 e^{-at} 指数函数。如 e^{-2t} 具有指数秩，而 e^{t^2} 不是。从第一个条件可以判断 $(t-1)^{-1}$ 没有变换形式，但无法判断 $t^{-1/2}$ 和 t^{-1}。如果对于小于1的正值 n，$|\mathrm{e}^{-nt}F(t)|$ 有界，在 $t=0$，$F(t)$ 可能有无限的不连续，于是 $t^{-1/2}$ 有 Laplace 转换，而 t^{-1} 没有。在实际应用中，(a) 和 (c) 条件偶尔不能满足，(b) 很少不满足。

许多变换可以从上面的积分定义直接得到，其他一些用间接方法导出更容易。表 A.1.1 给出了一些常见的函数及其变换。更详细的列表参考文献[1,2,4,5]。

表 A.1.1 常见函数的拉普拉斯变换

$F(t)$	$f(s)$	$F(t)$	$f(s)$
A(常数)	A/s	$\pi t^{-1/2}$	$1/s^{1/2}$
e^{-at}	$1/(s+a)$	$2(t/\pi)^{1/2}$	$1/s^{3/2}$
$\sin at$	$a/(s^2+a^2)$	$\dfrac{x}{2(\pi kt^3)^{1/2}}[\exp(-x^2/4kt)]$	$\mathrm{e}^{-\beta x}$，式中 $\beta=(s/k)^{1/2}$
$\cos at$	$s/(s^2+a^2)$		
$\sinh at$	$a/(s^2-a^2)$	$(k/\pi t)^{1/2}\exp(-x^2/4kt)$	$\mathrm{e}^{-\beta x}/\beta$
$\cosh at$	$s/(s^2-a^2)$	$\mathrm{erfc}[x/2(kt)^{1/2}]$	$\mathrm{e}^{-\beta x}/x$
t	$1/s^2$	$2(kt/\pi)^{1/2}\exp(-x^2/4kt)-x\mathrm{erfc}[x/2(kt)^{1/2}]$	$\mathrm{e}^{-\beta x}/\beta$
$t^{(n-1)}/(n-1)!$	$1/s^n$	$\exp(a^2t)\mathrm{erfc}(at^{1/2})$	$1/[s^{1/2}(s^{1/2}+a)]$

A.1.3 变换的基本性质[1~3]

Laplace 变换是线性的

$$L\{aF(t)+bG(t)\}=af(s)+bg(s) \tag{A.1.9}$$

式中，a 和 b 是常数。这一性质是直接从定义和积分运算的基本性质导出的。

求解微分方程时，变换就是把某确定变量的导数转换为 s 的代数式。如

$$L\left\{\frac{\mathrm{d}F(t)}{\mathrm{d}t}\right\}=L\{F(t)\}=sf(s)-F(0) \tag{A.1.10}$$

用分部积分可以证明这种转换

$$L\left\{\frac{\mathrm{d}F(t)}{\mathrm{d}t}\right\}=\int_0^{\infty}\mathrm{e}^{-st}\frac{\mathrm{d}F(t)}{\mathrm{d}t}\mathrm{d}t \tag{A.1.11}$$

$$=[\mathrm{e}^{-st}F(t)]_0^{\infty}+s\int_0^{\infty}\mathrm{e}^{-st}F(t)\mathrm{d}t \tag{A.1.12}$$

$$=-F(0)+sf(s) \tag{A.1.13}$$

类似可得到

$$L\{F''\}=s^2f(s)-sF(0)-F(0) \tag{A.1.14}$$

通式为

$$\boxed{L\{F^{(n)}\}=s^nf(s)-s^{n-1}F(0)-s^{n-2}F(0)-\cdots-F^{(n-1)}(0)} \tag{A.1.15}$$

因为对变换来讲，t 之外的变量当作常量处理，所以与 t 无关的微分算子不需变换

$$L\left\{\frac{\partial F(x,t)}{\partial x}\right\}=\frac{\partial f(x,s)}{\partial x} \tag{A.1.16}$$

积分的变换和指数乘积的作用也是很有用的性质

$$\boxed{L\left\{\int_0^t F(x)\mathrm{d}x\right\}=\frac{1}{s}f(s)} \tag{A.1.17}$$

$$\boxed{L\{e^{at}F(t)\}=f(s-a)} \tag{A.1.18}$$

如

$$L\{\sin bt\}=\frac{b}{s^2+b^2} \tag{A.1.19}$$

$$L\{e^{at}\sin bt\}=\frac{b}{(s-a)^2+b^2} \tag{A.1.20}$$

若不能从表中列出的函数做逆变换时，有时可以通过卷积积分进行逆变换

$$\boxed{\begin{aligned}L^{-1}\{f(s)g(s)\}&=F(t)*G(t)\\&=\int_0^t F(t-\tau)G(\tau)\mathrm{d}\tau\end{aligned}} \tag{A.1.21}$$

注意式中 $F(t)*G(t)$ 是卷积的表示符号，不是乘积。

A.1.4 用拉普拉斯变换求解常微分方程

通过例子来做分析，弹簧上的一个质点，从初始位移 A 释放，求质点位置对时间的依赖关系（位置坐标相对于平衡位置）。这是一个线性谐波振荡问题。令 $y(t)$ 为位移，k 为弹簧的力常数，作用在质点上的力为

$$m\frac{\mathrm{d}^2y}{\mathrm{d}t^2}=-ky \tag{A.1.22}$$

且 $y'(0)=0$。使用变换得到

$$s^2\bar{y}-sy(0)-y'(0)=-\frac{k}{m}\bar{y} \tag{A.1.23}$$

$$s^2\bar{y}-As=-\frac{k}{m}\bar{y} \tag{A.1.24}$$

$$\bar{y}=-\frac{As}{s^2+k/m} \tag{A.1.25}$$

逆变换得到

$$L^{-1}\{\bar{y}\}=y(t)=A\cos\left(\frac{k}{m}\right)^{1/2}t \tag{A.1.26}$$

第二个例子，求图 A.1.1 电路中的开关闭合后的电流 $i(t)$。假设电容 C 上的初始电量为 0，则整个电路的总电压降是

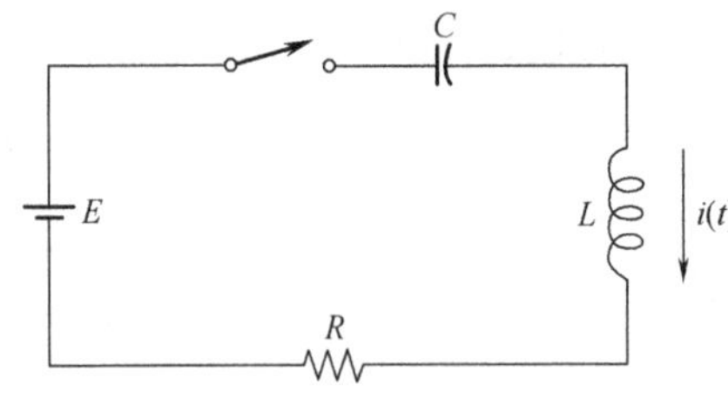

图 A.1.1 电路（第二个例子）

$$E=iR+\frac{1}{C}\int_0^t i(\tau)\mathrm{d}\tau+L\frac{\mathrm{d}i}{\mathrm{d}t} \tag{A.1.27}$$

与前一个例子一样，进行变换求解，得到

$$\frac{E}{s}=\bar{i}R+\frac{1}{sC}\bar{i}+Ls\bar{i} \tag{A.1.28}$$

$$\bar{i}=\frac{E/L}{s^2+Rs/L+1/LC} \tag{A.1.29}$$

此式有如下的形式

$$L\{Ae^{-at}\sin bt\}=\frac{Ab}{(s+a)^2+b^2} \tag{A.1.30}$$

简单的代数比较式（A.1.29）和式（A.1.30）就可看出，a 为 $R/2L$，b^2 为（$1/LC-R^2/4L^2$），常数 A 为 E/Lb，其解为

$$i=\frac{E}{Lb}e^{-at}\sin bt \tag{A.1.31}$$

在电化学研究中，常需要求解下面形式的方程

$$\frac{\mathrm{d}^2C(x)}{\mathrm{d}x^2}-a^2C(x)=-b \tag{A.1.32}$$

变换并做进一步处理得到

$$s^2\overline{C}(s)-sC(0)-C'(0)-a^2\overline{C}(s)=-b/s \tag{A.1.33}$$

$$\overline{C}(s)=\frac{-b+s^2C(0)+sC'(0)}{s(s-a)(s+a)} \tag{A.1.34}$$

需要分部分解处理，才能逆变换此式，因此暂停求解，先介绍分部分解方法。

要展开这样的表达式，首先要尽可能地把它因式分解成真正的线性和二次因子，例如如下形式

$$\frac{s+3}{(s-1)^2(s-2)(s-3)(s^2+2s+2)} \tag{A.1.35}$$

按照下列规则[6]转写作级数和的形式。

① 若线性因子 $as+b$ 在分母中出现 n 次，对应这个因子就展开为 n 个分部分数（partial fractions）之和：

$$\frac{A_1}{as+b}+\frac{A_2}{(as+b)^2}+\cdots+\frac{A_n}{(as+b)^n} \tag{A.1.36}$$

式中，A_i 为常数且 $A_n\neq 0$。

② 若二次项 as^2+bs+c 在分母中出现 n 次，对应这个因子就展开为 n 个分部分数之和：

$$\frac{A_1s+B_1}{as^2+bs+c}+\frac{A_2s+B_2}{(as^2+bs+c)^2}+\cdots+\frac{A_ns+B_n}{(as^2+bs+c)^n} \tag{A.1.37}$$

式中，A_i 和 B_i 为常数且 $A_n+B_n\neq 0$。

上述例子式（A.1.35）就可展开为

$$\frac{s+3}{(s-1)^2(s-2)(s-3)(s^2+2s+2)}=\frac{A}{s-1}+\frac{B}{(s-1)^2}+\frac{C}{s-2}+\frac{D}{s-3}+\frac{Es+F}{s^2+2s+2} \tag{A.1.38}$$

一般有两种方法求出常数项。一是把左边通分，两边的分子就都转为多项式（polynomial）形式，从相同次 s 幂的系数相等得出。另一方法是代入值，建立联立方程组并求解。

现在回到前面的问题，分解并展开式（A.1.34）得到

$$\overline{C}(s)=\frac{-b+s^2C(0)+sC'(0)}{s(s-a)(s+a)} \tag{A.1.39}$$

$$=\frac{A'}{s+a}+\frac{B'}{s-a}+\frac{D'}{s} \tag{A.1.40}$$

将后一方程两边乘以 s 并设 $s=0$，就可得到，$D'=b/a^2$。A' 和 B' 需要定义边界条件 $C(0)$ 和 $C'(0)$ 后才能导出，逆变换可以得到一般解的形式

$$C(x)=\frac{b}{a^2}+A'\mathrm{e}^{-ax}+B'\mathrm{e}^{ax} \tag{A.1.41}$$

到 A.1.6 节再讨论这个方程。

A.1.5 联立线性常规微分方程组的解

现在说明用变换求解联立线性常规微分方程组的方法。对于下列动力学机理

$$\begin{aligned}&\mathrm{A}\xrightarrow{k_1}\mathrm{B}+\mathrm{C}\\&\mathrm{B}\xrightarrow{k_2}\mathrm{D}\\&\mathrm{C}+(\mathrm{Z})\xrightarrow{k_3'}\mathrm{D}\end{aligned} \tag{A.1.42}$$

式中 k_3' 是准一级速率常数。目标是求解 A、B、C、D 浓度的时间分布。假设 $t=0$ 时，$[\mathrm{A}]=A^*$，$[\mathrm{B}]=[\mathrm{C}]=[\mathrm{D}]=0$。描述体系的 ODEs 可直接写出

$$\frac{\mathrm{d}[\mathrm{A}]}{\mathrm{d}t}=-k_1[\mathrm{A}] \tag{A.1.43}$$

$$\frac{\mathrm{d}[\mathrm{B}]}{\mathrm{d}t}=k_1[\mathrm{A}]-k_2[\mathrm{B}] \tag{A.1.44}$$

$$\frac{\mathrm{d}[\mathrm{C}]}{\mathrm{d}t}=k_1[\mathrm{A}]-k_3'[\mathrm{C}] \tag{A.1.45}$$

$$\frac{\mathrm{d}[\mathrm{D}]}{\mathrm{d}t}=k_2[\mathrm{B}]-k_3'[\mathrm{C}] \tag{A.1.46}$$

令 $L\{[A]\}=a$，其他类似，可得到变换后的联立代数方程组

$$sa-A^{*}=-k_1 a \tag{A.1.47}$$

$$sb=k_1 a-k_2 b \tag{A.1.48}$$

$$sc=k_1 a-k_3' c \tag{A.1.49}$$

$$sd=k_2 b+k_3' c \tag{A.1.50}$$

显然很容易可以解出 a、b、c、d，然后逆变换得到需要的浓度。

A.1.6　偏微分方程的求解[1,2]

前面已经提到，电化学需要求解各种情况下各种边界条件下的扩散方程

$$\frac{\partial C(x,t)}{\partial t}=D\frac{\partial^2 C(x,t)}{\partial x^2} \tag{A.1.51}$$

求解此方程需要一个 $t=0$ 时的初始条件和两个对 x 的边界条件。典型情况，初始条件是 $C(x,0)=C^{*}$，关于 x 的一个条件是半无限极限条件（semi-infinite limit）：

$$\lim_{x\to\infty}C(x,t)=C^{*} \tag{A.1.52}$$

再有一个条件就可以完全定义问题。一般情况下，这第三个边界条件由特定的实验情形给出。当然第三个边界条件尚未定义时，可以得到不充分的解，有助于理解全面的求解。

对变量 t 变换这个 PDE，得到

$$s\overline{C}(x,s)-C^{*}=D\frac{\partial^2\overline{C}(x,s)}{\partial x^2} \tag{A.1.53}$$

$$\frac{d^2\overline{C}(x,s)}{dx^2}-\frac{s}{D}\overline{C}(x,s)=-\frac{C^{*}}{D} \tag{A.1.54}$$

在前面 ODEs [式（A.1.32)]的分析中，这个方程已经是可以解出了，从式（A.1.41）可立即得到❶

$$\overline{C}(x,s)=\frac{C^{*}}{s}+A'(s)\exp[-(s/D)^{1/2}x]+B'(s)\exp[(s/D)^{1/2}x] \tag{A.1.55}$$

半无限极限条件可变换为

$$\lim_{x\to\infty}\overline{C}(x,s)=\frac{C^{*}}{s} \tag{A.1.56}$$

由此可确定 $B'(s)$ 必然为 0，因而有

$$\boxed{\overline{C}(x,s)=\frac{C^{*}}{s}+A'(s)\exp[-(s/D)^{1/2}x]} \tag{A.1.57}$$

和

$$C(x,t)=C^{*}+L^{-1}\{A'(s)\exp[-(s/D)^{1/2}x]\} \tag{A.1.58}$$

这最后两个式求出需要第三个边界条件。

A.1.7　零点位移定理[1]

电化学中，经常遇到突变型的边界条件。最明显的例子就是单阶跃技术。使用单位阶跃函数[unit step function，$S_\kappa(t)$]，可以简化这些实验的理论处理。在时刻 $t=\kappa$ 瞬间 $S_\kappa(t)$ 从 0 跃变到 1，即

$$S_\kappa(t)=0 \qquad t\leqslant\kappa \tag{A.1.59}$$

$$S_\kappa(t)=1 \qquad t>\kappa \tag{A.1.60}$$

此函数可以看作是在 $t=\kappa$ 时刻瞬间“闭合”的数学“开关”，用它可以精炼地表示一些复杂的边界条件。如 $t=\kappa$ 前保持为 E_1，阶跃突变为 E_2 的电势，可以表示为

$$E(t)=E_1+S_\kappa(t)(E_2-E_1) \tag{A.1.61}$$

---

❶ 在方程（A.1.55）中，“常数 A'”表示为 s 的函数是允许的，这是在 5.2 节和其他地方遇到的情况。A'必须是常数是指对于 ODE 的基本变量，在式（A.1.54)，这个基本变量是 x。在推导式（A.1.41）时，不允许 A'是 s 的函数，是因为在那里 s 是对应基本变量 x 的变换变量。而在这里，s 是对于 t 的变换变量，所以 A'可以是 s 的函数。

类似地恒电势一段时间后接线性电势扫描的电势程序可表示为

$$E(t)=E_1+S_\kappa(t)\nu(t-\kappa) \tag{A.1.62}$$

一旦确定边界条件，也必须进行变换。这种包含阶跃函数的变换，需要零点位移定理作数学基础。零点位移定理为

$$\boxed{L\{S_\kappa(t)F(t-\kappa)\}=\mathrm{e}^{-\kappa s}f(s)} \tag{A.1.63}$$

可根据变换的定义证明它

$$L\{S_\kappa(t)F(t-\kappa)\}\equiv\int_0^\infty \mathrm{e}^{-ts}S_\kappa(t)F(t-\kappa)\mathrm{d}t=\int_\kappa^\infty \mathrm{e}^{-ts}F(t-\kappa)\mathrm{d}t \tag{A.1.64}$$

定义 $\theta=t-\kappa$，重排后得到

$$\int_\kappa^\infty \mathrm{e}^{-ts}F(t-\kappa)\mathrm{d}t=\mathrm{e}^{-\kappa s}\int_0^\infty \mathrm{e}^{-\theta s}F(\theta)\mathrm{d}\theta=\mathrm{e}^{-\kappa s}f(s) \tag{A.1.65}$$

在变换空间变换函数乘以 $\mathrm{e}^{-\kappa s}$，对应原函数在真正的时间坐标偏移 κ，因而方程（A.1.63）称作零点位移定理（zero-shift theorem）。以简单函数 $F(t)=2t$ 为例显示这个定理的原理于图 A.1.2。

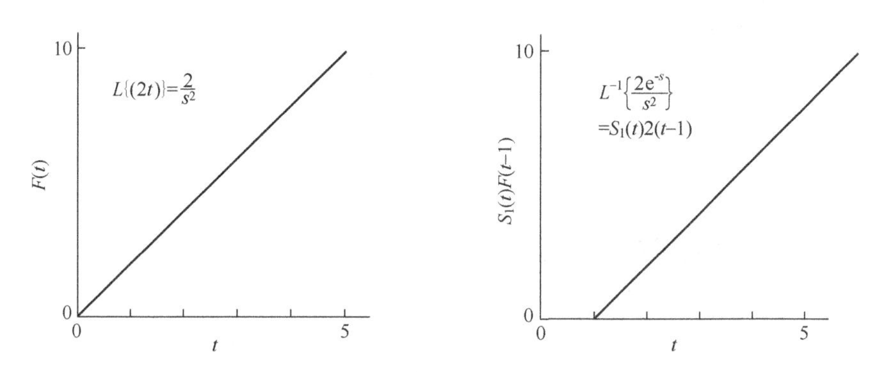

图 A.1.2 零点位移定理对函数 $F(t)=2t$ 的效应

A.2 Taylor 展开式

函数太复杂而难以直接使用或需要线性近似时，常常对函数做级数展开[2,7]。一般选择某点为中心位置，在此点附近的展开来表示此函数。截断的有限项级数，在中心值附近可以较准确的表述，离中心点较远时，表述就不太准确。

A.2.1 多变量函数的展开

三变量函数 $f(x, y, z)$，在点（x_0，y_0，z_0）附近，可以用 Taylor 公式展开表示

$$\boxed{f(x,y,z)=f(x_0,y_0,z_0)+\sum_{j=1}^{\infty}\frac{1}{j!}\left[\left(\delta x\frac{\partial}{\partial x}+\delta y\frac{\partial}{\partial y}+\delta z\frac{\partial}{\partial z}\right)^j f(x,y,z)\right]_{(x_0,y_0,z_0)}} \tag{A.2.1}$$

式中，$\delta x=x-x_0$，$\delta y=y-y_0$，$\delta z=z-z_0$，式中圆括号内项是微分算子的 j 次幂，$\partial/\partial x$、$\partial/\partial y$、$\partial/\partial z$ 的各次幂就是表示 j 次重微分符号，算子作用于 $f(x, y, z)$，对（x_0，y_0，z_0）点取极限。

下面以电流-过电势方程式（3.4.10）的展开为例进行分析

$$g[C_\mathrm{O}(0,t),C_\mathrm{R}(0,t),\eta]=i/i_0=\frac{\partial C_\mathrm{O}(0,t)}{C_\mathrm{O}^*}\mathrm{e}^{-\alpha f\eta}-\frac{\partial C_\mathrm{R}(0,t)}{C_\mathrm{R}^*}\mathrm{e}^{(1-\alpha)f\eta} \tag{A.2.2}$$

中心点选在（C_O^*，C_R^*，0），在此点 $g=0$。如果 j 仅取到 1，则有

$$\frac{i}{i_0}=\left[\delta C_\mathrm{O}(0,t)\frac{\partial}{\partial C_\mathrm{O}(0,t)}+\delta C_\mathrm{R}(0,t)\frac{\partial}{\partial C_\mathrm{R}(0,t)}+\delta\eta\frac{\partial}{\partial\eta}\right]g[C_\mathrm{O}(0,t),C_\mathrm{R}(0,t),\eta] \tag{A.2.3}$$

代入导数，并在中心点 C_O^*，C_R^*，$\eta=0$ 处求值，得到

$$\frac{i}{i_0}=\frac{\partial C_O(0,t)}{C_O^*}-\frac{\partial C_R(0,t)}{C_R^*}-f\delta\eta \tag{A.2.4}$$

或

$$i=i_0\left[\frac{C_O(0,t)}{C_O^*}-\frac{C_R(0,t)}{C_R^*}-f\eta\right] \tag{A.2.5}$$

此式与式（3.4.30）等价。在 $j=1$ 截断级数，就得到复杂公式（3.4.10）的简单线性近似式，它对中心点附近小偏离适用。对于 $\delta C_O(0, t)$、$\delta C_O(0, t)$、$\delta\eta$ 较大时，应该包括展开的其他项（增加 j）。完整的级数也容易推导，留做读者推导。

A.2.2 单变量函数的展开

如果函数仅有一个独立自变量，Taylor 公式是式（A.1.2）的简化形式

$$\boxed{f(x)=f(x_0)+\sum_{j=1}^{\infty}\frac{1}{j!}(x-x_0)^j\left[\frac{\partial^j}{\partial x^j}f(x)\right]_{x=x_0}} \tag{A.2.6}$$

此时在 $x=x_0$ 点展开。

A.2.3 Maclaurin 级数

在 $x=0$ 处的 Taylor 展开又称 Maclaurin 级数，其通式为

$$\boxed{f(x)=f(0)+\sum_{j=1}^{\infty}\frac{1}{j!}x^j\left[\frac{\partial^j}{\partial x^j}f(x)\right]_{x=0}} \tag{A.2.7}$$

A.3 误差函数和高斯分布

处理扩散问题时，经常遇到积分形式的标准误差曲线，又称误差函数（error function）[2,7]

$$\boxed{\mathrm{erf}(x)\equiv\frac{2}{\pi^{1/2}}\int_0^x \mathrm{e}^{-y^2}\,\mathrm{d}y} \tag{A.3.1}$$

当 x 变大时，此式接近极限值 1。因此也常使用它的补函数，其定义为

$$\mathrm{erf}(x)\equiv 1-\mathrm{erf}(x) \tag{A.3.2}$$

这两个函数示于图 A.3.1。部分函数值列于表 C.5。注意 erf(x) 陡峭上升，并对大于 2 的任意 x，几乎接近其极限值 1。

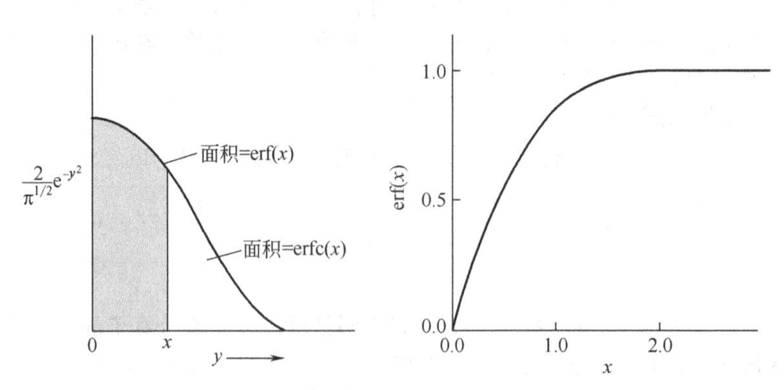

图 A.3.1 erf(x) 和 erfc(x) 的定义和行为

误差函数值可用级数求出[8,9]，其 Maclaurin 级数展开是

$$\mathrm{erf}(x)=\frac{2}{\pi^{1/2}}\left(x-\frac{x^3}{3}+\frac{x^5}{5\times 2!}-\frac{x^7}{7\times 3!}+\frac{x^9}{9\times 4!}-\cdots\right) \tag{A.3.3}$$

对于 $0\leqslant x\leqslant 2$，用此式可很方便的求值。若 $x<0.1$，可以只保留第一项使用线性近似式

$$\mathrm{erf}(x)\approx\frac{2}{\pi^{1/2}}\qquad (x<0.1) \tag{A.3.4}$$

参数较大（$x>2$）时，可用下式更好地计算

$$\mathrm{erf}(x)=1-\frac{\mathrm{e}^{-x^2}}{\pi^{1/2}x}\left(1-\frac{1}{2x^2}+\frac{1\times3}{(2x^2)^2}-\frac{1\times3\times5}{(2x^2)^3}+\cdots\right) \tag{A.3.5}$$

用下节介绍的莱布尼兹（Leibnitz）规则可以导出 $\mathrm{erf}(x)$ 的导数。

误差函数积分的参数与高斯分布（即通常的标准误差分布，normal error distribution）有关，高斯分布的定义是

$$f(y)=\frac{1}{(2\pi)^{1/2}\sigma}\exp\left[-\frac{(y-\bar{y})^2}{2\sigma^2}\right] \tag{A.3.6}$$

这是个类似钟形的误差曲线，在平均值 $\bar{y}$ 处有极大，宽度由标准偏差 σ(standard deviation) 表示。高斯分布对所有值的积分是1。由于函数是对称的，从平均值向任何一边所有值的积分都是0.5。

比较式（A.3.1）和式（A.3.6），可以看出，误差函数是平均值为0、标准偏差 σ 为 $1/2^{1/2}$ 的高斯分布的正半边对 x 积分的2倍。实际上，任何高斯曲线都可以通过对误差函数用 $x=(y-\bar{y})/(2^{1/2}\sigma)$ 转换来表示，并用标准偏差表示转换的作用。所以众所周知，$\mathrm{erf}(1/2^{1/2})=\mathrm{erf}(0.707)=0.68$，这与高斯分布在 $\pm\sigma$ 之间的面积占总面积的68%是一致的。

A.4 莱布尼兹规则

Leibnitz 规则为求算单参数定积分的微分提供了数学基础[7]：

$$\frac{\mathrm{d}}{\mathrm{d}\alpha}\int_{u_1(\alpha)}^{u_2(\alpha)}f(x,\alpha)\mathrm{d}x=f[u_2(\alpha),\alpha]\frac{\mathrm{d}u_2}{\mathrm{d}\alpha}-f[u_1(\alpha),\alpha]\frac{\mathrm{d}u_1}{\mathrm{d}\alpha}+\int_{u_1(\alpha)}^{u_2(\alpha)}\frac{\partial f(x,\alpha)}{\partial\alpha}\mathrm{d}x \tag{A.4.1}$$

例如

$$\frac{\mathrm{d}}{\mathrm{d}x}\mathrm{erf}(x)\equiv\frac{2}{\pi^{1/2}}\frac{\mathrm{d}}{\mathrm{d}x}\int_0^x \mathrm{e}^{-y^2}\mathrm{d}y=\frac{2}{\pi^{1/2}}\mathrm{e}^{-x^2} \tag{A.4.2}$$

A.5 复数表示法

在许多如交流电路分析（见第9章）这类涉及矢量变量的问题中，需要将物理量用复数函数表示成二维的[10]。一个复数一般写作 $z=x+jy$，其中 $j=\sqrt{-1}$，x 和 y 分别称作实部和虚部。可以把 z 看作是表示所有 x 和 y 可能组合的复平面上的一点，也可以把 z 看作是笛卡儿坐标系中的一个矢量。如图 A.5.1(a) 所示，分量 x 为实轴坐标，y 为虚轴坐标，只有 $x_1=x_2$ 且 $y_1=y_2$ 时，两个复数 $z_1=x_1+jy_1$ 和 $z_2=x_2+jy_2$ 才相等。

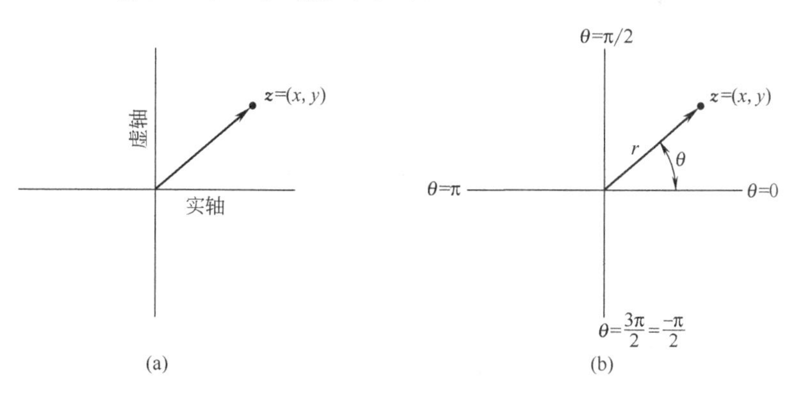

图 A.5.1 复平面上的点

(a) 笛卡儿坐标系；(b) 极坐标系

复变量函数也是可定义的，并且总是可以分成实部和虚部两个部分。就是说 $z=x+jy$ 的函数 $w(z)$ 总是可以写成

$$w(z)=u(x,y)+j\nu(x,y) \tag{A.5.1}$$

式中，$u(x, y)$ 和 $\nu(x, y)$ 都是实数。例如

$$w(z)=x^2+y^2-2jxy \tag{A.5.2}$$

式中，$w(z)$ 的实部 $\mathrm{Re}[w(z)]$是 $u(x,y)=x^2+y^2$，虚部 $\mathrm{Im}[w(z)]$是 $\nu(x,y)=-2xy$。只有 $u_1(x,y)=u_2(x,y)$且 $\nu_1(x,y)=\nu_2(x,y)$时，$w_1(z)=u_1(x,y)+j\nu_1(x,y)$和 $w_2(z)=u_2(x,y)+j\nu_2(x,y)$两个复数才相等。

复数的另一种表示是用极坐标表示它的位置，如图 A.5.1(b) 所示。矢量的长度是

$$r=(x^2+y^2)^{1/2} \tag{A.5.3}$$

相角 θ 为

$$\theta=\tan^{-1}\left(\frac{y}{x}\right) \tag{A.5.4}$$

有一个重要的函数和这种表示直接相关。定义复数指数为

$$\exp(z)=\mathrm{e}^x(\cos y+j\sin y) \tag{A.5.5}$$

于是有

$$\mathrm{e}^z=\mathrm{e}^x\mathrm{e}^{jy} \tag{A.5.6}$$

式中

$$\exp(jy)=\cos y+j\sin y \tag{A.5.7}$$

注意 e^{jy} 的值大小总是 1，因此，此函数的所有值都在以原点为圆心、半径为 1 的圆上，如图 A.5.2 所示，y 是矢量的相角。科学上常常把正弦和余弦项通过类似式 (A.5.7) 的函数导出。

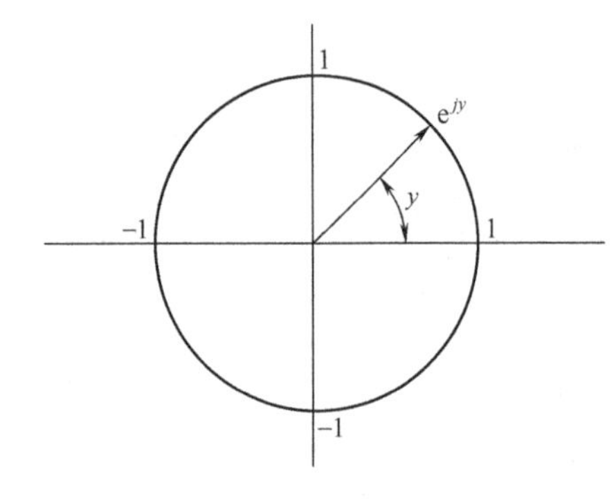

图 A.5.2 极坐标系中 e^{jy} 值的轨迹是一个单位半径的圆，y 为相角，函数的大小是半径。图中矢量示出其中一个函数值

指数函数提供了一个以极坐标形式表示复数 z 的方便途径，就是

$$z=x+jy=r\mathrm{e}^{j\theta} \tag{A.5.8}$$

把复函数不用 x 和 y，而用 r 和 θ 的形式表示，常常在应用中更有用。

最后指出，任意一个复变量函数 $w=u+j\nu$ 乘以其共轭复数 $w^*=u-j\nu$ 就变成一个完全实数：

$$ww^*=u^2+\nu^2 \tag{A.5.9}$$

这一特性在代数运算中非常有用，如从分母中消去虚数分量等。

A.6 傅里叶级数和傅里叶变换

任意周期波形，如图 A.6.1(a) 中的方波，都可以表示为正弦分量的叠加[11~14]，这些正弦分量由一个基频 $f_0=1/T_0$（T_0 为基频周期），加上 f_0 的谐波构成。即

$$y(t)=\frac{a_0}{2}+\sum_{n=1}^{\infty}[a_n\cos(2\pi nf_0t)+b_n\sin(2\pi nf_0t)] \tag{A.6.1}$$

或写作

$$y(t)=A_0+\sum_{n=1}^{\infty}A_n\sin(2\pi nf_0t+\phi_n) \tag{A.6.2}$$

式中，A_n 为 nf_0 频率分量的幅值；ϕ_n 为其相角；A_0 是直流偏置。这种级数称作 Fourier 级数，信号 $y(t)$ 就是各分量的 Fourier 合成。图 A.6.1(b) 显示了方波的几个分量，可以看出他们的叠加如何接近方波本身。

Fourier 级数存在，使得可以把一个信号，在时间域用信号幅值对时间的关系来表示，也可

以在频率域用一组正弦分量的幅值和相角来表示。把一个时域信号分解成其分量或由其分量合成时域信号都是很有用的。10.8 节曾提供了这两种情况的例证。这里主要介绍域间变换的原理。

通过 Fourier 积分[11～14]可以把时域函数 $h(t)$ 变换为频域函数 $H(f)$：

$$H(f)=\int_{-\infty}^{\infty} h(t)\mathrm{e}^{-j2\pi ft}\,\mathrm{d}t \qquad (\text{A. 6. 3})$$

这种变换称为 Fourier 变换，$H(f)$是 $h(t)$的傅里叶变换（Fourier transformation）。通过逆变换也可以把频域的 $H(f)$ 变换到时域的 $h(t)$

$$h(t)=\int_{-\infty}^{\infty} H(f)\mathrm{e}^{j2\pi ft}\,\mathrm{d}t \qquad (\text{A. 6. 4})$$

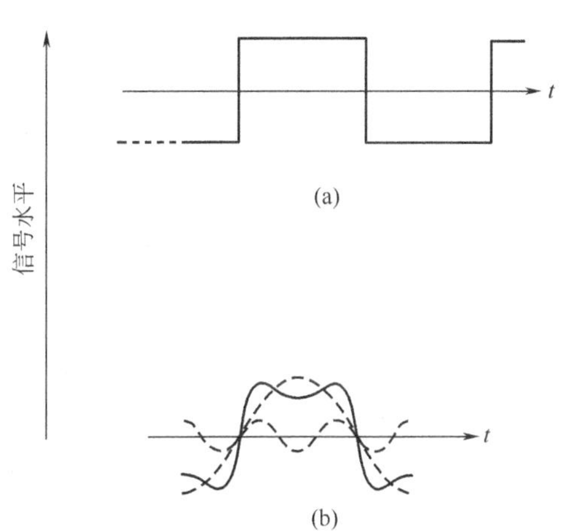

图 A. 6. 1 （a）方波，（b）方波的两个分量（虚线）$\cos(2\pi f_0 t)$和$-\cos(6\pi f_0 t)/3$及它们的加和（实线）

与电化学有关的大多数应用中，经常需要处理以恒定速度数字化（采样）得到的波形。例如，把流过电解池的电流按等时间间隔表示成数据点表，然后用基于式（A. 6. 3）积分的数值算法，得到用幅值和相角列表表示的频域信息。算法的输入是用 n个点（点数常是 2 的指数，如 128,256,512,…）表示的波形的一个周期。而输出由直流偏置 $1/T_0$、$1/2T_0$、…、$1/[(n/2)-1]T_0$ 共 $n/2$ 个频率的幅值和相角组成的数据表。算法一般基于快速 Fourier 变换（FFT）技术[12～14]设计，可以用计算机软件实现，也可以用外围硬件实现。

FFT 也有逆变换快速算法，输入上述 $n/2$ 个频率分量的幅值和相角，输出就是 n 个等间隔时域点组成的一个周期。

傅里叶变换有很多性质可以有效地用于信号处理。最简单的例证就是噪声衰减和平滑。假设有一信号中有用的信息在低频，而噪声在高频。对信号做变换得到频谱，然后将高频分量的幅值改为 0，进行逆变换就给出了平滑后的时域数据。有关运算可以用来积分、微分、两个信号相关、单信号的自相关等，其细节超出了这里的范围，请参考专门文献［12～16］。

A. 7 参考文献

1 R. V. Churchill, "Operational Mathematics," 3rd ed., McGraw-Hill, New York, 1972

2 G. Doetsch, "Laplace Transformation," Dover, New York, 1953

3 H. Margenau and G. M. Murphy, "The Mathematics of Physics and Chemistry," 2nd ed., Van Nostrand, New York, 1956

4 A. Erdellyi, W. Magnus, F. Oberhettinger, and F. Tricomi, "Tables of Intergral Transforms," McGraw-Hill, New York, 1954

5 G. E. Roberts and H. Kaufman, "Table of Laplace Transforms," Saunders, Philadelpia, 1966

6 T. S. Peterson, "Calculus," Harper, New York, 1960

7 W. Kaplan, "Advanced Calculus," 3rd ed., Addison-Wesley, Reading, MA, 1992

8 F. S. Acton, "Numerical Methods That Work," Mathematical Association of America, Washington, 1990, Chap. 1

9 M. Abramowitz and I. A. Stegun, Eds., "Handbook of Mathematical Functions," Dover, New York, 1977

10 J. W. Brown and R. V. Churchill, "Complex Variables and Applications," 6th ed., McGraw-Hilll, New York, 1996

11 J. W. Brown and R. V. Churchill, "Fourier Series and Boundary Value Problems," 5th ed., McGraw-Hilll, New York, 1993

12 R. N. Bracewell, "The Fourier Transform and its Applications," 2nd ed., McGrraw-Hill, New York, 1986

13 E. O. Brigham, "The Fast Fourier Transform," Prentice-Hall, Englewood Cliffs, NJ, 1974

14 P. R. Griffiths, Ed., "Transform Techniques in Chemistry," Plenum, New York, 1978

15 G. Horlick and G. M. Hieftje in "Contemporary Topics in Analytical chemistry," Vol. 3, D. M. Herculs, G. M. Hieftje, and L. R. Snyder, Eds., Plenum, New York, 1978, Chap. 4

16 J. W. Hayes, D. E. Glover, D. E. Smith, and M. W. Overton, *Anal. Chem.*, **45**, 277 (1973)

A.8 习题

A.1 通过定义证明 $L\{\sin at\}=a/(a^2+s^2)$

A.2 推导式（A.1.17）。

A.3 用式（A.1.14）求 $L\{\sin at\}$。

A.4 用卷积求 $1/[s^{1/2}(s-1)]$的逆变换。

A.5 在下列情况下用拉普拉斯转换求 Y，式中符号“′”均指对 t 的微分：

(a) $Y''+Y'=0$，且 $Y(0)=5$，$Y'=-1$。

(b) $Y=2\cos(t)-2\int_0^t Y(\tau)\sin(t-\tau)\mathrm{d}\tau$。

(c) $Y'''+Y''-Y'+Y=\cos(t)$，且 $Y(0)=Y'(0)=0$，$Y''(0)=1$。

A.6 从 $t=0$ 开始，恒电流 i 施加与图 A.8.1 所示的电路。在此之前 $i=0$，$V=0$。求 $t>0$ 时的 $V(t)$。R、L、C 的不同组合会给出明显不同的响应，为什么？

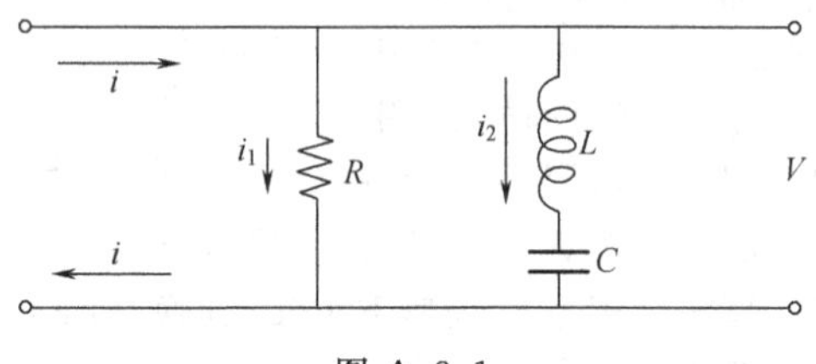

图 A.8.1

A.7 对 $ax=1$ 求出 $\exp(ax)$ 的 Taylor 展开。得到麦克劳林级数。在 $ax=1$ 和 $ax=0$ 附近，$\exp(ax)$ 应该使用什么近似？

A.8 推导式（A.3.3）。

附录B 电化学问题的数值模拟

电化学过程的速率，受反应物向电极提供的速度和产物离开电极的速度的影响。这个过程往往完全受传质速率和异相化学反应速率控制。常常可以写出描述物质转换和运动的偶联微分方程，但很难解出解析形式的解或根本不可能解出，常常需要使用数值方法来求解这些方程[1]。

这些问题的大部分常见情形，是用各种各样的有限差分方法（method of finite difference）来处理的。这些方法在计算机上建立电化学体系的数值模型，进而从微分方程导出一系列代数式来发展模型。如此，通过对实验的模拟，从中可以得到电流函数、浓度分布、暂态电势等的数值表达。

模拟方法，在求解如复杂动力学机理、工作电极上的不均匀电流分布、光谱-电化学相互作用等许多复杂电化学问题中非常有用。其中显式差分模拟方法，作为偏微分常用的一种数值解法，在概念上比其他数值方法简单，有助于直观认识电化学体系中的一些重要过程。本附录主要概述显式差分模拟方法的基本特点，需要进一步细节的读者请参考有关综述文献［1～8］。

B.1 模型建立

B.1.1 离散模型

对于用复杂连续函数描述的电化学体系，即使借助模拟也无法直接处理其中的微积分，所以需要灵活地退回一步，把电解质溶液看作是由微小的离散体积元构成❶。设定在任一单元之中，所有物质浓度是均匀的，浓度变化仅发生在单元之间。许多情况下，研究的是面积为 A 的平板电极上具有线性扩散特征的电化学实验。如果避免了边沿扩散，那么在实际体系中，平行于电极的任意平面上任一物质浓度都是均匀恒定的，浓度只能沿垂直于表面的方向变化。

这样，就构造了有关模型，如图 B.1.1 所示，其特征是一体积元序列从界面向本体溶液伸展。通常把电极表面看作处于第一个盒子（体积元）的中心，从电极表面距离 $x=(j-1)\Delta x$ 的溶液用盒子 j 表征❷。如果存在物质 A、B、…，他们的浓度相应是 $C_A(j)$、$C_B(j)$、…，这样使用浓度序列来近似表示实际的连续体系，就建立了一个溶液的离散模型（discrete model）。模型变量（model variable，Δx）的大小可选择设置，Δx 越小，需要的单元数越多，模型就越精确。

显然，若在距离 x_1 处的浓度 C_A 与相邻的 x_2 处的浓度不同，就会发生扩散使它们趋于相等。另外，也可能发生均相反应 $A+B\longrightarrow C$。于是在有限的时间内，表示化学体系的序列$[C_A(j)]$、$[C_B(j)]$、…，按照有关的扩散和反应定律关系，发生相互作用，各浓度序列发展为下一时间段描述体系的新的浓度序列。

这意味着时间也要分段处理，设每段时间长度为 Δt。要把体系的变化模型化，需要把反应和传质定律整理成代数关系式，去描述一个时间段中反应和传质过程发生的变化。开始先对表征体系初始条件（$t=0$）的一组浓度序列，运用这些关系式，结果得到表示体系在 $t=\Delta t$ 时刻状态

---

❶ 需要说明一下，在分子水平上，可采用随机散步处理扩散方法的问题。这种计算方法也是可行的，但和有限差分方法相比计算得很慢。但对于特别微小体积中分子数目较少时，这种方法还是有用的。

❷ 电极也可以置于第一个盒子的左边，并取电极表面的 A 浓度为 $C_A(0)$。这种安排，只是取 $x=(j-1+0.5)\Delta x=(j-0.5)\Delta x$。

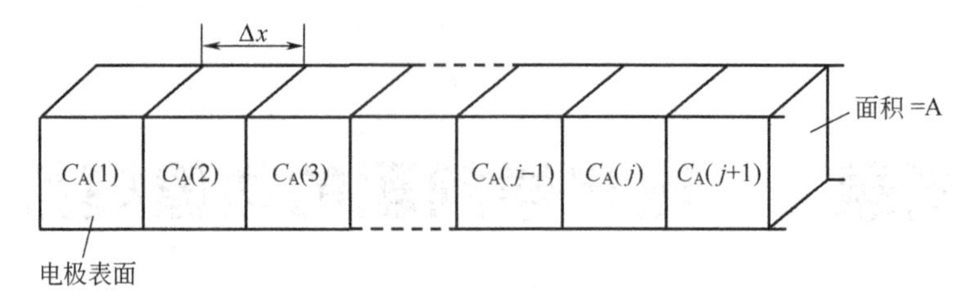

图 B. 1. 1 电极附近溶液的离散模型

的一组新的浓度序列。继续应用这些定律关系，得到 $t=2\Delta t$ 时的体系状态。如此类推，这些定律关系的第 k 次迭代（iteration）就给出 $t=k\Delta t$ 时的体系状态❶。就这样，得到连续体系的近似时间演变，并且模型变量 Δt 选取得越小，模型与实际连续体系的偏差越小。

B. 1. 2 扩散

序列单元间最常见的相互作用由 Fick 扩散定律定义（见 4. 4 节）。Fick 第一定律是

$$J(x,t)=-D\frac{\partial C(x,t)}{\partial x} \tag{B.1.1}$$

从导数的定义，式（B. 1. 1）可改写为

$$J(x,t)=\lim_{\Delta x\to 0}-D\frac{[C(x+\Delta x,t)-C(x,t)]}{\Delta x} \tag{B.1.2}$$

有限差分方法的本质，就是在实际的离散模型中，取足够小的有限差分 Δx，使下式成立

$$J(x,t)=-D\frac{[C(x+\Delta x,t)-C(x,t)]}{\Delta x} \tag{B.1.3}$$

或

$$J(x,t)=-\frac{D}{\Delta x}[C(x+\Delta x/2,t)-C(x-\Delta x/2,t)] \tag{B.1.4}$$

对 Fick 第二定律

$$-\frac{\partial C(x,t)}{\partial t}=\frac{\partial J(x,t)}{\partial x} \tag{B.1.5}$$

其有限差分形式为

$$-\frac{C(x,t+\Delta t)-C(x,t)}{\Delta t}=\frac{J(x+\Delta x/2,t)-J(x-\Delta x/2,t)}{\Delta x} \tag{B.1.6}$$

用式（B. 1. 4）代入式中，取代流量项，得到

$$C(x,t+\Delta t)=C(x,t)+\frac{D\Delta t}{\Delta x^2}[C(x+\Delta x,t)-2C(x,t)+C(x-\Delta x,t)] \tag{B.1.7}$$

若应用式（B. 1. 7）到图 B. 1. 1 的模型，可以看出，可以从时间 t 时的某盒子及其紧邻盒子的浓度，求出这个盒子下一时刻 $t+\Delta t$ 时的浓度。按照模拟术语，式（B. 1. 7）的意义就是从第 k 次迭代的盒子 $j-1$、j、$j+1$ 的浓度算出第 $k+1$ 次的盒子 j 的浓度。于是

$$C(j,k+1)=C(j,k)+\frac{D\Delta t}{\Delta x^2}[C(j+1,k)-2C(j,k)+C(j-1,k)] \tag{B.1.8}$$

这种完全从旧的、已知的第 k 次浓度求出第 $k+1$ 次新浓度 $C(j,\ k+1)$ 的算法，称为显式模拟（explicit simulation）或显式迭代。

除第一盒子外，方程（B. 1. 8）定义了任一盒子中任一物质扩散效应的普遍规律。第一个盒子是边界由电极边界条件特殊限定，将在 B. 4 节讨论。

下面以阶跃实验为例，巩固一下这些思想。图 B. 1. 2 显示了最初几步的情况。初始溶液是均匀的，每个盒子浓度均为 $C_A(j,\ 0)=C_A^*$。如果 B 最初不存在，则 $C_B(j,\ 0)=0$。若施加阶跃足

---

❶ 对于某些目的。如计算某一时刻的电流，把时间取在时间间隔的中点会准确些，这时取 $t=(k-0.5)\Delta t$。随 k 值增大，这点差别逐渐不再明显。

够大，就使得 A 在电极表面的浓度是 0，那么第一次迭代，第一盒子的 A 全部转化为 B。因为上次（$k=0$）浓度是均匀的，所以没有扩散，$C_A(1,1)=0$，$C_B(1,1)=C_A^*$，对 $j>1$ 的所有盒子，$C_A(j,1)=C_A^*$，$C_B(j,1)=0$。第二次迭代，由于盒子 1 和盒子 2 的 A 的浓度不同，发生扩散，有流量越过 1、2 盒子的边界，第 2 个盒子的浓度将被改变。同时为保持电极界面条件 $C_A(1,k)=0$（对所有 $k>0$），扩散向电极的 A 必须全部转变为 B，这就得到了第 2 次迭代时的电流。继续这样的迭代过程就得到了随时间变化（k）的浓度分布和电流。

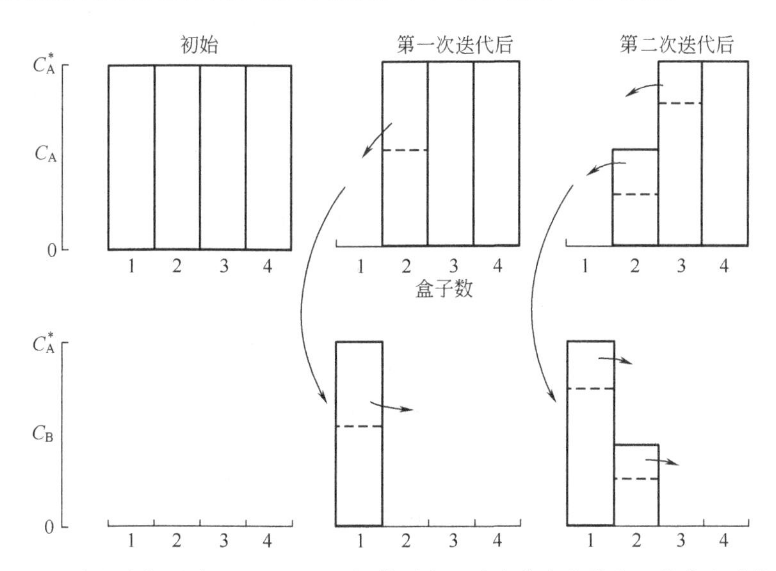

图 B.1.2 发生电极反应 $A+ne \longrightarrow B$ 的体系中，浓度分布的演变。箭头表示传质流

B.1.3 无量纲参数

如果想得到多个初始浓度 C_A^* 的结果，就要进行多次这样的迭代。如果把式（B.1.8）除以 C_A^*。令 $f(j,k)=C(j,k)/C_A^*$，则

$$\boxed{f(j,k+1)=f(j,k)+\boldsymbol{D}_M[f(j+1,k)-2f(j,k)+f(j-1,k)]} \tag{B.1.9}$$

常数 $\boldsymbol{D}_M=D\Delta t/\Delta x^2$ 称为模型扩散系数（model diffusion coefficient），后面再详细论述它。f 是分数浓度（fractional concentration），是无量纲参数之一。

现在使用 f_A 和 f_B 代替对应的浓度 C，仍然模拟阶跃反应。方程（B.1.9）表示了这些参数随扩散的改变。初始条件为所有 $f_A=1$ 和 $f_B=0$，边界条件是 $f_A(1,k)=0$（对所有 $k>0$）。直接进行模拟就得到分数浓度分布的时间演变。使用分数浓度的优点是，一个模拟的分数浓度分布就可以描述所有可能 C_A^* 的特征。要得到特定 C_A^* 浓度的有量纲的分布，只需用 C_A^* 乘以 f 即可。

用无量纲参数简洁地表示理论结果是非常有用的。以速度常数 k 的均相一级反应 $A \longrightarrow B$ 为例，任意时间 t 时 A 的浓度为 $C_A=C_A^*\exp(-kt)$，其中 C_A^* 是 $t=0$ 时的浓度。真正的变量是 C_A 和 t，很自然会想到用 C_A-t 曲线来表示结果。对不同的 C_A^* 和 k，共得到 $m\times n$ 条曲线，其中 m 是 C_A^* 的个数，n 是 k 的个数［图 B.1.3(a)］。如果使用 kt 无量纲参数来表示 k 和 t 的整体影响，使用C_A-kt 曲线，只需对不同 C_A^* 的 m 条曲线就可以表示同样的信息［图 B.1.3(b)］。进一步可以看出 C_A/C_A^* 也是很有用的无量纲参数，使用它，方程可改写为 $f_A=\exp(-a)$，其中 $f_A=C_A/C_A^*$，$a=kt$，于是一条 f_A-a 曲线就可以表示原来用 $m\times n$ 条曲线才能表示的全部信息。这种函数曲线是体系的本征形状函数，是工作曲线的例子。

以无量纲参数求解微分方程，一般可得到特定实验条件下的整族特征解。特别是在数值求解时，这样做更有价值。使用无量纲参数变量现在已经是很基本的作法了。

使用无量纲参数的一个模糊不清的方面是，常把多个可观测变量的作用合为一个整体，不容

易分辨单个可观测变量的独立作用。如图 B.1.3(c) 中，横坐标涉及 k 和 t 两者单独或共同的变化。对一般保持某些变量为恒定值的特定实验，理解工作曲线还是容易的。例如，通过观察 A 浓度随时间的衰减来研究反应 A ⟶B。对一个确定的实验，C_A^* 和 k 是恒定的，这时可把工作曲线看作是缩放过的 C_A-t 衰减函数。此时甚至可以称 f 为无量纲浓度，a 为无量纲时间。另一方面，也可以在给定时间 t 测量 C_A 来研究反应 A ⟶B。这时，图 B.1.3(c) 可看作是在采样时刻 t，剩余 A 的浓度（相对于初始浓度）对缩放过的速度常数的图。此时 a 可称为无量纲速率常数。显然，如何解释工作曲线取决于进行的特定实验。

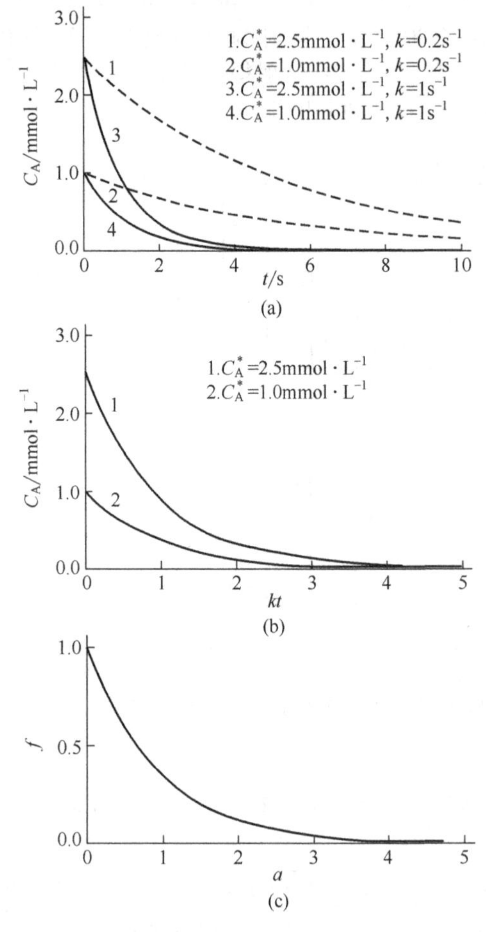

图 B.1.3 描述均相反应 A ⟶B 的指数衰减曲线

一般用所研究的变量除以体系的一些特征变量得到无量纲参数。如用分数浓度描述相对特征浓度 C_A^* 的浓度，把 $1/k$ 作为 A 的平均寿命（习题 3.8），参数 a 可理解为观测时间对 A 物质平均寿命的比值。这样理解，a 就不仅是个数字，而是可以用来指导实验的设计和解释。无量纲参数表示观测量与特征量之间关系的这种能力非常有用，在实践中可以有效地帮助人们获得直观深刻的认识（见 12.3.1 节的例子）。

B.1.4 时间

在模拟中，时间 t 以 $k\Delta t$ 计，其中 k 就是迭代次数。Δt 是需要设定选择的模型参数，在模型中，选定它就等价于把某已知的实验特征时间 t_k（如可以是阶跃宽度、扫描时间，或类似的某个实验持续的特征时间）分解成 l 次的迭代，即

$$\Delta t = t_k / \boldsymbol{l} \qquad (B.1.10)$$

$\boldsymbol{l}$ 和 Δt 都可选择作为模型变量，一般选 $\boldsymbol{l}$ 要方便些。可以把任意 t_k 分成 100、1000、10000 次迭代，来模拟一个持续时间为 t_k 的阶跃实验。所有这些模拟在它们自己的近似能力内给出等价的结果。$\boldsymbol{l}$ 越大，模拟质量越高，当然，计算量也越大，所以一般折中选择。在简单的显式模拟中，一般对每个 t_k 选 $\boldsymbol{l}$ 为 100～1000 次。

时间可以简单地以比值 t/t_k 表示为无量纲参数，即

$$\boxed{\frac{t}{t_k} = \frac{k}{\boldsymbol{l}}} \qquad (B.1.11)$$

B.1.5 距离位置

盒子 j 的中心到电极表面的距离是 $(j-1)\Delta x$。如前所述，选择设定 Δx 决定模型在空间尺度上的精细程度。然而对于显式模拟，有限差分算法的稳定性要求是模型扩散系数 $\boldsymbol{D}_M$ 不能超过 0.5，这限制了选择 Δx 的下限值，原因是 Δx 和 Δt 不是独立的。对扩散的处理中，隐含假设在 Δt 期间，物质扩散仅发生在相邻盒子之间。对一给定的 Δt，若 Δx 设定的太小，就不能满足这个假设，模拟就背离实际。如图 B.1.2 中，当 $f_A(1)=0$、$f_A(2)=1$，分析 $k=2$ 时 $j=1$ 和 $j=2$ 盒子之间的流量。如果 $\boldsymbol{D}_M=0.5$，那么盒子 2 中的一半物质将流入盒子 1，结果 $f_A(1)=0.5$、$f_A(2)=0.5$。如果 $\boldsymbol{D}_M>0.5$，那么计算后，盒子 1 中的 A 就比盒子 2 中的 A 还多（这样 A 岂不是要从 1 扩散向 2!），这在物理上是不合理的！

还要注意，给定了 Δt，$\boldsymbol{D}_M$ 就是 Δx 的等价模型变量。选择设定无量纲的 $\boldsymbol{D}_M$ 要更方

便些。

$$\Delta x=\left(\frac{D\Delta t}{\boldsymbol{D}_{\mathrm{M}}}\right)^{1/2} \tag{B.1.12}$$

$\boldsymbol{D}_{\mathrm{M}}$ 选得越大，Δx 就越小，模型就越精细，所以一般选 $\boldsymbol{D}_{\mathrm{M}}$ 为 0.45 这样较大的常数值。代入 Δt，得到

$$\boxed{\Delta x=\left(\frac{Dt_{\mathrm{k}}}{\boldsymbol{D}_{\mathrm{M}}\boldsymbol{l}}\right)^{1/2}} \tag{B.1.13}$$

显然，事实上 l 真正决定了模拟的时间和空间分辨率。

盒子 j 的中心距电极的距离现在可写为

$$x(j)=(j-1)\left(\frac{Dt_{\mathrm{k}}}{\boldsymbol{D}_{\mathrm{M}}\boldsymbol{l}}\right)^{1/2} \tag{B.1.14}$$

把体系实际变量和模型变量分写到等号两边，就得到方便的无量纲距离

$$\boxed{\chi(j)=\frac{x(j)}{(Dt_{\mathrm{k}})^{1/2}}=\frac{j-1}{(\boldsymbol{D}_{\mathrm{M}}\boldsymbol{l})^{1/2}}} \tag{B.1.15}$$

表达式 $(j-1)/(\boldsymbol{D}_{\mathrm{M}}\boldsymbol{l})^{1/2}$ 就用来从模拟参数计算无量纲距离 $\chi(j)$，而表达式 $x(j)/(Dt_{\mathrm{k}})^{1/2}$ 用来把盒子 j 的性质与距实际电极距离为 x 的溶液段的性质关联起来。注意 $\chi(j)$ 是实际距离 $x(j)$ 和特征时间 t_{k} 时的扩散长度 $(Dt_{\mathrm{k}})^{1/2}$ 的比值。

分析前面处理的阶跃模拟，可以看出最有效的计算方法是给出不同 t/t_{k} 下，以 f_{A} 和 f_{B} 对 χ 的函数表示的浓度分布。这样的曲线才完全表征了满足初始条件和边界条件的所有可能电化学实验。这时一旦指定 C_{A}^{*}、t_{k} 和 D，把曲线转换为不同时间 t 时以 C_{A}、C_{B} 对 x 的函数表示的实际浓度分布就是很简单的事了。

B.1.6 电流

通常，盒子1和盒子2之间有电活性物质传质的流量存在。对第 $k+1$ 迭代中的物质A，其流量为

$$-J_{\mathrm{A}}^{1,2}(k+1)=DC_{\mathrm{A}}^{*}\frac{[f_{\mathrm{A}}(2,k)-f_{\mathrm{A}}(1,k)]}{\Delta x} \tag{B.1.16}$$

没有其他过程时，这个流量将影响盒1中的浓度变化。每个实验中，还都有一个指明电极表面状况的边界条件。对上面的例子，边界条件就是所有 $k>0$ 时 $f_{\mathrm{A}}(1,k)=0$。A的表面浓度为0，说明A的流量总是越过盒2和盒1间的边界流向电极。要保持这个表面条件要求到达盒1的物质分子A消失，惟一的办法当然就是它们全部被电化学反应转变为产物B。于是对 $(k+1)$ 步迭代，电流就由流量 $J_{\mathrm{A}}^{1,2}(k+1)$ 定义，即

$$i(k+1)=\frac{nFADC_{\mathrm{A}}^{*}f_{\mathrm{A}}(2,k)}{\Delta x} \tag{B.1.17}$$

代入 Δx，得到

$$i(k+1)=\frac{nFAD^{1/2}C_{\mathrm{A}}^{*}f_{\mathrm{A}}(2,k)(\boldsymbol{D}_{\mathrm{M}}\boldsymbol{l})^{1/2}}{t_{\mathrm{k}}^{1/2}} \tag{B.1.18}$$

通过一系列标准步骤可得到无量纲电流 $Z(k)$：重排式(B.1.8)，使得实验变量和模型变量分属等号两边

$$Z(k+1)=\frac{i(k+1)t_{\mathrm{k}}^{1/2}}{nFAD^{1/2}C_{\mathrm{A}}^{*}}=(\boldsymbol{D}_{\mathrm{M}}\boldsymbol{l})^{1/2}f_{\mathrm{A}}(2,k)=\left(\frac{\boldsymbol{l}}{\boldsymbol{D}_{\mathrm{M}}}\right)^{1/2}\boldsymbol{D}_{\mathrm{M}}f_{\mathrm{A}}(2,k) \tag{B.1.19}$$

最后两项的乘积 $\boldsymbol{D}_{\mathrm{M}}f_{\mathrm{A}}(2,k)$ 是 $k+1$ 次迭代后，盒1中未完全被电解消耗掉的A的分数浓度。Z 的这个定义把实际电流与时间 t_{k} 时的Cottrell电流联系起来（习题B.1）。

第一次迭代时，没有流量，所以电流的计算不同[1]，这时流过的电流用于消耗掉盒1中的A

---

[1] 有限差分方法初期的计算是不准确的，初次迭代的电流计算一般也不重要。对比Cottrell实验中的情况，$t=0$ 时 $i\rightarrow\infty$。

以建立起表面条件。在 Δt 时间间隔内要电解的分子数为 $\Delta x A C_A^*$，所以电流为

$$i(1)=\frac{nFAC_A^*\,\Delta x}{\Delta t}=\frac{nFAC_A^*\,D^{1/2}\boldsymbol{l}}{t_k^{1/2}\boldsymbol{D}_M^{1/2}} \tag{B.1.20}$$

于是

$$Z(1)=(\boldsymbol{l}/\boldsymbol{D}_M)^{1/2} \tag{B.1.21}$$

那么 $Z(k)$ 是指什么时候的无量纲电流呢？电流实际上是用本次迭代中通过的所有电量除以本次迭代的持续时间 Δt，所以把它看作是那次迭代的中点电流要更合适些。因而说在时间 $t/t_k=(k-0.5)/l$ 流过的电流是 $Z(k)$。

B.1.7 扩散层厚度

在做这些计算时需要知道，模拟时需要计算多少盒子。用一个粗略估计可以给出保守的答案：经历了 t 时间的任何实验，将改变距离不大于 $6(Dt)^{1/2}$ 内的溶液，使其偏离本体的特征。因此

$$j_{\max}\approx\frac{6(Dt)^{1/2}}{\Delta x}+1 \tag{B.1.22}$$

或

$$j_{\max}\approx 6(\boldsymbol{D}_M k)^{1/2}+1 \tag{B.1.23}$$

由于 $\boldsymbol{D}_M\leqslant 0.5$，所以对第 k 次迭代，j 大于 $4.2k^{1/2}$ 的盒子不需计算。

B.1.8 扩散系数

注意，参数 $\boldsymbol{D}_M$ 存在于每种物质的扩散表达式内，每个 $\boldsymbol{D}_M$ 包含相应物质的扩散系数，但因为 Δx 和 Δt 是选定的常数，且 $D_A\neq D_B\neq D_C\cdots$，所以它们的 $\boldsymbol{D}_M$ 也不相等，可把它们分别写为 $\boldsymbol{D}_{M,A}$、$\boldsymbol{D}_{M,B}$、$\boldsymbol{D}_{M,C}$、…。显然这增加了模型的复杂性，因此，常常假设所有的扩散系数都相等，使用一个 $\boldsymbol{D}_M$ 就够了。

如果这样不行时，就必须明确考虑 D 值的差别，对每种物质使用不同的 $\boldsymbol{D}_M$。这些参数与模型变量等效，所以可以选定其中一个，其他的通过下列比例确定

$$\boldsymbol{D}_{M,i}/\boldsymbol{D}_{M,A}=D_i/D_A \tag{B.1.24}$$

这就可以保证模型和实际体系相同的扩散行为❶。

B.2 范例

图 B.2.1 是一个实际模拟的 FORTRAN 程序，用于处理 5.2.1 节解析求解过的 Cottrell 实验。初始反应物 A 均匀分布，在 $t=0$ 时施加电势阶跃，通过法拉第反应把 A 转化为 B，且迫使 A 的表面浓度为 0。

程序开始时，先设置数组表示每个盒子中 A 和 B 的分数浓度。对每种物质都有相应的“旧”和“新”浓度数组，新旧浓度通过下面讨论的关系关联。另外还声明了一组用于表示电流-时间曲线，而模型变量 $\boldsymbol{l}$、$\boldsymbol{D}_{M,A}$、$\boldsymbol{D}_{M,B}$ 为定值。选取的 l 仅为 100，所以本模拟的分辨率相当低。这里最多使用了 24 个盒子表示扩散层。浓度数组最初初始化为 A 的均匀初始浓度，且初始 B 不存在。

开始迭代时，从旧的浓度数组按照扩散定律计算新的浓度数组。边界条件要求第一个盒子的 A 浓度为 0，所以 FANEW(1) 设为 0，而 FBNEW(1) 则增加一个反映法拉第转化的量。电流 $Z(k)$ 从 A 转化的量计算。这些运算表示了迭代中的化学的变化。

若 $k\neq 50$，把新数组赋值给旧数组，准备下一次迭代，k 加 1，继续重新应用这些化学计算。当 $k=50$ 时，打印出浓度分布，计算出每个盒子的距离参数 $\chi(j)$，并和分数浓度一并打印。

---

❶ 该模型同时还假设扩散系数不是 χ 的函数。虽然可以考虑改变模型模拟，以适应扩散系数的空间变化，但很少需要这样做，没有重要意义。

```
C           SET UP ARRAYS AND MODEL VARIABLES
            DIMENSION FAOLD(100),FBOLD(100),FANEW(100),FBNEW(100),Z(100)
            L=100
            DMA=0.45
            DMB=DMA
C           INITIAL CONDITIONS
            TYPE"START"
            DO 10 J=1,100
            FAOLD(J)=1
            FANEW(J)=1
            FBOLD(J)=0
            FBNEW(J)=0
      10    CONTINUE
            K=0
C           START OF ITERATION LOOP
    1000    K=K+1
C           DIFFUSION BEYOND THE FIRST BOX
            JMAX=4.2*SQRT(FLOAT(K))
            DO 20 J=2,JMAX
            FANEW(J)=FAOLD(J)+DMA*(FAOLD(J-1)-2*FAOLD(J)+FAOLD(J+1))
            FBNEW(J)=FBOLD(J)+DMA*(FBOLD(J-1)-2*FBOLD(J)+FBOLD(J+1))
      20    CONTINUE
C           DIFFUSION INTO THE FIRST BOX
            FANEW(1)=FAOLD(1)+DMA*(FAOLD(2)-FAOLD(1))
            FBNEW(1)=FBOLD(1)+DMB*(FBOLD(2)-FBOLD(1))
C           FARADAIC CONVERSION AND CURRENT FLOW
            Z(K)=SQRT(L/DMA)*FANEW(1)
            FBNEW(1)=FBNEW(1)+FANEW(1)
            FANEW(1)=0
C           TYPE OUT CONCENTRATION ARRAYS FOR K=50
            IF(K.NE.50)GO TO 100
            TYPE
            TYPE
            DO 30 J=1,JMAX
            X=(J-1)/SQRT(DMA*L)
            TYPE X,FANEW(J),FBNEW(J)
      30    CONTINUE
            TYPE
            TYPE
C           SET UP OLD ARRAYS FOR NEXT ITERATION
     100    DO 40 J=1,JMAX
            FAOLD(J)=FANEW(J)
            FBOLD(J)=FBNEW(J)
      40    CONTINUE
C           RETURN FOR NEXT ITERATION IF K<L
            IF(K.LT.L)GO TO 1000
C           TYPE OUT CURRENT-TIME CURVE
            TYPE
            TYPE
            DO 50 K=1,L
            T=(K-0.5)/L
            ZCOTT=1/SQRT(3.141592*T)
            R=Z(K)/ZCOTT
            TYPE T,Z(K),ZCOTT,R
      50    CONTINUE
            END
```

图 B.2.1 Cottrell 实验的模拟程序

当 $k=l$，实验退出迭代循环，并打印出电流时间曲线。参数 T 是对应 $Z(k)$ 的 t/t_k 值。ZCOTT 是从式（5.2.11）计算的无量纲电流，它是本问题的解析精确解，重整理式（5.2.11）得到

$$Z_{Cott}=\left[\pi^{1/2}\left(\frac{t}{t_k}\right)^{1/2}\right]^{-1} \tag{B.2.1}$$

比值 $R=Z/Z_{Cott}$ 是模拟质量的评价指数。图 B.2.2 显示了整个模拟的 R 比值随时间的变化。图上点旁边的数字是相应的 k 值。理想的 R 值应该总是 1。图 B.2.2 表明在最初的几次迭代有较大的误差，因为这个时段，模型是很粗略的。到第 10 次迭代，误差已经仅仅只有百分之几了，并且继续稳定下降。当 $t/t_k=0.1995$ 时，误差仅 0.2%。选用更大的 l 值可以得到更好的结果。

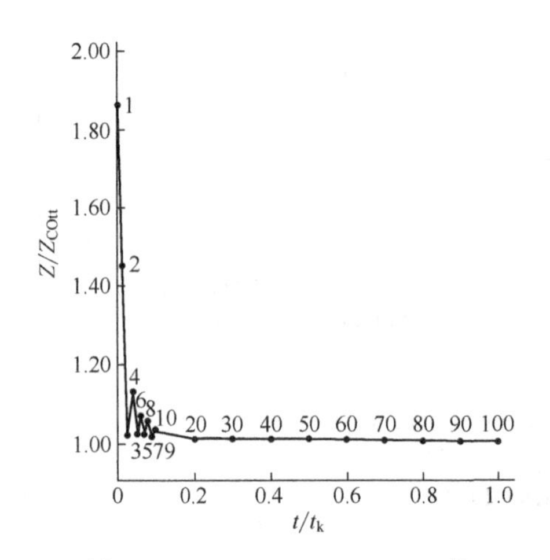

图 B.2.2 $l=100$，$\boldsymbol{D}_M=0.45$ 按图 B.2.1 程序模拟的结果
y 轴为模拟电流参数 Z 除以解析解。图上点旁边的数字是迭代次数

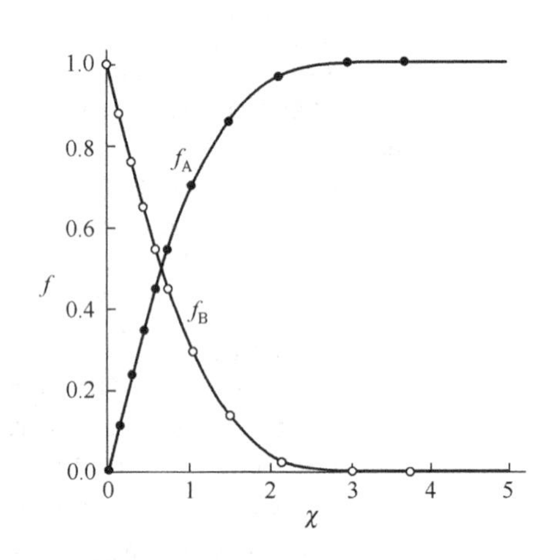

图 B.2.3 $l=100$，$\boldsymbol{D}_M=0.5$，按图 B.2.1 程序模拟得到的在 $t/t_k=0.5$ 时的浓度分布
点表示模拟结果，线表示解析结果

图 B.2.3 显示了 $t/t_k=0.5$ 时的浓度分布。图中点表示模拟结果，线表示用解析解式（5.2.13）计算的结果和它的补数。显然，二者符合得很好。

注意每个盒子中 A 和 B 分数浓度之和是 1。当 $\boldsymbol{D}_{M,A}=\boldsymbol{D}_{M,B}$，总保持这个规律［见方程（5.4.28)］，并可以用来判断物料平衡方面的程序错误。模拟方法的问题之一就是不易判定错误，所以要尽可能地采取安全措施，这很重要。

B.3 偶合均相动力学

如果扩散过程是惟一涉及的均相过程，模拟就没太大用处。电化学过程与一个或多个均相化学反应偶合时，描述体系的微分方程很难得到解析解，这时模拟方法就特别有价值。

B.3.1 单分子反应

考虑电化学反应跟随后单分子转化反应的体系

$$A+e \longrightarrow B \qquad \text{在电极上} \tag{B.3.1}$$

$$B \xrightarrow{k_1} C \qquad \text{在溶液中} \tag{B.3.2}$$

描述 B 和 C 的微分方程必须同时考虑扩散和反应（见第 12 章）。例如

$$\frac{\partial C_B(x,t)}{\partial t}=D_B\frac{\partial^2 C_B(x,t)}{\partial x^2}-k_1C_B(x,t) \tag{B.3.3}$$

右边第一项就是 Fick 第二定律，它的有限差分表示就是前面的式（B.1.6）。可以仿照写出式（B.3.3）的有限差分形式

$$C_B(x,t+\Delta t)=C_B(x,t)+\boldsymbol{D}_{M,B}[C_B(x+\Delta x,t)-2C_B(x,t)+C_B(x-\Delta x,t)]-k_1\Delta tC_B(x,t) \tag{B.3.4}$$

除以 C_A^*，并引入模型模拟的表示符号，得到

$$f_B(j,k+1)=f_B(j,k)+\boldsymbol{D}_{M,B}[f_B(j+1,k)-2f_B(j,k)+f_B(j-1,k)]-\frac{k_1t_k}{\boldsymbol{l}}f_B(j,k) \tag{B.3.5}$$

方程（B.3.5）可以在第 $k+1$ 次迭代时，一步计算扩散和动力学两者对B数组的作用。

通常实际中，不是同时计算扩散和动力学，一般是先不考虑反应去计算扩散的作用，然后用反应去改变扩散计算得到的浓度数组。图示该运算过程如下

$$f_B(j,k)\xrightarrow{\text{扩散}}[f'_B(j,k+1)]\xrightarrow{\text{动力学}}f_B(j+1,k)\longrightarrow$$

$$\longleftarrow\text{迭代 } k+1\longrightarrow$$

于是

$$f'_B(j,k+1)=f_B(j,k)+\boldsymbol{D}_{M,B}[f_B(j+1,k)-2f_B(j,k)+f_B(j-1,k)] \tag{B.3.6}$$

及

$$\boxed{f_B(j,k+1)=f'_B(j,k+1)-\frac{k_1t_k}{\boldsymbol{l}}f_B(j,k)} \tag{B.3.7}$$

当然，用单一方程（B.3.5）还是用式（B.3.6）和式（B.3.7）分两步计算，对最后结果并没什么差别。但是分步计算法有两个实用的优点。

① 在计算机程序中，把动力学效应和扩散分开独立，容易编程设计考虑不同的机理细节。

② 如果动力学效应很重要，方程（B.3.5）就容易产生负的 $f_B(j,\ k+1)$ 值。这种情况很难预计，而且发生这种情况时，很难分配可用的物质。而在分步法中，反应物的破坏只发生在动力学步骤，物质分配就比较简单直接。

方程（B.3.7）表明 k_1t_k 是无量纲动力学参数。对任何具体的模拟，它必须是一给定的值，但模拟结果对于 t_k 和 k_1 乘积与给定值相等的任何实验都有效。按照B.1.3节的讨论，可以看出这个无量纲参数是特征时间对B的寿命 $1/k_1$ 的比值。通常如果 k_1t_k 远小于1，实验中几乎觉察不到B的单分子衰变反应，而如果 k_1t_k 远大于1，反应的效应就可以表现出来。有限差分方法建立在对真实导数的近似上，因此可以预计只有在 $k_1t_k/\boldsymbol{l}$ 不太大时，式（B.3.7）才能给出动力学效应的精确计算。否则，每单位分辨时间内的衰变就过度了。因此模型最有用范围的上限是 $k_1t_k\approx\boldsymbol{l}/10$。下限在动力学扰动对实验影响不显著的时候。

B.3.2 双分子反应

现在考虑电极过程随后双分子化学反应的情况

$$A+e\longrightarrow B \qquad \text{在电极上} \tag{B.3.8}$$

$$B+B\xrightarrow{k_2}C \qquad \text{在溶液中} \tag{B.3.9}$$

对B，有

$$\frac{\partial C_B(x,t)}{\partial t}=D_B\frac{\partial^2C_B(x,t)}{\partial x^2}-k_2C_B(x,t)^2 \tag{B.3.10}$$

使用前面一样的模型模拟表示符号，得到和式（B.3.5）类似的式子

$$f_B(j,k+1)=f_B(j,k)+\boldsymbol{D}_{M,B}[f_B(j+1,k)-2f_B(j,k)+f_B(j-1,k)]-\frac{k_2t_kC_A^*}{\boldsymbol{l}}[f_B(j,k)]^2 \tag{B.3.11}$$

同样。把扩散和均相反应分步骤顺序处理，将式（B.3.11）分成两部分。其中扩散效应就是式（B.3.6），反应造成的浓度变化由下式给出

$$\boxed{f_B(j,k+1)=f'_B(j,k+1)-\frac{k_2t_kC_A^*}{\boldsymbol{l}}[f_B(j,k)]^2} \tag{B.3.12}$$

这里二级反应动力学的无量纲动力学参数是 $k_2t_kC_A^*$。对任何具体的模拟，它必须是一给定的值，要说明 $k_2t_kC_A^*$ 变化的影响就必须进行多次完整模拟。由于和上面同样的原因，模型最有

用范围的是 $k_1 t_k C_A^* \leqslant l/10$。

B.4 各种技术的边界条件

至今，只讨论了阶跃到传质极限扩散控制下的电势。此时的边界条件很简单：$C_A(0,t) = f_A(1,k) = 0$。在图 B.2.1 的程序中，该边界条件放在 “Faradaic Conversion and Current Flow” 程序代码块。其他的实验情况要求不同的边界条件，下面作一介绍。

B.4.1 能斯特体系的电势阶跃

设一 Nernst 型电极反应

$$A + ne \rightleftharpoons B \tag{B.4.1}$$

如下方程总是成立

$$E = E^{\ominus} + \frac{RT}{nF}\ln\left[\frac{C_A(0,t)}{C_B(0,t)}\right] \tag{B.4.2}$$

使用分数浓度写成

$$E = E^{\ominus} + \frac{RT}{nF}\ln\left[\frac{f_A(1,k)}{f_B(1,k)}\right] \tag{B.4.3}$$

重整理得到无量纲电势参数

$$\boldsymbol{E}_{\mathrm{norm}} = \frac{(E - E^{\ominus'})nF}{RT} = \ln\left[\frac{f_A(1,k)}{f_B(1,k)}\right] \tag{B.4.4}$$

或

$$\boxed{\frac{f_A(1,k)}{f_B(1,k)} = \exp(\boldsymbol{E}_{\mathrm{norm}})} \tag{B.4.5}$$

例如，要模拟一个实验，体系初始状态是 A 的均匀溶液，阶跃到电势 E，和前面类似建立边界条件；$f_A(1, k)$ 和 $f_B(1, k)$ 的比值应保持在式（B.4.5）的对应 E 的 $\boldsymbol{E}_{\mathrm{norm}}$ 值。$\boldsymbol{E}_{\mathrm{norm}}$ 就是模型变量。对每个 E，应分别做单独完整模拟。注意，归一化电势 $\boldsymbol{E}_{\mathrm{norm}}$ 就是电势 E 以 kT 为量纲的 nFE 和 $nFE^{\ominus'}$ 能量差的表示。

保持条件式（B.4.5），改变 A 均匀的初始状态，引起盒 2 向盒 1 的扩散流量。经模拟程序扩散计算步骤后，该流量改变了 $f_A(1)/f_B(1)$，因此必须法拉第转化 A 为 B 或转化 B 为 A 来重新建立满足式（B.4.5）要求的比值。转化的量给出电流，该电流以无量纲参数 $Z(k)$ 表示，按 B.1 节讨论过的方法计算。

B.4.2 异相动力学计算

对电极反应

$$A + e \underset{k_b}{\overset{k_f}{\rightleftharpoons}} B \tag{B.4.6}$$

其中

$$k_f = k^0 e^{-\alpha f(E - E^{\ominus'})} \tag{B.4.7}$$

$$k_b = k^0 e^{(1-\alpha) f(E - E^{\ominus'})} \tag{B.4.8}$$

电流总是由下式给出

$$\frac{i}{nFA} = k_f C_A(0,t) - k_b C_B(0,t) \tag{B.4.9}$$

按模拟变量改写成

$$\frac{i t_k^{1/2}}{nFAD_A^{1/2} C_A^*} = Z(k+1) = \left(\frac{k_f t_k^{1/2}}{D_A^{1/2}}\right) f_A(1,k) - \left(\frac{k_b t_k^{1/2}}{D_A^{1/2}}\right) f_B(1,k) \tag{B.4.10}$$

式中，$(k_f t_k^{1/2}/D_A^{1/2})$ 和 $(k_b t_k^{1/2}/D_A^{1/2})$ 为无量纲速度常数。迭代时，如果其他参数已确定，从式（B.4.10）可以求出无量纲电流。

重整理式（B.4.7）和式（B.4.8），来看看如何确定其他参数

$$\frac{k_f t_k^{1/2}}{D_A^{1/2}}=\left(\frac{k^0 t_k^{1/2}}{D_A^{1/2}}\right)\exp(-\alpha \boldsymbol{E}_{\text{norm}}) \tag{B.4.11}$$

$$\frac{k_b t_k^{1/2}}{D_A^{1/2}}=\left(\frac{k^0 t_k^{1/2}}{D_A^{1/2}}\right)\exp[(1-\alpha)\boldsymbol{E}_{\text{norm}}] \tag{B.4.12}$$

式中，$\boldsymbol{E}_{\text{norm}}=F(E-E^{\ominus})/RT$。显然，若提供了两个无量纲模型变量，即传递系数 α（也是一无量纲的量）和无量纲标准速度常数（$k^0 t_k^{1/2}/D_A^{1/2}$），就可以从 $\boldsymbol{E}_{\text{norm}}$ 计算这两个速度常数。归一化电势 $\boldsymbol{E}_{\text{norm}}$ 和 B.4.1 节电势阶跃实验里一样使用。

模拟时，同时考虑来自或去往盒 2 的扩散以及电流引起的盒 1 的变化，来计算盒 1 中的分数浓度。

$$f_A(1,k+1)=f_A(1,k)+\boldsymbol{D}_{M,A}[f_A(2,k)-f_A(1,k)]-Z(k+1)\left(\frac{\boldsymbol{D}_{M,A}}{\boldsymbol{l}}\right)^{1/2} \tag{B.4.13}$$

$$f_B(1,k+1)=f_B(1,k)+\boldsymbol{D}_{M,B}[f_B(2,k)-f_B(1,k)]+Z(k+1)\left(\frac{\boldsymbol{D}_{M,A}}{\boldsymbol{l}}\right)^{1/2} \tag{B.4.14}$$

对 $k+1$ 次迭代，先从式（B.4.10）计算电流参数 $Z(k+1)$，它说明有与（$k_f t_k^{1/2}/D_A^{1/2}$）f_A（1）等量的 A 转化为 B，同时有与（$k_b t_k^{1/2}/D_A^{1/2}$）f_B（1）等量的 B 转化为 A。然后，用式（B.4.13）和式（B.4.14）算出盒 1 中的分数浓度。

B.4.3 电势扫描

对式（B.4.6）所示的体系施加这样的电势程序

$$E=E_i+\nu t \tag{B.4.15}$$

就有

$$\boldsymbol{E}_{\text{norm}}=\frac{F(E_i-E^{\ominus\prime})}{RT}+\frac{F\nu t}{RT} \tag{B.4.16}$$

式中，第一项是必须指定的、作为模拟的模型变量的、归一化的初始电势 $\boldsymbol{E}_{i,\text{norm}}$。第二项描述扫描的作用，模拟时，它的值随时而变，是迭代次数 k 的函数。借助式（B.1.11），改写为

$$\boldsymbol{E}_{\text{norm}}=\boldsymbol{E}_{i,\text{norm}}+\frac{F\nu t_k}{RT}\times\frac{k}{\boldsymbol{l}} \tag{B.4.17}$$

还需要设定对应 l 的已知时间 t_k。对此有多种设置方式，最方便的是设置 t_k 为从 E_i 扫描到 E_f 需要的时间，即 $t_k=(E_i-E_f)/\nu$，于是

$$\boldsymbol{E}_{\text{norm}}=\boldsymbol{E}_{i,\text{norm}}+\frac{(E_i-E_f)}{(RT/F)}\ \frac{k}{\boldsymbol{l}}=\boldsymbol{E}_{i,\text{norm}}+(\boldsymbol{E}_{i,\text{norm}}-\boldsymbol{E}_{f,\text{norm}})\frac{k}{\boldsymbol{l}} \tag{B.4.18}$$

在每次迭代的最后，从式（B.4.18）计算 $\boldsymbol{E}_{\text{norm}}$ 值，然后由式（B.4.11）和式（B.4.12）得到无量纲速度常数，进而用式（B.4.10）求出 $Z(k+1)$。和电势阶跃实验一样，盒 1 中的浓度由式（B.4.13）和式（B.4.14）计算。

扫描实验经常用来模拟研究偶联的均相动力学效应，有关的均相动力学效应如 B.3 节描述的那样添加到模型里。

B.4.4 控制电流方法

对电极反应（B.4.1），控制电流等价于控制电极表面 A 的浓度梯度，因为

$$\frac{i}{nFA}=-J_A(0,t)=D_A\left[\frac{\partial C_A(x,t)}{\partial x}\right]_{x=0} \tag{B.4.19}$$

为得到模拟需要的有限差分表示，假设从盒子 1 的中心（即电极表面）到盒子 2 的中心，浓度分布是线性的。于是有

$$\frac{i}{nFA}=D_A C_A^*\ \frac{f_A(2,k)-f_A(1,k)}{\Delta x} \tag{B.4.20}$$

因此，真实实验中，控制电流就等价于模型中控制盒子 1 和盒子 2 之间的浓度差分。

重排式（B.4.20），得到常用的电流参数

$$Z=\frac{i t_k^{1/2}}{nFAD_A^{1/2}C_A^*}=\frac{D_A^{1/2}t_k^{1/2}}{\Delta x}[f_A(2,k)-f_A(1,k)] \tag{B.4.21}$$

把式（B.1.13）代入，给出

$$Z=(\boldsymbol{D}_{\mathrm{M,A}}\boldsymbol{\ell})^{1/2}[f_{\mathrm{A}}(2,k)-f_{\mathrm{A}}(1,k)] \tag{B.4.22}$$

如果电流值恒定，最方便的是使用 Sand 方程（8.2.14）的跃变时间作为物质 A 的 t_{k}。第 $\boldsymbol{\ell}^{1/2}$ 次迭代就对应

$$\tau^{1/2}=t_{\mathrm{k}}^{1/2}=\frac{nFAD_{\mathrm{A}}^{1/2}C_{\mathrm{A}}^{*}\pi^{1/2}}{2i} \tag{B.4.23}$$

此时电流参数为

$$Z=\frac{\pi^{1/2}}{2}=(\boldsymbol{D}_{\mathrm{M,A}}\boldsymbol{\ell})^{1/2}[f_{\mathrm{A}}(2,k)-f_{\mathrm{A}}(1,k)] \tag{B.4.24}$$

在进行模拟时，必须保证前两个盒子的分数浓度差为常数。若选 $t_{\mathrm{k}}=\tau$，从式（B.4.24）得到这个差值为

$$f_{\mathrm{A}}(2,k)-f_{\mathrm{A}}(1,k)=\frac{\pi^{1/2}}{2(\boldsymbol{D}_{\mathrm{M,A}}\boldsymbol{\ell})^{1/2}} \tag{B.4.25}$$

每次迭代，发生扩散使得 $f_{\mathrm{A}}(1)$ 升高，法拉第转化 A，则降低 $f_{\mathrm{A}}(1)$ 以保证式（B.4.25），同时使 $f_{\mathrm{B}}(1)$ 提高相当的量。这就给出了第 k 次迭代的 $f_{\mathrm{A}}(1,k)$ 和 $f_{\mathrm{B}}(1,k)$。

如果体系是式（B.4.1）表示的简单情况，在第 $\boldsymbol{\ell}$ 次迭代将正好达到跃变时间，且那次 $f_{\mathrm{A}}(1,k)=0$。若引入均相动力学等复杂情况，当然就会偏离这个结果。

对可逆体系，在每次迭代时用式（B.4.4）计算 $\boldsymbol{E}_{\mathrm{norm}}$ 值可以得到电势-时间曲线。若是准可逆体系，如 B.4.2 节介绍的那样，需要指定有关的异相反应速度参数。

B.5　对流体系的模拟

旋转圆盘电极和旋转盘环电极（RDE 和 RRDE）上那样的对流效应，也是可模拟的[4,6,9]。这种情况下，把溶液的流动看作是盒子的内容物从溶液中一个位置向另一个位置的移动。如 RDE 电极表面附近，垂直于电极表面的溶液流由式（9.3.9）给出，即

$$-\frac{\mathrm{d}y}{\mathrm{d}t}=-v_{\mathrm{y}}=0.51\omega^{3/2}\nu^{-1/2}y^{2} \tag{B.5.1}$$

在时间增量 Δt，溶液单元从 y_1 移动到 y_2，方程的解为

$$\frac{1}{y_2}-\frac{1}{y_1}=0.51\omega^{3/2}\nu^{-1/2}\Delta t \tag{B.5.2}$$

如果距离 y_2 和 y_1 从电极表面测量，并用 Δy 起到式（B.1.14）中的 Δx 同样的作用，则有

$$y_1=(j-1)\Delta y=(j-1)\left(\frac{Dt_{\mathrm{k}}}{\boldsymbol{D}_{\mathrm{M}}\boldsymbol{\ell}}\right)^{1/2} \tag{B.5.3}$$

那么时间增量之末，溶液单元所在的位置 y_2 表示为 $(j'-1)\Delta y$，j' 是单元盒子位置序号。于是有下面方程

$$\left[\frac{1}{(j'-1)\Delta y}\right]-\left[\frac{1}{(j-1)\Delta y}\right]=0.51\omega^{3/2}\nu^{-1/2}\Delta t \tag{B.5.4}$$

或

$$\boxed{j-1=\frac{(j'-1)}{1-(j'-1)\mathbf{V_N}}} \tag{B.5.5}$$

式中，$\mathbf{V_N}$ 是无量纲常数

$$\mathbf{V_N}=0.51\omega^{3/2}\nu^{-1/2}\Delta y\Delta t=\boldsymbol{D}_{\mathrm{M}}^{-1/2}\ell^{-3/2} \tag{B.5.6}$$

这里 Δy 是 $(Dt_{\mathrm{k}}/\boldsymbol{D}_{\mathrm{M}}\ell)^{1/2}$，且

$$\Delta t=\frac{t_{\mathrm{k}}}{\ell}=\frac{(0.51)^{-3/2}\omega^{-1}\nu^{1/3}D^{-1/3}}{\boldsymbol{\ell}} \tag{B.5.7}$$

式中，t_{k} 为 RDE 的合适的时间参数。

于是在每一时间间隔末，每个盒子的内容物（即浓度 C_{A}、C_{B}、…），由式（B.5.5）计算出

的同样位置的量代替，表示垂直于电极的对流作用的新序列就这样计算得到。实际上，如果略加修改式（B.5.5）[9]，可以在 t 较小时也得到更好的精度：

$$j-1=\frac{(j'-1)}{1-[1.11(j'-1)\mathbf{V}_{\mathrm{N}}]} \tag{B.5.8}$$

用 B.1.2 节描述的方法，垂直于电极的扩散也可考虑进去。

对 RRDE，可类似处理径向（r）的对流。此时，体积单元或者说盒子是在径向排布，位置从圆心测量，并标记为 r_i，于是

$$r=r_i\Delta r \tag{B.5.9}$$

式中 Δr 按电极尺寸定义。这种情况下，每个溶液单元用两个模拟距离参数 j 和 r_i 标记。从径向溶液速度方程（9.3.10）可得到[9]

$$r_i=r_i'\exp[-1.03(j')\mathbf{V}_{\mathrm{N}}] \tag{B.5.10}$$

其中，r_i 为体积单元的径向位置，在 Δt 之末，体积单元位于位置 r' 和 j'。径向扩散按通常方式处理。这样的二维模拟在 9.5 节讨论过。

如 B.3 节所述，这些模拟特别有价值的方面是可以直接结合动力学效应。这使得可以用 RDE 和 RRD（参见 12.4 节）处理很复杂的问题，如盘上生成物的二聚作用[10~12]。类似的模拟也在旋转双环电极上实现[13~15]。这里讨论的模拟方法假设了溶液流动分布服从解析解。模拟溶液流动本身也是可以的，如旋转圆盘电极上的模拟[16]。在涉及复杂溶液流动的电化学体系中，这种技术可能特别有用。DME 的球形扩张表面上的流体动力学也曾模拟过[17]。

B.6 其他的数值模拟

B.6.1 电迁移和双电层效应

电场 $\mathscr{E}=\partial\phi/\partial x$ 驱动的物质 A 的流量为［见式（4.1.11）］

$$J_{\mathrm{A}}(x,t)=-\left(\frac{F}{RT}\right)z_{\mathrm{A}}D_{\mathrm{A}}C_{\mathrm{A}}(x,t)\mathscr{E}(\mathrm{x}) \tag{B.6.1}$$

物质在盒子之间的传递按扩散类似的方式处理，只是这里的浓度变化取决于电场。电场分布的计算基于通常的静电原则[18]，例如泊松（Poisson）方程（13.3.5）

$$\frac{d^2\phi}{d\mathrm{x}^2}=\frac{d\mathscr{E}(\mathrm{x})}{d\mathrm{x}}=\frac{-\rho(\mathrm{x})}{\varepsilon\varepsilon_0} \tag{B.6.2}$$

Feldberg[19] 用这种方法处理了恒电量注入后扩散双层的弛豫问题。假定电极最初处于零电荷电势 E_z，当电量注入电极，电荷密度为 σ^M 时，任意时间的电场由高斯定律给出

$$\mathscr{E}(x)=\left(\frac{-1}{\varepsilon\varepsilon_0}\right)\left[\sigma^{\mathrm{M}}+F\int_0^x\sum_{i=1}^{n}z_iC_i(x)\mathrm{d}x\right] \tag{B.6.3}$$

式中，i 表示不同的物种。在电量注入瞬间，任何离子移动之前，溶液中所有点均为电中性，即

$$\sum_{i=1}^{n}z_iC_i(x)=0 \qquad \text{（对所有位置 } x\text{）} \tag{B.6.4}$$

电场也是恒定的。由下式给出

$$\mathscr{E}(x)=\frac{-\sigma^{\mathrm{M}}}{\varepsilon\varepsilon_0} \qquad \text{（对所有位置 } x\text{）} \tag{B.6.5}$$

初始电场诱发的离子流量，与通常扩散流量计算一样，可用式（B.6.1）的有限差分形式计算。任意时刻的电势 $\phi(x)$ 可以从电场的积分计算，ϕ_2 由下式给出

$$\phi_2-\phi_\infty=\int_\infty^x\mathscr{E}(x)\mathrm{d}x \tag{B.6.6}$$

最后用 GCS 方法（13.3 节）得到体系弛豫的结果 ϕ_2 值及其分布。类似的方法也曾用于计算了半导体电极/电解质界面上，电极内部形成的空间电荷区的电荷和电势分布[20]（见 18.5 节）。使用完整的 Nernst-Planck 方程处理物质传递[21]，可以类似地分析伏安法中的迁移效应。

B.6.2 薄层电池和电阻效应

对于薄层电池的处理（见11.7），需要考虑两个额外的作用。首先，电极和电解池壁之间的距离很小，因而模拟盒子的总数$\boldsymbol{n}_L$代表电解池厚度。其次，对电极一般放置在薄层之外，工作电极和对电极间的每一部分之间都有显著的电阻压降。这需要把工作电极分成$\boldsymbol{n}_M$段来考虑，每一段有不同的相对于参比电极的电势、不同的电流密度。用类似下面描述的其他二维模拟的方式[22]，来迭代求出任一给定时间的电势和电流分布。薄层池中的电阻效应，对电化学行为的测定可能有很大影响，在薄层池（如电化学-ESR池）和薄膜电极[23]的行为解释中也很重要。

B.6.3 二维模拟

至今讨论的模拟方法集中在一维传质，即线性扩散。将同样的方法扩展用于如微电极阵列[24]、扫描电化学显微镜[25]等二维（2D）问题是很重要的。这时需要使用二维空间网格，对表面的不同部分如发生器、收集器、绝缘部分等，要使用不同的边界条件。2D问题中，复杂几何形状的处理困难可以通过保角投影映射（conformal mapping）来解决，即定义一个新的空间坐标，与原来的直角坐标或球形坐标通过代数关系关联[26,27]。由于二维盒子数目大量增加，计算将非常耗时，常常需要使用更高效的算法，如下面要介绍的方法。

B.6.4 更高级的模拟方法

至今这里介绍的显示模拟方法相当简单直接，曾用于各种各样的电化学问题中。然而，精确的求解要很长的计算时间，特别是偶合有十分快速的均相反应时，需要寻求更高效的数值算法。如B.3节讨论，当k_1很大时，反应层厚度$(D/k_1)^{1/2}$可能小到可和盒子厚度Δx相当。而只有在$(D/k_1)^{1/2} \gg \Delta x$或根据式(B.1.13)$(1/k_1) \gg (t_k/\boldsymbol{l})$时，才能进行精确的模拟。换句话说，就是盒子的大小必须足够小，模拟才能以较好的精度处理电极表面附近的反应层，而且反应越快，此反应层也越薄。

对于这些较苛求的问题，已经提出了几种方法，细节参见文献[1，7，8]。其中之一是放弃使用等宽度的盒子模型，改用可变尺度的空间单元[8,28,29]。常用的一种是指数扩张格子，盒子的宽度$\Delta x(j)$依赖于j

$$\Delta x(j)=\Delta x \exp[\beta(j-1)] \tag{B.6.7}$$

通常取$\beta=0.5$。当$\beta=0$时，就得到均匀的格子。通过把式(B.1.7)写为下式，可分析扩张格子的作用

$$f(j,k+1)=f(j,k)+\boldsymbol{D}_{j,M''}[f(j+1,k)-f(j,k)]-\boldsymbol{D}_{j,M'}[f(j,k)-f(j-1,k)] \tag{B.6.8}$$

式中

$$\boldsymbol{D}_{j,M''}=\boldsymbol{D}_M \exp[2\beta(3/4-j)] \tag{B.6.9}$$

$$\boldsymbol{D}_{j,M'}=\boldsymbol{D}_M \exp[2\beta(5/4-j)] \tag{B.6.10}$$

式中，$\boldsymbol{D}_M$为前面定义的无量纲模型扩散系数。显然，靠近电极发生快速反应的地方，使用薄盒子，向溶液方向，盒子单元逐渐增宽。在二维问题中，扩张型网格也很有用。

另一种方法，是不再用式(B.1.9)的显式算法，而用隐式方法（implicit methods）[28,30,31]来计算$f(j, k+1)$［如Crank-Nicolson方法[32]，完全隐式有限差分方法（full implicit finite difference，FIFD）[33]和方向交替隐式方法（alternating-direction implicit，ADI）[34]］。在隐式方法中，计算新浓度的方程依赖于新浓度（而不是旧浓度）。电化学中，有许多例子使用了隐式算法，如循环伏安法[35]和扫描电化学显微镜SECM[36]。

更先进的数值算法，如曾用于求解热传导问题联立微分方程的正交排列技术（orthogonal collocation）也有使用[37,38]。这些方法可以显著节省计算时间，但需要更巧妙的数学技巧和更难计算机编程。当简单方法精确求解电化学问题，需要的计算时间长得不可接受时，才可能需要使用它们。随着个人计算机上电子数据表格程序使用的日益增长、PDEase（Macsyma，Inc.，Arlington，MA）这样的数学程序的普及应用，电化学的计算也会得到促进，如DigiSim、CVSIM、ELSIM、EASI(1)等这些专门为电化学问题设计的模拟程序，其数目也在日益增长。

B.7 参考文献

1 B. Speiser, *Electroanal. Chem.*, **19**, 1 (1996)
2 S. W. Feldberg, *Electroanal. Chem.*, **3**, 199 (1969)
3 S. W. Feldberg in "Computers in Chemistry and Instrumentation," Vol. 2, "Electrochemistry," J. S. Mattson, H. B. Mark, Jr., and H. C. MacDonald, Jr., Eds., Marcel Dekker, New York, 1972, Chap. 7
4 K. B. Prater, *ibid.*, Chap. 8
5 J. T. Maloy, *ibid.*, Chap. 9
6 J. T. Maloy in "Laboratory Techniques in Electroanalytical Chemistry," P. T. Kissinger and W. R. Heineman, Eds., 2nd ed., Marcel Dekker, New York, 1996, Chap. 20
7 M. Rudolph in "Physical Electrochemistry," I. Rubinstein, Ed., Marcel Dekker, New York, 1995, Chap. 3
8 D. Britz, "Digital Simulation in Electrochemistry," Springer-Verlag, Berlin, 1988
9 K. B. Prater and A. J. Bard, *J. Electrochem. Soc.*, **117**, 207 (1970)
10 K. B. Prater and A. J. Bard, *J. Electrochem. Soc.*, **117**, 335, 1517 (1970)
11 V. J. Puglisi and A. J. Bard, *J. Electrochem. Soc.*, **119**, 833 (1972)
12 L. S. R. Yeh and A. J. Bard, *J. Electrochem. Soc.*, **124**, 189 (1977)
13 J. Margarit and M. Levy, *J. Electroanal. Chem.*, **49**, 369 (1974)
14 J. Margarit, G. Dabosi, and M. Levy, *Bull. Soc. Chim. France*, **1975**, 1509
15 J. Margarit and D. Schuhmann, *J. Electroanal. Chem.*, **80**, 273 (1977)
16 S. Clarenbach and E. W. Grabner, *Ber. Bunsenges. Phys. Chem.*, **80**, 115 (1976)
17 I. Ruzic and S. W. Feldberg, *J. Electroanal. Chem.*, **63**, 1 (1975)
18 K. J. Binns and P. J. Lawrenson, "Analysis and Computation of Electric and Magnetic Field Problems," Macmillan, New York, 963
19 S. W. Feldberg, *J. Phys. Chem.*, **74**, 87 (1970)
20 D. Laser and A. J. Bard, *J. Electrochem. Soc.*, **123**, 1828 (1976)
21 J. D. Norton, W. E. Benson, H. S. White, B. D. Pendley, and H. D. Abruna, *Anal. Chem.*, **63**, 1909 (1991)
22 I. B. Goldberg and A. J. Bard, *J. Electroanal. Chem.*, **38**, 313 (1972)
23 I. B. Goldberg and A. J. Bard, and S. W. Feldberg, *J. Phys. Chem.*, **76**, 2250 (1972)
24 A. J. Bard, J. A. Crayston, G. P. Kittlesen, T. V. Shea, and Mark S. Wrighton, *Anal. Chem.*, **58**, 2321 (1986)
25 J. Kwak and A. J. Bard, *Anal. Chem.*, **61**, 1221 (1989)
26 J. Newman, *J. Electrochem. Soc.*, **113**, 501 (1966)
27 A. C. Michael, R. M. Wightman, and C. Amatore, *J. Electroanal. Chem.*, **267**, 33 (1989)
28 T. Joslin and D. Pletcher, *J. Electroanal. Chem.*, **49**, 171 (1974)
29 S. W. Feldberg, *J. Electroanal. Chem.*, **127**, 1 (1981)
30 N. Winograd, *J. Electroanal. Chem.*, **43**, 1 (1973)
31 T. B. Brumleve and R. P. Buck, *J. Electroanal. Chem.*, **90**, 1 (1978)
32 G. D. Smith, "Numerical Solutions of Partial Differential Equations," Oxford University Press, Oxford, 1969
33 P. Laasonen, *Acta Math.*, **81**, 309 (1949)
34 D. W. Peaceman and H. H. Rachford, *J. Soc. Ind.*, *Appl. Math.*, **3**, 28 (1955)
35 M. Rudolph, D. P. Reddy, and S. W. Feldberg, *Anal. Chem.*, **66**, 586A (1994)
36 P. R. Unwin and A. J. Bard, J. Phys. Chem., **95**, 7814 (1991)
37 L. F. Whiting and P. W. Carr, *J. Electroanal. Chem.*, **81**, 1 (1977)
38 S. Pons, *Electroanal. Chem.*, **13**, 115 (1984)

B.8 习题

B.1 证明 $Z(t)$ 与时间 t 时的电流和时间 t_k 时的 Cottrell 电流之比成正比，比例系数是什么？

B.2 使用电子数据表格，用$\boldsymbol{l}=50$，$\boldsymbol{D}_M=0.4$，模拟 Cottrell 实验，仔细观察前 10 步迭代。计算每一步迭代的 $Z(k)$，并与 $Z_{Cott}(k)$ 比较。计算对应前 12 个盒子的 χ 值，并画出 $t/t_k=0.2$ 时 f_A、f_B 对 χ 的浓度分布图。从式（5.2.13）推导 f_A、f_B 对 χ、t/t_k 的函数，并在浓度分布图上同时画出解析曲线。评述你的模型模拟和已知解之间的一致程度。

B.3 假设模拟计时电量法，推导类似证明 $Z(k)$ 的无量纲电量参数。模拟时，k 次迭代计算的电量参数应该使用什么时间？

B. 4 讨论下列机理

$$A + e \rightleftharpoons B \qquad \text{在电极上}$$

$$B + C \xrightarrow{k_2} D \qquad \text{在溶液中}$$

推导类似式（B. 3. 11）和式（B. 3. 12）的扩散-动力学方程，并确定包含 k_2 的无量纲动力学参数。

B. 5 使用计算机模拟准可逆体系的循环伏安。选用 $l=50$，$\mathbf{D}_M=0.45$，$\alpha=0.5$，且氧化态和还原态的扩散系数相等。用式（6. 5. 5）定义的函数 ψ 计算无量纲本征速度常数，并求出对应 $\psi=20$、1 和 0. 1 时的值。将你模拟的峰分离结果和表 6. 5. 2 的结果进行比较。

B. 6 对习题 B. 5 的模拟程序，增加还原产物 B 的一级均相衰减，即

$$A + ne \rightleftharpoons B \qquad \text{准可逆}$$

$$B \xrightarrow{k_1} C \qquad \text{在溶液中}$$

对 $\psi=20$ 和 $k_1 t_k=1$ 进行模拟。将结果和 R. S. Nicholson and I. Shain，*Anal. Chem.*，**36**，706（1964）的结果比较。

附录C 参 考 表

表 C.1 25℃下一些水溶液中的标准电极电势（V，相对于 NHE）[①]

反 应	电势/V	反 应	电势/V
$Ag^{+}+e \rightleftharpoons Ag$	0.7991	$I_3^{-}+2e \rightleftharpoons 3I^{-}$	0.536
$AgBr+e \rightleftharpoons Ag+Br^{-}$	0.0711	$K^{+}+e \rightleftharpoons K$	-2.925
$AgCl+e \rightleftharpoons Ag+Cl^{-}$	0.2223	$Li^{+}+e \rightleftharpoons Li$	-3.045
$AgI+e \rightleftharpoons Ag+I^{-}$	-0.1522	$Mg^{2+}+2e \rightleftharpoons Mg$	-2.356
$Ag_2O+H_2O+2e \rightleftharpoons 2Ag+2OH^{-}$	0.342	$Mn^{2+}+2e \rightleftharpoons Mn$	-1.18
$Al^{3+}+3e \rightleftharpoons Al$	-1.676	$Mn^{3+}+e \rightleftharpoons Mn^{2+}$	1.5
$Au^{+}+e \rightleftharpoons Au$	1.83	$MnO_2+4H^{+}+2e \rightleftharpoons Mn^{2+}+2H_2O$	1.23
$Au^{3+}+2e \rightleftharpoons Au^{+}$	1.36	$MnO_4^{-}+8H^{+}+5e \rightleftharpoons Mn^{2+}+4H_2O$	1.51
p-苯醌$+2H^{+}+2e \rightleftharpoons$氢醌	0.6992	$Na^{+}+e \rightleftharpoons Na$	-0.2714
$Br_2(aq)+2e \rightleftharpoons 2Br^{-}$	1.0874	$Ni^{2+}+2e \rightleftharpoons Ni$	-0.257
$Ca^{2+}+2e \rightleftharpoons Ca$	-2.84	$Ni(OH)_2+2e \rightleftharpoons Ni+2OH^{-}$	-0.72
$Cd^{2+}+2e \rightleftharpoons Cd$	-0.4025	$O_2+2H^{+}+2e \rightleftharpoons H_2O_2$	0.695
$Cd^{2+}+2e \rightleftharpoons Cd(Hg)$	-0.3515	$O_2+4H^{+}+4e \rightleftharpoons 2H_2O$	1.229
$Ce^{4+}+e \rightleftharpoons Ce^{3+}$	1.72	$O_2+2H_2O+4e \rightleftharpoons OH^{-}$	0.401
$Cl_2(g)+2e \rightleftharpoons 2Cl^{-}$	1.3583	$O_3+2H^{+}+2e \rightleftharpoons O_2+H_2O$	2.075
$HClO+H^{+}+e \rightleftharpoons \frac{1}{2}Cl_2+H_2O$	1.630	$Pb^{2+}+2e \rightleftharpoons Pb$	-0.1251
$Co^{2+}+2e \rightleftharpoons Co$	-0.277	$Pb^{2+}+2e \rightleftharpoons Pb(Hg)$	-0.1205
$Co^{3+}+e \rightleftharpoons Co^{2+}$	1.92	$PbO_2+4H^{+}+2e \rightleftharpoons Pb^{2+}+2H_2O$	1.468
$Cr^{2+}+2e \rightleftharpoons Cr$	-0.90	$PbO_2+SO_4^{2-}+4H^{+}+2e \rightleftharpoons PbSO_4+2H_2O$	1.698
$Cr^{3+}+e \rightleftharpoons Cr^{2+}$	-0.424	$PbSO_4+2e \rightleftharpoons Pb+SO_4^{2-}$	-0.3505
$Cr_2O_7^{2-}+14H^{+}+e \rightleftharpoons 2Cr^{3+}+7H_2O$	1.36	$Pd^{2+}+2e \rightleftharpoons Pd$	0.915
$Cu^{+}+e \rightleftharpoons Cu$	0.520	$Pt^{2+}+2e \rightleftharpoons Pt$	1.188
$Cu^{2+}+2CN^{-} \rightleftharpoons Cu(CN)_2^{-}$	1.12	$PtCl_4^{2-}+2e \rightleftharpoons Pt+4Cl^{-}$	0.758
$Cu^{2+}+e \rightleftharpoons Cu^{+}$	0.159	$PtCl_6^{2-}+2e \rightleftharpoons PtCl_4^{2-}+2Cl^{-}$	0.726
$Cu^{2+}+2e \rightleftharpoons Cu$	0.340	$Ru(NH_3)_6^{3+}+e \rightleftharpoons Ru(NH_3)_6^{2+}$	0.10
$Cu^{2+}+2e \rightleftharpoons Cu(Hg)$	0.345	$S+2e \rightleftharpoons S^{2-}$	-0.447
$Eu^{3+}+e \rightleftharpoons Eu^{2+}$	-0.35	$Sn^{2+}+2e \rightleftharpoons Sn$	-0.1375
$\frac{1}{2}F_2+H^{+}+e \rightleftharpoons HF$	3.053	$Sn^{4+}+2e \rightleftharpoons Sn^{2+}$	0.15
$Fe^{2+}+2e \rightleftharpoons Fe$	-0.44	$Tl^{+}+e \rightleftharpoons Tl$	-0.3363
$Fe^{3+}+e \rightleftharpoons Fe^{2+}$	0.771	$Tl^{+}+e \rightleftharpoons Tl(Hg)$	-0.3338
$Fe(CN)_6^{3-}+e \rightleftharpoons Fe(CN)_6^{4-}$	0.3610	$Tl^{3+}+2e \rightleftharpoons Tl^{+}$	1.25
$2H^{+}+2e \rightleftharpoons H_2$	0.000	$U^{3+}+3e \rightleftharpoons U$	-1.66
$2H_2O+2e \rightleftharpoons H_2+2OH^{-}$	-0.828	$U^{4+}+e \rightleftharpoons U^{3+}$	-0.52
$H_2O_2+2H^{+}+2e \rightleftharpoons 2H_2O$	1.763	$UO_2^{+}+4H^{+}+e \rightleftharpoons U^{4+}+2H_2O$	0.273
$2Hg^{2+}+2e \rightleftharpoons Hg_2^{2+}$	0.9110	$UO_2^{2+}+e \rightleftharpoons UO_2^{+}$	0.163
$Hg_2^{2+}+2e \rightleftharpoons 2Hg$	0.7960	$V^{2+}+2e \rightleftharpoons V$	-1.13
$Hg_2Cl_2+2e \rightleftharpoons 2Hg+2Cl^{-}$	0.26816	$V^{3+}+e \rightleftharpoons V^{2+}$	-0.255
$Hg_2Cl_2+2e \rightleftharpoons 2Hg+2Cl^{-}$(饱和 KCl)	0.2415	$VO^{2+}+2H^{+}+e \rightleftharpoons V^{3+}+H_2O$	0.337
$HgO+H_2O+2e \rightleftharpoons Hg+2OH^{-}$	0.0977	$VO_2^{+}+2H^{+}+e \rightleftharpoons VO^{2+}+H_2O$	1.00
$Hg_2SO_4+2e \rightleftharpoons 2Hg+SO_4^{2-}$	0.613	$Zn^{2+}+2e \rightleftharpoons Zn$	-0.7626
$I_2+2e \rightleftharpoons 2I^{-}$	0.5355	$ZnO_2^{2-}+2H_2O+2e \rightleftharpoons Zn+4OH^{-}$	-1.285

① 表中的数据是来自 A. J. Bard，J. Jordan 和 R. Parsons 主编的“Standard Potentials in Aqueous Solutions,”（Marcel Dekker，New York，1985）。该书是在 IUPAC 的电化学和电分析化学委员会的支持下编撰的。另外的标准电势和热力学数据来自：（1） A. J. Bard and H. Lund，Eds.，“The Encyclopedia of the Electrochemistry of the the Elements,” Marcel Dekker，New York，1973-1986；（2） G. Milazzo and Caroli，“Tables of Standard Electrode Potentials,” Wiley-Interscience，New York，1977。这些数据涉及的标准氢电极是基于在一个标准氢气压下的值。2.1.5 节的脚注提到了最近标准态下的变化。

表 C.2　25℃下一些水溶液中的形式电势（V，相对于 NHE）①

反　　应	条　　件	电势/V
$Cu(II)+e \rightleftharpoons Cu$	$1mol \cdot L^{-1}$ NH_3 + $1mol \cdot L^{-1}$ NH_4^+	0.01
	$1mol \cdot L^{-1}$ KBr	0.52
$Ce(IV)+e \rightleftharpoons Ce(III)$	$1mol \cdot L^{-1}$ HNO_3	1.61
	$1mol \cdot L^{-1}$ HCl	1.28
	$1mol \cdot L^{-1}$ $HClO_4$	1.70
	$1mol \cdot L^{-1}$ H_2SO_4	1.44
$Fe(III)+e \rightleftharpoons Fe(II)$	$1mol \cdot L^{-1}$ HCl	0.70
	$10mol \cdot L^{-1}$ HCl	0.53
	$1mol \cdot L^{-1}$ $HClO_4$	0.735
	$1mol \cdot L^{-1}$ H_2SO_4	0.68
	$2mol \cdot L^{-1}$ H_3PO_4	0.46
$Fe(CN)_6^{3-}+e \rightleftharpoons Fe(CN)_6^{4-}$	$0.1mol \cdot L^{-1}$ HCl	0.56
	$1mol \cdot L^{-1}$ HCl	0.71
	$1mol \cdot L^{-1}$ $HClO_4$	0.72
$Sn(IV)+2e \rightleftharpoons Sn(II)$	$1mol \cdot L^{-1}$ HCl	0.14

① 表中的数据是来自 G. Charlot，"Oxidation-Reduction Potentials，" Pergamon，London，1958。另外的数值来自：J. J. Lingane，"Electroanlytical Chemistry，" Interscience，New York，1958，and L. Meites，Ed.，"Handbook of Analytical Chemistry，" McGraw-Hill，New York，1963。

表 C.3　非质子溶剂中估算的标准电势（V，相对于水溶液 SCE）①②

物　　质	反　　应	条　件③	电势/V
蒽(An)	$An+e \rightleftharpoons An^{\cdot-}$	DMF，$0.1mol \cdot L^{-1}$ TBAI	−1.92
	$An^{\cdot-}+e \rightleftharpoons An^{2-}$	DMF，$0.1mol \cdot L^{-1}$ TBAI	−2.5
	$An^{\cdot+}+e \rightleftharpoons An$	MeCN，$0.1mol \cdot L^{-1}$ TBAP	+1.3
偶氮苯(AB) N═N Ph Ph	$AB+e \rightleftharpoons AB^{\cdot-}$	DMF，$0.1mol \cdot L^{-1}$ TBAP	−1.36
	$AB^{\cdot-}+e \rightleftharpoons AB^{2-}$	DMF，$0.1mol \cdot L^{-1}$ TBAP	−2.0
	$AB+e \rightleftharpoons AB^{\cdot-}$	MeCN，$0.1mol \cdot L^{-1}$ TEAP	−1.40
	$AB+e \rightleftharpoons AB^{\cdot-}$	PC，$0.1mol \cdot L^{-1}$ TBAP	−1.40
二苯甲酮(BP) O ‖ PhCPh	$BP+e \rightleftharpoons BP^{\cdot-}$	MeCN，$0.1mol \cdot L^{-1}$ TBAP	−1.88
	$BP+e \rightleftharpoons BP^{\cdot-}$	THF，$0.1mol \cdot L^{-1}$ TBAP	−2.06
	$BP+e \rightleftharpoons BP^{\cdot-}$	NH_3，$0.1mol \cdot L^{-1}$ KI	−1.23④
	$BP^{\cdot-}+e \rightleftharpoons BP^{2-}$	NH_3，$0.1mol \cdot L^{-1}$ KI	−1.76④
1，4-苯醌(BQ)	$BQ+e \rightleftharpoons BQ^{\cdot-}$	MeCN，$0.1mol \cdot L^{-1}$ TEAP	−0.54
	$BQ^{\cdot-}+e \rightleftharpoons BQ^{2-}$	MeCN，$0.1mol \cdot L^{-1}$ TEAP	−1.4
二茂铁(CP_2Fe)	$Cp_2Fe^++e \rightleftharpoons Cp_2Fe$	MeCN，$0.2mol \cdot L^{-1}$ $LiClO_4$	+0.31
硝基苯(NB) Ph-NO_2	$NB+e \rightleftharpoons NB^{\cdot-}$	MeCN，$0.1mol \cdot L^{-1}$ TEAP	−1.15
	$NB+e \rightleftharpoons NB^{\cdot-}$	DMF，$0.1mol \cdot L^{-1}$ $NaClO_4$	−1.10
	$NB+e \rightleftharpoons NB^{\cdot-}$	NH_3，$0.1mol \cdot L^{-1}$ KI	−0.42
	$NB^{\cdot-}+e \rightleftharpoons NB^{2-}$	NH_3，$0.1mol \cdot L^{-1}$ KI	−1.241
氧气	$O_2+e \rightleftharpoons O_2^{\cdot-}$	DMF，$0.2mol \cdot L^{-1}$ TBAP	−0.87
	$O_2+e \rightleftharpoons O_2^{\cdot-}$	MeCN，$0.2mol \cdot L^{-1}$ TBAP	−0.82
	$O_2+e \rightleftharpoons O_2^{\cdot-}$	DMSO，$0.1mol \cdot L^{-1}$ TBAP	−0.73

续表

物 质	反 应	条 件③	电势/V
$Ru(bpy)_3^{n+}(RuL_3^{n+})$ [bpy=2,2'-联吡啶结构式]	$RuL_3^{3+}+e \rightleftharpoons RuL_3^{2+}$	MeCN,0.1mol·L^{-1} $TBABF_4$	+1.32
	$RuL_3^{2+}+e \rightleftharpoons RuL_3^{+}$	MeCN,0.1mol·L^{-1} $TBABF_4$	−1.30
	$RuL_3^{+}+e \rightleftharpoons RuL_3^{0}$	MeCN,0.1mol·L^{-1} $TBABF_4$	−1.49
	$RuL_3^{0}+e \rightleftharpoons RuL_3^{-}$	MeCN,0.1mol·L^{-1} $TBABF_4$	−1.73
四氰基喹啉并二甲烷(TCNQ)	$TCNQ+e \rightleftharpoons TCNQ^{\cdot-}$	MeCN,0.1mol·L^{-1} $LiClO_4$	+0.13
	$TCNQ^{\cdot-}+e \rightleftharpoons TCNQ^{2}$	MeCN,0.1mol·L^{-1} $LiClO_4$	−0.29
N,N,N′,N′-四甲基对苯二胺(TMPD) $Me_3N-C_6H_4-NMe_3$	$TMPD^{\cdot-}+e \rightleftharpoons TMPD$	DMF,0.1mol·L^{-1} TBAP	+0.21
四硫杂富瓦烯(TTF)	$TTF^{\cdot+}+e \rightleftharpoons TTF$	MeCN,0.1mol·L^{-1} TEAP	+0.30
	$TTF^{2+}+e \rightleftharpoons TTF^{\cdot+}$	MeCN,0.1mol·L^{-1} TEAP	+0.66
噻蒽(TH)	$TH^{\cdot+}+e \rightleftharpoons TH$	MeCN,0.1mol·L^{-1} $TBABF_4$	+1.23
	$TH^{2+}+e \rightleftharpoons TH^{\cdot+}$	MeCN,0.1mol·L^{-1} $TBABF_4$	+1.74
	$TH^{\cdot+}+e \rightleftharpoons TH$	SO_2,0.1mol·L^{-1} TBAP	+0.30⑤
	$TH^{2+}+e \rightleftharpoons TH^{\cdot+}$	SO_2,0.1mol·L^{-1} TBAP	+1.88⑤
三对甲苯胺(TPTA) $N[-C_6H_4-CH_3]_3$	$TPTA^{\cdot+}+e \rightleftharpoons TPTA$	THF,0.2mol·L^{-1} TBAP	+0.98

① 见表 C.1 的脚注。

② 所报道的非水溶液中电势存在一些问题。用水中的 SCE 作为参比电极经常引入一个未知的，有时不可再现的液接界电势。有时参比电极用所研究的溶剂制作（例如 $Ag/AgClO_4$）或使用准参比（QRE）。除了注明以外本表报道的值相对水溶液 SCE。尽管在报道非水溶液中电势时还没有适用的习惯，常用的办法是用同样溶剂中具体的可逆电对的电势作参考。这个电对（有时称为“参考氧化还原体系”）通常是在特殊的热力学假设的基础上来选择，也就是该体系的氧化还原电势仅仅略受溶剂体系的影响。已提出的参考氧化还原体系包括 Rb/Rb^+，$Fe(bpy)_3^{3+}/Fe(bpy)_3^{2+}$（bpy=2,2′-联吡啶），以及芳香烃/自由基阳离子。有关这个问题更详尽的资料可以参考一下文献：(1) O. Popovych, *Crit. Rev. Anal. Chem.*, **1**, 73 (1970); (2) D. Bauer and M. Breant, *Electroanal. Chem.*, **8**, 282 (1975); (3) A. J. Parker, *Electrochim, Acta*, **21**, 671 (1976)。

③ 见标准缩写。

④ 在−50℃下在 NH_3 中相对 Ag/Ag^+（0.01mol·L^{-1}）。

⑤ 在−40℃下在 SO_2 中相对 $Ag/AgNO_3$（饱和）。

表 C.4 25℃或25℃附近的一些扩散系数

物 质	介 质	T/℃	$10^5 D/cm^2 \cdot s^{-1}$	参考文献
$Fe(CN)_6^{3-}$	0.1mol·L^{-1} KCl 溶液	25	0.76	1
$Fe(CN)_6^{3-}$	1.0mol·L^{-1} KCl 溶液	25	0.76	1
$Fe(CN)_6^{4-}$	0.1mol·L^{-1}溶液	25	0.65	1
$Fe(CN)_6^{4-}$	1.0mol·L^{-1} KCl 溶液	25	0.63	1
Cd^{2+}	0.1mol·L^{-1} KCl 溶液	25	0.70	2
Cd	Hg	25	1.5	8
$Ru(NH_3)_6^{3+}$	0.1mol·L^{-1} NATFA 溶液	RT	0.67	3
$Ru(NH_3)_6^{3+}$	0.09mol·L^{-1}磷酸盐溶液	RT	0.53	4
二茂铁	MeCN,0.5mol·L^{-1} $TBABF_4$	RT	1.7	5

续表

物质	介质	T/℃	$10^5D/cm^2 \cdot s^{-1}$	参考文献
二茂铁	MeCN,0.6mol·L^{-1} TEAP	RT	2.0	3
二茂铁	MeCN,0.1mol·L^{-1} TEAP	RT	2.4	6
1,2-二苯乙烯	DMF,0.5mol·L^{-1} TBAI	RT	0.80	7

注 1. 缩写：TFA，三氟醋酸盐；TAB，四正丁基铵；TEA，四乙基铵；P，高氯酸盐。RT，室温（未注明准确的温度）。

2. 参考文献

1 M. von Stackelberg, M. Pilgram, amd W. Toome, *Z. Elektrochem.*, **57**, 342 (1953)
2 D. J. Macero and C. L. Rulfs, *J. Electroanal. Chem.*, **7**, 328 (1964)
3 D. O. Wipf, E. W. Kristensen, M. R. Deakin, and R. M. Wightman, *Anal. Chem.*, **60**, 306 (1988)
4 R. M. Wightman and D. O. Wipf, *Electroanal. Chem.*, **15**, 267 (1989)
5 M. V. Mirkin, T. C. Richards, and A. J. Bard, *J. Phys. Chem.*, **97**, 7672 (1993)
6 A. M. Bond, T. L. E. Henderson, D. R. Mann, T. F. Mann, W. Thormann, and C. G.. Zoski, *Anal. Chem.*, **60**, 1878 (1988)
7 H. Kojima and A. J. Bard, *J. Electroanal. Chem.*, **63**, 117 (1975)
8 I. M. Kolthoff and J. J. Lingance, "Polarography," 2nded., Interscience, New York, 1952, p. 201

表 C.5 误差函数及其余误差函数的值①

x	erf(x)	erfc(x)	x	erf(x)	erfc(x)
0.00	0	1	1.10	0.8802	0.1198
0.05	0.0564	0.9436	1.20	0.9103	0.0897
0.10	0.1125	0.8875	1.40	0.9523	0.0477
0.20	0.2227	0.7773	1.60	0.9764	0.0236
0.30	0.3286	0.6714	1.80	0.9891	0.0109
0.40	0.4284	0.5716	2.00	0.9953	0.0047
0.50	0.5205	0.4795	2.20	0.9981	0.0019
0.60	0.6039	0.3961	2.40	0.9993	0.0007
0.70	0.6778	0.3222	2.60	0.9998	0.0002
0.80	0.7421	0.2579	2.80	0.9999	0.0001
0.90	0.7969	0.2031	3.00	1.0000	0.0000
1.00	0.8427	0.1573	∞	1	0

① $x<0.05$，$\mathrm{erfc}(x)\approx 2x/\pi^{1/2}=1.1284x$ 时适用。

附录 D

现将原版中封面和封底上所列出的基本公式、量纲换算、重要关系式、物理常数、25℃时导出的常数等整理成为附录 D。公式仍然标明原章节的出处。

D.1 基本公式

对于如下反应式 $O+ne \rightleftharpoons R$ 的 Nernst 方程为

$$E=E^{\ominus}+\frac{RT}{nF}\ln\frac{a_O}{a_R} \tag{2.1.40}$$

$$E=E^{\ominus'}+\frac{RT}{nF}\ln\frac{C_O^*}{C_R^*} \tag{2.1.44}$$

单步骤单电子动力学关系式（Butler-Volmer 方法）：

$$k_f=k^0\exp[-\alpha f(E-E^{\ominus'})] \tag{3.3.9}$$

$$k_b=k^0\exp[(1-\alpha)f(E-E^{\ominus'})] \tag{3.3.10}$$

$$i=FAk^0[C_O(0,t)e^{-\alpha f(E-E^{\ominus'})}-C_R(0,t)e^{(1-\alpha)f(E-E^{\ominus'})}] \tag{3.3.11}$$

$$i=i_0\left[\frac{C_O(0,t)}{C_O^*}e^{-\alpha f\eta}-\frac{C_R(0,t)}{C_R^*}e^{(1-\alpha)f\eta}\right] \tag{3.4.10}$$

（阴极 Tafel 方程）

$$\eta=\frac{RT}{\alpha F}\ln i_0-\frac{RT}{\alpha F}\ln i \tag{3.4.15}$$

Marcus 理论：

$$\Delta G_f^{\neq}=\frac{\lambda}{4}\left(1+\frac{\Delta G^{\ominus}}{\lambda}\right)^{2❶} \quad ❶ \tag{3.6.10a}$$

$$\Delta G_f^{\neq}=\frac{\lambda}{4}\left(1+\frac{F(E-E^{\ominus})}{\lambda}\right)^{2❶} \tag{3.6.10b}$$

分散双电层（$z:z$ 电解质，Gouy-Chapman 理论）：

（水溶液，ϕ_0/V，$T=25$℃）

$$\kappa=(3.29\times10^{-7})zC^{*1/2}(\mathrm{cm}^{-1}) \tag{13.3.15b}$$

$$\sigma^M=11.7C^{*1/2}\sinh(19.5z\phi_0)\mu\mathrm{C/cm^2} \tag{13.3.20b}$$

$$C_d=228zC^{*1/2}\cosh(19.5z\phi_0)\mu\mathrm{F/cm^2} \tag{13.3.21b}$$

D.2 量纲和换算

$A=C/s$　　　　$F=C/V$

$Å=10^{-10}m=10^{-8}cm=10^{-4}\mu m=10^{-1}nm$　　　　$J=N\cdot m$

---

❶ 此处原文有误。

cal＝4.184J
erg＝10^{-7}J
eV＝1.602×10^{-19}J
N＝kg·m/s^2
V＝J/C
W＝J/s

D.3 重要的关系式

这里所给出的数值是根据如下变量相应的单位得到的：i(A)，D_O(cm^2/s)，C_O^*(mol/cm^3)，t(s)，A(cm^2)，V(cm^3)，ν(V/s)，ω(s^{-1})．T＝25℃。

球形电极的未补偿电阻：

$$R_u=\frac{1}{4\pi\kappa r_0}\left(\frac{x}{x+r_0}\right) \tag{1.3.8}$$

Cottrell 公式：

$$i(t)=\frac{nFAD_O^{1/2}C_O^*}{\pi^{1/2}t^{1/2}} \tag{5.2.11}$$

圆盘电极的稳态电流公式：

$$i_{ss}=\frac{4nFAD_OC_O^*}{\pi r_0}=4nFD_OC_O^*r_0 \tag{5.3.11}$$

$i_{ss}\sim0.2$nA/μm 半径/mmol·L^{-1} 　　(n＝1)

普适可逆波方程：

$$E=E_{1/2}+\frac{RT}{nF}\ln\frac{i_d(\tau)-i(\tau)}{i(\tau)} \tag{5.4.22}$$

正向计时电量法：

$$Q=\frac{2nFAD_O^{1/2}C_O^*t^{1/2}}{\pi^{1/2}}+Q_{dl}+nFA\Gamma_O \tag{5.8.2}$$

对于一个可逆体系，正向线性扫描伏安法中的峰电流：

$$i_p=(2.69\times10^5)n^{3/2}AD_O^{1/2}C_O^*\nu^{1/2} \tag{6.2.19}$$

$i_p\sim200\mu$A/cm^2 面积/mmol·L^{-1}
(n＝1，v＝0.1V/s)

Levich 方程（旋转圆盘电极）

$$i_l=0.62nFAD_O^{2/3}\omega^{1/2}\nu^{-1/6}C_O^* \tag{9.3.22}$$

符合能斯特关系的吸附层伏安法：

$$i_p=\frac{n^2F^2}{4RT}\nu A\Gamma_O^*=(9.39\times10^5)n^2\nu A\Gamma_O^* \tag{14.3.12}$$

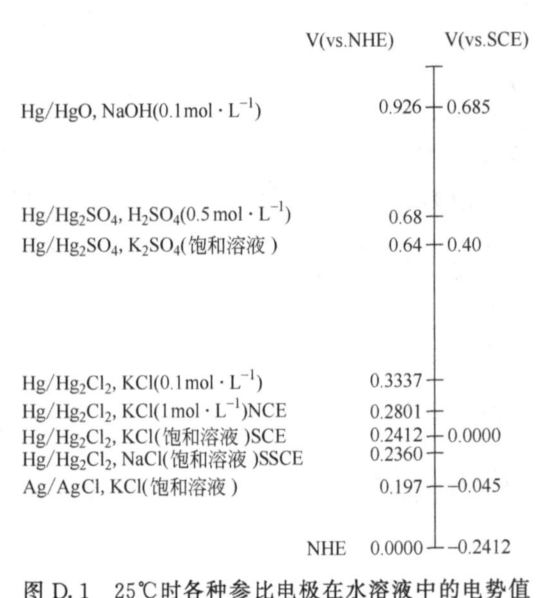

图 D.1　25℃时各种参比电极在水溶液中的电势值
[引自 D. J. G. lves and G. J. Janz，"Reference Electrodes"，Academic，New York，1961]

单层：

Au(111) 面　　1.5×10^{15}原子/cm^2

典型吸附物的覆盖程度：　　$10^{-10}\sim10^{-9}$mol/cm^2
$6\times10^{13}\sim6\times10^{14}$分子/$cm^2$
$10\sim100\mu$C/cm^2

在其他温度时（t/℃）：

SCE　$E=0.2412-(6.61\times10^{-4})(t-25)-(1.75\times10^{-6})(t-25)^2-(9.0\times10^{-10})(t-25)^3$

NCE　$E=0.2801-(2.75\times10^{-4})(t-25)-(2.50\times10^{-6})(t-25)^2-(4\times10^{-9})(t-25)^3$

D.4 物理常数[1]

C	真空中的光速	2.99792×10^{8} m/s
e	单位电荷	1.60218×10^{-19} C
F	法拉第常数	9.64853×10^{4} C
h	普朗克常数	6.62607×10^{-34} J·s
k	玻尔兹曼常数	1.38065×10^{-23} J/K
N_A	阿伏加德罗常数	6.02214×10^{23} mol^{-1}
R	摩尔气体常数	8.31447J·mol^{-1}·K^{-1}
ε_0	真空中的介电常数	8.85419×10^{-12} C^{2}·N^{-1}·m^{-2} 或 F/m

D.5 25℃（298.15K）时导出的常数值

$f=F/RT$	38.92V^{-1}
$1/f=RT/F$	0.02569V
$2.303/f=2.303RT/F$	0.05916V
kT	4.116×10^{-21} J=25.69meV
$RT=N_A kT$	2.478kJ/mol=592cal/mol

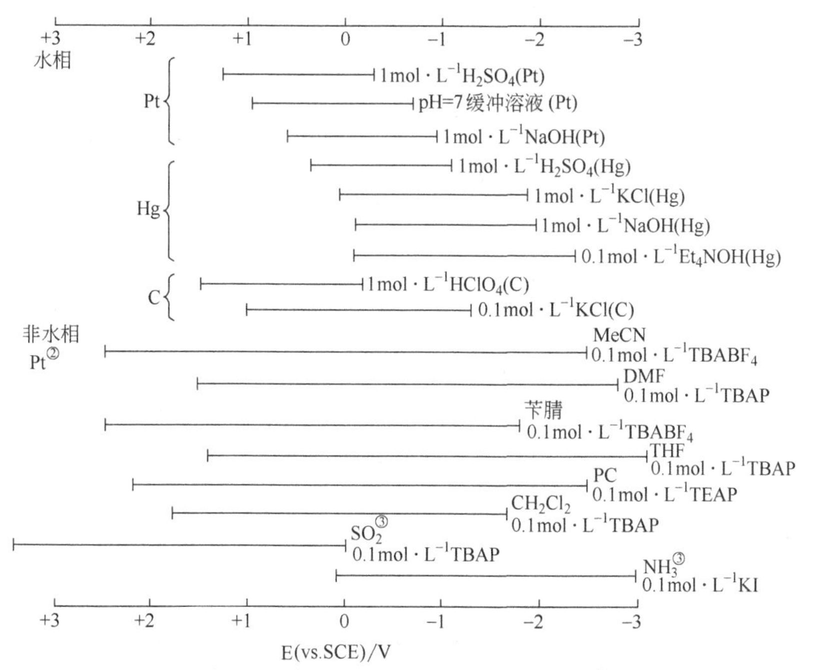

图 D.2 水相和非水相估算的电热范围①

①“电压极限”和“电势范围”不是很精确定义的术语，它们通常对应于一种溶剂的背景电流小于几个 μA/cm² 的有用工作范围。对于非水溶剂，此范围严格的依赖于纯度，特别是要除去溶剂中痕量水。可参考：(1) R. N. Adams, “Electrochemistry at Solid Electrodes,” Marcel Dekker, New York, 1969, pp. 19-37. (2) C. K. Mann, *Electroanal. Chem.*, **3**, 57 (1969). (3) D. T. Sawyer, A. Sobkowiak, and J. L. Roberts, Jr., “Electrochemistry for Chemists” 2nd ed., Wiley, New York, 1995. (4) A. J. Fry in “Laboratory Techniques in Electroanalytical Chemistry,” 2nd ed., P. T. Kissinger and W. R. Heineman, Eds., Marcel Dekker, New York, 1996, Chap. 15.

②在汞电极上的范围通常在负方向稍大，但是在正方向受汞（大约 0.3～0.6V）的氧化的限制。

③ 在这些溶液中不能采用水相 SCE。以 SCE 电极为参比的范围是以 Ag/Ag^{+} 为参比电极和在适当的氧化还原系统中测量估算来的。

[1] 1998 CODATA 推荐数值（参看 http://physics.nist.gov/cuu/Constants/index.html）。

索 引

E

F

G

H

J

T

W

X

Y

Z

其他